紫外辐射生态学

李 元 岳 明 安黎哲 祖艳群 等 著

U0262528

科 学 出 版 社

北 京

内 容 简 介

本书从全球气候变化的角度，系统总结了紫外辐射生态学的最新研究成果。作者将近 20 年来的科研成果与国内外研究进展相结合，在概述大气臭氧衰减与地表 UV-B 辐射增强的基础上，全面阐述了地表 UV-B 辐射增强对植物生长和植物生产力的影响，并系统分析了 UV-B 辐射对植物生长发育过程中代谢和形态建成的调控作用，归纳了 UV-B 辐射伤害植物的作用靶标，同时深入探讨了作物响应 UV-B 辐射存在品种敏感性差异的生理学和遗传学机理、紫外辐射增强条件下植物种群与群落特征的变化、植物-微生物相互关系，以及生态系统结构和功能对 UV-B 辐射的响应及其机理。本书构建了紫外辐射生态学理论体系，创新性地提出了紫外辐射生态学的含义、研究方法、研究内容与研究方向。

本书可供生态学、生物学、环境科学、气象学、农学、林学等专业的科研人员、学生、教师和技术工作者阅读参考。

图书在版编目（CIP）数据

紫外辐射生态学/李元等著. —北京：科学出版社，2021.6
ISBN 978-7-03-067159-2

Ⅰ. ①紫⋯　Ⅱ. ①李⋯　Ⅲ. ①紫外辐射–生态学–研究　Ⅳ. ①O434.2

中国版本图书馆 CIP 数据核字（2020）第 243863 号

责任编辑：王海光　闫小敏 / 责任校对：严　娜
责任印制：吴兆东 / 封面设计：刘新新

科 学 出 版 社 出版

北京东黄城根北街 16 号
邮政编码：100717
http://www.sciencep.com

北京虎彩文化传播有限公司 印刷
科学出版社发行　各地新华书店经销
*
2021 年 6 月第　一　版　　开本：787×1092　1/16
2021 年 6 月第一次印刷　　印张：34
字数：806 000

定价：328.00 元
（如有印装质量问题，我社负责调换）

谨以此书缅怀我们尊敬的王勋陵先生！

《紫外辐射生态学》著者名单

李　元（云南农业大学）

岳　明（陕西省西安植物园）

安黎哲（北京林业大学）

祖艳群（云南农业大学）

何永美（云南农业大学）

李　想（云南农业大学）

刘　晓（西北大学）

陈建军（云南农业大学）

湛方栋（云南农业大学）

李祖然（云南农业大学）

杨　姝（云南农业大学）

张翠萍（玉溪师范学院）

主要著者简介

李　元　兰州大学生态学博士、兰州大学化学研究博士后、澳大利亚悉尼大学访问学者。云南农业大学二级教授、博士生导师。国家百千万人才工程入选者、国务院政府特殊津贴专家、教育部自然保护与环境生态类专业教学指导委员会委员、云南省高层次人才、云南省中青年学术和技术带头人、云南省农田无公害生产创新团队首席科学家、云南省农业环境污染控制与生态修复工程实验室主任、云南省高校农业面源污染控制工程研究中心主任、云南省生态学会副理事长、云南农业大学资源与环境学院原院长、云南农业大学生态环境研究所所长。主要从事紫外辐射生态学、环境生态学等方面的研究工作。主持完成国家自然科学基金-云南联合基金项目、国家自然科学基金项目、中法先进研究计划项目、国家科技支撑计划课题、国家重大科技专项子课题、国家重点研发计划子课题等。

岳　明　兰州大学生态学博士、日本北海道大学地球环境研究博士后。西北大学二级教授、博士生导师。陕西省重点学科——生态学学科负责人、陕西省"三秦人才津贴"专家。现任陕西省西安植物园主任、西部生物资源与现代生物技术教育部重点实验室副主任，兼任陕西省植物学会理事长、陕西省生态学会副理事长、陕西省毒理学会副理事长。主要从事全球变化生态学、植被生态学及植物生理生态学等领域的研究。主持承担国家自然科学基金项目、科技部科技基础性工作专项、中国科学院战略性先导科技专项子项目等。

安黎哲　兰州大学生态学博士、中国科学院寒区旱区研究博士后、以色列巴伊兰大学博士后。北京林业大学二级教授、博士生导师。国家杰出青年科学基金获得者、中国科学院"西部之光"人才、中国科学院"百人计划"入选者、教育部跨世纪优秀人才、甘肃省领军人才、国务院政府特殊津贴专家。曾任兰州大学副校长，现为北京林业大学校长、教育部高等学校生物科学类专业教学指导委员会副主任、中国生态学会副理事长、中国林学会副理事长、中国植物学会副监事长、《植物生态学报》和《应用生态学报》副主编。主要从事植物学和生态学方面的研究工作。主持完成国家自然科学基金项目、杰出青年科学基金项目、国家转基因生物新品种培育重大专项、科技部国际合作项目、国家重点基础研究发展规划项目、教育部科技基础条件平台项目等。

祖艳群　比利时让布鲁克斯农业大学农业与生物工程学博士、法国里尔高等农业学院访问学者。云南农业大学教授、博士生导师。云南省中青年学术和技术带头人、云南省教学名师。主要从事紫外辐射生态学、土壤重金属污染植物修复、农业面源污染控制等方面的研究工作。主持完成国家自然科学基金项目多项，参与中法先进研究计划项目、国家水体污染控制与治理科技重大专项子课题、国家科技支撑计划课题、国家自然科学基金-云南联合基金项目、国家重点研发计划子课题等。

序

臭氧（O_3）是一种在平流层少量存在的活泼气体，其显著的作用是吸收太阳辐射中大量的有害紫外辐射 UV-B，有效保护地表生命系统。UV-B（280～315nm）只是太阳辐射的一小部分，但是其对植物的生长和发育具有重大影响。地表紫外辐射增强已经成为人们广泛关注的全球变化问题之一。

自 20 世纪 70 年代开始，南极上空平流层中臭氧空洞的形成引起了各国政府、科学界及公众的关注。Rowland、Molina 和 Crutzen 三位学者解释了影响臭氧含量的化学反应机理，他们发现，人类大量使用的氯氟烃化合物及氮氧化物是平流层臭氧层衰减的主要原因，并因此于 1995 年获得诺贝尔化学奖。他们三位的工作，对全球环境保护具有重要意义。1987 年至今，《蒙特利尔破坏臭氧层物质管制议定书》及其修正案（1990 年的伦敦修正案及 1992 年的哥本哈根修正案）已经得到执行，其核心要义是发达国家在 1996 年、发展中国家在 2010 年完全停止氟利昂的生产。此后平流层臭氧浓度以每年 0.1%～0.3%的速度增加，臭氧空洞在逐渐弥合，尽管如此，南极臭氧空洞预测将在 2060 年之后才能消失（IPCC 2018 报告）。这一全球变化背景，引发了有关臭氧层减薄、UV-B 辐射增强的生物学及生态学效应的研究热潮，特别是植物响应紫外辐射的研究已经在分子、细胞、器官、个体、种群、群落乃至整个生态系统各个层面展开。

兰州大学王勋陵先生的团队于 20 世纪 90 年代率先在国内开展了相关研究，他指导的博士、硕士研究生有不少目前仍在从事 UV-B 辐射对植物影响的研究工作，其中最具代表性的就是这本书的主要作者及其团队。他们分别在兰州大学、云南农业大学和西北大学从多层次、多角度比较系统地探讨了 UV-B 辐射对植物和农田生态系统的影响，取得了不少原创性的发现和成果。例如，比较清晰地阐释了作物响应紫外辐射存在品种差异的生理机理，阐明了 UV-B 辐射对农田生态系统结构和功能、植物种间竞争性平衡、DNA 损伤修复和光合作用原初反应传能过程的影响，探索了 UV-B 与 CO_2 倍增和干旱胁迫的复合作用，探讨了 UV-B 辐射对植物-微生物关系、植物病害及稻田甲烷排放的影响等。

他们的早期工作，已在 2000 年出版的《紫外辐射生态学》中发表，该书也是国内第一部比较系统地总结紫外辐射对植物与生态系统影响的专著。20 年后，我欣喜地看到他们的工作仍然在继续，这部新的著作应运而生，该书总结了该领域最新的研究成果。同样，该书的主要内容仍然来自作者自己的研究工作，当然也包括了其他学者的重要成果。这 20 年间该领域最重要的事件就是 UV-B 受体 UVR-8 及其所介导的信号通路的发现，这一发现极大地拓展了人们对 UV-B 作用机理的理解。同时，日益受到关注的野外长期定位研究的开展，可以帮助人们更好地认识生态系统对 UV-B 辐射增强的响应。国内外的紫外辐射生态学研究结果在该书中均有充分的体现，可以说该书包含了人们目前对臭氧层减薄、UV-B 辐射增强的生物学及生态学效应的核心认识。该书所体现出的以作物群体过程为基础的自上而下的生态系统对 UV-B 辐射胁迫适应研究的理论与方法框架，是结合全球变化和农业生产进行多学科综合研究的成功范例。该书的出版对正确评价臭氧层减薄的生态学后果及预测植物系统如何响应未来复杂多变的综合气候条件有重要的理论参考价值，同时对全球变化背景下的农业生产实践有重要的指导意义。

披览全书，至感欣慰。是为序。

中国科学院院士

2020 年 4 月 8 日

前　言

大气臭氧层减薄导致的地表 UV-B 辐射增强、温室效应和酸雨为人类面临的三大全球性环境问题。

紫外辐射对植物影响的研究，始于 20 世纪初期。最早的著作是苏联杜布罗夫著、韩锦峰和王瑞新译、科学出版社出版的《紫外线辐射对植物的作用》（1964 年），该书记载了 20 世纪 30～60 年代所做的相关研究工作，但是这些工作并未联系到臭氧层的变化，也未强调 UV-B 辐射重要的生态学意义。20 世纪后期，紫外辐射对植物个体生长、生理的影响得到了关注，这方面发表了大量论文，在国际上受到了广泛的重视。

1994～1998 年，安黎哲、岳明和我师从兰州大学王勋陵教授攻读博士学位，从事紫外辐射对植物生长、生理、种群和农田生态系统影响的研究。安黎哲完成了增强的 UV-B 辐射对不同作物种和品种生长与生理影响的研究，探讨了植物激素作用机理。我和岳明完成了王勋陵教授主持的国家自然科学基金项目"臭氧衰减紫外辐射增强对农田生态系统结构和功能的影响"（39670132，1997～1999 年），在大田条件下研究了紫外辐射对麦田生态系统的影响，关注了春小麦生长、生理、竞争、群落、土壤微生物、生态系统结构及功能等对紫外辐射响应的特征及机理。这是较早的紫外辐射对农田生态系统影响的研究。

2000 年，我和岳明以我们的博士学位论文为基础，综述了国内外的研究成果，编著了《紫外辐射生态学》，由中国环境科学出版社出版。书中论述了 UV-B 辐射增强对植物生长生理、微生物、植物竞争、植物群落和生态系统的影响。作为较早的紫外辐射生态学著作，该书的出版受到学术界的充分肯定和广泛关注，不仅促进了紫外辐射生态学研究，而且为紫外辐射生态学学科的发展奠定了基础。

近 20 年来，在国家自然科学基金等科研项目的支持下，云南农业大学的祖艳群和我、西北大学的岳明、兰州大学的安黎哲团队一直进行着紫外辐射生态学方面的研究工作。完成了"小麦对紫外辐射增加响应反馈的品种差异及 DNA 基础研究"（39760021，1998～2000 年）、"作物对紫外辐射响应的品种敏感性差异及耐性品种 RAPD 指纹图谱构建"（30160023，2002～2004 年）、"不同 UV-B 背景的割手密对 UV-B 的敏感性差异及 RAPD 分析"（30260026，2003～2005 年）、"增强 UV-B 伤害植物的激光防护及 DNA 修复机制研究"（30370269，2004～2006 年）、"灯盏花药效成分类黄酮产量对 UV-B 辐射的响应、敏感性及机理研究"（30660040，2007～2009 年）、"UV-B 辐射对光合作用原初光能转换过程的影响及其分子机制研究"（30670366，2007～2009 年）、"元阳梯田持续稳定稻田生态系统生产力对增强紫外辐射的响应及机理研究"

（31060083，2011～2013 年）、"克隆植物生理整合对异质性 UV-B 辐射的响应及机制"（31070362，2011～2013 年）、"外源茉莉酸调控黄芩 UV-B 耐受性的信号通路研究"（31200249，2013～2015 年）、"增强 UV-B 辐射对元阳梯田稻田甲烷排放的影响与机理研究"（41205113，2013～2015 年）、"元阳梯田水稻-稻瘟病菌互作对 UV-B 辐射响应的特征及机理研究"（31460141，2015～2018 年）、"UV-B 辐射对稻田土壤活性有机碳和甲烷产生周年动态的影响与机理"（41565010，2016～2019 年）、"UV-B 辐射增强对元阳梯田红米原花色素合成与沉积的影响及机理"（31760113，2018～2021 年）国家自然科学基金项目共 13 项。上述成果是三所大学的紫外辐射生态学研究团队共同努力的结果，对推动紫外辐射生态学研究做出了积极的贡献。

我们在紫外辐射生态学研究方面取得了重要的进展和突破，在 *Plant Physiology*、*International Journal of Molecular Sciences*、*Journal of Photochemistry and Photobiology B: Biology*、*Field Crops Research*、*Journal of Integrative Plant Biology*、*Environmental and Experimental Botany*、*Photochemistry and Photobiology*、*Physiologia Plantarum*、*Journal of Plant Physiology*、*PLoS ONE*、*Plant Growth Regulation*、*Photosynthetica*、《科学通报》、《生态学报》、《环境科学》、《中国环境科学》、《环境科学学报》、《应用生态学报》、《作物学报》、《农业环境科学学报》、《农村生态环境》、《中国生态农业学报》、《生态环境学报》等刊物发表了论文 200 余篇。研究成果获得省级科技奖 5 项，包括：臭氧衰减紫外辐射增强对农田生态系统结构和功能的影响（2000 年），主要作物对臭氧衰减紫外辐射增加响应反馈的品种差异及 DNA 基础研究（2003 年），植物对 UV-B 辐射响应敏感性的差异、机理及调控研究（2007 年），UV-B 辐射的生态学与植物生物学效应及激光防护与修复机制（2010 年），O_3 衰减导致的 UV-B 辐射增强对植物生理生态影响及分子机理（2014 年）。

2018 年，安黎哲、岳明、祖艳群和我认为，是时候把我们近 20 年的研究成果，以及国内外取得的研究进展，做一个归纳和总结，以促进该领域的研究，因此决定撰写一部新的著作。我们确定了提纲，组织团队人员共同撰写。本书包括 10 章，第一章绪论由安黎哲、李元著，第二章大气臭氧层与地表 UV-B 辐射由李想、李祖然著，第三章 UV-B 辐射与植物生长由杨姝、何永美著，第四章 UV-B 辐射与植物生产力由陈建军、湛方栋著，第五章 UV-B 辐射与植物生理代谢由张翠萍、李想著，第六章 UV-B 辐射伤害植物的靶标由刘晓、岳明著，第七章作物对 UV-B 辐射响应反馈的品种差异由何永美、杨姝著，第八章 UV-B 辐射对植物种群与群落的影响由岳明、安黎哲著，第九章 UV-B 辐射与植物-微生物相互关系由湛方栋、陈建军著，第十章 UV-B 辐射与生态系统由祖艳群、李祖然著。

本书应用生态学理论与方法，在概述大气臭氧衰减与紫外辐射增强的基础上，探讨了紫外辐射对植物个体生长、生理代谢、群体结构、植物-微生物关系、生态系统结构及功能的影响，分析了植物对紫外辐射响应的品种差异及靶标，阐明了微观角度的分子机理及宏观角度的系统机理。本书充分关注了从室内短期培养的分子、细胞、组织和个体到野外长期定位的种群、群落及生态系统的不同层次的紫外辐射生态学研究成果，全面展示了国内外紫外辐射生态学研究的最新进展，深入探讨了紫外辐射与植物关系的过程及机理，创新性地阐明了紫外辐射生态学的知识与体系，科学地构建了紫外辐射生态学理论与方法体系，是具有重要参考意义的科学著作。

　　由于作者水平有限，加之书中涉及的知识领域较广，难免存在不足之处，望同行专家和读者批评指正。

李　元

2020 年 4 月

目　　录

第一章 绪 论

地表 UV-B 辐射增强、温室效应和酸雨是人类面临的三大全球性环境问题。过去 40 多年来，由臭氧层减薄引起的 UV-B 辐射增强而产生的严重生态学后果，已经受到了各国越来越广泛的重视。多年来大量深层次、多方位的研究工作，为紫外辐射生态学的逐步形成奠定了基础。目前的焦点问题主要集中在两个方面：一是紫外辐射增强对植物、动物、微生物等的影响；二是紫外辐射和全球气候变化之间的相互作用，以及其将如何影响人类和环境。在紫外辐射生态学研究中，主要研究生物与 UV-B 辐射之间的相互关系。20 世纪 60 年代紫外辐射生态学的研究开始起步，从最初紫外辐射对植物生长的影响发展到机理研究，并对生物适应机理进行了深入的探讨，对于紫外辐射对生态系统中各组分间相互关系的影响也进行了大量研究，以此预测自然生态系统的未来变化方向，以便更有效地调控生态系统朝着人与自然和谐共生的方向发展。

第一节 紫外辐射生态学的基础、含义与发展

一、生态学基础

生态学是研究生物与其周围环境之间相互关系的科学。环境包括生物环境和非生物环境。生物环境包括植物、动物和微生物，这些生物之间存在着种内和种间关系。非生物环境即非生命物质，如光、温度、水、空气、土壤等。紫外辐射是非生物环境的一种。

人类很早就开始研究生物与其周围环境之间的关系，并将其应用到生产和生活中。例如，我国在西汉时期所确立的二十四节气就反映了农作物、昆虫与气候之间的密切关系。在古希腊时代一些哲学家，如亚里士多德（Aristotle）、希波克拉底（Hippocrates）等的著作中，也已包含生态学的内容，但当时并没有提到"生态学"这个词。1869 年德国的一位动物学家赫克尔（Haeckel）首次提出了"生态学"（ecology）这一词汇，该词本身含有研究有机体生存环境之意，但当时并未引起人们的重视。直到 20 世纪初，生态学才逐渐被公认为一门独立的学科，是生物学的一个分支。2011 年生态学在我国已提升为一级学科，不再是生物学的分支。近 60 多年来，由于在世界范围内相继出现了粮食和能源短缺、资源退化与枯竭、环境污染、人口剧增等普遍性的社会问题，人们在寻求这些问题的发生原因和解决办法的过程中，才认识到生态学在创造和保持人类高度文明上的重要作用，因此生态学这一学科才引起人们越来越多的重视，并获得迅速发展。

目前，生态学正在向微观和宏观两个方向发展，并与其他学科相交叉而形成许多边缘学科。紫外辐射生态学就是生态学与环境科学相交叉而形成的一门边缘学科（李元和岳明，2000）。

二、紫外辐射生态学的含义

1. 紫外线的特征

紫外线是频率介于可见光和 X 射线之间的电磁波，其波长范围为 10~400nm。人眼对波长为 380nm 的辐射开始有光觉，而波长短于 100nm 的辐射实际上能电离所有分子。

辐射靠光子输送能量，一个光子的能量 E 为

$$E=h\nu=hc/\lambda \tag{1-1}$$

式中，h 是普朗克常数（6.62×10^{-34} J·s）；ν 是频率；c 是光速；λ 是波长。光子的能量 E 和频率 ν 不随输送辐射的介质而变，但光速 c 和波长 λ 是随之而变的。已知 1eV（电子伏）=1.6×10^{-19}J，相当于波长为 1240nm 的光子能量，若光子能量以 eV 为单位，波长以 nm 为单位，$E = h\nu = hc/\lambda$ 可改写为

$$E = 1240/\lambda \tag{1-2}$$

由此式不难求出，波长为 200~400nm 的光子能量为 3.1~6.2eV。

紫外线的波长下限是 10nm，但其生物学效应的波长下限为 200nm，再短将被空气和水强烈吸收。在地球上具有生物效应的紫外线波长范围为 200~400nm，而大多数有机分子要想电离需 180nm 以下的紫外线，所以地球上的紫外线对生物物质而言是非电离辐射。

2. 紫外线的生物有效性

紫外线作为一种自然界存在的生物光因子，具有其自身的特点，一方面是其高能性，另一方面是作为光本身的信号因子特性。

尽管可用于生物体的紫外线其短波光子能量最多是长波的两倍，但同数量的光子所引起的光化学反应强度（继而是光生物效应）可相差几个数量级。这是因为有关生物分子对不同波长的光子吸收差别大。根据光只有被分子吸收才能发生光化学反应的格鲁西斯-特拉帕定律，紫外线的主要生物效应是由它在核酸中的光化反应引起的，它在蛋白质中的光化反应作用小。核酸和多数蛋白质对紫外线的吸收峰远低于 300nm，对波长 300nm 以上的紫外线吸收少（刘普和等，1992）。

地表紫外辐射能量占太阳总辐射能量的 3%~5%。紫外辐射的波长范围为 200~400nm，根据其生物效应分为短波紫外线（UV-C，200~280nm）、中波紫外线（UV-B，280~315nm）和长波紫外线（UV-A，315~400nm）。UV-C 就是通常所说的杀菌紫外线，它对生物有强烈影响，但它基本上在平流层中被臭氧分子全部吸收而不能到达地面。UV-A 可促进植物生长，一般情况下无杀伤作用，很少被臭氧吸收。从生态学角度分析，UV-B 是非常重要的。UV-B 能被臭氧部分吸收，吸收程度随波长不同而异，波长越短，被吸收量越大（李元和岳明，2000）。

3. 紫外辐射生态学的形成

大气臭氧层能吸收强烈的太阳紫外辐射，使地球生物得以正常生长，从而成为地球

生命的有效保护层。在自然状态下，大气臭氧浓度相对稳定，其生成和分解保持动态平衡。20 世纪 70 年代，人们注意到平流层臭氧发生衰减（Crutzen，1972），一个严重的后果就是到达地表的紫外辐射显著增加。由臭氧衰减引起的 UV-B 辐射增强已经产生或将产生严重的生态学后果，对人、动物、植物、微生物以及生物地球化学循环、生态系统、大气质量都有重大影响。20 世纪 80 年代末期，UV-B 辐射生态效应方面的研究取得了一些成果，受到了越来越广泛的重视，并逐步形成一个新兴的分支学科——紫外辐射生态学。

太阳辐射是影响生物生长发育的主要因子。生物在从太阳辐射中获得能量的同时，不可避免地受到短波光即紫外辐射的伤害。紫外辐射作为生物生长发育中重要的环境影响因子，它与生物之间有着密切的联系。研究生物与紫外辐射相互关系的科学称为紫外辐射生态学。紫外辐射生态学是大气臭氧层减薄、紫外辐射增强条件下的生态学，它是生态学与环境科学相交叉而形成的一门边缘学科。由于 UV-B 辐射具有非常重要的生态学意义，在紫外辐射生态学研究中，生物与 UV-B 辐射的关系成为研究重点。

三、紫外辐射生态学的发展简史

最早的紫外辐射生态学方面的著作是《紫外线辐射对植物的作用》（杜布罗夫，1964）。该书记载了国外 20 世纪 30~60 年代所做的工作，将紫外辐射对植物生长和发育、种子萌发、植物细胞的影响及其在农业中的应用做了综合的说明；此外，对紫外辐射损伤植物后的光修复作用也做了适当的阐述；最后介绍了某些植物种类对紫外辐射尚具有抵抗能力。但这些早期的工作并未联系到臭氧层的变化，也未强调 UV-B 辐射重要的生态学意义，因而不够深入。20 世纪 70 年代以来，UV-B 辐射对高等植物的影响成为重要的研究课题，已有许多研究工作，但主要涉及实验室和温室条件下的草本农作物，有关森林和其他非农作物方面的工作仍然很少，而关于人、动物和微生物及生态系统方面的研究更是寥寥无几（Caldwell et al.，1995）。UV-B 辐射对植物生长发育、形态结构、生理生化、UV-B 吸收物质、基因表达、生物量和产量等多方面的影响均已有报道，并认为 DNA、膜系统和光合器官是 UV-B 辐射伤害植物的关键靶标。

60 多年来，世界各国科学家对 UV-B 辐射的研究从未间断过。在我国，国家自然科学基金资助了 180 多项有关 UV-B 辐射的项目，主要涉及作物种质资源、植物分子遗传、植物结构与功能、植物生理生态、应用气象、植物逆境生理等多个方向。王勋陵长期从事环境生物学和污染生态学的教学与科研工作，率先发现了兰州地区的光化学烟雾，并在国内率先开展了紫外辐射的生态学效应研究，从 UV-B 辐射对植物生长的影响到 UV-B 辐射对生态系统中能量累积和流动的影响，在从生理生化水平到生态系统水平上总结了 UV-B 辐射对植物的影响。云南农业大学李元等研究了主要作物对 UV-B 辐射增强响应反馈的品种差异及 DNA 基础，这对于建立鉴定作物品种 UV-B 辐射耐性的 DNA 标准，选择耐性品种作为培育抗 UV-B 品种的优良种质资源是十分重要的；同时关于 UV-B 辐射对植物中次生代谢物的影响，聚焦在药用植物上，研究了 UV-B 辐射增强对药用植物生产的影响，为药用植物的栽培和开发提供了参考；另外，以元阳梯田为对象研究了持续稳定稻田生态系统生产力对紫外辐射增强的响应及其机理、UV-B 辐射对水稻病害和水稻中原花色素的影响与其机理，并对 UV-B 辐射对稻田的影响做了全面的探索。岳明等主要从植物碳氮资源分配和植物光合作用对 UV-B 辐射增强的响应角度出发，分析了紫外辐射增强对农田生态系统结构和功能的影响。郑有飞等主要研究了 UV-B 辐射对作物的影响，从播种到收获，对不同时期植物受 UV-B 辐射胁迫产生的变化做了全面研究，并且探索了 UV-B 辐射和其他因子复合作用对植物生长的影响，较为全面地综述了目前国内外有关 UV-B 辐射与其他因子（包括 CO_2、O_3、水分、温度、重金属、盐分、矿质营养、酸雨、铈、镧、硒以及某些物理因子）复合作用对植物影响的研究进展，提出了目前该领域研究的一些不足，并对未来发展提出了展望。安黎哲等主要从细胞壁相关基因水平、基因组水平和蛋白质组水平方面研究了 UV-B 辐射对植物的影响，对 UV-B 辐射对植物形态建成和生理代谢的影响、植物响应 UV-B 辐射的信号通路以及 UV-B 与其他因子复合作用对植物的影响等进行了论述，并对植物响应 UV-B 辐射的研究做了展望。

世界各国科学家对 UV-B 辐射的研究不断深入。在 Web of Science 数据库中检索关键词"UV-B"可以检索到 300 余篇论文，在中国知网上检索关键词"UV-B"可以检索到 3337 条结果。关于 UV-B 辐射的研究主要涉及以下三方面：①UV-B 辐射对植物生长生理、各种调节激素、代谢物、基因表达的影响；②不同的环境因子与 UV-B 辐射复合作用对植物的影响，植物在自然生境中遭受多种环境因子胁迫时的应答响应机理；③植物对 UV-B 辐射响应的品种差异，自然界不同植物品种甚至同一物种的不同基因型对 UV-B 辐射的响应方式。我国学者已在国内外重要刊物上发表了大量研究论文，引起了广泛的关注。

但近些年未见系统性总结紫外辐射生态学研究方面的著作。李元和岳明（2000）编著的《紫外辐射生态学》介绍了地表 UV-B 辐射的变化，UV-B 辐射对植物生长和生产力、生理代谢的影响，UV-B 辐射对微生物的影响等内容。联合国环境规划署（United Nations Environment Programme，UNEP）2002 年发表了 *Environmental Effects of Ozone Depletion and Its Interactions with Climate Change: 2002 Assessment*，从科学性、环境影响以及技术和经济评估方面对保护地球臭氧层所采取的措施进行了评估，之后每隔 4～5 年都会发表有关臭氧衰减与气候变化的文章，系统性介绍臭氧衰减与气候变化之间的关系。郑有飞和吴荣军（2009）编写的《紫外辐射变化及其作物响应》，是介绍地表紫外辐射变化特征及其对农作物和农田生态系统影响前沿研究的方法论和最新研究成果的著作，内容涉及大气臭氧和地表紫外辐射变化特征的研究进展，以及地表紫外辐射增强对作物生长、发育、品质和产量影响的国内外研究进展。Dylan 等（2012）发表了 *Enhanced UV-B and Elevated CO_2 Impacts Sub-Arctic Shrub Berry Abundance, Quality and Seed Germination*，探讨了长期增强 UV-B 辐射和增强 UV-B 辐射与高 CO_2 浓度的联合作用对亚北极群落矮小灌木浆果特征的影响，紫外辐射增强与 CO_2 浓度升高对不同植物浆果丰度和品质有特异性的影响，这些发现对于人类和动物消费者以及种子传播与幼苗建立都具有相关性意义。Singh 等（2017）编著了 *UV-B Radiation: From Environmental Stressor to Regulator of Plant Growth*，探讨了 UV-B 辐射对植物的影响，分别从次生代谢物的积累，核酸、脂质和蛋白质吸收紫外辐射而产生的生物效应，以及植物氧化应激等方面进行总结，该书较全面地概述了植物生理方面响应紫外辐射的方式，但未从生态系统的角度进行分析。

因此，为了总结近些年来紫外辐射生态学的研究成果，推动紫外辐射生态学的进一步发展，撰写本书是十分必要的。

第二节　紫外辐射生态学的研究内容、方向及方法

一、紫外辐射生态学的研究内容

紫外辐射生态学主要研究生物与 UV-B 辐射之间的相互关系，包括生物分子、生物细胞、生物个体、生物种群、生物群落和生态系统与紫外辐射的相互关系，主要是紫外辐射对生物的影响，以及生物对紫外辐射的适应和调控。紫外辐射生态学的研究内容十分广泛，目前主要集中在以下几个方面。

1. 大气臭氧层、地表 UV-B 辐射的变化

主要研究大气臭氧层减薄导致的地表 UV-B 辐射增强及其监测，UV-B 辐射的生物效应，生态学研究中 UV-B 辐射增强的模拟方法，臭氧衰减、UV-B 辐射增强与气候变化之间的关系。这些工作将是紫外辐射生态学研究的基础。

2. UV-B 辐射对植物的影响

主要研究 UV-B 辐射对植物生长、发育和生产力的影响，对植物生理生化的影响，对植物 UV-B 吸收物质的影响，对植物次生代谢物的影响，以及植物对 UV-B 辐射增强响应反馈的种内和种间差异。植物是生态系统中生命物质的主体，关于它对 UV-B 辐射的响应已有较多研究，这可以在一定程度上间接地推断出动物、微生物和人对 UV-B 辐射的响应。

3. UV-B 辐射对生物细胞、生物分子的影响

从生物细胞、生物分子水平来研究 UV-B 辐射伤害生物的靶标，即 UV-B 辐射对植物光系统 II，对生物 DNA、蛋白质、膜系统、激素的影响。其中，关于对植物影响的研究相对较多。这些研究借用了分子生物学的手段与方法，探讨了 UV-B 辐射影响生物的分子机理，是紫外辐射生态学研究的一个重要方面。

4. UV-B 辐射对动物、微生物和人的影响

紫外辐射对动物、微生物和人的影响包括直接影响和间接影响两个方面。直接影响指动物、微生物和人直接接受紫外辐射并受到其伤害。间接影响则是 UV-B 辐射改变植物形态和次生代谢，从而影响动物、微生物和人的生长、发育。关于 UV-B 辐射对动物、微生物和人影响方面的研究较少。

5. UV-B 辐射对种群、群落的影响

研究 UV-B 辐射条件下，种群数量动态、种内竞争、种间竞争及其竞争机理；研究 UV-B 辐射条件下，群落结构、功能和演替的变化。动物、微生物种群和群落的变化还受到植物种群、群落对 UV-B 辐射增强响应反馈程度的间接影响。

6. UV-B 辐射对生态系统的影响

研究 UV-B 辐射对生态系统结构、食物链、营养循环、能量流动、植物分解、生物地球化学循环的影响。UV-B 辐射对植物的影响是十分重要的，植物形态和次生代谢的改变决定着生态系统对 UV-B 辐射响应的程度。由于生态系统结构和功能复杂，它对紫外辐射的响应也是最为复杂的，这方面的研究有待加强。

7. 生态系统对 UV-B 辐射增强的响应反馈

UV-B 辐射不仅是植物的一种环境胁迫因子，还是植物和生态系统进化的一个重要调控因子。植物次生代谢和形态变化是 UV-B 辐射调控生态系统的重要途径。自然生态系统可能产生抗性物种来适应增强的 UV-B 辐射。由于植物对 UV-B 辐射增强的响应反馈存在明显的种内和种间差异，而这些差异具有遗传基础，人工培育抗性作物品种将是减轻 UV-B 辐射对农田生态系统影响的可行调控手段。同时有利用植物响应 UV-B 辐射的方式，达到控制病害、提高类黄酮产量等目的的技术。

二、紫外辐射生态学未来的研究方向

UV-B 辐射研究初期关于 UV-B 对生物体的影响是人们关注的焦点，但许多研究结果往往是矛盾的，原因可能是辐射剂量高、不同波段的光谱分布、其他环境胁迫的差异、植物对环境的适应进化等。由于植物对 UV-B 辐射增强的响应反馈存在明显的种内和种间差异，而目前对这种差异的分子机理的探讨还较为局限；此外，由于生态系统对紫外辐射的响应复杂，许多问题仍然是不清楚的。因此，已有的植物对 UV-B 辐射响应的研究对于阐述 UV-B 辐射影响植物的机理和预测植物乃至生态系统对 UV-B 辐射的响应是远远不够的。目前 UV-B 辐射对生态系统影响的研究已朝着更可控的方向发展，通过使用具有 UV-B、UV-A 和 PAR（光合有效辐射）的真实平衡的太阳模拟器，实现真实和可重复的试验条件以解决上述问题。与之前广泛接受的观点相反，在过去几年已经证明，在低剂量和植物耐受剂量下，UV-B 辐射是植物生长和发育的重要调节因子（Jenkins，2009；Hideg et al.，2013）。暴露于天然 UV-B 条件下的植物能比生长在滤除紫外辐射条件下的植物具有更高的营养和药理价值（冯源，2009）。此外，研究表明，UV-B 辐射提高了植物对干旱、高温、病原体和昆虫攻击以及营养缺乏条件的适应能力（Ballaré，2014；李元等，2015；Li et al.，2018b）。

未来研究还需在两个方面予以加强，一方面是分子水平的研究，能深刻地解释 UV-B 辐射影响植物的机理，为抗性植物的筛选和抗性品种的培育提供理论依据。另一方面是野外条件下生态系统对 UV-B 辐射响应的长期研究，是正确评估 UV-B 辐射增强条件下生态系统和生物多样性变化的前提基础与理论依据。在这些理论指导下，可以更合理地预测自然生态系统的未来变化方向，更有效地调控农田生态系统向着有利于人类的方向发展。

三、紫外辐射生态学的研究方法

紫外辐射生态学是生态学与环境科学之间交叉而形成的学科，其研究方法具有很强的综合性，包括了生态学的研究方法和紫外辐射的模拟方法。Aphalo 等（2012）编著的 *Beyond the Visible: A Handbook of Best Practice in Plant UV Photobiology* 一书，对 UV-B 辐射的研究方法进行了较详细的总结，并给出多个课题组的研究案例供参考。

1. 野外调查法

太阳 UV-B 辐射随纬度、海拔、季节和昼夜发生明显变化，这种变化与植物和生态系统的适应水平有密切的联系。因此，调查不同时间、不同空间的 UV-B 辐射强度，以及植物形态、生长、发育、生理生化水平和生态系统结构、功能水平，并探讨两者之间的关系，可以找到 UV-B 辐射影响植物和生态系统的规律，以及植物和生态系统适应 UV-B 辐射的规律。当然，在研究中应注意考虑温度等其他环境因子对植物和生态系统的影响。

2. 模拟试验法

模拟试验法是在人工增强或减弱 UV-B 辐射的条件下，研究 UV-B 辐射对植物和生态系统的影响。它可以模拟 UV-B 辐射的空间变化，是野外调查法的补充和完善。长期以来，模拟 UV-B 辐射的方法改进很小。归纳起来，模拟试验法包括室内模拟试验、室外模拟试验和水中模拟试验三方面（Rozema et al.，1997）。

（1）室内模拟试验

室内模拟试验能很好地控制各种环境因子，但它与自然环境状况有所差别，特别是在 UV-B 与 UV-A、可见光的平衡方面，因为 UV-A 和可见光会减弱 UV-B 辐射的效果，室内 UV-A 和可见光的不足会导致 UV-B 辐射的效果放大。室内 UV-B 辐射模拟方法主要是增强 UV-B 辐射，即通过 UV-B 灯管与可见光（PAR）光源联合使用来增强 UV-B 辐射，并用特殊的滤膜（如醋酸纤维素膜等）过滤去除不需要的 UV-C，通过改变 UV-B 辐射的时间长短和 UV-B 灯管到植株的距离来调节不同的 UV-B 生物有效辐射强度。

（2）室外模拟试验

室外模拟试验更接近自然效果，但温度等其他环境因子对植物和生态系统的影响很难控制，而且大面积的 UV-B 辐射模拟还存在一些困难。室外 UV-B 辐射模拟方法包括增强或减弱 UV-B 辐射两方面。

低于环境 UV-B 辐射的模拟主要通过过滤太阳 UV-B 辐射来达到降低 UV-B 辐射水

平的目的。目前有箔过滤法和 O_3 箱过滤法两种。箔过滤法：用特殊的箔（如 mylar 箔等）来过滤太阳 UV-B 辐射，以达到低于环境 UV-B 辐射的水平。O_3 箱过滤法：用能透过 UV-B 辐射的材料制作箱体，里面充满 O_3，从而降低太阳 UV-B 辐射的透过量，以达到低于环境 UV-B 辐射的水平。UV-B 辐射的降低程度与 O_3 浓度有关。该方法的最大优势是保持了自然光谱平衡。

高于环境 UV-B 辐射的模拟主要采用 UV-B 灯管来增强 UV-B 辐射，分为方波模式和太阳能追踪模式两种。方波模式（square-wave mode）：UV-B 灯管与适当的滤膜（如醋酸纤维素膜等）联合使用，在中午前后开灯辐射，达到增强 UV-B 辐射的目的。太阳能追踪模式（solar tracking mode）：又称可控模式系统，即连续监测太阳自然 UV-B 辐射，同时提供连续的成比例的附加 UV-B 辐射。本研究团队通过该方法在云南省红河州元阳梯田开展室外模拟试验（102°44′E，23°19′N，海拔 1600m），通过控制灯架的高度调控 UV-B 辐射增强水平（图 1-1）。

图 1-1　云南省元阳梯田紫外辐射试验站（彩图请扫封底二维码）

Figure 1-1　UV radiation test station of Yuanyang terrace in Yunnan Province

（3）水中模拟试验

与陆地环境相比，水生生物的野外试验不仅受到水下光照条件的限制，而且受到一系列物理扰动（如波浪作用、潮汐涨落、水流等）的影响。对于底栖植物，必须考虑的一个重要因素是它们的垂直分布。可用绳索或浮标将有机玻璃培养箱定位在不同的水深处，测定不同深度 UV-B 辐射的强度，不同水体中 UV-B 辐射的渗透率不同。

3. 野外定点观测

通过在野外建立定位试验站，并在不同 UV-B 辐射强度地区种植同类植物，研究这些植物变化的差异，包括植物接受不同纬度的太阳自然 UV-B 辐射（纬度梯度），以及植物接受不同高度的太阳自然 UV-B 辐射（海拔梯度）。这两种方法必须考虑温度等其他环境因子的变化。利用不同纬度或不同海拔 UV-B 辐射背景值的差异，通过模型剔除环境其他因素对试验可能产生的干扰，采用多元统计学、多元分析方法、动态方程、多维几何、模糊数学理论、综合评判方法等一系列相关的数学、物理研究方法来系统分析紫外辐射与生态环境之间的关系，在大尺度下利用大数据来分析紫外辐射对生物种群、群落、生态系统的影响（Ballaré et al.，2011）。

小　　结

　　本章阐述了紫外辐射生态学的含义与特点，纵观学科的发展过程，分析了国内外科研人员的研究内容以及未来的研究热门话题，由最初研究紫外辐射对生物的影响到将紫外辐射的调控作用应用到农业、制药等行业。紫外辐射生态学的研究方法主要是通过人为模拟 UV-B 辐射增强后的环境变化或根据大尺度下 UV-B 辐射背景值差异来分析生态系统中各要素的适应性变化，涵盖了生态学的研究方法和紫外辐射的模拟方法。紫外辐射的研究与气候变化紧密联系，而气候变化存在不确定性，为了减少气候波动给紫外辐射研究带来的干扰，目前最需要开展科学研究工作的主要方面包括改进紫外观测系统，结合气候监测系统发展更完善的全球紫外辐射变化模型。

第二章　大气臭氧层与地表 UV-B 辐射

臭氧层是大气层中平流层（10～50km 的一个大气区域）O_3 浓度高的一个层次，地球上 90%的臭氧分布在距地表 20～25km 的高度。太阳光中的紫外线作为一种自然界存在的生物光因子，根据生物效应分为短波紫外线（UV-C，200～280nm）、中波紫外线（UV-B，280～315nm）和长波紫外线（UV-A，315～400nm）。UV-A 因波长较长，能直接穿过大气层到达地表，对植物没有杀伤作用；UV-C 虽对生命体有致死作用，但因为波长较短而无法透过大气层；UV-B 对生物有一定的危害，但是太阳光中的 UV-B 辐射会被臭氧层吸收。臭氧衰减直接导致 UV-B 辐射增强。气候条件和氯氟烃等化合物的共同作用加快了臭氧的分解，平流层的臭氧一直在减少。近年来，得益于《蒙特利尔破坏臭氧层物质管制议定书》（以下简称《蒙特利尔议定书》）的签订，危害臭氧层的氟氯烷化合物已停止使用，臭氧衰减问题得到缓解（Hossaini et al., 2017），但在部分地区地表 UV-B 辐射仍在加强。更多的 UV-B 辐射到达地表导致许多严重的生态学后果，平流层臭氧减少所造成的地表 UV-B 辐射强度增加的问题引起了广泛关注。

第一节　大气臭氧层变化

一、臭氧

臭氧（O_3）是天然的但不稳定的分子，呈淡蓝色，带有刺激的辛辣气味，分子由三个氧原子组成。早在 1840 年，Schonbein（1799—1868 年）就发现了臭氧，当时，在氧气存在的情况下，通过放电会产生刺鼻的气味，他认为这可能是一种"超活性氧"。1881年，臭氧吸收波长小于 290nm 紫外线的性质被 Hartley 发现，同时他认为臭氧主要存在于一定高度的大气层中。1924 年，多布森（Dobuson）发明了一种能够测量臭氧含量的分光光度计，由于大气中臭氧浓度极低，这种仪器的发明为臭氧研究奠定了很好的基础，因此大气层臭氧通量以多布森为单位（1 多布森单位即 $1DU = 2.69 \times 10^{16} molec/cm^2$），以此来纪念多布森所做的贡献。20 世纪 30 年代，Chapman 揭示了太阳光如何与大气层的氧分子作用形成臭氧。从 1957 年开始，作为国际地球物理年的一项活动，在南极洲的 4个科研站开始定期测量臭氧。1970 年，开始利用 Nimbus 系列人造卫星测量臭氧。此时，大气层臭氧的变化逐渐引起了一些学者的注意，并且将平流层臭氧的减少与地表紫外辐射增强联系在一起（李元和岳明，2000）。

当电弧放电时，臭氧由氧产生，其是一种非常活泼、不稳定的气体。臭氧具有很强的氧化作用，即使在很小的浓度下，也会对人体产生毒害。当雷击时，环境中会产生臭氧。如果在高压电气设备附近发生放电，也会产生臭氧。氮氧化物等污染物在阳光照射下发生光化学反应，可以在地面附近形成臭氧。在化学工业中，臭氧被用作漂白剂。臭氧具有很强的氧化作用，而且不会导致有毒化合物的产生，如用氯消毒水时会产生氯有机物，这使得臭氧比氯更安全。平流层中臭氧的存在，对我们的健康甚至生存都是至关重要的。臭氧分子的结构及化学性质使其能够有效地吸收波长范围为 220～310nm 的紫外线，从而阻止大部分紫外线到达地表。UV-B 辐射对大多数植物和动物有害，包括人类。同时，臭氧可保护低空的氧气不被 UV-B 辐射破坏。因此，即使臭氧在大气中的含量不足百万分之一，但它在保护环境方面发挥着非常重要的作用。

二、臭氧层

1. 臭氧层的形成

地质学家估计，在 25 亿年的时间里，臭氧层的形成速度非常缓慢。在臭氧层形成之前，太阳光中紫外辐射毫无阻隔地到达没有生命的地球表面。这就是为什么生命必须从水中开始，溶解性有机碳和其他形式的混浊物能够吸收紫外辐射，促使低等的有机体形成。也正是这种"未经过滤"的阳光，诱导合成了许多原本不可能形成的化合物，为生命的产生奠定了基础。地质、水文、生物等方面的因素促成了臭氧层的形成。在大气层中，当氧分子吸收了波长短于 242nm 的光子时，就会分解成自由氧原子（O）：

$$hv + O_2 \longrightarrow O + O$$

所以在距海平面 400km 以上，99%的氧处于原子状态；在距海平面 400km 以下的地方，由于能促使 O_3 分解的短波紫外辐射已被吸收，O_2 的数量远多于 O。当氧原子和氧分子碰撞时就产生臭氧：

$$O + O_2 \longrightarrow O_3$$

由于上述化学反应的进行还需要一个双原子物质来吸收所释放的热量，因此臭氧浓度在大约距海平面 30km 的平流层达到最高，其原因在于若高于这个高度，则氧分子数量太少，不易形成臭氧，而低于这个高度，绝大多数能分解氧分子的紫外辐射已被吸收，氧原子数量过少，臭氧的形成速率也不高。因此我们常说的臭氧层指的是海拔 10～60km 的大气层，臭氧的体积分数达到 10^{-6}，又以 20～30km 的平流层浓度最高。

臭氧以这种方式形成，但会被平流层中自然发生的化学反应所破坏。例如，阳光不仅有助于形成臭氧，而且有助于破坏臭氧，它把臭氧分子（O_3）分解成氧原子（O）和氧分子（O_2）。然后，自由氧原子与其他臭氧分子结合形成更多的氧分子：

$$O_3 \xrightarrow{\ hv\ } O_2 + O$$

$$O + O_3 \xrightarrow{\ hv\ } O_2 + O_2$$

臭氧在平流层中持续产生，也在持续地被自然过程破坏，臭氧层就是在这种动力学平衡中形成的。

2. 臭氧层的作用

臭氧对紫外辐射的吸收水平是由臭氧通量决定的，即由单位大气层厚度中臭氧分子数目所决定。臭氧通量通常以 DU（Dobuson unit）为单位，大气层平均臭氧通量大约为 300DU，相当于地面上纯臭氧层厚度为 3mm。

臭氧层有两个重要作用。一是臭氧层可以吸收太阳紫外辐射中对生物最有害的辐射，波长小于 280nm 的短波紫外线（UV-C）可被极少量的臭氧完全吸收，即使臭氧层减少 90%，也不会有 UV-C 辐射到达地表（Caldwell，1993）；而臭氧对长波紫外线（UV-A，315～400nm）的吸收很少。因此，平流层臭氧减少将主要导致到达地表的中波紫外线（UV-B，280～315mn）增加。臭氧层减薄可对人类产生有害影响是由于紫外线会对眼睛和皮肤产生作用，引起晒伤、白内障、皮肤癌等。UV-B 辐射直接损害动物细胞的遗传物质。哺乳动物暴露在 UV-B 辐射下，已经证明会对其免疫系统起作用，增加机体对感染和癌症的敏感性。UV-B 辐射会影响植物形态、生理生化过程、根系分泌物等，间接地改变植物与凋落物中微生物群落、叶片表面微生物群落以及根际微生物群落的相互作用，这些内容在后续章节会详细叙述。可以说，臭氧层的作用就像"防晒霜"，防止紫外线的有害部分到达地球表面，从而有助于减少变异或其他形式的损害植物和动物生命的风险。

二是臭氧层吸收太阳辐射后可以加热大气层，其原因是臭氧分子吸收紫外线后将分解为一个氧分子和一个氧原子，当两个氧原子重新结合为氧分子时要放出热能，这实际上就是臭氧把太阳光里的紫外线转化为热能的过程。如果没有臭氧层，那么低空中的氧气也会被 UV-B 辐射破坏。即使臭氧仅是众多气体中的一类，但在保护环境方面起着非常重要的作用，如果没有臭氧层的保护，UV-B 辐射将会使地球上大部分生命消失。

工业化以前，臭氧层是相当稳定的，虽然可能会受太阳黑子活动周期的影响。但是 20 世纪 60 年代以后，情况就完全不同了。

三、臭氧层减薄

1. 臭氧衰减的发现

人们常把臭氧层减薄认为是"臭氧空洞"，但是"臭氧空洞"并不是指大气中臭氧浓度为零的区域，因此臭氧层减薄能更确切地表示大气区域中臭氧浓度的减少。"臭氧空洞"一词来源于 20 世纪 70～80 年代在南极上空拍摄的描绘臭氧浓度的卫星图像。目前南极上空的臭氧浓度仅为臭氧消耗前的 50%。近年来，北极地区也发现了类似的"臭氧空洞"。

Lovelock 在 1970 年首先探测到空气中氯氟烃的存在，氟利昂的体积分数约为 6×10^{-11}。他在伦敦周围地区上空发现氟利昂是不足为奇的，因为这一地区都在大量使用氟利昂，但令他奇怪的是在没有工业污染的北大西洋上空居然也有氟利昂。1971 年 Lovelock 进一步的研究发现，整个大西洋上空的空气样品中均有氟利昂存在，因此他认为氟利昂是随空气的大规模运动而传播的，但当时他并不认为氟利昂对环境有什么影响。

大气科学家 Rowland 于 1972 年得知 Lovelock 的工作以后，希望搞清楚排放到大气中的氯氟烃化合物的最终去向。他与加利福尼亚大学的 Molina 合作，发现氯氟烃化合物在受到高能量的紫外线照射以后将产生氯原子和自由基，而氯原子能够连续破坏臭氧分子。Stolarski 和 Cicerone（1974）也发现了相同的连续反应。同时从 1970 年开始，Crutzen 和 Johnston 研究了氮氧化物与臭氧的反应，他们注意到，高空中飞机排放的氮氧化物会减少平流层中的臭氧。在此之前，关于超音速飞机和其他高速飞机的排放物是否会影响环境的研究，已经证明氮氧化物对臭氧的减少同样负有责任。1995 年，瑞典皇家科学院授予 Rowland、Molina 和 Crutzen 诺贝尔化学奖，以表彰他们在解释影响臭氧含量的化学反应机理时所取得的卓越成就。他们三位的工作，对全球环境的保护极具意义（李元和岳明，2000）。

Rowland 和 Molina 在 1974 年预言，如果工业生产中的氯氟烃继续排放到大气中，每年平流层中的臭氧将减少 3%～7%。事实证明，臭氧的问题远比 Rowland 和 Molina 想象的还要严重。南极上空的臭氧含量，春季比冬季高 35%。在 20 世纪 70 年代中期以前，这个规律基本没有变化。但是到了 1978 年和 1979 年，英国科学家发现了一些异常情况。在南半球春季的 10 月，测出的臭氧含量比过去 20 年的平均数低。此后的几年里，10 月的臭氧含量继续减少。

自 20 世纪 70 年代中期，全球意识到地球大气中臭氧的消耗越来越严重，有形成"臭氧空洞"的危险。1985 年联合国环境规划署发布的《保护臭氧层维也纳公约》、1987 年的《蒙特利尔议定书》和随后的全球倡议，表明全球对臭氧层减薄的担忧已变得强烈。随着"臭氧空洞"的出现，在 80 年代后，全球越来越关注另一个威胁——全球变暖。近年来，极地和雪山的冰以前所未有的速度融化。一个接一个的极端事件让我们措手不及。总而言之，全球变暖对我们的影响比预期严重得多。因此，全球变暖已经成为公众关注的焦点，人们对臭氧层减薄的关注越来越少。但"臭氧空洞"还未被填补，它仍然比 1990 年之前观察到的大，由于臭氧层受季节影响变化很大，目前还不清楚是否真的像人们所希望的那样发生了恢复。但有一个坏消息是，在 2011 年初，科学家发现北极已经形成了一个与南极类似的"臭氧空洞"。此前，北极臭氧的损失比南极上空的要小很多。因此在某些方面，"臭氧空洞"对气候的影响比全球变暖要大得多。Ball 等（2018）将近几年多个卫星观测的臭氧数据与 2012 年之前公开数据进行综合分析比较，发现 60°S～60°N 区域臭氧浓度在高空平流层逐渐恢复，而平流层中下层臭氧浓度依旧呈现降低趋势。由 2019 年夏至日地球紫外线指数可发现，全球低纬度部分地区和青藏高原地区的紫外线强度最高（来源于 http://www.temis.nl/uvradiation/world_uvi.html），其中到达地球表面的紫外线指数根据红斑作用光谱计算得出，即有效紫外线辐照度（25mW/m² 为一个单位）。这个频谱是基于白种人皮肤对日晒的敏感性（红斑）确定的，并且适用于当地中午晴朗的天空。

2. 臭氧衰减的原因

在所有与臭氧层破坏有关的化学物质中，氯氟烃化合物（chloro-fluoro-carbon，CFC，俗称氟利昂）是最主要的。美国学者 Rowland 和 Molina 在 1974 年最先提出，广泛使用的氯氟烃化合物在进入平流层后分解，破坏臭氧分子。Crutzen 和 Johnston 通过研究氮氧化物（主要是 N_2O）与臭氧的反应，发现氮氧化物也会减少平流层中的臭氧。后期的研究表明，除氯氟烃化合物和氮氧化物外，还有许多气体可以直接或间接地破坏臭氧层，如 CH_4、CCl_4、$CHCl_3$ 和溴及溴化物等，甚至 CO_2 的过量排放都对臭氧层减薄起促进作用。大气层中上述气体浓度的持续升高是与工业化相联系的，特别是 20 世纪 60 年代以后，大气层中能破坏臭氧层的气体浓度急剧升高，因此，可以说人类活动是破坏臭氧层的最主要原因。氟利昂最初被称为"神奇化学品"，与其他制冷剂如氨和二氧化硫不同，氟利昂是无毒的，不可燃，不发生反应，由于氟利昂可以很容易被加压成液体，其使用也更方便，几乎没有爆炸危险或毒性。氟利昂的过度使用，以及对臭氧造成危害，这些都是"臭氧空洞"故事的一部分。

3. 平流层臭氧被破坏的假说

臭氧作用是在早期监测臭氧柱时发现的。1879 年，法国玛丽·阿尔弗雷德·科恩在研究太阳光谱时发现，在太阳落山时，太阳光会在大气中通过较长的距离到达地表，波长低于约 300nm 的紫外线光谱强度会发生突然的下降。她认为强度突然下降是由于大气能够吸收紫外线。1880 年，一个爱尔兰人 Hartley 推测大气中能够吸收紫外线的物质是臭氧，这个猜测基于他关于臭氧吸收紫外线的实验室研究。随后，Hartley 将波长在 200～320nm 的太阳光吸收归因于臭氧，推断大部分臭氧必须在大气上层，这就是为什么阳光通过它的路径越长（如太阳落山），紫外线部分被吸收得越多。1906 年，Erich Regener 首次用紫外线研究臭氧的分解。1920 年，Charles 和 Buisson 对马赛臭氧总量进行了定量测量。1924 年，英国科学家多布森发明了一种新的分光光度计，用它可以测量臭氧含量。他发现英国牛津上空的臭氧会发生规律的季节变化，他认为该变化可能与大气压力的变化有关。为了验证这个想法，他在欧洲多个地区安装了多个分光光度计，测量结果显示臭氧浓度随着天气的变化发生有规律的变化。其中一个分光光度计安装在瑞士阿尔卑斯山的阿罗萨，自 1926 年以来一直在监测大气臭氧。1928 年，Findlay 发现紫外辐射会导致皮肤癌。同年，CFC 被成功合成。

平流层臭氧减少是由大气层中氯氟烃化合物 CFC 存在而引起的假说最早是由美国学者 Molina 和 Rowland（1974）提出的。这一假说的提出主要是基于对氯氟烃化合物的物理化学性质以及大气层条件的了解，但在当时仍然是有争议的。假说提出后，在欧美的报纸、电视等媒体上频繁报道，引起了学者、生产和使用氯氟烃化合物的公司及其他相关组织与团体的激烈争论。公众也对这一问题表现出了极大的兴趣，因为日常的一些用品，如使用喷射罐包装的杀虫剂、空气清新剂、摩丝和剃须膏等都采用氯氟烃类物质作为推进剂和发泡剂。许多美国公众做出的反应是给议员写信，建议减少消费含 CFC 的产品。

Molina 和 Rowland（1974）假说的主要内容有以下几点：由人类活动释放到低层大气中的 CFC 是相当稳定的，有很长的残留期（约有 100 年），但目前在对流层并未发现有显著的 CFC 库，一个可能的原因是其被土壤吸收。土壤确实从低层大气中吸附了一定量的 CFC（Khalil and Rasmusen，1989）。因为低层大气中的 CFC 残留期很长，而且对流层大气的运动很剧烈，这样 CFC 被带入平流层，一旦 CFC 进入平流层中臭氧层的高度以上，就会被高能量的紫外辐射破坏，释放出高度活泼的氯原子，而氯原子将很快参与到平流层臭氧的破坏反应中。他们发现，当氯原子和臭氧发生反应时，形成氧化氯自由基（ClO），随后发生连续反应，这种连续反应的结果是一个氯原子可以破坏大约 10 万个臭氧分子，而臭氧破坏的直接后果是地表紫外辐射增强。

另一个有关臭氧破坏的早期研究是由 Crutzen（1972）完成的。他发现土壤中的微生物在分解有机质时产生的氧化亚氮（N_2O）同样可以和臭氧发生催化反应，这对平流层臭氧的平衡影响甚大，他还特别研究了细菌肥料对臭氧层的破坏。氧化亚氮引起臭氧分解的原因是它同样可以被紫外线分解产生极具活性的氮氧自由基，进而使臭氧分解。

4. 大气臭氧衰减机理

破坏臭氧的化学反应为

$$X + O_3 \longrightarrow XO + O_2$$

$$XO + O \longrightarrow X + O_2$$

总反应实际是

$$O + O_3 \longrightarrow O_2 + O_2$$

这里 X 可能是 NO、Cl、Br、OH 等，这些物质与氧结合形成的原子团如 NO、ClO、BrO 等是活性很强的自由基，而其来源是自然或人为活动排放的 N_2O、CH_4、CH_3Cl、CFC 等气体。

破坏臭氧的化学反应是一种催化反应，即与臭氧反应的原子或原子团在反应过程中产生，能重复地参与反应。对臭氧层破坏作用最大的氯氟烃，在低层大气层中缺乏去除途径，即太阳光、降水和氧化作用都不能使其破坏（CFC 不吸收太阳辐射中的可见光部分，而对流层中紫外辐射很弱；CFC 不溶于水；CFC 在氧气丰富的对流层并不活泼），但到了平流层中，CFC 受到紫外照射后将释放出氯原子：

$$CCl_3F + h\nu \longrightarrow Cl + CCl_2F$$

而氯原子很快与臭氧反应：

$$Cl + O_3 \longrightarrow ClO + O_2$$

上述两个反应的实质是在 Cl 和 ClO 的相互循环作用下，游离氧原子与臭氧分子反应形成两个氧分子的过程：

$$O + O_3 \longrightarrow O_2 + O_2$$

上述反应是一个循环反应，也就是同一个氯原子可以不断与臭氧分子发生反应，破坏其他臭氧分子，这一系列反应就是我们熟知的催化链式反应，氯原子在这个反应中并未消失，而是重复产生并参与反应。据估计，每一个氯原子在被其他的化学过程最终消除以前，大约可以破坏 10 万个臭氧分子（Rowland，1989）。由于每年有近 100 万 t 的 CFC 进入大气层，上述反应的影响是十分明显的，数量如此巨大的 CFC 排放引起的臭氧破坏程度是各种自然作用对臭氧破坏程度的 100 倍（Botkin and Keller，1998）。

同样，经自然界中微生物脱氮作用产生的氧化亚氮可与游离氧原子发生反应，产生一氧化氮：

$$N_2O + O \longrightarrow 2NO$$

超音速飞机排放的烟雾及光化学烟雾含有一氧化氮，其可以与臭氧作用产生二氧化氮和氧分子，而二氧化氮又能和氧原子作用而还原成一氧化氮及氧分子：

$$NO + O_3 \longrightarrow NO_2 + O_2$$

$$NO_2 + O \longrightarrow NO + O_2$$

也就是说，NO 像催化剂一样把臭氧分解了。

值得说明的是，平流层中的化学反应远比上面的几个反应复杂，因为大气中有许多化学物质可以与气溶胶、水蒸气等发生许多复杂的反应，但上述反应仍可勾画出平流层臭氧破坏过程的基本轮廓。

5. 臭氧层变化预测模型

随着臭氧消耗物质浓度的下降，平流层的臭氧水平预计会上升，但在什么时间范围内以及以什么速率恢复主要取决于温室气体的水平。对流层二氧化碳增加引起的温室效应导致平流层降温。平流层水蒸气含量的增加或 N_2O 排放量的增加也将推动臭氧的消耗。其中，随着越来越多的研究对 N_2O 的排放量进行评估，N_2O 排放正日益成为人们关注的问题（Arévalo-Martínez et al.，2015）。N_2O 不仅是使全球变暖的气体分子，而且是平流层臭氧损耗的主要催化剂（Hickman et al.，2015）。事实上，"臭氧空洞"和气候变化将发生非常复杂的相互作用，化学气候模型（chemistry-climate model，CCM）是预测平流层和臭氧层未来演变的重要工具，这一模型可以完整展示大气中的动力、辐射和化学过程及其相互作用。存在化学和动力学过程之间的反馈是 CCM 与化学运输模型（chemical transport model，CTM）之间的一个主要区别，模拟气候变化下臭氧的演变需要 CCM（Dameris et al.，2005）。有预测表明如果臭氧的消耗被逆转，到 2060 年左右"臭氧空洞"就会消失。这可能伴随着各种影响，这些影响可能并不都是有利的，因为当时的世界可能已经被气候变化的影响所改变。例如，冰川的融化将使原来被冰覆盖的海面暴露在 UV-B 辐射下，其强度是之前的 10 倍（Bais et al.，2015）。因此，虽然模型预测的能力一直在稳步提高，但仍然存在一些缺陷，阻碍了精确的模拟（Barnes et al.，

2014）。目前卫星观测仍然是模型评估的重要资源。

英国臭氧层研究小组对 1989～2050 年 CFC11 和 CFC12 浓度的变化做了模型计算（曹凤中，1989），模型中考虑了 CFC11 和 CFC12 的 4 种可能的排放量，即以 1989 年水平继续排放到 2050 年；以《蒙特利尔议定书》的规定减少排放；1989 年消灭所有排放（无排放）和以必要量减少将浓度稳定在 1989 年的水平。结果显示，对于 CFC11 和 CFC12 以 1989 年水平稳定排放，2050 年空气中 CFC11 和 CFC12 的体积分数将分别为 680×10^{-12} 和 1340×10^{-12}，对于按《蒙特利尔议定书》的规定减少排放，2050 年空气中 CFC11 和 CFC12 的体积分数分别为 390×10^{-12} 和 830×10^{-12}，仍代表氯源气体和平流层中氯浓度显著增加。

联合国环境规划署对由 CFC 造成的臭氧浓度变化进行了模型预测，表明若考虑 CH_4、N_2O 及 CO_2 的影响，并假设 CH_4、N_2O 及 CO_2 的排放量年增长率分别为 1%、0.25% 及 0.5%，在此种情况下，若按 1980 年的排放量继续下去，则臭氧总量不会有明显变化，只是在分布高度上有变化；若自 1980 年以后三者排放量年增长率均为 3%，则到 2050 年臭氧总量减少 10%，之后减少速率急剧增大。

一般的预期是全球平流层臭氧柱的平均值将随着含卤素的臭氧消耗物质（ozone-depleting substance，ODS）的浓度继续下降而增加，但由 ODS 减少而导致的总臭氧柱平均值增加的研究尚未见报道；冷却平流层也有助于通过减缓温度依赖的臭氧消耗速率和加速臭氧通过 Brewer-Dobson 循环（BDC）的输送来恢复臭氧。直到最近，才在南极洲春季发现总臭氧柱恢复（Solomon et al.，2016）。非极地（60°S～60°N）总臭氧柱自 2000 年以来一直保持稳定。尽管臭氧总量没有得到明显的恢复，但在气压高于 10hPa 的平流层上部，臭氧似乎在显著恢复，特别是在中纬度地区，这些数据来自多个观测结果。然而，平流层上层臭氧的恢复并不意味着整个平流层臭氧正在恢复。自 1997 年以来，当平流层上部显示臭氧显著增加时，由于未分配的动力变化引起的不确定性干扰了通过回归分析确定的趋势显著性，或者平流层下部或对流层中存在抵消作用，1979～2011 年东亚臭氧总量呈现下降趋势（图 2-1）。

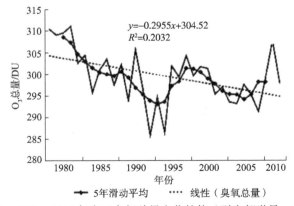

图 2-1　1979～2011 年东亚臭氧总量变化趋势（引自郭世昌，2013）

Figure 2-1　Total ozone change trend in East Asia from 1979 to 2011

6. 臭氧消耗控制策略

过去 40 年对臭氧和大气层探索的结果，使人们认识到了环境的危机和重要，导致了全球对氯氟烃产品的禁用。《保护臭氧层维也纳公约》于 1985 年由联合国环境规划署制定。它发生在美国化学家 Rowland 和墨西哥科学家 Molina 的"臭氧空洞"理论之后。法曼、加德纳和尚克林发现从 1975 年至 1984 年，每年 10 月中旬南极上空臭氧浓度最小值下降 40%，这一发现验证了"臭氧空洞"的真实性。公约的既定目标是促进信息交流、研究和系统观察，保护人类环境与健康，由此开始展开保护臭氧层行动。

1987 年 9 月，24 个国家签署了《蒙特利尔议定书》，目的是在 1999 年使排放到大气中的氯氟烃比 1986 年减少 50%。从 1987 年到现在，已经有 170 多个国家在《蒙特利尔议定书》及其修正案（1990 年的伦敦修正案和 1992 年的哥本哈根修正案）上签字，并呼吁从 1996 年起完全禁止使用氯氟烃化合物。但议定书签署时臭氧层的减薄已经十分明显，以至于臭氧问题在以后的发展远远超过了人们最初的估计，使得臭氧衰减不可能很快消失。另外，并不是所有可能破坏平流层臭氧的化学物质都被列入《蒙特利尔议定书》的禁止范围，同时对该议定书的执行情况在发达国家和发展中国家有很大差别，因此臭氧衰减问题完全解决还需要漫长的过程。美国已在 1995 年停止了氯氟烃化合物的生产，比议定书规定的时间表提前了 4 年，欧洲共同体国家采用氯氟烃的替代产品时间也比议定书的规定有所提前。发展中国家因为经济和技术的原因，执行《蒙特利尔议定书》有一定的困难，应该加快氯氟烃类物质替代物的研究和开发，也需要发达国家在技术和资金方面给予帮助。此后，生产消耗臭氧物质的国家就逐步淘汰氟利昂达成了协议。协议中将 CFC 分为 I 组和 II 组，停止生产 II 组氟利昂。对于 I 组中的氟利昂，按以下方式逐步淘汰：①到 1990 年将消费量减至 1986 年的水平，②到 1994 年减少 80%，③到 1999年进一步减少 50%。《蒙特利尔议定书》要求发达国家在 1996 年、发展中国家在 2006年完全停止氯氟烃的生产。自 1997 年左右以来，臭氧总量的下降趋势几乎在所有非极地地区都停止了。

第二节　大气臭氧层减薄与地表 UV-B 辐射增强

平流层臭氧破坏的直接后果就是到达地表的太阳辐射中的紫外线增加。臭氧能大量吸收太阳辐射中的紫外线部分，其对紫外辐射的吸收量随波长的减少而迅速增加，波长小于 280nm 的短波紫外线（UV-C）可被极少量的臭氧完全吸收，即使臭氧层减少 90%，也不会有 UV-C 到达地表（Caldwell，1993）；而臭氧对长波紫外线（UV-A，315～400nm）的吸收很少。因此，平流层臭氧减少将主要导致到达地表的中波紫外线（UV-B，280～315nm）增加。正因为如此，全球变化研究者将注意力主要放在 UV-B 辐射的增加上。近年来紫外辐射测量的质量和范围已大大提高。

一、UV-B 辐射

在关注 UV-B 辐射的各个方面之前，我们首先应该了解电磁波谱。电磁波谱由红外线、可见光辐射和紫外线组成,具体波长和频率见表 2-1。波长较长的太阳辐射称为红外辐射。波长范围在 200~400nm 称为紫外辐射,较短波长的紫外线被平流层 O_3 过滤掉,只有低于太阳辐射量的 7%(UV-A 和 UV-B)到达地球表面。温带地区的 UV-B 辐射水平低于热带地区,这是由于大气吸收 UV-B 较多,主要是由太阳角和臭氧层厚度变化引起的。因此,在极地和热带地区,UV-B 辐射强度相对较低。

表 2-1 电磁波谱区域和颜色(引自 Eichler et al., 1993)
Table 2-1 Regions and colours of the electromagnetic spectrum

波长(nm)	频率(THz)	颜色
50 000~10^6	0.3~6	远红外线
3 000~50 000	6~100	中红外线
770~3 000	100~390	近红外线
622~770	390~482	红色
597~622	482~502	橙色
577~597	502~520	黄色
492~577	520~610	绿色
455~492	610~660	蓝色
400~455	660~770	蓝紫色
315~400	770~950	UV-A
280~315	950~1 070	UV-B
200~280	1 070~3 000	UV-C

二、地表 UV-B 辐射变化

在 1994 年关于臭氧损耗对环境影响的评估中,联合国环境规划署曾报道在特定波长处进行检查时,北半球紫外线强度的上升与 1992~1993 年测量的"创纪录的低臭氧柱"有关。南极在夏至日之前紫外辐射水平出现峰值。在南极洲帕尔默站发现春季引起 DNA 损伤的辐射水平超过了记录的最大值。自南极地区有记录以来,2008 年第五次记录到大量臭氧损耗,超过 $27.1km^2$ 的面积中臭氧水平已经下降到 100DU 以下。除了平流层臭氧外,存在于对流层的污染物也对紫外线辐射水平有影响。臭氧和存在于对流层的气溶胶能显著降低紫外线辐射水平。与北半球相应纬度的其他地区相比,阿根廷、智利、新西兰和澳大利亚记录的紫外辐射水平较高,可能是由平流层臭氧水平较低和对流层污染物水平较低所致。然而,该报道的一项研究表明,对流层污染物确实对紫外线有影响,但与臭氧含量降低导致的影响相比,它的作用是很小的。平流层卫星数据显示,两个半球的高纬度和中纬度地区,与臭氧耗损前相比,UV-B 辐射显著增加,但在热带几乎是恒定的。然而,这些估计假定这些年来云量和对流层污染的程度保持不变。但根据目前的 CFC 逐步淘汰时间表,全球紫外辐射水平本应在 21 世纪初达到峰值(与平流层中氯达到峰值负荷和臭氧减少有关），但事实并非如此。根据 Rowland（1990）的研究预测，现在南半球的 UV-B 暴露量可能比以前高出许多。2004 年 10 月，"臭氧空洞"的形状有所变化，曾一度席卷南美洲的居民区。在那一段时间内，乌斯怀亚（阿根廷）和蓬塔阿雷纳斯（智利）上空的臭氧浓度在 5 天内从 300DU 以上减小到 200DU 以下。哈雷湾站和南极的臭氧浓度在 200DU 以下，持续了大约 2 个月。在 10 月大多数时间，极地上空臭氧浓度低于 200DU 的面积通常高达 2500 万～3000 万 km^2。2011 年北极"臭氧空洞"面积达 200 万 km^2，覆盖几个人口稠密的国家。这表明目前很多地区存在暴露于高 UV-B 辐射水平下的危险。

到达地球表面的 UV-B 辐射强度取决于太阳天顶角和臭氧量。当"臭氧空洞"位于乌斯怀亚（阿根廷）上方，波长 295nm 的紫外辐射强度可以达到相差 100 倍的变化。在南极半岛，人类皮肤承受的紫外线指数（经红斑光谱加权计算）比圣地亚哥多 25%。阿拉斯加北部巴罗的紫外线指数最大值约为圣地亚哥的一半。从阿根廷乌斯怀亚（55°S）的测量数据也可发现，南半球 UV-B 辐射在增强，此处 1991 年 12 月 306.5nm 波长处晴天正午平均辐射强度比用 10 年（1981～1990 年）O$_3$ 气候学值计算的相应值大 45%（Booth and Lucas，1994）。从瑞士阿尔卑斯山地区一个台站（海拔 3600m，47°N）获得的 Robertson-Berger（RB）紫外辐射计数据表明：1981～1989 年紫外辐射强度每年增加 0.7%。Zheng 和 Basher（1993）发现在新西兰 1981～1990 年采用 RB 紫外辐射计获得的紫外辐射强度大约每年增加 0.6%，臭氧浓度与紫外辐射强度呈负相关（图 2-2）。

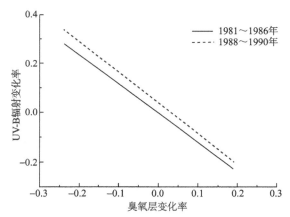

图 2-2　1981～1990 年臭氧变化与 UV-B 辐射强度变化的关系（引自 Zheng and Basher，1993）

Figure 2-2　Relationship between ozone change and UV-B radiation intensity in 1981-1990

据报道，美国马里兰州 1975～1990 年的单站多滤光片仪器测量数据表明：1983～1989 年的最大 UV-B 辐照度月平均值比整个数据记录期间高 13%。从 1977 年到 1985 年共增加了 35%，这比由实际臭氧减少所估计的值大了许多。然而，1987 年以后观测值比较低，这可能反映了其他大气因子（如云变化）的作用。

我国紫外辐射观测研究开展得很晚，观测方法主要有宽波带紫外辐射表观测和紫外辐射光谱计观测。在宽波带紫外辐射表观测中有直接的国际上认可的紫外辐射表观测，还有间接的紫外辐射观测即分光辐射观测，观测仪器分为两个感应辐射器，它们的感应波段分别为 270～3200nm、400～3200nm；通过计算得到紫外辐射（270～400nm）、总辐射（270～3200nm）及其他波段的太阳辐射资料（胡波等，2007）。周平和陈宗瑜（2008）对云南高原多个位点的 UV-B 辐射强度进行监测，分析 UV-B 辐射变化时空分布规律，发现 UV-B 辐射强度呈现明显的日变化和年变化规律，云南高原 UV-B 辐射强度变化规律为随纬度升高而减少，同时旱季大于雨季、高海拔大于低海拔。可以利用大气质量指数、平均晴空指数进行紫外辐射强度估算。在中国，青藏高原是紫外辐射强度的高值区，四川盆地周围一带是低值区，夏季全国有一条明显的从黑龙江省到云南省的分界线，西北部分紫外辐射强度明显大于东南部分（祝青林等，2005）。

三、地表 UV-B 辐射强度与臭氧层的关系

平流层臭氧减少导致的地表紫外辐射增强有很强的波长依赖性。Kerr 和 McElroy（1993）在加拿大多伦多观测了 1989 年初至 1993 年 8 月的紫外辐射光谱，在这期间，冬天（12 月至翌年 3 月）臭氧含量以每年−0.41%的速率变化，夏天（5～8 月）以每年−1.8%的速率变化，UV 辐射的变化还与波长存在很大相关性，正像由臭氧减少所估计的，波长最短处紫外辐射强度增加量最大。在希腊的观测发现（Madronich et al.，1995）：1990 年 11 月至 1993 年 11 月 UV 辐射强度有统计上的显著增加，波长 305nm 处每年增加 9.7%，波长 325nm 处每年增加 0.1%。图 2-3 反映了德国埃尔朗根（54°10′N，7°51′E，海拔 280m）UV-B 辐射的季节变化，可以很容易地发现冬季 UV-B 辐射强度低，夏季达到峰值。

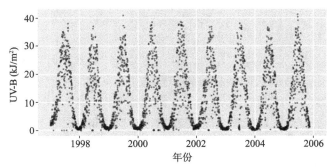

图 2-3　德国埃尔朗根（54°10′N，7°51′E，海拔 280m）UV-B 辐射的季节变化（引自 Häder et al.，2007）

Figure 2-3　Seasonal variation of UV-B radiation at Erlangen, Germany (54°10′N, 7°51′E, 280m above sea level)

在某些地区或特定的时间也存在一些因素可使地表 UV 辐射呈减弱的趋势，如对流层中的一些大气污染物如臭氧、NO_2、SO_2 及气溶胶能吸收较多的 UV-B 辐射，这使得一些污染较重的城市地区地表 UV-B 辐射减弱。Garadzha 和 Nezval（1987）发现，1968～1983 年在莫斯科利用 RB 紫外辐射计测量的 UV 辐射强度减少了 12%，此时浑浊度增加了 15%，云量增加了 13%。1974～1985 年在美国 8 个不同地点进行的 RB 紫外辐射计测量显示每年 UV 辐射强度的减少范围在 0.5%～1.1%，这些工业地区辐射的减弱与局部地区的污染相吻合。

然而，现在对流层污染变化对 UV 辐射变化的影响相对于平流层臭氧减少的影响来说可能仅是一个小量（Madronich et al.，1995）。卫星测得的 1979～1993 年全球臭氧资料表明，南、北半球的中、高纬度地区 UV-B 辐射显著增强，热带地区的变化较小（图 2-4）。紫外线指数最高的地方集中在低纬度和高山地区，中国青藏高原地区紫外线指数最高。

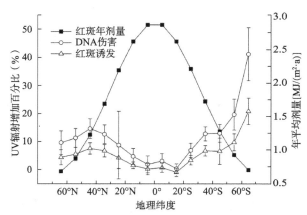

图 2-4　由 1979～1993 年平流层臭氧观测值估计的 UV 辐射年平均剂量（红斑年剂量）及按红斑诱发和 DNA 伤害计算的 UV 辐射增加百分比（引自 Madronich et al.，1995）

Figure 2-4　Mean annual doses of UV-B radiation estimated from the stratospheric ozone measurement of 1979-1993 (only for erythema) and increasing rate of UV radiation calculated from erythema inducement and DNA injury

第三节　地表 UV-B 辐射监测

尽管臭氧是大气层极其微量的组分，但它是大气层中唯一可以吸收波长短于 300nm 太阳辐射的物质，其吸收系数随波长的减少而增加。臭氧层吸收了来自太阳辐射中的大部分紫外-B（UV-B，280～315nm），因而臭氧层的破坏主要引起这一波段的太阳辐射增强，特别是 290～315nm 波长的 UV-B 辐射，在这 25nm 的波长范围里，由于臭氧的吸收，其辐射强度以 4 次幂的速率随波长减小而递减（Caldwell et al.，1989）。因此臭氧减少导致的紫外辐射增强是高度波长依赖性的。

图 2-5 中显示了正常臭氧浓度情况下和臭氧层耗损 16%时全球太阳辐射中 UV-B 与 UV-A 的强度，实线是中纬度地区夏天正午太阳在天顶时正常臭氧浓度下的 UV 强度，虚线是相同条件下伴随 16%臭氧层耗损时的 UV 强度。可以看出与 UV 背景强度比较，16%的臭氧衰减所引起的 UV 辐射增强是很小的，波长越短辐射强度增加就越多。这种紫外辐射增强只有在考虑其生物光化学作用时才有重要的意义，恰好绝大多数的生化反应对短波紫外辐射的敏感性要远高于对较长波长的辐射，这意味着臭氧层的变化可能带来极为严重的后果。

常用的测量 UV 辐射的仪器有宽带光谱表和光谱辐射计。最常用的仪器是 RB 紫外辐射计，其温度系数约为 0.01/K。RB 紫外辐射计的响应稳定性在 10 年以上，当然不同仪器间有些差异，所以在对 RB 紫外辐射计网的标定重新核实之前，对使用 RB 紫外辐射计数据得到的变化趋势必须小心地仔细检查。

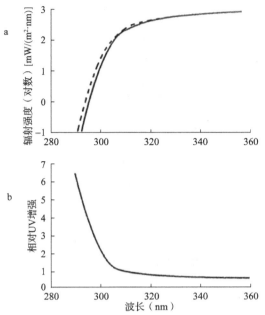

图 2-5　臭氧衰减与 UV-B 和 UV-A 辐射强度的关系（引自 Caldwell et al.，1989）

Figure 2-5　Relationship between ozone layer attenuation and intensity of UV-B and UV-A radiation

（a）实线代表中纬度地区夏天太阳在天顶时太阳光谱中 UV-B 和 UV-A 的辐射强度，虚线代表相同条件下 16% 臭氧衰减时太阳光谱中的 UV-B 和 UV-A 的辐射强度；（b）由 16% 臭氧衰减导致的各波长辐射强度的相对增加量

现有的地表 UV 辐射资料来源有两个，一是地基臭氧探测网和卫星臭氧探测系统，由臭氧含量变化趋势加上大气的散射和吸收等因素后构造出辐射传输模式，以此来计算紫外辐射状况，虽然由模式计算的辐照度可能会有误差，但在无云和低气溶胶条件下臭氧减少与 UV 辐射增强之间的理论关系已被大量的研究工作所确定（Smith et al.，1992）。二是 RB 紫外辐射计网和单站多滤光片仪器的直接测量。

现在根据 UV 辐射的测量数据来确定地表 UV 辐射变化尤其是长期的变化趋势仍然是困难的，因为要求有高精度和高稳定度的数据。最近的重要进展是通过优化仪器性能、相互对比和对数据进行再分析来评估数据的质量。不同光谱辐射计之间的几次对比试验显示了各种仪器间存在重要差异，主要表现在太阳光谱急剧变化的短波区。因此，动态范围、杂散光抑制和波长标定向问题是非常严重的。目前，在大于 310nm 的波长区，一致性不会优于 5%，而在更短的波长区，一致性则更差。这在某种程度上是由标定的不确定性造成的，这个不确定性来自太阳光谱的谱型随太阳天顶角、臭氧柱和其他大气条件的不同而变化（Madronich et al.，1995）。

卫星臭氧探测系统采用的探测波段覆盖了从紫外线、红外线、可见光到微波的广大区域，其中利用紫外线进行臭氧探测具有精度高、信息量大等优点，是国外卫星探测采用的主要探测波段。1981 年我国发射了"实践Ⅱ"科学探测卫星，该卫星上的多波段太阳紫外光度计对太阳紫外辐射强度进行了测量，同时根据掩日法的原理，利用卫星进入地球阴影区的探测数据反演得到大气臭氧的垂直分布资料。掩日法的优点在于它为相对测量，降低了辐射定标的要求，提高了臭氧测量的精度。

多波段太阳紫外光度计有三个探测波段，采用了窄带紫外干涉滤光片分光。三个探测波段的中心波长和波段宽度分别是：282.0nm $\Delta\lambda$=6.5nm、289.6nm $\Delta\lambda$=6.25nm、309.0nm $\Delta\lambda$=6.25nm。探测器采用碲化铯阴极日盲紫外电灯管。

由于太阳不是点光源，在大气中的切点高度不是一点，而是较大区域，为提高空间分辨率，反演臭氧含量时采用了非线性拟合方法，首次获得臭氧垂直分布的卫星探测数据（张仲谋，2001）。

第四节　地表 UV-B 辐射的生物效应

一、辐射放大因子

各种生物和光化学过程对 UV 谱的不同波段的响应是不同的，为了估计其对臭氧变化的响应，必须知道不同波长紫外辐射的相对效应。试验中观测到 UV-B 辐射的生物效应随波长的减少而急剧增强，波长愈短，生物体对其吸收量愈大；同时，因为 UV-B 辐射强度随波长增加急剧增加，所以做加权处理是必要的。结果是由不同生物作用谱计算的加权 UV 辐照度对大气臭氧变化的响应不同。对 UV 辐射的波长依赖性普遍使用的衡量标准是辐射放大因子（radiation amplification factor，RAF），RAF 是指大气臭氧层每单位变化引起的生物有效 UV-B 辐射变化的百分比，以此来评估由平流层 O_3 浓度降低导致的到达地球表面的太阳 UV-B 辐射增强的潜在影响（Madronich et al.，1995）。RAF 计算公式为

$$\Delta E / E = -\text{RAF}\left(\Delta O_3 / O_3\right) \tag{2-1}$$

这里 $\Delta O_3/O_3$ 是臭氧柱变化的百分比；$\Delta E/E$ 是加权辐照度（瞬时的或时间积分的，如日、年）相应增加的百分比。RAF 给出了与臭氧减少程度对应的生物有效辐射增加程度。但它并不能估量最终的生物响应程度，因为其常常非线性地依赖于辐射剂量和其他因子（如恢复情况、生存周期中的时段、细胞是否正在分裂等可能都是重要的）。而辐射剂量 E 可按下式计算：

$$E = \int F(\lambda)W(\lambda)\mathrm{d}\lambda \tag{2-2}$$

这里 $F(\lambda)$ 是某一特定生物或化学作用或作用光谱的加权函数；$W(\lambda)$ 是某一个给定时间和地点的辐照度分光强度（各波长的辐射强度），其值可是计算值，也可是测量值。对剂量进行时间积分可计算出小时、日和年的加权剂量。

在紫外辐射生态学中，绘制作用光谱主要有两个目的：①识别与光吸收有关的分子种类；②计算评估臭氧消耗导致的辐射放大因子变化。狭义上，RAF 可以定义为臭氧消耗 1%时辐射强度的增加百分比（Rozema et al.，2002a）。

二、生物有效辐射

生物有效辐射是光谱辐照度与有生物效应的活跃光谱辐照度乘积在整个波段上

的积分，只有随波长减小而迅速增加的作用光谱才会伴随臭氧减少而产生适当的辐射放大因子。图 2-6 显示了利用不同臭氧柱厚度在太阳天顶角为 33.6°时计算的生物有效辐射，虚线代表臭氧每减少 1%导致生物有效辐射增加 2%的情况，也是常常应用的辐射放大因子 RAF 为 2 时的状况。紫外辐射会产生许多生物效应，这些效应是由具有生物学意义的分子发生光化学吸收引起的。在这些分子中，最重要的是核酸，其能吸收大部分紫外线光子，蛋白质的吸收程度要小得多。核酸具有作为吸收中心（即发色团）的核苷酸碱基。在 DNA 中，嘌呤（腺嘌呤和鸟嘌呤）和嘧啶（胸腺嘧啶和胞嘧啶）衍生物的吸收光谱稍有不同，但在波长 260～265nm 的吸收率最大（在较长波长下吸光度迅速减少）（图 2-7）。与等浓度的核酸溶液相比，蛋白质的吸收率较低。蛋白质吸收率达最大值时的波长约为 280nm，在 UV-B 和 UV-C 区域吸收最强烈。吸收紫外辐射的其他重要分子有类胡萝卜素、卟啉、醌类和类固醇。

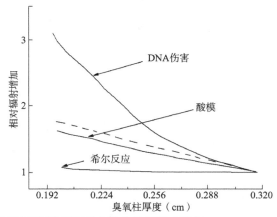

图 2-6 不同臭氧柱厚度的生物有效辐射（引自 Caldwell et al.，1989）

Figure 2-6 The bioeffective radiation of different ozone thickness

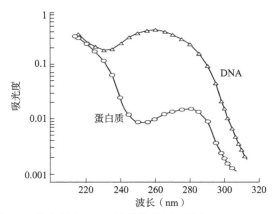

图 2-7 蛋白质和 DNA 的吸收光谱（引自 Harm，1980）

Figure 2-7 Absorption spectra of protein and DNA

太阳天顶角为 33.6°时由不同臭氧柱厚度（相对于 0.32cm）计算的生物有效辐射，虚线表示臭氧每衰减 1%引起生物有效辐射增加 2%的情况，即 RAF 为 2.0

　　与植物生长发育及伤害密切相关的作用光谱均表明，那些波长较短的 UV-B 对植物的影响更大，如果作用光谱的效应随着波长增大而增强，则意味着 RAF 值很小。这样加权函数以及作用光谱辐射强度的估计值是非常重要的，大量的研究表明许多植物的作用光谱斜率很大，说明臭氧的减少将带来有效 UV-B 辐射的较大增加（Caldwell，1971）。正是由于地球平流层中臭氧层吸收了 UV-C 和部分 UV-B 辐射，陆地植物生命才能够生存。现在普遍认为，部分由 UV-B 诱导的酚类物质代谢的发展在陆地植物的进化中起重要作用。类黄酮和木质素都是酚类物质代谢物，存在于裸子植物和被子植物中，但大多数藻类都缺乏。更简单的酚类物质存在于低等植物中，如泥炭藓，可能在维管植物的祖先中起到紫外线过滤器的作用，并支持植物生命从水生转变到能够在具有更高 UV-B 辐射强度的陆地环境中生存（李元和岳明，2000）。

　　前面给出的关于 RAF 的简单计算公式只在臭氧变化幅度较小的情况下适用，此时对应的特定生物的作用光谱的加权 UV 辐射变化与臭氧变化的拟合曲线近于直线，但在臭氧变化大的情况下，二者的关系表现为幂函数关系，这时更精确的关系式为（Madronich et al.，1995）

$$\frac{E_2}{E_1} = \left[(O_3)_1 / (O_3)_2 \right] \tag{2-3}$$

　　这里 E_1 和 E_2 分别是对应臭氧柱（O_3）$_1$ 和（O_3）$_2$ 的加权辐照度。例如，导致皮肤红斑的加权 UV 辐射与臭氧变化呈幂函数关系，拟合曲线中的指数即为 RAF。几种重要的生物和光化学过程的 RAF 值如表 2-2 所示。

表 2-2　30°N 上重要的生物和光化学过程的辐射放大因子（引自 UNEP，1991）

Table 2-2　RAF of biological and photochemical progress at 30°N

效应	辐射放大因子 RAF	
	1 月（290DU）	7 月（305DU）
红斑	1.1	1.2
光致癌（PTR）	1.6	1.5
一般 DNA 损伤	2.2	2.1
环丁烷嘧啶二聚体形成	2.4	2.3
膜壁 K^+-ATPase 灭活	2.1	1.6
水芹幼苗的生长抑制	3.8	3.0
豆类异黄酮的形成	2.7	2.3
光合电子输运	0.2	0.1
酸模叶子的总光合作用	0.2	0.3
苜蓿 DNA 损伤	0.5	0.6
南极浮游植物光合作用抑制	0.8	0.8

注：RAF 值由日积分得到

从首次发现南极上空臭氧在春季耗尽以来，臭氧消耗及其对生物圈的影响一直备受关注（Farman et al.，1985）。在评估 UV-B 辐射增强的影响时，重要的是要考虑过去的 UV-B 辐射水平。在陆地植物进化过程中，大气臭氧浓度比目前还要低。那么在陆地生命史的早期阶段，臭氧柱厚度是否也比现在低得多是不确定的。模型计算表明，当前氧气含量的 0.5%就足以形成有效的臭氧层（Cockell and Horneck，2001）。然而，在地球生命进化的开始，UV-B 辐射通量明显超过现值。早期的 UV-B 辐射水平对生命进化的影响和现有生命体对 UV-B 辐射通量的适应性与过去的差别成为目前亟待解决的问题。目前，地球纬度、海拔和季节水平的 UV-B 辐射存在自然变化，变化程度超过了平流层臭氧消耗导致的太阳 UV-B 辐射增强，陆地植物生命的 UV-B 辐射环境在时间和空间上都是变化很大的，这表明陆地植物对 UV-B 辐射的自然适应能力很强。

三、生物作用光谱

一般普遍使用的加权函数是以各个生物作用光谱为基础得到的。通常一个有效的加权函数是由一个以上的多个分子级别的生物作用光谱组成的，这些分子在辐射到达目标之前对其产生吸收。这样，加权函数和由它得到的数据（如表 2-2 中的 RAF 值）依赖于各个独立的因子，如试验条件、植物材料、可见光辐射等，因此在使用时应特别小心。当使用"DNA 有效辐射"这样的说法时，它仅仅是描述积分辐照度对可能引起的后果（如对裸露 DNA 的危害）的潜在效力，但并不一定意味着后果（DNA 损伤）会发生。实际结果依赖于有机体的敏感性和其他一些因素。大量的研究表明，不同物种对 UV-B 辐射响应的差异很大，同一物种的响应也会因栽培品种的不同而变化（Teramura and Murali，1986；Mark et al.，1996）；另外，土壤水分（Sullivan and Teramura，1990）、土壤磷含量（Murali and Teramura，1985a）、UV-A 及可见光（Caldwell，1971）也会改变植物对 UV-B 辐射的响应。光生物学家利用生物作用光谱对生物色素或那些吸收辐射并在有机体内传递影响的分子过程进行研究得到一些结论。常用的构建生物作用光谱的方法是与光生物学中其传统用法直接联系的，这一因素加上许多技术的局限性往往限制了生物作用光谱作为计算加权函数的基础使用。光生物学家希望了解一个吸收辐射的分子在尽可能不被有机体中其他物质所干预的情况下是如何起作用的，如 DNA 如何吸收辐射并产生效应。但是在评估臭氧减少的生物学后果时，重要的是要知道：一个分子（如 DNA）在它所处有机体正常状态下是如何受辐射影响的，以及它的作用如何被其他辐射吸收分子的作用所改变。

不同基因型、生态型和生活型的植物对 UV-B 辐射的敏感性存在显著差异，适应水平存在差异造成植物对 UV-B 辐射的响应方式不同（Jenkins，2009）。在拟南芥（*Arabidopsis*）中发现了一种特殊的感光器 UVR8（UV resistance locus 8），其能够直接感受 UV-B 光子（Rizzini et al.，2011），形成系统性防御体系以减轻 UV-B 辐射对其造成的损伤。UVR8 是一个由七叶 β 螺旋桨结构的蛋白质构成的同型二聚体，经 UV-B 辐射诱导由二聚体解离成单聚体，发出防御信号诱导抗性基因表达转录。组成型光形态建成 1（constitutively photomorphogenic 1，COP1）蛋白是一个控制光形态建成的控制器，在黑暗条件下 COP1 蛋白充当 E3 泛素连接酶的角色，会限制转录因子 HY5（elongated hypocotyl 5）及与光形态建成有关的基因表达，抑制植物光形态建成（Chen et al., 2004），当植物受到光照后，COP1 活性降低并离开细胞核，HY5 等转录因子开始积累表达，促进植物光形态建成。COP1 蛋白在 UV-B 辐射条件下能与解离后的 UVR8 单聚体结合，促进光诱导基因表达，其中就包括类黄酮代谢、氧化损伤减轻相关酶的基因表达。RUP（repressor of UV-B photomorphogenesis）蛋白会抑制光形态建成，RUP1 和 RUP2 能结束 UVR8 的反应过程，受 UVR8 和 COP1 的控制，通过负反馈作用使 UVR8 由单聚体恢复到二聚体（Heilmann and Jenkins, 2013；Jenkins, 2014），COP1 蛋白依赖于 UV-B 辐射，而 RUP 蛋白不需要 UV-B 辐射就能与 UVR8 相互作用。

　　生物作用光谱通常是通过将生物材料暴露于某一波长（或某一窄波长范围）辐射一定时间，然后测量它的效应而得到的。这对于达到传统的光生物学研究目的是相当合适的，然而，在自然界中有机体同时暴露于到达地表的整个太阳光谱的所有波长辐射下，UV-A 和可见光波段辐射比 UV-B 辐射的强度大几个量级。在这样的条件下，几个色基可能对有机体产生相互作用。例如，UV-A 和可见光辐射对许多有机体来讲可能会改善 UV-B 的影响。从实际目的出发，生物作用光谱常常是在每个波长进行几小时的辐射得到的，而自然界中有机体常常是暴晒于整个太阳光谱几天、几个月甚至更长时间，这也能引起相互作用，而这些相互作用不可能由生物作用光谱做出预测。

　　生物作用光谱应用的另一个限制是在数据采集时可能任意限定于某一波段，这仍然是针对传统光生物学目的而做的，这样就限制了其在研究臭氧减少问题上的应用。例如，如果生物作用光谱数据限定于 UV-B 波段（实际 UV-A 波段也有一些效应或很弱的效应），那么当这些作用光谱被用作计算加权函数的基础时，UV-A 波段的效应就会改变由其得到的辐射放大因子。在考虑生物有效辐射的重要性时，必须牢记来源于作用光谱的加权函数的这些局限性和限制条件。使用这样的加权函数虽然有限定性，但还是比使用未加权的 UV-B 辐射要合理得多。

第五节　　臭氧衰减、UV-B 辐射增强与气候变化之间的关系

　　太阳是从太空进入地球表面光辐射的主要来源。从数量上讲，紫外辐射通量约占到达地球大气层的太阳辐射总通量的 5%。可见光和红外范围分别占 39% 和 56%。平流层臭氧消耗、气候变化和紫外辐射之间在生态上存在千丝万缕的联系，有时是双向的，并且在某些情况下，对气候系统有重要的反馈调节作用。Krasouski 和 Zchanganka（2017）认为有两种"臭氧损耗-气候变化"相互作用机理：一种是"辐射"机理，其促进平流层上层臭氧的形成并降低对流层顶高度；另一种"热力学"机理在对流层存在，它为干湿不稳定创造了条件，从而提高了对流层顶高度，降低了臭氧总量。对流层热力学机理和平流层辐射机理根据地区与季节的不同而相互影响，热力学机理在热带地区盛行，辐射机理在不稳定的对流层和极地纬度盛行。

　　然而，气候变化更大程度上导致 UV-B 辐射时间和强度的改变，与平流层臭氧浓度的变化无关。一条途径涉及气候变化驱动的云层覆盖改变（Bais et al., 2019）。同样，气候变化驱动的植被影响（如森林枯萎或灌木入侵）可以改变林下植物和动物的紫外辐

射条件。由于生长条件变暖和季节变化，许多植物开始生长和开花的时间可能提前，致使某些动物调整其繁殖和迁移的时间。由于 UV-B 辐射强度存在季节变化，动植物生命周期的时间变化很容易导致它们暴露于 UV-B 辐射（Cleland et al.，2007）。此外，许多动植物（包括野生和驯养物种）的地理范围正在向更高海拔和纬度地区转移以应对气候变化（Tomotani et al.，2018），由于 UV-B 辐射存在海拔和纬度梯度变化，动植物生存范围的变化可能会增加（往高海拔处迁移）或减少（往高纬度处迁移）生物体接收的 UV-B 辐射（McKenzie et al.，2001）。与臭氧消耗不同，所有上述气候变化驱动的影响均会改变地球表面的全部太阳辐射光谱，包括 UV-B 及 UV-A（315～400nm）和可见光（400～700nm）辐射。同时，植物和动物暴露于 UV 辐射会与其他非生物（如改变日长和波动温度）和生物因子（如竞争者、病原微生物和传粉者）产生的新组合。由于组合的复杂性，有必要考虑生物和生态系统对 UV-B 辐射的响应是如何通过太阳光谱其他区域（即 UV-A 和可见光辐射）的伴随变化来改变的。已知紫外（UV-B 和 UV-A）辐射会影响陆地植物和动物的生长与表现，较短波长的 UV 辐射（主要在 UV-B 范围内）可能导致细胞损伤，这可能导致生物体的形态学、生理学和生物化学变化。然而，同时暴露于较长波长的 UV 辐射（如 UV-A），通常可以减少 UV-B 辐射的负面影响。

此外，UV-B 和 UV-A 辐射都是植物与动物的重要信息来源，它们通过特定的光感受器感知辐射的变化，并触发一系列的反应。许多动物可感知紫外辐射并避免长时间暴露于高 UV-B 辐射强度下，通过行为反应与生理机制相结合来减轻高 UV-B 辐射的一些负面影响（Mazza et al.，1999）。在一些动物物种（如昆虫和鸟类）中，紫外辐射可作为增强觅食、配偶选择或其他行为活动能力的途径（Cuthill et al.，2017）。相比之下，陆地植物根植于其生长介质并需要阳光照射才能进行光合作用和生长，它们通常通过生化和生理机制适应响应紫外辐射条件的改变，具有适应性（Jenkins，2014）。

在发现南极"臭氧空洞"之后，许多研究强调了 UV-B 辐射增强对植物（特别是重要粮食作物）的直接不利影响（Aphalo et al.，2015；Björn，2015；Barnes，2017）。然而，迄今为止的大多证据表明，在实际情况下，高 UV-B 辐射对植物光合作用、植物生产力和作物产量的直接破坏作用相对较小（Li et al.，2000a；Wargent et al.，2015）。近年来的研究主要集中在植物在气候迅速变化与当前平流层臭氧动态背景下如何应对紫外辐射方面，并结合 UV-B 辐射感知信号以及辐射在生物生长和发育中起的作用进行研究（Jordan，2017）。人们普遍认为 UV-B 辐射对于植物是把双刃剑，有利有弊。在某些情况下，减小 UV-B 辐射强度甚至可能对植物生长、防御害虫的能力和食品质量产生负面影响（Ballaré et al.，2012）。平流层臭氧浓度有所恢复，到达地表的 UV-B 辐射强度有可能会降低，这意味着需要充分评估生物和生态系统如何应对气候变化条件下 UV-B 辐射的增强或减弱。图 2-8 描述了平流层臭氧衰减、紫外辐射增强和气候变化对陆地生物与生态系统的影响。平流层臭氧衰减改变了紫外辐射（主要是 UV-B 辐射；箭头 a），进而直接影响植物和其他有机体（箭头 b），对生物体的影响可以改变生态系统的功能和结构（箭头 c）。臭氧消耗可以改变气候，气候变化可以通过大气环流等途径影响臭氧消耗，某些臭氧消耗物质（如氢氟碳化合物等）是可能加剧全球变暖的强有力的温室气体。除了其他气候变化外，南半球平流层臭氧衰减正在通过南半球大气环流的变化直接改变气候，由此导致的气候带变化改变了区域降水，从而改变了云层；反过来，云层的变化可以增加或减少生物体的紫外辐射暴露（箭头 d）。天气模式中与气候相关的变化（箭头 e）会改变温度和降水模式，这可以直接改变植物的生长和发育，以及植物对 UV-B 辐射的反应方式（箭头 f）。气候变化（包括 UV-B 辐射的改变）也会改变植物物候期（如开花的物候期；箭头 g），UV-B 辐射强度也可能在野生植物或作物发育过程中发生改变（箭头 h），这些物候变化进一步使植物暴露在紫外辐射和其他非生物与生物因素的新组合下（箭头 i）。为了应对气候变化，许多生物正在将它们的活动范围转移到更高的海拔和纬度（箭头 j）。与物候变化一样，地理范围的这些变化可能会增加（海拔）或减少（纬度）生物体的紫外辐射暴露（箭头 k），并使其暴露在紫外辐射和其他非生物因素的新组合下（箭头 m）。随着物种迁移到不同的环境，它们还会遇到竞争对手、害虫和传粉者的新组合，这可能会改变重要的生态系统过程，如草食和竞争（箭头 n）。某些生态系统过程如分解的变化，可能会改变土壤的碳储存以及二氧化碳和其他温室气体向大气排放。

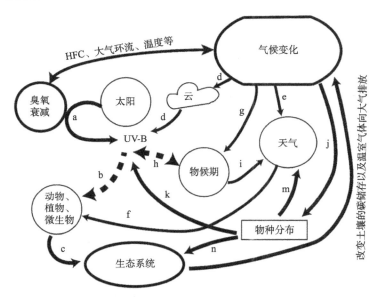

图 2-8　臭氧衰减、UV-B 辐射增强与气候变化之间关系概念图（引自 Bornman et al.，2019）

Figure 2-8　Conceptual diagram of the relationship among ozone attenuation, UV-B radiation enhancement and climate change

　　气候变化改变了区域天气模式，包括温度和降水，直接影响植物和生态系统的关键生长条件。那么植物对气候变化的反应是否会被紫外辐射改变还是个待攻克的难题。暴露于 UV-B 辐射可以增强植物对一些非生物因子（如水和温度）的耐受性，而其他因素可能会改变植物对紫外辐射的敏感性（Robson et al.，2015a）。这些影响是复杂的，往往取决于具体的生长条件（Martínez-Lüscher et al.，2016）。因此，了解植物如何应对多种环境变量变化背景下紫外辐射的变化非常具有挑战性，但在未来环境研究中是非常必要的。UV-B 辐射与气候变化之间的相互作用与农业生态系统显著相关，农作物产量、食品质量、抗病虫害能力和对气候变化的整体耐受性变化可能对粮食安全生产重大影响。紫外（UV-B 和 UV-A）辐射对生态群落和生态系统产生影响主要是对初级生产者（即植物）产生影响（Wargent and Jordan，2013），包括影响植物与植物间相互作用（竞争）、草食性、害虫与病原体间相互作用和死亡植物物质（枯枝落叶）的分解。虽然最初的改变是次要的，但这些群落和生态系统中的一些改变可能会随着时间的推移而累积或被相互作用过程放大。某些作物物种暴露于紫外辐射可以引起有害生物/病原体防御能力的变化（Li et al.，2018a），这可能对农业生态系统的生产力和可持续性产生积极影响（Robson et al.，2003）。

　　UV-B 辐射和气候变化的一个重要的生态系统级效应是改变植物凋落物的分解，这可以对气候系统产生积极反馈，从而导致气候变化。光降解是指紫外辐射与较短波长的可见光辐射一起驱动植物凋落物发生光化学分解的过程，使二氧化碳和其他气体释放到大气中。光降解还可以改变分解者（如细菌和真菌）的化学组成，导致微生物数量和土壤呼吸强度增加，并排放更多的二氧化碳至大气中（Díaz-Guerra et al.，2018）。目前，关于陆地植物凋落物光降解的定量分析及其对土壤中碳储存和大气 CO_2 浓度的影响存在相当大的争议。但是这个过程是生态系统中物质分解和循环的重要驱动因素，特别是在旱地（草原、沙漠和稀树草原）。在一些旱地生态系统中，UV-B 辐射驱动的光降解过程与气候和土地利用的变化关系密切，也可能通过引起植被结构和物种组成变化以及火灾与土壤侵蚀发生间接影响光降解及凋落物分解。

　　臭氧消耗与气候变化之间的联系具有重要的生态学意义，但不直接涉及 UV-B 辐射的变化。一方面，气候变化可以通过改变平流层和对流层之间的温度梯度从而影响平流层臭氧消耗。另一方面，南半球的平流层臭氧消耗直接导致气候变化。具体而言，臭氧消耗似乎改变了南半球大气环流模式，进而影响天气条件、海面温度。这些变化以及 UV-B 辐射的变化可能会对陆地生态系统造成很大影响（Bais et al.，2019）。

小　　结

　　本章阐述了臭氧层及其减薄的原因、到达地球表面的紫外辐射和 UV-B 辐射变化规律；阐明了 UV-B 辐射的生物效应和臭氧衰减与气候变化之间的关系，在此基础上分析了生物的响应方式及生态系统的应对策略；作为后续章节的基础，探讨了目前生态系统所面临的 UV-B 辐射增强的威胁，在臭氧层减薄后科学家进行了大量的工作去监测并预测未来的变化趋势。各国通过《蒙特利尔议定书》来限制氯氟烃类物质的使用，多年的努力取得了较好的效果，但是平流层臭氧依然有衰减的趋势。全球气候变化与臭氧消耗之间存在紧密联系，由此带来的地表 UV-B 辐射增强的诸多问题亟待研究。

第三章　UV-B 辐射与植物生长

因臭氧衰减而导致的 UV-B 辐射增强会对植物产生影响，这种影响直观地体现在植物的生长方面，如株高和叶片形态的变化，可以通过植物形态学特性的变化观察到（Barnes et al.，2005）并对其规律展开研究。在 UV-B 辐射对植物生长影响的研究方面，目前对农作物的关注度相对较高，尤其以水稻、小麦和大豆较多。而对野生植物的研究相对较少，其中又以草本植物相对较多，木本植物相对较少。此外，近年来一些药用植物如灯盏花、丹参、怀牛膝等生长受 UV-B 辐射的影响也受到一定关注。这些研究为评价臭氧层减薄后紫外辐射增强的生态学后果提供了坚实的基础。

第一节　UV-B 辐射对植物株高的影响

一、UV-B 辐射对株高的影响及品种差异

株高已经成为衡量植物对 UV-B 辐射敏感性的一个重要指标。在多数情况下，不论是实验室人工模拟还是野外试验，增强的 UV-B 辐射均显示出抑制植物生长，导致植物株高降低、节间缩短，产生矮化植株的特性（李元和岳明，2000），同时发现，UV-B 辐射增强对植物的影响存在种间和种内差异（王弋博，2009）。

水稻是我国的主要粮食作物之一，其生长受到 UV-B 辐射的影响，近年来相关方面的研究引起了较多的关注（何永美等，2012b）。对'汕优 63'、'南川'和'IR$_{65600\text{-}85}$'三个水稻品种的研究发现，UV-B 辐射（280～320nm）增强明显抑制水稻生长，试验条件下 3 个品种的株高都有所降低（表 3-1），其中株高在苗期下降幅度最大，为 9.4%～12.2%，有矮化现象（唐莉娜等，2002）。

表 3-1　UV-B 辐射增强对水稻株高（cm）的影响（引自唐莉娜等，2002）

Table 3-1　Effects of enhanced UV-B radiation on rice plant height (cm)

品种	处理	苗期	分蘖期	抽穗期
	CK	34.2a	55.8a	105.7a
汕优 63	UV-B	31.0b	51.1b	101.2a
	抑制率（%）	−9.4	−8.4	−4.2
	CK	31.1a	48.5a	92.8a
南川	UV-B	27.4b	46.2a	89.0a
	抑制率（%）	−11.9	−4.7	−4.1
IR$_{65600\text{-}85}$	CK	27.1a	36.9a	101.4a

续表

品种	处理	苗期	分蘖期	抽穗期
IR$_{65600-85}$	UV-B	23.8b	33.3b	99.8a
	抑制率（%）	−12.2	−9.7	−1.6

注：同一列中不同小写字母表示不同处理间存在显著差异（$P<0.05$，t 检验，$n=6$）

对 2 个水稻品种 '沈农 606' 和 '沈农 265' 的研究发现，$0.32\,W/m^2$ 和 $0.61\,W/m^2$ 的 UV-B 辐射均导致其株高变矮，且随着辐射强度的增加，矮化有加剧的趋势（许莹等，2006）。对 2 个水稻品种 '黄壳糯' 和 '合系 41' 的盆栽试验发现，UV-B 辐射增强（0～$7.5\,kJ/m^2$）导致 2 个品种的株高均出现降低（高潇潇，2009）。对 4 个水稻品种的研究发现，增强 UV-B 辐射下，'IRBR-2'、'F129-1'、'黄壳糯' 和 '合系 41' 的株高均降低，在 $7.50\,kJ/m^2$ UV-B 辐射下，4 个水稻品种株高分别下降了 14.56%、8.04%、19.79% 和 10.29%，与对照相比差异达到显著水平（$P<0.05$）（表 3-2）（高召华，2010）。

表 3-2　UV-B 辐射增强对水稻节间长、穗长和株高的影响（cm）（引自高召华，2010）

Table 3-2　Effects of enhanced UV-B radiation on the internode, spike length and plant height (cm)

UV-B 辐射（kJ/m²）	IRBR-2			F129-1			黄壳糯			合系 41		
	节间长	穗长	株高	节间长	穗长	株高	节间长	穗长	株高	节间长	穗长	株高
0	6.22a	13.14a	46.36a	12.97a	18.51a	91.12a	13.93a	20.40a	115.02a	9.09a	17.06a	81.57a
2.50	4.57b	12.23a	44.02b	11.31b	18.38a	90.58a	13.20b	19.49a	107.84b	7.98b	16.96a	78.35b
5.00	4.16b	11.23ab	40.67b	10.98b	18.09a	86.98b	12.92b	18.97a	102.50c	7.50bc	16.91a	78.33b
7.50	3.36c	10.77b	39.61b	9.89c	18.03a	83.79b	10.01c	16.13b	92.26d	6.91c	16.31a	73.18c

注：同一列中不同小写字母表示在 $P<0.05$ 水平差异显著；表中数据为 3 次重复的平均值

可见，在多数情况下，增强的 UV-B 辐射会使水稻株高降低，植株发生矮化现象。此外，近年来也有少数报道显示 UV-B 辐射对水稻的生长具有一定的促进作用，如对元阳梯田传统稻种 '白脚老粳' 的大田原位种植试验发现，UV-B 辐射处理后 '白脚老粳' 株高显著高于自然光处理（李想，2017），这可能是由元阳梯田传统水稻品种对环境适应能力较强导致的（李想等，2018）。这一结果也证实了 UV-B 辐射对植物株高的影响存在种间和种内差异这一特性。

UV-B 辐射也会影响小麦的株高。研究表明，增强 UV-B 辐射会导致小麦（wheat）株高下降且节间缩短（王传海等，2004b）。在模拟葡萄牙北部臭氧层厚度减少 20% 的试验条件下，发现增强 UV-B 辐射导致受试小黑麦（*Triticosecale* Wittm.）株高的降低（Bacelar et al.，2015）。对 4 种印度小麦品种的研究发现，屏蔽紫外辐射能显著提高受试品种的株高，显示了紫外辐射对小麦株高的抑制作用（Kataria and Guruprasad，2012）。对春小麦的研究发现（表 3-3），在三叶期开始 UV-B 辐射时，在分蘖初期到成熟期，UV-B 处理株高显著低于对照。显然株高降低与生育期密切相关，而且在拔节期以后表现得更明显。拔节期以后，$5.31\,kJ/m^2$ 的 UV-B 辐射处理导致株高大幅降低。在成熟期，1996 年 $2.54\,kJ/m^2$、$4.25\,kJ/m^2$ 和 $5.31\,kJ/m^2$ UV-B 辐射分别导致株高相比对照降低 7.12%、

10.64%和15.96%，各处理之间的差异最明显。这主要是由于此时期株高是以穗高计，包含了穗及穗颈节长的贡献，而穗及穗颈节长分别比对照降低8.49%、9.35%和32.26%。LSD检验（$P<0.05$，$n=20$）表明，各处理之间的差异显著（李元和岳明，2000）。

表 3-3　UV-B 辐射对春小麦不同生育期株高（cm）的影响（引自李元和岳明，2000）

Table 3-3　Effects of UV-B radiation on plant height (cm) of spring wheat at different stages

UV-B（kJ/m²）	三叶期	分蘖初期	分蘖期	拔节期	孕穗期	抽穗期	扬花期	灌浆期	乳熟期	成熟期
				1996 年						
0	18.3a	37.2a	49.0a	73.8a	80.3a	83.3a	86.0a	97.5a	99.9a	110.9a
2.54	18.7a	32.5b	46.9b	70.7b	78.1b	86.4b	93.8b	95.0b	95.2b	103.0b
4.25	18.3a	32.7b	46.3b	69.8bc	77.6b	85.5b	93.4b	94.9b	94.8b	99.1b
5.31	18.5a	31.3b	46.0b	69.1c	74.2c	81.3c	90.3c	91.4c	91.6c	93.2c
				1997 年						
0	18.9a	36.4a	48.4a	74.6a	83.5a	89.2a	96.5a	99.5a	100a	113.4a
5.31	19.2b	33.0b	45.2b	68.6b	74.0b	79.5b	91.2b	93.2b	94.0b	97.6b

注：不同小写字母表示在 $P<0.05$ 水平差异显著（LSD 检验，$n=6$）

对小麦品种'扬麦158'的研究表明，$0.32W/m^2$ 和 $0.61W/m^2$ 的增强辐照均使其单株株高降低，发生矮化现象（张富存等，2003）。在大田条件下研究 UV-B 辐射对小麦的影响，20 个小麦品种在播种后 40 天（40DAP）、播种后 55 天（55DAP）和成熟期株高的变化情况为：播种后 40 天，有 8 个品种受到极显著正的影响，有 2 个品种受到极显著负的影响；播种后 55 天，有 3 个品种的株高显著或极显著增加，有 2 个品种的株高极显著减少；成熟期，有 6 个品种的高度极显著增加，6 个品种的高度显著或极显著减少（表 3-4）。增强 UV-B 辐射使 20 个小麦品种的植株高度在各个时期有不同的变化，不同时期的敏感性表现为：成熟期>播种后 40 天>播种后 55 天（陈建军等，2001）。

表 3-4　20 个小麦品种对 UV-B 辐射响应反馈的株高差异（引自陈建军等，2001）

Table 3-4　Intraspecific sensitivity to UV-B radiation based on plant height of 20 wheat cultivars

品种	40DAP			55DAP			成熟期		
	对照（cm）	+UV-B（cm）	变化百分数（%）	对照（cm）	+UV-B（cm）	变化百分数（%）	对照（cm）	+UV-B（cm）	变化百分数（%）
毕 90-5	38.15	45.75	19.92**	42.9	51.8	20.75*	61.47	71.07	15.62**
凤麦 24	44.30	48.45	9.37	72.1	72.5	0.55	63.03	69.74	10.65**
YV 97-31	36.60	38.15	4.23	60.8	61.2	0.66	52.67	60.20	14.30**
繁 19	34.05	39.80	16.89**	40.3	45.4	12.66**	68.00	64.90	−4.52
楚雄 8807	44.00	39.80	−9.55	67.7	64.2	−5.17	66.07	65.90	−0.26
绵阳 20	36.05	41.10	14.01**	47.2	50.7	7.42	73.27	66.44	−9.32**
大理 905	42.25	50.40	19.29**	65.3	69.5	6.43	57.17	62.09	8.61**

续表

品种	40DAP			55DAP			成熟期		
	对照（cm）	+UV-B（cm）	变化百分数（%）	对照（cm）	+UV-B（cm）	变化百分数（%）	对照（cm）	+UV-B（cm）	变化百分数（%）
黔 14	38.05	46.90	23.26**	51.0	53.9	5.69	81.91	71.05	−13.26
文麦 3	52.70	54.20	2.85	76.5	77.4	1.18	61.57	66.77	8.45
云麦 39	39.75	47.10	18.49**	43.9	49.7	13.21**	71.43	72.25	1.15
绵阳 26	38.15	41.30	8.26	56.5	55.3	−2.12	59.20	66.93	13.06
文麦 5	44.85	47.80	6.58	77.8	74.8	−3.86	68.73	70.10	1.99
辽春 9	49.90	55.40	11.02**	97.7	101.6	3.99	79.35	91.85	15.75**
州 80101	53.45	56.00	4.77	89.3	90.1	0.90	74.43	81.83	9.94**
陇 8425	55.95	61.20	9.38**	86.7	86.1	−0.69	78.77	71.67	−9.01**
陇春 8139	51.60	45.75	−11.34**	89.3	79.8	−10.64**	89.41	88.41	−1.12
陇春 16	49.50	51.85	4.75	86.3	93.9	8.81	78.10	72.57	−7.08*
MY 94-4	47.20	45.50	−3.60	65.1	56.6	−13.06**	92.00	80.73	−12.25**
陇春 15	58.10	45.15	−22.29**	63.7	64.6	1.41	87.52	80.05	−8.54**
会宁 18	47.80	45.80	−4.18	59.6	54.1	−9.23	90.25	80.37	−10.95**

注：*和**表示对照与 UV-B 辐射间分别在 $P<0.05$ 和 $P<0.01$ 水平差异显著（$n=20$）

除了水稻和小麦，大豆也是近年来一类较受关注的植物。对 20 个大豆品种的研究发现（表 3-5），UV-B 辐射明显影响大豆的株高，在 20 个品种中，成熟期有 14 个品种的株高与对照相比显著或极显著降低（$P<0.05$ 或 $P<0.01$），只有一个品种出现株高显著增加的情况。此外，有 18 个品种的节间长与对照相比有不同程度的降低，其中 8 个品种达极显著水平（$P<0.01$），说明株高和节间长对 UV-B 辐射的响应具有一致性（陈建军等，2004）。另外一项对大豆的大田试验也发现，增强 UV-B 辐射使三个大豆品种的植株均出现了矮化现象，株高平均降低达 15.5%（Liu et al.，2013）。

表 3-5　20 个大豆品种对 UV-B 辐射响应反馈的株高差异（引自陈建军等，2004）

Table 3-5　Intraspecific sensitivity to UV-B radiation based on plant height of 20 soybean cultivars

品种	80DAP			成熟期		
	对照（cm）	+UV-B（cm）	变化（%）	对照（cm）	+UV-B（cm）	变化（%）
云南 97801	41.2	37.7	−8.5	46.8	46.3	−1.1
兰引 20	21.5	22.3	3.7	18.7	23.3	24.6*
云南 97929	43.3	49.5	14.3*	57.0	58.8	3.2
豫豆 10	46.4	41.1	−11.4*	58.6	46.4	−20.8**
豫豆 18	54.2	46.4	−14.4**	61.9	48.1	−22.3**
豫豆 8	49.5	40.3	−18.6**	58.3	42.2	−27.6**

续表

品种	80DAP			成熟期		
	对照（cm）	+UV-B（cm）	变化（%）	对照（cm）	+UV-B（cm）	变化（%）
绿滚豆	34.9	34.8	−0.3	49.9	49.8	−0.2
黑大豆	85.2	65.8	−22.8**	88.8	66.3	−25.3*
云南 97501	62.3	48.1	−22.8**	68.2	47.6	−30.2**
皮条黄豆	64.2	50.9	−18.4**	60.4	51.9	−14.1*
云南 97506	45.2	36.8	−18.6**	46.9	39.1	−16.6**
云南 97701	53.8	43.6	−19.0**	49.0	43.4	−11.4
陇豆 1	76.6	46.4	−39.4**	79.8	52.4	−34.3**
ε0138	57.1	40.4	−29.3**	68.4	52.3	−23.5**
云南 96510	52.5	38.2	−27.2**	53.0	39.4	−25.7**
Df-1	59.4	45.7	−23.1**	72.1	44.9	−37.7**
灵台黄豆	39.5	27.2	−31.1**	39.7	32.4	−18.4**
康乐黄豆	33.9	29.6	−12.7*	34.3	36.7	6.7
土黄豆 1	66.4	49.5	−25.5**	73.6	40.5	−45.0**
环县黄豆	37.3	26.8	−28.2**	37.4	31.0	−17.1**

注：*和**表示对照与 UV-B 辐射间分别在 $P<0.05$ 和 $P<0.01$ 水平差异显著（n=20）

除了上述三种主要作物，UV-B 辐射对一些蔬菜作物株高的影响也受到关注。例如，对蚕豆的研究发现，人工增强 UV-B 辐射对蚕豆幼苗的生长有很大影响。与对照相比，试验组蚕豆幼苗高度明显降低，且随辐射强度的加大矮化现象更明显，不同强度 UV-B 辐射均使幼苗植株株高降低达 50%以上（张红霞等，2008，2010）。对豌豆的研究显示，与对照相比，屏蔽 UV-B 辐射能导致两个豌豆（soybean）品种株高的增加，同时发现，随着辐射被屏蔽程度的增加，豌豆植株的节点数量略有增加（Zhang et al.，2014）。对 7 个马铃薯品种（系）的研究发现，在自然光和 5.0kJ/（m^2·d）UV-B 辐射处理条件下，与对照相比，处理 30 天后植株的高度逐渐出现变矮的趋势。其中'合作 88'、'丽薯 6 号'、'21-1'和'青薯 9 号'4 个品种在最大辐射强度时的株高与对照间存在显著差异（$P<0.05$），同时发现这种规律也表现在节距的变化上（李俊等，2016）。对 6 个具有耐旱变异性的玉米杂交种'P1498'、'DKC 65-81'、'N75H-GTA'、'P1319'、'DKC 66-97'和'N77P-3111'进行 UV-B 辐射增强试验则发现，辐射会导致植株发生矮化现象（Wijewardana et al.，2016）。在昆明地区进行大棚模拟试验发现，当臭氧衰减 20%时（紫外辐射强度 5kJ/m^2），8 个番茄品种的株高出现下降的趋势，不同品种间也存在差异，其中'中蔬四号'和'天泽上海 908F1'分别是株高变化最大和最小的品种，分别降低了 37.55%和 3.14%（蒋翔等，2015）。对生长在青藏高原的欧洲油菜（*Brassica napus*）研究发现，与对照相比，屏蔽 UV-B 辐射能导致植物株高随着生物量的显著增加而增加，当屏蔽量达 70%后，试验油菜的株高与对照之间存在显著差异（$P<0.05$），这

表明 UV-B 辐射对青藏高原甘蓝型油菜株高的影响是负面的（Zhu and Yang，2015）。

其他植物株高受 UV-B 辐射的影响同样受到关注，近年来报道的植物包括牧草、药用植物和烤烟等。对 31 个割手密（*Saccharum spontaneum* L.）无性系的大田试验发现（表 3-6），UV-B 辐射导致 31 个割手密无性系在分蘖期、伸长期和成熟期的植株高度出现明显的变化。在分蘖期有 15 个无性系的株高产生了明显的变化，其中有 12 个显著或极显著上升，3 个显著或极显著下降。伸长期有 15 个无性系的株高产生了明显的变化，其中有 11 个显著或极显著上升，4 个显著或极显著下降。成熟期有 15 个无性系的株高产生了明显的变化，其中有 6 个显著或极显著上升，9 个显著或极显著下降（何永美，2006）。

表 3-6 31 个割手密无性系对 UV-B 辐射响应反馈的株高差异（引自何永美，2006）

Table 3-6 Intraspecific sensitivity to UV-B radiation based on plant height of 31 wild sugarcane (*S. spontaneum* L.) clones

无性系	分蘖期			伸长期			成熟期		
	对照（cm）	+UV-B（cm）	变化率（%）	对照（cm）	+UV-B（cm）	变化率（%）	对照（cm）	+UV-B（cm）	变化率（%）
I91-48	7.45	11.89	59.60**	39.20	77.73	98.30**	133.58	100.88	−24.48*
92-11	22.64	24.20	6.89	113.73	143.07	25.79	196.68	221.37	12.55
I91-97	11.01	23.61	114.44**	68.60	108.20	57.73**	83.36	110.25	32.25**
II91-99	8.50	14.52	70.82**	64.82	81.78	26.17**	111.13	142.62	28.33**
II91-13	17.84	18.02	1.01	114.43	127.67	11.57	174.25	197.48	13.33**
I91-91	24.73	28.53	15.37	103.20	129.27	25.26**	120.83	150.64	24.67*
90-15	17.11	20.06	17.24	81.67	86.13	5.47	111.68	133.64	19.66**
I91-38	23.44	26.64	13.65	104.60	139.93	33.77*	147.89	158.49	7.17
88-269	15.45	27.43	77.52*	121.73	183.67	50.88**	224.51	243.05	8.26
83-215	12.87	19.92	54.78**	97.73	140.87	44.13**	153.47	135.47	−11.72
83-157	13.89	22.21	59.91**	119.00	128.60	8.07	193.13	255.15	32.11**
82-110	7.35	13.07	77.82**	55.47	77.13	39.06*	141.63	125.22	−11.59
II91-89	11.05	11.15	0.90	63.60	51.73	−18.66**	197.04	121.02	−38.58**
83-153	8.53	14.67	71.98**	61.40	88.73	44.52**	166.41	181.93	9.33
83-193	11.65	15.09	29.53*	80.20	96.93	20.87**	146.36	158.37	8.21
92-4	6.14	7.65	24.59*	65.53	74.00	12.92	128.15	132.97	3.76
92-36	11.17	12.97	16.11	83.73	113.27	35.27*	189.67	149.71	−21.07**
II91-98	24.80	23.38	−5.73	129.60	122.13	−5.76	252.20	151.40	−39.97
93-25	9.65	7.47	−22.59*	71.40	62.63	−12.28	136.90	112.55	−17.79**
90-8	24.44	18.65	−23.70	84.80	86.53	2.040	133.90	108.95	−18.64*
82-26	4.63	6.81	47.08**	49.60	58.93	18.82	133.11	124.39	−6.55
90-22	42.63	40.78	−4.35	153.16	160.53	−4.81	254.01	217.40	−14.41
92-26	12.66	10.75	−15.09	69.80	58.07	−16.81*	101.89	97.75	−4.07
83-217	13.67	16.83	23.12*	94.20	96.93	2.90	142.53	149.57	4.94
II91-72	16.99	15.97	−6.01	75.33	73.40	−2.57	108.24	99.67	−7.92

续表

无性系	分蘖期			伸长期			成熟期		
	对照（cm）	+UV-B（cm）	变化率（%）	对照（cm）	+UV-B（cm）	变化率（%）	对照（cm）	+UV-B（cm）	变化率（%）
II91-93	23.43	19.53	−16.64	129.67	109.87	−15.27	207.29	166.32	−19.76**
II91-116	11.47	9.97	−13.08	85.25	83.20	−2.40	142.30	134.29	−5.62
II91-5	12.94	12.22	−5.56	117.27	88.07	−24.90**	163.86	145.10	−11.44
II91-126	16.39	12.63	−22.94**	122.53	118.20	−3.54	260.83	214.63	−17.71**
I91-37	6.71	7.28	8.49	53.07	56.47	6.41	106.21	77.67	−26.87*
II91-81	15.41	8.37	−45.68**	83.73	41.00	−51.04**	133.26	83.53	−37.32**

注：*和**表示对照与 UV-B 辐射间分别在 $P<0.05$ 和 $P<0.01$ 水平差异显著（n=31）

对芦苇生长的研究表明，在自然光（CK）和 $252\mu W/cm^2$ UV-B 辐射强度下，随着处理时间的延长，UV-B 辐射对植株高度的抑制作用开始显现，且随辐射强度增加，抑制程度增加（褚润等，2018）。对豆科牧草苜蓿的研究发现，UV-B 辐射不同程度地降低了其根长、节间长和株高，显示了对其生长的抑制作用（姜静，2017）。在 $6.4kJ/（m^2 \cdot d）$ 的 UV-B 辐射强度下（模拟甘南地区夏季晴朗天空 9%的臭氧衰减），对野生豆科牧草歪头菜的研究发现，随着紫外线处理时间的延长（10 天后），试验组株高显著低于对照组（韩瑜，2013）。对中药材怀牛膝幼苗的研究发现，随着 UV-B 辐射时间的增加，其生长受到显著的抑制，主要表现为植株矮化、根长变短，且抑制程度与辐射时间成正比（齐婉桢，2017）。对药用植物丹参的研究发现，随着 UV-B 辐射强度的增加（$0\sim4.1kJ/m^2$），丹参株高逐渐减小，且其降低幅度与不同的生长期有关，与对照相比，最大辐射强度导致快速生长期和收获期株高分别降低了 43.6%和 36.8%（刘景玲等，2014）。

对灯盏花（*Erigeron breviscapus*）的研究也有类似情况出现，在 UV-B 辐射强度为 $5.0kJ/m^2$ 条件下，其植株生长受到抑制，出现矮化现象（王美娟等，2011）。另外一项对灯盏花的研究则发现（表 3-7），不同强度 UV-B 辐射会对其产生不同的影响，UV-B 辐射 30 天后，与对照相比，$2.5kJ/m^2$、$5.0kJ/m^2$ 和 $7.5kJ/m^2$ 的 UV-B 辐射使其株高分别降低 29.90%、29.99%和 35.28%，而辐射 60 天后，各处理与对照相比，株高分别降低 14.43%、21.38%和 18.12%，可见随 UV-B 辐射的增强，灯盏花的株高呈整体下降的趋势（朱媛，2009）。

表 3-7　UV-B 辐射增强对灯盏花生长的影响（平均数±SD）（引自朱媛，2009）

Table 3-7　Effect of enhanced UV-B radiation on growth of *E. breviscapus* (mean±SD)

测定时期	UV-B 辐射（kJ/m²）	形态指标				
		株高（cm）	单株基叶数	最大基叶长（cm）	最大基叶宽（cm）	单株分枝数
旺长期（30 天）	0	10.77±3.68	16.77±6.0b	17.46±1.67	2.58±0.17	0
	2.5	7.55±0.74	11.07±0.91ab	16.74±0.71	2.43±0.21	0
	5.0	7.54±1.55	11.36±4.2ab	16.16±1.64	2.49±0.16	0
	7.5	6.97±0.98	8.93±1.61a	16.47±1.71	2.44±0.05	0

续表

测定时期	UV-B 辐射（kJ/m²）	形态指标				
		株高（cm）	单株基叶数	最大基叶长（cm）	最大基叶宽（cm）	单株分枝数
花期（60 天）	0	26.33±0.59	33.63±4.66b	19.85±1.21	2.65±0.15	6.92±0.34a
	2.5	22.53±3.11	27.90±3.30ab	19.62±1.11	2.49±0.18	7.10±0.65ab
	5.0	20.70±1.70	26.80±2.90a	18.80±0.95	2.54±0.14	7.83±1.42b
	7.5	21.56±6.46	25.27±2.70a	18.13±0.95	2.43±0.06	6.24±1.10a

注：不同小写字母表示在 $P<0.05$ 水平差异显著（T 检验）

此外，UV-B 辐射的时期不同，其对灯盏花株高的影响也不同（表 3-8）。研究发现，T1（前 30 天辐射）、T3（全 60 天辐射）处理紫外-B 辐射 30 天后（10 月），株高有所降低，与 CK 相比，T1、T3 处理株高均降低 20%左右。而花期（11 月）的 T1、T2（后 30 天辐射）、T3 处理与 CK 相比，株高分别降低 16.61%、9.70%、25.09%。可见，花期接受 UV-B 辐射，对灯盏花株高的影响较小（朱媛，2009）。

表 3-8　不同时期 UV-B 辐射增强对灯盏花生长的影响（引自朱媛，2009）

Table 3-8　Effect of different stage enhanced UV-B radiation on growth of _E. breviscapus_

测定时期	UV-B 辐射（kJ/m²）	形态指标				
		株高（cm）	单株基叶数	最大基叶长（cm）	最大基叶宽（cm）	单株分枝数
旺长期（30 天）	CK	9.70±0.46b	17.16±1.69b	17.50±0.66b	2.53±0.06	
	T1	7.80±0.25a	11.27±1.33a	15.83±0.61a	2.48±0.03	
	T3	7.70±0.21a	10.98±0.55a	15.83±0.60a	2.47±0.06	
花期（60 天）	CK	27.10±1.5c	32.30±2.4b	19.87±0.21b	2.67±0.04b	6.66±0.08a
	T1	22.60±1.21b	27.06±1.75a	17.77±0.42a	2.6±0.08a	6.69±0.18a
	T2	24.47±0.85b	29.00±1.28ab	19.17±0.25b	2.62±0.04ab	7.17±0.06b
	T3	20.30±1.05a	26.10±1.61a	17.60±0.95a	2.54±0.05a	7.68±0.14c

对 6 个灯盏花居群 D01、D47、D48、D53、D63 和 D65 的研究发现（表 3-9），在温室模拟 UV-B 辐射（280～315nm）增强条件下，6 个灯盏花居群中 D01、D53、D63 与 D65 在 3 个生育期株高显著增加（$P < 0.05$）。D47 与 D48 在 3 个生育期株高显著下降（$P < 0.05$），显示出了较大的品种差异（姬静，2010）。

表 3-9　UV-B 辐射增强对 6 个灯盏花居群形态的影响（引自姬静，2010）

Table 3-9　Effects of enhanced UV-B radiation on morphology of 6 _E. breviscapus_ populations

形态指标	居群	成苗期		盛花期		成熟期	
		对照	处理	对照	处理	对照	处理
株高（cm）	D01	19.23	21.33*	31.54	35.84*	33.73	36.42*
	D47	24.54	22.25*	32.32	30.44*	34.81	30.83*

形态指标	居群	成苗期		盛花期		成熟期	
		对照	处理	对照	处理	对照	处理
株高 （cm）	D48	24.12	21.01*	32.7	29.95*	34.84	29.86*
	D53	17.54	20.25*	25.17	29.71*	27.56	30.26*
	D63	18.91	20.63*	24.14	27.27*	26.35	28.13*
	D65	20.54	23.27*	24.18	28.36*	26.37	29.41*
冠幅 （cm²）	D01	157.53	181.77**	207.67	231.58**	234.98	254.58**
	D47	162.37	142.35**	210.32	176.39**	245.84	201.98**
	D48	197.96	172.59**	247.56	214.04**	287.68	231.87**
	D53	115.44	129.08**	155.43	167.41**	188.13	195.63**
	D63	201.03	234.86**	239.73	274.23**	266.41	293.67**
	D65	121.20	138.99**	164.09	184.12**	194.63	204.31**
基叶长 （cm）	D01	15.18	17.01*	17.21	19.96*	16.19	18.01*
	D47	15.55	13.92*	18.36	16.92*	17.88	15.55*
	D48	18.44	16.89*	21.25	19.73*	19.15	17.06*
	D53	12.22	14.35*	14.46	17.81*	13.66	15.41*
	D63	13.81	15.25*	16.82	19.92*	17.14	18.36
	D65	12.56	13.65*	15.23	17.36*	14.82	15.54
基叶宽 （cm）	D01	1.79	2.14**	2.25	2.62**	2.13	2.21
	D47	2.29	2.02*	3.23	2.79**	3.03	2.54**
	D48	2.45	2.11**	3.26	2.76**	2.91	2.42 **
	D53	2.12	2.65**	2.57	3.14**	2.37	2.43
	D63	2.55	2.98**	3.26	3.54*	2.86	3.01
	D65	2.73	3.05*	3.45	3.76*	3.15	3.34

注：*和**分别代表显著差异水平（$P < 0.05$）和极显著差异水平（$P < 0.01$）（$n = 3$）

一项氮素影响 UV-B 辐射对灯盏花生长作用的研究表明（表 3-10），在大田种植的 D47、D53、D63 居群灯盏花中，UV-B 辐射使 D53（除 30 天外）和 D63 的株高显著增加，而 D47 无显著变化（除 90 天外）。而施氮后，在 UV-B 辐射下，$5g/m^2$ N 和 $10g/m^2$ N 对 3 个居群灯盏花的株高都有促进作用，其中 $5g/m^2$ N 对 D47 居群株高的促进作用最好，UV-B 辐射 90 天时 D47 居群的株高达 34.86cm；$10g/m^2$ N 对 D53 和 D63 居群株高的促进作用最好，UV-B 辐射 90 天时，D53 和 D63 居群的株高分别达 31.99cm、35.35cm。但 $15g/m^2$ N 导致 D53 和 D63 居群的株高与 $10g/m^2$ N 相比显著降低，在 UV-B 辐射 90 天时分别为 17.54cm 和 18.47cm，而'D47'居群无显著变化（除 30 天、90 天外）（姬静，2010）。

表 3-10　氮素对 UV-B 辐射下 3 个灯盏花居群形态的影响（引自姬静，2010）

Table 3-10　Effects of nitrogen to morphology under UV-B radiation of 3 *E. breviscapus* populations

形态指标	处理	30 天			60 天			90 天		
		D47	D53	D63	D47	D53	D63	D47	D53	D63
株高 （cm）	CK	9.61bc	8.30c	7.20d	18.17b	12.31d	13.89d	28.48b	19.68d	21.52d
	UV-B	7.84c	8.32c	9.58c	15.92b	16.39c	17.08c	21.47c	24.80c	26.83c
	UV-B+5	14.69a	11.32b	12.04b	23.27a	21.45b	20.28b	34.86a	27.81b	31.40b
	UV-B +10	12.94ab	13.43a	15.95a	20.08ab	25.74a	26.99a	30.30b	31.99a	35.35a
	UV-B +15	8.30c	7.55c	6.89d	16.36b	11.73d	13.03d	21.10c	17.54e	18.47e
基叶长 （cm）	CK	15.17ab	10.93d	13.14c	18.57ab	14.27d	17.23c	17.73b	14.73c	16.03c
	UV-B	13.8bc	12.90c	15.5c	16.17c	17.77c	19.56b	14.37b	16.7b	19.1b
	UV-B +5	16.57a	15.97b	17.46b	21.07a	20.36b	23.33a	20.13a	20.86a	22.47a
	UV-B +10	12.6c	18.53a	20.2a	17.8bc	22.47a	24.80a	15.37c	22.83a	24.40a
	UV-B +15	8.57d	10.96d	13.80c	11.33d	11.50e	16.47c	11.02d	9.87d	15.33c
基叶宽 （cm）	CK	2.36ab	2.18c	2.45b	3.27ab	2.57cd	2.57d	3.05a	2.37d	2.70c
	UV-B	2.19bc	2.46b	2.43b	2.89cd	3.04bc	2.94c	2.63b	2.73c	2.88bc
	UV-B +5	2.54a	2.64a	2.83a	3.46a	3.16ab	3.27b	3.18a	2.89b	3.11ab
	UV-B +10	2.32abc	2.87a	2.91a	2.91bc	3.42a	3.56a	2.68b	3.32a	3.30a
	UV-B +15	2.17c	2.34bc	2.15b	2.60d	2.68d	2.81c	2.35c	2.48d	2.63c
基叶数	CK	17.67bc	14.32c	15.60cd	35.67b	25.65b	27.65c	42.32bc	38.65c	35.00c
	UV-B	14.65c	16.33c	19.33bc	30.00b	31.67a	32.68bc	35.65c	45.30b	43.04b
	UV-B +5	25.33a	20.30b	23.40ab	46.66a	33.76a	36.00ab	52.00a	50.52ab	45.10ab
	UV-B +10	21.65ab	25.00a	27.35a	37.32ab	37.00a	41.28a	47.01ab	58.65a	50.00a
	UV-B +15	13.64c	12.34c	12.65c	28.68b	22.33b	25.70c	33.00c	33.67c	31.33c

注：5、10、15 表示氮素水平（g/m^2）；不同小写字母表示差异在 $P<0.05$ 水平显著（LSD 检验）

对云南两个烤烟主栽品种'云烟 87'和'红花大金元'的研究显示，在模拟昆明地区大气臭氧衰减条件下[辐射强度分别为 5.30kJ/（m^2·d）、8.50kJ/（m^2·d）]，高强度的 UV-B 辐射处理抑制'云烟 87'的株高，使其节距变小（何承刚，2012）。

可见，UV-B 辐射对植物株高的影响是比较显著的。在多数情况下，UV-B 辐射的增强会导致植物株高降低，植株出现矮化现象，且这种情况随 UV-B 辐射强度的增加而加剧。这显示了植物对 UV-B 辐射的敏感性，株高降低，在一定程度上有利于减少其对 UV-B 辐射的吸收，这可能属于植物自身的一种保护机理（Eva et al.，2013）。此外，也有一些植物显示出了对 UV-B 辐射有较强的耐性，在一定辐射强度下，株高不减反增（陈建军等，2004；李想等，2018），这表明 UV-B 辐射对植物株高的影响存在较大的种间和种内差异。此外，UV-B 辐射对株高的影响还与生育期有关系。

二、UV-B 辐射影响株高的途径

株高是植物最直观的表型特征之一，易受到 UV-B 辐射的影响。在多数情况下，UV-B

辐射增强对植物的株高表现为抑制作用。从形态上看，UV-B 辐射导致的株高下降主要是由节间长度的变化，而不是节数的变化引起的（何丽莲等，2005）。UV-B 辐射影响植物株高的途径较为复杂，涉及植物生长过程的多个方面（訾先能等，2006a）。

研究表明，植物株高与其体内的次级代谢物水平密切相关（Takshak and Agrawal，2015）。UV-B 辐射增强会导致植物体内生长素（IAA）氧化分解，从而引起植物节间缩短，最终导致株高的降低（Yin and Wang，2012）。UV-B 辐射会导致植物体内脱落酸含量增加，这也是植株矮化的原因之一（Berli et al.，2013）。增强的 UV-B 辐射使植物体内 IAA 含量降低，并生成光氧化产物 3-甲基氧化吲哚，抑制植物生长，导致植物株高降低（李良博等，2015）。乙烯作为一种内源激素，UV-B 辐射诱导其含量增加也可能是植株矮化的一个途径（祖艳群等，2007）。此外，UV-B 辐射导致的多胺、水杨酸等物质代谢异常与其对株高的影响之间也存在一定的相关性（王弋博，2009）。目前，此方面的机理研究还不多见。

UV-B 辐射对光合作用的影响是其影响植物株高的另一条可能途径。研究显示，UV-B 辐射增强首先导致幼苗叶绿素含量减少，可溶性蛋白含量减少，进而降低光系统（PS）Ⅱ 反应中心活性，最终导致光合作用能力下降，造成植株的矮化（张红霞等，2010）。

在基因和转录水平上的研究发现，拟南芥（*Arabidopsis thaliana*）对 UV-B 辐射增强的适应性是由 UV-B 受体 UVR8（UV resistance locus 8）介导的，这一蛋白质可能与株高对 UV-B 辐射的响应有关（Fierro et al.，2015）。对水稻的研究发现，CPD 光解酶（环丁烷嘧啶二聚体）在基因编码中自然突变会引起水稻对 UV-B 辐射的敏感性产生差异，提高 CPD 光解酶的活性能有效地减轻 UV-B 辐射对水稻生长的抑制作用（何永美等，2012b）。

总体而言，UV-B 辐射对株高的影响不仅与其对植物生长速度的影响有关，还可能与植物本身的某些内在特性有关。例如，UV-B 辐射增强导致的植物激素代谢改变、细胞分裂减缓和光合作用色素合成减少等，也可能是 UV-B 辐射对植物形态产生影响的途径（吴玉环等，2007）。可见，UV-B 辐射增强导致植物株高降低并不是一个简单的过程，其存在多条可能的途径。

第二节　UV-B 辐射对植物形态的影响

植物形态较易受外界环境变化的影响，具体表现在叶面积、叶片厚度、分枝及分蘖等方面。多数情况下，较高的 UV-B 辐射会导致植物出现叶片增厚、叶面积减小及分蘖增加等情况。此外发现，不同品种在不同的环境中，UV-B 辐射对其的影响也存在差异（李元等，2000）。

一、UV-B 辐射对植物叶面积的影响

植物的叶面积较易受外界条件的影响，温度、水分、矿物质和盐胁迫等因素都有可能导致其发生改变。植物叶片是大气中 UV-B 进入植物组织的主要媒介，是 UV-B 辐射对植物产生胁迫时植物的最初感应器。

　　多数研究显示，UV-B 辐射对植物叶面积会产生一定抑制作用。在早期的一项温室试验中，研究者观察了 70 多种作物品种，发现 60%以上的作物在 UV-B 辐射下叶面积减小，较为敏感的种类有大豆、蚕豆、豌豆、豇豆、西瓜、黄瓜、圆叶大黄、芜青、大头菜等，其叶面积可被 UV-B 辐射缩小 60%～70%；而普通小麦、燕麦、大麦、落花生、稻、黍属、棉属、向日葵等在叶面积方面表现出一定的抗性。这种较大幅度的叶面积降低在低光合有效辐射（PAR）时更为明显。此外发现，在温室和大田中，植物对 UV-B 辐射的敏感性存在较大差别。例如，在温室中，豇豆和芥子的叶面积降低幅度最大，但它们在大田中具有一定抗性（李元和岳明，2000）。近期的研究也报道了 UV-B 辐射对植物叶面积的影响：屏蔽紫外线增加了 4 个小麦品种的旗叶单位面积，比叶重也有所增加（Kataria and Guruprasad，2015）。对小黑麦的温室试验发现，与对照相比，增强 UV-B 辐射会诱导小黑麦总绿叶面积及每叶面积降低，而总叶数、比叶面积、叶片厚度和气孔密度则未发生显著变化（Bacelar et al.，2015）。对冬小麦的研究发现，在 UV-B 辐射增强条件下作物群体的叶面积指数会下降（李曼华和郑有飞，2004）。对元阳梯田 2 个地方水稻品种‘月亮谷’和‘白脚老粳’的研究发现（表 3-11），大田原位种植条件下，人工模拟 UV-B 辐射（2.5kJ/m^2、5.0kJ/m^2、7.5kJ/m^2）导致 2 个供试水稻叶片的单叶面积逐渐减小，与对照相比，除了孕穗期‘月亮谷’2.5kJ/m^2 UV-B 辐射处理的单叶面积降低不显著外，其余时期各处理单叶面积都随着 UV-B 辐射强度的增加而显著（$P<0.05$）或极显著（$P<0.01$）降低。其中，随着辐射时间和强度的增加，UV-B 辐射对‘白脚老粳’单叶面积的抑制作用更加明显（包龙丽等，2013）。对歪头菜（韩瑜，2013）、玉米（Wijewardana et al.，2016）、豌豆（Choudhary and Agrawal，2014b）、蚕豆（张红霞等，2010）、棉花（王进等，2010a）、芦苇（褚润等，2018）、苜蓿（姜静，2017）和丹参（刘景玲等，2014）等植物的研究也表明，UV-B 辐射增强会导致植物的叶面积下降。

表 3-11　UV-B 辐射对元阳梯田地方水稻品种白脚老粳和月亮谷叶长、叶宽和单叶面积的影响（引自包龙丽等，2013）

Table 3-11　Effects of UV-B radiation on the rice leaf length, width and single leaf area of local rice varieties Baijiaolaojing and Yuelianggu in Yuanyang terrace

指标	品种	时期	CK	TR$_{2.5}$	TR$_{5.0}$	TR$_{7.5}$	IR$_{2.5}$（%）	IR$_{5.0}$（%）	IR$_{7.5}$（%）
叶长（cm）	月亮谷	分蘖期	55.50±0.9	55.27±1.8*	54.50±2.2*	51.59±2.7*	−0.4	−1.8	−7.0
		拔节期	55.32±1.3	54.68±1.8*	54.45±2.7*	48.95±1.6*	−1.2	−1.6	−11.5
		孕穗期	56.23±1.8	55.00±1.5*	49.27±2.1*	46.27±1.6**	−2.2	−12.4	−17.7
	白脚老粳	分蘖期	64.59±2.3	64.50±2.3	63.91±2.0*	58.50±1.7*	−0.1	−1.0	−9.4
		拔节期	69.14±2.6	66.95±2.4*	62.68±1.5**	60.05±1.9**	−3.2	−9.3	−13.1
		孕穗期	68.73±1.8	67.14±2.1*	64.14±2.8**	58.36±1.8**	−2.3	−6.7	−15.1
叶宽（cm）	月亮谷	分蘖期	1.44±0.1	1.42±0	1.41±0.1	1.38±0.1*	−1.4	−2.1	−4.2
		拔节期	1.56±0.1	1.56±0.1	1.51±0.1*	1.41±0.1*	−0.0	−3.5	−9.9
		孕穗期	1.62±0	1.53±0*	1.51±0*	1.45±0.1**	−5.6	−6.8	−10.5

续表

指标	品种	时期	CK	TR$_{2.5}$	TR$_{5.0}$	TR$_{7.5}$	IR$_{2.5}$（%）	IR$_{5.0}$（%）	IR$_{7.5}$（%）
叶宽（cm）	白脚老粳	分蘖期	1.59±0.1	1.58±0.1	1.55±0.1*	1.46±0.1*	−0.6	−2.3	−8.0
		拔节期	1.68±0.1	1.60±0.1	1.63±0.1	1.57±0.1*	−4.8	−3.0	−6.5
		孕穗期	1.67±0.1	1.64±0.1*	1.65±0.1*	1.51±0.1*	−1.8	−1.2	−9.6
单叶面积（cm^2）	月亮谷	分蘖期	58.48±4.3	56.90±4.1*	55.79±4.3*	49.19±3.2*	−2.7	−4.6	−15.9
		拔节期	66.24±3.8	65.47±3.4*	64.18±4.7*	53.39±4.0*	−1.2	−3.1	−19.4
		孕穗期	68.26±3.2	66.42±3.8	60.43±4.6*	57.52±3.1*	−2.7	−11.5	−15.7
	白脚老粳	分蘖期	79.60±2.5	77.84±2.6*	77.83±1.9*	66.08±3.0*	−2.2	−2.2	−17.0
		拔节期	89.43±2.7	81.84±2.8*	77.80±2.1**	72.70±2.2**	−8.5	−13.0	−18.7
		孕穗期	88.82±2.2	84.41±3.0*	81.56±1.7**	68.45±2.0**	−5.0	−8.2	−22.9

注：*和**分别表示用 LSD 检验不同辐射处理间在 P<0.05 或 P<0.01 水平差异显著（n = 11）；CK 为 0kJ/m^2（自然光）处理，TR$_{2.5}$ 为 2.5kJ/m^2 的 UV-B 辐射处理，TR$_{5.0}$ 为 5.0kJ/m^2 的 UV-B 辐射处理，TR$_{7.5}$ 为 7.5kJ/m^2 的 UV-B 辐射处理；IR(inhibitory rate) 为抑制率，IR（%）=（TR−CK）÷CK×100，IR>0 表示促进作用，IR<0 表示抑制作用；下同

　　除了对叶面积的抑制作用，也有研究者观察到 UV-B 辐射刺激叶片展开的情况，大多发生在低、中强度的 UV-B 辐射下。例如，研究发现生长在中等 UV-B 辐射强度和高 PAR 条件下的大豆，其叶面积不受 UV-B 辐射的影响。太阳辐射中的 UV-B 辐射甚至可以刺激某些物种叶片的展开，如在大田条件下，马铃薯和芥菜的叶面积可因中等强度的 UV-B 辐射而增加，增加值分别为 70%和 30%（李元和岳明，2000）。水稻叶面积受 UV-B 辐射影响的程度与辐射强度有密切关系，如用 44nL/（L·h）UV-B 辐射处理 28 天时，水稻叶片数增加了 21%，而使用 100nL/（L·h）UV-B 辐射处理则水稻总叶片数减少（何永美等，2012b）。

　　植物发育阶段及品种的不同会造成 UV-B 辐射对叶面积的影响不同。对药用植物丹参的研究发现，随着 UV-B 辐射强度增加，丹参叶面积逐渐减小，且其降低幅度依生长期而异。在收获期，低辐射和高辐射处理下叶面积降幅分别为 36.7%和 71.5%，在快速生长期降幅分别为 28.0%和 57.6%，显然丹参在收获期更易受 UV-B 辐射的影响（刘景玲等，2014）。对大豆的研究表明，增强 UV-B 辐射对大豆叶面积的抑制影响主要在其营养生长的后期才表现出来。而对于原产于中欧和南欧的 8 个玉米品种，UV-B 辐射对叶面积的影响则在播种后的 6 周以前更大一些（李元和岳明，2000）。

　　这样的差异在不同品种间也能观察到。由 16 个水稻品种对 UV-B 辐射响应的研究发现，仅有 2 个品种的叶面积对 UV-B 辐射表现出正反应，其余品种的叶面积有不同程度的降低，其中有 4 个品种（'Carreon'、'N22'、'IR36'、'PTB13'）的降低程度达到显著水平，最大降低幅度达 48.7%（李元和岳明，2000）。对 20 个小麦品种的研究表明（表 3-12），在大田条件下，经 UV-B 辐射，20 个品种在播种后 55 天，叶面积和叶面积指数有明显的变化。有 1 个品种叶面积有显著的正响应，有 4 个品种的叶面积有显著或极显著的负响应；UV-B 辐射使'大理 905'的叶面积指数明显增加，有 8 个品

种的叶面积指数显著或极显著减少（陈建军等，2001）。对 20 个大豆品种的研究发现，在播种后 80 天，UV-B 辐射导致叶面积指数明显降低。其中'云南 97801'和'云南 97501'显著降低，另外 18 个品种极显著降低（陈建军等，2004）。增强 UV-B 辐射对 31 个割手密无性系的叶面积指数有明显的影响，其中 19 个存在显著变化，有 8 个无性系显著或极显著上升，11 个无性系显著或极显著降低（何永美，2006）。对 7 个马铃薯品种的研究发现，与对照相比，UV-B 辐射导致所有品种的叶面积都出现下降，但在不同品种间存在差异，叶片较大的品种与较小的品种相比，受到的影响更为显著（李俊等，2017）。

表 3-12　20 个小麦品种对 UV-B 辐射响应反馈的叶面积和叶面积指数差异（引自陈建军等，2001）

Table 3-12　Intraspecific sensitivity to UV-B radiation based on area per leaf and leaf area index (LAI) of 20 wheat cultivars

品种	叶面积			叶面积指数		
	对照（cm^2）	+UV-B（cm^2）	变化率（%）	对照	+UV-B	变化率（%）
毕 90-5	27.11	23.61	−12.92	5.75	4.22	−26.72*
凤麦 24	31.10	24.69	−20.58*	5.75	3.40	−40.98*
YV 97-31	25.49	20.31	−20.39*	5.63	4.76	−15.46
繁 19	27.71	22.64	−18.14*	10.81	6.96	−35.62*
楚雄 8807	34.70	20.61	−40.63**	11.19	5.04	−55.02**
绵阳 20	32.31	29.11	−9.91	11.40	11.61	1.90
大理 905	26.90	27.80	3.35	4.00	4.76	18.89
黔 14	32.11	27.50	−14.33	8.15	7.05	−13.42
文麦 3	23.59	23.80	0.85	3.79	4.17	9.97
云麦 39	26.01	23.81	−8.46	7.51	4.70	−37.54*
绵阳 26	25.01	23.80	−4.83	6.10	6.18	1.33
文麦 5	25.90	24.21	−6.56	4.55	4.36	−4.16
辽春 9	22.01	23.40	6.36	3.40	3.52	5.48
兰州 80101	26.71	27.81	4.12	4.45	4.35	−2.14
陇 8425	23.51	24.20	2.98	3.40	4.08	2.18
陇春 8139	35.30	30.62	−13.31	8.28	5.92	−28.45*
陇春 16	21.29	17.70	−16.90	3.24	2.04	−37.06*
MY 94-4	27.80	29.20	5.04	11.92	10.09	−15.34
陇春 15	29.80	41.59	39.60**	10.98	10.87	−1.03
会宁 18	28.19	26.60	−5.67	11.01	6.80	−36.65*

注：*和**表示对照与 UV-B 辐射间分别在 $P<0.05$ 和 $P<0.01$ 水平差异显著（$n=20$）

UV-B 辐射对叶面积的影响与植物所处的环境条件也有关系。对不同磷供应情况下盆栽大豆的研究发现，低磷供应时，UV-B 辐射对大豆叶面积没有影响，而高磷组的叶面积比对照显著降低。另一项研究则发现，在水分胁迫条件下大豆的叶面积未受到 UV-B 辐射的影响，但在水分充足时其叶面积受到 UV-B 辐射的显著影响（李元和岳明，2000）。

　　植物群体叶面积指数（LAI）是反映作物群体结构的重要指标。研究表明，大田条件下 LAI 会受到 UV-B 辐射的影响。UV-B 辐射增强能导致大豆和小麦群体的 LAI 降低，并这被认为主要是由 UV-B 辐射抑制叶片扩大造成的（姬静，2010）。有试验表明在 UV-B 辐射增强下作物的群体叶面积指数会下降（Nouchi et al.，1991；Shi et al.，2004），从而导致作物光合有效面积、干物质积累减少，并影响作物的生物学产量。相反，也有试验表明尽管光合作用产生 O_2 的速率受 UV-B 辐射增强影响而降低，但维管植物的叶面积没有受到 UV-B 辐射的影响，这是因为受 UV-B 辐射的植物叶片更密、更厚，并且有更强大的光合能力和更多 UV-B 辐射吸收色素，所以植株单位叶面积的光合作用速率保持不变（张富存等，2003）。模拟兰州地区（36°N，海拔 1530m）12%、20% 和 25% 的臭氧衰减，即自然光及增加 2.54kJ/m^2、4.25kJ/m^2 和 5.31kJ/m^2 UV-B 辐射对春小麦群体叶面积与 LAI 动态的影响，结果显示（表 3-13），各发育期的群体第一叶面积与 LAI 都被 UV-B 辐射降低，在 5.31kJ/m^2 的 UV-B 辐射下，群体第一叶面积和 LAI 都是最小的，与 0kJ/m^2 处理相比具有显著差异，而且降低程度与辐射剂量有关（李元和岳明，2000）。UV-B 辐射还能使植株群体的叶面积垂直分布向下偏移，即 LAI 重心下移，使上层 LAI 占总 LAI 的百分比比对照降低，不利于群体对光能的利用（王传海等，2000）。群体叶面积垂直分布下移主要是由于 UV-B 辐射使植株各节间长度缩短，并且越往下缩短的百分比越大，因此叶片的生长位置降低，群体叶面积垂直分布下移（何雨红等，2002）。

表 3-13　UV-B 辐射对不同发育阶段春小麦第一叶面积和 LAI 的影响（引自李元和岳明，2000）

Table 3-13　Effects of UV-B radiation on the area of the first leaf and LAI of spring wheat at various developmental stages

UV-B 辐射（kJ/m^2）	群体第一叶面积（m^2/m^2）			叶面积指数		
	分蘖期	扬花期	分蘖初期	分蘖期	孕穗期	扬花期
0	1.64a	2.31a	3.58a	4.23a	6.21a	5.08a
2.54	1.31b	2.23a	3.32ab	3.79b	5.64b	4.52b
4.25	1.25b	1.85b	3.05ab	3.57b	5.42b	4.31b
5.31	1.08c	1.57c	2.03b	2.13c	4.41c	3.21c

注：不同小写字母表示在 $P<0.05$ 水平差异显著（LSD 检验，$n=6$）

　　对于叶面积缩小，有研究者（Biggs and Kossuth，1978a）认为有两方面的原因：一是形成细胞壁时受 UV-B 辐射影响，微纤丝、微管沉积方向发生变化；二是叶分生组织的细胞分裂速度受 UV-B 辐射影响发生变化。在叶扩展过程中，细胞分裂更易受到 UV-B 辐射抑制，形成的细胞数目减少。在自然界中，目前的 UV-B 辐射不对植物生长、发育及繁殖产生可见的伤害，可以认为现存的植物种对 UV-B 辐射都具有一定的适应能力。在 UV-B 辐射增强条件下，植物通过降低叶面积来减少对辐射的吸收，是植物避害性适应方式的又一种体现（褚润等，2018）。UV-B 辐射会导致植物体内产生大量活性氧，其会对光合相关蛋白和色素造成损伤，进而导致光合速率降低（Shine and Guruprasad，

2012）、光合产物减少，这可能是叶面积减小的原因（Berli et al., 2013）。也有研究发现叶片相对密集且较厚的植物，如一些维管植物，其叶面积受 UV-B 辐射的影响较小（Xiong and Day, 2001），这可能是植物自身的一种适应机理（安黎哲等，2001）。此外，叶片表面的蜡质含量增加，也可能会增加植物对 UV-B 辐射的抗性（Kakani et al., 2003a；李良博等，2015）。

二、UV-B 辐射对植物叶厚度的影响

UV-B 辐射有导致植物叶片变厚的趋势，对马铃薯（李俊等，2017）、水稻（包龙丽等，2013）、棉花（王进等，2010a）、麻花芃（师生波等，2001）等作物的研究均观察到了这一现象。

比叶重（specific leaf weight，SLW）可用来衡量 UV-B 辐射对叶片厚度的影响。研究发现，在 8.82kJ/（m^2·d）和 12.6kJ/（m^2·d）的 UV-B 辐射条件下，与对照相比，5 个黄瓜品种中有 2 个的 SLW 出现不同程度的增加，而其他 3 个品种无明显变化；7 个番茄品种中，'旱丰'显著增加而'旱魁'显著降低，其余品种无明显变化（安黎哲等，2001）。一般认为，植物可通过提高它的 SLW 来适应 UV-B 辐射，这样，叶组织的上层可作为解剖学上的屏障或过滤层来减少 UV-B 辐射进入敏感的深层区域。SLW 增加可能是由于叶片增厚和叶片淀粉含量增加。SLW 对 UV-B 辐射的反应与磷的供应有关，研究发现，温室条件下大豆的 SLW 在 UV-B 辐射后增加，但这一效果可被磷的供应所修饰，在高磷情况下 UV-B 辐射不影响 SLW 值，但低磷时 SLW 随 UV-B 辐射的增加而增加（李元和岳明，2000）。

此外，单位面积叶重（LMA）和比叶面积（specific leaf area，SLA）也常用来衡量 UV-B 辐射对植物叶片厚度的影响。对热带雨林的研究发现，屏蔽太阳的 UV-B 辐射，会导致两个树种的 LMA 降低，这也说明了太阳辐射中的 UV-B 辐射可以使叶片变厚。对小麦和燕麦的研究发现，种间竞争的有无会影响 UV-B 辐射增强对两种作物 SLA 所产生的效应。单种时两物种 SLA 在 UV-B 辐射处理后下降，说明叶片增厚了，而在混种时紫外辐射则显著提高了两物种的 SLA，即叶片变薄。同时，只要处理一致（对照或 UV 处理），单种时小麦 SLA 显著高于燕麦，而在混种时这种差异消失（李元和岳明，2000）。

UV-B 辐射下叶片变厚的趋势可能是植物在 UV-B 辐射胁迫下形成的一种适应机理。植物叶片厚度增加，有利于阻挡 UV-B 进入深层叶肉细胞对植物造成更大伤害（刘景玲等，2014），同时可通过补偿由 UV-B 辐射引起的近表层叶肉细胞中光合色素的光降解，使以叶面积为基础的光合色素含量以及净光合速率不受影响（Kofidis et al., 2003）。也有研究指出，叶片具有厚的角质层和表皮能够对 UV-B 辐射起散射与吸收作用，从而达到削弱辐射的作用（Jacobs et al., 2007；朱鹏锦等，2011）。此外，叶片蜡质层增厚可以增强叶面的反射能力，从而降低 UV-B 的穿透性，减少其对叶细胞的伤害（吴永波和薛建辉，2004）。

三、UV-B 辐射对植物叶形态的影响

持续的 UV-B 辐射能降低烟苗的叶长和叶宽，辐射强度越大，烟苗叶长和叶宽下降

越明显（黄勇等，2009）。对水稻的研究发现，88nL/（L·h）UV-B 辐射处理水稻 15 天
（每天 5h）后，导致第 4 和第 5 叶片长度显著变短，但对第 3 叶片长度没有影响（姬静，
2010）。UV-B 辐射增强使小麦倒 2、倒 3 叶片长度缩短 15.2%～24.4%，叶片宽度略有
增加（王传海等，2000）。原因可能是 UV-B 辐射增强破坏了植物体内的吲哚乙酸，导
致其生长受阻，而吲哚乙酸的氧化产物也能抑制植物的生长，而且正在生长的叶片一般
处于群体的最上层，所以叶片长度显著缩短（姬静，2010）。

　　对元阳梯田 2 个地方水稻品种'月亮谷'和'白脚老粳'的研究发现（表 3-11），
大田原位种植条件下，人工模拟 UV-B 辐射增强（2.5kJ/m^2、5.0kJ/m^2、7.5kJ/m^2）处理
对供试的 2 个水稻品种的叶长、叶宽产生明显的抑制作用，但不同品种或同一品种在不
同生育时期所表现出的受抑制程度存在差异。从表 3-11 可以看出，与对照相比，'月亮
谷'和'白脚老粳' 2 个供试水稻的叶长在分蘖期、拔节期和孕穗期这 3 个时期都随着
UV-B 辐射强度的增强而显著（$P<0.05$）或极显著（$P<0.01$）降低（除'白脚老粳'分
蘖期的 2.5kJ/m^2 UV-B 辐射处理），而且随着辐射时间和强度的增加，UV-B 辐射降低水
稻叶长的作用更加明显。'月亮谷'水稻孕穗期 7.5kJ/m^2 UV-B 辐射处理的片长极显著
（$P<0.01$）降低。'月亮谷'在 3 个时期分别降低 0.4%～7.0%、1.2%～11.5%和 2.2%～
17.7%，'白脚老粳'水稻拔节期和孕穗期 5.0kJ/m^2 与 7.5kJ/m^2 UV-B 辐射处理的叶片长
度都极显著（$P<0.01$）降低。'白脚老粳'在 3 个时期分别降低 0.1%～9.4%、3.2%～13.1%
和 2.3%～15.1%（包龙丽等，2013）。

　　与对照相比，'月亮谷'水稻的叶宽在分蘖期、拔节期和孕穗期这 3 个时期都随着
UV-B 辐射强度的增强而降低。'月亮谷'水稻分蘖期的 7.5kJ/m^2 UV-B 辐射处理，拔节
期的 5.0kJ/m^2 和 7.5kJ/m^2 UV-B 辐射处理，以及孕穗期的各个辐射处理的叶宽显著
（$P<0.05$）或极显著（$P<0.01$）降低，这 3 个时期分别降低 1.4%～4.2%、0～9.6%和 5.6%～
10.5%；'白脚老粳'分蘖期的 5.0kJ/m^2 和 7.5kJ/m^2 UV-B 辐射处理，拔节期的 7.5kJ/m^2 UV-B
辐射处理，以及孕穗期的各个 UV-B 辐射处理的叶宽显著（$P<0.05$）降低，这 3 个时期
分别降低 0.6%～8.2%、3.3%～6.5%和 1.2%～9.6%（包龙丽等，2013）。

　　对元阳梯田 2 个地方水稻品种'月亮谷'和'白脚老粳'的研究发现（表 3-14），
大田原位种植条件下，人工模拟 UV-B 辐射增强（2.5kJ/m^2、5.0kJ/m^2、7.5kJ/m^2）处理
对供试的 2 个水稻品种的叶端距具有明显的促进作用，叶尖距和叶角受到明显的抑制，
但不同品种或同一品种在不同生育时期所表现出的受促进和抑制程度存在差异。与对照
相比，在分蘖期、拔节期和孕穗期这 3 个时期，UV-B 辐射显著（$P<0.05$）或极显著（$P<0.01$）
增加'月亮谷'和'白脚老粳' 2 个供试水稻的叶端距（除了'月亮谷'孕穗期的 5.0kJ/m^2
辐射处理），而随着辐射时间和强度的增加，UV-B 辐射对'白脚老粳'水稻的叶端
距的促进效应明显，拔节期和孕穗期 5.0kJ/m^2 与 7.5kJ/m^2 UV-B 辐射处理的'白脚老粳'
水稻叶端距都极显著（$P<0.01$）增加。'月亮谷'这 3 个时期的水稻叶端距分别增加 6.5%～
7.9%、11.5%～12.9%和 4.0%～20.9%，'白脚老粳'分别增加 8.8%～11.3%、5.1%～13.3%
和 8.5%～16.7%（包龙丽等，2013）。

表 3-14　UV-B 辐射对元阳梯田地方水稻品种月亮谷和白脚老粳叶端距、叶尖距和叶角的影响（引自包龙丽等，2013）

Table 3-14　Effects of UV-B radiation on the leaf apex, leaf tip from the stem and leaf angle of local rice varieties Baijiaolaojing and Yuelianggu in Yuanyang terrace

指标	品种	时期	CK	TR$_{2.5}$	TR$_{5.0}$	TR$_{7.5}$	IR$_{2.5}$（%）	IR$_{5.0}$（%）	IR$_{7.5}$（%）
叶端距（cm）	月亮谷	分蘖期	50.56±2.8	53.86±3.0*	54.45±2.2*	54.55±3.0*	6.5	7.7	7.9
		拔节期	48.14±2.4	53.68±2.4*	54.09±2.8*	54.36±2.1*	11.5	12.4	12.9
		孕穗期	45.68±2.4	47.50±2.9*	53.45±2.9	55.23±2.4*	4.0	17.0	20.9
	白脚老粳	分蘖期	57.41±2.7	63.91±2.2*	62.45±2.3*	62.45±2.4*	11.3	8.8	8.8
		拔节期	59.32±2.5	62.32±1.4*	65.14±2.6**	67.18±2.6**	5.1	9.8	13.3
		孕穗期	58.14±2.4	63.09±2.3*	65.82±1.6**	67.86±2.6**	8.5	13.2	16.7
叶尖距（cm）	月亮谷	分蘖期	9.55±0.7	8.09±0.6*	7.86±0.8*	6.05±0.5**	−15.2	−17.7	−36.6
		拔节期	8.73±0.8	6.82±0.8*	6.91±0.6*	6.00±0.7**	−21.9	−20.8	−31.3
		孕穗期	9.14±0.6	7.64±0.7*	7.00±0.8*	7.09±0.5**	−16.4	−23.4	−22.4
	白脚老粳	分蘖期	8.14±1.1	7.23±0.8*	6.59±1.0*	4.95±0.5**	−11.2	−19.0	−39.2
		拔节期	9.64±1.0	7.64±0.8*	8.91±0.9	7.00±0.8**	−20.7	−7.6	−27.4
		孕穗期	11.82±0.8	11.64±0.9	11.27±0.8	7.91±0.8**	−1.5	−5.1	−33.0
叶角（°）	月亮谷	分蘖期	10.15±0.4	8.40±0.5*	6.50±0.3**	8.55±0.4*	−17.2	−36.0	−15.8
		拔节期	9.66±0.5	8.17±0.6*	6.48±0.4**	7.43±0.2**	−15.4	−32.9	−23.1
		孕穗期	11.17±0.7	8.28±0.5**	8.88±0.5*	7.31±0.4**	−25.9	−20.5	−34.6
	白脚老粳	分蘖期	8.20±0.8	5.92±0.5**	6.64±0.8*	4.21±0.5**	−27.9	−19.0	−48.6
		拔节期	8.91±1.1	6.80±0.7**	6.72±0.6**	7.65±0.8*	−23.7	−24.6	−14.1
		孕穗期	11.57±0.8	10.83±1.0	9.78±0.9*	6.71±0.9**	−6.4	−15.5	−42.0

注：*和**分别表示用 LSD 检验不同辐射处理间在 $P<0.05$ 或 $P<0.01$ 水平差异显著（$n=11$）

　　与对照相比，在分蘖期和孕穗期，UV-B 辐射显著（$P<0.05$）或极显著（$P<0.01$）降低'月亮谷'和'白脚老粳'2 个供试水稻的叶尖距，而且随着辐射时间和强度的增加，UV-B 辐射对 2 个供试水稻的叶尖距的抑制作用明显，这 3 个时期 7.5kJ/m² UV-B 辐射处理的 2 个供试水稻叶尖距都极显著（$P<0.01$）降低。'月亮谷'这 3 个时期分别降低 15.3%～36.6%、20.8%～31.3%和 16.4%～23.4%，'白脚老粳'分别降低 11.2%～39.2%、7.6%～27.4%和 1.5%～33.1%。两品种的各辐射处理间相比，7.5kJ/m² UV-B 辐射处理的抑制作用都显著高于 2.5kJ/m² UV-B 辐射处理（包龙丽等，2013）。

　　与对照相比，在分蘖期、拔节期和孕穗期，UV-B 辐射显著（$P<0.05$）或极显著（$P<0.01$）降低'月亮谷'和'白脚老粳'2 个供试水稻的叶角（除了孕穗期的 2.5kJ/m² 处理），但不同品种或同一品种在不同生育时期所表现出的受抑制程度存在差异。'月亮谷'这 3 个时期的各个辐射处理的叶角都显著或极显著降低，分蘖期 5.0kJ/m² UV-B 辐射处理，

拔节期 $5.0kJ/m^2$ 和 $7.5kJ/m^2$ UV-B 辐射处理,以及孕穗期 $2.5kJ/m^2$ 和 $7.5kJ/m^2$ UV-B 辐射处理的叶角都极显著($P<0.01$)降低,这 3 个时期分别降低 15.8%~36.0%、15.4%~32.9% 和 20.5%~34.6%。'白脚老粳'在这 3 个时期分别降低 19.0%~48.7%、14.1%~24.6% 和 6.4%~42.0%(包龙丽等,2013)。

研究表明,UV-B 辐射增强处理对供试的 2 个水稻品种的叶端长比有一定影响,但不同品种或同一品种在不同生育时期所表现出的受抑制程度存在差异。从表 3-15 可以看出,与对照相比,'月亮谷'水稻只在分蘖期的时候出现降低;除孕穗期外'白脚老粳'水稻另外 2 个时期的 $2.5kJ/m^2$ UV-B 辐射处理出现增加,其他的都出现降低。这 2 个供试水稻的叶端长比、品种间和各个辐射处理间的抑制率相比,都没有显著差异(包龙丽等,2013)。

表 3-15　UV-B 辐射对元阳梯田地方水稻品种月亮谷和白脚老粳叶端长比的影响(引自包龙丽等,2013)

Table 3-15　Effects of UV-B radiation on the leaf apex than length of local rice varieties Baijiaolaojing and Yuelianggu in Yuanyang terrace

指标	时期	CK	$TR_{2.5}$	$TR_{5.0}$	$TR_{7.5}$	$IR_{2.5}$ (%)	$IR_{5.0}$ (%)	$IR_{7.5}$ (%)
月亮谷	分蘖期	0.98±0.01	0.98±0.01	0.97±0.03	0.97±0.02	0	−1.0	−1.0
	拔节期	0.99±0.01	0.99±0.01	0.99±0	0.99±0.01	0	0	0
	孕穗期	0.98±0.01	0.98±0.01	0.98±0.01	0.98±0.01	0	0	0
白脚老粳	分蘖期	0.98±0	0.99±0.01	0.97±0.01	0.97±0.02	1.0	−1.0	−1.0
	拔节期	0.99±0	1.00±0.06	0.90±0.27	0.90±0.27	1.0	−9.1	−9.1
	孕穗期	0.99±0.01	0.99±0	0.98±0.01	0.99±0.01	0.0	−1.0	0

注:*和**分别表示用 LSD 检验不同辐射处理间在 $P<0.05$ 或 $P<0.01$ 水平差异显著($n=11$)

对灯盏花居群 D47、D53、D63 的研究发现,在大田条件下,模拟 $5kJ/m^2$ UV-B 辐射,施 $2250g/m^2$ 有机肥作为基肥,分别追施纯氮 $5g/m^2$、$10g/m^2$、$15g/m^2$,UV-B 辐射能降低 D47 居群灯盏花的基叶长,增加 D53 和 D63 居群的基叶长,且在紫外-B 辐射 60 天和 90 天时都达到显著水平(表 3-10)。在 UV-B 辐射下,$5g/m^2$N 和 $10g/m^2$N(除 D47 外)都使 3 个居群的基叶长与只进行辐射处理相比增加,$5g/m^2$N 对 D47 居群的作用最好,紫外-B 辐射 90 天时,基叶长为 20.13cm;$10g/m^2$N 使 D53 和 D63 居群的基叶长显著增加且最大,说明 $10g/m^2$N 对 D53 和 D63 居群基叶长的促进作用最好,紫外-B 辐射 90 天时分别为 22.83cm、24.40cm。在 UV-B 辐射下,$15g/m^2$N 导致 3 个居群的基叶长与 $10g/m^2$N 相比都显著降低,且在该处理下最小,紫外-B 辐射 90 天时 D47、D53 和 D63 分别为 11.02cm、9.87cm、15.33cm。UV-B 辐射使 D47 居群灯盏花的基叶宽降低,使 D53 和 D63 居群的基叶宽增加。在 UV-B 辐射下,$5g/m^2$N 和 $10g/m^2$N 使 3 个居群的基叶宽与只进行辐射处理相比增加,$5g/m^2$N 使 D47 居群灯盏花的基叶宽显著增加,说明 $5g/m^2$N 对 D47 居群灯盏花的作用最好;$10g/m^2$N 使 D53 和 D63 居群灯盏花的基叶宽显著增加,说明 $10g/m^2$N 对 D53 和 D63 居群灯盏花的作用最好。在 UV-B 辐射下,$15g/m^2$N 使 3 个居群灯盏花的基叶宽与 $10g/m^2$N 相比都降低,D53

居群与对照相比降低。说明高氮不能促进基叶宽增加，反而抑制了叶片的生长（姬静，2010）。

可见，不同氮素水平对 UV-B 辐射影响灯盏花形态的作用不同。在 UV-B 辐射下，$5g/m^2$ N 及 $10g/m^2$ N（除 D47 外）导致 3 个灯盏花居群的株高、基叶长、基叶宽都比 UV 处理增加，其中 $5g/m^2$ N 对 D47 居群的影响显著，$10g/m^2$ N 对 D53 和 D63 居群的影响显著。$15g/m^2$ N 导致 D47 居群基叶长与对照相比显著降低，D53 和 D63 居群的株高、基叶长与对照相比显著降低。说明适当增施氮肥有利于减轻 UV-B 辐射对低海拔（D47 居群）灯盏花生长及形态结构的伤害，一定程度上促进低海拔灯盏花的生长，且 $5g/m^2$ N 的作用效果最好；适当增施氮肥有利于提高 UV-B 辐射对高海拔（D53 和 D63 居群）灯盏花生长的促进作用，且 $10g/m^2$N 的作用效果最好（姬静，2010）。

在 UV-B 辐射试验中发现激素代谢水平决定了植物形态变化，而氮供应使植物体内激素的代谢水平发生了改变，因而改变了 UV-B 辐射对灯盏花形态结构的影响。一方面适当的氮供应（$5g/m^2$ N 及 $10g/m^2$ N）促进了灯盏花根系细胞分裂素的产生和输送，使灯盏花叶片和茎细胞的分裂与扩展加速，因而叶片伸展、株高增加。细胞分裂素还能促进许多与光合作用有关的蛋白质的合成，而氮供应也给蛋白质的合成提供了充足的原料，使灯盏花的光合作用增强，促进灯盏花生长发育。另一方面适当增施氮肥，促进了灯盏花内源 IAA 的合成与分配，从而促进了植物的生长。高氮处理（$15g/m^2$ N）对灯盏花产生抑制作用主要是由于氮供应超过植物生长对氮的利用能力，发生了氮积累，会对灯盏花的生长产生毒害作用，使其根系发育不良，营养供应受阻，抑制了植物的生长（姬静，2010）。

对几个水稻品种的研究发现（高召华，2010），在苗期，'IRBR-2'在 $2.50kJ/m^2$、$5.00kJ/m^2$ 和 $7.50kJ/m^2$ UV-B 辐射下叶角度明显降低，'F129-1'在 $7.50kJ/m^2$ UV-B 辐射下叶角度减小明显，'黄壳糯'和'合系 41'在 $5.00kJ/m^2$ 与 $7.50kJ/m^2$ UV-B 辐射处理下叶角度降低明显。在 $7.50kJ/m^2$ UV-B 辐射下，4 个水稻品种叶角度最小，'IRBR-2'、'F129-1'、'黄壳糯'、'合系 41'（下同）分别比对照降低了 20.86%、5.95%、10.14% 和 5.20%。'IRBR-2'、'F129-1'和'合系 41'叶面积无明显变化，而'黄壳糯'在 $7.50kJ/m^2$ UV-B 辐射下叶面积减小显著（$P<0.05$）。在 $7.50kJ/m^2$ UV-B 辐射下，4 个水稻品种叶面积最小，分别比对照下降了 4.38%、2.89%、5.98% 和 2.56%。

在分蘖期，增强 UV-B 辐射下，'IRBR-2'、'F129-1'和'黄壳糯'三个水稻品种叶角度降低，在 $2.50kJ/m^2$ UV-B 辐射下，'合系 41'叶角度无明显变化，4 个水稻品种叶角度随 UV-B 辐射强度的增加而降低，在 $7.50kJ/m^2$ UV-B 辐射下，4 个水稻品种叶角度降幅最大，分别为 23.12%、11.93%、26.96% 和 7.72%，与对照相比差异达到显著水平（$P<0.05$）。$2.50kJ/m^2$ UV-B 辐射对'IRBR-2'、'F129-1'和'合系 41'叶面积无明显影响，'黄壳糯'叶面积减小显著；$5.00kJ/m^2$ 和 $7.50kJ/m^2$ UV-B 辐射导致 4 个水稻品种叶面积下降，在 $7.50kJ/m^2$ UV-B 辐射下，4 个水稻品种叶面积最小，分别比对照下降了 13.83%、6.93%、15.08% 和 1.68%。

在孕穗期，$5.00kJ/m^2$ 和 $7.50kJ/m^2$ UV-B 辐射导致水稻'IRBR-2'、'F129-1'和'黄壳糯'叶角度下降，'合系 41'在 $7.50kJ/m^2$ UV-B 辐射下降低明显，其他 UV-B 辐射处

理水稻叶角度均未发生明显变化。在 7.50kJ/m² UV-B 辐射下，4 个水稻品种叶角度降幅最大，分别为 19.10%、5.90%、8.93% 和 4.32%。2.50kJ/m² UV-B 辐射下，'IRBR-2'、'黄壳糯' 和 '合系 41' 叶面积下降明显，'F129-1' 叶面积无明显变化；5.00kJ/m² 和 7.50kJ/m² UV-B 辐射下，4 个水稻品种叶面积均明显下降，在 7.50kJ/m² UV-B 辐射下最小，分别比对照下降了 22.12%、10.30%、14.36% 和 7.29%。

在灌浆期，三个强度的 UV-B 辐射导致水稻 'IRBR-2'、'F129-1' 和 '黄壳糯' 叶角度下降，'合系 41' 在 7.50kJ/m² UV-B 辐射下降低明显，其他处理水稻叶角度变化不显著；在 7.50kJ/m² UV-B 辐射下，4 个水稻品种叶角度分别下降了 12.34%、6.69%、22.46% 和 3.36%。三个强度的 UV-B 辐射均导致 4 个水稻品种叶面积下降，且随着 UV-B 辐射强度的增加而降低，在 7.50kJ/m² UV-B 辐射下，分别比对照减小了 23.81%、11.89%、27.06% 和 8.31%。

在大田条件下，经 UV-B 辐射 31 个割手密无性系在分蘖期、伸长期和成熟期的叶展开角度有明显的变化。从表 3-16 可知，在分蘖期有 11 个无性系的叶展开角度发生了显著的变化，其中有 3 个显著或极显著上升，8 个显著或极显著下降。伸长期有 13 个无性系的叶展开角度发生了明显的变化，其中有 7 个显著或极显著上升，6 个显著或极显著下降。成熟期有 12 个无性系的叶展开角度发生了显著或极显著的变化，其中有 5 个显著或极显著上升，7 个显著或极显著下降。耐性无性系（I91-48、I91-97 等）的叶展开角度比敏感无性系（II91-81、I91-37、II91-126 等）的叶展开角度要小（何永美，2006）。

表 3-16　31 个割手密无性系对 UV-B 辐射响应反馈的叶展开角度差异（引自何永美，2006）

Table 3-16　Intraspecific sensitivity to UV-B radiation based on the angle between stem and leaf of 31 wild sugarcane (*S. spontaneum* L.) clones

无性系	分蘖期			伸长期			成熟期		
	对照（°）	+UV-B（°）	变化率（%）	对照（°）	+UV-B（°）	变化率（%）	对照（°）	+UV-B（°）	变化率（%）
I91-48	27.40	29.13	6.31	25.37	31.67	24.83*	18.90	20.10	6.35
92-11	31.73	34.60	9.05	27.00	31.07	15.07	23.93	28.33	18.39
I91-97	25.20	28.13	11.62	11.73	15.73	34.10**	20.40	23.53	15.34
II91-99	26.73	29.20	9.24	15.33	20.13	31.31*	21.13	27.13	28.40**
II91-13	10.07	15.33	52.23**	13.60	16.73	23.01*	17.47	19.27	10.30
I91-91	23.87	29.40	23.17*	15.20	20.27	33.36**	27.73	37.73	36.06**
90-15	18.87	21.00	11.29	13.47	18.80	39.57**	10.60	15.13	42.74*
I91-38	24.07	26.67	10.80	19.00	17.13	−9.84	15.00	21.67	44.44**
88-269	21.40	17.13	−19.95	21.07	19.67	−6.64	28.80	29.20	1.39
83-215	23.73	16.13	−32.03**	17.87	15.13	−15.33	23.13	21.13	−8.65
83-157	31.87	34.53	8.35	21.80	18.93	−13.17	27.53	22.33	−18.89
82-110	25.33	27.47	8.45	19.93	19.80	−0.65	23.00	20.40	−11.30
II91-89	22.87	25.53	11.63	11.33	10.933	−3.50	11.67	12.80	9.68

续表

无性系	分蘖期			伸长期			成熟期		
	对照（°）	+UV-B（°）	变化率（%）	对照（°）	+UV-B（°）	变化率（%）	对照（°）	+UV-B（°）	变化率（%）
83-153	20.13	24.00	19.23	24.20	17.47	−27.81*	28.07	26.60	−5.24
83-193	31.20	32.60	4.49	16.13	18.67	15.75	24.80	25.40	2.42
92-4	26.67	22.07	−17.25	16.93	12.80	−24.41*	17.47	12.13	−30.57**
92-36	23.53	19.73	−16.15	14.60	14.60	0.00	16.80	15.67	−6.73
II91-98	31.67	22.13	−30.12**	15.93	16.73	5.02	28.20	24.40	−13.48
93-25	20.07	23.60	17.59	13.87	18.80	35.54**	18.53	21.33	15.11
90-8	20.00	24.00	20.00*	15.93	13.07	−17.95	17.00	15.00	−11.76
82-26	30.53	28.53	−6.55	20.33	16.87	−17.02	28.60	28.20	−1.40
90-22	44.73	40.67	−9.09	19.40	15.93	−17.89	30.00	22.67	−24.43*
92-26	48.07	35.40	−26.36**	26.87	20.87	−22.33*	18.27	15.40	−15.71
83-217	38.47	28.33	−26.36*	21.67	16.87	−22.15*	30.67	23.00	−25.01*
II91-72	39.73	34.40	−13.42	15.33	12.93	−15.66	11.93	15.27	28.00**
II91-93	49.47	38.73	−21.71*	15.80	15.40	−2.53	22.13	20.93	−5.42
II91-116	44.00	34.27	−22.11*	33.00	29.60	−10.30	22.53	18.67	−17.13
II91-5	44.53	31.27	−29.78**	23.47	20.80	−11.38	23.33	16.00	−31.42**
II91-126	47.33	35.93	−24.09*	24.47	22.93	−6.29	23.73	16.67	−29.75*
I91-37	36.00	30.53	−15.19	24.53	13.93	−43.21**	19.00	14.73	−22.47*
II91-81	43.97	38.23	−13.05	38.36	30.40	−20.75*	33.63	26.67	−20.70**

注：*和**表示对照与 UV-B 辐射间分别在 $P<0.05$ 和 $P<0.01$ 水平差异显著（$n=31$）

因环境胁迫不同，叶片形态及结构会因适应环境而改变，所以叶片形态结构可以充分展现植物与环境因子的协同进化（潘昕等，2015）。研究发现，增强 UV-B 辐射导致水稻-稻瘟病菌互作体系中水稻叶面积降低，叶片厚度显著增加，两者之间存在显著相关性。叶片上表皮厚度与叶片上、下角质层厚度同时显著增加，二者呈显著正相关。侵入前期（MAR）进行 UV-B 辐射处理的水稻叶片上表皮、角质层和叶片厚度显著高于侵入期（MR）和显症期（MBR）进行 UV-B 辐射的处理。可能是因为植物对 UV-B 辐射产生了适应机理，包括叶面积减小，叶卷度、叶片厚度、角质层厚度增加等变化（Hofmann and Campbell，2011），这些形态变化提高了植物的抗性。例如，研究发现红树植物的叶片紧密度和栅栏组织/海绵组织指数越高，其抗寒、抗旱和抗病能力越高（Giuliani et al.，2013）。当稻瘟病菌侵染水稻叶片时，会形成附着孢这种特殊的侵染结构，它可以直接穿透叶片表皮（Ryder and Talbot，2015），但叶片已经通过增加叶片上表皮厚度和角质层厚度来提高自身的物理防御能力，在帮助水稻抵御稻瘟病菌侵入的过程中起着非常重要的作用（李虹茹，2018）。

四、UV-B 辐射对植物分枝和分蘖的影响

增强 UV-B 辐射对植物分枝及分蘖的影响因物种、生长环境和辐射强度不同而有较

大的不同，多数研究显示 UV-B 辐射可导致植物分枝和分蘖的增加或者不受影响，也有少量研究显示分枝和分蘖因 UV-B 辐射增强而减少（李元和岳明，2000）。

　　早期研究显示，在温室中模拟赤道 20% 臭氧耗损条件下，16 个亚洲和太平洋地区的水稻品种中有 6 个品种出现与产量相关的分蘖数减少，而斯里兰卡品种显示出总生物量和分蘖数两者都有增加。这表明选择性培育可能是获得能承受 UV-B 辐射品种的一种成功手段。另一项在菲律宾进行的研究涉及 22 个不同来源的品种，模拟 5% 臭氧耗损条件下，没有品种出现分蘖数明显减少，相反分蘖数和芽重比均有较大增加。在一项包括单子叶及双子叶作物和杂草的试验中，增强的 UV-B 辐射使 12 个物种中的 4 个分枝或分蘖数显著增加，包括 3 种禾本科草本和地肤（scoparia），另外 8 种植物的分枝和分蘖数也都略有增加，没有出现品种减少的情况。在大田条件下，小麦的分蘖数在 UV-B 处理（15%臭氧耗损）后增加，但单株有效穗数增加（李元和岳明，2000）。

　　对灯盏花的研究表明，辐射强度和辐射时间不同都会对分枝数产生影响：2.5kJ/m^2、5.0kJ/m^2 UV-B 辐射导致单株分枝数分别提高 2.60%、9.83%，而 7.5kJ/m^2 UV-B 辐射处理单株分枝数减少 9.83%；花期前 30 天辐射（T1）、后 30 天辐射（T2）和全 60天辐射（T3）处理灯盏花单株分枝数分别比对照提高了 0.45%、7.66% 和 15.32%，差异明显（表 3-8）（朱媛，2009）。

　　对苦荞的研究表明，与降低 UV-B 辐射处理相比，近充足（NA）UV-B 辐射及增强UV-B 辐射处理均显著降低了苦荞生长指标（$P<0.05$）。在春秋两季苦荞生长季节，分枝角度（一次分枝）均随 UV-B 辐射强度的增加而降低（$P<0.05$）。UV-B 辐射处理也显著影响了苦荞的分枝数，但总的来看没有一致的规律。

　　近期的一些研究同样显示了 UV-B 辐射可对植物分枝及分蘖产生影响。对 10 个小麦品种的研究显示，在拔节期 UV-B 辐射导致 6 个品种的分蘖数有明显变化，其中 1 个品种显著增加而 5 个品种显著或极显著降低（$P<0.05$ 或 $P<0.01$），显示了小麦分蘖数对增强 UV-B 辐射的敏感性（何丽莲等，2005）。在屏蔽 UV-B 辐射后，4 种印度小麦品种的分蘖数均有所提高，且在不同品种间存在一定差异（Kataria and Guruprasad，2012）。对 2 个水稻品种‘沈农 666’和‘沈农 265’的研究显示，UV-B 辐射增强（0.32W/m^2、0.61W/m^2）明显减少水稻植株的分蘖数，并且有随着 UV-B 辐射强度增加抑制加剧的趋势（许莹等，2006）。对 31 个割手密无性系的研究发现，在大田条件下，与对照相比，UV-B 辐射导致 31 个割手密无性系的分蘖数发生变化，且不同品种间在不同生育期的变化各不相同（表 3-17），在分蘖期有 13 个无性系的分蘖数产生了明显变化，其中有 8个显著或极显著上升，5 个显著或极显著下降（何永美，2006）。

表 3-17　31 个割手密无性系对 UV-B 辐射响应反馈的分蘖数差异（引自何永美，2006）

Table 3-17　Intraspecific sensitivity to UV-B radiation based tillering number of 31 wild sugarcane (*S. spontaneum* L.) clones

无性系	分蘖期			伸长期			成熟期		
	对照	+UV-B	变化率（%）	对照	+UV-B	变化率（%）	对照	+UV-B	变化率（%）
I91-48	67	101	50.75**	68	160	135.29**	106	198	86.79**
92-11	64	117	82.81**	121	142	17.36	120	189	57.50*

续表

无性系	分蘖期			伸长期			成熟期		
	对照	+UV-B	变化率（%）	对照	+UV-B	变化率（%）	对照	+UV-B	变化率（%）
I91-97	22	38	72.73*	71	129	81.69**	135	317	134.81**
II91-99	221	253	14.48	164	176	7.32	143	234	63.64*
II91-13	136	268	97.05**	237	356	50.21*	241	289	19.92
I91-91	137	98	−28.50	198	195	−1.52	338	339	0.30
90-15	44	65	47.73*	144	165	14.58	121	182	50.41*
I91-38	105	164	56.19**	176	220	25.00	241	331	37.34*
88-269	40	31	−22.50	73	68	−6.85	86	96	11.63
83-215	58	82	41.38*	130	143	10.00	167	214	28.14
83-157	77	98	27.27	130	184	41.54*	114	229	100.88**
82-110	59	70	18.64	119	84	29.41	122	135	10.66
II91-89	93	89	−4.30	165	174	5.45	129	217	68.22*
83-153	110	152	38.18*	281	256	−8.90	275	324	17.81
83-193	49	40	−18.37	83	86	3.61	89	76	−14.61
92-4	145	109	−24.83	143	120	−16.08	169	123	−27.22
92-36	108	89	−17.59	178	148	−16.85	205	161	−21.46
II91-98	41	28	−31.71*	95	102	7.37	211	198	−6.16
93-25	128	108	−15.63	130	136	4.62	209	94	−55.02*
90-8	98	90	−8.16	227	154	−32.16*	241	205	−14.94
82-26	83	103	24.10	198	185	−6.57	222	201	−9.46
90-22	83	68	−18.07	123	109	−11.38	189	157	−16.93
92-26	98	68	−30.61*	239	168	−29.70*	391	160	−59.08*
83-217	109	85	−22.02	231	149	−35.50*	330	196	−40.61*
II91-72	118	92	−22.03	178	126	−29.21*	251	216	−13.94
II91-93	187	98	−47.60**	259	182	−29.73*	318	213	−33.02*
II91-116	107	73	−31.78*	186	169	−9.14	289	133	−53.98*
II91-5	171	111	−35.10*	147	101	−31.29*	193	120	−37.82*
II91-126	104	91	−12.50	145	131	−9.66	223	147	−34.08*
I91-37	134	101	−24.63	195	161	−17.44	340	213	−37.35*
II91-81	71	53	−25.35	99	71	−28.47*	117	70	−40.17*

注：*和**表示对照与 UV-B 辐射间分别在 $P<0.05$ 和 $P<0.01$ 水平差异显著（$n=31$）

　　UV-B 辐射对分蘖的刺激作用被认为是植物对 UV-B 辐射的普遍反应，不同品种的反应不同。分蘖或分枝的改变与光敏色素和蓝光受体有关，这两种已知的光形态建成系统可能会影响节间伸长和改变分蘖，这种形态变化可能是植物对紫外辐射产生的很专一的且非损伤性的光形态建成反应（李元和岳明，2000）。

　　UV-B 辐射处理对接种稻瘟病菌的水稻分蘖数存在不同的影响。在分蘖期，水稻的分蘖数主要受到 UV-B 辐射强度的影响，自然光照条件下分蘖数显著高于其他处理，不同辐射强度间差异不显著；在拔节期，处理与对照之间分蘖数差异不显著，接种稻瘟病菌后水稻分蘖数变化程度不同，2.5kJ/m²、5.0kJ/m² 和 7.5kJ/m² UV-B 辐射处理分蘖数与分蘖期相比变化不明显，而对照处理的分蘖数减少了 18.2%；在孕穗期和抽穗期，水稻分蘖数各处理之间没有显著差异。0kJ/m²、2.5kJ/m²、5.0kJ/m² 和 7.5kJ/m² UV-B 辐射处理中接种稻瘟病菌的水稻，抽穗期与分蘖期分蘖数相比，分别降低了 30.3%、16.5%、21.2%、24.2%，从一定程度上反映了自然光照处理下稻瘟病对水稻分蘖数的影响最大（李想，2017）。

植物激素在分蘖的发生与衰亡过程中起着关键的作用。有研究认为分蘖衰亡的原因是激素竞争或是激素平衡改变，其中，生长素（IAA）、脱落酸（ABA）、细胞分裂素（CTK）和赤霉素（GA）等都与分蘖密切相关（刘杨等，2011）。外界环境会对植物体内的激素平衡产生影响（朱鹏锦等，2011）。研究表明，UV-B 辐射会减少光核桃体内 IAA 的含量，而 GA 和 ABA 含量则随处理时间的增加而升高（侯常伟，2012）。增强的 UV-A+UV-B 辐射处理降低了水稻叶片中 IAA 的含量，而 UV-A 辐射单独处理则使 IAA 含量增加，说明 IAA 含量的减少主要是由 UV-B 辐射导致的（李海涛等，2007）。也有研究发现，分蘖节内 IAA/ZR（玉米素核苷）值的下降是 UV-B 辐射导致分蘖数减少的原因（何丽莲等，2005）。此外，UV-B 辐射导致的 IAA 含量降低与植株叶片全氮含量下降显著相关（$P<0.05$），并伴随着碳同化能力减弱、光合产物积累减少（强维亚等，2013），这也可能是 UV-B 辐射对分蘖产生影响的途径之一。

至于单株分枝数为何出现有增有减的情况有待进一步的研究。很可能是适当的 UV-B 辐射抑制植株生长，使提前进入生殖生长的植株数增多，这与 UV-B 辐射显著抑制荞麦生长，但促进荞麦发育使其开花期提前相一致（姚银安等，2008）。也有可能是由于适当的辐射强度诱导了某个基因的表达，刺激了生殖生长（朱媛，2009）。而高强度辐射严重抑制了灯盏花植株的生长发育，导致其生殖生长也受到了影响。

第三节　UV-B 辐射对植物叶片结构的影响

植物长期生长在某一环境中，其形态解剖结构与所处的环境之间往往表现出高度的统一（王传海等，2003）。叶片是植物进化过程中对环境变化较敏感且可塑性较大的器官，在不同的环境压力下因适应环境而改变形态及结构，所以其形态结构特征最能体现环境因子与植物的协同进化（杨景宏等，2000a）。叶片是作物进行光合作用的主要场所，叶片结构的变化势必会影响作物光合作用的顺利进行。目前，陆生植物叶片形态解剖结构对 UV-B 辐射增强的响应研究主要聚焦于叶片形态及表皮附属物的变化等层面，而对叶肉解剖结构、超微结构研究较少（Crutzen et al.，1992）。大量的研究资料表明，增强 UV-B 辐射能广泛地改变植物形态学特性，如 UV-B 辐射可以引起作物叶片表皮层解剖结构的变化（如表皮细胞变短或细胞体积变小）、上表皮蜡质的量变或质变、叶片厚度的增加或比叶重（SLW，单位叶面积的干重）的增加等（包龙丽等，2013）。

植物在长期的进化过程中对 UV-B 辐射增强胁迫产生了多种对策。大量研究表明，植物可通过提高 SLW 来适应 UV-B 辐射，SLW 增加可能是由叶片增厚或叶片淀粉含量增加所致（杨连新等，2008）。用 UV-B 辐射处理大豆，其叶片厚度或比叶面积（SLA）都增加，但变化程度在不同品种间有较大差异。同时发现，温室中暴露于UV-B 辐射下的大豆植株 SLW 增加，但在大田条件下，大豆 SLW 不受影响（Biggs et al.，1978a；Zepp et al.，2007）。类似的对 *Brassica campestris* 的研究也发现，UV-B 辐射导致其叶片厚度增加 45%（Calderini et al.，2008），高 UV-B 辐射可增加枫香的 SLW（Murphy et al.，1975）。在双子叶植物中，较多的干物质分配到叶（尽管叶面积降低），而较少进入茎和根。例如，大豆、豌豆、蚕豆和黄瓜等的叶干物质比例增加可能是 SLW 增加的结果。在单子叶植物中，这种变化不是如此明显（杨志敏等，1996）。多种研究的结果不一致可能与植物对其他因素（如对光照强度等）的反应有关，并且植物对 UV-B 辐射的敏感性与适应能力存在种间和种内差异，也可能受植株生长阶段的影响，要明确植物叶片对 UV-B 辐射增强响应的形态结构基础仍需更多研究（包龙丽等，2013）。

植物叶片是对环境胁迫较为敏感的器官。目前，针对植物叶片表皮气孔和角质层的研究相对较少。植物在生长的过程中，经常遭受如紫外辐射等一系列的逆境胁迫。植物能够适应外界环境的变化并生存下来的一个重要机理是，形成覆盖在与空气接触的器官表皮或细胞壁外的一层特殊增厚的角质层结构来充当植物阻挡紫外辐射等伤害的第一道屏障，并能降低植物的非气孔性水分丧失，同时，叶表皮毛的结构和密度、蜡质层的厚度、表皮细胞层的厚度和 UV-B 吸收物质的含量等都会影响 UV-B 辐射穿透叶肉组织。例如，在 UV-B 辐射下，棉花的叶表皮蜡质层增厚，叶厚度减小（王进等，2010a）。UV-B 辐射增强使喜树叶片上表皮蜡质层增厚，表皮毛和腺毛数量增多，腺毛变短且粗；下表皮气孔被蜡质覆盖，开度变小。因此，增强 UV-B 辐射处理后，喜树幼苗体内的防御系统启动，叶片形态发生适应性变化，但最终喜树叶片细胞膜系统仍受到伤害并出现了膜脂过氧化（王海霞和刘文哲，2011）。角质层由角质和蜡质组成，其化学组分为亲脂性的化合物。角质层的物理和化学性质在植物抵抗水分散失等胁迫中起着重要作用。植物的表皮角质层增厚等对提高植物对 UV-B 辐射增强的抗性有一定益处（Barnes et al.，2005）。叶表皮毛和角质层等附属物可以有效减少 UV-B 辐射进入叶内部，叶片表面能反射约 10% 的 UV-B 辐射（何永美等，2012b）。然而过量的 UV-B 辐射最终会穿过叶组织的上层屏障，从而伤害叶肉组织。研究表明，表皮蜡质含量与植物抗逆性呈正相关。可是统计分析表明，对 UV-B 辐射敏感的植物种的叶片角质层和表皮一般都很薄，叶片具有厚的角质层和表皮能够对 UV-B 辐射起散射与吸收作用，这是进入叶片的 UV-B 辐射被削弱的主要原因之一（Gausman et al.，1975）。也有研究指出，增强的 UV-B 辐射会导致叶片表面的蜡质含量增加，而蜡质含量增加有利于增强作物对 UV-B 辐射增强的抗性（安黎哲等，2001；Allen，1975）。但就多数作物而言，UV-B 辐射过多是有害的（包龙丽等，2013）。

一、UV-B 辐射对植物叶片解剖结构的影响

UV-B 辐射增强的情况下，植物会形成一层特殊的增厚的角质层结构覆盖在与空气

接触的器官表皮或细胞壁外，以充当植物阻挡紫外辐射伤害的第一道屏障，这也能降低植物的非气孔性水分丧失。此外，叶片表皮厚度、表皮角质层厚度、蜡质层厚度、表皮细胞层厚度和腺毛数量等都会受到 UV-B 辐射的影响，同时与植物叶片对 UV-B 辐射的敏感性密切相关。

对元阳梯田 2 个水稻品种的研究发现，UV-B 辐射增强影响了'月亮谷'和'白脚老粳'的叶片表皮厚度，与对照相比，'月亮谷'的上表皮厚度在分蘖期和孕穗期均随 UV-B 辐射强度的增强而显著或极显著（$P<0.05$ 或 $P<0.01$）增加，而下表皮厚度则大多显示为不同程度的降低（表 3-18）。与之相对应的是，与对照相比，2 个品种叶片上、下表皮的角质层厚度随着 UV-B 辐射的增强都增厚了（表 3-19）。

表 3-18 UV-B 辐射对元阳梯田地方水稻品种白脚老粳和月亮谷叶片表皮厚度的影响（引自包龙丽等，2013）

Table 3-18 Effects of UV-B radiation on the rice leaf epidermal thickness of local rice varieties Baijiaolaojing and Yuelianggu in Yuanyang terrace

指标	品种	时期	CK	$TR_{2.5}$	$TR_{5.0}$	$TR_{7.5}$	$IR_{2.5}$（%）	$IR_{5.0}$（%）	$IR_{7.5}$（%）
上表皮厚度（μm）	月亮谷	分蘖期	12.57±0.5	15.45±0.4*	17.29±0.4**	17.22±0.1**	22.9	37.5	37.0
		拔节期	13.42±0.3	13.77±0.5	14.16±0.4*	14.33±0.1*	2.6	5.5	6.8
		孕穗期	12.80±0.2	13.39±0.5*	13.56±0.1*	15.59±0.2**	4.6	5.9	21.8
	白脚老粳	分蘖期	12.34±0.3	13.79±0.3*	15.33±0.3**	18.94±0.4**	11.8	24.2	53.5
		拔节期	14.86±0.3	15.36±0.3	17.33±0.1*	17.61±0.4*	3.4	16.6	18.5
		孕穗期	12.32±0.1	13.20±0.2*	14.69±0.2	15.54±0.2**	7.1	19.2	26.1
下表皮厚度（μm）	月亮谷	分蘖期	14.46±0.6	13.63±0.5	12.94±0.6*	10.05±0.3**	−5.7	−10.5	−30.5
		拔节期	13.21±0.1	12.14±0.5*	10.87±0.4**	10.66±0.4**	−8.1	−17.7	−19.3
		孕穗期	14.83±0.2	14.11±0.4*	12.85±0.1**	12.49±0.4**	−4.8	−13.4	−15.8
	白脚老粳	分蘖期	15.47±0.1	13.88±0.3*	13.48±0.3*	13.04±1.5*	−10.3	−12.9	−15.7
		拔节期	14.62±1.3	13.35±0.2	12.33±0.3*	11.95±0.2*	−8.7	−15.7	−18.3
		孕穗期	18.32±0.6	12.64±0.3*	12.32±0.3*	12.20±1.4*	−31.0	−32.8	−33.4

注：*和**分别表示用 LSD 检验对照与不同辐射处理间在 $P<0.05$ 或 $P<0.01$ 水平差异显著（$n=3$）

表 3-19 UV-B 辐射对元阳梯田地方水稻品种白脚老粳和月亮谷叶片表皮角质层厚度的影响（引自包龙丽等，2013）

Table 3-19 Effects of UV-B radiation on the rice leaf epidermal cuticle thickness of local rice varieties Baijiaolaojing and Yuelianggu in Yuanyang terrace

指标	品种	时期	CK	$TR_{2.5}$	$TR_{5.0}$	$TR_{7.5}$	$IR_{2.5}$（%）	$IR_{5.0}$（%）	$IR_{7.5}$（%）
上表皮角质层厚度（μm）	月亮谷	分蘖期	5.26±0.3	5.84±0.5*	7.13±0.4*	7.18±0.4**	11.0	35.6	36.6
		拔节期	5.32±0.3	5.94±0.4	6.81±0.2*	6.93±0.3**	11.7	28.0	30.3
		孕穗期	5.33±0.4	5.55±0	5.64±0.3	6.74±0*	4.2	5.8	26.5

续表

指标	品种	时期	CK	TR$_{2.5}$	TR$_{5.0}$	TR$_{7.5}$	IR$_{2.5}$（%）	IR$_{5.0}$（%）	IR$_{7.5}$（%）
上表皮角质层厚度（μm）	白脚老梗	分蘖期	5.54±0.5	6.96±0.2*	6.98±0.3*	7.61±0.1**	25.6	26.0	37.4
		拔节期	6.00±0.4	6.79±0.4*	7.15±0.4*	7.23±0.4*	13.2	19.2	20.5
		孕穗期	5.47±0.3	5.52±0.4	6.33±0.3*	7.49±0.2**	0.9	15.7	36.9
下表皮角质层厚度（μm）	月亮谷	分蘖期	4.71±0.2	5.28±0.3	5.52±0.1*	6.16±0.1*	12.1	17.2	30.8
		拔节期	4.93±0.4	5.42±0.2*	6.16±0.3**	6.80±0.4**	9.9	24.9	37.9
		孕穗期	5.19±0.6	5.35±0.1	5.47±0.3	6.76±0.2*	3.1	5.4	30.3
	白脚老梗	分蘖期	5.81±0.4	6.22±0.5*	7.01±0.2*	7.27±0.4**	7.1	20.7	25.1
		拔节期	5.06±0.2	6.17±0.4*	6.50±0.3*	6.89±0.2*	21.9	28.5	36.2
		孕穗期	4.98±0.3	5.59±0.1	5.82±0*	6.95±0.2**	12.2	16.9	39.6

注：*和**分别表示用 LSD 检验对照与不同辐射处理间在 $P<0.05$ 或 $P<0.01$ 水平差异显著（$n=3$）

　　对叶片蜡质含量的研究发现，UV-B 辐射增强处理对供试的 2 个水稻品种的叶片蜡质含量具有明显的促进作用，但不同品种或同一品种在不同生育时期所表现出的受促进程度存在差异。与对照相比，除了'月亮谷'水稻分蘖期 2.5kJ/m^2 和 5.0kJ/m^2 UV-B 辐射处理以及拔节期 2.5kJ/m^2 UV-B 辐射处理的叶片蜡质含量增加不显著外，在分蘖期、拔节期和孕穗期这 3 个时期，'月亮谷'和'白脚老梗' 2 个供试水稻的叶片蜡质含量都随着 UV-B 辐射强度的增强而显著（$P<0.05$）或极显著（$P<0.01$）增加。'月亮谷'分蘖期、拔节期、孕穗期的水稻叶片蜡质含量分别增加 9.5%～44.3%、5.5%～33.7%和 10.2%～45.4%，'白脚老梗'分别增加 17.6%～87.5%、23.1%～188.2%和 37.2%～65.2%。各个辐射处理间的抑制率相比，'月亮谷'没有显著差异性，'白脚老梗'7.5kJ/m^2 UV-B 辐射处理抑制率显著（$P<0.01$）高于 2.5kJ/m^2 UV-B 辐射处理（包龙丽等，2013）。

　　通过电子显微镜观察叶片解剖结构（图 3-1）发现，在正常生长条件下，水稻品种'白脚老梗'的叶片表皮细胞完整，表皮角质层薄且硬，上表皮的表皮毛挺直、密集且长，叶肉细胞排列致密整齐（图 3-1a）。UV-B 辐射增强处理（图 3-1b～d）导致水稻叶片上表皮及表皮角质层增厚，表皮细胞的完整性遭到破坏；上表皮的表皮毛和腺毛数量减少，腺毛变短且粗，硅质化乳突数量减少且变小；下表皮气孔数量增加，被蜡质覆盖，开度变小；泡状细胞的扇形更加突出，薄壁细胞的大小趋于相近；叶肉细胞相对变得疏松，细胞间空隙增大（包龙丽等，2013）。

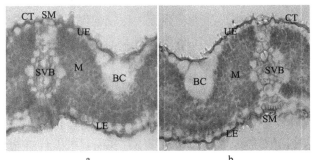

a　　　　　　　　　　b

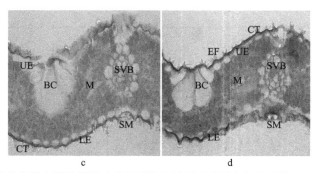

图 3-1　UV-B 辐射对月亮谷水稻孕穗期叶片显微结构的影响（引自包龙丽等，2013）（彩图请扫封底二维码）

Figure 3-1　Effects of UV-B radiation on the microstructure of Yuelianggu rice leaf at booting state

在显微镜下放大 40 倍；图 a 为对照即自然光照，图 b 为 2.5kJ/m^2 的 UV-B 辐射，图 c 为 5.0kJ/m^2 的 UV-B 辐射，图 d 为 7.5kJ/m^2 的 UV-B 辐射；UE. 上表皮，LE. 下表皮，CT. 角质层，BC. 泡状细胞，EF. 表皮毛，SM. 气孔，SVB. 小维管束，M. 叶肉

　　除了水稻，UV-B 辐射对其他植物叶片结构有影响也有报道。对棉花的研究发现，在人工控制条件培养室中，UV-B 辐射导致其叶表蜡质层增厚，而叶肉厚度则减小（徐佳妮等，2015）；而在大田试验中，人工模拟 UV-B 辐射增强（0.5W/m^2、1W/m^2、1.5W/m^2）使棉花叶片的木质部、韧皮部、上表皮、下表皮、栅栏组织和海绵组织的厚度与对照相比出现不同程度的变化（王进等，2010a）。UV-B 辐射增强使喜树叶片上表皮蜡质层增厚，表皮毛和腺毛数量增多，腺毛变短且粗；下表皮气孔被蜡质覆盖，开度变小（李芳兰和包维楷，2005）。增强的 UV-B 辐射使马铃薯叶片解剖结构不同程度增厚，叶片气孔和非腺毛的密度明显增加，腺毛有增多倾向（李俊等，2017）。

　　可见，当植物接受增强的 UV-B 辐射后，其形态特征表现出倾向于发生减少吸收 UV-B 辐射的变化，叶表皮毛的结构和密度、角质层的厚度、蜡质层的厚度、表皮细胞层的厚度等指标会发生一定程度的改变。多数研究显示，叶片表皮毛的种类和密度、上表皮厚度以及上、下叶表皮角质层厚度、叶片蜡质总量等指标不同程度增加，也是植物抗逆性增强的一种表现。

二、UV-B 辐射对植物叶片超微结构的影响

　　紫外-B 辐射也会对植物叶片的超微结构产生影响，进一步对上表皮做电镜扫描（图 3-2）发现，水稻叶片的上表皮由硅质-木栓细胞列（S）、气孔列（ST）和泡状细胞（B）列规则地相间排列而成，刺毛长在硅质细胞列上，比较饱满、粗大。泡状细胞呈现出一个一个圆而饱满的水泡似的圆圈。气孔在硅质-木栓细胞列和泡状细胞列间聚集分布，与对照相比，UV-B 辐射增强处理导致水稻叶片上表皮气孔下陷、开度变小。除了硅质细胞列较少外，乳状突起均匀地散布在叶片表面，而且随着 UV-B 辐射强度的增加，乳状突起更密集、更大，尤其是气孔周边的乳状突起更大、更多。叶面上还散布了一些亮白色的像小花的蜡状硅质体（包龙丽等，2013）。研究发现，不同品种水稻叶片表面主脉两侧的硅质乳突数量及其受 UV-B 辐射影响的特性存在明显的差异，耐性（'Lemont'）

品种叶表面的乳突分布密度较大,且在 UV-B 辐射胁迫下有增加的趋势,而敏感('Dular')品种则相反。这说明硅质体的累积特性可能是水稻对 UV-B 辐射胁迫的适应机理之一(何永美等,2012b;吴杏春等,2007)。

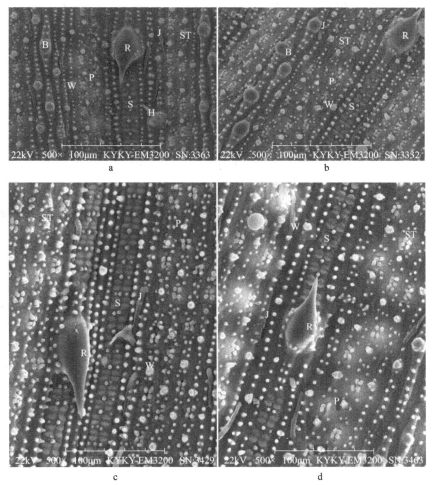

图 3-2 UV-B 辐射对月亮谷水稻孕穗期叶片超微结构的影响(引自包龙丽等,2013)

Figure 3-2 Effects of UV-B radiation on the ultrastrucure of Yuelianggu rice leaf at booting state

在显微镜下放大 500 倍;图 a 为对照即自然光照,图 b 为 2.5kJ/m² 的 UV-B 辐射,图 c 为 5.0kJ/m² 的 UV-B 辐射,图 d 为 7.5kJ/m² 的 UV-B 辐射;ST. 气孔列, B. 泡状细胞列, S. 硅质-木栓细胞列, P. 乳状突起, W. 蜡状硅质体, H. 钩毛, R. 刺毛, J. 菌丝

对叶片表面气孔的研究也发现(图 3-3),UV-B 辐射导致水稻叶片气孔受到不同程度的伤害,气孔下陷,副卫细胞结构遭到破坏。同时可以看出品种'月亮谷'所受的伤害较'白脚老粳'严重,其副卫细胞严重变形、收缩下陷,周边硅质乳突数增加,且这种受害程度随着辐射强度的增强而加重。同时发现叶片边缘受破坏的程度较主脉两侧轻,这可能与边缘硅质乳突密度较大有关(包龙丽等,2013)。此外发现,对 UV-B 敏感的水稻品种,在 15~16kJ/m² 的 UV-B 辐射下,叶绿体、类囊体基粒和膜层结构崩解,而

9kJ/m² 的 UV-B 辐射即可导致叶片末端部分上表皮破坏及叶绿体数量减少（Fagerberg and Bornman，2010；何永美等，2004）。

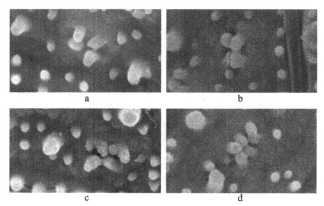

图 3-3　UV-B 辐射对月亮谷水稻孕穗期叶片上表皮气孔器的影响（引自包龙丽等，2013）

Figure 3-3　Effects of UV-B radiation on the stomatal apparatus of Yuelianggu rice leaf at booting state

图 a 为对照即自然光照，图 b 为 2.5kJ/m² 的 UV-B 辐射，图 c 为 5.0kJ/m² 的 UV-B 辐射，图 d 为 7.5kJ/m² 的 UV-B 辐射

　　对水稻叶片气孔密度的研究发现，经 UV-B 辐射处理后'月亮谷'和'白脚老粳'叶片的气孔密度不同程度增加，且不同水稻品种和同一品种不同处理叶片表面的气孔密度有差异（表 3-20），幅度在 5.0～10.0 个/10 000μm²，平均数量 5.33～9.67 个/10 000μm²。对于品种'月亮谷'，气孔密度最大的是 7.5kJ/m² UV-B 辐射处理，平均数量为 9.67 个/10 000μm²，其次是 2.5kJ/m² UV-B 辐射处理，平均数量为 8.00 个/10 000μm²，各个辐射处理的气孔密度均大于对照，且 7.5kJ/m² UV-B 辐射处理和对照之间存在显著差异（$P<0.05$）。品种'白脚老粳'的情况与'月亮谷'类似，其气孔密度在 7.5kJ/m² UV-B 辐射处理和对照之间也存在显著差异（$P<0.05$）。对气孔大小的研究发现，UV-B 辐射会影响水稻叶片表面气孔的大小，当辐射强度达到 7.5kJ/m² 时，'月亮谷'的气孔面积大幅减小，与对照相比差异达到极显著水平（$P<0.01$）。对叶片气孔乳突数的研究发现，与对照相比，UV-B 辐射处理使水稻品种'白脚老粳'和'月亮谷'叶片气孔上的乳突数都增加了，且存在随辐射强度增加而增加的趋势（表 3-7），当 UV-B 辐射强度达 5.0kJ/m² 和 7.5kJ/m² 时，'月亮谷'的乳突数与对照相比分别显著（$P<0.05$）和极显著增加（$P<0.01$），而'白脚老粳'在 UV-B 辐射达 2.5kJ/m² 时，其乳突数与对照相比即显著增加了（$P<0.05$）（包龙丽等，2013）。

表 3-20　UV-B 辐射对元阳梯田地方水稻品种白脚老粳和月亮谷叶片气孔的影响（引自包龙丽等，2013）

Table 3-20　Effects of UV-B radiation on the rice leaf stomatal of local rice varieties Baijiaolaojing and Yuelianggu in Yuanyang terrace

品种	UV-B 辐射	长（μm）	宽（μm）	面积（μm²）	气孔平均数（个/10 000μm²）	气孔上乳突平均数（个）
月亮谷	CK	16.33±0.58	8.50±0.50	1106.33±30.6	6.67±0.58	4.00±0
	TR₂₅	15.33±0.58	8.17±0.21	844.43±43.7*	8.00±1.00	4.33±0.58

续表

品种	UV-B 辐射	长（μm）	宽（μm）	面积（μm²）	气孔平均数（个/10 000μm²）	气孔上乳突平均数（个）
月亮谷	TR$_{5.0}$	15.00±1.00	7.67±0.31*	1110.67±34.9	7.00±0	4.67±0.58*
	TR$_{7.5}$	13.67±0.58*	7.87±0.15*	752.07±32.0**	9.67±0.58*	5.00±0**
白脚老粳	CK	17.00±1.00	9.50±0.44	856.67±56.4	5.33±0.58	4.00±0
	TR$_{2.5}$	15.33±0.58*	8.40±0.40*	862.50±23.9	6.67±0.58	4.50±0.50*
	TR$_{5.0}$	14.67±0.58*	7.67±0.29**	738.97±48.2*	7.67±0.58	4.83±0.76*
	TR$_{7.5}$	13.83±0.76**	8.03±0.25*	805.87±28.0	6.67±0.58*	5.33±0.58*

注：*和**分别表示用 LSD 检验对照与不同辐射处理间在 $P<0.05$ 或 $P<0.01$ 水平差异显著（$n=3$）

　　电镜观察发现，'白脚老粳'和'月亮谷'倒 2 叶叶尖表面的硅化细胞由 4 瓣构成，如 2 个哑铃，表面覆盖一层网状硅质，扫描电镜下呈灰白色，比栓细胞颜色稍浅。而栓细胞则由 2 瓣构成，与硅化细胞嵌连，表面也覆盖一层网状硅质，扫描电镜下呈灰黑色，比硅化细胞颜色稍深，且栓细胞上均有一个小乳突（图 3-4）。研究表明，UV-B 辐射影响了水稻叶片硅化细胞的大小（表 3-21），从'白脚老粳'和'月亮谷'的研究数据看，这种影响是正向的，且其大小都随着辐射强度的增加而增加。当 UV-B 辐射强度达 5.0kJ/m² 时，2 个品种硅化细胞的面积都显著（$P<0.05$）高于对照（包龙丽等，2013）。

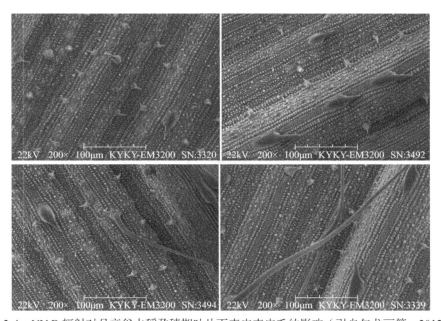

图 3-4　UV-B 辐射对月亮谷水稻孕穗期叶片下表皮表皮毛的影响（引自包龙丽等，2013）

Figure 3-4　Effects of UV-B radiation on the lower epidermal hair of Yuelianggu rice leaf at booting state

表 3-21　　UV-B 辐射对元阳梯田地方水稻品种白脚老粳和月亮谷叶片硅化细胞的影响（引自包龙丽，2013）

Table 3-21　Effects of UV-B radiation on the rice leaf silicon cells of local rice varieties Baijiaolaojing and Yuelianggu in Yuanyang terrace

品种	UV-B 辐射	宽（μm）	长（μm）	面积（μm^2）
月亮谷	CK	6.23±0.31	10.49±0.82	65.49±7.83
	TR$_{2.5}$	6.33±0.31	11.26±0.42	71.29±3.66
	TR$_{5.0}$	6.90±0.10*	12.06±0.25*	83.21±1.91*
	TR$_{7.5}$	7.40±0.44**	12.47±0.46**	92.41±8.70*
白脚老粳	CK	6.27±0.25	9.74±0.43	61.13±5.08
	TR$_{2.5}$	6.80±0.20	10.96±0.30	74.59±4.20
	TR$_{5.0}$	7.17±0.38*	11.81±0.16*	84.70±5.65*
	TR$_{7.5}$	7.67±0.32**	12.41±0.46**	95.22±7.44**

注：*和**分别表示用 LSD 检验对照与不同辐射处理间在 $P<0.05$ 或 $P<0.01$ 水平差异显著（$n=3$）

　　UV-B 辐射会影响水稻叶片表皮毛的种类和数量。研究发现，水稻品种'月亮谷'叶片上表皮的刺毛数随着 UV-B 辐射强度的增强而增加（表 3-22），当辐射强度达 $2.5kJ/m^2$ 时，与对照相比即显著增加（$P<0.05$）；与之相反，其钩毛数则随着 UV-B 辐射强度的增加而下降，当辐射强度达 $2.5kJ/m^2$ 时，与对照相比显示为显著减少（$P<0.05$）。另一个品种'白脚老粳'叶片上表皮的钩毛数和刺毛数在 $2.5kJ/m^2$ UV-B 辐射处理，与对照相比都显著（$P<0.05$）增加了，当辐射强度继续增加时，钩毛数和刺毛数又呈现出下降的趋势（包龙丽等，2013）。

表 3-22　UV-B 辐射对元阳梯田地方水稻品种白脚老粳和月亮谷叶片表皮毛的影响（引自包龙丽，2013）

Table 3-22　Effects of UV-B radiation on the rice leaf epidermal hair of local rice varieties Baijiaolaojing and Yuelianggu in Yuanyang terrace

表皮毛	UV-B 辐射	上表皮毛数（个/250 000μm^2）		下表皮数毛（个/250 000μm^2）		
		刺毛	钩毛	刺毛	钩毛	长毛
月亮谷	CK	2.25±0.50	14.50±1.00	1.25±0.50	16.75±1.26	——
	TR$_{2.5}$	3.25±0.50*	12.00±0*	1.50±0.58	13.00±1.63*	——
	TR$_{5.0}$	4.00±0**	11.25±0.50*	2.50±0.58*	11.75±0.96*	0.50±0.58
	TR$_{7.5}$	4.00±0**	6.25±0.50**	4.00±0**	9.00±0**	3.00±0.82*
白脚老粳	CK	2.00±0	2.25±0.50	1.25±0.50	0.50±0	——
	TR$_{2.5}$	4.5±0.58*	8.75±0.50*	3.00±0*	1.75±0.50*	——
	TR$_{5.0}$	1.00±0*	0.50±0*	0.50±0.58	2.75±0.50**	——
	TR$_{7.5}$	0.50±0.58*	2.50±0.58	1.00±0.15	3.50±0.58**	——

注：*和**分别表示用 LSD 检验对照与不同辐射处理间在 $P<0.05$ 或 $P<0.01$ 水平差异显著（$n=4$）；"——"表示没有长，数量为 0

　　对水稻叶片下表皮进行电镜扫描发现（图 3-4），与上表皮相比，下表皮没有气孔、泡状细胞和蜡状硅质体，但表皮毛的数量和种类则增加了。UV-B 辐射会影响水稻叶片下表皮毛的种类和数量。对水稻品种'白脚老粳'和'月亮谷'的研究发现，与上表皮相比，下表皮的刺毛相对较多，且一般都是成对生长的。在 5.0kJ/m² 和 7.5kJ/m² UV-B 辐射处理条件下，与对照相比，'月亮谷'的下表皮发现"长毛"，这是在上表皮未曾观察到的。它的粗细介于钩毛和刺毛之间，长度最大可以达 800μm 或是更长。'白脚老粳'则未观察到此现象。此外，UV-B 辐射导致'月亮谷'叶片下表皮的刺毛数明显增加，在 5.0kJ/m² UV-B 辐射强度时与对照相比显著增加（$P<0.05$）；与此相反，'月亮谷'的钩毛数则随着辐射强度的增加而显著或极显著（$P<0.05$ 或 $P<0.01$）减少。'白脚老粳'叶片下表皮的刺毛数随着 UV-B 辐射的增强出现先增加再降低的趋势，其在 2.5kJ/m² UV-B 辐射处理时显著增加（$P<0.05$），而在 5.0kJ/m² 和 7.5kJ/m² UV-B 辐射处理时则减少，钩毛数则随着辐射强度的增强而显著或极显著增加（$P<0.05$ 或 $P<0.01$）（包龙丽等，2013）。

对其他植物的研究也发现 UV-B 辐射对叶片超微结构有影响。对马铃薯的研究显示，UV-B 辐射导致其叶片的表皮细胞变小且失水萎缩，细胞轮廓模糊。透射电镜显示 UV-B 辐射处理后的马铃薯叶片叶肉细胞中类囊体基粒肿胀，结构层次紊乱，发生细胞质壁分离，细胞壁扭曲并有较多的沉淀物；部分品种过氧化物酶体中可见清晰的过氧化氢酶晶体（李俊等，2017）。通过石蜡切片技术观察到，增强的 UV-B 辐射导致苜蓿叶片中叶肉细胞塌陷，叶绿体明显减少（姜静，2017）。研究野生拟南芥和蓝光响应拟南芥突变体的栅栏组织细胞在强光下的发育过程时发现，对蓝光敏感的突变体中，增强 UV-B 辐射下，能形成第二层甚至第三层栅栏组织。细胞数量的增加导致细胞表面积的增加，这样能有效防止有害 UV-B 辐射进入内部的叶肉组织。栅栏组织细胞数增加同样会增加空气-细胞壁接触面积，这个指标反映了叶片表面对光线的反射和透过能力（Weston et al.，2000；何永美等，2004）。

第四节　UV-B 辐射对植物生育期的影响

UV-B 辐射增强引起植物花期推迟的现象很早就被观察到了。研究发现，一些野生植物的花期被 UV-B 辐射所改变，而且原产于低海拔地区的物种所受影响要比原产于高海拔地区的物种略大。花期的推迟在几个欧洲的玉米品种中也被观察到。UV-B 辐射增强导致球序卷耳（*Cerastium glomeratum*）的花期延迟，开花期缩短（Wang et al.，2008）。对 3 个玫瑰品种'Cygein'、'Snow White'和'Tom Tom'的研究也发现，高水平的紫外辐射使试验植株的花期延迟了 7～10 天（Terfa et al.，2014）。

对小麦的研究发现，UV-B 辐射增强使得小麦每穗可孕小花数减少 28.16%～32.16%，与此同时，发育小花数下降 24.13%～29.14%，即 UV-B 辐射增强 10%时可使每穗可孕小花数下降 1/3，下降不是由发育小花数退化百分比增加，而主要是由发育小花数显著降低造成的，并且有随 UV-B 辐射处理时间和强度的增加而加剧的趋势（王传海等，2003；包龙丽等，2013）。

在大田条件下（表 3-23），'云烟 87'和'红花大金元'的现蕾期随着 UV-B 辐射的增强不断延迟，这一点在'云烟 87'表现得尤为明显（延迟 2～3 天）；'云烟 87'

的始花期和盛花期也随着 UV-B 辐射的增强而不断延迟，但随花期发展，其延迟时间不断缩短；'红花大金元'经两种强度 UV-B 辐射处理后，始花期较对照均滞后 1 天，但与对照同时进入盛花期。总体上看，增强 UV-B 辐射会推迟烟株花期，同时随着花期发展，推迟天数越来越少，直接导致烟株花期缩短，且表现出随着 UV-B 辐射强度的增加花期缩短逐渐明显的趋势（朱罡等，2014）。

表 3-23　不同 UV-B 辐射水平下云烟 87 和红花大金元花期的比较（引自朱罡等，2014）

Table 3-23　Flowering dates of Hongda and Yunyan 87 treated by different intensity of UV-B radiation

品种	UV-B 辐射 （kJ/m^2）	现蕾期 （月/日）	始花期 （月/日）	盛花期 （月/日）
云烟 87	0（CK）	6/23	6/28	7/3
	1.06	6/26	6/30	7/4
	1.83	6/28	7/1	7/5
红花大金元	0（CK）	6/20	6/25	6/30
	1.06	6/21	6/26	6/30
	1.83	6/22	6/26	6/30

对高寒草甸一年生牧草窄叶野豌豆的研究发现，增强 UV-B 辐射后窄叶野豌豆的首花期推迟了约 25 天，末花期推迟了约 18 天，花期长度没有显著变化，所以增强 UV-B 辐射处理使得窄叶野豌豆的花期整体向后推迟，但其开花集中程度高于近环境处理；滤除 UV-B 辐射后，窄叶野豌豆的整个花期以及开花集中程度都没有显著变化；可见相对于减弱 UV-B 辐射处理，近环境 UV-B 辐射并没有改变窄叶野豌豆的开花物候（王颖等，2012）。

UV-B 辐射对窄叶野豌豆的繁殖特性也会产生影响。与 UV0 处理相比，UV+处理显著降低了窄叶野豌豆的总花数和种子百粒重，增加了其繁殖成功率，种子产量和萌发率均不受影响；滤除部分 UV-B 辐射后，窄叶野豌豆的总花数、种子产量和繁殖成功率均不受影响，种子百粒重显著增加，而萌发率显著下降（王颖等，2012）。

与上述相反，矮牵牛的花期则被 UV-B 辐射所提前，灌木糙苏（*Phlomix fruticosa*）的花约提前一个月脱落，欧洲越橘花期和果期也出现提前的情况。花期的改变可能对授粉过程有重要影响。一些温带树种如栎属（*Quercus*）、桦属（*Betula*）和山毛榉属（*Fagus*）的有些种类在 UV-B 辐射处理后萌芽提前，这也许会导致林下早春植物层片的改变或消失。因为这些树种为夏绿林主要建群种类，其过早展叶将使林下光照条件迅速恶化而不利于早春植物的生存（李元和岳明，2000）。

除了对植物花期的影响，UV-B 辐射也会影响植物其他阶段的生长发育。对春小麦的研究显示其发育期被 UV-B 辐射推迟（表 3-24），在两年中，从分蘖初期到成熟期的各发育期均被 UV-B 辐射推迟，这种推迟与 UV-B 辐射水平密切相关。UV-B 辐射越强，推迟的天数越长。发育期推迟在扬花期以后表现得更明显。从分蘖初期到扬花期，在 2.54kJ/m^2、4.25kJ/m^2 和 5.31kJ/m^2 UV-B 辐射强度下，发育期分别推迟 1～2 天、2～4 天和 3～7 天，在扬花期到成熟期，则分别推迟 2 天、3～4 天和 7～8 天（李元和岳明，2000）。

表 3-24 UV-B 辐射对春小麦发育期的影响（天）（引自李元和岳明，2000）

Table 3-24 Effects of UV-B radiation on developmental phase of spring wheat (d)

UV-B 辐射（kJ/m²）	三叶期	分蘖初期	分蘖期	拔节期	孕穗期	抽穗期	扬花期	灌浆期	乳熟期	成熟期
1996 年										
0	23	35	40	52	57	65	71	74	94	105
2.54	23	36	41	53	58	67	72	76	96	107
4.25	23	36	42	55	60	69	74	78	98	109
5.31	23	37	44	56	62	72	78	82	101	112
1997 年										
0	25	37	43	56	64	72	78	82	102	113
5.31	25	38	47	60	69	78	85	89	109	120

对小麦和玉米的研究发现，UV-B 辐射增强（补充辐射强度为 0.7W/m²）对这两种作物的物候期都有推迟作用，其中小麦从播种到成熟期的天数比对照（自然光）推迟了 2～3 天，抽穗期推迟约 3 天，玉米也出现类似情况，UV-B 辐射强度增加越多，发育期的滞后越明显（王传海等，2004d）。水稻的发育期也受到 UV-B 辐射的影响，0.32W/m²（T1 处理）和 0.61W/m²（T2 处理）的 UV-B 辐射明显滞后 2 个水稻品种'沈农 606'与'沈农 265'的发育期，可以看出 UV-B 辐射强度增加越多，其滞后发育期的效应越明显（许莹等，2006）。研究表明，从移栽到成熟 T1 处理的水稻发育时期与对照相比推迟了 3～4 天，T2 处理的水稻发育期与对照相比推迟了 7～9 天。T1、T2 处理水稻在拔节期以前还没出现明显的滞后效应，直到拔节期才开始出现滞后效应，比对照延迟了 2～6 天，到抽穗期处理组表现出显著差异，比对照延迟了 4～9 天。此外延迟程度因品种不同而异，从试验中可以看出，'沈农 265'的发育期要比'沈农 606'的发育期延迟的时间长，这可能是由于 UV-B 辐射减少了水稻叶片内源物质的合成，对地上部和根系发育造成不利影响（许莹等，2006）。

总的来说，物候和花期的变化是植物生长调节剂特别是赤霉素对 UV-B 辐射响应的结果。UV-B 辐射通过影响植株内源激素水平，抑制花细胞分裂，从而推迟花期（朱罡等，2014）。花期的延迟可能会影响授粉昆虫的拜访，从而降低种子产量。但对于一些植物如野豌豆，增强 UV-B 辐射下其繁殖成功率显著升高，这弥补了由总花数下降对产量产生的影响（王颖等，2012）。UV-B 辐射可能通过直接影响细胞分裂和其一些细微的内部生长特征，最终减缓植物发育速率，这可能是植物免遭 UV-B 辐射伤害的一种适应途径。春小麦物候变化可能联系着分蘖、株高、叶面积动态和生殖过程，而开花推迟是最重要的，可能会导致作物产量降低。在某些气候条件急骤变化的地区，推迟收获几乎是不可能的。另外，花期变化会影响植物与授粉动物在时间上的一致性，从而影响植物繁殖和作物产量。春小麦不是虫媒植物，不存在这一问题（李元和岳明，2000）。

UV-B 辐射增强导致植物发育进程的改变是环境条件与遗传因素共同作用的结果，这种改变包括花期提前、打破休眠甚至加速衰老成熟等（Rousseaux et al.，2010）。这种生命进程的定时性如开花、进入和退出休眠状态甚至老朽的时间一定等，不仅对植物个体，而且对植物与其他植物和动物的相互作用都是重要的。例如，UV-B 辐射增强导致花期的改变意味着在新的花期存在植物是否有足够的昆虫传粉，或者昆虫是否被其他植物吸引的问题，这将间接影响植物或农作物的生产力（Reddy et al.，2004）。更进一步说，UV-B 辐射对植物生长发育进程的影响有可能导致植物个体间、不同物种间竞争关系产生显著变化（冯源，2009）。

光是自然界中影响动植物生命活动的重要环境因子。种子萌发后，植物幼苗出土感知环境中的光信号并调节自身组织和器官建成的发育过程称为光形态建成。植物对 UV-B 波段（280～315nm）十分敏感。适度的 UV-B 辐射能够促进幼苗进行光形态建成，帮助植物获得抵御胁迫的能力。随着 2011 年植物 UV-B 光受体 UVR8 的鉴定，UV-B 辐射信号的感知与转导机理被逐步研究。

近期研究发现，拟南芥中两类泛素连接酶（COP1 和 CUL4-DDB1）形成"抑制"与"去抑制"机器，拮抗调控光形态建成的分子机理。COP1 和 CUL4-DDB1 是动植物中保守的两类泛素连接酶，通过识别特异性底物结合蛋白使其降解来调控各种生命过程。在幼苗出土前的黑暗环境中，COP1 和 CUL4-DDB1 协同降解光形态建成核心转录因子 HY5，抑制光形态建成发生。幼苗出土后，植物通过 UV-B 受体 UVR8 感知逐渐增强的 UV-B 辐射，起始光信号转导。UVR8 持续激活的植株在幼苗阶段呈现组成型光形态建成，在成体阶段极度矮化，说明适度的光信号转导为植物的正常发育所需。目前鉴定到同源蛋白 RUP1 和 RUP2 为新的 HY5 互作因子。通过分析 RUP1 和 RUP2 的氨基酸序列，发现二者均含有作为 CUL4-DDB1 泛素连接酶组分的经典结构域，由此推测 RUP1 和 RUP2 可能是 CUL4-DDB1 泛素连接酶的底物结合蛋白，并通过遗传与生化手段揭示了 CUL4-DDB1 和 RUP1/RUP2 在 UV-B 辐射下组装成泛素连接酶复合体介导 HY5 蛋白通过 26S-蛋白酶体途径进行降解，从而抑制光形态建成（Ren et al.，2019）。

小　　结

目前，UV-B 辐射对植物生长影响的研究覆盖了较多的物种和品种，所采用的模拟试验方法以及试验时间长短都有较大的差异，因此获得的试验结果也存在一定差异。总体而言，UV-B 辐射对植物生长产生影响主要体现在改变株高、叶片形态、解剖结构以及生育期等指标方面。株高对 UV-B 辐射较为敏感性，在多数情况下，增强 UV-B 辐射显示出对株高有抑制作用，这种作用主要是通过植物节间长度的变化来实现的，其在植物种间和种内存在差异。多数试验显示，增强 UV-B 辐射会导致植物的叶片增厚、叶面积减小及分蘖数增加，与对株高的影响类似，其在植物种间和种内也存在差异。UV-B 辐射也会对叶片解剖结构产生影响，多数研究表明增强 UV-B 辐射会导致植物叶表皮蜡质层增厚，此外其对表皮细胞形状、表皮毛与腺毛数量和气孔开度及形状等指标均会产生影响。生育期推迟也是 UV-B 辐射对植物生长产生影响的体现之一，这可能是其通过对由泛素连接酶调控的光形态建成产生作用而导致的。

第四章　UV-B 辐射与植物生产力

植物生产力指绿色植物在单位时间内生产的有机物质总量，通常称为初级生产力。从科研工作者开始关注臭氧层变薄、UV-B 辐射增强可能对地球生物产生影响，主要就是研究 UV-B 辐射增强对植物生长、产量、品质的影响。通常认为 UV-B 辐射增强会对植物产生不同程度的影响，UV-B 辐射的增强会直接降低一些植物种类的生产力，也可通过影响植物形态和生物量来导致植物群落的演替格局和种类组成、物种之间的竞争关系发生改变，间接地影响植物生产力。初级生产力的高低主要由初级生产者数量多少、生物量大小来决定。因此，增强 UV-B 辐射对植物生产力的影响，主要是影响植物的生物量及生物量分配，并通过影响植物开花、花粉萌发、授粉等繁殖过程来影响生产者数量；通过影响作物产量和品质来影响作物的经济产量。随着 UV-B 辐射增强影响植物生产力研究的不断深入，发现不同的植物种类以及同种植物的不同品种在生产力方面对 UV-B 辐射增强的响应存在明显差异。本章主要介绍 UV-B 辐射增强对陆生植物和水生植物生物量、生物量分配、产量、产量形成及品质的影响，以及不同植物、不同作物对 UV-B 辐射增强响应存在差异方面的研究成果，以期对本学科将来的研究起到积极的推动作用。

第一节　UV-B 辐射对植物生物量的影响

植物生产力包括陆地、海域、淡水植物生产力，其中陆地热带雨林的净初级生产力最高，而荒漠地区很低；海域中珊瑚礁、红树林的净初级生产力很高。同时不同地区和植被条件下初级生产力有极大的差异。UV-B 辐射增强条件下植物总生物量积累（干重）的变化是权衡 UV-B 辐射对植物生长及生产力影响的一个很好指标。总生物量代表所有生理、生化和生长因子对 UV-B 辐射的长期响应，辐射增强导致根、茎、叶等器官产生变化，从而最终影响作物的总生物量及产量形成。另外，即使 UV-B 辐射对形态过程的很微妙影响也会积累起来，并最终通过对生物量造成影响而显示出来。这方面已有大量的研究。

一、UV-B 辐射对陆地植物生物量及其分配的影响

1. UV-B 辐射对陆生植物生物量的影响

增强的 UV-B 辐射可对植物光系统 Ⅱ 产生伤害，进而引起净光合速率的降低，最终影响植物的生物量。UV-B 辐射对植物生物量的影响在草本农作物方面研究较多，已有

若干报道（Teramura，1983；Caldwell and Flint，1993）。例如，在正常水分和干旱条件下，UV-B 辐射均会降低大麦生物量（Teramura et al.，1990a；Sullivan and Teramura，1990；郑有飞等，1996）。UV-B 辐射能降低中欧和南欧 8 个玉米品种特别是幼苗的生物量（Mark et al.，1996）。16 个水稻品种中的 12 个品种（Teramura et al.，1991）以及 188 个水稻品种中的 47 个品种（Dai et al.，1994）的生物量受 UV-B 辐射影响而降低。UV-B 辐射会降低小麦生物量（Teramura，1980，1983；Barnes et al.，1990a；郑有飞等，1996；Li et al.，1998）。而在木本植物中，用多种松科植物做过试验，发现 UV-B 辐射导致其生物量降低（Sullivan and Teramura，1988）。总之，植物总干重常常由于 UV-B 辐射而显著减少（Teramura，1980）。

UV-B 辐射对植物生产力的影响也常出现结果不一致的情况（Teramura and Murali，1986；Barnes et al.，1993，1995；Björn，1996；Tosserams et al.，1997）。Barnes 等（1988）的工作表明，即使同一种植物，在不同的种植方式下对 UV-B 辐射的反应也是极不相同的。岳明和王勋陵（1999）也证实，小麦光合产物的显著减少并不是在各种密度条件下都会发生。试验结果不一致主要由试验条件、物种和品种的选择及 UV-B 辐射剂量存在差异引起，同时反映了 UV-B 辐射增强导致的生态学后果具有复杂性。

在 UV-B 辐射增强条件下，许多农作物的总生物量及经济产量有不同程度的降低，但也有些种或品种的生物量在 UV-B 辐射处理后反而增加（Teramura，1983；Teramura et al.，1990a，1991；Barnes et al.，1990a）或没有变化（Mark et al.，1996）。另有文献证明，UV-B 辐射增强对小麦和野燕麦叶片光合特性没有影响（Beyschlag et al.，1988）。Mark 等（1996）的研究显示，来自中欧和南欧的不同玉米品种的生长受 UV-B 辐射影响的程度很不相同，而且其总生物量和玉米籽粒产量与收获时间的关系很密切，最后一批收获的玉米未受到 UV-B 辐射的显著抑制。一些野生植物也有相似的反应，在 Searles 等（1995）对 4 种热带树种的试验中，只有一种树木的生物量因 UV-B 辐射而轻微降低，但所有这些种类都在形态方面受到 UV-B 辐射较大的影响。Sullivan 和 Teramura（1992）检测的夏威夷亚热带乡土植物中，同样是形态变化更明显，生物量变化仅在非常高的 UV-B 辐射条件下（15.5～23.1kJ/m^2）才观察到。显然，增强的 UV-B 辐射条件下植物光合产物是否减少依赖于植物种、品种、基因型以及植物发育阶段和试验条件。

郭巍（2008）研究了增强的 UV-B 辐射对水稻叶干重、茎干重、地上部分干重的影响，发现增强辐射能够降低水稻整个生育期的叶干重，但存在品种和生育期的差异。从整个生育期来看，低辐射强度下，'沈农 6014' 在拔节期、孕穗期、抽穗期、灌浆期及成熟期叶干重降低幅度不大，集中在 10%左右，'沈农 265' 的降幅在 5%左右；而高辐射强度下，'沈农 6014' 的降低幅度在 20%左右，'沈农 265' 的降低幅度在 10%左右。同时，其在拔节期、灌浆期及成熟期更敏感。对水稻茎干重的影响，从整个生育期来看，UV-B 辐射导致茎干重降低的幅度呈先增大后减少的趋势，由拔节期开始逐渐增大，在孕穗期或抽穗期达到最大值，后期降幅开始减小，只是不同品种降幅最大值出现的生育期稍有不同。刘畅等（2013）发现，UV-B 辐射增强处理使 2 个地方水稻品种 '白脚老粳' 和 '月亮谷' 叶、茎、根和穗的生物量都出现不同程度的下降（表 4-1）。其中 7.5kJ/m^2 UV-B 辐射增强处理导致 '白脚老粳' 和 '月亮谷' 的叶、茎、穗生物量显著降低。3

个 UV-B 辐射强度处理'月亮谷'的成熟期穗生物量显著下降。

表 4-1　UV-B 辐射增强对 2 个地方水稻品种各部位生物量的影响（g/m²）（引自刘畅，2013）

Table 4-1　Effects of enhanced UV-B radiation on biomass of different parts of two traditional rice varieties (g/m²)

部位	时期	白脚老梗				月亮谷			
		CK	2.5kJ/m²	5.0kJ/m²	7.5kJ/m²	CK	2.5kJ/m²	5.0kJ/m²	7.5kJ/m²
叶	分蘖期	275±23a	230±28b	227±21bc	196±18c	291±28a	258±21ab	221±22bc	208±19c
	拔节期	380±32a	324±25b	299±28bc	284±24c	384±42a	343±35ab	327±27b	318±26b
	孕穗期	396±42a	356±31ab	331±29bc	304±30c	402±32a	370±47ab	358±42b	342±38b
	成熟期	454±50a	427±31ab	420±26ab	388±38b	464±42a	398±60ab	384±51ab	357±26b
茎	分蘖期	92±12a	88±16ab	77±15b	58±8c	98±12a	82±14ab	78±18b	65±16bc
	拔节期	183±22a	163±15ab	146±18b	103±11c	195±20a	184±15a	169±23a	113±17b
	孕穗期	192±28a	174±19a	145±15b	128±15c	224±23a	199±15a	187±14a	173±18b
	成熟期	220±28a	189±18ab	170±12b	146±16b	263±23a	205±25ab	182±17ab	177±15b
根	分蘖期	73±15a	66±10a	59±11a	58±7a	83±13a	72±12ab	60±7b	54±9b
	拔节期	95±15a	89±9a	85±12ab	78±9b	111±23a	102±17a	92±21ab	81±12b
	孕穗期	127±12a	111±10a	103±14ab	90±10b	132±21a	117±19ab	111±15b	99±12b
	成熟期	132±24a	118±18ab	111±13ab	92±8b	142±20a	122±17ab	112±14b	104±17b
穗	孕穗期	79±12a	65±11ab	65±11ab	51±18b	92±17a	82±12a	73±15ab	59±18b
	成熟期	688±76a	627±47a	592±36ab	516±50b	567±52a	448±67b	407±54b	369±27b

注：CK 为自然光处理；不同小写字母表示不同处理间在 $P<0.05$ 水平差异显著（LSD 检验，$n=3$）

水稻对 UV-B 辐射的敏感性存在品种间差异。高潇潇（2009）研究发现，增强 UV-B 辐射处理后，'合系 41'幼苗生物量有不同程度的增加，增幅最大的为 7.5kJ/m² UV-B 辐射处理，增加了 21.2%。而经 5.0kJ/m² 和 7.5kJ/m² UV-B 辐射处理后'黄壳糯'幼苗生物量分别显著降低了 2.1%和 21.5%。

UV-B 辐射增强导致的水稻地上部分生物量降低，从整个生育期来看，存在剂量效应。T1（0.5W/m²）、T2（1.0W/m²）处理下，随处理时间的增长，UV-B 辐射对'汕优 63'的影响逐渐增大，地上部分生物量表现出了 CK>T1>T2 的趋势。整个生育期内，地上部分生物量抽穗期下降幅度最大，灌浆期次之，分蘖期最小，按生育期进程下降幅度先递增后递减，并且 UV-B 辐射强度越大下降幅度越大。与对照组 CK 相比，T1 处理'汕优 63'分蘖期、拔节期、抽穗期、灌浆期及成熟期的降低幅度分别为 4.36%、5.91%、13.67%、12.48%、11.12%；T2 处理分别下降 5.81%、11.01%、21.29%、20.95%、14.37%（桂智凡，2009）。

UV-B 辐射导致植物生物量降低的原因除 UV-B 辐射会破坏光合系统外，还可能是 UV-B 辐射引起植物激素代谢改变，影响细胞分裂和细胞伸长（Tevini et al.，1989），导致生长速率降低（Hopkins et al., 1996）。岳明和王勋陵（1999）发现，UV-B 辐射对小麦和燕麦两物种的生物量在各生育期都有不同程度的抑制作用，这种抑制是通过降低其生长速率来实现的（表 4-2）。越到后期，处理与对照的生物量差异越大，反映出 UV-B 辐射对植物生长的影响有积累效应。但就平均相对生长速率而言，UV-B 辐射对早期生长的抑制影响要比晚期大得多，如 5 月 6～14 日的平均相对生长速率显著降低（表 4-2）。

表 4-2　UV-B 辐射对小麦和燕麦不同时期平均相对生长速率的影响（引自岳明和王勋陵，1999）
Table 4-2　Effect of UV-B radiation on mean relative growth rate of wheat and oat at different stages

种植形式	物种	处理（kJ/m²）	6/5～14/5	14/5～29/5	29/5～23/7
单种	小麦	0	0.219*	0.033	0.014
		3.17	0.174	0.032	0.013
	燕麦	0	0.217*	0.037	0.013
		3.17	0.184	0.035	0.012
混种	小麦	0	0.204*	0.038	0.012
		3.17	0.158	0.037	0.013
	燕麦	0	0.237**	0.039	0.011
		3.17	0.151	0.041	0.010

注：*表示在 $P<0.05$ 水平差异显著（Duncan's 检验，$n=4$）

UV-B 辐射增强对小麦和玉米干物质累积的影响都是生长初期不明显，到中后期较明显，且同时存在剂量效应。随着 UV-B 辐射强度的增加，小麦和玉米干物质积累的速度下降。在生长初期，对照（CK）与处理 1（T1）和处理 2（T2）的干物质重差别不大，随着生育进程的推移，这种差异开始显著。到小麦生长后期，T1、T2 的干物质重分别比 CK 的下降了 22.6%、38.5%；UV-B 辐射增强对玉米干物质积累的影响在生长中后期尤为明显，处理 T1、T2 的干物质重比对照 CK 最大下降了 19.3%、33.2%。说明 UV-B 辐射增强在作物生长前期的作用虽不明显，但经过不断累加，使生长中后期小麦和玉米群体光合速率减小，造成积累的干物质显著减少，影响最终的生物学产量（李曼华，2004）。在 UV-B 辐射增强条件下，3 个大麦品种的地上部分生物量基本都呈现下降趋势，并且不同品种和同一品种在不同生育期对 UV-B 辐射的响应存在差异，但 UV-B 辐射增强条件下，3 个大麦品种的根重与对照相比，并没有显著的差异（黄岩，2011）。

增强 UV-B 辐射不仅影响植物总生物量，还对植株各器官生物量产生影响。由表 4-3 可以看出，温室条件下增强 UV-B 辐射处理（T）小麦、谷子株高与对照相比极显著降低。同时，增强 UV-B 辐射使两个物种的茎、叶、穗生物量及总生物量极显著下降，而对根部生物量却没有影响。增强 UV-B 辐射条件下，小麦单株茎、叶、穗生物量及总生物量分别为 0.31g、0.23g、0.28g、0.93g，与对照相比，分别下降了 16.22%、8.00%、22.22%、14.68%；谷子单株茎、叶、穗生物量及总生物量与对照相比，分别下降了 24.46%、31.53%、20.45%、25.87%。表明在增强 UV-B 辐射条件下，小麦、谷子的株高和生物量具有较大的可塑性（田向军，2007）。

表 4-3　增强 UV-B 辐射对小麦、谷子株高和生物量的影响（引自田向军，2007）

Table 4-3　Effects of enhanced UV-B radiation on plant height and biomass of wheat and millet

物种	处理	株高（cm/株）	根生物量（g/株）	茎生物量（g/株）	叶生物量（g/株）	穗生物量（g/株）	总生物量（g/株）
小麦	CK	60.10±3.72	0.11±0.04	0.37±0.07	0.25±0.04	0.36±0.11	1.09±0.20
	T	55.64±4.80**	0.11±0.05	0.31±0.09**	0.23±0.04**	0.28±0.02**	0.93±0.19**
谷子	CK	40.3±5.36	0.03±0.01	0.14±0.05	0.20±0.05	0.09±0.04	0.46±0.13
	T	35.75±4.21**	0.03±0.01	0.11±0.02**	0.14±0.04**	0.07±0.03**	0.34±0.12**

注：表中数据为平均数±标准差；*和**分别表示同一种植物不同处理之间在 $P<0.05$ 和 $P<0.01$ 水平差异显著（$n=75$）

增强 UV-B 辐射影响小麦的生物量。在增强 UV-B 辐射下，小麦'绵阳 26'生物量下降，与对照相比达到显著水平（$P<0.05$）；小麦'会宁 18'生物量下降，与对照相比达到极显著水平（$P<0.01$）（表 4-4）。

表 4-4　增强 UV-B 辐射对小麦生物量的影响（引自高召华，2001）

Table 4-4　Effect of enhanced UV-B radiation on biomass of wheat

小麦品种	生物量（kg/m²）		
	CK	+UV-B（5kJ/m²）	变化率（%）
绵阳 26	2.56	2.40	−6.25*
会宁 18	3.27	2.46	−24.77**

注：*和**分别表示 UV-B 辐射处理与对照间在 $P<0.05$ 和 $P<0.01$ 水平差异显著（$n=3$）

大田条件下经 UV-B 辐射，10 个小麦品种的地上部分生物量变化见表 4-5。10 个品种中，有 6 个品种的生物量显著降低，只有'绵阳 26'的生物量显著升高。

表 4-5　10 个小麦品种对 UV-B 辐射增强响应反馈的地上部分生物量差异（引自何丽连等，2005）

Table 4-5　Intraspecific sensitivity to UV-B radiation based on shoot biomass of 10 wheat cultivars

品种	地上部分生物量（g/m²）		
	对照	处理	变化率（%）
文麦 5	595.7	434.1	−27.12*
绵阳 26	605.0	678.0	12.07*
云麦 39	598.0	347.7	−41.85**
辽春 9	890.0	942.9	5.94
凤麦 24	849.3	470.0	−44.66**
陇春 16	1039.5	514.8	−50.48**
绵阳 20	543.8	568.6	4.56
陇春 15	734.0	498.4	−32.09*
会宁 18	1219.3	580.5	−52.39**
文麦 3	589.2	570.6	−3.15

注：*和**分别表示 UV-B 辐射处理与对照间在 $P<0.05$ 和 $P<0.01$ 水平差异显著

增强 UV-B 辐射对不同苦荞种群的生物量积累及产量有不同影响（表 4-6）。增强 UV-B 辐射显著或极显著降低了 6 个种群（1、2、3、9、12 和 14）的地上部生物量及产量，显著提高了 2 个种群（4、13）的地上部分生物量及产量，对 3 个种群（5、7 和 11）没有影响。此外，6 和 8 种群的产量极显著升高但地上部分生物量没有变化，10 种群地上部分生物量显著下降但产量变化不明显。

表 4-6　增强 UV-B 辐射对苦荞生物量及产量的影响（%）（引自姚银安，2006）
Table 4-6　Effect of UV-B radiation on biomass and yield of tartary buckwheat (%)

种群号	地上部分生物量	产量
1	−0.521**	−0.533**
2	−0.270*	−0.344**
3	−0.458**	−0.451**
4	0.227*	0.331**
5	−0.006	0.024
6	0.039	0.748**
7	−0.080	0.038
8	0.040	0.415**
9	−0.113*	−0.296*
10	−0.229*	0.030
11	0.007	−0.030
12	−0.428**	−0.467**
13	0.241*	0.212*
14	−0.628**	−0.650**
15	0.131+	0.150+

注：表中数据为三次重复平均值；*和**分别表示 UV-B 辐射处理与对照间在 $P<0.05$ 和 $P<0.01$ 水平差异显著

同时观察到，UV-B 辐射降低了来自三个地方的三种甜荞（'美姑'、'云龙'和'巧家'）的茎枝、叶生物量及总生物量，但作物收获指数没有受到影响（表 4-7）。'美姑'甜荞的生物量（各部分及总生物量）小于其他品种，但收获指数高于另外两品种。表 4-7 显示在生物量方面存在显著的 UV-B 辐射与品种交互作用，'美姑'甜荞受到 UV-B 辐射的影响比其他两种要小。10.0kJ/（m·d）辐射处理各部分生物量、总生物量指标与对照相比，'美姑'甜荞降低了 19.4%～22.5%，而其他品种下降达 42.1%～48.1%（姚银安，2006）。

表 4-7　UV-B 辐射对甜荞生物量及收获指数的影响（g/盆）（引自姚银安，2006）
Table 4-7　Effect of UV-B radiation on biomass of different crop organs and HI of common buckwheat (g/pot)

品种	UV-B 辐射 [kJ/（m²·d）]	茎枝生物量	叶生物量	种子生物量	总生物量（地上部）	收获指数（HI）
美姑	0	322.7（29.3）a	151.7（14.6）a	233.6（18.8）a	707.9（53.1）a	0.330（0.01）a
	5.0	290.5（13.9）ab	129.2（11.9）ab	212.4（22.4）ab	625.5（23.4）ab	0.340（0.01）a
	10.0	259.5（16.6）b	117.5（10.2）b	188.3（12.7）b	565.3（21.7）b	0.333（0.01）a

续表

品种	UV-B 辐射 [kJ/（m²·d）]	茎枝生物量	叶生物量	种子生物量	总生物量 （地上部）	收获指数（HI）
云龙	0	484.0（8.3）a	266.4（15.1）a	319.0（12.0）a	1069.5（15.9）a	0.298（0.01）a
	5.0	345.2（19.6）b	178.8（17.2）b	211.5（10.2）b	735.5（20.3）b	0.288（0.01）a
	10.0	280.1（18.6）c	147.2（10.3）c	177.1（12.2）c	604.4（22.1）c	0.293（0.01）a
巧家	0	442.8（16.4）a	247.0（14.8）a	314.2（22.0）a	1004.0（31.5）a	0.313（0.01）a
	5.0	303.7（15.0）b	153.1（12.8）b	236.0（9.7）b	692.9（37.3）b	0.341（0.01）a
	10.0	239.5（4.9）c	128.1（9.3）b	169.6（12.1）c	537.2（11.6）c	0.316（0.01）a

注：表中数据为平均值±1 倍标准差；不同小写字母表示不同处理间在 $P<0.05$（HSD 检验）水平差异显著（$n=3$）；括号内为标准误差

　　不同 UV-B 照射处理对不结球白菜鲜重和干重的影响存在明显的时间效应（表 4-8）。随辐射时间延长，不结球白菜植株鲜、干重下降，但到植株生长后期，各处理鲜、干重与对照相比差异不显著,说明 UV-B 照射对不结球白菜生长有一定的抑制作用，但到生长后期，这种抑制作用逐渐减弱。不同 UV-B 照射强度之间差别不明显（陈岚，2007）。

表 4-8　UV-B 辐射对不结球白菜鲜重和干重的影响（引自陈岚，2007）

Table 4-8　Effect of UV-B radiation on fresh mass and dry mass of *Bcassica campestris* ssp. *chinese*

处理组合	鲜重（g）				干重（g）			
	14 天	21 天	28 天	35 天	14 天	21 天	28 天	35 天
A₁B₁	1.06ab	3.89abc	9.65abc	13.07a	0.08a	0.02abc	0.38bc	0.88a
A₁B₂	0.94abc	4.49ab	10.75a	15.17a	0.06abc	0.24ab	0.49ab	0.77ab
A₁B₃	0.84bcd	2.76cd	6.89cd	11.69a	0.06abc	0.15cde	0.37bc	0.58ab
A₂B₁	1.05ab	3.49bcd	10.77a	13.00a	0.07a	0.18bcd	0.59a	0.81a
A₂B₂	1.02ab	3.72abcd	9.85ab	13.00a	0.08a	0.21abc	0.37bc	0.83ab
A₂B₃	0.66cd	3.39bcd	7.79bcd	10.86a	0.04bc	0.13de	0.29cd	0.42b
A₃B₁	0.9abcd	3.49bcd	9.01abc	12.51a	0.06a	0.18bcd	0.37bc	0.86a
A₃B₂	0.95abc	3.57abcd	9.01abc	12.81a	0.06ab	0.18bcd	0.35cd	0.73ab
A₃B₃	0.59d	2.65d	6.07d	11.84a	0.04c	0.1e	0.23d	0.55ab
CK	1.18a	4.73a	11.18a	15.77a	0.07a	0.27a	0.51a	0.89a

注：试验设 3 个辐射强度，分别为 A1：40μW/cm²，A2：50μW/cm²，A3：60μW/cm²，设 3 个辐射时间，分别为 B1：2h（12:00～14:00），B2：3h（11:00～14:00），B3：4h（10:00～14:00），2 因素 3 水平共 9 个处理组合，以温室自然光照条件为对照（CK）；同一列内小写字母相同表示差异不显著

　　在大田条件下,UV-B 辐射对 31 个割手密无性系的总生物量有明显的影响（表 4-9）。有 19 个无性系总生物量变化显著或极显著，其中，I91-48、92-11、I91-97、II91-99、I91-91、90-15 和 88-269 共 7 个无性系显著或极显著上升，I91-48、92-11 和 90-15 的变化率分别为 420.59%、65.05%和 64.43%；83-157、92-4、93-25、82-26、83-217、II91-72、

II91-93、II91-116、II91-5、II91-126、I91-37 和 II91-81 共 12 个无性系显著或极显著降低，II91-81、I91-37 和 II91-5 的变化率分别为-71.16%、-67.38%和-48.59%（何永美，2006）。

表 4-9　　31 个割手密在成熟期对 UV-B 辐射响应反馈的生物量差异（引自何永美，2006）

Table 4-9　　Intraspecific sensitivity to UV-B radiation based on biomass of 31 wild sugarcane (*S. spontaneum* L.) clones at ripening stage

无性系	生物量		
	对照	+UV-B	变化率（%）
I91-48	0.68	3.54	420.59**
92-11	10.30	17.00	65.05**
I91-97	6.39	9.31	45.70*
II91-99	3.26	4.85	48.77**
II91-13	14.89	13.72	−7.86
I91-91	5.93	8.25	39.12*
90-15	4.47	7.35	64.43**
I91-38	9.81	10.36	5.61
88-269	8.69	11.54	32.80*
83-215	2.76	3.04	10.14
83-157	20.23	12.41	−38.66*
82-110	7.30	8.19	12.19
II91-89	4.84	4.10	−15.29
83-153	2.98	2.23	−25.17
83-193	1.37	1.49	8.76
92-4	3.95	2.36	−40.25*
92-36	8.44	7.01	−16.94
II91-98	10.11	8.77	−13.25
93-25	2.58	1.74	−32.56*
90-8	2.55	2.36	−7.45
82-26	6.27	3.23	−48.48**
90-22	13.65	10.43	−23.59
92-26	7.63	5.65	−25.95
83-217	8.22	4.59	−44.16**
II91-72	9.84	6.05	−38.52*
II91-93	14.31	9.52	−33.47*
II91-116	4.10	2.98	−27.32*
II91-5	6.73	3.46	−48.59**
II91-126	10.24	5.83	−43.07*
I91-37	7.51	2.45	−67.38**
II91-81	5.93	1.71	−71.16**

注：*和**表示对照与 UV-B 辐射间分别在 $P<0.05$ 和 $P<0.01$ 水平差异显著（$n=31$）

朱媛（2009）分析了不同强度 UV-B 辐射对灯盏花各部位生物量的影响，发现旺长期灯盏花叶、根生物量随辐射强度的升高而降低，与 CK 相比，$2.5kJ/m^2$、$5.0kJ/m^2$ 和 $7.5kJ/m^2$ UV-B 辐射处理总生物量分别降低 5.68%、8.73%和 54.09%，叶生物量分别降低 5.53%、7.13%和 56.15%，根生物量分别降低 6.33%、14.3%和 46.84%（表 4-10）。开花期是灯盏花干物质积累最多的时期，因此灯盏花总生物量最高，但与对照相比，随着辐射强度的升高灯盏花除花外，其余各部位生物量有所降低，$2.5kJ/m^2$、$5.0kJ/m^2$ 和 $7.5kJ/m^2$ UV-B 辐射处理总生物量分别降低 13.1%、17.22%和 49.19%，叶生物量分别降低 9.7%、12.71%和 45.47%，根生物量分别降低 23.92%、26.97%和 69.59%，茎生物量分别降低 20.63%、34.35%和 43.4%；但花生物量在 $2.5kJ/m^2$、$5.0kJ/m^2$ UV-B 辐射处理与 CK 相比分别提高 16.36%、35.90%，$7.5kJ/m^2$ UV-B 辐射处理比 CK 降低 45.75%，和单株分枝数的变化趋势一致（表 4-10）。在灯盏花的结实期，灯盏花根、茎、叶生物量也随着辐射强度的升高而降低，与对照相比，$2.5kJ/m^2$、$5.0kJ/m^2$ 和 $7.5kJ/m^2$ UV-B 辐射处理总生物量分别降低 13.28%、17.08%和 45.85%，叶生物量分别降低 11.23%、13.30%和 43.42%，根生物量分别降低 21.73%、23.31%和 65.13%，茎生物量分别降低 21.86%、39.36%和 42.39%；但花生物量在 $2.5kJ/m^2$、$5.0kJ/m^2$ UV-B 辐射条件下与 CK 相比分别提高 24.74%、60.11%，$7.5/kJ/m^2$ UV-B 辐射处理比 CK 降低了 36.21%。可见，中低强度的 UV-B 辐射有利于灯盏花花生物量提高，适度增强 UV-B 辐射或许有利于灯盏花有效成分——灯盏细辛的积累。

表 4-10　UV-B 辐射对灯盏花各部位生物量的影响（g/m^2）（引自朱媛，2009）

Table 4-10　Effect of UV-B radiation on biomass in different parts of *E. breviscapus* (g/m^2)

测定时间	UV-B 辐射（kJ/m^2）	灯盏花各部位					
		叶	根	茎	花	种子	总生物量
旺长期（10 月）	0	99.26±2.03c	27.97±1.36b				127.20±3.38c
	2.5	93.77±3.85bc	26.20±3.65b				119.97±3.80b
	5.0	92.18±2.47b	23.97±1.86b				116.10±171.00b
	7.5	43.53±4.86a	14.87±1.05a				58.40±4.56a
开花期（11 月）	0	166.63±2.87d	58.10±2.21c	83.87±5.27d	23.54±1.68b		332.13±6.59ab
	2.5	150.47±3.02c	44.20±1.45b	66.57±2.67c	27.39±1.65c		288.62±2.52b
	5.0	145.45±1.78b	42.43±1.12b	55.06±3.10b	31.99±2.26d		274.94±5.30ab
	7.5	90.87±1.82a	17.67±1.80a	47.47±2.35a	12.77±2.08a		168.77±2.94a
结实期（12 月）	0	168.90±3.16d	59.37±1.94c	85.87±5.22c	16.57±1.29c	8.32±0.37b	339.03±3.73b
	2.5	149.93±1.76c	46.47±2.22b	67.10±3.85b	20.67±1.17b	9.85±0.40b	294.02±5.59b
	5.0	146.43±2.10b	45.53±2.48b	52.07±2.19a	26.53±3.56b	10.55±0.36b	281.11±2.04ab
	7.5	95.57±2.21a	20.70±2.36a	49.47±1.66a	10.57±1.82a	7.29±0.66a	183.60±4.55a

注：不同小写字母表示不同处理间在 $P<0.05$ 水平差异显著

UV-B 辐射对丹参生物量的影响也呈同样的趋势，UV-B 辐射导致丹参地上部分生物量和根生物量显著降低，但随 UV-B 辐射强度增加降低幅度减小，在收获期降低的幅度大于快速生长期。收获期高强度 UV-B 辐射处理对丹参生物量影响最大，地上部分生物量减少 86.18%，根生物量减少 90.12%，总生物量减少 88.69%；快速生长期低强度 UV-B 辐射条件下，上述生物量减少最小，分别减少 59.31%、48.46% 和 57.68%（刘景玲，2014）。

　　冯源（2009）研究发现，6 个灯盏花居群各器官生物量及总生物量均表现出对 UV-B 辐射响应存在明显差异（表 4-11）。在 UV-B 辐射增强条件下，D01、D53、D63 与 D65 居群在 3 个生育期叶生物量均显著或极显著增加，而 D47 与 D48 居群则显著或极显著下降（$P<0.01$ 或 0.05）。UV-B 辐射增强对 6 个灯盏花居群花生物量积累没有显著影响（$P>0.05$）。D01、D53、D63 与 D65 居群在成苗期和盛花期根生物量显著或极显著增加（$P<0.05$）。D47 与 D48 居群在盛花期与成熟期根生物量则极显著下降（$P<0.01$）。

表 4-11　UV-B 辐射增强对 6 个灯盏花居群生物量的影响（g/m^2）（引自冯源，2009）

Table 4-11　Effects of enhanced UV-B radiation on biomasses of 6 *E. breviscapus* populations (g/m^2)

器官	居群	成苗期		盛花期		成熟期	
		对照	UV-B 处理	对照	UV-B 处理	对照	UV-B 处理
叶	D01	48.10	55.48**	82.89	92.40**	95.88	102.58*
	D47	38.12	36.43*	71.00	62.07**	83.95	65.64**
	D48	38.53	36.21*	72.18	61.08**	86.78	68.67**
	D53	42.65	52.62**	73.84	85.11**	80.72	89.64**
	D63	41.91	49.91**	76.84	88.98**	88.15	98.03**
	D65	52.06	66.28**	84.99	103.02**	98.93	117.53**
根	D01	10.10	11.75*	16.61	18.62*	18.88	20.04
	D47	7.28	6.76	16.21	13.53**	24.43	18.53**
	D48	7.43	6.80	16.46	14.79**	25.24	20.83**
	D53	10.29	11.69*	16.46	17.97*	22.52	23.35
	D63	11.12	13.10*	15.87	17.86*	21.62	22.68
	D65	10.80	13.37**	20.11	23.13**	27.31	29.14
总生物量	D01	58.20	67.23**	135.18	151.38**	155.89	165.80**
	D47	45.40	43.19*	118.00	103.39**	146.85	115.14**
	D48	45.96	43.01*	123.64	106.36**	154.42	123.21**
	D53	52.94	64.31**	125.57	141.94**	141.58	153.85**
	D63	53.03	63.01**	131.75	152.01**	155.35	168.76**
	D65	62.86	79.65**	136.85	164.69**	166.32	189.96**

注：* 和 ** 分别代表不同处理间差异显著（$P<0.05$）和极显著（$P<0.01$）（$n=3$）

　　姬静（2010）研究了氮对 UV-B 辐射对灯盏花生物量作用的影响。如图 4-1 所示，处理 90 天时，在 UV-B 辐射下，$5g/m^2$ N 导致 D47 居群灯盏花叶生物量相比 UV-B 处理显著增加（$P<0.05$），增幅为 67.33%，D47 居群叶生物量在该处理下最大，为 $147.57g/m^2$；$10g/m^2$ N 导致 3 个居群灯盏花叶生物量相比 UV-B 处理均显著增加（$P<0.05$），D53 和

D63 居群的叶生物量在该处理下最大，分别为 176.23g/m²、167.9g/m²；15g/m² N 导致 D53 和 D63 居群灯盏花的叶片生物量比 UV-B 处理显著降低（$P<0.05$），降幅分别为 34.48%、21.53%，D53 和 D63 居群在该处理下叶生物量最小，分别为 89.4g/m²、96.17g/m²。

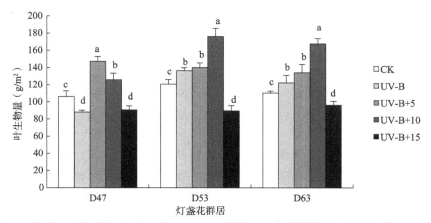

图 4-1　处理 90 天时氮对 UV-B 辐射下灯盏花居群叶生物量的影响（引自姬静，2010）

Figure 4-1　Effects of nitrogen to leaf biomass of *E. breviscapus* populations under UV-B radiation at 90th day

不同小写字母表示不同处理间差异显著（$P<0.05$，LSD 检验）

可以看出，5g/m² N 能减轻 UV-B 辐射对 D47 居群的伤害，显著促进 D47 居群叶生物量的积累；而 10g/m² N 对 UV-B 辐射提高 D53 和 D63 居群叶生物量的效应的促进作用最好；15g/m² N 能抑制 UV-B 对 D53 和 D63 居群叶生物量的作用，使叶生物量显著降低。

如图 4-2 所示，与对照相比在处理 90 天时，UV-B 处理导致 D47 居群灯盏花根生物量显著降低（$P<0.05$），降幅为 26.48%；D53 和 D63 居群根生物量增加但并不显著。

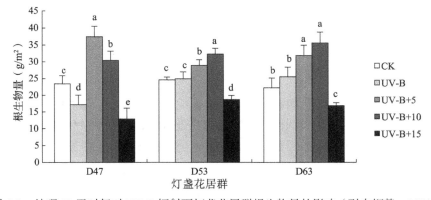

图 4-2　处理 90 天时氮对 UV-B 辐射下灯盏花居群根生物量的影响（引自姬静，2010）

Figure 4-2　Effects of nitrogen to root biomass of *E. breviscapus* populations under UV-B radiation at 90th day

不同小写字母表示不同处理间差异显著（$P<0.05$，LSD 检验）

在 UV-B 辐射下，5g/m² N 导致 D47 居群灯盏花的根生物量都比 UV-B 处理显著增加（$P<0.05$），增幅为 109.27%，D53 和 D63 居群的根生物量比 UV-B 处理显著增加

（$P<0.05$），增幅分别为 15.87%、24.72%；$10g/m^2$ N 使 3 个居群的根生物量比 UV-B 处理显著增加（$P<0.05$），增幅分别为 76.91%、29.29%、39.60%；$15g/m^2$ N 导致 D47、D53 和 D63 居群灯盏花的根生物量比 UV-B 处理显著降低（$P<0.05$），降幅分别为 25.00%、33.92%。

　　可以看出，UV-B 辐射导致 D47 居群灯盏花根生物量相比对照显著降低，而 D53 和 'D63' 居群根生物量受 UV-B 辐射影响较小，无显著变化。在 UV-B 辐射下，$5g/m^2$ N 和 $10g/m^2$ N 使 3 个居群的根生物量都显著增加，而 D47 居群根生物量受 $5g/m^2$ N 影响最大，作用效果最好，D53 和 D63 居群受 $10g/m^2$ N 影响最大，作用效果最好；$15g/m^2$ N 使 D47、D53 和 D63 居群的根生物量显著降低，说明 $15g/m^2$ N 能够抑制 D53 和 D63 居群的根生物量积累。

　　在大田盆栽试验中发现，繁缕在高 N 和低 N 两种情况下的干物质重都被 UV-B 辐射显著降低，灰绿藜干物质重仅在高 N 时受到 UV-B 辐射的显著抑制，而反枝苋和画眉草的干物质重却不受 UV-B 辐射的影响（表 4-12）。许多研究也都证实，就光合作用而言，单子叶植物和 C_4 植物比 C_3 双子叶植物对 UV-B 辐射的敏感性低（Barnes et al.，1990a；Caldwell and Flint，1994）。

表 4-12　两种 UV-B 辐射和氮素水平下植物群体中各物种的平均干重（引自李元和岳明，2000）

Table 4-12　Mean dry weight per plant for assemblages grown at different UV-B radiation conditions and different levels of N contents

物种	低 N		高 N	
	CK	T	CK	T
反枝苋（*Amaranthus retroflexus*）	2.04±0.42a	1.99 ± 0.39a	2.74 ± 0.55a	2.63 ± 0.41a
灰绿藜（*Chenopodium glaucum*）	1.10±0.21a	0.92± 0.23a	1.41 ± 0.26	0.93 ± 0.19b
画眉草（*Eragrostis pilosa*）	0.18 ± 0.02a	0.15 ± 0.02a	0.19 ± 0.04a	0.16 ± 0.02a
繁缕（*Stellaria media*）	0.11±0.01a	0.06 ±0.01b	0.12±0.011a	0.07 ±0b

　　注：各数值为平均值±DSE；不同小写字母表示不同处理间在 $P<0.05$ 水平差异显著（Duncan's 检验，$n=12$）；CK 为 $0kJ/m^2$ 的 UV-B 辐射，T 为 $3.17kJ/m^2$ 的 UV-B 辐射

　　在 UV-B 辐射处理对白肋烟烟株生物量的影响研究中发现（表 4-13），适度的 UV-B 辐射处理使白肋烟叶生物量和烟株总生物量都显著增加，特别是叶生物量极显著增加。白肋烟是以叶片为收获对象的经济作物，因此，适度的 UV-B 辐射对白肋烟产量增加具有一定促进作用（王凯歌，2013）。

表 4-13　UV-B 辐射对白肋烟生物量的影响（引自王凯歌，2013）

Table4-13　Effects of UV-B radiation on biomass of burley tobacco

处理	茎生物量（g）	叶生物量（g）	根生物量（g）	总生物量（g）
T1	157.00 ±11.14Aa	194.00 ±5.57Bb	100.67 ±7.64Aa	451.67 ±17.21Bb
T2	174.67 ±6.66Aa	226.50 ±8.32Aa	103.53 ±4.8Aa	504.70 ±16.8Aa

续表

处理	茎生物量（g）	叶生物量（g）	根生物量（g）	总生物量（g）
T3	170.03 ±2.61Aa	218.67 ±7.77ABb	102.23 ±8.59Aa	490.93 ±1.9ABb

注：T1、T2 和 T3 处理的辐射强度平均值分别为 3.16W/m²、2.53W/m² 和 1.51W/m²；不同大写字母表示不同处理间差异极显著，不同小写字母表示不同处理间差异显著

陆生固氮蓝藻是某些极端环境及氮源营养缺乏生态系统中的主要初级生产者，通过室内研究 UV-B 辐射增强对陆生固氮蓝藻生长的影响发现，低剂量 UV-B 辐射[9kJ/（m²·d）]对普通念珠藻以单位体积干重表示的生长无显著影响；而高剂量 UV-B 辐射[20kJ/（m²·d）]则显著抑制生长。UV-B 辐射能明显抑制普通念珠藻的 F_v/F_m（光能转化效率），且抑制程度随 UV-B 辐射强度的增加而增加（洪灯，2011）。

2. UV-B 辐射对陆生植物生物量分配的影响

资源分配是指将有限的资源分配到不同结构和功能上，使得生长、维持和繁殖等方面所需资源的分配达到最佳。UV-B 辐射不仅影响植物干物质的累积，还可改变植物干物质的分配。Yue 等（1998）的一些结果初步证明，增强 UV-B 辐射对植物生物量分配有一定的影响，但影响程度会因物种、器官及竞争条件的不同而有所不同。在双子叶植物中，较多的干物质分配到叶，而较少进入茎和根。例如，大豆、豌豆、蚕豆和黄瓜等的叶干物质百分比增加可能是 SLW（比叶重）增加的结果。在单子叶植物中，这种变化不太明显（Teramura，1983）。与生物量积累的响应类似，在低 PAR（光合有效辐射）下，生物量分配的改变更加明显。当然，在大田条件下，UV-B 辐射影响花椰花、甜菜（Ambler et al.，1978）、玉米、豌豆、番茄、芥子（Biggs et al.，1978a）、小麦（郑有飞等，1996）生物量的分配也已观察到，这些改变类似于在培养室中观察到的趋势。

Barnes 等（1988）在对小麦两年的研究中也注意到其比叶重及叶面积增加。之后他们（1990 年）发现所检测的 6 种单子叶植物中的 5 种在紫外辐射条件下比叶重增加。UV-B 辐射导致根重比增加在不同植物中也有过报道，如 Ziska 等（1992）发现种植于中等海拔的一种月见草（Oenothera stricta）的根冠比在紫外辐射处理后升高，但他们试验中的其他 7 种植物的根冠比没有受到紫外辐射的显著影响。Searles 等（1995）的试验表明，UV-B 辐射对 4 种热带树种的根冠比没有影响。还有一些类似的结果，如 Teramura 等（1991）从 7 个不同地理区域选取的 16 个水稻品种的根冠比未受到 UV-B 辐射影响。

许多逆境条件都可以引起植物根重比的增加。Chapin 等（1987）认为，植物对资源不均衡的主要调节机理是分配更多的生物量到那些能获得最多有限资源的器官中去。UV-B 辐射增强情况下根冠比的增加就可以看作是植物对资源不足的一种适应补偿，尽管总的生物量可能下降。

也有相反的研究结果被观察到，增强的 UV-B 辐射虽然使水稻植株地上部分和地下部分生物量下降，但地下部分受抑制程度比地上部分更明显（唐莉娜等，2002；陈

芳育等，2001）。UV-B 辐射增强导致春小麦叶、茎、根、穗生物量和总生物量积累减少，生物量分配改变；从分蘖期到拔节期，较多的生物量分配到叶，较少的生物量分配到茎和根，在扬花期和成熟期穗生物量所占比例也发生明显变化（李元等，1999a）。UV-B 辐射增强使黑麦草的茎与叶干重比值减小，UV-B 辐射增强对黑麦草叶干重的影响大于对茎干重的影响，茎与叶干重比值的增加可能会对黑麦草的干草品质有一定的影响。UV-B 辐射增强可显著降低大豆叶、根与茎、籽粒的生物量，并改变生物量的分配格局；20 个大豆品种的总生物量均有不同程度的降低，其中有 18 个品种叶生物量占总生物量的百分比降低，有 8 个品种根与茎生物量占总生物量的百分比降低，12 个品种根与茎生物量占总生物量的百分比增高，16 个品种籽粒生物量占总生物量的百分比增高，说明在 UV-B 辐射下，虽然大豆的总生物量降低，但在生物量的分配上具有较多的生物量分配到籽粒、较少的生物量分配到叶的趋势（陈建军等，2004）。由于试验条件和品种不同，UV-B 辐射增强对大豆根冠比的影响结果有不同的报道，较低的 UV-B 辐射条件下，根冠比略低，大豆植株通过调整水分、矿物质和光合作用产物的运输与分配使自身保持稳定生长，而较强的 UV-B 辐射会增加大豆的根冠比，UV-B 辐射强度越大，根冠比越大，UV-B 辐射增强对地上部分的影响比地下部分大。冯虎元（2001b）等研究了增强 UV-B 辐射下 10 个大豆品种根、茎、叶和种子的稳定碳同位素组成（$\delta^{13}C$）、生物量与收获指数的变化，发现 $\delta^{13}C$ 值存在器官差异，10 个品种对照组和处理组的 $\delta^{13}C$ 平均值由大到小的顺序均是根、茎、种子和叶，表明 UV-B 辐射可能导致大豆代谢过程及代谢物分配发生变化，同时发现，在增强 UV-B 辐射下不同大豆品种的种子生物量发生明显的变化，有 6 个品种的收获指数 HI（harvest index，HI=种子产量/总生物量）在 UV-B 辐射下增加，4 个品种降低。在总生物量和产量下降的情况下，增强 UV-B 辐射不一定降低作物的 HI，另外 UV-B 辐射提高了部分品种的生殖能力。

环境 UV-B 辐射增强，生物量朝繁殖器官分配，可能对野生种繁殖有益。Xiong 和 Day（2001）发现，南极当前的环境 UV-B 辐射使当地维管植物的地上部分生物量比地下部分下降更显著，根生物量下降不显著，由此根冠比升高，这可能是一种有益的适应反应。Ziska 等（1992）发现，低海拔物种的根冠比易被 UV-B 辐射降低，高海拔物种却不受 UV-B 辐射的影响，因此认为，生长于高 UV-B 辐射环境中的植物可能产生了一种适应 UV-B 辐射的机理，从而表现出更具抗性（张娜，2003）。

从 UV-B 辐射对玉米干物质分配影响的研究（表 4-14）中可以看出，UV-B 辐射增强处理下玉米光合产物不能很好地向玉米籽粒中转移，表现为 T1、T2 处理叶重、茎鞘重、苞叶重占总干物质重的比例均比 CK 处理的要大，特别是叶重所占的比例与 CK 处理相比 T1、T2 处理分别增加了 46.2%、81.7%，这说明 UV-B 辐射增强处理对玉米干物质分配的影响非常明显。T1、T2 处理根重、果实重占总干物质重的比例均比 CK 处理小，这说明光合产物在 UV-B 辐射增强处理下不能很好地向果实及根转移。干物质的积累是玉米高产优质的基础。所以，UV-B 辐射增强处理对玉米干物质积累及分配的影响必然影响玉米的产量与品质（张荣刚，2003）。

表 4-14   UV-B 辐射增强处理对玉米干物质分配影响的分析（引自张荣刚，2003）

Table 4-14   The analysis of the effects of enhanced UV-B radiation on the distribution of maize dry matter

处理	叶重（g）	茎鞘重（g）	根重（g）	苞叶重（g）	果实重（g）
CK	4.9（100.0）	19.8（100.0）	4.1（100.0）	5.7（100.0）	65.5（100.0）
T1	7.1（144.9）	21.3（107.6）	3.2（78.0）	5.9（103.5）	62.4（95.3）
T2	8.8（179.6）	21.2（107.1）	3.8（92.7）	5.9（103.5）	60.3（92.1）

注：果实为风干，其余为烘干；T1、T2 分别为人工增加 0.25W/m² 和 0.75W/m² 的 UV-B 辐射；括号外数据表示实际重量，括号中数据表示处理与 CK 的百分比

表 4-15 给出了小麦和玉米在收获期 UV-B 辐射增强下的干物质分配情况。从中可以看出，UV-B 辐射增强抑制了小麦和玉米的生长发育，使得 T1、T2 两个处理在收获期的茎鞘重及穗重都较对照减少，但比较特殊的是 T2 处理的叶重在收获期反而大于对照 CK，表明 UV-B 辐射使得干物质的分配发生很大变化。小麦 T1、T2 处理叶重所占的比例均比对照的大，特别是 T2 处理叶重所占的比例比对照高出 14.7%，这使得穗重所占的比例小于对照，影响了小麦的经济产量。玉米 T1、T2 处理叶重所占的比例均比对照的大，而穗重所占的比例小于对照。对比影响程度可得，玉米干物质分配的变化幅度小于小麦的变化幅度，受 UV-B 辐射增强的影响不显著。从小麦和玉米干物质分配的变化情况可以看出，UV-B 辐射增强使得小麦和玉米的光合产物不能很好地向籽粒中转移，这必然大大影响小麦和玉米的经济产量（李曼华，2004）。

表 4-15   UV-B 辐射增强对小麦和玉米干物质分配的影响（引自李曼华，2004）

Table 4-15   Effects of enhanced UV-B radiation on the distribution of wheat and maize dry matter

作物	处理	叶重（g）	比例（%）	茎鞘重（g）	比例（%）	穗重（g）	比例（%）	总重（g）
	CK	1.18	15.6	4.71	62.1	1.69	22.3	7.58
	T1	1.15	16.2	4.37	61.5	1.58	22.3	7.10
小麦	T1/CK（%）	97.5	104.4	92.8	99.1	93.5	99.8	93.7
	T2	1.24	17.9	4.34	62.6	1.35	19.5	6.93
	T2/CK（%）	105.1	114.7	92.1	100.8	79.9	87.4	91.4
	CK	26.3	11.1	59.1	25.0	151.4	63.9	236.8
	T1	25.7	11.6	55.5	25.0	140.5	63.4	221.7
玉米	T1/CK（%）	97.7	104.4	93.9	100.3	92.8	99.1	93.6
	T2	26.4	12.0	55.1	25.0	138.7	63.0	220.2
	T2/CK（%）	100.4	107.9	93.2	100.3	91.6	98.5	93.0

注：T1、T2 分别为人工增加 0.50W/m² 和 1.00W/m² 的 UV-B 辐射

增强 UV-B 辐射对小麦、谷子干物质在各器官的分配格局也有一定的影响。温室条件下，增强 UV-B 辐射使分配到小麦、谷子两个物种根部的生物量比例显著增加。同时对照与处理组中，两个物种地上部分各器官生物量分配比例存在较大差异。UV-B 辐射

增强使小麦根部生物量比例明显增加，茎生物量比例下降，使谷子茎、叶生物量比例均下降，穗部生物量比例增加。这说明小麦、谷子分别作为 C_3、C_4 植物，对增强 UV-B 辐射的响应不同（田向军，2007）。

　　UV-B 辐射增强显著降低大豆叶、根与茎、籽粒的生物量，并改变生物量的分配格局，结果见表 4-16。20 个大豆品种的总生物量均有不同程度的降低，其中有 18 个品种的叶生物量占总生物量百分比降低，有 8 个品种的根与茎生物量占总生物量百分比降低，12 个品种的根与茎生物量占总生物量百分比增加，且多数比较接近，有 16 个品种的籽粒生物量占总生物量比例增加。说明在 UV-B 辐射下，虽然大豆的总生物量降低，但在生物量的分配上具有较多的生物量分配到籽粒、较少的生物量分配到叶的趋势（陈建军等，2004）。

表 4-16　UV-B 辐射增强对 20 个大豆品种生物量及其分配的影响（引自陈建军等，2004）

Table 4-16　Effects of enhanced UV-B radiation on the biomass and distribution of biomass of 20 soybean varieties

样号		1	2	3	4	5	6	7	8	9	10	11	12	13	14	15	16	17	18	19	20
叶	对照 (g/m²)	127.1	102.0	196.7	81.2	82.5	43.5	130.5	302.4	32.8	295.5	82.0	111.2	178.5	241.2	129.2	118.4	75.0	102.4	132.0	117.5
		(18.2)	(26.3)	(29.4)	(23.7)	(25.3)	(15.3)	(21.2)	(29.0)	(16.3)	(35.5)	(13.8)	(26.7)	(28.9)	(35.8)	(32.9)	(12.2)	(18.9)	(24.8)	(29.6)	(24.8)
	处理 (g/m²)	15.8	9.2	13.7	10.4	7.2	9.2	59.6	44.5	16.8	33.7	24.5	14.6	67.6	24.8	8.8	66.3	56.2	31.0	52.1	32.5
		(6.2)	(20.3)	(26.5)	(19.4)	(10.9)	(13.2)	(21.9)	(16.0)	(16.0)	(18.2)	(8.3)	(12.0)	(18.9)	(16.0)	(14.8)	(26.0)	(18.0)	(16.0)	(18.5)	(13.7)
	变化率 (%)	-87.6	-91.0	-93.0	-87.2	-91.3	-78.9	-54.3	-85.3	-48.8	-88.6	-70.1	-86.9	-62.1	-89.7	-93.2	-44.0	-25.1	-69.7	-60.5	-72.3
根与茎	对照 (g/m²)	489.1	242.9	279.3	169.4	138.3	206.3	354.1	597.4	105.9	501.2	349.8	266.6	306.0	382.4	252.6	657.7	222.9	273.4	272.0	311.2
		(70.0)	(62.7)	(41.8)	(49.3)	(42.4)	(72.8)	(57.6)	(57.3)	(52.6)	(60.1)	(59.0)	(63.9)	(49.6)	(56.7)	(64.4)	(67.7)	(56.2)	(66.3)	(61.0)	(65.6)
	处理 (g/m²)	170.8	20.1	20.0	36.5	41.6	43.5	103.5	107.0	31.7	129.3	210.6	90.6	184.0	99.6	45.6	110.7	182.6	136.0	197.1	167.2
		(66.8)	(44.4)	(38.7)	(68.1)	(62.8)	(62.4)	(38.0)	(38.6)	(30.2)	(69.7)	(71.5)	(74.2)	(51.5)	(64.3)	(76.5)	(43.4)	(58.5)	(70.2)	(69.8)	(70.4)
	变化率 (%)	-65.1	-91.7	-92.8	-78.5	-69.9	-78.9	-70.8	-82.1	-70.1	-74.2	-39.8	-66.0	-39.9	-74.0	-81.9	-83.2	-18.1	-50.3	-27.5	-46.3
籽粒	对照 (g/m²)	82.3	42.5	192.0	92.8	105.3	33.8	130.7	142.6	62.5	36.3	161.5	39.1	133.0	50.8	10.4	195.5	98.9	36.6	42.2	45.5
		(11.8)	(11.0)	(28.7)	(27.0)	(32.3)	(11.9)	(21.2)	(13.7)	(31.1)	(4.4)	(27.2)	(9.4)	(21.5)	(7.5)	(2.7)	(20.1)	(24.9)	(8.9)	(9.4)	(9.6)
	处理 (g/m²)	68.9	16.0	18.0	6.7	17.5	17.0	109.4	125.9	6.5	22.5	64.3	16.9	105.5	30.6	5.2	77.8	73.4	26.8	33.0	37.9
		(27.0)	(35.3)	(34.8)	(12.5)	(26.4)	(24.4)	(40.1)	(45.4)	(53.8)	(12.1)	(21.8)	(13.8)	(29.6)	(19.7)	(8.7)	(30.6)	(23.5)	(13.8)	(11.7)	(15.9)
	变化率 (%)	-16.3	-62.4	-90.6	-92.8	-83.4	-49.7	-16.3	-11.7	-9.6	-38.0	-60.2	-56.8	-20.7	-39.8	-50.0	-60.2	-25.8	-26.8	-21.8	-16.7
总生物量	对照 (g/m²)	698.5	387.4	845.1	343.4	326.1	283.5	615.3	1042.4	201.2	833.3	593.3	416.9	617.5	674.4	392.2	971.6	396.8	412.4	446.2	474.2
	处理 (g/m²)	255.5	45.3	51.7	53.6	66.3	69.7	272.5	277.4	105.0	185.5	294.4	122.1	357.1	155.0	59.6	254.8	312.2	193.8	282.2	237.6
	变化率 (%)	-63.4	-88.3	-93.9	-84.4	-79.7	-75.4	-55.7	-73.4	-47.8	-77.7	-50.4	-70.7	-42.2	-77.0	-84.8	-73.8	-21.3	-53.0	-36.8	-49.9

注：括号内数据为各部分生物量占总生物量的百分比

　　表 4-17 显示了 UV-B 辐射增强对窄叶野豌豆生物量分配的影响。可以看出，UV-B 增强辐射后，窄叶野豌豆的总生物量、地上部分生物量、荚果生物量、分配到地上部分

及荚果的生物量都显著下降，根生物量无显著变化，从而使根冠比显著增加。而在 UV-B 辐射减弱处理下，其他各部分生物量都没有显著变化，分配到荚果的生物量显著提高（王颖等，2012）。

表 4-17　UV-B 辐射对窄叶野豌豆生物量分配的影响（引自王颖等，2012）

Table 4-17　Effects of UV-B radiation on biomass allocation of *Vicia angustifolia*

处理	总生物量（mg）	地上生物量（mg）	荚果生物量（mg）	根生物量(mg)	荚果生物量比（%）	地上生物量比（%）	根冠比（%）
UV+	1058.8±271.8a	949.6±260.3a	127.0±50.9a	109.2±12.4	9.7±2.4a	84.3±1.8a	19.9±3.1a
UV0	2285.9±377.2b	2138.5±367.4b	934.4±200.0b	147.4±12.6	36.8±2.5b	92.1±0.7b	8.7±0.8b
UV-	2484.0±402.2b	2356.7±394.0b	1388.1±214.9b	127.2±9.7	54.8±2.4c	93.7±0.6b	6.8±0.7b

注：UV+为增强 UV-B 辐射处理；UV0 为近环境 UV-B 辐射处理；UV-为减弱 UV-B 辐射处理；表中数据为平均值±标准差；不同小写字母表示不同处理间差异显著（$P<0.05$，$n=20$）

UV-B 辐射对反枝苋（*Amaranthus retroflexus*）各器官生物量分配的影响研究表明（表 4-18）（张瑞桓，2009），不同时期反枝苋各器官生物量在处理组与对照组间并没有明显差异。但是在收获期 UV-B 辐射对干物质在各器官中的分配有一定的影响。低强度辐射使分配到叶片的生物量比例显著增加，而根生物量比例与对照相比却显著减小，茎和果序生物量比例并没有被辐射显著改变。高强度 UV-B 辐射没有造成分配模式变化，可能是反枝苋最终适应的结果。

表 4-18　增强 UV-B 辐射对反枝苋生物量的影响（g）（引自张瑞桓，2009）

Table4-18　Effects of enhanced UV-B radiation on biomass of *Amaranthus retroflexus*(g)

取样日期	处理	根	茎	叶	果序	总重
6 月 4 日	CK	0.45±0.22a	0.69±0.32a	0.61±0.28a	0.09±0.14a	1.84±0.88a
	t	0.48±0.29a	0.69±0.35a	0.70±0.39a	0.05±0.06a	1.92±1.02a
	T	0.44±0.22a	0.61±0.26a	0.62±0.32a	0.05±0.07a	1.73±0.79a
6 月 20 日	CK	0.55±0.23ab	1.13±0.50a	0.68±0.32a	0.22±0.23a	2.59±1.08a
	t	0.51±0.20b	1.06±0.49a	0.64±0.24a	0.31±0.34a	2.51±1.11a
	T	0.70±0.44a	1.37±0.84a	0.94±0.62a	0.28±0.35a	3.30±2.09a
7 月 22 日	CK	0.68±0.44a	1.56±0.91a	0.69±0.48a	1.24±0.89a	4.18±2.64a
	t	0.50±0.28a	1.31±0.70a	0.66±0.37a	0.94±0.66a	3.41±1.83a
	T	0.54±0.28a	1.33±0.65a	0.59±0.34a	1.04±0.57a	3.49±1.72a

注：表中数据为平均值±标准差；同一时期相同器官标注不同小写字母表示在 0.05 水平差异显著（$n=30$）

低剂量辐射导致反枝苋叶生物量比例显著增加，可能是其适应辐射的结果。果序生物量比例并没有改变，这与反枝苋对 UV-B 辐射的适应仅表现在避免 UV-B 伤害而没有优先繁殖分配有关（张瑞桓，2009）。UV-B 辐射对药用植物远志（*Polygala tenuifolia*）的生物量分配也存在明显的影响，可使远志主根生物量比例显著下降，不利于药用部位的形成（王晓锋等，2014），该研究结果可为远志栽培过程中的光照管理提供参考。

从表 4-19 可以看出，UV-B 辐射整体上显著增加割手密无性系成熟期茎、叶及地上部分生物量。对于茎而言，有 7 个无性系的生物量显著或极显著上升，其中无性系 83-193 生物量增加最明显；有 2 个无性系生物量显著下降，分别为 I91-91 和 I91-37。叶生物量有 6 个无性系显著或极显著上升，同样是 83-193 生物量增加最明显；有 1 个无性系 II91-93 的生物量显著下降。对于地上部分生物量，有 7 个无性系显著或极显著上升，其中变化率最大的为 83-193；有 1 个无性系 II91-93 显著下降。

表 4-19　10 个割手密无性系成熟期生物量对 UV-B 辐射响应的差异（引自王海云，2007）

Table 4-19　Intraspecific responses in biomass of 10 wild sugarcane (*S. spontaneum* L.) clones to enhanced UV-B radiation at the ripening stage

无性系	茎			叶			地上部分		
	对照(g/m²)	+UV-B(g/m²)	变化率(%)	对照(g/m²)	+UV-B(g/m²)	变化率(%)	对照(g/m²)	+UV-B(g/m²)	变化率(%)
92-11	1.29	1.89	46.83**	1.20	2.31	91.53**	2.49	4.19	68.44**
II91-13	0.48	1.53	218.09**	1.04	0.80	−22.66	1.51	2.33	54.39*
I91-91	2.24	1.40	−37.73*	1.84	1.85	0.55	4.09	3.26	−20.35
90-15	1.41	3.27	131.05**	2.04	3.18	56.39*	3.45	6.45	87.13**
83-193	0.16	0.73	346.88**	0.15	0.66	330.00**	0.32	1.39	340.32**
92-36	0.51	1.31	157.00**	0.31	0.86	181.67**	0.82	2.17	166.25**
II91-72	1.02	1.42	39.00**	0.81	1.18	46.84*	1.83	2.60	42.06*
II91-93	2.87	2.07	−27.89	1.90	1.04	−45.16*	4.77	3.11	−34.76*
II91-5	0.36	0.94	160.56**	0.30	0.78	157.63**	0.67	1.72	158.02**
I91-37	1.12	0.74	−33.33*	0.90	0.92	1.69	2.03	1.66	−17.88

注：作者注：原文献的变化率均稍有误差；*和**表示 UV-B 辐射处理与对照间分别在 $P<0.05$ 和 $P<0.01$ 水平差异显著

二、UV-B 辐射对水生植物生物量及其分配的影响

紫外辐射中的 UV-B 波段对海水的穿透深度至少可达 30m，甚至在水下 60～70m 还有其生物效应（唐学玺等，2005）。目前，对于 UV-B 辐射对水生生物影响的研究主要集中在浮游动植物和藻类。现在的研究结果普遍认为，UV-B 辐射增强会对许多水生物种和水生生态系统，包括从主要的生物量生产者（浮游植物）到食物网中较高的消费者（如浮游动物、鱼类等），也包括海洋和淡水系统，如湖泊、河流、沼泽、海洋等产生不利影响。但是有很多因素会影响 UV-B 辐射对自然水域的渗透深度，包括溶解有机化合物的浓度和化学组成。也有相当多的证据表明，水生生物可利用许多机制进行光保护，以防止过度辐射（Häder et al.，2007）。

1. UV-B 辐射对浮游植物的影响

UV-B 辐射对水生植物生产力的影响已有一些研究。Smith 等（1992）直接测量了南极臭氧空洞内外 UV-B 辐射的变化，并提供了臭氧变化可直接影响浮游生物群落的决定性证据，在南极边缘冰区范围内，臭氧减少导致其初级生产力减少达 6%～12%。对中纬度海水生态系统中初级生产力的研究表明，藻类光合作用受当前太阳紫外辐射的抑制。而对淡水小池塘藻类群落的研究则发现，UV-B 辐射使硅藻的光合作用和生长受抑制，

但绿藻的数量有所增加，然而绿藻消费者的数量受到 UV-A 和 UV-B 辐射的抑制。最近人们对北极臭氧空洞的兴趣也在增加。Santas（1989）就热带固着藻类群落对 UV-B 辐射的响应做了研究，发现 UV-B 辐射增强处理的头一个月群落生产力受到显著抑制，群落结构也有所变化，但上述变化并不持久。其后在希腊 Saronikos 湾进行了一项试验，研究不同深度的硅藻群体对三种光照处理（PAR、PAR + UV-A、PAR + UV-A + UV-B）的反应，通过聚类分析和等级排序分析，发现处理 5～7 周时，各光照条件下硅藻群体差异很大，而 3 种海水深度下群体结构相似性很高，但到第 9 周试验结束时，各处理及深度的硅藻群体没有明显的分布格局。该研究认为，上层水体的真核藻类能对 UV-B 辐射胁迫产生调节反应。

UV-B 辐射对海洋生物的潜在危害性在不断增加。它的伤害作用不仅仅局限于海水表层生物，甚至会对海洋细菌、无脊椎动物及鱼类产生伤害作用。海洋微藻是海洋初级生产者、海洋食物链的基础，目前有关微藻对 UV-B 辐射敏感性的研究工作较少。王悠等（2002）以我国沿海常见的几种饵料单胞藻为试验藻种，开展了 UV-B 辐射对海洋微藻影响的研究，认为 UV-B 辐射能够破坏微藻的光合系统，抑制藻细胞的生长，最终导致海洋初级产生力的减少。不同种类的微藻对 UV-B 辐射的敏感性存在较大差异，长期暴露于增强 UV-B 辐射中能够使耐受力强的藻种大量繁殖，敏感藻种减少，导致海洋微藻的种群结构和数量发生变化，对海洋生态系统产生危害。同时，其研究了微藻对 UV-B 辐射敏感性的种内与种间差异。结果表明：7 种微藻的相对增长率随着 UV-B 辐射增强呈明显的下降趋势（$P<0.05$）。试验微藻对 UV-B 辐射的敏感性符合绿藻>硅藻>金藻的分类学规律，其中金藻 8701 是最敏感的一种（王悠等，2002）。

浮游植物在初级生产力方面的贡献与陆地生态系统相当，且浮游植物对 UV-B 辐射相当敏感。在南极 UV-B 辐射增强可能会降低浮游植物的生长率，并引起细胞死亡，从而降低浮游植物的生物量（Llabrés and Agustí，2010）。对 UV-B 辐射影响 7 种微藻生长的研究发现，UV-B 辐射 48h 时，7 种微藻的相对增长率对 UV-B 辐射的响应表现出相同的变化趋势，都是随着辐射强度的升高，相对增长率不断下降。与对照组相比，UV-B 辐射对各处理组相对增长率的抑制作用均达到显著水平。同时，用直线内插法计算了 7 种微藻 48h 与 72h 的相对增长率半最大效应浓度 K（EC_{50}）。根据微藻 EC_{50} 的大小判断其对 UV-B 辐射的抗性（表 4-20），其中金藻 8701 对 UV-B 辐射最敏感，而青岛大扁藻的抗性最强。从分类学角度看，金藻最敏感，其次为硅藻，绿藻中的扁藻抗性较强，小球藻比较敏感。

表 4-20 UV-B 辐射对 7 种海洋微藻 48h 与 72h K（EC_{50}）的影响 （引自王悠，2002）

Table 4-20 The effects of UV-B radiation on K (48h EC_{50}) and K (72h EC_{50}) of the 7 species of marine microalgae

微藻种类	K（48h，EC_{50}）（J/m^2）	K（72h，EC_{50}）（J/m^2）
金藻 8701 （ *Isochrysis galbama* 8701 ）	0.56 ± 0.02	0.81 ± 0.04
小新月菱形藻 （ *Nitzschia clostertum* ）	1.72 ± 0.15	4.95 ± 0.22

微藻种类	K（48h，EC_{50}）（J/m^2）	K（72h，EC_{50}）（J/m^2）
三角褐指藻（*Phaeodactylum tricornutum*）	3.18 ± 0.13	5.89 ± 0.27
角毛藻（*Chaetoceros muelleri*）	4.29 ± 0.28	6.28 ± 0.19
塔胞藻（*Pyramimonas* sp.）	2.50 ± 0.24	3.53 ± 0.30
小球藻（*Chlorella* sp.）	6.66 ± 0.12	12.53 ± 0.23
青岛大扁藻（*Tetraselmis gelgolandica* var. *tsingtaonesis*）	7.80 ± 0.17	14.21 ± 0.25

俞泓伶（2012）的研究也得到类似的结果，UV-B 辐射增强对 5 种海洋微藻的生长均具有一定的抑制作用，其相对增长率总体呈下降趋势：①对球等鞭金藻（以下称金藻）的抑制作用较明显，随着 UV-B 辐射强度的加大，金藻的相对增长率不断降低，当 UV-B 辐射强度增加到 1.25J/m^2 的时候，其相对增长率下降到 10%，各试验组与对照组差异极显著（$P<0.01$）；②随着 UV-B 辐射强度的增加，小角毛藻的相对增长率逐步下降，但下降幅度小于金藻，当 UV-B 辐射剂量为 3J/m^2 时，相对增长率略有上升，然后再下降，在最高强度 UV-B 辐射处，其相对增长率为 32%，后 3 个试验组与对照组相比均表现出极显著差异（$P<0.01$）；③杜氏藻的相对增长率受 UV-B 辐射增强的影响小于前两种藻，其相对增长率下降相对平缓，由 93.5%逐渐下降到 44.87%；④UV-B 辐射处理对三角褐指藻的影响不同于其他微藻，低强度的 UV-B 辐射（$\leqslant 0.75J/m^2$）对其生长表现出一定的刺激作用，相对增长率比对照组提高 4%，随着辐射强度的增加（$\geqslant 0.75J/m^2$），三角褐指藻生长受到了较明显的抑制作用，其相对增长率持续下降，在最高强度 2.25J/m^2 处降到 12.6%；⑤随着 UV-B 辐射强度的增加，小球藻的相对增长率逐步下降，在最高辐射强度 3.75J/m^2 处，其相对增长率为 48.6%。UV-B 辐射对 5 种微藻的抑制率与 UV-B 辐射强度的对数 $lgEC_{50}$ 之间进行线性回归，回归结果、EC_{50} 见表 4-21。结果表明：金藻对 UV-B 辐射最敏感，而杜氏藻对 UV-B 辐射的抗性最强。5 种微藻的敏感性从到大到小排列依次为金藻>三角褐指藻>小角毛藻>小球藻>杜氏藻。从分类学的角度看，金藻最敏感，其次是硅藻，绿藻抗性最强。青岛大扁藻也呈现出低强度 UV-B 辐射对其生长有促进作用，而高强度则有显著的抑制作用（张培玉等，2005）。对我国水华优势藻类铜绿微囊藻（*Microcystis aeruginosa*）和斜生栅藻（*Scenedesmus obliquus*）进行 UV-B 辐射增强试验研究，发现短时间 UV-B 辐射（即低辐射强度）可促进藻类的生长，两种藻类的生物量均增加，长时间或高强度的 UV-B 辐射对藻类的生长具有明显的抑制作用，但铜绿微囊藻抗 UV-B 辐射的能力强于斜生栅藻（谢纯刚，2010）。说明 UV-B 辐射对

淡水水体的水华现象具有一定控制作用。

表 4-21　UV-B 辐射与 5 种海洋微藻生长之间的关系（引自俞泓伶，2012）

Table 4-21　Relationship between of UV-B radiation and growth of 5 microalgae species

微藻种类	回归方程	P	R^2	$\lg EC_{50}$	EC_{50}（J/m^2）
杜氏藻 （Dunaliella salina）	$y=0.448x+0.225$	0.0020	0.97	0.563	3.65
小球藻 （Chlorella vulgaris）	$y=0.760x+0.092$	0.0007	0.95	0.536	3.43
小角毛藻 （Chaetoceros minutissimus）	$y=0.526x+0.228$	0.015	0.89	0.517	3.29
球等鞭金藻 （Isochrysis galbana）	$y=1.084x+0.768$	0.0008	0.985	−0.1804	0.66
三角褐指藻 （Phaeodactylum tricornutum）	$y=1.042x+0.297$	0.0270	0.844	0.193	1.56

　　海洋大型藻类可能对 UV-B 辐射更为敏感。以孔石莼为海洋大型藻类的代表，通过室内模拟 4 个 UV-B 辐射强度研究了 UV-B 辐射增强对孔石莼生长的影响，结果显示都对孔石莼的生长产生抑制作用（张培玉等，2005）。对淡水浮水植物浮萍等的相关研究结果显示，在 UV-B 辐射处理下，紫萍（紫萍为浮萍科的一种植物）叶状体生长受抑制，且 UV-B 辐射强度越大，受抑制的程度越大。在前期（0～6 天），其影响不明显，从第6 天开始处理与对照之间的差异逐渐变大，UV-B 辐射处理的紫萍叶状体数目明显小于对照，且叶状体数目随 UV-B 辐射强度的增大而逐渐变小。UV-B 辐射处理使紫萍叶状体生长受到抑制，实际上主要是紫萍个体生长受到抑制，它影响母体的生长和新植物体的发生（石江华，2003）。

2. UV-B 辐射对大型水生植物的影响

　　UV-B 辐射对大型水生植物影响的研究主要集中在大型海藻及海草。大型海藻和海草是海岸带与大陆架上重要的初级生产者，海洋大型藻类对 UV-B 辐射的敏感性较高，UV-B 辐射在以海藻为主的沿海生态系统塑造中起着重要的作用（Bischof et al.，2012）。除此之外，UV-B 辐射对海草生物量有重要影响（Kuo and Lin，2010），UV-B 辐射损伤海草可能导致海滨生态系统的功能发生重大的变化（王锦旗等，2015）。徐盼（2014）研究了 UV-B 辐射对菹草生物量的影响，发现 105μW/cm² 的低强度 UV-B 辐射条件下，菹草初始阶段生物量下降，后期植株生物量能有所恢复；而在 125μW/cm² 的高强度 UV-B 辐射下，菹草生物量下降至最低值后无法恢复。

　　UV-B 辐射增强对芦苇生物量的分配也具有明显的影响。在不同强度 UV-B 辐射处理过程中，芦苇根冠比均表现为 CK 小于 UV-B 辐射增强处理，且随强度增加根冠比升高（褚润等，2018）。但相关的研究报道还很少，UV-B 辐射是否引起水生植物根冠比变化或者导致怎样的变化，还需要更进一步的研究。

总之，增强的 UV-B 辐射不仅可以通过影响植物的生长、生物量、产量而直接影响植物的生产力，还可以通过直接影响植物的形态和结构导致植物群落种类组成、种间竞争关系发生改变，从而间接地影响生产力，使群落中某些植物的生产力降低，但可能提高耐 UV-B 辐射植物的生产力，这势必会导致更多资源提供给耐 UV-B 辐射植物所利用（赵平等，2004）。因此，对于整个生态系统而言，因为在自然条件下植物的适应，生态系统总的生产力可能并不会随 UV-B 辐射的增强而明显改变。

第二节　UV-B 辐射对植物繁殖的影响

繁殖阶段是植物发育过程中极重要的环节，不仅影响个体产量，还将影响子代的生长及其生活力，进而可能对个体发育乃至生态系统的结构和功能产生重大影响。一个物种在群落中维持不仅仅取决于其是否能定居和生长，更重要的是取决于其能否有效繁殖，在讨论植物群落对增强 UV-B 辐射的长期响应时，有必要考虑植物繁殖特性的响应，因为这对于预测植物群落长期的变化是极其重要的。UV-B 辐射增强是否可以导致植物繁殖特性改变，以及这种变化的群落学意义目前还缺乏直接的证据。

一、UV-B 辐射对植物花器官的影响

UV-B 辐射对作物生殖发育过程产生影响不仅会影响作物的产量，还会影响作物的遗传稳定性。花作为重要的生殖器官，是 UV-B 辐射对生殖过程影响的研究对象之一。Musil（1995）的研究结果显示，UV-B 辐射增强下 4 个菊科物种和 4 个鸢尾科物种都有3 个物种的开花数量显著降低，而且 4 个菊科物种的开花期推迟。Grammatikopoulos 等（1998）模拟 Patras 地区 15% 臭氧衰减时的 UV-B 辐射强度对薄荷植株处理的结果显示，UV-B 辐射增强处理对 2 个化学型薄荷的开花期没有影响，使化学型 II 薄荷的开花量增加，而对化学型 I 薄荷的开花量影响不大。Feldheim 和 Conner（1996）对两个芸薹属物种黑芥菜与芜青的研究发现，UV-B 辐射增强不仅使两作物的开花期推迟，还使其花期缩短。Conner 和 Neumeier（2002）的研究结果表明，UV-B 辐射增强会延长 *Phacelia purshii* 和 *P. campanularia* 两种植物的花期，但对开花量和结实率的影响不大。Demchik 和 Day（1996）模拟 Morgantow 地区 3 月中旬臭氧衰减 16% 和 32% 时的 UV-B 辐射强度对芜青处理的结果显示，低强度的 UV-B 辐射对芜青开花量没有影响，但高强度的 UV-B 辐射使其开花量显著增加，两种处理下的单株活性花粉量均显著降低。Yang 等（2004）模拟兰州地区 12% 和 20% 臭氧衰减时的 UV-B 辐射强度对番茄'同辉'和'霞光'处理的结果显示，UV-B 辐射增强使'同辉'的开花数目增加，而使'霞光'的开花数目减少，开花数目的变化可能与叶片中激素玉米素核苷含量变化有关。Kakani 等（2003a）对棉花'NuCOTN-33B'研究的结果显示，UV-B 辐射增强使棉花花瓣、苞叶变小，花药数目变少且变小，但对雄蕊的长度没有影响。Koti 等（2004）对 6 个不同基因型大豆材料进行全生育期 UV-B 辐射增强处理的结果显示，UV-B 辐射增强处理下，6 个大豆材料的花长、旗瓣长和雄蕊柱长均显著减小，而且具有剂量效应和种内差异。

二、UV-B 辐射对植物花粉及其萌发的影响

植物开花和花粉萌发是植物繁殖、作物生产以及植物建立自然群落的基础。农业生态系统中花粉生活力关系到植物繁殖的有效性，最终影响作物的产量。有学者认为，在植物开花前，由于花粉被花冠层层包围而能够免遭 UV-B 辐射的直接伤害；在开花后到花药开裂，由于花药壁能过滤 98% 的 UV-B 辐射，花粉也能够很好地得到保护（Flint and Caldwell，1983）；只有花药开裂后到花粉萌发时期，由于暴露在太阳下花粉会受到 UV-B 辐射的伤害，尤其是风媒传粉的作物。Torabinejad 等（1998）对 34 种植物花粉体外萌发的研究结果显示，半数以上（19/34）供试植物材料的花粉管生长明显受到 UV-B 辐射的抑制，而供试的 34 种植物材料中 28 种材料的花粉萌发率都表现出降低的趋势，但只有 5 个表现显著。同样，冯虎元等（1999）模拟兰州地区夏季无云时平流层臭氧损耗 8% 和 12% 时的 UV-B 辐射强度对 19 种植物花粉萌发处理的结果显示，增强的 UV-B 辐射显著地降低多种植物的花粉萌发率（13/19 种）和花粉管生长长度（9/19 种），并呈现出剂量效应和材料间的种间差异。解备涛等（2006）取正常生长的玉米品种 '农大 108' 的花粉进行 UV-B 辐射处理研究显示，随着 UV-B 辐射时间的增加，玉米花粉的超氧化物歧化酶（SOD）、过氧化物酶（POD）和过氧化氢酶（CAT）活性都呈明显下降的趋势，而丙二醛（MDA）含量则呈上升的趋势，而且经处理的花粉授粉后玉米每穗粒数和百粒重都有一定的下降趋势。Wang 等（2010）对玉米品种 '农大 108' 花粉的研究结果显示，UV-B 辐射处理使花粉的活性氧含量、MDA 含量增加，而抗氧化酶活性降低，进而导致花粉萌发率和花粉管生长长度以及授粉后的结实率降低。

还有一些学者认为，在自然生长条件下，将植物在整个生育期都暴露在 UV-B 辐射下，研究来自 UV-B 辐射处理植株的花粉能够更好地反映自然条件下 UV-B 辐射增强对作物花粉的影响。有研究发现（Demchik and Day，1996），芜青（*Brassica rapa*）处在模拟 16% 和 32% 臭氧衰减条件下，与对照相比每朵花的花粉数量及花粉活力均约下降 50%，整株植物所具有的活力花粉数量则分别减少 17% 和 34%，但高强度的 UV-B 辐射处理导致每株植物花的数量有较大的增加。王书玉和王勋陵（1997）报道了紫露草花粉母细胞微核率在增强的 UV-B 辐射条件下升高。岳明和王勋陵（1998）模拟兰州地区夏至前后晴天平均 UV-B 辐射强度增加 30% 对春小麦 '80101' 处理的结果显示，UV-B 辐射增强会引起小麦花粉活力的显著降低，而且对花粉的萌发过程有明显的抑制作用。Kravets（2011）对大麦的研究结果显示，UV-B 辐射处理导致了花粉粒的多态性和影响花粉的极性发育，以及增加了淀粉含量低的花粉粒；而且较低 UV-B 辐射条件下植株的异常花粉量高于较高 UV-B 辐射条件下的。但也有研究显示，UV-B 辐射增强处理对花粉萌发和花粉管生长没有影响，却在花粉的超微结构和花药的成熟方面有一定影响（Santos et al.，1998）。另外，Yang 等（2004）模拟兰州地区 12% 和 20% 臭氧衰减时的 UV-B 辐射强度对番茄 '同辉' 和 '霞光' 处理的结果显示，UV-B 辐射增强使两个番茄品种的花粉萌发率降低，使 '同辉' 的花粉管生长受抑，但对 '霞光' 的花粉管生长没有影响，表现出种内差异。Koti 等（2004）对 6 个不同基因型大豆材料进行全生育期 UV-B 辐射增强处理的结果显示，6 个材料在 UV-B 辐射处理下的花粉萌发率和花粉管生长长度虽然都极显著降低，但在高强度辐射处理下表现出明显的品种间差异。Wang 等（2006）

对甘南地区 6 种植物的研究结果显示，UV-B 辐射增强显著降低了窄叶野豌豆的花粉萌发率和花粉管生长长度，显著提高了早熟禾和萹蓄的花粉萌发率以及早熟禾和锦葵的花粉管生长长度，而对平车前（Plantago depressa）、密花香薷（Elsholtzia densa）的花粉萌发率和花粉管生长长度都没有影响，表现出明显的种间差异，这一结果与 Musil（1995）的结果类似。

UV-B 辐射对小麦和燕麦花粉活力以及小麦花粉萌发率也有显著的抑制影响。一般情况下胚珠等雌性器官以及仍在花药中的花粉往往能得到周围组织的很好保护而不易受到 UV-B 辐射的伤害（Flint and Caldwell，1984），但花粉壁对 UV-B 辐射有一定的通透性（Caldwell et al.，1983），使得花粉在萌发过程中易受到 UV-B 辐射的伤害，特别是在花粉管突破花粉壁之后。暴露在 UV-B 辐射下的花粉的萌发率降低已被一些研究所证实（Chang and Campbell，1976；Pfahler，1981；Flint and Caldwell，1984；Day and Demchik，1996）。

即使在自然光照条件下，取自 UV-B 辐射处理小区的小麦花粉萌发率也显著低于对照小区的花粉萌发率。这说明 UV-B 辐射不仅对小麦花粉萌发过程有明显的抑制影响，而且对其所产生的花粉本身的特性也有影响（表 4-22）。Musil 和 Wand（1993）发现，生长于增强 UV-B 辐射条件下的三种欧石楠所产生的花粉，在白光下的萌发率显著下降。Flint 和 Caldwell（1984）发现，醉蝶花（Cleome spinosa）等 4 种草本植物的花粉萌发率在 UV-B 辐射处理条件下显著下降。Chang 等（1976）报道了一些植物花粉管伸长受到 UV-B 辐射的抑制。Day 和 Demchik（1996）的工作也显示，UV-B 辐射使芜青（Brassica rapa）的花粉活力显著下降。这说明，UV-B 辐射能导致花粉质量下降。UV-B 辐射对花粉质量的这种影响表明，即使是闭花受精植物或夜间开花植物，增强 UV-B 辐射也可能使其授粉结实受到影响。我们虽然没有计测 UV-B 辐射是否会对小麦的花粉数量产生影响，但 UV-B 辐射导致的小穗数减少则很可能会引起整株植物花粉产量的降低。许多研究发现，UV-B 辐射引起多种植物开花数量的下降（Ziska et al.，1992；Day and Demchik，1996），但一种沙漠短命植物 Dimorphothe capluvialis 的开花数量则被 UV-B 辐射所增加（Musil and Wand，1994）。杨晖等（2007）以成熟期的两个番茄品种'同辉'（早熟型）和'霞光'（晚熟型）为试材，模拟兰州地区 12% 和 20% 臭氧衰减时的 UV-B 辐射强度 [分别为 T1=2.54kJ/（$m^2 \cdot d$）和 T2=4.25kJ/（$m^2 \cdot d$）]研究大田条件下增强 UV-B 辐射对番茄花粉活力的影响，发现 UV-B 辐射增强抑制了'同辉'的花粉萌发和花粉管伸长，但只降低了'霞光'的花粉萌发率。

表 4-22　UV-B 辐射对小麦花粉萌发的影响（引自岳明和王勋陵，1998）

Table 4-22　Effects of UV-B radiation on pollen germination of wheat

处理	自然光照		UV-B 辐射	
	花粉统计数量	萌发率（%）	花粉统计数量	萌发率（%）
对照组 C	1596	58.9±1.la	1860	50.2± 1.4b
处理组 T	1293	43.3±2.8c	1542	32.6±1.7d

注：萌发率为平均值±标准差；不同小写字母表示不同处理之间差异显著（Duncan's 检验，$P<0.05$，$n=3$）；检验前百分比数值经反正弦变换

三、UV-B 辐射对植物种子产量的影响

许多农作物的籽粒产量及千粒重受到了 UV-B 辐射抑制（Teramura，1983；Tevini and Teramura，1989）。Ziska 等（1992）则证实 UV-B 辐射对夏威夷一些野生植物的开花数量有实质性影响。试验结果显示，燕麦籽粒产量（籽粒数和籽粒重）受到 UV-B 辐射的显著抑制；而对小麦的影响在 1997 年表现明显，在 1996 年则不明显，在不考虑竞争因素时亦如此（即单种时），这可能与两年试验的播期不一致（相差 17 天）及气候存在年际差异有关。Gold 和 Caldwell（1983）、Teramura 等（1990a）的工作都显示，播期及年际气候差异可以改变 UV-B 辐射的作用。

种子产量的降低可能与花粉活力的降低有关，但因为花粉数量往往远大于胚珠数量，仍可能有足够数量的具活力的花粉使胚珠受精。因为一旦花粉管穿透柱头的表面，会受到花柱及子房壁的很好保护而使胚珠成功受精（Day and Demchik，1996），此时种子产量的降低则是由于 UV-B 辐射引起胚珠败育。用取自 UV-B 辐射处理植株上的芜青花粉给一直生长在自然光照下的植株授粉，其胚珠败育率明显升高。燕麦籽粒产量也被 UV-B 辐射影响而降低，但其花粉活力受到的影响并不明显，显然产量降低与败育率增加有关。

高召华（2001）研究了增强 UV-B 辐射对小麦籽粒产量的影响。在增强 UV-B 辐射下，小麦'绵阳 26'籽粒产量下降，与对照相比达到显著水平（$P<0.05$）；小麦'会宁 18'籽粒产量下降更为严重，与对照相比达到极显著水平（$P<0.01$）（表 4-23）。

表 4-23　UV-B 辐射增强对小麦籽粒产量的影响（引自高召华，2001）

Table 4-23　Effects of enhanced UV-B radiation on grain yield of wheat

小麦品种	籽粒产量		
	CK（kg/m²）	+UV-B（kg/m²）	变化率（%）
绵阳 26	0.457	0.414	−9.41*
会宁 18	0.572	0.470	−17.83**

注：*和**分别表示不同处理间在 $P<0.05$ 和 $P<0.01$ 水平差异显著（$n=3$）

大田条件下经 UV-B 辐射，10 个小麦品种的籽粒产量变化见表 4-24。10 个品种中，有 6 个品种的籽粒产量显著减少，只有'绵阳 26'的籽粒产量显著升高。

表 4-24　10 个小麦品种对 UV-B 辐射增强响应反馈的籽粒产量（引自何丽莲等，2005）

Table 4-24　Intraspecific sensitivity to UV-B radiation based on grain yield of 10 wheat cultivars

	对照（g/m²）	处理（g/m²）	变化率（%）
文麦 5	237.3	147.6	−37.80**
绵阳 26	111.2	121.6	9.35*
云麦 39	211.9	113.4	−46.48**
辽春 9	452.8	475.0	4.90
凤麦 24	275.1	128.9	−53.14**

	对照（g/m^2）	处理（g/m^2）	变化率（%）
陇春 16	496.6	237.6	−52.15**
绵阳 20	190.4	195.5	2.67
陇春 15	210.8	141.2	−33.02*
会宁 18	281.0	122.5	−56.41**
文麦 3	203.9	174.4	−14.47

注：**和*分别表示不同处理间在 $P<0.01$ 和 $P<0.05$ 水平差异显著

四、UV-B 辐射对植物种子萌发的影响

　　种子发芽试验结果表明，增强 UV-B 辐射条件下收获的小麦种子发芽率与对照组的差异不明显，但燕麦则降低。UV-B 辐射对种子质量影响的研究很少。Musil（1994）发现 UV-B 辐射使一种沙漠短命植物的具活力种子数量减少 35%～43%，这些种子发芽后形成的植株对光抑制更为敏感，这可能是由于 UV-B 辐射导致种子内细胞受到伤害。另外，处理小区的燕麦种子在发芽试验第 2 天的萌发率有显著升高，这可能与 UV-B 辐射处理后其种子成分有所改变，进而提高了吸胀速度有关。

第三节　UV-B 辐射对作物产量的影响

　　UV-B 辐射增强对植物的影响是多方面的，不仅可以导致一些植物（包括一些经济作物）的生物量下降，还能引起作物的产量下降。作物产量是作物一生通过光合作用积累的有机物总量，植物的总生物量是衡量 UV-B 辐射对植物生长影响的一个很好指标，它代表所有生理、生化和生长因子共同作用的结果。UV-B 辐射对作物产量的影响，与其对作物产量构成因素的影响有关，穗长、每穗粒数、结实率和千粒重等都是重要的产量构成因素，每个因素都能从一定程度上影响作物的最终产量。这方面已有大量的研究。

一、UV-B 辐射对农作物产量及其构成因素的影响

　　农作物产量是评估臭氧衰减、UV-B 辐射增强对作物影响程度的关键指标。Ambler 等（1978）测试了 8 种作物，仅在花茎甘蓝看到显著的产量降低。在野外试验中发现低于 10%的臭氧衰减对 6 种作物产量影响不大，模拟 40%的臭氧衰减则引起所有作物减产。Sullivan 等（1990）指出，UV-B 辐射显著降低大豆豆荚数，但对粒数和粒重的降低程度不显著。Teramura 等（1990b）对两个大豆品种进打了长达 6 年的研究，模拟 16%和 25%的臭氧衰减，发现品种 'Essex' 对 UV-B 辐射很敏感，产量降低，而品种 'Williams' 的产量无明显变化。Teramura 等（1990a）也报道 UV-B 辐射对大豆和水稻的产量无明显影响。另外，16 个水稻品种受 UV-B 辐射后，13 个品种的穗数减少，9 个品种的穗重降低（Teramura et al.，1991）。Mark 等（1996）报道了中欧和南欧 8 个玉

米品种的产量被 UV-B 辐射降低。关于 UV-B 辐射对小麦产量的影响，报道了在温室中产量降低 8%（Teramura et al.，1990a）和大田条件下个体产量降低（郑有飞等，1996）。

1. UV-B 辐射对水稻产量及产量性状的影响

Kumagai 等（2001）对 2 个水稻品种 'Norin 1' 和 'Sasanishiki' 4 年的 UV-B 辐射增强处理试验结果显示，UV-B 辐射增强处理降低了 2 个水稻品种的产量，还使水稻籽粒趋向于变小，但变小的程度随处理年份而变。唐莉娜等（2002）模拟福州夏至晴空 25% 臭氧衰减时的 UV-B 辐射强度对 3 个水稻材料进行处理，结果发现 UV-B 辐射增强显著降低 3 个供试材料的产量，且降低的产量构成因素因品种不同而异。其中，'汕优 63'、'IR65600-85' 产量下降主要是水稻分蘖受抑制，导致每株有效穗数减少；而 '南川' 主要是由穗总粒数减少，结实率、千粒重下降所致。毛晓艳等（2007）对 2 个粳稻品种 '沈农 265' 和 '沈农 606' 进行 UV-B 辐射增强处理的盆栽试验结果表明，UV-B 辐射增强使水稻的株有效穗数、穗总粒数、结实率和千粒重下降，进而导致产量下降，并且具有剂量效应。另外，在水稻的产量构成因素中株有效穗数和穗总粒数受到的影响最大。这一结果与许莹等（2006）的研究结果一致。殷红等（2009a）在盆栽条件下，模拟沈阳地区夏日平均 UV-B 辐射增强 5% 和 10% 处理 2 个粳稻品种 '沈农 6014' 及 '沈农 265' 的试验结果显示，经 UV-B 辐射增强处理后，两个材料的株有效穗数、穗总粒数、结实率、千粒重均有不同程度的下降，并最终导致产量下降。苗秀莲等（2015）在开放式气候室中模拟自然条件下 UV-B 辐射强度增加 30% 对日本粳稻品种 'Sasanishiki' 进行处理，结果发现 UV-B 辐射增强处理通过降低结实率使水稻的单株产量显著降低，但对单株穗数、穗粒数没有显著影响。

除上述研究的 UV-B 辐射增强会降低水稻产量外，还有其他不同的研究结果：张文会等（2003）对日本粳稻品种 'Sasanishiki' 的研究结果表明，UV-B 辐射增强对水稻干物质重、谷重、草重、穗数、粒数及结实率均无显著影响；李海涛等（2006）在大田条件下用高于周围环境 UV-B 辐射强度 50% 的水平照射晚稻品种 '协优 432'，结果显示 UV-B 辐射增强使水稻单穗粒重、株有效穗数、千粒重都有略微的下降但均不显著。

郭巍（2008）研究了增强 UV-B 辐射对水稻产量及产量构成因素的影响。辐射增强不但降低水稻的总生物量，而且严重影响水稻籽粒的产量，这是由于辐射会造成水稻叶片光合能力的下降，最终导致水稻籽粒产量的显著降低。如表 4-25 所示，经 UV-B 辐射处理后，'沈农 6014' 和 '沈农 265' 的株有效穗数、穗总粒数、结实率、千粒重均有不同程度的下降，并最终导致产量下降，但这些指标下降的幅度因品种不同而异。其中 '沈农 6014' 在 T1、T2 处理下，穗总粒数分别比对照下降了 4.09%、10.78%，结实率分别下降了 5.37%、10.40%，株有效穗数分别下降了 12.59%、27.97%，千粒重分别下降了 1.19%、5.68%，产量分别降低了 23.49% 和 32.02%。'沈农 265' 在 T1、T2 处理下，穗总粒数分别比对照下降了 11.47%、14.66%，结实率分别下降了 1.80%、5.21%，株有效穗数分别下降了 20.70%、34.01%，千粒重分别下降了 5.59%、8.49%，产量分别降低了 30.45% 和 37.65%。可以看出，'沈农 265' 比 '沈农 6014' 对紫外-B

辐射更敏感，同时，UV-B 辐射增强对两个水稻品种产量的影响最为明显，UV-B 辐射增强对株有效穗数的影响次之。由此可知，UV-B 辐射主要是通过影响株有效穗数来最终抑制水稻产量的。

表 4-25　UV-B 辐射增强对水稻产量的影响（引自郭巍，2008）

Table 4-25　Effects of enhanced UV-B radiation on the yield of rice

项目	沈农 6014					沈农 265				
	CK	T1	T2	IR1	IR2	CK	T1	T2	IR1	IR2
穗总粒数	109.17a	104.71b	97.40b	−4.09	−10.78	117.73a	104.23b	100.47b	−11.47	−14.66
结实率（%）	89.35a	84.55a	80.06b	−5.37	−10.40	87.57a	85.99a	83.01b	−1.80	−5.21
株有效穗数	15.89a	13.89b	11.44b	−12.59	−27.97	16.67a	13.22b	11.00b	−20.70	−34.01
千粒重（g）	24.48a	24.19a	23.09b	−1.19	−5.68	22.73a	21.46a	20.80b	−5.59	−8.49
产量（kg/hm²）	15 346.13a	11 740.80a	10 431.65b	−23.49	−32.02	14 877.84a	10 347.24a	9 275.78b	−30.45	−37.65

注：CK 为对照组即自然光照水平，T1、T2 为紫外辐射处理组，辐射强度分别为 0.32W/m²、0.61W/m²，相当于沈阳地区夏日平均辐射增加 5%、10% 左右；IR 表示抑制率（%）；不同小写字母表示不同处理间差异达到显著水平

UV-B 辐射增强对水稻产量及产量构成因素的影响研究发现（桂智凡，2009），UV-B 辐射强度升高，抑制水稻茎叶生长及光合作用，对产量有明显的抑制作用，但对各产量构成因素的影响存在差异。表 4-26 表明，与对照组 CK 相比，两种高 UV-B 辐射强度处理下，穗长分别降低 8.73% 和 21.94%，每穗粒数分别降低 12.82% 和 18.15%，结实率也随之降低，分别降低 9.58% 和 15.27%，千粒重分别降低 8.30% 和 19.23%。与对照组 CK 相比，各产量构成因素响应 UV-B 辐射增强后的变化程度不同，T1 处理下最显著的是穗粒数的降低，结实率其次，千粒重最小；T2 处理下最显著的是穗长的降低，其次是千粒重，最小的是结实率。

表 4-26　UV-B 辐射增强对水稻产量及产量构成因素的影响（引自桂智凡，2009）

Table 4-26　The yield and formation elements of yield of rice under enhancement UV-B radiation levels

处理	穗长（cm）	每穗粒数（粒）	结实率（%）	千粒重（g）
CK	24.29	101.29	91.23	26.62
T1	22.17	88.30	82.49	24.41
T2	18.96	82.91	77.30	21.50

注：T1 处理辐射强度为 0.5W/m²（相当于合肥地区夏至日平均 UV-B 辐射增强 5%）；T2 处理辐射强度为 1.0W/m²（相当于合肥地区夏至日平均 UV-B 辐射增强 10%）

2. UV-B 辐射对玉米产量及产量性状的影响

Correia 等（2000）模拟 Portugal 地区 20% 臭氧衰减时的 UV-B 辐射强度处理玉米品种 'De Kalb 502' 的结果显示，在不同供氮水平下，UV-B 辐射增强显著降低了玉米的产量和总生物量，而玉米产量的降低与其穗长、穗粗、穗粒数和粒重的降低均有关。张荣刚（2003）在大田栽培条件下模拟南京地区夏日平均 UV-B 辐射强度增加 2% 和 4.5% 对夏玉米进行处理，结果显示 UV-B 辐射增加对玉米的干物质积累有明显的抑制作用，

在产量构成因素上，UV-B 辐射增强对玉米的株数基本无影响，但降低了千粒重和穗粒数，从而造成玉米产量下降（表 4-27）。由表 4-28 也可以看出，不同 UV-B 辐射增强处理下玉米群体的产量均表现为 CK>T1>T2，即 UV-B 辐射增强使得玉米的产量减少（李曼华，2004）。

表 4-27　UV-B 辐射增强对玉米产量的影响（引自张荣刚，2003）

Table 4-27　Effects of enhanced UV-B radiation on maize yield

处理	经济产量（kg/hm²）	生物产量（kg/hm²）
CK	11 528.6（100.0）	21 873.1（100.0）
T1	9 016.5（78.2）	18 576.9（84.9）
T2	9 168.5（79.5）	19 089.0（87.3）

注：经济产量和生物产量均为理论产量；T1、T2 分别为人工增加 0.25W/m² 和 0.75W/m² 的 UV-B 辐射强度；括号中数字表示以 CK 为对照各处理的百分比

表 4-28　UV-B 辐射增强对玉米群体产量的影响（引自李曼华，2004）

Table 4-28　Effects of enhanced UV-B on the yield of maize community

处理	经济产量（kg/hm²）	生物产量（kg/hm²）
CK	11 453.3（100）	22 353.3（100）
T1	9 899.3（86.4）	19 949.9（89.3）
T2	9 457.1（82.6）	19 453.3（87.1）

注：T1、T2 分别为人工增加 0.50W/m² 和 1.00W/m² 的 UV-B 辐射强度；括号中数字表示以 CK 为对照各处理的百分比

　　Gao 等（2004）用高于环境 4.8% 和 9.5% 的 UV-B 辐射强度对玉米品种'中糯 1 号'处理的结果显示，UV-B 辐射增强处理会使玉米植株的干物质积累显著减少，并使玉米千粒重和穗粒数降低，从而导致产量降低。解备涛等（2007）选用玉米品种'农大108'经高于周围环境 20% 的 UV-B 辐射强度处理的试验结果显示，UV-B 辐射增强处理通过降低玉米的穗粒数和粒重而使玉米籽粒产量降低，而且穗粒数的降低主要是由穗长的缩短和秃顶尖长度的增加造成的。张磊等（2008）利用银川地区夏季日平均 UV-B 辐射强度增加 13% 和 26% 对玉米'沈单 16 号'处理的结果显示，随着 UV-B 辐射增强，玉米各产量构成因素（穗长、穗粗、秃尖长、穗粒数、穗粒重和百粒重）均不同程度降低，导致产量随之降低。Yin 和 Wang（2012）用高于环境 30% 的 UV-B 辐射度对玉米品种'农大 108'从拔节期到吐丝期进行处理的结果显示，UV-B 辐射增强使玉米连续 3 年产量均显著降低，产量降低的原因主要是行粒数和粒重下降。

　　综上所述，在不同地点、不同剂量下，尽管供试材料各有不同，但 UV-B 辐射增强处理均会降低玉米产量，而且产量降低的直接原因是穗粒数和粒重降低。

　　张荣刚（2003）也分析了 UV-B 辐射增强对玉米产量构成因素的影响（表 4-29），受 UV-B 辐射增强影响最大的因素是秃尖比，T1、T2 处理分别比 CK 处理增加了27.4%、32.0%；就秃尖长而言，T1、T2 处理比 CK 分别增加了 12.1%、15.2%；T1、T2 处理的穗长分别比 CK 减少了 2.4cm、2.8cm，少了 12.6%、14.7%。产生这一现

象的一个方面可能是 UV-B 辐射增强处理使玉米叶片叶绿素含量减少，光合效率降低，光合产物减少，进而使果穗上部籽粒还原糖含量减少，从而对秃尖产生影响，因此在产量构成因素中表现为秃尖长、秃尖比增加及穗长减小。

表 4-29　UV-B 辐射增强对玉米产量构成因素的影响（引自张荣刚，2003）

Table 4-29　Effects of enhanced UV-B on the yield elements of maize

处理	穗长（cm）	穗粗（cm）	茎粗（cm）	秃尖长（cm）	秃尖比（%）
CK	19.0（100.0）	6.2（100.0）	2.3（100.0）	3.3（100.0）	17.5（100.0）
T1	16.6（87.4）	5.9（95.2）	2.1（91.3）	3.7（112.1）	22.3（127.4）
T2	16.2（85.3）	6.1（98.4）	2.2（95.7）	3.8（115.2）	23.2（132.6）

注：穗粗、茎粗均为直径，秃尖长为果穗尖不结实部分的长度，秃尖比为秃尖长之和与果穗长之和的比值（2002 年完熟期收获时测量）；T1、T2 分别为人工增加 0.25W/m² 和 0.75W/m² 的 UV-B 辐射强度；括号中数字表示以 CK 为对照各处理的百分比

同 CK 相比，穗粗和茎粗受到的影响较小，但 T1、T2 处理也不同，即 T1 处理反而比 T2 处理减少得更多一些，产生这一现象的原因可能是不同强度的 UV-B 辐射产生的生物效应不同。在表 4-30 所列的产量构成因素中，受影响程度大小顺序是穗粒重>穗重>苞叶重>穗轴重>均粒重。受影响最大的是穗粒重，T1、T2 处理分别比 CK 处理减少了 21.8%、20.5%，它是穗重减少的最直接和最重要原因，也是减产的最直接和最重要原因。相对穗粒重受到的影响，穗轴重受到的影响要小得多，T1、T2 处理仅比 CK 处理减少了 3.0%、4.1%，对穗重的减小贡献不大。

表 4-30　UV-B 辐射增强对玉米产量构成因素的影响（引自张荣刚，2003）

Table 4-30　Effects of enhanced UV-B on the yield elements of maize

处理	穗重（g）	穗粒重（g）	穗轴重（g）	苞叶重（g）	均粒重（mg）
CK	171.1（100.0）	144.1（100.0）	27.0（100.0）	14.9（100.0）	289.0（100.0）
T1	138.9（81.2）	112.7（78.2）	26.2（97.0）	13.2（88.6）	296.1（102.5）
T2	140.5（82.1）	114.6（79.5）	25.9（95.9）	13.7（91.9）	305.2（105.6）

注：穗重不包含苞叶重；苞叶为烘干，其余为风干（2002 年完熟期收获时测量）；籽粒大于正常籽粒 14/的均算为一粒；T1、T2 分别为人工增加 0.25W/m² 和 0.75W/m² 的 UV-B 辐射强度；括号中数字表示以 CK 为对照各处理的百分比

生物产量是高产优质的基础，特别是花后干物质的积累对产量形成起重要作用。玉米的苞叶是进行光合作用及为玉米籽粒提供营养物质的重要器官，UV-B 辐射增强使苞叶重分别比 CK 处理明显减少了 1.6%、8.2%，这必然引起玉米产量的减少。就均粒重而言，虽然受到的影响较小，但总体上表现为 T2>T1>CK，T1、T2 处理分别比 CK 增加了 2.5%、5.6%，就粒重增加本身而言对提高产量是十分有意义的，但 UV-B 辐射增强使玉米的光合效率降低，抑制了干物质的积累，即随着 UV-B 辐射强度的增加，玉米的均粒重应该减小，实际确为增大。在表 4-31 所列的产量构成因素中，受影响程度大小顺序是：穗粒数>行粒数>百粒体积>百粒重>容重>穗行数。穗粒数及行粒数受到的影响最大，均表现为 CK>T1>T2，即随着 UV-B 辐射强度的增加,穗粒数及行粒数减少，但并不是 UV-B

辐射强度增加一倍籽粒数就减少 50%，实际的试验结果也是如此，穗粒数 T2 比 T1 处理平均减少了 5 粒左右，而行粒数还不到 1 粒。这说明不同强度的 UV-B 辐射引起的生物效应不同，但不具有倍数关系。

表 4-31 UV-B 辐射增强对玉米产量构成因素的影响（引自张荣刚，2003）

Table 4-31 Effects of enhanced UV-B on the yield elements of maize

处理	穗粒数 （个/穗）	穗行数 （行/穗）	行粒数 （粒/行）	百粒体积（cm^3）	百粒重（g）	容重（kg/L）
CK	498.5（100.0）	15.6（100.0）	32.0（100.0）	26.1（100.0）	33.1（100.0）	1.27（100.0）
T1	380.4（76.3）	15.3（98.1）	24.9（77.8）	28.0（107.3）	34.0（102.6）	1.21（95.6）
T2	375.5（75.3）	15.5（99.4）	24.2（75.6）	28.7（110.0）	35.5（104.6）	1.24（97.6）

注：百粒体积用一定浓度的乙醇测量；T1、T2 分别为人工增加 0.25W/m^2 和 0.75W/m^2 的 UV-B 辐射强度；括号中数字表示以 CK 为对照各处理的百分比

随着 UV-B 辐射强度增加，穗粒数及行粒数减少说明了均粒重增加而穗粒重减少的原因：即均粒重增加对穗粒重增加起的作用远不如穗粒数减少对穗粒重减小所起的作用大，因而总体上表现为穗粒重减小，即经济产量降低。百粒体积、百粒重均表现为 CK<T1<T2，二者均反映了籽粒物理性状的变化，这种变化同样可能是由穗粒数减少而使光合产物相对集中所造成的；容重表现为 CK>T2>T1，表明 UV-B 辐射增强使籽粒的密度减小。以上籽粒性状的变化是其内部化学组成变化的必然反映，而这种化学组成的变化也必然反映在产量性状的变化上。UV-B 辐射增强对穗行数没有太大的影响，这同其对穗粗的影响较小是相对应的。

李曼华（2004）也报道了 UV-B 辐射增强对玉米产量构成因素的影响，如表 4-32 所示。从中可以看出，与对照相比，T1、T2 两个处理组的玉米各产量构成因素均受到抑制。理论产量、穗粒数以及百粒重在 UV-B 辐射增强时都有不同程度的降低，但 UV-B 辐射强度的增加对它们的影响不显著，即 T1、T2 两处理的差别不大。其中，理论产量降低较多，T1、T2 分别占对照的 90.8% 和 88.2%。随着 UV-B 辐射增强，玉米的 T1、T2 两处理百粒重分别比 CK 下降了 6.3%、9.4%，进而影响玉米的粒秆比。

表 4-32 UV-B 辐射增强对玉米产量构成因素的影响（引自李曼华，2004）

Table 4-32 Effects of enhanced UV-B on the yield elements of maize

处理	理论产量（g/m^2）	穗粒数（个）	百粒重（g）	茎秆重（g/m^2）	粒秆比
CK	1072.8（100）	498.5（100）	36.5（100）	1034.4（100）	1.41（100）
T1	973.6（90.8）	481.6（96.6）	34.2（93.7）	992.5（95.9）	1.33（94.3）
T2	946.4（88.2）	463.2（92.9）	33.1（90.6）	956.8（92.5）	1.28（90.8）

注：T1、T2 分别为人工增加 0.50W/m^2 和 1.00W/m^2 的 UV-B 辐射强度；括号中数字表示以 CK 为对照各处理的百分比

3. UV-B 辐射对小麦产量及产量性状的影响

Zheng 等（2003）利用高于环境 11.4% 和 5.8% 的 UV-B 辐射强度对冬小麦'宁麦 2

号'处理的研究结果显示，UV-B 辐射增强是通过降低小麦的生物产量而不是经济系数来降低小麦的经济产量的，主要是通过降低小麦的叶面积指数而不是干物质的净同化速率来降低小麦产量的。孙林等（2004）的研究结果显示，在相对于自然条件 UV-B 辐射增强 5.8%和 11.4%的处理下，冬小麦'宁麦 2 号'的穗粒重、千粒重和单株粒重均显著降低，即产量明显降低。王传海等（2004）用高于南京地区平均 UV-B 辐射强度 11.4%的水平对小麦品种'宁麦 2 号'处理的研究结果表明，UV-B 辐射增强能导致小麦经济产量显著下降，而且主要是通过降低穗粒数和单位面积穗数而非粒重来降低小麦产量的。江晓东等（2013）模拟 UV-B 辐射增强 20%处理冬小麦'宁麦 16'，结果显示 UV-B 辐射增强通过降低冬小麦花后旗叶的光合能力并加速其衰老来造成冬小麦产量显著降低。但是 Calderini 等（2008）在两个不同的阶段（孕穗期到开花和开花后 10 天到生理成熟）对小麦品种'Huanil'和'Pandora'进行 UV-B 辐射增强处理的结果显示，UV-B 辐射增强对小麦的籽粒产量、粒数、粒重、生物量以及生物量在茎、叶、穗的分配比例都没有显著影响，可能是短时间内的 UV-B 辐射增强处理对产量的影响尚未达到显著水平。此外，还有关于 UV-B 辐射增强对小麦产量影响存在品种间差异的研究。Feng 等（2007）和高天鹏等（2009）的研究结果显示，UV-B 辐射增强处理下，供试的 3 个小麦品种的产量虽然表现出品种间差异，但产量均是降低的。而李元等（2000）以昆明地区夏日晴空平流层臭氧衰减 20%时的 UV-B 辐射强度对 20 个小麦品种的研究结果表明：UV-B 辐射增强下，20 个品种中有 13 个品种的地上部分生物量显著降低和 15 个品种的籽粒产量显著降低，而且除 1 个品种外其他品种在这两个指标上对 UV-B 辐射增强均为负响应。何丽莲等（2005）在大田条件下，模拟昆明地区臭氧衰减 20%时的 UV-B 辐射强度对 10 个小麦品种进行处理，结果发现有 6 个品种的籽粒产量显著减少，1 个品种的籽粒产量显著升高，剩下 3 个品种变化不显著。

　　UV-B 辐射增强也可使小麦的各个产量构成因素呈下降趋势（表 4-33）。其中理论产量随 UV-B 辐射增强减少最多，T1、T2 处理分别占对照的 85.4%和 78.0%。小麦干物质重的下降直接导致小麦穗粒数和千粒重的降低，这是 UV-B 辐射增强影响小麦产量的一个重要原因。从表 4-33 中还可见，穗粒数的减少是产量下降的最主要原因。千粒重是衡量作物库容大小和光合产物积累量的主要指标之一，UV-B 辐射增强对小麦千粒重的影响较大。随着 UV-B 辐射增强，小麦的 T1、T2 两处理千粒重分别比 CK 下降了 9.0%、17.6%。穗粒数和千粒重的减少又直接导致粒秆比的降低，这也进一步证明了 UV-B 辐射增强影响了小麦的干物质分配，造成小麦减产（李曼华，2004）。

表 4-33　UV-B 辐射增强对小麦产量构成因素的影响（引自李曼华，2004）

Table 4-33　Effects of enhanced UV-B on the yield elements of wheat

处理	理论产量（g/m²）	穗粒数（个）	千粒重（g）	茎秆重（g/m²）	粒秆比
CK	627.2（100）	47.5（100）	32.4（100）	1920.9（100）	0.32（100）
T1	535.7（85.4）	40.9（86.1）	29.5（91.0）	1755.9（91.4）	0.27（84.4）
T2	489.5（78.0）	37.3（78.5）	26.7（82.4）	1692.5（88.1）	0.23（71.9）

注：T1、T2 分别为人工增加 0.50W/m² 和 1.00W/m² 的 UV-B 辐射强度；括号中数字表示以 CK 为对照各处理的百分比

沈薇薇（2010）发现 UV-B 辐射增强后，小麦的株高、叶面积等均出现不同程度的下降，从而对小麦的产量产生一定程度的影响。如表 4-34 所示，与 CK 相比，T1、T2 的各产量构成因素均受到一定程度的抑制，每穗平均小穗数、穗粒数、千粒重均有所减少，T1、T2 处理每穗平均小穗数相对降低了 8.87% 和 19.49%，穗粒数相对减少了 8.22% 和 21.12%，千粒重相对降低了 9.49% 和 18.36%。

表 4-34　UV-B 辐射增强对小麦产量构成因素的影响（引自沈薇薇，2010）

Table4-34　Effects of enhanced UV-B radiation on the yield elements of wheat

处理	每穗平均小穗数	穗粒数（个）	千粒重（g）
CK	18.27	29.31	44.38
T1	16.65	26.90	40.17
T2	14.71	23.12	36.23

注：CK、T1、T2 分别是自然光照、UV-B 辐射强度增加 0.5W/m^2 和 UV-B 辐射强度增加 0.80W/m^2

李元等（1999a）对大田条件下春小麦群体产量对 UV-B 辐射增强的响应进行了研究，发现 UV-B 辐射增强显著降低春小麦群体的籽粒产量（表 4-35）。表 4-35 还表明，在 2.54kJ/m^2 和 4.25kJ/m^2 UV-B 辐射强度处理下，收获指数未发生明显改变，但 5.31kJ/m^2 UV-B 辐射强度处理使收获指数显著降低。

表 4-35　UV-B 辐射对春小麦群体籽粒产量和收获指数的影响（引自李元等，1999a）

Table 4-35　Effects of UV-B radiation on grain yield and harvest index of spring wheat

指标	0kJ/m^2	2.54kJ/m^2	4.25kJ/m^2	5.31kJ/m^2
产量（g/m^2）	410.0a	335.1b	316.2c	196.9d
收获指数（%）	30.69a	29.96a	30.02a	17.12b

注：不同小写字母表示不同处理间在 0.05 水平差异显著（LSD 检验，n=6）

4. UV-B 辐射对其他作物产量及产量性状的影响

UV-B 辐射增强对作物的影响具有普遍性，除上述三大作物外，其他作物的产量性状受到影响也有较多报道。赵天宏等（2012）和郑有飞等（2013）发现，UV-B 辐射增强会显著降低大豆的单株粒数与百粒重而使大豆的产量显著降低。而 Sullivan 和 Teramura（1990）模拟 Beltsville 地区 25% 臭氧衰减时的 UV-B 辐射强度处理大豆的研究结果显示，UV-B 辐射增强处理下，虽然大豆的植株干重、叶面积、株荚数都显著减少，但其籽粒产量和单株粒数所受影响并不显著。吴荣军等（2012）对大豆品种'八月黄'进行自然条件的 UV-B 辐射增强 10% 左右处理的试验结果显示，增强的 UV-B 辐射虽然显著提高了空秕荚率，而由于对单株荚数、单株粒数和单株粒重的影响较小，因此单位面积产量未表现出显著降低。此外，UV-B 辐射增强对大豆产量的影响存在品种间差异也有报道。冯虎元等（2001a）模拟兰州夏至前后臭氧衰减 20% 时的 UV-B 辐射强度对 10 个大豆品种处理的研究结果显示：在 UV-B 辐射增强处理下所有大豆品种的株总荚数减少，株籽粒数下降，但不同品种的百粒重表现不同，有不受影响的，也有升高或降低的，而株粒重均表现为下降。Li 等（2002）模拟昆明地区臭氧衰减 20% 时的 UV-B 辐射强度对 20 个大豆品种处理的结果显示, UV-B 辐射增强使 15 个品种的籽粒产量均显著下降, 对另外 5 个品种的籽粒产量没有显著影响。

除大豆外, 对花生、番茄、棉花、燕麦、大麦等作物也开展了丰富的研究。韩艳等 (2014) 在大田环境下, 以花生 '开农 49 号' 为试材的研究结果表明, UV-B 辐射增强会显著降低花生单位面积理论产量且具有剂量效应, 对单株荚果重量影响不显著; 另外, 自然条件的 UV-B 辐射增强 20% 对花生百仁重有明显促进作用, 而自然条件的 UV-B 辐射增强 40% 则对花生百仁重具有明显的抑制作用。杨晖等 (2009) 以 '同辉' 和 '霞光' 两个番茄品种为研究材料的试验表明, UV-B 辐射增强处理对两种番茄的平均单果重没有影响, 但增加了果实数目。王进等 (2010b) 的研究表明, 在大田条件下随着 UV-B 辐射强度增大, 棉花产量构成因素单株铃数、籽棉产量和皮棉产量都有明显减少。Gao 等 (2003) 用高于对照 4.8% 和 9.5% 的 UV-B 辐射强度处理棉花品种 'Sukang103' 的试验结果表明, UV-B 辐射增强处理降低了棉花的生物量和经济产量。王生耀等 (2009) 在大田条件下模拟自然条件的 UV-B 辐射强度增加 5% 和 10% 对燕麦品种 '巴燕 4 号' 影响的研究结果表明, UV-B 辐射增加能显著降低燕麦种子产量, 其主要原因是穗粒数和单位面积穗数下降, 而粒重的变化未达到显著水平, 比较燕麦同一花位的粒重, UV-B 辐射增强导致燕麦粒重显著下降, 同时导致粒重较低的高花位籽粒数减少。Yao 等 (2006) 对苦荞的研究结果显示, UV-B 辐射增强会显著降低其株高、茎粗和叶面积指数, 减少开花数目, 进而降低产量和地上部分干物质重, 而对结实率和千粒重没有影响。Stephen 等 (1999) 模拟臭氧衰减 15% 时的 UV-B 辐射强度, 在大田条件下对大麦和豌豆进行处理, 结果显示, UV-B 辐射增强处理对大麦和豌豆的产量性状影响不显著, 而且对产量性状的影响比营养生长性状在年际间的一致性更差 (王池池, 2015)。

UV-B 辐射增强对不同大麦品种产量影响的研究表明, 辐射增强条件下, 大麦的株高、绿叶数、叶面积、干物质重等均出现不同程度的降低, 从而对大麦的产量构成因素产生不利的影响。经过 UV-B 辐射处理后, 3 个品种的大麦穗粒数、理论产量和实际产量都有不同程度的降低 (表 4-36), 但 3 个品种大麦的穗粒数在辐射与对照处理间的差异均未达到显著水平。在辐射胁迫下, '单 2 号' 大麦和 '苏 3 号' 大麦的穗粒数差异达到了显著水平。同时, '单 2 号' 大麦和 '苏 4 号' 大麦的穗粒数差异也达到了显著水平。'苏 3 号' 大麦和 '苏 4 号' 大麦的穗粒数差异没有达到显著水平。3 个品种大麦的理论产量在辐射增强条件下与对照相比差异均未达到显著水平 (黄岩, 2011)。

表 4-36　UV-B 辐射增强对不同大麦品种产量的影响 (引自黄岩, 2011)

Table 4-36　Effects of elevated UV-B on the yield of different barley cultivars

项目	单 2 号		苏 3 号		苏 4 号	
	CK	T	CK	T	CK	T
穗粒数	25.56a	25.46a	28.85b	27.64b	28.78b	28.50b
理论产量 (g/m^2)	617.76ab	568.52a	750.85b	608.21ab	611.67ab	600.03a
实际产量 (g/m^2)	477.88ab	423.99a	495.44b	495.76ab	459.04ab	441.57a

注: CK、T 分别代表对照 (自然光) 和 UV-B 辐射处理 [14.4kJ/ ($m^2 \cdot d$)]; 不同小写字母表示不同处理间差异达到显著水平 ($P<0.05$)

UV-B 辐射增强能对大豆籽粒产量产生明显的影响，从表 4-37 可以看出，UV-B 辐射增强处理下大豆的单株粒数、百粒重及单株粒重分别比 CK 下降了 30.32%、24.61%、40%，且差异均达到显著水平（$P<0.05$）。

表 4-37　UV-B 辐射增强对大豆籽粒产量的影响（引自赵天宏等，2012）

Table4-37　Effects of enhanced UV-B radiation on grain yield of soybean

处理	单株粒数（个）	百粒重（g）	单株粒重（g）
CK	65.3±17.4a	25.6±3.7a	10.5±4.1a
T	45.5±6.03b	19.3±5.2b	6.3±1.7b

注：CK、T 分别代表对照（自然光）和 UV-B 辐射处理（0.32W/m²）

增强 UV-B 辐射对鲜薯单株产量影响的研究表明（表 4-38），增强 UV-B 辐射下 3 个甘薯品种产量均比对照显著减少（$P<0.05$），但也存在品种间差异，其中，'黄金千贯'和'种子岛紫'受低强度 UV-B 辐射后的产量降低程度大于高强度，表现为 CK>H>L，其降幅分别为 46.55%（L）、19.42%（H）和 56.43%（L）、48.57%（H）；相反，'绫紫'的产量为 CK>L>H，其降幅分别为 58.48%（L）、62.32%（H）。比较分析表明，不同品种的产量降低程度为'绫紫'>'种子岛紫'>'黄金千贯'，同增强 UV-B 辐射会危害陆地植物、破坏植物的光合作用而导致作物减产的结论是一致的（孙荣琴，2009）。

表 4-38　增强 UV-B 辐射对鲜薯单株产量的影响（引自孙荣琴，2009）

Table4-38　Effects of enhanced UV-B radiation on yield per plant from fresh sweet potato

品种	单株产量（g）		
	CK	L	H
黄金千贯	258.0a	137.9c	207.9b
种子岛紫	398.2a	173.5c	204.8b
绫紫	390.4a	162.1b	147.1c

注：CK、L、H 分别代表对照（自然光照）、低强度 UV-B 辐射处理[4.00kJ/（m²·d）]、高强度 UV-B 辐射处理[8.00kJ/（m²·d）]；显著性比较限于同一品种的处理与对照间，不同小写字母表示差异显著（$P<0.05$）

二、UV-B 辐射影响作物产量的评估预测模型研究

郑有飞等（1996）的试验中，保证了栽培管理措施及其他生态条件等一致，作物生长发育出现差异仅可能是由辐射强度增加所致，紫外辐射对农作物的影响可经过一定的数学公式加以计算。Caldwell（1977）曾推算大气中臭氧每减少 1%，到达地表上的 UV-B 辐射强度就增加 2%，据此推算，在未来 70 年内全球地表平均 UV-B 辐射强度增加 4%～20%。若按 10% 的 UV-B 辐射强度增加速度计算，南京地区大豆将减产 40%，小麦减产 20%，这是指其他条件不变的情况下，事实上，品种更新、栽培技术提高以及 CO_2 浓度上升等一系列因素都会削弱紫外辐射对作物的影响，因而在分析未来气候变化对农作物生产的影响时，忽视 UV-B 辐射的增强及其对农作物的影响均不全面。

试验结果表明，UV-B 辐射增强导致大豆生物产量、经济产量下降，使大豆干物质

重、籽粒重均下降。其原因就是光合有效面积减少，单叶净光合速率下降，引起植株光合能力下降。UV-B 辐射增强对农作物的影响可通过一定公式加以估算：

$$y = y_0 e^{-kx} \tag{4-1}$$

式中，y 为紫外辐射增强后大豆生长发育及产量的各个生物量（株高、叶面积、光合速率、产量等）；y_0 为未受处理的大豆各个生物量；x 为紫外辐射强度；k 为常数，表示随紫外辐射强度的增加，大豆各个生物量的变化程度。若不考虑其他因素，由此式可预测未来紫外辐射强度增加到一定程度时，大豆产量的可能下降量（表 4-39）（郑有飞等，1996）。

表 4-39　UV-B 辐射增强对大豆生长影响的估算式（引自郑有飞等，1996）

Table4-39　Formula for estimation of the effects of enhanced UV-B radiation on soybean growth

指标	发育期	估算式	相关系数	平均误差（%）
株高	开花	$y = 62.794 e^{-1.147x}$	0.980	3.31
叶面积	开花	$y = 112.928 e^{-2.308x}$	0.988	3.00
干重	成熟	$y = 28.045 e^{-1.571x}$	0.943	2.38
籽粒重	成熟	$y = 10.835 e^{-1.505x}$	0.993	8.56
粒数	成熟	$y = 67.300 e^{-1.000x}$	0.986	2.04

在南京大田条件下评估了增强的 UV-B 辐射对大豆和小麦的影响（表 4-39 和表 4-40），结果显示，UV-B 辐射增强对大豆的影响大于对小麦的影响。事实上，品种更新、栽培技术提高以及 CO_2 浓度上升等一系列因素都会削弱紫外辐射对作物的影响。因而在分析未来气候变化对农作物生产的影响时考虑综合因素是很有必要的（郑有飞等，1996）。

表 4-40　UV-B 辐射增强对小麦生长影响的估算式（引自郑有飞等，1996）

Table 4-40　Formula for estimated of the effects of enhanced UV-B radiation on wheat growth

指标	发育期	估算式	相关系数	平均误差（%）
株高	抽穗	$y = 68.813 e^{-0.0929x}$	0.999	1.82
叶面积	抽穗	$y = 0.343 e^{-0.0799x}$	0.999	0.32
干重	成熟	$y = 26.107 e^{-0.3114x}$	0.999	1.32
籽粒重	成熟	$y = 1.774 e^{-0.3447x}$	0.999	4.91
粒数	成熟	$y = 52.685 e^{-0.3127x}$	0.998	4.17

李元等（1999a）还对 UV-B 辐射强度与春小麦群体生物量及产量的关系建立了模型（表 4-41）。模型拟合很好，按照兰州地区夏至日晴天自然 UV-B 辐射强度为 $8.85kJ/m^2$，根据 Madronich 等（1995）的计算公式，模拟 10% 和 20% 臭氧衰减时的 UV-B 辐射强度处理，春小麦产量分别下降 9.48% 和 31.55%，总生物量分别下降 8.5% 和 27.98%。

表 4-41　春小麦成熟期生物量及产量预测模型（引自李元等，1999a）

Table 4-41　Biomass at mature phase and forecast model of yield of spring wheat

指标	回归模型	r	相对误差	PPR$_{10}$（%）	PPR$_{20}$（%）
叶	$Y=241.41-13.33X-0.845X^2$	-0.9828^*	3.32	13.80	30.19
茎	$Y=514.83-9.82X-9.75X^2$	-0.9508^*	4.46	5.59	26.95
根	$Y=66.74+2.20X-1.39X^2$	-0.9944^{**}	6.60	2.11	23.46
穗	$Y=574.5-4.35X-8.51X^2$	-0.9502^*	4.47	7.92	29.69
籽粒	$Y=405.22-2.801X-6.238X^2$	-0.9541^*	7.03	9.48	31.55
总和	$Y=1389.84-11.44X-18.34X^2$	-0.9650^*	5.35	8.52	27.98

注：Y. 生物量（g/m^2）；X. UV-B 辐射强度（kJ/m^2）；PPR$_{10}$ 和 PPR$_{20}$ 分别为相当于 10% 和 20% 臭氧衰减时的 UV-B 辐射增强处理下生物量与籽粒产量的预测值；*和**分别表示在 $P<0.05$ 和 $P<0.01$ 水平相关显著

第四节　UV-B 辐射对作物品质的影响

UV-B 辐射对作物品质的影响是一个值得重视的问题，作物品质的显著降低可能具有重要的营养学和经济学后果。同时，作物品质对 UV-B 辐射的敏感性将是抗性作物品种培育的重要依据。遗憾的是，以前的工作大多数是在温室中关于幼苗的试验，作物很少生长到籽粒成熟，因此，这方面的报道相对较少。近年来，有关 UV-B 辐射对作物品质影响的研究越来越多，其中涉及对玉米、水稻、小麦籽粒的蛋白质、脂肪、淀粉、可溶性糖以及氨基酸含量和比例的影响，还涉及对非禾谷类作物花生、大豆、棉花、薯类以及番茄、生菜、结球甘蓝等蔬菜品质的影响。

一、UV-B 辐射对禾谷类作物品质性状的影响

关于 UV-B 辐射增强对禾谷类作物品质性状的影响也做了大量的工作。Gao 等（2003）用自然条件 UV-B 辐射强度分别增加 4.8% 和 9.5% 对玉米品种'中糯 1 号'处理的结果显示，UV-B 辐射增强处理下玉米籽粒的蛋白质、淀粉以及可溶性糖含量降低，但赖氨酸含量升高。但 Yin 和 Wang（2012）用自然条件的 UV-B 辐射强度增加 30% 对玉米品种'农大 108'从拔节期到吐丝期进行处理的结果显示，UV-B 辐射增强连续 3 年使玉米籽粒蛋白质含量增加，而对籽粒的油分含量和淀粉含量无影响。张海静（2013）研究发现，UV-B 辐射增强对不同基因型供试自交系玉米品质性状的影响有显著的差异，品质性状对 UV-B 辐射增强的敏感性为脂肪>赖氨酸>蛋白质>淀粉。

张文会等（2003）对日本粳稻品种'Sasanishiki'的研究结果表明：营养生长期 UV-B 辐射处理对水稻籽粒总蛋白质无影响，生殖生长期 UV-B 辐射处理贮藏蛋白增加较少，而抽穗灌浆期 UV-B 辐射处理籽粒贮藏蛋白有明显增加；另外，UV-B 辐射处理下，水稻籽粒贮藏蛋白的 3 种组分中，水溶性盐溶性蛋白以及醇溶蛋白的变化较小，而谷蛋白的变化较大。毛晓艳等（2007）对 2 个粳稻品种'沈农 265'和'沈农 606'进行 UV-B 辐射增强处理的盆栽试验结果表明，UV-B 辐射增强会显著降低籽粒的直链淀粉含量，

使其品质下降。殷红等（2009a）在盆栽条件下，用沈阳地区夏日平均 UV-B 辐射增强 5%和 10%的水平处理 2 个粳稻品种'沈农 6014'及'沈农 265'的试验结果显示，经 UV-B 辐射处理后，水稻籽粒的糙米率、整精米率、垩白粒率、籽粒面积、脂肪酸含量和食味值降低，而蛋白质含量和直链淀粉含量提高。苗秀莲等（2015）在开放式气候室中模拟自然条件的 UV-B 辐射强度增加 30%对日本粳稻品种'Sasanishiki'进行处理，结果发现 UV-B 辐射增强处理对水稻籽粒的水分和支链淀粉含量影响不显著，但会导致其脂肪酸和蛋白质含量显著增加。UV-B 辐射增强对水稻籽粒淀粉含量的影响在不同的试验条件下表现不同，但对水稻籽粒蛋白质含量有明显的促进作用。

徐建强等（2004）用高于南京地区自然光照条件 UV-B 辐射强度 3.0%和 8.0%的水平处理小麦品种'宁麦 3 号'的试验结果表明，UV-B 辐射增强会影响小麦籽粒化学组分的转化，导致小麦籽粒中的赖氨酸和蛋白质含量增加、淀粉含量下降，从而使小麦籽粒品质提高。Calderini 等（2008）在两个不同的阶段（孕穗期到开花和开花后 10 天到生理成熟）对小麦品种'Huanil'和'Pandora'进行 UV-B 辐射增强处理的结果显示，UV-B 辐射增强对小麦籽粒的蛋白质和湿面筋含量影响不明显（王池池，2015）。

1. UV-B 辐射对小麦籽粒品质的影响

UV-B 辐射对作物籽粒品质的影响是一个值得重视的问题，近年来在小麦、玉米、水稻方面的研究逐渐有所报道。李元和王勋陵（1998）报道了 UV-B 辐射对春小麦籽粒品质的影响（表 4-42），UV-B 辐射对总淀粉含量没有显著的影响；2.54kJ/m^2 和 4.25kJ/m^2 UV-B 辐射导致总糖含量显著增加；粗蛋白与 N 含量在 2.54kJ/m^2 和 4.25kJ/m^2 UV-B 辐射下略低于对照，但差异不显著，而在 5.31kJ/m^2 UV-B 辐射下显著高于对照。

表 4-42　UV-B 辐射对春小麦籽粒品质的影响（引自李元和王勋陵，1998）

Table 4-42　Effects of UV-B radiation on grain quality of spring wheat

项目	UV-B（kJ/m^2）			
	0	2.54	4.25	5.31
总淀粉（%）	55.53a	55.04a	54.63a	54.98a
总糖（%）	5.83b	4.61a	6.40a	6.22ab
粗蛋白（%）	13.79b	13.62b	13.28b	14.82a
N（%）	2.42b	2.39b	2.33b	2.60a
P（%）	0.272c	0.340b	0.319b	0.410a
K（%）	0.89b	0.88b	0.97a	1.03a
Mg（%）	0.15a	0.14ab	0.14ab	0.13b
Fe（mg/kg）	51.5c	58.5b	58.0b	81.2a
Zn（mg/kg）	23.5c	25.0c	27.0b	34.5a

注：不同小写字母表示不同处理间在 $P<0.05$ 水平差异显著（LSD 检验，$n=6$）

郑有飞和吴荣军（2009）研究发现（表 4-43），小麦的总蛋白含量在 UV-B 辐射增强时增加，UV-B 辐射增强 3%（0.25W/m²）和 8%（0.70W/m²）后，小麦的水溶性蛋白比对照分别减少了 39.5% 和 25.0%，这种差异在增强 8% 的紫外辐射处理下显著；盐溶性蛋白与对照组差异不显著；碱溶性蛋白增加较多，两个处理分别增加了 29.4% 和 35.9%，均达到了显著水平；醇溶性蛋白增加最为显著，分别增加了 158.8% 和 100.8%，但醇溶性蛋白含有的人体必需氨基酸较少，其增多会导致小麦籽粒蛋白质品质下降。

表 4-43　UV-B 辐射增强下小麦籽粒中总蛋白质及不同溶性蛋白质含量变化（mg/g）（引自郑有飞和吴荣军，2009）

Table 4-43　The change of enhanced UV-B radiation on total protein and different soluble proteins contents in grain of wheat (mg/g)

处理	水溶性蛋白	盐溶性蛋白	醇溶性蛋白	碱溶性蛋白	总蛋白
CK	2.76（100.0）	0.73（100.0）	1.19（100.0）	1.70（100.0）	6.38（100.0）
0.25W/m²	1.67（60.5）	0.70（95.9）	3.08**（258.8）	2.20*（129.4）	7.65（119.9）
0.70W/m²	2.07*（75.0）	0.92（126.0）	2.39**（200.8）	2.31*（135.9）	7.69*（120.5）

注：括号中数字表示以 CK 为对照各处理的百分比；* 和 ** 分别表示不同处理间在 $P<0.05$、$P<0.01$ 水平差异显著

UV-B 辐射影响春小麦籽粒总氨基酸含量（表 4-44），总氨基酸含量在 2.54kJ/m² 和 4.25kJ/m² UV-B 辐射下低于对照，而在 5.31kJ/m² UV-B 辐射下与对照差异不显著。苏氨酸等表 4-44 中所列前 15 种氨基酸含量也表现出与总氨基酸含量相似的变化趋势，除丝氨酸的 2.54kJ/m² 处理差异不显著外，辐射增强处理与对照间具有显著差异。其中，脯氨酸、胱氨酸、甲硫氨酸和酪氨酸含量的变化较大，在 4.25kJ/m² UV-B 辐射下分别比对照降低 12.69%、35.71%、90.00% 和 12.50%，而在 5.31kJ/m² UV-B 辐射下分别比对照增加 17.91%、14.29%、40.00% 和 25.00%。UV-B 辐射对谷氨酸含量没有显著影响，但导致天冬氨酸含量发生显著变化。总氨基酸含量及表 4-44 中前 15 种氨基酸含量的变化趋势与粗蛋白基本一致，可能是粗蛋白含量变化的结果。

表 4-44　UV-B 辐射增强对春小麦籽粒氨基酸含量的影响（g/100g）（引自李元等，2000）

Table 4-44　Effects of enhanced UV-B radiation on amino acid contents in grain of spring wheat (g/100g)

氨基酸	UV-B（kJ/m²）			
	0	2.54	4.25	5.31
苏氨酸	0.36b	0.33c	0.32c	0.41a
丝氨酸	0.68b	0.63bc	0.58c	0.77a
脯氨酸	1.34b	1.23c	1.17d	1.58a
甘氨酸	0.53b	0.48c	0.48c	0.58a
丙氨酸	0.52a	0.48b	0.45b	0.56a
胱氨酸	0.14b	0.11c	0.09d	0.16a
缬氨酸	0.59b	0.54c	0.53c	0.65a
甲硫氨酸	0.10b	0.08c	0.01d	0.14a

续表

氨基酸	UV-B（kJ/m²）			
	0	2.54	4.25	5.31
异亮氨酸	0.38b	0.34c	0.34c	0.43a
亮氨酸	0.87b	0.79c	0.79c	0.99a
酪氨酸	0.32b	0.30bc	0.28c	0.40a
苯丙氨酸	0.64b	0.59bc	0.58c	0.74a
赖氨酸	0.35a	0.32b	0.31b	0.38a
组氨酸	0.28b	0.26b	0.23c	0.31a
精氨酸	0.67a	0.59b	0.56b	0.69a
天冬氨酸	0.56b	0.59a	0.56b	0.59a
谷氨酸	4.32a	4.40a	4.35a	4.26a
总氨基酸	12.95ab	12.21b	11.88b	13.83a

注：不同小写字母表示不同处理间在 $P<0.05$ 水平差异显著

　　沈薇薇（2010）关于 UV-B 辐射增强对小麦籽粒蛋白质含量影响的研究显示，辐射增强对小麦籽粒中的蛋白质含量影响不明显（表 4-45），但对小麦籽粒各氨基酸组分含量产生了明显的影响（表 4-46）。小麦中氨基酸种类和含量是评价小麦品质的重要指标。结果显示，苏氨酸、谷氨酸、半胱氨酸、缬氨酸、亮氨酸、组氨酸、精氨酸含量随着 UV-B 辐射的增强而下降，T1（0.50W/m²）和 T2（0.80W/m²）处理与对照相比，苏氨酸含量分别降低了 1.64% 和 4.92%，谷氨酸含量分别降低了 77.78% 和 81.06%，半胱氨酸含量分别降低了 5.56% 和 16.67%，缬氨酸含量分别降低了 6.58% 和 14.47%，亮氨酸含量分别降低了 6.19% 和 12.37%，组氨酸含量分别降低了 18.42% 和 7.89%，精氨酸含量分别降低了 31.15% 和 49.18%；天冬氨酸、丝氨酸和酪氨酸含量则随着 UV-B 辐射的增强而增加，T1 和 T2 两个处理与对照相比，天冬氨酸含量分别增加了 314.13% 和 303.26%，丝氨酸含量分别增加了 3.39% 和 11.86%，酪氨酸含量分别增加了 18.42% 和 23.68%；甘氨酸、异亮氨酸、色氨酸、赖氨酸含量随着 UV-B 辐射的增强，先增加后降低；丙氨酸、甲硫氨酸、苯丙氨酸、脯氨酸含量是先降低后增加，变化不大。随着 UV-B 辐射的增强，氨基酸总量呈下降趋势，两辐射增强处理分别下降了 2.91% 和 7.34%（沈薇薇，2010）。

表 4-45　UV-B 辐射强度对供试小麦籽粒蛋白质含量的影响（引自沈薇薇，2010）

Table 4-45　**Protein contents of wheat grain affected by different enhancement UV-B radiation levels**

处理	蛋白质含量/（%）
CK	14.80
0.50W/m²	13.71
0.80W/m²	13.06

表 4-46　UV-B 辐射增强下小麦籽粒氨基酸组分含量的变化（g/100g）（引自沈薇薇，2010）

Table 4-46　The changes of enhanced UV-B radiation on amino acid composition contents in grain of wheat

氨基酸组分	UV-B 强度		
	CK	0.50W/m²	0.80W/m²
天冬氨酸 Asp	0.92	3.81	3.71
苏氨酸 Thr*	0.61	0.60	0.58
丝氨酸 Ser	0.59	0.61	0.66
谷氨酸 Glu	3.96	0.88	0.75
甘氨酸 Gly	0.50	0.61	0.42
丙氨酸 Ala	0.71	0.70	0.79
半胱氨酸 Cys	0.18	0.17	0.15
缬氨酸 Val*	0.76	0.71	0.65
甲硫氨酸 Met*	0.27	0.18	0.24
异亮氨酸 Ile*	0.65	0.80	0.54
亮氨酸 Leu*	0.97	0.91	0.85
酪氨酸 Tyr	0.38	0.45	0.47
苯丙氨酸 Phe*	0.93	0.81	0.88
赖氨酸 Lys*	0.33	0.38	0.35
色氨酸 Trp*	0.41	0.50	0.38
组氨酸 His	0.38	0.31	0.35
精氨酸 Arg	0.61	0.42	0.31
脯氨酸 Pro	1.28	1.17	1.30
氨基酸总量	14.44	14.02	13.38
必需氨基酸总量	4.93	4.89	4.47
必需氨基酸占氨基酸总量比例（%）	34.14	34.88	33.41

注：带*号为人体必需氨基酸

2. UV-B 辐射对玉米籽粒品质的影响

（1）UV-B 辐射增强对玉米籽粒可溶性糖及淀粉的影响

谷物籽粒中碳水化合物主要成分为淀粉，其次是可溶性糖和纤维素。淀粉作为谷物籽粒中含量最多的一种营养成分，在人体中具有重要的生理功能，因而其含量是评价谷物营养品质的主要指标之一。T1（0.25W/m²）、T2（0.75W/m²）两种不同 UV-B 辐射处理的玉米可溶性糖含量均比对照组 CK 要高，而淀粉含量则呈梯度减少。这一现象可能与 UV-B 辐射处理抑制了玉米叶片的光合作用，致使合成的有机物质减少有关，也可能与抑制了糖向淀粉的转化有关（张荣刚，2003）。

（2）UV-B 辐射增强对玉米总蛋白质含量及蛋白质种类及其含量的影响

玉米的蛋白质分为水溶性、盐溶性、醇溶性和碱溶性蛋白。在玉米的籽粒中存在 8 种不同的蛋白质，其中有 3 种是醇溶性的，这 3 种醇溶性蛋白具有同样的氨基酸成分。醇溶性蛋白中赖氨酸和色氨酸较少，因此其生物学价值极低。由此可见，醇溶性蛋白占玉米蛋白质总量的比例愈高，则其生物学价值就愈低。对玉米蛋白质进行改良应予以特别注意。

在玉米籽粒中蛋白质的积累和醇溶性蛋白的增加呈正相关。由于醇溶性蛋白缺乏赖氨酸和色氨酸，就降低了蛋白质的生物学价值，但高蛋白质的籽粒，其单位重量的食用品质仍高于低蛋白质的籽粒。随着蛋白质的增加，醇溶性蛋白较其他溶性的蛋白质增加剧烈。

UV-B 辐射增强对玉米蛋白质及其品质有明显的影响，蛋白质在整体含量上是增加的，如表 4-47 所示，这与前面赖氨酸的增加是相对应的，不同溶性的蛋白质在不同的处理条件下变化不同。

表 4-47　UV-B 辐射增强下玉米（中糯 1 号）总蛋白质及不同溶性的蛋白质变化（引自张荣刚，2003）

Table 4-47　The change of UV-B radiation on protein and different soluble proteins contents in grain of maize (zhongnuo-1)

处理	水溶性蛋白	盐溶性蛋白	醇溶性蛋白	碱溶性蛋白	总蛋白质
CK	1.67（100.0）	0.48（100.0）	3.88（100.0）	2.02（100.0）	8.12（100.0）
T1	1.33（79.6）	0.34（70.8）	4.77（122.9）	1.89（93.6）	8.53（105.0）
T2	1.53（91.6）	0.40（83.3）	4.70（121.1）	2.07（102.5）	8.77（108.0）

注：T1、T2 分别为人工增加 0.25W/m² 和 0.75W/m² 的 UV-B 辐射强度；括号内数据表示以 CK 为对照各处理的百分比

蛋白质成分上的差异主要表现在：经 UV-B 辐射处理后的籽粒蛋白质，水溶性、盐溶性蛋白减少，T1 水溶性蛋白比 CK 减少了 20.4%，T2 减少了 8.5%；盐溶性蛋白 T1 比 CK 减少了 29.3%，T2 减少了 17.1%；碱溶性蛋白 T1 处理减小，而 T2 处理增加，但减小和增加的幅度均较小，故 UV-B 辐射增强对玉米（'中糯 1 号'）的碱溶性蛋白影响不大；醇溶性蛋白含量则增加，T1 比 CK 增加了 22.9%，T2 比 CK 增加了 21.1%，即 UV-B 辐射增强导致蛋白质增加主要表现为醇溶性蛋白增加。玉米蛋白质中水溶性和盐溶性蛋白的减少，说明了经 UV-B 辐射处理后籽粒的蛋白质品质降低，因为这两种溶性蛋白质中含有人体不可缺少的氨基酸——赖氨酸和色氨酸，而这两种溶性蛋白质减少，便降低了玉米的食用价值。尽管出现了水溶性和盐溶性蛋白的减少，但在整体上赖氨酸及总蛋白质增加，就此而言，UV-B 辐射增强处理后玉米籽粒食用价值提高，因而品质是变好的（张荣刚，2003）。

3. UV-B 辐射对水稻籽粒品质的影响

桂智凡（2009）的研究结果表明（表 4-48），UV-B 辐射强度增加，水稻籽粒蛋白质含量呈下降趋势，与对照组 CK 相比，两种高 UV-B 辐射强度处理分别下降 0.49% 和 1.94%，并且随 UV-B 辐射增强，蛋白质含量下降幅度增大。关于籽粒中蛋白质的变化趋势多有争议，有研究表明 UV-B 辐射使水稻籽粒中蛋白质含量增加（张文会等，2003；

郭巍，2008），有学者认为 UV-B 辐射使一些植物的蛋白质含量增加，而使另一些植物的蛋白质含量减少。本研究表明，蛋白质含量在 UV-B 辐射增强条件下会有小幅度的减少，但变化幅度不大。蛋白质含量的变化可能和水稻品种、辐射时间、植物体内碳氮平衡以及环境因素（如土壤条件等）等有关，这有待进一步更全面的研究。

表 4-48　UV-B 辐射增强对水稻籽粒蛋白质含量的影响（引自桂智凡，2009）

Table 4-48　Effects of different UV-B radiation on protein contents in rice grain

处理	蛋白质含量（g/100g 籽粒）	蛋白质含量相对值（%）
CK	8.24 ± 0.3	100
T1	8.20 ± 0.2	99.51
T2	8.08 ± 0.2	98.06

注：T1 处理辐射强度为 $0.5W/m^2$（相当于合肥地区夏至日平均 UV-B 辐射增强 5%）；T2 处理辐射强度为 $1.0W/m^2$（相当于合肥地区夏至日平均 UV-B 辐射增强 10%）

　　组成蛋白质的氨基酸种类和含量是评价水稻营养品质的重要指标。从表 4-49 中可以看出，UV-B 辐射强度升高时，水稻籽粒氨基酸组分的变化存在差异，其中苏氨酸、谷氨酸、丙氨酸、精氨酸、亮氨酸、缬氨酸、丝氨酸、苯丙氨酸和脯氨酸含量随 UV-B 辐射增强而下降，T1 和 T2 处理与对照组 CK 相比，以脯氨酸和谷氨酸下降幅度最大，分别为 19.74%、28.62% 和 13.50%、19.94%，丝氨酸和亮氨酸下降幅度较小，分别为 5.52%、7.18% 和 4.64%、7.93%；T1 和 T2 的组氨酸、色氨酸、甘氨酸、酪氨酸含量比 CK 均增加，其中组氨酸增加幅度最大，和对照组相比增加了 27.69% 和 36.92%；色氨酸、甘氨酸、酪氨酸含量随辐射强度增加先增加后降低，但都大于对照组的含量；半胱氨酸、甲硫氨酸含量随 UV-B 辐射增强无明显变化；异亮氨酸、赖氨酸和天冬氨酸含量随辐射强度增加先增加后降低，变化幅度较小。随着 UV-B 辐射增强，氨基酸总量呈下降趋势，T1 和 T2 处理与对照相比，水稻籽粒氨基酸总量分别下降了 5.36% 和 10.22%。8 种必需氨基酸是人体不能合成的，必须由食物提供，其中赖氨酸含量极低，且在加工过程中易被破坏而缺乏，故为第一限制性氨基酸，常被用来评定食品蛋白质的营养价值。必需氨基酸总量与氨基酸总量变化趋势相似，也随着 UV-B 辐射增强而呈下降趋势，两增强 UV-B 辐射处理与对照相比下降了 5.36% 和 10.22%。水稻氨基酸含量变化的原因在于，UV-B 辐射增强，水稻光合作用系统随之发生变化，以适应高 UV-B 辐射的逆境条件，主要表现在叶绿素蛋白质及相关的光合作用酶系统变化，但在籽粒中表现为蛋白质、核酸、部分氨基酸和纤维素有不同程度的降低（桂智凡，2009）。

表 4-49　UV-B 辐射增强下水稻籽粒氨基酸组分含量的变化（mg/100g）（引自桂智凡，2009）

Table 4-49　The changes of enhanced UV-B radiation on amino acid composition contents in grain of rice (mg/100g)

氨基酸组分	处理		
	CK	T1	T2
异亮氨酸 Ile*	349	352	331
亮氨酸 Leu*	517	493	476

续表

氨基酸组分	处理		
	CK	T1	T2
赖氨酸 Lys*	298	317	289
甲硫氨酸 Met*	178	172	188
胱氨酸 Cys	192	185	189
苯丙氨酸 Phe*	496	443	405
酪氨酸 Tyr	325	344	336
苏氨酸 Thr*	375	325	307
色氨酸 Trp*	129	144	141
缬氨酸 Val*	627	544	559
精氨酸 Arg	629	605	548
组氨酸 His	65	83	89
丙氨酸 Ala	427	370	361
天冬氨酸 Asp	805	827	743
谷氨酸 Glu	1304	1128	1044
甘氨酸 Gly	326	377	361
脯氨酸 Pro	304	244	217
丝氨酸 Ser	362	342	336
氨基酸总量	7708	7295	6920
必需氨基酸总量	2969	2790	2696
必需氨基酸占氨基酸总量比例（%）	38.52	38.25	38.96

注：带*号为人体必需氨基酸；T1 处理辐射强度为 0.5W/m^2（相当于合肥地区夏至日平均 UV-B 辐射增强 5%）；T2 处理辐射强度为 1.0W/m^2（相当于合肥地区夏至日平均 UV-B 辐射增强 10%）

4. UV-B 辐射对植物非籽粒部位光合产物含量的影响

由于光合产物是植物正常生长发育的物质和能量基础，也是生态系统中动物和微生物的物质与能量来源，并关系到植物残体上真菌的移殖和植物残体的分解以及生物地球化学循环，因此这方面的研究显得十分必要。

李元等（1999a）研究了增强的 UV-B 辐射对春小麦叶质量的影响（表 4-50），与对照相比在 5.31kJ/m^2 辐射强度下叶可溶性糖含量在分蘖期和拔节期显著增加，扬花期和成熟期则显著降低；叶可溶性蛋白含量在分蘖期、拔节期和扬花期均显著降低，而成熟期显著增加，但 2.54kJ/m^2 辐射强度下差异不明显。这表明，在春小麦发育前期和后期，叶可溶性糖和可溶性蛋白含量对 UV-B 辐射响应的趋势相反。在拔节期、扬花期和成熟期，4.25kJ/m^2、5.31kJ/m^2 UV-B 辐射处理的叶粗纤维含量与对照相比均显著增加。

表 4-50　UV-B 辐射对春小麦叶质量的影响（%）（引自李元等，1999a）

Table 4-50　Effects of UV-B radiation on leaf quality of spring wheat (%)

UV-B (kJ/m^2)	可溶性糖				可溶性蛋白				粗纤维		
	分蘖期	拔节期	扬花期	成熟期	分蘖期	拔节期	扬花期	成熟期	拔节期	扬花期	成熟期
0	2.35b	3.63 bc	4.53a	2.59a	5.50a	4.69a	3.78a	1.34c	35.93c	38.28c	37.37c
2.54	2.39b	3.88b	4.13a	2.45a	5.35ab	4.35a	3.54a	1.50b	38.89c	41.32bc	42.89bc
4.25	2.56a	3.94ab	3.58b	2.29b	5.21ab	3.82b	3.14b	1.62b	42.21b	46.57ab	47.21ab
5.31	2.66a	4.05a	3.01c	2.03c	5.14b	3.54c	2.93c	1.83a	46.53a	50.00a	50.90a

注：不同小写字母表示不同处理间在 $P<0.05$ 水平差异显著（LSD 检验，$n=6$）

在成熟期，茎和根粗纤维含量的测定表明，2.54kJ/m^2 UV-B 辐射对茎粗纤维含量没有显著的影响，而在 4.25kJ/m^2 和 5.31kJ/m^2 UV-B 辐射下，茎粗纤维含量显著增加。UV-B 辐射对根粗纤维含量影响不明显（李元等，1999a）。

UV-B 辐射导致大麦、玉米、大豆、小萝卜等多种作物叶片蛋白质含量增加，这可能是芳香族氨基酸增加、蛋白质合成加强的结果（Tevini et al.，1981；Vu et al.，1982a）。相反的结论，UV-B 辐射降低大豆、豌豆、甜玉米、白菜、燕麦叶片可溶性蛋白含量也已观察到（Nedunchezhian et al.，1992）。

UV-B 辐射可降低植物叶片脂类和糖类含量已被报道。同时 UV-B 辐射可降低玉米、香豆、大麦脂类含量（Tevini et al.，1981），而在大田条件下，其导致甘蓝脂类含量增加，菠菜脂类含量降低，马铃薯脂类含量无明显变化。另外，还观察到 UV-B 辐射降低番茄、甘蓝中葡萄糖、蔗糖、淀粉含量，降低小萝卜和菠菜中葡萄糖与淀粉含量，导致甜菜根中蔗糖含量增加 17%～20%（Ambler et al.，1978）。在野外的研究表明，UV-B 辐射导致副极地石南灌丛中越橘叶片可溶性碳水化合物含量增加，纤维素含量以及纤维素和木质素之比降低（Gehrke et al.，1995；Johanson et al.，1995）。

二、UV-B 辐射对其他作物品质性状的影响

由于不同作物的收获部位不同，UV-B 辐射增强对品质性状影响的评判标准会随之改变。韩艳等（2014）在大田环境下，以花生'开农 49 号'为试材的研究发现，UV-B 辐射增强对花生各营养指标的影响虽然未达到显著水平，但紫外辐射强度增加 20%和 40%的两个处理表现一致：脂肪、蛋白质和油酸含量均有所提高，而亚油酸含量降低。杨晖等（2009）以'同辉'和'霞光'两个番茄品种为研究材料的试验表明，20%臭氧衰减时的 UV-B 辐射强度使两个品种的番茄红素含量显著减少，品质降低。李方民（2003）发现，UV-B 辐射增强对番茄果实糖含量、果实酸度无显著影响，番茄果实 Vc 含量比 CK 要低 25%，番茄红素含量比 CK 要低 29%。赵晓莉等（2006）对生菜的研究结果表明：随着 UV-B 辐射的增强，生菜叶片中水的质量分数持续降低，而抗坏血酸、可溶性糖、可溶性蛋白的质量分数均先增加后减小。Gao 等（2003）用高于对照 4.8%和 9.5%的 UV-B 辐射强度处理棉花品种'Sukang103'的试验结果表明，UV-B 辐射增强处理显著降低了棉花的纤维品质，但对纤维的含糖量没有明显影响。同样，王进等（2009，2010b）

的研究表明，在大田条件下随着 UV-B 辐射强度的增大，棉花纤维的品质降低。任红玉等（2013）对大豆品种'东农 47'的研究结果表明，与自然光相比，在苗期、开花期和鼓粒期分别增强 UV-B 辐射都有利于促进大豆蛋白质与蛋脂总量的增加，同时降低了脂肪的含量；但在开花期增强 UV-B 辐射对大豆品质最不利（王池池，2015）。

　　Teramura 等（1990b）报道了 UV-B 辐射对大豆品质的影响（表 4-51），在 5 年的大田研究中，'Essex'品种蛋白质含量经不同辐射强度处理在 1982 年相对对照均显著降低，1983 年在 5.1kJ/m² UV-B 辐射下显著低于对照，1984～1986 年均无明显的变化；而脂类含量连续 5 年均未受到明显的影响。'Williams'品种蛋白质含量经不同辐射强度处理在 1982 年与对照相对均无明显的变化，1984 年显著增加，1986 年显著降低，在 1983 年和 1985 年，仅在 3.0kJ/m² UV-B 辐射下蛋白质含量显著降低；而脂类含量在 1984 年显著降低，1986 年仅 5.1kJ/m² UV-B 辐射下显著增加，1983 年仅 3.0kJ/m² UV-B 辐射下脂类含量显著增加，在 1982 年和 1985 年未受 UV-B 辐射的明显影响。UV-B 辐射对两个大豆品种蛋白质和脂类含量的影响仅在其中的几年观察到，而且存在明显的生长季差异。籽粒品质的显著降低可能具有重要的营养学和经济学后果。籽粒品质和产量对 UV-B 辐射的敏感性将是未来抗性作物品种培育的重要依据。

表 4-51　UV-B 辐射对两个大豆品种蛋白质和脂类含量的影响（%）（引自 Teramura et al.，1990b）

Table4-51　Effects of UV-B radiation on the contents of protein and lipid of two soybean cultivars (%)

	UV-B（kJ/m²）	Essex					Williams				
		1982 年	1983 年	1984 年	1985 年	1986 年	1982 年	1983 年	1984 年	1985 年	1986 年
蛋白质含量	0	41.4a	44.4a	41.7a	42.9a	42.9a	40.2a	42.1a	39.3b	40.5a	39.7a
	3.0	40.2b	45.1a	42.1a	42.6a	42.7a	40.1a	41.1b	40.3a	40.0b	38.8b
	5.1	29.5b	42.8b	41.8a	43.0a	42.9a	40.2a	42.4a	41.1a	40.3ab	39.1b
脂类含量	0	21.3a	18.5a	17.2a	17.0a	15.7a	20.3a	20.3b	20.5a	18.9a	16.9b
	3.0	21.4a	18.3a	17.1a	17.0a	15.7a	21.4a	21.4a	19.5b	19.0a	17.1ab
	5.1	20.9a	18.7a	16.9a	17.0a	15.5a	22.0a	20.0b	18.5c	19.0a	17.3a

注：不同小写字母表示不同处理间在 $P<0.05$ 水平差异显著（Least-square means 或 Student Newman-Keuls multiple range 检验，$n=9\sim12$）

　　UV-B 辐射可影响不结球白菜的品质。从表 4-52 可以看出，对照植株叶片的 Vc 含量最低，显著低于 A_1B_2、A_2B_1、A_3B_2、A_3B_3。表明 UV-B 辐射可增加不结球白菜叶片的 Vc 含量。随 UV-B 辐射处理时间加长，可溶性糖含量有升高的趋势，但不同处理植株叶片可溶性糖含量与对照无显著差异。各处理组合叶片可溶性蛋白含量均低于对照植株，说明 UV-B 辐射使植物可溶性蛋白含量下降（陈岚，2007）。

表 4-52　UV-B 辐射处理下不结球白菜主要品质指标（引自陈岚，2007）

Table4-52　Effects of different UV-B radiation on the main quality indices of *Bcassica campestris* ssp. *chinese*

处理组合	Vc 含量（mg/100g FW）	可溶性糖含量（%）	可溶性蛋白含量（mg/g FW）	硝酸盐含量（mg/g FW）
A_1B_1	45.79ab	0.70bc	1.16abc	1126.3a
A_1B_2	56.71a	0.46bc	1.14bcd	1374.7a

续表

处理组合	Vc 含量（mg/100g FW）	可溶性糖含量（%）	可溶性蛋白量（mg/g FW）	硝酸盐含量（mg/g FW）
A_1B_3	42.12ab	0.77abc	1.13bcd	1158.0a
A_2B_1	55.53a	0.37c	1.02e	1177.0a
A_2B_2	46.45ab	0.90ab	1.16abc	1179.0a
A_2B_3	46.04ab	0.87ab	1.17ab	1302.6a
A_3B_1	53.37ab	0.75abc	1.08cde	1181.7a
A_3B_2	55.12a	0.67bc	1.12bcd	1249.4a
A_3B_3	56.71a	1.19a	1.06de	1122.7a
CK	34.21b	0.78abc	1.22a	1209.2a

注：不同小写字母表示不同处理间在 $P<0.05$ 水平差异显著

甘蓝是世界卫生组织曾推荐的最佳蔬菜之一，紫甘蓝富含花青素，是一种天然的功能性食品。齐艳等（2014）对紫外辐射处理对甘蓝花青素含量的影响及对生物合成的分子调控做了较为深入的研究，发现 UV-B 辐射可以增加甘蓝花青素的含量。正常光照下绿甘蓝的花青素质量分数大约为 0.029mg/g，经过 UV-B 辐射处理 6h，花青素含量为对照的 6.8 倍，达到了其处理峰值。紫甘蓝正常光照下花青素质量分数大约为 0.39mg/g，经过 UV-B 辐射处理 6h 后花青素含量达到最大值，为对照的 3.4 倍。2 种甘蓝经过 UV-B 辐射处理 6h 后，花青素含量均有较大的增长。

花色苷是一种紫外吸收物质，增强 UV-B 辐射能够诱导花色苷的合成（Jia and Wang，2010；Zhang et al.，2012a）。孙荣琴（2009）关于增强 UV-B 辐射对紫薯块根花色苷含量影响（表 4-53）的研究表明，增强 UV-B 辐射对'种子岛紫'的花色苷含量影响不明显（$P>0.05$），而对'绫紫'的花色苷含量有明显提高作用，但高、低剂量的效果无明显差异，与对照相比，平均增加了 21.65%。说明 UV-B 辐射有诱导'绫紫'块根花色苷合成，从而提高其含量的作用。

表 4-53　增强 UV-B 辐射对鲜紫薯块根花色苷含量的影响（引自孙荣琴，2009）

Table 4-53　Effects of enhanced UV-B radiation on anthocyanin contents of fresh sweet potato

品种	花色苷含量（mg/100g）		
	CK	L	H
黄金千贯	—	—	—
种子岛紫	82.97a	82.31a	78.70a
绫紫	147.43b	178.04a	180.64a

注：CK、L、H 分别代表对照（自然光照）、低剂量 UV-B 辐射处理[4.00kJ/（m²·d）]、高剂量 UV-B 辐射处理[8.00kJ/（m²·d）]；"—"表示未检出；显著性比较限于同一品种的处理与对照间，不同小写字母表示差异显著（$P<0.05$）

另有研究发现 UV-B，辐射能显著诱导'杜克'越橘果实中花色苷的积累。因此，杨俊枫等（2016）以'北陆'越橘为材料，用高效液相色谱法、分光光度计法、荧光定量 PCR 法检测了越橘果实发育过程中和紫外辐射处理转色期果实中花色苷的积累、相关酶活性及其基因表达的情况，旨在揭示越橘果实中花色苷的合成规律以及 3 种紫外辐射处理对花色苷等酚类物质积累的不同调控机理。同时有研究表明，着色期是 UV-B 辐射诱导葡萄果实花色苷积累的重要时期（Zhang et al., 2012c）。而在梨中的研究则证实果实商业成熟期 10 天前是 UV-B 辐射诱导花色苷积累以及其他优良品质特征最适宜的时期（Zhang et al., 2013a）。

小　　结

本章系统分析了 UV-B 辐射对植物生物量、生物量分配的影响，对植物开花、授粉、花粉萌发等繁殖能力的影响，对作物产量、产量构成因素、收获指数的影响，以及对作物蛋白质、氨基酸、可溶性糖、淀粉、纤维素、叶色、花色等品质指标的影响。通过这些研究者的结果发现，UV-B 辐射会导致大量植物种类和品种的生物量、产量降低，但部分植物种类或品种对 UV-B 辐射具有较强的耐性，这为应对 UV-B 辐射带来的环境问题，筛选和培育新的植物品种提供了可能。同时发现，UV-B 辐射可改变作物的品质和营养组成，甚至提高部分营养和利用价值高的组分的含量，以及提高部分中药材的药用成分含量，改变部分水果、蔬菜花色苷的形成和含量，为利用生物技术开发和挖掘具高作物营养价值、药用价值等功能基因奠定了基础。另外，通过收集前人大量的研究结果，开展大数据分析和数学模型开发，阐明了 UV-B 辐射与植物生产力的关系。

第五章 UV-B 辐射与植物生理代谢

生理代谢是植物生长发育的一个重要过程，也是植物个体对 UV-B 辐射响应反馈的重要途径，因此，UV-B 辐射对植物生理生化的影响是解释植物 UV-B 辐射伤害的一个重要方面。植物生理学是研究植物个体、组织和器官、细胞、分子等某一结构层面上生命活动过程的"功能及其调控机理"，认识植物生命活动规律和本质的科学。地表 UV-B 辐射增强对植物的生理代谢产生了多方面影响，国内外众多学者主要围绕 UV-B 辐射增强对高原农作物及草本植物个体物质代谢及能量转化的影响开展了许多研究。本章主要阐述 UV-B 辐射对植物三大基本生理活动（光合作用、呼吸作用、蒸腾作用）、两大生化过程初生碳代谢（蛋白质、核酸、脂类、糖类等生物大分子）和次生糖代谢（酚类化合物及其衍生物、萜烯类、含氮化合物）的影响及调控，以及 UV-B 辐射与其他因子的联合作用对植物影响的相关研究，最后阐述 UV-B 吸收物质诱导植物对 UV-B 辐射产生适应与防护的机理，重点以植物体内酚类化合物中类黄酮的生理代谢和生态功能来探究类黄酮与植物 UV-B 辐射抗性的关系。

第一节 UV-B 辐射对植物生理的影响

UV-B 辐射增强对地球表面的植物产生明显的生物效应，由于植物利用太阳光进行光合作用，太阳辐射是植物生长发育所需的主要环境因子，植物在从太阳辐射中获得光照和热量的同时，不可避免地受到 UV-B 辐射的胁迫。研究表明，到达地表的 UV-B 辐射仅有 10%被植物叶片反射，有 0～40%的 UV-B 辐射会穿过植物叶片表皮，直接或间接地影响植物生理代谢（Frohnmeyer and Staiger，2003）。我国有关 UV-B 辐射与植物生理代谢关系的研究起步较晚，20 世纪 90 年代中后期才开始陆续开展这方面的研究。其中，李元和岳明（2000）较早开展了作物紫外辐射生态学研究，并很快拓展到抗紫外辐射作物品种的筛选及其分子机制方面，取得了大量研究成果。近 20 年来，随着对于紫外辐射对植物形态结构、生理生化等影响认识的丰富，从分子生物学角度剖析植物适应 UV-B 辐射增强的生理过程、机理及生物学意义成为新的研究热点。

一、UV-B 辐射对植物光合作用的影响

绿色植物通过光合作用（photosynthesis）这一"地球上最重要的化学反应"，利用太阳能将二氧化碳和水转化为有机物，并释放出氧气。光合作用是一个多步骤、多成分的复杂过程，包括光能的吸收、传递和转化及碳同化等一系列光物理、光化学和生理生化过程。光合作用起始于色素分子对光吸收而达到激发态，激发能快速有效地在捕光色

素之间传递，最终传递到光系统 II（photosystem II，PSII）反应中心，导致电荷分离这个原初反应的发生，电子传递给原初电子受体脱镁叶绿体，进一步传递后最终参与 NADPH 还原力的形成，同时释放氧气和质子。植物的光合作用受外界环境影响最大，对光照强度、光质变化反应敏感。因此，光合作用是对 UV-B 辐射最为敏感的生理过程之一，也一直是紫外辐射生态学的研究热点。国内外科学家关于 UV-B 辐射对植物光合作用的影响做了大量的研究工作，Singh 等（2017）编著的 *UV-B Radiation from Environmental Stressor to Regulator of Plant Growth* 一书从不同角度详述了 UV-B 辐射对光合作用的影响。大量研究指出，无论是 C_3 还是 C_4 植物，多数植物在 UV-B 辐射增强条件下光合作用都会受到直接和间接的抑制，光合机构中的放氧复合体、光化学反应中心的 D1/D2 蛋白、光系统 II 的电子供体和受体等组分都遭到直接损害，同时其对光合色素、气孔、叶片厚度、植物冠层结构的间接影响导致植物整体的光合性能下降，最终引起植物生长速率和生产力均呈下降趋势（Fedina et al.，2010）。就光合作用而言，C_4 植物比 C_3 植物对 UV-B 辐射的敏感性低（Caldwell and Flint，1994）。已研究过的植物中，大田农作物较多，主要以不同作物种类、不同品种在不同生育期的叶片光合色素、超微结构及相关光合作用生理指标对 UV-B 辐射的响应为研究切入点，为不同品种（系）的 UV-B 辐射耐受性评价和品种筛选提供依据。

1. UV-B 辐射对植物光合色素的影响

光合色素（photosynthetic pigment）是在光合作用中参与吸收、传递光能或引起原初化学反应的色素。光合色素存在于叶绿体类囊体膜上，主要有叶绿素（包括细菌叶绿素）、类胡萝卜素和藻胆素三大类。依功能不同，光合色素可分成天线色素和反应中心色素两类。天线色素（antenna pigment）又称聚光色素，是光系统中只收集光能并将其传递给中心色素，但本身不直接参与光化学反应的色素，包括大多数的叶绿素 a、全部叶绿素 b 和类胡萝卜素。反应中心色素（reaction center pigment）是具有光化学活性，既能吸收光能又能转化光能的一类色素，主要是处于光系统反应中心的部分叶绿素 a。因此，UV-B 辐射对植物叶片光合色素含量以及色素质量影响巨大。叶绿素的主要组成部分就是叶绿素 a 和叶绿素 b。叶绿素 a 在一定程度上影响着植物的光合能力及光合效率，而叶绿素 b 则在调控光合机构天线大小、维持其稳定性和提高其适应性方面发挥着重要作用。叶绿素 a/b 值可反映植物处在特定环境条件下抵抗逆境胁迫的能力。类胡萝卜素是叶绿体天线色素的辅助色素，能够帮助叶绿素接收光能，并且在强光和高温条件下，通过叶黄素循环以非辐射的方式耗散 PSII 过剩的能量，用以保护叶绿素免受损伤。

UV-B 辐射增强使大多植物都表现出光合速率降低，固碳能力下降，少数植物表现出无明显的抑制和伤害作用，这可能与光合色素的含量及比例存在差异密切相关。UV-B 辐射能抑制或破坏植物光合色素的合成，减弱植物的光合能力，这些状况已经在小麦、大豆、玉米、水稻等大田作物中观察到（李元和岳明，2000）。叶绿素作为植物进行光合作用的主要色素，是植物吸收光能和转化光能的最主要物质，其含量降低在一定程度上会导致光合能力降低，进而影响植物生长发育与干物质积累，导致其抵御逆境胁迫的能力降低。叶绿素含量的降低是叶绿素合成受阻，或降解增加，或二者共同作用的结果。大量研究表明，UV-B 辐射增强对叶绿素的影响是多途径的，主要的解释是：①破坏敏感植物的叶绿体结构和叶绿素合成的前体，破坏叶绿素蛋白复合体的结构（侯扶江等，1998），使叶绿素生物合成受阻（陈海燕等，2006），受阻位点为 δ-氨基乙酰丙酸（δ-aminolevulinic acid，ALA）→胆色素原（porphobilinogen，PBG），且高强度 UV-B 辐射较低强度 UV-B 辐射的抑制作用大（钟楚等，2009b），导致光合作用速率降低，叶片荧光基本参数值的变化能够体现出叶绿素 a 被破坏；②抑制脂膜 K^+-ATPase 活性，促进或加剧植物脂质过氧化作用而破坏叶绿素膜，导致植物体内生理代谢紊乱，叶绿素分解（杨景宏等，2000b）；③破坏类囊体光系统，尤其是捕光色素系统，从而减少叶绿体对光能的吸收，叶片光系统原初光能转换效率和光系统潜在活性下降，这可能是由叶绿素合成受阻和叶绿体结构遭破坏所造成的（林文雄等，2002c）；④影响叶绿体中参与暗反应的关键酶：1,5-二磷酸核酮糖羧化酶（RuBPCase），导致羧化速率下降；⑤除导致叶绿素分子直接光解外，还能激活 H_2O 分解，释放具有破坏作用的活性氧自由基和羟基自由基，从而加速叶绿素分子的分解（杨志敏等，1995）；⑥使叶绿体膜上镁-腺苷三磷酸酶（Mg^{2+}-ATPase）活性下降，导致叶绿体基质 pH 降低，羧化速率下降，叶绿体膜组分改变（周青和黄晓华，2001）。对于紫外线较强的高海拔地区，长期增强 UV-B 辐射使高寒矮嵩草草甸大多数植物的类胡萝卜素含量增加，叶绿素 a/b 值和类胡萝卜素/叶绿素值升高，更有利于植物吸收更多的紫外辐射，减少 UV-B 辐射增强对高寒矮嵩草草甸植物的伤害，起到了光合保护的作用，也是高寒矮嵩草草甸植物适应环境的一种策略（李惠梅和师生波，2010）。

　　叶绿素是植物进行光合作用时吸收、传递光能的主要物质，其代谢水平除了与植物种类有关外，还与环境条件及各种污染因子有关。不同辐射强度对不同植物叶绿素含量的影响不同，不同植物的叶绿素含量对辐射的反应也不同。对于营自养生活的高等绿色植物来说，叶片是植物接受外界光照并进行光合作用的重要器官，并在长期的进化过程中形成了良好适应多种生存环境的不同机理与类型。周青等（2002）研究紫外（UV-B 和 UV-C）辐射对 47 种植物叶片的表观伤害效应表明，植物叶片的叶绿素含量明显受紫外辐射胁迫影响，不同物种在同一紫外辐射剂量胁迫下，叶片叶绿素含量降幅不同，存在明显的抗性差异（因种而异）；同一物种在不同紫外辐射剂量胁迫下，叶绿素含量降幅也不一致（因量而变），且与紫外辐射剂量呈正相关。两者的变化规律与叶片的伤害面积及植物的抗性等级相吻合。

　　大量研究表明，UV-B 辐射导致植物光合速率下降是叶绿体结构完整性被破坏的结果。叶绿素分子由一个卟啉环头部和一个叶绿醇尾巴与 4 个甲烯基连接而成，它是各种叶绿素共同的基本结构，卟啉环上的共轭双键和中央的镁原子容易被光激发而引起电子得失，这就决定了叶绿素分子具有特殊的光化学性质（王忠，2001）。正常自然环境下，植物依赖于叶绿素正常的生理活动来维持其生理活性，但在外界环境改变时，叶绿素分子会受到影响从而部分或完全地丧失它的功能。叶绿体结构对 UV-B 辐射非常敏感，UV-B 辐射下膜系统崩溃而导致类囊体和基粒受到严重损坏，从而使得叶绿素合成受阻或者叶绿素分解（Singh et al.，2017）。植物在抵御 UV-B 辐射和维持叶片中叶绿素含量方面的能力差异显著, 紫外辐射下叶绿素含量减少 10%～78%; 双子叶植物(10%～78%)叶绿素含量的减少显著高于单子叶植物(0～33%), 差异可能是由叶片的方向不同造成的, 也可能由试验条件的 UV-B 和 PAR 辐射比例不同造成的(张益锋, 2010)。采用不同波长的紫外辐射(UV254、UV302 和 UV365)处理小花锦葵(*Malva parviflora*)和大车前(*Plantago major*), 会导致其叶绿素和胡萝卜素含量显著下降(Salama et al., 2011)。而李涵茂等(2009)发现, 特定时期大豆叶片在 UV-B 辐射下叶绿素含量并未减少, 说明植物在不同生长发育阶段对辐射的抗性有所不同, 对于外来入侵植物种或个体抗辐射研究具有一定指导意义。不同叶绿素种类对 UV-B 辐射的响应也不同。在对大豆幼苗的研究发现, 随着 UV-B 辐射增强, 叶绿素 b 含量的降幅比叶绿素 a 的大, 说明 UV-B 辐射增强对大豆幼苗的捕光色素破坏严重(侯扶江等, 1998)。

　　UV-B 辐射对不同植物叶绿素 a/b 值的影响存在较大的种间及种内差异, 该比值增大是由于 UV-B 辐射对叶绿素 b 的破坏作用大于叶绿素 a。叶绿素 b 含量的降幅大于叶绿素 a, 说明捕光色素系统遭到破坏, 较大的叶绿素 a/b 值表明类囊体垛叠结构完整, 较小的比值则说明类囊体垛叠结构遭受破坏, 排列松散, 类囊体膜的稳定性变差(钟楚等, 2009)。类囊体膜上含有与光合作用有关的由多种亚基、多种成分组成的蛋白复合体, 类囊体膜破坏必然导致植物光合作用过程中光能的吸收、传递和转化及电子传递等反应受抑制。訾先能等(2006a)利用低纬度高原地区 UV-B 辐射水平处理报春花(*Primula malacoides*), 发现其叶绿素 a 对辐射最敏感, 叶绿素 b 次之, 而类胡萝卜素敏感性最小。叶绿素 a 对 UV-B 辐射更敏感, 是因为叶绿素 a、叶绿素 b 的吸收光谱相似但不相同: 叶绿素 a 在红光区的吸收峰比叶绿素 b 的高, 而在蓝紫光区的吸收峰则比叶绿素 b 低, 也就是说叶绿素 b 对紫外线较不敏感(訾先能等, 2006b)。国内外学者对叶绿体系统研究认为, UV-B 辐射条件下类胡萝卜素的含量下降, 保护叶绿体免受辐射损伤的能力减弱, 加剧叶绿体的伤害(冯虎元等, 2001a)。也有研究认为, UV-B 辐射增强对植物光合色素没有伤害作用, 经过辐射处理后叶绿素含量上升, 这与 UV-B 辐射增加了叶片厚度, 补偿了由辐射引起的光合色素降解有关。

　　叶绿体是植物细胞中光合作用的场所。Sullivan 等(2003)认为, 叶绿体超微结构的损害和光合色素含量的变化导致植物光合速率降低, 特别是光系统 II 是 UV-B 辐射的主要破坏对象。此外, UV-B 辐射诱导了叶绿素和类胡萝卜素发生非酶促氧化, 从而导致这些色素以氧合形式积累。UV-B 辐射增强使植物叶绿素 a 遭到破坏, 改变了叶绿素 a/b 值, 阻碍了光合蛋白复合物的形成, 抑制了细胞器的形成(李元等, 2006a)。但也有研究表明, UV-B 辐射后叶片中叶绿素含量并未减少。这可能与植物适应性存在差异有关。李元和王勋陵(1998)报道, 在大田条件下, 拔节期随 UV-B 辐射增强, 春小麦叶片叶绿素 a、叶绿素 b 和叶绿素 a+b 含量显著降低, 且具有较好的相关性(表 5-1)。5.31kJ/m^{2}UV-B 辐射与对照相比, 第一叶片叶绿素 a、叶绿素 b 和叶绿素 a+b 含量分别降低 58.65%、55.16% 和 57.96%, 而第三叶片叶绿素 a、叶绿素 b 和叶绿素 a+b 含量分别降低 17.40%、9.46% 和 15.78%。这表明叶绿素 b 对 UV-B 辐射较不敏感, 且第一叶与第三叶叶绿素含量变化不同, 可能与它们所截获的 UV-B 辐射以及生理代谢存在差异有关。

表 5-1 UV-B 辐射对春小麦叶片叶绿素含量的影响（mg/g FW）（引自李元和王勋陵，1998）

Table 5-1 Effects of UV-B radiation on chlorophyll contents in leaves of spring wheat (mg/g FW)

UV-B 辐射（kJ/m²）	第一叶片叶绿素含量			第三叶片叶绿素含量		
	叶绿素 a	叶绿素 b	叶绿素 a+b	叶绿素 a	叶绿素 b	叶绿素 a+b
0	1.613	0.397	2.010	1.161	0.296	1.457
2.54	1.142	0.358	1.500	1.119	0.280	1.399
4.25	0.941	0.225	1.166	1.045	0.270	1.315
5.31	0.667	0.178	0.845	0.959	0.268	1.227
相关系数	−0.9909**	−0.9467*	−0.9918**	−0.9332	−0.9965**	−0.9547*

注：**为 $P<0.01$，表示相关极显著；*为 $P<0.05$，表示相关显著

Teramura 等（1991）报道，在 13 个水稻品种中，7 个品种的叶绿素含量降低（0.5%～19.8%），但均不显著，6 个品种的叶绿素含量增加（2.2%～44.4%），其中 2 个达到显著水平。祖艳群等（1999）的研究表明（表 5-2），5.0kJ/m² UV-B 辐射处理对 20 个小麦品种叶绿素 a（Chl a）、叶绿素 b（Chl b）和叶绿素 a+b 含量均有影响，除'会宁 18'叶绿素 a 含量增加 2.3%，'文麦 5'叶绿素 b 和叶绿素 a+b 含量分别增加 2.2%和 0.1%外，其余处理均表现出降低的趋势。18 个小麦品种叶绿素 a、叶绿素 b 和叶绿素 a+b 含量降低的程度分别为 1.7%～55.9%、3.3%～55.1%和 8.2%～55.5%。

表 5-2 UV-B 辐射对 20 个小麦品种叶片叶绿素含量的影响（引自祖艳群等，1999）

Table 5-2 Effects of UV-B radiation on chlorophyll contents in leaves of 20 wheat cultivar (mg/g FW)

品种	Chl a			Chl b			Chl a+b		
	对照（mg/g FW）	UV-B（mg/g FW）	变化率（%）	对照（mg/g FW）	UV-B（mg/g FW）	变化率（%）	对照（mg/g FW）	UV-B（mg/g FW）	变化率（%）
毕 90-5	0.886	0.579	−34.7*	0.617	−0.477	−22.7	1.491	1.058	−29.0*
凤麦 24	1.015	0.586	−42.3**	0.768	0.511	−33.5**	1.783	1.106	−38.0**
YV97-31	0.976	0.852	−12.7	0.728	0.704	−3.3	1.698	1.559	−8.2
繁 19	0.926	0.631	−31.9*	0.728	0.524	−28.0*	1.659	1.149	−30.7*
楚雄 8807	0.982	0.765	−22.1**	0.781	0.600	−23.2*	1.762	1.374	−22.0*
绵阳 20	0.781	0.603	−22.8	0.626	0.539	−13.9	1.417	1.145	−19.2
大理 905	0.981	0.665	−32.2*	0.736	0.598	−18.8*	1.718	1.253	−27.1*
黔 14	0.847	0.745	−12.0	0.719	0.609	−15.3	1.570	1.354	−13.8
文麦 3	1.109	0.508	−54.2*	0.776	0.401	−48.3*	1.884	0.914	−51.5*
云麦 39	1.255	0.676	−46.1*	0.796	0.689	−13.4	2.043	1.368	−33.0*
绵阳 26	1.262	0.557	−55.9**	1.056	0.474	−55.1*	2.317	1.031	−55.5*
文麦 5	0.980	0.963	−1.7	0.895	0.915	2.2	1.876	1.878	0.1
辽春 9	1.368	0.839	−38.7	1.073	0.687	−36.0**	2.441	1.527	−37.4*

续表

品种	Chl a			Chl b			Chl a+b		
	对照 （mg/g FW）	UV-B （mg/g FW）	变化率 （%）	对照 （mg/g FW）	UV-B （mg/g FW）	变化率 （%）	对照 （mg/g FW）	UV-B （mg/g FW）	变化率 （%）
兰州 80101	1.212	0.660	−45.5*	1.212	0.586	−51.7*	2.425	1.246	−48.6*
陇 8425	1.286	0.627	−51.2*	1.056	0.609	−42.3	2.343	1.236	−47.2*
陇春 8139	1.048	0.623	−40.6**	0.858	0.526	−38.7*	1.922	1.149	−40.2**
陇春 16	1.068	0.982	−8.1	0.926	0.703	−24.1	1.994	1.604	−19.6
My94-9	1.177	0.551	−53.2*	0.864	0.494	−42.8*	2.041	1.045	−48.8**
陇春 15	1.084	0.884	−18.5	1.061	0.810	−23.7	2.146	1.694	−21.1
会宁 18	1.260	1.289	2.3	1.050	0.801	−23.7	2.310	2.090	−9.5

注：*和**分别表示不同处理间在 $P<0.05$ 和 $P<0.01$ 水平差异显著（t 检验，$n=3$）

祖艳群等（1999）测定的 20 个小麦品种叶片叶绿素含量的 t 检验表明（表 5-2），'凤麦 24'、'繁 19'、'楚雄 8807'、'大理 905'、'文麦 3'、'绵阳 26'、'兰州 80101'、'陇春 8139'和'My94-9' 9 个小麦品种叶绿素 a、叶绿素 b 和叶绿素 a+b 含量在对照与处理之间均具有显著或极显著差异。此外，'毕 90-5'和'云麦 39'、'陇8425'叶绿素 a 和叶绿素 a+b 含量，'辽春 9'叶绿素 b 和叶绿素 a+b 含量在对照与处理之间均具有显著或极显著差异。其他的品种，即'YV97-31'、'绵阳 20'、'黔 14'、'文麦 5'、'陇春 16'、'陇春 15'和'会宁 18' 7 个小麦品种叶绿素 a、叶绿素 b 和叶绿素 a+b 含量在对照与处理之间差异均不显著。因此，'凤麦 24'等 9 个小麦品种可能对 UV-B 辐射较敏感，而'YV97-31'等 7 个小麦品种对 UV-B 辐射的敏感性可能较差。

UV-B 辐射增强对药用植物光合色素含量的影响也备受关注。冯源（2009）报道了 UV-B 辐射增强下 6 个灯盏花（*Erigeron breviscapus*）居群叶片光合色素含量均发生显著变化。与对照相比，D01、D53、D63 和 D65 居群在成苗期、盛花期叶绿素 a 含量显著或极显著增加（$P<0.01$ 或 $P<0.05$），在成熟期没有显著变化（表 5-3）；D53、D63 与 D65 居群在成苗期叶绿素 b 含量显著增加（$P<0.05$），D01 居群则在 3 个生育期均没有显著变化，D47 与 D48 居群在盛花期、成熟期叶绿素 a 与叶绿素 b 含量显著或极显著降低（$P<0.01$ 或 $P<0.05$）；D01 居群在成苗期、盛花期叶绿素 a/b 显著增加（$P<0.05$），D53、D63 和 D65 居群仅在盛花期显著增加（$P<0.05$），D47 居群在成熟期叶绿素 a/b 显著下降（$P<0.05$），D48 居群在 3 个生育期均没有显著变化；D01、D53、D63 和 D65 居群在成苗期、盛花期叶绿素 a+b 含量显著或极显著增加（$P<0.01$ 或 $P<0.05$），D47 与 D48 居群在 3 个生育期均显著或极显著下降（$P<0.01$ 或 $P<0.05$）；D01、D53、D63 和 D65 居群在 3 个生育期类胡萝卜素含量均显著或极显著增加（$P<0.01$ 或 $P<0.05$），D47 与 D48 居群在盛花期、成熟期显著或极显著下降（$P<0.01$ 或 $P<0.05$）。

表 5-3　UV-B 辐射增强对 6 个灯盏花居群光合色素含量的影响（mg/g FW）（引自冯源，2009）

Table 5-3　Effects of enhanced UV-B radiation on contents of photosynthetic pigments of 6 *E. breviscapus* populations (mg/g FW)

光合色素	居群	成苗期		盛花期		成熟期	
		对照	处理	对照	处理	对照	处理
叶绿素 a	D01	2.29	2.65*	3.41	3.81*	2.73	2.86
	D47	2.03	1.86	2.34	2.05*	1.95	1.61**
	D48	1.73	1.65	2.45	2.20*	1.76	1.39**
	D53	1.94	2.36**	2.57	3.05**	2.21	2.31
	D63	1.99	2.28**	2.60	2.97*	2.15	2.28
	D65	1.90	2.17*	2.47	2.78*	2.02	2.16
叶绿素 b	D01	1.86	1.95	1.96	2.05	1.85	1.90
	D47	1.38	1.30	1.94	1.81*	1.47	1.35*
	D48	1.36	1.28	1.76	1.62*	1.59	1.31**
	D53	1.77	1.99*	2.16	2.26	1.92	1.98
	D63	1.85	2.02*	2.00	2.10	1.69	1.78
	D65	1.61	1.75*	1.88	1.96	1.63	1.65
叶绿素 a/b	D01	1.23	1.36*	1.74	1.86*	1.48	1.51
	D47	1.47	1.43	1.21	1.13	1.33	1.19*
	D48	1.27	1.29	1.39	1.36	1.11	1.06
	D53	1.10	1.19	1.19	1.35*	1.15	1.17
	D63	1.08	1.13	1.30	1.41*	1.27	1.28
	D65	1.18	1.24	1.31	1.42*	1.24	1.31
叶绿素 a+b	D01	4.15	4.60**	5.37	5.86*	4.58	4.76
	D47	3.41	3.16*	4.28	3.86*	3.42	2.96**
	D48	3.09	2.93*	4.21	3.82*	3.35	2.70**
	D53	3.71	4.35**	4.73	5.31*	4.13	4.29
	D63	3.84	4.30**	4.60	5.07 *	3.84	4.06
	D65	3.51	3.92**	4.35	4.74 *	3.65	3.81
类胡萝卜素	D01	0.498	0.580**	0.644	0.721**	0.550	0.603*
	D47	0.409	0.417	0.514	0.468 *	0.410	0.365**
	D48	0.371	0.387	0.505	0.476*	0.402	0.368*
	D53	0.445	0.510**	0.568	0.635**	0.496	0.524*
	D63	0.461	0.535**	0.552	0.625**	0.461	0.503*
	D65	0.421	0.517**	0.489	0.568**	0.438	0.489**

注：*和**分别代表不同处理间差异在 $P < 0.05$ 和 $P < 0.01$ 水平显著（$n = 3$）

朱媛（2009）则研究表明，UV-B 辐射对灯盏花叶片叶绿素含量的影响与辐射剂量有关。辐射 30 天时，叶绿素含量随辐射强度的增强而降低，2.5kJ/m^2、5.0kJ/m^2 和 7.5kJ/m^2 UV-B 辐射与 CK 相比差异显著，分别降低 6.75%、7.00% 和 12.25%（图 5-1）。辐射 60

天、90 天时，各处理叶绿素含量均随辐射剂量增加而升高，各处理之间均差异显著。辐射 60 天时，各处理与 CK 相比，依次提高 31.43%、40.42% 和 71.26%；辐射 90 天时，各处理与 CK 相比，分别提高 12.77%、25.89% 和 35.11%，提高的幅度较辐射 60 天时明显下降。

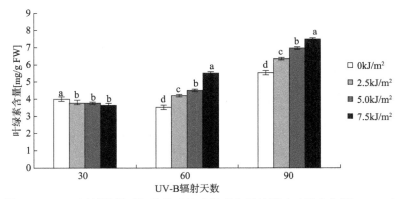

图 5-1　UV-B 辐射增强对灯盏花叶片叶绿素含量的影响（引自朱媛，2009）

Figure 5-1　Effect of enhanced UV-B radiation on chlorophyll contents in leaves of *E. breviscapus*

不同小写字母表示不同处理间差异显著（$P < 0.05$）

在大田条件下，经 UV-B 辐射 31 个割手密（*Saccharum spontaneum* L.）无性系在分蘖期、伸长期和成熟期的叶绿素含量有明显的变化（何永美，2006）。在分蘖期，有 15 个无性系的叶绿素 a+b 含量出现显著或极显著变化，有 15 个无性系的叶绿素 a 出现显著或极显著变化，有 14 个无性系的叶绿素 b 出现显著或极显著变化；伸长期，有 9 个无性系的叶绿素 a+b 含量出现显著或极显著变化，有 10 个无性系的叶绿素 a 出现显著或极显著变化，有 6 个无性系的叶绿素 b 出现显著或极显著变化；成熟期，有 7 个无性系的叶绿素 a+b 含量出现显著或极显著变化，有 11 个无性系的叶绿素 a 出现显著或极显著变化，有 5 个无性系的叶绿素 b 出现显著或极显著变化。总叶绿素含量变化主要是由叶绿素 a 急剧变化所致，而叶绿素 b 的变化较缓慢（表 5-4～表 5-6）。

表 5-4　31 个割手密无性系对 UV-B 辐射响应反馈的叶绿素 a 含量差异（引自何永美，2006）

Table 5-4　Intraspecific sensitivity to UV-B radiation based on chlorophyll a contents of 31 wild sugarcane (*S. spontaneum* L.) clones

无性系	分蘖期			伸长期			成熟期		
	对照 （μg/mL）	+UV-B （μg/mL）	变化率 （%）	对照 （μg/mL）	+UV-B （μg/mL）	变化率 （%）	对照 （μg/mL）	+UV-B （μg/mL）	变化率 （%）
I91-48	3.70	2.55	−31.08**	3.73	3.21	−13.94	3.63	3.22	−11.29**
92-11	2.70	1.52	−43.70**	2.93	2.47	−15.70	5.52	3.82	−30.80**
I91-97	3.75	4.10	9.33	4.94	4.15	−15.99	4.82	3.93	−18.46**
II91-99	3.07	4.26	38.76*	4.32	4.37	1.16	3.63	4.23	16.53
II91-13	2.97	2.80	−5.72	3.04	3.48	14.47	2.90	2.76	−4.83
I91-91	3.00	2.01	−33.00**	4.20	3.21	−23.57*	4.10	3.30	−19.51

续表

无性系	分蘖期			伸长期			成熟期		
	对照（μg/mL）	+UV-B（μg/mL）	变化率（%）	对照（μg/mL）	+UV-B（μg/mL）	变化率（%）	对照（μg/mL）	+UV-B（μg/mL）	变化率（%）
90-15	3.44	3.59	4.36	2.65	3.82	44.15**	1.88	2.28	21.28*
I91-38	2.79	3.68	31.90*	2.51	4.05	61.35**	3.64	3.95	8.52
88-269	2.43	2.30	-5.35	3.82	3.25	-14.92	3.21	2.71	-15.58
83-215	3.95	3.49	-11.65	5.50	4.59	-16.55	4.78	4.78	0
83-157	3.04	3.04	0	3.11	2.91	-6.43	3.74	3.04	-18.72
82-110	2.84	3.15	10.92	4.32	4.67	8.10	3.01	2.90	-3.65
II91-89	3.39	2.95	-12.98	3.97	2.58	-35.01**	2.47	2.30	-6.88
83-153	3.22	3.24	0.62	3.52	4.44	26.14**	3.69	3.84	4.07
83-193	3.55	2.99	-15.77	5.26	5.09	-3.23	3.57	2.79	-21.85*
92-4	3.86	2.77	-28.24**	4.37	3.77	-13.73	3.11	2.17	-30.23**
92-36	3.05	2.70	-11.48	3.90	3.24	-16.92	3.52	2.80	-20.45*
II91-98	4.21	3.93	-6.65	5.02	4.55	-9.36	3.86	3.78	-2.07
93-25	2.42	3.30	36.36**	2.72	2.55	-6.25	3.09	3.84	24.27**
90-8	3.69	2.84	-23.04*	4.51	4.53	0.44	2.91	3.05	4.81
82-26	2.94	3.10	5.44	3.71	4.08	9.97	3.86	3.73	-3.37
90-22	2.88	3.98	38.19**	4.27	4.33	1.41	3.12	3.37	8.01
92-26	3.13	2.24	-28.43**	4.92	3.94	-19.92*	4.00	3.23	-19.25
83-217	3.37	3.42	1.48	3.83	4.53	18.28	2.95	3.10	5.08
II91-72	1.56	2.15	37.82**	1.95	3.13	60.51**	1.95	2.43	24.62**
II91-93	3.75	2.83	-24.53*	4.08	4.00	-1.96	3.46	2.61	-24.57**
II91-116	2.42	2.32	-4.13	4.92	4.17	-15.24	3.21	3.18	-0.93
II91-5	3.57	3.17	-11.20	4.95	3.75	-24.24*	4.84	4.50	-7.02
II91-126	2.60	1.53	-41.15**	6.09	3.61	-40.72**	3.84	2.37	-38.28**
I91-37	3.23	2.18	-32.51**	4.30	4.13	-3.95	4.11	3.97	-3.41
II91-81	2.53	1.99	-21.34*	3.31	2.20	-33.53**	2.13	1.79	-15.96

注：*和**表示对照与 UV-B 辐射间分别在 $P<0.05$ 和 $P<0.01$ 水平差异显著（$n=31$）

表 5-5　31 个割手密无性系对 UV-B 辐射响应反馈的叶绿素 b 含量差异（引自何永美，2006）

Table 5-5　Intraspecific sensitivity to UV-B radiation based on chlorophyll b of 31 wild sugarcane (*S. spontaneum* L.) clones

无性系	分蘖期			伸长期			成熟期		
	对照（μg/mL）	+UV-B（μg/mL）	变化率（%）	对照（μg/mL）	+UV-B（μg/mL）	变化率（%）	对照（μg/mL）	+UV-B（μg/mL）	变化率（%）
I91-48	1.30	0.84	-35.38**	1.51	1.37	-9.27	1.88	1.77	-5.85
92-11	1.26	0.85	-32.54**	1.28	1.10	-14.06	2.54	2.07	-18.50
I91-97	1.81	1.84	1.66	1.85	1.65	-10.81	1.99	1.69	-15.08

无性系	分蘖期			伸长期			成熟期		
	对照（μg/mL）	+UV-B（μg/mL）	变化率（%）	对照（μg/mL）	+UV-B（μg/mL）	变化率（%）	对照（μg/mL）	+UV-B（μg/mL）	变化率（%）
II91-99	1.27	1.54	21.26**	1.95	2.01	3.08	1.72	1.81	5.23
II91-13	1.37	1.29	−5.84	1.20	1.33	10.83	1.38	1.20	−13.04
I91-91	1.44	1.07	−25.69**	1.56	1.28	−17.95	1.35	1.12	−17.04
90-15	1.65	1.62	−1.82	1.27	1.63	28.35**	0.94	1.15	22.34**
I91-38	0.91	1.12	23.08*	1.13	1.73	53.10**	1.21	1.27	4.96
88-269	1.36	1.29	−5.15	1.64	1.42	−13.41	1.32	1.15	−12.88
83-215	1.37	1.29	−5.84**	1.98	1.78	−10.10	1.75	1.68	−4.00
83-157	1.51	1.49	−1.32	1.27	1.19	−6.30	1.30	1.21	−6.92
82-110	0.92	1.01	9.78	1.68	1.83	8.93	1.32	1.34	1.52
II91-89	1.53	1.36	−11.11	1.81	1.27	−29.83**	1.28	1.19	−7.03
83-153	1.60	1.62	1.25	1.35	1.63	20.74*	1.49	1.52	2.01
83-193	1.36	1.10	−19.12	2.08	2.01	−3.37	1.32	1.24	−6.06
92-4	1.35	1.11	−17.78	2.03	1.78	−12.32	1.84	1.34	27.17**
92-36	1.69	1.52	−10.06	1.86	1.69	−9.14	1.53	1.28	−16.34
II91-98	1.59	1.50	−5.66	2.13	1.98	−7.04	1.83	1.71	−6.56
93-25	1.23	1.61	30.89**	1.27	1.16	−8.66	1.32	1.59	20.45**
90-8	1.82	1.44	−20.88**	1.93	1.96	1.55	1.15	1.20	4.35
82-26	1.35	1.41	4.44	1.96	2.19	11.73	1.91	1.83	−4.19
90-22	1.49	2.00	34.23**	1.60	1.62	1.25	1.22	1.27	4.10
92-26	1.41	0.97	−31.21**	2.12	1.76	−16.98	1.75	1.42	−18.86
83-217	1.51	1.53	1.32	1.43	1.67	16.78	1.17	1.23	5.13
II91-72	1.09	1.42	30.28**	0.80	1.23	53.57**	0.93	1.15	23.66**
II91-93	1.33	1.03	−22.56*	2.05	1.86	−9.27	1.64	1.33	−18.90
II91-116	1.63	1.56	−4.29	1.86	1.59	−14.52	1.37	1.35	−1.46
II91-5	1.76	1.66	−5.68	2.14	1.86	−13.08	1.88	1.75	−6.91
II91-126	1.29	0.91	−29.46**	2.46	1.56	−36.59**	2.01	1.42	29.35**
I91-37	1.68	1.18	−29.76**	1.82	1.74	−4.40	1.73	1.8	4.05
II91-81	1.40	1.13	−19.29	2.13	1.81	−15.02	1.41	1.28	−9.22

注：*和**表示对照与UV-B辐射间分别在 $P<0.05$ 和 $P<0.01$ 水平差异显著（$n=31$）

表 5-6　31 个割手密无性系对 UV-B 辐射响应反馈的叶绿素 a+b 含量差异（引自何永美、2006）
Table 5-6　Intraspecific sensitivity to UV-B radiation based on chlorophyll a+b contents of 31 wild sugarcane (*S. spontaneum* L.) clones

无性系	分蘖期			伸长期			成熟期		
	对照（μg/mL）	+UV-B（μg/mL）	变化率（%）	对照（μg/mL）	+UV-B（μg/mL）	变化率（%）	对照（μg/mL）	+UV-B（μg/mL）	变化率（%）
I91-48	5.00	3.39	−32.20**	5.24	4.58	−12.60	5.51	4.99	−9.44

续表

无性系	分蘖期			伸长期			成熟期		
	对照 （μg/mL）	+UV-B （μg/mL）	变化率 （%）	对照 （μg/mL）	+UV-B （μg/mL）	变化率 （%）	对照 （μg/mL）	+UV-B （μg/mL）	变化率 （%）
92-11	3.96	2.37	−40.15**	4.21	3.57	−15.20	8.06	5.89	−26.92**
I91-97	5.56	5.94	6.83	6.79	5.80	−14.58	6.81	5.62	−17.47
II91-99	4.34	5.8	33.64**	6.27	6.38	1.75	5.35	6.04	12.90
II91-13	4.34	4.09	−5.76	4.24	4.81	13.44	4.28	3.96	−7.48
I91-91	4.44	3.08	−30.63**	5.76	4.49	−22.05*	5.45	4.42	−18.90
90-15	5.09	5.21	2.36	3.92	5.45	39.03**	2.82	3.43	21.63*
I91-38	3.70	4.80	29.73**	3.64	5.78	58.79**	4.85	5.22	7.63
88-269	3.79	3.59	−5.28	5.46	4.67	−14.47	4.53	3.86	−14.79
83-215	5.32	4.78	−10.15	7.48	6.37	−14.84	6.53	6.46	−1.07
83-157	4.55	4.53	−0.44	4.38	4.10	−6.39	5.04	4.25	−15.67
82-110	3.76	4.16	10.64	6.00	6.50	8.33	4.33	4.24	−2.08
II91-89	4.92	4.31	−12.40	5.78	3.85	−33.39**	3.75	3.49	−6.93
83-153	4.82	4.86	0.83	4.87	6.07	24.64*	5.18	5.36	3.47
83-193	4.91	4.09	−16.70	7.34	7.10	−3.27	4.89	4.03	−17.59
92-4	5.21	3.88	−25.53*	6.40	5.55	−13.28	4.95	3.51	−29.09**
92-36	4.74	4.22	−10.97	5.76	4.93	−14.41	5.05	4.08	−19.21
II91-98	5.80	5.43	−6.38	7.15	6.53	−8.67	5.69	5.49	−3.51
93-25	3.65	4.91	34.52**	3.99	3.71	−7.02	4.41	5.43	23.13*
90-8	5.51	4.28	−22.32*	6.44	6.49	0.78	4.06	4.25	4.68
82-26	4.29	4.51	5.13	5.67	6.27	10.58	5.77	5.56	−3.64
90-22	4.37	5.98	36.84**	5.87	5.95	1.36	4.34	4.64	6.91
92-26	4.54	3.21	−29.30**	7.04	5.70	−19.03	5.75	4.65	−19.13
83-217	4.88	4.95	1.43	5.26	6.20	17.87	4.12	4.33	5.10
II91-72	2.65	3.57	34.72**	2.75	4.36	58.55**	2.88	3.58	24.31*
II91-93	5.08	3.86	−24.02*	6.13	5.86	−4.40	5.10	3.94	−22.75*
II91-116	4.05	3.88	−4.20	6.78	5.76	−15.04	4.58	4.53	−1.09
II91-5	5.33	4.83	−9.38	7.09	5.61	−20.87*	6.72	6.25	−6.99
II91-126	3.89	2.44	−37.28**	8.55	5.17	−39.53**	5.85	3.79	−35.21**
I91-37	4.91	3.36	−31.57**	6.12	5.87	−4.08	5.84	5.77	−1.20
II91-81	3.93	3.12	−20.61*	5.44	4.01	−26.29**	3.54	3.07	−13.28

注：*和**表示对照与 UV-B 辐射间分别在 $P<0.05$ 和 $P<0.01$ 水平差异显著（$n=31$）

　　杨志敏等（1995）报道，UV 辐射（280～400nm）对离体和非离体状态下叶绿素的降解有不同的作用机理。在离体状况下，叶绿素分子在不同有机介质中受紫外辐射影响的程度是不同的。可以看出，离体叶绿素分子在黑暗条件下较为稳定；而日光或紫外光均能加速叶绿素的分解，但以紫外光的光解作用最强。紫外光对叶绿素的降解效率为日光的两倍。紫外光在日光和黑暗条件下对叶绿素的破坏程度是不同的。在日光下，如果排除日光对叶绿素的作用，那么，紫外光对叶绿素的破坏程度为45%左右。在黑暗的环境下，紫外光破坏叶绿素的量约占总量的 30%。可见，紫外光在日光下对叶绿素的分解效率较高。

叶绿素是一类含有生色基团的脂溶性物质，在植物细胞内，叶绿素分子主要分布在叶绿体内的片层结构上。这些片层结构一般由脂类组成，因而使亲脂性的叶绿素分子有一个稳定的环境。丙酮是脂溶性有机物，叶绿素分子一旦离体在丙酮液中可能比较稳定，在紫外光照射下破坏也较小。对于乙醇提取液，95%和50%乙醇多少含有一定量的水分子，介质含水量越多，叶绿素分子越不稳定（李元和岳明，2000），而且在这种不稳定状态下紫外光会加剧叶绿素分子的解体。原因很可能是日光或紫外光除了会直接光解叶绿素分子外，还能激活 H_2O，使之产生具有破坏作用的活性氧自由基 O_2^-和 OH^-，从而加速叶绿素分子的分解（杨志敏等，1995）。与离体情况相反，紫外光在日光下对小麦叶片切段内叶绿素的降解作用小于其在黑暗中的作用。显然，这是因为紫外光破坏未离体叶绿素与其破坏离体叶绿素有不同的作用机理。在离体条件下，叶绿素光解是一个光化学过程；而未离体叶绿素分子的降解过程可能兼有生物和光化学作用，但这些作用过程仍然不太清楚。日光+紫外光处理的叶绿素降解速率明显低于黑暗+紫外光处理，日光能明显延缓紫外光对小麦体内叶绿素的降解。白光（400~700nm）对紫外光的作用可以认为是一种叶片组织的光修复作用（杨志敏等，1995）。Mirecki 和 Teramura（1984）在大豆的试验中发现，植株在高剂量 UV-B 辐射下同时给予较高的光量子通量密度（photosynthetic photon flux density，PPFD）所受到的紫外光伤害比高剂量 UV-B 辐射加低 PPFD 所受的伤害要小得多。小麦受 UV-B 辐射后净光合作用水平的下降幅度取决于光合有效辐射（photosynthetically active radiation，PAR）的大小，即小麦在 UV-B 照射的同时给予白光照射则植株受害程度明显减小。

Nedunchezhian 等（1992）报道，豇豆（*Vigna sinensis*）幼叶经 UV-B 辐射后，其叶片叶绿素结合蛋白含量明显上升，这些蛋白质既有高分子量的（50~70kDa），也有低分子量的（13~18kDa）。他们认为叶绿素结合蛋白含量上升是植物对 UV-B 辐射响应的一种功能性的抗逆作用，因为这些蛋白质可能会吸收大量的紫外光。此外，叶片表皮存在许多种紫外光受体（UV photoreceptor），如花青素、类黄酮甚至脱落酸等，这些物质一般可被紫外辐射诱导而大量产生，并能强烈地吸收紫外光，从而使得透过叶表进入内部叶肉细胞的 UV 辐射大量减少，并有效地抑制其对叶绿素的破坏作用，但紫外光对不同条件下植物叶片叶绿素的影响可能还涉及其他机制，这些有待进一步的研究。

为进一步探讨 UV 辐射（280~400nm）对叶片叶绿素的降解作用，杨志敏等（1995）在盛有小麦叶片切段的培养皿内加入人工合成的生长调节剂 N^6-苄基腺嘌呤（6-BA），结果表明，1.2μmol/L 6-BA 能强烈地延缓 UV 辐射对叶绿素的降解作用（表 5-7）。无论是光照还是黑暗条件下，6-BA 抗 UV 辐射的作用都非常明显。与日光+ UV 辐射处理相比，12 天时日光+UV 辐射+6-BA 处理使叶绿素的损失减少了 40 个百分点；而在暗处理中，12 天时 6-BA 使叶绿素的损失率减少了 43 个百分点。这说明 6-BA 具有抗 UV 辐射伤害的作用，对这一机理进行深入研究，具有重要的理论和实践意义。

表 5-7　6-BA 对 UV 降解小麦叶片叶绿素的影响（引自杨志敏等，1995）

Table 5-7　Effects of 6-BA on the chlorophyll degradation of wheat leaves exposed to UV radiation

处理	叶绿素相对降解率（%）	
	6 天	12 天
日光	13.7	39.5
日光+ UV	49.0	57.8
日光+ UV+ 6-BA	9.9	17.8
黑暗	61.7	78.0
黑暗+ UV	65.0	89.2
黑暗+ UV+ 6-BA	27.4	46.2

注：生长调节剂 N^6-苄基腺嘌呤（6-BA）的剂量为 1.2μmol/L，UV 波长为 280～400nm

　　UV-B 辐射导致光合色素降解的分子机理尚不十分明确，对于大多数作物，暴露在增强 UV-B 辐射的过程中，光合色素的降低是很明显的。在高等植物中，类胡萝卜素在抗 UV-B 辐射损害中起到了重要的作用。类胡萝卜素是单线态氧及其他活性氧自由基的清除剂，在强光时形成，它参与吸收和传递光能，保护叶绿素。经 UV-B 辐射处理的豆科植物中，类胡萝卜素含量显著减少。在防御 UV-B 辐射方面，植物还可通过一些机理耗散过多的能量，如通过光化学猝灭（photochemical quenching，qP）和非光化学猝灭。一个重要的散热途径是叶黄素循环，对于有些物种，当植物获得的能量高于光化学水平，甚至在中等辐射强度下，紫黄质转换为玉米黄质，从而将过多的能量消耗掉。在实验室内研究表明，UV-B 辐射影响许多植物的光合作用，然而在田间条件下并不明显，两种情况之间存在差异可能是未考虑自然发生的耐性机理。同时，UV-B 辐射诱导植物进行自我修复和适应环境，这种行为使植物可以耐受 UV-B 辐射。Booij-James 等（2000）已经证实，无论在 PAR 存在还是缺失的情况下，UV-B 辐射可以诱导色素保护叶绿体的新陈代谢，从而使植物对抗 UV-B 辐射。

　　类胡萝卜素含量的变化情况与叶绿素类似，但降低程度不大。这可能与它本身的性质有关，它除了是光合色素外，又是植物体的内源抗氧化剂。类胡萝卜素能够保护植物光合系统免受伤害，可作为 UV-B 辐射的"猝灭剂"，在光氧化过程中具有清除氧自由基的作用。UV-B 辐射加剧膜脂过氧化，因而氧自由基水平上升，导致叶绿素的氧化分解。相对过剩的活性氧使游离的色素对其十分敏感，但能清除一定氧自由基的类胡萝卜素本身受到损害，其含量下降。

　　光合色素变化存在差异与 UV 波谱和种间差异有关。姚银安（2006）采用宽幅 UV-B（B-UVB，275～400nm）、窄幅 UV-B（N-UVB，290～340nm）、宽幅 UV-A（B-UVA，315～400nm）、窄幅 UV-A（N-UVA，315～340nm）及对照（UV-）5 个不同紫外辐射波段处理黄瓜和大豆表明：在高的紫外/可见光背景下，同 UV-B 辐射一样，UV-A 辐射处理同样导致光合色素含量大部分降低（表 5-8）。UV-B 辐射下多数作物的光合色素降低，这可能与叶绿体结构受到 UV-B 辐射的影响而破坏有关（He et al., 1994; Cassi-Lit et al., 1997）。黄瓜类胡萝卜素/叶绿素 a+b 在紫外辐射处理下有所升高，由于类胡萝卜素对光氧化起到保护作用，因此类胡萝卜/叶绿素 a+b 的升高有利于减轻植物受到的 UV-B 辐射伤害（Smith et al., 2000）。姚银安（2006）的试验也证实，β-胡萝卜素（β-carotene，β-C）含量在 N-UVA 和 N-UVB 辐射下相比对照升高，且总胡萝卜素/叶绿素 a+b 显著升高。前人的研究认为，在 UV-A/蓝光/可见光条件下，β-胡萝卜素的显著上升能有效保护光合系统，并设想这可能与 β-胡萝卜素对蓝光/紫外光的吸收并屏蔽捕光系统有关（Jahnke, 1999; Helsper et al., 2003）。另外，β-胡萝卜素被 B-UVB 辐射降低，这可能与高光子能量（B-UVB 辐射）对光合膜的破坏有关（Carletti et al., 2003）。与 N-UVB 辐射处理相比，B-UVB 辐射导致大豆光合色素含量极显著降低，但在黄瓜中降低较少。这种种间差异与植物表现出的表面伤害（黄瓜叶片较干而大豆叶片失绿并出现黄斑）相一致。与 N-UVB 辐射相比较，大豆原本含量很高的羰基化合物和丙二醛在 B-UVB 辐射下进一步升高，并导致叶绿体结构受到更大的伤害及光合色素含量大幅降低。B-UVB 辐射处理下黄瓜叶绿素 b/a 与 N-UVB 辐射相比升高而大豆变化较小，这与 Yao 等（2005）的结果一致，其对叶绿素的影响不同可能与种间差异有关。到目前为止，很少有关于较长时间内不同 UV 波段处理的植物效应的报道，在这方面还需要对不同植物进行进一步研究。

表 5-8　不同 UV 波段辐射对黄瓜和大豆叶片光合色素的影响（μmol/m²）（引自姚银安，2006）
Table 5-8　Effects of different UV irradiation on leaf photosynthetic pigments of cucumber and soybean (μmol/m²)

指标	黄瓜				大豆	
	B-UVB	N-UVB	N-UVA	UV-	B-UVB	N-UVB
叶绿素 a	375.4±32.1c	393.3±19.0bc	434.0±27.4b	490.7±36.4a	302.1±25.0**	471.4±38.0
叶绿素 b	133.3±11.7b	131.2±13.1b	136.7±16.3ab	158.3±12.5a	96.2±10.1**	145.0±17.5
叶绿素 b/a	0.36±0.07a	0.33±0.08b	0.32±0.05b	0.32±0.04b	0.32±0.05	0.31±0.06
β-胡萝卜素（βC）	95.9±13.3b	134.3±15.2a	135.0±16.8a	125.0±14.5ab	119.2±10.3**	183.1±16.5
新黄素（N）	46.7±3.6ab	45.9±3.1b	48.7±4.1ab	52.0±3.0a	29.0±4.3**	46.6±6.2
叶黄素（L）	118.3±8.2ab	112.3±7.6b	114.0±8.7b	132.0±10.3a	81.6±9.1**	117.0±12.4
叶黄素循环色素	88.0±6.8a	73.6±6.2b	84.8±5.2ab	87.0±5.0a	59.0±7.2**	90.1±11.2
叶黄素循环转换比例	0.38±0.03a	0.32±0.02b	0.31±0.02b	0.35±0.03ab	0.31±0.07**	0.26±0.03
总类胡萝卜素	348.9±29.2b	366.2±31.0ab	382.4±23.4a	396.0±28.7a	288.7±34.1**	436.8±45.7
总类胡萝卜素/叶绿素 a+b	0.69±0.04a	0.70±0.04a	0.67±0.03a	0.61±0.03b	0.73±0.05	0.71±0.07

注：植物样品在中午采摘；数值为平均值 ±1 倍标准误，重复至少为 3 次；总类胡萝卜素=βC+N+L+V+A+Z[根据 Carletti 等（2003）]；叶黄素循环转换比例=[环氧紫黄质（A）+玉米黄质（Z）]/[紫黄质（V）+环氧紫黄质（A）+玉米黄质（Z）]；不同小写字母表示不同处理间在 $P<0.05$（HSD 检验）水平差异显著；**表示大豆叶片 B-UVB 处理在 $P<0.01$ 水平上与 N-UVB 处理相比达到显著水平；由于样品受到污染，所有 B-UVA 处理的光合色素均未检测到

与对照（UV-）相比，黄瓜叶片叶绿素 a 和叶绿素 b 含量在 N-UVA 辐射处理降低，并在两个 UV-B 辐射处理（B-UVB、N-UVB）大幅度降低，但 B-UVB 辐射处理叶绿素 b/a 升高；在 B-UVB 辐射处理下，β-胡萝卜素含量以与叶绿素含量相似的幅度降低（表 5-8）。其他类胡萝卜素，如新黄素（N）、叶黄素（L）以及叶黄素循环色素[紫黄质（V）+环氧紫黄质（A）+玉米黄质（Z）]被 N-UVB 辐射显著降低（$P<0.05$），但 B-UVB 辐射处理未达显著水平；总类胡萝卜素（total carotenoid, Tcar）含量被 B-UVB 辐射显著降低，但 Tcar/叶绿素 a+b 显著升高（$P<0.05$）。相比 N-UVB 辐射处理，B-UVB 辐射处理显著升高了叶黄素循环转换比例[（A+Z）/（V+A+Z）]。与 N-UVB 辐射处理比较，B-UVB 辐射处理大幅度降低了大豆叶片的叶绿素和类胡萝卜素含量（如 β-胡萝卜素、N、L、V+A+Z 及总类胡萝卜素含量），除更稳定的叶黄素（L）外，其他光合色素以相似的幅度下降。在光合色素上表现出显著的紫外辐射处理×物种的互作效应与植物叶绿体受到的氧化胁迫压力存在种间差异有关（表 5-9）。

表 5-9　UV 波段和不同作物对植物光合色素的主效应分析（引自姚银安，2006）

Table 5-9　Analysis of the main effect of UV radiation and different crops on plant photosynthetic pigments

指标	UV 波段		作物		UV 波段×作物	
	F	P	F	P	F	P
最大光量子效率	203.871	0.000***	0.724	0.400	8.318	0.000***
实际光量子效率	116.244	0.000***	15.081	0.000***	3.720	0.012*
叶绿素 a+b	121.408	0.000***	0.389	0.567	91.614	0.001**
β-胡萝卜素	21.120	0.010**	10.446	0.032*	1.311	0.136
总类胡萝卜素	6.745	0.060	0.027	0.878	4.213	0.097
叶黄素循环转换比例	10.177	0.033*	14.214	0.020*	0.084	0.786

注：总类胡萝卜素=βC+ N+ L+ V+A+Z [根据 Carletti 等（2003）]；叶黄素循环转换比例=[环氧紫黄质（A）+玉米黄质（Z）]/[紫黄质（V）+环氧紫黄质（A）+玉米黄质（Z）]；*、**和***分别表示处理效应差异水平为 $P<0.05$、$P<0.01$ 和 $P<0.001$；叶绿素 a+b、β-胡萝卜素、总类胡萝卜素及叶黄素循环转换比例（A+Z）/（V+A+Z）仅比较宽幅 UV-B 和窄幅 UV-B 辐射处理

姚银安（2006）对苦荞连续两个生长季节的试验表明，UV-B 辐射降低苦荞叶片光合色素含量（表 5-10）。苦荞是一个对 UV-B 辐射高度敏感的作物，苦荞对 UV-B 辐射的敏感性与 UV-B 辐射剂量、外界环境因素及生长季节有关。值得关注的是，与对照[NA，8.60kJ/（m²·d）]相比，UV-B–[减弱 UV-B，3.90kJ/（m²·d）]辐射处理下叶绿素 a+b 和总类胡萝卜素含量升高达 20%左右，这表明当前条件下的 UV-B 辐射对光合色素积累有较大的负面作用。另外，由于类胡萝卜类在植物叶绿体免遭紫外光伤害中起到重要的保护作用，试验中总类胡萝卜素/叶绿素 a+b 的升高可为植物提供较好的保护作用。生长季节同样影响苦荞光合色素含量，秋荞的叶绿素和总类胡萝卜素含量比春荞高。

表5-10　不同 UV-B 辐射处理对春季和秋季苦荞光合色素含量的影响（引自姚银安，2006）

Table 5-10　The effects of different UV-B radiation treatment on the photosynthetic pigments of spring and autumn tartary buckwheat

季节	UV-B 辐射（kJ/m²）	叶绿素 a（mg/g）	叶绿素 b（mg/g）	叶绿素 a+b（mg/g）	总类胡萝卜素（mg/g）	总类胡萝卜素/叶绿素 a+b
春荞	UV-B–	18.22（0.74）a	4.99（0.18）a	23.21（0.91）a	4.12（0.12）a	0.178（0.002）b
	NA	15.13（0.36）b	4.15（0.14）b	19.28（0.51）b	3.53（0.09）b	0.183（0.000）a
	5.30	14.42（0.02）b	3.65（0.04）b	18.08（0.04）b	3.36（0.03）b	0.186（0.002）a
	8.50	13.99（0.64）b	3.92（0.20）b	17.91（0.84）b	3.39（0.10）b	0.190（0.003）a
秋荞	UV-B–	19.23（0.50）a	5.16（0.11）a	24.39（0.61）a	4.43（0.08）a	0.182（0.002）b
	NA	15.88（0.80）b	4.12（0.21）b	20.00（1.00）b	3.71（0.18）b	0.185（0.001）ab
	5.30	15.57（0.67）b	4.42（0.13）b	19.99（0.81）b	3.74（0.11）b	0.187（0.002）a
	8.50	15.19（0.21）b	4.10（0.08）b	19.28（0.29）b	3.58（0.04）b	0.186（0.001）ab

注：数值为平均值±1 倍标准误，重复至少为 3 次；同一列不同小写字母表示不同处理间在 $P<0.05$（Tukey's HSD 检验）水平差异显著；括号内为标准误差

2. UV-B 辐射对植物光合速率的影响

UV-B 辐射对植物光合作用影响的研究工作从 20 世纪 30 年代初就已开始，对高等植物和低等植物已有较多研究。关于植物种内和种间的温室试验或大田试验，获得了正、反两方面的结果，总体而言紫外辐射影响了植物的光合作用。UV-B 辐射可能抑制光合作用的多个过程，是光合速率明显降低的主要原因。UV-B 辐射抑制光合作用的机理是多因素、多层次的复杂过程。主要表现在：①叶绿体结构对 UV-B 辐射非常敏感，UV-B 辐射能破坏敏感植物的叶绿体结构。UV-B 辐射引起活性氧代谢紊乱，使叶绿体的膜脂发生过氧化作用，脂肪酸组分配比改变及膜流动性降低，破坏叶绿体的膜结构完整性，类囊体和基粒受到损坏，导致叶绿体合成受阻，叶绿素和类胡萝卜素被诱导发生非酶促氧化，主要是破坏植物的叶绿素 a，改变叶绿素 b/a 值和总类胡萝卜素/总叶绿素值。②植物光合系统中，PSII 是 UV-B 辐射的主要破坏对象（Tevini and Teramura，1989；Kataria et al.，2014），经 UV-B 辐射后 PSII 反应中心失活、PSII 蛋白复合体氧化降解（Sullivan et al.，2003）、希尔反应（Hill reaction）活性降低。③经 UV-B 辐射后蛋白质中主要氨基酸光解产生活性氧自由基，破坏光合作用的有关酶，1,5-二磷酸核酮糖羧化酶/加氧酶（Rubisco）活性和含量降低（Yu et al.，2013a），同时 UV-B 辐射导致环式磷酸化解偶联作用受到抑制以及类囊体膜遭到破坏，电子传递链损伤（Brandle et al.，1977；Kataria et al.，2014），暗呼吸增加，光能转换成化学能的效率下降，气孔关闭或气孔阻力增大，因此植物光合速率下降和叶绿素含量降低（李良博等，2015）。Strid 等（1990）指出经 UV-B 辐射的豌豆幼苗，其 PSII 活性、ATP 合成酶及 1,5-二磷酸核酮糖羧化酶（RuBPCase）含量急剧下降。Teramura 等（1980）的研究表明，在不同 PAR 条件下，高 UV-B 辐射导致大豆净光合速率显著降低。同时，非气孔阻力和气孔阻力明显增大。由于酶活性、PSII 反应速率（Tevini et al.，1991；Strid et al.，1990；Bornman and Vogelmann，

1991）和气孔导度降低（Teramura，1983）以及气孔阻力增大或气孔关闭，光合速率降低，最终影响作物生物量和产量。光系统 II 受到直接损害可以从分离自叶绿体的叶绿素荧光变化、细胞悬浮液变化、完整组织损坏、补增 UV-B 辐射对栽培植物幼苗的效应等得到证实（吴杏春等，2001）。然而，PSII 不是 UV-B 辐射直接抑制光合作用的关键位点（Nogués and Baker，1995）。UV-B 辐射对光合效率的长期影响可能是通过调控光合蛋白的基因表达（Strid et al.，1994）和群体中植物的形态变化来完成的（Björn，1996）。

　　不同种类、不同品种、不同生长时期的植物对 UV-B 辐射的响应不同，UV-B 辐射对植物光合速率的影响依植物生长时期和物种特性不同而异。Surabhi 等（2009）比较了温室内 4 个 UV-B 辐射强度对三个豌豆品种的影响，UV-B 辐射降低了三个品种的最大净光合速率，但是抗性品种降低幅度小。Van 等（1976）对 13 种植物进行过量的 UV-B 辐射，发现植物净光合速率对 UV-B 辐射的响应相差甚大。按照响应的强弱，可把植物分为敏感型、较敏感型和忍耐型三大类。C_4 植物对 UV-B 辐射不太敏感，而 C_3 植物则较为敏感。Teramura 等（1991）从中国和东南亚各国选择了 16 个水稻品种进行 UV-B 辐射模拟试验，并用氧电极法测定了光合速率，结果表明（表 5-11），其中 10 个品种的最大光合速率和生物量与对照相比有不同程度的下降，而有 3 个品种的最大光合速率和生物量反而提高。统计表明，6 个品种最大光合速率与对照相比具有显著差异，'PTB13'等 5 个品种显著降低，而品种'Kurkaruppan'显著增加。最大光合速率的降低与气孔导度的变化没有密切的联系，但观察到光合固定 CO_2 速率降低。增强 UV-B 辐射能降低敏感品种的光合能力，这表明 UV-B 辐射可能降低了光合作用中光能转化成化学能的效率。光合能力的降低必然会影响植物干物质的积累，尽管它们之间不存在简单、直接的相互关系。这种品种间的差异除了与植物的地区适应和遗传特性不同有关外，还与试验条件，如 UV-B 辐射的时间长短、植物的不同生育期以及光合有效辐射（PAR，400～700mn）的强弱有关。

表 5-11　UV-B 辐射对 16 个水稻品种最大光合速率和生物量的影响（引自 Teramura et al.，1991）

Table 5-11　Effects of UV-B radiation on maximum photosynthesis and total biomass of 16 rice cultivars

品种	最大光合速率			生物量		
	对照（$\mu mol\ CO_2$/g 叶绿素）	UV-B（$\mu mol\ CO_2$/g 叶绿素）	变化率（%）	对照（g 干重/株）	UV-B（g 干重/株）	变化率（%）
Carreon				80.0	47.6	-40.5*
N 22	77.4	70.0	-9.6	25.7	15.6	-39.3*
IR-36	53.7	51.9	-3.4	51.6	32.0	-38.0*
BPI76	78.5	78.0	-0.6	106.2	82.8	-22.0*
PTB13	118.6	87.9	-25.9*	168.1	133.3	-20.7*
Nam Sa-Gui 19	78.4	60.7	-22.6*	73.8	58.8	-20.3*
IR747B2	95.9	73.1	-23.8*	40.3	32.0	-18.6
IR1552				71.9	59.0	-17.9
IR8	67.9	50.3	-25.9*	50.0	42.8	-14.4
中国 1039	62.2	61.1	-1.8	59.5	53.2	-10.6

续表

品种	最大光合速率			生物量		
	对照 （μmol CO₂/g 叶绿素）	UV-B （μmol CO₂/g 叶绿素）	变化率 （%）	对照 （g 干重/株）	UV-B （g 干重/株）	变化率 （%）
Mudgo	105.7	94.3	−10.8	164.0	154.0	−6.1
FR 13A	102.2	84.9	−16.9*	98.6	96.6	−2.0
Basmati 370				34.6	35.1	1.4
Tetep	48.5	50.6	4.3	53.8	57.1	6.1
Himali	93.2	93.8	0.6	70.5	80.2	13.8
Kurkaruppan	80.1	99.1	23.7*	142.4	174.8	22.8*

注：*表示不同处理间在 $P<0.05$ 水平差异显著（LSD 检验，$n=6\sim10$）

卫章和和朱素琴（2000）研究了广东南亚热带森林几种常见木本植物在不同 UV-B 辐射强度下的光合效应，测试树种包括九节（*Psychotria rubra*）、鹅掌柴（*Schefflera octophylla*）、猴耳环（*Pithecellobium clypearia*）、翻白叶树（*Pterospermum heterophyllum*）、山乌柏（*Sapium discolor*）和大叶合欢（*Albizzia lebbeck*），试验结果显示，UV-B 辐射明显降低幼苗叶片净光合速率和气孔导度。UV-B 辐射对阳生植物的影响比耐阴植物大，较低 UV-B 辐射水平和对照组差异显著，而两个不同 UV-B 辐射水平间的差异较小，表明在一定范围内，植物对 UV-B 辐射增强的响应并不是线性的。UV-B 辐射不仅使净光合速率和气孔导度降低，还可能抑制光合作用的多个过程。

杨志敏等（1995）报道了 UV-A 辐射（320～400nm）对小麦抽穗期旗叶光合作用的影响。经过对旗叶初展期、半旗叶期、全旗叶期和后期的观察表明，UV-A 辐射明显地抑制旗叶的净光合速率，而且抑制作用随叶龄增加而增大。UV-A 辐射同时抑制蒸腾作用，且与气孔导度降低和气孔阻力增大有关。可以认为，小麦叶片在接受 UV-A 辐射后，光合作用和蒸腾作用减弱很可能是由 UV-A 辐射诱导气孔阻力增大所致。郑有飞等（1996）用 UV-A + UV-B 辐射（290～400nm）处理小麦和大豆，观察到叶片净光合速率明显下降，且辐射越强下降越明显，同时观察到蒸腾速率和气孔导度明显降低。杨志敏等（1996）指出，UV-A + UV-B 辐射（290～400nm）能强烈抑制大豆叶片 CO_2 的同化，降低净光合速率。以刚完全展开的第 2 复叶为例，随叶龄增加，对照组叶片的净光合速率先上升，达到最大值后缓慢下降，在近一个月内其净光合速率下降幅度为 46%，而 3 个 UV 辐射处理组叶片的净光合速率从开始便下降，下降幅度随 UV 辐射强度的增加而增大，$0.15W/m^2$、$0.35W/m^2$ 和 $0.7W/m^2$ UV 辐射的叶片净光合速率分别下降了 53%、77% 和 90%。可见，大豆叶片净光合速率与 UV 辐射强度之间呈负相关。此外，从不同叶位叶片的净光合速率差异可以看出，随着叶位升高，UV 辐射对净光合速率的抑制作用越大，表明幼叶对 UV 辐射比老叶敏感。从第 2 复叶起，对照与各 UV 辐射的叶片净光合速率之间开始出现显著差异，而且叶位越高，差异越大。同时，$0.35W/m^2$ 和 $0.7W/m^2$ UV 辐射之间的净光合速率在第 1 复叶、第 2 复叶与第 3 复叶均无显著差异，在幼嫩的第 4 复叶才产生差异。进一步证明了幼叶对 UV 辐射具有较高的敏感性。

3. UV-B 辐射对叶绿素荧光动力学参数的影响

叶绿素荧光动力学特征能系统反映叶片对光能的吸收、传递、耗散与分配，被作为测定叶片光合性能的快速、无损伤探针。叶绿素荧光信号可以反映逆境因子对光合作用的影响及光合器官受影响的部位。正常情况下，植物叶片叶绿素吸收的光能主要通过光合电子传递、叶绿素荧光发射和热耗散 3 种途径来消耗，这 3 种途径存在此消彼长的关系，光合作用和热耗散的变化会引起荧光的相应变化，因此，可以通过对荧光的观测来探究植物光合作用和热耗散情况。目前，利用 PAM-2100（Walz，德国）测定各标记叶片的 F_0（初始/最小荧光）、F_v/F_m（PSII 原初光能转化效率或最大光量子效率）、F_m（最大荧光产量）、qP（光化学猝灭）、NPQ（非光化学猝灭）等系数能够综合反映逆境下植物 PSII 的状态。大量研究表明，UV-B 辐射增强能抑制许多植物的光合作用。对大豆（*Glycine max*）、黄瓜（*Cucumis sativus*）、皱波角叉菜（*Chondrus crispus*）、欧洲油菜（*Brassica napus*）、皱溪菜（*Prasiola crispa*）等的研究表明，增强 UV-B 辐射降低了植物的最大光量子效率和表观光量子产率，且具有剂量和时间效应，但也表现出品种间差异（钟楚等，2009b）。F_v/F_m 常被用来表征植物光合作用受到光抑制的程度，增强 UV-B 辐射下 F_v/F_m 降低，主要是由于 PSII 失活或被破坏，植物受到了光抑制。林文雄等（2002c）研究表明，UV-B 辐射会使得水稻叶绿素荧光动力学参数发生明显变化，如最大光量子效率、光合系统潜在活性等均明显降低。

姚银安（2006）研究 5 个不同 UV 波段处理对黄瓜和大豆叶片叶绿素 a 荧光的影响，辐射处理为：宽幅 UV-B（B-UVB，275～400nm）、窄幅 UV-B（N-UVB，290～340nm）、宽幅 UV-A（B-UVA，315～400nm）、窄幅 UV-A（N-UVA，315～340nm）及对照（UV-）。结果表明：与对照相比黄瓜和大豆的最大光量子效率（F_v/F_m）在 B-UVB 辐射处理下显著降低，而其他处理与对照相比差别不明显（$P>0.05$）（表 5-12）；黄瓜叶片的实际光量子效率(Y)被 N-UVB 和 B-UVB 辐射处理显著降低，大豆叶片的 Y 被 N-UVA 和 N-UVB 辐射降低，B-UVB 辐射降低的幅度更大（$P<0.05$）。

表 5-12　不同 UV 波段处理对黄瓜和大豆叶片叶绿素 a 荧光的影响（引自姚银安，2006）

Table 5-12　Effects of different UV irradiation on leaf chlorophyll a fluorescence of cucumber and soybean

物种	指标	B-UVB	N-UVB	N-UVA	B-UVA	UV-
黄瓜	F_v/F_m	0.636±0.025b	0.767±0.013a	0.784±0.003a	0.783±0.003a	0.784±0.003a
	Y	0.622±0.026c	0.734±0.010b	0.772±0.006a	0.757±0.016ab	0.780±0.004a
大豆	F_v/F_m	0.677±0.013c	0.767±0.014b	0.783±0.004a	0.774±0.003ab	0.769±0.005ab
	Y	0.611±0.029c	0.709±0.009b	0.725±0.023b	0.768±0.006a	0.748±0.010ab

注：数值为平均值 ±1 倍信标准误，重复为 4 次，每个重复至少包含 8 个组内重复；同一行不同小写字母表示不同处理间在 $P<0.05$ 水平差异显著（HSD 检验）

冯源（2009）报道了增强 UV-B 辐射对 6 个灯盏花居群光合参数的影响（表 5-13）。与对照相比，UV-B 辐射增强条件下 D01、D53、D63 与 D65 居群在成苗期、盛花期叶片净光合速率（net photosynthetic rate，Pn）显著增加（$P<0.05$）；D01、D53 与 D65 居群在成苗期、盛花期叶片气孔导度(stomatal conductance, Cs)与胞间 CO_2 浓度（intercellular carbon dioxide concentration，Ci）显著或极显著增加（$P<0.01$ 或 $P<0.05$），D63 居群在成苗期、盛花期和成熟期 3 个生育期显著或极显著增加（$P<0.01$ 或 $P<0.05$）；除 D01 居群在成熟期没有显著变化外，D01、D53、D63 与 D65 居群在 3 个生育期叶片气孔限制值（limiting value of stomata，Ls）显著降低（$P<0.05$），这 4 个灯盏花居群在 3 个生育期的叶片蒸腾速率（transpiration rate，Tr）均没有显著变化（$P>0.05$）；D47 与 D48 居群在 3 个生育期的叶片净光合速率、蒸腾速率以及气孔导度均显著或极显著降低（$P<0.01$ 或 $P<0.05$），而气孔限制值则显著增大（$P<0.01$ 或 $P<0.05$）。D01 与 D65 居群在 3 个生育期水分利用率（water use efficiency，WUE）显著增加；D53 与 D63 居群在成苗期、盛花期水分利用率显著增加（$P<0.05$），D47 居群在成苗期、盛花期显著或极显著下降（$P<0.01$ 或 $P<0.05$），D48 居群在盛花期、成熟期显著或极显著减少（$P<0.01$ 或 $P<0.05$）。

表 5-13　UV-B 辐射增强对 6 个灯盏花居群光合参数的影响（引自冯源，2009）

Table 5-13　Effects of enhanced UV-B radiation on photosynthetic parameters of 6 *E. breviscapus* populations

光合参数	居群	成苗期		盛花期		成熟期	
		对照	处理	对照	处理	对照	处理
净光合速率 Pn[μmol/（m²·s）]	D01	21.25	22.96*	17.25	18.48*	13.02	13.78
	D47	23.25	21.05*	15.02	12.66**	10.89	9.05**
	D48	20.28	18.07*	17.84	15.02**	12.39	10.17**
	D53	16.06	17.56*	13.02	13.98*	10.04	10.58
	D63	15.32	17.01*	10.25	11.35*	8.36	8.65
	D65	15.03	16.92*	12.05	13.33*	8.97	9.69
蒸腾速率 Tr[mmol/（m²·s）]	D01	6.58	6.76	3.32	3.41	1.92	1.98
	D47	6.07	5.65*	4.01	3.69*	2.47	2.05**
	D48	5.35	4.86*	3.83	3.44 *	2.59	2.31*
	D53	7.11	7.38	5.25	5.41	3.92	4.02
	D63	8.54	8.81	5.68	5.84	3.65	3.71
	D65	8.25	8.48	6.01	6.15	3.63	3.69
气孔导度 Cs[μmol/（m²·s）]	D01	0.357	0.378*	0.304	0.321*	0.252	0.255
	D47	0.302	0.279*	0.256	0.225**	0.205	0.176**
	D48	0.368	0.341*	0.317	0.289*	0.269	0.231**
	D53	0.218	0.254*	0.183	0.203*	0.148	0.154
	D63	0.169	0.201**	0.102	0.116*	0.063	0.069*
	D65	0.228	0.249*	0.201	0.219*	0.155	0.163
胞间 CO_2 浓度 Ci（μmol/mol）	D01	204.25	218.01**	175.97	185.87*	142.14	146.37
	D47	235.34	220.17**	208.69	191.41**	176.36	154.25**
	D48	247.20	232.36**	210.69	192.52**	174.62	148.38**
	D53	218.36	235.67**	192.34	204.96*	156.69	158.87

续表

光合参数	居群	成苗期		盛花期		成熟期	
		对照	处理	对照	处理	对照	处理
胞间 CO_2 浓度 Ci（μmol/mol）	D63	203.25	216.87**	173.25	182.35*	150.36	156.28*
	D65	198.36	215.53**	170.25	179.98*	143.69	145.97
气孔限制值 Ls	D01	0.18	0.15*	0.29	0.25*	0.38	0.36
	D47	0.26	0.29*	0.37	0.41*	0.45	0.51*
	D48	0.16	0.18*	0.28	0.33*	0.41	0.49*
	D53	0.21	0.17*	0.35	0.31*	0.53	0.48*
	D63	0.15	0.12*	0.33	0.30*	0.46	0.42*
	D65	0.29	0.25*	0.43	0.38*	0.55	0.50*
水分利用率 WUE	D01	3.23	3.40*	5.20	5.42*	6.78	6.96*
	D47	3.83	3.73*	3.75	3.43**	4.41	4.37
	D48	3.79	3.72	4.66	4.37*	4.78	4.40**
	D53	2.26	2.38*	2.48	2.58*	2.56	2.63
	D63	1.79	1.93*	1.80	1.94*	2.29	2.33
	D65	1.82	2.00*	2.00	2.17*	2.47	2.63*

注：*和**分别代表不同处理间在 $P<0.05$ 和 $P<0.01$ 水平差异显著（$n=3$）

4. UV-B 辐射对植物 RuBP 羧化酶的影响

光合酶的多少决定了光合碳代谢的方向和效率，植物光合速率的大小与光合酶含量及羧化酶活性具有相关性。在高等植物中，RuBP 羧化酶（1,5-二磷酸核酮糖羧化酶/加氧酶，Rubisco）是叶绿体中最丰富的可溶性蛋白，是影响光合碳还原循环中 CO_2 固定的重要因子，在 C_3 植物体中 50%以上的可溶性蛋白是 RuBP 羧化酶，是植物体有机氮的重要贮藏形式。RuBP 羧化酶催化卡尔文循环和光呼吸的第一步反应，是参与碳循环和光呼吸的关键酶（Jordan et al.，1992）。UV-B 辐射可使 Rubisco 形成一种 66kDa 的光产物。Wilson 等（1995）发现，欧洲油菜、番茄、烟草和豌豆经 UV-B 辐射处理后，在叶绿体中出现了一种分子量为 66kDa 的蛋白质，该蛋白质可能是 Rubisco 大、小亚基（分子量分别为 53kDa 和 14kDa）发生交联的产物。RuBP 羧化酶含量是反映光合能力强弱的重要指标之一，在高光照下，RuBP 羧化酶含量升高，光合作用充分，使得水稻最终产量升高（王玉洁，2010）。UV-B 辐射增强所导致的豌豆和大豆光合酶含量与活性下降，是由于 RuBP 羧化酶含量减少（Wilson et al.，1995）。吴旭红和罗新义（2008）利用 UV-B 辐射对苜蓿幼叶处理的研究进一步表明，UV-B 辐射增强诱导 RuBP 羧化酶含量减少的途径可能是，通过提高过氧化氢（hydrogen peroxide，H_2O_2）的水平来促进蛋白酶系统活化，从而加速 RuBP 羧化酶降解。

事实上，UV-B 辐射影响许多作物 Rubisco 的含量和活性，对 UV-B 辐射敏感的水稻品种的光合速率降低可能就是由 Rubisco 含量减少引起的，这将影响最大羧化效率，从而导致光合作用下降。在植物叶片中，Rubisco 参与植物光合暗反应，催化二氧化碳转化为糖类物质。在 CO_2 固定过程中，增强 UV-B 辐射可导致多种作物的 Rubisco 活性减弱（Yu et al.，2013a），而 UV-B 辐射诱导 Rubisco 失活可能是由发生肽链修饰、蛋白质降解和基因转录水平降低造成的（Bouchard et al.，2008）。此外，1,5-二磷酸核酮糖再生和 1,7-二磷酸景天庚酮糖酶的数量也会因 UV-B 辐射而减少。

C₃ 植物叶肉细胞中的磷酸烯醇丙酮酸羧化酶（phosphoenolpyruvate carboxylase，PEPC）是 C₄ 途径的主要光合酶之一。C₃ 和 C₄ 植物光合酶对 UV-B 辐射的敏感性不同。1.36UV-Bseu 和 1.83UV-Bseu 光合有效辐射[1UV-Bseu=1.38kJ/（$m^2·d$）]显著抑制了 C₄ 植物甜玉米（*Zea mays*）PEPC 活性，1.09UV-Bseu 对 PEPC 活性反而有促进作用。C₄ 植物中烟酰胺腺嘌呤二核苷酸-苹果酸酶（NADP-ME）却起到保护植物免受 UV-B 辐射损伤的作用。NADP-ME 是 C₄ 途径中依赖于 NADP-苹果酸酶的苹果酸型（NADP-ME 型）重要光合酶，也参与植物防御外界环境胁迫。NADP-ME 的表达受 UV-B 辐射诱导的活性氧调节，而与光敏色素无关（Casati and Andreo，2001）。Casati 等（1999）对黄化玉米（*Zea mays*）幼苗的研究表明，UV-B 辐射对 NADP-ME 具有积极的影响，而且短时间的 UV-B 辐射处理(5min)就能导致该酶的活性迅速增加。在菜豆(*Phaseolus vulgaris*)上的研究表明，以每天 4h 17mW/m^2 UV-B 辐射处理 1 周后，叶绿素、可溶性蛋白和 Rubisco 含量及光合速率没有明显改变，而 NADP-ME 活性提高。在不同的菜豆品种中，'Pinto' 的 NADP-ME 活性最高，'Arroz' 最低。另外，NADP-ME 与紫外吸收物质具有较高的相关性，NADP-ME 可能参与了紫外吸收物质的生物合成(Pinto et al.，1999)。

Allen 等（1998）总结 UV-B 辐射抑制光合作用的机理时认为，在光合磷酸化过程中，PSII 类囊体膜是光合器官中最敏感的组分，UV-B 辐射对 PSII 的光化学抑制作用并非其抑制光合作用的首要因素，在卡尔文循环中，UV-B 辐射导致很多作物的 Rubisco 活性和含量减少，因此，在 UV-B 辐射下 RuBP 再生速率和 1,7-二磷酸景天庚酮糖（sedoheptulose-1,7-diphosphate）含量减少。Kakani 等（2003b）研究发现，UV-B 辐射下光合速率下降并非受限于 PSII 电子传递水平，而是由 P-丙糖利用受限而使蔗糖生物合成能力以及 RuBP 再生率下降所致。

有些学者研究也发现，UV-B 辐射诱导产生的活性氧（reactive oxygen species，ROS）会对 Rubisco 造成伤害，并且 ROS 会导致 Rubisco 大亚基降解（Desimone et al.，1998）。此外，在拟南芥中 UV-B 辐射诱导衰老特定基因 *SAG12*（senescence-associated genes 12，*SAG12*）表达，*SAG12* 可编码一个半胱氨酸蛋白酶（cysteine protease，CP），参与降解 Rubisco（Noh and Amasino，1999）。

5. UV-B 辐射对植物光合电子传递链的影响

UV-B 辐射影响电子传递、光合磷酸化和碳同化等一系列光合作用过程，其中 RuBPCase 活性和电子传递水平的降低是 UV-B 辐射诱导净光合速率降低的主要原因。光合作用的光反应过程基本上是在类囊体膜的蛋白复合体上进行的。光合电子传递链是光合作用中电子传递的主要途径，其中，PSI 和 PSII 反应中心在光能驱动下发生电荷分离。PSII 反应中心色素吸收 680nm 的红光，产生强氧化剂氧化水，释放电子和质子；PSI 反应中心色素吸收 700mm 的远红光，产生强还原剂使 NADP$^+$还原。这两个光反应系统通过一系列的电子传递体串接起来进行电子传递，最终形成 NADPH，在传递电子的同时形成跨类囊体膜的质子电动势，用于 ATP 的合成，所形成的 NADPH 和 ATP 将用于还原 CO_2 产生有机物。因此，电子传递链是光合作用形成同化力的核心环节。参与光合作用的电子传递体结合在不同的蛋白复合体上。光合作用电子传递链的蛋白复合体包括 PSII、细胞色素 b6f 复合体（cytochrome b6f complex，Cytb6f）和 PSI，在 PSII 和 Cytb6f 间由质体醌（plastoquinone，PQ）在传递电子，而在 Cytb6f 和 PSI 之间则由质体蓝素（plastocyanin，PC）进行电子的传递。

　　PSII 被视为光合作用的心脏，是进行光合作用原初化学反应的功能蛋白复合体，除了进行原初电荷分离的电子传递组分外，这个系统还含有超过 20 种蛋白质。在光下，PSII 作为水-质体醌氧化还原酶（water-plastoquinone oxidoreductase），将水裂解并释放氧，而将电子传递给 PQ。Kataria 等（2014）报道了 UV-B 辐射损伤叶绿体电子传递链的可能作用位点。PSII 反应中心由 D1（32kDa）和 D2（34kDa）蛋白构成，类囊体膜上 PSII 反应中心色素分子 P680 接受光的照射后激发，发生非环式光合磷酸化，具体传递过程是：P680*→Pheo→Q_A→Q_B→PQ→Cytf→PC→P700*→Fd→NADPH；PSII 的 P680、去镁叶绿素（Pheo）、细胞色素复合体（cytochrome complex）、Mn、醌电子受体（quinone electron acceptor）Q_A 和 Q_B、质体醌等主要电子传递组分都结合在 D1 和 D2 蛋白上，是 UV-B 辐射的主要作用位点。UV-B 辐射主要通过损坏植物 PSII 的水氧化锰决定簇、破坏 PSII 的酪氨酸电子供体与 D1 和 D2 蛋白反应中心来破坏光合电子传递链，导致 PSII 活性的减弱，从而减弱植物的光合作用（Kataria et al.，2014）。PSII 是一个结构复杂的蛋白质-色素复合体，其中反应中心 D1 和 D2 蛋白对 UV-B 辐射极为敏感，能被低至 1μmol/（m^2·s）的 UV-B 辐射所降解。在可见光存在的情况下，UV-B 辐射驱动的 D1、D2 蛋白降解更加迅速，并在通常情况下会伴随着 PSII 功能的丧失、光合放氧或叶绿素可变荧光的减少。PAR 和 UV-B 混合辐射促进 D1 蛋白降解与 PSII 中 Q_A 及放氧复合体（oxygen-evolving complex，OEC）的氧化还原状态有关，但 UV-B 辐射对 D1 蛋白合成的抑制作用要大于对它降解的促进作用。D1 蛋白的 Tyr161 和 His190 直接参与水的光解；与 D1 蛋白相连的反应中心 P680 是原初电子供体；去镁叶绿素 Pheo 和 Q_B 作为初级和次级电子受体也分别与 D1 蛋白相连。因此，位于 PSII 反应中心的 D1 蛋白不仅能够为各种辅助因子提供结合位点，维持 PSII 反应中心构象的稳定，而且与原初电荷分离和传递有关，且 D1 蛋白可通过自身的周转维持 PSII 的活性。这就意味着 D1 蛋白的破坏不仅会导致 PSII 反应中心结构变化，而且很可能会引起电子传递受阻。再加上在强光下 D1 蛋白的半衰期仅 20～30min，代谢周转速率比类囊体膜上的其他任何蛋白质都快，这个特性使得 PSII 对强光特别敏感，发生光抑制，光合速率下降（郭进魁，2003）。郭进魁（2003）研究发现，短时间 UV-B 辐射下，捕光色素复合物（light-harvesting complex II，LHCII）磷酸化而引发光系统的状态转变，成功检测到 PSI-LHCII-P 蛋白复合物的存在。长时间

UV-B 辐射可以导致 PSII 聚合形式的改变及主要功能蛋白的降解，成功展现了 PSII 降解的过程是多步骤的。

希尔反应（Hill reaction）是位于 PSII 的一个重要反应，其活性反映了 PSII 结构、功能的完整性与电子传递速率。增强 UV-B 辐射[12.96kJ/(m^2·d)和 38.88kJ/(m^2·d)]可以降低大豆 Hill 反应速率，使 PSII 电子传递效率下降，光合磷酸化受阻，进而影响光合作用的进行，并且 Hill 反应速率与 Pn 的相关程度要大于叶绿素含量与 Pn 的相关程度（梁婵娟等，2006）。玉米幼苗光合色素降解速率、Hill 反应活性以及气孔导度的下降是其净光合速率下降的重要原因（罗南书和钟章成，2006）。放氧复合体是 PSII 中对 UV-B 辐射敏感的另一个重要组分，通过氧化水为 PSII 提供电子。根据 Kok 钟模型，UV-B 辐射对放氧复合体的损伤与放氧复合体系统（S）的状态有关，S3 和 S2 状态对 UV-B 辐射的敏感性高于 S1 与 S0 状态，UV-B 辐射诱导的水氧化抑制是通过 Mn 离子束对 UV-B 辐射的直接吸收或 UV-B 辐射对水氧化中间过程的伤害完成的（Szilárd et al.，2007）。UV-B 辐射下叶绿素 a 荧光参数降低，说明叶绿体 PQ 库变小，PSII 活性中心受损，电子传递受阻，特别是 PSII 原初电子受体 Q 的光还原过程、电子由 PSII 反应中心向 Q$_A$、Q$_B$ 及 PQ 传递的过程受到影响，使 PSII 潜在活性和原初光能转化效率下降。杨志敏等（1995）研究表明，UV-B 辐射增强使得植物叶绿体受到伤害，叶绿素和类胡萝卜素被诱导发生非酶促氧化，希尔反应活性降低，叶绿素合成受阻，叶片气孔阻力增大或出现气孔关闭等现象。孙谷畴等（2001）研究表明，UV-B 辐射下植物光合作用降低的主要原因是 UV-B 辐射能使光合系统反应中心失活，电子传递链功能下降，核酮糖二磷酸羧化酶（ribulose diphosphatecarboxylase）羧化速率的光饱和值降低，羧化速率下降，光合产物合成明显受抑，最终光合系统受到破坏。

相对于 PSII 而言，UV-B 辐射对 PSI 和 Cytb6f 的影响要小。Cytb6f 在光合作用中起着核心作用，将 PSI 和 PSII 之间的电子转移联系起来，并将太阳能转化为跨膜质子梯度，用于 ATP 合成。Cytb6f 内的电子转移通过 Q 循环发生，通过两个电子催化氧化质体醌为质体氢醌（plastohydroquinone，PQH$_2$）以及 PC 和 PQ 的还原。在高等植物中，Cytb6f 也充当氧化还原传感中心，对光收集和循环调节、电子传递至关重要，从而可防止代谢异常和抵抗环境胁迫。Malone 等（2019）利用冷冻电子显微镜（Cryo-electron microscopy，Cryo-EM）获得了菠菜中 Cytb6f 二聚体复合物的 3.6Å 高分辨率结构模型，揭示了 Q 循环及其作为氧化还原传感功能器的结构基础，Cytb6f 可根据不断变化的环境条件调节光合作用效率。菠菜 Cytb6f 的结构为研究上述复合物如何在光合过程中发挥催化和调节作用提供了新的见解，将不断促进关于 UV-B 辐射对光合作用影响机理的认识。

低剂量 UV-B 辐射作为一种弱胁迫，能够提高植物利用能量的效率。刘晓等（2011b）运用荧光光谱技术，针对在低剂量 UV-B 辐射环境中生长的植物，分析其光系统 II 中能量吸收及传递的过程。稳态荧光激发及发射光谱显示，低剂量 UV-B 辐射使荧光发射强度增加，并改变了各个高斯光谱组分的比例。7 天的 UV-B 辐射，使捕光色素复合物（LHCII）吸收的大部分能量传递到反应中心，是对照组的近两倍。低剂量的 UV-B 辐射加快了 PSII 中 LHCII 向反应中心的能量传递，并使传递到反应中心的能量增加，这将有助于植物的生长。

刘晓等（2010）为研究增强 UV-B 辐射对植物原初光能传递过程的影响，对菠菜（*Spinacia oleracea*）类囊体及 PSII 进行荧光光谱及荧光动力学分析。研究表明，完整的类囊体膜为植物 PSII 抵御外界胁迫提供了较好的保护。在温室条件下，UV-B 辐射于植物成熟期施加，7 天低剂量[1.152kJ/（m^2·d）] UV-B 辐射对原初光能传递的光物理过程并没有造成抑制，成熟植物通过以下多种调节机理来应对 UV-B 辐射胁迫，以保证光合传能过程：使更多吸收蓝区短波光的色素分子参与光能的吸收；调节两个光系统间能量分配；改变光合结构中色素之间距离，色素和蛋白质构象或其与蛋白质间位置；加快天线系统和反应中心间能量传递来猝灭激发能；加大捕光色素复合物（LHCII）中某些叶绿素 a 分子间传能比例，以减少过多光能损伤反应中心等。而若直接对 PSII 进行 30min UV-B 辐射，PSII 采取减少 LHCII 中色素的退激时间，增加 LHCII 中能量向吸收波长更长的叶绿素分子传递，加快到达反应中心之前的能量耗散，从而减少传递到反应中心的能量等方式，避免已被 UV-B 辐射所损伤的反应中心被过多的能量所损伤，以保护光合系统，但影响了光合能量的利用（刘晓等，2010）。

6. UV-B 辐射对植物光合作用的影响机理

虽然增强的 UV-B 辐射对地表所有生物均具有一定威胁，但是光是光合生物生长发育的基本需求，导致光合生物成为 UV-B 辐射最先攻击的目标。UV-B 辐射增强对大量的光合过程均产生负面影响，降低叶片光合色素的含量，显著降低植物的净光合速率和气孔导度并降低干物质的积累。陆地植物的光合作用受到增强 UV-B 辐射的抑制，特别是 PSII 反应中心受到的影响最大（Teramura and Sullivan，1994；Singh et al.，2017）。用紫外线光源照射东北红豆杉（*Taxus cuspidate*）幼苗，针叶的膜脂过氧化水平显著增加，可溶性蛋白和叶绿素含量以及 PSII 电子传递速率显著下降（孙金伟等，2015）。随着 UV-B 辐射强度增加，人工固沙植被区的土生对齿藓（*Didymodon vinealis*）结皮叶绿素 a 荧光动力学参数、可溶性蛋白及类囊体膜蛋白表达量降低，且与辐射强度成反比。模拟 UV-B 辐射增强促进了土生对齿藓结皮、水藓（*Fontinalis antipyretica*）、青榨槭（*Acer davidii*）幼苗活性氧的代谢速率，降低了 PSII 反应中心活性，植物 PSII 反应中心损伤明显，发生了光抑制现象，最终光合作用能力下降（左园园等，2005；回嵘等，2013）。因此，增强的 UV-B 辐射能够破坏 PSII 反应中心结构、降低 Rubisco 活性、减少 CO_2 固定和 O_2 释放，同时，诱导气孔的关闭、改变叶片的厚度和解剖结构，并且改变冠层结构等，从而影响植物的光合作用效率和生态系统的初级生产力（Singh et al.，2017）。

增强 UV-B 辐射对植物光合色素（叶绿素和类胡萝卜素）具有显著的影响。增强的 UV-B 辐射导致大豆（*Glycine max*）、辣椒（*Capsicum annuum*）、扁豆（*Lablab purpureus*）、大麦（*Hordeum vulgare*）、玉米（*Zea mays*）、豌豆（*Pisum sativum*）和萝卜（*Raphanus sativus*）等植物的叶绿素 a、叶绿素 b 和叶绿素 a+b 含量降低，UV-B 辐射对植物类胡萝卜素含量的影响相对较小，但是，仍然有研究认为 UV-B 辐射导致植物类胡萝卜素含量降低（Ranjbarfordoei et al., 2011；Hoffmann et al., 2015）。增强 UV-B 辐射可对植物光合色素产生影响的主要原因与 UV-B 辐射诱导氧自由基的产生有关（Hideg et al., 2013）。另外，其他一些能够吸收 UV-B 辐射的类黄酮化合物（花青素、黄酮和黄酮醇）作为 UV-B 辐射防护剂也会受到 UV-B 辐射的影响（Olsson et al., 1998；Feng et al., 2007）。UV-B 辐射能够诱导黄酮代谢过程相关酶（查耳酮合酶和'group I'酶）的活性增加，从而促进黄酮含量的增加（Singh et al., 2017）。

　　UV-B 辐射是植物结构的调节剂，尤其是与植物光合作用密切相关的叶片光合参数等可对其做出不同的响应。叶片栅栏组织越厚，叶绿素含量越高，聚光能力越好，越有利于光合作用的进行。如果叶片厚度无变化，即使叶绿素含量增加，因空间有限一些叶绿体不能完全分布到细胞表面，实际上对植物光合作用没有提高作用。因此在高光强下，植物必须通过增加叶片厚度以及增大紧邻叶肉细胞间隙的叶绿体表面积来提高光合能力（陈模舜和柯世省，2013）。

　　在 2 个光系统中，PSII 受到 UV-B 辐射的影响较大，PSI 受到 UV-B 辐射的影响较小，故研究的焦点多集中于 PSII，UV-B 辐射损伤绿色叶片光系统的不同位点见图 5-2。科学家研究发现，UV-B 辐射对 PSII 的影响主要与膜结构的破坏有关，UV-B 辐射导致类囊体膜的扩张、叶绿体双层膜的破裂和膜渗透性的改变。UV-B 辐射影响 PSII 的组成，包括释放 O_2 的复合物、电子受体（质体醌 PQ）、电子供体（酪氨酸残基）和光收集系统。对菠菜（*Spinacia oleracea*）PSII 膜系统氧化位点的研究表明，UV-B 辐射主要攻击的目标是释放 O_2 的复合物（Renger et al., 1989）。

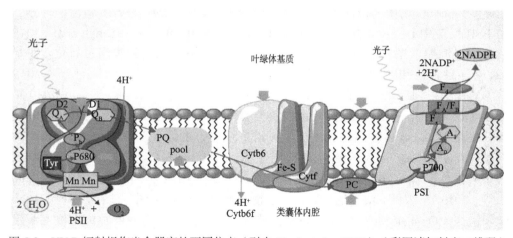

图 5-2　UV-B 辐射损伤光合器官的不同位点（引自 Singh et al., 2017）（彩图请扫封底二维码）

Figure 5-2　Different sites of damage in the photosynthetic apparatus by UV-B radiation

损伤位点用粗箭头标示；P_h：Pheo，去镁叶绿素；Tyr：酪氨酸；pool：库；F_d：铁氧还蛋白（ferredoxin）；F_A/F_B：铁硫中心；F_x：细胞色素 f；PQ、Q_A、Q_B：质体醌；PC：质体蓝素；Cyt：细胞色素；P680：反应/结合中心色素；Fe-S：铁硫蛋白；A_0：原初电子受体（单体叶绿素）；A_1：次级电子受体（叶绿醌）

　　UV-B 辐射对 PSII 的伤害主要表现为：①UV-B 辐射使 P680 的 Mn 活性位点电子释放速率降低，导致 P680 的反应速率从纳秒级别降到微秒级别（Larkum et al., 2001）；

②UV-B 辐射使荧光特征改变，造成电子的捕获增加，导致电子的传输受限（Tevini and Pfister，1985）；③UV-B 辐射使 PSII 活性中心电子供体变化，诱导 PSII 活性重建而导致 O_2 释放能力降低（Renger et al.，1989）；④UV-B 辐射导致 Mn 活性位点氧化还原状态改变，使多种电子顺磁共振（electron paramagnetic resonance，EPR）信号丢失（Vass et al.，1996）；⑤UV-B 辐射导致 PSII 膜上的酪氨酸残基（TyrZ）活性更加稳定，其反应速率从微秒级别增加到毫秒级别，使电子从 Mn 催化基团到 TyrZ 的传递停止（Vass et al.，1996）。因此，UV-B 辐射导致 PSII 氧化水放氧体系的 Mn 活性基团失活，供氧复合体系、电子受体醌和供体酪氨酸受损。UV-B 辐射可对质体醌产生影响主要是由于 PSII 的作用光谱在 250～260nm 这个波段被氧化 PQ 吸收，除此以外，PSII 对 263nm 波段的吸收量降低（Melis et al.，1992）、叶绿素 a 荧光性能受损（Tevini et al.，1988）、而 PSII 对 320nm 波段的吸收量减弱（Melis et al.，1992）。氧化态的酪氨酸吸收峰在 250～300nm 的中间值 280nm，刚好位于 UV-B 辐射的范围，UV-B 辐射导致 EPR 信号的丢失，从而导致酪氨酸残基 TyrZ 和 TyrD 的氧化还原性能被破坏（Vass et al.，1995，1996）。UV-B 辐射使含 Mn 的催化活性中心（放氧复合体的氧化状态）与蛋白质结合的能力改变，导致释放 O_2 的复合物失活，特别是 S2 和 S3 状态最为敏感，能使 Mn（III）和 Mn（IV）发生改变（Vass et al.，2001），放氧复合体中水溶性蛋白亚基（33kDa）的双硫键断裂（Ferreira et al.，2004）。

另外，UV-B 辐射对 PSII 反应中心蛋白复合体产生影响是破坏其核心组成成分 D1 和 D2 亚基。类囊体的原位和离体试验研究均显示出 UV-B 辐射可破坏 D1 与 D2 亚基（Barbato et al.，1995；Spetea et al.，1996）。UV-B 辐射对 D1 的破坏很可能是改变囊腔的跨膜螺旋，该部位正好是水氧化催化基团的结合位点（Friso et al.，1993）。UV-B 辐射对 D2 的破坏可能是导致 PSII 反应中心复合体系中缺少 Q_A 蛋白，而且可见光能加快 D2 蛋白的降解，提高 Q_A 蛋白的还原水平（Friso et al.，1994a，1994b）。

由于 PSI 缺少水氧化复合体和活跃的氧化还原态酪氨酸，UV-B 辐射对 PSI 的影响相对较小，UV-B 辐射通过调节 PSI 与 PSII 的比例来影响 PSII（Hansson and Wydrzynski，1990；Turcsányi and Vass，2000）。类囊体上 Cytb6f 受到 UV-B 辐射的影响最小，ATP 合成酶和 Rubisco 受到的影响最大。豌豆 ATP 合成酶和 Rubisco 的数量与活性均受到 UV-B 辐射的影响（Jordan et al.，1992；Zhang et al.，1994）。

UV-B 辐射导致大豆（*Glycine max*）和燕麦（*Avena sativa*）等植物的净光合速率与叶片蒸腾效率降低，干物质和总叶绿素含量减少（Teramura et al.，1980），甘油三酯、琥珀酸盐、延胡索酸盐含量降低，果糖、葡萄糖和蔗糖等可溶性糖含量减少（Takeuchi et al.，1989）。UV-B 辐射能够影响从蓝藻到高等植物的所有光合生物。

UV-B 辐射与其他环境胁迫因子复合对植物生理和光合作用的影响，UV-B 辐射耐性生物的光合保护分子机理和 UV-B 辐射在全球范围的影响还有待进一步深入。同时，大多数研究是在实验室水平上开展的，自然条件下 UV-B 辐射处理是否导致类似的遗传或蛋白质表达差异还有待于进一步探讨和研究（图 5-3）。

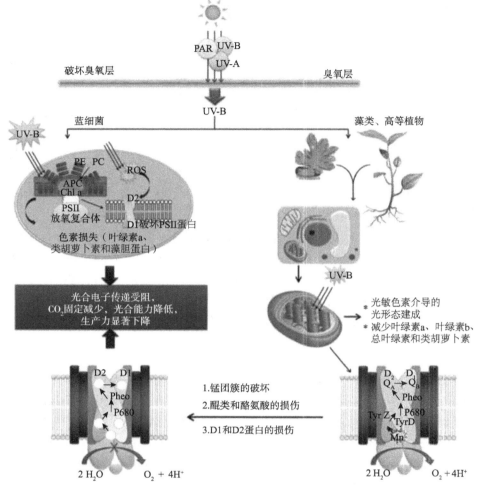

图 5-3 UV-B 辐射对光合作用的影响机理模型（引自 Singh et al., 2017）（彩图请扫封底二维码）

Figure 5-3 A model for UV-B radiation effects on photosynthesis

PE: 藻红蛋白（phycoerythrin）；PC: 藻蓝蛋白（phycocanobilin）；APC: 别藻蓝蛋白（allophycocyanin）

7. 增强 UV-B 辐射与氮素互作对植物光合作用的影响

氮是重要的大量元素之一。目前，一些地区随着氮沉降的增加，实际上等于给植物施加了一定量的氮肥，加之植物对外界环境变化的响应与植物体内的营养状况有关，尤其是与氮素有关，因此 UV-B 辐射与氮素互作的研究日益增多。氮素与植物叶绿素含量、叶绿体发育、光合酶活性的关系都很密切，是许多植物叶片中与光合作用有关的化学物质，如羧酸酯酶、叶绿素和类胡萝卜素等的基本组成成分，因此，氮素营养对光合作用具有重要影响，UV-B 辐射增强对植物光合作用的影响与植物的氮素水平密切相关（姬静等，2010）。增强 UV-B 辐射和氮素缺乏会降低植物叶片的光合速率、叶绿素含量、可溶性糖及淀粉含量，从而抑制植物的生长（姬静，2010）。例如，UV-B 辐射增强和氮素缺乏可降低小麦与玉米的光合速率、总叶绿素含量、类胡萝卜素含量、可溶性糖含量（Correia et al., 2005；毛晓艳等，2007）；在低氮条件下，增强 UV-B 辐射使玉米和菜豆（*Phaseolus vulgaris*）的最大净光合速率、气孔导度、CO_2 同化速率减小，植株的光敏性降低，生长和叶绿素合成受到抑制，可溶性蛋白含量降低（Laut et al., 2006；Riquelme et al., 2007；Pinto et al., 1999；郑有飞等，2007）。UV-B 辐射和缺氮双重胁迫使植株叶片中的可溶性糖和淀粉含量均减少，且可溶性糖含量在高剂量 UV-B 辐射下随氮素水平的增加而增加（Correia et al., 2005；郭巍等，2008）。

不同氮源条件下，增强 UV-B 辐射对植物光合作用的影响程度不同。例如，不同氮源条件下，增强 UV-B 辐射使香蕉（*Musa paradisiaca*）叶片光合速率、表观量子产率和光能利用效率均有不同程度的降低，施用 NH_4^+-N 的香蕉最大羧化速率和电子传递速率的光饱和值比施用 NO_3^--N 和 NH_4NO_3-N 的降低幅度更大，即施用 NH_4^+-N 有利于主要光合参数增高（孙谷畴等，2001）。UV-B 辐射对生长在不同氮源中的植物叶片光合速率的影响程度不同，可能是 UV-B 辐射使叶氮在 Rubisco 和生物力能学组分的分配系数降低，导致组分合成减少，进而使叶片光合速率下降（孙谷畴等，2001）；而表观量子产率和光能利用效率降低的程度不同，可能是由于 UV-B 辐射改变了植物对不同氮源的吸收利用，并由此引起酸碱调节发生变化（Mepsted et al., 1996；Scheible et al., 1997）。但也有研究表明，植物吸收不同形态的氮素对叶片光合作用影响较小，如生长在不同氮源中的小麦、香蕉和硅藻属植株分别具有相近的光饱和点、光合速率、最大光合速率和最大生长速率（Yin and Raven, 1997；Liang et al., 2006；Lourenco et al., 2002）。

另外，不同氮素水平下，UV-B 辐射对不同生育时期水稻叶片中叶绿素和类胡萝卜素的影响程度不同（孙谷畴等，2001）。自然条件下，增补氮供给可使岷江冷杉（*Abies faxoniana*）幼苗叶片光合色素含量以及净光合速率增加；在增强 UV-B 辐射条件下，增补氮供给使叶片净光合速率降低（Qin and Qing, 2009, 2007）。相关研究也证实，增强 UV-B 辐射和氮素联合作用对植物光合作用的影响与生育期、UV-B 辐射强度有关。

二、UV-B 辐射对植物呼吸作用的影响

UV-B 辐射影响呼吸作用的报道不多。Brandle 等（1977）发现，豌豆（*Pisum satinum*）幼苗经 UV-B 辐射 5h 后，呼吸作用明显提高。El-Mansey 和 Salisbury（1971）指出，UV-B 辐射抑制苍耳（*Xanthium sibiricum*）的暗呼吸，并认为主要是由 UV-B 辐射抑制了细胞色素氧化酶的活性造成的。Sisson 和 Caldwell（1976）发现，巴天酸模（*Rumex patientia*）经 UV-B 辐射处理几天后，暗呼吸速率明显增加，并认为暗呼吸速率的增加是净光合速率下降的原因之一。然而，这一试验是在高 UV-B 辐射和低 PAR 水平下进行的。Teramura 等（1980）研究了不同 PAR 水平下，UV-B 辐射对大豆一些生理指标的影响。尽管在第 2 周不遮阴的情况下，$70.0mW/m^2$ UV-B 辐射导致大豆的暗呼吸速率降低了 50%，但 UV-B 辐射后第 2 周和第 6 周的测定结果具有相同的变化趋势。从第 6 周测定的结果可以看出（表 5-14），在不同 PAR 水平下，UV-B 辐射对大豆的暗呼吸速率均没有统计学上的影响，其原因仍不清楚，可能是暗呼吸未真正受到影响，也可能是发生修复作用的结果。Ziska 等（1992）研究发现，分布于高海拔的种群紫外吸收物质本底值较高，其最大光合能力及生长不受辐射变化的影响，但暗呼吸速率显著升高。根据现有资料，仍无法明确

敏感植物的暗呼吸是否受 UV-B 辐射影响。另外，UV-B 辐射影响植物光呼吸的数据尚未得到。岳向国等（2005）研究发现，UV-B 辐射增强对麻花艽（*Gentiana straminea*）叶片的光合作用在短期内有一定的抑制作用，但随着处理时间增加，光合速率几乎不受 UV-B 辐射影响，而呼吸强度显著增加。但是，UV-B 辐射导致植物呼吸速率增强的机理是否与黄酮化合物的合成与维持有关，目前尚不清楚。

表 5-14　UV-B 辐射对大豆一些生理指标的影响（引自 Teramura et al., 1980）

Table 5-14　Effects of UV-B radiation on some physiological indicator of soybean

PAR 水平 （遮阴%）	UV-B 辐射 （mW/m²）	总叶绿素 （mg/dm²）	净光合速率 [mg CO₂/ （dm²·h²）]	非气孔阻力 （s/cm）	气孔阻力 （s/cm）	暗呼吸速率 [mg CO₂/ （dm²·h²）]	蒸腾速率 [g H₂O/ （dm²·h²）]
0	0	2.7a	14.3a	13.2b	2.8a	1.7a	3.9a
	17.5	2.0a	13.0a	15.1ab	2.1a	1.6a	4.7a
	35.0	2.6a	15.2a	12.3b	2.2a	1.8a	4.4a
	70.0	2.5a	11.6b	16.5a	2.7a	1.3a	4.0a
33	0	1.9b	10.8a	20.7ab	2.3b	0.8a	4.4a
	17.5	2.0ab	11.6a	16.0b	2.3b	1.0a	3.4ab
	35.0	2.3ab	11.0a	18.3ab	2.6b	0.9a	3.8ab
	70.0	2.5a	8.4b	23.2a	4.2a	0.8a	2.9b
55	0	1.8a	10.1a	20.8ab	2.1b	0.6a	4.5a
	17.5	1.6a	10.0a	19.3ab	2.2b	0.4a	3.5ab
	35.0	2.2a	12.1a	16.6b	2.5ab	0.3a	3.9b
	70.0	1.8a	7.9b	25.7a	2.9a	0.6a	3.5b
88	0	1.3b	9.7a	21.9b	1.9b	0.6a	4.9a
	17.5	1.8a	8.3a	25.6b	2.0b	0.5a	4.8a
	35.0	1.8a	7.3b	28.3b	2.7a	0.7a	3.7b
	70.0	1.7ab	6.4b	45.2a	3.1a	0.8a	3.6b

注：不同小写字母表示不同处理间在 $P<0.05$ 水平差异显著

三、UV-B 辐射对植物气孔导度和蒸腾速率的影响

植物的生长发育、新陈代谢和光合作用等一切生命过程都必须在水环境中进行。水使植物细胞原生质处于溶胶状态，以保证各种生理生化代谢的正常进行。如果细胞中含水量减少，原生质由溶胶变成凝胶状态，细胞的生命活动将大大减缓，植物的含水量与植物种类和植物生存的环境密切相关。已有研究表明，增强 UV-B 辐射影响植物体内水分代谢。气孔导度和蒸腾速率与植物的水分代谢及气体交换密切相关。水分利用率（water use efficiency，WUE）是指植物蒸腾消耗单位质量的水分所同化的 CO_2 量，常用净光合速率与蒸腾速率的比值（Pn/Tr）表示，因此水分利用率与光合速率成正比，与蒸腾速率成反比。UV-B 辐射增强条件下，大麦叶片的蒸腾速率明显降低了 44%，这样水分利用率便提高了，以便进一步抵抗 UV-B 辐射的伤害（武君等，2010）。许多研究表明，UV-B 辐射会诱导叶片表面气孔开度减小和气孔阻力增大，根系活力降低，从而降低蒸腾速率，

已在黄瓜、萝卜和大豆中观察到。UV-B 辐射减少大豆（Teramura et al., 1980; Mirecki and Teramura, 1984; 郑有飞等, 1996）和春小麦（郑有飞等, 1996）的水分蒸腾速率及气孔导度，蒸腾速率减小主要是由于气孔阻力增加，甚至关闭气孔，并和植物本身的水分状态有关。在水分正常情况下，大豆生殖生长期间的蒸腾速率明显降低；而在水分亏缺时，大豆蒸腾速率、气孔导度和叶水势都不受 UV-B 辐射影响。这说明在自然条件下，水分亏缺掩盖了 UV-B 辐射的效果。蒸腾速率降低除联系着气孔阻力增加外，很可能还与根系活力下降、水分吸收减少有关（杨志敏等, 1994）。

气孔是植物与外界进行气体交换的"大门"，气孔导度大小直接影响作物光合、蒸腾等重要生理过程，同时和呼吸作用共同决定了胞间二氧化碳浓度的高低，气孔导度变化必将对叶片的光合作用产生重要的影响。武君等（2010）研究表明，UV-B 辐射增强使大麦的生理活动受阻，净光合速率和气孔导度均发生明显下降，处理和对照的差异最大分别达到 51.1% 和 50.9%，其中净光合速率变化尤为明显，抽穗期和成熟期的差异均达到极显著水平（$P<0.01$）。然而，UV-B 辐射对某些植物气孔导度的直接影响不是 CO_2 同化的主要限制因素，虽气孔导度的减少程度比净光合速率更加明显，但植物的胞间 CO_2 浓度没有显著变化，甚至比对照还要高。

自然 UV-B 辐射对北极高纬度植物生长同样有抑制作用。Albert 等（2008, 2011）研究北极高海拔地区自然 UV-B 辐射下北极柳（*Salix arctica*）和越橘（*Vaccinium vitis-idaea*）PSII 相关系数的变化，结果表明：无论叶片角度如何变化，UV-B 辐射抑制 PSII 功能均发生，两种植物虽通过不同策略来阻挡 UV-B 辐射，但 PSII 功能均显著降低。UV-B 辐射增强能抑制植物叶片的气孔开放，使气孔阻力增大，增加气孔对外界环境特别是大气湿度的敏感性，同时会降低气孔导度，引起胞间 CO_2 浓度下降等，进而影响其同化速率，继而影响植物光合作用。杨志敏等（1995）研究认为，UV-B 辐射导致大豆光合速率下降的主要原因与气孔的开闭有关，UV-B 辐射导致植物叶片气孔开度变小，从而降低了 CO_2 在气孔内的移动速率，同时降低了碳同化速率。

气孔的调节是另一个限制叶片光合作用的关键因素。UV-B 辐射使植物叶片气孔开度减小，减弱了叶片对二氧化碳的吸收，从而降低了植物的光合作用，而且 UV-B 辐射对气孔密度的影响也会导致叶片光合效率降低。有研究发现，在 UV-B 辐射诱导拟南芥气孔关闭的过程中，43.2kJ/（$m^2 \cdot d$）的 UV-B 辐射诱导了细胞质碱化，这与 H_2O_2 的生成有很大的关系。细胞质碱化导致了 UV-B 辐射引起的气孔关闭，这种关闭机理通过诱导保卫细胞内 H_2O_2 的生成发生，并且 H_2O_2 的积累程度可以反映细胞质的碱化程度。这与 UV-B 辐射导致植物体内活性氧（reactive oxygen species, ROS）的产生紧密相关。另有研究发现，不管是低剂量还是高剂量的 UV-B 辐射都会导致体内 ROS 增加（Hideg et al., 2013）。ROS 的积累与 UVR8 信号通路相连，因此，低剂量的 UV-B 辐射是一种对植物有利的胁迫，而 UVR8 信号通路通过产生 ROS 触动植物低警惕性信号通路。此外，人们发现拟南芥中由 UV-B 辐射诱导的气孔关闭过程依赖 UVR8 信号通路（Tossi et al., 2014a）。因此，推测可能是 UV-B 辐射对叶绿体和线粒体的损伤导致了细胞内 ROS 增加，同时通过 UVR8 蛋白启动下游信号通路，并最终表现为叶片气孔的关闭。

UV-B 辐射对气孔运动的影响复杂。在温室和大田条件下 UV-B 辐射能够减小多数植物的气孔导度和开度，也有 UV-B 辐射诱导气孔开放的报道。在蚕豆（*Vicia faba*）、鸭跖草（*Commelina communis*）和欧洲油菜（*Brassica napus*）植株中发现，UV-B 辐射既能诱导气孔关闭，也能促进气孔开放，UV-B 辐射对气孔的影响趋势依赖其保卫细胞所处的状态。Eisinger 等（2000，2003）报道了不同光受体（如植物光敏色素、蓝光受体、紫外光受体等）调控气孔开放的模型（图 5-4）。研究表明，UV 辐射能诱导黑暗下关闭气孔开放，其最有效波长在 280nm 和 360nm。紫外光对气孔运动具有直接和间接效应（韩燕，2007），UV-B 辐射能够抑制叶肉组织光合作用，改变细胞间隙 CO_2 浓度及光合相关信号，从而导致气孔关闭，即 UV-B 辐射对植物气孔运动存在间接效应；UV-B 辐射诱导的表皮气孔与整体叶片气孔运动的趋势相同，能明显减小气孔开度，但是对一些光合参数没有明显影响，表明 UV-B 辐射对气孔运动存在直接效应。H_2O_2 和 NO 两种信号分子参与了 UV-B 辐射诱导气孔关闭的直接效应。

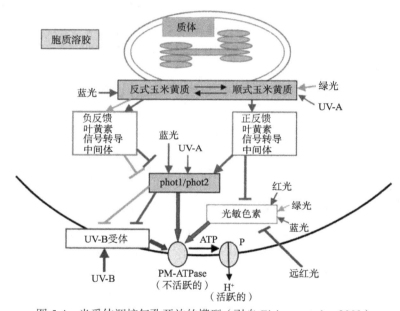

图 5-4　光受体调控气孔开放的模型（引自 Eisinger et al.，2003）

Figure 5-4　Model for the regulation of stomatal opening by a photoreceptor

PM-ATPase，质膜 ATP 酶（plasma membrane ATP enzyme）；phot1/phot2，向光素 phot1 和 phot2

气孔阻力密切联系着叶片气体交换和蒸腾作用。郑有飞等（1996）报道 UV-B 辐射增加大豆和小麦的气孔阻力，降低气孔导度。Negash 等（1987）报道了 UV-B 辐射增加蚕豆（*Vicia faba*）的气孔阻力，并导致气孔关闭。其原因可能是 UV-B 辐射诱导 K^+ 从保卫细胞中流失。蒸腾作用不仅是植物吸收和运输水分的主要动力，还是植物吸收和运输各种营养物质以及植物体转运合成的有机物质的动力。此外，蒸腾作用对植物体还具有降温的作用。研究表明，UV-B 辐射会降低植物的蒸腾作用，原因在于辐射能诱导植物气孔部分关闭。植物的蒸腾速率和气孔导度密切相关。UV-B 辐射降低植物蒸腾作用的原因是抑制了 K^+-ATPase 的活性。杨景宏等（2000a）研究认为，UV-B 辐射可诱导细胞内源激素脱落酸（abscisic acid，ABA）的合成，进而实现对气孔进行调节，导致气孔关闭，蒸腾速率降低。此外，UV-B 辐射导致植物生长量减少也被认为是植物蒸腾速率降低的间接结果之一。

Teramura 等（1980）指出，在不同 PAR 水平下，高 UV-B 辐射 6 周后，大豆的非气孔阻力和气孔阻力均显著增加。而蒸腾速率在低 PAR 水平和高 UV-B 辐射处理 6 周后显著降低，但在高 PAR 水平下未受 UV-B 辐射的影响（表 5-14）。李元和王勋陵（1998）的研究表明，随着 UV-B 辐射增强，春小麦气孔导度和蒸腾速率均降低，分别达到显著（$r = -0.9836$，$P<0.05$）和极显著（$r = -0.9961$，$P<0.01$）水平。尤其是在 4.25kJ/m^2 和 5.31kJ/m^2 UV-B 辐射处理下，气孔导度和蒸腾速率均急剧下降。气孔导度和蒸腾速率之间的相关系数为 0.9661（$P<0.05$），呈显著正相关，说明气孔导度和蒸腾速率之间有密切的联系，蒸腾速率降低可能是 UV-B 辐射导致气孔导度减小的结果。UV-B 辐射抑制小麦质膜 K$^+$-ATPase 活性已被报道。

四、UV-B 辐射与其他因素复合对植物生理代谢的影响

全球环境变化是多因子的复合效应，增强 UV-B 辐射仅是全球环境变化的一方面，要全面、合理评价全球环境变化引起的生理生态效应，必须研究多因子复合作用下植物对其的响应。近年来，这方面的研究越来越受国内外研究者的重视，并已经成为目前进行 UV-B 辐射增强研究的趋势之一。研究对象可分为三类：①UV-B 辐射与环境因子的复合，如温度、光照、水分等；②UV-B 辐射与污染胁迫因子的复合，如与 O$_3$、CO$_2$、SO$_2$、重金属等的复合；③增强 UV-B 辐射与各种营养添加因子的复合。

植物的光合作用、呼吸作用等重要生理代谢过程受多种内、外因子的影响。各种环境因子对生理代谢的影响以及植物对环境的适应，与植物产量和产品品质相关。各因子与 UV-B 辐射复合对植物的影响效应不同，即 UV-B 辐射与其他因子复合有的表现为拮抗效应，有的为协同效应（王玉洁，2010）。研究已表明，水分胁迫、营养缺乏等与增强 UV-B 辐射对植物的效应是相反的，常常表现出减弱植物对 UV-B 辐射的响应（吴杏春等，2001）。植物对增强 UV-B 辐射的响应与对 CO$_2$ 增加的响应也基本相反，增加 CO$_2$ 浓度能够减弱或改善 UV-B 辐射增强对植物的伤害影响，提高植物对 UV-B 辐射的抗性，并使植物的生长保持正常和产量有所增加（Qaderi and Reid，2005）。Mark 和 Tevini（1996）的研究结果显示，升高温度 4℃可以减轻 UV-B 辐射对玉米和向日葵生长及光合作用的抑制作用。对此 Caldwell 等（1994）认为这是由于升高温度增强了植物修复 UV-B 辐射损伤的能力。这些都是 UV-B 辐射与其他因子之间的拮抗作用。

UV-B 辐射对放氧复合体、反应中心蛋白及光系统 II 多个电子受体（供体）的破坏作用，不仅导致了叶绿体结构的损伤，也使大多植物的净光合速率和气孔导度等参数均受到不同程度的抑制，因此对光合有效辐射的利用效率显著降低，与在低温和干旱胁迫下的光合特性变化相一致（李俊等，2017）。那么，干旱胁迫和 UV-B 辐射相互作用的结果是拮抗还是协同，目前并没有一致的结论。Nogués 和 Baker（1995）研究 UV-B 辐射与干旱对豌豆幼苗的影响，结果表明：UV-B 辐射导致豌豆叶片近轴面气孔导度减少 65%，气孔限制的 CO$_2$ 吸收减少 10%～15%，然而叶肉光饱和活性没有受到影响。有些研究表明，干旱可减轻 UV-B 辐射对植物的损伤和抑制作用（Nogués and Baker，2000）。

UV-B 辐射和干旱通过不同的途径影响植物的光合作用，UV-B 辐射抑制植物光合作用的主要机理是：光合作用基因表达下调（Mackerness et al.，1998），类囊体膜系统遭到破坏、希尔反应活性下降（He et al.，1994），光合电子转移速率下降以及光系统 II 遭到破坏（Caldwell et al.，2007）等直接作用；间接影响表现在色素含量减少、气孔指数变化和气孔导度下降等（Correia et al.，1999）。水分胁迫或干旱条件下，植物叶片气孔阻力增大甚至气孔关闭，气孔导度（Gs）下降，导致叶肉细胞羧化位点的 CO_2 量减少，胞间 CO_2 浓度（Ci）降低，净光合速率（Pn）下降；而非气孔限制是细胞羧化酶活性下降，导致同化 CO_2 的能力降低，Ci 增加。王龙飞（2013）通过对比干旱和增强 UV-B 辐射复合胁迫与单因子胁迫发现，干旱胁迫与增强 UV-B 辐射对三种胡枝子（*Lespedeza bicolor*）造成的伤害并不是简单的叠加，而是有所拮抗，甚至在一定程度上，复合胁迫条件下叶片的叶绿素含量要高于单因子胁迫处理组。三种胡枝子叶片的叶绿素含量也会随着胁迫时间的延长以及胁迫程度加重而逐渐减少，但下降程度仍然介于 UV-B 增强辐射或干旱单独胁迫之间，这表明增强 UV-B 辐射和干旱复合处理时发生了拮抗适应。该研究结果与 Tian 和 Lei（2007）的研究结果相吻合，他们也发现，干旱和增强 UV-B 辐射复合胁迫对小麦幼苗造成的损伤处于两种单一胁迫对小麦造成的损伤之间。张莉娜等（2010）在室外盆栽条件下研究了春小麦（*Triticum aestivum*）品种'定西-24'生长和光合作用对增强 UV-B 辐射与干旱胁迫的响应及机理。结果表明，干旱明显影响'定西-24'叶绿素 b 的含量，对叶绿素 a 和类胡萝卜素的含量影响不显著。单独 UV-B 辐射以及其与干旱复合都降低叶片叶绿素 a、叶绿素 b 和类胡萝卜素的含量，且复合作用大于 UV-B 辐射单独作用，UV-B 辐射与干旱复合胁迫显著影响类黄酮的积累（$P<0.05$）。各处理间光合作用速率的大小顺序为：对照>复合>干旱>UV-B 辐射。干旱和 UV-B 辐射复合作用较干旱单独作用的气孔阻力有所增加，胞间 CO_2 浓度升高，而在 UV-B 辐射单独作用下下降。王芳（2009）研究了增强 UV-B 辐射和干旱胁迫下不同抗旱性玉米的即时响应，不同抗旱性玉米品种对 UV-B 辐射的敏感性不同，UV-B 辐射和干旱胁迫之间有交互作用，但表现为拮抗作用还是协同作用是随着指标的性质不同而变化的。

人类活动导致大气中 CO_2 浓度持续增加，同时，大气污染导致臭氧层减薄，因此到达地表的太阳紫外辐射不断增强，所以，CO_2 浓度的增加和 UV-B 辐射的增强都将对植物生长生理产生一定的影响。在已开展的研究中，增加 CO_2 浓度和增强 UV-B 辐射的联合效应通常是相反的，罕见协同效应。Teramura 等（1990a）报道了增加 CO_2 浓度与增强 UV-B 辐射复合因子对小麦、水稻、大豆 3 种作物的影响，发现在增加 CO_2 条件下，这 3 种作物的产量和总生物量均有增加。许多试验结果表明，在同时增加 CO_2 浓度和增强 UV-B 辐射的条件下，CO_2 的效果明显大于 UV-B 辐射的效果，增加 CO_2 浓度和增强 UV-B 辐射对植物产生相反的影响，其原因可能是增加 CO_2 浓度能够提高植物的光合作用，从而刺激植物的生长，这在一定程度上提高了植物对外界环境胁迫的适应能力。相反，增强 UV-B 辐射倾向于抑制植物的生长。

关于地表 O_3 浓度增加和 UV-B 辐射增强的复合作用国内外已经有了部分研究。Miller 等（1994）研究表明，UV-B 辐射和 O_3 的联合作用相较于单因子对植物光合作用的抑制显著增强。Zeuthen 等（1997）指出，UV-B 辐射增强和 O_3 浓度升高以及它们的复合作用都降低了植物的净光合速率（Pn）、气孔导度（Gs），降低的程度为：CK<UV-B<O_3<UV-B+O_3。Ambasht 和 Agrawal（2003）研究了 UV-B 辐射增强与 O_3 浓度升高单独与复合作用对小麦光合速率、叶绿素、类胡萝卜素等的影响，结果发现两者复合作用时比单独作用时的影响有所加深，但是小于两者单独作用时影响的简单累加。而类似的研究国内也有报道，郑有飞等（2013）报道了地表臭氧浓度增加和 UV-B 辐射增强单独及复合处理对大豆光合特性的影响，100nmol/mol O_3 浓度增加和 10% UV-B 辐射增强复合处理导致大豆叶绿素含量降低，两者存在协同作用，且 O_3 胁迫因子起主导作用；O_3 和 UV-B 辐射共同作用对大豆光合作用的影响比两因子单独作用时有所加深，并且大豆光合作用下降的主要原因是非气孔因素。目前，UV-B 辐射和 O_3 复合作用影响植物光合作用的具体机理仍然不十分清楚。

近年来，土壤重金属污染日趋严重，高浓度重金属胁迫与增强 UV-B 辐射同时对植物作用，会加重 UV-B 辐射对植物的伤害；臭氧和 UV-B 辐射对植物的生长、发育及代谢过程都有着强烈的负效应，其共同作用比单独作用对植物的影响更为显著，使植物更容易受 UV-B 辐射的影响；这说明上述因子与 UV-B 辐射之间存在协同效应。何永美等（2013）通过种子萌发和盆栽试验研究了镉（Cd）与 UV-B 辐射增强单独及复合胁迫对冬小麦幼苗生长、生理的影响，结果表明 Cd 和 UV-B 辐射增强复合胁迫对冬小麦生长和某些生理过程的影响存在协同效应。UV-B 辐射增强导致冬小麦叶片的叶绿素含量显著或极显著下降，类黄酮含量极显著增加，Cd 单独胁迫没有显著影响，且复合 Cd 胁迫后不加剧 UV-B 辐射对冬小麦叶片叶绿素和类黄酮含量的影响。也有研究报道，复合胁迫比重金属镍镉单因子胁迫更加显著地减少叶绿素含量，降低叶片同化 CO_2 的速率，抑制植物的光合电子传递和光合作用，从而影响植物的生长与生物量。此外，重金属污染与 UV-B 辐射复合胁迫，能够增强 UV-B 辐射对植物氮、磷营养代谢过程中固氮酶、脲酶、碱性磷酸酶活性的抑制作用。而相对于 Cd 单独胁迫，Cd 与 UV-B 辐射复合胁迫对拟南芥叶绿素荧光参数、氧释放速率、光化学产额、非光化学猝灭（NPQ）等生理指标的影响并没有加剧（Larsson et al.，2001）。可见，重金属污染和 UV-B 辐射复合胁迫之间的交互作用很复杂，可能加剧、减轻或不改变单一胁迫对植物光合作用、氧化伤害、抗氧化作用等生理代谢过程的影响，尚需开展更广泛的研究，才可能明确其影响规律与特征。

除氮元素外，其他营养元素与增强 UV-B 辐射复合对植物生理代谢也有一定影响。娄运生等（2011）通过大田试验，研究了 UV-B 辐射增强对不同生育期 3 个大麦（*Hordeum vulgare*）品种光合和蒸腾生理特性的影响，试验设对照（自然光）和辐射增强[辐射强度 14.4kJ/（m^2·d）]2 个 UV-B 辐射水平。结果表明，UV-B 辐射增强可降低叶片叶绿素含量、气孔导度、净光合速率和蒸腾速率，但对胞间 CO_2 摩尔分数基本没有影响，不同大麦品种对 UV-B 辐射增强的响应存在敏感性差异。娄运生等（2013）进一步研究了 UV-B 辐射增强下施硅对大麦抽穗期光合和蒸腾生理指标日变化的影响，结果表明施硅（150kg SiO_2/hm^2）可缓解 UV-B 辐射增强对大麦净光合速率的抑制作用，但并不能缓解 UV-B 辐射增强对大麦蒸腾作用以及气孔导度的抑制。娄运生等（2014）研究不同施钾量（73kg K_2O/hm^2、150kg K_2O/hm^2）与 UV-B 辐射[1.5kJ/（m^2h）、1.8kJ/（m^2h）]增强对大麦抽穗期生理指标日变化的影响表明，UV-B 辐射增强降低大麦的叶绿素含量、净光合速率、气孔导度、蒸腾速率和水分利用率；增施钾肥可提高叶片中叶绿素含量、净光合速率、气孔导度和蒸腾效率，但对大麦胞间 CO_2 浓度和水分利用率的影响不明显。钙作为细胞第二信使参与调节许多重要的生理生化过程，而且钙在植物抗逆境胁迫中具有重要作用。国内已经开展了大豆（任红玉等，2009）、小麦（周青和黄晓华，2001）幼苗的相关研究，研究表明 Ca^{2+} 对由 UV-B 辐射导致的大豆、小麦幼苗生长变劣具有一定减缓作用，缓解原因在于钙对植物生理功能具有调节作用。

当前全球环境和气候变化日益复杂，土壤中有机污染物-重金属复合污染是非常普遍的，而对重金属、典型有毒有机污染物污染与 UV-B 辐射复合胁迫的联合作用机理的认识还很有限。目前，污水灌溉所导致的农田土壤重金属污染、抗生素污染，农膜导致的土壤邻苯二甲酸酯（phthalate acid ester，PAE），以及多环芳烃（polycyclic aromatic hydrocarbon，PAH）和多氯联苯（polychlorinated biphenyl，PCB）等典型持久性有机污染物污染的研究已经成为生态学与环境科学领域的研究热点，亟待加强大田环境和自然光条件下增强 UV-B 辐射与其他因子复合胁迫对农作物生理代谢的影响及机理研究，以提出可行的应对措施，对于保障农作物生产和品质具有重要意义。

第二节　UV-B 辐射对植物生化的影响

植物通过光合作用这一最重要的生化反应，以太阳能为能源将简单的无机物（CO_2 和 H_2O）合成为碳水化合物，又以碳水化合物作为基本骨架合成蛋白质、核酸、脂类等各种生物大分子。因此，光合作用是生物界最重要的物质代谢与能量代谢过程。前一节重点阐述了 UV-B 辐射对植物光合作用的影响及机理，一旦植物的光合作用受到影响，那么植物初级碳代谢物合成及其在不同组织间的分配势必受到影响。

一、UV-B 辐射对蛋白质的影响

蛋白质是生物有机体的重要组成部分，是组成生物体一切细胞和组织的物质基础，并且作为机体内化学反应的生物催化剂——酶类，在各种生理生化过程中起着至关重要的作用。但是由于蛋白质分子中含有苯丙氨酸（phenylalanine）、色氨酸（tryptophan）和酪氨酸（tyrosine）等，而这些氨基酸的最大吸收波长正好在 UV-B 辐射的波长范围（280~320nm），因此，UV-B 辐射增强必然会严重影响生物体内的蛋白质，增强的 UV-B 辐射还会对光合作用相关酶的代谢产生一定影响（罗丽琼等，2006）。对 UV-B 辐射特别敏感的 DNA、蛋白质、植物激素和光合色素等生物大分子中，蛋白质可能是最为敏感的靶分子，它可被 UV-B 辐射修饰，其中包括色氨酸的光降解、—SH 基的修饰、膜蛋白在水中的溶解度提高、多肽链的断裂等，这些修饰可引起酶的失活和蛋白质结构的改变。

UV-B 辐射增强既可以促使蛋白质含量减少，又可以诱导核酸和蛋白质合成，使蛋白质含量增加，这些与大分子吸收峰有关（强维亚等，2004）。相关研究报道，可溶性蛋白含量与游离氨基酸含量关系密切，植物体内蛋白质通过蛋白酶的催化作用，分解成游离氨基酸。随着蛋白酶对蛋白质的降解，可溶性蛋白含量增加的同时，游离氨基酸含量也不断增加，这部分游离氨基酸再合成新的蛋白质，用于新细胞的形成。UV-B 辐射胁迫下植物可溶性糖含量下降，造成合成氨基酸的碳骨架缺乏，导致可溶性蛋白含量下降。Nedunchezhian 等（1992）研究证明，UV-B 辐射增强会促进蛋白质合成。UV-B 辐射增强还会加重植物 DNA 损伤，影响 DNA 修复过程和基因的表达，高强度 UV-B 辐射可以抑制基因的正常表达和蛋白质的合成（Willekens et al., 1994；Wang et al., 2010），能直接和间接地破坏蛋白质（Jansen et al., 1998）。

UV-B 辐射导致大麦、玉米、大豆、萝卜等多种作物叶片蛋白质含量增加，这可能是芳香族氨基酸合成加强的结果。芳香族氨基酸是合成类黄酮的前体物质，而类黄酮有保护植物免遭 UV-B 辐射伤害的作用（Tevini et al., 1981；Vu et al., 1982b）。相反的结论，即 UV-B 辐射降低大豆、豌豆、玉米、白菜、燕麦叶片的可溶性蛋白含量也已观察到（Vu et al., 1982a, 1984；Nedunchezhian et al., 1992）。蛋白质作为催化化学反应的酶类，在各种生理功能中起重要作用。可溶性蛋白含量的减少，蛋白质合成及结构的改变，尤其是膜蛋白结构的改变会对植物的各种生理生化过程产生极大的影响，其结果是植物生理代谢发生紊乱。植物的光合作用需要大量的酶，蛋白质代谢是否正常，直接关系到植物光合作用的进展顺利与否，在可溶性蛋白质中，约有 50% 是 RuBPCase，可溶性蛋白含量的下降会导致植物 RuBPCase 活性和光合能力的直接降低（Steinback，1981），并最终在植物的形态结构和生理功能上表现出来。RuBPCase 是植物中固定 CO_2 的酶，在光合作用中具有重要作用，活性随着 UV-B 辐射强度的增加而降低。Vu 等（1982b）认为是环式磷酸化解偶联作用和 RuBP 羧化酶活性下降以及类囊体膜的破坏影响了植物光合作用中暗反应的进行，UV-B 辐射增强使光能转换成化学能的效率下降，植物经 UV-B 辐射后，其光合速率和光合产物累积速率的下降同步进行，糖代谢也将受到极大的影响。UV-B 辐射使 RuBPCase 失活，主要原因包括多肽发生变性、蛋白质降解、基因转录受抑制。现在已发现 UV-B 辐射诱导表达的诱导基因、抑制基因，诱导基因中 psUVGluc、psUVAux、psUVRib 分别编码 β-1,3-葡聚糖酶、生长素抑制蛋白、核糖体 40S 亚基蛋白；抑制基因中 psUVRub、psUVDeh 分别编码 RuBP 羧化酶和脱氢酶（Liu et al., 2002）。另外，由于芳香族氨基酸的吸收作用，蛋白质在 280nm 及更短的波长处有强烈的吸收值，因此可溶性蛋白含量将受到一定的影响。

UV-B 辐射增强会影响植物体内蛋白质的表达，其变化取决于不同植物品种对 UV-B 辐射的敏感性差异、UV-B 辐射强度的大小以及辐射时间的长短等。研究表明，酶活性和蛋白质结构发生改变的最直接原因是 UV-B 辐射引起蛋白质中的色氨酸发生光降解。色氨酸的最大吸收波长在 305nm 处，极易被 UV-辐射所降解，色氨酸在被降解为 N-甲酰犬尿氨酸等的同时，会诱导产生 O_2^- 和 H_2O_2，而活性氧自由基可直接修饰蛋白质，引起蛋白质分子内或分子间发生交联和断裂。Wilson 等（1995）发现 C_3 植物欧洲油菜（Brassica napus）、番茄（Lycopersicon esculentum）、烟草（Nicotiana tabacum）和豌豆（Pisum sativum）经 UV-B 辐射[$1.5 \mu mol/(m^2 \cdot s)$]处理后，在叶绿体中出现了一种分子量为 66kDa 的蛋白质，进一步的研究表明该 66kDa 的蛋白质可能是 Rubisco 大、小亚基发生交联的产物，它的形成与 UV-B 辐射诱导自由基的产生有关。冯国宁等（1999）用

SDS-PAGE 分析表明：经 UV-B 辐射处理的菜豆，其蛋白质电泳带出现了梯度变化的现象，这可能是由 UV-B 辐射引起蛋白质（或多肽）发生交联造成的。

　　UV-B 辐射可引起蛋白质分子肽链的断裂。研究发现，UV-B 辐射使菠菜叶片叶绿体 PSII 反应中心的 D1 蛋白在横跨膜的区域发生断裂，形成 20kDa 的 C 端片段和 13kDa 的 N 端片段（Barbato et al., 1995）。Friso 等（1995）认为，D1 蛋白的断裂与醌自由基的形成有关，在没有醌存在时，PSII 经 UV-B 辐射处理后，D1 蛋白不会发生断裂；在醌（DBMIB 等）存在时，UV-B 辐射使 D1 蛋白发生多处断裂。所以，D1 蛋白发生断裂的原因是 UV-B 辐射诱导了醌自由基的形成。D1 蛋白的断裂会影响 PSII 反应中心的完整性，其结果将对植物的光合作用产生深刻的影响。UV-B 辐射还可通过改变蛋白质的磷酸化作用来影响在叶绿体中进行的各种生理生化过程。研究发现，菠菜经 60min 的 UV-B 辐射处理后，其叶绿体类囊体上 60～65kDa 蛋白质的磷酸化作用被部分抑制，45kDa 蛋白质的磷酸化作用则被完全抑制（Yu and Björn, 1996）。

　　UV-B 辐射不仅可以引起蛋白质结构发生改变，而且会对蛋白质的含量产生影响。李元和王勋陵（1999）研究了增强的 UV-B 辐射对春小麦不同生育期叶质量的影响（表 5-15），叶可溶性蛋白含量在分蘖期、拔节期和扬花期大部分显著降低，而在成熟期则显著增加。这表明在春小麦发育前期和后期，叶可溶性蛋白含量对 UV-B 辐射响应的趋势相反。在拔节期、扬花期和成熟期，叶粗纤维含量普遍显著增加。Zu 等（2004）就小麦 10 个品种对 UV-B 辐射的响应进行试验，结果发现其中 5 个品种体内的蛋白质表达量有所增加。

表 5-15　UV-B 辐射对春小麦叶质量的影响（%）（引自李元和王勋陵，1999）

Table 5-15　Effects of UV-B radiation on leaf quality of spring wheat (%)

UV-B 辐射（kJ/m²）	可溶性糖				可溶性蛋白				粗纤维		
	分蘖期	拔节期	扬花期	成熟期	分蘖期	拔节期	扬花期	成熟期	拔节期	扬花期	成熟期
0	2.35b	3.63 be	4.53a	2.59a	5.50a	4.69a	3.78a	1.34c	35.93c	38.28c	37.37c
2.54	2.39b	3.88b	4.13a	2.45a	5.35ab	4.35a	3.54a	1.50b	38.89c	41.32bc	42.89bc
4.25	2.56a	3.94ab	3.58b	2.29b	5.21ab	3.82b	3.14b	1.62b	42.21b	46.57ab	47.21ab
5.31	2.66a	4.05a	3.01c	2.03c	5.14b	3.54c	2.93c	1.83a	46.53a	50.00a	50.90a

注：不同小写字母表示不同处理间在 $P<0.05$ 水平差异显著（LSD 检验，$n=6$）

　　已经发现 C₃ 植物较 C₄ 植物对 UV-B 辐射更为敏感。UV-B 辐射会使 C₃ 植物的蛋白质含量大幅度下降，而对 C₄ 植物的蛋白质含量影响不大，可以忽略。Vu 等（1982b）认为，UV-B 辐射对植物蛋白质含量的影响与植物的发育时期有关，在植物发育早期，UV-B 辐射会使植物叶片中的蛋白质含量上升，而在发育后期会使叶片中的蛋白质含量降低。蛋白质含量的变化还与 UV-B 辐射剂量有关。可见，在 UV-B 辐射对蛋白质含量影响方面的研究结果并不一致，Teramura（1983）认为这可能是由试验条件不同（不同的 UV-B 辐射强度）与不同的物种对 UV-B 辐射的敏感性存在差异引起的。

　　UV-B 辐射不仅影响蛋白质的含量，还影响蛋白质的合成。在蛋白质合成方面，Murphy 等（1975）报道紫外辐射会抑制蛋白质的合成，而 Nedunchezhian 等（1992）报道 UV-B 辐射会促进蛋白质的合成，这种分歧与 UV-B 辐射时间有很大的关系。冯国宁等（1999）在菜豆的研究中发现，短时间的 UV-B 辐射（7 天以内）促进了蛋白质的合成，降低了蛋白酶的活性，从而使菜豆叶片中的可溶性蛋白含量上升。这与总游离氨基酸的含量在 UV-B 辐射处理后升高不完全相符，可能是由蛋白质降解产物同时合成为所需的蛋白质尤其是酶蛋白引起的。这可能与基因表达和基因结构的改变有关（Willekens et al.，1994）。利用 SDS-PAGE 分析表明，短期的 UV-B 辐射（3 天）使菜豆叶片中 131.5kDa、99kDa、88kDa、76kDa、42kDa、35kDa、33kDa、29kDa、16kDa 的多肽含量上升，尤其是 76kDa 的多肽含量上升显著。可以认为，短时间的 UV-B 辐射会刺激菜豆叶片中蛋白质的合成，植物体内蛋白质代谢的这种变化可能是植物的一种适应性应急反应。同时观察到，长期的 UV-B 辐射（7～35 天）抑制了蛋白质的合成，促进了蛋白酶活性的上升和总游离氨基酸的积累，降低了可溶性蛋白的含量，从而使蛋白质的分解代谢加强。这可能与前一阶段酶蛋白的代谢活动有关，UV-B 辐射能诱导酶蛋白的产生和酶活性的改变。总之，短时间的 UV-B 辐射会促进蛋白质的合成，而长时间的 UV-B 辐射则会抑制蛋白质的合成，加速蛋白质的分解。这是由植物对增强 UV-B 辐射的适应性反应和 UV-B 辐射对植物的伤害机理共同决定的（李元和岳明，2000）。刘晓等（2011a）运用傅里叶变换红外光谱技术研究了 UV-B 辐射增强对植物 PSII 中膜蛋白结构的影响。结果表明在增强的 UV-B 辐射条件下，PSII 中蛋白质的 α-螺旋、β-折叠强度增加，而 β-转角的强度下降了近 50%，并且这些蛋白质结构与周围结构的耦合能力减弱。此外，UV-B 辐射使酪氨酸残基苯酚环的结构发生改变，并使其微极性降低。UV-B 辐射所诱导的以上结构变化必然引起锰簇及色素和蛋白质之间的天然结合状态改变，并导致光能传递和转换、电子传递以及放氧等过程发生一系列的变化。

冯国宁等（1999）观察到，在第 35 天时，无论是对照还是 UV-B 辐射处理，菜豆叶片的蛋白质合成能力均有所上升，但二者叶片中可溶性蛋白含量仍处于减少趋势，此结果一方面可能是由蛋白酶与氨肽酶的活性处于最高水平，从而加速蛋白质的分解，造成游离氨基酸积累所致；另一方面可能是由于植物从营养阶段向生殖阶段过渡时，合成的物质大量输送到果实中，因此叶片中的可溶性蛋白含量持续减少。

植物在生长过程中会经历各种环境胁迫，在胁迫环境条件下，正常蛋白质的合成会受阻，代之而合成许多"胁迫蛋白"，并认为"胁迫蛋白"的形成有利于植物适应各种逆境。目前，增强的 UV-B 辐射也被认为是一种环境胁迫，研究发现，在不同温度条件下（10℃、20℃、30℃、40℃），豇豆子叶经 UV-B 辐射[3.2μmol/（m^2·s）]处理 48h 后，其叶片中类似于热激蛋白的 70kDa、53kDa 和 16kDa 等一系列多肽含量上升，这些多肽含量的上升有利于保护植物免遭 UV-B 辐射的伤害（Nedunchezhian et al.，1992）。冯国宁等（1999）采用 SDS-PAGE 研究表明，长期的 UV-B 辐射使菜豆叶片中 15.5kDa、42kDa 和 60kDa 以上的多肽含量下降，尤其是 76kDa 以上的多肽含量下降显著，但 10～14kDa、29kDa、33kDa 和 35kDa 的多肽含量出现了不同程度的上升，这与 Nedunchezhian 和 Kulandaivelu（1991）的报道基本一致。蛋白质代谢的这种变化是植物的一种适应性反应，有利于植物抵抗增强的 UV-B 辐射。

增强 UV-B 辐射对 10 个割手密无性系不同生育期叶片的可溶性蛋白有明显影响（表 5-16）。分蘖期，有 3 个无性系的叶可溶性蛋白含量显著或极显著下降。伸长初期，

表5-16 2005年10个割手密无性系叶可溶性蛋白含量对UV-B响应反馈的种内差异（引自张翠萍，2007）

Table 5-16 Intraspecific sensitivity to UV-B radiation based on soluble protein in leaves of 10 wild sugarcanel (*S. spontaneum* L.) clones in 2005

无性系	分蘖期			伸长初期			伸长末期			成熟初期			成熟末期		
	UV-B (mg/g)	对照 (mg/g)	变化率 (%)	UV-B (mg/g)	对照 (mg/g)	变化率 (%)	UV-B (mg/g)	对照 (mg/g)	变化率 (%)	UV-B (mg/g)	对照 (mg/g)	变化率 (%)	UV-B (mg/g)	对照 (mg/g)	变化率 (%)
92-11	7.57	8.41	-9.99*	6.84	6.55	4.43	6.04	6.51	-7.22*	4.43	5.94	-25.42**	4.04	2.86	41.26*
II91-13	7.42	9.89	-24.97**	7.11	7.39	-3.79	8.21	6.67	23.09**	5.50	5.24	4.96	4.51	4.08	10.54
I91-91	7.69	8.22	-6.45	7.25	6.87	5.53*	9.03	7.70	17.27**	6.16	5.24	17.56*	3.49	3.13	11.50
90-15	8.74	9.03	-3.21	6.22	5.23	18.93**	6.70	5.87	14.14**	3.91	3.37	16.02	2.21	2.03	8.87
83-193	7.31	7.49	-2.40*	6.29	6.41	-1.87	7.16	5.52	29.71**	4.81	7.10	-32.35**	5.09	2.92	74.32**
92-36	8.57	8.86	-3.27	7.72	8.01	-3.62	8.00	6.86	16.62**	6.80	6.33	7.42**	4.91	3.75	30.93**
II91-72	9.26	9.84	-5.89	7.45	5.78	28.89**	6.97	5.93	17.54**	4.33	4.89	-11.45*	2.49	2.88	-13.54
II91-93	8.66	9.26	-6.48	7.38	8.12	-9.11*	8.28	5.79	43.01**	6.60	6.10	8.20*	3.89	4.37	-10.98
II91-5	10.00	10.03	-0.30	7.71	5.45	41.47**	7.77	6.55	18.63**	5.94	5.54	7.22	1.60	1.92	-16.67
I91-37	7.35	7.62	-3.54	7.96	8.27	-3.75	7.88	6.30	25.08**	5.38	6.12	-12.09**	2.46	3.61	-31.86*

注：*和**表示对照与UV-B辐射间分别在 $P<0.05$ 和 $P<0.01$ 水平差异显著

有 1 个无性系显著下降，有 4 个无性系显著或极显著上升。伸长末期，仅无性系'92-11'显著下降，其余 9 个无性系均极显著上升。成熟初期，有 4 个无性系显著或极显著下降（$P<0.01$ 或 $P<0.05$）。成熟末期，有 3 个无性系显著或极显著上升，1 个无性系显著下降。2006 年成熟前期，5 个无性系的叶可溶性蛋白含量被 UV-B 辐射增加，有 5 个无性系的叶可溶性蛋白含量被 UV-B 辐射降低（图 5-5），变化率为 −41.39%～52.47%。

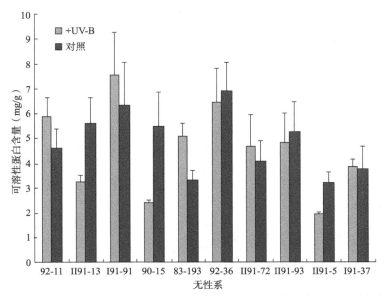

图 5-5　2006 年 10 个割手密无性系叶可溶性蛋白对 UV-B 响应反馈的种内差异（引自张翠萍，2007）

Figure 5-5　Intraspecific sensitivity to UV-B radiation based on soluble protein in leaves of 10 wild sugarcanel (*S. spontaneum* L.) clones in 2006

　　宣灵（2009）报道，UV-B 辐射增强处理的灯盏花根与茎可溶性蛋白含量与对照相比较均呈现减少趋势，其中灯盏花根可溶性蛋白含量各时期减少差异均达到显著水平（$P<0.05$）。灯盏花根游离氨基酸总量也呈现一致变化，这与游离氨基酸和蛋白质之间可以相互转化有一定的关联。灯盏花茎可溶性蛋白含量在花期和果熟期的减少达到显著水平（$P<0.05$）。而灯盏花叶可溶性蛋白含量在 UV-B 辐射增强处理条件下，各时期均呈增加趋势，在苗期和果熟期可溶性蛋白含量增加不显著，花期达到显著水平（图 5-6），说明 UV-B 辐射促进灯盏花叶蛋白质的合成，降低蛋白酶的活性，导致叶可溶性蛋白含量增加，这与灯盏花叶游离氨基酸总量变化基本相符。

　　综上所述，蛋白质可以被 UV-B 辐射多方面改变，包括色氨酸的光降解、膜蛋白的溶解、多肽链的断裂等，从而引起酶的失活和蛋白质结构的改变。UV-B 辐射导致酶活性和蛋白质结构发生变化的最直接原因是蛋白质中的色氨酸发生光降解，并诱导产生超氧自由基（O_2^-）和过氧化氢（H_2O_2）。UV-B 辐射还可引起叶绿素 a/b 结合蛋白（Cab 蛋白）mRNA 水平的显著降低，也可通过改变蛋白质的磷酸化作用而影响在叶绿体中进行的各种生理生化过程。此外，UV-B 辐射也会引起蛋白质的含量和合成发生变化。总之，UV-B 辐射的增强能导致植物体内的可溶性蛋白含量减少，蛋白质合成及结构的改

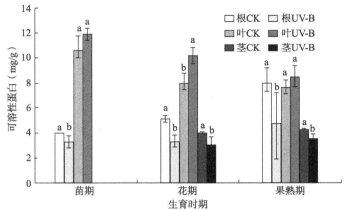

图 5-6　UV-B 辐射对灯盏花可溶性蛋白含量的影响（引自宣灵，2009）

Figure 5-6　Effects of UV-B radiation on the contents of soluble protein of *E. breviscapus*

不同小写字母表示不同处理间在 $P<0.05$ 水平差异显著

变，从而对植物的各种生理生化过程产生影响，并最终在植物的形态结构和生理功能上表现出来（蔡锡安等，2007）。

二、UV-B 辐射对植物糖含量的影响

近年来的研究发现，糖是植物生长发育和基因表达的重要调节因子，它不仅是能量来源和结构物质，而且在信号转导中具有类似激素的初级信使作用。糖作为渗透调节物质和信号物质，UV-B 辐射增强对其含量及分配会产生极大的影响。张翠萍（2007）报道了 UV-B 辐射增强下，10 个割手密无性系叶片、根和茎的总糖、可溶性糖、还原性糖、果糖、蔗糖和纤维素含量均受到了不同程度的影响，且各类糖含量对 UV-B 辐射的响应具有明显的生育时期及年际差异。目前，关于 UV-B 辐射对植物糖含量和糖代谢的影响研究还处于起步阶段，国内外研究表明，UV-B 辐射增强将影响植物的糖含量，对植物不同生育时期根、茎、叶、果实和籽粒的糖含量进行了研究（李元和岳明，2000），由于作物品种、试验控制条件、辐射剂量等存在差异，得到的结论也不相同。李元等（2006b）深入探讨了植物糖含量变化的内在原因及其对糖代谢的影响，各种野生植物、药用植物的糖含量及糖代谢研究工作受到重视。

1. UV-B 辐射对植物叶片糖含量的影响

植物体中可溶性糖是植物光合作用的主要产物，属于非结构性碳水化合物，可溶性糖中的还原性糖是植物直接的呼吸底物，而蔗糖是植物有机物运输以及贮藏和积累的主要形式。在植物叶片中有机物主要以蔗糖的形式贮存和输出，养分输出系统受阻时，植物叶片中便会有大量的蔗糖积累。当植物叶片中可溶性糖含量过高时，就会抑制植物的光合作用，抑制植物生长；当植物叶片可溶性糖含量较低时，叶片具有很强的及时外输营养物质的能力，促进植物发育（李金才等，1999）。叶片糖分及时快速的运输，可以为淀粉合成提供充足的底物，可溶性糖是淀粉合成的底物，因此，可溶性糖含量的高低

与淀粉积累的程度密切相关（王书丽等，2005）。UV-B 辐射增强直接导致植物的光合作用效率降低，光合能力减弱带来的直接结果就是光合同化产物积累减少，对糖代谢和可溶性糖含量的影响不言而喻。郑淑颖等（2000）研究证明，可溶性糖还是植物体内重要的渗透调节物质，与植物自身抗逆性密切相关，UV-B 辐射增强的环境胁迫下，可溶性糖的响应更为显著。

　　宣灵（2009）报道随着灯盏花（*Erigeron breviscapus*）生育期的延长，各部位可溶性糖含量均为苗期<花期<果熟期，也就表示随着植株的生长，灯盏花苗期光合产物主要用于形态建成，花期和果熟期生长缓慢，养分逐渐积累。UV-B 辐射增强对灯盏花不同部位可溶性糖含量的影响有差异，但每个部位可溶性糖含量的变化在各时期表现一致。在 UV-B 辐射增强处理条件下，灯盏花叶与茎可溶性糖含量与对照相比均呈现显著减少趋势（$P<0.05$），最主要的原因可能就是增强的 UV-B 辐射破坏了灯盏花的光合作用，导致光合产物减少，叶与茎可溶性糖含量降低。而灯盏花根可溶性糖含量经模拟的增强UV-B 辐射处理后呈现上升趋势，且各时期含量增加都达到显著水平（图 5-7）。灯盏花根际周围土壤矿质营养元素、水分等环境的变化对灯盏花糖代谢和根可溶性糖含量也有一定影响。

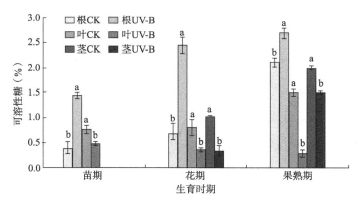

图 5-7　UV-B 辐射对灯盏花可溶性糖含量的影响（引自宣灵，2009）

Figure 5-7　Effects of UV-B radiation on the content of soluble sugar of *E. breviscapus*

不同小写字母表示不同处理间在 $P<0.05$ 水平差异显著

　　UV-B 辐射增强导致灯盏花各部位淀粉含量大体呈上升趋势，仅花期茎淀粉含量在UV-B 辐射增强条件下表现为减少（图 5-8）。可溶性糖是淀粉合成的底物，糖含量的高低直接影响淀粉积累的多少，灯盏花根可溶性糖与淀粉含量在各时期表现一致（宣灵，2009）。与对照相比，灯盏花根与叶淀粉含量在苗期、花期和果熟期都表现为增加，并且差异均达到极显著水平（$P<0.01$）。灯盏花茎淀粉含量经 UV-B 辐射增强处理后呈现由下降变为上升趋势，花期淀粉与对照相比减少达到显著水平（$P<0.05$），果熟期茎淀粉含量增加达到显著水平。增强的 UV-B 辐射导致灯盏花叶可溶性糖含量各时期极显著少于对照，而淀粉含量则呈极显著增加，表明 UV-B 辐射增强促进灯盏花叶可溶性糖向淀粉转化。

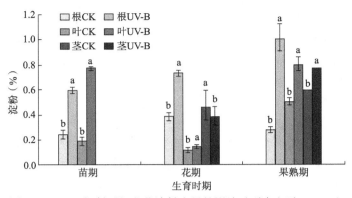

图 5-8 UV-B 辐射对灯盏花淀粉含量的影响（引自宣灵，2010）

Figure 5-8 Effects of UV-B radiation on the contents of starch of *E. breviscapus*

不同小写字母表示不同处理间在 $P<0.05$ 水平差异显著

UV-B 辐射和其他因子的双重胁迫对植物叶片糖含量的影响已有研究。UV-B 辐射和缺 N 双重胁迫下，小麦叶片中的可溶性糖和淀粉含量均减少，且在高 UV-B 辐射下，随着 N 的增加，可溶性糖也增加（Correia et al.，2005）。UV-B 辐射对水生植物影响的研究还相对较少。Farooq 等（2000）在浮萍对 UV-B 辐射敏感性的研究中得出，臭氧衰减会减少淀粉和糖的含量。黎峥等（2003）在 UV-B 辐射增强条件下对两种藻类光合色素和多糖含量进行研究表明，紫外辐射处理促进了微绿藻中多糖含量的升高，有利于提高它的抗 UV 辐射能力，且多糖可能作为一种保护机理，在保护藻类免遭 UV 辐射伤害方面有一定功能。

在南非 17 种乔木、灌木以及草本植物中，非结构性碳水化合物不受 UV-B 辐射影响，且淀粉的积累并不会抑制植物的生长（Musil et al.，2002）。UV-B 辐射可降低番茄（*Solanum lycopersicum*）、甘蓝（*Brassica oleracea*）中葡萄糖、蔗糖、淀粉的含量（Garrard et al.，1976）。菠菜（*Spinacia oleracea*）叶片中的可溶性糖含量随着紫外辐射的增强而大幅度的下降（赵晓莉等，2004）。这种差异与植物的地区适应和遗传特性有关，其内在关系还有待进一步研究。对大豆和豌豆的研究表明，RuBPCase 含量和活性发生变化是由于羧化酶含量的减少，而不是酶的失活（Vu et al.，1984）。UV-B 辐射降低植物叶片脂类和糖类含量已被报道。UV-B 辐射降低玉米、蚕豆、大麦脂类含量（Tevini et al.，1981），而在大田条件下，导致蚕豆、甘蓝脂类含量增加，菠菜脂类含量降低，马铃薯脂类含量无明显变化。另外，观察到 UV-B 辐射降低萝卜和菠菜中葡萄糖与淀粉含量，导致甜菜根中蔗糖含量增加 17%～20%（Ambler et al.，1978）。在野外的研究表明，UV-B 辐射导致副极地石南灌丛中越橘叶片可溶性碳水化合物含量增加，纤维素含量以及纤维素和木质素含量之比降低（Gehrke et al.，1995；Johanson et al.，1995），增强的 UV-B 辐射会改变针叶枯落物中木质素、氮和全纤维素的含量。如果植物组织中木质素和纤维素比例发生变化，可以改变植物枝叶在自然界的分解速度，这对生物地球化学循环具有重要意义。

2. UV-B 辐射对植物根和茎糖含量的影响

UV-B 辐射使植物叶片中的糖含量增加、减少或保持不变均有许多报道，而其对植物根和茎糖含量的影响报道较少，茎可溶性糖的浓度不仅影响糖的合成，而且关系到"库"进入"源"的运输率和分配率。李元和岳明（2000）研究了增强 UV-B 辐射对春小麦成熟期茎和根粗纤维含量的影响，2.54kJ/m² UV-B 辐射对茎粗纤维含量没有显著影响，而在 4.25kJ/m² 和 5.31kJ/m² UV-B 辐射下，茎粗纤维含量显著增加；UV-B 辐射对根粗纤维含量没有统计学上的影响。Ambler 等（1978）研究表明，UV-B 辐射使甜菜根中蔗糖含量增加 17%～20%。

锤度代表固溶物（大部分是蔗糖）在蔗汁中所占的比例（%）。李元等（2007）以甘蔗的野生近缘种割手密无性系为研究对象，在大田栽培和自然光条件下，研究了连续 3 年模拟紫外辐射（UV-B，280～315nm）增强对 33 个割手密无性系成熟期锤度的影响。结果表明：UV-B 辐射对割手密无性系锤度具有明显的影响，割手密无性系锤度对 UV-B 辐射响应具有明显的年际差异。张翠萍（2007）研究了 10 个割手密无性系对 UV-B 辐射响应的糖含量差异及无性系糖代谢机理表明，增强 UV-B 辐射对成熟末期 10 个割手密无性系茎糖含量有不同程度的影响。4 个无性系茎可溶性糖含量显著或极显著增加，而无性系 I91-91 和 90-15 显著或极显著下降。UV-B 辐射增强，6 个无性系茎蔗糖含量极显著增加；3 个无性系茎总糖和还原性糖含量均发生显著或极显著变化；茎果糖含量所受的影响最大，有 5 个无性系显著升高，3 个无性系明显降低。4 个无性系的茎纤维素含量受到了 UV-B 辐射的明显影响，其中有 3 个无性系明显降低，无性系 II91-5 显著增加。连续两年 UV-B 辐射，10 个割手密无性系锤度对 UV-B 辐射的敏感性存在明显的年际差异（图 5-9）。2005 年，仅有无性系 II91-5 和 II91-13 锤度显著下降，无性系 83-193 和 II91-72

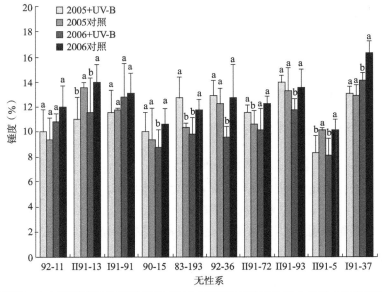

图 5-9　连续两年 10 个割手密无性系锤度对 UV-B 辐射响应反馈的种内差异（引自张翠萍，2007）

Figure 5-9　Intraspecific sensitivity to UV-B radiation based on birxs of 10 wild sugarcane

(*S. spontaneum* L.) clones for two consecutive years

的锤度显著增加，其他无性系锤度变化不显著，变化率为-18.39%～26.21%。到了2006年，10个无性系的锤度表现为UV-B辐射处理低于对照，且无性系I91-37的变化最大。从图5-9中可以明显地观察到，2006年的变化幅度较2005年的小，但不论是对照还是UV-B辐射处理，2006年的锤度普遍比2005年有所上升。UV-B辐射对割手密锤度的影响，是其对割手密光合作用、光合产物分配和积累、碳水化合物代谢综合作用的结果。

3. UV-B 辐射对作物果实和籽粒糖含量的影响

UV-B辐射对作物籽粒品质的影响是一个值得重视的问题，是UV-B辐射增强综合作用的结果，但以前的工作大多数是在温室中针对幼苗的试验，作物很少生长到籽粒成熟，因此，这方面的研究较少。李元和王勋陵（1998）报道了紫外辐射增强对春小麦的品质具有明显影响，籽粒总糖含量增加，粗蛋白、总氨基酸和其中15种氨基酸含量明显偏离对照植株同类生化物质的正常指标；UV-B辐射对总淀粉含量没有显著的影响，而 $2.54kJ/m^2$ 和 $4.25kJ/m^2$ UV-B 辐射导致总糖含量显著增加。

Zu等（2004）在大田条件下研究了UV-B辐射增强对10个小麦品种籽粒品质的影响，其中5个品种的淀粉含量显著增加，有2个总糖含量显著增加、1个显著降低，而粗淀粉含量均无显著差异，充分说明10个小麦间存在很大的种内差异。徐建强等（2004）也进行了类似的研究，UV-B辐射增强影响小麦籽粒化学组分的转化，最终使小麦籽粒的赖氨酸和蛋白质含量增加、淀粉含量下降，使小麦籽粒品质提高。他们认为UV-B辐射增强可能对酶的生物活性产生影响，导致可溶性糖向淀粉转化减少，而氨基酸向蛋白质的转化则有所增加。但Gao等（2004）的研究表明，小麦籽粒的蛋白质、糖和淀粉含量随UV-B辐射增强而降低，而赖氨酸含量增加。

UV-B辐射对棉花含糖量也有影响，UV-B辐射越强，含糖量越高，基本上呈线性关系（王春乙等，1997），因此可获得紫外辐射强度（X）与平均含糖量（Y）的相关关系：$Y=0.00579X-1.90$（$r=0.7830$）。不同地理纬度、海拔的UV-B辐射强度不同，引起棉花品质存在差异，含糖量高导致棉花的强度低，品质下降。Gao等（2003）的相关研究表明，UV-B辐射增强与对照的含糖量差异并不显著，但纤维质量降低，使得棉花品质下降。

三、UV-B 辐射对植物糖代谢的影响

1. UV-B 辐射对糖代谢主要反应过程的影响

UV-B辐射增强对植物糖代谢产生影响主要是通过影响糖代谢过程中的许多关键酶和调节糖代谢的一些重要反应来实现的（李元等，2006b）。

糖代谢主要是植物通过 C_4 二羧酸途径生成初产物苹果酸和天冬氨酸，然后转变为草酰乙酸进入一般的卡尔文循环：磷酸甘油酸→磷酸甘油醛→1,6-二磷酸果糖→6-磷酸果糖，最后得到的6-磷酸果糖在磷酸己糖异构酶的作用下转变为6-磷酸葡萄糖，继而在磷酸葡萄糖变位酶的作用下又转变为1-磷酸葡萄糖，最后通过己糖磷酸酯和各种酶促作用合成蔗糖、淀粉、纤维以及其他有机物。UV-B辐射增强对植物糖代谢产生影响主要和以上关键生理反应过程有关（图5-10）。

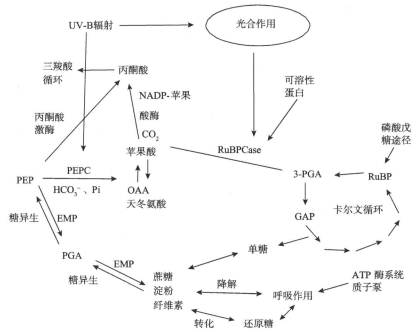

图 5-10　UV-B 辐射增强对植物糖代谢产生影响所涉及的关键反应（引自潘瑞炽，2002b）

Figure 5-10　Critical reactions involved in the effect of enhanced UV-B radiation on plant sugar metabolism

PEP：磷酸烯醇丙酮酸；PEPC：磷酸烯醇丙酮酸羧化酶；PGA：酸甘油酸；EMP：糖酵解；GAP：3-磷酸甘油醛

2. UV-B 辐射对糖代谢关键酶的影响

糖是植物通过一系列的酶促反应得到的，因此，植物的糖代谢受许多糖代谢酶的调控，如 1,5-二磷酸核酮糖羧化酶（RuBPCase）、磷酸烯醇丙酮酸羧化酶（PEPC）、转化酶、蔗糖磷酸合酶（sucrose phosphate synthase，SPS）、蔗糖合酶（sucrose synthase，SS）、焦磷酸化酶和 NADP-苹果酸酶等。UV-B 辐射增强时，发生环式磷酸化解偶联作用和 RuBPCase 活性下降以及类囊体膜破坏，因此影响了植物光合作用中暗反应的进行。

在高等植物中，PEPC 催化 PEP 的不可逆羧化反应，形成草酰乙酸，在 C$_4$ 植物叶片中它通过固定 CO$_2$ 而参与 C$_4$ 循环，是 C$_4$ 途径的关键酶，此步反应是固定碳的主要进入点。Correia 等（2005）已经研究了紫外辐射和缺氮对小麦叶片中 PEPC 与 Rubisco 活性的影响，结果表明，在高强度的紫外辐射下，缺氮会降低植物对 UV-B 辐射响应的敏感性。高 UV-B 辐射降低 PEPC 和 Rubisco 的活性，原因可能是破坏了蛋白质的结构或使一些酶失活。

已知 C$_4$ 植物 NADP-苹果酸酶含量比 C$_3$ 植物高 45 倍，NADP-苹果酸酶催化苹果酸脱羧，形成丙酮酸和 NADPH，NADPH 提供部分还原力通过 C$_3$ 途径再固定 CO$_2$。陈如凯（2003）对甘蔗在不同生育期的转化酶进行了研究，得出中性转化酶活性提高有利于蔗糖合成，且酸性磷酸酶活性在苗期和成熟期都与甘蔗蔗糖含量存在极显著的正相关，对蔗糖含量影响较大，高糖基因型通常具有较高的酸性磷酸酶活性；中性转化酶在分蘖期、伸长期、成熟期也有类似表现；淀粉酶、酸性转化酶对甘蔗蔗糖的影响则恰恰相反，与其均呈极显著负相关，两者可作为甘蔗育种及基因型选择的显著生化指标。

3. UV-B 辐射影响植物糖含量和糖代谢的机理

糖是光合作用的初级产物，糖含量和糖代谢与植物光合碳固定具有十分密切的联系。大量研究表明，在 UV-B 辐射增强下，许多植物都表现出光合速率降低，生产力下降。刘清华和钟章成（2002）总结了 UV-B 辐射增强抑制植物光合作用、影响植物糖代谢的原因，主要有以下几方面：①光合作用的关键酶——1,5-二磷酸核酮糖羧化酶/加氧酶（Rubisco）的含量和活性下降，使 CO_2 羧化效率降低；②气孔对外界环境特别是大气湿度的敏感性增加，气孔阻力增大，CO_2 的传导速率降低，引起胞间 CO_2 浓度下降，影响 CO_2 的同化效率；③参与卡尔文循环的酶活性变化，如 UV-B 辐射增强使 1,7-景天庚酮糖二磷酸酶活性下降，影响了碳的同化。CO_2 羧化及碳同化是与植物体内糖生成量和速率紧密联系的生理代谢过程。大量的研究已经证实，在自然光条件下，甘蔗蔗糖的合成是通过下列两条途径实现的：a 是主要反应，为不可逆反应，蔗糖磷酸在磷酸酶（蔗糖磷酸酯合酶）的作用下迅速分解成蔗糖和无机磷酸，反应向合成蔗糖的方向进行；反应 b 是可逆的，可能主要起分解蔗糖的作用，生成的尿苷二磷酸葡糖（uridine diphosphate glucose，UDPG）以后被用于合成淀粉或其他多糖。UV-B 辐射对植物糖合成的影响可能是通过对各种酶活性产生抑制作用实现的。

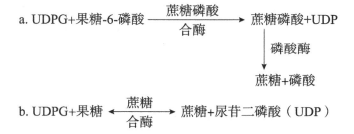

第三节　　UV-B 辐射对植物次生代谢物的影响

面对逆境胁迫，植物并不会"坐以待毙"，而是通过主动防御来消减 UV-B 辐射带来的不利影响。区别于植物体中的糖类、脂类、核酸和蛋白质等初生代谢物（primary metabolite），植物对 UV-B 辐射的另一适应机理就是产生次生代谢物（secondary metabolite）。除了可从化学结构及合成途径上区别初生代谢物和次生代谢物之外，二者之间的最大区别是功能上有差异，次生代谢物一般不直接参与光合作用、呼吸作用以及营养同化等生理过程，它们在处理植物与生态环境的关系中充当着重要的角色，赋予植物各种各样的生态适应性和防御功能。植物次生代谢物的种类繁多、化学结构复杂多样，其分布具有生物类群特异性，但都来自植物的基础代谢，其产生和变化与外界环境有着密切的联系（阎秀峰等，2010）。次生代谢物与抗紫外辐射、防止病菌感染、抑制昆虫和其他食草动物取食、凋落物分解、他感作用等存在复杂联系（Rozema et al.，1997），影响生态系统的种类组成、种间关系以及生物多样性，并导致生态系统的生产力、物质循环、地球化学循环和能量流动等功能的改变，进而影响生态系统的平衡（彭祺和周青，2009）。

　　植物的次生代谢是植物适应生态的重要手段，它决定着植物的进化历程以及生态适应性，在植物的生长发育过程中起着重要的保护作用。次生代谢物合成的增加是植物抗UV-B 辐射的一种适应性反应，一方面可以提供对 UV-B 辐射的防护作用，有效地过滤太阳光中的 UV-B 辐射，减少其对植物的损害；另一方面植物体内的各种植保素（phytoalexin）、木质素是植物抵抗病原菌侵染的重要物质基础，可提高植物的抗病性，影响植物与根际微生物的共生关系（李元等，2006a）；生物碱、生氰苷等是植物防御动物的有效武器；类黄酮中的花色苷、甜菜碱赋予植物花果多彩的颜色，对物种的繁衍起着重要作用。植物的 UV-B 辐射抗性指植物对到达地面的紫外辐射强度增加的适应性，也就是对 UV-B 辐射所产生危害的自我保护与适应能力，植物类黄酮等次生代谢物含量的变化直接反映植物 UV-B 辐射抗性的大小（Manning and Tiedemann，1993）。研究植物次生代谢物对紫外辐射胁迫的响应，不仅有助于理解 UV-B 辐射增强对生态系统的影响机理，还可依此提出相应对策，克服或减弱紫外辐射对植物及农业生态系统的不良影响，减轻植物受害程度，筛选出对紫外辐射反应迟钝、产量较高的品种，探索通过调控生态系统中控制因子引导系统进行良性循环的可能性。

　　次生代谢物大多数分布在植物叶表皮细胞、蜡质层和茸毛中，能明显吸收 280～315nm 波段的紫外线，从而减少 UV-B 辐射进入基层组织。增强 UV-B 辐射使植物体内的类黄酮、单宁、烯萜、木质素等次生代谢物增加。有研究表明：植物在 UV-B 辐射条件下次生代谢物的含量增加 10%～300%（Kakani et al.，2003b）。植物次生代谢途径是高度分支的途径，这些途径在植物体内或细胞中并不全部开放，而是定位于某一器官、组织、细胞或细胞器中并受到独立的调控，故植物次生代谢物的产生和分布通常有种属、器官组织和生长发育期特异性。目前次生代谢物的分类方法主要有如下三种：①根据化学结构和性质不同，分为酚类（phenolics）化合物及其衍生物、萜烯类（terpene）化合物和含氮化合物（nitrogen-containing compound）；②根据结构特征和生理作用不同，分为抗生素（植保素）、生长刺激素、维生素、色素、生物碱与植物毒素等；③根据其生物合成的起始分子不同，分为萜类、生物碱类、苯丙烷类及其衍生物三个主要类型。应该指出的是，植物的初生代谢物和次生代谢物之间很难绝对地区分。从植物次生代谢的生源发生和次生代谢物的生物合成途径来看次生代谢与初生代谢之间的关系，和蛋白质、脂肪、核酸代谢与初生代谢的关系很相似，次生代谢也是从几个主要分叉点与初生代谢相连接，初生代谢的一些关键产物是次生代谢的起始物。例如，苯丙氨酸、酪氨酸及色氨酸等芳香族氨基酸的合成与酚类次生代谢物的合成共享一条重要的途径——莽草酸途径。植物次生代谢物的主要生物合成途径是与初生碳代谢偶联在一起的（王莉等，2007）。本节将按照植物次生代谢物依化学结构和性质分类的方法来进行介绍。

一、酚类化合物及其衍生物

　　酚类物质广泛地存在于高等植物、苔藓、地钱和微生物中，其芳香环上有若干取代基，如羟基、羧基、甲氧基（methoxyl，—O—CH$_3$）或其他非芳香环结构。属于该类的植物次生代谢物包括芳香族氨基酸、简单酚类、类黄酮和异类黄酮。

1. 酚类次生代谢物对 UV-B 辐射的响应

植物对 UV-B 辐射最一致的响应就是叶片中酚类物质含量增加。植物酚类物质（包括二羟基乙烯酸、类黄酮、复杂多聚木质素或单宁类化合物）在 UV-B 辐射增强条件下含量增加在大量研究中被报道。Vidović 等（2017）综述了自 2000 年以来紫外辐射诱导酚类物质在不同植物物种和器官（叶子、愈伤组织、果实）中积累的相关报道，苯丙烷类和类黄酮合成途径的上调被认为是大多数植物物种对紫外辐射最常见的反应。目前，有不同的技术被用来检测酚类物质含量的变化：①法国 FORCE-A 公司通过 15 年来对植物多酚、叶绿素荧光光谱的研究，应用植物荧光技术成功研制出 Dualex 4 植物氮平衡指数测量仪来快速测定测量叶绿素和多酚类；②分光光度法，用于测定总酚和类黄酮或紫外吸收物质的含量（Singleton et al., 1999）；③薄层色谱和高压液相色谱法，用于测定特定酚类化合物（Vidović et al., 2015a）。这些复杂的酚类化合物水平在不同物种、发育阶段、环境条件如不同可见光辐射水平、水分和养分供应下差异很大。因此，UV-B 辐射诱导的植物代谢物含量变化是复杂的，其取决于植物种、植物发展阶段、胁迫程度和动态以及其他环境参数，如温度、水分、土壤环境等。Vidović 等（2015b，2015c）研究了斑叶香妃草（*Plectranthus coleoides*）和马蹄纹天竺葵（*Pelargonium zonale*）对紫外辐射的响应，初步报道了 UV-B 辐射对酚类物质和光合碳代谢物的影响。

Eichholz 等（2011）研究发现高丛越橘（*Vaccinium corymbosum*）收获后在不同 UV-B 辐射强度和处理时间下，其中挥发性次生代谢物醛类、萜类、酮类含量均显著增加，非挥发性酚酸类物质在 UV-B 辐射下表现为持续增加。UV-B 辐射处理下丝棉草（*Gnaphalium luteoalbum*）茎秆长度、叶绿素和类胡萝卜素含量与液泡中酚酸类物质含量增加（Cuadra et al., 1997）。西兰花（*Brassica capitata*）幼苗地上部分类黄酮、山奈酚和砾精在 UV-B 辐射 24h 后大量积累（Mewis et al., 2012）。UV-B 辐射增强初期拟南芥（*Arabidopsis thaliana*）中几种芥子油苷含量增加（Wang et al., 2011）。UV-B 辐射 2min 和 3min 导致柠檬（*Citrus limon*）外表皮中紫外吸收物质与总酚酸含量显著增加（Interdonato et al., 2011）。Yu 和 Liu（2013）研究发现，藻青菌（*Nostoc flagelliforme*）在紫外辐射下合成伪藻枝素和类菌胞素氨基酸，$1W/m^2$ 和 $5 W/m^2$ UV-B 辐射 48h 导致伪藻枝素含量分别增加了 103.8% 和 164%，类菌胞素氨基酸也大量增加。Berli 等（2008）研究发现相比于海拔 500m 和 1000m，海拔 1500m 自然条件下的葡萄皮中多酚化合物、总花青素和白藜芦醇含量达到最高水平。Tegelberg 等（2001）研究发现，在室外给垂枝桦（*Betula pendula*）补充 UV-B 辐射导致前两年叶片中类黄酮和酚酸含量显著增加。Jansen 等（2008）总结了多胺、酚酸、类异戊二烯、芥子油苷、生物碱、植物甾醇等植物次生代谢物在 UV-B 辐射下的 5 种变化规律。

2. 酚类次生代谢物防御 UV-B 辐射伤害的机理

作为 UV-B 吸收物质，类黄酮一直以来被认为是抵御 UV-B 辐射伤害的有效防御机制。植物通过苯丙烷类代谢途径合成很多有防卫作用的次生代谢物，如类黄酮、木质素和一些酚类化合物等。类黄酮能吸收和有效降低进入植物组织内的 UV-B 辐射通量，被称为植物"内部的过滤器"，在植物抗逆生化调节中发挥重要作用（梁滨和周青，2007）。UV-B 辐射诱导植物类黄酮积累的分子生物学机理是刺激类黄酮生物合成途径中关键酶基因的转录和表达（Jenkins，1997）。

　　植物表层及液泡内所富集的大量酚类次生代谢物（如类黄酮、苯丙烷类衍生物等）能吸收 UV-B 辐射，避免 UV-B 辐射的直接伤害。Day 等（1994）用石英微探针测定多种植物的结果表明，UV-B 辐射穿透植物叶片表层的能力与表层中酚类甲醇粗提物含量成反比。山毛榉（*Fagus longipetiolata*）、耧斗菜（*Aquilegia viridiflora*）近缘种、水稻（*Oryza sativa*l）对 UV-B 辐射的耐性与 UV 吸收物质含量呈正相关。Gitz 等（1998）用苯丙氨酸解氨酶（PAL）抑制剂 AIP（2-amino-indan-2-phosphonic acid，2-氨基-2-磷酸英丹）处理甘蓝（*Brassica oleracea*）悬浮细胞降低细胞总酚量后，再对这种悬浮细胞进行 UV-B 辐射处理，结果其 PSII 反应中心的活性降低 200%以上；对酚类代谢关键酶缺失的拟南芥和大麦突变体进行 UV-B 辐射处理的试验，证实各种酚类化合物对 UV-B 辐射有防御作用（Booij-James et al.，2000）（图 5-11）。

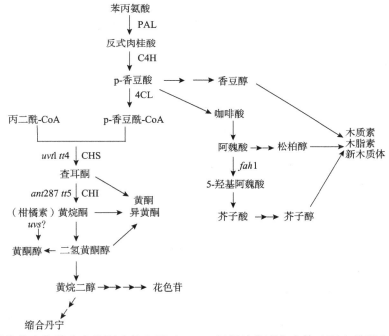

图 5-11　酚类化合物的次生代谢途径和用于 UV-B 辐射的代谢突变体（引自姚银安等，2003）

Figure 5-11　Secondary metabolic pathway of phenolic compounds and metabolic mutants under UV-B radiation

CHS：查耳酮合酶；CHI：黄烷酮异构酶；PAL：苯丙氨酸解氨酶；C4H：肉桂酸-4-羟化酶；
4CL：4-香豆酰-CoA 连接酶；*tt*4：拟南芥 CHS 缺失隐性突变体；*uvt*1：拟南芥 CHS 缺失显性突变体；
*tt*5：拟南芥 CHI 缺失隐性突变体；*ant*287：大麦 CHI 缺失隐性突变体；*uvs*?：拟南芥黄酮醇山柰黄素
缺失突变体，突变位点不明确；*fah*1：拟南芥阿魏酸羟化酶缺失突变体

　　近 20 年来，Bieza 和 Lois（2001）已经分离出黄酮合成的关键酶查耳酮合酶（CHS）、黄烷酮异构酶（CHI）的缺失显、隐性突变体，并做 UV-B 辐射处理试验后，才明确类

黄酮化合物有保护作用。香豆酰类单环化合物对 UV-B 辐射的防御作用最初并未引起重视，直到 Landry 等（1995）采用部分单环化合物缺失突变体做 UV-B 辐射试验后，才肯定了它对 UV-B 辐射有防护作用。Surney 等（1993）的试验表明，在 UV-B 辐射下，大豆 UV-B 辐射耐性品种 UV 吸收物质含量显著升高，特别是 p-肉桂酸含量升幅较大，而敏感品种则有降低的趋势，以致后者的生物量降幅、DNA 断裂量和环丁烷二聚体（CPD）含量显著升高。Strid 等（1994）也认为针叶树比双子叶草本植物耐 UV-B 辐射的原因是，其表层富含香豆酰衍生物等非黄酮类苯丙烷类代谢物。Reuber 等（1996）在含可溶性酚类代谢物较少的大麦 CHI 缺失突变体 ant287 中发现，叶表仍然可屏蔽 80%以上的 UV-B 辐射。因此，不溶性酚类次生代谢物，如木质素、木脂素、新木质体等也可能有保护作用。

植物次生代谢物也发挥抗氧化作用（Zhang and Jiang，2010；Maurya and Devasagayam，2010；Matkowski et al.，2008），与植物抗氧化系统共同作用抵御 UV-B 辐射伤害。植物合成的抗氧化物质（多为次生代谢物）主要是酚类，有利于植物抵御活性氧 ROS 的伤害。酚类物质的抗氧化活性机理包括：清除氧自由基、氢供体，猝灭单线态氧，螯合金属离子和作为氧自由基底物发挥作用。植物可通过叶黄素循环和酶促抗氧化方式清除活性氧，以酚类次生代谢物作底物，或直接将其作为活性氧清除剂，也是植物重要的防御机理。已经发现，在 UV-B 辐射下，从低等苔类植物到高等裸子植物，并非所有多酚类化合物均以同一比例和速度升高，植物会采取增加部分特异性代谢终产物的方法，或者改变类黄酮化合物种类的措施，适应 UV-B 辐射这一逆境，尤其是转化或升高二羟基类黄酮化合物（姚银安等，2003）。

大量研究显示，植物材料的抗氧化活性与其酚酸类物质含量有显著关系。Niciforovic 等（2010）研究塞尔维亚 6 种抗氧化能力强的植物的次生代谢物，结果表明：抗氧化能力最强的黄栌（Cotinus coggygria）醇提物中总酚酸含量最高达到 413mg GAE/g，而蓝蓟（Echium vulgare）醇提物中类黄酮含量为 105mg RU/g。但也有文献表明，UV-B 辐射对植物叶片中酚酸类物质含量没有显著影响。Nagy 等（2011）研究 UV-B 辐射对商业化干丹参（Salvia miltiorrhiza）、短节百里香（Thmus mandschuricus）中酚酸类物质的影响，虽然大部分成分在辐射下略有下降，但是总体含量变化未达到显著水平。Turtola 等（2006）连续三年在室外进行 UV-B 辐射强度增加 30%的研究，考察 UV-B 辐射对欧洲赤松（Pinus sylvestris）、欧洲云杉（Picea abies）生长及次生代谢物含量的影响，结果表明：UV-B 辐射对二者针叶中二萜和酚酸类物质含量以及木质部的萜类含量都没有显著影响。针叶树叶片在 UV-B 辐射下酚酸类物质含量没有显著增加的原因可能是：其已经含有足够的酚酸，因此不会产生更多的酚酸类物质；针叶树通过其他方式如增加蜡质层厚度来抵御 UV-B 辐射。有报道称 UV-B 辐射导致植物次生代谢物含量下降，尤其是在高强度 UV-B 辐射下（Eichholz et al.，2011）。可能的原因是：一方面，UV-B 辐射破坏了植物体内次生代谢物合成相关基因或蛋白质，导致植物合成次生代谢物质受到抑制。Wang 等（2011）研究发现：最初增强的 UV-B 辐射诱导拟南芥中几种芥子油苷增加，然而，随着植物持续暴露于 UV-B 辐射中，芥子油苷合成相关基因表达受到抑制，芥子油苷含量尤其是吲哚芥子油苷含量下降。另一方面，UV-B 辐射导致植物中碳水化合物合成受阻，分配给次生代谢物合成的能量减少，进而导致其含量下降。Interdonato 等（2011）研究发现，柠檬皮具有在 UV-B 辐射下调整蔗糖代谢相关酶活性的能力，收获后的柠檬果皮在 UV-B 辐射下碳水化合物分配发生了变化，可能对次生代谢物产生影响。

刘景玲（2014）以丹参为研究对象，在培养间内和室外遮阳棚下用紫外灯管通过人工模拟增强 UV-B 辐射的方法，系统研究了长期（整个生长季 UV-B 辐射处理 82 天）和短期（UV-B 辐射处理 18 天和 50 天）不同 UV-B 辐射强度（模拟自然条件下西安地区 UV-B 辐射增强 16% 和 26%）对丹参生长、光合作用以及酚酸类物质含量的影响。研究表明，UV-B 辐射引起丹参叶片中氧自由基积累，细胞膜脂过氧化，酚酸类物质含量增加，且高强度 UV-B 辐射[950J/（$m^2 \cdot$d）]的诱导效果强于低辐射强度[560J/（$m^2 \cdot$d）]的。丹参对不同强度 UV-B 辐射的适应策略不同：低强度 UV-B 辐射下，丹参通过增加抗氧化物酶活性抵御辐射，而在更强的辐射处理下，叶片中的酚酸类物质含量增加，与抗氧化酶系统共同作用保护植物细胞免受伤害。

3. 类黄酮化合物

类黄酮化合物（flavonoid）是 2 个芳香环被三碳桥连起来的 15 碳化合物，根据三碳桥的氧化程度，类黄酮化合物可被分为花青素（anthocyanidin）、黄酮（flavone）、黄酮醇（flavonol）和异黄酮（isoflavone）。在 UV-B 辐射增强条件下，植物体内类黄酮化合物的增加程度因其 UV 辐射敏感性不同而存在显著差异。大豆耐性品种的类黄酮含量要显著高于敏感品种（Xu et al.，2008）。冯虎元等（2002）对黑豆和晋豆 2 种大豆进行研究，结果表明晋豆对 UV-B 辐射具有较高的耐性，晋豆光合色素含量（叶绿素 a、叶绿素 b 及类胡萝卜素）不受 UV-B 辐射增强的影响，而类黄酮含量显著升高。对 9 个白车轴草（*Trifolium repens*）居群进行研究，结果表明类黄酮对 UV-B 辐射增强的响应存在明显的种内差异，这与其生物量积累对 UV-B 辐射响应存在差异有密切联系（Hofmann et al.，2000）。植物体内的类黄酮含量高低可作为评定植物 UV-B 辐射敏感性的重要指标之一（姚银安等，2003）。不过，目前尚不清楚在 UV-B 辐射胁迫解除后如夜间，叶片黄酮类化合物是否有变化，或者是否依然能够维持其浓度。类黄酮化合物作为一种胁迫诱导产物，对植物而言合成并维持其较高浓度在进化上并不是最有利的选择，因为其合成与维持代价要高于糖类物质。

目前，在 UV-B 辐射胁迫下，药用植物次生代谢物的研究备受重视。李锦馨等（2018）总结了 UV-B 辐射对药用植物次生代谢物产量、质量及合成效率的影响，并深入地探讨了 UV-B 辐射胁迫对部分药用植物次生代谢物的合成酶、合成途径及其调控代谢的主要分子机理的影响，对于推动药用植物次生代谢物的开发和利用，促进其药效技术的调控和创新具有参考意义。UV-B 辐射导致杜仲（*Eucommia ulmoides*）叶片类黄酮化合物含量显著下降，费菜（*Sedum aizoon*）叶片类黄酮化合物含量升高不明显，而蒙古旱雀豆（*Chesniella mongolica*）、柠檬草（*Cymbopogon citratus*）、黄檗（*Phellodendron amurense*）、银杏（*Ginkgo biloba*）、芦苇（*Phragmites communis*）和夏枯草（*Prunella vulgaris*）的类黄酮化合物含量显著提高（李锦馨等，2018）。莫运才（2016）研究表明，低强度 UV-B

辐射下，铁皮石斛（*Dendrobium officinale*）叶片中有较多的类黄酮被诱导合成以抵抗 UV-B 辐射，而高强度长时间的 UV-B 辐射下，铁皮石斛叶片中类黄酮含量急剧降低。冯源等（2016）研究表明，增强 UV-B 辐射能够诱导滇黄芩（*Scutellaria amoena*）幼苗体内大量合成类黄酮，在 UV-B 辐射+干旱复合胁迫下，UV-B 辐射削弱了干旱胁迫对滇黄芩幼苗体内类黄酮合成的抑制作用。

槲皮素（quercetin）是一种多羟基类黄酮化合物，化学名为 3,3',4',5,7-五羟基黄酮，具有多种生物学活性及很高的药用价值。槲皮素广泛存在于植物的花、叶、果实中，已知有 100 多种中草药中含有槲皮素。芦丁（rutin）是一种能够水解生成槲皮素的黄酮苷类化合物（Yamasaki et al.，1997；Amako et al.，1994），具有抗炎和抗病毒的作用，是类黄酮化合物研究的热点。芦丁多分布于叶片上表皮且具有抵抗 UV-B 辐射的作用，而芦丁糖苷酶则分布于叶片下表皮（Harborne and Williame，2000）。Suzuki 等（2002）研究发现，在荞麦（*Fagopyrum esculentum*）成熟早期芦丁和芦丁糖苷酶含量升高，猜测与荞麦成熟时的抗氧化与抗真菌活动相关。当 UV-B 辐射强度为 $1.26\mu W/cm^2$ 时，辐射 30min 后，苦荞（*Fagopyrum tataricum*）幼嫩叶中的芦丁含量增加了 122%，芦丁糖苷酶含量增加了 363%（Suzuki et al.，2005）。党悦方（2015）研究发现，短时间高强度 UV-B 辐射处理可促进夏枯草中芦丁的积累。

4. 植物色素

植物能通过由 UV-B 辐射诱导的表皮色素类 UV-B 吸收复合物来抵抗 UV-B 辐射伤害，这些物质包括类黄酮、黄酮、花青素和类胡萝卜素等。目前，关于色素等 UV-B 吸收复合物保护植物抵抗 UV-B 辐射的机理研究较为深入。研究发现，植物表皮 UV-B 吸收复合物对 UV-B 辐射的折射效率并不具有理想中的梯度纬度规律（Nybakken and Bilger，2004）。在亚北极区对 3 个共生低矮灌木的研究发现，UV-B 吸收复合物通过 3 种不同的策略来响应增强 UV-B 辐射，叶片中酚类位置、含量明显不同（Semerdjieva et al.，2003）。在对 3 个东方树种（Sullivan et al.，2003）的研究中也发现了类似现象。总体来讲，色素保护植物抵抗 UV-B 辐射的机理研究目前并没有得出一个完全统一的模式，尚需进一步深入研究。

花青素（anthocyanidin）是广泛存在于植物中的一类重要的类黄酮化合物，为天然水溶性色素，决定了大部分被子植物的花色，主要在植物的花、叶片和果实等器官中积累，可以响应生物与非生物胁迫（Shao et al.，2007）、清除氧自由基（Shih et al.，2007）以及保护植物免受高密度光照的伤害。目前已知花青素的生物合成途径是类黄酮途径的一个分支途径，其调控机理的相关研究已成为生命科学研究的热点之一（宋雪薇等，2019）。目前，已从玉米、拟南芥、矮牵牛、葡萄、金鱼草、苹果、紫苏等植物中分离并克隆了大量与花青素生物合成、代谢相关的结构基因与调控基因，调控花青素生物合成的转录因子主要包括 MYB、bHLH 和 WD40 三大类，这些转录因子通过激活或抑制 *CHS*、*ANS* 和 *DFR* 等花青素合成关键结构基因的表达水平来调控花青素积累的部位与水平（宋雪薇等，2019）。但关于花青素的代谢调控网络还在不断完善（祝志欣和鲁迎青，2016），UV-B 辐射增强对花青素合成调控的分子机理研究还有待加强。UV-B 辐射可以诱导莴苣叶中 *CHS*、*F3H* 和 *DFR* 的表达升高及花青素的合成（Zhou et al., 2007）。

花青素能帮助植物有效抵御 UV-B 辐射，会吸收 270～290nm 波段或过滤进入叶片内部的部分紫外光子，从而减少进入植物细胞的 UV-B 辐射剂量，减轻植物细胞受到的伤害。此外，花青素还是一种重要的抗氧化剂，可以清除植物体内的活性氧自由基。已有研究证明，增强 UV-B 辐射会诱导植物大量合成花青素，从而保护植物，减少 UV-B 辐射对植物造成的损伤。因此，花青素也被认为是一种可保护植物免受 UV-B 辐射损伤的物质，该观点也得到了试验的证实。Burger 和 Edwards（1996）用两种薄荷作为试验材料，研究发现在 UV-B 辐射胁迫条件下，富含花青素的品种所受的损伤远小于不富含花青素的品种。此外，Stapleton 和 Walbot（1994）研究发现富含花青素的玉米品种，其 DNA 受到的 UV-B 辐射损伤极低。齐艳等（2014）发现，不同的甘蓝（*Brassica oleracea*）品种在 UV-B 辐射增强下与花青素合成相关的 *DFR* 和 *LDOX* 这 2 个下游结构基因都提高了表达。

Wang 等（2019）报道了小麦紫外光受体编码基因 *TaUVR8* 在紫外辐射胁迫条件下介导花色苷的合成。研究发现：'紫糯麦 168'胚芽鞘受到的紫外辐射胁迫较小，并伴有大量类黄酮次生代谢物的积累。高通量测序结果表明，紫外辐射胁迫对植物光合作用以及固碳相关基因的表达具有明显的抑制作用，且'紫糯麦 168'受到的抑制程度最小。'紫糯麦 168'在紫外辐射胁迫条件下的独特表现是由 UVR8 受体介导的多种防御响应相关基因，包括编码 MAPK 激酶、活性氧清除剂、转录因子、植物激素信号和酚类代谢物等的基因表达造成的。同时，利用 HPLC-ESI-MS/MS 技术对种植于成都和西藏的小麦籽粒进行代谢物含量与成分的测定，结果表明紫外辐射胁迫对花青素类物质的积累具有显著促进作用。通过研究不断挖掘由 UVR8 受体介导表达的多种防御响应相关基因，未来有望用于改良小麦抗紫外辐射能力。

二、萜烯类化合物

萜烯类化合物（terpene）是由五碳的异戊二烯单元构成的化合物及其衍生物，也称异戊间二烯化合物。萜类化合物是植物次生代谢物中数量最多的一类化合物，也是药用植物次生代谢物中比较重要的一类化合物。萜烯类化合物包括植物激素中的赤霉素和脱落酸、黄质醛（脱落酸生物合成的中间体）、甾醇（sterol）、类胡萝卜素（carotenoid）、松节油（turpentine）、橡胶（rubber）以及作为叶绿素尾链的植醇（phytol）。目前在植物中已经发现了数千种萜烯类化合物，大多数萜烯类化合物在植物体内的功能尚不清楚，其中一些萜烯类化合物为化感物质，可以对其他植物或动物产生影响。

类胡萝卜素是由 8 个异戊二烯单元构成的四萜类化合物，常见的有 β-胡萝卜素和 α-叶黄素。其中，β-胡萝卜素是哺乳动物合成维生素 A 的前体，对视觉系统和皮肤组织有很好的保健作用。此外，类胡萝卜素还参与光合作用，吸收和传递光能并保护叶绿素，对生物膜的抗氧化具有诸多意义。所以，类胡萝卜素的相关研究一直是重点。在 UV-B 辐射胁迫下，类胡萝卜素含量的变化差异很大，随着 UV-B 辐射胁迫程度的增加，类胡萝卜素含量增加、先增加后减少、减少和不变的研究均有报道。黄花蒿（*Artemisia annua*）、夏枯草（*Prunella vulgaris*）幼苗、铁皮石斛（*Dendrobium officinale*）叶片经 UV-B 辐射处理后类胡萝卜素含量均有所提高，随着辐射时间的延长，高强度 UV-B 辐射下类胡萝卜素含量急剧降低（李锦馨等，2018）。王园等（2017）研究不同强度 UV-B 辐射对药用植物夏枯草幼苗主要有效成分及有关生理指标的影响表明：适度增强 UV-B 辐射可促进药用成分的积累；类胡萝卜素在不同强度 UV-B 辐射下含量有显著增加；处理后期（≥40 天）增强 UV-B 辐射使花青素含量增加；不同强度 UV-B 辐射下的抗氧化酶活性均显著增加。UV-B 辐射可促进夏枯草中金丝桃苷积累，有机酸及类黄酮各成分在一定时间内对 UV-B 辐射有增加含量的响应，低强度 UV-B 辐射于处理后期（≥50 天）可显著提升三萜类成分的含量。紫杉醇是一种四环二萜类化合物，适当增加 UV-B 辐射强度可显著提高南方红豆杉（*Taxus wallichiana*）体内的紫杉醇含量和紫杉醇前体含量，并且含量随辐射强度和时间的变化而变化，呈现一种先增后减再增的趋势。但关于 UV-B 辐射增强导致紫杉醇含量变化的机理还未进行深入研究。

青蒿素属于倍半萜内酯类化合物，是一种新型抗疟药，对脑型疟疾和抗氯喹恶性疟疾疗效显著且毒性作用较小。青蒿素主要在黄花蒿（*Artemisia annua*）叶片和花蕾表面特化的组织分泌腺毛内合成并储存。Rai 等（2011）研究表明，黄花蒿在幼苗期接受短期 UV-B 辐射[14 天，4.2kJ/(m^2·d)]处理可以提高盛花期青蒿素的含量。Pan 等（2014）用低剂量的辐射 UV-B[1.44kJ/(m^2·d)]处理黄花蒿盆栽苗 10 天后，青蒿素含量提高了 30.5%。

目前，研究者开始整合代谢组学和转录组学等方法研究芳香族物质的分子调控机理。Liu 等（2017）试验研究表明，紫外辐射可调控桃子萜类合酶及萜类化合物的含量。对桃子的果实和叶子进行 48h 的紫外辐射会减少 60%风味相关的单萜醇，检测不到异戊二烯，而其他一些萜类化合物会显著增加，包括倍半萜（E,E）-α-farnesene 增加了 3 倍左右，该物质在用茉莉酸处理后也会增加。RNA 测序显示两个萜类合酶 TPS-g 亚家族成员 PpTPS1 表达量下降了 86%，而 TPS-b 亚家族成员 PpTPS2 表达量上升了 80 倍左右。在大肠杆菌中进行异源表达和在烟草及桃子果实中的转基因试验表明 PpTPS1 定位于质体，主要与芳樟醇的合成相关，而 PpTPS2 主要与细胞质中的倍半萜（E,E）-α-farnesene 合成相关。因此，采用果实套袋的方法部分阻滞紫外辐射，能避免风味相关挥发性芳樟醇的减少，可保证果实的产量和质量。

三、含氮化合物

植物的许多次生代谢物分子结构中含有 N 原子，主要的含氮次生代谢物包括生物碱、生氰苷、葡萄糖异硫氰酸盐、非蛋白氨基酸和甜菜碱。这些物质对动物具有重要的生理作用，也是参与植物防御反应的重要物质。

生物碱（alkaloid）是重要的也是最大的一类天然含氮化合物，分子结构中具有多种含氮杂环，多为药用植物主要有效成分。自然界 20%左右的维管植物含有生物碱，其中大多数是草本双子叶植物，单子叶植物和裸子植物很少含生物碱，研究较深入的有烟草的烟碱、吡咯啶生物碱、毒藜碱，毛茛科的小檗碱，曼陀罗的莨菪碱、东莨菪碱等。生物碱主要由色氨酸、酪氨酸、苯丙氨酸、赖氨酸、精氨酸等前体物质合成。大量文献报道了 UV-B 辐射对生物碱合成的影响。李亚敏等（2008）研究发现，补充 UV-B 辐射后，浙贝母（*Fritillaria thunbergii*）生物碱含量增加。温泉等（2011）研究发现，随着 UV-B 辐射时间的增加，黄连（*Coptis chinensis*）中小檗碱含量逐渐增加。周心渝等（2013）研究发现，轻、中度 UV-B 辐射不利于半夏（*Pinellia ternata*）块茎中总生物碱的积累；高强度 UV-B 辐射可诱导总生物碱含量增加，但生长受到抑制。

烟碱又名尼古丁（nicotine），是一种存在于茄科植物（茄属）中的生物碱，是烟草生物碱的主要成分和次生代谢物，可以促成绿原酸和咖啡酸等酚类物质的生物合成，在烟草中的含量和分布受到品种、部位、气候环境和栽培管理措施的影响。烟碱对烟叶外观色泽、烟叶香味都有影响。权佳锋等（2019）的研究表明，随着 UV-B 辐射增强，烟叶中的烟碱显著增加以保护自身，减少由辐射导致的伤害。

植物对 UV-B 辐射响应的种内、种间差异除了与 UV-B 辐射强度、辐射时间、植物生育期等因素有关外，与植物对原生境中 UV-B 辐射的适应性也有密切的联系。太阳光中紫外辐射剂量存在一定的空间变化，在高海拔地区，日光中 UV-B 辐射剂量显著高于中、低海拔地区。生长在不同海拔地区的植物体内黄酮含量、叶绿素及类胡萝卜素含量也相应地表现出显著差异（Casati and Walbot，2005）。在 UV-B 辐射增强条件下，高海拔地区居群的叶绿素 a、叶绿素 b、类胡萝卜素积累能力远高于低海拔居群，这也是高海拔居群普遍具有较强的抗 UV-B 辐射能力的主要内在原因（师生波等，2006）。对在低、高海拔生长的沙棘居群进行研究，结果表明，由于长期生活在 UV-B 辐射强度较高的环境中，高海拔居群含有较高水平的类胡萝卜素和类黄酮（Yang and Yao，2008）。同时，将生长在高海拔地区的植物在低海拔地区种植，黄酮含量仍保持较高水平，这主要与植物的遗传稳定性有关。对 5 种在不同海拔生境中生长的玉米品种研究表明，高海拔地区的玉米品种体内类黄酮物质含量较高，并且经 UV-B 辐射增强处理后类黄酮积累速度显著高于在低海拔地区生长的品种（Casati and Walbot，2005）。

第四节　UV-B 辐射对植物 UV 吸收物质的影响

植物为适应生存环境改变，必须适时调整自身的防御策略，应对 UV-B 辐射增强的胁迫。UV-B 辐射胁迫下细胞的防御机理一直是植物抗紫外辐射机理研究的重点。UV-B 辐射增强会影响大多数植物的生理代谢，并通过次生代谢在叶片内产生 UV-B 吸收物质，这是植物除抗氧化酶系统外又一抵御 UV-B 辐射伤害的有效防御机理（Tsoyi et al.，2008）。大量研究表明，UV-B 辐射增强对植物所产生影响出现的频率由高到低为紫外吸收物质增加 > 形态变化 > 光合作用减少（Caldwell and Flint，1994）。随着 UV-B 辐射增强，植物叶片组织内的紫外吸收物质含量呈现上升趋势（Bieza and Lois，2001）。叶片表面紫外吸收物质的积累，是植物应对 UV-B 辐射重要的适应和保护措施。一些植物利用某些复合物合成酚类化合物、烯帖类化合物和类胡萝卜素等，其中酚类化合物和烯萜类化合物是主要的紫外吸收物质（阎秀峰等，2007），而酚类物质中的类黄酮化合物（flavonoid）受到的关注最多（Frohnmeyer and Staiger，2003）。

一、UV-B 辐射对植物紫外吸收物质的诱导

大量研究表明，UV-B 辐射增强对植物最一致的影响是植物叶片中紫外吸收物含量增加（Day，2001）。紫外吸收物主要是酚类化合物如类黄酮、黄酮醇、花色苷，以及烯萜类化合物如类胡萝卜素、树脂等，其中类黄酮作为一类重要的植物次生代谢物，在植物生长发育、生理生化代谢、应激抗逆反应以及抗性物种鉴别等方面扮演着重要角色（Harborne and Williams，2000）。一种拟南芥（*Arabidopsis thaliana*）突变体因缺少黄酮醇而对 UV-B 辐射较为敏感；缺乏类黄酮的大麦（*Hordeum vulgare*）突变系，透过其叶肉的 310nm 辐射较对照多且光合作用减弱（Reuber et al.，1996）；另外，研究证实缺乏类黄酮或羟基肉桂酸衍生物的突变体植物或其合成途径被抑制的植物对 UV-B 辐射是敏感的，这表明紫外吸收物质与植物 UV-B 辐射敏感性之间有密切的联系。

UV-B 辐射诱导的紫外吸收物质增加在不同类型植物中都有出现。树叶对 UV-B 辐射具有屏蔽能力主要因为叶表皮组织存在类黄酮和羟基肉桂酸，这两种物质受 UV-B 辐射的诱导（Fischbach et al.，1999）。UV-B 辐射增强可诱导垂枝桦（*Betula pendula*）产生几种酚类来防御 UV-B 辐射造成的伤害，且它们的含量依赖于 UV-B 辐射的每日积累剂量（Rosa et al.，2001）。不论是在大田还是温室中，UV-B 辐射增强均能使毛果杨（*Populus trichocarpa*）叶片的酚类化合物含量升高（Ryan et al.，1998）。UV-B 辐射增强还可以导致植物叶片烯萜类含量的增加，如补充适量 UV-B 辐射会提高植物类胡萝卜素含量。表皮腺毛较多的植物如木犀榄（*Olea europaea*），其腺毛含有的多酚和类黄酮等紫外吸收物质能显著增强植物抗 UV-B 辐射的能力（Liakopoulos et al.，2006）。

类黄酮化合物主要分为花青素、黄酮醇、黄烷醇和花色苷 4 类，它们对 UV-B 辐射有强烈的吸收作用。UV-B 辐射可诱导类黄酮物质在植物叶片表皮细胞中积累，保护植物免受 UV-B 辐射的伤害。目前认为类黄酮化合物的作用途径可能有两种，一是类黄酮化合物对 UV-B 辐射具有强烈的吸收作用，可有效地降低 UV-B 辐射对核酸、蛋白质等大分子的破坏作用；二是 UV-B 辐射诱导的类黄酮化合物往往可作为氧自由基的猝灭剂和还原剂，从而起到抗氧化胁迫的作用（姚银安等，2003），类黄酮含量的增加或许和 UV-B 辐射可以诱导类黄酮合成过程中苯丙酸氨解氨酶和查耳酮合酶等这些关键酶表达有关。

二、类黄酮积累对 UV-B 辐射的响应

类黄酮广泛存在于植物界，多以游离态或与糖结合成苷的形式存在于植物细胞液泡中（Harborne and Williams，2000）。植物体内的类黄酮含量、分布及功效受自身形态结构、发育年龄、生态与生活型类别以及外界生存条件影响。例如，植物叶片表皮蜡质层和茸毛及新生苗或幼龄叶中类黄酮含量高，随叶龄增长，类黄酮吸收 UV-B 辐射效率升高（Day et al.，1996），类黄酮组分发生变化；禾谷类植物类黄酮含量较高，且分布于叶肉、叶表层，而大多数双子叶植物类黄酮常限制在表层内；阳生植物叶片类黄酮多于阴生植物；类黄酮含量乔木>灌木>草本；植物中 UV 吸收物质含量因植物种类与生活型和生态型不同而异，同一种植物 UV 吸收物质吸收率受光强的影响（林植芳等，1998）；

不同生长季节植物类黄酮含量不同（Neitzke and Therburg，2003），夏季最为丰富，春秋次之，冬季最少。而将高海拔的种子于低海拔种植时，类黄酮含量仍较高（Ziska et al.，1992），这可能与基因水平上发生的适应性变化有关。在逆境应变反应中，植物体内类黄酮含量会对 UV-B 辐射胁迫产生积极响应，但响应幅度因物种、品种、辐射剂量不同而异。即使是同类植物，其类黄酮含量差异也很大。研究发现，从低等苔类到高等被子植物，响应 UV-B 辐射胁迫时，并非所有类黄酮化合物均以同一比例和速度增加。这是因为每一特定类黄酮对 UV-B 波段存在特定吸收波长，削弱 UV-B 辐射的贡献不一致，所以 UV-B 辐射增强时，不同类黄酮物质消长不一。植物通常采取增加部分目标产物，或改变黄酮类化合物种类的措施适应胁迫（梁滨和周青，2007）。

　　UV 吸收物质积累取决于植物种类和其所处的环境条件。种性是在长期进化过程中形成的，而环境因子会影响 UV-B 吸收物质的合成和积累。空气污染条件下植物叶片 UV 吸收物质变化的资料，目前尚少见到。林植芳等（1998）在含有较多 SO_2 和 NO_x 的地点，发现不同植物叶片中 UV-B 吸收物质含量与对照相比呈下降或上升的趋势（表 5-17）。这可能反映了不同植物对空气污染响应的敏感性存在一定的差异。受污染后杧果等 5 种植物叶片 UV-B 吸收物质增加，显示其对环境有较强的调节能力，其中，印度榕叶片增加 76.9%。而笔管榕、硬叶黄蝉和油茶等 8 种植物叶片的 UV-B 吸收物质含量下降，以笔管榕降低幅度最大，为 73.0%。出现这一相反的变化可能是其叶片适应性较弱，正常生理代谢受到干扰之故。此外，电厂排出的废气影响荔枝叶片 UV-B 吸收物质的形成和积累，导致两个荔枝品种（'桂味'和'糯米糍'）UV-B 吸收物质含量降低 18%左右。自然条件复杂多变，UV-B 辐射增强与空气中 SO_2 和 NO_x 提高皆是人类活动导致的。植物在自然条件下接收的皆为环境因子的综合信息，因此，这些资料可作为进一步研究的依据。

表 5-17　化工厂区空气污染对木本植物叶片 UV 吸收物质水平的影响（林植芳等，1998）

Table 5-17　Effects of air pollution on the levels of UV absorbing compounds in leaves of woody species around a chemical plant

植物种类	对照（$A_{280-326nm}$/cm^{-2}）	化工厂区（$A_{280-326nm}$/cm^{-2}）	变化率（%）
榕树 Ficus microcarpa	12.04	10.22	−15.1
枕果榕 Ficus drupacea	10.89	10.54	−3.2
笔管榕 Ficus virens	20.34	5.49	−73.0
软枝黄蝉 Allemanda cathartica	14.77	9.46	−36.0
牛乳树 Mimuspos elengi	26.31	20.18	−23.3
广宁红花油茶 Camellia semiserrata	77.90	56.02	−28.1
油茶 Camellia ofeifera	54.62	37.63	−31.1
大叶相思 Acoeia auricualeformis	15.39	15.27	−0.8
杧果 Mangifera indica	55.70	68.96	23.8
鸡蛋花 Plumeria rubra	12.51	12.72	1.7
高山榕 Ficus altissima	7.59	9.11	20.0

续表

植物种类	对照（$A_{280\sim325nm}/cm^{-2}$）	化工厂区（$A_{280\sim325nm}/cm^{-2}$）	变化率（%）
印度榕 *Ficus elastica*	10.38	18.36	76.9
黄槿 *Hibiscus tiliaceus*	6.29	8.19	30.2

注：以每平方米叶面积在280～325nm的最大吸收值代表植物叶片的UV吸收物质水平

李元和王勋陵（1998）报道，春小麦第一叶片和第三叶片类黄酮含量随UV-B辐射增强而显著增加，相关系数分别为0.9795和0.9552，在5.31kJ/m^2 UV-B辐射下比对照增加的幅度最大。同时，第一叶片类黄酮含量增加比第三叶片更加明显，表明UV-B辐射对第一叶片的伤害作用更大，可能与它们所截留的UV-B辐射强度不同有关。在另一个试验中，李元和王勋陵（1998）用UV-B辐射处理20个小麦品种，发现类黄酮含量的变化存在明显的种间及种内品种间差异，4个品种类黄酮含量增加，增加幅度为1.16%～16.80%，但差异均不显著；而另外的16个品种类黄酮含量降低，降低幅度为2.59%～40.47%，其中3个差异达到显著水平。

何永美（2006）研究表明，增强UV-B辐射处理下31个割手密无性系在分蘖期、伸长期和成熟期的类黄酮含量有明显的变化（表5-18）。分蘖期有21个无性系的类黄酮含量产生了显著或极显著的变化，其中有6个显著或极显著上升，15个显著或极显著下降。伸长期有18个无性系的类黄酮含量产生了显著或极显著的变化，其中有7个显著或极显著上升，11个显著或极显著下降。成熟期有16个无性系的类黄酮含量产生了显著或极显著的变化，其中有9个显著或极显著上升，7个显著或极显著下降。

表5-18　31个割手密无性系对UV-B辐射响应反馈的类黄酮（305nm）含量差异（引自何永美，2006）
Table 5-18　Intraspecific sensitivity to UV-B radiation based on flavonoid content (305nm) of 31 wild sugarcane (*S. spontaneum* L.) clones

无性系	分蘖期			伸长期			成熟期		
	对照	+UV-B	变化率（%）	对照	+UV-B	变化率（%）	对照	+UV-B	变化率（%）
I91-48	1.08	1.64	51.85**	3.39	4.45	31.27**	1.30	1.77	36.15**
92-11	1.04	1.31	25.96*	1.70	2.06	21.18	2.75	3.64	32.36**
I91-97	2.09	1.67	−20.10	3.87	4.16	7.49	2.23	2.91	30.49**
II91-99	2.73	1.57	−42.49**	2.63	1.95	−25.86*	1.86	1.44	−22.58
II91-13	2.70	3.19	18.15	2.19	2.97	35.62**	1.64	2.16	31.71**
I91-91	2.33	1.57	−32.62**	3.54	2.04	−42.37**	3.04	2.34	−23.03*
90-15	3.47	3.45	−0.58	1.56	1.57	0.64	1.04	1.11	6.73
I91-38	2.49	1.45	−41.77*	4.37	2.65	−39.36**	1.24	1.72	38.71**
88-269	2.78	1.21	−56.47**	4.08	2.94	−27.94**	4.31	2.54	−41.07**
83-215	1.72	2.55	48.26**	2.44	3.64	49.18**	2.33	2.74	17.60
83-157	2.16	1.52	−29.63*	3.16	2.46	−22.15	2.54	2.26	−11.02
82-110	1.23	1.72	39.84**	1.48	2.18	47.30**	1.54	1.47	−4.55
II91-89	1.88	1.17	−37.77**	2.71	2.37	−12.55	1.41	1.15	−18.44
83-153	2.72	1.32	−51.47**	1.75	1.35	−22.86	2.20	2.06	−6.36

续表

无性系	分蘖期			伸长期			成熟期		
	对照	+UV-B	变化率（%）	对照	+UV-B	变化率（%）	对照	+UV-B	变化率（%）
83-193	3.30	2.59	−21.52*	5.00	3.88	−22.40	3.59	3.54	−1.39
92-4	3.19	2.18	−31.66**	2.23	1.70	−23.77*	2.00	1.10	−45.00**
92-36	1.64	1.99	21.34	2.00	2.43	21.50	1.47	2.33	58.50**
II91-98	5.32	2.54	−52.26**	2.93	2.15	−26.62*	2.54	1.17	−53.94**
93-25	1.60	1.58	−1.25	3.61	2.02	−44.04*	1.03	1.11	7.77
90-8	2.74	2.76	0.73	1.68	2.33	38.69**	1.21	1.79	47.93**
82-26	3.28	1.58	−51.83**	3.42	2.75	−19.59	1.54	1.67	8.44
90-22	3.66	3.83	4.64	1.45	2.50	72.41**	2.03	3.21	58.13**
92-26	2.26	1.89	−16.37	3.20	1.55	−51.56**	2.09	1.32	−36.84**
83-217	1.87	1.34	−28.34*	1.93	1.35	−30.05*	3.20	2.71	−15.31
II91-72	3.61	2.46	−31.86*	3.35	2.53	−24.48	1.47	1.14	−22.45
II91-93	4.12	2.55	−38.11**	3.18	2.88	−9.43	2.53	2.45	−3.16
II91-116	3.43	4.98	45.19**	1.73	2.04	17.92	1.27	1.49	17.32
II91-5	3.17	2.86	−9.78	1.89	1.79	−5.29	1.59	1.55	−2.52
II91-126	4.33	3.89	−10.16	4.01	2.72	−32.17**	2.34	1.58	−32.48**
I91-37	1.28	1.81	41.41**	1.28	2.21	72.66**	1.75	2.61	49.14**
II91-81	3.02	2.15	−28.81*	2.37	1.78	−24.89*	2.65	1.71	−35.47**

注：*和**表示对照与 UV-B 辐射间分别在 $P<0.05$ 和 $P<0.01$ 水平差异显著（$n=31$）

　　宣灵（2009）报道了 UV-B 辐射增强促使灯盏花苗期、花期和果熟期各部位类黄酮含量的增加，促进次生代谢物的合成和积累，总体增幅在 15%～43%，增幅大小在灯盏花各部位表现为根>叶>茎。灯盏花各时期不同部位类黄酮含量高低均呈现为叶>茎>根，这与各部位接受 UV-B 辐射情况密切相关，是灯盏花的自我调控。类黄酮是一类能够吸收 UV-B 辐射的物质，具有保护植物器官的功能，直接受 UV-B 辐射的灯盏花叶类黄酮含量高于根部类黄酮含量。

　　灯盏花根、茎和叶类黄酮含量相较对照的增幅，随着生育进程呈现先上升再下降的趋势，下降程度小于上升程度，果熟期茎和叶的类黄酮含量总体仍高于苗期相应部位的类黄酮含量，如表 5-19 所示。说明灯盏花在花期对外界的反应和苗期、果熟期相比更敏感，导致花期类黄酮含量的增幅最大。

表 5-19　UV-B 辐射对灯盏花类黄酮含量的影响（引自宣灵，2009）

Table 5-19　Effects of UV-B radiation on the contents of flavonoid of *E. breviscapus*

类黄酮含量 A_{305nm}	苗期		花期			果熟期		
	根	叶	根	叶	茎	根	叶	茎
CK	2.12	2.28	1.90	2.14	2.25	2.05	2.29	2.26
UV-B	2.72	2.81	2.71	2.99	2.72	2.83	3.00	2.60
（UV-B−CK）/CK	28%	22%	43%	38%	21%	38%	31%	15%

三、UV-B 辐射增强下类黄酮的防护机理

植物对 UV-B 辐射增强最一致的响应就是在体内合成大量类黄酮化合物来抵御 UV-B 辐射对自身的伤害（梁滨和周青，2007）。类黄酮化合物是主要的 UV 吸收物质，叶片表面类黄酮化合物的积累是植物应对 UV-B 辐射重要的适应和保护措施。

类黄酮化合物呈游离态、亲脂性，主要以水溶性糖苷的形式存在于植物叶片上表皮细胞的液泡中，极易发生 O-甲基化（姚银安等，2003）。这种 O-甲基化可使植物 UV 吸收特性移至更短的波长区域，能更有效地吸收 250～320nm 波长的 UV 辐射，显著降低 UV-B 辐射对植物自身的伤害，并对叶肉组织起保护作用。在植物体内，类黄酮化合物与过氧化氢酶（catalase，CAT）、超氧化物歧化酶（superoxide dismutase，SOD）、抗坏血酸过氧化物酶（ascorbate peroxidase，APX）等抗氧化酶协同作用，清除因 UV-B 辐射产生的大量活性氧（Noriaki and Mika，2000）。较高的类黄酮含量能够保持 DNA 的完整性和较多的生物量。UV-B 辐射增强对植物体内类黄酮化合物积累的促进作用已在玉米（Correia et al.，2005）、莴苣（*Lactuca sativa*）（Fedina et al.，2005）、苦荞（董新纯等，2006）、高山红叶（Tsormpatsidis et al.，2008）等多种植物的研究中得到证实。通过温室盆栽试验研究发现，UV-B 辐射胁迫下小麦叶片中类黄酮含量显著上升，而胁迫解除后，其含量表现出下降的趋势（田向军，2007）。多数研究表明，在光照充足的环境中生长的植物叶片富含类黄酮化合物（Neitzke and Therburg，2003）。对 1 年生银杏苗进行遮阴和覆膜处理，发现覆膜和遮阴可显著减少银杏叶类黄酮含量（冷平生等，2002），这主要是由于其接受的 UV-B 辐射减少。罗丽琼等（2006）对不同 UV-B 辐射环境中报春花（*Primula malacoides*）类黄酮含量进行研究，结果表明在 UV-B 辐射最强的环境中生长的报春花叶片类黄酮含量最高。

每一种类黄酮物质吸收不同波长的 UV-B 辐射，削弱 UV-B 辐射的贡献存在差异（梁滨和周青，2007）。因此，在 UV-B 辐射增强条件下，植物体内类黄酮组分并非均以同一比例和速度增加。增强 UV 辐射使杨柳科柳属植物叶片总黄酮含量显著增加，但不同类黄酮组分增幅不一，毛地黄（*Digitalis purpurea*）黄酮和杨梅（*Myrica rubra*）黄酮衍生物增幅较大，其次是磷-羟基肉桂酸衍生物，单宁增幅较小（Tegelberg et al.，2001）。对经 UV-B 辐射处理后的小麦叶片中类黄酮组分进行 HLPC 分析，结果表明 4,5,7-三羟黄酮醇、5,7-二羟黄酮和花青素含量显著提高，其他类黄酮组分则没有显著变化（Sharma et al.，1998）。经 UV-B 辐射处理 20 天，鼠曲草（*Gnaphalium viravira*）杂交系叶表皮中 7-O-5,7-二羟基-3,6,8-三甲氧基黄酮含量提高了约 23.9%，而 5,7-二羟基-3,6,8-三甲氧基黄酮则变化不大（Cuadra et al.，1997）。

黄酮等酚类化合物均有一定的抗氧化能力，但不同物质抗氧化能力不同，暗示黄酮可能在 UV-B 辐射初期主要起抗氧化作用。已经证实，黄酮的抗氧化能力与其所带羟基数及共轭程度有关（Grace et al.，1998）。离体试验表明：B 环带有二羟基结构的类黄酮化合物（如槲皮素、大麦黄素、黄色黄素）有很高的抗氧化能力及耗散激发能的能力（Bors et al.，1997）。有试验表明，在植物体内二羟基酚类化合物有抗氧化能力，如槲皮素及其衍生物耗散激发能的能力比山奈黄素更强。此外，在分子水平上对酚类次生代谢关键

酶的紫外辐射响应进行了较多的研究，尤其是 PAL 和 CHS。紫外辐射诱导植物 PAL 活性和数量的升高在大豆、烟草、水稻等获得广泛证实（姚银安，2006）。对大豆幼苗进行不同单色光照处理，显示紫外辐射对 PAL 的诱导最为有效，在紫外辐射诱导下，大豆 PAL 活性上升、mRNA 表达量上升，叶片异黄酮增加，但随时间的延长，异黄酮在 4h 后含量逐步下降（谢灵玲等，2000）。

　　UV-B 辐射主要在转录水平上对黄酮合成进行调节，它能诱导黄酮生物合成途径中关键酶基因的转录和表达（姚银安等，2003）。类黄酮化合物的生物合成途径已较为清楚，经同位素示踪试验证明，黄酮分子中的 A 环是由三个乙酸分子经头尾衔接而成，而 B 环与 C 环上的碳原子则来自经莽草酸途径合成的苯丙氨酸，苯丙氨酸经过苯丙酸盐途径形成查耳酮后，进入各种不同的黄酮化合物合成途径，形成种类丰富的类黄酮物质（Winkel-Shirley，2002）。在此过程中，不同光受体（如植物光敏色素、蓝光受体、紫外光受体等）影响不同基因的表达，或共同作用控制黄酮合成途径中多种酶基因的表达（雷筱芬和陈木森，2007）。黄酮代谢途径中的 2 种合成酶——苯丙氨酸解氨酶（PAL）与查耳酮合酶（CHS）对黄酮的生物合成起着至关重要的作用。莽草酸途径产生的 L-苯丙氨酸经 PAL 解氨生成反式肉桂酸，进入苯丙烷类代谢途径，生成香豆酸、阿魏酸、芥子酸等中间产物，这些酸可以进一步转化为香豆素、绿原酸，也可以形成 CoA 酯，再进一步转化为类黄酮化合物、木质素等次生代谢物（Winkel-Shirley，2001）。PAL 是这一系列酶促反应中的第一个催化酶，启动苯丙烷类代谢反应。PAL 同时也是定速酶，其活性高低直接影响类黄酮物质合成速率。CHS 是黄酮合成途径的限速酶，催化 4-香豆酸-CoA 与丙二酰-CoA 的缩合反应，形成苯基苯乙烯酮，为其他类黄酮化合物提供基本结构，其活性的高低直接决定类黄酮化合物合成量的多少（王军妮等，2007）。

　　紫外辐射对 PAL 和 CHS 活性的诱导作用已在矮牵牛（张晋豫等，2008）、银杏（程水源等，2005）、大豆（谢灵玲等，2000）、小麦（田向军，2007）等多种植物的研究中得到证实。目前，已经在葡萄（Kobayashi et al.，2002）、菠萝（Mori et al.，2001）、莴苣（Park et al.，2007）等多种植物上成功克隆到黄酮代谢相关基因 *PAL*、*CHS*。另外，缺乏类黄酮或羟基肉桂酸衍生物的突变体植物或其合成途径被抑制的植物对 UV-B 辐射较为敏感（Lois and Buchananb，1994）。Li 等（1993）利用拟南芥的突变体进行研究，发现 CHS 缺失突变导致 UV 辐射超敏感表现型个体的出现。研究 6 个拟南芥（*Arabidopsis thaliana*）株系 *CHS* 基因转录对 UV-B 照射的响应，结果表明，UV-B 辐射增强显著增加 *CHS* 基因转录产物（吴颖等，2006）。黄酮合成是一系列酶类的协同作用过程而并非由某个酶独立控制。因此，探讨 UV-B 辐射诱导植物类黄酮积累的生物学机理时，同时研究几种黄酮合成关键酶的协同作用是十分必要的。PAL 与 CHS 的积累受光和紫外辐射的协同诱导，但这种协同积累效应是 PAL、CHS 协同作用的结果。

四、类黄酮与植物的 UV-B 辐射敏感性

　　类黄酮化合物是植物合成的一类次生代谢物，目前已知化学结构的有 6000 多种。近年来由于发现类黄酮化合物具有人体保健与治疗疾病等功能，因而其受到普遍重视，如类黄酮可以软化血管、抗癌、抗氧化和消除体内氧自由基等（Heim et al.，2002）。

同时,类黄酮化合物对植物体本身也具有多种生物学功能,它不仅是植物组织中红色、蓝色以及紫色花青素等各种色素，而且在植物抗逆性中起重要作用（Chalke-Scott,1999），如抗旱性（Alexieva et al., 2001）、抗虫性（Havaux and Kloppstech, 2001）、抗病性（Harborne, 1997）及抗铝毒害（Barcelo and Poschenrieder, 2002）等。近年来，随着紫外辐射生态学研究的深入，类黄酮在植物 UV-B 辐射抗性中的生态功能备受关注，因此以植物体内类黄酮的生理代谢和生态功能来阐述类黄酮与植物 UV-B 辐射抗性的关系（何丽莲等，2004）。

1. UV-B 辐射与叶片类黄酮含量的关系

叶片中的 UV-B 吸收物主要是酚类物质，如类黄酮、花色苷以及类胡萝卜素和生物碱等次生代谢物。林植芳等（1998）研究了在自然条件下 57 种亚热带植物叶片 UV-B 吸收物质含量（表 5-20）。57 种植物叶片 UV-B 吸收物质含量有明显的差异，8 种阳性草本植物叶片 UV-B 吸收物质的含量平均值略高于阴性植物。8 种阳性灌木叶片 UV-B 吸收物质含量的变幅较大。杧果、木棉、荔枝以及木荷、鳖蕨、黄果厚壳桂的叶片富含 UV-B 吸收物质。这些结果表明阳性植物叶片比阴性植物叶片含有更多的 UV-B 吸收物质，而阳性植物 UV-B 吸收物质含量的顺序为乔木>灌木>草本，即植物中 UV-B 吸收物质含量因植物种类与生活型和生态型不同而异。

表 5-20　不同种类植物叶片的 UV-B 吸收物质水平 $A_{280-325nm}$（cm^{-2} 叶）（引自林植芳等，1998）

Table 5-20　The levels of UV-B absorbing compounds of leaves from different plant species $A_{280-325nm}$ (cm^{-2} leaf)

植物类型	植物种类（UV-B 吸收物质水平）	平均值
阴性植物	鸭跖草 *Commelina communis*（6.82）、墨兰 *Cymbidium sinense*（9.34）、豆瓣绿 *Peperomia tetraphylla*（6.72）、君子兰 *Clivia nobilis*（4.83）、斑叶秋海棠 *Begonia argenteo-guttata*（3.12）、富贵竹 *Dracaena reflexa*（3.08）、华南毛蕨 *Cyclosorus parasiticus*（5.78）、万年青 *Aglaonema modestum*（2.56）	5.28±2.33
阳性乔木	鱼尾葵 *Caryota ochlandra*（17.39）、樟树 *Cinnamomum camphora*（5.7）、大叶榕 *Ficus lacor*（5.38）、对叶榕 *Ficus hispida*（5.58）、高山榕 *Ficus altissima*（9.86）、枕果榕 *Ficus drupacea*（13.8）、印度榕 *Ficus elastica*（13.6）、榕树 *Ficus microcarpa*（15.51）、笔管榕 *Ficus virens*（18.78）、紫荆 *Cercis chinensis*（10.46）、石栗 *Aleurites moluccana*（7.63）、三叶橡胶 *Hevea brasiliensis*（33.18）、刺桐 *Erythrina indica*（3.84）、荔枝 *Litchi chinensis*（33.18）、猫尾木 *Dolichandrone caudafelina*（12.85）、面包树 *Adansonia digitata*（12.11）、长蕊玉兰 *Alcimandra cathcardii*（16.90）、荷花玉兰 *Magnolia grandiflora*（12.97）、白玉兰 *Michelia alba*（13.08）、黄果厚壳桂 *Cryptocarya concinna*（30.53）、木荷 *Schima superba*（28.13）、鳖蕨 *Castanopsis fissa*（32.18）、大叶相思 *Acacia auriculaeformis*（15.39）、翻白叶树 *Pterospermum heterophyllum*（14.77）、鸡蛋花 *Plumeria rubra*（12.51）、竹柏 *Eriobotrya japonica*（9.36）、木菠萝 *Artocarpus heterophyllus*（9.63）、频婆 *Sterculia nobilis*（4.93）、木棉 *Gossampnus malabarica*（27.99）、杧果 *Mangifera indica*（55.7）	15.90±11.13
阳性灌木	柑 *Citrus reticulata*（14.53）、黄花夹竹桃 *Thevetia peruviana*（6.58）、九里香 *Murraya paniculata*（19.44）、铁树 *Cycas revoluita*（4.65）、一品红 *Euphorbia pulcherrima*（4.06）、黄槿 *Hibiscus tiliaceus*（6.29）、马缨丹 *Lantana camara*（10.15）、软枝黄蝉 *Allemanda cathartica*（14.77）	10.06±5.62
阳性草本	香蕉 *Musa paradisiaca*（8.97）、玉米 *Zea mays*（4.17）、水稻 *Oryza sativa*（5.79）、花生 *Arachis hypogaea*（5.67）、香薯 *Ipomoea batatas*（6.44）、木薯 *Manihot esculenta*（6.44）、木瓜 *Carica papaya*（7.14）、菠萝 *Ananas comosus*（5.88）	6.31±1.37

注：以每平方米叶面积在 280～325nm 的最大吸收值代表植物叶片的 UV 吸收物质水平

　　阳性植物合成积累较多的 UV-B 吸收物质，是其对与强可见光相伴的强 UV-B 辐射的适应性表现。UV-B 辐射的波长短，容易被气溶胶等微粒散射，有一半以上以漫射光的形式到达地表与植物体上。同为阳性植物，单位叶面积的 UV-B 吸收物质含量呈现出乔木>灌木>草本的趋势，这可能与木本植物较高，因接受较多的漫射性 UV-B 辐射而产生一定的适应性有关。木本植物的叶片具有较长的功能期，可积累较多的次生代谢物。另外，乔木和灌木叶片较草本叶片厚，可能也是其 UV-B 吸收物含量较高的原因之一。

　　光强影响植物叶片 UV-B 吸收物质的积累，导致不同植物之间抵御 UV-B 辐射的能力存在差别。林植芳等（1998）指出，同一种植物 UV-B 吸收物质含量受光强的影响。对采自广东鼎湖山自然林的 4 种木本植物黄果厚壳桂（*Cryptocarya concinna*）、木荷（*Schima superba*）、鳞锥（*Castanopsis fissa*）和马尾松（*Pinus massoniana*）幼苗进行了控制栽培光强的试验。结果表明，随生长光强降低，UV-B 吸收物质含量相应减少。40%光强下 4 种植物叶片的 UV 吸收物质含量比自然光下减少了 8%～27%。16%光强下 4 种植物叶片减少了 28%～48%。地处南亚热带的鼎湖山自然林群落的演替规律是针叶林—针阔叶混交林—耐阴植物为主的阔叶林—中性常绿阔叶林。试验用的 4 种植物中，马尾松为早期先锋树种，木荷和鳞锥为演替中期种，而黄果厚壳桂是居于演替顶级阶段的群落上层优势种，其耐阴性较木荷和鳞锥强些（光强适应范围广），在弱光下生长时积累的 UV 吸收物质相对较少。马尾松是阳性强的混交林中的优势针叶树种，其吸收光谱在280～320mn 有 282.5nm 和 315nm 两个吸收峰，前一个峰高于后一个。荷木、鳞锥和黄果厚壳桂三种阔叶树种的吸收光谱只有 280nm 一个峰。光强对荷木等植物叶片甲醇提取物 UV-B 吸收物质含量的影响与高光下大豆和红树林植物（Lovelock et al.，1992）叶片可溶性酚类 UV-B 吸收物质含量大于低光下同种植物的结论是一致的。UV-B 吸收物质积累取决于植物种类和其所处的环境条件。种性是在长期进化过程中形成的，同一种植物 UV-B 吸收物质含量会受到光强的影响。对短波 UV-B 辐射进行选择性吸收是进化早期陆地植物生存的重要手段之一。此外，环境因子影响 UV-B 吸收物质的合成和积累。

　　在一定的 UV-B 辐射强度范围内，小麦叶片的类黄酮含量与 UV-B 辐射强度呈正相关关系，小麦群体中上部叶片类黄酮含量显著高于中、下部叶片中的含量；小麦单张叶片不同部位的类黄酮含量也有显著差异，总的趋势表现为叶片基部类黄酮含量显著低于叶片尖、中部，主要原因可能是叶片在基部的着生位置、角度造成其接受的 UV-B 辐射强度显著低于叶片中、尖部位。另外，下部叶片（顶 3 叶）的各部分间类黄酮含量差异显著小于顶 2 叶和顶 1 叶，因此，在群体条件下，小麦下部叶片不同部位间类黄酮含量差异较小（何都良等，2003）。

　　植物叶片合成较多类黄酮可以改变植物对 UV-B 辐射的敏感性，类黄酮含量存在差异可能是作物对 UV-B 辐射响应存在种内差异的原因之一（姚银安等，2003）。Murali 和 Teramura（1986）比较 UV-B 辐射对 6 个黄瓜品种的影响时发现，迟钝品种 'Marketmore' 的叶片中总甲醇提取液在 300mm 波长下 OD 值增大最显著，达 38%。甲醇提取物属类黄酮物质，能吸收（或过滤）进入叶片内的部分紫外线光子。黄瓜种类的差异归因于遗传上的差异，黄瓜对 UV-B 辐射的响应存在种内差异，部分原因是黄瓜叶片中类黄酮的积累存在种内差异。一种变异大麦品种主叶的类黄酮含量仅是母系大麦种类黄酮含量的 7%，因此对 UV-B 辐射的敏感性增加，光谱分析表明变异大麦品种与其母系品种的 UV 吸收特性存在差异（Reuber et al.，1996）。Mark 等（1996）研究了 8 种中欧、南欧玉米品种，所有品种 UV 吸收物质含量不受 UV-B 辐射影响，也与品种的 UV-B 敏感性无显著相关关系。这种明显的不一致性可能是由生长条件的不同及植物种的基因型不同所致。近年来，作物叶片类黄酮含量对 UV-B 辐射响应反馈的品种差异也备受关注。Li 等（2000b）研究发现，UV-B 辐射对 20 个小麦品种类黄酮含量的影响呈现种内差异：'凤麦 24'极显著增加（$P<0.01$），有 12 个品种显著或极显著减少（$P<0.05$ 或 $P<0.01$），有 7 个品种无显著变化（$P>0.05$）。在大豆中，20 个品种类黄酮含量对 UV-B 辐射响应也存在种内差异，有 7 个品种显著或极显著增加（$P<0.05$ 或 $P<0.01$），有 5 个品种显著或极显著减少（$P<0.05$ 或 $P<0.01$），有 8 个品种无显著变化（$P>0.05$）（Zu et al.，2003）。小麦和大豆类黄酮含量与品种的 UV-B 辐射敏感性之间无明显的相关性，原因尚不清楚。

2. 类黄酮的生理代谢

类黄酮合成是由 1 分子 4-香豆酰-CoA 和 3 分子丙二酰-CoA 在苯基苯乙烯酮合成酶（查耳酮合酶，CHS）催化下生成苯基苯乙烯酮（查耳酮）开始的。其中，香豆酰-CoA 是由苯丙酸经过 3 步酶促反应形成的，这 3 步反应同时为其他多种化合物（如木质素和香豆素）提供了前体；丙二酰-CoA 是乙酰-CoA 羧化的产物。苯基苯乙烯酮生成后，由异构酶催化形成黄烷酮，以这个中间产物为中心，合成途径产生多条分支，合成不同种类的类黄酮化合物（图 5-12）。

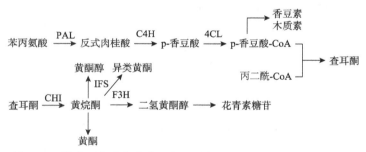

图 5-12　类黄酮化合物合成途径（引自 van Tuen and Mol，1991）

Figure 5-12　The synthesization process of flavonoids

PAL：苯丙氨酸解氨酶；C4H：肉桂酸-4-羧化酶；4CL：4-香豆酰-CoA 连接酶；CHI：黄烷酮异构酶；
F3H：黄烷酮 3-羟化酶；IFS：异类黄酮合酶

紫外辐射能诱导植物 PAL 的活性和含量上升，这已在大豆、水稻等作物中得到证实。谢灵玲等（2000）用不同单色光处理大豆幼苗，发现紫外辐射对 PAL 的诱导最为有效，大豆的 PAL 活性和 mRNA 含量上升，叶片异黄酮增加。Sarma 和 Sharma（1999）用 UV-B 辐射对水稻幼苗进行处理，发现 PAL 活性升高了 4 倍，纯化升高的 PAL，鉴定出该 PAL 是对照中没有的异构体，即被 UV-B 辐射所诱导。该诱导酶对苯丙烷类中间产物非常敏感。Braun 和 Tevini（1993）认为反式肉桂酸作为 PAL 的产物可反馈抑制 PAL 的活性而调节苯丙烷类代谢途径。在 UV-B 辐射下反式肉桂酸、p-香豆酸及酸苷部分转换为顺式异构体可减轻对 PAL 的抑制。因此，反式苯烷类化合物可被看成光受体或 UV-B 辐射下苯丙烷类代谢途径的调控因子。

在 UV-B 辐射下，CHS 的活性和数量同样被诱导上升。通过对 CHS 缺失突变体分析，确定了 DNA 链上有一片段与光诱导有关（该片段对应的蛋白质已经确定）。在矮牵牛和金鱼草中，*CHS* 基因启动子的 DNA 序列已被确定，并证明该启动子表达受 UV-B 辐射的诱导（van der Meer et al.，1990）。Hartmann 等（1998）对拟南芥 *CHS* 基因受 UV-B、UV-A/蓝光辐射诱导表达的启动子进行研究，发现 1970bp 为 UV-B、UV-A/蓝光辐射应答区域。Strid（1993）报道了在 UV-B 辐射下 *SOD* 基因和谷胱甘肽还原酶基因及 *CHS* 基因表达加强，认为 UV-B 辐射能诱导后两种酶基因的表达，而使 *SOD* 基因的表达活性提高。通过对 UV-B 或 UV-A/蓝光辐射下的欧芹（*Petroselinum crispum*）异养细胞培养体系（Frohnmeyer et al.，1997）、拟南芥悬浮细胞培养体系（Strid，1993）等施加影响胞内钙离子（Ca^{2+}）、钙调蛋白（CaM）、丝氨酸/苏氨酸（Ser/Thr）激酶的抑制剂发现，UV-B 辐射对 CHS 的诱导需要 Ca^{2+}、CaM、Ser/Thr 激酶等的参与，而 UV-A/蓝光辐射的诱导涉及 Ca^{2+}、蛋白质磷酸化等过程。

3. 类黄酮化合物的生态功能

早期地球的陆地上具有较低浓度的 O_2 和 O_3，以及较强的 UV-B 辐射，只允许水生藻类生活于低 UV-B 辐射的水体中，它们以芳香族氨基酸过滤 UV-B 辐射。之后，光合细菌和藻类利用光合作用产生了 O_2，大气 O_3 层逐渐形成，吸收了几乎所有的 UV-C 和部分 UV-B 辐射，允许水生植物演化到陆生植物，产生了陆生藻类。在以后的演化中，陆地植物产生的酚醛类次生代谢物在过滤 UV-B 辐射方面发挥了重要的作用。可以认为，UV-B 辐射、酚醛类化合物与植物是协同进化的，而陆地植物的进化过程就是相应的陆地生态系统的发展过程（李元和岳明，2000）。

UV-B 辐射诱导产生的酚醛类化合物在陆地植物进化中起了重要的作用（Stafford，1991；Rozema et al.，1997）。从水生藻类的芳香族氨基酸，到陆生藻类的酚酸（phenolic acid），以及陆地非维管植物的多酚（polyphenolic），直到陆地维管植物的类黄酮、丹宁、木质素等化合物，酚醛类化合物的等级是逐渐增加的，而且变得越来越复杂（Rozema et al.，1997，2002a）（图 5-13）。

UV-B 辐射影响各种次生代谢物的产生，具有重要的生理学和生态学后果。次生代谢物（酚醛类化合物）在陆地生态系统中的作用包括：过滤 UV-B 辐射、信号传感器、花色与花蜜显示、植物结构硬度保持、植物异株相克、防御微生物和食草动物侵犯、调节植物与根际微生物的共生关系，影响微生物的分解等（Rozema et al.，1997）。其中，过滤 UV-B 辐射被认为是适应陆地环境的特征。

UV-B 辐射的增强会改变植物次生化学成分。多次研究表明，当植物受到较强 UV-B 辐射时，体内黄酮醇和酚醛类化合物含量增加，除了提供对 UV-B 辐射的防护作用以外，这些化合物的自身变化及相关化合物的变化具有重要的生态学意义，正如李元和岳明（2000）观察到的生物种类、数量、真菌移殖等的变化。

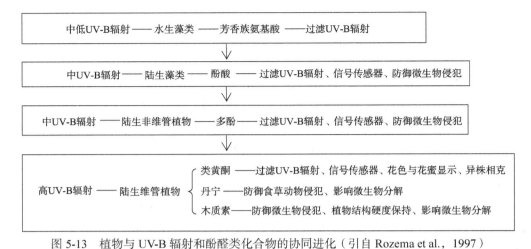

图 5-13　植物与 UV-B 辐射和酚醛类化合物的协同进化（引自 Rozema et al.，1997）

Figure 5-13　Evolution of plant in relation to UV-B radiation and phenolic compounds

李元和岳明（2000）观察到，UV-B 辐射导致麦田非优势杂草消失，杂草种类减少，各种杂草种群数量发生变化，杂草个体总数呈降低趋势。UV-B 辐射降低物种多度、物种种群丰度和物种多样性，而增加物种优势度。杂草种类和数量变化主要取决于两个因素，即与春小麦的竞争和 UV-B 辐射的直接胁迫。在 UV-B 辐射下，麦田生态系统中的小麦可能通过根系向土壤中释放较多的类黄酮等次生代谢物（Rozema et al.，1997），从而降低杂草种子的萌发率，并抑制杂草的生长发育。

UV-B 辐射降低麦蚜种群增长期的种群数量，除了受 UV-B 辐射的直接影响外，还与春小麦叶片化学成分变化有密切关系。UV-B 辐射导致的寄主植物营养状况及所含化学成分种类和数量的变化对昆虫的生存与发育均有非常重要的影响，春小麦叶质量和营养含量变化可能是麦蚜种群数量降低的主要原因（李元和岳明，2000）。UV-B 辐射导致植物产生的次生代谢物（呋喃香豆素、类黄酮、杀菌剂等）会影响昆虫的生长发育，影响其种群数量，降低其对寄主的侵染能力（Beggs et al.，1985）。

UV-B 辐射不会对土壤动物产生直接伤害。在 UV-B 辐射下，作物根系脱落物、分泌物以及排出的类黄酮、丹宁等次生代谢物种类和数量的变化，可能对大型土壤动物种类、数量动态产生重要的影响（Rozema et al.，1997）。李元和岳明（2000）对 UV-B 辐射下麦田生态进行研究发现，UV-B 辐射导致麦田蚯蚓等大型土壤动物种群数量发生变化。根际微生物是麦田生态系统中重要的分解者，UV-B 辐射降低春小麦根际细菌、放线菌和真菌数量。根际微生物数量的变化以及植物-菌根、植物-根瘤菌共生关系的改变，都会影响植物营养有效性，特别是 N、P 的有效性，从而影响生态系统的初级生产。根际微生物对 UV-B 辐射的响应是通过植物次生代谢物类黄酮等间接完成的。

UV-B 辐射对植物产生抑制和损伤主要通过直接或间接作用完成。直接作用主要表现在 UV-B 辐射进入植物组织中，降解、氧化芳香族氨基酸、DNA 等，从而损伤其结构和功能（李元和岳明，2000）；间接作用主要是 UV-B 辐射使植物体内产生较多的活性氧如 H_2O_2、O_2^- 等，使氧自由基清除系统（SOD、CAT、POD）活性下降，从而使细胞内氧自由基的产生和清除失去平衡而导致膜脂过氧化，其产物丙二醛将增加，膜脂肪酸不饱和指数下降，膜脂肪酸配比改变，膜功能降低（晏斌和戴秋杰，1996）。这些抑制和损伤会使植物的光合作用、呼吸作用、次生代谢、激素合成等生理活动发生改变。另外，植物体本身具有多种保护和适应措施来增加其对 UV-B 辐射的抗性。其中最主要的一种方式是增加植物叶片中广泛存在的类黄酮化合物。类黄酮具有 UV-B 吸收特性和清除氧自由基的能力。

富含类黄酮的叶表皮是防护叶肉细胞免受 UV-B 辐射损伤的屏障。高含量的类黄酮能保持 DNA 的完整性和较多的生物量，因此确定类黄酮的含量为反映 DNA 损伤程度的尺度（Beggs et al.，1985）。在对 70 多种植物的研究中发现，UV-B 辐射强度通过叶表皮时通常减少 10%（Gausman et al.，1975）。这主要是由于类黄酮的吸收作用形成了一道理想的天然屏障，对 UV-B 辐射引起的损伤有直接的减缓作用。近年来，已经发现查耳酮合酶是类黄酮生物合成的关键酶，UV-B 辐射可诱导 CHS 的 mRNA 积累。Li 等（1993）用 CHS 缺失的拟南芥隐性突变体 tt4 进行 UV-B 辐射后，其生长、发育、光合能力等均大幅度降低，伤害程度加重，显示出 tt4 对 UV-B 辐射更加敏感；比较拟南芥 CHI 缺失隐性突变体 tt5 和野生型拟南芥接受 UV-B 辐射的结果同样表明，前者的敏感性远远大于后者。Bieza 和 Lois（2001）用化学诱变的方法得到拟南芥 CHS 缺失显性突变体 uvt1，其体内类黄酮及其他酚类化合物含量提高，UV-B 辐射强度表皮通过率显著降低，这样就避免了伤害。CHS 是类黄酮合成的限速酶，通过 CHS 的缺失显、隐性突变体的正、反两方面试验均证实类黄酮有防御 UV-B 辐射伤害的作用。Reuber 等（1997）的试验也表明，缺失花色素前体的大麦 CHI 缺失突变体 ant287 叶片表皮层对 UV-B 辐射的过滤作用显著降低，UV-B 辐射穿透 ant287 表皮而进入叶肉，导致叶肉增厚，叶绿素荧光参数 F_0、F_m、F_v/F_m 和光化学猝灭 qP 减小，从而使光合作用降低。其他植物的突变体研究也得到了相似结果。野生型玉米为蓝色叶片（内含花色苷），栽培变种为绿色叶片（不含花色苷），经 UV-B 辐射后，Stapleton 和 Walbot（1994）发现蓝叶玉米的 DNA 损伤程度远远小于突变型（栽培变种）。

类黄酮化合物在 UV-B 辐射波长范围内具有吸收作用，从而可以减少其对芳香族氨基酸、DNA 的损伤，叶蜡中的类黄酮化合物与位于表皮细胞内的水溶性黄酮葡萄糖苷相比，其主要为游离状，表现出 O-甲基化和亲脂性等特性。这种特性可使化合物紫外吸收特性偏向更短的波长范围，以至于在 230~320nm 处具有明显的吸收 UV-B 辐射的能力，从而保护植物叶片免遭伤害。例如，在鼠曲草（*Gnaphalium viraira*）杂交系叶片表面存在两种 O-甲基化黄酮，即 aranesol（5,7-二羟基-3,6,8-三甲氧基黄酮）与 7-O-aranesol，UV-B 辐射 20 天后，7-O-aranesol 含量从 0.042μg/g 提高到 0.052μg/g。在另一杂交系丝棉草（*Gnaphalium luteoalbum*）中，表皮细胞内的黄酮为鼠曲草素（5,7-二羟基-3,8-二甲氧基黄酮）和卡来可黄素（5,4-二羟基-3,6,7,8-四甲氧基黄酮）等，UV-B 辐射 21 天后，黄酮含量有所提高，并发现具有紫外吸收作用的酚类化合物增加了 2 倍以上（Cuadra et al.，1997）。生物体针对 UV-B 辐射的保护作用可能和其体内具有光吸收性的类黄酮化合物有关。

虽然叶片表皮能依靠其角质层、蜡质层、表皮毛内的类黄酮吸收大部分的 UV-B 辐射，但在 UV-B 辐射增强的情况下仍有一些 UV-B 辐射进入叶肉内，造成直接或间接的伤害。在 UV-B 辐射下，植物会产生较多的自由基已经得到广泛的证实。植物体可通过叶黄素循环和酶促抗氧化方式清除活性氧，或将类黄酮化合物直接作为活性氧的清除剂来增加其对 UV-B 辐射的抗性。

在 UV-B 辐射下，植物体内并非所有的类黄酮化合物均以同一比例和速度上升，植物会采取增加部分特异性代谢终产物的方法，或者改变类黄酮化合物种类来适应 UV-B 辐射的伤害，尤其是转化或升高二羟基黄酮化合物（主要为 3,4-二羟基黄酮，如绿原酸、槲皮素、大麦黄素、黄色黄素）。用 UV-B 辐射处理黄瓜，其体内绿原酸比其他酚类物质上升幅度大（Liakoura et al.，2001）；用 UV-B 辐射处理大麦后，发现大麦黄素升高达 5 倍以上，而芹菜黄素部分转变成大麦黄素（Reuber et al.，1996）；经 UV-B 辐射处理的芸薹（*Brassica campestris*），其槲皮素比山奈黄素的增加更明显，槲皮素升高 20～30 倍，但山奈黄素升高不明显，UV-B 辐射耐性种的槲皮素含量增加更多（Olsson et al.，1998）。

类黄酮的抗氧化能力与其所带的羟基数及共轭程度有关。在矮牵牛与拟南芥植物中，UV-B 辐射会导致更高羟基化水平的黄酮醇生物合成。因为羟基化并不影响类黄酮对 UV-B 辐射的吸收特性，但提高其抗氧化特性（Ryan and Swinny，2002）。

类黄酮化合物可能是通过酚羟基与自由基反应生成较稳定的半醌式自由基，从而终止自由基链式反应，这是类黄酮化合物清除自由基的最主要机理，其抗氧化能力与其结构特别是芳香环上核失电子有关。当酚羟基与自由基反应失电子或供氢时，它们生成一种新基团，此基团通过芳香核的自旋作用被稳定下来，因此氧化链式反应的传导过程被中断，物质氧化被延缓，类黄酮化合物抗氧化能力的强弱与其所形成基团的稳定性呈正相关（刘莉华等，2002）。大量研究表明，B 环是类黄酮物质抗氧化、清除自由基的主要作用部位，因为类黄酮化合物 A 环、B 环和 C 环可形成大的 P-π 共轭体系，B 环上酚羟基处于共轭体系之中，易脱氢提供电子，与自由基结合，从而达到清除自由基的作用。Husain 等（1987）对多种类黄酮化合物的抗氧化、清除自由基能力研究，其能力由高到低为：杨梅素（myricetin）>槲皮素（quercetin）>鼠李素（rhamnetin）>桑色素（morin）>柚皮素（naringenin）>芹菜素（apigenin）>儿茶素（catechin）>刺槐素（robinin）>山奈酚（kaempferol）>黄酮（flavone），清除自由基能力与 B 环上羟基数目直接相关，随 B 环上羟基数目的增加而增加，特别是 C_3'-OH 尤为重要。随羟基数目下降，清除羟自由基的能力下降，如杨梅素对羟自由基的清除率为 50%，而山奈酚仅为 20%。但当 B 环 4-酚羟基数目相同时含二酚羟基的黄酮抗氧化性明显优于 B 环含间二酚羟基的黄酮，因为 B 环中 4'-OH 的存在可以延长黄酮体共轭体系存在时间，有助于类黄酮化合物形成相对稳定的自由基中间体。同时，4'-OH 供氢后易与 3'位的氧共享 3'-OH 的氢而形成分子内氢键，从而进一步提高 3,4-二羟基黄酮自由基的稳定性（张金桐和宋仰弟，1993）。

叶片表皮对 UV-B 辐射的防御作用主要是通过表层吸收色素的积累和细胞壁、蜡质层、表皮毛的共同作用来完成的。Liakoura 等（2001）观察野生环境下多种植物的类黄酮化合物变化动态时发现，有两种不同类型的变化情况：一类是表皮光滑的植物，其叶片在发育早期类黄酮化合物含量丰富，随着叶片成熟，酚类化合物逐步降低，其 UV-B 辐射防御能力也逐步降低；另一类是具有较厚表皮毛的植物，在早期类黄酮含量较低，以后随着叶片的衰老，表皮毛脱落，细胞层减少，其 UV-B 吸收物质含量上升，这表明叶片表皮结构与类黄酮化合物在防御功能上具有互补效应。

类黄酮与抗氧化酶如超氧化物歧化酶（SOD）、抗坏血酸过氧化物酶（APX）等，在抗氧化中可能有良好的互补性，如 UV-B 辐射处理黄瓜后第一天，黄瓜叶片中就能产生大量的类黄酮化合物，其抗氧化能力大大提高；6 天后类黄酮化合物含量下降时，SOD、APX 等开始上升（Noriaki and Mika，2000），拟南芥黄酮缺失突变体在 UV-B 辐射处理后，其氧化酶活性比野生型的大大提高。

在 UV-B 辐射下，植物一方面受到伤害，另一方面通过形态改变，如增加叶表类黄酮化合物、提高抗氧化酶的活性来防御 UV-B 辐射损伤。因此，类黄酮的积累是植物受到 UV-B 辐射胁迫的一个评价指标（Winkel-Shirley，2002），但不能仅以类黄酮含量来判断植物对 UV-B 辐射的耐性。另外，不同植物体在抗 UV-B 辐射的能力上是有差别的，与其体内类黄酮化合物的含量、类型和结构等有密切关系。但类黄酮缓解 UV-B 辐射胁迫所致伤害的分子机理以及 UV-B 辐射对类黄酮代谢中关键酶的调控还知之甚少，对这些问题的进一步研究，将加深对类黄酮化合物在植物抗紫外辐射等生态功能中作用的理解。

叶片细胞内对 UV-B 辐射具有强烈吸收性的化合物的增加，是比较明显的 UV-B 辐射导致的不同植物的共有现象，尤其是次生代谢物，主要起到保护性的作用，减小 UV-B 辐射对表皮的透过率，或者是 UV-B 辐射诱导一些催化合成这些物质的关键酶的生成，许多研究都得出类似的结论。尽管学术界基本确认了类黄酮与植物 UV-B 敏感性相关的生理代谢与生态功能（何丽莲等，2004），但植物次生代谢物种类繁多，距澄清脉络、透析机理尚存差距。今后在研究内容上应从类黄酮积累转到特定功能类黄酮鉴定以及其在细胞中定位、生物合成，类黄酮抗氧化和耗散激发能的作用机理分析及类黄酮合成中关键酶基因的表达，尤其是拦截 UV-B 辐射与诱导类黄酮合成基因表达之间的信号途径等（彭祺和周青，2009）。另外，通过调节 UV-B 辐射剂量来促进有较高经济价值的次生物质的生产，使该研究领域向应用层面发展，也是值得关注的方面。在基因组学、蛋白组学、代谢组学和转基因技术等快速发展成为密切关联整体的今天，有必要对一些药用植物资源的重要次生代谢物的结构、代谢途径及其调控进行深入研究，从分子水平阐述重要次生代谢物活性成分合成过程中的关键酶基因，最终为药物研发提供重要的科学依据。通过 UV-B 辐射调控技术，开发和利用植物次生代谢物，无论在学术上，还是对农业、医学、环境和食品工业等的发展都将产生深远的影响。

小　　结

植物从基因的表达到性状的表达是依赖多种生理生化过程（即功能实现过程）及其调控来实现的，因此，紫外辐射生理研究探讨的核心内容是紫外辐射增强对植物生命活动过程中"功能及其调控机制"的影响。UV-B 辐射对植物生理代谢的影响主要表现在对光合系统、初生碳代谢、植物次生代谢物和 UV 吸收物质（主要是类黄酮）等的影响方面。目前国内在该方面的研究偏重高原区农业，且以小麦、水稻和大豆等农作物为主。这些问题的阐述能够为精准控制植物代谢物合成、提高农作物品质、选育抗紫外辐射植物品种（系）以及确定植物栽培调控措施提供理论依据。植物光合作用是对 UV-B 辐射最为敏感的生理过程之一，增强 UV-B 辐射能抑制许多植物的光合作用。UV-B 辐射影响光合作用的机理与呼吸作用、蒸腾作用以及光合碳产物的积累与分配密切关联，同时，植物又通过自身的次生代谢物进行自我防御，类黄酮的生态功能是植物综合防御体系的重要组成部分之一。随着研究的不断深入，人们将更好地认识 UV-B 辐射与其他环境因子胁迫对植物的联合作用。

第六章　UV-B 辐射伤害植物的靶标

UV-B 辐射虽然在太阳光谱中仅占很小一部分（不足 5%），但由于很多重要的生物大分子（蛋白质、核酸、脱落酸、生长素等）在 UV-B 辐射波段有强烈的吸收，因此，它们都成为 UV-B 辐射直接作用的靶标。UV-B 辐射通过影响这些靶标的结构或合成过程，进而影响其所参与调控的代谢过程，并最终影响植物的生长发育进程。了解这些靶标在 UV-B 辐射下的变化，也是认识 UV-B 辐射伤害植物本质的基本方法。本章主要阐述 UV-B 辐射伤害植物的 5 个主要靶标（光合系统、蛋白质、DNA、膜系统和植物激素），以及植物保护靶标减轻损伤的防御反应，从机理的角度阐述植物与 UV-B 辐射相互作用的过程。

第一节　UV-B 辐射对植物光合系统的影响

植物的光合器官是 UV-B 辐射的主要作用靶标之一，而 UV-B 辐射对植物所造成的整体伤害中很大一部分可以直接或间接归因于 UV-B 辐射对光合器官的损伤，因此，在了解 UV-B 辐射对植物光合器官影响的基础上，理解其对植物生长发育的影响显得至关重要。UV-B 辐射对植物光合作用的抑制作用可分为直接效应和间接效应。直接效应包括其使光合过程相关基因的表达下调；使光系统 II（PSII）的反应中心（RC）失活；破坏电子传递组分的结构以及类囊体的完整性；降低-1,5-二磷酸核酮糖羧化酶/加氧酶（ribulose-1,5-bisphophate carboxylase/oxygenase，Rubisco）的活性；改变叶绿体超微结构；降低光合色素含量；减少二氧化碳（CO_2）的固定以及氧气（O_2）的释放等。间接效应则包括 UV-B 辐射诱导气孔的关闭；增加叶片厚度；影响叶片解剖结构及冠层形态等（Kataria et al.，2014；Joshi，2017）。在本节中，我们将跟随光被植物吸收后的走向，沿着光合作用过程中光能→电能→活跃的化学能→稳定的化学能的能量转换轨迹，依次就 UV-B 辐射对光合原初反应、光合电子传递、光合磷酸化以及碳同化过程中主要靶标的影响做一详细介绍。

一、UV-B 辐射对光合原初反应的影响

分子水平上的光能吸收和传递是光合作用反应机理研究中最基本的问题之一。植物经受 UV-B 辐射后，光合系统中多种参与能量传递的蛋白质组分受到影响，因而改变了植物对光能的吸收及传递途径。光辐射最先由叶绿体光系统中外周天线（LHC）的色素分子所吸收，LHC 由定位于细胞核内的 *cab* 基因编码，研究表明 *cab* 基因明显受到 UV-B 辐射的影响，但关于 UV-B 辐射对 *cab* 的效应有不同观点，一种观点认为增强 UV-B 辐

射引起 *cab* 基因的转录产物显著降低（Tevini and Teramura，1989），而另一种观点则认为 *cab* 基因属于光调节基因，在 UV-B 辐射下，LHC 能得到充分表达，由于叶绿体中基粒类囊体片层的垛叠过程受到 LHC 的控制，因此 UV-B 辐射可以促进叶绿体基粒类囊体的形成（Yu and Björn，1999）。此外，低剂量的 UV-B 辐射能使 PSII 的捕光色素复合物（LHCII）从 PSII 上分离出来，向 PSI 靠拢，从而影响 PSII 与 PSI 之间的能量再分配过程（Jordan et al.，1991，1994），而这种再分配有利于植物适应不同的光环境。

对低剂量 UV-B 辐射环境中光合过程的相关研究显示，植物的原初光能传递过程并未受到 UV-B 辐射的抑制，植物通过一系列调节措施（如增强短波光吸收色素的吸收强度；调节两个光系统之间的能量分配；改变光合系统中色素蛋白的构象和位置；加快能量在核心天线系统和 RC 之间的传递速率等）保证了原初光能传递的物理过程正常进行，从而将能量传递到 RC 用于光合作用（刘晓等，2011a，2011b）。

二、UV-B 辐射对光合电子传递的影响

目前普遍认为，光合电子传递链上的 PSII 是 UV-B 辐射的主要靶标，相比较而言，UV-B 辐射对 PSI 的影响较小（Bornman，1989；Renger et al.，1989）。此外，UV-B 辐射还可能影响放氧复合物（oxygen-evolving complex，OEC）以及电子传递链上的多个位点，如质体醌（plastoquinone，PQ）（Melis et al.，1992；Trebst and Depka，1990）、细胞色素 b6f（cytochrome b6f，Cytb6f）以及质体蓝素（plastocyanin，PC）等（图 6-1），而 UV-B 辐射对这些位点的影响改变通过改变光合作用的原初反应（Iwanzik et al.，1983；Kulandaivelu and Noorudeen，1983）、抑制电子传递（Brandle et al.，1977）、降低细胞色素 f（cytochrome f，Cytf）含量等（Bubu and Mak，1999），最终导致植物的光能转化效率降低。

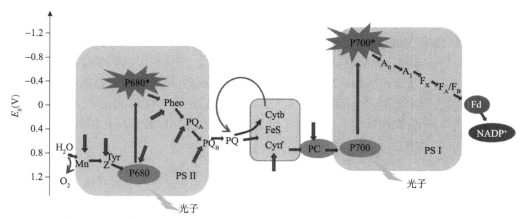

图 6-1　叶绿体光合电子传递链上 UV-B 辐射靶标（改编自 Kataria et al.，2014）（彩图请扫封底二维码）

Figure 6-1　UV-B targets in electron transport chain in chloroplast

紫色箭头为主要的 UV-B 辐射靶标，具体见正文中描述；A_0：叶绿素；A_1：叶绿醌；F_X：FeS_X；F_A/F_B：FeS_A/FeS_B；F_X 和 F_A/F_B 皆为 Fe-S 蛋白

1. UV-B 辐射对 PSII 的影响

由于光合原初光能转换过程发生在 PSII 的反应中心，因此 PSII通常被看作是光合作用的核心。本书中我们将 OEC 看作 PSII 的一部分来讨论。总体来说，PSII 中 UV-B 辐射的靶标包括：位于电子供体侧的 OEC 中锰簇，RC 中的 D1/D2 蛋白酪氨酸残基（TyrZ、TyrD），以及位于电子受体侧的质体醌（PQ_A 和 PQ_B）（Lidon et al., 2012a，2012b）。UV-B 辐射对这些靶标的影响往往造成 PSII 光化学效率降低。下面我们分别从 UV-B 辐射对 PSII 电子供体侧及受体侧的影响来进行讨论。

一般认为 PSII 反应中心的 D1/D2 蛋白对 UV-B 辐射最为敏感（Ihle，1997），低剂量的 UV-B 辐射就能造成 D1 和 D2 蛋白降解及周转下调，并且 D1 蛋白的降解速率大于 D2 蛋白（Jordan，1996；钟楚等，2009b）。UV-B 辐射所导致的 RC 蛋白损伤与半醌自由基 PQ_A^- 以及活性氧（ROS）的形成有关（Brosché and Strid，2003；Zvezdanovic et al.，2013）。PQ_A^- 是 UV-B 辐射的光敏剂，UV-B 辐射诱导的质体醌的光敏作用很可能直接破坏 D2 蛋白，进而抑制 PSII 的电子传递（Jansen et al.，1996，1998），此外，PQ_A^- 的积累改变了光合电子传输链 PQ_A 和 PQ_B 之间的氧化还原平衡，使氧化还原稳态丧失（Joshi et al.，2011），而这种稳态平衡的丧失诱发 ROS 含量增加，最终导致类囊体膜的破坏等一系列变化（Friso et al.，1994a，1994b）。例如，UV-B 辐射所导致的玉米叶片类囊体膜的脂质过氧化使 PSII 光化学抑制程度达到 68%（Swarna et al.，2012）。此外，ROS 增加会抑制 PSII 的修复过程，从而进一步加剧 UV-B 辐射对 PSII 的光化学抑制作用（Kataria et al.，2014）。

PSII 中除了 RC 明显受到 UV-B 辐射的影响外，OEC 对 UV-B 辐射也十分敏感，并且 OEC 中锰簇 S3 态和 S2 态对 UV-B 辐射的敏感性显著高于 S1 态和 S0 态（Szilárd et al.，2007）。UV-B 辐射所诱导的 OEC 失活是 UV-B 辐射所引起的 PSII 光合效率降低的主要原因之一（Rodrigues et al.，2006），OEC 的失活还将直接导致光合过程中氧气释放量的减少（Joshi，2017）。甚至有人认为 UV-B 辐射对光系统的主要损伤最初是发生在供体侧的 OEC 中，而 RC 中酪氨酸和质体醌的修饰和/或失活是随后发生的事件（Vass et al.，1996）。

UV-B 辐射对 PSII 电子受体侧的影响，与质体醌的直接损伤（Bornman and Teramura，1993），或者质体醌结合位点的变化有关（Renger et al.，1989）。当然也有观点认为 UV-B 辐射的损害首先发生在 PSII 的电子受体侧，然后才发生在电子供体侧（Van Rensen et al.，2007）。

2. UV-B 辐射对 PSI 和 Cytb6f 的影响

前面我们已经提到，和 PSII 相比，UV-B 辐射对 PSI 活性的影响较小，但在使用高剂量 UV-B 辐射的研究中，也观察到了 PSI 的损伤，通常表现为编码 PSI 蛋白亚基的基因下调，700nm 处吸收强度下降，PSI 光化学效率降低等（Krause et al.，2003）。UV-B 辐射造成的 PSI 蛋白环境的破坏主要与 UV-B 辐射对电子转移组分 X 以及对与 18/16kDa 多肽相关的反应中心 A 和 B 的影响有关（Lidon et al.，2012b），而 PSI 中这些靶点的损伤与 UV-B 辐射导致的类囊体膜的脂质过氧化以及由 PSII 蛋白水解引起的 ROS 增加密切相关。

Cytb6f 与 PSII 和 PSI 一起构成类囊体膜中光合电子传递链的关键膜蛋白复合体。虽然有研究显示 UV-B 辐射导致复合体中细胞色素 f（Cytf）含量降低（Eichhorn et al.，1993；Watanabe et al.，1994），但也有人认为 Cytb6f 与 PSI 是受 UV-B 辐射影响最小的类囊体膜成分（Strid et al.，1990；Zhang et al.，1994）。Cytb6f 上包含两个质体醌的结合位点，一个位点发生质体醌的氧化，另一个位点发生质体醌的还原，这被认为是 Cytb6f 对 UV-B 辐射具较强耐受性的主要原因，而 Cytb6f 相对低的 UV-B 辐射敏感性也从另一个角度说明醌类化合物在调节 UV-B 辐射诱导的光合器官损伤中有重要性（Hope，1993）。

三、UV-B 辐射对 ATP 合成酶的影响

在叶绿体类囊体膜上，ATP 合成酶催化了光合磷酸化反应。用 254～405nm 波段的 UV 辐射对与质膜结合的 ATP 合成酶进行处理，结果表明 290nm 的 UV-B 辐射导致 ATP 合成酶失活的效果最显著（Imbrie and Murphy，1982）。UV-B 辐射可诱导豌豆的 CF_1-ATPase 含量下降 60%，ATP 合成酶活性下降 25%（Zhang et al.，1994），从而导致光合磷酸化反应活性降低，而这种电能向活跃的化学能转变效率的变化，将导致植物光化学反应能力和碳同化效率的降低（Yang et al.，2013，Yu et al.，2013a）。但是关于 UV-B 辐射下 ATP 合成酶变化的蛋白组学研究结果各异，在一些研究中 UV-B 辐射下 ATP 合成酶的亚基含量下降，如发菜中 ATP 合成酶的 α 亚基（雷晓婷，2014）、花生中 ATP 合成酶的 δ 链表达下调（杜照奎等，2014）；而另一些研究中 UV-B 辐射诱导了水稻叶片 ATP 合成酶各亚基（如 α、β 和 ε 亚基）含量的上升（于光辉，2012），水稻根系 ATP 合成酶 β 亚基合成量上调（胡安生，2008）。这些研究结果存在差异同辐射剂量以及物种对 UV-B 辐射的敏感性不同等有关。

四、UV-B 辐射对光合碳同化的影响

1. UV-B 辐射对气孔调节的影响

植物对气孔的调节是影响叶片光合作用的重要因素之一，其决定了光合碳同化过程中 CO_2 的供应。虽然有研究显示 280nm 波段的 UV-B 辐射能使黑暗中关闭的气孔打开（Eisinger et al.，2000，2003），但绝大多数研究结果证明 UV-B 辐射诱导植物气孔导度的降低（Jansen and van Den Noort，2000；Reddy et al.，2013；Lu et al.，2009），但气孔导度下降的原因可能因 UV-B 辐射剂量不同而异。例如，H_2O_2 参与了不同剂量辐射诱导的气孔关闭，但 H_2O_2 的来源有所差异，低剂量辐射下 H_2O_2 主要来自 NADPH 氧化酶的 Atrboh D 和 Atrboh F 途径，而高剂量 UV-B 辐射下 H_2O_2 主要来自 POD 途径。低剂量 UV-B 辐射可能通过以下信号途径诱导气孔关闭：UV-B 辐射诱导乙烯生成，乙烯通过其受体 ETR1 和 EIN4 以及铜离子转运体 RAN1 活化 Gα，Gα 活化 NADPH 氧化酶途径从而生成 H_2O_2，H_2O_2 进一步依赖乙烯信号转导元件 EIN2、EIN3 和 ARR2 诱导气孔关闭（雷雪，2013）。Tossi 等（2014b）进一步提出 UV-B 辐射对植物气孔的调节有依赖 UV-B

特异性受体 UVR8 的途径以及不依赖 UVR8 的 ABA 途径，并提出两者之间有相互效应。在不依赖 UVR8 的途径中，UV-B 辐射诱导 ABA 含量提高，因此激活了 ABA 的响应基因，使质膜 NADPH 氧化酶含量提高，进而提高 H_2O_2 水平，H_2O_2 激活硝酸还原酶形成一氧化氮（NO），NO 抑制了保卫细胞 K^+ 的内流，促进了 Cl^- 的内流，最终导致气孔关闭。而在另一条依赖 UVR8 的途径中，UVR8 与 COP1 结合后解除了 COP1 对转录因子 HYH 的抑制作用，从而激活 HYH 的基因转录过程，直接促进硝酸还原酶活性提高，进而使 NO 含量提高，而 NO 抑制保卫细胞 K^+ 内流，促进 Cl^- 内流，最终导致气孔关闭。

　　UV-B 辐射诱导的气孔导度变化将影响光合固碳量（Jansen and van Den Noort, 2000; Reddy et al., 2013; Lu et al., 2009）。也有研究表明，UV-B 辐射增强对气孔的影响不会影响 CO_2 的同化效率（Nogués et al., 1999）。UV-B 辐射所导致的 CO_2 同化效率的降低更可能与光合系统中捕光色素复合物的减少、类囊体膜完整性的破坏和/或 Rubisco 的降解或失活过程有关（Takeuchi et al., 2002）。

2. UV-B 辐射对 Rubisco 的影响

　　植物叶片中 Rubisco 占可溶性蛋白的 50% 以上，被认为是碳固定过程中最关键的酶，其由 8 个大亚基（LSU, 53kDa）和 8 个小亚基（SSU, 14kDa）组成（Jordan et al., 1992），虽然 Rubisco 中不含生色团，但由于其两个亚基中都含有色氨酸（Trp），能够吸收 UV-B 辐射，因此 Rubisco 成为 UV-B 辐射的主要攻击位点之一（Takeuchi et al., 2002; Fedina et al., 2010）。UV-B 辐射往往造成 Rubisco 的活性和含量降低，从而导致羧化效率降低（Jordanet al., 1992），Rubisco 失活的原因可能是 UV-B 辐射使得肽链发生修饰、蛋白质降解和/或基因转录水平降低（Jordan et al., 1994; Desimone et al., 1998; Takeuchi et al., 2002; Bouchard et al., 2008）。例如，UV-B 辐射可导致 Rubisco 亚基的 mRNA 水平显著降低（Wilson et al., 1995; Gerhardt et al., 1999）；Rubisco 的大亚基可在 UV-B 辐射下发生氧化，由 54kDa 转化为 66kDa 的蛋白质（Wilson et al., 1995; Gerhardt et al., 1999）；UV-B 辐射产生的 ROS 也能导致 Rubisco 的大亚基降解（Caldwell, 1993; Bischof et al., 2002; Pedro et al., 2009）。此外，UV-B 辐射可诱导拟南芥的衰老相关基因的表达发生变化，如编码半胱氨酸蛋白酶 SAG12 的基因表达增强，该酶也可能参与促进 Rubisco 降解的过程（John et al., 2001; Noh and Amasino, 1999）。UV-B 辐射还导致 1,5-二磷酸核酮糖（ribulose-1,5-bisphosphate, RuBP）再生过程中关键调控酶——1,7-二磷酸景天庚酮糖酶的含量降低（Allen et al., 1998），从而影响 RuBP 的再生（Allen et al., 1997; Savitch et al., 2001）。

第二节　UV-B 辐射对植物蛋白质的影响

　　蛋白质是生物有机体的重要组成部分和生物催化剂，在植物的各种生理功能中发挥着重要的作用，而蛋白质的最大吸收波长正好在 UV-B 辐射的波长范围内，因此，UV-B 辐射可对蛋白质产生较大影响（Barbato et al., 1995; 罗丽琼等, 2006）。UV-B 辐射可能造成色氨酸光降解，—SH 基发生修饰，膜蛋白在水中溶解度提高以及多肽链断裂等影响，这些变化均能导致蛋白质结构及含量的变化，进而影响植物的生理代谢过程，并最终影响植物的生长发育（李元等，2006a）。对 UV-B 辐射敏感的蛋白质包括结构性蛋白、代谢相关蛋白、抗氧化酶以及防御相关蛋白等，而这些蛋白质的含量和/或活性依据 UV-B 辐射剂量以及植物的辐射敏感性差异而呈现不同的变化。

一、UV-B 辐射对植物蛋白质含量的影响

UV-B 辐射主要通过两方面作用来影响植物蛋白质的含量：一是影响蛋白质的降解过程，二是影响蛋白质的合成过程，且 UV-B 辐射导致的蛋白质含量增减变化随辐射强度及物种不同而异。例如，在较低剂量的 UV-B 辐射下，大豆幼苗胚轴蛋白质含量增加，而高剂量的 UV-B 辐射则抑制蛋白质基因的正常表达和合成，从而使蛋白含量降低（强维亚等，2004）。组学分析显示，拟南芥的蛋白质含量随着 UV-B 辐射剂量的增加表现出先增加后减少的趋势，蛋白质的条带数目和表达量都发生了显著变化，其中中等辐射剂量处理组的变化最为明显，既有新增条带，又有消失条带。这些随辐射增强而含量增加的蛋白质可能是由于低剂量的 UV-B 辐射激活了植物自身一些抗性基因的表达而产生的抗性蛋白，其能够发挥抵御 UV-B 辐射伤害的作用；而高剂量的 UV-B 辐射使蛋白质合成途径受损，蛋白质合成量降低（魏小丽等，2013）。一般认为蛋白质基因表达和合成过程对高剂量的 UV-B 辐射更为敏感。

此外，植物蛋白对 UV-B 辐射的敏感性明显受其生长状态的影响。例如，UV-B 辐射促进幼苗期菜豆叶片中可溶性蛋白的合成，而在菜豆生长后期，辐射则抑制其蛋白质合成，并促进蛋白酶的活性上升，导致叶片中总游离氨基酸积累，可溶性蛋白含量降低。蛋白质分解代谢的加强既与 UV-B 辐射所导致的蛋白质结构变化有关，又与 UV-B 辐射所引起的基因转录本减少以及 RNA 活力下降等因素所导致的蛋白质合成能力降低有关。蛋白质结构改变最直接的原因之一是 UV-B 辐射导致的色氨酸光降解过程产生的 ROS 对蛋白质产生直接修饰作用，使蛋白质对内源蛋白酶的敏感性上升，因而促进了蛋白质的降解过程（冯国宁等，1999）。

二、对 UV-B 辐射敏感的植物蛋白的功能

对 UV-B 辐射敏感的蛋白质的功能多种多样，主要涉及植物的代谢过程及防御过程。蛋白组学研究结果显示，UV-B 辐射诱导下蓝藻 PCC6803 出现 112 个差异蛋白点，可归属为 75 种蛋白质类型，其功能主要涉及氨基酸生物合成、光合作用、呼吸作用、蛋白质生物合成以及细胞防御等，其中 30 个为与胁迫相关的蛋白质（Gao et al.，2009）。UV-B 辐射诱导的大豆 67 个差异表达蛋白的功能包括能量代谢、蛋白质储存与合成、防御、转录以及次生代谢过程（Xu et al.，2008）。在花生幼苗叶片中共检测到 39 个经 UV-B 辐射处理后丰度变化在 2.5 倍以上的差异蛋白点（其中 22 个蛋白点表达下调，17 个表达上调），按其功能大致可归为以下类型：光合作用、糖代谢、能量合成、氨基酸代谢、蛋白质加工、蛋白质翻译和防御（杜照奎等，2014）。以下我们将对 UV-B 辐射所诱导的不同功能蛋白的变化进行详细阐述。

1. UV-B 辐射对代谢相关蛋白的影响

UV-B 辐射对光合反应中心中的 D1/D2 等关键蛋白的影响在第一节中已有论述。即使非常低的 UV-B 辐射剂量也能够诱导反应中心的 D1（psbA 基因编码）和 D2（psbD 基因编码）蛋白降解，从而降低 PSII 的活性（Chaturvedi et al.，1998）。PsbP 为构成 PSII 的亚基，大小约 20.1kDa，具有与 Ca^{2+}、Cl^- 和 Mg^{2+} 相结合的能力，其在光合放氧过程中具有重要的作用（Roose et al.，2009）。在 UV-B 辐射下，花生叶片中 PsbP 结构域蛋白表达发生下调。此外，位于类囊体膜内表面的质体蓝素（plastocyanin，PC）也受 UV-B 辐射的影响。UV-B 辐射下，PC 的表达同样发生了下调，作为 Cytb6/f 与 PSI 之间传递电子的重要蛋白质（Schöttler et al.，2004），PC 含量的减少影响类囊体膜上电子传递的效率，进而可能造成同化作用减弱（杜照奎等，2014）。在第一节中也提到，UV-B 辐射导致碳固定过程的关键酶 Rubisco 活性及含量明显降低（Vu et al.，1984），这一方面与 UV-B 辐射下 ROS 含量明显增加导致 Rubisco 结构的改变有关（Dai et al.，1997；Gerhardt et al.，1999），另一方面与 UV-B 辐射抑制 Rubisco 基因的表达，从而抑制其合成有关（Jordan et al.，1992；Takeuchi et al.，2002）。卡尔文循环过程中，增强的 UV-B 辐射首先影响 Rubsico 的 54kDa 大亚基，从而降低其酶活性或含量，影响羧化效率，进而引起卡尔文循环过程中其他酶活性的降低，因此导致叶片同化 CO_2 的能力降低（Vu et al.，1982a；Jordan et al.，1992；Wilson et al.，1995；Gerhardt et al.，1999；Paul and Thomas，2000）。

除了造成光合过程相关蛋白基因表达下调外，UV-B 辐射还影响相关蛋白的结构。表 6-1 显示了增强 UV-B 辐射下 PSII 蛋白骨架的变化，UV-B 辐射导致 PSII 蛋白的 α-螺旋、β-折叠股含量增加，而 β-转角结构的含量则减少。其中 1623cm^{-1} 处 β-折叠股（或 β 股，β-strand）含量提高，蛋白质中 β-股这种呈现伸展状态的多肽链不参与形成分子内的 β-折叠结构，而与其他分子氢键的形成有关，因此 β-股构象的增加意味着 PSII 中氢键结构的增加。PSII 蛋白的 α-螺旋和 β-转角吸收光谱的相对宽度在 UV-B 辐射下明显变窄，说明其分子振动行为转变为单一或者相对较为独立的振动行为，与周边结构的耦合减弱。这些蛋白质结构的变化会影响其与光合色素分子的结合方式，进而影响光能传递及转换过程。此外，UV-B 辐射导致酪氨酸残基中苯酚环的结构变化，并使其微极性降低；锰簇的光合放氧过程会因其所处蛋白质环境变化而改变，影响其功能（刘晓等，2011a）。另外，UV-B 辐射诱导的 ROS 含量提高将引发其对 PSII 蛋白的破坏作用，ROS 可直接修饰蛋白质，引起蛋白质分子内或分子间发生交联和断裂。例如，使 PSII 反应中心的 D1 蛋白在跨膜区域发生断裂，形成 20kDa 的 C 端和 13kDa 的 N 端片段（Barbato et al.，1995）。

表 6-1　PSII 酰胺 I 吸收带光谱解析的各子峰参量及其归属（引自刘晓等，2011a）

Table 6-1　The fitting results of parameter and affiliation of subpeak in amide I band of absorption spectrum of PSII

处理组	中心峰位（cm^{-1}）	相对含量（%）	相对宽度（nm）	归属
	1547.6	19.2	73.71	—NH$_3^+$ 的对称弯曲振动
对照	1596.5	5.5	56.11	酪氨酸残基苯酚环 v$_{8b}$
	1623.1	16.4	44.84	β-股

续表

处理组	中心峰位（cm^{-1}）	相对含量（%）	相对宽度（nm）	归属
	1643.0	28.4	56.19	环
对照	1654.1	16.6	64.15	α-螺旋
	1676.6	13.9	63.03	β-转角
	1598.4	14.8	63.37	酪氨酸残基苯酚环 v_{8b}
	1603.9	15.9	47.25	酪氨酸残基苯酚环 v_{8a}
UV-B 辐射	1623.2	17.9	30.85	β-股
	1637.5	21.6	34.68	β-折叠
	1654.3	22.4	38.49	α-螺旋
	1676.8	7.4	40.11	β-转角

除了影响光合代谢过程，UV-B 辐射还影响植物的氮代谢过程，如 UV-B 辐射使大豆（薛隽等，2006）以及水稻（唐莉娜等，2004）幼苗蛋白质分解代谢加强，可溶性蛋白及硝酸还原酶含量降低。硝酸还原酶是氮代谢的限速酶，其活性下降必然影响硝酸和氨的同化吸收，导致整个氮代谢过程发生紊乱。

2. UV-B 辐射对抗氧化系统相关蛋白的影响

前文中已经多次提到，UV-B 辐射诱导产生的 ROS 对靶标产生过氧化损伤是其伤害植物的主要途径之一（Kumari et al.，2010），正常情况下，植物可以通过抗氧化酶系统或非酶抗氧化系统对 ROS 进行清除以消除其毒害作用。众多研究证明，UV-B 辐射下植物抗氧化系统相关酶的含量和活性发生改变。例如，花生叶片中过氧化物酶（POD）的含量在 UV-B 辐射诱导下上升，半胱氨酸合成酶表达上调，但铜/锌超氧化物歧化酶（Cu/Zn-SOD）含量则下降（杜照奎等，2014）。增强 UV-B 辐射下黄芩叶片中的过氧化氢酶（CAT）和 POD 活性均极显著提高（唐文婷等，2010）。烟草中抗坏血酸过氧化物酶、核苷二磷酸激酶的表达量在 UV-B 辐射下同样明显提高（陈宗瑜等，2012）。关于 UV-B 辐射对植物抗氧化系统的影响，在本章的第四节我们还将做进一步介绍。

3. UV-B 辐射对结构蛋白的影响

细胞壁中的结构蛋白和功能蛋白具有提供机械强度、维持细胞形状、调节生长、控制胞间运输、抵御病菌侵染以及参与细胞识别等多种功能。细胞壁疏松程度与胞壁中酶活性、细胞壁蛋白类型和含量以及抗氧化特性有关。增强 UV-B 辐射能减少玉米叶片细胞壁的离子键结合蛋白和游离蛋白，显著促进共价键结合蛋白的积累，离子键结合蛋白和游离蛋白被氧化后与细胞壁中其他大分子物质共价交联形成复合物，从而增厚、加固细胞壁，因此抑制了细胞伸长和扩展生长（张满效等，2005），这也是通常植物叶片在长期 UV-B 辐射环境中叶面积减小的原因之一。

4. UV-B 辐射对防御相关蛋白的影响

除了前面提到的抗氧化酶含量及活性的变化，植物还会生成防御性物质来抵御 UV-B 辐射。例如，类黄酮、花青素等酚类物质具有吸收紫外辐射的功能，因此能够过滤紫外辐射，从而保护细胞免受辐射的伤害。众多研究结果表明，即使是低剂量的 UV-B 辐射也能够诱导植物体内紫外吸收物质含量的提高（Quan et al.，2018），这与酚类物质合成途径中关键酶苯丙氨酸解氨酶（phenylalnine ammonialyase，PAL）基因受 UV-B 辐射诱导后表达上调密切相关，紫外吸收物质积累是公认的 UV-B 辐射下植物的一种有效防护措施（Turunen et al.，1999；Liu et al.，2015）。此外，经 UV-B 辐射处理的花生叶片中咖啡酸-3-O-甲基转移酶表达上调，可能会加速叶片中木质素的合成，有助于植物进一步抵御紫外辐射。

病程相关蛋白（PR）是植物受到病原菌侵染或环境因素刺激时产生的抗性蛋白，在增强植物抗性方面发挥重要作用。其中，几丁质酶是一类重要的 PR 蛋白，能够水解几丁质单体 N-乙酰-D-葡糖胺之间的糖苷键（Balasubramanian et al.，2012；Leimu et al.，2012）。UV-B 辐射处理后的花生叶片中就检测到了几丁质酶表达的上调。此外，UV-B 辐射后花生叶片中热激蛋白 HSP18.2 和 HSP70 的表达也发生了上调，通过上调热激蛋白表达保证细胞质或细胞核内新生蛋白质的折叠、组装及跨膜运输等过程正常进行，以应对 UV-B 辐射对植株的不利影响（杜照奎等，2014）。这类热激蛋白表达的上调也在 UV 辐射处理后的水稻中被观察到（Du et al.，2011）。而 Murakami 等（2004）将来自热胁迫条件下水稻的 HSP17.1 转入正常水稻中后发现其抵抗 UV-B 辐射的能力的确显著提高。

5. 其他蛋白质

除了对以上蛋白质产生影响，UV-B 辐射处理增加了抽穗成熟期日本粳稻中糙米贮藏蛋白的含量，主要是谷蛋白含量增加，对水溶性盐溶性蛋白和醇溶性蛋白的影响则较小，这可能与 UV-B 辐射抑制了代谢产物向淀粉转化，使籽粒淀粉积累减少，而蛋白质的积累没有受到抑制，因此籽粒中蛋白质含量相对增加有关；也有可能是由于 UV-B 辐射使合成谷蛋白的前体物质 RDA 的多肽含量增加，从而引起蛋白质的绝对含量增加（张文会等，2003）。

三、UV-B 辐射的特异性光受体——UVR8

Rizzini 等（2011）在 *Science* 上报道了 UV-B 辐射的特异性光受体 UVR8，就此翻开了 UV-B 辐射研究的一个新篇章，也使人们将 UV-B 辐射对植物影响的研究重点从 UV-B 辐射的胁迫效应转向了 UV-B 辐射对植物生长发育的调控效应。目前，人们已经在植物中发现了 4 类主要的光受体：光敏色素（phytochrome，PHY），主要吸收红光和远红光（波长范围 600～750nm），隐花色素（cryptochrome，CRY）和向光素（phototropin，PHOT），感受 UV-A 辐射/蓝光（波长范围 315～500nm），UV-B 特异性光受体（UVR8），吸收 UV-B 辐射（波长范围 280～315nm）（Heijde and Ulm，2012）（图 6-2）。而近

5 年 UV-B 辐射的主要研究工作集中在由 UVR8 所调控的植物光形态建成及代谢过程方面。

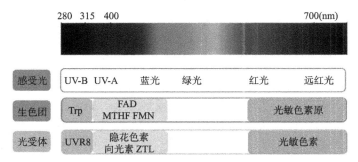

图 6-2 高等植物的光受体（引自 Heijde and Ulm，2012）（彩图请扫封底二维码）

Figure 6-2 Photoreceptor-mediated light perception in higher plants

Trp：色氨酸；FAD：黄素腺嘌呤二核苷酸；MTHF：甲基四氢叶酸；FMN：黄素单核苷酸；ZTL：Zeitlupe 蛋白

1. UVR8 的结构及作用方式

拟南芥的 UVR8 蛋白由 440 个氨基酸残基组成，7 个片状的 β-螺旋沿着 UVR8 蛋白的表面围成一个桶形，从而形成一个紧凑的球状蛋白，色氨酸呈簇状分布在 β-螺旋的顶端，在色氨酸残基之间有一对酪氨酸残基、4 个精氨酸残基和 1 个赖氨酸残基，而芳香族侧链（苯丙氨酸和组氨酸）分布在蛋白质的各处。与其他的光受体不同，UVR8 没有任何外部的辅助基团作为生色团，Trp285 和 Trp233 就是 UVR8 的生色团（Jenkins，2014）。UVR8 蛋白由对称的 2 个单体组成，无 UV-B 照射时，UVR8 以二聚体的形式存在于细胞质和细胞核中，当接收到 UV-B 辐射信号后，UVR8 的色氨酸生色团吸收 UV-B 辐射，大部分细胞质中的 UVR8 转移到细胞核中并解聚成为单体，这个反应在 5min 内就能发生，之后 UVR8 与 E_3 泛素连接酶性质的 COP1 相互作用，并使下游传递 UV-B 辐射信号的碱性亮氨酸拉链（basic leucine zipper，bZIP）蛋白类转录因子 HY5 趋于稳定，进而引起一系列基因表达的改变，最终影响植物的光形态建成以及生理代谢。该信号通路通过以下方式失活：单体 UVR8 通过 RUP1 和 RUP2 的作用重新聚合为二聚体，UVR8 与 COP1 的相互作用被破坏，使信号通路失活，形成的 UVR8 二聚体再次为下一轮的 UV-B 辐射响应过程做好准备。

COP1 蛋白在动植物中具有保守性，其具有能与 DNA 结合和发生蛋白质-蛋白质相互作用的卷曲螺旋结构域（亮氨酸拉链）及 WD-40 重复序列。COP1 依赖不同的生物学过程来产生多种功能，在由可见光诱导的植物光形态建成过程中，COP1 的 E_3 泛素连接酶活性引起多个光形态建成促进因子的降解，从而抑制由可见光诱导的发育过程。而在最新发现的 UV-B 辐射诱导的光形态建成中，COP1 是一个关键的正调控因子，其通过加强典型的光形态建成促进因子 HY5 的稳定性以及提高其活性来实现其在 UV-B 辐射诱导的光形态建成中的正调控作用（Tilbrook et al.，2013）。

不同剂量的 UV-B 辐射所引发的生物效应不同，一般而言，低剂量的 UV-B 辐射往往对植物生长起到调节作用，而高剂量则可能对植物产生胁迫效应，这与不同剂量的

UV-B 辐射所激活的信号通路不同有关（Müller-Xing et al.，2014；Robson et al.，2015b）。近些年来，由 UVR8 所介导的 UV-B 辐射对植物多种生理过程的调控作用逐步被报道，这些过程涉及植物的向光性反应、避阴反应、热形态建成、气孔运动、紫外吸收物积累、昼夜节律等光形态建成及其他生理代谢过程（图 6-3）。下面我们对 UVR8 所介导的主要生理过程的相关信号通路做一介绍。

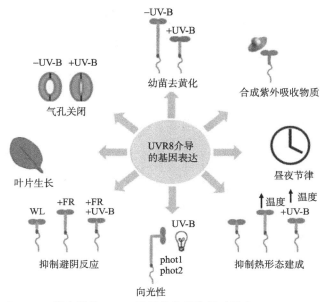

图 6-3　由 UVR8 所介导的 UV-B 辐射的生理作用（引自 Yin and Ulm，2017）

Figure 6-3　Physiological roles of UVR8-mediated UV-B radiation

WL：白光；FR：远红光；phot1 和 phot2：向光素

2. UVR8 介导的信号通路

（1）诱导植物的向性反应

研究发现，拟南芥幼苗的茎和根都会发生朝向 UV-B 光源的向性弯曲反应，而这种向性反应与由 UVR8 所介导的 UV-B 辐射对生长素的调控效应密不可分。Vandenbussche 等（2014）指出，当拟南芥幼苗的茎暴露在单侧 UV-B 辐射中时，受到 UV-B 辐射一侧的茎中 UVR8 被激活，由二聚体解聚形成单体，进而激活下游的信号通路，抑制生长素应答基因表达，导致生长素反应下调，因此幼苗该侧茎的伸长率下降。而未受到 UV-B 辐射的背光侧茎中 UVR8 依旧以二聚体的形式存在，无法激活下游反应，因此该侧的茎保持正常的伸长率，而茎两侧的伸长率差异导致了茎的异速生长，从而表现出向着 UV-B 光源处弯曲的向性生长反应（图 6-4）。Wan 等（2018）对拟南芥幼苗根的试验，同样也证明了 UVR8 通过调控拟南芥根两侧的生长素不均匀分布，使根发生向 UV-B 光源侧弯曲生长。此外，他们还提出了类黄酮在这种向性弯曲中的作用：受到 UV-B 辐射一侧的根中类黄酮物质积累，其通过抑制细胞中生长素的输入和输出蛋白，进而抑制生长素发挥作用。此外，UV-B 辐射还促进生长素相关转录抑制因子的表达，从而抑制生长素的作用。在以上两方面的共同作用下，拟南芥幼苗的根表现出向着 UV-B 辐射方向弯曲的生长反应。

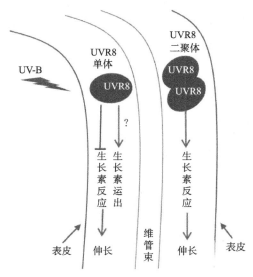

图 6-4　由 UVR8 所介导的植物幼苗的向 UV-B 辐射弯曲（引自 Vandenbussche et al.，2014）

Figure 6-4　The UVR8-mediated bending response of plant seeding towards UV-B

（2）抑制下胚轴的伸长

在 UV-B 辐射所引发的光形态建成研究中，还发现了由 UVR8 所介导的幼苗下胚轴伸长生长的抑制效应，而此光形态建成过程与油菜素内酯（BR）有关。当植物在白光中生长时，UVR8 和 COP1 定位于细胞质基质中，UVR8 以二聚体的形式存在，转录因子 HY5、WRKY36、BIM1 和有功能的 BES1 位于核内。HY5 和 WRKY36 对 *HY5* 表达的调节作用相反，HY5 与自身启动子结合激活 *HY5* 转录，WRKY36 与 HY5 启动子结合则抑制其转录。BIM1 和 BES1 共同诱导 BR 的应答基因表达，因此，白光环境中拟南芥幼苗的下胚轴能够正常伸长生长。然而，当植物幼苗处在有 UV-B 辐射的环境中时，UVR8 感知到 UV-B 辐射后解聚成为有活性的单体，并与 COP1 相互作用，UVR8-COP1 复合物促进了 HY5 蛋白的稳定，增强 HY5 与自身启动子结合，从而激活了 *HY5* 的转录。同时核内的 UVR8 与 WRKY36 相互作用，抑制 WRKY36 与 HY5 的启动子结合，因此 *HY5* 表达的抑制效应被消除。可见，UVR8 通过以上两条途径共同作用来激活 *HY5* 的转录。此外，核定位的 UVR8 与 BIM1 和去磷酸化的 BES1 相互作用，抑制其对 BR 应答基因的调控，从而抑制 BR 促进植物伸长生长的作用，因此幼苗下胚轴的生长受到抑制（Liang et al.，2018）。

（3）抑制植物的避阴反应

UV-B 辐射往往会抑制植物的避阴反应，这种抑制效应主要涉及两条途径，其中一条与 UVR8 有关，而另一条则不依赖 UVR8。在依赖 UVR8 的途径中，植物受到 UV-B 辐射后，UVR8 与 COP1 的相互作用促进 *HY5* 和 *HYH* 的转录上调，导致赤霉素氧化酶

GA2ox1 的水平升高，而这使活性 GA 的水平降低，进而增强了植物生长发育抑制因子 DELLA 的稳定性，导致光敏色素互作因子 PIF 的功能受到抑制。在另一条不依赖 UVR8 的途径中，UV-B 辐射直接抑制 PIF，进而阻断了遮阴环境中低的红光与远红光比例所诱导的生长素合成上调。因此，UV-B 辐射通过抑制生长素合成以及促进赤霉素降解两个过程来抑制由这两者所调节的植物避阴反应（Hayes et al.，2014）。

（4）调节植物的热形态建成

Hayes 等（2014）研究发现，当植物处在没有 UV-B 辐射的环境中时，随着环境温度从 20℃升高到 28℃，植物幼苗高度逐渐增加。但是，当环境中有 UV-B 辐射时，幼苗的增高则受到抑制，并且随着温度升高这种抑制效果更明显。他们认为该过程的主要调控途径如下：在 20℃时，COP1-UVR8 复合物和光形态建成负调控因子 SPA 相结合，从而抑制光敏色素互作因子 PIF4 转录产物的积累。同时，UV-B 辐射促进了 PIF4 蛋白的降解，进而抑制了生长素合成过程中关键限速酶基因 YUC8 的转录，因此抑制了生长素发挥作用，导致植物幼苗的生长受到抑制；在 28℃时，同样 COP1-UVR8-SPA 复合物通过抑制 PIF4 转录产物的丰度增加而抑制 PIF4 蛋白的积累，虽然在高温下 PIF4 蛋白不会被 UV-B 辐射降解，但其基因转录活性被 UV-B 辐射诱导的高水平的光形态建成负调控因子 HFR1 所抑制，从而通过抑制下游 YUC8 的转录而影响生长素的调控作用，因此，28℃时植物生长受到的抑制更显著，植株表现出比正常组矮小的表型。

（5）影响叶片发育

UV-B 辐射环境中的植物往往表现出叶面积减小以及叶片厚度增加等表型，而 UV-B 辐射对叶片表型的调控同样存在着依赖 UVR8 以及独立 UVR8 的两条途径，UV-B 辐射分别通过减少细胞分裂（不依赖 UVR8 的途径）以及调节气孔分化、核内周期、补偿性的细胞扩展（依赖 UVR8 的途径）等过程来调控叶片的扩展和分化（Wargent et al.，2009）。

（6）调节气孔运动

第一节中我们已经讨论过 UV-B 辐射对植物气孔运动的调控作用，虽然其对气孔开闭的调控效应不同，但多数研究支持 UV-B 辐射会造成植物气孔关闭的结论。同样，UV-B 辐射诱导气孔关闭的途径包括依赖 UVR8 的途径以及不依赖 UVR8 的途径，并且两者之间存在交互效应，具体如下：①不依赖 UVR8 的途径和 UV-B 辐射直接诱导的脱落酸（ABA）作用相关。UV-B 辐射诱导 ABA 的含量提高，激活 ABA 响应基因，使质膜 NADPH 氧化酶（PNOX）水平提高，而 PNOX 是胁迫条件下植物细胞 ROS 产生并积累的主要来源，因此 H_2O_2 提高，通过诱导硝酸还原酶（NR）活性的提高，从而增加 NO 的形成，而 NO 抑制保卫细胞 K^+ 内流，促进 Cl^- 内流，由此导致气孔保卫细胞膨压发生变化，最终使气孔关闭。②在依赖 UVR8 的途径中，UVR8 与 COP1 的结合解除了 COP1 对 HYH 的抑制，从而激活 HYH 的转录，促进 NR 的活性提高，使 NO 含量增加，同样，NO 通过抑制保卫细胞 K^+ 内流以及促进 Cl^- 内流导致植物气孔关闭（Tossi et al.，2014b）。

第三节　UV-B 辐射对植物 DNA 的影响

由于 UV-B 辐射波长恰好落在 DNA 的吸收范围内，因此 DNA 也是 UV-B 辐射的主要靶标之一。UV-B 辐射可以通过直接改变 DNA 的结构来干扰 DNA 的转录、复制和重组过程；或者间接通过 UV-B 辐射诱导的自由基或各种活性氧分子的作用来影响 DNA 结构。当然，植物自身体内也存在一套修复系统，能够在一定范围内修复由 UV-B 辐射所造成的 DNA 损伤。

一、UV-B 辐射对 DNA 的损伤

DNA 吸收 UV-B 辐射的能量后往往发生损伤，最常形成的两类损伤产物为二聚体光产物和单体光产物，其中二聚体光产物占较大比例。二聚体光产物是有害的可诱变的损伤物，主要有环丁烷型嘧啶二聚体（cyclobutane pyrimidine dimer，CPD）和嘧啶 6-4 嘧啶酮光产物（pyrimidine 6-4 pyrimidone photoproduct，6-4 PP）两种形式（Singh et al.，2014），其中 CPD 占 75%，6-4 PP 产生量虽然较少，但由于其具有一定的细胞毒性，因此通常带来致死的效应。在嘧啶二聚体中，最容易形成的是胸腺嘧啶二聚体（TT），其次是胸腺嘧啶-胞嘧啶二聚体（TC）、胞嘧啶二聚体（CC）等。6-4 PP 的形成局限于活性转录区，而 CPD 的形成可发生在整个染色体上（石江华等，2002）。环丁烷型嘧啶二聚体导致 DNA 双螺旋弯曲 7°～9°，而 6-4PP 产物则会造成 44°的弯曲（何永美等，2009），这些弯曲将影响 DNA 的行为。例如，二聚体的形成使得 DNA 螺旋变形，阻碍了 DNA 聚合酶和 RNA 聚合酶 II 在 DNA 片段上的推进，进而影响 DNA 复制、转录和重组等过程。DNA 损伤所形成的单体光产物包括胸腺嘧啶乙二醇、嘧啶水合物及 8-羟鸟嘌呤等。

UV-B 辐射所引起的 DNA 损伤程度与物种、辐射剂量、环境条件等密切相关。例如，三角褐指藻（*Phaeodactylum tricornutum*）的 DNA 合成速率下降只发生在高剂量的 UV-B 辐射下，低辐射剂量下 DNA 合成速率反而有所提高（李元等，2006a）。水稻叶片中 CPD 的积累随 UV-B 辐射时间的延长而增加，且 UV-B 辐射诱导的 CPD 形成具有温度依赖性，在 0～30℃，较低温度下 UV-B 辐射诱导的 CPD 较少（王艳等，2001）。千里香（*Murraya paniculata*）叶片的损伤程度与日辐射剂量呈正相关，在相同的辐射剂量下，其幼嫩叶片对辐射的敏感性比成熟叶片高，幼嫩叶片的 DNA 损伤更大（王静等，2007）。

二、UV-B 辐射诱导的 DNA 损伤的修复途径

当 DNA 受损后，细胞的第一反应是修复损伤，如果损伤有望修复时，细胞将启动修复系统。损伤将使细胞的分裂过程在细胞周期检查点停滞，这种停滞使细胞在重新复制和有丝分裂前有足够的时间进行有效的修复，以防止基因组不稳定导致细胞发生突变。然而，当损伤严重以致无法修复时，细胞直接坏死或者发生程序性死亡，受损的细胞被

消除，从而避免将错误的遗传信息向下传递。因此 UV-B 辐射诱导的损伤效应最终可在细胞增殖、凋亡、分裂周期等方面表现出来（张坤，2009）。

修复 DNA 损伤在生物体内普遍存在，这种机理是生物体消除或减轻 DNA 损伤、保持遗传稳定性的重要手段。早在 20 世纪 30 年代中期，就有研究者提出了有机体应该能够克服 UV 辐射的致命影响的观点，直到 1949 年相关的修复机理才被 Kelner 和 Dulbecco 观察到（Rastogi et al.，2010）。例如，虽然 UV-B 辐射导致了大豆胚轴 DNA 损伤，但同时诱导了 DNA 损伤的修复。细胞期外 DNA 合成（unscheduled DNA synthesis，UDS）指数常被作为衡量 DNA 损伤修复能力的重要指标。UV-B 辐射过程中，大豆胚轴细胞也在进行着 DNA 损伤的自我修复过程，表现为 UDS 效应增强，UDS 指数增大（强维亚等，2004）。植物可以通过依赖光和不依赖光的途径从 DNA 损伤中恢复，修复途径主要有光修复、切除修复、重组修复、双链断裂修复及错配修复等。在这些修复方式中，光修复和切除修复在植物中较普遍，而其他修复途径不占主导地位（王勋陵，2002）。以下就植物中主要的 DNA 损伤修复方式做一介绍。

1. 光修复

在自然状态下，植物不可能处于仅有紫外辐射而没有可见光的环境中，而如果经过 UV 辐射后又暴露在可见光下，大多数植物对紫外辐射的抵抗力都会增强，这种现象就称为"光修复"，是几乎无处不在的依赖光的修复途径，其可以清除由 DNA 损伤所形成的嘧啶二聚体。虽然大多数 DNA 损伤产物都是通过各种"切除和替换"修复机理进行清除的，但是嘧啶二聚体足以通过光解酶的作用直接发生逆转（Britt，2004）。

光修复过程只有一个光解酶参与，因此是一种最古老也是最简单的修复方式，当 DNA 受到 UV-B 辐射形成嘧啶二聚体后，光解酶和受损 DNA 结合形成酶-DNA 复合体。光解酶可以在可见光或蓝光的作用下使嘧啶二聚体发生单体化，然后释放出光解酶和修复后的 DNA，从而完成光修复过程。光解酶作用于二聚体具有专一性，能在几小时内准确地把损伤 DNA 修复为正常的 DNA，属于不发生误差的修复类型（Hada et al.，2000）。拟南芥中的 UVR2（UV resistance 2）和 UVR3（UV resistance 3）为两种光解酶，分别特异性地作用于 CPD 和 6-4PP（Ahmad et al.，1997；Lee and Zhou，2007）。在拟南芥（Britt et al.，1993；Chen et al.，1994）、紫花苜蓿（Quaite et al.，1994）、黄瓜（Takeuchi et al.，1996）、大豆（Sutherland et al.，1996）、水稻（Hidema et al.，1997）等多种植物中均发现 CPD 和/或 6-4PP 的光修复现象，并且证明光修复过程是清除紫外辐射诱导形成的嘧啶二聚体的一条最主要的途径。

2. 切除修复

切除修复是指通过一系列酶促反应把 DNA 中的损伤部分去除，从而使 DNA 恢复正常的一种暗修复方式。当 DNA 损伤超出光修复能力时，切除修复就成为细胞主要的损伤修复途径，主要修复无碱基位点、嘧啶二聚体、碱基烷基化以及单链断裂等多种损伤。不同于光修复只需要一种酶参与的简单方式，切除修复需要多种蛋白质共同参与才能完成（张坤，2009）。

切除修复可分为碱基切除修复（base excision repair，BER）和核苷酸切除修复（nucleotide excision repair，NER）途径，BER 途径是指 DNA 糖基化酶对 DNA 链上错误的信息或不能配对的碱基进行切除，BER 仅切除损伤的碱基，因此保留了 DNA 骨架结构。这个过程涉及 N-糖基化键的断裂过程，释放出 1 个自由碱基并产生 1 个脱嘌呤位点（AP），AP 核酸内切酶能水解 AP 位点的磷酸二酯键，这个切口允许核酸内切酶清除末端的糖-磷酸部分，最后通过多聚酶和连接酶的作用来修复受损的 DNA 链（贺军民，2005）。NER 途径的修复过程如下：DNA 损伤发生后，先由核酸内切酶识别损伤部位，再由外切酶在损伤部位的 5'端和 3'端分别切开磷酸糖苷键，从而切除损伤，然后在聚合酶的作用下，以损伤处相对应的互补链为模板，合成新的单链片段来填补切除后留下的空隙，最后在连接酶的作用下，将新合成的单链片段与原有的单链以磷酸二酯键相连接，从而完成修复过程（张坤，2009）。切除修复过程中，除了切除酶起到关键作用外，在植物中还发现了 3-甲基腺嘌呤糖苷酶具有明显的碱基切除和修复功效。在大豆和水稻中还观察到另一种切除修复方式，即由内切酶直接将形成二聚体的 DNA 小片段切掉，同时发生 DNA 链的降解，然后由聚合酶进行修复（王勋陵，2002）。

切除修复这类暗修复已被证明普遍存在于各种植物体内，然而，对许多植物的研究则表明，暗修复清除的嘧啶二聚体量占 UV-B 辐射诱导形成的二聚体总量的很小一部分（Eastwood and McLennan，1985）。另外，在少数植物如黄瓜子叶（Takeuchi et al.，1998）、烟草（Trosco and Mansour，1968）和银杏（Trosco and Mansour，1969）中 UV-B 辐射诱导的嘧啶二聚体只存在光修复而不存在切除修复过程。

3. 激光修复

除了上述植物通过调动自身内部的调控机理来修复 UV-B 辐射造成的 DNA 损伤的方法，一些通过人工诱导来修复 DNA 损伤的方法也被研究报道，其中运用外源激光来修复 UV-B 辐射引发的 DNA 损伤的研究取得了不少对实践应用有意义的结果。例如，激光处理使受 UV-B 辐射而损伤的蚕豆幼苗（齐智，2001）、小麦（韩榕等，2002a，2002b，2003）、大豆（邱宗波等，2007）DNA 得到了有效的修复。激光辐照修复 DNA 损伤的主要方式是暗修复，包括 NER 和 BER，且修复率较高。

激光对生物产生的作用主要是光效应、热效应、电磁效应和压力效应，目前认为激光修复植物 DNA 损伤主要是其电磁效应发挥作用，由激光的磁场效应激活了细胞中 DNA 糖苷酶、AP 核酸内切酶和 DNA 连接酶的活性，从而促进了 DNA 的切除修复（韩榕等，2002b）。同时激光的上述作用可部分以热处理及微波处理替代（Chen et al.，2005）。这些研究结果不仅仅具有重要的理论价值，更重要的是提供了生产实践中提高植物对 UV-B 辐射抗性的新途径。

第四节　UV-B 辐射对植物膜系统的影响

细胞膜也是 UV-B 辐射的主要靶标之一，UV-B 辐射可损伤细胞膜的结构，引起胞内离子的大量外渗，破坏渗透平衡；使极性脂质丢失，不饱和脂肪酸指数下降，降低膜的流动性，影响膜上发生的代谢过程。UV-B 辐射还能引起脂氧合酶（LOX）的活性增高，膜脂的氧化速度提高，导致 ROS 的产生，破坏细胞抗氧化系统的平衡。当然，植物的抗氧化系统也会被调动起来以应对 UV-B 辐射所造成的损伤。本节将从 UV-B 辐射对植物膜的影响以及植物消除 ROS 的抗氧化响应方式两方面来介绍。

一、UV-B 辐射对植物膜系统的损伤

有关 UV-B 辐射对植物细胞膜系统影响的研究主要集中在 UV-B 辐射造成的脂质过氧化、活性氧代谢及其对膜系统结构组成的影响等方面。UV-B 辐射会使细胞发生膜脂过氧化形成丙二醛（malondialdehyde，MDA），细胞发生膜脂过氧化反应的方式有两种：由脂肪氧化酶所主导的酶促过氧化方式，以及由活性氧所主导的非酶促过氧化方式。UV-B 辐射能够诱导脂肪氧化酶活性增强以及 ROS 含量增多，通过这两种物质的作用导致细胞膜系统的损伤。

UV-B 辐射可以直接攻击膜组分中的磷脂和不饱和脂肪酸，从而影响膜的结构组成。例如，UV-B 辐射后小麦叶绿体膜中脂肪酸各组分的比例变化显著，即不饱和脂肪酸（如亚麻酸）含量明显降低，而饱和脂肪酸（棕榈酸和硬脂酸）含量有所升高，因此膜的流动性下降（杨景宏等，2000b）。豌豆暴露于 UV-B 辐射后，叶绿体双层膜解体，类囊体膨胀，类囊体结构被破坏（He et al.，1994），核膜、叶绿体和类囊体以及内质网扩张，细胞基质囊泡化，液泡膜和质膜被破坏（Brandle et al.，1977）。同样，水稻叶片（晏斌和戴秋杰，1996）、叉鞭金藻（*Dicrateria inornata*）和三角褐指藻（王军等，2006）的膜结构被 UV-B 辐射所破坏，透性增加。同时，随着 UV-B 辐射剂量的增加，叉鞭金藻和三角褐指藻微粒体膜的磷脂含量减少，游离脂肪酸则明显增加。由于细胞膜上有各种信号受体、物质运输载体、活化底物的酶类等重要成分，膜结构和组分的变化将直接影响膜结合蛋白正常功能的行使，因此 UV-B 辐射导致的膜结构改变将直接影响细胞的功能与代谢活动（蒲晓宏等，2017）。

研究发现，不管是低剂量还是高剂量的 UV-B 辐射都会导致植物体内 ROS 增加（Hideg et al.，2013），并且 UV-B 辐射能从多个方面促使细胞生成 ROS。例如，增强 UV-B 辐射下类囊体膜脂大量的多不饱和脂肪酸残基易于发生过氧化作用；在 UV-B 辐射胁迫下，正常的电子传递过程因 PSII 的 D1/D2 蛋白降解而受到抑制，因此部分激发能从三线态叶绿素传递给氧从而形成单线态氧；甚至 UV-B 辐射对光合作用关键酶和呼吸作用的抑制也可导致 ROS 的产生（He and Hader，2002a，2002b）。以上这些途径中形成的 ROS 可进一步攻击膜脂造成脂质过氧化，或者破坏膜结合蛋白的结构进而影响其功能。UV-B 辐射对植物所造成的诸多伤害，如 DNA 结构改变、光合酶及光合电子传递体结构发生变化、光合膜等细胞膜系统结构完整性被破坏等，可能都与 UV-B 辐射引起植物细胞产生过量自由基有关（Strid et al.，1994；Landry et al.，1995；Rao et al.，1996），由此所导致的氧化损伤最终可能影响植物的生长发育进程，甚至造成植物的死亡，因此清除自由基是植物防护 UV-B 辐射的一个重要手段。

二、UV-B 辐射与植物的抗氧化保护

如前所述，UV-B 辐射可以直接诱发 ROS 形成，ROS 除了可能导致植物发生氧化损伤外，还可能诱发植物对 UV-B 辐射的正常应激和驯化反应。植物可调动自身强大的自由基清除系统来应对氧化损伤，以抵抗 UV-B 辐射胁迫。植物体内清除自由基的抗氧化系统主要包括两大类物质：一是酶类，如过氧化物酶（POD）、过氧化氢酶（CAT）、超氧化物歧化酶（SOD）、谷胱甘肽还原酶（GS）、谷胱甘肽过氧化物酶（GP）、抗坏血酸过氧化物酶（APX）等；另一类是非酶类物质，如抗坏血酸（ASA）、谷胱甘肽（GSH）、维生素 E、类胡萝卜素及类黄酮等（Mittler，2002；Hideg et al.，2013）。植物通过激活抗氧化酶系统活性或者提高非酶类抗氧化剂含量来应对 UV-B 辐射。一般认为，在高剂量或长时间的 UV-B 辐射下，过量自由基的产生与抗氧化酶活性的降低及非酶抗氧化剂含量的减少等有关（晏斌和戴秋杰，1996；黄少白等，1998a），然而，在低剂量 UV-B 辐射或 UV-B 辐射的初期阶段，其能诱导抗氧化酶系统的活性及非酶抗氧化剂含量的增加，从而加强对自由基的清除（Hideg et al.，2013）。

1. 抗氧化酶系统的防护效应

UV-B 辐射处理提高了拟南芥（Rao et al.，1996）、黄瓜（Tekchandani and Guruprasad，1998）、小麦（Sharma et al.，1998）和蓝藻（Prasad and Zeeshan，2005）的 SOD、APX 和 GR 等抗氧化酶的活性。Agarwal（2007）认为，耳叶决明（*Cassia auriculata*）幼苗对 UV-B 辐射的耐受性与 SOD 和其他抗氧化酶活性的增强有关。而对马铃薯（Santos et al.，2004）、豌豆（Mackerness et al.，1999a）、黄瓜（Kondo and Kawashima，2000）、鲍氏织线藻（*Plectonema boryanum*）（Prasad and Zeeshan，2005）的研究也报道了同样的结果。在另一些物种的研究中，观察到 UV-B 辐射增强了 CAT 和 POX 的活性，其中包括决明子（Agarwal and Pandey，2003）、黄瓜（Krizek et al.，1993；Jain et al.，2004）、甜菜（Panagopoulos et al.，1990）、马铃薯（Santos et al.，2004）、向日葵（Costa et al.，2002；Yannarelli et al.，2006）、大豆（Xu et al.，2008）和菖蒲（Kumari et al.，2010）等。UV-B 辐射胁迫下 GR 和 APX 活性呈增加趋势也在多种物种中得到了证实（Selvakumar，2008）。植物通过激活这些抗氧化酶的活性，有效地防止了活性氧的暴发，保护了代谢过程的正常进行。当然，UV-B 辐射对植物的效应如何取决于辐射的强度，当植物抗氧化酶系统受到抑制时，受损的组织中发生光氧化及生成 ROS 就无法避免，植物的代谢过程则被抑制（Lidon and Henriques，1993；Foyer et al.，1994；Strid et al.，1994；Tevini，2004）。在植物的抗氧化酶系统中，SOD 和 POD 是最受关注的两种酶。Czégény 等（2016）对众多胁迫环境中这两种酶的变化规律进行分析后指出，在胁迫条件下，若 POD 与 SOD 活性比值极不平衡（极高或极低）将导致细胞损伤。但在 UV-B 辐射下的反应有所不同，当 POD/SOD 活性>1 时有利于植物的适应，而<1 则会造成细胞的氧化损伤（图 6-5）。

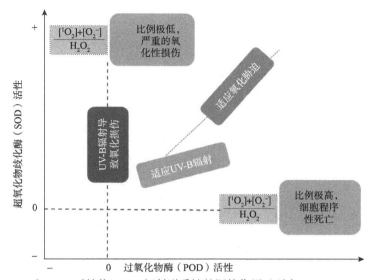

图 6-5　SOD 和 POD 对植物 UV-B 辐射耐受性的调控作用（引自 Czégény et al.，2016）

Figure 6-5　The regulation effect of SOD and POD on plant acclimation of UV-B radiation

2. 非酶抗氧化系统的防护效应

UV-B 辐射下胡椒（Mahdavian et al.，2008）、耳叶决明（Agarwal，2007）和菖蒲（Kumari et al.，2010）的非酶抗氧化剂含量增加。对野生稻的栽培变种（*Oryza sativa* cv. Safari）研究发现，在营养生长初期，UV-B 辐射对其叶片具有几乎致死的效应，但随后直到生命周期结束，其生长并未受到明显的抑制，与其生长过程中 ASA 的功效密不可分（Lidon，2012）。UV-B 辐射初期，植物体内 ASA 水平提高在许多物种中被报道（Costa et al.，2002）。当然，也有研究报道了 UV-B 辐射胁迫后期小麦和绿豆中 ASA 含量的下降（Agrawal and Rathore，2007），这归因于 UV-B 辐射后 APX 活性增加，需消耗更多的 ASA 来有效地猝灭氧自由基。Conklin 等（1996）发现，缺乏 ASA 的拟南芥突变体对一系列环境胁迫非常敏感，也证明了其在叶片组织中的关键保护作用。此外，UV-B 辐射胁迫下，玉米（Carletti et al.，2003）、豌豆（Singh et al.，2009）和小麦（Liu et al.，2012）的脯氨酸含量增加，脯氨酸的积累同样能够保护植物细胞免受过氧化过程的影响（Saradhi et al.，1995）。

不同种类和基因型的植物对 UV-B 辐射的敏感性差异很大（Sato and Kumagai，1993；Alexieva et al.，2001；Li et al.，2002；Zu et al.，2004）。自然 UV-B 辐射条件下，不同基因型植物的敏感性取决于体内防护机理的激活状况，如 UV-B 吸收物质、ROS 猝灭剂、Haliwell-Asada 循环、叶黄素循环过程中的抗氧化产物等（Lidon and Henriques，1993；Asada，1999；Mackerness，2000）。此外，UV-B 辐射的剂量可影响植物的反应，在较低的 UV-B 辐射水平下，对 ROS 的清除能力由 UV-B 辐射特异性的 UVR8-COP1-HY5 信号通路进行调节，足以应对由 UV-B 辐射所造成的氧化压力，因此植物表现出良性的应激反应。但是，在较高的 UV-B 辐射条件下，形成大量的 ROS，超出了由非特异性途径所调控的抗氧化能力，促进了 ROS 调控的信号和基因的表达（Hideg et al.，2013），植物表现出的胁迫反应（图 6-6）。

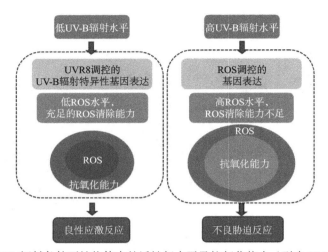

图 6-6　不同 UV-B 辐射条件下植物体内的活性氧水平及抗氧化能力（引自 Hideg et al., 2013）

Figure 6-6　ROS level and antioxidant capacity of plant under different UV-B radiation exposure

第五节　UV-B 辐射对植物激素的影响

UV-B 辐射对植物的影响可分为光形态建成效应和胁迫效应，胁迫效应主要发生在高剂量 UV-B 辐射环境下未被驯化的植物中，而低剂量的 UV-B 辐射能诱导真正的光形态建成效应，植物将表现出对 UV-B 辐射的适应且没有任何被胁迫的迹象。Barnes等认为，UV-B 辐射环境中植物表型变化是由 UV-B 辐射直接改变了植物体内的激素代谢水平所致（Barnes et al., 1990a）。的确，在 UV-B 辐射的研究中观测到多种植物激素含量发生变化，UV-B 辐射不同效应的发挥在很大程度上依赖于植物不同激素信号通路的调控和相互作用。UV-B 辐射通过影响激素的生物合成、运输和/或信号传递等多种方式影响激素的作用途径。我们可以大致把 UV-B 辐射对激素的调控效应分为两类：抑制那些能够促进植物生长的激素；增加那些诱导胁迫抗性的防御性激素（Vanhaelewyn et al., 2016）。当然，植物内源激素对 UV-B 辐射的响应明显表现出辐射剂量以及物种的差异，并且关于 UV-B 辐射对植物激素的信号通路的调控作用还有许多未知，这些都让 UV-B 辐射的相关研究更具挑战性。本节我们将围绕五大经典激素（生长素 IAA、脱落酸 ABA、赤霉素 GA、细胞分裂素 CTK 和乙烯），以及新型植物激素（油菜素内酯 BR、茉莉酸 JA、水杨酸 SA、多胺 PA）对 UV-B 辐射的响应方式做一介绍。

一、UV-B 辐射与生长素

生长素（IAA）几乎参与了植物所有的发育过程，如细胞的伸长和分化、叶片的发育、茎的伸长、根的生长、向光性和向重力性。IAA 本身在 280nm 波长处有吸收峰，因此它成为 UV-B 辐射的直接作用靶标，其合成与分布容易受到 UV-B 辐射的影响。暴露于 UV-B 辐射下的植物表现出叶柄较短、叶片较厚、叶卷曲、花序较短、根冠比增加等矮小的表型

（Jansen，2002），而这些 UV-B 辐射诱导的植物形态变化恰好指向生长素调控的特定过程。

UV-B 辐射尤其是高剂量的辐射可使植物内源 IAA 含量降低已在水稻（黄少白等，1997b，1998；林文雄等，2002b；李海涛等，2007）、葡萄（吴业飞，2008）、向日葵（Ros and Tevini，1995）、大豆（赵天宏等，2015）等植物中得到了验证，这与 UV-B 辐射引起光氧化增强以及 POD 和 IAA 氧化酶活性升高所导致的 IAA 含量降低有关（Ros and Tevini，1995；Huang et al.，1997）。IAA 含量的减少，减缓了细胞分裂和伸长，导致植株矮化，叶面积变小，这可能有利于减少 UV-B 辐射吸收面积，从而使植物适应 UV-B 辐射环境。

当然，UV-B 辐射下 IAA 含量的变化也表现出物种/品种差异，如 10 个小麦品种内源 IAA 含量在相同 UV-B 辐射条件下呈现出不同的变化趋势（Li et al.，2010）。此外，辐射剂量也明显影响 IAA 含量变化，如早熟型番茄雄蕊中 IAA 含量在低 UV-B 辐射下增加了 56%，高辐射下则降低了 33%；而晚熟型品种对 UV-B 辐射的表现则刚好相反，低辐射环境中 IAA 含量减少了 43%，高辐射时反而增加了 56%（杨晖等，2007）。一般认为生长素参与了植物对低剂量及中等剂量 UV-B 辐射的适应过程，以及高剂量 UV-B 辐射诱导的胁迫反应（Vanhaelewyn et al.，2016）。

研究发现，具有 UV-B 辐射适应性的植物与 IAA 缺失突变体之间常具有相似的表型，并且 UV-B 辐射调控了植物幼苗及叶片中 IAA 相关基因表达的变化（Pontin et al.，2010；Vandenbussche et al.，2014），可见生长素与 UV-B 辐射对生长的调控作用密切相关，而研究显示 UV-B 辐射和生长素对基因的调节作用相反（Hectors et al.，2007；Vandenbussche et al.，2014；Fierro et al.，2015）。UV-B 辐射通过氧化损伤、影响生物合成过程、结合失活和/或降解反应来影响植物体内生长素的平衡（Curry et al.，1956；Dezeeuw and Leopold，1957；Jansen et al.，2001）；此外，UV-B 辐射对光形态建成的调节可发生在生长素的再分配水平（通过运输过程、流入和流出细胞过程）（Wargent et al.，2009；Ge et al.，2010；Yu et al.，2013b；Fierro et al.，2015），或者发生在生长素与光信号通路组分交互作用的水平。以上这些途径都可能改变植物对生长素的敏感性，进而影响生长素所调控的植物生长过程。

UV-B 辐射对植物生长的效应研究通常都以幼苗的地上部分为对象，但在高剂量 UV-B 辐射下，也观察到明显的 UV-B 辐射对植物根伸长的抑制作用以及诱发异位根毛（ectopic root hair）形成的现象（Ge et al.，2010；Krasylenko et al.，2012）。UV-B 辐射诱导根系 UVR8（Rizzini et al.，2011）以及另外两种根系特异性 UV-B 辐射敏感蛋白 RUS1（root UV-B sensitive 1）和 RUS2 的表达（Tong et al.，2008；Leasure et al.，2009），其可能与根的避光向性生长密切相关（Yokawa and Baluska，2015）。

UV-B 辐射对生长素的调控与 UV-B 辐射信号通路中的核心转录因子有关。例如，转录因子 HY5 调控生长素合成及转运过程（Cluis et al.，2004；Wargent et al.，2009；Zhang et al.，2011；Hayes et al.，2014；Galvao and Fankhauser，2015）。转录调节因子 PIF 在多个水平上通过直接调节生长素控制的反应来调节植物的生长，如 PIF4、PIF5 和 PIF7 调节与 *PIF* 位点结合的一些基因启动子区的表达，这些基因包括编码生长素响应因子 ARF（auxin response response factor）的抑制剂 Aux/IAA 的基因 *IAA19* 和 *IAA29*，以及生长素的生物合成基因 *YUC2*、*YUC5*、*YUC8* 和 *YUC9*（Hornitschek et al.，2012；Sun et al.，

2013）。所有这些事实表明通过依赖 HY5/HYH 的途径，可将 UV-B 辐射信号与控制生长素合成及信号传递的过程很好地结合在一起（Cluis et al.，2004；Sibout et al.，2006；Halliday et al.，2009）。在本章第二节中我们已经列举了 UV-B 辐射的特异性光受体 UVR8 介导的拟南芥幼苗根和茎的向性生长、抑制下胚轴生长、避阴反应等光形态建成过程中生长素的关键作用。

二、UV-B 辐射与脱落酸

脱落酸（ABA）又称作"逆境激素"，可以说是在各种逆境中被研究最多的激素，在 UV-B 辐射的研究中也不例外。对多种植物的研究结果显示，ABA 和 UV-B 辐射信号传递途径相联系。植物中普遍存在的是有活性的 *cis,trans*ABA，但在 UV-B 辐射处理的植物中发现了 *trans,trans*ABA，UV-B 辐射能够将 ABA 异构化为 50% *cis,trans* ABA 和 50% *trans,trans* ABA，从而影响 ABA 的活性（Rakitina et al.，1994）。

大多数的研究表明 UV-B 辐射下 ABA 含量提高。ABA 合成缺陷的拟南芥突变体 *vp*14 叶片对 UV-B 辐射更为敏感。胁迫环境中 ABA 的积累能起到光保护作用，增强植物对 UV-B 辐射的抗性（Tossi et al.，2009；Bandurska et al.，2013）。UV-B 辐射导致 ABA 的积累可能和辐射损伤了叶绿体膜和细胞膜，细胞失去膨压有关；也可能是由于膜上 Mg^{2+}-ATPase 活性下降，叶绿体基质 pH 降低，因此细胞内 ABA 积累（林文雄等，2002b）；又或者和 UV-B 辐射促进类胡萝卜素光解产生黄质醛，并最终形成 ABA，即由类胡萝卜素合成 ABA 的途径有关。UV-B 辐射诱导植物 ABA 浓度增加，激活 NADPH 氧化酶（PNOX）和促进 H_2O_2 生成，后者可提高一氧化氮合酶（NOS）活性，使 NO 的生成增加，有助于维持细胞的稳态，减轻 UV-B 辐射所诱导的细胞损伤（Tossi et al.，2009）。UV-B 辐射信号通路研究显示，UV-B 辐射信号通路中发挥正调控因子作用的 bZIP 类转录因子 HY5 可以结合在 ABI5（ABA-insensitive 5）的启动子区，激活 ABI5 和 ABI5 的靶标胚胎发生晚期丰富蛋白 LEA（late embryogenesis abundant protein）基因的转录，从而增强植物的抗性（Chen et al.，2008；Xu et al.，2014）。

当然，一些 UV-B 辐射环境中植物的 ABA 变化趋势与上述研究有所不同，如青藏高原野生牧草歪头菜（*Vicia unijuga*）内源 ABA 含量的增加在 UV-B 辐射处理 40 天后才被检测到（强维亚等，2013），可见高寒环境中的物种形成了对高强度 UV-B 辐射的应激响应机理，延迟了辐射伤害反应的发生。又如，同为杨柳科杨属的青杨（*Populus cathayana*）和康定杨（*Populus kangdingensis*），UV-B 辐射并没有改变其叶片的 ABA 水平，但若两物种经过干旱胁迫后，再经历 UV-B 辐射，两种植物的内源 ABA 含量则表现出不同的变化趋势，前者 ABA 积累而后者未受到影响，来自高原的康定杨明显地适应了干旱和高水平的 UV-B 辐射，其比低海拔的青杨表现出更强的耐旱性和更强的耐 UV-B 辐射能力（Ren et al.，2007）。可见，胁迫导致的 ABA 水平变化具有物种差异。

三、UV-B 辐射与赤霉素

赤霉素（GA）是在种子萌发和植物开花过程中发挥重要调控作用的植物激素。UV-B

辐射可改变 GA 的光学性质，但不影响其活性（蒲晓宏等，2017）。GA 可能并不是 UV-B 辐射的直接作用靶标，UV-B 辐射对 GA 通路的调控可能是由基因控制的，且受 UV-B 辐射信号组分与 GA 信号相互作用的影响（Vanhaelewyn et al.，2016）。关于 UV-B 辐射下植物内源 GA 含量变化也开展了不少研究，如 UV-B 辐射降低了大豆（Peng and Zhou，2009；张亚丽和周青，2009）、水稻（林文雄等，2002b）、番茄叶片及雄蕊（杨晖等，2007；张昌达等，2010）中 GA 的含量。但光核桃（*Prunus mira*）的 GA 含量在 UV-B 辐射下增加，并随辐射时间延长呈持续上升趋势（侯常伟等，2012）。而对歪头菜的研究表明，UV-B 辐射前期 GA 的含量提高，随着辐射时间延长，GA 含量降低（强维亚等，2013）。可见植物内源 GA 对 UV-B 辐射的响应同样具有物种、辐射剂量差异。相比较而言，关于 UV-B 辐射使植物内源 GA 水平降低的报道较多，对此可能的解释是，UV-B 辐射诱导编码 GA 氧化酶的基因 *GA2OX2* 和 *GA2OX8* 的表达增强（Ulm et al.，2004；Weller et al.，2009），导致活性 GA 含量降低。相关的信号路径为：UV-B 辐射引发 UVR8 与 COP1 发生相互作用，引起 *HY5* 和 *HYH* 的转录发生上调，使 GA 氧化酶 GA2ox1 水平升高，造成活性 GA 含量降低，从而增强植物生长发育抑制因子 DELLA 的稳定性，而 DELLA 则抑制光敏色素互作因子 PIF 的功能发挥。以上信号通路和 UV-B 辐射所激活的抑制生长素的信号途径一起，共同抑制了植物的伸长生长（Hayes et al.，2014）。

四、UV-B 辐射与细胞分裂素

细胞分裂素（CTK）是促进植物细胞分裂的激素，在研究中最常使用的是玉米素。在 UV-B 辐射研究中，植物 CTK 含量的变化同样表现出辐射剂量以及物种依赖性。例如，大豆（赵天宏等，2015）和水稻（李海涛等，2007）叶片中的玉米素含量在 UV-B 辐射胁迫下明显降低，但歪头菜中玉米素、6-BA 在 UV-B 辐射前期明显提高，但在辐射后期（40 天后）迅速下降（强维亚等，2013），由 UV-B 辐射引起的光核桃幼苗叶片玉米素含量的升高则随着辐射时间延长持续保持上升的趋势（侯常伟等，2012）。葡萄新梢中的玉米素含量在高 UV-B 辐射剂量下提高，低剂量下则变化不显著；但葡萄叶片中玉米素含量总体呈现下降的变化趋势，并随辐射剂量增加下降更明显；而葡萄根尖中玉米素含量则并未发生明显的变化（吴业飞，2008）。番茄的晚熟品种雄蕊中玉米素在高和低剂量 UV-B 辐射下含量都降低，而早熟品种雄蕊中玉米素水平在低剂量辐射下降低，在高剂量辐射下反而升高（杨晖等，2007）。

关于 UV-B 辐射调控 CTK 表达的信号通路研究显示，转录调节因子 PIF4、PIF5 和 PIF7 调控 CTK 氧化酶/脱氢酶（cytokinin oxidase/dehydrogenase，CKX）基因 *CKX5* 和 *CKX6* 的表达，它们的启动子中都有 PIF 结合位点，可能是 UV-B 辐射能够间接调控 *CKX* 基因，通过增强 CTK 氧化酶的活性来降低 CTK 含量（Vaseva-Gemisheva et al.，2004；Hornitschek et al.，2012）。此外，CTK 与 HY5 的交互作用能够调节类黄酮的生物合成（Vandenbussche et al.，2007），暗示 UVR8 可能参与了 UV-B 辐射调控的 CTK 信号通路。

五、UV-B 辐射与乙烯

乙烯是一种气体植物激素，在植物的种子萌发、根毛发育、开花、果实成熟、器官衰老以及应对胁迫等众多过程中发挥着重要的调控作用（陈涛和张劲松，2006）。与其他经典激素相比较，UV-B 辐射下植物内源乙烯变化的研究相对较少，相关研究的结论比较一致，即低剂量的 UV-B 辐射导致植物内源乙烯水平降低（Hectors et al.，2007），而高剂量的辐射则诱导乙烯含量提高。

转录组数据表明，低水平的 UV-B 辐射抑制了乙烯生物合成的反应（Hectors et al.，2007），HY5 通过以下方式降低了乙烯的生物合成：HY5 与转录抑制因子 AtERF11 的启动子结合，激活其转录，AtERF11 与 ACS2/5 的启动子中脱氢反应元件相互作用，导致乙烯生物合成减少（Li et al.，2011d）。此外，PIF 抑制还原细胞质中甲硫氨酸 γ 裂解酶（methionine gamma lyase，MGL），将乙烯前体甲硫氨酸降解为 α-酮丁酸盐，进而生成异亮氨酸（Rebeille et al.，2006），从而影响乙烯合成。

增强的 UV-B 辐射诱导植物内源乙烯含量提高的结果在西洋梨（*Pyrus communis*）（Predieri et al.，1995）、拟南芥（Ulm et al.，2004；Mackerness et al.，2001）、豇豆（Katerova et al.，2009）和蚕豆（高晶晶等，2011）等多种植物中被报道。UV-B 辐射引发的乙烯合成变化可能在植物的不同器官中表现有所不同，如葡萄新梢和叶片内的乙烯合成量在 UV-B 辐射下增加，且合成速率随辐射强度的增加和时间的延长而显著增加；而葡萄根系乙烯的合成量仅在高辐射处理后期（40～50 天）呈现一定程度的上升（吴业飞，2008）。目前普遍认为，UV-B 辐射诱导的乙烯含量提高与乙烯合成前体物质 1-氨基环丙烷-1-羧酸（ACC）的含量增高，以及乙烯合成关键酶 ACC 合酶（ACS）的基因表达在增强的 UV-B 辐射下被上调有关（An et al.，2006；Katerova et al.，2009）。另外，NO 在 UV-B 辐射诱导的乙烯合成过程中发挥了重要的作用（王弋博等，2006）。此外，依赖 MPK3/MPK6 的信号参与了 UV-B 辐射调控的乙烯合成反应（Besteiro et al.，2011），MPK3/MPK6 使 ACC 合酶活性增加，有助于乙烯含量的提高（Han et al.，2010）。

以上我们将 UV-B 辐射对五大经典激素的调控效应进行了论述，图 6-7 为目前发现的拟南芥中 UV-B 辐射与这 5 种激素互作的可能信号通路。随着越来越多的新型植物激素被发现，UV-B 辐射对这些新型激素影响的研究也逐步展开，以下我们选取几种目前研究较多的新型激素进行介绍。

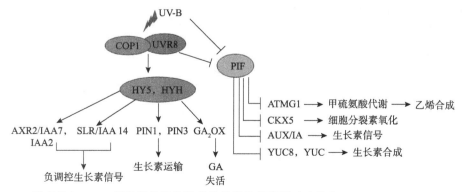

图 6-7　拟南芥中 UV-B 辐射调控植物激素的信号途径简图（改编自 Vanhaelewyn et al.，2016）

Figure 6-7　A diagram of the hormone signaling pathways in *Arabidopsis* regulated by UV-B radiation

六、UV-B 辐射与油菜素内酯

油菜素内酯（BR）是一种植物特有的类固醇激素，其几乎参与了植物发育的所有阶段，具有很强的促生长特性，BR 和白光相互拮抗地调节着包括黑暗中的黄化苗以及光环境中的幼苗的光形态建成过程（Luo et al.，2010）。在第二节中我们已经提到，UV-B 辐射抑制植物伸长生长的效应依赖于 BR 信号途径，UV-B 辐射通过以下几条路径来抑制 BR 信号转导：在黑暗中，COP1 与转录因子 BZR1（brassinazole resistant 1）的磷酸化形式（非活性形式）结合，从而导致其降解，这使去磷酸化转录因子 BZR1（活性形式）的比例增加。因此，COP1 的作用增加了活性形式的 BZR1，其正调控 BR 信号转导，从而促进了黑暗中幼苗的伸长生长（Kim et al.，2014）。而在有 UV-B 辐射的环境中，UVR8 与 COP1 的结合使其 E_3 泛素连接酶活性消失，致使非活性形式的 BZR1 水平升高，而活性形式的 BZR1 水平则降低，因此抑制了 BR 信号转导，导致幼苗的伸长生长受到抑制。同时，当 UVR8 被激活时，HY5 蛋白积累并与活性 BZR1 直接作用，在黑暗条件下子叶打开的过程中，这种相互作用导致 BZR1 转录活性减弱，从而抑制 BR 信号转导，说明 HY5 诱导的暗形态建成与 BZR1 的活性部分受到抑制有关。因此，在光照条件下以及 UV-B 辐射环境中，HY5 抑制了 BR 信号转导，从而导致伸长生长受到抑制。此外，HY5/HYH 激活了 BR 信号的负调节因子 MSBP1（membrane steroidbinding protein 1），进一步抑制 BR 信号转导（Kliebenstein et al.，2002；Shi et al.，2011；Yin et al.，2015）。Liang 等（2018，2019）还报道了被 UV-B 辐射活化后的 UVR8 能通过降低 BR 信号转录因子 BES1/BIM1 结合 DNA 的能力，进而直接抑制下游生长相关基因的表达，最终抑制伸长生长以及光形态建成过程。他们还指出，UV-B 辐射促进的、BR 依赖的 UVR8 与 BES1/BIM1 结合是光受体 UVR8 信号转导的早期机理，也是外源 UV-B 辐射信号和内源 BR 信号协同调控植物发育的整合点。

除了调控植物的生长发育进程，BR 还调控植物的防御反应过程（De Bruyne et al.，2014）。在拟南芥野生型植株中，病程相关蛋白（pathogenesis related protein，PR）PR-5 的表达明显受到 UV-B 辐射的调控，而在缺乏 BR 的 cpd 突变体中则没有表现出 UV-B 辐射的这种诱导作用（Sävenstrand et al.，2004），并且野生型植株中被 UV-B 辐射诱导的一些基因在缺乏 BR 的突变体中受到抑制。由此可见，除了上述的 UV-B 辐射信号元件与 BR 在光形态建成过程中的互作外，UV-B 辐射与 BR 之间的交互效应还将影响植物的防御反应。

七、UV-B 辐射与茉莉酸

在响应环境信号的各种激素中，茉莉酸（JA）被认为是植物体内受外界刺激后反应最快的信号分子，其广泛参与植物生长发育的各个过程，并介导着植物与环境的相互作用（McSteen and Zhao，2008；阎秀峰等，2010）。大多数研究结果显示，UV-B 辐射诱导了拟南芥（Mackerness et al.，1999b）、烟草（Đinh et al.，2013）和豌豆（Choudhary and Agrawal，2014b）等植物体内 JA 含量的提高，植物内源 JA 的积累有助于提高植物的 UV-B 辐射耐受性，还能够提高植物对昆虫取食的防御能力，而 JA 信号在 UV-B 辐射增强田间植物对食草动物抗性的作用机理中起着核心作用（Demkura et al.，2010；Mewis et al.，2012）。

在 UV-B 辐射调控 JA 含量变化的过程中往往观测到 ROS 的积累。Conconi 等（1996）曾指出植物防御 UV-B 辐射需要激活合成 JA 的十八碳烷酸代谢途径，而这也由对 JA 敏感的拟南芥突变体的研究所证实，JA 通过调控防御性基因的表达来增强植物对 UV-B 辐射的耐受性（Mackerness et al.，1999b；Bray et al.，2000）。Demkura 等（2010）利用缺乏 JA 的烟草突变体研究显示，UV-B 辐射增强了依赖 JA 的胰蛋白酶抑制剂的诱导，以及苯丙酸衍生物的积累，进而发挥防御作用。同时提出 UV-B 辐射所诱导的酚类化合物的合成有依赖和独立 JA 的两条不同途径。

近些年来，利用外源 JA 提高植物 UV-B 辐射耐受性的研究也从另一个角度证明了 UV-B 辐射与 JA 信号的交互作用。例如，外源 JA 对小麦（迟虹等，2011；Liu et al.，2012）、大麦（Fedina et al.，2009）、早熟禾（Zhang and Ervin，2005）及黄芩（Quan et al.，2018）UV-B 辐射抗性影响的研究表明，可通过外源 JA 预先激活植物体内抵御 UV-B 辐射的代谢途径，进而达到提高植物 UV-B 辐射耐受性的目的。

八、UV-B 辐射与水杨酸

水杨酸（SA）是一类酚类化合物，和 JA 一样，其除了能够调节植物的一些生长发育过程，还具有诱导植物防御反应的重要作用。UV-B 辐射诱导植物中 SA 的积累已经在大麦（Bandurska and Cieslak，2013）、小麦（Kovács et al.，2014）、烟草（Fujibe et al.，2000）和豌豆（Choudhary and Agrawal，2014b）等植物中得到证明。一般认为，UV-B 辐射所引起的 SA 含量提高与细胞中 ROS 的积累有关。通常，UV-B 辐射所诱导的 SA 水平提高引发病程相关蛋白（PR）基因表达的上调，这有助于植物抵御病原菌侵染（Surplus et al.，1998；Mewis et al.，2012）。当然，在有的研究中，SA 的积累似乎并不利于植物 UV-B 辐射抗性的提高，如拟南芥防御基因 *ADR2* 的突变导致了更高的 UV 辐射抗性。对 UV-B 辐射敏感的拟南芥植株具有较强的 ADR2 转录活性，并积累了更多的 SA，而 UV-B 辐射抗性强的植株则刚好相反（Piofczyk et al.，2015）。因此，UV-B 辐射和 SA 积累以及植物防御性能的关系需要更多的试验证据来阐述。

九、UV-B 辐射与多胺

多胺（PA）是生物体内广泛存在的一类低分子量脂肪族含氮碱，PA 包括腐胺（Put）、尸胺（Cad）、亚精胺（Spd）、精胺（Spm）等化合物，它们可以通过离子键和氢键形式与核酸、蛋白质及带负电荷基团的磷脂等生物大分子相结合，并调节这些分子的生物活性，因此 PA 成为调控植物生长发育的重要活性物质，并在种子萌发、器官发生、开花、授粉、胚胎发生、果实发育、成熟、脱落、衰老和胁迫反应等多个生理过程中发挥重要的作用（Anwar et al.，2015）。

关于 UV-B 辐射下植物内源 PA 水平变化趋势的研究结果并不一致，如在对黄瓜（Kramer et al.，1991）、大豆（Kramer et al.，1992）、水稻（黄少白等，1997a；林文雄等，2002b）、小麦（马晓丽和韩榕，2009）、紫菜（*Porphyra cinnamomea*）（Schweikert et al.，2011）、欧洲云杉（*Pice abies*）体细胞胚（Cvikrova et al.，2016）的研究中，UV-B辐射诱导了植物体内总 PA 含量提高，当然不同类型的 PA 变化趋势因物种而异。而在另一些研究中，UV-B 辐射使植物体内总 PA 含量降低。例如，菜豆（*Phaseolus vulgaris*）在 UV-B 辐射下其总游离 PA 水平明显下降，而这主要归因于 Put 的减少（Smith et al.，2001）。UV-B 辐射也诱导了集胞藻 PCC6803 中总 PA 含量下降，其中 Spd 水平下降明显，而 Put 和 Spm 含量则明显增加。对精氨酸脱羧酶的两个转录本 *adc1* 和 *adc2* 分析显示，UV-B 辐射对 *adc1* 没有影响，但其使 *adc2* 转录水平明显降低（Jantaro et al.，2011）。同时，UV-B 辐射诱导的拟南芥中 PA 含量变化与辐射时间密切相关，9 天的辐射导致Spm、Spd 含量降低，而 Put 含量增加，但辐射 18 天后三种 PA 水平都明显降低（Rakitin et al.，2009）。此外，同一物种的不同品种其内源 PA 在 UV-B 辐射下也有不同的响应方式，如 UV-B 辐射使番茄晚熟品种雄蕊中 Put、Spd 和 Spm 含量下降，但早熟品种中Put 和 Spd 含量则增加，Spm 降低（杨晖等，2007）。UV-B 辐射诱导的不同植物中 PA含量的变化可能与 UV-B 辐射导致 PA 代谢关键酶多胺氧化酶 PAO 的活性增强（马晓丽和韩榕，2009）或者 UV-B 辐射上调了精氨酸脱羧酶途径有关（Schweikert et al.，2011）。

现在普遍认为 PA 的积累有助于植物抵御胁迫环境，PA 积累可能通过以下途径提高植物的抗性：①由于多胺是低分子量脂肪族含氮碱，易于结合到细胞膜的磷脂上，有助于阻止膜脂发生过氧化反应，从而维持细胞膜结构的稳定。例如，PA 与叶绿体类囊体膜结合，在保护高等植物和单细胞藻类的光合器官免受强光与 UV 辐射伤害方面起着关键作用（Schweikert et al.，2011）。②PA 能与自由基相结合，从而防止细胞受到氧化损伤。③PA 抑制 ACC 合酶的生成，从而通过降低乙烯水平来增强植物的抗性（Bors et al.，1989；马晓丽和韩榕，2009）。

在植物的生长发育过程中，各种植物激素之间表现出协同或拮抗作用，PA 的信号通路还有许多未知。Kramer 等（1992）在生物合成和信号调节方面对三种最常被研究的PA（Put、Spd 和 Spm）进行了分析，得出以下结论：Put 与调控 ABA 生物合成的基因表达呈正相关，但其使乙烯、JA 和 GA 的生物合成下调，而 Spd 的作用则正好相反。另外，Spm 增强了乙烯和 JA 合成相关基因的表达，但降低了 GA 和 ABA 合成相关基因的表达。在激素信号通路方面，Spd 正调控 SA 信号相关基因的表达，生长素和 CTK 信号相关基因的表达与 Spm 的作用有关，而 Put 对 JA 信号的调节则是中性的。对于 BR 生物合成的信号通路，PA 的作用似乎也表现为中性。在拟南芥的研究中，乙烯和 ABA 可能参与了通过调控 PA 来提高其对 UV-B 辐射胁迫抗性的过程（Rakitin et al.，2009）。总之，不同类型 PA 与其他激素物质的交互作用，让 UV-B 辐射调控 PA 的信号通路变得更加复杂。

综上所述，激素介导了 UV-B 辐射对植物众多生理过程的调节作用，其中一些激素（如 ABA、JA、SA）在此过程中被上调，这使得植物表现出与光保护相关的响应行为，而另一些激素的表达（如 GA 和 IAA）则被抑制，从而使植物的表型发生变化（Vanhaelewyn et al.，2016）。目前，运用外源新型植物激素（如 SA、JA、PA）提高植物 UV-B 辐射抗性的研究已逐步展开，这具有一定的理论及实践意义，但是这些新型激素在植物响应 UV-B 辐射信号通路中作用的研究还相对匮乏，很多中间环节尚处于推测阶段，亟待深入研究，也将成为未来 UV-B 辐射与植物激素互作研究中的热点。

小　　结

本章综述了 UV-B 辐射对其主要靶标的影响及生物效应。从 20 世纪 70 年代发现南极"臭氧空洞"开始，直到 21 世纪初，UV-B 辐射的相关研究主要集中在增强的 UV-B 辐射对这些靶标的胁迫效应方面。然而，自从 2011 年 UV-B 辐射的特异性光受体 UVR8 被发现，原本已经开始淡化的 UV-B 辐射研究热情又被重新燃起。同时，随着研究的逐步深入，人们越来越清楚地认识到，UV-B 辐射对植物的作用并不仅仅是伤害效应，尤其在低剂量的辐射环境中，UV-B 辐射甚至是植物生长发育过程的重要调控因子。因此，UV-B 辐射对植物生长发育代谢过程以及形态建成过程的调控作用成为新的研究热点，并取得了很多重要的结果，我们也在本章第二节中对此进行了介绍。相信在不久的将来，随着人们对 UV-B 辐射和植物激素尤其是新型植物激素互作的信号通路，特别是由 UVR8 所介导的信号通路的研究日益深入，人们能够更全面、深入地理解太阳光中的 UV-B 辐射对植物的意义。

第七章 作物对 UV-B 辐射响应反馈的品种差异

作物在增强 UV-B（ultraviolet radiation-B，UV-B）辐射的胁迫下，形态结构、生长发育、光合作用、呼吸作用、蒸腾作用、UV-B 吸收物质、内源激素、活性氧代谢与膜系统、DNA 损伤和修复等生态特征、生理机能和分子机理均发生明显的改变，从而影响作物的总生物量、产量和品质。不同作物对 UV-B 辐射响应的敏感性不同，作物对 UV-B 辐射的响应具有明显的品种差异，这些差异可以由作物的形态学和生理学表现出来。因此，可通过建立响应指数来评估作物对 UV-B 辐射的敏感性差异，利用分子生物学的理论和方法解释存在差异的机理。这种差异与作物的遗传基础有关，是其与环境长期协同进化的结果。在对这种敏感性差异的分子机理以及 UV-B 辐射与其他环境因子联合作用机理做进一步探讨的基础上，提出相应的调控措施，包括 UV-B 辐射防护剂、抗 UV-B 辐射品种和种子物理处理。

第一节 作物生长对 UV-B 辐射响应反馈的品种差异

植物对 UV-B 辐射的响应存在很大的种间、种内差异，水稻、大豆、棉花、蚕豆、黄瓜、玉米和小麦等栽培品种接受 UV-B 辐射后生物量积累的差异是很大的。对 200 多种植物做过试验，其中 20% 对 UV-B 辐射敏感，50% 中等程度敏感和忍耐，30% 完全不敏感的。总的来说，单子叶植物比双子叶植物受 UV-B 辐射影响小，如通常观察到大豆比小麦对 UV-B 辐射更敏感。C_3 植物比 C_4 植物对 UV-B 辐射更敏感。豆科、葫芦科和十字花科的植物通常对 UV-B 辐射比较敏感，而小麦、水稻和玉米等禾本科作物的敏感性则稍低。70 多个种或品种在生长箱内的研究表明，最敏感的作物有豆类、瓜类及十字花科，而另外一些品种具有抗性（Biggs and Kossuth，1978b）。植物对 UV-B 辐射的响应存在种间差异与物种遗传特性以及进化过程中环境 UV-B 辐射强度不同有关。

增强 UV-B 辐射对植物的影响存在品种差异，主要表现在植物生长和形态、生理生化、UV-B 吸收物质有差异等。形态特征的变化是外界环境对植物产生影响的最明显表现。水稻、大豆、小麦、荞麦、灯盏花、割手密和玉米等栽培品种接受 UV-B 辐射后，植物生长和形态结构对增强 UV-B 辐射的响应存在着较大的种内差异。

一、作物对 UV-B 辐射响应反馈的株高差异

株高降低作为衡量植物对 UV-B 辐射敏感的一个重要指标。UV-B 辐射降低小麦株高主要是降低其节间长，而节数未改变（Li et al.，1998）。UV-B 辐射对植物生长

的影响与植物激素代谢有关，植物伸长生长受到细胞激动素、生长素的影响，UV-B
辐射导致生长素分解转化成多种光氧化产物，这些氧化产物能抑制茎的伸长（Dai et al.，
1994）。在大豆中已经观察到，株高降低主要是节间缩短而不是节数减少，说明 UV-B
辐射并不是简单地延缓植物生长速度，而是与某些内在生长特性的改变有关，诸如改
变植物激素代谢和减慢细胞分裂。除了影响生长以外，UV-B 辐射也会使不同植物器
官的生长位置发生变化（Li et al.，1998，2000a；Cinderby et al.，2009；Kataria and
Guruprasad，2012）。

1. 水稻对 UV-B 辐射响应反馈的株高差异

对 188 个水稻品种的研究发现，有 143 个水稻品种的株高经 UV-B 辐射处理显著降
低。表 7-1 是 188 个水稻品种中株高变化最大的 15 个品种和变化最小的 15 个品种（Dai
et al.，1994）。

表 7-1　30 个水稻品种对 UV-B 辐射响应反馈的株高差异（引自 Dai et al.，1994）

Table 7-1　Intraspecific sensitivity to UV-B radiation based on plant height of 30 rice cultivars

品种	变化率（%）	品种	变化率（%）
Omirt 168	−22**	Yunlen 16	−1
N 22-2	−21**	Kalamon 21-7	−1
Jumula 2	−20**	FR13A	−1
Chieh-Keng 46	−20**	Tilockkachari	−1
Nam Roo	−20**	Laki 396	−1
L 2951	−19**	Latisail（India）	−1
Naizersail	−18**	Pan Tawng	−1
Amarelao	−18**	Kaliboro 138-2	−1
KDML105	−18**	Hatsu-nishiki	−1
Swat 2	−17**	IJO Gading	0
IAC 25	−17**	Musang A	0
Starbonnet	−15**	Guze	0
ABRI	−14**	Som Cau 70A	1
Rexoro	−14**	Kaliboro 200	1
Lemont	−14**	MTU15	2

注：**表示对照与 UV-B 辐射间在 $P<0.01$ 水平差异显著（$n=188$）

2. 小麦对 UV-B 辐射响应反馈的株高差异

在大田条件下，UV-B 辐射对 20 个小麦品种成熟期株高有不同程度的影响，有 6 个
小麦品种的株高极显著增加，6 个品种株高显著或极显著降低，变化率见表 7-2，表明小
麦株高对 UV-B 辐射的响应存在明显的品种差异（Li et al.，2000a）。

表 7-2　**20 个小麦品种对 UV-B 辐射响应反馈的株高差异**（引自 Li et al., 2000a）

Table 7-2　**Intraspecific sensitivity to UV-B radiation based on plant height 20 wheat cultivars**

品种	变化率（%）	品种	变化率（%）
毕 90-5	15.62**	绵阳 26	13.06
凤麦 24	10.65**	文麦 5	1.99
YV 97-31	14.30**	辽春 9	15.75**
繁 19	−4.52	兰州 80101	9.94**
楚雄 8807	−0.26	陇 8425	−9.01**
绵阳 20	−9.32**	陇春 8139	−1.12
大理 905	8.61**	陇春 16	−7.08*
黔 14	−14.43	MY 94-4	−12.25**
文麦 3	8.45	陇春 15	−8.54**
云麦 39	1.15	会宁 18	−11.33**

注：*和**表示对照与 UV-B 辐射间分别在 $P<0.05$ 和 $P<0.01$ 水平差异显著（LSD 检验，$n=20$）

3. 大豆对 UV-B 辐射响应反馈的株高差异

从表 7-3 可知，UV-B 辐射处理对 20 个大豆品种的株高有不同程度的影响，'兰引 20' 小麦品种的株高显著增加，有 14 个品种的株高极显著或显著降低，其余 5 个品种的株高没有显著变化（Li et al., 2002）。

表 7-3　**20 个大豆品种对 UV-B 辐射响应反馈的株高差异**（引自 Li et al., 2002）

Table 7-3　**Intraspecific sensitivity to UV-B radiation based on plant height 20 soybean cultivars**

品种	变化率（%）	品种	变化率（%）
云南 97801	−1.1	云南 97506	−16.6**
兰引 20	24.6*	云南 97701	−11.4
云南 97929	3.2	陇豆 1	−34.3**
豫豆 10	−20.8**	E0138	−23.5**
豫豆 18	−22.3**	云南 96510	−25.7**
豫豆 8	−27.6**	Df-1	−37.7**
绿滚豆	−0.2	灵台黄豆	−18.4**
黑大豆	−25.3*	康乐黄豆	6.7
云南 97501	−30.2**	土黄豆 1	−45.0**
皮条黄豆	−14.1*	环县黄豆	−17.1**

注：*和**表示对照与 UV-B 辐射间分别在 $P<0.05$ 和 $P<0.01$ 水平差异显著（LSD 检验，$n=20$）

4. 玉米对 UV-B 辐射响应反馈的株高差异

Correia 和 Areal（1998）研究 UV-B 辐射对 8 个玉米品种株高的影响，结果表明，UV-B 辐射对玉米株高有不同程度的影响，具体变化情况见表 7-4。

表 7-4　8 个玉米品种对 UV-B 辐射响应反馈的株高差异（引自 Correia and Areal，1998）

Table 7-4　Intraspecific sensitivity to UV-B radiation based on plant height of 8 maize cultivars

品种	对照	处理	变化率（%）
Anjou 37	209.8 ± 10.6	216.4 ± 2.3	3.14
Teodora	221.3 ± 6.3	222.9 ± 11.4	0.72
Avantage	246.3 ± 11.9	251.5 ± 11.8	2.11
REG.VR	203.5 ± 5.9	216.3 ± 4.7	6.29
DK498	256.8 ± 8.7	238.1 ± 7.1	−7.28
Braga	227.6 ± 18.1	233.8 ± 19.2	2.72
Polo	249.0 ± 19.3	258.7 ± 5.9	3.90
REG.VS	221.3 ± 6.7	208.5 ± 6.0	−5.78

5. 割手密无性系对 UV-B 辐射响应反馈的株高差异

从表 7-5 可以看出，经 UV-B 辐射后，在成熟期 31 个割手密无性系的株高发生明显的变化，有 6 个显著或极显著上升，9 个显著或极显著下降，株高对 UV-B 辐射响应存在差异可能与起源地的 UV-B 辐射背景不同有关（何永美，2006）。

表 7-5　31 个割手密无性系对 UV-B 辐射响应反馈的株高差异（引自何永美，2006）

Table 7-5　Intraspecific sensitivity to UV-B radiation based on plant height of 31 wild sugarcane (_S. spontaneum_ L.) clones

无性系	变化率（%）	无性系	变化率（%）
I91-48	−24.48*	92-36	−21.07**
92-11	12.55	II91-98	−39.02
I91-97	32.25**	93-25	−17.82**
II91-99	28.33**	90-8	−18.64*
II91-13	13.33**	82-26	−6.55
I91-91	24.67*	90-22	−14.41
90-15	19.66**	92-26	−4.07
I91-38	7.17	83-217	4.94
88-269	8.26	II91-72	−7.92
83-215	−11.72	II91-93	−19.76**
83-157	32.11**	II91-116	−5.62
82-110	−11.59	II91-5	−11.44

无性系	变化率（%）	无性系	变化率（%）
II91-89	−38.58**	II91-126	−17.71**
83-153	9.33	I91-37	−26.87*
83-193	8.21	II91-81	−37.32**
92-4	3.76		

注：*和**表示对照与 UV-B 辐射间分别在 $P<0.05$ 和 $P<0.01$ 水平差异显著（LSD 检验，$n=31$）

6. 灯盏花居群对 UV-B 辐射响应反馈的株高差异

在 UV-B 辐射增强条件下，6 个灯盏花居群在成熟期的株高见表 7-6。D01、D53、D63 和 D65 居群的株高显著增加，D47 和 D48 居群的株高显著下降（冯源，2009）。

表 7-6　6 个灯盏花居群对 UV-B 辐射响应反馈的株高差异（引自冯源，2009）

Table 7-6　Intraspecific sensitivity to UV-B radiation based on plant height of 6 *E. breviscapus* populations

居群	对照（cm）	处理（cm）	变化率（%）
D01	33.73	36.42*	7.98
D47	34.81	30.83*	−11.43
D48	34.84	29.86*	−14.29
D53	27.56	30.26*	9.80
D63	26.35	28.13*	6.76
D65	26.37	29.41*	11.53

注：*表示对照与 UV-B 辐射间在 $P<0.05$ 水平差异显著（LSD 检验，$n=6$）

二、作物对 UV-B 辐射响应反馈的叶面积差异

UV-B 辐射增强会强烈影响小麦群体结构，缩小单株叶面积，降低群体叶面积指数，使叶面积垂直分布发生变化（王传海等，2000；颜景义等，1995）。其中群体叶面积指数降低可能是 UV-B 辐射增强抑制叶片扩大；叶面积垂直分布变化总趋势为群体叶面积垂直分布向下偏移，上层叶面积指数占总叶面积指数百分比比对照减少 10%～15%，中层基本不变，下层增大 10%～15%。此外，小麦群体对 UV-B 辐射及总辐射的反射与吸收也发生显著变化。紫外辐射增强对大豆生长的影响研究表明，处理植株叶面积比对照植株降低 23.6%（郑有飞等，1998）。植物在 UV-B 辐射下，叶片厚度有增加的趋势，这是植物在 UV-B 辐射胁迫下形成的一种适应机理，因为植物叶片厚度增加，会避免叶片吸收过多的 UV-B 辐射造成植物损伤（González et al.，2009），还可补偿由 UV-B 辐射引起的近表层叶肉细胞中光合色素的光降解，光合色素含量和净光合速率不受影响。同时，有研究报道，叶片具有厚的角质层和表皮能够对 UV-B 辐射起散射和吸收作用，从而达到削弱辐射的作用（朱鹏锦等，2011）。

1. 水稻对 UV-B 辐射响应反馈的叶面积差异

'月亮谷'和'白脚老粳'2 个供试水稻的叶面积在分蘖期、拔节期和孕穗期这 3 个时期的单叶面积都随着 UV-B 辐射强度的增加而显著（$P<0.05$）或极显著（$P<0.01$）降低（表 7-7）。同时随着生育期进程和辐射强度的增加，UV-B 辐射对'白脚老粳'水稻的单叶面积的抑制作用更加明显，拔节期和孕穗期 $5.0kJ/m^2$ 与 $7.5kJ/m^2$ UV-B 辐射处理水稻单叶面积都极显著（$P<0.01$）降低。'月亮谷'这 3 个时期的水稻单叶面积分别降低 2.7%～15.9%、1.2%～19.4%和 2.6%～15.7%，'白脚老粳'分别降低 2.2%～17.0%、8.5%～18.7%和 5.0%～22.9%（包龙丽，2013）。

表 7-7 UV-B 辐射对元阳梯田地方水稻品种白脚老粳和月亮谷单叶面积的影响（引自包龙丽，2013）

Table 7-7 Effects of UV-B radiation on the rice single leaf area of local rice varieties Baijiaolaojing and Yuelianggu in Yuanyang terrace

指标	时期	CK（cm^2）	$TR_{2.5}$（cm^2）	$TR_{5.0}$（cm^2）	$TR_{7.5}$（cm^2）	$IR_{2.5}$（%）	$IR_{5.0}$（%）	$IR_{7.5}$（%）
月亮谷	分蘖期	58.48±4.3	56.90±4.1*	55.79±4.3*	49.19±3.2*	−2.7	−4.6	−15.9
	拔节期	66.24±3.8	65.47±3.4*	64.18±4.7*	53.39±4.0*	−1.2	−3.1	−19.4
	孕穗期	68.26±3.2	66.42±3.8	60.43±4.6*	57.52±3.1*	−2.6	−11.5	−15.7
白脚老粳	分蘖期	79.60±2.5	77.84±2.6*	77.83±1.9*	66.08±3.0*	−2.2	−2.2	−17.0
	拔节期	89.43±2.7	81.84±2.8*	77.80±2.1**	72.70±2.2**	−8.5	−13.0	−18.7
	孕穗期	88.82±2.2	84.41±3.0*	81.56±1.7**	68.45±2.0**	−5.0	−8.2	−22.9

注：*和**表示对照与 UV-B 辐射间分别在 $P<0.05$ 和 $P<0.01$ 水平差异显著（LSD 检验，$n=15$）

在对 188 个水稻品种研究时发现，UV-B 辐射对水稻叶面积有不同程度的影响。有 21 个品种的叶面积降幅超过 20%，有 33 个品种的降幅在 11%～20%，也有的水稻品种叶面积指数呈增加的趋势。表 7-8 是 188 个水稻品种中叶面积变化最大的 15 个品种和变化最小的 15 个品种（Dai et al.，1994）。

表 7-8 30 个水稻品种对 UV-B 辐射响应反馈的叶面积差异（引自 Dai et al.，1994）

Table 7-8 Intraspecific sensitivity to UV-B radiation based on leaf area of 30 rice cultivars

品种	变化率（%）	品种	变化率（%）
Dubovskiy 129	−34**	Aimasari	9
Rodjolele	−33**	Tam Vuot	11
Naizersail	−31**	Khama 49-8	11*
Chieh-Keng 46	−31**	FR13A	12
N 22-2	29**	Biroin 539	12*
Jumula 2	−28**	DNJ 85	12*
KDML105	−27**	DNJ 155	12
Starbonnet	−27**	Musang A	12
L 2951	27**	DNJ 46	15

续表

品种	变化率（%）	品种	变化率（%）
Jaladhi 2	−27**	Hakkoda	15*
ABRI	−26**	DNJ 151	15**
Omirt 168	−26**	IJO Gading	17**
NHTA 5	−25**	DNJ 164	19*
Amarelao	−24**	Yungen No.9	25
Phudugey	−23**	Guze	30**

注：*和**表示对照与 UV-B 辐射间分别在 $P<0.05$ 和 $P<0.01$ 水平差异显著（$n=188$）

2. 小麦对 UV-B 辐射响应反馈的叶面积差异

在大田条件下，经 UV-B 辐射，20 个小麦品种在播种后 55 天叶面积有明显的变化（表 7-9）。有 1 个品种叶面积呈显著的正响应，有 4 个品种的叶面积呈显著或极显著的负响应（Li et al.，2000a）。

表 7-9　20 个小麦品种对 UV-B 辐射响应反馈的叶面积差异（引自 Li et al.，2000a）

Table 7-9　Intraspecific sensitivity to UV-B radiation based on leaf area of 20 wheat cultivars

品种	变化率（%）	品种	变化率（%）
毕 90-5	−12.92	绵阳 26	−4.83
凤麦 24	−20.58*	文麦 5	−6.56
YV 97-31	−20.39*	辽春 9	6.36
繁 19	−18.14*	兰州 80101	4.12
楚雄 8807	−40.63**	陇 8425	2.98
绵阳 20	−9.91	陇春 8139	−13.31
大理 905	3.35	陇春 16	−16.90
黔 14	−14.33	MY 94-4	5.04
文麦 3	0.85	陇春 15	39.60**
云麦 39	−8.46	会宁 18	−5.67

注：*和**表示对照与 UV-B 辐射间分别在 $P<0.05$ 和 $P<0.01$ 水平差异显著（LSD 检验，$n=20$）

3. 大豆对 UV-B 辐射响应反馈的叶面积指数差异

从表 7-10 可知，在 UV-B 辐射下，20 个大豆品种在播种后 80 天叶面积指数明显降低。'云南 97801' 和 '云南 97501' 显著降低，另外 18 个品种极显著降低。UV-B 辐射后，叶面积指数未出现正的响应（Li et al.，2002）。

表7-10　20个大豆品种对UV-B辐射响应反馈的叶面积指数差异（引自Li et al., 2002）

Table 7-10　Intraspecific sensitivity to UV-B radiation based on leaf area index of 20 wheat cultivars

品种	变化率（%）	品种	变化率（%）
云南97801	−24.2*	云南97506	−67.0**
兰引20	−83.3**	云南97701	−62.0**
云南97929	−68.8**	陇豆1	−95.7**
豫豆10	−64.5**	ε0138	−83.1**
豫豆18	−60.3**	云南96510	−63.8**
豫豆8	−68.9**	Df-1	−85.2**
绿滚豆	−89.8**	灵台黄豆	−94.6**
黑大豆	−75.0**	康乐黄豆	−92.2**
云南97501	−35.4*	土黄豆1	−82.5**
皮条黄豆	−50.5**	环县黄豆	−92.2**

注：*和**表示对照与UV-B辐射间分别在 $P<0.05$ 和 $P<0.01$ 水平差异显著（LSD检验，$n=20$）

4. 玉米对UV-B辐射响应反馈的叶面积差异

Correia和Areal（1998）研究UV-B辐射对8个玉米品种叶面积的影响，结果表明，UV-B辐射对玉米叶面积有不同程度的影响，变化情况见表7-11。

表7-11　8个玉米品种对UV-B辐射响应反馈的叶面积差异（引自Correia and Areal，1998）

Table 7-11　Intraspecific sensitivity to UV-B radiation based on leaf area of 8 maize cultivars

品种	对照	处理	变化率（%）
Anjou 37	0.315±0.003	0.282±0.003	−10.48
Teodora	0.312±0.002	0.274±0.002	−12.18
Avantage	0.352±0.002	0.316±0.003	−10.22
REG.VR	0.254±0.002	0.266±0.001	4.72
DK498	0.447±0.005	0.357±0.001	−20.13*
Braga	4.80±0.006	3.90±0.004	−18.75*
Polo	0.406±0.005	0.365±0.001	−10.09
REG.VS	0.349±0.001	0.255±0.003	−26.93*

注：*表示对照与UV-B辐射间在 $P<0.05$ 水平差异显著

5. 割手密无性系对UV-B辐射响应反馈的叶面积差异

从表7-12可知，增强UV-B辐射对31个割手密无性系叶面积指数有明显的影响。在成熟期，从表7-12可以看出，有19个无性系发生明显变化，有8个无性系显著或极显著上升，有11个无性系显著或极显著降低（何永美等，2004）。

表 7-12 31 个割手密无性系对 UV-B 辐射响应反馈的叶面积指数差异（引自何永美等，2004）

Table 7-12 Intraspecific sensitivity to UV-B radiation based on leaf area index of 31 wild sugarcane (*S. spontaneum* L.) clones

无性系	变化率（%）	无性系	变化率（%）
I 91-48	378.78**	92-36	−22.74
92-11	161.82**	II91-98	10.53
I91-97	118.85**	93-25	33.84*
II91-99	72.82*	90-8	−18.56
II91-13	87.57**	82-26	−35.74*
I91-91	48.52*	90-22	−33.95*
90-15	23.52	92-26	−44.21*
I91-38	37.81*	83-217	−34.63*
88-269	4.88	II91-72	−31.28*
83-215	−13.45	II91-93	−48.83**
83-157	−66.01**	II91-116	−26.37
82-110	−13.34	II 91-5	−42.13*
II91-89	−19.55	II91-126	−38.29*
83-153	9.00	I91-37	−38.84*
83-193	−17.43	II91-81	−82.76**
92-4	12.45		

注：*和**表示对照与 UV-B 辐射间分别在 $P<0.05$ 和 $P<0.01$ 水平差异显著（LSD 检验，$n=31$）

6. 荞麦对 UV-B 辐射响应反馈的叶面积指数差异

与减弱 UV-B 辐射处理相比，增强 UV-B 辐射处理显著降低了苦荞叶面积指数（$P<0.05$）（表 7-13）。在春秋两季苦荞生长季节，叶面积指数均随 UV-B 辐射强度的增加而降低（Yao et al.，2006）。

表 7-13 UV-B 辐射对春季和秋季苦荞叶面积指数的影响（引自 Yao et al.，2006）

Table 7-13 Effects of UV-B radiation on the leaf area index of spring and autumn tatary buckwheat

季节	UV-B 处理	叶面积指数
春荞	UV-B−	4.80±0.10a
	NA	4.23±0.05a
	5.3kJ/m²	3.36±0.10b
	8.5 kJ/m²	2.88±0.07b
秋荞	UV-B−	4.66±0.06a
	NA	4.20±0.06ab
	5.3 kJ/m²	3.50±0.09b
	8.5 kJ/m²	3.02±0.08c

注：UV-B−表示减弱 UV-B，NA 表示对照；不同小写字母表示不同处理间在 $P<0.05$ 水平差异显著（HSD 检验）

三、作物对 UV-B 辐射响应反馈的分蘖数差异

在温室中，UV-B 辐射增加单株小麦和水稻的分蘖数，而在大田中，分蘖数却明显减少（Barnes et al., 1993），说明分蘖数的变化与环境变化有密切的联系。环境对分蘖的影响是通过改变植物体内源激素含量及其平衡，进而引发生理上的效应来实现的，且分蘖节内 IAA/IR 值下降有利于分蘖，分蘖数发生增减可能是受 IAA 和 IR 变化共同影响（代西梅等，2000）。

1. 水稻对 UV-B 辐射响应反馈的分蘖数差异

在 188 个品种中，有 41 个品种的分蘖数显著降低，188 个水稻品种中分蘖数变化最大的 15 个品种和变化最小的 15 个品种见表 7-14（Dai et al., 1994）。

表 7-14　30 个水稻品种对 UV-B 辐射响应反馈的分蘖数差异（引自 Dai et al., 1994）

Table 7-14　Intraspecific sensitivity to UV-B radiation based on tillers number of 30 rice cultivars

品种	变化率（%）	品种	变化率（%）
Naizersail	−26**	Kaliboro 600	17**
Azucena	−18**	Ligen No.2	19*
Kaliboro 138-2	−15*	DNJ 71	19*
Phudugey	−14*	Xinucwa	20**
Rodjolele	−14**	Yunlen 4	20**
KDML105	−11**	DNJ 164	22**
Rexoro	−10	Guze	24*
Taichung 170	−9	GIE 57	24**
Tadaungpo	−8	DNJ 139	25**
Amarelao	−8**	Kalamon 21-7	25**
MTU3	−8	DNJ 85	28**
Maungnyo Sann	−8	Gorizont	28**
Norin 18	−8	Rojolele	32**
N 22-2	−8	Musang A	36**
PC 56	−8	DNJ 151	43**

注：*和**表示对照与 UV-B 辐射间分别在 $P<0.05$ 和 $P<0.01$ 水平差异显著

通过三年的大田试验研究不同 UV-B 辐射强度对 2 个不同海拔传统水稻品种分蘖数的影响，见表（7-15）。

表 7-15　UV-B 辐射对水稻群体结构的影响（引自何永美，2013）

Table 7-15　Effects of UV-B radiation on population structure of rice

水稻品种	年份	UV-B 辐射（kJ/m²）	分蘖期分蘖数（个/m²）	抽穗期穗数（个/m²）	有效穗数（个/m²）	无效穗数（个/m²）
白脚老粳	2011	0	206±47a	176±22a	157±30a	19±12a

续表

水稻品种	年份	UV-B 辐射（kJ/m²）	分蘖期分蘖数（个/m²）	抽穗期穗数（个/m²）	有效穗数（个/m²）	无效穗数（个/m²）
白脚老粳	2011	2.5	178±36ab	162±27ab	151±45a	11±6a
		5.0	172±52ab	155±22ab	145±42a	10±6a
		7.5	162±48b	147±34b	134±22a	13±7a
	2012	0	200±53a	172±39a	160±33a	12±7a
		2.5	174±60ab	155±54ab	143±47a	12±8a
		5.0	172±34ab	147±24ab	137±28a	10±3a
		7.5	155±26b	134±35b	128±32a	6±3a
	2013	0	238±56a	220±39a	199±46a	21±10a
		2.5	234±52a	217±27a	195±38a	22±8a
		5.0	220±55a	214±31a	179±43ab	35±18a
		7.5	218±59a	202±33a	162±36b	30±10a
月亮谷	2011	0	237±58a	233±55a	216±58a	5±3a
		2.5	208±56a	206±37ab	181±40ab	6±4a
		5.0	197±55a	191±50b	176±39b	5±3a
		7.5	193±38a	176±32b	168±33b	11±3a
	2012	0	250±52a	218±39a	208±47a	10±6a
		2.5	210±37ab	198±33ab	193±41ab	5±2a
		5.0	208±49ab	181±47b	174±38ab	7±2a
		7.5	198±50b	179±36b	170±30b	9±5a
	2013	0	273±70a	260±60a	249±48a	11±4a
		2.5	256±81a	251±74a	241±35a	10±5a
		5.0	255±68a	238±67a	218±41ab	20±12a
		7.5	249±65a	231±72a	206±46b	25±11a

注：不同小写字母表示不同处理间在 $P<0.05$ 水平差异显著（LSD 检验，$n=15$）

2. 小麦对 UV-B 辐射响应反馈的分蘖数差异

UV-B 辐射对小麦的分蘖数有很大的影响，从表 7-16 可以看出，不同水稻品种表现不同，20 个小麦品种中有 3 个品种的分蘖数显著或极显著增加，有 11 个品种分蘖数显著或极显著减少（Li et al.，2000a）。

表 7-16　20 个小麦品种对 UV-B 辐射响应反馈的分蘖数差异（引自 Li et al.，2000a）

Table 7-16　Intraspecific sensitivity to UV-B radiation based on tiller number of 20 wheat cultivars

品种	变化率（%）	品种	变化率（%）
毕 90-5	−40.28*	绵阳 26	12.50
凤麦 24	−61.69**	文麦 5	11.11
YV 97-31	17.59	辽春 9	−4.76
繁 19	−35.71*	兰州 80101	−39.71*

品种	变化率（%）	品种	变化率（%）
楚雄 8807	−61.38**	陇 8425	−4.76
绵阳 20	30.80*	陇春 8139	−45.45**
大理 905	96.30**	陇春 16	−80.17**
黔 14	2.38	MY 94-4	−35.04*
文麦 3	31.43*	陇春 15	−50.52**
云麦 39	−53.12**	会宁 18	−53.19**

注：*和**表示对照与 UV-B 辐射间分别在 $P<0.05$ 和 $P<0.01$ 水平差异显著（LSD 检验，$n=20$）

3. 割手密无性系对 UV-B 辐射响应反馈的分蘖数差异

从表 7-17 可知，31 个割手密无性系的分蘖数在成熟期有明显的变化。有 9 个显著或极显著上升，变化率 37.34%～134.81%，在 8 个显著或极显著下降，变化率在−59.08%～−33.02%（何永美，2006）。

表 7-17　31 个割手密无性系对 UV-B 辐射响应反馈的分蘖数差异（引自何永美，2006）

Table 7-17　Intraspecific sensitivity to UV-B radiation based tillering number of 31 wild sugarcane (*S. spontaneum* L.) clones

品种	变化率（%）	品种	变化率（%）
I91-48	86.79**	92-4	−27.22
92-11	57.50*	92-36	−21.46
I91-97	134.81**	II91-98	−6.16
II91-99	63.64*	93-25	−55.02*
II91-13	19.92	90-8	−14.94
I91-91	0.30	82-26	−9.46
90-15	50.41*	90-22	−16.93
I91-38	37.34*	92-26	−59.08*
88-269	11.63	83-217	−40.61*
83-215	28.14	II91-72	−13.94
83-157	100.88**	II91-93	−33.02*
82-110	10.66	II91-116	−53.98*
II91-89	68.22*	II91-5	−37.82*
83-153	17.81	II91-126	−34.08*
83-193	−14.61	I91-37	−37.35*
I91-48	86.79**		

注：*和**表示对照与 UV-B 辐射间分别在 $P<0.05$ 和 $P<0.01$ 水平差异显著（LSD 检验，$n=31$）

4. 荞麦对 UV-B 辐射响应反馈的分枝数差异

从表 7-18 可知，UV-B 辐射处理显著影响了苦荞的分枝数，但总的来看没有一致的规律（Yao et al., 2006）。

表 7-18 UV-B 辐射对春季和秋季苦荞分枝数的影响（引自 Yao et al., 2006）

Table 7-18 Effects of UV-B radiation on branch number of spring and autumn buckwheat

季节	UVB 处理	一次分枝数	二次分枝数
春荞	UV-B–	24.33±2.60b	53.33±4.48a
	NA	33.33±2.96a	56.67±2.33a
	5.3kJ/m²	28.00±1.29c	45.75±2.06b
	8.5kJ/m²	30.08±2.14d	52.50±4.11b
秋荞	UV-B–	58.67±2.33a	46.25±2.06a
	NA	43.33±2.60b	27.33±0.88b
	5.3kJ/m²	33.67±4.05c	38.67±3.1ab
	8.5kJ/m²	46.33±1.76c	41.33±2.40a

注：UV-B–表示减弱 UV-B 辐射，NA 表示对照；不同小写字母表示不同处理间在 $P<0.05$ 水平差异显著（HSD 检验，$n=10$）

5. 灯盏花居群对 UV-B 辐射响应反馈的分枝数差异

UV-B 辐射对灯盏花分枝数的影响见图 7-1。在成熟期，D47 和 D48 居群单株分枝数分别显著增加了 29.97% 和 18.81%（$P<0.01$），而 D01、D53、D63 与 D65 居群则没有显著变化（冯源等，2009）。

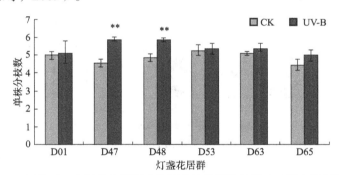

图 7-1 UV-B 辐射对 6 个灯盏花居群成熟期单株分枝数的影响（引自冯源等，2009）

Figure 7-1 Effects of UV-B radiation on branch numbers per plant of 6 *E. breviscapus* populations at maturing stage

**代表在 $P<0.01$ 水平差异显著（LSD 检验，$n=3$）

四、作物对 UV-B 辐射响应反馈的产量差异

UV-B 辐射增强对作物产量的影响是估算 UV-B 辐射伤害的一项最关键因子。UV-B 辐射通过对作物生理活动的长期限制及使其光合面积减少，最终使作物经济产量下降，作物穗数、粒数、粒重等产量指标均下降，但也有研究认为其对有的作物品种无显著影响。Teramura（1990）研究了 200 余种植物对紫外辐射增强的反应，发现其中 2/3 植物的生物量与经济产量有不同程度的下降。UV-B 辐射增强导致小麦、水稻、蚕豆等作物

的经济产量和生物量下降（Dai et al.，1994），且 UV-B 辐射增强会改变作物的品质。UV-B 辐射增强导致春小麦成熟期植株干物质重、穗粒重和穗粒数降低，且干物质重与穗粒重、穗粒数呈显著负相关（李元和王勋陵，1998）。通过建立大豆产量的估算模式来预测未来大气 UV-B 辐射增强对农作物的影响，指出若未来地表 UV-B 辐射增强 8%，不考虑其他因素的影响，仅由于 UV-B 辐射，大豆将减产 40%以上，若未来地表辐射增加 10%，则小麦将减产 20%（郑有飞等，1996）。

1. 水稻对 UV-B 辐射响应反馈的产量差异

在元阳梯田原位种植水稻，研究 UV-B 辐射增强对'白脚老粳'和'月亮谷'产量的影响。在三年的试验中发现，2011 年，'白脚老粳'产量在 5.0kJ/m² 和 7.5kJ/m² UV-B 辐射处理分别显著和极显著下降，'月亮谷'产量在 7.5kJ/m² UV-B 辐射处理显著下降（图 7-2）。2012 年，'白脚老粳'产量在 2.5kJ/m² UV-B 辐射处理显著下降，在 5.0kJ/m² 和 7.5kJ/m² UV-B 辐射处理均极显著下降，'月亮谷'产量在 5.0kJ/m² 和 7.5kJ/m² UV-B 辐射处理分别显著和极显著下降。2013 年，'白脚老粳'产量在 2.5kJ/m² UV-B 辐射处理显著下降，在 5.0kJ/m² 和 7.5kJ/m² UV-B 辐射处理均极显著下降，'月亮谷'产量在 5.0kJ/m² 和 7.5kJ/m² UV-B 辐射处理均显极显著下降（He et al.，2017）。

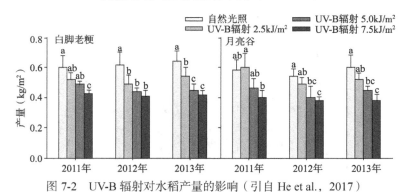

图 7-2　UV-B 辐射对水稻产量的影响（引自 He et al.，2017）

Figure 7-2　Effects of UV-B radiation on the rice yield

不同小写字母表示不同处理间在 $P < 0.05$ 水平差异显著

2. 小麦对 UV-B 辐射响应反馈的产量差异

在大田条件下，经 UV-B 辐射，20 个小麦品种产量情况见表 7-19，有 15 个品种的籽粒产量显著或极显著降低，降幅在 32.87%～74.11%，降幅最大的品种是'会宁 18'。UV-B 辐射对产量的影响，仅'毕 90-5'品种是增加的，但没有达到显著水平（Li et al.，2000a）。

表 7-19　20 个小麦品种对 UV-B 辐射响应反馈的籽粒产量差异（引自 Li et al.，2000a）

Table 7-19　Intraspecific sensitivity to UV-B radiation based on grain yield of 20 wheat cultivars

品种	变化率（%）	品种	变化率（%）
毕 90-5	2.28	绵阳 26	−36.85*

续表

品种	变化率（%）	品种	变化率（%）
凤麦 24	−68.67**	文麦 5	−50.62**
YV 97-31	−48.10**	辽春 9	−15.54
繁 19	−57.51**	兰州 80101	−22.02
楚雄 8807	−54.43**	陇 8425	−39.95*
绵阳 20	−21.79	陇春 8139	−18.89
大理 905	−32.87*	陇春 16	−52.78**
黔 14	−39.96*	MY 94-4	−63.77**
文麦 3	−45.88*	陇春 15	−51.43**
云麦 39	−68.83**	会宁 18	−74.11**

注：*和**表示对照与 UV-B 辐射间分别在 $P<0.05$ 和 $P<0.01$ 水平差异显著（LSD 检验，$n=20$）

3. 大豆对 UV-B 辐射响应反馈的产量差异

从表 7-20 可知，在 UV-B 辐射下，20 个大豆品种的籽粒产量明显降低，6 个品种显著降低，降幅在 20.7%～39.8%，9 个品种极显著降低，降幅在 49.7%～92.5%，降幅最大的是'环县黄豆'品种（Li et al.，2002）。

表 7-20　20 个大豆品种对 UV-B 辐射响应反馈的籽粒产量差异（引自 Li et al.，2002）

Table 7-20　Intraspecific sensitivity to UV-B radiation based on grain yield of 20 soybean cultivars

品种	变化率（%）	品种	变化率（%）
云南 97801	−25.8*	云南 97506	−60.2**
兰引 20	−17.5	云南 97701	−56.8**
云南 97929	−20.7*	陇豆 1	−11.7
豫豆 10	−21.8*	ε0138	−39.8*
豫豆 18	−26.8*	云南 96510	−50.0**
豫豆 8	−16.7	Df-1	−60.2**
绿滚豆	−16.3	灵台黄豆	−62.4**
黑大豆	−16.3	康乐黄豆	−92.8**
云南 97501	−38.0*	土黄豆 1	−83.4**
皮条黄豆	−49.7**	环县黄豆	−92.5**

注：*和**分别表示对照与 UV-B 辐射间在 $P<0.05$ 和 $P<0.01$ 水平差异显著（LSD 检验，$n=20$）

4. 灯盏花居群对 UV-B 辐射响应反馈的总黄酮产量差异

如表 7-21 所示，UV-B 辐射增强对 6 个灯盏花居群各器官黄酮产量以及总产量均具有不同程度的影响。D01、D53、D63 与 D65 居群在成熟期叶与根黄酮产量均显著增加

（$P < 0.05$）。D47、D48 居群在成熟期叶与根黄酮产量显著或极显著降低（$P < 0.01$ 或 $P < 0.05$）（冯源等，2009）。

表 7-21　UV-B 辐射对 6 个灯盏花居群黄酮产量（g/m²）的影响（引自冯源等，2009）

Table 7-21　Effects of UV-B radiation on flavonoid yields (g/m²) of 6 *E. breviscapus* populations

居群	叶		根		总产量	
	对照	处理	对照	处理	对照	处理
D01	3.82	4.22*	0.173	0.190*	5.13	5.65*
D47	2.27	1.64**	0.172	0.135*	3.22	2.64**
D48	2.56	1.89**	0.205	0.174*	3.73	2.76**
D53	1.81	2.14*	0.124	0.135*	2.54	2.96**
D63	1.32	1.56*	0.075	0.082*	1.94	2.28**
D65	1.32	1.70*	0.080	0.090*	1.83	2.34**

注：*和**分别表示对照与处理间在 $P < 0.05$ 和 $P < 0.01$ 水平差异显著（LSD 检验，$n=3$）

五、作物对 UV-B 辐射响应反馈的生物量累积差异

UV-B 辐射增强导致水稻的经济产量和生物量下降，且 UV-B 辐射增强会改变作物的品质（Dai et al., 1994）。UV-B 辐射增强条件下，水稻各产量构成因素均有不同程度的下降，导致水稻最终产量下降。其中有效穗数和穗粒数随 UV-B 辐射的增强而显著减少（Sheehy et al., 2001）。UV-B 辐射导致水稻生物量、穗数、籽粒产量和籽粒大小显著下降，而籽粒中总氮含量和蛋白质含量显著增加（Hidema et al., 2005）。Mohammed 等（2007）对美国南部的 7 个水稻品种进行研究，采用 0kJ/m²、8.0kJ/m² 和 16.0kJ/m² 的 UV-B 辐射强度，分蘖数没有显著变化（除‘Sierra’品种），小穗不育数显著增加（除‘Sierra’品种），穗长、穗分枝数减少，而籽粒宽度增加。UV-B 辐射降低了所有品种的产量，降低范围在 31%～79%。4.0kJ/(m²·d) 和 8.0 kJ/(m²·d) 的 UV-B 辐射使‘Clearfield 161’水稻的分蘖数下降 25%，穗干重下降 15%，最终导致产量和生物量下降（Mohammed et al., 2007）。在日本的中纬度地区，对 UV-B 辐射对日本水稻栽培品种生长和产量的影响进行了 5 年的大田研究，发现 UV-B 辐射对产量和生物量的影响也受小气候的影响，如温度和降水频率等（Kumagai et al., 2001）。

1. 水稻对 UV-B 辐射响应反馈的生物量累积差异

在 188 个品种中，有 61 个品种的植株干重显著降低，188 个水稻品种中植株干重变化最大的 15 个品种和变化最小的 15 个品种见表 7-22（Dai et al., 1994）。

表 7-22　UV-B 辐射对水稻植株干重的影响（引自 Dai et al., 1994）

Table 7-22　Effects of UV-B radiation on the dry weight of rice

品种	变化率（%）	品种	变化率（%）
Dubovskiy 129	−35**	Dawasam（red）	8
Jumula 2	−31**	Lijian 942	10

续表

品种	变化率（%）	品种	变化率（%）
Naizersail	−30**	DNJ 85	10*
Chieh-Keng 46	−30**	Bamoia 341	11
KDML105	−29**	Hakkoda	11
Rodjolele	−29**	Tam Vuot	12
N 22-2	−29**	Yunlen 19	12*
L 2951	−28**	IJO Gading	12
NHTA 5	−26**	Kalamon 21-7	13
ABRI	−26**	DNJ 155	13
Starbonnet	−24**	Aimasari	14
Swat 2	−24**	DNJ46	16*
N 22-1	−24**	Musang A	20*
DNJ 42	−24*	DNJ 164	21*
Omirt 168	−24**	Guze	32**

注：*和**表示对照与 UV-B 辐射间分别在 $P<0.05$ 和 $P<0.01$ 水平差异显著（$n=188$）

　　在元阳梯田原位种植水稻，研究 UV-B 辐射增强对'白脚老粳'和'月亮谷'生物量的影响（He et al., 2017）。在三年的试验中发现，UV-B 辐射增强导致'白脚老粳'和'月亮谷'的茎、叶和穗生物量及地上部生物量不同程度的下降，$7.5kJ/m^2$ UV-B 辐射处理的降幅最大。此外，UV-B 辐射增强影响地上部生物量的分配，导致穗生物量的下降幅度最大，穗占地上部生物量的比例下降；叶生物量的降幅相对较小，叶占地上部生物量的比例增加（表 7-23）。

表 7-23　UV-B 辐射对水稻地上部生物量的影响（引自何永美，2013）

Table 7-23　Effects of UV-B radiation on the aboveground biomass of rice

水稻品种	年份	UV-B（kJ/m²）	地上部生物量（g/m²）	茎		叶		穗	
				生物量（g/m²）	所占比例（%）	生物量（g/m²）	所占比例（%）	生物量（g/m²）	所占比例（%）
白脚老粳	2011	0	1540±170a	399±44a	25.9	454±50a	29.4	688±76a	44.7
		2.5	1443±106ab	379±28ab	26.3	427±31a	29.6	637±47a	44.1
		5.0	1367±84ab	355±22ab	26.0	420±26a	30.7	592±36ab	43.3
		7.5	1229±119b	325±31b	26.5	388±38a	31.6	516±50b	42.0
	2012	0	1511±147a	352±34a	23.3	429±42a	28.4	730±71a	48.3
		2.5	1304±168ab	303±39ab	23.3	385±50ab	29.6	615±79ab	47.2
		5.0	1218±126b	271±28bc	22.2	370±38ab	30.4	576±60b	47.3
		7.5	1084±74b	239±16c	22.0	342±23b	31.6	502±34b	46.4
	2013	0	1747±107a	384±23a	22.0	493±30a	28.2	870±53a	49.8
		2.5	1640±108ab	357±24ab	21.8	472±31a	28.8	811±53ab	49.5
		5.0	1464±207bc	317±45bc	21.7	428±61ab	29.3	718±102bc	49.1

续表

水稻品种	年份	UV-B (kJ/m²)	地上部生物量（g/m²）	茎		叶		穗	
				生物量 (g/m²)	所占比例(%)	生物量 (g/m²)	所占比例（%）	生物量 (g/m²)	所占比例 （%）
白脚老粳	2013	7.5	1342±99c	291±22c	21.7	400±30b	29.8	651±48c	48.5
月亮谷	2011	0	1527±139a	496±45a	32.5	464±42a	30.4	567±52a	37.1
		2.5	1293±194ab	447±67ab	34.6	398±60ab	30.8	448±67 b	34.6
		5.0	1204±160b	412±55ab	34.3	384±51ab	31.9	407±54b	33.8
		7.5	1102±82b	376±28b	34.2	357±26b	32.4	369±27b	33.5
	2012	0	1438±116a	476±38a	33.1	434±35a	30.1	528±42a	36.7
		2.5	1298±129ab	435±43ab	33.5	399±40ab	30.7	464±46ab	35.7
		5.0	1207±95b	406±32ab	33.7	370±29ab	30.7	430±34b	35.6
		7.5	1146±106b	387±36b	33.8	367±34b	32.0	392±36b	34.2
	2013	0	1563±216a	506±70a	32.4	462±64a	29.6	594±82a	38.0
		2.5	1463±142ab	464±45ab	31.7	441±43ab	30.1	558±54ab	38.1
		5.0	1304±173ab	415±55ab	31.9	402±53ab	30.8	487±65ab	37.3
		7.5	1190±165b	377±52b	31.7	376±52a	31.6	437±60b	36.7

注：不同小写字母表示不同处理间在 $P<0.05$ 水平差异显著（$n=15$）

2. 小麦对 UV-B 辐射响应反馈的生物量累积差异

在大田条件下，经 UV-B 辐射，20 个小麦品种的地上部分生物量情况见表 7-24，从中可以看出，有 13 个品种的地上部分生物量明显降低，6 个品种极显著降低，降幅在 45.90%～60.00%，7 个品种显著降低，降幅在 31.43%～43.10%（Li et al.，2000a）。

表 7-24　UV-B 辐射对小麦地上部生物量的影响（引自 Li et al.，2000a）

Table 7-24　Effects of UV-B radiation on the aboveground biomass of wheat cultivars

品种	变化率（%）	品种	变化率（%）
毕 90-5	2.22	绵阳 26	−8.47
凤麦 24	−60.00**	文麦 5	−26.44
YV 97-31	−42.31*	辽春 9	−13.14
繁 19	−37.33*	兰州 80101	−18.87
楚雄 8807	−54.00**	陇 8425	−39.42*
绵阳 20	−16.18	陇春 8139	−32.67*
大理 905	−16.22	陇春 16	−47.14**
黔 14	−32.89*	MY 94-4	−52.74**

品种	变化率（%）	品种	变化率（%）
文麦 3	−31.43*	陇春 15	−45.90**
云麦 39	−43.10*	会宁 18	−56.63**

注：*和**分别代表对照与 UV-B 辐射间在 $P < 0.05$ 和 $P < 0.01$ 水平差异显著（LSD 检验，$n=20$）

3. 大豆对 UV-B 辐射响应反馈的生物量累积差异

从表 7-25 可以看出，经 UV-B 辐射，20 个大豆品种的地上部生物量有不同程度的降低，3 个品种显著降低，降幅在 23.1%～42.2%，17 个品种极显著降低，降幅在 47.8%～93.9%（Li et al.，2002）。

表 7-25　UV-B 辐射对大豆地上部生物量的影响（引自 Li et al.，2002）

Table 7-25　Effects of UV-B radiation on the aboveground biomass of soybean

品种	变化率（%）	品种	变化率（%）
云南 97801	−21.3*	云南 97506	−50.4**
兰引 20	−47.8**	云南 97701	−70.7**
云南 97929	−42.2*	陇豆 1	−73.4**
豫豆 10	−36.8*	ε0138	−77.0**
豫豆 18	−53.0**	云南 96510	−84.8**
豫豆 8	−49.9**	Df-1	−73.8**
绿滚豆	−63.4**	灵台黄豆	−88.3**
黑大豆	−55.7**	康乐黄豆	−86.3**
云南 97501	−77.7**	土黄豆 1	−79.7**
皮条黄豆	−75.4**	环县黄豆	−93.9**

注：*和**分别代表对照与 UV-B 辐射间在 $P < 0.05$ 和 $P < 0.01$ 水平差异显著（LSD 检验，$n=20$）

4. 玉米对 UV-B 辐射响应反馈的生物量累积差异

UV-B 辐射增强对 6 个供试玉米材料的生长有明显的抑制作用。供试自交系和杂交种地上部鲜重在 UV-B 辐射增强条件下与正常光照相比均表现出显著降低，其下降幅度为 67.9%～88.4%。4 个自交系地上部鲜重的下降幅度（67.9%～88.4%）大于两个杂交种（68.1%～71.6%）（张海静，2013）。

Correia 和 Areal（1998）研究 UV-B 辐射对 8 个玉米品种植株干重、叶片数、穗长、叶片大小的影响，结果表明，UV-B 辐射对玉米植株干重、叶片数、穗长、叶片大小有不同程度的影响，具体变化情况见表 7-26。

表 7-26　UV-B 辐射对 8 个玉米品种生长分析参数的影响（％）（引自 Correia and Areal，1998）

Table 7-26　Effects of UV-B radiation on growth analysis parameters of 8 maize cultivars (%)

品种	植株干重	叶片数	穗长	叶片大小
Anjou 37	−22.8	−4.5	−4.8	−6.2
Teodora	−24.0	0	−7.0	−12.5
Avantage	−19.3	−3.4	−6.3	−6.9
REG.VR	−17.4	10.0*	−10.6**	−4.0
DK498	−27.2*	−5.3	−8.8*	−15.2*
Braga	−30.3**	0	−5.2	−18.3**
Polo	−10.3	−4.5	4.4	−5.0
REG.VS	−18.3	−12.6**	−10.3*	−17.0

注：*和**表示对照与 UV-B 辐射间分别在 $P<0.01$ 和 $P<0.05$ 水平差异显著，$n=20$

5. 荞麦对 UV-B 辐射响应反馈的生物量累积差异

随着 UV-B 辐射的增强，苦荞作物的地上部各器官生物量和总生物量及千粒重均逐渐降低（表 7-27）；与 UV-B–辐射处理相比，8.50kJ/m² UV-B 辐射处理的生物量降低了近一半。与自然光（NA）处理相比，增强 UV-B 辐射有降低作物千粒重的趋势（$P<0.1$），增强 UV-B 辐射（尤其是 8.50kJ/m²）也显著降低了千粒重（$P<0.05$）。生长季节同样影响苦荞千粒重（Yao et al.，2006）。

表 7-27　UV-B 辐射对春季和秋季苦荞千粒重及地上部分器官生物量的影响（引自 Yao et al.，2006）

Table 7-27　Effects of UV-B radiation on the biological weight of different parts and thousand grain weight of spring and autumn tatary buckwheat

季节	UV-B 处理	茎枝重（g/m²）	叶重（g/m²）	籽粒重（g/m²）	千粒重（g）	总生物量（g/m²）
春荞	UV-B–	273.34+37.35a	220.29+33.00a	277.91+35.72a	20.77+0.39b	771.54+103.87a
	NA	251.69+31.49a	190.54+30.52ab	249.96+17.36a	22.08+0.32a	692.19+78.504ab
	5.30kJ/m²	185.84+11.78b	150.83+12.37b	181.88+34.15b	19.99+0.48b	518.504+55.25b
	8.50kJ/m²	135.303+9.98c	121.60+13.09c	140.58+12.28c	18.39+0.60c	397.52+35.07c
秋荞	UV-B–	254.91+29.27a	220.23+30.03a	250.45+18.60a	18.508+0.60a	725.59+73.87a
	NA	220.77+26.19a	209.23+34.18ab	233.42+18.37ab	18.74+0.42a	663.42+76.84a
	5.30kJ/m²	172.15+13.48b	170.77+16.79b	190.46+20.38b	18.39+0.54a	533.69+49.97b
	8.50kJ/m²	125.62+19.00c	131.24+14.71c	129.89+15.21c	17.28+0.54b	386.10+45.25c

注：不同小写字母表示不同处理间在 $P<0.05$ 水平差异显著（HSD 检验）

6. 割手密无性系对 UV-B 辐射响应反馈的生物量累积差异

在大田条件下，成熟期 UV-B 辐射对 31 个割手密无性系的总生物量有明显的影响（表 7-28）。有 18 个无性系存在明显变化，其中，I91-48、92-11、I91-97、II91-99、I91-91、90-15 和 88-269 共 7 个无性系显著或极显著上升，I91-48、92-11 和 II91-99 的变化率分别为 418.18%、65.03% 和 48.57%；83-157、93-25、82-26、83-217、II91-72、II91-93、II91-116、II91-5、II91-126、I91-37 和 II91-81 共 11 个无性系显著或极显著降低，II91-81、I91-37 和 II91-5 的变化率分别为 −71.20%、−67.36% 和 −48.66%（何永美，2006）。

表 7-28　31 个割手密无性系对 UV-B 辐射响应反馈的生物量差异（引自何永美，2006）

Table 7-28　Intraspecific sensitivity to UV-B radiation based on shoot biomass of 31 wild sugarcane (*S. spontaneum* L.) clones

品种	变化率（%）	品种	变化率（%）
I91-48	418.18**	92-36	−16.96
92-11	65.03**	II91-98	−13.26
I91-97	45.63*	93-25	−32.53*
II91-99	48.57**	90-8	−7.54
II91-13	−7.91	82-26	−48.51**
I91-91	39.27*	90-22	−23.64
90-15	39.24*	92-26	−26.02
I91-38	5.70	83-217	−44.15**
88-269	32.86*	II91-72	−38.49*
83-215	10.11	II91-93	−33.45*
83-157	−38.65*	II91-116	−27.27*
82-110	23.63	II91-5	−48.66**
II91-89	−15.38	II91-126	−43.03*
83-153	−25.00	I91-37	−67.36**
83-193	9.09	II91-81	−71.20**
92-4	−2.50		

注：*和**表示对照与 UV-B 辐射间分别在 $P<0.05$ 和 $P<0.01$ 水平差异显著（LSD 检验，$n=31$）

7. 灯盏花居群对 UV-B 辐射响应反馈的生物量累积差异

如表 7-29 所示，6 个灯盏花居群的各器官生物量及总生物量对 UV-B 辐射的响应均表现出明显差异。在 UV-B 辐射增强条件下，D01、D53、D63 与 D65 居群在成熟期叶生物量均显著或极显著增加，而 D47 与 D48 居群根与叶生物量则极显著下降。UV-B 辐射增强对 6 个灯盏花居群花器官生物量积累没有显著影响（冯源，2009）。

表 7-29　UV-B 辐射对 6 个灯盏花居群生物量（g/m^2）的影响（引自冯源，2009）

Table 7-29　Effects of UV-B radiation on biomasses (g/m^2) of 6 *E. breviscapus* populations

居群	叶		根		总生物量	
	对照	处理	对照	处理	对照	处理
D01	95.88	102.58*	18.88	20.04	155.89	165.80**
D47	83.95	65.64**	24.43	18.53**	146.85	115.14**
D48	86.78	68.67**	25.24	20.83**	154.42	123.21**

续表

居群	叶		根		总生物量	
	对照	处理	对照	处理	对照	处理
D53	80.72	89.64**	22.52	23.35	141.58	153.85**
D63	88.15	98.03**	21.62	22.68	155.35	168.76**
D65	98.93	117.53**	27.31	29.14	166.32	189.96**

注：*和**分别代表对照与处理间在 $P < 0.05$ 和 $P < 0.01$ 水平差异显著（LSD 检验，$n=3$）

第二节　作物对 UV-B 辐射响应反馈品种差异的评估

由于不同的指标对 UV-B 辐射的响应是不同的，无法用某一指标来衡量作物对 UV-B 辐射响应的敏感性。有科学家提出响应指数公式，用其来计算作物总的响应程度。不同的作物有不同的响应指数公式，下面介绍主要作物的评估方法。

一、不同作物对 UV-B 辐射响应反馈的品种差异评估

1. 水稻对 UV-B 辐射响应反馈的品种差异评估

关于水稻对 UV-B 辐射响应反馈的品种差异评估，不同的研究者提出不同的响应指数。

Dai 等（1994）对 188 个水稻品种进行研究，提出了将株高、分蘖数、叶面积和地上部生物量的变化率之和作为响应指数。

$$RI = \left(\frac{PH_t - PH_c}{PH_c} + \frac{TN_t - TN_c}{TN_c} + \frac{LA_t - LA_c}{LA_c} + \frac{DM_t - DM_c}{DM_c} \right) \times 100\% \quad (7\text{-}1)$$

式中，RI 为生长响应指数；PH 为株高；TN 为分蘖数；LA 为叶面积；DM 为地上部分生物量；t 为 UV-B 辐射处理；c 为对照。

通过响应指数公式计算了 188 个水稻品种的响应指数，有 51 个品种为正值，3 个为零，134 个为负值。188 个来自不同地区的水稻品种中，有 143 个品种的株高显著降低，41 个品种分蘖数比对照显著减少，61 个品种地上部生物量显著降低，存在明显的种内差异。来自孟加拉国的‘Naizersail’品种受到的负影响最大（RI 为−104），来自中国的品种‘Guze’受到的正影响最大（RI 为 85）。研究表明，属于日本和印度尼西亚的生态型水稻品种比较耐 UV-B 辐射，属于澳大利亚和阿曼生态型的品种则比较敏感。表 7-30 列举了 24 个呈正响应和 24 个呈负响应的品种。

表 7-30　水稻对 UV-B 辐射的响应指数（%）（引自 Dai et al., 1994）

Table 7-30　Response index of rice to UV-B radiation (%)

品种	响应指数	品种	响应指数	品种	响应指数
Guze	85	Biroin 539	31	DNJ 71	23

续表

品种	响应指数	品种	响应指数	品种	响应指数
Musang A	69	L 2951	−77	Nam Roo	−61
DNJ 164	59	Lijian 942	29	Khama 55-22	22
DNJ 151	52	Yunlen 19	26	DNJ 139	22
Kalamon 21-7	46	Belanak Kesambi	26	MTU15	21
DNJ 85	46	Yungen No.9	26	Tam Vuot	20
IJO Gading	45	Aimasari	26	Dawasam（red）	20
DNJ 46	37	Hakkoda	25	Rojolele	19
DNJ 155	34	Bamoia 341	25	Starbonnet	−60
Naizersail	−104	Azucena	−74	Rexoro	−60
Rodjolele	−89	Amarelao（IRGA）	−73	Banloc	−58
Chieh-Keng 46	−87	Phudugey	−71	Jaladhi 2	−57
N 22-2	−87	Omirt 168	−69	N 22-1	−57
Dubovskiy 129	−85	NHTA 5	−67	Maungnyo Sann	−55
Khama 380	−85	ABRI	−66	Swat 2	−53
Jumula 2	−80	DNJ 42	−61	IAC 25	−52

He 等（2017）对元阳梯田水稻进行研究，建立了水稻对 UV-B 辐射的响应指数公式：

$$RI = \left(\frac{PH_t - PH_c}{PH_c} + \frac{TN_t - TN_c}{TN_c} + \frac{TP_t - TP_c}{TP_c} + \frac{BM_t - BM_c}{BM_c} + \frac{PR_t - PR_c}{PR_c} \right) \times 100\% \quad (7\text{-}2)$$

式中，RI 为生长响应指数；PH 为株高；TN 为分蘖数；TP 为有效穗数；BM 为地上部生物量；PR 为产量；t 为 UV-B 辐射处理；c 为对照。

综合'白脚老粳'和'月亮谷'的株高、分蘖数、有效穗数、地上部生物量与产量变化率对 UV-B 辐射的响应，2 个水稻品种对 UV-B 辐射的响应指数均为负值（表 7-31）。7.5kJ/m² UV-B 辐射对 2 个水稻品种的影响明显大于 5.0kJ/m² UV-B 辐射，其中 2012 年'白脚老粳'对 7.5kJ/m² UV-B 辐射的响应指数最大，表明 UV-B 辐射对'白脚老粳'的影响要大于对'月亮谷'的影响（He et al.，2017）。

表 7-31 水稻对 UV-B 辐射的响应指数（引自 He et al.，2017）

Table 7-31 Response index of rice to UV-B radiation

年份	UV-B 辐射[kJ/（m²·d）]	白脚老粳（%）	月亮谷（%）
	2.5	−39.7	−48.1
2011	5.0	−60.7	−70.5
	7.5	−93.6	−94.8
	2.5	−51.9	−40.0
2012	5.0	−70.8	−78.9
	7.5	−102.4	−90.8

续表

年份	UV-B 辐射[kJ/（m²·d）]	白脚老粳（%）	月亮谷（%）
	2.5	−25.6	−27.2
2013	5.0	−55.8	−61.3
	7.5	−85.6	−87.5

2. 小麦对 UV-B 辐射响应反馈的品种差异评估

小麦响应指数由株高、分蘖数、叶面积指数、地上部生物量和谷物产量的变化率组成，它可以反映出小麦品种对增强 UV-B 辐射响应总的敏感性（Li et al.，2000）。

$$RI=\left(\frac{PH_t-PH_c}{PH_c}+\frac{LAI_t-LAI_c}{LAI_c}+\frac{TN_t-TN_c}{TN_c}+\frac{SW_t-SW_c}{SW_c}+\frac{GY_t-GY_c}{GY_c}\right)\times100\%\quad（7\text{-}3）$$

式中，RI 为生长响应指数；PH 为植株高度；LAI 为叶面积指数；TN 为分蘖数；SW 为地上部生物量；GY 为谷物产量；t 为 UV-B 辐射处理；c 为对照。

10 个小麦品种的响应指数有 3 个为正值，7 个为负值（表 7-32）。'陇春 16'受到的负影响最大（RI 为−180.53），'绵阳 26'受到的正影响最大（RI 为 34.31）。有 4 个品种的响应指数大于−10，为耐性品种，有 4 个品种的响应指数小于−120，为敏感品种（Li et al.，2000）。

表 7-32　10 个小麦品种对 UV-B 辐射的响应指数（%）（引自 Li et al.，2000）

Table 7-32　Response index of 10 wheat cultivars to UV-B radiation (%)

品种	响应指数	品种	响应指数
绵阳 26	34.31 耐性	陇春 15	−118.41 中性
辽春 9	21.52 耐性	云麦 39	−140.86 敏感
绵阳 20	15.71 耐性	凤麦 24	−153.05 敏感
文麦 3	−6.37 耐性	会宁 18	−178.11 敏感
文麦 5	−87.36 中性	陇春 16	−180.53 敏感

增强 UV-B 辐射对作物籽粒品质的影响，以及籽粒品质对 UV-B 辐射响应的品种差异是一个值得重视的问题。Zu 等（2004）对 10 小麦品种品质差异进行研究提出了品质响应指数公式：

$$RI=\left(\frac{TAA_t-TAA_c}{TAA_c}+\frac{PRO_t-PRO_c}{PRO_c}+\frac{RST_t-RST_c}{RST_c}+\frac{TSU_t-TSU_c}{TSU_c}\right)\times100\%\quad（7\text{-}4）$$

式中，RI 为品质响应指数；TAA 为总氨基酸含量；PRO 为蛋白质含量；RST 为粗淀粉含量；TSU 为总糖含量；t 为 UV-B 辐射处理；c 为对照。

通过蛋白质、粗淀粉、总糖和氨基酸含量的变化率来反映 UV-B 辐射增强对 10 个小麦籽粒品质的综合影响。根据响应指数，划分小麦籽粒品质对 UV-B 辐射响应的敏感性。'会宁 18'的品质响应指数最高，为 98.16，'云麦 39'响应指数最低，为−1.19（表 7-33）。

表 7-33　10 个小麦品种品质对 UV-B 辐射的响应指数（%）（引自 Zu et al., 2004）
Table 7-33　Response index of 10 wheat cultivars to UV-B radiation (%)

品种	响应指数	品种	响应指数
会宁 18	98.16	陇春 16	15.33
绵阳 20	48.62	凤麦 24	10.66
绵阳 26	24.94	辽春 9	9.96
文麦 3	22.60	楚雄 8807	7.65
大理 905	17.24	云麦 39	−1.19

3. 大豆对 UV-B 辐射响应反馈的品种差异评估

大豆响应指数由株高、叶面积指数、总生物量和产量的变化率组成，它可以反映出大豆品种对增强 UV-B 辐射响应总的敏感性（Li et al., 2002）。

$$RI=\left(\frac{PH_t - PH_c}{PH_c} + \frac{LAI_t - LAI_c}{LAI_c} + \frac{TB_t - TB_c}{TB_c} + \frac{GY_t - GY_c}{GY_c}\right)\times 100\% \qquad (7\text{-}5)$$

式中，RI 为生长响应指数；PH 为植株高度；LAI 为叶面积指数；TB 为生物量；GY 为谷物产量；t 为 UV-B 辐射处理；c 为对照。

20 个大豆品种的响应指数都为负值，大豆的生长在 UV-B 辐射下受到抑制（表 7-34）。'环县黄豆'所受影响最大（RI 为−295.7），而'云南 97801'所受影响最小（RI 为−72.4）。耐性品种（RI≥−162.4）按响应指数从大到小为：'云南 97801'>'兰引 20'>'云南 97929'>'豫豆 10'>'豫豆 18'。敏感品种（RI≤−256.9）按响应指数从大到小为：'Df-1'>'灵台黄豆'>'康乐黄豆'>'土黄豆 1'>'环县黄豆'。

表 7-34　20 个大豆品种对 UV-B 辐射的响应指数（%）（引自 Li et al., 2002）
Table 7-34　Response index of 20 soybean cultivars to UV-B radiation (%)

品种	响应指数	品种	响应指数
云南 97801	−72.4	云南 97506	−194.2
兰引 20	−124.0	云南 97701	−200.9
云南 97929	−128.5	陇豆 1	−215.1
豫豆 10	−143.9	ε0138	−223.4

品种	响应指数	品种	响应指数
豫豆 18	−162.4	云南 96510	−224.3
豫豆 8	−163.1	Df-1	−256.9
绿滚豆	−169.7	灵台黄豆	−263.7
黑大豆	−172.3	康乐黄豆	−264.6
云南 97501	−181.3	土黄豆 1	−290.8
皮条黄豆	−189.7	环县黄豆	−295.7

4. 玉米对 UV-B 辐射响应反馈的品种差异评估

玉米响应指数由株高、叶面积指数和干重的变化率得出，它可以反映出玉米品种对增强 UV-B 辐射响应总的敏感性（Correia and Areal，1998）。

$$RI=\left(\frac{PH_t-PH_c}{PH_c}+\frac{LAI_t-LAI_c}{LAI_c}+\frac{PDW_t-PDW_c}{PDW_c}\right)\times100\% \qquad （7-6）$$

式中，RI 为生长响应指数；PH 为植株高度；LAI 为叶面积指数；PDW 为植株干重；t 为 UV-B 辐射处理；c 为对照。

从表 7-35 可以看出，8 个玉米品种的响应指数都为负值，响应指数在 −54.6～−6.6。

表 7-35　8 个大豆品种对 UV-B 辐射的响应指数（%）（引自 Correia and Areal，1998）
Table 7-35　Response index (RI) of 8 soybean cultivars to UV-B radiation (%)

品种	响应指数
REG.VR	−6.6
Polo	−16.4
Avantage	−27.4
Anjou 37	−30.0
Teodora	−35.3
Braga	−46.2
REG.VS	−51.0
DK498	−54.6

5. 荞麦对 UV-B 辐射响应反馈的品种差异评估

荞麦响应指数由株高、叶面积指数、分枝数、地上部生物量和籽粒产量的变化率得出，它可以反映出荞麦品种对增强 UV-B 辐射响应总的敏感性（Yao et al.，2007）。

$$RI=\left(\frac{PH_t-PH_c}{PH_c}+\frac{LAI_t-LAI_c}{LAI_c}+\frac{BN_t-BN_c}{BN_c}+\frac{SW_t-SW_c}{SW_c}+\frac{GY_t-GY_c}{GY_c}\right)\times100\% （7-7）$$

式中，RI 为生长响应指数；PH 为植株高度；LAI 为叶面积指数；BN 为分枝数；SW 为地上部生物量；GY 为籽粒产量；t 为 UV-B 辐射处理；c 为对照。

从表 7-36 可以看出，10 个荞麦品种的响应指数为正值，5 个荞麦品种的响应指数为负值，响应指数在-174.56～122.32。

表 7-36　15 个荞麦品种对 UV-B 辐射的响应指数（%）（引自 Yao et al., 2007）

Table 7-36　Response index of 15 buckwheat cultivars to UV-B radiation (%)

品种	响应指数	品种	响应指数
青苦 4	122.32	镇巴苦荞	21.56
建塘苦荞	87.74	额洛乌	11.56
广苦 1	71.07	美姑苦荞	-8.65
凤凰苦荞	58.45	青苦 3	-22.47
姚安苦荞	45.54	格桑苦荞	-34.39
九江苦荞	35.41	榆 6-21	-94.64
旺堆苦荞	32.25	老鸭苦荞	-174.56
比尔苦荞	24.59		

6. 割手密无性系对 UV-B 辐射响应反馈的品种差异评估

割手密无性系响应指数由株高、叶面积指数、分蘖数、总生物量和锤度的变化率组成，它可以反映出割手密无性系对增强 UV-B 辐射响应总的敏感性（何永美，2006）。

$$RI=\left(\frac{PH_t-PH_c}{PH_c}+\frac{LAI_t-LAI_c}{LAI_c}+\frac{SB_t-SB_c}{SB_c}+\frac{BR_t-BR_c}{BR_c}+\frac{TN_t-TN_c}{TN_c}\right)\times100\% \quad (7\text{-}8)$$

式中，RI 为生长响应指数；PH 为植株高度；LAI 为叶面积指数；SB 为总生物量；BR 为锤度；TN 为分蘖数；t 为 UV-B 辐射处理；c 为对照。

表 7-37 表明，31 个割手密无性系中有 12 个无性系的响应指数为正值，有 19 个无性系的响应指数为负值。I91-48 受到的正影响最大（RI=848.04），II91-81 受到的负影响最大（RI=-232.75）。目前所有无性系的测试见表 7-37：有 10 个无性系的响应指数大于50（耐性品种），有 10 个无性系的响应指数小于-100（敏感品种）。

表 7-37　31 个割手密无性系对 UV-B 辐射的响应指数（%）（引自何永美，2006）

Table 7-37　Response index of 31 wild sugarcane (*S. spontaneum* L.) clones to UV-B radiation (%)

无性系	响应指数	无性系	响应指数	无性系	响应指数
I91-48	848.04	82-110	15.89	90-22	-101.70
92-11	313.31	II91-89	-1.03	92-26	-109.96
I91-97	280.10	83-153	-14.46	83-217	-113.91

无性系	响应指数	无性系	响应指数	无性系	响应指数
II91-99	241.69	83-193	−20.15	II91-72	−117.25
II91-13	121.69	92-4	−24.55	II91-93	−122.92
I91-91	119.82	92-36	−51.65	II91-116	−143.59
90-15	110.64	II91-98	−54.04	II91-5	−151.57
I91-38	68.26	93-25	−58.54	II91-126	−153.07
88-269	60.98	90-8	−77.33	I91-37	−169.30
83-215	54.89	82-26	−78.23	II91-81	−232.75
83-157	48.90				

7. 灯盏花居群对 UV-B 辐射响应反馈的品种差异评估

UV-B 辐射增强条件下，灯盏花总黄酮产量的变化率是生物量与总黄酮含量对 UV-B 辐射响应的综合反映，包含了灯盏花药材品质指标与产量指标对 UV-B 辐射增强的响应程度，可较准确地评价灯盏花居群对 UV-B 辐射的敏感性差异（冯源，2009）。

灯盏花总黄酮产量响应指数（RI）：

$$RI = \left(\frac{GY_t - GY_c}{GY_c} \right) \times 100\% \qquad (7-9)$$

式中，GY 为总黄酮产量；t 为 UV-B 辐射处理，c 为对照。

将 UV-B 辐射增强条件下 6 个居群总黄酮产量的变化率（%）作为灯盏花总黄酮产量对 UV-B 辐射的响应指数（表 7-38）。在 3 个生育期，D01、D53、D63 与 D65 居群的响应指数均为正值，D47 和 D48 居群响应指数为负值。由 3 个生育期的响应指数判定：D01、D53、D63 与 D65 为耐性居群（RI > 0），D47 和 D48 为敏感居群（RI < 0）。6 个灯盏花居群的 UV-B 辐射敏感性由高到低依次为：D48>D47>D01>D53>D63>D65。

表 7-38　灯盏花居群总黄酮产量对 UV-B 辐射的响应指数（引自冯源，2009）

Table 7-38　Response index of total flavonoid yield of *E. breviscapus* populations to UV-B radiation

居群	成苗期	盛花期	成熟期
D01	25.45	25.07	10.21
D47	−0.91	−8.30	−18.01
D48	−9.48	−10.24	−25.84
D53	36.30	29.61	16.57
D63	41.60	37.26	17.67
D65	57.65	49.71	27.54

8. 蔬菜类植物对 UV-B 辐射响应反馈的品种差异评估

安黎哲等（2001）用 5 个黄瓜品种和 7 个番茄品种进行 UV-B 辐射敏感性差异研究，用株高（PH）、叶面积（LA）和总干重（TDW）（根、茎、叶的和）的变化率构成响应指数。

$$RI=\left(\frac{PH_t - PH_c}{PH_c} + \frac{TDW_t - TDW_c}{TDW_c} + \frac{LA_t - LA_c}{LA_c}\right)\times100\% \qquad （7-10）$$

5 个黄瓜品种对 UV-B 辐射的敏感性见表 7-39。5 个黄瓜品种的响应指数值均为负值，说明 UV-B 辐射对黄瓜品种的生物量产生了负影响，高强度辐射的效应大于低强度的抑制作用。

表 7-39　5 个黄瓜品种对 UV-B 辐射的响应指数（%）（引自安黎哲等，2001）

Table 7-39　Response index of 5 cucumber cultivars to UV-B radiation (%)

品种	辐射强度[kJ/（m²·d）]	响应指数
津春 3	8.82	−49.0
	12.60	−84.0
长春密刺	8.82	−28.3
	12.60	−53.2
黄瓜 828	8.82	−30.5
	12.60	−61.3
甘丰 2 号	8.82	−25.4
	12.60	−42.9
甘丰 6 号	8.82	−31.7
	12.60	−51.5

7 个番茄品种对增强 UV-B 辐射的响应指数均为负值，'陇番 3 号'最为敏感，'陇番 7 号'较具抗性，各品种响应指数见表 7-40（安黎哲等，2001）。

表 7-40　7 个番茄品种对 UV-B 辐射的响应指数（引自安黎哲等，2001）

Table 7-40　Response index of 7 tomato cultivars to UV-B radiation

品种	辐射强度[kJ/（m²·d）]	响应指数（%）
早丰	8.82	−25.8
	12.60	−47.9
毛粉 802	8.82	−21.5
	12.60	−46.2
陇番 2 号	8.82	−19.8
	12.60	−46.2
陇番 3 号	8.82	−37.6
	12.60	−73.0
陇番 5 号	8.82	−22.2

续表

品种	辐射强度[kJ/（m²·d）]	响应指数（%）
陇番 5 号	12.60	−45.5
陇番 7 号	8.82	−15.6
	12.60	−36.4
早魁	8.82	−29.7
	12.60	−65.8

　　蒋翔等（2015）对不同番茄品种的研究中，用株高、可溶性糖和有机酸酸含量的变化率构建响应指数（表 7-41），8 个品种中，2 个品种为负值，6 个品种为正值。

$$RI = \left(\frac{PH_t - PH_c}{PH_c} + \frac{Su_t - Su_c}{Su_c} + \frac{Oa_t - Oa_c}{Oa_c} \right) \times 100\% \qquad （7-11）$$

式中，RI 为响应指数；PH 为植株高度；Su 为可溶性糖含量；Oa 为有机酸含量；t 为 UV-B 辐射处理；c 为对照。

表 7-41　8 个番茄品种来源地及响应指数（引自蒋翔等，2015）

Table 7-41　The origins and response index of 8 tomato cultivars

品种	来源地	海拔（m）	响应指数
雄霸天下（*Lycopersicon esculentum* Xiongbatianxia）	陕西西安	400	−55.46
中蔬四号（*L. esculentum* Zhongsusihao）	内蒙古赤峰	520	3.66
台湾圣女（*L. esculentum* Taiwanshengnv）	北京丰台	43.5	35.64
超级大明星（*L. esculentum* Chaojidamingxing）	广东湛江	50～250	64.82
天泽上海 908F1（*L. esculentum* var. Tianzeshanghai 908 F₁）	陕西西安	400	242.00
天泽毛粉 802（*L. esculentum* Tianzemaofen 802）	陕西西安	400	136.76
樱桃小番茄（*L. esculentum* Yingtaoxiaofanqie）	云南盈江	1400～2200	31.10
天皇明星（*L. esculentum* Tianhuangmingxing）	广东湛江	50～250	−33.11

二、作物对 UV-B 辐射响应反馈品种差异的机理

　　Ziska 和 Teramura（1992）发现不同海拔植物的总生物量对 UV-B 辐射的反应存在差异，低海拔物种的生物量因 UV-B 辐射而显著降低，但高海拔物种不受 UV-B 辐射的影响，且低海拔物种的根冠比也被 UV-B 辐射降低。因此认为，生长于高 UV-B 辐射环境中的植物可能产生了一种适应 UV-B 辐射的机理，从而表现出更具抗性。王连喜等（2004）对比分析了南京地区和宁夏地区 UV-B 辐射增强对小麦的影响。低海拔地区小麦比中高海拔地区小麦对 UV-B 辐射增强敏感，南京地区 UV-B 辐射增强抑制小麦生长，

减小 LAI，抑制生物产量和经济产量；宁夏地区 UV-B 辐射增强抑制株高，抑制生殖生长时期 LAI 和干物质累积，增加营养生长时期 LAI 和干物质累积，使经济产量及其构成因素减少。

植物对 UV-B 辐射的敏感性还受到生产条件的影响，大田栽培植物敏感性较低，而温室和培养箱中的则较高。干旱及磷供应不足都可以降低植物对 UV-B 辐射的敏感性，植物原产地不同也会导致其对 UV-B 辐射的敏感性不同。UV-B 辐射胁迫的效应与作物中氮收支有关，当氮含量达到最高水平时，抗 UV-B 辐射的保护色素含量大大降低（Tevini，1995）。此外，Sullivan 和 Teramura（1990）在 UV-B 辐射与水压力相互作用的野外研究中得到 UV-B 辐射使光合作用和生长均减缓的现象，仅在充分灌溉的大豆中观察到。当大豆受到水胁迫时，同样剂量的 UV-B 辐射对光合作用和生长并没有产生重要影响。对这种现象的解释是水压力太大会减慢光合作用和生长，因而掩盖了 UV-B 辐射的作用。更进一步，水胁迫使植物产生了高浓度的叶面黄酮醇，它提供了更大的 UV-B 辐射防护能力。大豆在灌溉条件下，UV-B 辐射处理使植株叶面积减小，而在干旱条件下，则减小不明显（Murali and Teramura，1985b）。Sullivan 和 Teramura（1988）在连续观察 UV-B 辐射对大豆产量影响的试验中遇到 2 年干旱，但这 2 年的产量下降程度减弱。Mirecki 和 Teramura（1984）观测到，在高剂量 UV-B 辐射的同时，给予较高的光量子通量密度（photosynthetic photon flux density，PPFD）时，大豆植株受到的伤害要比同样剂量 UV-B 辐射加上低 PPFD 处理的伤害小得多。在水分充足条件下，UV-B 辐射增强使得大豆生长受抑，干重及净光合速率都下降，而在干旱条件下植株对 UV-B 辐射的反应没有表现出来。合理改变环境条件可减弱 UV-B 辐射对植物的效应。

未来气候变化的模式有很大的不确定性，如温度、降水、地表辐射和大气 CO_2 浓度都可单独或与 UV-B 辐射联合作用导致生物化学循环的非线性变化。增强 UV-B 辐射能促进或抑制元素循环和物种对气候变化的响应，相反，气候变化如春天降雪融化也能促进或抑制物种和生化循环过程对增强 UV-B 辐射的响应。

第三节　作物对 UV-B 辐射响应反馈品种差异的生理学基础

植物在长期的进化过程中，对 UV-B 辐射形成了一定的适应性，一方面通过改变形态结构（如叶表蜡质层）调节 UV-B 辐射的穿透性，植物可通过增加叶片表皮细胞中紫外吸收物质含量、提高叶内抗氧化物质含量和增加活性氧清除酶活性等来抵抗 UV-B 辐射的伤害（Fiscus and Booker，1995；Singh，1996）。另一方面利用以类黄酮和某些酚醛类化合物为代表的 UV 辐射屏蔽色素，如类黄酮和生物碱等来有效防止 UV-B 辐射进入基层组织，自由基和活性氧接受体的增加也可减少 UV-B 辐射的不利影响。植物的另一特点是能修复损伤即存在光修复作用，该作用普遍存在于生物界中，UV-B 辐射抗性较强的植物品种这种修复能力往往也强。在 UV 辐射下，酶类光解 UV 辐射的诱发产物——环丁烷嘧啶二聚体（CPD），可见光和 UV-A 两波段的辐射可以促进这种光解。不同的作物对 UV-B 辐射的响应存在生理学差异。

一、作物对 UV-B 辐射响应反馈的酚类代谢系统生理学基础

UV-B 辐射下植物不仅通过抗氧化酶系统得到保护,而且通过非酶促抗氧化作用,尤其是通过类黄酮次生代谢物来防御 UV-B 辐射伤害。近几年来,UV-B 辐射诱导和调控次生类代谢关键酶的方式取得了一些较深入的成果(姚银安等,2003)。植物体中的酚类化合物分布于上表皮、表皮毛、角质层、蜡质层(以配基形式为主)和液泡(以黄酮苷形式为主)中,受可见光、植株和组织发育时期、生物和非生物胁迫的调节。

植物表皮和表皮细胞层液泡中积累特定的苯丙烷类化合物(如类黄酮和花色素),在缓解 UV-B 辐射诱导的植物损伤中有重要的作用(Hidema and Kumagai,2006)。查耳酮合酶(CHS)和查耳酮异构酶(CHI)被抑制,缺少类黄酮的拟南芥突变体,对 UV-B 辐射高度敏感(Li et al.,1993)。相反,一种耐 UV-B 辐射的拟南芥突变体大量合成类黄酮和其他酚类物质。在水稻中,UV-B 辐射敏感性品种差异是否与叶片中 UV-B 吸收物质含量有关还不清楚。17 个日本水稻品种中,UV-B 辐射耐性与紫外吸收物质两者之间没有显著的相关性(Teranishi et al.,2004)。Dai 等(1992)报道 4 个水稻品种 UV-B 辐射敏感性与类黄酮的积累没有相关性。

不同种类作物的黄酮含量和分布特点不一样,如大麦(*Hordeum vulgare*)等冷凉禾谷类作物的类黄酮含量较高(8mg/g),且在叶肉、叶表层均有分布,而在豆类等大多数双子叶植物中的分布通常限制在表层内;大麦叶片刚从胚芽鞘或叶鞘中抽出时即含有较高的黄酮,而大豆(*Glycine max*)叶片在达到 20%生长量前黄酮含量很少,多数的黄酮在其叶片生长量达到 90%时才产生。这种酚类化合物的分布特点对于防御 UV-B 辐射以及其他生物和非生物胁迫是有利的。Day 等(1994)用石英微探针测定多种植物的结果表明,UV-B 辐射穿透表层的能力与植物叶片表层中酚类甲醇粗提物含量成反比;山毛榉、耧斗菜近缘种、水稻(*Oryza sativa*)的 UV-B 辐射耐性与 UV-B 吸收物质含量呈正相关。Gitz 等(1998)用苯丙氨酸解氨酶(PAL)抑制剂 AIP 处理甘蓝(*Brassica oleracea*)悬浮细胞降低细胞总酚含量后,再对这种悬浮细胞进行 UV-B 辐射处理,光系统 II(PSII)反应中心的活性降低 200%以上;对酚类代谢关键酶缺失的拟南芥和大麦突变体进行 UV-B 辐照处理的试验,证实各种酚类化合物对 UV-B 辐射有防御作用(Isabecle et al.,2000)。

1. 水稻对 UV-B 辐射响应反馈的类黄酮含量生理学基础

不同的 UV-B 辐射水平对类黄酮含量的影响表现出差异。UV-B 辐射对'白脚老粳'和'月亮谷'类黄酮含量的影响见图 7-3 所示。UV-B 辐射促进'白脚老粳'和'月亮谷'叶片类黄酮含量增加,7.5kJ/m^2 UV-B 辐射处理的增幅最大。7.5kJ/m^2 UV-B 辐射条件下,3 个生育期'白脚老粳'叶片类黄酮含量的增幅均大于'月亮谷'(何永美,2013)。

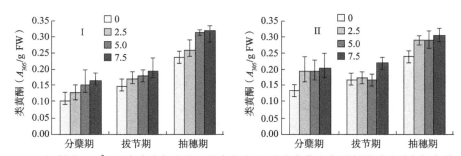

图 7-3 UV-B 辐射（kJ/m²）对白脚老粳（I）和月亮谷（II）叶片类黄酮含量的影响（引自何永美，2013）

Figure 7-3 Effects of UV-B radiation (kJ/m²) on flavonoids contents in the leaves of Baijiaolaojing (I) and Yuelianggu (II)

2. 小麦对 UV-B 辐射响应反馈的类黄酮含量生理学基础

UV-B 辐射对小麦类黄酮含量的影响有明显的差异，有 1 个品种显著增加，有 12 个品种显著或极显著减少，有 7 个品种无显著变化，具体的变化情况见表 7-42（Li et al.，2000b）。

表 7-42 20 个小麦品种对 UV-B 辐射响应反馈的类黄酮含量差异（引自 Li et al.，2000b）

Table 7-42 Intraspecific sensitivity to UV-B radiation based on flavonoid contents of 20 wheat cultivars

品种	变化率（%）	品种	变化率（%）
毕 90-5	−20.3*	绵阳 26	−14.8*
凤麦 24	16.2*	文麦 5	−10.2
YV 97-31	5.67	辽春 9	−17.0*
繁 19	−9.43	兰州 80101	−11.9
楚雄 8807	−2.00	陇 8425	−39.7**
绵阳 20	7.27	陇春 8139	−20.0*
大理 905	−16.1*	陇春 16	−17.5**
黔 14	1.79	MY 94-4	−28.3*
文麦 3	−21.1*	陇春 15	−17.5*
云麦 39	−17.6*	会宁 18	−25.0*

注：*和**分别代表对照与 UV-B 辐射间在 $P < 0.05$ 和 $P < 0.01$ 水平差异显著（LSD 检验，n=20）

3. 大豆对 UV-B 辐射响应反馈的类黄酮含量生理学基础

在对 20 个大豆品种的研究中发现（表 7-43），经辐射处理有 7 个品种显著或极显著增加，增幅为 18.69%～50.44%，有 5 个品种显著或极显著减少，降幅为 16.47%～30.97%，有 8 个品种无显著变化（Zu et al.，2003）。

表 7-43　20 个大豆品种对 UV-B 辐射响应反馈的类黄酮含量差异（引自 Zu et al.，2003）

Table 7-43　Intraspecific sensitivity to UV-B radiation based on flavonoid contents of 20 soybean cultivars

品种	变化率（%）	品种	变化率（%）
云南 97801	37.30**	云南 97506	−16.47*
兰引 20	−17.67*	云南 97701	−8.82
云南 97929	28.13**	陇豆 1	18.69*
豫豆 10	−3.15	ε0138	2.23
豫豆 18	−4.39	云南 96510	−30.97**
豫豆 8	50.44**	Df-1	−23.60**
绿滚豆	27.56**	灵台黄豆	44.72**
黑大豆	−4.83	康乐黄豆	−5.41
云南 97501	−4.59	土黄豆 1	2.71
皮条黄豆	−20.47**	环县黄豆	19.01*

注：*和**分别代表对照与 UV-B 辐射间在 $P < 0.05$ 和 $P < 0.01$ 水平差异显著（LSD 检验，$n=20$）

4. 玉米对 UV-B 辐射响应反馈的类黄酮含量生理学基础

6 个玉米品种的幼苗叶片中抗 UV-B 辐射物质脯氨酸和总黄酮的含量均受到 UV-B 辐射增强的影响（表 7-44），其含量显著高于对照组。不同基因型材料叶片中脯氨酸、总黄酮的含量在 UV-B 辐射增强下增加量是不同的。两组材料这两个指标性状表现趋势上也不相同。脯氨酸含量是：'X178'（373.06%）和'黄 C'（474.74%）增加率低于'农大 108'（558.97%），而'郑 58'（772.54%）和'昌 7-2'（672.12%）却高于'郑丹 958'（333.49%）。总黄酮含量是：自交系'X178'（300%）和'黄 C'（100%）增加率高于其杂交种'农大 108'（50%）；'郑 58'（0）和'昌 7-2'（0）均低于'郑丹 958'（50%）。

表 7-44　UV-B 辐射对 6 个玉米品种脯氨酸和总黄酮含量的影响（引自张海静，2013）

Table 7-44　Effects of UV-B radiation on the contents of proline and total flavonoids in 6 maize cultivars

品种	脯氨酸			总黄酮		
	对照（μg/g）	处理（μg/g）	变化率（%）	对照（mg/g）	处理（mg/g）	变化率（%）
X178	20.5±35b	97.1±2.4a	373.06	0.1±0.0b	0.4±0.0a	300
黄 C	28.5±1.9b	163.8±2.8a	474.74	0.1±0.0b	0.2±0.0a	100
农大 108	19.5±1.5b	128.5±2.9a	558.97	0.2±0.0b	0.3±0.0a	50
郑 58	14.2±0.6b	123.9±9.8a	772.54	0.2±0.0b	0.2±0.0a	0
昌 7-2	16.5±0.7b	127.4±4.6a	672.12	0.2±0.0b	0.2±0.0a	0
郑丹 958	20.9±1.3b	90.6±3.7a	333.49	0.2±0.0b	0.3±0.0a	50

注：不同小写字母表示不同处理间在 $P<0.05$ 水平差异显著（Duncan's 检验，$n=5$）

5. 割手密无性系对 UV-B 辐射响应反馈的类黄酮含量生理学基础

从表 7-45 可知，增强 UV-B 辐射处理后 31 个割手密无性系成熟期的类黄酮含量有明显的变化，有 9 个极显著上升，7 个显著或极显著下降（何永美，2006）。

表 7-45　31 个割手密无性系对 UV-B 辐射响应反馈的类黄酮的差异（引自何永美，2006）

Table 7-45　**Intraspecific sensitivity to UV-B radiation based on flavonoid contents of 31 wild sugarcane (*S. spontaneum* L.) clones**

品种	变化率（%）	品种	变化率（%）
I91-48	36.15**	92-36	58.43**
92-11	32.36**	II91-98	−53.80**
I91-97	30.49**	93-25	7.96
II91-99	−22.70	90-8	47.34**
II91-13	31.71**	82-26	8.15
I91-91	−23.03*	90-22	58.29**
90-15	6.73	92-26	−36.80**
I91-38	38.90**	83-217	−15.20
88-269	−41.07**	II91-72	−22.45
83-215	17.35	II91-93	−3.16
83-157	−11.02	II91-116	18.01
82-110	−4.64	II91-5	−2.52
II91-89	−18.80	II91-126	−32.60**
83-153	−6.18	I91-37	49.42**
83-193	−1.14	II91-81	−35.47**
92-4	−45.10**		

注：*和**表示对照与 UV-B 辐射间分别在 $P<0.05$ 和 $P<0.01$ 水平差异显著（LSD 检验，$n=31$）

二、作物对 UV-B 辐射响应反馈的光合反应生理学基础

植物的光合作用是植物形态建设和干物质积累的基础。UV-B 辐射影响水稻的生长和生物量累积，大量研究表明了水稻的光合作用受到 UV-B 辐射抑制（吴杏春等，2007；林文雄等，1999；殷红等，2009a）。UV-B 辐射破坏光系统（PS），光系统 II 电子传递对 UV-B 辐射的敏感性增强，加速 PSII 核心蛋白 D1、D2 的降解；叶绿体亚显微结构遭到破坏，光合色素降解，叶绿体膜系统受到伤害，光能的吸收、传递和转换效率大大降低（Ibañez et al.，2008）。吴杏春等以两个水稻品种 'Dular' 和 'Lemont' 为材料，研究了 UV-B 辐射增强对水稻光合作用的影响，叶绿素总量及叶绿素 a 与叶绿素 b 比值（Chl a/b）下降，叶绿体结构变形，基粒片层排列稀疏紊乱，光合作用效率不同程度的降低。Mohammed 和 Tarpley（2011）对 9 个水稻品种的研究表明，经 16.0kJ/（m^2·d）的 UV-B 辐射处理，有 8 个水稻品种的净光合速率显著降低，降低了 60%，而对叶绿素 a、b 含量和叶绿素 a/b 值的影响不显著。UV-B 辐射使水稻净光合速率和气孔导度显著降低，荧光参数（初始荧光产量，PSII 原初光能转换效率、PSII 潜在活性、可变荧光下降比值、

可变荧光猝灭速率）和类囊体的电子传递效率显著降低（Lidon and Ramalho，2011）。光合磷酸化过程和光系统 II 是类囊体膜上对 UV-B 辐射最敏感的因子（Apostolova，2008；Bolink et al.，2001）。UV-B 辐射增强使水稻叶片叶绿体 PQ 库变小，PSII 活性中心受损，其电子传递受阻，特别是 PSII 原初电子受体 QA 的光还原过程、电子由 PSII 反应中心向 Q_A、Q_B 及 PQ 传递的过程受到影响，使 PSII 潜在活性和原初光能转化效率下降，减少了干物质的合成和积累（Jansen et al.，2010）。光合作用的关键酶——1,5-二磷酸核酮糖羧化酶/加氧酶（Rubisco）遭到破坏被认为是 UV-B 辐射降低植物光合作用的重要原因（Allen，1997）。

UV-B 辐射导致植物体内大量的生理和生物化学过程改变，包括抑制光合作用（Bornman and Teramura，1993）。这些抑制作用主要表现为叶绿素含量降低，叶绿体蛋白减少，如 1,5-二磷酸核酮糖羧化酶/加氧酶和 LHCII（捕光色素复合物）（Strid et al.，1990），与光合作用有关的基因表达下调（Mackerness et al.，1999a）。增强 UV-B 辐射导致水稻功能叶片中总氮、叶绿素、可溶性蛋白和 1,5-二磷酸核酮糖羧化酶含量下降，1,5-二磷酸核酮糖羧化酶含量在敏感水稻中比耐性水稻中降低更多（Hidema et al.，1996）。Takeuchi 等（2002）研究了增强 UV-B 辐射对敏感（'Norin 1'）和耐性（'Sasanishiki'）水稻品种 Rubisco 与 LHCII 合成及降解的影响，在敏感品种中 UV-B 辐射显著抑制了 Rubisco 的合成，而 LHCII 合成没有受到影响。利用 N^{15} 技术研究了 UV-B 辐射在 mRNA 水平对 Rubisco（*rbcS* 和 *rbcL*）和 LHCII（*cab*）蛋白的影响，UV-B 辐射抑制了 *rbcS*、*rbcL*、*cab* 基因表达，在两个水稻品种中 mRNA 表达量降低程度不同，敏感品种比耐性品种降低更多，说明耐性和敏感品种 Rubisco 与 LHCII 在转录及后转录水平对 UV-B 辐射的响应有差异。同时，UV-B 辐射导致两个水稻品种中 Rubisco 降解。光照条件下，叶绿体中 ROS 导致 Rubisco 大亚基（LSU）直接分解成两个多肽片段（Ishida et al.，1999）。其他的研究也发现 UV-B 辐射可产生 ROS，导致 Rubisco 光解，也导致 Rubisco 大亚基降解（Ishida et al.，1999）。在水稻中 UV-B 辐射使 Rubisco 降解是因为产生了 ROS，UV-B 辐射导致 Rubisco 降解与某些蛋白酶的合成有关（Hidema and Kumaga，2006）。

1. 作物对 UV-B 辐射响应反馈的光合色素差异

增强 UV-B 辐射对作物的叶绿素产生不同程度的影响。UV-B 辐射增强破坏植物叶绿素 a 的结构，改变叶绿素 a 和叶绿素 b 的比例，阻碍了光合蛋白复合体的形成，抑制细胞器的形成。UV-B 辐射导致光合色素含量下降是 UV-B 辐射诱导叶绿素和类胡萝卜素发生非酶促氧化作用，因此这些色素以氧合形式积累，抑制光合色素的合成（Carletti et al.，2003）。只有植物体内保持较高水平的抗氧化代谢水平，才能有效清除活性氧，减少光合色素的降解（古今等，2006）。

（1）水稻对 UV-B 辐射响应反馈的光合色素差异

UV-B 辐射增强对'白脚老粳'和'月亮谷'分蘖期叶片的叶绿素 a 含量（图 7-4）、叶绿素 b 含量（图 7-5）和类胡萝卜素含量（图 7-6）有一定的影响。7.5kJ/m² UV-B 辐射处理对'白脚老粳'和'月亮谷'叶片色素含量的影响最大。7.5kJ/m² UV-B 辐射处理，

'白脚老粳'、'月亮谷'拔节期和抽穗期叶片的叶绿素 a 含量均显著下降（何永美，2013）。

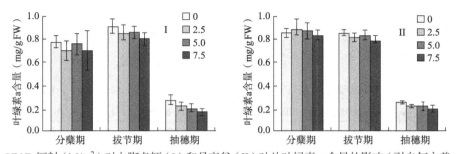

图 7-4　UV-B 辐射（kJ/m²）对白脚老粳（I）和月亮谷（II）叶片叶绿素 a 含量的影响（引自何永美，2013）

Figure 7-4　Effects of UV-B radiation (kJ/m²) on the contents of chlorophyl a in the leaves of Baijiaolaojing (I) and Yuelianggu (II)

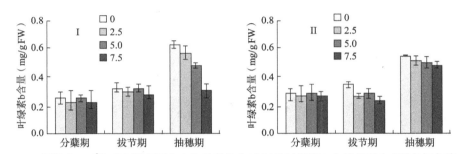

图 7-5　UV-B 辐射（kJ/m²）对白脚老粳（I）和月亮谷（II）叶片叶绿素 b 含量的影响（引自何永美，2013）

Figure 7-5　Effects of UV-B radiation (kJ/m²) on the contents of chlorophyl b in the leaves of Baijiaolaojing (I) and Yuelianggu (II)

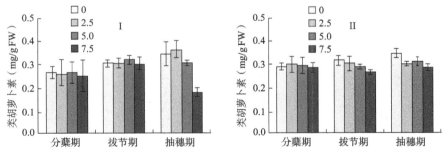

图 7-6　UV-B 辐射（kJ/m²）对白脚老粳（I）和月亮谷（II）叶片类胡萝卜素含量的影响（引自何永美，2013）

Figure 7-6　Effects of UV-B radiation (kJ/m²) on the contents of carotenoid in the leaves of Baijiaolaojing (I) and Yuelianggu (II)

7.5kJ/m² UV-B 辐射处理，'白脚老粳'抽穗期的叶绿素 b 含量极显著下降，'月亮谷'拔节期、抽穗期的叶绿素 b 含量分别极显著和显著下降（何永美，2013）。

7.5kJ/m² UV-B 辐射处理，'白脚老粳'抽穗期类胡萝卜素含量极显著下降，'月亮谷'拔节期和抽穗期类胡萝卜素含量均极显著下降（何永美，2013）。

（2）小麦对 UV-B 辐射响应反馈的光合色素差异

在大田条件下，UV-B 辐射对 20 个小麦品种叶绿素含量有一定的影响（表 7-46）。叶绿素 a 含量表现为 9 个品种显著降低，4 个品种极显著降低；叶绿素 b 含量表现为 8 个品种显著降低，3 个品种极显著降低；叶绿素 a+b 含量表现为 8 个品种显著降低，5 个品种极显著降低；叶绿素 a/b 含量表现为 4 个品种显著降低（Li et al., 2000b）。

表 7-46　UV-B 辐射对 20 个小麦品种光合色素的影响（引自 Li et al., 2000）

Table 7-46　Effect of UV-B radiation on photosynthetic pigments in 20 wheat cultivars

品种	叶绿素 a 变化率（%）	叶绿素 b 变化率（%）	叶绿素 a+b 变化率（%）	叶绿素 a/b 变化率（%）
毕 90-5	−34.1*	−21.3	−29.3*	−13.6
凤麦 24	−42.2**	−32.5**	−38.2**	−13.6
YV 97-31	−13.3	−1.4	−8.24	−11.0
繁 19	−32.3*	−28.8**	−30.3*	−4.7
楚雄 8807	−21.4**	−21.8*	−22.2*	0.8
绵阳 20	−23.1	−14.3	−19.1	−9.7
大理 905	−31.6*	−20.3*	−26.7*	−15.8*
黔 14	−11.8	−15.3	−13.9	3.4
文麦 3	−54.1*	−47.4*	−51.3*	−12.6
云麦 39	−46.0*	−12.7	−33.2*	−38.4*
绵阳 26	−55.6**	−54.7*	−55.6**	−2.5
文麦 5	−2.0	2.2	0.5	−4.6
辽春 9	−38.7*	−35.5**	−37.3*	−4.7
兰州 80101	−45.5*	−51.2*	−48.6**	13.1
陇 8425	−51.2*	−42.5*	−47.0*	−15.6*
陇春 8139	−41.0**	−38.4*	−40.1**	−3.3
陇春 16	−8.4	−24.7	−19.5	21.7*
MY 94-4	−53.4*	−43.0*	−48.5**	−17.6*
陇春 15	−18.5	−23.6	−20.9	6.9
会宁 18	3.2	−23.8	−9.5	35.0*

注：*和**表示对照与 UV-B 辐射间分别在 $P<0.05$ 和 $P<0.01$ 水平差异显著（LSD 检验，$n=20$）

（3）大豆对 UV-B 辐射响应反馈的光合色素差异

从表 7-47 可知，在大田条件下，UV-B 辐射对 20 个大豆品种叶绿素含量有一定的影响，叶绿素 a 含量表现为 10 个品种显著降低，2 个品种极显著降低，1 个品种显著升高；叶绿素 b 含量表现为 7 个品种显著降低，2 个品种极显著降低，4 个品种显著升高；叶绿素 a+b 含量表现为 7 个品种显著降低，5 个品种极显著降低；叶绿素 a/b 含量表现为

2 个品种显著降低，1 个品种极显著降低，1 个品种显著升高（Zu et al.，2003）。

表 7-47 UV-B 辐射对 20 个小麦品种光合色素的影响（引自 Zu et al.，2003）

Table 7-47 Effects of UV-B radiation on photosynthetic pigments of 20 wheat cultivars

品种	叶绿素 a 变化率（%）	叶绿素 b 变化率（%）	叶绿素 a+b 变化率（%）	叶绿素 a/b 变化率（%）
云南 97801	−26.25*	−22.23*	−24.62*	−5.11
兰引 20	−15.16*	−17.87*	−16.55*	2.70
云南 97929	−40.67**	23.94*	−10.65	−52.08**
豫豆 10	−7.49	−8.15	−7.772	0.70
豫豆 18	−8.90	18.42*	−0.050	−23.08*
豫豆 8	−37.51*	−30.77**	−34.66**	8.57
绿滚豆	7.01	9.31	8.42	−2.05
黑大豆	−0.14	−23.93*	−11.13	31.27*
云南 97501	−31.72*	−32.84*	−32.23**	1.64
皮条黄豆	−0.28	4.39	−11.34	−5.35
云南 97506	−30.06*	−8.02	−20.05*	−23.90*
云南 97701	−43.06**	−38.16**	−42.61**	−7.90
陇豆 1	−23.36*	−19.05*	−21.81*	−5.32
ε0138	−29.21*	−29.21*	−29.21**	0.18
云南 96510	21.75*	26.51*	−24.07*	−3.80
Df-1	−22.42*	−14.08	−18.85*	−9.63
灵台黄豆	−20.71*	−26.93*	−22.73**	8.48
康乐黄豆	−11.77	−10.14	−10.89	−1.92
土黄豆 1	−1.11	6.01	2.34	−7.23
环县黄豆	−25.63*	27.52*	−26.51*	2.66

注：*和**表示对照与 UV-B 辐射间分别在 $P<0.05$ 和 $P<0.01$ 水平差异显著（LSD 检验，$n=20$）

（4）玉米对 UV-B 辐射响应反馈的光合色素差异

Correia 等（1999）研究发现，UV-B 辐射使玉米叶片的叶绿素含量显著降低。不同玉米品种的总叶绿素含量、叶绿素 a/b、类胡萝卜素含量对 UV-B 辐射的响应不同（表 7-48）。

表 7-48 UV-B 辐射对 8 个玉米品种光合色素的影响（引自 Correia et al.，1999）

Table 7-48 Effects of UV-B radiation on photosynthetic pigments of 8 maize cultivars

品种	总叶绿素变化率（%）	叶绿素 a/b 变化率（%）	类胡萝卜素变化率（%）	磷酸烯醇丙酮酸羧化酶变化率（%）	1,5-二磷酸核酮糖羧化酶/加氧酶变化率（%）
Anjou 37	−6.3	−13.0*	−6.6	−14.2	−40.3*
Teodora	−20.5**	−1.8	−3.7	−29.3	−32.2

品种	总叶绿素变化率（%）	叶绿素 a/b 变化率（%）	类胡萝卜素变化率（%）	磷酸烯醇丙酮酸羧化酶变化率（%）	1,5-二磷酸核酮糖羧化酶/加氧酶变化率（%）
Avantage	−2.8	−2.7	8.20	−37.0*	−21.9
REG.VR	−10.1	−1.7	−11.7	−47.9*	−41.4*
DK498	−18.0	7.6	−6.2	−32.0	−39.4*
Braga	−22.1**	7.2	−33.9	−32.9*	−38.8*
Polo	1.2	−11.4*	−3.1	−46.3*	−46.3**
REG.VS	−5.5	−7.8	−12.3	−25.7	−20.7

注：*和**表示对照与 UV-B 辐射间分别在 $P<0.05$ 和 $P<0.01$ 水平差异显著（LSD 检验，$n=5$）

（5）割手密无性系对 UV-B 辐射响应反馈的光合色素差异

UV-B 辐射对 31 个割手密无性系成熟期光合色素的影响见表 7-49。有 7 个无性系的叶绿素 a+b 含量发生显著或极显著变化，有 11 个无性系的叶绿素 a 含量发生显著或极显著变化，有 5 个无性系的叶绿素 b 发生显著或极显著变化。总叶绿素含量发生变化主要由叶绿素 a 急剧变化所致，而叶绿素 b 的变化较缓慢（何永美，2006）。

表 7-49　UV-B 辐射对 31 个割手密无性系光合色素的影响（引自何永美，2006）

Table 7-49　Effects of UV-B radiation on photosynthetic pigments of 31 wild sugarcane (*S. spontaneum* L.) clones

无性系	叶绿素 a 变化率（%）	叶绿素 b 变化率（%）	叶绿素 a+b 变化率（%）
I91-48	−30.40**	−5.60	−9.44
92-11	−30.70**	−18.50	−26.92**
I91-97	−18.50**	−15.08	−17.47
II91-99	16.53	5.23	12.90
II91-13	−4.83	−13.04	−7.48
I91-91	−19.40	−17.03	−18.90
90-15	20.84*	22.34**	21.63*
I91-38	8.51	4.96	7.63
88-269	−15.60	−13.21	−14.79
83-215	−0.17	−4.00	−1.07
83-157	−18.72	−15.53	−15.67
82-110	−3.40	1.86	−2.08
II91-89	−6.83	−7.03	−6.93
83-153	4.11	2.01	3.47
83-193	−22.00*	−5.89	−17.59
92-4	−30.23**	27.17**	−29.09**
92-36	−20.50*	−16.34	−19.21
II91-98	−2.07	−6.37	−3.52
93-25	24.27**	20.45**	23.13*

续表

无性系	叶绿素 a 变化率（%）	叶绿素 b 变化率（%）	叶绿素 a+b 变化率（%）
90-8	4.81	4.35	4.68
82-26	−3.17	−4.19	−3.64
90-22	7.80	4.10	6.91
92-26	−19.30	−18.86	−19.13
83-217	4.93	5.13	5.10
II91-72	25.04**	23.65**	24.31*
II91-93	−24.57**	−18.90	−22.75*
II91-116	−0.82	−1.46	−1.09
II91-5	−7.20	−6.91	−6.99
II91-126	−33.28**	29.35**	−35.21**
I91-37	−3.41	4.26	−1.199
II91-81	−15.96	−9.22	−13.28

注：*和**表示对照与 UV-B 辐射间分别在 $P<0.05$ 和 $P<0.01$ 水平差异显著（LSD 检验，$n=31$）

（6）灯盏花居群对 UV-B 辐射响应反馈的光合色素差异

在 UV-B 辐射增强条件下，6 个灯盏花居群成熟期叶片光合色素含量均发生明显变化。D47 与 D48 居群成熟期叶绿素 a、叶绿素 b 和总叶绿素含量显著或极显著降低；D01、D53、D63 与 D65 居群在成熟期类胡萝卜素含量均显著或极显著增加，D47 与 D48 居群在成熟期显著或极显著下降（表 7-50）。

表 7-50　UV-B 辐射对灯盏花叶片光合色素含量（mg/L）的影响（引自冯源，2009）

Table7-50　Effects of UV-B radiation on photosynthetic pigment contents (mg/L) in leaves of *E. breviscapus* populations

居群	叶绿素 a		叶绿素 b		总叶绿素		类胡萝卜素	
	对照	UV-B	对照	UV-B	对照	UV-B	对照	UV-B
D01	2.73	2.86	1.85	1.90	4.58	4.76	0.550	0.603*
D47	1.95	1.61**	1.47	1.35*	3.42	2.96**	0.410	0.365**
D48	1.76	1.39**	1.59	1.31**	3.35	2.70**	0.402	0.368*
D53	2.21	2.31	1.92	1.98	4.13	4.29	0.496	0.524*
D63	2.15	2.28	1.69	1.78	3.84	4.06	0.461	0.503*
D65	2.02	2.16	1.63	1.65	3.65	3.81	0.438	0.489**

注：*和**表示对照与 UV-B 辐射间分别在 $P<0.05$ 和 $P<0.01$ 水平差异显著（LSD 检验，$n=3$）

2. 作物对 UV-B 辐射响应反馈的光合参数差异

UV-B 辐射使水稻净光合速率和气孔导度显著降低，荧光参数（初始荧光产量、PSII 原初光能转换效率、PSII 潜在活性、可变荧光下降比值、可变荧光猝灭速率）和类囊体的电子传递效率显著降低（Lidon and Ramalho，2011）。光合磷酸化过程和光系统 II 是类囊体膜上对 UV-B 辐射最敏感的因子（Bolink et al.，2001；Apostolova et al.，2008）。UV-B 辐射增强使水稻叶片叶绿体 PQ 库变小，PSII 活性中心受损，其电子传递受阻，特别是 PSII 原初电子受体 QA 的光还原过程、电子由 PSII 反应中心向 Q_A、Q_B 及 PQ 传递的过程受到影响，使 PSII 潜在活性和原初光能转化效率下降，减少了干物质的合成和积累（Jansen et al.，2010）。光合作用的关键酶——1,5-二磷酸核酮糖羧化酶/加氧酶（Rubisco）遭到破坏被认为是 UV-B 辐射降低植物光合作用的重要原因（Allen et al.，1997）。

（1）作物对 UV-B 辐射响应反馈的光合参数差异

UV-B 辐射增强对'白脚老粳'和'月亮谷'水稻抽穗期叶片的光合生理有显著影响，不同的辐射水平有不同程度的影响（表 7-51）。5.0kJ/m² 和 7.5kJ/m² UV-B 辐射处理导致'白脚老粳'叶片的光合速率、蒸腾速率、气孔导度显著下降。7.5kJ/m² UV-B 辐射处理导致'白脚老粳'叶片的胞间 CO_2 浓度显著增加。7.5kJ/m² UV-B 辐射处理导致'月亮谷'叶片的光合速率、蒸腾速率和气孔导度均显著下降。3 个强度的 UV-B 辐射处理导致'月亮谷'叶片的胞间 CO_2 浓度显著增加（何永美，2013）。

表 7-51　UV-B 辐射对水稻光合参数的影响（引自何永美，2013）

Table 7-51　Effects of UV-B radiation on photosynthetic parameters of rice

水稻品种	UV-B 辐射（kJ/m²）	光合速率[μmol/(m²·s)]	蒸腾速率[mmol/(m²·s)]	气孔导度[μmol/(m²·s)]	胞间 CO_2 浓度（μmol/mol）
白脚老粳	0	11.4±0.7a	7.3±0.4a	0.33±0.03a	242±11b
	2.5	10.8±1.3ab	6.1±0.4b	0.29±0.07b	246±13b
	5.0	10.5±1.2bc	5.2±1.0c	0.28±0.04bc	248±6b
	7.5	9.9±1.6c	3.7±0.5d	0.26±0.02c	270±22a
月亮谷	0	12.9±1.6a	9.4±0.6a	0.40±0.03a	241±7c
	2.5	12.8±0.8a	9.4±0.5a	0.38±0.03ab	247±8b
	5.0	12.3±1.1a	6.3±0.6b	0.36±0.06b	274±13a
	7.5	10.9±1.3b	5.8±0.6c	0.31±0.04c	274±13a

注：不同小写字母表示不同处理间在 $P<0.05$ 水平差异显著（$n=50$）

（2）小麦对 UV-B 辐射响应反馈的光合参数差异

在大田条件下，UV-B 辐射对 10 个小麦品种叶片光合指标的影响具有种内差异。叶片的净光合速率对增强 UV-B 辐射的响应，总的趋势是降低的（表 7-52）。气孔导度变化差异较大，有 3 个品种的气孔导度极显著增加，而 4 个品种的气孔导度显著减小。有 7 个品种的胞间 CO_2 浓度增加。蒸腾速率的变化趋势与气孔导度一致（Li et al.，2000b）。

表 7-52　10 个小麦品种对 UV-B 辐射增强响应反馈的光合参数差异（引自 Li et al.，2000b）

Table 7-52　Intraspecific sensitivity to UV-B radiation based on photosynthetic parameters of
10 wheat cultivars

品种	净光合速率变化率（%）	蒸腾速率变化率（%）	气孔导度变化率（%）	胞间 CO_2 浓度变化率（%）
文麦 5	0.96	3.33	3.86	−1.47

续表

品种	净光合速率变化率（%）	蒸腾速率变化率（%）	气孔导度变化率（%）	胞间 CO_2 浓度变化率（%）
绵阳 26	3.05	4.17	6.60	1.84
云麦 39	−18.23*	−14.29*	−17.43*	4.34**
辽春 9	1.11	3.74	13.58	−0.04
凤麦 24	−25.32**	31.09**	34.73**	4.41*
陇春 16	−49.31**	31.29**	46.08**	12.32**
绵阳 20	−33.62*	−24.46*	−24.47*	−3.27*
陇春 15	−27.60*	−11.66	−17.48*	4.28*
会宁 18	−40.43**	13.53*	25.66**	9.72**
文麦 3	−18.52	−17.95**	−19.48*	1.75

注：*和**表示对照与 UV-B 辐射间分别在 $P<0.05$ 和 $P<0.01$ 水平差异显著（LSD 检验，$n=15$）

（3）玉米对 UV-B 辐射响应反馈的光合参数差异

由表 7-53 看出，增强 UV-B 辐射可以显著降低玉米幼苗叶片的光合速率，不同的基因型材料其下降率不同。增强 UV-B 辐射可以使叶片的胞间 CO_2 浓度均表现为显著增加。辐射增强与正常光照处理下，不同供试材料气孔导度的变化不同，'黄 C'和'郑 58'未达显著水平（张海静，2013）。

表 7-53　UV-B 辐射对 6 个玉米品种光合参数的影响（引自张海静，2013）

Table 7-53　Effects of UV-B on photosynthetic parameters of 6 maize cultivars

品种	蒸腾速率变化率（%）	气孔导度变化率（%）	光合速率变化率（%）	胞间 CO_2 浓度变化率（%）
X178	−31.0*	−24.1*	−95.7*	14.6*
黄 C	−16.1*	7.5	−84.4*	7.3*
农大 108	0.9	23.5*	−77.8*	13.5*
郑 58	18.6*	17.9	−91.7*	18.3*
昌 7-2	14.2	45.4*	−93.2*	18.2*
郑丹 958	20.3*	63.0*	−76.9*	16.1*

注：*表示对照与 UV-B 辐射间在 $P<0.05$ 水平差异显著（LSD 检验，$n=5$）

Correia 等（1999）研究发现，UV-B 辐射使玉米叶片的叶绿素含量显著降低。不同玉米品种的蒸腾速率、气孔导度、净光合速率、胞间 CO_2 浓度对 UV-B 辐射有不同的响应，见表 7-54。

表 7-54　UV-B 辐射对 6 个玉米品种光合参数的影响（引自 Correia et al.，1999）

Table 7-54　Effects of UV-B on photosynthetic parameters of 6 maize cultivars

品种	蒸腾速率变化率（%）	气孔导度变化率（%）	净光合速率变化率（%）	胞间 CO_2 浓度变化率（%）
Anjou 37	−16.2***	40.46***	−35.4***	31.8***

续表

品种	蒸腾速率变化率（%）	气孔导度变化率（%）	净光合速率变化率（%）	胞间 CO_2 浓度变化率（%）
Teodora	−1.5	−30.8***	−9.5	8.1
Avantage	−4.5	−22.0*	−21.4***	21.3***
REG.VR	−20.4***	−42.7***	−28.0***	7.6
DK498	−27.5***	−57.4***	−46.0***	43.4***
Braga	−20.8***	−38.4***	−26.6***	18.6***
Polo	−2.0	−0.3	−7.4	1.3
REG.VS	−25.7***	−33.0*	−15.6	15.0**

注：*、**和***表示对照与 UV-B 辐射间分别在 $P<0.05$、$P<0.01$ 和 $P<0.001$ 水平差异显著（LSD 检验，$n=5$）

同时研究了叶绿素荧光的变化，UV-B 辐射导致 6 个玉米品种叶片 F_0 增加，而 2 个玉米品种 $t_{1/2}$ 显著降低，所有品种 F_v/F_m 没有显著的变化（表 7-55），表明 UV-B 辐射对不同玉米品种叶绿素荧光参数的影响有一定的差异。

表 7-55　UV-B 辐射对玉米品种叶绿素荧光参数的影响（引自 Correia et al.，1999）

Table 7-55　Effects of UV-B radiation on chlorophyll fluorescence parameters of maize cultivars

品种	F_v/F_m	F_0	$t_{1/2}$（ms）
Anjou 37	−3.3	11.7[+]	−15.4
Teodora	−3.2	11.7	−10.5
Avantage	1.0	26.1***	−21.3*
REG.VR	−2.5	1.1	−8.3
DK498	4.0	19.2**	−8.9
Braga	+1.1	−5.5	−3.0
Polo	4.4	−5.4	+1.2
REG.VS	−2.7	33.0***	−26.6**

注：+、*、**和***表示对照与 UV-B 辐射间分别在 $P<0.1$、$P<0.05$、$P<0.01$ 和 $P<0.001$ 水平差异显著（LSD 检验，$n=5$）

UV-B 辐射增强可以显著降低 6 个玉米品种叶片的 F_v/F_m，且不同玉米品种下降程度不同（表 7-56）。UV-B 辐射增强和对照处理 6 个玉米品种幼苗的光合色素含量差异显著，UV-B 辐射增强可以降低幼苗光合色素含量，其下降幅度为 43.10%～54.90%。

表 7-56　UV-B 辐射对 6 个玉米品种光化学效率和光合色素含量的影响（引自张海静，2013）

Table 7-56　Effects of radiation on photochemical efficiency and photosynthetic pigments of 6 maize cultivars

品种	PSII 光能转化效率 F_v/F_m			光合色素		
	对照	处理	变化率（%）	对照	处理	变化率（%）
X178	0.9±0.0a	0.5±0.0b	−44.44	26.6±1.5a	13.8±0.9b	−48.12
黄 C	0.8±0.0a	0.6±0.0b	−25.00	31.0±2.2a	14.9±0.4b	−51.94
农大 108	0.8±0.0a	0.7±0.0b	−12.50	35.9±1.7a	17.3±0.6b	−51.81

续表

品种	PSII 光能转化效率 F_v/F_m			光合色素		
	对照	处理	变化率（%）	对照	处理	变化率（%）
郑 58	0.8±0.0a	0.7±0.0b	−12.50	29.7±1.1a	16.9±0.6b	−43.10
昌 7-2	0.8±0.0a	0.5±0.0b	−37.50	28.6±1.3a	12.9±0.8b	−54.90
郑丹 958	0.9±0.0a	0.7±0.0b	−22.22	37.4±2.3a	19.2±0.3b	−48.66

注：不同小写字母表示不同处理间在 $P<0.05$ 水平差异显著（Duncan's 检验，$n=5$）

（4）灯盏花居群对 UV-B 辐射响应反馈的光合参数差异

从表 7-57 可知，成熟期增强 UV-B 辐射对 6 个灯盏花居群光合参数有一定的影响。在 UV-B 辐射增强条件下，D01、D53 与 D65 居群的净光合速率、蒸腾速率、气孔导度和胞间 CO_2 浓度没有发生显著变化。D63 的净光合速率和蒸腾速率没有显著变化，气孔导度和胞间 CO_2 浓度有显著变化；D47 与 D48 居群的叶片净光合速率、蒸腾速率、气孔导度及胞间 CO_2 浓度均显著或极显著降低（冯源，2009）。

表 7-57　UV-B 辐射对 6 个灯盏花居群光合参数的影响（引自冯源，2009）

Table 7-57　Effects of UV-B radiation on photosynthetic parameters of 6 *E. breviscapus* populations

居群	光合速率 Pn[μmol/（m^2·s）]		蒸腾速率 Tr[mmol/（m^2·s）]		气孔导度 Cs[μmol/（m^2·s）]		胞间 CO_2 浓度 Ci（μmol/mol）	
	对照	UV-B	对照	UV-B	对照	UV-B	对照	UV-B
D01	13.02	13.78	1.92	1.98	0.252	0.255	142.14	146.37
D47	10.89	9.05**	2.47	2.05**	0.205	0.176**	176.36	154.25**
D48	12.39	10.17**	2.59	2.31*	0.269	0.231**	174.62	148.38**
D53	10.04	10.58	3.92	4.02	0.148	0.154	156.69	158.87
D63	8.36	8.65	3.65	3.71	0.063	0.069*	150.36	156.28*
D65	8.97	9.69	3.63	3.63	0.155	0.163	143.69	145.97

注：*和**表示对照与 UV-B 辐射间分别在 $P<0.05$ 和 $P<0.01$ 水平差异显著（LSD 检验，$n=3$）

三、作物对 UV-B 辐射响应反馈的抗氧化酶系统生理学基础

在 UV-B 辐射下，植物通过改变其形态和解剖结构、调节体内抗氧化酶系统、增强非酶促抗氧化作用（尤其是酚类次生代谢的增强）来进行适应。植物在进化过程中为保护细胞膜系统和生物大分子免受活性氧的伤害，形成了一套抗氧化的防御酶系统，包括超氧化物歧化酶（SOD）、抗坏血酸过氧化物酶（APX）、过氧化氢酶（CAT）等。

UV-B 辐射诱导形成超氧化物 H_2O_2 和 O_2^- 等活性氧（ROS）（Kubo et al., 1999），ROS 直接或间接引起 DNA、蛋白质、细胞膜、脂类等细胞成分发生氧化损伤。UV-B 辐射促进 H_2O_2 含量上升的同时，抑制了光合作用（Karpinski et al., 1997）。推测 UV-B 辐射诱导形成大量的 H_2O_2 与光系统 II 反应中心 D1 和 D2 蛋白损伤和降解有关。然而，植物有多种清除 ROS 的机理，抗氧化酶如 SOD、CAT、POD、GST，小分子抗氧化物

如 Vc、GSH 和类胡萝卜素，能快速清除 ROS。此外，花青素不仅是 UV-B 吸收物质，也是 ROS 清除物质，水稻 ROS 清除系统的表达增强有助于增强其 UV-B 辐射耐性。UV-B 辐射后三个水稻叶片中的 H_2O_2 含量、抗氧化酶 CAT、POX、SOD 活性增强（Fedina et al.，2010）。Fujibe 等（2004）报道，一个呈甲基-viologen 抗性的拟南芥突变体 *rcd1-2*，有很强的 Cu/Zn-SOD 和 POD 酶活性，表现出对短期 UV-B 辐射有很强的耐性。

UV-B 辐射导致 ROS 清除酶活性增强、UV-B 吸收物质累积，这些变化是通过 UV-B 辐射激活某些信号转导途径，促进叶片中相关基因的表达来实现的。有关的信号转导途径研究很少。最近发现 ROS 和水杨酸、茉莉酸与乙烯等植物激素是响应 UV-B 辐射的基因表达的关键调节物质。Mackerness 等（1999a）报道 ROS 含量上升促进了水杨酸、茉莉酸和乙烯合成，这些物质在 ROS 调节 UV-B 辐射信号转导途径中作为二级信号起到关键作用。因此，鉴定出 UV-B 辐射信号转导途径中的 ROS 和早期出现的物质类型，有利于改造可增强 ROS 清除酶活性和 UV-B 吸收物质积累的生物工程有效靶位（Mackerness et al.，1999a）。

1. UV-B 辐射对水稻抗氧化酶系统的影响

从图 7-7 可以看出，UV-B 辐射增强条件下，水稻'白脚老粳'和'月亮谷'3 个生育期叶片 SOD 酶活性均增加。分蘖期 $7.5kJ/m^2$UV-B 辐射、拔节期 3 个强度 UV-B 辐射以及抽穗期 $7.5kJ/m^2$ UV-B 辐射均导致'白脚老粳'、'月亮谷'叶片 SOD 活性极显著增加（何永美，2013）。

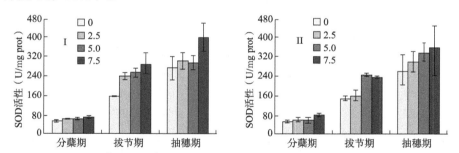

图 7-7　UV-B 辐射(kJ/m^2)对白脚老粳(I)和月亮谷(II)叶片 SOD 活性的影响（引自何永美，2013）

Figure 7-7　Effects of UV-B radiation (kJ/m^2) on SOD activities in the leaves of Baijiaolaojing (I) and Yuelianggu (II)

UV-B 辐射增强条件下，水稻'白脚老粳'和'月亮谷'分蘖期、拔节期叶片 POD 活性增加（图 7-8）。分蘖期和拔节期 3 个强度 UV-B 辐射处理'白脚老粳'叶片 POD 活性极显著增加，抽穗期 $7.5kJ/m^2$ UV-B 辐射处理显著增加。分蘖期和拔节期 3 个强度、抽穗期 $5.0kJ/m^2$ 与 $7.5kJ/m^2$ UV-B 辐射处理'月亮谷'叶片 POD 活性极显著增加（He et al.，2014）。

UV-B 辐射增强条件下，水稻'白脚老粳'和'月亮谷'3 个生育期叶片 T-AOC（total antioxidant capacity）增加（图 7-9）。拔节期 $5.0kJ/m^2$ 和 $7.5kJ/m^2$、抽穗期 $2.5kJ/m^2$ 和 $7.5kJ/m^2$ UV-B 辐射导致'白脚老粳'叶片 T-AOC 极显著增加，抽穗期 $5.0kJ/m^2$ UV-B

辐射处理显著增加。7.5kJ/m^2 UV-B 辐射导致拔节期和抽穗期'月亮谷'叶片 T-AOC 显著增加（何永美，2013）。

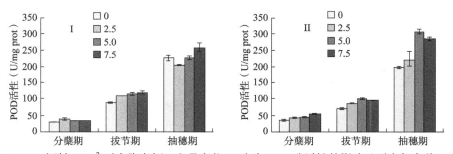

图 7-8　UV-B 辐射(kJ/m^2)对白脚老粳(I)和月亮谷(II)叶片 POD 酶活性的影响（引自何永美，2013）

Figure 7-8　Effects of UV-B radiation (kJ/m^2) on POD activities in the leaves of Baijiaolaojing (I) and Yuelianggu (II)

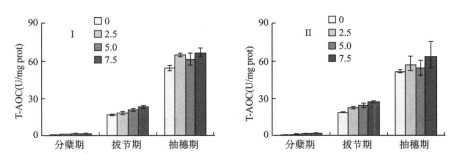

图 7-9　UV-B 辐射(kJ/m^2)对白脚老粳(I)和月亮谷(II)叶片 T-AOC 的影响（引自何永美，2013）

Figure 7-9　Effects of UV-B radiation (kJ/m^2) on total antioxidant capacity in the leaves of Baijiaolaojing (I) and Yuelianggu (II)

2. UV-B 辐射对玉米抗氧化酶系统的影响

增强 UV-B 辐射显著提高供试材料叶片中抗氧化酶系统的活性，UV-B 辐射增强与对照处理间差异显著（表 7-58）。在辐射增强下，杂交种'农大 108'叶片中 SOD 活性增加率（126.69%）低于亲本'X178'（324.72%）和'黄 C'（341.87%），'郑丹 958'也表现出相同的变化趋势，'郑丹 958'、'郑 58'和'昌 7-2'较对照增加率分别为 67.29%、114.75% 和 120.47%。两组供试材料叶片中的 POD，'农大 108'叶片中的活性比对照增加了 91.24%，而亲本'X178'和'黄 C'则分别增加 89.18% 和 79.47%；'郑丹 958'增加 75.97%，亲本'郑 58'和'昌 7-2'分别增加 70.21% 和 34.04%（张海静，2013）。

表 7-58　UV-B 辐射对玉米叶片抗氧化酶系统的影响（引自张海静，2013）

Table 7-58　Effects of UV-B radiation on antioxidant enzymes system of maize leaves

品种	SOD			POD		
	对照（U/g）	处理（U/g）	变化率（%）	对照[U/（g·min）]	处理[U/（g·min）]	变化率（%）
X178	26.7±1.6b	113.4±2.2a	324.72	23.1±2.5b	43.7±1.0a	89.18

续表

品种	SOD			POD		
	对照（U/g）	处理（U/g）	变化率（%）	对照[U/（g·min）]	处理[U/（g·min）]	变化率（%）
黄 C	28.9±4.1b	127.7±6.4a	341.87	26.5±3.0b	46.5±2.6a	75.47
农大 108	34.1±2.9b	77.3±3.4a	126.69	25.1±1.6b	48.0±0.4a	91.24
郑 58	33.9±0.7b	72.8±3.5a	114.75	23.5±1.3b	40.0±1.8a	70.21
昌 7-2	46.4±4.4b	102.3±1.2a	120.47	32.9±0.5b	44.1±1.2a	34.04
郑丹 958	48.0±4.5b	80.3±3.3a	67.29	28.3±0.7b	49.8±1.9a	75.97

注：不同小写字母表示不同处理间差异在 $P<0.05$ 水平差异显著

3. UV-B 辐射对灯盏花抗氧化酶系统的影响

UV-B 辐射对 6 个灯盏花居群成熟期 SOD、POD、CAT 与 APX 活性均有不同程度的影响（表 7-59）。D47、D48、D63、D65 居群的 SOD 活性有显著或极显著变化，D47 居群的 CAT 活性有显著变化，D01、D47、D48、D63、D65 居群的 POD 活性有显著或极显著变化，D01、D47、D48 和 D63 居群的 APX 活性有显著或极显著变化（冯源，2009）。

表 7-59　UV-B 辐射对 6 个灯盏花居群抗氧化酶的影响（引自冯源，2009）

Table 7-59　Effects of UV-B radiation on antioxidant enzymes of 6 *E. breviscapus* populations

居群	SOD 活性 [U/（g·h FW）]		CAT 活性 [U/（mg·min FW）]		POD 活性 [U/（mg·min FW）]		APX 活性 [U/（mg·min FW）]	
	对照	UV-B	对照	UV-B	对照	UV-B	对照	UV-B
D01	387.8	394.1	4.85	5.16	11.43	13.10*	23.18	26.39**
D47	386.1	321.8**	4.83	4.37**	11.38	9.53*	21.47	19.19*
D48	373.1	345.7*	4.85	4.54	11.61	9.60*	25.82	18.22**
D53	421.5	428.6	5.48	5.58	11.70	12.10	27.09	28.10
D63	413.0	433.6*	5.37	5.61	12.64	13.99*	36.95	40.55*
D65	420.4	446.9**	5.26	5.40	12.39	13.51**	25.85	26.25

注：*和**表示对照与 UV-B 辐射间分别在 $P<0.05$ 和 $P<0.01$ 水平差异显著（LSD 检验，$n=3$）

四、作物对 UV-B 辐射响应反馈的植物激素生理学基础

植物内源激素在代谢、生长发育和形态建成等生理活动的各方面起重要调节作用。UV-B 辐射增强可使生长素（IAA）和赤霉素（GA）含量降低（Huang et al.，1997），而脱落酸（ABA）含量则明显上升（杨景宏等，2000a）。Ros 和 Tevini（1995）发现 UV-B 辐射增强使向日葵体内 IAA 含量下降，可能是发生光氧化导致 IAA 含量下降。IAA 和 GA 含量的减少，减缓细胞分裂和伸长，导致植株矮化，叶面积变小，UV-B 辐射吸收面积减少，从而使植物适应 UV-B 辐射环境。国际水稻研究所的 Huang 等（1997）用 UV-B 辐射处理 2 种水稻品种，观测其 IAA 和钙调素（CaM）所受到的影响，发现 IAA

和 CaM 含量均明显降低，从而抑制水稻的生长。黄少白等（1998a）对 2 个水稻品种进行 UV-B 辐射处理，结果表明，随着 UV-B 辐射处理时间的延长，2 个品种叶片内的 IAA 含量下降。Tevini 和 Mark （1993）认为是发生光氧化导致 IAA 含量下降，同时可充当 IAA 氧化酶的过氧化物酶活性的提高可能是 IAA 含量下降的另一个原因。Dai 等（1992）发现 UV-B 辐射能抑制水稻的生长，这与其体内的 IAA 含量下降有关。

ABA 含量升高，导致叶片气孔关闭和游离脯氨酸积累，进而影响植物生长发育。黄少白等（1998a）研究 UV-B 辐射对 2 个水稻品种的影响，发现 UV-B 辐射能导致 ABA 含量增加，并推测 UV-B 辐射使水稻叶片内 ABA 含量上升是其诱导气孔关闭的一个原因。植物在 UV-B 辐射胁迫下发生 ABA 的积累，可能是由 UV-B 辐射损伤了叶绿体膜和细胞膜，细胞失去膨压所致；也可能是膜上 Mg^{2+}-ATPase 活性下降，使叶绿体基质 pH 降低，因此细胞内 ABA 积累。逆境条件下 ABA 的积累可以降低气孔导度，抑制光合作用，提高水分利用率，减少次生分蘖；促进游离脯氨酸的合成，稳定膜结构。ABA 含量降低是 UV-B 辐射胁迫能使 ABA 氧化光解，生成低活性菜豆酸，不能引起气孔关闭。

UV-B 辐射对植物乙烯和多胺的合成有促进作用。多胺被认为是与植物抗逆性相关的一种激素。多胺在植物体内的生理学作用机理是与核酸分子通过氢键结合，从而影响核酸代谢和促进蛋白质合成，通过抑制核酸酶的活性，延缓衰老，稳定膜结构，从而提高植物的抗逆境能力（Altman，1982）。UV-B 辐射导致黄瓜中丁二胺和亚精胺含量上升，能在膜脂表面形成一种离子型的结合体，阻止脂质过氧化作用。Kramer 等（1991）在用 UV-B 辐射处理黄瓜时，多胺能在膜脂表面形成一种离子型的结合体，阻止膜脂发生过氧化作用，研究发现外源多胺可减轻渗透胁迫下膜脂过氧化，其原因是外源多胺抑制了自由基的产生，提高 SOD、CAT 活性。黄少白等（1998b）用 UV-B 辐射处理水稻也发现，植物适应增强 UV-B 辐射是通过类黄酮和多胺的积累而不是提高抗氧化酶活性来实现的。因此，多胺的积累是植物对 UV-B 辐射的一个生理生化反应。UV-B 辐射使向日葵和梨树植株变矮是因为辐射诱导乙烯增加。另外，还观察到 UV-B 辐射抑制黄瓜下胚轴伸长可被赤霉素恢复。

UV-B 辐射胁迫引起的各种内源激素的变化必然导致其动态平衡的破坏，因此可通过改变激素平衡调节植物的某些生理过程，使植物从有利于生长方向向有利于适应周围环境变化的方向转变。

增强 UV-B 辐射也会使水稻的内源激素发生变化，影响水稻的生长。例如，IAA、ABA、GA 等内源激素能够吸收 UV-B 辐射并发生光降解而发生含量变化（董铭等，2006）。随着 UV-B 辐射处理强度的增加，'IR69' 和 'Dular' 叶片中的 IAA 含量均显著下降（Huang et al.，1997）。对水稻进行 UV-B 辐射处理后叶片中的 IAA、GA 和 ZR 含量与对照组相比明显降低，分别比正常日光对照组降低了 21.86%、31.90% 和 30.28%（董铭等，2006）。用 UV-B 辐射处理向日葵幼苗发现，内源 IAA 含量降低了 51%。IAA 的光合产物 3-亚甲基羟基吲哚能抑制幼苗的伸长生长，UV-B 辐射对向日葵生长的抑制是 UV-B 辐射降低了 IAA 的结果。植物的生长与内源激素有很大的关系，植物的伸长生长受到细胞分裂素、吲哚乙酸的影响，而吲哚乙酸的吸收波段处于 UV-B 辐射范围，并且在高 UV-B 辐射时发生光解。对 2 个水稻品种进行 UV-B 辐射处理，随着 UV-B 辐射处理时间的延长,2 个品种叶片内的 IAA 含量下降,而 ABA 含量增加(黄少白等,1998a),并推测 UV-B 辐射使水稻叶片 ABA 含量上升可能是其诱导气孔关闭的一个原因。杨景宏等（2000a）观测到 UV-B 辐射可促进小麦叶片内源 ABA 的增加，由 UV-B 辐射损伤了膜系统致使细胞失去膨压或膜上 Mg^{2+}-ATPase 活性下降,叶绿体基质 pH 降低所致。光氧化导致了 IAA 含量下降，充当 IAA 氧化酶的过氧化酶物活性的提高是 IAA 含量下降的另一个原因。抗氧化酶如过氧化物酶，随 UV-B 辐射的增强而增加，它关系到调节生长响应的植物激素。另一种激素乙烯，可使植物变粗而减少株高，其含量在 UV-B 辐射后会增加。

增强 UV-B 辐射会诱发多胺（PA）含量的增加，增强 UV-B 辐射处理 7 天，3 个水稻品种的叶片 PA 含量分别增加了 88.3%、49.25% 和 48.97%，均达极显著水平；14 天后 PA 含量也呈显著或极显著增加趋势；随着处理时间延长到 28 天，3 种水稻叶片的 PA 含量增加仍达到显著或极显著水平（林文雄等，2002b）。这主要是精氨酸脱羧酶（ADC）、鸟氨酸脱羧酶（ODC）和腺苷甲硫氨酸脱羧酶（SAMDC）被逆境胁迫所诱导，因此多胺含量在胁迫前期显著增加。但随着 UV-B 辐射处理时间的延长，亚精胺和精胺含量明显减少，这与腐胺转化成亚精胺和精胺的速度较慢有关（Dai et al.，1997）。

在大田条件下，UV-B 辐射对 10 个小麦品种叶片内源激素有明显的影响（表 7-60）。脱落酸（ABA）对增强 UV-B 辐射的响应明显，有 4 个品种的 ABA 含量显著或极显著降低，有 4 个品种的 ABA 含量显著或极显著升高。生长素（IAA）含量表现出 5 个品种显著或极显著降低，3 个品种含量升高，但未达到显著水平。玉米素核苷（ZR）含量有 2 个品种为极显著升高，有 4 个为显著或极显著下降，其余变化不显著（Li et al.，2010）。

表 7-60　10 个小麦品种对 UV-B 辐射增强响应反馈的内源激素差异（引自 Li et al.，2010）

Table 7-60　Intraspecific sensitivity to UV-B radiation based on endogenous hormones of 10 wheat cultivars

品种	ABA			IAA			ZR		
	对照 (ng/g)	处理 (ng/g)	变化率（%）	对照 (ng/g)	处理 (ng/g)	变化率（%）	对照 (ng/g)	处理 (ng/g)	变化率（%）
文麦 5	190.71	164.15	−13.93*	47.36	50.02	5.62	70.76	90.45	27.83**
绵阳 26	186.12	248.77	33.66*	64.34	48.07	−25.29*	84.26	92.68	9.99
云麦 39	119.5	128.60	7.61	40.64	35.23	−13.31*	136.20	105.5	−22.54*
辽春 9	110.10	137.90	25.25**	42.42	38.17	−10.02	64.28	85.27	32.65**
凤麦 24	150.00	96.45	−35.70**	36.07	39.48	9.45	102.90	77.27	−24.97*
陇春 16	241.20	120.02	−50.24**	48.66	39.45	−18.93*	102.63	63.62	−38.01**
绵阳 20	109.78	131.74	20.00**	68.57	44.15	−35.62**	80.83	75.83	−6.19
陇春 15	134.10	167.50	24.91*	81.48	76.75	−5.81	82.53	64.43	−21.93*
会宁 18	247.21	162.75	−34.17**	36.89	32.87	−10.90*	107.89	90.10	−16.49

续表

品种	ABA			IAA			ZR		
	对照(ng/g)	处理(ng/g)	变化率(%)	对照(ng/g)	处理(ng/g)	变化率(%)	对照(ng/g)	处理(ng/g)	变化率(%)
文麦 3	107.33	123.24	14.82	48.15	49.26	2.31	80.68	68.26	−15.39

注：*和**表示对照与 UV-B 辐射间分别在 $P<0.05$ 和 $P<0.01$ 水平差异显著（$n=10$）

第四节　作物对 UV-B 辐射响应反馈品种差异的分子机理

一、作物对 UV-B 辐射响应反馈的 DNA 差异

不同作物的 DNA 基础是不同的，同种作物的 DNA 基础也有差别。在 UV-B 辐射下，作物表现出敏感性差异，主要是由作物的 DNA 基础存在差异导致。Surney 等（1993）对两种大豆品种研究发现：'Eesex' 品种能维持较高的肉桂酸浓度，从而减少由 UV-B 辐射所造成的 DNA 损伤，'Forrest' 品种肉桂酸浓度较低，表现为易发生由 UV-B 辐射诱导的 DNA 损伤。目前 PCR 技术广泛应用于生态学中，DNA 的多态性可通过体外克隆方法快速、高效而灵敏地检测出来。有些研究将 RAPD 指纹图谱作为分析环境污染的一种敏感的生物标记。

1. 小麦对 UV-B 辐射响应反馈的 DNA 差异

采用 Operon 公司的 A 盒、B 盒、D 盒、J 盒、K 盒共 100 个随机引物进行 RAPD 扩增，从中筛选 10 个产生高多态性条带的引物进行统计（何丽莲等，2006）。10 个随机引物共扩增出 55 条 DNA 条带，其中 42 条为多态性条带（占 76%），13 条为共有扩增条带，见表 7-61。在试验中还发现，有些扩增片段为某些耐性或敏感品种所共有，如1500bp（OPA12）的片段为耐性品种共有，875bp（OPK15）的片段为敏感品种所共有，同时观察到相应的敏感或耐性品种该片段的共同缺失（图 7-10）。

表 7-61　10 个随机引物扩增的 8 个小麦品种 RAPD 条带（引自何丽莲等，2006）

Table 7-61　RAPD amplification of 8 wheat cultivars by 10 random primer

引物	引物序列	RAPD 带数	多态性带数
OPA10	GTGATCGCAG	7	6
OPA12	TCGGCGATAG	4	2
OPB7	GGTGACGCAG	4	3
OPD2	GGACCCAACC	6	6
OPD3	GTCGCCGTCA	5	4
OPJ16	CTGCTTAGGG	6	5
OPJ19	GGACACCACT	5	5
OPJ20	AAGCGGCCTC	6	4
OPK14	CCCGCTACAC	8	5

续表

引物	引物序列	RAPD 带数	多态性带数
OPK15	CTCCTGCCAA	4	2
共计		55	42

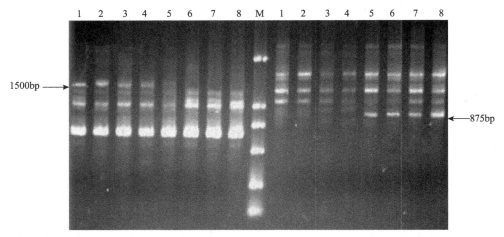

图 7-10　8 个小麦品种用 OPA12（左）和 OPK15（右）随机引物扩增的 RAPD 谱带（引自何丽莲等，2006）

Figure 7-10　RAPD amplification of the 8 wheat cultivars with OPA12 (left) and OPK 15 (right) random primer

1、2、3、4、5、6、7、8 分别表示品种绵阳 20、绵阳 26、文麦 3、辽春 9、会宁 18、陇春 16、云麦 39、风麦 24，M 表示 λDNA/*Eco*RI+*Hin*d III

从表 7-62 和图 7-11 可以看出，'绵阳 20'和'绵阳 26'、'文麦 3'和'辽春 9'、'会宁 18'和'陇春 16'、'云麦 39'和'风麦 24'两两之间距离相对较近；在遗传距离为 0.35 的水平上，'绵阳 20'、'绵阳 26'、'文麦 3'和'辽春 9'（耐性组）以及'会宁 18'、'陇春 16'、'云麦 39'和'风麦 24'（敏感组）分别聚为两大类。

表 7-62　不同 UV-B 辐射耐受性小麦品种间的遗传距离（引自何丽莲等，2006）

Table 7-62　The genetic distance of wheat cultivars with different UV-B radiation tolerance

品种	绵阳 20	绵阳 26	文麦 3	辽春 9	会宁 18	陇春 16	云麦 39	风麦 24
绵阳 20	0							
绵阳 26	0.1818	0						
文麦 3	0.2727	0.3818	0					
辽春 9	0.4000	0.3273	0.3091	0				
会宁 18	0.3091	0.4282	0.4364	0.3455	0			
陇春 16	0.4182	0.4545	0.4364	0.4182	0.1818	0		
云麦 39	0.3273	0.3636	0.3455	0.3273	0.3091	0.3091	0	
风麦 24	0.4000	0.3636	0.4545	0.2909	0.3091	0.3455	0.1455	0

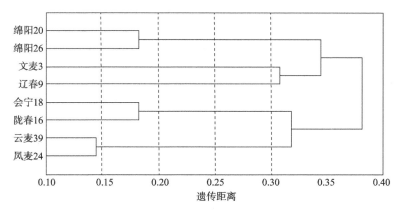

图 7-11 8 个小麦品种聚类分析图（引自何丽莲等，2006）

Figure 7-11 The cluster figure of 8 wheat cultivars

2. 大豆对 UV-B 辐射响应反馈的 DNA 差异

采用 Operon 公司的 A 盒、B 盒、H 盒、L 盒、N 盒、O 盒、P 盒、R 盒共 160 个引物进行扩增筛选（表 7-63），有 45 个引物无扩增结果，27 个引物（B1～6、R2～5 等）在所用供试材料中表现为单性（monomorphic pattern），其余引物表现出多态性。扩增片段长度在 0.1～3kb（因此需要使用两种 Marker 进行标记）（图 7-12 和图 7-13）。多态性片段占总扩增片段的平均比例为 55%（姚银安，2002）。

表 7-63 随机引物扩增筛选表（引自姚银安，2002）

Table 7-63 Random primer amplification screening table

引物	扩增片段	引物	扩增片段	引物	扩增片段	引物	扩增片段	引物	扩增片段	引物	扩增片段
A1	2	B1	1	H1	12	L1	0	N1	0	O1	5
A2	5	B2	1	H2	17	L2	6	N2	1	O2	9
A3	3	B3	1	H3	6	L3	6	N3	2	O3	4
A4	4	B4	1	H4	7	L4	6	N4	1	O4	4
A5	1	B5	1	H5	3	L5	1	N5	6	O5	6
A6	2	B6	1	H6	11	L6	5	N6	5	O6	2
A7	0	B7	3	H7	7	L7	0	N7	9	O7	5
A8	5	B8	0	H8	5	L8	0	N8	3	O8	5
A9	3	B9	0	H9	5	L9	2	N9	5	O9	2
A10	2	B10	2	H10	0	L10	0	N10	2	O10	5
A11	7	B11	0	H11	7	L11	3	N11	0	O11	4
A12	1	B12	1	H12	6	L12	0	N12	1	O12	5
A13	0	B13	0	H13	8	L13	5	N13	0	O13	0
A14	1	B14	3	H14	6	L14	0	N14	0	O14	10
A15	5	B15	0	H15	2	L15	2	N15	0	O15	0
A16	2	B16	1	H16	6	L16	0	N16	1	O16	4
A17	0	B17	0	H17	8	L17	8	N17	0	O17	0
A18	3	B18	4	H18	7	L18	5	N18	10	O18	0
A19	5	B19	0	H19	5	L19	3	N19	0	O19	0
A20	4	B20	1	H20	5	L20	4	N20	0	O20	7

续表

引物	扩增片段	引物	扩增片段	引物	扩增片段	引物	扩增片段	引物	扩增片段	引物	扩增片段
P1	5	P8	6	P15	0	R1	0	R8	1	R15	5
P2	6	P9	4	P16	4	R2	1	R9	0	R16	1
P3	5	P10	5	P17	3	R3	1	R10	7	R17	0
P4	0	P11	5	P18	0	R4	1	R11	0	R18	1
P5	0	P12	5	P19	0	R5	1	R12	1	R19	0
P6	0	P13	0	P20	0	R6	0	R13	1	R20	1
P7	0	P14	0			R7	8	R14	0		

注：扩增片段数以 8 种品种中最多者记数

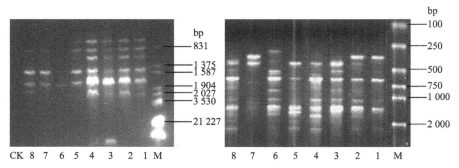

图 7-12　8 个大豆品种用 L1（左）和 P10（右）随机引物扩增的 RAPD 谱带（引自姚银安，2002）

Figure 7-12　RAPD amplification of 8 soybean cultivars with L1 (left) and P10 (right) random primer

1、2、3、4、5、6、7、8 分别表示品种豫豆 8、豫豆 18、兰引 20、云南 97801、Df-1、土黄豆 1、灵台黄豆和环县黄豆，M 表示 λDNA/*Hin*d III D-*Eco*R I，CK 表示阴性对照

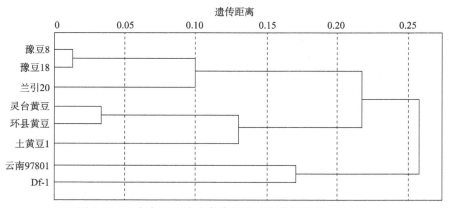

图 7-13　8 个大豆品种聚类分析图（引自姚银安，2002）

Figure 7-13　The cluster figure of 8 soybean cultivars

从筛选出的 88 个引物中，选择具备多态性的 20 个引物进行统计分析，与 82 个引物的统计分析结果很相似。从图 7-13 中可以看出，8 个不同 UV-B 辐射耐性大豆品种来源多样化程度较高，差别最大的品种之间遗传距离达到 0.26。具有较强 UV-B 辐射耐性的'豫豆 8'、'豫豆 18'、'兰引 20'和'云南 97801'中'豫豆 8'与'豫豆 18'

品种的遗传距离仅有 0.0125，相似程度很高，这是由于二者来源于同一类型；'豫豆 8'、'豫豆 18' 与 '兰引 20' 品种在遗传上也非常相似（与 '豫豆 8'、'豫豆 18' 品种遗传距离仅 0.10）；而 '云南 97801' 与其他 UV-B 辐射耐性品种在遗传上相差很远，却与 UV-B 敏感品种 'Df-1' 较为接近（遗传距离为 0.16）。对不同 UV-B 辐射耐性大豆进行 RAPD 指纹图谱分析，揭示不同 UV-B 辐射耐性大豆品种的亲缘关系，发现了可进行 UV-B 辐射耐性分子标记研究的供试品种 '云南 97801'，筛选出与 UV-B 辐射耐性性状相关的候选分子标记 OPL10-1230bp。

3. 割手密无性系对 UV-B 辐射响应反馈 DNA 差异

将耐性无性系（I91-48、92-11、II91-99、II91-13 和 I91-91）和敏感无性系（II91-81、I91-37、II91-5、II91-126 和 II91-116）进行多态性比较。用 100 个随机引物进行扩增筛选，从中筛选了 17 个能产生高多态性条带的引物进行统计。从表 7-64 可知，17 个随机引物共扩增出 116 条条带，其中 96 条为多态性条带，多态性片段占总扩增片段的 82.76%，表明多态性程度较高。所扩增的片段长度多集中在 500～3000bp，表现出明显的多态性。在试验中还发现某些片段为耐性无性系或敏感无性系所共有。从图 7-14 可知，用不同的引物有不同的扩增结果，用引物 OPN4 进行扩增，在耐性无性系中共同出现长约 2800bp 的条带；用引物 OPV6 进行扩增，在耐性无性系中共同出现长约 1000bp 和 600bp 的条带；长约 760bp 的条带为敏感无性系所共有；同时观察到相应的敏感或耐性无性系该片段的共同缺失（Li et al., 2011c）。

表 7-64　17 个随机引物扩增的 10 个割手密无性系 RAPD 谱带（引自 Li et al., 2011）

Table 7-64　RAPD amplification of 10 wild sugarcane (*S. spontaneum* L.) clones by 17 random primes

引物	引物序列	RAPD 带数	多态性带数
OPA7	GAAACGGGTG	6	5
OPA19	CAAACGTCGG	6	5
OPB10	CTGCTGGGAC	8	6
OPF5	CCGAATTCCC	7	6
OPF8	GGGATATCGG	7	5
OPF10	GGAAGCTTGG	7	7
OPF12	ACGGTACCAG	8	6
OPI1	ACCTGGACAC	7	6
OPK4	CCGCCCAAAC	6	4
OPL11	ACGATGAGCC	6	6
OPM13	GGTGGTCAAG	6	5
OPN4	GACCGACCCA	7	6
OPN14	TCGTGCGGGT	8	5

续表

引物	引物序列	RAPD 带数	多态性带数
OPY6	AAGGCTCACC	7	7
OPV6	ACGCCCAGGT	7	6
OPZ6	GTGCCGTTCA	6	5
OPAN6	GGGAACCCGT	7	6

注：扩增片段数以 10 个无性系中最多者记数，共产生 116 条谱带，96 条多态性条带

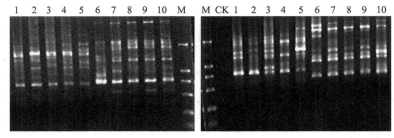

图 7-14 　10 个割手密无性系用引物 OPN4(左)和 OPV6(右)引物扩增的 RAPD 谱带(引自 Li et al.,2011)

Figure 7-14 　RAPD amplification of the 10 wild sugarcane with OPN4 (left) and OPV6 (right) primer

1、2、3、4、5、6、7、8、9、10 分别表示 II91-81、I91-37、II91-5、I91-126、II91-116、I91-48、92-11、II91-99、II91-13、I91-91，M 为 λDNA/*Hin*d III D-*Eco*R I，CK 为阴性对照

从表 7-65 可知，遗传相似系数范围是 0.263～0.790。从表 7-66 可以看出，遗传距离范围是 0.1193～0.6422。从聚类分析图（图 7-15）中可看出，在 0.380 水平上将不同无性系聚为耐性（I91-48、92-11、II91-99、II91-13 和 I91-91）和敏感（II91-81、I91-37、II91-5、II91-126 和 II91-116）两大类。敏感无性系中，I91-37 与 II91-5 的遗传距离约为 0.3211，II91-126 与 II91-116 的遗传距离约为 0.3394，两组间的遗传距离约 0.2，I91-81 与两组的遗传距离约 0.295；耐性无性系中，II91-99 与 II91-13 的遗传距离约为 0.1743，I91-48 与 92-11 的遗传距离约为 0.2385，两组间的遗传距离约为 0.345，I91-91 与其他 4 个无性系的遗传距离约为 0.380（何永美，2006）。

表 7-65 　10 个不同 UV-B 辐射耐性割手密无性系间的遗传相似系数（引自 Li et al.，2011c）

Table 7-65 　The genetic similar coefficient of 10 wild sugarcane (*S. spontaneum* L.) clones with different UV-B tolerance

无性系	II91-81	I91-37	II91-5	II91-126	II91-116	I91-48	92-11	II91-99	II91-13	I91-91
II91-81	1.000									
I91-37	0.538	1.000								
II91-5	0.575	0.551	1.000							
II91-126	0.536	0.531	0.628	1.000						
II91-116	0.483	0.494	0.529	0.565	1.000					
I91-48	0.352	0.439	0.375	0.393	0.512	1.000				
92-11	0.294	0.374	0.330	0.364	0.430	0.627	1.000			

续表

无性系	II91-81	I91-37	II91-5	II91-126	II91-116	I91-48	92-11	II91-99	II91-13	I91-91
II91-99	0.263	0.369	0.341	0.360	0.442	0.575	0.790	1.000		
II91-13	0.308	0.341	0.300	0.319	0.398	0.520	0.692	0.708	1.000	
I91-91	0.312	0.361	0.348	0.323	0.385	0.560	0.667	0.652	0.766	1.000

表 7-66　10 个不同 UV-B 辐射耐性割手密无性系间的遗传距离（引自何永美，2006）

Table 7-66　The genetic distance of 10 wild sugarcane (*S. spontaneum* L.) clones with different UV-B tolerance

无性系	II91-81	I91-37	II91-5	II91-126	II91-116	I91-48	92-11	II91-99	II91-13	I91-91
II91-81	1E-35	0.3394	0.3119	0.3578	0.4220	0.5413	0.5963	0.6422	0.5780	0.5872
I91-37		1E-35	0.3211	0.3486	0.3945	0.4220	0.4771	0.4862	0.5138	0.5046
II91-5			1E-35	0.2661	0.3670	0.5046	0.5413	0.5321	0.5780	0.5321
II91-126				1E-35	0.3394	0.4954	0.5138	0.5229	0.5688	0.5780
II91-116					1E-35	0.3761	0.4495	0.4404	0.4862	0.5138
I91-48						1E-35	0.2385	0.2844	0.3303	0.3028
92-11							1E-35	0.1193	0.1835	0.2110
II91-99								1E-35	0.1743	0.2202
II91-13									1E-35	0.1376
										1E-35

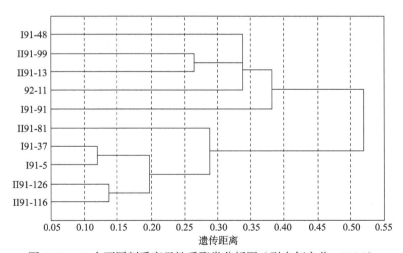

图 7-15　10 个不同割手密无性系聚类分析图（引自何永美，2006）

Figure 7-15　The cluster figure of 10 wild sugarcane (*S. spontaneum* L.) clones

　　利用 100 个含 10 个碱基的随机引物对割手密耐性和敏感 DNA 池进行扩增，割手密无性系在耐性池和敏感池中共产生约 506 条谱带，呈多态性谱带 216 条，多态性片段占总扩增片段的比例为 42.69%（表 7-67）。重复试验，有 7 个引物（A15、H6、K3 等）无扩增结果，有 17 个引物（A19、B20、R16 等）在两个基因池间表现出较高的多态性（图 7-16）。

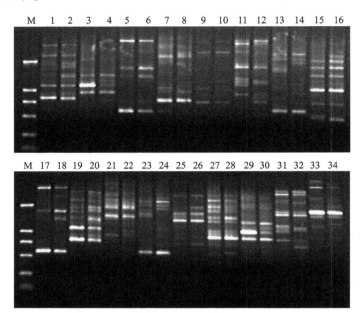

图 7-16　不同随机引物在割手密 UV-B 辐射耐性和敏感 DNA 池的扩增结果（引自 Li et al.，2011c）

Figure 7-16　Amplification results of different random primers in UV-B radiation tolerant and sensitive DNA pool of *Saccharum palmatum*

1、3、5、7、9、11、13、15、17、19、21、23、25、27、29、31、33 泳道分别代表不同随机引物对 DNA 耐性池的扩增结果，2、4、6、8、10、12、14、16、18、20、22、24、26、28、30、32、34 泳道分别代表不同随机引物对 DNA 敏感池的扩增结果

表 7-67　100 个随机引物扩增的耐性池和敏感池的 RAPD 谱带（引自何永美，2006）

Table 7-67　RAPD amplification of tolerant and sensitive gene pools by 100 random primers

引物	扩增片段	多态性带数	引物	扩增片段	多态性带数	引物	扩增片段	多态性	引物	扩增片段	多态性带数	引物	扩增片段	多态性带数
A3	6	2	E6	2	2	H20	9	3	L14	4	2	P7	2	0
A7	6	3	E9	6	3	I1	7	4	M4	7	4	P8	5	3
A15	0	0	E10	3	3	I5	8	2	M9	4	3	P9	6	2
A19	7	3	E20	4	2	I6	6	2	M11	8	3	P16	8	4
B6	7	2	F1	5	1	I19	5	1	M12	4	2	P17	3	1
B7	6	2	F5	7	5	J9	5	2	M13	4	2	P19	0	0
B8	3	1	F8	8	3	J14	7	2	M16	2	1	P20	0	0
B10	11	7	F10	8	4	J18	4	1	M17	2	1	R16	7	4
B11	4	1	F12	4	3	J19	3	0	M18	3	1	R17	6	4
B12	2	0	F18	7	5	J20	3	1	M20	4	1	R18	0	0

续表

引物	扩增片段	多态性带数	引物	扩增片段	多态性带数	引物	扩增片段	多态性	引物	扩增片段	多态性带数	引物	扩增片段	多态性带数
B14	6	3	F19	4	2	K3	0	0	N2	5	0	S5	4	3
B18	6	3	G16	5	3	K4	4	1	N4	3	1	S14	4	4
B20	8	3	G19	6	2	K7	5	0	N5	6	3	T12	6	3
C1	3	2	H1	5	1	K14	0	0	N7	7	3	V6	6	3
C5	4	1	H6	0	0	K17	6	4	N11	2	0	W17	6	2
C15	2	0	H8	5	1	K18	7	2	N14	3	1	X1	5	4
C17	8	6	H9	8	4	L1	7	3	N15	6	2	Y6	7	3
D4	6	3	H11	3	1	L2	8	3	N18	6	3	Z16	3	2
D10	3	2	H12	7	3	L5	14	6	O6	6	2	AO20	3	1
D18	9	3	H19	7	1	L11	5	0	P6	6	2	AN6	8	3

　　利用分离群体中不同耐性的割手密无性系单株对所获得的多态性引物进一步筛选，其中引物 R16 在敏感单株中稳定出现一条分子量约为 800bp 的特异条带，而在耐性单株中不出现；在耐性单株中稳定出现一条分子量约为 1200bp 的特异条带，而在敏感单株中不出现（图 7-17）。

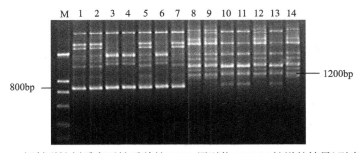

图 7-17　不同 UV-B 辐射耐性割手密无性系单株 DNA 用引物 OPR16 扩增的结果（引自 Li et al.，2011c）

Figure 7-17　Results of amplification of individual DNA of different UV-B radiation tolerance with the primer OPR16

1～7 泳道为敏感单株扩增结果，8～14 泳道为耐性单株扩增结果

　　进一步对两条特异条带在耐性单株和敏感单株间进行检测，在大多数敏感单株中能稳定地出现分子量为 800bp 的特异条带，在耐性单株中不出现；在大多数耐性单株中能稳定地出现分子量为 1200bp 的特异条带，在敏感单株中不表现（图 7-18）。初步认为割手密对 UV-B 辐射的耐受性不同，部分原因可能是具有不同的特异条带。为了进一步区分两条带碱基序列、耐 UV-B 辐射的碱基序列并对耐性序列与敏感序列进行同源性比较，所以对敏感池中和耐性池中 800bp 与 1200bp 特异条带进行克隆并测序。

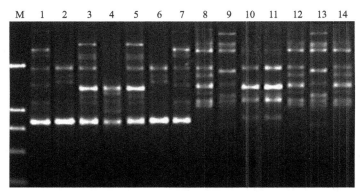

图 7-18 不同 UV-B 辐射耐性割手密无性系单株 DNA 用引物 OPA19 扩增的结果（引自 Li et al.,2011c）

Figure 7-18 Results of amplification of individual DNA of different UV-B tolerance with the primer OPA19

1～7 泳道为敏感单株扩增结果，8～14 泳道为耐性单株扩增结果

所用载体为 UCm-T，含一个 *Amp* 抗性基因和一个 *LacZ* 基因（β-半乳糖苷酶），T/A 克隆位点及多种限制性内切酶酶切位点存在 *LacZ* 基因中。所用的外源片段为回收的 PCR 产物，3′端多出一个 A，正好与线性载体 5′多出的一个 C 配对。连接、转化后将细菌涂布在含 Amp（同时含有 X-gal）的培养基，只有含载体质粒的转化菌才能生长，如载体中插入外源片段，则 *LacZ* 基因失活，细菌不能分解 X-gal，形成白斑；如载体中无外源片段，*LacZ* 基因产物能分解 X-gal，形成蓝斑。筛选到白斑后，将其接种到液体培养基中培养。抽取质粒后进行 PCR，以蓝斑为对照。从连接产物的电泳图谱看，连接反应后多出一条带，大小位置也合适，说明连接是成功的。

对于克隆片段用 M13 引物测序，耐性无性系的片段分子量约 1200bp，需进行双向测序，即正向测序和反向测序，与载体序列相比耐性无性系的正向测序碱基为：G：164；A：88；T：68；C：117，反向测序碱基为：G：233；A：136；T：155；C：121；敏感无性系的片段分子量约 800bp，进行单向测序，测序碱基为：G：274；A：183；T：157；C：173；对所测得的三条序列进行同源性分析。

从图 7-19 中可以看出，R16-1200bp 正向序列和反向序列的同源性是 42%，R16-800bp 和 R16-1200bp 的同源性是 36%（Li et al.，2011c）。

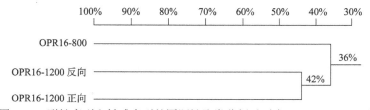

图 7-19 耐性序列和敏感序列的同源性聚类分析（引自 Li et al.，2011c）

Figure 7-19 Cluster analysis of homology between tolerant and sensitive sequences

4. 灯盏花居群对 UV-B 辐射响应反馈的 DNA 差异

对 6 个灯盏花居群的遗传多样性进行 ISSR 分析（表 7-68）。结果表明，6 个灯盏花

居群具有丰富的遗传多样性。每个居群所扩增出的多态性条带数占总扩增条带数（120条）的 60.83%～85.00%。各居群的 Nei 基因多样性指数在 0.2034～0.3033，居群水平的平均 Nei 基因多样性指数为 0.2656。Shannon 多样性指数在 0.3060～0.4516，居群水平的 Shannon 多样性指数为 0.3954（冯源，2009）。在 6 个灯盏花居群中，D47 显示了最高的遗传多样性（PPB：85.00%；Ae：1.5230；H：0.3033；I：0.4516）；而 D63 则拥有最低的遗传多样性（PPB：60.83%；Ae：1.3477；H：0.2034；I：0.3060）。

表 7-68　灯盏花居群的遗传多样性（引自冯源，2009）

Table 7-68　Genetic diversities of *E. breviscapus* populations

居群	多态性条带数 PB	多态位点百分率 PPB（%）	等位基因数 A	有效等位基因数 Ae	Nei 基因多样性指数 H	Shannon 多样性指数 I
D01	82	68.33	1.6833	1.4337	0.2494	0.3697
D47	102	85.00	1.8500	1.5230	0.3033	0.4516
D48	80	66.67	1.6667	1.4105	0.2381	0.3548
D53	101	84.17	1.8417	1.5108	0.2952	0.4404
D63	73	60.83	1.6083	1.3477	0.2034	0.3060
D65	99	82.50	1.8250	1.5131	0.3004	0.4499
平均值	89.5	74.58	1.7458	1.4598	0.2656	0.3954

用引物 P840 进行扩增，所扩增的片段长度多集中在 250～2000bp，表现出明显的多态性。D01、D53、D63 和 D65 居群中共同出现分子量 250bp 的条带，并在 D47 和 D48 居群中观察到该片段的缺失；在 D47 和 D48 居群中共同出现分子量约 330bp 和 410bp 条带，并且观察到 D01、D53、D63 和 D65 居群中这两个片段缺失（图 7-20）。

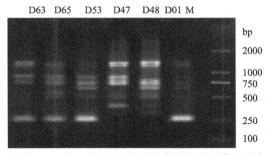

图 7-20　ISSR 引物 P840 在 6 个灯盏花居群中的扩增图谱（引自冯源，2009）

Figure 7-20　Inter-simple sequence repeat (ISSR) patterns obtained on the agarose gel for 6 *E. breviscapus* populations using the primer P840

表 7-69 列出了 6 个灯盏花居群的遗传一致度，灯盏花的遗传一致度分布在 0.7768～0.9321，平均遗传一致度为 0.8357。D63 与 D65 居群的遗传一致度最高为 0.9321，表明二者之间亲缘关系最近，其次 D47 和 D48 的遗传一致度为 0.9265，而 D65 与 D48 的遗传一致度最低为 0.7768。其他居群的遗传一致度居中，亲缘关系相似。

表 7-69　　灯盏花居群的遗传一致度（引自冯源，2009）

Table 7-69　　**Genetic identities of _E. breviscapus_ populations**

居群	D01	D47	D48	D53	D63	D65
D01		0.8143	0.8201	0.8531	0.8378	0.8431
D47			0.9265	0.8007	0.7835	0.781
D48				0.8088	0.7941	0.7768
D53					0.9011	0.8653
D63						0.9321

对 6 个灯盏花居群进行聚类分析（图 7-21）。结果表明，当遗传距离为 0.112 时，可以分为两个大类，第一类包括 D01、D53、D63 和 D65 居群，其又可分为 2 个亚类，第一个亚类包括 D01 和 D53 居群，第二亚类包括 D63 和 D65 居群；第二大类包括 D47 和 D48 居群。聚类分析的结果与根据 UV-B 辐射响应指数判断的 UV 辐射耐性居群与 UV 辐射敏感居群结果基本一致。聚类分析结果较好地反映了不同 UV-B 辐射耐性居群的遗传背景差异。2 个 UV-B 辐射敏感居群的遗传距离较小，遗传一致度较高；而 4 个耐性居群具有较近的亲缘关系，表现出相似的 UV-B 辐射响应（冯源，2009）。

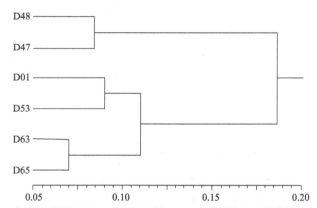

图 7-21　　灯盏花居群基于 ISSR 指纹的 NTSYS2 聚类图（引自冯源，2009）

Figure 7-21　　NTSYS2 cluster map of 6 _E. breviscapus_ populations based on ISSR fingerprint

二、作物对 UV-B 辐射响应反馈的基因表达差异

目前，有关品种间差异遗传水平的研究有一些报道。D'surney 等（1993）测定了三种蚕豆暴露于增强 UV-B 辐射下 DNA 的嘧啶二聚体，发现抗性品种和敏感品种的嘧啶二聚体分别为小于 12 000 个和 28 000 个碱基的二聚体。他们认为敏感品种 DNA 完整性下降与无法维持叶中 UV-B 吸收物质的高浓度有关，而抗性品种中紫外吸收物质增加，所以生物量及 DNA 完整性保持不变。DNA 是 UV-B 辐射伤害植物的主要位点之一。UV-B 辐射能引起如下几种类型的 DNA 伤害：碱基修饰（如嘧啶二聚体的形成）、单链断裂和 DNA-蛋白质交联（Mclenman，1987）。UV-B 辐射诱导的环丁烷嘧啶二聚体（CPD）和嘧啶（6-4）嘧啶酮二聚体（6-4 光产物）是主要的 DNA 损伤产物。

随着分子生物学技术的发展，有关 UV-B 辐射对植物影响的研究已深入到分子水平。植物对增强 UV-B 辐射最具特征的分子响应是类黄酮生物合成途径中关键酶的表达增强。Jordan 等（1991）报道，增强 UV-B 辐射下的豌豆组织中，核编码的 *cab* 和 *rbcS* 及叶绿体编码的 *psbA* 与 *rbcL* 基因的 mRNA 水平有极大的降低，认为这种降低对光合作用速率产生影响。Taylor 等（1996）在 ELISA 中结合使用单克隆抗体，研究小麦叶片中 UV-B 辐射诱导的 DNA 损伤及其清除现象，发现两种 UV-B 辐射诱导的 DNA 损伤产物 CPD 大量增加，它们的清除表现出光依赖性，在黑暗环境中的清除速率低于光下。这可能是小麦叶中存在一个有效的光依赖机理，即光修复机理，除去了 CPD。He-Ne 激光与 UV-B 辐射复合处理可使小麦种胚细胞期外 DNA 合成提前（Hang et al.，2002）。

UV-B 辐射对基因的调节主要集中在光合基因和类黄酮生物合成相关基因。暴露在 UV-B 辐射下，保护色素、苯丙酸和类黄铜生物合成相关基因表达增高。UV-B 辐射也能增强一些促进以上化合物前体合成的酶基因表达。UV-B 辐射促进编码抗氧化酶如过氧化氢酶、谷胱甘肽氧化酶、SOD 和谷胱甘肽还原酶的一些基因转录。但 UV-B 辐射也能引起一些编码蛋白基因表达下调。核编码基因的 mRNA 丰度降低较叶绿体的要快（Ries et al.，2000），是为了修复 UV-B 辐射造成的 DNA 损伤。在 UV-B 辐射下，拟南芥的细胞周期暂时中止，同时启动两个 DNA 修复蛋白 PHRI 和 RAD5I 的基因表达，使得其 mRNA 水平增高。植物细胞暂时停止细胞周期，还可能有利于避免诱导子细胞变异（Brosché et al.，1999）。

植物体还可以通过诱导抗性基因表达来增强其对 UV-B 辐射的耐受性。UV-B 辐射引起植物基因转录体的减少和 RNA 活力下降（Jordan et al.，1992）。Willekens 等（1994）认为，UV-B 辐射影响和改变抗氧化基因的表达。UV-B 辐射可导致光合基因 *rbcL*、*rbcS*、*rbcH* 和 *psbA* 转录降低，同时增加 PR-1 和 PDF1-2 基因的表达（Mackerness et al.，1999a）。UV-B 辐射处理抑制了 *LOX*（脂氧合酶）基因的表达，进而影响了 LOX 合成，而 LOX 对膜脂过氧化有直接的作用，UV-B 辐射对叶绿体有破坏作用（Rahn，1979）。但 Yu 和 Björn （1999）研究认为，在植物生长中给予适量的 UV-B 辐射有利于基粒的形成，发现 UV-B 辐射对于由二片层、三片层体形成基粒片层是必要的；基粒的垛叠由 LHCII 所控制，在 LHCII 表面区域有些蛋白质与基粒的垛叠有关；基粒的垛叠与 LHC 的基因表达具有直接的关系；LHC 的基因是光调节基因，受紫外光调节，在 UV-B 照射下，LHC 的基因得到充分表达，有利于叶绿体基粒形成。UV-B 辐射增强对叶绿体及植物体其他部分的 DNA 均有一定的影响。

UV-B 辐射虽然会抑制植物基因的正常表达，但低剂量的 UV-B 辐射引起植物体内修复机理过分活动时，反而会刺激植物生长。研究表明，扁藻随着 UV-B 辐射增强，DNA 的合成速度依次下降；三角褐指藻在较低剂量（低于 $0.8 J/m^2$）的 UV-B 辐射下，DNA 合成旺盛，合成速度不但没有降低，反而表现出上升趋势；高剂量（高于 $0.8 J/m^2$）UV-B 辐射对三角褐指藻 DNA 合成有抑制效应，其 DNA 合成速度均低于对照组（徐达等，2003）。UV-B 辐射对藻细胞 DNA 的损伤作用表现出一定的剂量效应，即随着 UV-B 辐射剂量提高，藻细胞 DNA 损伤加剧（刘成圣等，2002）。增强 UV-B 辐射会引起细胞 DNA 形成嘧啶二聚体（CPD），影响细胞正常代谢和分裂，导致黄瓜子叶（Tevini and

Iwanzik，1986）、欧芹叶片（Logemann et al.，1995）、小麦叶片（Hopkins，1997）细胞分裂速度减慢。UV-B 辐射胁迫损伤 DNA 还会影响基因表达，改变细胞蛋白质组成和含量，这与 DNA 受到损伤、DNA 复制受到抑制有关（强维亚等，2004）。

植物在形态解剖、生理生化过程方面的差异都可引起植物 UV-B 辐射敏感性存在差异，如叶片角质层厚度、气孔开关、UV 吸收物质含量、比叶面积、叶反射率、冠层生长、植物体内抗性生理活性物质形成、抗性基因表达以及对已损伤的遗传物质修复等有差别，都是植物种间存在差异的因素。然而，这些宏观方面的差别通常不可能发生在植物的品种之间，植物种内的差异可能由更为精细的机理调节（Murali and Teramura，1986）。UV-B 辐射导致的许多植物变化的分子生物学原理仍没有明确的定义，这方面的工作亟待深入。

三、植物对 UV-B 辐射响应反馈的信号转导研究

植物对 UV-B 辐射响应的信号转导研究目前还很少，主要是很难找到适当的方法筛选植物 UV-B 辐射信号缺失突变体，因此在植物 UV-B 辐射研究中很难找到如光敏色素、隐花色素这类在可见光、紫外-A 辐射效应研究中使用的关键受体。以下对几方面零星研究做一总结。

Yu 等（1998）通过经 *nos/cat* 转化的烟草发现，UV-B 辐射可能通过活性氧（ROS）诱导 *nos* 启动子表达，而并非通过茉莉酸甲酯（MJ）途径诱导。Surplus 等（1998）进一步采用水杨酸缺失拟南芥突变体 *NahG* 研究表明，RbcL、PsbA 含量的降低涉及活性氧的信号转导不需要水杨酸的参与，但 PR 系列病程相关蛋白等的诱导需要水杨酸、活性氧的参与。Mackerness 等（1999b）采用茉莉酸（JA）钝感拟南芥突变体（*jar1*）及乙烯钝感拟南芥突变体（*etr1-1*）发现，PR-1 经 UV-B 辐射诱导转录增加是依赖乙烯的，而 PDF1.2 经 UV-B 辐射诱导则需要乙烯和茉莉酸共同参与。而光合作用功能蛋白的转录降低似乎仅需要活性氧的参与。同时 *jar1* 突变体及 *etr1-1* 突变体与野生对照相比UV-B 辐射敏感性大大增加，预示着茉莉酸和乙烯信号转导途径对于防御 UV-B 辐射可能是不可缺少的。Mackerness（2000）认为，UV-B 辐射对三套基因转录的影响是通过三条信号转导途径来实现的，这种信号转导方式与受病害侵染后的信号转导途径非常相似，但又不完全一致。

Alexander 等（1999）采用经 *ZPT2-2/LUS* 转化的矮牵牛，证实 UV-B 辐射可诱导 Zn 指转录因子 ZPT2-2 含量的升高，且 C_2H_4、JA 等参与信号转导；由于锌指转录因子参与光形态建成、个体发育等，因此 UV-B 辐射对 ZPT2-2 的诱导具有重要的适应意义。

Hartmann 等（1998）对拟南芥 *CHS* 基因受 UV-B、UV-A/蓝光辐射诱导表达的启动子进行了更深入的研究，发现共有 1970bp 属 UV-B、UV-A/蓝光辐射应答区域，尤其是 $-164\sim0$ 为核心应答区域，该序列类似于欧芹的光应答元件（LRH），此核心区域碱基缺失将停止转录，而$-1970\sim-164$ 区域对转录效率有影响，-442 碱基位点的 G 盒对 *CHS* 基因的转录影响不大。任何碱基段的缺失均未发现会导致 UV-B 与 UV-A/蓝光辐射应答效率存在区别。Merkle 等（1994）对欧芹细胞进行体内足迹试验，测试光应答 CHS 启动子后发现应答序列部分很短，且 UV-B 辐射与蓝光应答元件在空间上并未隔开，据此

提出两条信号转导途径最终汇合于 *CHS* 基因启动子某处，或汇合于信号识别与蛋白质 -DNA 结合之间的信号转导途径上。

Fuglevand 等（1996）采用缺失隐花色素 CRY1 的拟南芥突变体 *hy4-2.23N* 试验发现，CHS 对 UV-B、UV-A/蓝光辐射的应答并不相同：①UV-A/蓝光辐射对 CHS 的诱导要通过 CRY1 光受体。②UV-A 和蓝光均能与 UV-B 辐射协同作用刺激 CHS 转录，而且 UV-A 和蓝光与 UV-B 辐射的协同作用是有明显区别的（分别产生瞬间和较长的稳定信号并可迭加刺激 CHS 启动子的功能），其协同作用途径也不需要 CRY1 受体的参与。在 UV-A/蓝光辐射诱导的 CHS 形成中，初步研究光敏色素对该诱导途径的影响。Wade 等（2001）采用光敏色素缺失拟南芥突变体 *phy* 试验，验证光敏色素途径对 *cry1* 途径的 CHS 诱导起正向调控作用。例如，进行红光预处理增强 *cry1* 途径的 CHS 诱导，并在 *phyA* 或 *phyB* 突变体中仍然有效，但在 *phyAphyB* 双突变体则大大降低，推测其可能通过 *phyA* 或 *phyB* 作用即可。但若不经红光预处理，*cry1* 途径的 CHS 诱导在 *phyA* 突变体中无变化，在 *phyB* 突变体中下降很多，说明 *cry1* 可能与 *phyB* 存在协同作用机理。在 UV-B 辐射调控途径中 *phyB* 是一个负调控子，*phyB* 可能作用于 UV-A/蓝光与 UV-B 辐射协同作用位点的上游途径上（Buchholz et al., 1995）。推测 *phyB* 是调节 *cry-1* 途径和 UV-B 辐射信号途径平衡的因素。

通过对 UV-B 或 UV-A/蓝光辐射下的欧芹异养细胞培养体系（Frohnmeyer et al., 1997）、拟南芥悬浮细胞培养体系（Christie and Jenkins, 1996）及经 *CHS/LHS* 转化的欧芹培养细胞体系等（Frohnmeyer et al., 1999）施加影响胞内钙离子（Ca^{2+}）含量、钙调蛋白 CaM、丝氨酸/苏氨酸激酶（Ser/Thr）激酶的抑制剂或阻遏剂发现：UV-B 辐射对 CHS 的诱导需要 Ca^{2+}、CaM、Ser/Thr 激酶等的参与，而不需要 cGMP 及酪氨酸激酶的参与，而 UV-A/蓝光辐射的诱导涉及 Ca^{2+}、蛋白质磷酸化等过程。

第五节 抗 UV-B 辐射作物种质的筛选及调控措施

一、抗性品种或种的培育

由于作物品种间对 UV-B 辐射的响应有显著差异，而这种差异是可遗传的，通过人工选择抗性基因，并培育抗 UV-B 辐射品种，以减轻 UV-B 辐射对农田生态系统的影响，尤其是对粮食产量的影响是完全必要的，也是可行的调控手段。

目前李元教授团队等已研究了小麦、大豆、荞麦和割手密对 UV-B 辐射增强响应反馈的品种差异及 DNA 基础。这些工作对于筛选敏感种与耐性种（表 7-70），并对应分析它们的 DNA 变化，揭示耐性品种的 DNA 基础，建立判别小麦、大豆、荞麦和割手密 UV-B 辐射耐性的 DNA 标准，找出耐 UV-B 辐射的基因，通过在敏感植物中转入耐 UV-B 辐射的基因为抗性品种培育提供优良种质资源，在理论上和实践上都是极其重要的。刘新仿和李家洋（2002）将全长 *GST* cDNA 转入拟南芥，使转基因植株谷胱甘肽含量表达升高，对紫外辐射的耐性显著增强。这一结果为采用转基因手段获得 UV-B 辐射耐性品种提供了一条可能的途径。

表 7-70　根据响应指数筛选出的 UV-B 辐射耐性品种和敏感品种

Table 7-70　The tolerance and sensitivity UV-B radiation of plants according to response index

植物	耐性品种	敏感品种	植物	耐性品种	敏感品种
小麦	绵阳 20	会宁 18	大豆	豫豆 8	Df-1
	绵阳 26	陇春 16		豫豆 18	土黄豆 1
	文麦 3	云麦 39		兰引 20	灵台黄豆
	辽春 9	凤麦 24		云南 97801	环县黄豆
割手密	I91-48	II91-116	荞麦	青苦 4	老鸭苦荞
	92-11	II91-5		建塘苦荞	榆 6-21
	I91-97	II91-126		广苦 1	格桑苦荞
	II91-99	I91-37		凤凰苦荞	青苦 3
	II91-13	II91-81			

张海静（2013）以 243 份自交系为供试材料，设置 UV-B 辐射增强处理，对供试的不同基因型自交系产量、品质性状进行评价及鉴定。按照群体逐级分类法将不同基因型自交系分成 5 种类型，即极强抗类型、强抗类型、中度抗类型、弱抗类型和极弱抗类型。

1. 玉米不同基因型自交系苗期抗 UV-B 辐射的筛选结果

依据 F_v/F_m、POD、MDA 和 Pro 4 个试验指标对供试的 243 份不同基因型自交系进行联合评价和分类，筛选出对 UV-B 辐射增强响应最不敏感和最敏感的类型，如表 7-71 所示。对 UV-B 辐射增强最不敏感的玉米自交系有 5 个，该类型入选标准为 F_v/F_m 的降低率低于 10%、过氧化物酶活性的增加率大于 10%、丙二醛含量的增加率低于 50%、脯氨酸含量的增加率大于 50%。对 UV-B 辐射增强最敏感的玉米自交系有 6 个，入选标准为 F_v/F_m 的降低率高于 50%、丙二醛含量的增加率高于 50%。这些自交系可作为抗辐射增强胁迫新品种选育以及遗传学、分子生物学等学科研究的材料。

表 7-71　不同供试自交系苗期抗 UV-B 辐射的筛选结果（引自张海静，2013）

Table 7-71　Selection of different inbred lines related to UV-B radiation resistance at seeding period

分类	系号	超氧化物歧化酶变化率（%）	过氧化物酶变化率（%）	丙二醛变化率（%）	脯氨酸变化率（%）
不敏感	NX54	−4.9	39.2	12.1	128.9
	NX90	−6.4	36.2	−10.9	117.9
	NX56	−6.9	63.0	−18.7	426.8
	NX149	−7.5	46.8	−12.2	282.3
	NX206	−8.0	52.5	−49.7	55.3
敏感	NX156	−56.7	66.8	80.7	267.4
	NX147	−57.2	20.0	81.4	378.1
	NX136	−59.0	34.3	64.8	236.4
	NX188	−59.4	92.3	58.7	244.7

续表

分类	系号	超氧化物歧化酶变化率（%）	过氧化物酶变化率（%）	丙二醛变化率（%）	脯氨酸变化率（%）
敏感	NX166	−60.7	68.6	351.0	448.5
	NX177	−98.1	55.6	140.2	238.1

2. 玉米不同基因型自交系灌浆期抗 UV-B 辐射的筛选结果

依据自交系灌浆期蒸腾速率、气孔导度和净光合速率对供试的 234 份材料进行评价和分类，筛选出对 UV-B 辐射增强响应最不敏感和最敏感的自交系（表 7-72）。对 UV-B 辐射增强最不敏感的玉米自交系有 6 个，评判标准为：蒸腾速率的增加率高于 50%、气孔导度的增加率大于 50%、净光合速率的增加率高于 10%。对 UV-B 辐射增强最敏感的玉米自交系也有 6 个，其评判标准为：蒸腾速率的降低率低于 50%，气孔导度的降低率低于 10%，净光合速率的降低率低于 10%。

表 7-72 不同供试自交系灌浆期抗 UV-B 辐射的筛选结果（引自张海静，2013）

Table 7-72 Selection of different inbred lines related to UV-B radiation resistance at filling period

分类	系号	蒸腾速率变化率（%）	气孔导度变化率（%）	净光合速率变化率（%）
不敏感	NX278	52.0	65.8	12.4
	NX258	56.7	74.7	18.2
	NX84	59.3	64.8	21.2
	NX276	87.2	112.2	25.6
	NX260	70.3	98.5	40.6
	NX206	52.4	93.2	53.2
敏感	NX253	−54.5	−61.1	−27.2
	NX154	−51.7	−62.1	−27.9
	NX152	−69.1	−77.1	−33.3
	NX162	−54.7	−62.3	−46.6
	NX135	−52.5	−62.6	−50.3
	NX200	−62.5	−67.9	−68.1

3. 玉米不同基因型自交系对 UV-B 辐射的抗性分类

计算供试材料的抗 UV-B 辐射系数并检验其分布形态，供试自交系抗辐射系数值的分布符合正态分布。参照陆贵和提出的群体逐级分类法，以自交系群体抗辐射系数值的平均数加或减一个标准差将群体分为极强抗类型、中间类型和极弱抗类型，再计算中间类型的群体平均值和标准差，以中间类型的群体平均值加或减一个标准差为标准，将中间类型群体分为强抗类型、中度抗类型和弱抗类型。采用上述方法将试验材料抗辐射能力分为 5 种类型，每类试验材料的平均抗辐射系数列于表 7-73。

表 7-73　抗 UV-B 辐射类型与产量性状抗 UV-B 辐射系数平均值（引自张海静，2013）

Figure 7-73　Average value of UV-B radiation resistance of yield traits and UV-B radiation resistance types

类型	穗长	穗粗	穗行数	行粒数	穗重	穗粒数	穗粒重
极强抗类型	1.2	1.1	1.2	1.2	1.2	1.3	1.3
强抗类型	1.0	1.0	1.0	1.1	0.9	1.0	1.0
中度抗类型	0.8	0.9	0.8	0.9	0.6	0.7	0.6
弱抗类型	0.7	0.8	0.6	0.8	0.4	0.4	0.4
极弱抗类型	0.5	0.6	0.4	0.7	0.2	0.2	0.2

二、植物 UV-B 辐射防护措施的应用

不同植物对 UV-B 辐射的反应各不相同，但大多植物形成了两套适应机理，一方面通过改变形态结构调节 UV-B 辐射的穿透性，另一方面利用以类黄酮和某些酚醛类化合物为代表的屏蔽物质来有效防止 UV-B 辐射进入基层组织。

（一）小麦 UV-B 辐射防护剂筛选

我们研究不同防护剂处理下小麦对 UV-B 辐射的响应，以小麦分蘖数、生物量、株高、叶绿素含量和类黄酮含量为指标，建立响应指数，根据小麦对 UV-B 辐射的响应指数对防护剂进行筛选。

1. 小麦 UV-B 辐射防护剂浓度范围的室内筛选

（1）耐性小麦'绵阳 26'

增强 UV-B 辐射下，喷施 $CaCl_2$ 时，小麦'绵阳 26'叶绿素含量和生物量增加（0.25% $CaCl_2$ 处理下未达显著水平）。随着 $CaCl_2$ 浓度的增加，小麦'绵阳 26'类黄酮含量增加，0.75% $CaCl_2$ 处理下，小麦叶片类黄酮含量增加达到显著水平。0.5%和0.75% $CaCl_2$ 处理下，小麦分蘖数显著增加。除 1.0% $CaCl_2$ 处理外，其余喷施 $CaCl_2$ 处理小麦株高增加达到显著水平（高召华，2001）。

喷施 0.05%和0.075%水杨酸（SA）时，小麦叶片叶绿素含量增加。随着 SA 浓度的增加，小麦叶片叶绿素含量、分蘖数及生物量逐渐增加，但当浓度达 0.10%时，这几项指标有下降趋势。

随着抗坏血酸（ASA）浓度的增加，小麦叶片类黄酮含量、叶绿素含量及株高逐渐增加，当浓度为 0.075%时，增加达到显著水平，浓度为 0.10%时，增加达到极显著水平。

喷施的二甲基亚砜（DMSO）浓度为 0.075%和0.10%时，小麦分蘖数和生物量极显著增加，0.075% DMSO 显著增加小麦株高。从变化趋势上看，小麦叶片叶绿素含量随着 DMSO 施用浓度的增加而增加，但未达显著水平。

喷施 0.5%和 0.75% $CaCl_2$、0.05%和 0.075% SA、0.075%和 0.10% ASA、0.075%和 0.10% DMSO 时，小麦对 UV-B 辐射的响应指数提高（高召华，2001）。

（2）敏感小麦'会宁 18'

0.5% $CaCl_2$ 和 0.75% $CaCl_2$ 处理显著增加小麦'会宁 18'类黄酮含量、分蘖数和生物量；0.75% $CaCl_2$ 增加小麦叶片叶绿素含量和株高。

0.075%和 0.10% SA 显著增加小麦叶片类黄酮含量及生物量。小麦叶片类黄酮和叶绿素含量随着 SA 浓度的增加而增加。SA 浓度为 0.075%时，小麦叶片叶绿素含量增加达到显著水平；SA 浓度为 0.10%时，叶绿素含量极显著增加。

0.05%、0.075%和 0.10% ASA 处理下，小麦分蘖数和株高增加；0.075%和 0.10% ASA 处理增加小麦叶片叶绿素的含量；0.075% ASA 处理增加小麦株高；0.10% ASA 处理增加小麦叶片类黄酮含量。

0.075%和 0.10% DMSO 显著增加小麦叶片类黄酮含量与分蘖数；0.075% DMSO 增加小麦生物量；0.10% DMSO 显著增加小麦株高和生物量。

增强 UV-B 辐射下，防护剂的浓度影响小麦'会宁 18'对 UV-B 辐射的响应。喷施 0.5%和 0.75% $CaCl_2$、0.05%和 0.075% SA、0.075%和 0.10% ASA、0.075%和 0.10% DMSO 时，小麦对 UV-B 辐射的响应指数大于其他两个浓度下的响应指数（高召华，2001）。

2. 小麦 UV-B 辐射防护剂的效果

通过室内试验初步选定防护剂浓度，为室外盆栽试验奠定了基础。在大田条件下，模拟 5.00kJ/m² UV-B 辐射，研究不同敏感小麦品种对防护剂的响应，确定最适浓度防护剂。

（1）耐性小麦'绵阳 26'

在增强 UV-B 辐射下，施用 0.5%和 0.75% $CaCl_2$ 时，小麦'绵阳 26'类黄酮含量、叶绿素含量、分蘖数、生物量和株高显著增加。0.05% SA 显著增加小麦叶片类黄酮含量；0.075% SA 增加小麦叶片类黄酮含量、叶绿素含量和生物量。0.075%和 0.10% ASA 显著增加小麦叶片叶绿素含量与株高。0.075% DMSO 显著增加小麦分蘖数和株高。小麦'绵阳 26'在防护剂作用下对增强 UV-B 辐射显示了正响应，其中 0.75% $CaCl_2$、0.5% $CaCl_2$、0.075% SA 和 0.075% DMSO 处理响应指数较高（高召华，2001）。

自然光照条件下，喷施 $CaCl_2$ 时，0.75% $CaCl_2$ 显著增加小麦'绵阳 26'叶片类黄酮含量、分蘖数和生物量，0.5% $CaCl_2$ 增加小麦叶片叶绿素含量。0.05%和 0.075% SA 增加小麦叶片类黄酮含量。施用 0.10% ASA，小麦'绵阳 26'生物量增加。DMSO 对小麦无明显影响。在自然光照条件下，喷施 0.75% $CaCl_2$、0.5% $CaCl_2$、0.075% ASA 和 0.10% ASA 时，小麦'绵阳 26'对 UV-B 辐射显示了较高的正响应。小麦生物量与叶绿素含量呈正相关（$r=0.643, P < 0.01$），小麦叶片类黄酮含量与株高呈负相关，小麦株高与生物量呈正相关（高召华，2001）。

（2）敏感小麦'会宁 18'

增强 UV-B 辐射下，0.5%和 0.75% $CaCl_2$ 显著增加小麦'会宁 18'叶绿素含量、分蘖数和生物量。0.05%和0.075% SA 影响小麦叶片类黄酮含量与生物量，增强 UV-B 辐射下，小麦叶片类黄酮含量和生物量的增加达到显著水平（$P < 0.05$）。ASA 对小麦有较大的影响，叶绿素含量、分蘖数及生物量均显著增加。DMSO 促进了小麦的分蘖，达到了显著水平。小麦'会宁 18'在防护剂作用下对增强 UV-B 辐射表现出了正响应，0.75% $CaCl_2$、0.5% $CaCl_2$、0.10% ASA 和 0.075% SA 处理下，小麦'会宁 18'对增强 UV-B 辐射显示较高的正响应（高召华，2001）。

自然光照条件下，施用 0.5% 和 0.75% $CaCl_2$ 后，小麦'会宁 18'分蘖数和生物量增加，其中 0.5% $CaCl_2$ 处理小麦分蘖数增加未达到显著水平。0.075% SA 增加小麦叶片类黄酮含量，0.05%和 0.075% SA 显著增加小麦的生物量。ASA 对小麦'会宁18'无明显影响。0.075%和 0.10% DMSO 显著增加小麦的分蘖数。0.75% $CaCl_2$、0.5% $CaCl_2$、0.075% SA 和 0.050% SA 使小麦对 UV-B 辐射显示了较高的正响应（高召华，2001）。

增强 UV-B 辐射和自然光照条件下施用防护剂，两个小麦品种'绵阳 26'和'会宁 18'的各项形态与生理指标因防护剂类型、浓度和辐射强度不同而发生不同变化。在增强 UV-B 辐射下施用防护剂，耐性小麦品种'绵阳 26'和敏感小麦品种'会宁 18'基本上显示了正响应。在自然光照条件下，小麦'绵阳 26'在 0.10% DMSO 处理下表现出了负响应，而小麦'会宁 18'在 0.10% DMSO 处理下对 UV-B 辐射表现出了正响应（高召华，2001）。

小麦'绵阳 26'在防护剂作用下对增强 UV-B 辐射的响应指数较高的 4 个处理为：0.75% $CaCl_2$>0.50% $CaCl_2$>0.075% SA>0.075% DMSO；小麦'绵阳 26'在防护剂作用下对自然光照下 UV-B 辐射的 4 个较高响应指数处理为：0.75% $CaCl_2$>0.10% ASA>0.075% ASA>0.5% $CaCl_2$。小麦'会宁 18'在防护剂作用下对增强 UV-B 辐射的响应指数较高的 4 个处理为：0.75% $CaCl_2$>0.50% $CaCl_2$>0.10% ASA>0.075% SA；小麦'会宁 18'在防护剂作用下对自然光照下 UV-B 辐射的响应指数较高的 4 个处理为：0.75% $CaCl_2$>0.05% SA>0.075% SA>0.5% $CaCl_2$。根据响应指数可知，无论在增强 UV-B 辐射下，还是在自然光照条件下，施用 0.75% $CaCl_2$ 时，小麦'绵阳 26'和'会宁 18'对 UV-B 辐射的响应指数均最大（高召华，2001）。

Ca^{2+} 对细胞壁结构起稳定作用。外源 Ca^{2+} 处理对膜脂过氧化保护系统的酶活性具有诱导作用，可以提高植物对自由基的清除能力（卢少云等，1999），从而减轻膜脂过氧化对细胞的伤害（关军锋和李广敏，2001）。外施钙能使抗坏血酸含量保持在较高水平，同时降低活性氧物质含量，并提高植物体对活性氧的清除能力，降低活性氧物质对细胞的伤害（袁清昌，1999）。ASA 是植物体内一种抗氧化剂，通过与活性氧自由基直接反应，在细胞内不断捕获并即时清除氧自由基（Duell et al.，1995），限制活性氧自由基水平，并通过活性氧自由基激活植物抗氧化酶系统。水杨酸（SA）是参与植物应对胁迫反应的胞内信号转导分子。SA 通过诱导部分防卫相关蛋白的表达，激活一些与胁迫反应有关基因的启动子，如交替氧化酶和超氧化物歧化酶，诱导小麦对 UV-B 辐射产生一定的抗性。可能的作用方式是：植株受 UV-B 辐射胁迫后，SA 与 SABP 结合，抑制过氧化氢酶的活性，导致体内 H_2O_2 的水平增高及自由基产生。二甲亚砜

（DMSO）可通过激活或阻止某些基因的表达来影响细胞生长和细胞之间的相互作用（Zucchi et al., 1999），还能够清除羟基自由基，减少自由基对组织的损伤（Lin and Jamieson, 1992）。

（二）大豆 UV-B 辐射防护剂的筛选

1. 通过叶片形态、叶色和光合指标筛选 UV-B 辐射防护剂

参照 Teramura（1982）关于大豆的 UV-B 辐射伤害五级分类方法，本试验仍然将其分为 0、2、4、6、9 共 5 个伤害级别，为便于评定并与同行比较，增加了<2、<4、<6、<9 几个辅助级别，它们分别比 2、4、6、9 级别伤害更轻，但大于前一个级别（表 7-74）。

表 7-74　防护剂对大豆叶片 UV-B 辐射伤害级别的影响（施加 12 天后）（引自姚银安等，2003）

Table 7-74　Effects of protective agent to the harm scale of soybean leaf under UV-B radiation

处理	UV 强度（kJ/m^2）	叶片形态	分级
CK	0	绿叶，无伤害	0
	3.5	叶缘有黄斑，叶脉有轻微皱纹	2
	6.5	叶缘及叶片中部均有黄斑，叶片出现皱纹	4
	9.0	叶片有深黄色斑点，整个叶片有明显皱纹	6
黄酮 1%	0	绿叶，无可见伤害，但叶片有萎蔫缺水现象	<2
	3.5	叶缘有小黄斑，叶脉出现皱纹	<4
	6.5	叶缘及叶片中部均有黄斑，叶片皱纹较多	<6
	9.0	叶片中部出现褐斑，整个叶片皱纹明显	<9
黄酮 0.2%	0	绿叶，无伤害	0
	3.5	绿叶，叶脉难以观察到皱纹，但叶片仍然有萎蔫缺水现象	<2
	6.5	叶片中部出现黄斑，叶脉皱纹明显	<4
	9.0	叶片有深色斑点，整个叶片有明显皱纹	6
槲皮素 1%	0	绿叶，无伤害	0
	3.5	斑点轻微，叶缘有轻微皱纹	2
	6.5	叶缘及叶片中部黄色斑点较多，整个叶片皱纹明显	6
	9.0	叶片有褐斑，整个叶片皱纹明显，且有叶缘干枯卷曲现象	9
槲皮素 0.2%	0	绿叶，无伤害	0
	3.5	绿叶，叶片出现萎蔫缺水现象	<2
	6.5	叶片边缘及中部可见小黄斑，叶缘皱纹明显	2
	9.0	叶片有黄斑，整个叶片皱纹明显	<6
柑橘苷 1%	0	绿叶，无伤害，即使在不进行 UV-B 辐照情况下也有萎蔫缺水现象	<2
	3.5	绿叶，无明显变化，无叶脉皱纹	<2

处理	UV 强度（kJ/m²）	叶片形态	分级
柑橘苷 1%	6.5	叶缘及叶片中部均有黄斑，整个叶片皱纹明显	6
	9.0	叶片中部有褐斑，整个叶片皱纹明显，部分叶片有轻微卷曲	<9
柑橘苷 0.2%	0	绿叶，无伤害	0
	3.5	叶缘有小黄斑，叶脉轻微皱纹，伴有萎蔫缺水现象	<2
	6.5	叶缘及叶片中部有小黄斑，叶脉皱纹明显	4
	9.0	叶片有深色斑点，整个叶片皱纹明显	6

　　从叶片外观（颜色及形态）来看，0.2%槲皮素在三个 UV-B 辐射强度（3.5kJ/m²、6.5kJ/m²、9.0kJ/m²）下均起到防护作用，0.2%黄酮在 3.5kJ/m²、6.5kJ/m² 两种辐射强度下对形态、叶色具有一定的保护作用，0.2%柑橘苷仅在 3.5kJ/m² 辐射强度下起到较小的作用。而 1%黄酮在未进行 UV-B 辐照时从外观上也能观察到一定的毒害作用，在三个水平的 UV-B 辐射强度下（3.5kJ/m²、6.5kJ/m²、9.0kJ/m²）均有不良作用。1%槲皮素和 1%柑橘苷在较高辐射强度下（6.5kJ/m²、9.0kJ/m²）加重了 UV-B 辐射伤害。而 1%柑橘苷在 3.5kJ/m² 辐射强度下有防护作用（姚银安等，2003）。

　　防护剂筛选试验选取上午 11:00～12:00 室内温度已经稳定在 29.5～30℃时进行，此时室内湿度在 65%左右，结果见表 7-75 和表 7-76。

表 7-75　增强 UV-B 辐射（kJ/m²）下防护剂对大豆叶片光合作用指标的影响（引自姚银安等，2003）

Table 7-75　Effects of protective agent to the photosynthetic index of soybean leaf under enhanced UV-B radiation (kJ/m²)

处理	净光合速率[μmol/（m²·s）]				蒸腾速率[mmol/（m²·s）]			
	0	3.5	6.5	9.0	0	3.5	6.5	9.0
CK	4.87bc	4.21c	3.98b	1.97b	2.88ab	3.69a	2.99a	1.29a
0.2%黄酮	5.38bc	5.82bc	2.53c	0.52c	1.74bc	2.26b	0.51c	0.54b
1%黄酮	3.45d	2.25d	1.53cd	1.73bc	1.59bc	0.70c	0.61c	0.94b
0.2%柑橘苷	6.04ab	5.17bc	4.67ab	1.97b	3.21a	3.21ab	1.90b	1.27ab
1%柑橘苷	3.48d	8.51a	1.04d	0.66c	1.23c	2.74ab	0.66c	0.80b
0.2%槲皮素	6.62a	6.31b	5.19a	4.66a	2.68ab	2.75ab	2.74a	1.60a
1%槲皮素	4.41c	4.06cd	0.60d	−0.04d	2.28b	1.23c	0.76c	0.66b

处理	气孔导度[mmol/（m²·s）]				胞间 CO₂ 浓度（μmol/mol）			
	0	3.5	6.5	9.0	0	3.5	6.5	9.0
CK	186.00b	395.77ab	290.03b	71.43bc	249.83ab	275.13ab	274.10ab	260.13bc
0.2%黄酮	153.50bc	245.77b	34.73d	30.90c	244.40b	259.47ab	183.97c	277.93bc
1%黄酮	131.30bc	53.47c	41.23d	77.87b	264.80ab	244.00b	245.53b	276.03bc
0.2%柑橘苷	372.13a	364.50ab	133.97c	61.00bc	276.20ab	282.90a	258.47ab	257.40c

续表

处理	气孔导度[mmol/（m²·s）]				胞间 CO_2 浓度（μmol/mol）			
	0	3.5	6.5	9.0	0	3.5	6.5	9.0
1%柑橘苷	94.53c	267.80b	41.10d	47.63bc	246.60b	273.80b	287.8ab	308.05ab
0.2%槲皮素	363.33a	398.13a	419.07a	135.10a	284.27a	281.20a	294.03a	256.46c
1%槲皮素	196.23b	78.17c	55.30d	44.40bc	279.67ab	224.70b	299.70a	323.73a

注：不同小写字母表示不同处理间在 $P<0.05$ 水平差异显著（LSD 检验，$n=3$）

表 7-76　增强 UV-B 辐射（kJ/m²）下防护剂对大豆叶片叶绿素含量的影响（引自姚银安，2003）

Table 7-76　Effects of protective agent to the chlorophyll contens of soybean leaves under enhanced UV-B radiation (kJ/m²)

处理	叶绿素含量（μg/mL）			
	0	3.5	6.5	9.0
CK	1.79c	1.54bc	1.53bc	1.27bc
黄酮 0.2%	2.06bc	1.94ab	1.57bc	1.50b
黄酮 1%	1.87bc	1.68bc	1.23c	1.20c
柑橘苷 0.2%	2.11ab	1.92bc	1.43bc	1.34bc
柑橘苷 1%	2.18ab	2.01ab	1.87a	1.93a
槲皮素 0.2%	2.40a	2.30a	1.65ab	1.43bc
槲皮素 1%	1.88bc	1.35c	1.21c	1.16c

注：不同小写字母表示不同处理间在 $P<0.05$ 水平差异显著（LSD 检验，$n=3$）

　　大豆叶片光合作用的变化是多种因子综合作用的结果。在各处理中，随着 UV-B 辐射剂量的增加，总的趋势是：大豆叶片的净光合速率、蒸腾作用、气孔导度同步下降，胞间 CO_2 浓度逐渐上升（除 1%柑橘苷在 3.5kJ/m² 辐射强度时上述 4 个指标变化方向相反，以及 0.2%柑橘苷处理指标规律不明显外）。从 6 种不同防护剂处理来看：0.2%槲皮素在未进行 UV-B 辐照时，比对照净光合速率高出 35.9%，而在 3.5kJ/m²、6.5kJ/m²、9.0kJ/m² 三种辐射强度下，其净光合速率分别比对照高出 49.9%、30.4%、136.5%，而气孔导度分别增加了 95.34%、0.60%、44.49%、89.14%；蒸腾速率分别增加了-6.94%、-25.27%、-8.36%、24.03%；其胞间 CO_2 浓度也与大多数大豆叶片的变化趋势相反（净光合速率与胞间 CO_2 浓度呈负相关），与对照相比，其胞间 CO_2 浓度分别上升了 13.79%、2.21%、7.31%、-1.4%。这表明施加 0.2%槲皮素后大豆叶片叶绿体对 CO_2 的吸收利用效率提高了（姚银安，2006）。

　　1%槲皮素处理在各种 UV-B 辐射下，其净光合速率较对照均出现下降，尤其是在 6.5kJ/m²、9.0kJ/m² 两种高强度辐射下分别降低了 84.92%、102.03%，在 9.0kJ/m² 辐射强度下出现负值。蒸腾速率、气孔导度较对照同步下降，胞间 CO_2 浓度除 3.5kJ/m² 辐射强度较对照低，其他各处理均大幅上升。0.2%柑橘苷处理的净光合速率在 4 种辐射强度下分别升高 24.02%、22.80%、20.05%、0，除高辐射强度处理外其余处理净光合速率均较对照均显著升高。蒸腾速率与气孔导度除在 0kJ/m² 辐射强度下比对照升高外，其他三个辐射强度均出现大幅降低。

从上述几种光合指标来看，6 种防护剂处理效果依次为：0.2%槲皮素>0.2%柑橘苷>0.2%黄酮>1%黄酮>1%柑橘苷>1%槲皮素。由表 7-76 可知，随着 UV-B 辐射剂量的增加，大豆叶片叶绿素含量逐渐下降。9.0kJ/m² 的 UV-B 辐射下，CK 降低 33.16%，0.2%黄酮处理降低 27.18%，1%黄酮处理降低 35.83%，0.2%柑橘苷处理降低 36.49%，1%柑橘苷处理降低 11.47%，0.2%槲皮素处理降低 40.42%，1%槲皮素处理降低 38.30%。在 6 种防护剂处理中，0.2%槲皮素在 4 种 UV-B 辐射强度下较对照分别提高了 34.08%、49.35%、7.84%、12.60%，0.2%黄酮在 4 种辐射强度下分别提高 15.08%、25.97%、2.61%、18.11%；0.2%柑橘苷处理在 4 种 UV-B 辐射强度下分别增加 17.88%、24.68%、−6.53%、5.51%；而 1%槲皮素处理在 UV-B 辐射处理均出现大幅度降低。几种化合物对叶绿素的保护能力大小为：0.2%槲皮素>1%柑橘苷>0.2%黄酮>0.2%柑橘苷>1%黄酮>1%槲皮素。

2. 大豆槲皮素对 UV-B 辐射的防护机理研究

对大豆槲皮素的 UV-B 辐射防护机理研究，主要从 PAL 活性、SOD 活性、PPO 活性、PO 活性、APX 活性和 CAT 活性方面进行。

（1）PAL 活性

PAL 是酚类代谢的限速酶。自然光照下 PAL 活性（PAL）在第 6、12、18 天均比 UV-B 辐射处理 PAL 活性低。自然光照下不同槲皮素处理对大豆叶片 PAL 活性影响不同，0.2%槲皮素使 PAL 活性在第 6、12、18 天分别降低了 23.53%、55.56%、33.85%；1%槲皮素除第 18 天比对照低外，在第 6、12 天分别比对照分别高 20.00%、24.44%（姚银安，2006）。

在 UV-B 辐射下，大豆叶片的 PAL 活性表现出较明显的辐射剂量效应，第 6、12 天 9.0kJ/m² UV-B 辐射>3.5kJ/m² UV-B 辐射，第 18 天 9.0kJ/m² UV-B 辐射与 3.5kJ/m² UV-B 辐射喷施清水处理的 PAL 活性均为 95U/（mg·h）。9.0kJ/m²UV-B 辐射下，1%槲皮素处理的大豆叶片 PAL 活性在第 6、12 天较对照（喷施清水）分别高出 8.7%、9.6%，但其 PAL 活性在整个测定生育期按同一速度不断下降，第 18 天其 PAL 活性较对照低 21.05%。9.0kJ/m² UV-B 辐射下喷施 1%槲皮素处理在第 6、12 天较对照分别高 17.02%、100%，但第 18 天其 PAL 活性较对照低 31.18%，并且与 3.5kJ/m² UV-B 辐射下 1%槲皮素处理的大豆叶片 PAL 活性接近[75U/（mg·h）]。9.0kJ/m² UV-B 辐射下 0.2%槲皮素处理在第 6、12 天比对照分别高 9.1%、72.31%，而在第 18 天其 PAL 活性与对照一致[45U/（mg·h）]，3.5kJ/m² UV-B 辐射下 0.2%槲皮素处理的大豆 PAL 活性与 3.5kJ/m² UV-B 辐射下 1%槲皮素处理的一致（姚银安，2006）。

（2）SOD 活性

在自然光照下，1%槲皮素及 0.2%槲皮素处理的大豆叶片 SOD 活性较对照均有所降低，尤其是 0.2%槲皮素处理的大豆叶片 SOD 活性在第 18 天较对照降低了 25.64%（姚银安，2006）。

在 1%槲皮素处理中，无论是高强度 UV-B 辐射还是低强度 UV-B 辐射，无论是对照还是处理，在大豆叶片生育后期（第 18 天），其 SOD 活性均降到同一水平，即 340U/（mg·min）。1%槲皮素处理在前期的辐射中大豆叶片 SOD 水平均比对照低；9.0kJ/m² UV-B 辐射下 1%槲皮素处理的叶片 SOD 活性在第 6、12 天分别比对照分别低 8.99%、15.94%；3.5kJ/m² UV-B 辐射下 1%槲皮素处理的大豆叶片 SOD 活性在第 6、12 天分别比对照低 20%、15.69%；9.0kJ/m² UV-B 辐射处理下的 SOD 活性较 3.5kJ/m² UV-B 辐射处理的 SOD 活性高（姚银安，2006）。

在 0.2%槲皮素处理中，所有处理均比对照降低。9.0kJ/m² UV-B 辐射情况下，0.2%槲皮素处理在第 6、12、18 天比对照分别低 9.09%、0、16.67%；3.5kJ/m² UV-B 辐射情况下，0.2%槲皮素处理在第 6、12、18 天比对照分别低 7.69%、26.67%、26.92%（姚银安，2006）。

（3）PPO 活性

随着大豆叶片的生长发育，体内 PPO 活性经历了高-低-高的过程。叶片发育中期（第 12 天），UV-B 辐射下的大豆叶片 PPO 活性降至 8U/（mg·min）以下，0.2%槲皮素处理的大豆叶片 PPO 活性甚至降至 0U/（mg·min），表明发育中期的大豆叶片组织酚自由基含量很少。

在自然光照下，前期（第 6 天）槲皮素处理降低 PPO 活性，0.2%槲皮素处理降低幅度达到了 60%，表明槲皮素处理虽然人为增加了体内酚含量，但并未发生前馈诱导作用，从而增加 PPO 活性。随着叶片衰老，到后期（第 18 天）槲皮素处理均显著增加了 PPO 活性，0.2%槲皮素处理的大豆叶片 PPO 活性增加 20%，1%槲皮素处理增加 60.71%，表明槲皮素处理有助于大豆叶片 PPO 活性的增加，降低叶片组织内活性较强的酚自由基含量（姚银安，2006）。

在 9.0kJ/m² UV-B 辐射下，1%槲皮素处理在大豆叶片各个生育时期均提高了 PPO 活性，在第 6、12、18 天，分别增加 200%、133.33%、17.02%。在 3.5kJ/m² UV-B 辐射下，1%槲皮素处理同样在各生育期提高了 PPO 活性，在第 6、18 天分别提高 200%、90%，在第 12 天 PPO 活性提高至 4U/（mg·min）。0.2%槲皮素处理在强 UV-B 辐射下同样提高了 PPO 活性，在第 6、18 天分别增加 200%、23.08%（姚银安，2006）。

（4）PO 活性

在 9.0kJ/m² UV-B 辐射下，大豆叶片的 PO 活性明显增强，且变幅很大（1%槲皮素处理>喷施清水处理，0.2%槲皮素处理>喷施清水处理）。自然光照下的槲皮素处理与 3.5kJ/m² UV-B 辐射下低浓度槲皮素处理（0.2%）的 PO 活性变化均缺乏明显规律。

在 UV-B 辐射下，经槲皮素处理的大豆叶片 PO 活性均大幅度降低；喷施清水处理的 PPO 活性在 200~900U/（g·h），而 1%槲皮素处理的 PPO 活性在 100~400U/（g·h），0.2%槲皮素处理的 PPO 活性仅在 40~130U/（g·h）。1%槲皮素处理的 PO 活性在第 6、18 天分别降低 45.56%、75%，而 0.2%槲皮素处理在第 6 天则降低 83.33%（姚银安，2006）。

（5）APX 活性

在 9.0kJ/m² UV-B 辐射下，对照的 APX 活性显著降低，除 0.2%槲皮素处理第 18 天外，其余处理 APX 活性均不到 2.5U/（mg·min），而低辐射下对照没有降低的趋势，并且 0.2%槲皮素处理在第 6 天 APX 活性反而大幅度升高，这表明 UV-B 辐射对 APX 的伤害存在一个阈值。1%槲皮素处理对 9.0kJ/m^2 UV-B 辐射下的大豆叶片起到良好的保护作用，1%槲皮素处理在第 6、18 天分别提高 APX 活性 6.6 倍、17.5 倍；0.2%槲皮素处理在第 6、18 天则分别提高了 34 倍、2 倍。槲皮素处理在 3.5kJ/m^2 UV-B 辐射下使 APX 活性持续升高，如 0.2%槲皮素处理在对照 APX 活性从 20U/（mg·min）降到 0U/（mg·min）的同等条件下，使叶片组织酶活性从 2.5U/（mg·min）升至 25U/（mg·min），同期的 1%槲皮素处理使叶片组织酶活性从 4U/（mg·min）升至 19U/（mg·min）（姚银安，2006）。

（6）CAT 活性

随着 UV-B 辐射时间的延长，槲皮素处理的大豆叶片 CAT 活性在大豆叶片生育后期（第 18 天）仍然保持较高活性，1%槲皮素处理在 9.0kJ/m^2、3.5kJ/m^2 UV-B 辐射下分别较对照高 68.75%、56.25%，0.2%槲皮素处理在 9.0kJ/m^2、3.5kJ/m^2 UV-B 辐射下分别较对照高 34.29%、25.81%。大豆叶片组织 CAT 活性在发育前期无论 UV-B 辐射高或是低，槲皮素处理浓度大小均为 160U/（mg·min）；随着时间的延长，在高浓度槲皮素（1%）的还原作用下，大豆叶片的 CAT 活性与对照酶活性变化方向完全相反（姚银安，2006）。

对大豆喷施还原性槲皮素（类黄酮化合物）和在 UV-B 波段（280～320nm）具有较强吸收的类黄酮化合物柑橘苷和黄酮，通过大豆叶片形态、光合指标、膜脂过氧化水平、类黄酮含量的变化来进行防护剂的筛选。0.2%槲皮素、柑橘苷或黄酮能起到较大的防护作用，增强大豆叶片 UV-B 辐射耐性。槲皮素作为一种外源的非酶抗氧化剂，可猝灭 O_2^-、H_2O_2、·OH 等活性氧，具有较强的还原作用。槲皮素处理抑制了类黄酮降解，提高了大豆叶片叶绿素含量、水分含量、光合作用，降低膜脂过氧化水平和组织内活性氧胁迫压力。叶片组织在 UV-B 辐射下，酚类次生代谢物种类发生较大变化。槲皮素的施加抑制了 210～260nm 波段次生代谢吸收物质的产生，而且这种抑制作用随着槲皮素浓度的增大而增强，可能是叶片组织中槲皮素代谢与该类次生物质的代谢经过同一路径，槲皮素反馈抑制了该类次生代谢物质的产生。

目前对植物体内槲皮素等酚类物质的抗氧化机理还很不清楚，其可能途径之一如图 7-22 所示。

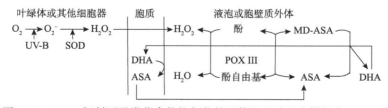

图 7-22　UV-B 辐射下酚类化合物抗氧化的可能机理（引自姚银安，2006）

Figure 7-22　Mechanism of antioxidation of phenolic compounds under UV-B radiation

POX III：III型过氧化物酶；DHA：脱氢抗坏血酸(dehydroascorbic acid)；MD-ASA：单脱氢抗坏血酸(monodehydroascorbic acid)

施加柑橘苷+槲皮素防护剂，槲皮素可在一定程度上抑制柑橘苷的降解，以及叶片自产的类黄酮物质降解。槲皮素在前期对 PAL 进行有效保护，使其保持较高活性，积累相当的类黄酮总量,在后期体细胞的光量子通量密度胁迫压力较对照小,因此对 PAL 刺激作用较小。SOD 作为降低氧自由基 O_2^- 的主要还原酶,其活性水平能衡量植物组织所面临的活性氧压力。施加槲皮素,无论浓度高低、UV-B 辐射强度大小,均降低大豆叶片的 SOD 水平,说明槲皮素使大豆叶片细胞内 O_2^- 浓度处于较低水平。多酚氧化酶(PPO)主要是将体内活跃的酚自由基氧化成醌,能减少体内酚自由基。多酚氧化酶活性在 UV-B 辐照下均高于对照,这反映了有一部分槲皮素已经进入细胞质,尤其是分布于胞壁的槲皮素被活性氧氧化后,有一部分并未被 APX 还原,进入细胞质后被 PPO 所氧化。愈创木酚过氧化物酶(PO)的主要作用是氧化单体的酚类物质。在 UV-B 辐射下,大豆叶片的 PO 活性明显升高,而施加槲皮素后 PO 活性降低。适当的槲皮素浓度对于提高或保持 APX 和 CAT 活性有利。

三、UV-B 辐射物理防护措施

Qi 等(2000)对蚕豆种子胚进行 He-Ne 激光预处理,然后将其放在培养箱中培养,之后对其上胚轴进行不同强度的 UV-B 辐射处理,预处理后的种子上胚轴 MDA 含量明显降低,抗坏血酸和 UV 吸收物质增高,表明 He-Ne 激光预处理对植物受到的 UV-B 辐射胁迫有良好的改善作用。采用低剂量 γ 射线处理黑麦草种子,提高了黑麦草对 UV-B 辐射的耐性。采用磁场处理黄瓜种子,再进行不同强度的 UV-B 辐射,磁场促进黄瓜种子的生长和萌发,增加脂肪酸氧化水平和抗坏血酸含量,提高黄瓜的抗性(姚银安,2006)。

磁场处理 16h(表 7-77)显著提高黄瓜种子萌芽率。在磁场处理 16h 后,0.2T 种子萌芽率增加 29.13%,0.45T 增加 43.77%,但在 48h 后萌芽率无显著差异。磁场处理 48h 后,0.45T 的种子出苗率显著增加,磁场处理 96h 后,0.2T 和 0.45T 出苗率均显著增加。

表 7-77　磁场预处理对黄瓜种子萌芽和出苗的影响(引自姚银安,2006)

Table 7-77　Effects of seed MF-pretreatment on seed germination and seedling emergence of cucumber seeds

指标	0T	0.2T	0.45T
16h 后种子萌芽率(%)	53.00	68.44*	76.20**
48h 后种子萌芽率(%)	89.20	92.33	91.68
48h 后出苗率(%)	52.70	52.38	57.00*
96h 后出苗率(%)	82.00	89.41*	92.13*

注:**和*分别表示不同处理间在 $P<0.01$、$P<0.05$ 水平与 0T MF 预处理相比差异显著($n=4$)

在无 UV-B 辐射下,磁场处理的幼苗比对照生长更好。磁场处理和 UV-B 辐射双重作用可显著抑制叶片的生长(表 7-78),地上部分生物量、叶面积和总叶片数均明显减少。不进行 UV-B 辐射,经磁场处理后的幼苗地上部分生物量和叶面积均极大增加,0.2T 和 0.45T 处理地上部分生物量分别增加 18.56% 和 37.43%,叶面积分别增加 33.74% 和 39.71%。UV-B 辐射下 0T 地上部分生物量与自然光照处理相比仅减少 17.04%,而 0.2T 和 0.45T 分别减少 56.95% 和 55.93%。UV-B 辐射和 0T 磁场处理对叶面积影响很小,而 0.2T 和 0.45T 磁场处理分别使叶面积减少 51.62 和 48.43%,0.45T 磁场处理加速了黄瓜幼苗的生长，总叶数显著增加 11.96%。但 UV-B 辐射与 0.2T 和 0.45T 磁场处理双重作用下，总叶数分别减少 13.26%和 0.45T 22.62%。磁场处理或 UV-B 辐射增加了 MAD 含量。无 UV-B 辐射下，0.2T 和 0.45T 增加叶中 MDA 含量，UV-B 辐射使 MDA 含量（0T）增加 27.51%，磁场处理也可增加叶片中的 ASA 含量，但 UV-B 辐射和磁场处理间几乎无相互影响。

表 7-78　UV-B 辐射、磁场预处理及其交互作用对黄瓜影响的 ANOVA 差异分析（引自姚银安，2006）

Table 7-78　ANOVA for the effects of UV-B radiation, MF-pretreatment and their interaction on cucumber

指标	UV-B		T		UV-B×T	
	F	P	F	P	F	P
地上部分生物量	397.860	0.000***	9.910	0.001***	47.480	0.000***
叶面积	102.150	0.000***	0.983	0.379a	45.071	0.000***
总叶片数	13.350	0.000***	4.210	0.018*	3.093	0.050*
$F_\mathrm{v}/F_\mathrm{m}$	149.840	0.000***	0.656	0.525a	1.047	0.362a
产量	86.188	0.000***	9.032	0.001***	2.714	0.083a
F_0	72.224	0.000***	0.576	0.567a	2.382	0.107a
MDA	9.658	0.011*	19.505	0.000***	0.381	0.551a
ASA	1.156	0.303a	13.517	0.001***	1.335	0.295a
UV-B 吸收率	29.896	0.000***	9.532	0.003**	21.290	0.000***

注：***、**和*分别表示不同处理间在 $P<0.001$、$P<0.01$、$P<0.05$ 水平差异显著，a 表示无显著差异

不同处理对叶绿素 a 含量几乎无影响，但 0T 和 0.45T 下，UV-B 辐射分别增加 47.54%和 1081.68%的叶绿素 b 含量，且 UV-B 辐射降低叶绿素 a/b（表 7-79）。

表 7-79　UV-B 辐照和磁场处理对叶绿素含量的影响（引自姚银安，2006）

Table 7-79　Effects of UV-B irradiation and MF-pretreatment on chlorophyll contents

处理	叶绿素 a		叶绿素 b		叶绿素 a/b	
	自然光照	UV-B	自然光照	UV-B	自然光照	UV-B
0T	38.71	39.96	11.80	17.41**	3.23	2.37*
0.2T	37.78	37.53	10.7	11.09	3.55	3.39
0.45T	38.80	39.86	1.31	15.48*	3.43	2.60*

注：**和*分别表示不同处理间在 $P<0.01$、$P<0.05$ 水平差异显著（$n=4$）

在各个磁场处理中，UV-B 辐射对最大光量子效率（$F_\mathrm{v}/F_\mathrm{m}$）的影响很微弱。UV-B 辐射（0T）处理实际光化学量子产额（y）减少，且 UV-B 辐射和磁场处理双重作用加重实际光量子产额（y）的降低（图 7-23）。磁场处理或者 UV-B 辐射处理增加 UV-B 吸收物质，且 UV-B 吸收物质随磁场处理强度增加而增加，但 UV-B 辐射和磁场处理双重作用极显著减少 UV-B 吸收物质（图 7-24）。

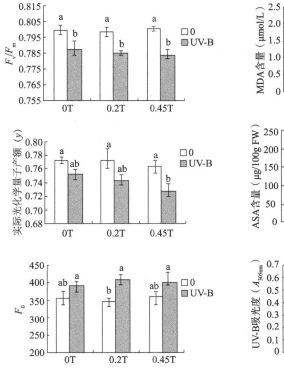

图 7-23　UV-B 辐照和磁场预处理对黄瓜叶片叶绿素荧光的影响（引自姚银安，2006）

Figure 7-23　Effects of UV-B radiation and MF-pretreatment on cucumber leaf chlorophyll fluoroscence

不同小写字母表示不同处理间在 $P<0.05$ 水平差异显著（Tukey's HSD 检验，$n=4$）

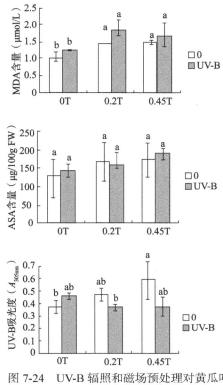

图 7-24　UV-B 辐照和磁场预处理对黄瓜叶片 MDA、ASA 和 UV-B 吸收物质含量的影响（引自姚银安，2006）

Figure 7-24　Effects of UV-B radiation and MF-pretreatment on cucumber leaf MDA, ASA, UV-B chlorophyllabsorbing compound contents

不同小写字母表示不同处理间在 $P<0.05$ 水平差异显著（Tukey's HSD 检验，$n=4$）

　　综上所述，通过施用防护剂来提高小麦抗 UV-B 辐射的能力是可能的。各类防护剂的共同特点为：提高类黄酮的含量，降低小麦对 UV-B 辐射的吸收，减轻了 UV-B 辐射对小麦的伤害；增强了小麦保护酶系统活性，使细胞膜结构保持稳定，维持了膜的完整性，从而增强了小麦抗 UV-B 辐射的能力；自身作为一种抗氧化剂，增强小麦清除活性氧自由基的能力，从而对植物细胞起到一定的保护作用；作为植物细胞膜的通透剂，促进由 UV-B 辐射导致的小麦叶片细胞中不利代谢物质的排泄，从而维持细胞的生长。

小　　结

　　近 20 年的研究关注了长期的大田条件下 UV-B 辐射对主要作物群体的影响，建立综合评估植物对 UV-B 辐射的响应指数公式，不同植物的响应指数由不同的参数构成，根据响应指数筛选敏感品种或耐性品种。分析植物对 UV-B 辐射响应的种内、种间差异，探讨植物对 UV-B 辐射敏感的生理学、遗传学机理，构建 UV-B 辐射耐性品种筛选的 DNA标准，为培育抗 UV-B 辐射品种或种奠定基础。通过筛选和研究 UV 辐射防护剂，探索了有效防止或减少 UV-B 辐射进入植物组织的措施，减轻作物伤害，具有重要的理论和实践意义。提出科学评估 UV-B 辐射增强对作物生产影响的响应指数和 RAPD 指纹图谱方法。阐述通过培育抗 UV-B 辐射作物品种和使用 UV-B 辐射防护剂来减轻 UV-B 辐射对农业生产影响的理论与技术。这些研究对于减轻 UV-B 辐射对农业生产和粮食安全的影响是十分重要与必要的。

第八章 UV-B 辐射对植物种群与群落的影响

环境胁迫常常对植物的生长和繁殖产生抑制作用，但个体水平的响应与群体水平并不一定是一致的，即生理水平的响应不能代表生态水平的响应（Austin and Austin，1980；岳明，1998）。群体水平上的一些参数，如种群大小、种群分布格局、遗传结构、种内种间竞争强度、异速生长关系以及群落物种组成、生产力等，对环境胁迫的响应并不能从其个体水平的反应来推断。本章主要探讨植物种群与群落对 UV-B 辐射的响应及其机理，以更好地理解和认识 UV-B 辐射增强的生态学后果。

第一节 UV-B 辐射对植物种群特征的影响

一些环境因子改变对种群参数的影响已受到了广泛的关注，如大气 CO_2 浓度增加（Bazzaz and Carlson，1984；Wray and Strain，1987）、大气臭氧含量变化（Bennet and Runeckles，1977）、气温（Pearcy et al.，1981；Christie and Detling，1982）、水分（Kadmon，1995）以及土壤养分（Davidson and Robson，1986；Gebauer et al.，1987）、地形（Caldas and Venble，1993）等。紫外辐射既是一种环境胁迫也是一种调控因子已成为共识（Caldwell，1968；Tevini and Teramura，1989；Robson et al.，2015b）。有证据表明，即使没有臭氧层的减薄，太阳光谱中现有的紫外辐射也对植物的生长发育及植物间相互关系有重要影响（Bogenrieder and Klein，1982；Caldwell er al.，2007），因此探讨植物在种群水平上对 UV-B 辐射的响应有助于全面地理解臭氧层减薄的生态学后果。同时，种内竞争并不是局限在种群这一尺度上，如增长率、发生密度依赖死亡时的存活率等，因为这些参数带有非常明显的平均化特征，这就意味着单单局限于种群水平会忽略植物种群大小结构（或者说是种群内个体间的差异）的重要性与必要性。因此，我们也关注了种群内的大小等级性这一重要的结构特征。

一、UV-B 辐射对种群增长的影响

种群最基本的特征是种群大小。无论是正常太阳光谱中的 UV-B 辐射还是截至目前臭氧层减薄导致的 UV-B 辐射增强的水平下，都缺乏直接的证据表明 UV-B 辐射影响了陆地高等植物的种群大小。而海洋生物受到紫外辐射的潜在危险性在不断增加，因为 UV-B 辐射在水体中的穿透能力比较强，如欧洲北海海水表面 10% 的紫外辐射能够穿透到 6m 深的水层，而在北冰洋的某些清澈水域，海水表面 10% 的紫外辐射能够到达 30m 的水层。已有不少研究证实，UV-B 辐射显著抑制水体中的藻类种群增长。

唐学玺的研究团队在该领域做了大量工作。他们通过室内添加模拟试验研究了

UV-B 辐射增强对海洋大型藻孔石莼与微型藻青岛大扁藻种群生长的影响，发现 0.72～
2.88J/m² 的 UV 辐射剂量对孔石莼的生长产生抑制作用，但低剂量 UV-B 辐射对青岛
大扁藻生长有促进作用，而高剂量的 UV-B 辐射则有显著的抑制作用（张培玉等，2005）。
低剂量 UV-B 辐射刺激海洋微藻生长的现象在其他研究中也有发现（王悠等，2002；
于娟等，2002），说明在低剂量 UV-B 辐射处理下海洋微藻出现兴奋效应具有一定的
普遍性。

　　同时，海洋藻类增殖对 UV-B 辐射的响应受到起始密度的影响，如中肋骨条藻起始
接种密度为 0.4×10⁴cells/mL 时低剂量 UV-B 辐射对其种群增长的促进效应最明显，而当
辐射剂量大于 1.8J/m² 时，UV-B 辐射处理对中肋骨条藻种群增长有抑制作用，抑制作用
的大小同样与中肋骨条藻起始接种密度有关，说明种群数量的变化受 UV-B 辐射增强与
起始接种密度的双重影响（李先超，2008）

　　另一个有意思的现象是，UV-B 辐射能改变种群间的化感作用。所谓化感作用
（allelopathy），又称他感作用，指生物通过产生次生代谢物对自身或其他生物产生影响，
在陆地、淡水和海水生态系统中广泛存在，包括促进和抑制两方面的作用。最近研究者
发现，海洋卡盾藻（*Chattonella marina*）去藻过滤液和藻细胞裂解液对青岛大扁藻
（*Platymonas helgolandica* var. *tsingtaoensis*）的生长具有显著抑制作用，说明海洋卡盾藻
对青岛大扁藻有化感作用，但用 UV-B 辐射（2.16J/m²）处理密度比例不同的 2 种藻的共
培养组后，这种化感作用有所减弱（唐弘硕等，2016），这可能与化感物质的合成和代
谢受到 UV-B 辐射影响有关，也可能与产生化感作用的藻类的生长受到 UV-B 辐射抑制
有关。

二、UV-B 辐射对克隆植物分布格局的影响

　　克隆植物普遍存在于植物的各个分类群和几乎所有的生态系统类型中，并在许多生
态系统中占据优势地位（董鸣和于飞海，2007；Douhovnikoff and Dodd，2015）。高等
植物中，几乎所有的苔藓植物、大部分蕨类植物和许多被子植物均是克隆植物。克隆植
物因为其克隆生长与生理整合而表现出具有分株间资源共享和风险分摊等许多特有的性
质，在极端环境中或在胁迫条件下具有更强的适应能力和生存竞争优势。有关 UV-B 辐
射对植物影响的报道中虽有不少研究对象是克隆植物，如小麦（Teramura and Sullivan，
1994；岳明和王勋陵，2003）、水稻（吴杏春等，2007）和割手密（陈海燕等，2006）
等，但直到近年才开始从克隆植物种群生态学角度去探讨 UV-B 辐射对克隆植物分布、
形态可塑性以及生理整合的影响。

　　太阳辐射中的 UV-B 辐射强度无论在时间上还是在空间上都具有很大的异质性，受
到诸如地理纬度、海拔、云量和太阳高度角等多种因素的控制（Madronich et al.，1998）。
即使在很小的时间、空间尺度范围内我们也能观察到 UV-B 辐射异质性的存在，林下光
斑中甚至还存在毫秒级的光照强度变化（Caldwell and Pearcy，1994），而光照强度变化
与 UV-B 辐射强度是紧密相连的（Grant et al.，2005）。我们的实际观测数据也表明，在
秦岭广布的红桦（*Betula albo-sinensis*）林下光斑（sunfleck）和本影（umbra）处的光合
有效辐射与 UV-B 辐射强度最大可相差 2 倍和 5 倍（图 8-1）。

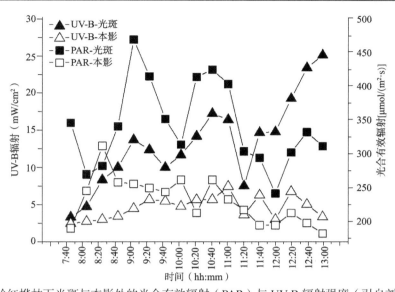

图 8-1　秦岭红桦林下光斑与本影处的光合有效辐射（PAR）与 UV-B 辐射强度（引自刘喆，2008）

Figure 8-1　Photosynthetically active radiation and UV-B radiation intensity of the areas of sunfleck and umbra of *Betula albo-sinensis* in Qinling

　　有人对不同光环境和不同海拔条件下聚花过路黄（*Lysimachia congestiflora*）、野草莓（*Fragaria vesca*）和蛇莓（*Duchesnea indica*）等克隆植物分株种群特征对异质性环境的响应进行过一系列系统的研究（罗学刚和董鸣，2001，2002；陈劲松等，2004a，2004b），显示克隆植物分株种群密度、种群生物量、种群根冠比和种群分布格局等特征与匍匐茎节间长度、分枝强度和分枝角度三个克隆构型特征在不同光照条件下存在差异，并且认为克隆植物生理整合对于它们在高山环境下的种群扩展、生境开拓是非常重要的。因为海拔和光照强度的变化总是与 UV-B 辐射强度变化伴随在一起，而且 UV-B 辐射的变化幅度甚至更大一些，所以在光资源斑块所诱导的克隆生理整合及分株种群特征改变的生态过程中，UV-B 辐射所起的作用值得更进一步关注。

　　Ustin 等（1984）研究了光斑动态与加利福尼亚州紫果冷杉幼苗分布之间的关系，发现较少幼苗样方中的平均日辐射剂量是较多幼苗样方中平均日辐射剂量的 2.1 倍，与幼苗较多地段的光斑出现频率相比，幼苗较少地段的光斑出现频率是其 3.5 倍。Selter 等（1986）的研究进一步证实了各种微环境异质性中，光斑的产生才是决定紫果冷杉幼苗分布的主导因子。

　　我们探讨了林下光斑对游击型克隆植物独叶草（*Kingdonia uniflora*）分布的影响，并确定了这种影响与光斑中的 UV-B 辐射有关。独叶草是一种耐阴、濒危的多年生林下草本植物，作为一种典型的游击型克隆生长的植物，在小尺度上独叶草种群呈现集群分布的格局，但在稍大一点的尺度上，则斑块状分布于相对均一的环境中。对太白山北坡低、中、高 3 个海拔上的光斑、土壤及冠层结构与独叶草种群分布的关系进行了探讨，发现独叶草无性系分布地段看似均匀的微环境中可能存在某些细微但可度量的异质性。有独叶草分布地段的光斑个数及大小显著小于无独叶草分布地段（图 8-2），两类样方的光斑指数及与光斑相关的平均地表温度间也均有显著差异（表 8-1 和表 8-2）。有独叶草分布地段的冠层散射透过系数、直射透过系数和林冠空隙面积均显著小于无独叶草分布地段，两类样方土壤理化性质均无显著差异。而根据连续拍照叠加后结果来看，独叶草更倾向于分布在光斑出现频率较低的地段中（图 8-3），这可能与独叶草游击型克隆生长过程中的生境选择有关。因此，推测太白山北坡林下光斑可能是决定独叶草呈斑块状分布的主导因子之一（刘喆和岳明，2014）。

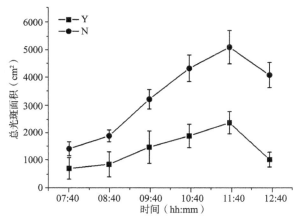

图 8-2　不同样方中总光斑面积动态变化（引自刘喆和岳明，2014）

Figure 8-2　The dynamic change in total areas of sunfleck in different plots

Y 表示有独叶草的样方，N 表示无独叶草的样方

表 8-1　独叶草分布区域光斑指数和平均地表温度在不同月份及不同样方内的比较
（引自刘喆和岳明，2014）

Table 8-1　Comparison of sunfleck index and the average surface temperature among plots in different months and different ways

指标	样方类型	5 月	7 月	8 月
光斑指数（SI）	Y	271.74±79.54b	388.84±96.34b	428.91±86.62b
	N	814.30±169.52a	1120.10±281.10a	1220.44±340a
平均地表温度（℃）	Y	12.26±1.84b	15.49±1.51b	16.81±2.10b
	N	17.96±2.88a	21.16±2.25a	22.51±2.85a

注：表中数据为平均数±标准差；Y 表示有独叶草的样方，N 表示无独叶草的样方；不同小写字母表示同一月份有、无独叶草样方之间指标差异显著

表 8-2　两类样方冠层散射透过系数、直射透过系数、叶面积指数及林冠空隙面积在不同分布区的比较
（引自刘喆和岳明，2014）

Table 8-2　Comparison of transmission coefficient for diffuse penetration, transmission coefficient for radiation penetration, leaf area index and canopy gap area between two types of plots at different altitudes

指标	样方类型	分布区海拔		
		2500m	2800m	3100m
散射透过系数	Y	0.66±0.04b	0.56±0.05b	0.75±0.04b
	N	0.74±0.02a	0.65±0.04a	0.81±0.03a

续表

指标	样方类型	分布区海拔		
		2500m	2800m	3100m
直射透过系数	Y	0.48±0.06b	0.26±0.02b	0.57±0.02b
	N	0.58±0.02a	0.38±0.09a	0.69±0.05a
叶面积指数	Y	0.62±0.15a	0.56±0.10a	0.42±0.06a
	N	0.45±0.07b	0.38±0.10b	0.27±0.05b
林冠空隙面积（cm²）	Y	99.80±9.13b	95.81±4.63b	109.15±7.26b
	N	145.00±23.12a	109.69±3.92a	119.00±8.39a
含水量（%）	Y	86.3±2.1a	85.8±2.2a	85.8±4.1a
	N	85.6±1.7a	83.6±1.7a	84.2±3.0a
有机质（%）	Y	19.54±0.94a	25.36±3.72a	17.83±3.62a
	N	18.67±2.40a	24.10±3.02a	16.77±3.18a
速效 P（mg/kg）	Y	6.88±0.78a	7.94±0.99a	6.76±0.54a
	N	5.88±0.91a	7.37±0.43a	6.32±0.88a
pH	Y	5.38±0.27a	5.35±0.27a	5.18±0.19a
	N	5.78±0.44a	5.26±0.25a	5.17±0.23a

注：表中数据为平均数±标准差；Y 表示有独叶草的样方，N 表示无独叶草的样方；不同的小写字母表示同一海拔有、无独叶草样方之间指标差异显著

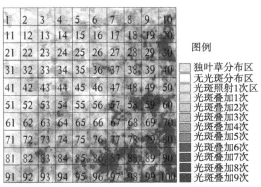

图 8-3　光斑与独叶草分布的叠加图像（引自刘喆，2008）（彩图请扫封底二维码）

Figure 8-3　Images of overlapping between sunfleck and *Kingdonia uniflora*

为进一步验证林下光斑对独叶草分布的影响与 UV-B 辐射有关，我们比较了太白山针叶林下光斑出现次数多的环境（SR）和阔叶林下光斑出现次数少的环境（SL）两种自然光环境中独叶草的光合生理情况（Zhang et al.，2016）（图 8-4）。通过设置 4 组光环境条件（SR+饱和光、SL+饱和光、SR–UV-B、SL–UV-B），回答了三个科学问题：①光斑环境对独叶草的生长是否是一种限制性因素？②独叶草在持续低光照环境中的光合生理指标表现是否优于光斑环境中的？③亚高山光斑中较强的紫外辐射能否解释光斑环境对独叶草光合生理的影响？结果发现，光斑会导致独叶草净光合速率（Pn）的降低，而倘若处在人工模拟的持续低光照下却能够在一定程度上提高其净光合速率。对于 SL

生境中的独叶草，滤去 UV-B 辐射在大约 40min 之内起到提高气孔导度（stomatal conductance，Gs）、降低胞间 CO_2 浓度（intercellular CO_2 concentration，Ci）以及蒸腾速率（transpiration rate，Tr）的作用；而对于生长在 SR 生境中的独叶草来说，在 60min 内，滤掉 UV-B 辐射表现出 Gs 升高和 Ci 下降。光斑中 UV-B 辐射在早期引起酶促反应等非气孔因素水平降低，从而降低了独叶草的净光合速率，进而导致气孔导度下降。同时，UV-B 辐射导致 PSII 光能转化效率（F_v/F_m）降低，造成 PSII 供体到 PSI 之间的电子传递链损伤，降低了光合电子传递能力，进而导致还原型磷酸酶及 ATP 含量的降低，限制了 RuBP 的再生速率及 CO_2 的同化速率（Zhang et al.，2016）。所以说光斑中的 UV-B 辐射是引起独叶草发生光抑制及 Pn 下降的重要因子并因此影响了其分布。其原因与持续性光斑可能会使林下植物物种维持长时间的高诱导阶段，引起气孔限制、活性氧富集进而产生光抑制现象，造成碳累积降低有关（Onoda et al.，2005；Urban et al.，2008）。

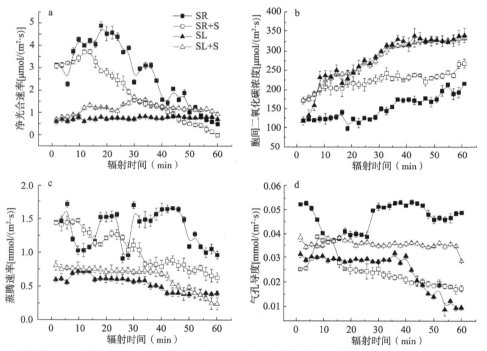

图 8-4　过滤 UV-B 辐射后 SR 和 SL 处理独叶草的净光合速率（Pn）（a）、胞间 CO_2 浓度（Ci）（b）、蒸腾速率（Tr）（c）和气孔导度（Gs）（d）的 60min 响应曲线（引自 Zhang et al.，2016）

Figure 8-4　Sixty-minute response curves of net photosynthetic rate (Pn)(a), intercellular CO_2 concentration (Ci)(b), transpiration rate (Tr)(c), and stomatal conductance (Gs)(d) of SR and SL subjected to filter UV-B radiation of *Kingdonia uniflora*

三、UV-B 辐射对克隆植物生理整合的影响

克隆植物生理整合及其适应意义的研究在过去的几十年中一直是克隆植物生态学的重要内容。在一定时期内，横生结构（即间隔子）将克隆植物的克隆分株相互连接在一起，有害物质和资源通过这种物理连接实现传输与交换，生理整合发生。当相互连接

的克隆分株处于资源水平不同的小生境时，生理整合能使资源被该小生境以外的其他相连克隆分株共享（Salzman and Parker，1985）。分株间糖类、水分、养分元素及病原体等均可通过克隆植物生理整合共享，但 UV-B 辐射这一重要环境调控因子诱导的防御性化合物是否在生理整合中发挥作用，以及克隆分株间在异质性 UV-B 辐射环境下生理整合强度是否有变化，可能是目前克隆植物生态学中尚存的知识缺陷。有研究已经注意到克隆植物慈竹的分株间总黄酮含量存在差异（王琼和苏智先，2004），而类黄酮化合物是最主要的叶片 UV-B 吸收物质，且极易被 UV-B 辐射所诱导（田向军等，2007b），但目前我们尚不清楚克隆植物分株间黄酮化合物含量的差异是否与 UV-B 辐射的异质性有关。植物叶片是对 UV-B 辐射胁迫比较敏感的器官，叶表皮毛的结构和密度、气孔的密度、蜡质层的厚度和表皮细胞层的厚度等结构特征都会因 UV-B 辐射发生很大变化（Barnes et al.，2005），但异质性 UV-B 辐射环境中克隆植物分株与构件之间是否存在结构特化以及这种特化具有怎样的进化意义也是非常有意义的问题。

因此可以推测，太阳辐射中的 UV-B 辐射可能会对克隆植物形态和生理可塑性以及生理整合强度与格局产生比较大的影响，克隆植物将通过改变其生理整合强度来适应 UV-B 辐射的改变，高辐射分株生长受损可由低辐射分株发生生理整合得到补偿，低辐射分株的生长也将因此受到抑制，即异质性 UV-B 辐射条件下可能存在防御性生理整合和克隆内分工。李倩（2012）以匍匐茎型草本白三叶（*Trifolium repens*）、蛇莓（*Duchesnea indica*）和活血丹（*Glechoma longituba*）为材料探讨了克隆植物生理整合对异质性 UV-B 辐射的响应。

本研究中（表 8-3），HomoC Ⅰ 和 HeterC Ⅰ 处理组均不被酸性品红饲喂，只是和补加 UV-B 辐射端（即酸性品红饲喂端，HomoC Ⅱ 和 HeterC Ⅱ）通过匍匐茎相连，酸性品红饲喂的水分可以由辐射端向非辐射端运输（图 8-5），叶片和匍匐茎均被染成紫色。图 8-6 表明同位素标记 N 也由标记端分株朝相连的非标记端克隆分株方向转移，说明无论是同质还是异质 UV-B 辐射下，白三叶克隆植物生理整合均存在。

表 8-3　异质性 UV-B 辐射条件下生理整合变化的试验设计（引自 Li et al.，2011a）

Table 8-3　Experimental design of physiological interation under heterogeneous UV-B radiation

分组		处理		
		UV-B 辐射	酸性品红	^{15}N 同位素
同质+连接（同质连接，HomoC）	Ⅰ	−	−	−
	Ⅱ	−	+	+
同质+切断（同质切断，HomoS）	Ⅰ	−	−	−
	Ⅱ	−	+	+
异质+连接（异质连接，HeterC）	Ⅰ	−	−	−
	Ⅱ	+	+	+
异质+切断（异质切断，HeterS）	Ⅰ	−	−	−
	Ⅱ	+	+	+

注："+"表示补加了这种处理，"−"表示没有这种处理；"Ⅰ"和"Ⅱ"表示克隆分株对中的分株；补加的 UV-B 辐射剂量为 2.54kJ/(m²·d)

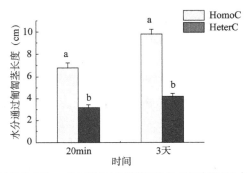

图 8-5　同质（HomoC）和异质（HeterC）UV-B 辐射下酸性品红标记的水分在白三叶匍匐茎中 20min 和 3 天内的传输距离（引自 Li et al.，2011a）

Fig 8-5　The stolon length of acid fuchsin-labelled water transported in 20min and 3 days in connecting ramets under homogeneous (HomoC) or heterogeneous UV-B radiation(HeterC)

不同小写字母代表不同处理间在 $P<0.05$ 水平差异显著，下同

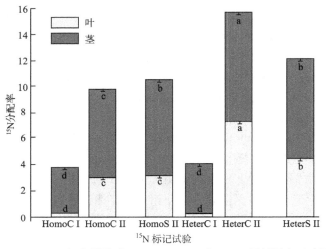

图 8-6　同质（HomoC，HomoS）和异质（HeterC，HeterS）UV-B 辐射下白三叶不同处理组克隆片段不同组分中 ^{15}N 同位素的分配率（引自 Li et al.，2011a）

Figure 8-6　Partitioning of ^{15}N among ramet components within clonal fragments in *Trifolium repens* on different treatment groups for the effects of homogeneous (HomoC, HomoS) and heterogeneous (HeterC, HeterS) UV-B radiation

　　白三叶克隆分株中被标记的水分先向顶部运输，后向基部运输（白三叶叶片全部被染色后，被标记的水分向与匍匐茎相连的 UV-B 辐射非胁迫端运输），这可能归因于它的特殊异质性及较低的水分提升能力。同时，在异质性 UV-B 辐射下，水分传输速率降低和同位素标记 N 从标记端向相连的非标记端运输的量减少（图 8-5 和图 8-6），意味着异质性 UV-B 辐射下，克隆植物白三叶水分和养分存在整合，但整合强度降低，显然这和克隆植物的生理可塑性紧密相连。作为一种有害辐射，UV-B 辐射对植物生长和生化过程具有重要影响，而且克隆植物针对 UV-B 辐射所采取的策略被认为最终有利于整体适合度的提高（Giordano et al.，2000；Ida and Kudo，2009），因此在本研究中，克隆

植物处于 UV-B 辐射这一胁迫环境时，受胁迫端保留更多的资源（水分和 N），而向相连姐妹分株运输的资源减少，靠优先保存自身来提高克隆植物整体适合度。

表 8-4 结果显示，同质 UV-B 辐射下，克隆植物白三叶连接处理与切断处理间叶绿素和紫外吸收物质含量均无明显差异，这个结果说明切断处理自身不影响叶绿素和紫外吸收物质含量，据此我们推断处于异质性 UV-B 辐射下克隆分株叶绿素和紫外吸收物质含量变化归因于生理整合。在异质性 UV-B 辐射连接处理组中，UV-B 辐射胁迫端 HeterC II 叶绿素和紫外吸收物质含量比 HomoC 与 HeterC I 升高，HeterC I 中叶绿素含量低于 HomoC。然而在以往的研究中，UV-B 辐射可造成叶绿素的降解，参与叶绿素 a 和叶绿素 b 编码基因的下游调控表达（Strid et al., 1994）。显然本研究的结果和前人不符，UV-B 辐射端叶绿素含量的增加可能与克隆植物的生理整合存在一定关系。较高含量的紫外吸收物质有助于减弱 UV-B 辐射对植物表皮的穿透力，减弱 UV-B 辐射造成的伤害。本研究中，HeterC II 和 HeterS II 处理组中紫外吸收物质含量的增加归因于增强的 UV-B 辐射，结果与前人的研究一致。而 HeterC I 处理组无补加的 UV-B 辐射，只是和补加 UV-B 辐射端 HeterC II 处理组通过匍匐茎相连，紫外吸收物质含量也增加，这可能是由克隆植物发生生理整合造成的。相互连接在一起的克隆分株不仅对自己所处斑块的环境发生响应（本地效应），也会对和它相连分株所处的斑块进行响应（非本地效应），结果本地效应可能会被非本地效应改变，显示出由胁迫环境和资源供给带来的远端效应（Dong, 1995）。

表 8-4　生理整合和异质性 UV-B 辐射对叶绿素、紫外吸收物质、可溶性糖和可溶性蛋白含量及抗氧化酶 SOD 与 POD 活性变化的影响（引自 Li et al., 2011a）

Table 8-4　The effects of physiological integration and heterogeneous UV-B on contents of chlorophyll, UV-B absorbing compounds, soluble sugars, soluble protein and activities of SOD and POD

参数 Parameters	处理组					
	同质连接	同质切断	异质连接 I	异质连接 II	异质切断 I	异质切断 II
叶绿素 a （mg/g DW）	0.702±0.010b	0.707±0.009b	0.659±0.010c	0.798±0.003a	0.621±0.008d	0.627±0.000d
叶绿素 b （mg/g DW）	0.307±0.010bc	0.310±0.010c	0.294±0.011c	0.348±0.004a	0.304±0.008bc	0.284±0.002c
总叶绿素 （mg/g DW）	1.053±0.015b	1.055±0.013b	0.985±0.021c	1.190±0.007a	0.956±0.016d	0.943±0.004d
紫外吸收物质 （mg/g DW）	2.915±0.020b	2.900±0.118b	3.796±0.224a	3.883±0.170a	2.883±0.015b	3.908±0.316a
可溶性糖 （mg/g FW）	3.411±0.147d	4.192±0.334b	4.102±0.058b	5.447±0.019a	3.941±0.010bc	3.724±0.029c
可溶性蛋白 （mg/g FW）	5.162±0.121b	4.901±0.134c	5.239±0.111b	5.252±0.239b	5.074±0.048bc	5.506±0.180a
超氧化物歧化酶 SOD（U/mg prot）	0.406±0.011c	0.438±0.010b	0.365±0.004d	0.466±0.025a	0.400±0.004c	0.336±0.0210e

续表

参数 Parameters	处理组					
	同质连接	同质切断	异质连接 I	异质连接 II	异质切断 I	异质切断 II
过氧化物酶 POD （U/mg prot）	0.204±0.012c	0.242±0.018b	0.209±0.014c	0.253±0.009ab	0.257±0.006ab	0.273±0.016a

注：不同小写字母表示不同处理间结果有显著差异（$P<0.05$，$n=6$）

如果不考虑切断效应，补加 UV-B 辐射可造成可溶性糖含量减少和可溶性蛋白含量增加，这同以往的研究结果是一致的（Liu et al.，2005）。UV-B 辐射下，可溶性蛋白含量增加可能是针对结构和功能的破坏，叶绿体和细胞质中产生一系列新的具有保护功能的蛋白质（Nedunchezhian et al.，1992）。然而值得注意的是，在异质性 UV-B 辐射下，UV-B 辐射胁迫端可溶性糖含量比和它相连的非胁迫端显著增加，但可溶性蛋白含量水平保持不变，而且和辐射胁迫端相连的非胁迫端 HeterC I 可溶性糖含量也高于同质 UV-B 辐射 HomoC 处理组。连接处理组对同质和异质性 UV-B 辐射有不同的响应，是因为植物所具有的功能可塑性可通过改变生理效应来调节其对外界环境变化的响应（De Kroon and Hutchings，1995）。总之，胁迫分株端对防御物质和抵抗物质的需要造成整个克隆植株内部生理过程的提高，这个提高可能通过反馈调控机理实现。

从表 8-4 看出，切断造成白三叶克隆分株 SOD 和 POD 活性显著增加。UV-B 辐射导致植物体内有害自由基的积累，自由基的积累造成体内清除自由基系统的失衡，从而发生脂质过氧化。抗氧化酶系统的活性增强和抗氧化物含量的增加有利于清除超氧自由基，这是一种有效地应对 UV-B 辐射的机理（Qiu et al，2007）。高的生理可塑性可以增加植物对外界环境因子的耐受性，提高其适合度，在克隆植物处于异质性环境中时可发挥重要作用（Sultan，1995）。异质性 UV-B 辐射下，连接处理组 UV-B 辐射胁迫端 SOD 和 POD 活性增加，这个结果和可溶性糖、可溶性蛋白的结果是一致的，且和前人的非胁迫端克隆分株支持胁迫端克隆分株的结果类似（Outridge and Hutchinson，1990；Roiloa and Retuerto，2006）。

本试验研究数据显示，克隆植物生理整合在叶绿素、紫外吸收物质、可溶性糖、可溶性蛋白含量和抗氧化酶活性等方面有利于 UV-B 辐射胁迫端。先前的研究表明克隆植物胁迫分株端获得的益处是以支持株的生物量损耗为代价的，虽然处于胁迫环境的分株端获得的益处大于支持株的消耗（Salzman and Parker，1985）。在本试验中，这个结论也在无补加 UV-B 辐射端和 UV-B 辐射端相连的 HeterC I 处理组叶绿素含量与 SOD 活性上体现出来：HeterC I 处理组叶绿素含量和 SOD 活性低于和它相连的 UV-B 辐射胁迫端 HeterC II 和同质 UV-B 辐射 HomoC 处理组。叶绿素含量可以影响植物的光合能力（Curran et al.，1990），叶绿素含量减少会导致无补加 UV-B 辐射端和 UV-B 辐射端相连的 HeterC I 处理组光合特性降低。然而在其他方面，生理整合获得的益处并不一定是必须要以非胁迫端损耗为代价的。生理整合使克隆植物在异质性 UV-B 辐射下整体适合度提高，显然克隆植物可以使它们的资源利用率最大化，而且可以在资源丰富和贫瘠环境斑块中通过信号传递最优化其防御系统，使我们对克隆植物生理整合的认识扩大到光化学和防御性响应方面。因为紫外吸收物质、可溶性糖、可溶性蛋白和抗氧化酶在恶劣环境下均有保护与防御功能，我们把这种生理整合称为防御性生理整合，以区别于以往的资源整合，而且防御性生理整合代表着在胁迫环境中提高可塑性的机理，有助于我们进一步理解 UV-B 辐射在克隆植物生长调控和微进化中所发挥的作用。

异质性 UV-B 辐射影响克隆植物蛇莓的生存和生长，使 UV-B 辐射胁迫端获益，但以和 UV-B 辐射胁迫端相连的非胁迫端生物量的损耗为代价，最终使整个克隆植株受益。因为紫外吸收物质是 UV-B 辐射的防御性物质，它可在克隆植株 UV-B 辐射胁迫端和 UV-B 辐射非胁迫端分享，区别于以往的资源整合，扩展了异质性 UV-B 辐射下克隆植物蛇莓的生理整合，不仅包括资源生理整合，也包括防御性生理整合。通常认为克隆植物对 UV-B 辐射这种逆境因子所采取的策略最终有利于整体适合度的提高（Giordano et al.，2000；Ida and Kudo，2009），而补偿生长可以减缓或者避免胁迫导致的负效应。蛇莓生理整合以 UV-B 辐射非胁迫端的损耗为代价，减弱了补加 UV-B 辐射对 UV-B 辐射胁迫端的负效应，对整个克隆植株来说，生物量无明显差异，表现为等补偿生长模式。

Liu 等（2015）进一步探讨了异质性 UV-B 辐射条件下克隆植物防御性生理整合发生的信号转导机理（图 8-7）。他们以一种游击型克隆生长的多年生草本植物活血丹（*Glechoma longituba*）为材料，构建了异质性的 UV-B 辐射环境，发现间隔子相连情况下尽管 Heter I 和 Homo 处理组 UV-B 辐射背景相同，但其叶片 NO 含量和紫外吸收物质含量提高了，而 Heter I 处理组并未补加 UV-B 辐射（图 8-8）。进一步使用 NO 荧光探针标记 NO，用激光共聚焦显微镜可以清楚地看到 NO 作为信号分子可以通过克隆植物活血丹匍匐茎传递给和它相连的克隆分株，并介导了苯丙氨酸解氨酶 PAL 活性和紫外吸收物质含量的变化（图 8-9），从而使 HeterC I 产生类似响应。但若同时使用 NO 抑制剂和阻断剂，这种效应则消失（图 8-10），使用 H_2O_2 则没有类似的情况发生（Liu et al.，2015），这清楚地表明克隆植物防御性生理整合的发生是由 NO 介导的。

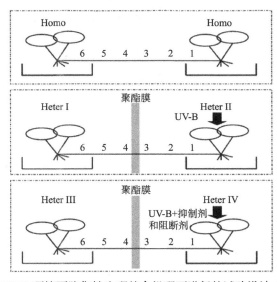

图 8-7　为探讨异质性 UV-B 环境下防御性生理整合机理而进行的试验设计（引自 Liu et al.，2015）

Figure 8-7　Experimental design of defensive physiological interation under heterogeneous UV-B radiation

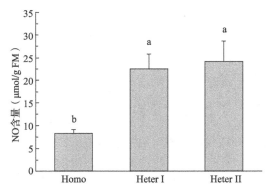

图 8-8　异质性 UV-B 辐射环境下 NO 含量的变化（引自 Liu et al., 2015）

Figure 8-8　Effects of heterogeneous UV-B radiation conditions on NO

注意：未受辐射端也提高了

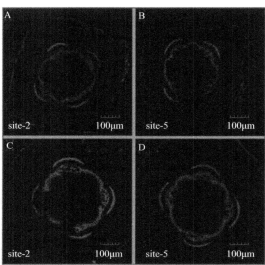

图 8-9　激光共聚焦显微镜观察到的异质性 UV-B 环境中活血丹相连分株之间匍匐茎中 NO 含量的变化
（引自 Liu et al., 2015）（彩图请扫封底二维码）

Figure 8-9　Effects of heterogeneous UV-B radiation conditions on NO levels in stolons of connected ramets
of *Glechoma longituba*, as detected by LCSM

亮度反映了含量

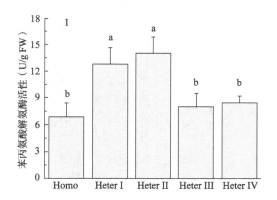

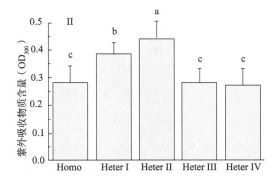

图 8-10　异质性 UV-B 辐射环境下紫外吸收物质含量和苯丙氨酸解氨酶活性的变化（引自 Liu et al., 2015）

Figure 8-10　Effects of synthesis inhibitors and a nitric oxide blocker on UV-B absorbing compounds content and PAL activity in leaves of *Glechoma longituba* under heterogeneous UV-B radiation conditions

以每平方米叶面积在 300nm 的最大吸收值代表植物叶片的紫外吸收物质水平

第二节　UV-B 辐射对植物种内竞争的影响

植物种内关系中，种内竞争受到较多关注，而促进作用则往往容易被忽略。种内竞争是同种植物邻体间对空间和资源的竞争，在群落中其重要性依赖于种内与种间竞争的相对大小，常常表现为密度效应。在基本为单一种群的农作物群落中，种内竞争尤为重要，而在物种多样性较大的群落中，种内竞争的作用相对较小。另外，同种个体之间还可能存在促进作用，这种正相互作用是相邻的植株通过改善其周围环境来降低食草动物、潜在竞争者以及极端环境对其的影响，主要是通过冠层过滤、微生物改变、菌根网络形成和水力上升来实现的。另外，"胁迫梯度假说"（stress gradient hypothesis，SGH）预测了促进作用与竞争作用沿着环境梯度的相互变化。尽管有大量的工作检验了 UV-B 辐射增强对单一种植作物的影响（Biggs et al., 1978a；李元和王勋陵，1999；Caldwell et al., 2007），但要评价 UV-B 辐射对种内竞争与促进作用的影响，需要考虑密度效应。

一、种内竞争

Gold 和 Caldwell（1983）研究了在 16% 臭氧衰减条件下小麦等三种植物的种内竞争关系，他们发现小麦（*Triticum aestivum* cv. Bannock）、野燕麦（*Avena fatua*）和具节山羊草（*Aegilops cylindrica*）的产量-密度关系在对照与紫外辐射处理之间没有显著的不同。图 8-11 是他们 1981 年试验中大田条件下采用自然光照及补充 UV-B 辐射时小麦不同密度单种的生物量，回归曲线代表收获时小麦生物量对密度的反应（$P<0.05$），UV-B 辐射增强小区和对照小区的反应曲线没有显著不同，野燕麦和具节山羊草的也很相似。因此在这样的密度条件和环境条件下，增强 UV-B 辐射不会对这 3 种植物的种内竞争关系产生影响。他们认为按种内竞争反应来说，UV-B 辐射不会对以小麦为基础的农田生态系统有太大影响。由于现有研究涉及的物种很少，试验年限很短，也许就 UV-B 辐射对种内竞争的影响做确切评论还为时尚早。

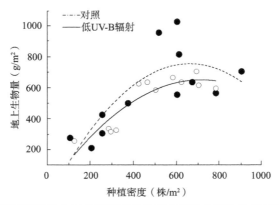

图 8-11　自然光照和模拟 16% 臭氧衰减条件下小麦地上部生物量与种植密度的关系
（改编自 Gold and Caldwell，1983）

Figure 8-11　The relationship between aboveground biomass and planting density of wheat under natural light and simulated 16% ozone layer attenuation

拟合曲线在 0.01 水平显著，但两条曲线之间并无显著差异

　　我们于 1996 年和 1997 年在兰州大学进行小麦（*Triticum aestivum* cv. 81001）与燕麦（*Avena sativa* cv. Bayan III）竞争试验时也考虑了 UV-B 辐射对这两种植物种内竞争关系的影响。两种植物分别按 40 株/m²、120 株/m²、400 株/m² 和 1200 株/m² 的密度单独种植于大田，处理组补充的 UV-B 辐射剂量为 3.17kJ/（m²·d），相当于兰州地区 15% 臭氧衰减（按一般生物作用谱标准化，RAF 取 2.4），结果如图 8-12～图 8-14 所示（岳明，1998）。

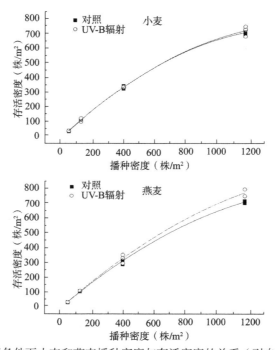

图 8-12　处理及对照条件下小麦和燕麦播种密度与存活密度的关系（引自李元和岳明，2000）

Figure 8-12　Sowing density survival density of wheat and oat under natural light and enhanced UV-B radiation

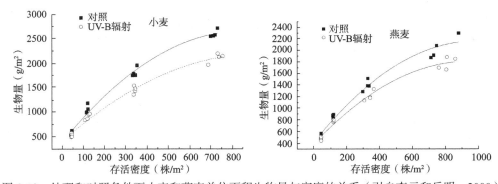

图 8-13　处理和对照条件下小麦和燕麦单位面积生物量与密度的关系（引自李元和岳明，2000）

Figure 8-13　Relationship between biomass per unit area and density of wheat and oat under treatment and control conditions

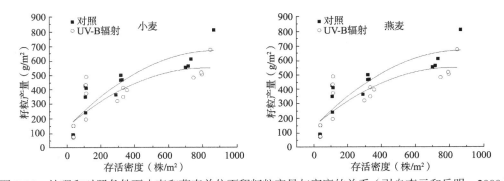

图 8-14　处理和对照条件下小麦和燕麦单位面积籽粒产量与密度的关系（引自李元和岳明，2000）

Figure 8-14　Relationship between grain yield per unit area and density of wheat and oat under treatment and control conditions

图 8-12 是小麦和燕麦两种植物在自然光照与增强 UV-B 辐射条件下 4 种播种密度时的存活密度，拟合曲线（多项式拟合）都达到极显著水平。可以看出存活密度的数据点向下偏离了对角线，说明密度制约的死亡在各种条件下均有发生，但自然光照和增强 UV-B 辐射条件下的拟合曲线没有显著差别，即 UV-B 辐射对密度制约的死亡没有影响。

图 8-13 和图 8-14 显示了小麦、燕麦的生物量与籽粒产量对种植密度及 UV-B 辐射的响应，拟合曲线为负指数函数，回归均达极显著水平。图 8-13 和图 8-14 清楚地表明，无论是生物量还是籽粒产量，对种植密度的响应曲线在自然光照和增强 UV-B 辐射条件下都有显著差别，特别是在高种植密度时，说明增强 UV-B 辐射加剧了这两个物种的种内竞争效应。

二、UV-B 辐射对植物个体大小不等性及异速生长关系的影响

众所周知，种内竞争并不是局限在种群这一尺度上，如增长率、发生密度依赖死亡时的存活率等，因为这些参数带有非常明显的平均化特征，这就意味着单单局限于种群水平往往会忽略植物种群的大小结构（或者说是种群内个体间的差异）的重要性与必要性，而种群内的大小等级性这一重要的结构特征也值得关注。另外，植物个体的不同性状对环境变化的敏感性不同，其中一些性状对环境的变化更为敏感，或单一的基因型可

以产生许多个表现型。植物的这个基本特征称为表型可塑性（phenotypic plasticity），它反映了植物在不同环境条件中产生一系列不同的相对适合表现型的潜在能力。一般认为，植株生长和生产具有较大可塑性，植物的表型可塑性是植株对外界环境变化的反应，是异速生长（allometry）或资源分配（allocation）模式改变的结果（Weiner，2004），蕴涵着重要的生长和物质分配策略。因此，植物的表型变化及与之密切相关的生物量积累，也是衡量 UV-B 辐射对植物生长影响的重要指标。

植物与邻体的相互关系可以改变其形态、生长、存活及繁殖输出（Harper，1977；Weiner et al.，1990），竞争对植物生长形态的影响以及形态对竞争的反馈调节影响的重要性近年来备受重视（Ellison，1987；Geber，1989；Weiner and Thomas，1992；Weiner and Fishman，1994）。因为植物对光的竞争是不对称的（Weiner，1990），在密集的植物群体中植株高度成为决定个体生存的重要因素。同时，植株形态可能随其大小的变化而变化，因此异速生长分析对研究植物生长形态是非常必要的。

麦田中数量最多的两种杂草灰绿藜（Ch）和荠菜（Ca）植株高度的频率分布在对照与 UV-B 辐射处理小区中有很大的不同（图 8-15），对照小区中两种杂草的株高频率表

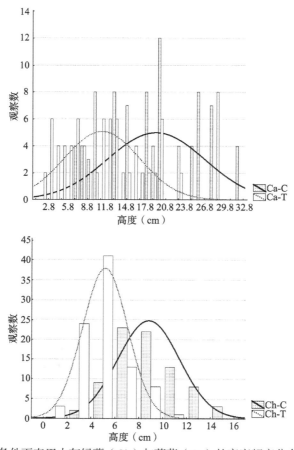

图 8-15　对照和处理条件下麦田中灰绿藜（Ch）与荠菜（Ca）的高度频率分布（引自岳明，1998）

Figure 8-15　Height frequency distribution of *Chenopodium glaucum* and *Capsella bursa-pastoris* in wheat field under control and treatment conditions

现为对称分布（正态分布），而在增强的紫外辐射条件下呈现正偏斜分布。灰绿藜和荠菜的平均株高在辐射处理条件下极显著降低（表 8-5）（$P<0.001$），而且株高的变异系数（CV）均明显升高。从反映大小不等性的指标 Gini 指数（G）来看，紫外辐射使两物种 G 值显著增大，表明增强的紫外辐射条件下种群大小不整齐性增大，即个体间大小差异变大。

表 8-5　UV-B 辐射对麦田中灰绿藜（Ch）和荠菜（Ca）株高与单株重大小不等性的影响
（引自岳明，1998）

Figure 8-5　Effects of UV-B radiation on plant height and plant weight irregularity of *Chenopodium glaucum* (Ch) and *Capsella bursa-pastoris* (Ca) in wheat field

物种及处理		株高			单株重		
		平均（cm）	变异系数	Gini 指数	平均（g）	变异系数	Gini 指数
Ch	C	8.80	0.290	0.131	0.0339	0.607	0.236
	T	5.16	0.368	0.322	0.0225	0.698	0.401
Ca	C	19.64	0.384	0.152	0.0171	0.748	0.394
	T	10.99	0.549	0.438	0.0211	0.891	0.445

两物种单株重在对照和紫外辐射处理条件下的频率分布模式与其株高的频率分布模式很相似（图 8-16），紫外辐射二者的频率分布趋于正偏斜，但两种植物偏离正态分布的程度有所不同。灰绿藜单株重频率分布受 UV-B 辐射的影响较小，但平均单株重显著低于对照条件下（$P<0.01$）。由于小麦的竞争抑制作用，荠菜单株重频率分布在对照

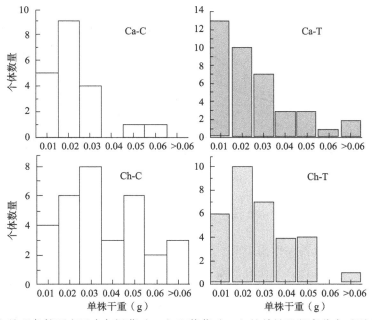

图 8-16　对照和处理条件下麦田中灰绿藜（Ch）和荠菜（Ca）的单株重频率分布（引自岳明，1998）

Figure 8-16　Frequency distribution of individual plant weight of *Chenopodium glaucum* (Ch) and *Capsella bursa-pastoris* in (Ca) wheat field under control and treatment conditions

小区即表现为正偏斜，而增强的 UV-B 辐射使偏斜更加强烈。紫外辐射同样使两物种以单株重为依据的种群大小不整齐性增加，紫外辐射的这种效应在荠菜中的表现尤为明显（表 8-5）。虽然处理小区荠菜平均单株重高于对照小区，但因为变异系数很大，二者的差异并不显著（$P=0.3972$，one-way ANOWA）。

　　灰绿藜和荠菜株高与单株重的关系在对照及紫外辐射处理条件下依然呈线性（图 8-17），即表现为简单异速生长关系（simple allometric relationship）（Wiener and Fishman，1994）。增强的紫外辐射使两物种的株高-单株重拟合曲线更凹一些，也就是说，两轴对数化后的直线斜率在处理小区比在对照小区大。对照和处理条件下两物种的株高-单株重拟合曲线具显著差异（X^2 检验，$P<0.05$）。对这两种杂草来说，在给定的株高上，紫外辐射处理小区的单株重更重一些，即对照条件下的植株略显"苗条"。

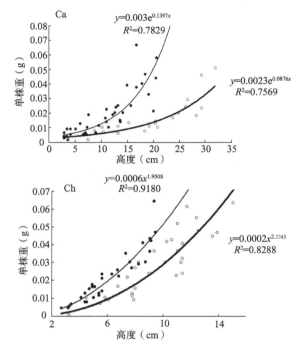

图 8-17　对照和处理条件下灰绿藜（Ch）与荠菜（Ca）单株重-高度的静态异速生长关系
（引自岳明，1998）

Figure 8-17　Static allometric growth relationship between individual plant weight of *Chenopodium glaucum* and *Capsella bursa-pastoris* in wheat field under control and treatment conditions

黑点为处理条件，白点为对照条件

　　随后，选取 2 种重要农作物小麦、谷子（分别为单子叶 C_3、C_4 植物），通过人工模拟臭氧层减薄 15% 的条件，分别在温室和大田条件下研究了增强 UV-B 辐射对植株异速生长及大小不等性的影响（田向军等，2007a），结果发现，无论在温室还是大田条件下，增强 UV-B 辐射处理组植株总生物量的 Gini 指数均极显著大于对照组（$P<0.001$），这表明增强 UV-B 辐射条件下种群大小不整齐性增大，即个体间大小差异变大，而小麦株高的 Gini 指数经 UV-B 辐射后只在温室条件下显著增大（表 8-6 和表 8-7）（田向军等，

2007a）。

表 8-6　温室条件下增强 UV-B 辐射对小麦、谷子生长参数 Gini 指数的影响

Table 8-6　Effects of enhanced UV-B radiation on Gini coefficient for plant growth parameters of wheat and millet in greenhouse conditions

物种	处理	株高	根重	茎重	叶重	穗重	生物量
小麦	CK	0.0226	0.1013	0.0544	0.0482	0.0871	0.0536
	T	0.0273**	0.1167**	0.0725**	0.0515**	0.1264**	0.0589**
谷子	CK	0.0339	0.1303	0.0934	0.0754	0.11500	0.0793
	T	0.0382**	0.1443**	0.1431**	0.0821**	0.1143	0.0900**

注：**为差异极显著（$P<0.01$, $n=75$）

表 8-7　大田条件下增强 UV-B 辐射对小麦、谷子生长参数 Gini 指数的影响

Table 8-7　Effects of enhanced UV-B radiation on Gini coefficient for plant growth parameters of wheat and millet in field conditions

物种	处理	株高	根重	茎重	叶重	穗重	生物量
小麦	CK	0.0289	0.0831	0.0521	0.0709	0.0673	0.0481
	T	0.0283	0.1060**	0.0578**	0.0720**	0.0641	0.0591**
谷子	CK	0.0352	0.1243	0.0922	0.0781	0.1347	0.0805
	T	0.0470**	0.1250	0.0949**	0.0804**	0.1208	0.0962**

注：**为差异极显著（$P<0.01$, $n=75$）

　　小麦、谷子株高与生物量的异速生长关系在对照及增强辐射处理条件下均呈线性（图 8-18），即表现为简单异速生长关系，其异速生长表达式为 $y=a+bx$。对照和处理条件下两物种株高-生物量拟合方程具统计学意义（$P<0.05$）。值得注意的是，增强 UV-B 辐射使两物种的株高-生物量拟合直线更倾斜，即增强 UV-B 辐射处理组的直线斜率比对照组大。对两物种来说，在相同株高下，增强 UV-B 辐射处理组植株更重。值得注意的是，我们所关注的这些参数在温室条件下对增强的 UV-B 辐射更敏感一些，但 C_3 和 C_4 植物的响应并没有表现出显著的不同。

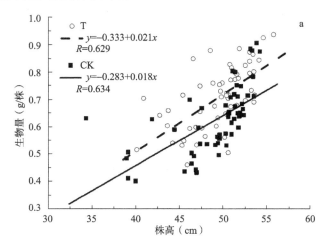

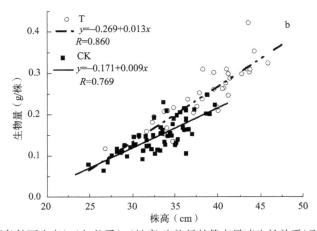

图 8-18　对照和处理条件下小麦（a）与谷子（b）株高-生物量的静态异速生长关系（引自田向军等, 2007a）

Figure 8-18　Static allometric relationships between plant height and biomass for wheat (a) and millet (b) under UV-B enhanced and ambient conditions

三、UV-B 辐射对植物种群促进作用的影响

根据"胁迫梯度假说"，增强的 UV-B 辐射不仅代表着对植株生长发育不利的胁迫水平的增加，还可能意味着对其促进作用的增强，但这种对种群动态与结构的影响很少被考虑。因此，不同水平 UV-B 辐射对竞争作用的影响应当扩展到更大的范围，即对个体间全部相互作用（包括促进作用与竞争作用）的影响。在纳入正相互作用之后，问题变得更加复杂，在实际的试验过程中，竞争效应可以通过密度来控制，植物种群的密度越大竞争就越激烈，但是 UV-B 辐射的增加使得促进作用和胁迫同时增强，而两者对植株的影响（促进作用促进植株生长，胁迫作用抑制植株生长）又截然不同。因此，采用了较大的 UV-B 辐射梯度在大田盆栽条件下对此进行了初步的探索（Zhang et al., 2012b）。

以绿豆为材料，设置了密度（每盆 1 株、7 株和 37 株）和 UV-B 辐射（对照、3.60kJ/m²、5.62kJ/m²）两个因素，每个因素又有 3 个水平（共 9 个处理），绿豆按照六角的蜂巢形状（如图 8-19 所示，黑色圆点表示植株位置，其他六边形与中间相同）种植，以保证植

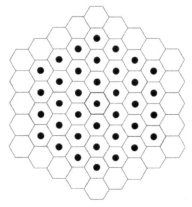

图 8-19　促进作用试验设计图（引自 Zhang et al., 2012b）

Figure 8-19　Experimental design of promoting effect

株可以充分利用空间与资源，同时，确保不同的个体占有相同的有效区域。除却最外围盆边缘的个体外，每个个体均被 6 个距离相同的个体围绕。

由图 8-20 可以看出，尽管对照组与低辐射组的生物量差异不明显，但总的来说，随着 UV-B 辐射水平的增强，植株个体的生物量呈单调递减的趋势，对照组与低水平 UV-B 辐射组均高于高水平 UV-B 辐射组，这表明胁迫效应影响了绿豆植株的生长，减小了其生物量。与同时期的单一个体组类似，平均个体生物量随着 UV-B 辐射水平的增加而单调递减，但是种群生物量有不同的趋势。总的来说，虽然种群生物量并未表现出单调递增的趋势，但仍随 UV-B 辐射增强而增加，这表明对于高密度组来说，增强的 UV-B 辐射增加了种群的生物量，但是这种增强可能来自促进作用也可能是因为两个辐射组自疏后存活的个体数均多于对照组，我们需要进一步确认促进作用的影响。从第二时期种群生物量与个体生物量的变化趋势可以看出，种群生物量仍然随着 UV-B 辐射的增强而单调上升，对照组、低密度组和高密度组的 lg（种群生物量）分别为 1.41±0.07、1.48±0.03 和 1.52±0.02，但注意第二时期高密度组的种群生物量甚至高于生长季末期的种群生物量，这也暗示着自疏程度的剧烈。此外，个体生物量也呈这种递增的趋势，此时可以排除强烈自疏所造成的植株大量死亡的影响，可确定是促进作用增加了绿豆植株的生物量。

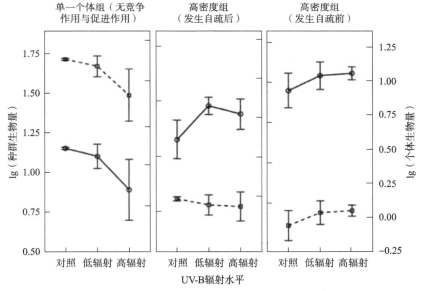

图 8-20　不同 UV-B 辐射水平下的种群生物量与个体生物量（引自 Zhang et al.，2012b）

Figure 8-20　Total and mean biomass under different levels of UV-B radiation

实线代表绿豆种群的总生物量；虚线代表个体生物量

由图 8-21 可以看出，增强的 UV-B 辐射对种群自疏产生了非常显著的影响，经历了胁迫效应与促进作用的绿豆种群的存活个体多于生长于正常环境当中的种群，UV-B 辐射增加了种群的存活率，其中低辐射水平组（0.56±0.03）和高辐射水平组（0.52±0.09）显著（$P<0.05$）高于未增补辐射的对照组（0.32±0.09），但此时尚无法直接确认是促进作用还是胁迫才是种群存活率变化的主要原因。另外，平均个体生物量随 UV-B 辐射水

平增加的递减趋势在之前的部分中已经叙述，将其放在此处是为了说明个体大小与种群存活率的关系，图 8-21 暗示着种群存活率的变化趋势与平均个体生物量刚好相反，简言之即种群存活率随个体生物量增加而减小。

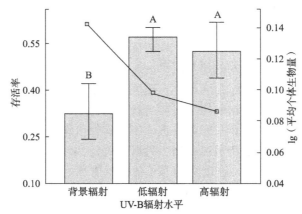

图 8-21　高密度组最终阶段不同 UV-B 辐射水平下的存活率与平均个体生物量
（引自 Zhang et al.，2012b）

Figure 8-21　Survival rate and mean individual biomass of high density group under different levels of UV-B radiation in the last stage

柱状图表示绿豆种群的存活率，线图表示 lg（平均个体生物量），不同大写字母表示差异具有显著性（$P < 0.05$）

　　增强的 UV-B 辐射（包括胁迫效应以及促进作用）和竞争作用一起强烈影响了绿豆种群的大小不等性。由图 8-22 可以看出，竞争作用增加了种群的大小不等性，无论是在背景辐射还是低辐射或者是高辐射水平，种群的大小不等性均是随着种群的密度增加而增加，同时在大田试验中，最小的个体生物量 Gini 指数出现在低密度组中，而最大值出现在高密度组中。然而，增强的 UV-B 辐射对种群大小不等性的影响不如竞争（密度）

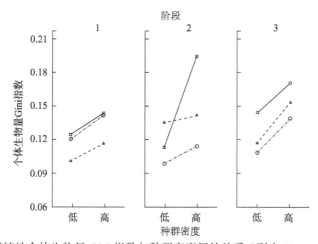

图 8-22　绿豆植株个体生物量 Gini 指数与种群密度间的关系（引自 Zhang et al.，2012b）

Figure 8-22　Relationship between Gini coefficient of individual biomass and population density of mung bean

整个生长季中绿豆植株个体生物量 Gini 指数在背景辐射（□）、低 UV-B 辐射（○）和高 UV-B 辐射水平（△）下分别计算，
每个数据点代表基于 5000 次 bootstrap 重复抽样的计算结果

的影响这样简单可见，UV-B 辐射的影响还与生长时期有关。总的来看，背景辐射下低密度组与高密度组的绿豆种群大小不等性是最高的，尽管这一规律并不完美（在第 2 阶段的低密度组中，高 UV-B 辐射处理下种群具有最高的大小不等性）。另外，在第 1 阶段，不论是低密度组还是高密度组，低水平 UV-B 辐射处理下种群的大小不等性要高于高 UV-B 辐射处理，但在随后的两个阶段，这一趋势发生了逆转，高 UV-B 辐射处理组种群的大小不等性反而超过了低辐射组。

这项初步的工作首次证实了 UV-B 辐射改变了植物种群个体之间促进作用的大小。增强 UV-B 辐射的促进作用增加了植株的生物量，但是 UV-B 辐射的胁迫效应降低了生物量。增强 UV-B 辐射的条件下，种群在自疏结束时会有更高的存活率，但主要原因并非促进作用而是胁迫，因为胁迫通过降低全部个体的生长率而降低竞争的强度。UV-B 辐射与密度及它们间的交互作用均显著影响了种群的大小不等性，尤其是整体生物量大小不等性的变化趋势非常清晰。分析表明，胁迫降低了种群的大小不等性，而促进作用增加了大小不等性；促进作用也是非平衡的，大个体植株的净收益高于小个体。胁迫和促进作用在不同的尺度上表现不同，对于在个体水平上不利于植物生长的胁迫，在种群水平却能减小种群的大小不等性并增加存活率，而有利于植物生长的促进作用，实质上增加了个体间的差异。在不同的生长时期，植物对相互作用（竞争和促进作用）和胁迫的权衡会发生变化，早期的时候植物倾向于长高以获取光资源和占据竞争中的优势地位，但在末期则倾向于矮化以避免 UV-B 辐射的伤害（Zhang et al., 2012b）。

第三节　植物种群对 UV-B 辐射的适应及其机理

对于陆生高等植物而言，增强 UV-B 辐射对种群水平的影响主要关注自疏结果、种群大小不等性以及植物表型可塑性三个方面，同时关注了植株所面临的胁迫效应与相邻个体间相互作用对种群的影响。然而，在现实的大田环境当中，因为胁迫与促进作用的密切联系，很难直接分离它们的影响，因为二者都是由增强 UV-B 辐射所引起的，强度也都是随着辐射水平的上升而增加。所以，有必要使用一些间接的方法来探讨 UV-B 辐射对上述三方面的影响并推测其影响机理。

一、增强的 UV-B 辐射对种群自疏结果的影响

大田试验中，UV-B 辐射对种群存活率的影响与我们的预测是十分吻合的：在施加辐射的环境当中，种群的存活率反而随辐射强度的增加而上升，同时，低辐射组和高辐射组的存活率高于而非低于背景辐射对照组（图 8-21）。这与一般情况下胁迫效应才是降低种群死亡率的主要原因的假设是相符的。根据"胁迫梯度假说"，促进作用会随着胁迫水平的增加而增加，直至超过竞争这种负相互作用，表现在群体水平上就是种群总生物量的增加；另外，增强 UV-B 辐射处理组的存活率要高于对照组，即处理组虽然个体大小小于对照组，但其数量可能会弥补这一劣势。因为所设置的单一个体组中的植株不存在邻体，也就没有增强 UV-B 辐射的促进作用以及依赖密度的竞争作用，这有助于

分离出促进作用与胁迫效应对种群存活率的影响，需要通过植株生物量与种群存活率的关系来最终确定哪种作用对种群自疏后存活率有影响。

另外，因为设置了三个采样时期，在生长早期可以排除强烈自疏造成的大量个体死亡的影响。因此，无促进作用的胁迫效应（降低植株的生物量）和正相互作用（增加植株的生物量）这两种植株个体间的相互作用与竞争（自疏）之间的动态平衡最终决定了种群以及个体生物量。同时，种群的存活率是随着平均个体生物量的增加而降低的（图8-21），所以正相互作用不应当是存活率增加的原因，而且在第3阶段引起自疏的竞争作用更不会增加种群的存活率，因此，增强UV-B辐射带来的胁迫效应（使个体变小）才是种群存活率上升的主要原因。

胁迫效应降低种群死亡率的机理在于其降低了植物个体的生长率，相应的在空间和其他资源方面，增强UV-B辐射处理的植株相较于对照组的就会有更小的相互作用重叠区域，这样便弱化了竞争的影响或者说推迟了自疏的发生，从而使得胁迫环境下的绿豆种群比生长在正常环境下的种群拥有更多的存活个体。这一结果也是与之前的各种研究相符合的，如Harper发现在自疏的过程中死亡率与生长率相关（Harper，1977），并且基于生态代谢（WBE）理论（West et al.，1997，1999a，1999b，2001）而建立"零影响"模型的模拟研究也支持了这一观点（Chu et al.，2009）。此外，一项对春小麦的研究也表明，经受水分胁迫的种群比生长在良好灌溉条件下的种群拥有更多的存活个体（Liu et al.，2006）。这是非常有意思的发现，因为个体水平上的不利影响表现在种群水平上竟然会是有益的，它向我们展示了"尺度"和"涌现"的魅力（White et al.，2007；Hayward et al.，2010），即某一因素对整体的影响往往不是对部分影响的简单相加。

二、增强的 UV-B 辐射对种群大小不等性的影响

单子叶植物小麦和谷子的试验结果与双子叶植物反枝苋及绿豆的有所不同，其原因在于存在密度梯度以及是否将种内竞争作用和促进作用剥离开。在无自疏发生时，增强的UV-B辐射一般会导致种群大小不等性增加（薛慧君等，2003；田向军等，2007a；张瑞桓等，2008）。但在更高的初始密度和更精细的试验设计条件下（Zhang et al.，2012b），总体上增强的UV-B辐射降低了绿豆种群的大小不等性，但是大小不等性随UV-B辐射的变化趋势在三个时期不相同（图8-22），特别是在绿豆种群出现了强烈的自疏导致大量个体死亡后，因为部分个体的死亡导致剩余存活个体在个体大小（生物量）上较为一致而使得种群的大小不等性降低，自疏可以减小种群的大小不等性，以前就有过相似报道（Weiner，1985）。由于植株生长初期个体普遍较小，故个体间获取资源的重叠区域也比后两个时期小得多，因而在这一时期促进作用对绿豆植株的影响应当非常有限，但是随着植株的生长，个体间促进作用的影响便显现出来。当个体间的正相互作用在一定范围内随着UV-B辐射的强度增加而增强时，大个体的受益超过它们受到的伤害，其净收益超过小个体的净收益，种群的大小不等性便会因促进作用所增加，这也是我们在大田试验中证实的。在一定的范围内，如果UV-B辐射强度持续增加，辐射处理下的大小不等性甚至有可能超过正常环境中的种群。总的来说，我们认为在种群密度足够高的情况下，个体间的促进作用（增加大小不等性）以及胁迫效应和自疏（将减小大小不等性）

最终决定了种群的大小不等性。

之前许多的研究在讨论种内关系时认为竞争是个体间唯一的相互作用方式（Li et al.，1999；Liu et al.，2006），然而，在以胁迫环境为特征的生态系统中，促进作用在种群发育过程中扮演着非常重要的角色（Tirado and Pugnaire，2003），我们的工作也证实了这一点。同时，有研究表明亲缘关系较近的植物种植到一起时，其根系的生物量分配要少于那些同样生长在一起但亲缘关系较远或者是陌生的植株（Dudley and File，2007），并认为可能是根系的分泌物导致了这一过程的发生（Biedrzycki et al.，2010），这被认为是亲属识别（kin selection）。亲属识别的进化意义在于亲属关系较近的植物间竞争强度也较低，这种情况下可能个别个体的生长会受影响，但有利于整个种群的生存。在个体水平上对双方都有益处的促进作用，在种群水平上却类似于竞争，也是非平衡的；相反，在个体水平上不利于植株生长的胁迫在种群水平上却能降低种群的大小不等性，降低种群的死亡率。这种效应是否影响了 UV-B 辐射胁迫下的种内关系还有待于进一步的研究，这将有助于我们正确认识促进作用的进化意义和植物的进化对策。

三、增强的 UV-B 辐射对植株表型可塑性的影响

除了正相互作用和竞争作用之外，植物对竞争作用和胁迫效应的权衡也在其生长发育过程中起着重要的作用。我们关注的 6 种形态指标，基本都有相同的趋势，即被增加的 UV-B 辐射强度和密度所降低，这也与之前的诸多研究是一致的（Li et al.，1999；田向军等，2007a）。株高在正常条件下随密度的增加而上升，但生长后期在增强 UV-B 辐射条件下随着密度的增加而降低。总的来说，植株这种生长趋势的变化是植物对周围环境权衡后发生变化的结果。需要指出的是，在不同水平或者层次上，植物面临的权衡是不同的，在个体水平上，UV-B 辐射下植物就面临着权衡生长需求和避免辐射伤害，这是由 UV-B 辐射的性质所决定的；在种群尺度上（即低密度组，也是本研究关注的重点），还要考虑竞争作用与促进作用这一对个体间相互作用关系对种群的影响。一般情况下，随着种群密度的增加和竞争的加剧，植株倾向于长得更高来获得足够的光资源，以期在竞争当中占据优势地位；而 UV-B 辐射的胁迫效应可以降低植物株高，植物种群将会由较多矮个体组成，之前的研究结果也支持这一观点。但是对于植物的株高来说，似乎对密度的变化非常敏感，因为在竞争初期的优势更容易积累下来以获得最终的优势地位，在初始阶段植株似乎更加重视个体间的相互作用关系，这也表明植株在这一时期对光资源的需求比避免辐射伤害更加迫切。

密度对植物株高、基径频率分布的影响及其与生物量的异速生长关系历来是生态学家所关注的核心理论问题（Nagashima et al.，1995；Nagashima and Terashima，1995b；Reddy et al.，1998），近年来通过对代谢研究提出的"WBE"模型和生态代谢理论（Brown et al.，2004；Enquist et al.，2007）引起了广泛的关注，问题是不论分形分配或者是代谢标度理论，这些异速生长理论毕竟是建立在个体水平上，并不具备群体特征。通过简单的数学转换直接将个体水平扩展到更高的层次，可能会忽略一些重要的生物学内在规律（Hayward et al.，2010）。所以在 UV-B 辐射胁迫下，密度与生物量的关系可能有着不同的表现形式，基于竞争研究的异速生长理论，应当整合包括促进作用在内的完整的个

体间相互作用，我们针对不同物种和不同试验条件的不同结果也反映了这一问题的极端复杂性。

第四节　UV-B 辐射对植物群落的影响

环境胁迫常常对植物的生长和繁殖产生抑制作用，进而引起植物种间竞争性平衡的变化。有证据表明，即使没有臭氧层的减薄，太阳光谱中现有的紫外辐射对植物的生长发育及植物间相互关系都有重要影响（Bogenrieder and Klein，1982）。由于植物种间对紫外辐射表现出极不相同的敏感性，因此由臭氧层减薄导致的紫外辐射增强可能在较短的进化时间里对群落生产力及群落结构产生影响（Gold and Caldwell，1983；Searles et al.，2001a）。竞争对绝大多数植物来说是环境压力的一个重要组成部分，因此评价臭氧层减薄、紫外辐射增强的生态学效应也应置于竞争的环境背景之中。

植被构成了生态系统中生命物质的绝大部分，UV-B 辐射增强引起的生态系统层次上的响应多数可以由植物群落的反应来间接推断。研究表明，隔离（isolated）状态下植物个体对 UV-B 辐射的反应不能用于推测其在群落中的表现（Barnes et al.，1988；Li et al.，1999）。当作物与杂草竞争或处在多种群的混作系统里时，物种间竞争性平衡的变化很可能比 UV-B 辐射引起的某物种生产力降低更为重要。因此有人强调，研究植物群体对 UV-B 辐射增强的反应对恰当评价由臭氧层减薄、紫外辐射增强引起的全球变化的生态学后果可能更加具有现实意义（Caldwell and Flint，1994）。

一、UV-B 辐射对植物种间竞争的影响

1. 历史回顾

种间竞争是可以影响群落结构及物种组成的一种潜在的选择压力，种间竞争关系对群落结构和物种共存的现实影响程度尚存在争论（Silvertown and Doust，1993；王刚和张大勇，1996；柴永福和岳明，2016）。但大量的研究表明，UV-B 辐射及与其相关联的全球变化常常引起物种间竞争性平衡的改变，进一步间接影响植物群落的结构（Bornman et al.，2019）。

最早考虑将太阳 UV-B 辐射作为环境胁迫因子来研究其对种间竞争影响的工作见于 Bogenrieder 和 Klein（1982）的研究。在这项研究中，涉及草本和木本植物的 9 个生态上有联系的种对（species pair）的竞争关系受到了当前太阳光谱中 UV-B 辐射的影响，每个种对物种间的相对干物质重有显著改变。除报茎毛蕊花（*Verbascum phlomoides*）：药用蒲公英（*Taraxacum officinale*）一个种对外，其余种对总生物量显著下降。

Fox 和 Caldwell（1978）在人工模拟 40% O_3 减少的紫外辐射条件下，对 7 个种对进行了不完整的替代系列竞争试验，结果发现有些种的竞争优势被 UV-B 辐射所加强，而另有一些种的竞争力则被减弱。有两个种对的竞争形势完全被 UV-B 辐射所逆转，如控制条件下反枝苋（*Amaranthus retroflexus*）对紫花苜蓿（*Medicago sativa*）具竞争优势，但紫外辐射增强使后者成为更成功的竞争者。结果还显示，有 6 个种对的总生物量没有

因 UV-B 辐射增强而降低。

小麦和野燕麦的替代系列竞争试验（Gold and Caldwell，1983；Barnes et al.，1988）表明，一般情况下 UV-B 辐射使竞争平衡向有利于小麦的方向发展，但也有例外，在高温少雨年份，UV-B 辐射增强了野燕麦的竞争力。在这些竞争试验中，没有观察到群落总生物量受到 UV-B 辐射的显著影响。

Fox 和 Caldwell（1978）的工作及小麦与野燕麦的竞争试验支持 Caldwell（1977）的假说，即 UV-B 辐射可以改变物种间竞争性平衡，但未必一定伴随群落总生物量的降低。其后，Caldwell 的小组又设计了一些试验来验证其假说。他们发现 UV-B 辐射对小麦和野燕麦的光合特性没有影响（Beyschlag et al.，1988）。另一项包括 12 个种的试验显示，这些种对 UV-B 辐射的形态学反应是主要的，而生物量降低仅在其中一种植物中观察到（Barnes et al.，1990a）。小麦和野燕麦两者混合冠层的模型分析（Barnes et al.，1990a；Ryel et al.，1990；Beyschlag et al.，1990）则表明，UV-B 辐射导致的两个种节间长度、叶倾角及方位角的微小变化足以导致两个种对光资源的截获存在不同，进而引起竞争性平衡的改变。

已有为数不多的研究基本上都认定，竞争性平衡的改变不是 UV-B 辐射对光合作用抑制的结果，而是由植株形态和冠层结构变化引起的。这些竞争试验均为只设一个总密度的 deWit 替代系列（deWit replacement series），但这种设计被认为不能将种内和种间的竞争效果分开（Firbank and Watkinson，1985），而且竞争系数可能会导致错误的结论（Snaydon，1991）。这里姑且不论替代系列和附加系列（additive series）孰优孰劣，第一，现有的研究显然不能评估一定密度或混合比例范围内的竞争结果（输出），研究者也认识到了这一点（Barnes et al.，1988）。第二，这些试验都只包括两个种，在评价紫外辐射增强对植物群落的作用时，多种群的试验会更有用，因为现实条件下多数植物群落表现为多种群的复杂种间关系，两种群的竞争试验其理论意义要大于现实意义。第三，前述研究中在评价物种竞争参数的变化时采用的仅是地上生物量，但为准确评估紫外辐射胁迫下竞争格局的变化，地下部分可能同样是重要的，因为关于 UV-B 辐射对植物光合产物分配的影响目前还不是很清楚。第四，没有对植物竞争能力的时间变化做出讨论，仅在生长季结束时进行测定和评价，但是如前所述，不同生育期植物对紫外辐射增强的反应是不同的。另外，已有的研究在紫外辐射增强背景下没有对竞争压力及由其产生的竞争结局的形态学及生理学基础做充分的探讨。

2. 两物种附加系列试验

我们于 1996 年和 1997 年进行了春小麦（*Triticum aestivum* cv. 80101）与燕麦（*Avena sativa* cv. Bayan III）及其他三个种对的田间竞争试验。试验设计采用一定总密度范围内不同密度下的重复替代试验（附加系列，addition series）（Spitters，1983）。Firbank 和 Watkinson（1985）曾用这种设计进行试验并且建立了一组模型，与替代系列竞争试验分析相比，这些模型具有较多优点：竞争关系以生物学上有意义的参数来描述，并且不需要做高密度时群落产量恒定的假设；对初始和存活密度做了区分，如果要预测数代以后的竞争结局，这种区分是很重要的；较易将种内和种间竞争的相对大小分开。这种设计试验小区数量较少，分析方法和模型简明，但能对试验数据进行较好的拟合，而且模型参数均有一定的生物学含义因而易于解释，故被认为是一种较好的方法（Silvertown and Doust，1993）。

试验在兰州大学生物园大田条件下进行。试验设计基本按 Firbank 和 Watkinson（1985）的方法。小麦和燕麦两种植物按 40 株/m^2、120 株/m^2、400 株/m^2、1200 株/m^2 的总密度进行单独播种和 1:1 混合播种。播种采用穴播，每穴 1 或 2 粒种子，株行距相等，并使除小区 4 个边上一列外，每株植物的 4 个最近邻体均为异种植物。小区面积 1m×1m，各小区土壤与水分状况一致，小区随机排列。两物种于 4 月 12 日同时出苗，一周后间苗并开始紫外辐射处理直至成熟。至乳熟期开始，所有小区罩上纱网以防飞鸟。生长过程中随时拔除杂草，整个生长季没有追施任何肥料。

试验设对照组（C）和处理组（T）。对照组即为自然光照，处理组在此基础上以紫外灯（UV-B，310nm）来增加紫外辐射。处理时间为每日 9:00～17:00，阴雨天暂停。辐射强度在整个生长季中保持为 76.2mW/m^2[在波长 297nm 处测定，并按 Caldwell（1971）的方法换算为生物有效辐射]直至成熟，日处理剂量为在太阳 UV-B 辐射基础上增加 3.17kJ/（m^2·d），相当于兰州地区（海拔 1500m，36°N）夏至前后晴天平均 UV-B 辐射（8～85kJ/m^2）增加 36%，即模拟臭氧层减薄 15%（Caldwell，1977）（RAF 按 2.4 计算）。该模拟值与联合国环境规划署的臭氧层减薄预测值一致（UNEP，1991）。

结果显示，在单播情况下，无论是小麦还是燕麦，密度制约的死亡在两种处理条件下均有发生（表 8-8），紫外辐射对密度制约的死亡有一定影响，即有减弱自疏作用的趋势，表现为高密度条件下处理后的存活数略高于同密度的对照组，但对照与处理组存活密度之间的差异均未达显著水平。

表 8-8 UV-B 辐射对 4 个种植密度条件下单种与混种小麦及燕麦存活密度、生物量、籽粒产量的影响
（引自 Li et al.，1999）

Table 8-8 The effects of UV-B radiation on the survival density, biomass and grain yield of single and mixed wheat and oats under four planting density conditions

初始密度（株/m^2）	物种及种植方式	存活密度（株/m^2）		单株重（g）		单株籽粒数（粒）		单株籽粒重（g）		单位面积生物量（g/m^2）	
		C	T	C	T	C	T	C	T	C	T
40	WheatMo.	40	40	15.4	13.5	128	113	4.17	4.30	608.6*	530.8
	WheatMx.	20	20	15.7	14.2	158*	127	5.18*	4.68	304.6	283.4
	OatMo.	40	40	13.7	12.8	179	177	3.76	3.77	528.4	507.3
	OatMx.	20	20	12.6	11.1	209*	184	4.09	3.62	251.6	229.2
120	WheatMo.	110	113	9.3*	7.9	90*	78	2.80	2.52	1041.6	898.7
	WheatMx.	58	58	9.4	8.2	98*	68	3.12*	2.05	547.5*	477.9
	OatMo.	112	113	8.0	7.2	96*	114	2.16	1.72	875.0	818.1
	OatMx.	57	58	7.1*	6.0	106*	87	2.32*	1.62	403.3*	350.2
400	WheatMo.	324	329	5.4*	4.4	36	38	1.26	1.28	1765.8*	1457.5
	WheatMx.	177	181	5.4*	4.5	52*	39	1.78*	1.33	952.3*	812.7
	OatMo.	326	323	4.3	3.8	75*	63	1.44*	1.05	1395.3	1258.3
	OatMx.	173	176	3.7*	3.0	55	56	1.38	1.07	643.5	531.5

续表

初始密度 （株/m²）	物种及种植 方式	存活密度 （株/m²）		单株重（g）		单株籽粒数 （粒）		单株籽粒重 （g）		单位面积生物量 （g/m²）	
		C	T	C	T	C	T	C	T	C	T
1200	WheatMo.	703	728	3.7	2.9	31	27	0.93*	0.80	2573.0*	2082.1
	WheatMx.	433	455	3.4*	2.7	32*	21	0.92*	0.66	1416.5	1237.6
	OatMo.	713	744	2.7	2.3	34	33	0.79*	0.65	1915.7*	1696.3
	OatMx.	417	423	2.2*	1.7	25	24	0.57*	0.43	901.4*	723.3

注：WheatMo. 小麦单种，WheatMx. 小麦混种，OatMo. 燕麦单种，OatMx. 燕麦混种；相同物种及密度下对照与处理平均值之间具显著差异者以*示之（t 检验，$P<0.05$）；对存活密度和单位面积生物量，$n=4$；对单株重和单株籽粒产量，$n=10\sim15$

　　两物种的单株重和籽粒产量同样依赖密度，随密度增加，上述指标均大幅下降。紫外辐射显著降低了小麦与燕麦在较高密度下的单株重和籽粒产量，燕麦混种情况下尤其如此。小麦单位面积生物量在单播时受 UV-B 辐射影响更大一些，混播时处理和对照组一般无显著差异，燕麦单位面积生物量在高密度时受 UV-B 辐射影响较大。单株籽粒数在较低密度受紫外辐射影响稍大。

　　单播与混播情况下两物种的表现有所不同，无论处理还是对照，在总密度相同时，混播的小麦单株重和籽粒产量常常高于其单播时，而燕麦则往往相反。UV-B 辐射对小麦单株籽粒数和籽粒重的抑制影响多数在混播时更明显，而对燕麦籽粒产量的影响略为复杂，总的趋势是 UV-B 辐射对其有影响，但这种影响的显著性在单播和混播间并无明显规律。

　　按我们的试验设计，其结果可以用来进行替代系列分析，进而导出一些反映物种间竞争形势的有用参数（Firbank and Watkinson，1985）。相对拥挤系数（relative crowding coefficient，RCC）可以反映物种的相对竞争能力，用 k 表示，当 $k_{1\text{-}2}>1$ 时，种 1 对种 2 有竞争优势，若 $k_{1\text{-}2}<1$ 则种 2 具有竞争优势。k 按如下公式计算（Harper，1977）：

$$k_{1\text{-}2}=（O_1\times M_2）/（O_2\times M_1） \tag{8-1}$$

式中，$k_{1\text{-}2}$ 为种 1 对种 2 的相对拥挤系数；O 为在 1∶1 混播时的生物量或籽粒产量；M 为在单种时的生物量或籽粒产量。竞争性平衡的变化用相对产量和（relative yield total，RYT）表示，常用来解释物种对资源利用的状况（Silvertowm and Doust，1993），计算公式为

$$RYT=\frac{O_1}{M_1}+\frac{O_2}{M_2} \tag{8-2}$$

　　RYT 可以反映竞争种对对资源利用的状况，当 RYT 大于 1 时，两物种之间有生态位的分离（Silvertown and Doust，1993）。

　　UV-B 辐射处理及对照条件下，以 1∶1 混播时小麦（种 1）对燕麦（种 2）按总生物量、地上生物量、单株籽粒数及籽粒重计算的相对拥挤系数见表 8-9，并计算了收获时各播种密度的 RYT 值（表 8-10）。

表 8-9　UV-B 辐射对 4 个密度下小麦对燕麦的相对拥挤系数值（k_{1-2}）的影响（引自 Li et al.，1999）

Table 8-9　The effects of UV-B radiation on the relative crowding coefficient (k_{1-2}) of wheat to oats under four densities

播种密度（株/m²）	总生物量		地上生物量		单株籽粒数		单株籽粒重	
	C	T	C	T	C	T	C	T
40	1.04	1.10	1.06	1.21	1.20	0.95	1.14	1.13
120	1.14	1.15	1.19	1.28	1.22	1.14	1.10	0.97
400	1.17	1.26	1.25	1.43	2.09*	1.24	1.57*	1.11
1200	1.35	1.47	1.36	1.51	1.56*	1.23	1.78*	1.27

注：*表示不同处理间在 $P < 0.05$ 水平差异显著

表 8-10　UV-B 辐射对小麦对燕麦的相对产量和（RYT）的影响（引自岳明，1998）

Table 8-10　The effects of UV-B radiation on relative yield total (RYT) of wheat to oats

播种密度（株/m²）	总生物量		单株籽粒数		单株籽粒重	
	C	T	C	T	C	T
40	0.97	0.95	1.13	1.04	1.16	1.02
120	0.99	0.96	1.14	0.84	1.13	0.97
400	1.01	0.98	1.19	1.15	1.28	1.12
1200	1.05	1.02	1.07	0.92	1.14	0.82

　　由表 8-9 可以看出，绝大多数 k_{1-2} 值大于 1，说明小麦对燕麦具有一定的竞争优势。紫外辐射处理后，以总生物量和地上部生物量为依据的 k_{1-2} 在 4 个密度条件下均升高，反映出 UV-B 辐射增强了小麦对燕麦的竞争优势。但是以单株籽粒数及籽粒重为依据的 k_{1-2} 值在紫外辐射处理后却下降了，在 400 株/m² 和 1200 株/m² 密度时达到了显著水平，则表明 UV-B 辐射减弱了小麦的竞争优势，但基本上仍大于 1，这一结果说明小麦籽粒产量对 UV-B 辐射的敏感性大于燕麦，但其总生物量受紫外辐射的影响则小于燕麦。上述结果表明，小麦对燕麦的竞争优势并没有被紫外辐射增强逆转，k_{1-2} 值变化方向不同可能与紫外辐射对两物种同化产物分配的影响不同有关。

　　表 8-10 显示，以总生物量、单株籽粒数和籽粒重为依据的 RYT 值在对照及处理组都很接近 1，说明小麦和燕麦有很相似的资源需求。随密度增大，RYT 值也逐渐增加，反映出竞争的加剧使得两物种间生态位逐渐分化，这是植物对竞争、对有限资源限制的适应。紫外辐射使依据 3 项指标计算的 RYT 值均有所下降，即减弱了种间生态位的分化。这说明，在密度相同条件下，紫外辐射使两物种处于更为剧烈的竞争环境中。

　　我们的试验还显示，不同的种植密度条件下，紫外辐射对小麦和燕麦生物量及籽粒产量的影响程度有所不同，相对较高的竞争压力（较大的种植密度下）可以增强紫外辐射对生物量的抑制作用，这一结果暗示，在评价 UV-B 辐射对植物的影响时也应考虑物种所受的竞争压力（种内和种间）大小。同时，因为紫外辐射对植物生长有一定的抑制作用，它也能对物种所受的竞争压力大小产生影响，UV-B 辐射使 RYT 值下降，按照一般的解释，RYT 值下降表明种间生态位分化程度减弱（Silvertown and Doust，1993），即紫外辐射增大了环境中的竞争压力。

　　小麦与野燕麦的竞争试验已有许多，但结果很不相同。有些研究显示，在没有其他特殊处理因素的情况下，野燕麦具有更强的竞争优势（Carlson and Hill，1985；Martin and Field，1987），而另一些试验则相反（Bell and Nalewaja，1968）。这可能是因为所采用的小麦品种不一致，对于小麦和野燕麦，它们对空间及资源的需求极为相似（Martin and Field，1987），环境条件的微小变化就可能引起两者种间竞争优势的改变（O'Donovan et al.，1985；Carlson and Hill，1985b）。本研究的结果表明，UV-B 辐射没有使小麦与燕麦的竞争格局发生大的改变，但小麦的竞争优势得到加强（以总生物量为依据），该结果与 Gold 和 Caldwell（1983）在正常年份的结果一致。小麦一般情况下是具有极强竞争力的作物（van Heemst，1985），但对于那些竞争力较弱的作物，在增强紫外辐射条件下，其竞争性平衡变化的方向也许与小麦、燕麦的情况有所不同。

　　因为生物量在很大程度上能反映植物对环境资源利用的状况，同多数研究一样，本研究在讨论竞争力时主要的依据是生物量，但一个物种在竞争中成功与否，还表现在其能否有效繁殖上，这对评价较长时期的竞争结局是极为重要的（Harper，1977）。以籽粒产量为依据的相对拥挤系数反映出紫外辐射减弱了小麦对燕麦的竞争优势，与以生物量为依据的 RCC 所反映的结果恰好相反，这种不一致性与两物种籽粒产量对 UV-B 辐射的敏感性不同直接相关。混播时燕麦籽粒产量（籽粒数与籽粒重）所受紫外辐射的影响小于单种情况下，而小麦则有相反的趋势（表 8-9）。许多研究表明，密度和出苗时间以及幼苗初始大小可以影响物种的相对竞争力（O'Donovan et al.，1985；Blackshow，1993；Gerry and Wilson，1995），对于一年生植物而言，繁殖体产量对评价其竞争力也许是一个很有意义的指标。

3. UV-B 辐射增强条件下两物种竞争的模型分析

　　可用以下两式分析两种群竞争的格局和过程（Firbank and Watkinson，1985）：

$$N_A = N_{iA}[1 + m_A(N_{iA} + \gamma N_{iB})]^{-1} \tag{8-3}$$

$$W_A = W_{mA}[1 + a_A(N_A + \alpha N_B)]^{-b} \tag{8-4}$$

式中，A、B 代表物种；N 为存活密度；N_i 为起始密度；W 为收获时平均单株重；W_{mA} 为 A 物种可能最大单株重（即不受种内和种间干扰时）；γ 和 α 为种 A 对种 B 的竞争系数；其余参数各有其生物学意义，a 为达到 W_{mA} 时一个个体所占空间，b 为物种的资源利用状况，m_A 为 A 物种在自疏后达到可能最大密度时每个个体所需空间。对 B 物种而言，模型形式完全一样。式中参数及竞争系数由经过对数变换后的实测数据以最小平方程序求得（StatisticA Release4.5，StatSoft，Inc. 1993）。

　　单位面积产量 Y_A 可按下式计算：

$$Y_A = N_A \times W_A \tag{8-5}$$

　　按式（8-3）和式（8-4）对实测数据进行了拟合，小麦与燕麦在对照组和处理组的存活密度、单株生物量及单株籽粒重可由上述模型很好地描述，模型参数如表 8-11 所示，单位分别是株/m²（存活密度）和 g/株（单株生物量及单株籽粒重）。对于存活密度，由于对所有数据合并后进行拟合（$n=9$），故没有对处理和对照的模型参数做统计检验。对于单株生物量及单株籽粒重，表 8-11 中参数是 3 个拟合的平均值，每次拟合取每个种的 3 种密度，每个密度取 10 个个体的数据，所以 $n=30$。UV-B 辐射处理一列的"*"表示就同一物种而言该参数在对照和处理之间在 0.05 水平上有显著差异（t 检验，$n=3$），回归系数 R 行中的"#"表示该拟合误差小于 0.05。

表 8-11　处理和对照条件下对小麦与燕麦按式（8-3）及式（8-4）拟合的模型参数、回归系数（R）
（引自李元和岳明，2000）

Table 8-11　Model parameters and regression coefficient (R) of wheat and oats fitted by(8-3) and (8-4) formula under the conditions of treatment and control

指标	参数及回归系数	小麦		燕麦	
		对照	UV-B 辐射处理	对照	UV-B 辐射处理
存活密度	m	0.000 58	0.000 55	0.000 54	0.000 46
	γ	0.16	0.13	0.42	0.58
	R	0.99#	0.99#	0.99#	0.99#
单株生物量	W_m	34.87	29.98*	29.43	26.84*
	a	0.114	0.068*	0.064	0.049*
	α	0.808	0.965	1.317	1.657*
	b	0.50	0.60	0.62	0.69
	R	0.99#	0.99#	0.99#	0.99#
单株籽粒重	W_m	7.72	7.13	5.52	5.32
	a	0.034	0.027	0.037	0.031
	α	0.22	0.69*	1.15	1.14
	b	0.69	0.78	0.51	0.61
	R	0.99#	0.98#	0.86	0.79

　　在自然光照条件下，对于单株生物量来说，小麦的 W_m（34.87）大于燕麦（29.43），达到这一大小也需较大的空间（$a_{小麦}=0.114$，$a_{燕麦}=0.064$），即在没有种内及种间干扰时，小麦个体较之燕麦为大，这由其固有的遗传特性所决定。小麦的参数 b（0.50）小于燕麦（0.62），说明小麦对由密度增加所导致的生物量下降有较强的补偿能力，这种补偿能力可能源自小麦对光、水、养分等资源能更有效地加以利用。竞争系数的大小表明，小麦对燕麦的作用要大于燕麦种内的影响（$\alpha=1.317>1$），而燕麦对小麦的影响则小于小麦自身的影响（$\alpha=0.808<1$）。也就是说，小麦自身种内竞争作用大于小麦与燕麦之间的种间竞争作用，燕麦的情况则正好相反。从燕麦对小麦单株生物

量的影响上看,一株燕麦相当于0.808株小麦,而就燕麦来说,一株小麦则相当于1.317株燕麦,二者并不互为倒数,因为所考虑的对象不同。该模型表明,小麦是更成功的竞争者。

紫外辐射虽对上述关系没有根本性的改变,但各参数值有相应的变化。UV-B辐射抑制了小麦与燕麦的生长,使得处理条件下两物种的W_m和a小于对照,b值则有增大的趋势,暗示紫外辐射有加剧密度效应的倾向,即降低了两物种对密度效应的补偿作用。依据单株生物量,增强的UV-B辐射方式显著地增加了小麦对燕麦的竞争系数(从1.317到1.657),然而UV-B辐射没有使燕麦对小麦的竞争系数发生显著变化(分别为0.808和0.965)。在对单株籽粒重的拟合中,没有观察到UV-B辐射显著影响小麦对燕麦的竞争系数(对照为1.151,UV-B处理为1.138),但是燕麦对小麦的竞争系数显著地被增强的UV-B辐射所增大(从0.22到0.69)。表明按照单株生物量紫外辐射增强了小麦对燕麦的竞争优势;但按照单株籽粒重,UV-B辐射却增大了燕麦对小麦的竞争优势。不过小麦对燕麦一直是有竞争优势的,因为各种情况下按照不同指标,小麦对燕麦的竞争系数总大于1。

上述分析结果与相对拥挤系数和相对产量和的分析结果非常一致,而且这组模型可以预测小麦与燕麦以任何比例混合种植时的单株生物量和单位面积生物量以及单株籽粒产量与单位面积籽粒产量。图8-23绘制的是小麦籽粒产量对燕麦自身密度变化的响应曲面,可以清楚地看出,小麦产量随自身密度的增加而增加,但随燕麦密度的增加而减少,对照和处理统计下均如此;UV-B辐射使小麦产量随燕麦密度增加的减少较对照更快,在同样的小麦及燕麦密度时,UV-B辐射处理的小麦产量低于对照。

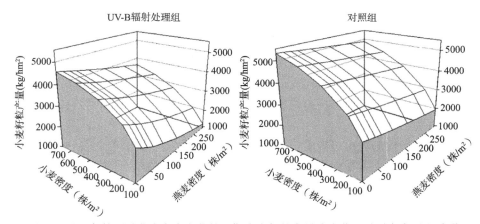

图8-23 处理和对照条件下随燕麦密度变化的预期小麦籽粒产量响应曲面(引自李元和岳明,2000)

Figure 8-23 Response surface of expected wheat grain yield with oat density under the treatment and control conditions

按前述模型及表8-11中的参数计算

为研究小麦、燕麦密度及UV-B辐射(15%臭氧衰减)对小麦籽粒产量丢失的影响,我们计算了自然光照和增强的UV-B辐射条件下4个小麦密度及0~300株/m²燕麦存在时小麦的相对产量(图8-24),小麦密度较低时燕麦导致的小麦产量下降远比较高的小麦密

度时要迅速得多。在相同的小麦密度和燕麦侵染水平时，增强的 UV-B 辐射导致小麦产量
更大的丢失。例如，小麦密度为 200 株/m² 时，自然光照下 230 株/m² 的燕麦（初始密度）
引起 15% 的小麦产量丢失，然而在增强的 UV-B 辐射条件下将引起小麦产量损失 35%。

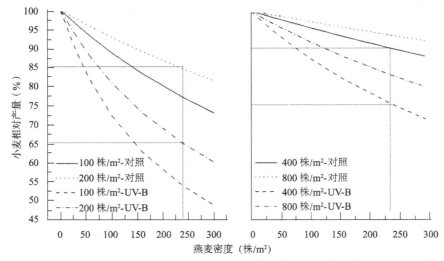

图 8-24　对照和处理条件下 4 个小麦密度时随燕麦密度变化的预期小麦相对产量
（引自李元和岳明，2000）

Figure 8-24　Expected relative yield of four wheat varieties with oat density under
control and treatment conditions

按前述模型及表 8-11 中的参数计算

　　进一步研究发现 UV-B 辐射可以加强这种种间竞争效应，因为在同样的燕麦侵染水
平下增强的紫外辐射导致了小麦产量的更大丢失。Li 等（1999）曾报道较高的竞争压力
使 UV-B 辐射对植物生物量的抑制作用加剧，因为竞争压力在植物群落中是普遍存在的，
那么评价紫外辐射的生态学效应时也应将其置于竞争的背景之中。我们的结果暗示将
UV-B 辐射增强置于竞争胁迫，特别是种间竞争背景中对正确评估其对农田生态系统的
影响是至关重要的。

　　从上述模型参数的大小可以看出，增强的紫外辐射没有从根本上改变小麦与燕麦的
竞争关系，但导致一些参数值有一定的变化。由于 UV-B 辐射对植物的有害作用，W_m
呈降低的趋势，而 b 则呈升高的趋势，两个种均如此。这表明 UV-B 辐射加剧了两个种
的密度效应。竞争系数的变化表明，若以生物量为依据，增强的 UV-B 辐射使竞争性平
衡向有利于小麦的方向发展，但以籽粒产量为依据，UV-B 辐射使竞争性平衡改变的方
向则相反，这种不一致性可能与这两个物种在同化产物分配方面对种间竞争和 UV-B 辐
射的反应不同有关（Li et al.，1999）。

　　过去，如 Gold 和 Caldwell（1983）、Barnes 等（1988）、Ryel 等（1990）和 Caldwell
（1996）的研究从实质上说，讨论的是 UV-B 辐射对竞争性平衡的影响及其机理，而没
有对竞争结果给予特别的关注（Barnes et al.，1988），然而由于杂草的侵染水平对作物
产量及质量都有很严重的影响，紫外辐射增强对农作物群落竞争结果的影响有着重要的
意义。同时竞争结果对密度有很强的依赖性（Carlson and Hill，1985），因此需要对紫

外辐射增强条件下不同密度时竞争种对的表现加以研究。本研究通过 4 个总密度下小麦和燕麦竞争试验数据拟合得出一组模型，可以预测 15% 臭氧层减薄情况下任何密度和比例的燕麦侵染水平时的小麦产量，这样该模型有助于选择在 UV-B 辐射增强条件下作物的播种格局以及可接受的杂草侵染水平阈值，对农业生产有一定的意义。当然由于本试验只设了一个增强紫外辐射水平的梯度，这组模型不能预测不同 UV-B 辐射条件下各物种的产量，这有待于今后更进一步的研究。

4. UV-B 辐射对其他种对竞争的影响

Fox 和 Caldwell（1978）曾进行了一项短期的替代系列盆栽试验，检测了 8 个种对的竞争关系对 40% 臭氧层减薄引起的 UV-B 辐射增强的反应，这些物种包括农作物及相关杂草、山区饲料植物及受扰动地区草本植物，分别以生物量和存活密度为依据进行了替代系列分析。

他们发现一些种对的竞争性平衡被 UV-V 辐射改变，如对照组反枝苋（*Amaranthus retroflexus*）对紫花苜蓿（*Medicago sativa*）具竞争优势，但紫外辐射增强使后者成为更成功的竞争者（图 8-25），替代系列图中紫花苜蓿由对照时的凹形曲线变为 UV-B 辐射处理时的凸形曲线，相应的以密度为依据计算出的反枝苋和紫花苜蓿的拥挤系数由 1.84 变为 0.71，以地上生物量为依据计算出的反枝苋和紫花苜蓿的拥挤系数由 3.56 变为 0.73（Fox and Caldwell，1978）。与此类似，水杨梅属植物（*Geum macrophyllum*）在控制条件下对旱地早熟禾（*Poa pratensis*）具有竞争优势，但这种优势在 UV-B 辐射增强时被逆转。其余种对的竞争性平衡没有受到 UV-B 辐射的显著影响。

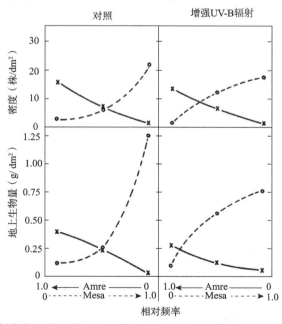

图 8-25　两种 UV-B 辐射条件下紫花苜蓿（Mesa）和反枝苋（Amre）密度与地上生物量的替代系列图（改编自 Fox and Caldwell，1978）

Figure 8-25　Alternative series of the densities and aboveground biomass of Mesa and Amre under two UV-B radiation conditions

即使种对的竞争性平衡没有从根本上被 UV-B 辐射所改变，但竞争关系的方式还是常常有所改变。例如，尽管以生物量为基础的相对拥挤系数没有因 UV-B 辐射而显著改变，但是以存活密度为基础的相对拥挤系数有显著变化。因此，虽然常常以生物量的变化来确定竞争性平衡的变化，但与植物密度有关的一些指标也应包括在对竞争优势评价的认识里。

不过这项经典试验进行的时间很短，植物尚处在苗期就收获测定，同时为使竞争效应明显一些，播种密度也很大，其结果如果用来预测 UV-B 辐射对这些种对的实际影响可能有些欠缺，但是这项早期研究的意义在于说明预测 UV-B 辐射增强的生物学后果时不能仅仅依赖简单的试验系统和没有竞争胁迫的环境条件，同时表明物种间的竞争优势可能在植物发育的某些关键时期（如苗期）因 UV-B 辐射增强而从一个种转向另一个种，而且一些物种会从这种辐射增强中受益。这项工作确立了一种评价臭氧衰减生态学后果的正确思路，即 UV-B 辐射的间接效应可能是更重要的，这为后续工作奠定了良好的基础。

我们在 1997 年进行了一项试验，模拟兰州地区 15%臭氧衰减对 3 个种对竞争性平衡的影响，试验时间为一个完整的生长季。这 3 个种对分别是小麦（*Triticum aesticum*）-苍耳（*Xanthium sibiricum*）、小麦-反枝苋（*Amaranthus retroflexus*）和燕麦（*Avena sativa*）-反枝苋。

表 8-12 显示了 3 个种对在单播和混播时各物种生物量对 UV-B 辐射的反应。在小麦-苍耳竞争试验中，小麦单株重在单播与混播条件下均受到紫外辐射的显著抑制，自然光照下，其单株重在单播和混播时无显著差异，而在 UV-B 辐射处理条件下则有显著差异；苍耳单株重在 4 种条件下相互之间具有显著差异，竞争和紫外辐射均使其生物量大幅度下降。但在小麦-反枝苋的试验中，混播条件下小麦单株重在对照和处理之间没有明显差异，单播条件下反枝苋单株重未受到 UV-B 辐射的显著抑制，而混播情况下对照与处理之间具显著差异。燕麦-反枝苋的竞争试验中，单播情况下 UV-B 辐射使燕麦单株重下降，但混播时则升高，反枝苋单株重对竞争和紫外辐射的反应与在小麦-反枝苋试验中类似。反枝苋作为一种双子叶 C_4 植物，其生长对 UV-B 辐射不甚敏感，但竞争使其单株重显著下降。

表 8-12　紫外辐射对 3 个竞争种对各物种单株重的影响（引自岳明，1998）

Table 8-12　Effect of ultraviolet radiation on the weight of individual plant of three competing species

试验	物种	单种		混种	
		C	T	C	T
BE2	小麦 Tr	4.62a	2.54b	3.60ab	1.72c
	苍耳 Xa	13.62a	7.30b	0.72c	0.35d
BE3	小麦 Tr	0.926a	0.618b	0.734b	0.682b
	反枝苋 Am	2.829a	2.522a	2.144a	1.168b
BE4	燕麦 Av	1.124a	0.736b	0.740b	0.991ab
	反枝苋 Am	2.834a	2.519a	0.414b	0.213c

注：不同小写字母者表示不同处理间差异显著（Duncan's 多范围检验）

UV-B 辐射对 3 个种对竞争性平衡的影响在程度与方向上不同（表 8-13）。由表 8-13 中 k_{1-2} 值容易看出，小麦对苍耳的竞争优势被 UV-B 辐射所减弱；而小麦对反枝苋及燕麦对反枝苋的竞争优势因紫外辐射而得到加强，在 UV-B 辐射增强的环境中，小麦和燕麦在竞争过程中成为受益者。在处理与对照条件下，小麦和燕麦这些单子叶植物在竞争中都占有优势，而苍耳、反枝苋这些双子叶植物则显然处于劣势。这极可能与小麦和燕麦在早期生长时迅速占据混合冠层的上部有关。

表 8-13　紫外辐射对 3 个竞争种对相对拥挤系数（k_{1-2}）和相对产量和（RYT）的影响

Table 8-13　Effects of UV radiation on relative crowding coefficient (k_{1-2}), relative yield total (RYT) of three competing species

种对	k_{1-2}		RYT	
	对照	UV-B	对照	UV-B
小麦-苍耳 Tr-Xa	1.218	1.085	0.832	0.725
小麦-反枝苋 Tr-Am	1.046	2.283	0.752	0.759
燕麦-反枝苋 Av-Am	4.559	16.050	0.401	0.714

3 个种对在对照和处理条件下的 RYT 值均小于 1，反映出混合种群的生产力低于相同总密度时各单一种群的生产力。同时 RYT 值反映出各种对竞争种之间在本研究所采用的密度条件下没有表现出明显的生态位分化。紫外辐射并未使各种对的相对产量和发生大的变化，但从 RYT 值的大小来看，UV-B 辐射使燕麦-反枝苋的 RYT 值有所升高，因为混种条件下燕麦生物量在紫外辐射处理后增加。

本试验所选用的 3 个种对的竞争性平衡在紫外辐射增强条件下有不同程度的改变（表 8-12）。一般情况下 UV-B 辐射使竞争性平衡向有利于单子叶植物的方向发展，这显然与单子叶植物的光合作用对 UV-B 辐射敏感性稍差有关。已有的多数研究都证实（Barnes et al.，1990a，1993；Teramura et al.，1991），在合理的 PAR 与 UV-B 辐射比例条件下，双子叶植物对紫外辐射更为敏感，其生长受到了更大程度的抑制。但在小麦-苍耳竞争试验中，小麦的竞争优势在增强的紫外辐射环境下有所减弱，或许这是小麦与苍耳之间的竞争性抑制作用和 UV-B 辐射的影响相互叠加的结果。在我们的试验中，即使没有 UV-B 辐射处理，当小麦与苍耳混种时两物种的生长也显著差于各自单种条件下。事实上，通过比较一般的观察就可以发现，苍耳基本不出现于小麦田中，可能两物种之间存在某种生化他感作用。

二、UV-B 辐射对多种群植物群落的影响

植物对增强的紫外辐射的反应很不一致，这可能导致群落内竞争关系及群落物种组成的变化。两种群竞争试验易于解释，但其结果只有在群落特征由少数几个种对的竞争关系所决定的植物群落中才有意义。因此，为评价臭氧层减薄、紫外辐射增强的生态学后果，包含多个种群的长期试验显得尤为重要，但目前这类试验依然还比较缺乏（Johanson et al.，1995；Aphalo，2003；Turnbull and Robinson 2009；Wang et al.，2016）。

1. 人工群落

植物群落变化主要将表现在其物种组成和群落生产力等方面。我们设计了两个试验来检测 UV-B 辐射对多种群植物群落的影响，一个为含 4 个种的盆栽试验，选择的种类是兰州地区麦田弃耕地上次生演替草本群落阶段早期的常见种，它们是画眉草（ *Eragrostis pilosa* ）、反枝苋、繁缕（ *Stellaria media* ）、灰绿藜（ *Chenopodium glaucum* ），混种比例 1∶1∶1∶1，每盆总株数 16 株，均匀相间排列。花盆直径 20cm，深 30cm。移栽成活后移至大田中。设低养分组（园土）和高养分组（园土+2.6g 尿素/盆）。移栽成活一周后开始 UV-B 辐射处理，共处理 65 天（除灰绿藜外其余 3 种均已成熟）。紫外辐射处理强度、剂量与 1996 年的小麦-燕麦竞争试验相同。另一个是 UV-B 辐射对农田杂草群落影响的试验，选择条播的春小麦地块，行距 10cm，种植密度约 700 粒/m^2，小区面积 1m×2m，对田间自然发生的杂草不予拔除，其余管理措施与前述竞争试验相同。一年的试验设 4 个紫外辐射强度处理（T1，2.54kJ/m^2；T2，4.25kJ/m^2；T3，5.31kJ/m^2；对照），另一年仅设一个 UV-B 辐射强度即 5.31kJ/m^2，对照只接受自然太阳辐射。分别在 5 月 12 日、5 月 27 日和 6 月 26 日设 0.5m×0.5m 样方，挖取（深 30cm）样方中所有植物，洗尽泥土，鉴定杂草种类，统计各物种株数，分种 70℃烘干 48h 称重。

增强紫外辐射条件下，包含有 4 个种群的植物群体在两种养分水平上的试验结果显示（表 8-14），单子叶植物画眉草和 C$_4$ 植物反枝苋的株高在总体上受 UV-B 辐射的影响较小。在高氮和低氮两种条件下，反枝苋（Am）和画眉草（Er）的生物量及株高均未受到 UV-B 辐射的显著影响，尽管两物种的生物量和株高在紫外辐射处理时有所下降，但氮肥则使其有所升高，因此两指标变化并不明显。高氮条件下灰绿藜（Ch）的生物量和株高受到 UV-B 辐射的显著抑制，但相同辐射条件下氮素水平对其干重和株高没有显著影响。两种氮素水平上繁缕（St）的生物量在增强紫外辐射处理后都有显著降低，但株高未受显著影响。对这 4 种植物而言，紫外辐射对其的影响在两种氮素水平上总体上并没有显著的不同。

表 8-14　**两种辐射和氮素水平上反枝苋、灰绿藜、画眉草、繁缕植物群体中各物种的株高**
（引自岳明，1998）

Table 8-14　**Plant height of species in plant population of Am, Ch, Er and St under two radiation and nitrogen levels**

物种	低 N		高 N	
	C	T	C	T
Am	24.4±3.28ab	20.0±2.56a	28.1±3.12b	26.5±4.80ab
Ch	10.3±1.34ab	8.7±1.10a	11.5±1.54b	8.8±1.15a
Er	13.5±1.87a	12.9±2.03a	13.4±1.99a	11.4±1.24a
St	9.1±0.98ab	8.8±1.04a	11.2±1.16b	10.9±1.20ab

注：各数值为平均值±1SE；不同小写字母不同处理间差异显著（ $P<0.05$ ）（Duncan's 多范围检验， n=12）

尽管由这 4 种植物组成的群体总生物量经紫外辐射增强处理后有所降低，但在两种氮素水平上，增强紫外辐射的抑制影响均未达到显著水平（图 8-26），虽较高的土壤氮素水平下 UV-B 辐射增强使群体总生物量降低的程度稍大一些，但较高的土壤氮素水平产生一个较高的群体总生物量，高氮、自然光照下总生物量显著高于低氮、UV-B 辐射处理条件下。

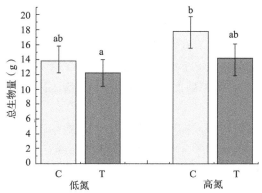

图 8-26　两种辐射和氮素水平上反枝苋、灰绿藜、画眉草、繁缕植物群体的总生物量（引自岳明，1998）

Figure 8-26　Total biomass of Am, Ch, Er and St under two radiation and nitrogen levels

不同小写字母相同表示不同处理间差异显著（Duncan's 多范围检验，$n=3$）

不同物种对群体总生物量贡献的大小随辐射及土壤养分条件的变化而有所不同（图 8-27）。随紫外辐射的增强，反枝苋和灰绿藜占总生物量的百分比变化比另外两个种的变化更明显，而画眉草在各种条件下的百分比几乎没有变化。两种土壤养分条件下反枝苋、灰绿藜和繁缕占总生物量的比例在 UV-B 辐射处理后的变化趋势很相似，反枝苋在群落中的作用被 UV-B 辐射所加强，而灰绿藜和繁缕在群体中的重要性降低。

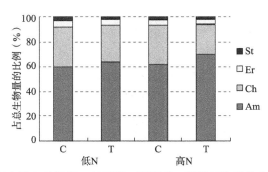

图 8-27　两种辐射和氮素水平上反枝苋、灰绿藜、画眉草、繁缕植物群体中各物种生物量占总生物量的比例（引自岳明，1998）

Figure 8-27　The proportion of biomass of each species to total biomass in the populations of Am, Ch, Er and St under two radiation and nitrogen levels

试验结果显示，在所采取的两种 N 素水平下，在自然条件下增加 16% 的紫外辐射强度对包括 4 个物种的试验群落总生物量的影响均没有达到显著水平（图 8-26）。尽管高 N 条件下 UV-B 辐射可引起总生物量更为明显的下降（UV-B 辐射引起的总生物量降低在低 N 时为 11.72%，在高 N 时为 15.66%），但高的 N 素水平产生了一个较高的群落总生物量，这一结果提示我们，增施 N 肥可在一定程度上补偿由 UV-B 辐射可能导致的生物量损失。但是与土壤贫瘠地段的群落相比，肥力水平较高地区的植物群落容易遭受 UV-B 辐射更大程度的影响。另外，尽管低 N 和 UV-B 辐射都倾向于导致较低的群落总生物量，但两种因素的影响并没有叠加效果，在 UV-B 辐射条件下低 N 使总生物量减少 17.05%，低于自然光照条件下（20.75%），说明两种因素各自独立地作用于植物。Murali 和 Teramura（1985b）也发现，P 供应不足与 UV-B 辐射对大豆的影响没有叠加效果，而且 UV-B 辐射对大豆的影响在高 P 水平下才得以表现。一般情况下，N、P 等养分元素可以使植物生理活动加强，而处于过分活跃生理活动状态的植物对胁迫的抗性往往较差。

尽管 16%的 UV-B 辐射增强没有引起群落总生物量的显著降低，但群落物种组成的数量特征显然有所改变（图 8-27），如试验前预测的那样，C_4 植物反枝苋和单子叶植物画眉草在群落中的地位被加强或者不受影响，而灰绿藜和繁缕的重要性则降低，该现象在高 N 条件下更为明显。在由这 4 种植物构成的群落中，对群落影响最大的是反枝苋和灰绿藜，上述改变主要由这两种植物对 UV-B 辐射有不同的反应所致。反枝苋的高度和生物量在两种 N 素水平上均未受 UV-B 辐射的显著影响，而灰绿藜对紫外辐射则较敏感。许多研究也都证实，就光合作用而言，单子叶植物和 C_4 植物均比 C_3 双子叶植物对 UV-B 辐射的敏感性低（Barnes et al.，1990a；Caldwell and Flint，1994）。这样，在由各类植物组成的群落中，因臭氧层减薄而导致的紫外辐射增强将使群落中单子叶植物（尤其是禾本科植物）及 C_4 植物的相对重要性增加，而且这种改变在较高的养分水平上更易表现出来。这说明，增强紫外辐射无疑会引起多种群植物群落改变。对群落整体来说，这种改变与群落中某些植物类群或单一物种对 UV-B 辐射的响应相联系，同时这种改变的程度常常依赖于养分状况。

Norton 等在大田条件下构建了包含 6 个物种的人工草地群落，并进行了整个生长季的 UV-B 辐射增强处理试验（Norton et al.，1999）。该试验群落包含的物种有黑麦草（*Lolium perenne*）、普通早熟禾（*Poa trivialis*）、鸭茅（*Dactylis glomerata*）、梯牧草（*Phleum pratense*）、卷耳属植物（*Cerastium holosteiodes*）、长叶车前（*Plantago lanceolata*），到试验结束时进行了破坏性取样。通过一个反馈控制系统维持相对恒定的与背景 UV-B 辐射相比增加 30%（按照国际照明委员会红斑作用谱加权的生物有效辐射）的辐射强度。其结果并没有能够提供种间竞争性平衡改变的直接证据，只有 *Lolium perenne* 一个物种的生物量有显著变化，其他各个物种以及单位面积的总生物量均未受到 UV-B 辐射的显著影响（图 8-28），人工草地中非栽植物种类组成的变化也并没有导致种序列的变化。他们认为这与数据变异较大以及重复数量少有关（4 个重复）。

虽然这些结果并不能用来预测一个群落在臭氧层减薄条件下的物种组成变化，因为自然环境中有许多因子都可以影响物种在群落中的表现，而不仅仅是 UV-B 辐射，但这些结果清楚地表明，物种在群落中的重要性与其净生产力在综合环境条件下受 UV-B 辐射影响的程度密切相关。

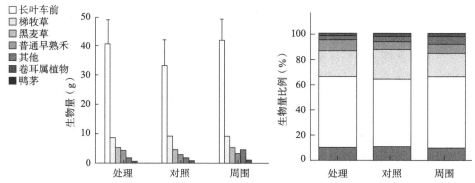

图 8-28 6 种群人工草地群落对 UV-B 辐射增强的响应（引自 Norton et al.，1999）

Figure 8-28　Response of artificial grassland community of 6 population to enhanced UV-B radiation

2. 农田杂草群落

我们对试验小区内自然发生的杂草群落进行了取样调查，结果显示 UV-B 辐射对农田杂草群落有一定的影响（表 8-15）。表 8-15 为 3 个取样时间各处理小区主要杂草的密度，一般情况下增强的紫外辐射使小麦田中的杂草总密度减少，特别是在高强度的紫外辐射条件下。UV-B 辐射对小麦田中自然发生的杂草群落植物种类有一定影响，但主要影响各物种的相对数量，如在早期 UV-B 辐射导致荠菜数量减少的程度较灰绿藜大。

表 8-15 不同紫外辐射条件及取样时间下小麦田中自然发生的主要杂草种类及其密度
（引自岳明，1998）

Table 8-15　Naturally occurring main weed species and density in wheat field under different UV radiation conditions and sampling time

杂草种类	杂草密度（株/m²）											
	12/5/1996				27/5/1996				26/6/1996			
	C	T1	T2	T3	C	T1	T2	T3	C	T1	T2	T3
Capsella bursa-pastoris	183	193	219	56	148	99	126	76	112	56	100	96
Chenopodium glaucum	412	171	208	235	240	116	123	164	100	64	76	83
Ixeris chinensis	44	32	4	20	44	43	9	47	72	16	4	12
Solanum nigrum	87	29	28	13	32	32	36	9	25	24	0	31
Eragrostis pilosa	139	68	60	5	44	47	36	32	32	55	44	0
Calystegia dahurica	5	8	0	0	11	4	0	0	4	0	0	3
Chenopodium serotinum	4	0	0	12	12	0	7	0	4	0	0	0
Stellaria media	9	8	0	0	0	0	0	0	0	0	0	0
Brassica campestris	0	0	0	0	5	4	0	0	4	3	0	0
总计	883	509	519	341	536	345	337	328	353	218	224	225

小麦生长发育时期不同，麦田中杂草密度也不相同，越到后期，杂草数量越少，主

要原因有两个：一是种内、种间竞争引起自疏和他疏作用，二是有些杂草如离子草、繁缕等本身生活史很短暂。对不同时期及不同辐射条件下杂草群落做了中心化的主成分分析，属性为杂草密度，分析结果表明，两轴合计已占总信息量的85.24%。由二维排序图（图8-29）可以看出，三个取样时期的杂草群落相异性较大，而同一时期不同处理之间具有较大的相似性。在早期，自然光照下的杂草群落（AC和BC）显示出与紫外辐射条件下杂草群落（AT和BT）有较大的差别，但在小麦发育的后期，对照与处理之间杂草群落的相似性增大，即紫外辐射的作用减小。主成分分析还表明，对轴1贡献最大的是灰绿藜，其密度与杂草群落在轴1上排序坐标之间的相关系数为0.9640（$P<0.05$），对轴2贡献最大的是苦荬菜，其密度与杂草群落在轴2上排序坐标之间的相关系数为0.8906（$P<0.05$）。这两种杂草对杂草群落在二维坐标系中的排序位置影响较大。

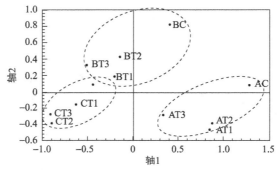

图 8-29　不同取样时期及不同辐射处理条件下小麦田中杂草群落的主成分分析排序图

Figure 8-29　Principal component analysis sequence of weed community in wheat field under different sampling periods and radiation treatments

A、B、C 分别代表 12/5/1996、27/5/1996、26/6/1996 三个取样时期

从紫外辐射强度与杂草总密度之间的一元线性回归方程不难看出（图 8-30），由增强的紫外辐射引起的杂草密度减少在小麦不同的发育期没有明显的不同，因为 3 条回归线的斜率几乎一样。在引起杂草数量减少的同时，增强的紫外辐射也使得杂草生物量降低，T1 与对照相比无差别，杂草生物量的降低主要发生在 T2 和 T3 两个处理强度小区内（表 8-16）。

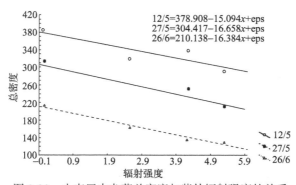

图 8-30　小麦田中杂草总密度与紫外辐射强度的关系

Figure 8-30　Relationship between total weed density and UV radiation intensity in wheat field

表 8-16　不同紫外辐射条件及取样时间下小麦田中自然发生的主要杂草总生物量（引自岳明，1998）

Table 8-16　Total biomass of natural weeds in wheat field under different UV radiation conditions and sampling time

时间	C	T1	T2	T3
12/5/1996	8.01	8.65	6.25	5.84
27/5/1996	16.16	16.29	10.82	9.9
26/6/1996	17.22	17.02	10.09	9.48

　　对紫外辐射强度与杂草密度、杂草生物量及小麦籽粒产量的相关性分析表明（表 8-17），UV-B 辐射强度与上述指标呈显著负相关，而小麦籽粒产量与杂草密度和生物量呈较强的正相关，显然这并不是它们之间的真实关系，而是由紫外辐射对小麦产量及杂草密度、生物量产生较强抑制所致。

表 8-17　紫外辐射强度、杂草密度和生物量以及小麦籽粒产量的相关性

Table 8-17　Correlation of UV radiation intensity, weed density, biomass and wheat grain yield

	UV-B 辐射强度	小麦籽粒产量	杂草生物量	杂草密度
UV-B 辐射强度	1			
小麦籽粒产量	−0.922*	1		
杂草生物量	−0.892*	0.796	1	
杂草密度	−0.990*	0.866	0.858	1

注：*表示在 $P<0.05$ 水平相关显著

　　在 1997 年的试验中，也观察到紫外辐射增强降低了小麦田中杂草密度和生物量的现象（图 8-31）。尽管两年试验中麦田自然发生的杂草密度差异较大，但增强紫外辐射对其的抑制影响是一致的。

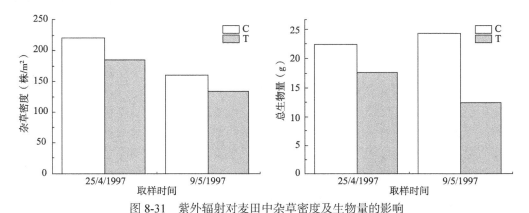

图 8-31　紫外辐射对麦田中杂草密度及生物量的影响

Figure 8-31　Effects of ultraviolet radiation on weed density and biomass in wheat field

　　对不同取样时间及不同处理的杂草群落物种多样性进行了分析（表 8-18），UV-B 辐射对物种多样性影响不大，不过随紫外辐射强度的增加，各指标相比对照趋向于降低，

但在最后一次取样时反而略有增加。

表 8-18　不同紫外辐射条件及取样时间下小麦田中自然发生的杂草群落物种多样性（引自岳明，1998）

Table 8-18　Species diversity in naturally occurring weed community in wheat field under different UV radiation conditions and sampling time

多样性指数	取样日期											
	12/5/1996				27/5/1996				26/6/1996			
	C	T1	T2	T3	C	T1	T2	T3	C	T1	T2	T3
Shannon	1.541	1.530	1.468	1.433	1.388	1.278	1.336	1.347	1.282	1.313	1.254	1.333
Simpson	3.492	3.514	3.312	3.12	3.183	3.208	3.150	3.125	3.112	3.162	3.011	3.389
JH	0.713	0.701	0.668	0.652	0.667	0.610	0.642	0.648	0.715	0.733	0.704	0.744
JD	0.806	0.802	0.783	0.762	0.781	0.783	0.777	0.774	0.811	0.816	0.796	0.839

杂草作为农田生态系统的负效应组分，长期困扰着人类的农业生产，世界上没有任何一个农民可以声称自己的农田已完全摆脱了杂草（李向林和蒋文兰，1995）。臭氧层减薄导致的紫外辐射增强可以影响植物的生长发育，同时作为一种胁迫因子可能导致植物种间关系的改变（Barnes et al.，1990b；Tevini et al.，1991；Caldwell and Flint，1993，1994；Caldwell et al.，1995）。我们就增强的紫外辐射对小麦农田中自然发生的杂草群落的影响做初步研究，结果表明，UV-B 辐射在小麦生长的各个时期都引起麦田杂草密度及生物量的降低，由这种降低而可能产生的小麦产量增加潜力却完全被 UV-B 辐射对小麦的抑制影响所掩盖。由此可以看出，虽然增强的紫外辐射导致了麦田杂草群落密度及生物量的降低，但小麦产量并未因此而有所提高，显然 UV-B 辐射对小麦的抑制影响远大于杂草的干扰，因此任何试图以增强 UV-B 辐射来控制农田杂草的想法都是不大现实的。对我们试验中的作物-杂草系统来说，增强的紫外辐射导致了整体生产力水平的下降。

进一步的分析表明，紫外辐射对麦田杂草群落的影响主要表现在早期（图 8-29），在后期处理与对照之间的差异则相对较小，而引起杂草群落分异的主要因素是灰绿藜和苦荬菜的密度发生变化。分析结果还表明，UV-B 辐射对杂草群落密度和生物量的影响表现出一定的强度效应（表 8-16 和图 8-30）。早期（5 月 20 日）小麦正处拔节期，高 25～30cm，其冠层尚未完全郁闭，杂草所承受的 UV-B 辐射较多，处理条件下杂草群落的变化可能主要是 UV-B 辐射产生影响的结果。但后期杂草明显处在群落下层，其分布的空间高度上 UV-B 辐射强度已较小，杂草受到的抑制影响则不大可能是增强紫外辐射的直接后果。我们推测可能是 UV-B 辐射增强了小麦对杂草的相对竞争力，从而使杂草受到小麦生长的较强抑制。前人的工作（Fox and Caldwell，1978；Gold and Caldwell，1983；Barnes et al.，1988）与我们的结果都反映出 UV-B 辐射作为一种胁迫因子，能够改变物种的竞争力。

总体来说，紫外辐射的增强对麦田杂草群落物种多样性的影响较小，但 4 个测定指标表现出了相同的降低趋势（表 8-18），而且这种影响在小麦生长发育早期及较高 UV-B 辐射条件下表现比较明显。Shannon 指数、Simpson 指数及 Pielou 均匀度（JH，JD）的变化可以在一定程度上反映出群落结构及组织化水平的改变，上述指标的降低说明UV-B 辐射增加了杂草群落中较丰富物种与较稀少物种之间的个体数量差距，而且表明UV-B 辐射能作为一种选择压力对群落结构产生一定的影响。同时对于一个植物群落，其组分种相对重要性的微小改变都可能具有积累效应，在将来的发展过程中这种改变则被放大，从而引起群落较大的改变。

由于麦田杂草多数为一年生植物，其种类和密度很大程度上受土壤种子库的制约，即受过去特别是上年种子产量的影响，但本研究未能调查 UV-B 辐射对杂草种子产量的效应，原因是直接取样困难（如各种杂草成熟时间不一致，而且有些种在小麦收获时并未成熟等），因此一年的试验时间尺度显然太短，还不可能确切评价 UV-B 辐射增强对群落物种多样性的长期影响。

3. 高寒草甸群落

尽管有不少的综述文章提及了紫外辐射对自然群落物种组成及结构的可能影响，并建议急需加强这方面的工作（Prado et al., 2012），但只有很少的研究提供了比较直接的证据以及可能的机理（Yang et al., 2017）。Yang 等（2017）在青藏高原的四川红原县高山草甸群落进行了一项 UV-B 辐射减弱试验，以探讨 UV-B 辐射对群落结构的影响。因为植物叶片是进行光合作用的场所，并且是感受并对 UV-B 辐射做出响应的器官，他们提出了一个假设，在 UV-B 辐射降低条件下，具有较大叶片的物种将显示更高的生长速率且其在群落中的优势度提高。该群落优势种为藨草（*Scirpus triqueter*）、矮嵩草（*Kobresia humilis*）、落草（*Koeleria cristata*）、羊茅（*Festuca sinensis*）等，盖度接近100%，通过聚乙烯膜实现日均减弱 39.2% 的 UV-B 辐射强度。经过两年的试验观测，他们发现，UV-B 辐射减弱导致单株地上生物量及单位面积地上生物量均逐步增加。在第二年，19 个物种中的 11 个植株高度、单株叶面积和单株地上生物量均显著增加，而且UV-B 辐射减弱没有对任何一个物种产生负效应。正如作者所假设的，跨物种间的回归分析表明单株地上生物量与单株叶面积呈显著正相关，且物种在群落内的优势度随单株叶面积的增加而增加。这项研究提供了直接的证据，表明 UV-B 辐射对不同物种的生长率有不同的影响，进而引起植物群落物种组成及结构的变化（Yang et al., 2017）。

三、UV-B 辐射对植物种间竞争影响的机理探讨

大量的研究已经证实，由臭氧衰减而引发的紫外辐射增强能够导致植物种间竞争性平衡的变化，而且紫外辐射对植物种间竞争性平衡变化的影响程度显然依赖试验种对的总密度。一般情况下，高的种植密度将使 UV-B 辐射对竞争性平衡的影响作用增强。就植物对增强 UV-B 辐射的反应而言，不同的竞争环境（竞争强度及竞争对象）中其表现可能很不相同（Li et al., 1999）。因此，在评价 UV-B 辐射对植物的影响时也应考虑物种所受的竞争压力（种内和种间）大小。种间竞争性平衡变化是引起群落变化的直接和主要过程与机理，可以由许多原因引起，如光合产物、物候进程、繁殖特性和次生代谢改变等，能够影响植物生长发育的任何一个因素单独或与其他因素联合作用于植物，其效应最终都可在种群和群落水平上反映出来。因此，有必要讨论臭氧层减薄、UV-B 辐

射增强导致植物群落变化的一些形态学、生理学和生态学基础。

1. 群落总生物量

Caldwell（1977）曾提出一个假设，比起生态系统初级生产力的降低，紫外辐射增强的效果更易在物种间竞争性平衡的变化上得到反映。其理由是尽管 UV-B 辐射增强，但植物群体所接受的生物有效辐射总量并未减少，而且因为群落中一些种的生长受到 UV-B 辐射的抑制，其他种类能利用的养分资源和光照资源将相对增加，这样群落总生产力不一定发生变化。这一假说被 Fox 和 Caldwell（1978）、Gold 和 Caldwell（1983）的多数种对的竞争试验所证实，但也有例外，如紫花苜蓿（*Medicago sativa*）-欧洲庭荠（*Alyssum alyssoides*）。关于植物生产力受到紫外辐射增强的影响已做过大量研究，其结论依植物种类和辐射条件的不同而有很大差别（Beyschlag et al., 1988；Barnes et al., 1990a；Searles et al., 1995, 2001a；Mark et al., 1996；Caldwell et al., 2007）。显然，增强的紫外辐射条件下，植物光合产物是否减少依赖于植物种、品种、基因型以及植物发育阶段和试验条件。

我们的结果显示，增强的 UV 辐射在对小麦和燕麦间竞争性平衡产生影响的同时也导致两物种干物质重的显著降低，显然与上述假说不同。Barnes 等（1988）的工作表明，即使同一种植物，在不同的种植方式下（分离的或群体的）其对紫外辐射的反应也是极不相同的。小麦光合产物的显著减少并不是在各种密度条件下都发生（Li et al., 1999），但在郁闭的冠层中，节间长度和叶面积分布的微小变化就足以导致冠层对光能截获及冠层光合强度的显著改变（Barnes et al., 1990b；Ryel et al., 1990；岳明和王勋陵，1999, 2003），进而引起物种间竞争性平衡及群落生产力的改变。

在大田试验中，紫外辐射增强导致的小麦和燕麦生物量降低并没有在各种密度条件下都发生，强的竞争压力下，其干物重更易受到抑制。其他种对的竞争试验中单播条件下反枝苋明显对 UV-B 辐射不敏感，但种间竞争存在的情况下，其干物质重却显著受到 UV-B 辐射的抑制。分析表明，紫外辐射对植物相对平均生长速率的影响在早期更加明显。包括 4 个种群的试验植物群落及麦田自然发生的杂草群落的总生物量也都不同程度地受到了 UV-B 辐射的影响。这些现象说明 Caldwell（1977）的假说可能在植物可利用资源丰富的中等密度下（如充分发育的自然植物群落，这种群落被认为种间生态位分化较大因而竞争较弱）是适用的，但在资源压力大的条件下，竞争种可能同时受到竞争作用及紫外辐射的影响，这样群落总生产力将下降。

另外，即使植物未受到 UV-B 辐射的直接伤害（DNA、膜、光合系统等），除竞争及植物形态改变外，UV-B 辐射也可能会通过引起其他环境胁迫因子的改变或植物资源积累与分配的改变而产生一些并发的影响，如资源有效性降低或防御分配过高等，最终导致总生物量的降低。

2. 形态、冠层结构及异速生长

据现有研究，已检测的高等植物在紫外辐射增强条件下发生形态变化的频率是很高的。因此，植株形态可能是比叶片光合能力及植物生物量对紫外辐射更为敏感的因子。

相当多的植物在 UV-B 辐射增强条件下表现出矮化、分枝增多、叶面积减少和叶片增厚等形态学变化（Caldwell et al., 2007）。就光合作用和 DNA 伤害而言，双子叶植物对 UV-B 辐射往往比单子叶植物更为敏感，但单子叶植物对 UV-B 辐射的形态反应更明显（Caldwell and Flint, 1994）。UV-B 辐射所导致的植株形态变化一般不被当作一种伤害反应，而是一种对 UV-B 辐射的适应性光形态建成反应，有两个光形态建成系统影响茎的伸长和分枝（Warpeha and Kaufman, 1989）。

因为形态变化将引起物种在群落中竞争力的变化，故植物对 UV-B 辐射的形态反应被认为对物种间竞争性平衡有重要意义。Barnes 等（1988）发现，小麦与野燕麦在竞争与非竞争条件下对 UV-B 辐射的形态反应不同，虽然都表现出叶片着生高度及叶面积垂直分布发生改变，但两个物种在两种条件下改变的程度有所不同。该小组进一步的模型分析证明（Beyschlag et al., 1990），UV-B 辐射导致的小麦与野燕麦间竞争性平衡的改变可以由两物种形态反应的不同来解释。Bogenrieder 和 Klein（1982）认为，在 UV-B 辐射增强条件下矮化程度高的物种将更具有竞争力，但 Barnes 等（1988）不同意这种看法。

我们的试验结果表明，小麦与燕麦在混播条件下对 UV 辐射的形态反应不尽相同，如燕麦 LAI 在 UV 辐射处理后减小而小麦无明显变化，并且燕麦 LAI 重心的分布上移。又如，小麦活叶片着生高度的降低较之燕麦幅度更大（岳明和王勋陵，1999）。这些差异可以部分解释 UV 辐射使竞争性平衡向有利于小麦的方向发展（以生物量为依据）。可以想象，UV 辐射处理条件下，能维持一定叶面积指数并处于混合冠层较下部的小麦，至少在生物有效辐射充足时具有更强的竞争优势，因为较多的 UV 辐射被燕麦承受了。显然较矮的植物比较高的植物在增强 UV 辐射条件下更具有竞争优势。

小麦和燕麦的生物量性状及植株形态对紫外辐射的响应，在单种与混种时有所不同，种间竞争可能会改变紫外辐射的作用。有证据表明，干旱等胁迫因子能抵消紫外辐射对植物生长的一些影响（Sullivan and Teramura, 1990；Teramura et al., 1990a）。种间竞争与紫外辐射共同作用于植物，使其生物量性状及植株形态的变化格局变得复杂。例如，紫外辐射引起的小麦与燕麦单种时有效穗数的增加，可被两者间的种间竞争所抵消；紫外辐射导致的两物种叶片增厚，在种间竞争存在时被逆转；而紫外辐射引起的根冠比增加则能被种间竞争所加强（表 8-19）。在有种间竞争这样的不利条件下，维持相对较大的叶面积和根冠比对植物生存是有利的。

表 8-19 紫外辐射对小麦和燕麦生物量性状的影响（引自岳明，1998）

Table 8-19 Effects of ultraviolet radiation on biomass characters of wheat and oat

	物种	单株重（g）	籽粒重（g/株）	单株穗数	根冠比	千粒重（g）
单种	小麦 C	5.45±0.26a	1.26±0.10a	1.6±0.52a	0.027	31.3
	T	4.43±0.31b	1.26±0.06a	2.3±0.48b	0.034	32.5
	燕麦 C	4.28±0.27b	1.44±0.11a	1.2±0.42ac	0.029	22.5
	T	3.79±0.20c	1.05±0.06b	2.0±0.67b	0.030	15.0

续表

	物种	单株重（g）	籽粒重（g/株）	单株穗数	根冠比	千粒重（g）
混种	小麦 C	5.38±0.42a	1.78±0.17c	1.0±0.00c	0.033	34.3
	T	4.49±0.24b	1.33±0.10a	1.6±0.70a	0.036	30.1
	燕麦 C	3.72±0.16c	1.38±0.10a	1.0±0.00c	0.049	25.2
	T	3.02±0.19d	1.07±0.12b	1.2±0.79ac	0.054	19.3

注：密度为 400 株/m^2；不同小写字母表示不同处理间具有显著差异（$P<0.05$）

有关木本植物的研究较少。Sullivan 和 Teramura（1988，1989，1992）在对火炬松的一项研究中发现，火炬松幼树的根及芽苞数量受到了 UV-B 辐射的抑制，其生物量在各器官中的分配也发生了变化，并且这些影响具积累效应，将对其后期的生长产生影响。Searles 等（1995）的研究表明，热带树种对 UV-B 辐射也是敏感的，物种间高生长敏感性的差异暗示了 UV-B 辐射对热带雨林林窗更新的作用，因为在林窗更新过程中，植株高度对其能否成功定居是很重要的。

竞争对植物生长形态的影响以及形态对竞争的反馈调节影响的重要性一直受到学者的重视（Ellison，1987；Geber，1989；Weiner and Thomas，1992；Weiner and Fishman，1994）。研究麦田中两种主要杂草灰绿藜和荠菜异速生长对紫外辐射的响应，结果显示对照组其大小（高度和生物量）分布基本为正态分布，而 UV-B 辐射使其大小（高度和生物量）分布发生明显正偏斜，这表明 UV-B 辐射处理条件下植物种群由较多的小个体和很少的大个体组成。但出现这种偏斜并非由于小个体的死亡引起的频率分布左端平截，而是因为超过一定大小的植株个体数迅速减少。该现象不同于个体水平上的植株矮化现象（若 UV-B 辐射的影响是均一的话，其大小分布不应改变），而应该是植物群体对增强 UV-B 辐射的一种趋避反应，这明显地说明 UV-B 辐射对植物高生长的影响也是不对称的，高的个体更易受 UV-B 辐射的伤害。

紫外辐射的这种影响与竞争的影响很不一样，一般情况下竞争的不对称性往往使植物大小分布产生负偏斜（Weiner and Thomas，1992；Weiner and Fishman，1994）。因此，尽管竞争与 UV-B 辐射都可以引起植物个体重量变小，但作为一种选择因子，两者的作用方式是不一样的。光竞争倾向于选择高的个体，而紫外辐射则相反。与光竞争相似，UV-B 辐射对植物的不对称影响导致灰绿藜和荠菜种群内个体大小（高度和生物量）不整齐性增加。一般情况下紫外辐射对植物有着有害的影响，高的植株在 UV-B 辐射增强条件下成为抑制类型，而小个体则成为优势类型，这种不对称影响不仅在种群水平上调节密度（自疏），也在个体水平上调节生长速度和个体大小，进而增加种内个体间的大小差异。许多因素如种子大小和质量、出苗时间及微环境的异质性都可以决定种群个体间大小不整齐性的初始大小（Harper，1977；Weiner and Thomas，1992），而 UV-B 辐射的不对称影响可将这种差异放大。

3. 生理反应

研究认为，植物种间、品种间、基因型间及生态型间对增强 UV-B 辐射的敏感性不同是竞争性平衡变化的主要原因（Caldwell et al.，1995）。

很多人用响应指数（response index，RI）来表示植物对 UV-B 辐射的敏感性。

$$RI = \left(\frac{PH_t - PH_c}{PH_c} + \frac{DW_t - DW_c}{DW_c} + \frac{LA_t - LA_c}{LA_c} \right) \times 100\%$$

式中，t 为 UV-B 辐射处理；c 为对照；PH 为株高；DW 为干重；LA 为叶面积（Dai et al.，1994）。

RI 值可以反映植物对处理的综合反应。从 RI 值看，我们竞争试验所涉及的两种植物对紫外辐射表现出不同的敏感性（图 8-32），双子叶植物更敏感一些，很多研究都证明了这一点（Caldwell et al.，1995）。但同种植物在不同的竞争条件下对 UV-B 辐射的敏感性又有很大的不同，如反枝苋在没有种间竞争的情况下对紫外辐射不甚敏感，但在与小麦和燕麦竞争时则表现出对 UV-B 辐射有较强的敏感性。苍耳也同样如此。另外，小麦在与燕麦竞争时其敏感性降低，但在与苍耳竞争时其敏感性升高。

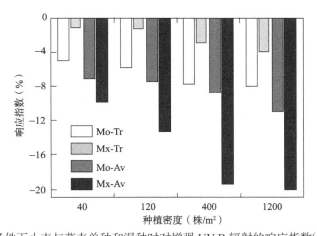

图 8-32　不同密度条件下小麦与燕麦单种和混种时对增强 UV-B 辐射的响应指数（引自 Li et al.，1999）

Figure 8-32　Response index of wheat and oats to enhanced UV-B radiation under different densities

Mo. 单种；Mx. 混种；Tr. 小麦；Av. 燕麦

同样，两个物种小麦和燕麦在不同的种植密度条件下对 UV-B 辐射的敏感性也有很大的不同（图 8-32），一般密度越大（相应的竞争强度也越大），其对 UV-B 辐射的敏感性增加。这些结果说明，植物对紫外辐射的敏感性不仅取决于其遗传特性，而且与其所处的竞争环境有密切关系。同样是竞争环境，竞争对象不同也导致植物的敏感性不同，如小麦与苍耳，可以看到即使没有紫外辐射，苍耳的存在就已经严重抑制小麦的生长，反之也如此。Ellenberg（1954）发现，一个物种与其他物种一起生长时，对某一因子的适应水平（生态幅）与其单独生长时对该因子的适应水平（生理幅）不一样。类似的结论在很多研究中都已得到证明（Pickett and Bazzaz，1978；Austin，1982）。

植物对 UV-B 辐射敏感性的不同除了与前面讨论过的形态、生物量结构以及生长敏感性有关而外，与植物的生理生化反应也有密切联系。图 8-33 的结果表明，小麦和燕麦叶片紫外吸收物质含量在增强辐射条件下有所升高，而且随着生长和辐射时间的增加，紫外吸收物质持续增加。已有很多研究报道了类似的结果（Mirecki and Teramura，1984；Tevini et al.，1991），这类化合物（主要是类黄酮化合物）在叶片表皮中的积累可以改变叶片对紫外辐射的通透性，因而减少进入深层组织的辐射（Caldwell et al.，1983），这是植物对紫外辐射增强的主动适应机理。

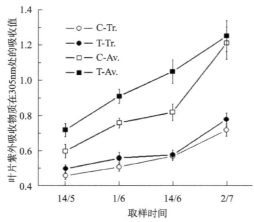

图 8-33　对照和处理条件下小麦与燕麦不同时期叶片紫外吸收物质在 305nm 处的吸收值（400 株/m²）（引自 Li et al.，1999）

Figure 8-33　UV absorption value of wheat and oat leaves at 305 nm in different periods under the control and treatment conditions (400 plants/m²)
Tr. 小麦；Av. 燕麦

　　植物次生代谢过程特别是莽草酸途径可受到 UV-B 辐射的强烈影响，次生代谢改变对群落和生态系统的意义在于，上述化合物及其衍生物的改变可以改变植物对昆虫及其他食草动物的适口性。柑橘类叶片中因 UV-B 辐射而增加的呋喃香豆素可使某些昆虫的幼虫发育迟缓（McCloud et al.，1994），UV-B 辐射还可以诱导葡萄中植物杀菌素的合成（Beggs and Wellmann，1994），某些豆类作物中一些具有雌性激素性质的物质也可被 UV-B 辐射诱导（Beggs et al.，1985）。上述植物与食草动物及病害关系的改变可能引起植物种间竞争性平衡的变化。另外，植物木质素也与莽草酸途径有关联（Zepp et al.，1995），如果植物组织中木质素含量有变化，将改变残体分解速度，从而造成养分循环的改变，这就很可能在不太长的时间尺度上导致群落演替进程的改变。

　　MDA 是膜脂过氧化的主要产物，SOD 则是一种自由基清除剂。一些研究表明，UV-B 辐射可以诱导毒性氧自由基如 O_2^- 和 H_2O_2 的产生，从而导致膜脂过氧化，同时引起 SOD 活性的变化（Predieri et al.，1995）。试验结果显示，UV-B 辐射导致小麦和燕麦叶片的 SOD 活性显著上升，小麦 MDA 含量的变化多数情况下并不显著，燕麦则显著升高，反映出燕麦是比小麦对 UV-B 辐射更敏感的物种。但不同密度条件下紫外辐射对小麦和燕麦叶片 MDA 与 SOD 影响存在差异也表明（图 8-34），不同的竞争环境中物种对 UV-B 辐射的反应是不同的。

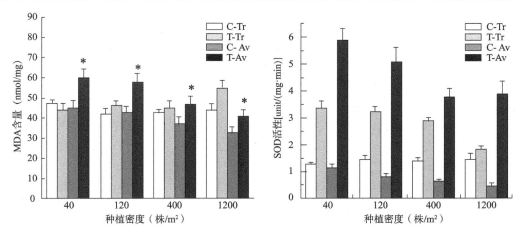

图 8-34 UV-B 辐射对不同密度混种条件下小麦和燕麦叶片中 MDA 含量与 SOD 活性的影响

Figure 8-34 Effect of UV-B radiation on MDA contents and SOD activity in leaves of wheat and oats under mixed planting conditions of different densities

误差线为+SE；Tr. 小麦；Av. 燕麦；*表示不同处理间差异显著（$n=3$）

小麦的膜脂过氧化程度仅在高密度时被 UV-B 辐射所加强，而各种密度条件下的燕麦叶片中 MDA 含量经 UV-B 辐射处理后均显著升高。虽然各种密度下 UV-B 辐射均引起 SOD 活性的显著上升，但不同密度时的本底值和升高幅度有所不同。就小麦和燕麦对 UV-B 辐射的反应而言，密度对小麦 MDA 含量和 SOD 活性的影响较小，但对燕麦的影响较大。结果还显示，MDA 含量变化与两物种的生长受抑制状况相联系，如 UV-B 辐射导致燕麦单株重在高密度时显著下降的同时也引起 MDA 含量的显著上升，但是显著升高的 SOD 活性却并未减轻其受害的程度，显然此时的 SOD 并不足以完全有效地清除 UV-B 辐射诱导的活性氧自由基。

上述现象说明竞争强度的大小对植物的这些生理生化反应有比较大的影响，由于这方面的研究较缺乏，这种影响的机理还不是很清楚。但毫无疑问，竞争对植物的影响必然有其生理学基础。作为一种生物类型的胁迫，竞争对生理生化反应的影响很可能是通过间接途径而起作用的，高的竞争压力将导致其他类型的胁迫如水分、养分等胁迫改变，进而影响生理过程。

4. 生物量分配

多数高等植物的生长和繁殖都有性质相似的资源需求，但其将资源分配于生长、繁殖、防御这三个基本功能的方式则是不同的（Bazzaz et al., 1987）。植物结构或器官相对重量和产生数量以及其中化学成分的不同反映出植物体内资源分配的变化。资源分配对环境因子的响应与种群的生存和进化有密切联系。

增强的 UV-B 辐射对植物的资源分配有一定的影响，但影响程度因物种、器官及竞争条件的不同而有所不同。Barnes 等（1988）在对小麦两年的研究中也注意到其叶重比及叶面积经辐射处理后增加。其后（1990 年）他们发现所检测的 6 种单子叶植物中（包括作物与杂草）的 5 种在紫外辐射条件下叶重比增加。UV-B 辐射导致的根重比增加在其他植物中也有过报道，如 Ziska 等（1992）发现种植于中等海拔的一种月见草（*Oenothera stricta*）的根冠比在紫外辐射处理后升高，但他们试验中其他 7 种植物的根冠比没有受到紫外辐射的显著影响。许多逆境条件都可以引起植物根重比的增加，Chapin 等（1987）认为，植物对不均衡资源的主要调节机理是分配更多的生物量到那些能获得最多有限资源的器官中去。UV-B 辐射能否引起水分及养分利用率降低还没有直接的证据，但种内和种间竞争则可能引起这种后果。这种情况下根冠比的增加就可以看作是植物对资源不足的一种补偿，尽管总的生物量可能下降。由于有关的研究资料极少，UV-B 辐射是否引起根冠比变化或者导致怎样的变化，还需要更进一步的研究。

　　从繁殖分配的角度来看，紫外辐射可以使小麦、燕麦、反枝苋等几种植物的繁殖分配下降（表 8-19）。另外，由于 UV-B 辐射条件下植物总生物量降低或没有变化，这说明较少的同化产物被分配到繁殖器官中。Ziska 等（1992）的工作则发现，分布于高海拔的几种植物的繁殖分配被增强的 UV-B 辐射所提高，而一些低海拔种群的繁殖分配则降低，即使是分布于不同海拔的同一个物种的不同种群也有类似的现象。他们认为繁殖分配的这种变化与 UV-B 辐射造成的进入繁殖阶段的时间延长及花的数量减少相联系。从我们的试验来看，UV-B 辐射对这几种植物的花期没有明显的影响，但是穗重、单株籽粒数和穗粒数、单株籽粒重和穗重及小穗数在 UV-B 辐射处理条件下的显著降低引起了繁殖分配的降低（表 8-20）。虽然 UV-B 辐射可以引起小麦和燕麦单株有效穗数增加，可是每个穗的发育极差，这由表 8-20 能够清楚地反映出来。Barnes 等（1988）也曾发现小麦与野燕麦经辐射处理分蘖增加但分蘖枝的死亡率很高。

表 8-20　紫外辐射对小麦籽粒产量性状的影响（引自岳明，1998）

Table 8-20　　Effects of ultraviolet radiation on wheat grain yield traits

处理		穗长（cm）	穗重（g）	穗粒数	穗粒重（g/株）	小穗数
Mo.	C	8.46±0.52a	1.880±0.29a	40.7±6.5a	1.428±0.34a	15.5±1.26a
	T	7.41±0.49b	1.294±0.31b	25.2±4.8b	0.981±0.36b	12.8±1.41b
Mx.	C	8.29±0.61a	1.774±0.34a	33.3±5.3c	1.347±0.44a	14.9±1.44a
	T	6.32±0.44c	0.795±0.22c	20.0±4.5d	0.606±0.20c	11.1±0.99b

　　注：小麦-苍耳竞争试验，Mo. 单种，Mx. 混种；数值为 10 株的平均值±标准差；不同小写字母者表示不同处理间差异显著（$P<0.05$）（Duncan's 多范围检验）

　　在群落内物种繁殖分配的改变可能对将来群落的组成有重要意义。理论研究指出，生活史和竞争应当对繁殖分配具有主要效应。植物的资源分配格局限定了其生态学作用并且对理解植物的分布和适应是一个重要的因素（Bazzaz et al.，1987），植物的资源分配对农作物来说同样也是重要的。提高繁殖分配比提高光合速率对提高产量往往更重要（Gifford and Evans，1981），这样，研究环境因子对资源分配的影响就不仅仅是有关适应、进化的理论问题了。

　　很多研究及我们的试验都表明，UV-B 辐射提高了植物叶片紫外吸收物质（主要是黄酮醇及酚醛类化合物）的含量，这是植物对增强 UV-B 辐射的一种防御机理（Caldwell et al.，1995），这些物质也能防御植食性动物的采食（Lee and Lowry，1980）。从资源分配的观点来看，若在防御机理方面分配了更多的资源，则只能以减少其他生命活动的资源分配为代价。物种间防御分配的比较表明，较高水平的防御性化合物与资源有限的环境（Bryant et al.，1983）和低的生长速率（Coley et al.，1985）相联系，如一些热带树种为维持较高的防御性化合物单宁的含量，以牺牲其生长速率为代价（Coley，1986）。因此我们假设，植物为抵御增强的 UV-B 辐射而合成并且维持较高的黄酮醇及酚醛类化合物含量，需要以额外的能量及养分消耗为代价，这样即使 UV-B 辐射没有使光合速率下降也可能出现最终的干物质重下降。因为生物量能反映植物对资源利用的积累作用，但并不能反映出积累过程中发生了什么，如相同重量的淀粉和蛋白质的能量相似，但是植物需要花费约两倍于合成淀粉的能量及养分代价去合成这些蛋白质。

对这个假设进行检验存在的最大困难是，研究者必须计算出形成并维持这些防御性化合物所需要的能量和养分代价，而这种代价在不同的化合物之间差别较大。例如，合成生物碱及萜烯的代价几乎是合成相同重量的单宁与木质素的两倍（McDermitt and Loomis，1981；Mooney and Gulmon，1982），而且前两类化合物具有较短的半衰期，其维持的代价也比单宁和木质素高（Coley et al.，1985）。增强的 UV-B 辐射可强烈影响植物次生代谢过程特别是莽草酸途径，由此产生许多次生代谢物以增强植物对 UV-B 辐射及植食动物的防御（Caldwell et al.，1983；Zepp et al.，1995），但对这些化合物的合成及维持代价还知之甚少。

Ziska 等（1992）的工作可为我们的假设提供间接证据，他们发现，分布于高海拔的种群（紫外吸收物质本底值较高）的最大光合能力及生长未受 UV-B 辐射的影响，但暗呼吸显著升高。随着 UV-B 辐射增强而增强的暗呼吸反映出光修复或防护所需的额外能量增加。我们的试验结果也可以从一个侧面提供佐证，如在小麦与燕麦的竞争试验中，UV-B 辐射使两物种的叶片紫外吸收物质持续升高，而且燕麦的含量一直高于小麦，但燕麦生物量降低的程度显然比小麦更大。若换一个角度去理解，正因为燕麦长期合成并维持较高水平的紫外吸收物质，其最终的生物量才发生了较大幅度的降低。这就同人受病菌侵染后发烧一样是一种适应反应，如果长期维持较高体温势必消耗更多的能量，以至于在能量输入不减少的情况下消瘦下去。而在竞争环境中，生长水平的降低意味着竞争力的减弱。

5. 繁殖

UV-B 辐射增强可以导致植物繁殖特性的改变，但这种变化的群落学意义目前还缺乏直接的证据。Ziska 等（1992）证实 UV-B 辐射对夏威夷一些野生植物的开花数量有实质性影响。花粉和子房壁的 UV-B 辐射穿透性很差，能滤掉 98%的 UV-B 辐射（Flint and Caldwell，1984），但花粉在萌发过程中易受到 UV-B 辐射伤害（Flint and Caldwell，1983）。繁殖阶段是植物发育过程中极重要的环节，不仅影响个体产量，还将影响子代的生长及其生活力，进而可能对个体发育乃至生态系统的结构和功能产生重大影响。一个物种在群落中维持不仅仅取决于其定居和生长，更重要的是取决于其能否有效繁殖。在讨论植物群落对增强 UV-B 辐射的长期响应时，有必要考虑植物繁殖特性的响应，因为这对于预测植物群落长期的变化是极其重要的。

　　试验表明，UV-B 辐射对小麦和燕麦花粉活力以及小麦花粉萌发率有抑制影响（图 8-35）。即使在自然光照条件下，取自 UV-B 辐射处理小区的小麦花粉萌发率也显著低于对照小区的花粉。这说明 UV-B 辐射不仅对小麦花粉萌发过程有明显的抑制影响，而且对其所产生的花粉本身的特性也有影响（表 8-21）。Musil 和 Wand（1993）发现，生长于增强 UV-B 辐射条件下的三种欧石楠（*Erica*）所产生的花粉，在白光下的萌发率显著下降。UV-B 辐射对花粉质量的这种影响表明，即使是闭花受精植物或夜间开花植物，增强的 UV-B 辐射也可能使其授粉结实受到影响。我们虽然没有计测 UV-B 辐射是否会对小麦产生的花粉数量产生影响，但 UV-B 辐射导致的小穗数减少则很可能会引起整株植物花粉产量的降低。许多研究发现，UV-B 辐射引起多种植物开花数量的下降（Caldwell，1968；Ziska et al.，1992；Day and Demchik，1996），但一种沙漠短命植物（*Dimorphotheca pluvialis*）的开花数量则被 UV-B 辐射所增加（Musil and Wand，1994）。

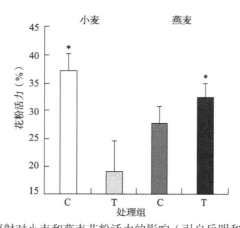

图 8-35　紫外辐射对小麦和燕麦花粉活力的影响（引自岳明和王勋陵，1998）

Figure 8-35　Effect of ultraviolet radiation on pollen activity of wheat and oat

误差线为+SE；*表示两平均值差异显著（*P*<0.05）（*t* 检验，*n*=4）

表 8-21　紫外辐射对小麦花粉萌发的影响（引自岳明和王勋陵，1998）

Table 8-21　Effects of ultraviolet radiation on wheat pollen germination

花粉来源	自然光照		UV-B 辐射	
	花粉统计数量（粒）	萌发率（%）	花粉统计数量（粒）	萌发率（%）
C	1596	58-9±1.1a	1860	50.2±1.4b
T	1293	43.3±2.8c	1542	32.6±1.7d

注：花粉统计数量为三重复统计花粉数量之和；萌发率为平均值±标准差；不同小写字母表示各平均值之间差异显著（*P*<0.05）（Duncan's 多范围检验，*n*=3）；检验前百分比数值经反正弦变换

　　种子产量的降低可能与花粉活力的降低有关，但因为花粉数量往往远大于胚珠数量，仍可能有足够数量的具活力花粉使胚珠受精。因为一旦花粉管穿透柱头的表面，会受到花柱及子房壁的很好保护而使胚珠成功受精（Day and Demchik，1996），此时种子产量降低则是由于 UV-B 辐射引起胚珠败育。Day 和 Demchik（1996）发现，用取自 UV-B 辐射处理植株上的芜青花粉给一直生长在自然光照下的植株授粉，其胚珠败育率明显升

高。本试验中燕麦籽粒产量被 UV-B 辐射所降低，但其花粉活力受到的影响并不明显，显然与其败育率增加有关。

种子发芽试验结果表明（图 8-36），增强的 UV-B 辐射条件下收获的小麦种子发芽率与取自对照组的无明显差异，但燕麦则降低。UV-B 辐射对种子质量影响的研究很少。Musil 和 Wand（1994）发现 UV-B 辐射使一种沙漠短命植物的具活力种子数量减少 35%～43%，这些种子发芽后形成的植株对光抑制更为敏感，这可能是由于 UV-B 辐射导致种子内细胞受到伤害（Musil，1994）。总之，增强的紫外辐射可以通过许多途径，如降低花粉活力及萌发力、使胚珠败育、减少开花数量及降低种子萌发力等，影响小麦和燕麦的繁殖特性，进而影响其竞争输出。

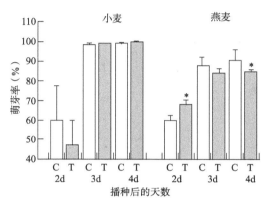

图 8-36　UV-B 辐射对小麦和燕麦种子发芽率的影响（引自岳明和王勋陵，1998）

Figure 8-36　Effects of UV-B radiation on seed germination rate of wheat and oats

25℃，黑暗；*表示取自对照小区和处理小区的种子发芽率在 0.05 水平上差异显著（t 检验，$n=6$）；检验前百分比数值经过反正弦变换

小　　结

通过以上的分析讨论，可以看出臭氧层减薄、紫外辐射增强对植物种内种间关系及植物群落的影响是多途径和多层次的，现将前述分析归纳，如图 8-37 所示，并对该图做简要说明。

1）增强的紫外辐射对植物种群增长产生的影响取决于辐射剂量与起始密度，而化感作用可能参与了该过程。

2）UV-B 辐射可以改变植物种群个体之间促进作用的大小，种内竞争和促进作用与胁迫的权衡在不同的生长时期会发生变化，早期植物倾向于长高以获取光资源和占据竞争中的优势地位，但在末期则倾向于矮化以避免 UV-B 辐射的伤害。

3）异质性 UV-B 辐射能够改变克隆植物生理整合的强度，NO 作为信号分子介导了这一过程。

4）增强的紫外辐射对植物种间竞争性平衡及植物群落的影响既有直接途径，也有间接途径，而间接途径是更主要和更常见的。

5）同化产物积累与分配变化可能是 UV-B 辐射导致群落变化的最主要途径，而其他途径或多或少与此相关，即使植物未受 UV-B 辐射的直接伤害，其也可能通过该途径而最终引起群落物种组成及生产力的改变。

6）UV-B 辐射既可以作为胁迫因子，也可以作为选择因子和调控因子引发并自始至终影响生物及生态过程，无论在中小时间尺度上还是在进化时间尺度上，UV-B 辐射增强条件下植物群落的改变都是可以预料的。

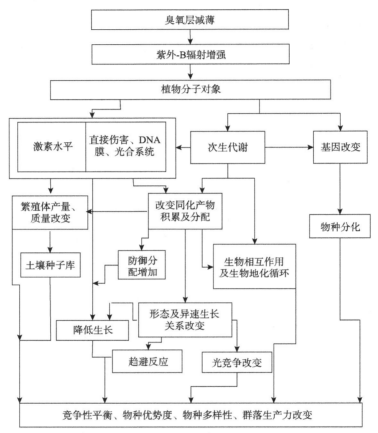

图 8-37　臭氧层减薄、紫外辐射增强对植物种间竞争性平衡及植物群落的影响

Figure 8-37　Effects of ozone thinning and enhanced UV radiation on plant species competitive balance and plant community

第九章　UV-B 辐射与植物-微生物相互关系

微生物作为生态系统中的分解者，在生态系统结构及物质循环和能量流动中发挥着不可缺少的重要作用，尤其在土壤矿质养分循环、转化与利用，以及有机物质分解方面的作用十分突出。UV-B 辐射对微生物的影响包括直接影响和间接影响两方面。UV-B 辐射通过影响植物的生长和生理代谢改变根系分泌物与土壤养分含量，从而间接影响与植物关系密切的微生物，这种间接影响在生态系统中更加重要。UV-B 辐射对根际微生物的影响除了与植物的营养成分有关，还与植物生育期和品种、微生物个体大小、微生物本身特性、外界环境条件等有关。本章主要阐述 UV-B 辐射对土壤微生物数量与群落结构、微生物生长、植物-微生物相互关系的影响，以及植物-微生物相互关系适应紫外辐射的机理。

第一节　UV-B 辐射对土壤微生物数量与群落结构的影响

根际微生物是指在植物根系直接影响的土壤范围内生长繁殖的微生物，与非根际微生物相比有显著的差异。根际土壤微生物是土壤生态系统的重要组成部分，它们不仅促进植物的生长和对土壤中营养成分进行吸收利用，推动土壤中物质循环和能量流动，还能起到贮藏植物营养元素的作用。

根际土壤微生物是农田生态系统不可缺少的重要组成部分，其数量与种群影响作物对营养元素的吸收和利用。因此，研究根际土壤微生物种群数量动态，对于揭示农田生态系统对 UV-B 辐射增强响应与反馈的机理是十分重要的。

一、UV-B 辐射对作物根际微生物数量的影响

1. UV-B 辐射对春小麦根际土壤微生物数量的影响

（1）UV-B 辐射对春小麦根际土壤细菌、真菌、放线菌数量的影响

UV-B 辐射显著降低春小麦根际土壤细菌总数（表 9-1），辐射强度与细菌总数呈线性负相关（$r=-0.9944$，$P<0.01$），拔节期、扬花期和成熟期均达显著水平（r 分别为 -0.9687、-0.9500 和 -0.9623，$P<0.01$）。采用统计分析法建立模型，细菌总数（y，$10^4/g$ 干土）与 UV-B 辐射强度（x_1，kJ/m^2）和发育期（x_2，DAP）之间的二元回归模型为 $y= 1036.78 -28.39x_1-7.57x_2$（$R=0.8128$，$P<0.01$；$F= 49.58$，$P <0.01$）。

表 9-1　UV-B 辐射对春小麦根际土壤微生物种群数量动态的影响（10^4/g 干土）（引自李元等，1999b）

Table 9-1　Effects of UV-B radiation on microbial population dynamics in rhizosphere soil of spring wheat (10^4/g dry soil)

微生物	UV-B 辐射（kJ/m^2）	分蘖期	拔节期	扬花期	成熟期
细菌	0	843.3a	702.4a	334.2a	351.1a
	2.54	703.7b	611.1b	282.1b	204.5b
	4.25	624.0c	590.2b	108.1c	101.9d
	5.31	567.3d	519.0e	84.1d	122.3c
放线菌	0	122.8a	3.359a	13.17a	4.893a
	2.54	84.33c	3.359a	9.580b	4.078b
	4.25	88.72bc	2.241c	8.791c	3.407c
	5.31	95.14b	2.849b	9.480bc	3.465c
真菌	0	0.738a	7.123a	3.456a	1.528a
	2.54	0.575b	7.123a	2.498b	1.403b
	4.25	0.338c	3.359b	2.651b	0.611c
	5.31	0.337c	3.360b	2.657b	0.408d

注：不同小写字母表示不同处理间在 $P<0.05$ 水平差异显著（LSD 检验，$n=3$ ）

　　放线菌和真菌数量也随 UV-B 辐射增强而降低（表 9-1），但这种降低未达到显著水平（$P>0.05$），4.25kJ/m^2 与 5.31kJ/m^2 UV-B 辐射之间的放线菌（除拔节期外）和真菌（除成熟期外）数量之间均差异不显著。这表明细菌比放线菌和真菌对 UV-B 辐射更敏感。从表 9-1 还可看出，细菌、放线菌和真菌数量均具有随生育期变化的规律性，而且这种规律性未被 UV-B 辐射改变（李元等，1999b）。

（2）UV-B 辐射对春小麦根际土壤细菌生理类群数量的影响

　　UV-B 辐射显著降低分蘖期、拔节期和扬花期的好氧性自生固氮菌数量，而在成熟期其数量增加。在扬花期和成熟期，4.25kJ/m^2 和 5.31kJ/m^2 UV-B 辐射的好氧性自生固氮菌数量之间无显著差异（表 9-2）。

表 9-2　UV-B 辐射对春小麦根际土壤细菌生理群数量动态的影响（10^2/g 干土）（引自李元等，1999b）

Table 9-2　Effects of UV-B radiation on the dynamics of bacterial physiological groups in rhizosphere soil of spring wheat (10^2/g dry soil)

生理类群	UV-B（kJ/m^2）	分蘖期	拔节期	扬花期	成熟期
好氧性自生固氮菌	0	81.85a	11.12a	11.14a	7.13c
	2.54	13.70b	5.09c	11.22a	9.52b
	4.25	7.13d	8.14b	7.14b	17.32a
	5.31	8.18c	3.57d	7.42b	17.33a
亚硝酸细菌	0	3.69c	11.20c	14.18b	50.96a
	2.54	3.58c	6.56d	8.57c	13.03c
	4.25	8.16b	13.24b	14.33b	25.46b
	5.31	17.39a	50.88a	25.49a	25.48b

续表

生理类群	UV-B（kJ/m²）	分蘖期	拔节期	扬花期	成熟期
反硝化细菌	0	255.77d	50.91c	808.7a	170.30a
	2.54	284.32c	71.23b	458.8b	47.33b
	4.25	509.89b	142.6a	317.8d	35.67c
	5.31	613.83a	142.5a	359.9c	45.87b
好氧性纤维素分解菌	0	5.12a	0.20d	1.42c	0.21d
	2.54	3.69c	0.51c	5.10b	0.50c
	4.25	4.10b	0.82b	5.30b	0.92b
	5.31	3.58c	1.93a	9.69a	3.56a
解磷细菌	0	81.85c	35.63c	172.20c	17.33c
	2.54	115.90b	50.91a	313.60a	48.33a
	4.25	132.90a	38.62b	313.80a	35.57b
	5.31	86.88c	17.30d	264.8b	45.87a

注：不同小写字母表示不同处理间在 $P<0.05$ 水平差异显著（LSD 检验，$n=3$）

在拔节期，2.54kJ/m² UV-B 辐射显著降低亚硝酸细菌数量，而在 4.25kJ/m² 和 5.31kJ/m² UV-B 辐射下，其数量显著增加。在成熟期，UV-B 辐射导致亚硝酸细菌数量降低，2.54kJ/m² UV-B 辐射时为最低值，仅为对照的 25.56%，4.25kJ/m² 和 5.31kJ/m² UV-B 辐射的亚硝酸细菌数量之间无显著差异。

反硝化细菌数量在分蘖期和拔节期随 UV-B 辐射增强而显著增加。在 4.25kJ/m² UV-B 辐射时其数量最低，扬花期和成熟期分别为对照的 39.30% 和 20.94%。

好氧性纤维素分解菌数量在分蘖期经 UV-B 辐射增强处理而降低，5.31kJ/m² UV-B 辐射时仅为对照的 69.92%。而在扬花期和成熟期，则随 UV-B 辐射增强而显著增加，其中，成熟期增加最大，5.31kJ/m² UV-B 辐射为对照的 16.95 倍。

解磷细菌数量总体表现出随 UV-B 辐射增加而显著增加的趋势，值得注意的是，在分蘖期，对照与 5.31kJ/m² UV-B 辐射之间差异不显著。在拔节期，5.31kJ/m² UV-B 辐射的数量显著低于对照，仅为对照的 47.80%。

从表 9-2 还可看出，不同发育期，各细菌生理群数量之间具有明显差异，而且其数量随发育期表现出一定的规律性。但仅好氧性自生固氮菌数量随生育期变化的规律性被 UV-B 辐射改变。相比之下，可能这种细菌对 UV-B 辐射较敏感（李元等，1999b）。

2. UV-B 辐射对割手密无性系土壤微生物数量的影响

（1）UV-B 辐射对割手密无性系土壤细菌数量的影响

在分蘖期，UV-B 辐射使 17 个无性系的土壤细菌数量显著或极显著下降（表 9-3），2 个（I91-38 和 I91-37）显著上升。伸长期时使 19 个无性系的土壤细菌数量显著或极显著下降，4 个（88-270、83-181、82-25 和 92-36）明显上升。在成熟初期，16 个无性系的土壤细菌数量显著下降。其中 83-153、90-15、90-8 在 3 个时期均表现出明显的下降，

I91-38 和 I91-37 除在分蘖期明显上升外，在伸长期、成熟初期均明显下降。在分蘖期、伸长期、成熟初期，UV-B 辐射处理导致割手密土壤根际细菌数量平均数分别降低了 18.59%、20.65% 和 44.49%。这表明 UV-B 辐射对土壤细菌具有一定的抑制作用，尤其在割手密生长最快的分蘖期抑制作用最强（祖艳群等，2005）。

表 9-3　UV-B 辐射对割手密土壤细菌数量的影响（%）（引自祖艳群等，2005）

Table 9-3　Effects of ultraviolet radiation on the rate of bacteria in hand-tight soil (%)

无性系	分蘖期	伸长期	成熟初期	无性系	分蘖期	伸长期	成熟初期
88-269	−45.58*	1.67	−68.25*	92-36	−68.99*	82.80*	−12.96
88-270	−86.80*	278.46**	−12.66	92-11	−50.94	0	−18.33
83-181	−33.50**	79.78*	−52.48	93-25	−36.67	−44.20	−16.18
83-153	−76.14**	−60.44*	−85.82*	92-26	−19.35	12.74	−83.54*
83-215	−76.14**	−28.33	−35.96	92-4	−82.25*	−14.91	−53.88*
83-217	−19.18	−66.83*	−78.22*	II91-98	−96.87**	−12.12	−88.80*
83-157	66.67	30.57	−57.73	II91-93	−84.51**	33.03	−51.30
82-77	25.00	−66.37*	−78.22*	II91-89	−81.67	−53.70*	−23.58
82-110	−48.98	−12.72	−61.63	II91-99	−82.57**	−26.65*	−16.49
82-26	−36.71	−58.55*	27.22	II91-126	−80.71*	−73.33*	−22.30
82-18	−36.36	−83.78*	−13.58	II91-116	−88.75**	−20.00	−76.81
82-55	−35.90	−27.20	−6.33	II91-72	−68.65	−73.52*	−67.73*
82-54	−45.45	−23.30	−81.23*	II91-81	−5.38	40.50*	−17.14
82-25	−46.05	134.88**	−82.37*	II91-5	27.69	−53.57	−45.26
83-193	−40.30	−61.94*	−61.19	II91-13	−81.66*	−81.85*	31.55
I91-97	−26.79	−70.59*	−69.70*	90-15	−85.56*	−66.46*	−27.43*
I91-91	−65.75*	−24.64	−40.69	90-22	−84.12*	−60.10*	6.25
I91-48	−5.89	−6.15	−76.80*	90-8	−83.38*	−45.51*	−57.95*
I91-38	466.67**	−85.48*	−86.00*	Holes	−11.73	−80.29*	−14.81
I91-37	624.56**	−76.11*	−48.78*	IND81-157	−16.59	−61.94*	−46.62

注：*和**分别表示不同处理间差异显著（P<0.05）和极显著（P<0.01）

（2）UV-B 辐射对割手密无性系土壤放线菌数量的影响

在分蘖期，UV-B 辐射使 27 个无性系的土壤放线菌数量产生了显著或极显著的变化（表 9-4），其中有 23 个显著下降，4 个显著上升。伸长期，24 个无性系的土壤放线菌数量显著或极显著下降，3 个（82-110、82-26 和 I91-38）显著上升。在成熟初期，则有 25 个无性系的产生了显著变化，其中有 6 个无性系（83-153、83-215、83-217、I91-97、II91-99 和 IND81-157）显著上升，其他 20 个显著下降。其中 88-269、88-270、83-193、92-4、II91-93、91-126、II91-116、II91-5、II91-13 和 90-15 在 3 个时期均显著下降，而 83-153（成熟初期）、I91-38（伸长期）、93-25（分蘖期）、II91-89（分蘖期）、II91-99（成熟初期）、II91-81（分蘖期）在其中一个时期显著上升，在另两个时期显著下降。UV-B 辐射下割手密土壤根际放线菌的数量在分蘖期、伸长期和成熟初期分别降低

22.87%、24.48%和 2.83%。总之，紫外辐射对放线菌有显著的抑制作用，在生长最旺盛的时期抑制作用最明显（祖艳群等，2005）。

表 9-4　UV-B 辐射对割手密土壤放线菌数量的影响（%）（引自祖艳群等，2005）

Table 9-4　Effects of ultraviolet radiation on the rate of change of actinomycetes in hand-tight soil (%)

无性系	分蘖期	伸长期	成熟初期	无性系	分蘖期	伸长期	成熟初期
88-269	−19.30*	−11.99*	−75.33*	92-36	−78.81*	−25.68	−16.3
88-270	−26.80*	−44.00*	−69.93*	92-11	−90.11*	−39.93*	−26.54
83-181	−34.62*	−72.73*	−13.55	93-25	82.76*	−81.08*	−57.72*
83-153	−59.73**	−40.58*	318.14**	92-26	−35.05	40.00	−23.60
83-215	−58.36*	−22.86	346.88**	92-4	−18.92**	−64.19*	−29.18*
83-217	211.11**	−12.50	368.31**	II91-98	−47.12**	−61.36*	−12.41
83-157	−22.84	−94.01**	−17.96	II91-93	−37.75**	−60.28*	−41.74*
82-77	−15.38	−8.33	50.45	II91-89	105.97*	−31.48	−63.84*
82-110	−36.24	362.5**	−31.82	II91-99	−27.89*	−55.12*	62.40*
82-26	−41.09*	108.78*	23.35	II91-126	−47.99*	−81.08*	−14.86*
82-18	−2.10	−7.29	−11.20	II91-116	−23.58*	−81.67*	−21.93*
82-55	−5.80	−8.19	−25.32	II91-72	−8.26	−80.25*	−98.15**
82-54	−12.8	−58.67*	−74.82*	II91-81	22.81*	−78.36*	−94.22**
82-25	−16.13	−47.54*	−32.3*	II91-5	−43.25*	−46.64*	−90.64**
83-193	−75.95*	−60.52*	−41.59*	II91-13	−23.94*	−15.31*	−92.4**
I91-97	−43.82	5.36	50.94*	90-15	−36.66*	−50.00*	−88.55**
I91-91	−67.31*	−18.45	16.25	90-22	−39.05*	−16.67	−72.59**
I91-48	−96.56**	−55.33*	32.43	90-8	−61.94*	−18.98	−71.66**
I91-38	−62.75*	74.67*	−83.57*	Holes	−16.50	−26.13	−5.42
I91-37	8.05	−31.64*	−33.03*	IND81-157	−11.11	−61.60*	50.00*

注：*和**分别表示不同处理间差异显著（$P<0.05$）和极显著（$P<0.01$）

（3）UV-B 辐射对割手密无性系土壤真菌数量的影响

UV-B 辐射对真菌具有抑制作用，而且在伸长期影响最大。在分蘖期，UV-B 辐射导致 16 个无性系的根际真菌数量显著或极显著下降。伸长期则有 14 个无性系的根际真菌数量显著或极显著下降，6 个（83-181、83-153、83-157、82-110、II91-98 和 II91-72）显著升高。在成熟初期，经 UV-B 辐射 20 个无性系的土壤真菌数量显著降低，82-110、92-11 显著升高。其中 88-270、90-15、90-8 在 3 个时期显著下降，88-269 除在分蘖期显著升高外，在伸长期、成熟初期显著下降（表 9-5）。UV-B 辐射使割手密根际真菌数量在分蘖期、伸长期、成熟初期显著下降，其变幅分别为 33.93%、7.26%和 28.43%（祖艳群等，2005）。

表 9-5　UV-B 辐射对割手密土壤真菌数量的影响（%）（引自祖艳群等，2005）

Table 9-5　Effects of ultraviolet radiation on the rate of change of fungi in hand-cut soil (%)

无性系	分蘖期	伸长期	成熟初期	无性系	分蘖期	伸长期	成熟初期
88-269	186.99*	−76.50*	−91.82*	92-36	−71.59	−68.70*	−10.58
88-270	−94.17*	−49.00*	−91.31*	92-11	0	−31.69	150.37*
83-181	−65.43*	71.43*	−15.41*	93-25	−3.77	−56.31*	−35.39*
83-153	−47.68*	75.20*	−10.66	92-26	−48.45	−40.29*	39.02
83-215	−68.22*	111.11	−93.24*	92-4	−59.20*	−37.42	−8.13
83-217	−1.56	−53.92*	−57.40*	II91-98	25.62	178.40*	−65.59*
83-157	−50.50	75.69*	−17.05	II91-93	−53.76*	−40.85	−7.19
82-77	−16.67	−81.82*	−42.93*	II91-89	−58.96*	−69.47	−52.07*
82-110	51.72	58.73*	113.49*	II91-99	−66.05*	1.41	−22.01*
82-26	−34.21	−18.54	−94.49*	II91-16	0	−63.08*	−2.70
82-18	−40.00	−8.39	−7.18	II91-16	−55.37*	16.30	−92.97*
82-55	−2.44	−8.16	−16.59	II91-72	−84.86*	91.95*	12.82
82-54	−61.95	−55.50*	−45.28*	II91-81	−47.17*	−1.36	−94.00*
82-25	−21.57	−55.74	−97.03**	II91-5	−59.17*	−2.72	−54.81*
83-193	−26.47	−40.88*	−86.56**	II91-13	−22.54	11.85**	−21.43
I91-97	−46.43	60.17	−20.32	90-15	−68.85*	−50.00*	−55.91*
I91-91	−69.82	−9.24	−83.07**	90-22	2.46	−76.67*	22.82
I91-48	−48.39	−47.10*	−14.38	90-8	−46.05*	−49.27*	−73.68*
I91-38	−50.00	43.10	−0.42	Holes	−67.07*	−50.72	−5.68
I91-37	0	−31.56*	−21.46	IND8-157	−65.57*	139.66	33.01

注：*和**分别表示不同处理间差异显著（P<0.05）和极显著（P<0.01）

3. UV-B 辐射对元阳梯田水稻根际土壤微生物数量的影响

（1）UV-B 辐射对元阳梯田水稻根际土壤细菌、放线菌和真菌数量的影响

随水稻生育期进程，自然光照、5.0kJ/m² 和 10.0kJ/m² UV-B 辐射 3 个处理的根际细菌数量大小为成熟期>拔节孕穗期>抽穗扬花期；根际放线菌数量随水稻生育期进程而下降，为拔节孕穗期和抽穗扬花期>成熟期；根际真菌数量在成熟期最大，为成熟期>拔节孕穗期和抽穗扬花期（图 9-1）（何永美等，2016）。

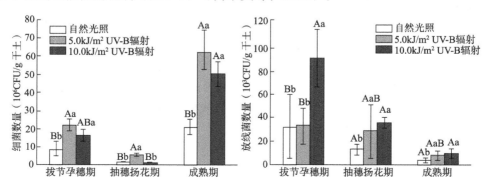

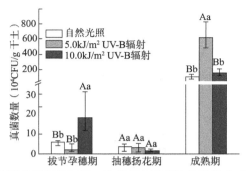

图 9-1　UV-B 辐射对白脚老粳根际细菌、放线菌和真菌数量的影响（引自何永美等，2016）

Figure 9-1　Effects of UV-B radiation on the number of bacteria, actinomycetes and fungi in rhizosphere of Baijiaolaojing

不同大写字母表示不同处理间差异极显著（$P<0.01$），不同小写字母表示不同处理间差异显著（$P<0.05$）（LSD 检验）

与自然光照处理相比，5.0kJ/m^2 UV-B 辐射导致水稻 3 个生育期的根际细菌数量极显著增加，增幅为 1.6～2.6 倍；成熟期根际真菌数量极显著增加，增加了 5.3 倍。10.0kJ/m^2 UV-B 辐射导致根际细菌数量与对照相比，拔节孕穗期显著增加，成熟期极显著增加，分别增加 0.9 倍和 1.4 倍。10.0kJ/m^2 UV-B 辐射导致抽穗扬花期和成熟期的根际放线菌数量显著增加，拔节孕穗期极显著增加，增幅为 1.4～1.8 倍。10.0kJ/m^2 UV-B 辐射导致拔节孕穗期的根际真菌数量极显著增加，增加了 2.3 倍。表明 UV-B 辐射增强可增加元阳梯田水稻根际细菌、放线菌和真菌的数量，但不改变水稻根际三大类群微生物数量随生育期进程的动态变化规律（图 9-1）（何永美等，2016）。

（2）UV-B 辐射对元阳梯田水稻根际土壤细菌生理类群数量的影响

随水稻生育期进程，3 个处理水稻根际的 4 种细菌生理类群的数量变化规律一致，均为成熟期>拔节孕穗期>抽穗扬花期（图 9-2）（何永美等，2016）。

在水稻拔节孕穗期，5.0kJ/m^2 UV-B 辐射处理的自生固氮菌和无机磷细菌数量极显著增加，分别增加 4.4 倍和 3.7 倍；10.0kJ/m^2 UV-B 辐射处理的自生固氮菌和无机磷细菌数量分别显著和极显著增加，分别增加 1.9 倍和 1.8 倍。在抽穗扬花期，5.0kJ/m^2 UV-B 辐射处理的纤维素分解菌和钾细菌数量极显著减少，分别降低 64% 和 32%，无机磷细菌数量极显著降低，减少了 37%。在成熟期，5.0kJ/m^2 UV-B 辐射处理的纤维素分解菌、无机磷细菌和钾细菌数量极显著增加，分别增加 2.4 倍、4.2 倍和 5.9 倍，自生固氮菌数量

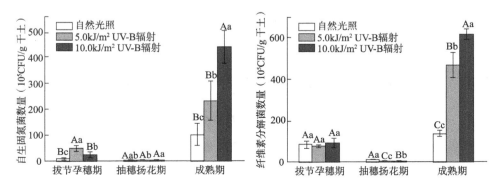

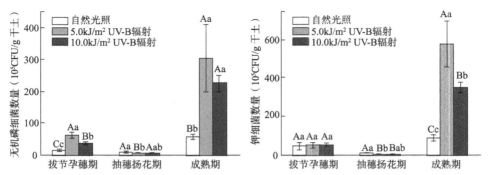

图 9-2　　UV-B 辐射对白脚老粳根际 4 个细菌生理功能类群数量的影响（引自何永美等，2016）

Figure 9-2　Effects of UV-B radiation on the number of microorganisms in four physiological groups of rhizosphere of Baijiaolaojing

不同大写字母表示不同处理间差异极显著（$P<0.01$），不同小写字母表示不同处理间差异显著（$P<0.05$）（LSD 检验）

显著增加，增加了 1.3 倍；$10.0kJ/m^2$ UV-B 辐射处理的 4 种细菌生理类群的数量均极显著增加，增幅为 2.9～3.5 倍。可见，UV-B 辐射增强总体导致元阳梯田水稻根际 4 个细菌生理类群的数量增加（图 9-2）。

4. UV-B 辐射对大豆根际土壤微生物数量的影响

（1）UV-B 辐射对大豆根际土壤细菌和真菌数量的影响

由表 9-6 可知，随生育期推进，大豆根际细菌的数量变化整体呈现先下降再升高的趋势，花期时数量最低（张令瑄等，2016）。UV-B 辐射增强处理下，根际细菌数量在分枝期、花期、鼓粒期分别比 CK 显著降低 40.1%、38.2%和 26.1%。大豆根际土壤中真菌的数量较低（10^3～10^4CFU/g 干土），其随生育期推进的变化趋势与细菌类似，也是花期时数量最低。与对照相比，UV-B 辐射增强处理下根际真菌数量在分枝期显著降低了 59.0%，花期和鼓粒期则无显著变化。

表 9-6　UV-B 辐射增强处理对田间大豆根际土壤细菌和真菌数量的影响（引自张令瑄等，2016）

Table 9-6　Effects of enhanced UV-B on the amounts of bacteria and fungi in the soybean rhizosphere soil

生育期	细菌（$\times10^7$CFU/g 干土）		真菌（$\times10^4$CFU/g 干土）	
	CK	UV-B	CK	UV-B
分枝期	5.54±0.52	3.32±1.07*	3.32±0.35	1.36±0.43*
花期	3.22±0.15	1.99±0.22*	0.20±0.06	0.21±0.02
鼓粒期	6.02±0.22	4.45±1.01*	0.93±0.13	0.87±0.06

注：*表示 UV-B 辐射增强处理和对照差异达显著水平（$P<0.05$）（LSD 检验）

（2）UV-B 辐射对大豆根际土壤放线菌和好氧固氮菌数量的影响

由表 9-7 可得，大豆根际放线菌的数量花期时最低，分枝期最高。在 UV-B 辐射增强处理下，与对照相比，分枝期根际放线菌数量显著降低了 36.3%，花期显著降低 50.0%，鼓粒期降低不显著。豆科作物和根瘤菌具有共生结瘤固氮的特性，大豆根际土壤中好氧固氮菌的数量随着大豆的生长发育呈显著增加的趋势。在 UV-B 辐射增强处理下，与对照相比，根际好氧固氮菌数量在分枝期显著降低了 72.2%，花期显著降低 33.3%，在鼓粒期显著降低 35.7%。

表 9-7　UV-B 辐射增强处理对田间大豆根际土壤放线菌和固氮菌数量的影响（引自张令瑄等，2016）

Table 9-7　Effects of enhanced UV-B on the amounts of azotobacter and actinomycete in the soybean rhizosphere soil

生育期	放线菌（×10⁶CFU/g 干土）		好氧固氮菌（×10⁶CFU/g 干土）	
	CK	UV-B	CK	UV-B
分枝期	1.46±0.06	0.93±0.12*	0.97±0.04	0.27±0.04*
花期	0.42±0.05	0.21±0.04*	1.38±0.01	0.92±0.04*
鼓粒期	1.00±0.21	0.76±0.13	2.58±0.58	1.66±0.25*

注：*表示 UV-B 辐射增强处理和对照差异达显著水平（$P<0.05$）

5. UV-B 辐射对花生根际土壤微生物的影响

UV-B 辐射对花生根部根瘤没有明显影响，所有辐射处理的根瘤数量和根瘤形态均与对照无显著差异。低剂量紫外辐射对花生根际微生物无显著影响，辐射 10min/d、20min/d、30min/d，花生根际真菌和细菌总数与对照相比无显著差异，但辐射 40min/d 后，随着辐射时间增加根际真菌和细菌总数大幅度降低，UV-B 辐射对花生根际微生物产生影响，主要在长时间辐射（大剂量）下表现明显，在辐射 40～60min/d 时，花生根际真菌和细菌数显著减少（杨毓峰和袁红旭，2001）。

二、UV-B 辐射对土壤微生物数量的影响

1. UV-B 辐射对沙丘草地土壤微生物数量的影响

UV-B 辐射可以影响沙丘草地的枯枝落叶层，会通过改变植物中化学物质间接影响凋落物中的微生物，进而改变土壤中微生物的含量。在 4 个月的试验期内（4～7 月），凋落物细菌的平均数量有所增加。然而，在取样时，凋落物的含水量和细菌数量之间有很强的相关性（$R^2=0.86$）。因此，细菌数量的增加受到含水量的影响，而不是受到 UV-B 辐射的影响（Verhoef et al.，2000）。而凋落物真菌菌丝的平均长度未显示出与含水量有相关性（$R^2=0.04$）。试验开始后 27 天，对照处理与 UV-B 和 UV-A 辐射处理之间存在显著差异，表明紫外辐射强度与真菌长度呈负相关（$P<0.05$）。

2. UV-B 辐射对泥炭地土壤微生物群落的影响

从泥炭地分离的真菌被鉴定为被孢霉属（*Mortierella*）、青霉属（*Penicillium*）和毛霉属（*Mucor*），见表 9-8。被孢霉属在 0～5mm 泥炭地的所有菌落中占 75%，在 5～10mm 泥炭地的所有菌落中占 90%以上，其他属包括青霉菌属（*Penicillium*）、枝霉属（*Ulocladium*）和枝孢属（*Cladosporium*）等。所有从泥炭地苔草（*Carex decidua*）叶片

分离的菌落都有枝孢菌属（Searles et al., 2001b）。苔草上枝孢菌属的大量存在和其他物种的缺乏是由于使用了叶印模法，这种方法更利于可形成孢子的真菌生长，如枝孢菌的生长。太阳紫外辐射不影响种皮变形虫和真菌群落中属的组成（数据未显示）。

表 9-8　不同 UV-B 辐射处理下泥炭地中优势真菌被孢霉属、真菌和细菌的菌落数（CFU）（引自 Searles et al., 2001b）

Table 9-8　Colony-forming units (CFU) of the dominant fungal genus _Mortierella_, total fungi, and bacteria in _Sphagnum magellanicum_ moss under different UV-B radiation treatments

微生物	泥炭地的深度	1998～1999	
		+UV-B	−UV-B
被孢霉属	0～5mm	1211±199	1608±214
	5～10mm	3340±528	3396±347
真菌	0～5mm	1841±469	1913±161
	5～10mm	3402±634	3690±409
细菌	0～5mm	$3.8\times10^5\pm1.4\times10^5$	$4.0\times10^5\pm1.6\times10^5$
	5～10mm	$7.4\times10^5\pm1.9\times10^5$	$7.3\times10^5\pm1.7\times10^5$

注：+UV-B 表示近环境 UV-B 辐射（环境的 90%）；−UV-B 表示减少 UV-B 辐射（环境的 15%～20%）；数据显示的是泥炭地中 0～5mm 和 5～10mm 近表面深度的每克泥炭地新鲜物质中微生物的数量；方差分析显示各处理之间没有显著差异

　　南极北部南青冈（_Nothofagus antarctica_）叶片的正面和背面总真菌数在不同 UV-B 辐射处理之间没有显著差异（图 9-3a）。然而，近环境 UV-B 辐射条件下，植物叶片近轴和远轴的短梗霉属（_Aureobasidium_）种群数量比极显著低于减弱 UV-B 辐射条件下

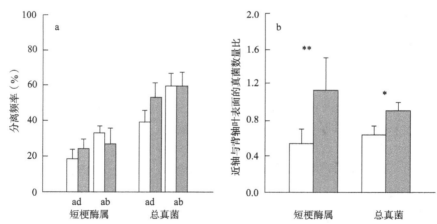

图 9-3　在近环境 UV-B（环境背景的 90%，空白柱）和减弱 UV-B（环境背景的 15%～20%，阴影柱）辐射处理下 _Nothofagus antarctica_ 叶面上存在的短梗霉属和总真菌（引自 Searles et al., 2001b）

Figure 9-3　The presence of _Aureobasidium_ and total fungi on the phylloplane of _Nothofagus antarctica_ under near-ambient solar UV-B (90% of ambient, open columns) and reduced UV-B (15%～20% of ambient, hatched columns) radiation treatments

（a）从近轴和远轴叶表面分离真菌的频率；（b）近轴与背轴叶表面上的真菌数量比；近轴和远轴的缩写分别为 "ad" 和 "ab"；每个 UV-B 辐射水平取 10 个图，平均值±SE；** _P_ 表示<0.01；* 表示 _P_<0.05

（图 9-3b）。在近环境 UV-B 辐射下，南极北部南青冈叶面上总真菌的近轴与远轴数量比显著低于减弱 UV-B 辐射处理（$P<0.05$）。在苔草（*Carex decidua*）叶片分离的枝孢菌属（*Cladosporium*）数量不受减弱 UV-B 辐射处理的影响（图 9-4）。

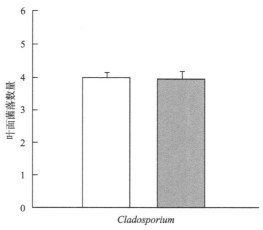

图 9-4　在近环境的 UV-B 辐射（环境背景的 90%，空白柱）和减弱 UV-B 辐射（环境背景的 15%～20%，阴影柱）条件下从苔草（*Carex decidua*）叶面上分离的枝孢菌属（*Cladosporium*）菌落形成单位数（CFU）

（引自 Searles et al.，2001b）

Figure 9-4　The number of colony-forming units (CFU) of *Cladosporium* isolated from the *Carex decidua* phylloplane under near-ambient solar UV-B (90% of ambient, open columns) and reduced UV-B (15%～20% of ambient, hatched columns) radiation treatments

CFU 以叶面积（cm^2）为基础表示；每个 UV-B 辐射水平取 9 个图，平均值±SE

3. UV-B 辐射对南极海草根际微生物数量的影响

UV-B 辐射对植物相关微生物群落的碳水化合物和羧酸利用模式有一定影响（表 9-9）。与低于环境 UV-B 辐射水平下的植物根际细菌群落相比，生长在自然环境 UV-B 辐射水平下的南极和南大洋南极发草（*Deschampsia antarctica*）根际细菌群落的碳水化合物利用能力降低（Avery et al.，2003）。接种 72h 后，南极发草根际细菌群落对羧酸的利用程度两种处理相同，但接种 48h 后，低于环境 UV-B 辐射水平下土壤根际细菌对羧酸的利用程度明显更高。由于 Biolog 代谢谱反映了碳源的可用利性（Grayston et al.，2001），环境 UV-B 辐射降低植物根际细菌群落对碳源的利用能力。Johnson 等（2002）在瑞典阿比斯科（Abisko，Sweden）的亚北极试验证明，UV-B 辐射增强与二氧化碳增加的复合处理，减少了细菌对 Biolog 平板中碳源的利用，并认为观察到的土壤微生物代谢特征的变化是由土壤优势细菌种类的相关变化引起的。

在长期或短期试验中，降低环境 UV-B 辐射水平不会影响植物根际细菌对淀粉、尿素或蛋白质的水解。可培养细菌的数量以及革兰氏阳性菌和革兰氏阴性菌的数量比也不受 UV-B 辐射的影响。这与 Klironomos 和 Allen（1995）的研究报道不同，他们报道了 UV-B 辐射会导致土壤细菌总数、革兰氏阴性菌和淀粉水解细菌的数量比减少，以及降低其对尿素和蛋白质的水解能力。同时其认为植物根际沉积的增加和根系分泌物的改变，有利于根系分泌氮含量较低的化合物。

表 9-9　南极发草根际可培养细菌与群落水平碳利用能力（4 年自然光照和 UV-B 辐射过滤下的自然草坪）（引自 Avery et al.，2003）

Table 9-9　Community level carbon utilization and culturable bacteria associated with the *Deschampsia atarctica* rhizosphere (Screening natural lawns for 4 years under UV-B transparent or UV-B opaque filters)

UV-B	时间 （h）	平均总底物 氧化百分比	碳水化合物底物氧 化的平均百分比	平均羧酸氧 化百分比	平均氨基酸 氧化百分比	在 10℃培养的细菌 （log₁₀ CFU[c]/g 干重 土壤）	在 20℃培养的细菌 （log₁₀ CFU[c]/g 干重 土壤）
自然光	48	18.4	9.5	25.0	19.2	6.87	7.09
	72	59.0	52.4	65.3	75.8	—	—
	96	64.0	62.5	65.3	80.8	—	—
	120	73.5	73.8	68.1	87.5	—	—
减少	48	28.6	17.3	47.9	28.3	7.51	7.56
	72	65.1	64.9	65.3	77.5	—	—
	96	72.3	77.4	65.3	83.3	—	—
	120	81.2	89.3	67.4	87.5	—	—
LSD[a]		12.2	3.5	8.0	7.4	2.6	2.1
LSD[b]		10.4	14.3	7.0	17.5		
方差分析	UV-B	NS	P=0.004	P=0.097	NS	NS	NS
	时间	P<0.001	P=0.003	P=0.002	P=0.005	—	—
	UV-B×时间	NS	NS	P=0.018	NS	—	—

注：NS 表示影响不显著；a 表示作为单一因素，UV-B 辐射在 5%水平下计算的最小显著性差异；b 表示 UV-B 辐射与时间的相互作用按 5%水平计算；c 表示菌落形成单位

总之，减少环境 UV-B 辐射改变了野外南极发草根际土壤微生物群落的代谢特征。在过去的 1/4 世纪中，南极春季和初夏植被 UV-B 辐射显著增加，植物根际土壤微生物群落的代谢特征变化也发生在陆地生态系统中。

4. UV-B 辐射对高山草原土壤微生物数量的影响

UV-B 辐射处理对高山草原土壤可培养的细菌或真菌数量没有显著影响。扰动作为影响因素，尽管从扰动地块中能分离出更多的可培养细菌和真菌，但扰动地块的土壤细菌数量低于未扰动地块；未观察到革兰氏阳性或阴性菌的分离比与 UV-B 辐射或干扰存在相关性（表 9-10）。

表 9-10　UV-B 辐射和扰动对土壤中细菌总数、可培养细菌和真菌数量的影响（引自 Avery et al.，2004）

Table 9-10　Effects of UV-B radiation and disturbance on the count of total bacteria , culturable of bacteria and fungi in soil

UV-B	扰乱	平均细菌总数	平均可培养细菌数量	平均可培养真菌数量
自然光	否	9.4	5.3	3.3

续表

UV-B	扰乱	平均细菌总数	平均可培养细菌数量	平均可培养真菌数量
自然光	是	8.9	6.8	4.9
增强 UV-B 辐射	否	9.2	4.8	3.2
	是	8.9	6.8	5.3
LSD*		0.2	0.8	1.2
方差分析	UV-B	NS	NS	NS
	扰动	$P<0.001$	$P<0.001$	$P<0.001$
	UV-B×扰动	NS	NS	NS

注：采用在环境背景或增强 UV-B 辐射（相当于 30%臭氧消耗）下生长 7 年的自然草坪；数据是每次处理 5 次重复的平均值，表示为 $\log_{10}$ CFU/g 干土；*表示 UV-B 辐射与干扰的相互作用按 5%水平计算

三、UV-B 辐射对土壤微生物群落结构的影响

1. UV-B 辐射增强对 4 个割手密无性系根际土壤优势真菌种群的影响

由表 9-11 可知，自然光照条件下，分离获得根际优势真菌菌株 28 株，属于 8 个属，其中，毛霉属为 7 株，头孢霉属为 6 株，青梅属为 5 株，木霉属 4 株，曲霉属 3 株，枝孢霉属、根霉属和镰刀孢属均为 1 株，主要以毛霉属、青霉属和头孢霉属真菌为主。随着割手密生育进程推进割手密无性系根际真菌优势种群出现变化，在幼苗期以青霉属为主，分蘖期以毛霉属为主，伸长期以木霉属为主。

表 9-11　4 个割手密无性系根际真菌的优势种群（引自湛方栋等，2008）

Table 9-11　Dominant populations of four rhizosphere fungi

处理	无性系	幼苗期	分蘖期	伸长期	成熟期
自然光照	I91-48	青霉属 Penicillium	毛霉属	木霉属 Trichoderma 头孢霉属	根霉属 Rhizopus 曲霉属
	92-11	青霉属 曲霉属 Aspergillus 头孢霉属 Cephalosporium	毛霉属	青霉属 木霉属	毛霉属 头孢霉属
	II91-81	曲霉属 头孢霉属	毛霉属 镰刀孢属 Fusarium	木霉属 头孢霉属	青霉属 头孢霉属
	I91-37	毛霉属 Mucor	毛霉属	青霉属 木霉属	毛霉属 枝孢霉属 Cladosporium

续表

处理	无性系	幼苗期	分蘖期	伸长期	成熟期
紫外辐射	I91-48	青霉属	青霉属	青霉属 木霉属	青霉属 木霉属
	92-11	青霉属	青霉属	青霉属	青霉属 头孢霉属
	II91-81	青霉属 毛霉属	青霉属 头孢霉属	青霉属 头孢霉属	青霉属 头孢霉属
	I91-37	青霉属	青霉属 头孢霉属	青霉属 木霉属 头孢霉属	青霉属 头孢霉属

UV-B 辐射增强条件下，分离获得根际优势真菌菌株 27 株，属于 4 个属，其中，青霉属为 16 株，头孢霉属 7 株，木霉属 3 株，毛霉属 1 株，主要以青霉属真菌为主，头孢霉属真菌次之，随割手密生育进程优势种群组成变化较小，青霉属始终处于优势地位。可见，UV-B 辐射增强对割手密耐性和敏感无性系根际真菌优势种群有一致的影响，表现为根际真菌优势种群减少，趋向于以青霉属真菌为主，且其始终处于优势地位（湛方栋等，2008）。

2. UV-B 辐射对大豆根际土壤细菌群落结构的影响

图 9-5 为花期、鼓粒期和成熟期细菌群落结构，每种颜色区域的面积代表该颜色所对应物种在本样品中的相对含量。如图 9-5 所示，放线菌门（Actinobacteria）、变形菌门（Proteobacteria）、酸杆菌门（Acidobacteria）、浮霉菌门（Planctomycetes）和绿弯

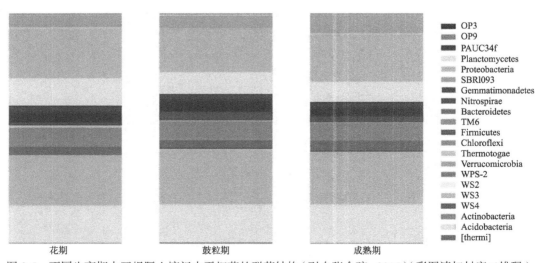

图 9-5　不同生育期大豆根际土壤门水平细菌的群落结构（引自张令瑄，2015）（彩图请扫封底二维码）

Figure 9-5　Community structure of bacteria at the rhizosphere soil level of soybean in different growth stages

菌门（Chloroflexi）在三个时期土壤根际细菌中相对含量较高，分别达到 24%、21.32%、16%、11.9%和 8.35%左右。另外，根际土壤中还有硝化螺旋菌门（Nitrospirae）、芽单胞菌门（Gemmatimonadetes）、拟杆菌门（Bacteroidetes）、疣微菌门（Verrucomicrobia）和厚壁菌门（Firmicutes）等相对含量较少的菌种，细菌相对含量分别在 2.25%、4.8%、3.53%、5.3%和 3%左右。在开花期、鼓粒期和成熟期，根际土壤中菌种结构无明显差异（张令瑄，2015）。

第二节　UV-B 辐射对微生物生长的影响

　　UV-B 辐射对根际微生物有间接影响。UV-B 辐射增强可导致土壤微生物多样性增加。UV-B 辐射处理可以提高土壤微生物的多样性指数，且细菌的变化对多样性指数的影响较大。UV-B 辐射对环境中的微生物还存在直接的影响，如果微生物直接暴露在 UV-B 辐射下，微生物的生长与繁殖都会受到很大的影响。

一、UV-B 辐射对灯盏花叶斑病的影响

1. 灯盏花叶斑病的田间发病症状

　　对灯盏花叶斑病病情进行调查，灯盏花叶斑病多发生在成苗期，病害传播极快。在灯盏花叶片染病初期，常从叶缘处开始出现病症，偶有从叶片中部开始发生的情况，之后自下部叶片逐渐向上部蔓延，染病部位产生如针尖大小的褐色或红褐色病斑，病斑呈圆形或椭圆形，少有不规则形，中央为灰白或黄白色，边缘产生黑褐色坏死线，并常伴有不明显的黄色褪绿晕圈（图 9-6 左）。随病情的发展，病斑扩大且颜色逐渐加深，形成椭圆形或不规则形的紫褐色病斑，边缘具有明显的黑色或紫褐色坏死线，病斑外围有明显的黄色褪绿晕圈（图 9-6 中）。病斑大小为 1～7mm，最大可达 13mm。病情严重时，叶部病斑可连接成片，使叶片呈紫褐色，黄色褪绿晕圈逐渐扩大，叶片逐渐枯死（图 9-6 右）（冯源等，2010）。

发病初期　　　　　　　　　发病中期　　　　　　　　　发病末期

图 9-6　灯盏花叶片发病症状（引自冯源等，2010）（彩图请扫封底二维码）

Figure 9-6　Disease symptom of *E. breviscapus* leaf

　　茎部染病可产生与叶片相似的症状，但多从叶腋处开始发生，并向新生枝及主茎扩展。病情严重时，病斑可以布满茎表，连接成片，使茎的表皮呈紫褐色，严重影响养分

的运输，造成植株生长衰弱，部分病株枯死（图 9-7）。花部受害，多从花萼开始，之后逐渐扩展，引起花瓣萎蔫（图 9-7）。

图 9-7　灯盏花茎、花部发病症状（引自冯源等，2010）（彩图请扫封底二维码）

Figure 9-7　Disease symptoms of stem and flower of *E. breviscapus*

2. 链格孢菌的形态学特征

从患叶斑病叶片上分离并培养病菌，菌落灰绿色，圆形，隆起，上部菌丝白色，平铺呈绒毛状，边缘光滑。菌落生长较快，逐渐转暗，边缘颜色较淡（图 9-8）。

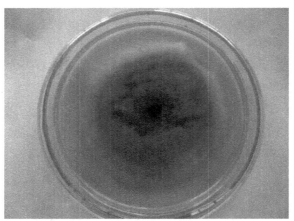

图 9-8　链格孢菌菌落形态（引自冯源等，2010）（彩图请扫封底二维码）

Figure 9-8　Colony morphology of *Alternaria alternate*

分生孢子梗褐色，单生至丛生，单枝或分枝，直或屈膝状弯曲，具有 1 至数个孢痕；分生孢子褐色，长 16.5～53.8μm，宽 8.5～22.1μm，卵形或椭圆形，具 2～4 个横隔膜，1～5 个纵隔或斜隔膜；孢子具短喙，喙淡褐色，长 0～5.7μm，具 0 或 1 个横隔膜；孢子链生（图 9-9）。根据以上特征，并参考《真菌鉴定手册》（魏景超，1979）与《中国真菌志·第十六卷链格孢属》（张天宇，2003），确定其为链格孢菌（*Alternaria alternata*），隶属半知菌亚门（Deuteromycotina）丛梗孢目（Moniliales）暗丛梗孢科（Dematiaceae）砖隔孢亚科（Dietyosporoideae）暗色砖隔孢族（Phaeodictyeae）链格孢属（*Alternaria*）。

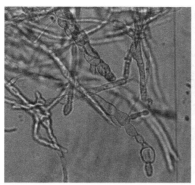 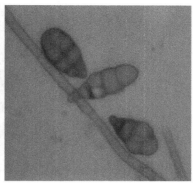

分生孢子（×100倍）　　　　　　　分生孢子链（×40倍）

图 9-9　*A. alternata* 分生孢子与分生孢子链形态（引自冯源等，2010）（彩图请扫封底二维码）

Figure 9-9　Morphology of spore and spore chain of *A. alternate*

离体叶片接种试验的结果表明，叶片产生紫褐色病斑，并具有黑色、紫褐色坏死线，病斑边缘出现明显的黄色褪绿晕圈（图 9-10），与田间发病症状一致。对接种后发病的叶片进行镜检，发现椭圆形褐色孢子，再次分离病菌的菌落形态及分生孢子同链格孢菌（*A. alternata*）完全一致。确定灯盏花叶斑病致病菌为链格孢菌。

图 9-10　人工接种链格孢菌后灯盏花叶片发病症状（引自冯源等，2010）（彩图请扫封底二维码）

Figure 9-10　Disease symptom of *E. breviscapus* leaf after artificial infection with *A. alternate*

3. 链格孢菌对 UV-B 辐射增强的生长与生理响应

（1）链格孢菌菌落及菌丝形态的变化

经不同 UV-B 辐射处理过的链格孢菌在培养 7 天后的菌落形态变化见图 9-11。经 UV-B 辐射增强处理的链格孢菌菌丝分布明显变得致密、紧凑；气生菌丝大量减少；病菌黑色素增多，菌落逐渐变为黑褐色，颜色加深。10kJ/m^2 UV-B 辐射强度处理的病菌菌丝颜色明显比 5kJ/m^2 UV-B 辐射处理的病菌菌丝颜色深。

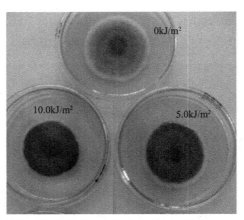

图 9-11　UV-B 辐射增强对链格孢菌菌落形态的影响（引自冯源等，2010）（彩图请扫封底二维码）

Figure 9-11　Effects of enhanced UV-B radiation on colony morphology of *A. alternate*

经不同 UV-B 辐射处理过的病菌菌丝形态变化见图 9-12。正常生长的链格孢菌菌丝均匀透明，呈珊瑚状，细长而平滑。而经 UV-B 辐射处理后，病菌菌丝内颗粒状沉积物质增多，菌丝体变粗，菌丝颜色加深，表面凸凹不平，呈结节状。

链格孢菌菌落与菌丝形态的变化体现了病菌对 UV-B 辐射增强的形态学适应。这些形态学变化都可以改变 UV-B 辐射对链格孢菌的穿透力，在一定程度上削弱到达病菌表面或进入菌丝内部的 UV-B 辐射，从而更好地保护链格孢菌。

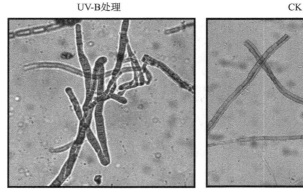

图 9-12　经 UV-B 辐射处理后链格孢菌菌丝形态变化（引自冯源等，2010）（彩图请扫封底二维码）

Figure 9-12　Change of mycelium morphology of *A. alternata* after UV-B radiation

（2）链格孢菌菌丝生长率的变化

表 9-12 显示了经 UV-B 辐射处理后 1～7 天链格孢菌的菌丝生长变化。UV-B 辐射增强导致菌丝生长明显滞后，对照组病菌的菌丝生长率最大值出现在辐射后第 5 天，而经 UV-B 辐射处理过的病菌菌丝生长率峰值出现在辐射后第 7 天（冯源等，2010）。经 UV-B 辐射处理后 1～5 天，随 UV-B 辐射增强，菌丝生长率显著下降。在 UV-B 辐射后第 7 天，5.0kJ/m^2 UV-B 辐射强度处理的链格孢菌菌落直径同对照之间没有显著差异，而高强度的 UV-B 辐射（10.0kJ/m^2）处理后病菌菌落直径则显著下降。同一 UV-B 辐射强度下，

20～60min 的辐射时间对菌丝生长的影响没有显著差异。

表 9-12　UV-B 辐射增强对链格孢菌菌丝生长率（%）和直径（mm）的影响（引自冯源等，2010）

Table 9-12　Effects of enhanced UV-B radiation on mycelium growth rate (%) and diameter (mm) of *A. alternata*

| UV-B 辐射 | | UV-B 辐射后培养时间（天） | | | | UV-B 辐射后第 7 天菌落直径　（mm） |
辐射强度（kJ/m²）	辐射时间（min）	1	3	5	7	
0		13.25	31.69a	50.72a	21.35c	68.27a
5.0	20	0	18.55b	37.37b	45.57a	70.25a
	40	0	19.24b	36.84b	46.25a	67.09a
	60	0	19.63b	37.31b	46.04a	68.98a
10.0	20	0	12.28c	28.48c	38.73b	59.87b
	40	0	11.08c	28.21c	37.06b	62.45b
	60	0	12.41c	27.66c	37.59b	62.85b

注：不同小写字母表示不同处理间在 $P < 0.05$ 水平差异显著（$n=5$）

（3）链格孢菌菌丝干重与产孢量的变化

由表 9-13 可知，随 UV-B 辐射强度的增加，链格孢菌的菌丝干重显著增加。病菌菌丝干重增加主要是由 UV-B 辐射增强导致菌丝内合成大量沉积物质造成的，也是病菌对 UV-B 辐射的形态学响应机理之一。链格孢菌的产孢量则表现出不同的响应。UV-B 辐射增强导致病菌的产孢量显著下降。同一 UV-B 辐射强度下，20～60min 的处理时间对链格孢菌菌丝干重与产孢量的影响没有显著差异。

表 9-13　UV-B 辐射增强对链格孢菌菌丝干重（mg）与产孢量的影响（引自冯源等，2010）

Table 9-13　Effects of enhanced UV-B radiation on mycelium dry weight (mg) and sporulation quantity of *A. alternate*

| UV-B 辐射 | | 菌丝干重（mg） | 产孢量 |
辐射强度（kJ/m²）	辐射时间（min）		
0		236.24a	+++
5.0	20	268.01b	++
	40	272.70b	++
	60	270.32b	++
10	20	314.71c	+
	40	313.16c	+
	60	316.52c	+

注：产孢量标准如下：$10^0～10^2$ 个/mL 为稀少、$10^3～10^5$ 个/mL 为中等、$10^6～10^8$ 个/mL 为丰富，分别以+、++、+++ 表示；不同小写字母表示不同处理间在 $P<0.05$ 水平差异显著（$n=5$）

（4）链格孢菌分生孢子萌发率的变化

UV-B 辐射增强对链格孢菌的分生孢子萌发率具有显著影响（表 9-14）。同对照相比，经 UV-B 辐射处理过的链格孢菌分生孢子萌发时间延迟，在培养 8h 后才开始萌发。对照组分生孢子在 24h 后停止萌发，而经 UV-B 辐射处理过的病菌分生孢子在 32h 后才停止萌发。同时，随 UV-B 辐射强度的增加，分生孢子萌发率显著下降。同菌丝的生长率相比，链格孢菌的分生孢子对辐射时间更为敏感，同一 UV-B 辐射强度下，随辐射时间延长分生孢子萌发率显著（除 $5.0kJ/m^2$ UV-B 辐射处理的 32h 和 48h 的 60min 与 40min 外）下降。

表 9-14　UV-B 辐射增强对链格孢菌分生孢子萌发率（%）的影响（引自冯源等，2010）

Table 9-14　Effects of enhanced UV-B radiation on spore germination rate (%) of *A. alternate*

UV-B 辐射		UV-B 辐射后培养时间（天）					
辐射强度（kJ/m^2）	辐射时间（min）	4	8	12	24	32	48
0		23.39	39.42a	56.41a	72.67a	72.67a	72.67a
5.0	20		16.39b	26.56b	33.45b	41.62b	41.62b
	40		13.08c	23.54c	30.50c	37.78c	37.78c
	60		11.47d	20.67d	26.28d	33.95c	33.95c
10.0	20		8.44e	15.91e	21.56e	28.75d	28.75d
	40		6.37f	13.67f	17.51f	25.80e	25.80e
	60		2.07g	8.63g	13.73g	21.15f	21.15f

注：不同小写字母表示不同处理间在 $P < 0.05$ 水平差异显著（$n=5$）

（5）链格孢菌生理活性的变化

UV-B 辐射增强导致链格孢菌纤维素酶活性显著下降（表 9-15）。随处理后培养时间的延长，病菌酶活逐渐升高。在处理后第 7 天，$5.0kJ/m^2$ UV-B 辐射强度处理的链格孢菌纤维素酶活性同对照之间没有显著差异，经 $10.0kJ/m^2$ UV-B 辐射强度处理过的病菌酶活仍然显著降低。同一 UV-B 辐射强度下，经 20～60min 的辐射处理，病菌酶活没有显著变化。

表 9-15　UV-B 辐射增强对链格孢菌纤维素酶活性[U/（mg·min）]的影响（引自冯源等，2010）

Table 9-15　Effects of enhanced UV-B radiation on cellulose activity[U/(mg·min)]of *A. alternata*

UV-B 辐射后培养时间（天）	UV-B 辐射处理						
	0kJ/m^2	5.0kJ/m^2			10.0kJ/m^2		
		20min	40min	60min	20min	40min	60min
1	0.0241a	0.0112b	0.0114b	0.0109b	0.0067c	0.0065c	0.0063c
3	0.0376a	0.0254b	0.0249b	0.0253b	0.0113c	0.0111c	0.0108c
5	0.0422a	0.0275b	0.0281b	0.0278b	0.0201c	0.0198c	0.0195c
7	0.0439a	0.0435a	0.0431a	0.0437a	0.0365b	0.0371b	0.0368b

注：不同小写字母表示不同处理间在 $P < 0.05$ 水平差异显著（$n=5$）

UV-B 辐射增强导致链格孢菌果胶酶活性显著下降（表 9-16）。经 UV-B 辐射增强处理后，链格孢菌果胶酶活性表现出同纤维素酶一致的变化规律。随 UV-B 辐射处理后培养时间的延长,病菌果胶酶活性逐渐升高。在处理后第 7 天,5.0kJ/m² UV-B 辐射强度处理的链格孢菌酶活与对照之间没有显著差异,经 10.0kJ/m² UV-B 辐射强度处理过的病菌酶活显著降低。同一 UV-B 辐射强度下,经 20～60min 的辐射处理,病菌酶活没有显著变化。

表 9-16　UV-B 辐射增强对链格孢菌果胶酶活性[U/(mg·min)]的影响（引自冯源等,2010）

Table 9-16　Effects of enhanced UV-B radiation on pectinase activity[U/(mg·min)]of *A. alternata*

UV-B 辐射后培养时间（天）	UV-B 辐射处理						
	0kJ/m²	5.0kJ/m²			10.0kJ/m²		
		20min	40min	60min	20min	40min	60min
1	0.311a	0.166b	0.159b	0.163b	0.093c	0.089c	0.091c
3	0.369a	0.203b	0.196b	0.192b	0.105c	0.110c	0.106c
5	0.527a	0.413b	0.405b	0.409b	0.296c	0.301c	0.294c
7	0.563a	0.566a	0.561a	0.558a	0.438b	0.441b	0.436b

注：不同小写字母表示不同处理间在 $P < 0.05$ 水平差异显著（$n = 5$）

　　UV-B 辐射增强对链格孢菌 CAT 活性的影响见表 9-17。链格孢菌 CAT 活性对 UV-B 辐射增强表现出与纤维素酶、果胶酶活性不一致的响应。随 UV-B 辐射强度的增加,病菌 CAT 活性显著升高。随处理后培养时间的延长,病菌 CAT 活性表现出先上升后下降的变化规律,对照组酶活则持续升高。经 10.0kJ/m² UV-B 辐射强度处理过的病菌酶活高峰出现在处理后第 3 天；经 5.0kJ/m² UV-B 辐射强度处理过的链格孢菌 CAT 活性高峰出现处理后第 5 天。在处理后第 7 天,辐射处理链格孢菌的 CAT 活性与对照之间没有显著差异。同一 UV-B 辐射强度下,20～60min 的辐射处理对链格孢菌的 CAT 活性没有显著影响。

表 9-17　UV-B 辐射增强对链格孢菌 CAT 活性[U/（mg·min）]的影响（引自冯源等,2010）

Table 9-17　Effects of enhanced UV-B radiation on CAT activity[U/(mg·min)]of *A. alternata*

UV-B 辐射后培养时间（天）	UV-B 辐射处理						
	0kJ/m²	5.0kJ/m²			10.0kJ/m²		
		20min	40min	60min	20min	40min	60min
1	0.603c	0.721b	0.725b	0.731b	0.939a	0.941a	0.948a
3	0.741c	0.973b	0.968b	0.976b	1.338a	1.335a	1.329a
5	0.931c	1.134b	1.129b	1.132b	1.168a	1.172a	1.165a
7	1.092a	1.086a	1.112a	1.090a	1.110a	1.089a	1.094a

注：不同小写字母表示不同处理间在 $P < 0.05$ 水平差异显著（$n=5$）

　　如表 9-18 所示,UV-B 辐射增强条件下,链格孢菌可溶性蛋白含量显著降低。随处理后培养时间的延长,病菌可溶性蛋白含量逐渐升高,但始终低于对照水平。在处理后第 5 和 7 天,5.0kJ/m² 与 10.0kJ/m² 辐射强度处理组之间没有显著差异。同一 UV-B 辐射强度下,经 20～60min 的辐射处理,链格孢菌的可溶性蛋白含量未发生显著变化。

表 9-18　UV-B 辐射增强对链格孢菌可溶性蛋白含量（mg/mL）的影响（引自冯源等，2010）

Table 9-18　Effects of enhance UV-B radiation on soluble protein content (mg/mL) of *A. alternata*

UV-B 辐射后培养时间（天）	UV-B 辐射处理						
	0kJ/m²	5.0kJ/m²			10.0kJ/m²		
		20min	40min	60min	20min	40min	60min
1	0.196a	0.162b	0.158b	0.163b	0.141c	0.135c	0.137c
3	0.211a	0.179b	0.176b	0.181b	0.162c	0.165c	0.163c
5	0.218a	0.190b	0.201b	0.198b	0.191b	0.196b	0.194b
7	0.221a	0.206b	0.211b	0.209b	0.208b	0.205b	0.210b

注：不同小写字母表示不同处理间在 $P < 0.05$ 水平差异显著（$n=5$）

由以上几种酶类活性与可溶性蛋白含量的变化可以看出，UV-B 辐射增强可对链格孢菌的生理生化产生显著的影响。经 UV-B 辐射处理后，病菌的两种胞壁降解酶活性与可溶性蛋白含量均显著下降，这在一定程度上导致病菌在生长、致病性等方面发生变化。UV-B 辐射可导致生物体产生大量的活性氧，链格孢菌通过提高自身 CAT 活性来清除体内活性氧自由基，降低 UV-B 辐射造成的光氧化伤害，这充分体现了病菌对 UV-B 辐射增强的适应性。

用经 UV-B 辐射增强处理过的链格孢菌进行人工接种试验，灯盏花叶斑病的病情指数随 UV-B 辐射增强而显著下降（图 9-13）。这表明 UV-B 辐射增强导致链格孢菌的致病力显著下降。同一 UV-B 辐射强度下，对链格孢菌进行 20～60min 的辐射处理，这对病菌的致病力没有显著影响。

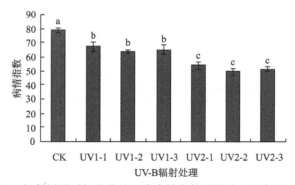

图 9-13　UV-B 辐射增强对灯盏花叶斑病病情指数的影响（引自冯源等，2010）

Figure 9-13　Effects of enhance UV-B radiation on disease index of leaf spot of *E. breviscapus*

CK：0kJ/m²，UV1-1：5.0kJ/m²+20min，UV1-2：5.0kJ/m²+40min，UV1-3：10kJ/m²+60min，UV2-1：10kJ/m²+20min，UV2-2：10kJ/m²+40min，UV2-3：10kJ/m²+60min；不同小写字母表示不同处理间在 $P < 0.05$ 水平差异显著（$n=5$）

4. 灯盏花叶斑病对 UV-B 辐射增强的响应

（1）灯盏花居群的田间病情调查与室内人工接种结果

由图 9-14 可知，6 个灯盏花居群的抗病性存在一定差异。D47 与 D48 居群的叶斑病病情指数显著高于其他 4 个居群，分别为 62.24 和 63.57，表现为感病（S）。D01、D53、

D63 和 D65 居群病情指数分别为 44.9、42.78、43.41 与 36.82，其中 D65 居群病情指数显著低于 D47、D48 和 D63，这 4 个灯盏花居群均表现为中抗（M）。

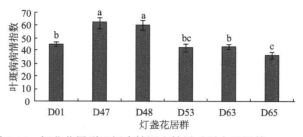

图 9-14　灯盏花居群田间病情调查结果（引自冯源等，2010）

Figure 9-14　Results of of field investigations for leaf spot of *E. breviscapus* populations

不同小写字母表示不同处理间在 $P < 0.05$ 水平差异显著（*n*=5）

在田间调查的基础上，于室内对 6 个灯盏花居群进行叶斑病病菌的人工接种试验，观察其潜育期长短、病斑变化情况，并在接种后第 7 天计算病情指数，结果见表 9-19。6 个灯盏花居群接种链格孢菌后的潜育期在 12～24h，D47 与 D48 居群潜育期最短，D65 居群在接种后 24h 才表现出发病症状。在接种后第 7 天，D47 与 D48 居群的叶斑病病情指数显著高于其他 4 个居群，表现为感病（S）；D01、D53、D63 和 D65 居群病情指数分别为 51.08、48.57、53.98 与 46.69，均表现为中抗（M），D65 居群病情指数显著低于 D01 和 D63。

表 9-19　灯盏花居群室内接种链格孢菌的发病结果（引自冯源等，2010）

Table 9-19　Results of *E. breviscapus* populations infected artificially with *A. alternate* indoor

居群	接种后不同时间叶斑病发病情况				潜育期（h）	病情指数
	12h	24h	48h	72h		
D01	未表现症状	针头状褐色斑点，细小	病斑增多，细小，叶绿	病斑扩大，颜色加深，增多	22	51.08b
D47	零星针头状褐色小斑	病斑扩大，呈褐色，少量	病斑扩大，颜色加深，少数病斑连接成片	病斑扩大，颜色加深，病斑连接成片，增多	12	67.38a
D48	零星针头状褐色小斑	病斑扩大，呈褐色，少量	病斑扩大，颜色加深，少数病斑连接成片	病斑扩大，颜色加深，病斑连接成片，增多	12	65.05a
D53	未表现症状	针头状褐色斑点，细小	病斑增多，细小，叶绿	病斑扩大，颜色加深，增多	18	48.57bc
D63	未表现症状	针头状褐色斑点，细小	病斑增多，细小，叶绿	病斑扩大，颜色加深，增多	20	53.98b
D65	未表现症状	针头状褐色斑点，细小	病斑增多，细小，叶绿	病斑扩大，增多，叶绿	24	46.69c

注：不同小写字母表示不同居群间在 $P < 0.05$ 水平差异显著（*n*=5）

6 个灯盏花居群的叶斑病病菌室内人工接种感病变化与田间自然发病程度基本一

致。D47 与 D48 居群的室内接种和田间自然感病的病情指数均较高，而 D01、D53、D63 和 D65 居群病情指数均较低。

（2）UV-B 辐射处理对 6 个灯盏花居群病情指数的影响

由图 9-15 可知，不同 UV-B 辐射处理对灯盏花居群病情指数具有不同程度的影响。D01、D53、D63 与 D65 居群病情指数由小到大依次为接种+UV < UV+接种 < 发病+UV < 接种，各处理组之间差异均达到显著水平（$P < 0.05$）。D47 与 D48 居群病情指数由小到大依次为接种+UV<接种<发病+UV < UV+接种，除 D47 居群发病+UV 与接种处理之间没有显著差异外，其余各处理组之间差异均达到显著水平（$P < 0.05$）。

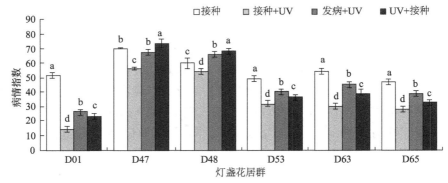

图 9-15　UV-B 辐射对 6 个灯盏花居群病情指数的影响（引自冯源等，2010）

Figure 9-15　Effects of UV-B radiation on disease indexes of six *E. breviscapus* populations

不同小写字母表示不同处理间在 $P < 0.05$ 水平差异显著（$n=5$）

由此可见，接种病菌后即刻进行 UV-B 辐射处理对 6 个灯盏花居群叶斑病病情的控制效果最好。预先对植株进行 7 天的 UV-B 辐射处理后接种病菌，以及植株发病后再进行 UV-B 辐射处理这两种处理方法对中抗居群 D01、D53、D63 以及 D65 的叶斑病病情也有一定的控制效果，但是这两种处理方法极大地增加了感病居群 D47 与 D48 的感病性，导致叶斑病病情加重。

二、UV-B 辐射对稻瘟病菌生长的影响

稻瘟病菌（*Magnaporthe oryzae*）通过分生孢子的传播侵染水稻叶片，所引起的叶面真菌病即稻瘟病。稻瘟病菌侵染水稻的过程主要为：孢子附着到寄主表皮，孢子萌发，芽管发育，附着胞形成，在寄主植物中生长，产生孢子传播（Galhano and Talbot，2011；Marroquin et al.，2017），叶片受到侵染后会在表面形成可见的坏死症状。

在水稻不同感病时期进行 UV-B 辐射处理，水稻光防御响应与抗病防御响应过程不同，最终影响水稻稻瘟病病情程度（高潇潇等，2009；Li et al.，2018b）。UV-B 辐射增强可以直接作用于暴露在植物上的病原菌，通过抑制病原菌分生孢子的扩散，减少稻瘟病的发生（Li et al.，2018a）。

1. 增强 UV-B 辐射对稻瘟病菌孢子萌发率的影响

UV-B 辐射处理水稻叶片上的孢子萌发率显著低于自然光照处理水稻叶片上的孢子萌发率，三个辐射强度分别降低 35.3%、51.1% 和 27.2%（图 9-16），且 5.0kJ/m² UV-B 辐射处理叶片上的孢子萌发率降幅最大，孢子萌发率最低，为 21.9%（Li et al., 2018b）。

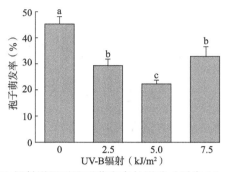

图 9-16　UV-B 辐射增强对孢子萌发率的影响（引自 Li et al., 2018b）

Figure 9-16　Effects of enhanced UV-B radiation on spore germination rate

不同小写字母表示不同处理间在 $P < 0.05$ 水平差异显著

2. 增强 UV-B 辐射对稻瘟病菌生长指标的影响

经 UV-B 辐射处理过的水稻叶片，人工接种稻瘟病菌后，其附着胞形成量、菌落数量和病斑数量均低于自然光照处理的水稻叶片，且 2.5kJ/m² 和 5.0kJ/m² UV-B 辐射处理水稻叶片上附着胞形成量显著降低，5.0kJ/m² 和 7.5kJ/m² UV-B 辐射处理水稻叶片上菌落数量显著降低（夏杨，2016），5.0kJ/m² UV-B 辐射处理水稻叶片上病斑数量显著降低。三个辐射强度附着胞形成量分别降低 35.0%、38.6% 和 4.3%，5.0kJ/m² UV-B 辐射处理叶片上的附着胞形成量降幅最大，为 38.6%；菌落数量分别降低了 6.9%、20.7% 和 20.7%，5.0kJ/m² 和 7.5kJ/m² UV-B 辐射处理叶片上的菌落数量降幅最大，均为 20.7%；病斑数量分别降低 0、33.3% 和 23.8%，5.0kJ/m² UV-B 辐射处理叶片上的病斑数量降幅最大，为 33.3%（表 9-20）。

表 9-20　UV-B 辐射增强对稻瘟病菌生长指标的影响（引自夏杨，2016）

Table 9-20　Effects of enhanced UV-B radiation on growth index of *M. oryzae*

UV-B 辐射强度（kJ/m²）	生长指标（个/皿）		
	附着胞形成量	菌落数量	病斑数量
0	140.0±8.8a	29.0±2.3a	21.0±2.5a
2.5	91.0±4.7b	27.0±2.6ab	21.0±1.5a
5.0	86.0±2.7b	23.0±2.3b	14.0±0.9b
7.5	134.0±3.4a	23.0±1.5b	16.0±1.2ab

注：不同小写字母表示不同处理间在 $P < 0.05$ 水平差异显著

自然光照处理水稻叶片上的产孢量显著高于 UV-B 辐射处理水稻叶片上的产孢量，

随着 UV-B 辐射强度的增加,叶片上产孢量相较对照分别降低了 13.8%、41.4%和 31.0%。其中 5.0kJ/m² UV-B 辐射处理的水稻叶片上产孢量降幅最大, 为 41.4%（图 9-17）。

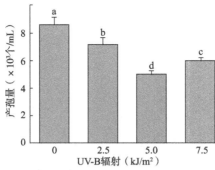

图 9-17　UV-B 辐射增强对产孢量的影响（个/mL）（引自夏杨，2016）

Figure 9-17　Effects of enhanced UV-B radiation on sporulation（units/mL）

不同小写字母表示不同处理间在 $P<0.05$ 水平差异显著（LSD 检验，$n=3$）

3. UV-B 辐射增强对稻瘟病病情指数的影响

接种与不接种处理下，水稻都会发生病害，由于稻瘟病菌的分生孢子通过空气传播，在大田环境中，空气的流动是不可控的，但是试验结果表明（表 9-21），接种组的稻瘟病病情指数（DI）是显著高于对照组的，这也从侧面说明接种处理加重水稻病情。

表 9-21　UV-B 辐射增强对稻瘟病发病率与病情指数的影响（引自夏杨，2016）

Table 9-21　Effects of enhanced UV-B radiation on the incidence and DI of rice blast

UV-B 辐射强度 [kJ/（m²·d）]	对照		接种	
	侵染率（%）	DI（%）	侵染率（%）	DI（%）
CK	11.39±2.82a	12.47±0.92a	33.02±1.22a	27.60±2.42a
2.5	6.25±1.68b	5.23±1.45c	26.34±1.36b	13.88±0.25c
5.0	6.20±1.55b	4.52±1.14c	19.00±1.14c	15.16±0.74c
7.5	10.41±4.60a	9.62±1.60b	26.64±1.55b	19.67±2.37b

注：不同小写字母表示不同处理间在 $P<0.05$ 水平差异显著（$n=3$）

UV-B 辐射对水稻病情具有显著影响（图 9-18），但是在各感病时期进行 UV-B 辐射增强处理间水稻的病情指数没有显著差异，显著低于只接种稻瘟病菌处理的病情指数。增强 UV-B 辐射强度的病情指数显著低于自然光照处理。虽然不同感病时期进行 UV-B 辐射处理之间并没有显著差异，但是感病后进行 UV-B 辐射处理的水稻病情明显比另外 2 个处理的病情严重，病情指数的上限较高。由图 9-18 得出 AUDPC（area under disease progress curve）值，带入综合影响评价因子公式，经计算 UV-B 辐射增强对水稻-稻瘟病菌互作体系的综合影响评价因子 $W=1.262>0$，因此 UV-B 辐射增强对水稻稻瘟病的发生具有抑制效果。

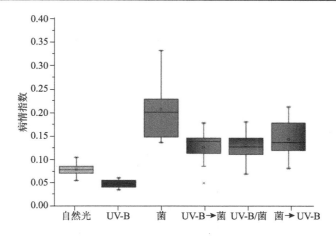

图 9-18　UV-B 辐射对不同感病时期水稻病情指数的影响（引自李想等，2018）

Figure 9-18　Effects of UV-B radiation on the disease index of rice blast in different periods of infection

接种稻瘟病菌后，水稻叶片苯丙氨酸解氨酶（PAL）、脂氧合酶（LOX）、几丁质酶（CHT）、β-1,3-葡聚糖酶在增强 UV-B 辐射处理下与自然光照条件相比，活性增高幅度大。分蘖期是水稻稻瘟病中叶瘟病的高发期，也是稻瘟病的初期，随着 UV-B 辐射强度的增加，接种组感病叶片 PAL 活性显著升高，有利于水稻叶片中酚类物质（类黄酮、总酚）的合成与积累，酚类物质除了具有抵御 UV-B 辐射胁迫的功能外，还能抑制病原菌潜育期的侵染（McCloud and Berenbaum，1994）。随 UV-B 辐射强度增加，LOX 活性显著提高，开启了组织膜脂过氧化反应，过氧化物和含氧自由基含量增多，启动了茉莉酸防御途径。茉莉酸防御途径是植物抗病生理的重要过程，同时可以使植物对逆境产生抗性，加速感病叶片快速衰老死亡，一方面通过氧化反应提高水稻的抗病性，另一方面使感病叶片组织快速衰老死亡，由死细胞组成物理屏障，降低感病部位水分与养分的可利用性，病原菌缺乏养分的供给就会死亡，发病率降低（Charles et al.，2009），在一定程度上抑制了病原菌孢子的产生以及病情的扩展，使水稻抗病性提高（Ohta et al.，1991）。

三、UV-B 辐射对微生物繁殖的影响

1. UV-B 辐射对海洋浮游异养细菌的影响

UV-B 辐射增强使海洋微生物产量及自然水体中细菌数量减少。在美国东部切萨皮克湾吸收氨基酸的细菌数量经过 UV-B 辐射后下降。另外，低剂量的 UV-B 辐射降解有机物质会刺激细菌生长。

Joux 等（1999）测定了 UV-B 辐射对 5 种海洋细菌和 1 种肠道细菌的分子影响与生物学影响，发现除了 *Sphingomonas* sp.菌株（一种寡氧超微型细菌），其他各种细菌均受到损害。*Sphingomonas* sp.菌株的 DNA 基本没有受到损害，呈现出强烈的 UV-B 辐射抗性。UV-B 辐射会影响表层水域的微生物群落结构。Arrieta 等（2000）研究了海洋细菌对 UV-B 辐射（295～320nm）敏感性的种间差异以及受 UV-B 辐射后的修复速度差异。

细菌接受 UV-B 辐射 4h 后，滤除 UV-B 辐射继续接受照射，细菌活性根据不同试验条件下体内胞嘧啶和亮氨酸的含量确定，11 种细菌对 UV-B 辐射存在巨大的种间差异，与暗箱培养的细菌相比，UV-B 辐射组亮氨酸的抑制程度为 21%～92%，胞嘧啶的抑制程度为 14%～84%。结果说明细菌对 UV-B 辐射敏感性及其修复存在巨大的种间差异，这可以解释海洋表层水域微生物对 UV-B 辐射调节作用上的差异。但也有相反的研究结果，Winter 等（2001）发现 UV-B 辐射对异养细菌群落的菌属组成没有影响。

藻类细胞中含有 UV-B 受体蛋白，这是一类光敏色素，能感受到 UV-B 辐射的强度，因此藻类和浮游细菌可向水层的更深处迁移以逃避 UV-B 辐射。但细菌是否有同样的受体蛋白，还没有报道来证实。

增加细胞体内 UV-B 吸收物质含量是防御 UV-B 辐射的一种有效方式，其对紫外辐射有屏蔽作用。这些物质有些是细胞所固有的，有些是 UV-B 辐射诱导后生成的，还有些则是细胞原有但是经 UV-B 辐射诱导后含量增加。已经发现的 UV-B 辐射屏蔽色素主要有孢粉素（sporopollenin）、三苯甲咪唑（mycosporine）、氨基酸糖苷（MAA）等（表 9-22）。Dunlap 等（1998）指出 MAA 能在真菌、海洋细菌、蓝藻和真核藻类细胞中合成。MAA 在藻类和真菌中存在已有很多报道，但目前尚未见到能够合成 MAA 的异养细菌的具体报道。UV-B 辐射会使细胞中的 MAA 含量增加，且增加幅度在不同的辐射条件下有所不同。MAA 的合成除了受辐射强度影响外，也受到光谱性质的影响。由于这方面的研究还不多，MAA 确切的光谱行为及功能还没有弄清楚（周文礼，2008）。

表 9-22　部分 UV 吸收物质的性质（引自周文礼，2008）

Table 9-22　The nature of some UV absorbing materials

种类	溶解性	吸收峰
sporopollenin（孢粉素）	水溶性	
mycosporine（三苯甲咪唑）	水溶性	295nm
MAA（氨基酸糖苷）	水溶性	310nm、320nm、330nm、334nm、337nm、357nm、360nm
scytonemin（伪枝藻）	脂溶性	370 nm

当蓝细菌 Synechococcus pCC7492 受到 UV-B 辐射后，编码 PSIIDI 蛋白的基因簇 psbA 表达迅速发生改变。原来编码 PSIID1:1 的 psAI 表达减弱，而编码 PSIID1:2 的基因 psAII 表达明显增强。一段时间后，PSIID1:1 被 PSIID1:2 所取代。试验证明，缺少 psAII 和 psAIII 的突变品系对 UV-B 辐射很敏感，而表达 psAII 和 psAIII 的突变品系几乎完全不受 UV-B 辐射的影响，也就是说，PSIID1:2 蛋白不受 UV-B 辐射的影响。这可以解释某些藻类只在短时间内受 UV-B 辐射的影响。

UV-B 辐射引起的 DNA 损伤能否导致 DNA 结构的最终变化，进而引起一系列生物学变化，取决于 DNA 的损伤程度和 DNA 的修复能力。最早从分子水平揭示修复机理的是 Setlow 和 Carrier，在 1964 年发现大肠杆菌 B 在紫外辐射后，经过一段时间的培养，胸腺嘧啶二聚体被切除。同时发现这一过程与合成的恢复及细胞存活有关。

细胞内的修复系统能被 UV-B 辐射诱导。受损 DNA 分子的修复机理有两种，即光修复和切除修复。当 DNA 受到紫外辐射以后，形成嘧啶二聚体，光裂合酶（photolyase）利用波长在 300～500nm 的蓝光和近紫外光作为光源，把二聚体单体化。同时不同类型的 DNA 损伤能被细胞内许多酶参与的切除修复所修复。上述 DNA 损伤可以快速高效地由被光激活的光裂合酶修复。

UV-B 辐射对敏感型藻产生损害是其 DNA 受到 UV-B 辐射损伤后不能得到修复，因此损伤越来越严重；而 UV-B 辐射对抗型藻的损害不呈累积效应则是 DNA 经 UV-B 辐射损伤的同时得到了修复，因此，只有当单位时间内 UV-B 辐射造成的损伤超出了修复极限时，才会导致损伤日趋严重。

与对照组相比，低于 $0.4J/m^2$ 的 UV-B 辐射对小球藻共栖异养细菌相对增长率无显著影响，$0.8J/m^2$ 以上的 UV-B 辐射剂量明显抑制细菌的生长。在小球藻生长的后期，UV-B 辐射对细菌的抑制作用明显加强，且随 UV-B 辐射剂量的增加，这种抑制作用越发明显（周文礼，2008）。

UV-B 辐射胁迫下，起始密度不同时小球藻对细菌的作用变化更加明显。同一小球藻起始密度条件下，随 UV-B 辐射增强，共栖异养细菌的相对增长率迅速下降，辐射剂量为 $0.2～0.8J/m^2$，在球藻生长后期细菌相对增长率开始增加，随辐射剂量的增加，相对增长率的增加值减小，大于 $1.6J/m^2$ 的 UV-B 辐射始终抑制细菌的生长，表明 UV-B 辐射的胁迫加重了小球藻对细菌的抑制作用。同一剂量的 UV-B 辐射处理条件下，随小球藻起始密度的增加，细菌相对增长率逐渐下降。辐射剂量为 $0.2～0.8J/m^2$，在小球藻生长后期，随小球藻起始接种密度的增加，细菌相对增长率增加较快；UV-B 辐射剂量大于 $1.6J/m^2$ 时，密度对细菌相对增长率的影响没有达到显著水平（周文礼，2008）。

2. UV-B 辐射对酵母细胞的影响

（1）培养条件的确定

酵母菌的形态为卵圆形，大小基本一致，细胞质较均匀，经 UV-B 辐射处理后，前期酵母细胞的大小开始发生变化，个别细胞增大，开始出现圆形或椭圆形细胞，细胞内含物也出现轻微的聚集；UV-B 辐射伤害培养至 4h 时，酵母细胞形态不均匀，椭圆形、卵圆形、圆形均有，甚至出现不规则形，细胞明显变小，明显出现细胞内含物聚集；UV-B 辐射培养至 12h 时，细胞大小差距增大，细胞内含物的聚集程度进一步加剧；36h 时，酵母细胞的形态和大小出现差异，细胞开始发生凝集；72h 时，酵母细胞的形态和大小差异进一步加大，细胞凝集更为明显（图 9-19）。酵母菌细胞壁葡聚糖含量在 UV-B 辐射培养过程中明显增加，说明细胞壁结构发生变化，引起细胞形态的变化。另外，由于 UV-B 辐射对细胞代谢产生影响，这种影响会逐渐积累，加之胞内保护性物质或其他产物的生成，最终酵母菌细胞形态发生变化。由此可知，在紫外辐射培养过程中，酵母菌的生长繁殖受到一定的影响。UV-B 辐射会还能伤害酵母细胞 DNA、蛋白质和小分子物质等（伍丹，2009）。

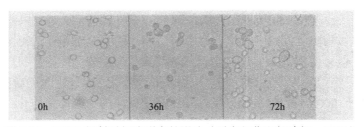

图 9-19　UV-B 辐射对细胞形态的影响（引自赵华和郭建辉，2005）

Figure 9-19　Effects of UV-B radiation on cell morphology

在 UV-B 辐射培养过程中，酵母菌为抵御紫外辐射的伤害，细胞内会发生复杂的生物化学变化，各种活性物质的含量也随之发生变化。接种 2% 活性干酵母进行 UV-B 辐射培养时，酵母细胞的 RNA 含量显著增加；蛋白质含量变化不大；GSH 含量和 SOD、CAT 及 POD 等酶活性均呈下降趋势；而海藻糖、麦角固醇和葡聚糖含量均有不同程度的提高。

将接种浓度为 $1×10^7$ 个/mL 和 $1×10^9$ 个/mL 的酵母细胞在紫外灯下照射培养 96h，最后观察细胞数。低密度培养时（$1×10^7$ 个/mL），UV-B 辐射的酵母细胞初始生长速度较快，但辐射培养后期呈现出明显的下降趋势，且细胞数低于未辐射的酵母细胞。高密度培养时（$1×10^9$ 个/mL），紫外辐射的酵母细胞初期由于 UV-B 辐射的损伤和营养物质有限，生长速度与未辐射细胞相比较慢，也较低密度培养时晚进入稳定期（约为 24h），进入稳定期后细胞停止了分裂和自我繁殖（赵华和伍丹，2009）。

UV-B 辐射诱导的细胞凋亡是酵母细胞在 UV-B 辐射培养下死亡的原因之一。DAPI 染色后，经 UV-B 辐射处理的酵母细胞呈现出典型的细胞凋亡现象，且随着 UV-B 辐射时间的延长凋亡加剧（图 9-20）。24h 时，酵母细胞形态大小开始出现差异，细胞核染色质凝聚，边缘呈新月状。48h 时，20% 以上的酵母细胞逐渐表现出类似现象，核膜崩溃及细胞溶解形成凝聚的凋亡小体。UV-B 辐射 24h 后，DNA 琼脂糖凝胶电泳（图 9-21 泳道 3）出现典型的 DNA Ladder，再次表明其发生了凋亡现象。计算 UV-B 辐射酵母细胞的存活率，辐射 96h 后细胞的存活率比未辐射细胞低 16%。

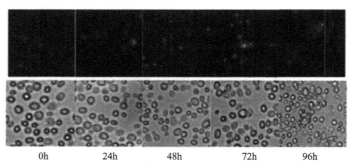

图 9-20　DAPI 法证明 UV-B 辐射 96h 内诱导的细胞凋亡（引自赵华和伍丹，2005）（彩图请扫封底二维码）

Figure 9-20　UV-B radiation induced apoptosis in yeast cells were detected by DAPI stain during 96h UV-B irradiation

上排：荧光显微镜观察；下排：普通光学显微镜观察

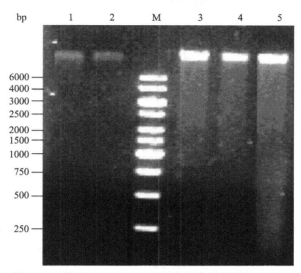

图 9-21 酵母 DNA Ladder（引自赵华和伍丹，2009）

Figure 9-21 Yeast cell DNA Ladder

1～5. 对照、紫外辐射 0h、24h、48h、72h；M. DNA marker

（2）UV-B 辐射处理致死率测定

细胞凋亡调节机理通过清除凋亡和老化的细胞，使存活的细胞获得再生长的能力。研究表明 UV-B 辐射的酵母细胞存活时间更长，8 天后 UV-B 辐射酵母细胞的存活率比未辐射细胞同期高 17%；12 天后辐射细胞的存活率仍有 10%，而未辐射细胞已经基本全部死亡。细胞凋亡调节机理中，ROS 起到了非常重要的调节作用。UV-B 辐射诱导产生的 ROS 通过损伤细胞内蛋白质、磷脂和核酸等，最终导致细胞死亡。有研究报道称，酵母细胞在外界刺激下能够建立起良好的 ROS 解毒机理，修复 ROS 带来的氧化损伤。UV-B 辐射后活细胞内抗氧化物质的水平显著提高。例如，SOD 和 CAT 等抗氧化酶活性的升高，降低了 ROS 水平；海藻糖和葡聚糖等小分子 ROS 清除物质的含量也在 UV-B 辐射过程中得到不同程度的提高。其中酵母细胞葡聚糖细胞壁能够保护其在辐射过程中不受伤害，细胞形态与正常细胞大小一致（赵华和伍丹，2009）。

在确定了 UV-B 辐射伤害培养最佳条件后，为了证明 UV-B 辐射对酵母细胞生长的伤害作用，将 $1×10^9$ 个/mL 浓度的酵母细胞暴露在 UV-B 辐射下 96h。UV-B 辐射伤害培养 24h 内，酵母细胞生长由对数期转变为稳定期，这时 UV-B 辐射伤害暂时不能成为影响酵母细胞生长的主导因素，辐射细胞与未辐射细胞存活率差别不大。24h 后酵母细胞受到了 UV-B 辐射的强烈刺激，这时尽管由细胞计数板法计算得出的细胞数较多，但是相对而言，死亡的细胞较多。最终，UV-B 辐射 96h 后细胞的存活率比未辐射细胞低 16%（赵华和伍丹，2009）。

第三节　UV-B 辐射对植物-微生物相互关系的影响

一、UV-B 辐射对植物共生微生物的影响

丛枝菌根（arbuscular mycorrhiza，AM）是兼有植物根系和专性营养共生真菌特性的一类内生菌根，在促进植物生长、营养吸收、生态系统稳定、植被恢复等方面具有非常重要的作用。丛枝菌根在自然界分布广泛，可存在于农田、森林、沙漠、贫瘠土壤等各种各样的陆地生态系统中。

我们研究了 UV-B 辐射下土壤中丛枝菌根真菌（AMF）孢子的密度，UV-B 辐射对土壤孢子密度的影响与土壤深度有关（表 9-23）。对照（没有 UV-B 辐射）样地中，表层（0～5cm）、中层（5～10cm）和底层（10～15cm）的土壤孢子密度平均分别为 98 个/100g 干土、98 个/100g 干土、125 个/100g 干土，随着深度增加总体有增加的趋势，但相互之间差异不显著（何雷，2009）。

表 9-23　增强 UV-B 辐射对土壤中 AMF 孢子密度的影响（个/100g）（引自何雷，2009）

Table 9-23　Effects of enhanced UV-B radiation on AMF spore density in soil (spores/100g)

处理	CK			UV-B		
	1～5cm	5～10cm	10～15cm	1～5cm	5～10cm	10～15cm
1	101	90	150	196	186	120
2	99	116	98	136	163	116
3	95	81	128	201	139	98
平均值	98±3b	98±18b	125±26b	178±36a	163±24a	111±12a

注：不同小写字母表示不同处理间在 $P<0.05$ 水平差异显著

UV-B 辐射下，表层（0～5cm）、中层（5～10cm）和底层（10～15cm）的土壤孢子密度分别为 178 个/100g 干土、163 个/100g 干土、111 个/100g 干土，数量逐渐减少，上层与底层之间的孢子数量存在显著差异。与对照相比，UV-B 辐射导致土壤孢子数量显著变化，并且在表层（0～5cm）和中层（5～10cm）增加达到显著水平。UV-B 辐射导致高寒草甸生态系统中土壤孢子数量增加。

在解剖镜和显微镜下观察活体孢子及孢子装片，根据孢子的各种形态结构特征参照鉴定手册及相关网站的资料进行了孢子种属的鉴定，鉴定出 5 属 14 种，其中 7 种鉴定到种，7 种鉴定到属，分别为缩球囊霉、球囊霉 1、球囊霉 2、球囊霉 3、摩西球囊霉、球囊霉 4、束球囊霉、微刺球囊霉、美丽盾巨孢囊霉、盾巨孢囊霉 I、无梗囊霉 1、无梗囊霉 2、稀有内养囊霉、*Ambispora gerdemannii*。

研究发现，高寒草甸生态系统中有丛枝菌根真菌 5 属 14 种，具有较高的多样性（图 9-38），它们是 *Glomus constrictum*、*Glomus* sp.1、*Glomus* sp.2、*Glomus* sp.3、*Glomus mosseae*、*Glomus* sp.、*Glomus fasciculatum*、*Glomus spinuliferum*、*Scutellospora calospora*、*Scutellospora* sp.1、*Acaulospora* sp.1、*Acaulospora* sp.2、*Entrophospora infrequens*、

Ambispora gerdemannii，其中球囊霉属为优势属。对照处理中的 *Glomus* sp.2、*Glomus* sp.3、*Acaulospora* sp.2 在增强 UV-B 辐射处理下没有发现，而 UV-B 辐射处理样地中的 *Entrophospora infrequens* 为独有种（表 9-24）。

表 9-24 AMF 种在不同处理所有样地中的分布（引自何雷，2009）

Table 9-24　Distribution of AMF species in all plots of different treatments

	CK	UV-B
Glomus constrictum	+	+
Glomus sp.1	+	+
Glomus sp.2	+	−
Glomus sp.3	+	−
Glomus mosseae	+	+
Glomus sp.4	+	+
Glomus fasciculatum	+	+
Glomus spinuliferum	+	+
Scutellospora calospora	+	+
Scutellospora sp.1	+	+
Acaulospora sp.1	+	+
Acaulospora sp.2	+	−
Entrophospora infrequens	−	+
Ambispora gerdemannii	+	+

丛枝菌根真菌（arbuscular mycorrhizal fungi，AMF）是土壤中最为常见的一类与植物共生的微生物，已经发现超过 80%以上陆生高等植物都与之形成共生关系。AMF 可以帮助植物吸收氮、磷和锌等土壤元素，通过改善植物的水分状况提高植物的抗旱性，增强植物的抗病能力，改良土壤的结构；植物则将 20%左右的光合产物提供给 AMF 作为回报（Van der Heijden，2002）。研究表明，AMF 决定着地上生态系统的植物多样性、植物群落的结构、生态系统的生产力和稳定性，影响着生态系统的整个过程（Rillig，2004）。反过来，植物群落的多样性和种类差异影响土壤及植物根系中 AMF 的种类、数量及功能（Eom et al.，2000；Fitter and Haber-Pohlmeier，2004），人类的活动如耕作和开垦严重破坏了土壤微生物网络，减少了 AMF 的多样性（Bever，2002）。因此，UV-B 辐射下，光合产物积累与分配和植物根系分泌物含量及成分的变化，是否会影响土壤 AMF 的多样性和功能是一个关注较少且意义重大的领域。

Klironomos 和 Allen（1995）首次探讨了增强的 UV-B 辐射下 *Acer saccharum* 根系 AMF 的变化，发现 AMF 数量没有受到影响，丛枝(arbuscular)数量减少和泡囊(vesicular)数量增加，植物次生代谢发生改变。Staaij 等（2001）也观察到紫外辐射增强间接地减少了沙丘草地群落中 AMF 的形成。在瑞典的 Abisco 站，Johnson 等（2002）发现土壤微生物群落对碳源的利用因 UV-B 辐射而减少。Avery 等（2004）观察到增强的 UV-B 辐射并不影响草地根系的 AMF。Albert 等（2008）发现在 UV-B 辐射下，植物的响应没有引起 AMF 在数量上的明显变化。可见，AMF 响应环境的变化会因植物的种类差异而不同（Gamper et al.，2004）。

在土壤 AMF 多样性方面，研究发现在 UV-B 辐射条件下，土壤中 AMF 群落结构和多样性发生了改变：长期增强 UV-B 辐射下的土壤 AMF 群落相比对照增加了一个种 *Entrophospora infrequens*，减少了三个种 *Glomus* sp.2、*Glomus* sp.3、*Acaulospora* sp.2。产生这种结果的原因可能是 UV-B 辐射直接对土壤中 AMF 群落产生作用，也有可能是通过改变植物的生理生化功能导致植物根系外分泌物的组成产生变化，从而影响了根际土壤中 AMF 群落的结构，但是具体原因还有待进一步的研究。

二、UV-B 辐射对植物附生和内生微生物的影响

1. UV-B 辐射对灯盏花附生和内生微生物数量的影响

图 9-22a 表明，UV-B 辐射增强可导致灯盏花各时期根与叶附生细菌数量不同程度的减少。辐射处理组灯盏花根附生细菌数量与对照相比，苗期数量减少不显著，花期数量减少达到极显著水平，果熟期数量减少达显著水平。辐射处理组灯盏花叶附生细菌数量与对照相比较，苗期和花期数量减少均达到极显著水平，果熟期数量显著减少（宣灵，2009）。

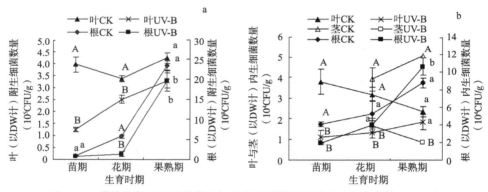

图 9-22　紫外辐射对灯盏花附生与内生细菌数量的影响（引自宣灵，2009）

Figure 9-22　Effects of ultraviolet radiation on the epiphytic and endophytic bacteria of *E. breviscapus*

不同大写字母表示不同处理间在 $P<0.01$ 水平差异显著，不同小写字母表示不同处理间在 $P<0.05$ 水平差异显著

UV-B 辐射增强还会间接影响灯盏花根、茎和叶内生细菌的数量，总体呈下降趋势。辐射处理组灯盏花根内生细菌数量与对照相比，苗期与花期数量均减少，且苗期差异达到极显著水平，而果熟期灯盏花根内生细菌数量经 UV-B 辐射后反而有所增加，增加达显著水平。辐射处理组灯盏花叶和茎内生细菌数量与对照相比较各时期均减少，苗期和花期叶内生细菌、花期和果熟期茎内生细菌数量减少均达到极显著水平（图 9-22b）。

图 9-23a 表明，UV-B 辐射增强可减少灯盏花根与叶附生真菌的数量。处理组灯盏花根附生真菌数量与对照相比，花期和果熟期数量减少达到极显著水平。处理组灯盏花叶附生真菌的数量与对照相比较，果熟期数量减少极显著，花期数量减少显著。

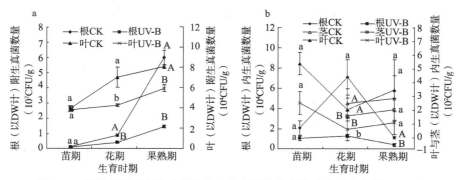

图 9-23　紫外辐射对灯盏花附生与内生真菌数量的影响（引自宣灵，2009）

Figure 9-23　Effects of ultraviolet radiation on the number of epiphytic and endophytic fungi of *E. breviscapus*

不同大写字母表示不同处理间在 *P*<0.01 水平差异显著，不同小写字母表示不同处理间在 *P*<0.05 水平差异显著

灯盏花根、叶和茎内生真菌的数量会间接受到 UV-B 辐射增强影响，辐射增强后灯盏花内生真菌数量总体呈下降趋势。处理组灯盏花根内生真菌数量与对照相比，果熟期数量减少达到极显著水平，花期减少显著。灯盏花叶与茎内生真菌在花期数量与对照相比减少均达到极显著水平，苗期和果熟期内生真菌数量减少不显著（图 9-23b）。

图 9-24 可知，UV-B 辐射增强导致灯盏花根与叶附生放线菌数量发生不同程度的改变，处理组灯盏花根附生放线菌数量与对照相比，苗期、花期和果熟期数量均减少，但差异不显著。处理组灯盏花叶附生放线菌数量与对照相比较，苗期和花期数量减少不显著，而果熟期灯盏花根附生放线菌数量经 UV-B 辐射后反而有所增加，差异达到显著水平。

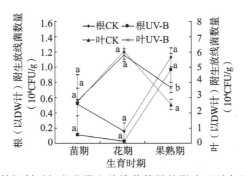

图 9-24　紫外辐射对灯盏花附生放线菌数量的影响（引自宣灵，2009）

Figure 9-24　Effects of ultraviolet radiation on the number of epiphytic actir　　cetes

不同小写字母表示不同处理间在 *P*<0.05 水平差异显著

2. UV-B 辐射对灯盏花附生和内生微生物优势种群的影响

在对照和 UV-B 辐射增强处理下，从苗期、花期和果熟期灯盏花根与叶共分离得到 101 株附生细菌，经鉴定属于芽孢杆菌属（*Bacillus*）、欧文氏菌属（*Erwinia*）、黄杆菌属（*Flavobacterium*）、黄单胞菌属（*Xanthomonas*）、假单胞菌属（*Pseudomonas*）、产碱杆菌属（*Alcaligenes*）、沙雷氏菌属（*Serratia*）、噬纤维菌属（*Cellulophaga*）、哈夫尼肠细菌属（*Hafnia*）和爱德华氏菌属（*Edwardsiella*）。其中芽孢杆菌属和欧文氏菌属

为灯盏花附生细菌的优势种群，分别占总分离附生细菌的 32%和 25%（表 9-25）。

表 9-25　紫外辐射对灯盏花附生细菌优势种群的影响（引自宣灵，2009）

Table 9-25　Effects of ultraviolet radiation on dominant populations of epiphytic bacteria *E. breviscapus*

菌群	苗期（菌株数）				花期（菌株数）				果熟期（菌株数）			
	根		叶		根		叶		根		叶	
	CK	UV-B	CK	UV-B	CK	UV-B	CK	UV-B	CK	UV-B	CK	UV-B
欧文氏菌属 *Erwinia*	4	2	5	3	1	2	1		2	1	2	2
黄杆菌属 *Flavobacterium*				1								
黄单胞菌属 *Xanthomonas*			1	1	1		2	1	2	2		1
芽孢杆菌属 *Bacillus*	5	6	4	2	1	1	4	2	2		5	
假单胞菌属 *Pseudomonas*		2	2	1	4	2			2	1		3
噬纤维菌属 *Cellulophaga*	1		1									
沙雷氏菌属 *Serratia*			1				1					
产碱杆菌属 *Alcaligenes*	1	1		1	1	2		1		1		1
哈夫尼肠细菌属 *Hafnia*			1									
爱德华氏菌属 *Edwardsiella*											1	

UV-B 辐射增强引起灯盏花附生细菌种群结构发生改变，灯盏花叶附生细菌的种群动态受 UV-B 辐射影响变化比根附生细菌种群动态大，黄杆菌属只在 UV-B 辐射增强处理下苗期灯盏花根中分离得到，而在 UV-B 辐射增强处理下苗期、花期和果熟期灯盏花叶中均分离得到对照未分离出的产碱杆菌属。

UV-B 辐射增强还会导致灯盏花根和叶附生细菌种群数目的减少以及优势种群比例的改变。UV-B 辐射增强条件下，灯盏花根附生细菌优势种群芽孢杆菌属和欧文氏菌属占总株数比例分别由对照的 30%和 26%减少到 29%和 21%；灯盏花叶附生细菌优势种群芽孢杆菌属比例由对照的 42%变化成 21%。其中，芽孢杆菌属比例降低在果熟期大于苗期和花期，欧文氏菌属比例减少趋势随着生育期的推进而减弱（表 9-25）。

在对照和 UV-B 辐射增强处理下，从苗期、花期和果熟期灯盏花根、叶与茎共分离得到 106 株内生细菌，经鉴定属于芽孢杆菌属、欧文氏菌属、黄杆菌属、黄单胞菌属、假单胞菌属、产碱杆菌属、沙雷氏菌属、噬纤维菌属、哈夫尼肠细菌属、埃希氏菌属（*Escherichia*）和沙门氏菌属（*Salmonella*）。其中芽孢杆菌属为灯盏花内生细菌的优势种群，占总分离内生细菌菌株的 48%（表 9-26）。

表 9-26　紫外辐射对灯盏花内生细菌优势种群的影响（引自宣灵，2009）

Table 9-26　Effects of ultraviolet radiation on dominant populations of endophytic bacteria in *E. breviscapus*

菌群	苗期（菌株数）				花期（菌株数）						果熟期（菌株数）					
	根		叶		根		叶		茎		根		叶		茎	
	CK	UV-B	CK	UV-B	CK	UV-B	CK	UV-B	CK	UV-B	CK	UV-B	CK	UV-B	CK	UV-B
欧文氏菌属 *Erwinia*	3	3	1			1	1	2	1		1			1	2	1
黄杆菌属 *Flavobacterium*					1						1	2				
黄单胞菌属 *Xanthomonas*							1						1	1		
芽孢杆菌属 *Bacillus*	5	8	5	2	2	5	2	2	3	5	3	2	3		2	2
假单胞菌属 *Pseudomonas*			1					1				2	2	2	2	3
噬纤维菌属 *Cellulophaga*	1	3	1													
沙雷氏菌属 *Serratia*			1												1	
产碱杆菌属 *Alcaligenes*	1	1			1	2					1			1		
哈夫尼肠菌属 *Hafnia*							1									
埃希氏菌属 *Escherichia*	1															
沙门氏菌属 *Salmonella*				1										1		

　　由表 9-26 可知，UV-B 辐射增强会增加苗期和花期灯盏花根内生细菌的种群数目，灯盏花叶内生细菌种群数目则为减少。虽然在 UV-B 辐射增强条件下，灯盏花叶内生细菌种群数目呈减少趋势，但是在叶中分离出新的内生细菌种群，在灯盏花苗期、花期和果熟期的叶中分别分离到对照没有分离出的沙门氏菌属、假单胞菌属和产碱杆菌属各 1 株。

　　UV-B 辐射增强还会导致灯盏花内生细菌优势种群比例的改变，不同部位之间有差异。在 UV-B 辐射增强条件下，灯盏花根内生细菌优势种群芽孢杆菌属占总株数比例由对照的 43%增加到 58%；灯盏花叶内生细菌优势种群芽孢杆菌属占总株数比例却由对照的 50%减少成 30%；灯盏花茎内生细菌优势种群芽孢杆菌属占总株数比例由 58%减少到 42%（表 9-26）（宣灵，2009）。

在对照和 UV-B 辐射增强处理下，从苗期、花期和果熟期灯盏花根与叶共分离得到 64 株附生真菌，经鉴定属于曲霉属（*Aspergillus*）、木霉属（*Trichoderma*）、毛霉属（*Mucor*）、头孢霉属（*Cephalosporium*）、接合霉属（*Mating pers*）、青霉属（*Penicillium*）、交链孢霉属（*Alternaria*）。其中曲霉属和毛霉属为灯盏花附生真菌的优势种群，分别占总分离附生真菌的 36%和 19%（表 9-27）。

表 9-27　紫外辐射对灯盏花附生真菌优势种群的影响（引自宣灵，2009）

Table 9-27　Effects of ultraviolet radiation on dominant populations of epiphytic fungi of *E. breviscapus*

菌群	苗期（菌株数）				花期（菌株数）				果熟期（菌株数）			
	根		叶		根		叶		根		叶	
	CK	UV-B	CK	UV-B	CK	UV-B	CK	UV-B	CK	UV-B	CK	UV-B
曲霉属 *Aspergillus*	3	1	3	2	2	2	1	2	1	1	3	2
木霉属 *Trichoderma*	2	1	2		1	2			1	2		
毛霉属 *Mucor*		1	3	4			1		1		1	
头孢霉属 *Cephalosporium*					2	1				1		1
接合霉属 *Mating pers*	1								1			2
青霉属 *Penicillium*			2						1			1
交链孢霉属 *Alternaria*			2				1	2				

UV-B 辐射增强促使花期灯盏花根附生真菌种群数目增加。UV-B 辐射增强处理后，灯盏花苗期叶与根附生真菌种群数目则表现为减少。UV-B 辐射会影响灯盏花附生真菌的种群结构。灯盏花苗期和果熟期附生真菌种群动态受 UV-B 辐射增强的影响比花期附生真菌种群动态受到的影响大，在 UV-B 辐射增强处理苗期根中分离出对照没分离出的毛霉属 1 株，从果熟期灯盏花根与叶也分离出对照未分离出的头孢霉属各 1 株（表 9-27）。

UV-B 辐射增强还会导致灯盏花附生真菌的优势种群比例改变，但规律不明显。灯盏花根附生真菌优势种群曲霉属和木霉属占总株数比例分别由对照的 38%和 25%转变为处理组的 31%和 38%；灯盏花叶附生真菌优势种群曲霉属和毛霉属总占株数比例也由对照的 35%和 25%改变成 UV-B 辐射增强处理的 40%和 33%（表 9-27）。

在对照和 UV-B 辐射增强处理下，从苗期、花期和果熟期灯盏花根、叶与茎共分离得到 35 株内生真菌，经鉴定属于曲霉属、木霉属、毛霉属、接合霉属。其中木霉属和毛霉属为灯盏花内生真菌的优势种群，二者共占总分离内生真菌菌株的 71%，分别为 40% 和 31%（表 9-28）。

表 9-28　紫外辐射对灯盏花内生真菌优势种群的影响（引自宣灵，2009）

Table 9-28　Effects of ultraviolet radiation on dominant populations of endophytic fungi of *E. breviscapus*

菌群/株	苗期（菌株数）				花期（菌株数）						果熟期（菌株数）					
	根		叶		根		叶		茎		根		叶		茎	
	CK	UV-B	CK	UV-B	CK	UV-B	CK	UV-B	CK	UV-B	CK	UV-B	CK	UV-B	CK	UV-B
曲霉属 *Aspergillus*	2		1	1					1	1			1		2	
木霉属 *Trichoderma*			2	1	3	1	1				2	2	2			
毛霉属 *Mucor*			1	1			1				2	2	1		2	1
接合霉属 *Mating pers*	1															

由表 9-28 可知，UV-B 辐射增强会显著减少灯盏花各时期内生真菌种群数目，由对照总数的 21 株减少到 UV-B 辐射增强总数的 14 株。UV-B 辐射增强还会改变灯盏花内生真菌的种群结构，灯盏花根经 UV-B 辐射增强处理后，苗期与花期内生真菌种群种类改变大于果熟期，且总体响应强于灯盏花茎与叶内生真菌种群。

灯盏花内生真菌优势种群比例也会因为增强的 UV-B 辐射而发生变化，各部位与时期间改变有差异。灯盏花根内生真菌优势种群木霉属和毛霉属占总株数比例分别由对照的 50% 和 20% 转变为处理组的 56% 和 44%；灯盏花叶内生真菌优势种群木霉属和毛霉属的比例由对照的 67% 和 17% 改变成 0 和 33%；灯盏花茎内生真菌优势种群曲霉属和毛霉属的比例也由对照的 60% 和 40% 改变成 50% 和 50%（表 9-28）。

在对照和 UV-B 辐射增强处理下，从苗期、花期和果熟期灯盏花根与叶共分离得到 112 株附生放线菌，经鉴定属于链霉菌属（*Streptomyces*）、链孢囊菌属（*Streptosporangium*）、小单孢菌属（*Micromonospora*）、诺卡氏菌属（*Nocardia*）、游动放线菌属（*Actinoplanes*）。其中链霉菌属为灯盏花附生放线菌的优势种群，占总分离附生放线菌的 52%（表 9-29）。

UV-B 辐射增强可减少灯盏花叶与根附生放线菌种群数目，并增加优势种群链霉菌的比例。在 UV-B 辐射增强条件下，灯盏花根附生放线菌优势种群链霉菌属占总株数比例由对照的 44% 增加到 54%；灯盏花叶附生放线菌优势种群链霉菌属占总株数比例由对照的 50% 上升至 62%（表 9-29）。

表 9-29　紫外辐射对灯盏花附生放线菌优势种群的影响（引自宣灵，2009）

Table 9-29　Effects of ultraviolet radiation on dominant populations of endophytic fungi of *E. breviscapus*

菌群	苗期（菌株数）				花期（菌株数）				果熟期（菌株数）			
	根		叶		根		叶		根		叶	
	CK	UV-B	CK	UV-B	CK	UV-B	CK	UV-B	CK	UV-B	CK	UV-B
链霉菌属 *Streptomyces*	2	4	3	4	7	4	6	6	5	6	5	6
链孢囊菌属 *Streptosporangium*	5	2	2	2	2		2	1	2	3	2	4
小单孢菌属 *Micromonospora*	1		1		1	1			1	2	2	1
诺卡氏菌属 *Nocardia*	1	2	1							1	1	2
游动放线菌属 *Actinoplanes*	2	1	1		1		1		2		1	

　　UV-B 辐射增强还会改变灯盏花附生放线菌的种群结构，其中根附生放线菌种群动态受 UV-B 辐射影响比叶大。在 UV-B 辐射增强处理下，果熟期灯盏花根中分离出诺卡氏菌属，而对照处理没有分离出诺卡氏菌（表 9-29）。

三、UV-B 辐射对植物病原微生物的影响

　　"臭氧空洞"引起地表 UV-B 辐射增强，影响了植物-病原菌互作体系，病害多发造成植物产量和品质的大幅下降，UV-B 辐射对病原菌与寄主植物之间相互关系的影响主要表现在两个方面：一方面 UV-B 辐射诱导病原菌产生防御机理并对其生长繁殖产生影响，改变了病原菌致病性；另一方面 UV-B 辐射使植物地上部分的形态以及地下部分根系分泌物的成分发生变化，改变植物体内的化学成分以及生理代谢活动，诱导植物形成防御体系，进而影响植物的抗病性。

　　1. UV-B 辐射对病原菌致病性的影响

　　（1）UV-B 辐射增强诱导病原菌的防御机理

　　微生物不同于大多数光合植物（开花植物、苔藓、地衣），它们在受到太阳直射的时候对 UV-B 辐射是相当敏感的（Braga et al.，2001；Kadivar and Stapleton，2003）。随着 UV-B 辐射增强，不同基因型的细菌会产生不同的应对策略，同时会对不同的 UV-B 辐射强度产生不同程度的响应。病菌通过采取形态及生理生化改变的方式建立防护罩来抵御 UV-B 辐射增强所造成的伤害，通过改变菌落面积、菌丝密度和分泌色素等方式（吴芳芳等，2008）来适应环境的变化，降低 UV-B 辐射的穿透力，利用色素吸收紫外辐射，提高自身生存能力（Raviv and Antignus，2004）。病菌也能通过合成代谢物、提高体内

抗氧化酶类活性来抵御 UV-B 辐射增强所造成的伤害，有效的抗氧化系统能减轻 UV-B 辐射对微生物生理活动的抑制（Zeeshan and Prasad，2009）。KFS-9 菌株是一种对 UV-B 辐射抗性较强的菌株，其通过产生 2,3-丁二醇等能够吸收 UV-B 辐射的代谢物来提高其抗 UV-B 辐射的能力（王洪媛等，2006）。同时 UV-B 辐射会筛选耐性强的病原菌存活下来，但是否存在突变还有待试验确认。

（2）UV-B 辐射增强对病原菌的诱导与抑制作用

UV-B 辐射可直接影响病原菌，对其产生光诱导或损害作用，激活病菌产生孢子或是破坏孢子。UV-B 辐射可以使 DNA 发生化学变异，改变其分子结构以及导致二聚体的形成（Rastogi et al.，2010）。因此 UV-B 辐射能够直接损伤植物暴露组织的病原体及抑制其孢子的传播（Wu et al.，2000）。辐射是否能影响病原菌传播和入侵寄主于两点，一是照射光是否为病原菌发生响应的最佳波长，二是作用于病原菌的辐射是否最适，与辐射剂量及时间有关。

稻瘟病菌（*Magnaporthe oryzae*）的生长和产孢能力对 UV-B 辐射增强有不同程度的响应，稻瘟病菌的生长显著受到抑制，在一定辐射强度内产孢量受到抑制，当辐射强度达到某一阈值时，对产孢量的抑制作用不明显，同时 UV-B 辐射显著改变了病菌菌落及菌丝形态（赵颖等，2010）。炭黑曲霉（*Aspergillus carbonarius*）和寄生曲霉（*Aspergillus parasiticus*）在 UV-B 辐射下菌落形态发生改变，并且随着辐射时间的缩短，其对真菌生长的抑制作用下降，与处于黑暗环境下的炭黑曲霉相比，每天 16h UV-B 辐射（312nm）14 天和 21 天后，菌落直径、生物量干重以及 OTA（赭曲霉素 A）产量都显著降低（García-Cela et al.，2015）。寄生曲霉入侵玉米后产生黄曲霉毒素，对人畜的危害极大。UV-B 辐射增强可延缓链格孢菌（*Alternaria alternata*）的菌丝生长，导致病菌菌落及菌丝形态显著改变，菌落直径及产孢量显著下降，病菌的致病力随纤维素酶活性的减弱而显著降低（冯源等，2010）。葡萄白粉病菌（*Uncinula necator*）与番茄叶霉病菌（*Fulvia fulva*）在受到 UV-B 辐射后，随随辐射时间的延长，病菌的生长受到抑制（Willocquet et al.，1996；王美琴等，2003）。

但是许多试验表明，有许多真菌需要或使用紫外光作为孢子形成的诱导物。UV-B 辐射中大于 300nm 波长的部分是半知菌亚门和子囊菌中大多数的病菌产生孢子的必需光质条件（Schlosser，1970）。苹果炭疽菌（*Colletrichum gloeosporioildes*）在受到 UV-B 辐射时，生长速度与剂量呈正相关，辐射促进其分生孢子的产生以及萌发，但当辐射剂量超过病菌的承受阈值时，就会抑制其生长（吴芳芳等，2008）。因此，无法确定增强 UV-B 辐射能否直接抑制所有病原菌的传播以及对植物的入侵，同时鲜有在野外条件下对 UV-B 辐射能否降低病原菌的侵染成功率的研究。在我们已知的领域中，随着环境中 UV-B 辐射的增强，理论上抑制了部分病害的大面积发生及传播，但是 UV-B 辐射影响范围的复杂化、病原菌的适应和突变都可能造成病害规模的扩大。

2. UV-B 辐射对植物抗病性的影响

病原菌入侵植物的途径大体上有两类，一是通过侵袭力突破宿主生理防御屏障，二是利用毒素侵蚀造成寄主腐烂。稻瘟病菌对植物的侵染部位主要是地上部分，尤其是叶片和叶鞘，主要通过穿透寄主表皮利用机械压力进入寄主体内。赤霉病的病原菌禾谷镰刀菌（*Fusarium graminearum*）对植物的侵染部位主要是花器等幼嫩部位，主要通过分泌毒素造成寄主腐烂（刘毛欣等，2014）。

（1）UV-B 辐射增强诱导植物的防御机理

受到 UV-B 辐射时植物叶肉海绵组织细胞层增加，栅栏组织细胞层增加（何永美等，2004），造成叶片厚度的增加，蜡质含量增加使植物表面附着结构减少。经紫外辐射处理过的番茄果实外表皮和外层果肉细胞会发生质壁分离或细胞崩溃，由死细胞构成一道物理屏障，降低了养分的有效性，同时快速脱水，使病原菌细胞死亡，降低侵染率（Charles et al.，2009）。植物的 UV-B 辐射耐性与硅营养有着很大的关系，耐性强的植物能够更加充分地吸收和利用硅元素（吴杏春等，2010），硅能够激活植物的防御机理，在水稻叶片中沉积，形成硅化细胞，强化细胞壁，提高植物细胞抵御病原菌的结构抗性，限制真菌形成吸器，阻止菌丝和芽管的生长，降低真菌对细胞壁的酶降解作用。另外，硅还能在一定程度上提高植株对 UV-B 辐射的耐性，在玉米幼苗的研究中发现，施硅能使植物受到短时间 UV-B 辐射后在 30min 后体内类黄酮含量增加（Malčovská et al.，2014）。因此，在现阶段可以采取选育抗紫外辐射能力强以及叶片对硅利用率高的植物品种的方式，来达到降低病害发生率的目的。韩国菲等（2011）在 UV-B 辐射增强对小麦条锈病侵染率影响的研究中发现，病斑的扩展率与对照相比有所降低，寄主植物对病原菌产生一定的抵抗能力。此外，还有关于紫外辐射诱导植物愈伤组织积累植物抗毒素来提高抗病性的研究（Charles et al.，2009）。

然而对于 UV-B 辐射抗性较弱的植物，增强辐射会造成植物叶片组织中导管数量减少，气孔器破坏，气孔密度降低，抑制气孔传导或使植物蒸腾阻力增大，这会影响硅酸盐在植物体内的转运，导致细胞硅化程度降低，有悖于提高硅化程度的初衷，这样便会降低植物对病害的抵抗能力。同时 UV-B 辐射直接降低光合系统酶的活性，使光合色素分子分解，气孔传导受阻，二氧化碳传导率和固定率下降，最终导致蛋白质合成以及硅化细胞形成受到抑制，造成植物抵抗病原菌入侵能力的下降。综上，增强 UV-B 辐射对于抗 UV-B 辐射能力强的植物，有抑制病害发生的能力，但是当 UV-B 辐射强度超过植物所能承受阈值或是植物自身抗性弱时，则造成植物抗病能力降低，病原菌侵入更加频繁，病害影响的范围可能更广。

有些病害的发生则是通过根部入侵植物体，如禾谷镰刀菌也可侵染植物根部造成根腐病。尽管阳光很难穿透土壤，但是有研究表明通过补充地面上的 UV-B 辐射，土壤中的菌根、细菌数量大幅下降（约 20%）（Staaij et al.，2001），这与植物的根和植物矿质营养都有重要联系。Convey 等（2002）报道了在和环境 UV-B 辐射强度接近的情况下，南极土壤中节肢生物数量减少。李元等（1999b）在模拟 UV-B 辐射增强对春小麦根际土壤微生物数量的影响时发现，细菌总数以及放线菌和真菌数量显著降低。也有人对受到 UV-B 辐射植物排出的根系分泌物进行研究，其中含有黄酮、丹宁等物质（Rozema et al.，1997）。UV-B 辐射的增强能够间接地抑制土壤中病原菌侵染寄主植物。目前关于土壤中特定病原菌的存活与地表 UV-B 辐射强度关系方面的研究还很少。不过对于根系分泌物对病原菌影响的论述有很多，通过植物多样化种植可以达到减少病害发生的目的，因此探索 UV-B 辐射与间作对植物病害发生的影响机理具有重要的生态学意义。

（2）UV-B 辐射增强改变植物体内化学成分

植物病情程度与自身化学成分有很大关系，当病原菌入侵植物时，寄主植物会产生高效的免疫反应，产生信号形成特效防御体系，调整自身分子结构，改变细胞内化学成分，形成系统性防御体系，阻止或干预入侵者的新陈代谢（Jones and Dangl，2006）。会使组织细胞大量破裂或死亡的病原菌入侵时，会诱导植物产生茉莉酸（JA）和水杨酸（SA）的防御途径，通过生物合成的方式释放茉莉酸、水杨酸，在一定程度上能够提高植物对病原菌的抵抗力（Chehab et al.，2012）。UV-B 辐射作为一种环境因素，它的增强触发植物的防御反应，植物通过改变内环境，使体内化学成分发生改变，进而削弱 UV-B 辐射对自身生理活动的影响。植物通过特殊的感光细胞接收 UV-B 辐射并释放相关激素进行防御（Ballaré et al.，2011），包括产生防御性酚类化合物以及通过积累 JA 所产生的防御反应行为（Demkura et al.，2010；Wasternack and Hause，2013）。植物通过 JA 依赖以及 JA 独立的途径利用 UV-B 辐射有效地调节了自身的抗性（Ballaré，2014）。

UV-B 辐射对植物体内蛋白质、氨基酸、可溶性糖、纤维素、类黄酮等物质的含量都有影响。UV-B 辐射对黄芩不同部位化学成分影响的研究发现，叶和根的醇类与酚类物质、类黄酮、糖苷含量明显增加，类黄酮成分的增加能有效抑制病原菌的侵染，这一变化使根和叶的病害发生率降低。但 UV-B 辐射增强会降低茎秆类黄酮含量（唐文婷等，2011），同时 UV-B 辐射会抑制水稻的光合作用，降低植株可溶性糖含量，减小水稻茎秆的茎壁厚度，茎壁的物理防御能力减弱，在茎部发生病害的概率将会提高（何永美等，2015）。可溶性糖和可溶性蛋白含量与水稻的抗病性相关联，含量越高，水稻抗病性越强（李佐同等，2009）。烤烟受到增强的 UV-B 辐射处理后，烟叶不同部位的化学成分变化不同，可能是由叶片遮挡导致辐射不均引起的，UV-B 辐射增强对中部叶片的蛋白质合成有利，但会致使叶片钾含量增高，这是植物的一种防御反应行为（李鹏飞等，2011）。在 UV-B 辐射接触植物体内光受体细胞时，UVR8 作为 UV-B 辐射的主要光感器（Rizzini et al.，2011），经 UV-B 辐射诱导由二聚体解离成单聚体，发出防御信号诱导抗性基因进行表达转录，COP1 蛋白能与 UVR8 直接作用，促进光诱导基因的表达，其中就包括类黄酮代谢相关基因等的表达，COP1 蛋白依赖 UV-B 辐射，而 RUP 蛋白却不需要 UV-B 辐射就能与 UVR8 相互作用，通过负反馈作用 RUP 蛋白使 UVR8 由单聚体恢复到二聚体（Jenkins，2014）。低剂量的 UV-B 辐射能够刺激 UVR8 提高植物对灰葡萄孢霉的抗性（Demkura and Ballaré，2012），激活植物对病原菌的免疫反应，提高叶片的抗病性（Kunz et al.，2008）。

（3）UV-B 辐射增强对植物生理代谢活动的影响

UV-B 辐射胁迫会引起植物生理生化指标的变化，植物防御系统发生反应，分泌能有效过滤 UV-B 辐射的化学物质，防止自身受到损害。抗 UV 辐射能力强的水稻通过 UV-B 辐射改变类苯丙酸途径，从而促使类黄酮的大量合成，保护叶片组织不受损伤。同时会诱导一些能够抵抗病害的次级代谢物以及类黄酮合成相关酶苯丙氨酸解氨酶（PAL）、4-香豆酸-CoA 连接酶（4CL）和查耳酮合酶（CHS）的合成（林文雄，2013）。经 UV-B 辐射过的水稻，PAL 活性显著增强，在水稻受到稻瘟病菌胁迫的情况下，PAL 活性也显著增强，PAL 活性对于提高水稻应对胁迫的抗性有重要作用（李元等，2010），最终形成的酚类物质在抵御 UV-B 辐射胁迫的同时，在病原菌潜育期抑制其继续侵染（McCloud and Berenbaum，1994）。丛枝菌根真菌的孢子萌发、菌丝生长与分枝及辅助细胞的形成都会受到异鼠李素、木犀草素、山奈酚、白杨素等类黄酮物质显著抑制（Scervino et al.，2005）。灯盏花在受到 UV-B 辐射后体内 PAL 活性上升，类黄酮物质含量显著提高，使灯盏花产生抗病机理，在受到链格孢菌侵染时对病菌产生明显的抑制作用（冯源，2009）。

在 UV-B 辐射胁迫下，植物体发生应激反应，体内自由基增多，但抗氧化酶系统经过生理生化反应不断地消除自由基使生理指标维持正常，随时间的延长，抗氧化酶系统的超氧化物歧化酶（SOD）、过氧化氢酶（CAT）、过氧化物酶（POD）和抗坏血酸过氧化物酶（APX）活性降低，ASA 含量下降，清除活性氧能力下降，膜脂过氧化产物丙二醛（MDA）含量骤增，最终导致膜系统被破坏（Okada et al.，1976）。另外，紫外辐射对植物表皮细胞的 DNA 具有损害作用，可导致环丁烷嘧啶二聚体和 6,4-光产物的形成（何永美等，2009）。植物在逆境下受到的伤害以及对逆境的抗性都由这些酶决定，抗性越高的植物所表现出的酶活性越高。炭疽病病原菌侵染菜心叶片后，早期会提高膜脂过氧化水平，破坏膜结构，增大细胞膜透性，阻碍蛋白质的合成，对 DNA 造成损伤（杨暹等，2004）。植物细胞膜透性增大和膜结构被破坏会提高锈病菌对植物组织营养的利用，使侵染率显著上升（Manning et al.，1993）。UV-B 辐射和病害的双重胁迫，加速了植物细胞的破坏，UV-B 辐射会加强病害迫害植株的能力。适量的 UV-B 辐射胁迫诱导植物体内酶合成系统与抗氧化系统发生反应，这种应激反应的出现提高了植株的抗病性，使病原菌的侵染受到抑制。而先接种病原菌，植物的生理系统受到不可逆的干扰，当应对病害以及 UV-B 辐射双重胁迫时，最终病害加剧。

3. UV-B 辐射对病害的综合影响因子评价

染病植株在受到 UV-B 辐射后，病情得到缓解。不同病原菌对特定波段的 UV-B 辐射具有不同的反应，如 Matsuura 和 Ishikura（2014）利用番茄植株接受 UV LED 灯照射，设计不同波段、不同强度的 UV-B 辐射，发现在 280～290nm 波段 UV-B 辐射下番茄花叶病毒（tomato mosaic virus）的 RNA 以及疾病的严重程度显著降低，其对病害有很强的抑制作用，接种前 3 天接受 280～290nm 波段 1440J/（m²·d）UV-B 辐射和染病后 7 天接受辐射对病情以及 RNA 的影响没有显著差异。吴芳芳等（2008）的研究表明，一定剂量的 UV-B 辐射直接照射苹果果实能诱导果实中防御酶的生成，提高其抗病性，可间接抑制苹果果实中炭疽病菌（Colletotrichum gloeosporioides）的发展，限制了病斑的扩展，降低了病情指数。植株接受增强 UV-B 辐射的时期不同，对病害的影响也不同。高潇潇等（2009）在水稻幼苗的盆栽试验中发现，增强 UV-B 辐射处理 7 天后接种稻瘟病菌与只接种稻瘟病菌相比，病情指数显著降低；先接种稻瘟病菌 Y98-16T 后 8 天进行 UV-B 辐射与不进行 UV-B 辐射的水稻相比，病原菌生长速率加快，病害加剧。

UV-B 辐射能可对植物病害的发生造成多方面的影响，UV-B 辐射会对植物的形态表达、体内代谢生理环境、根系及其分泌物均造成影响，影响程度取决于植物对 UV-B 辐射的抗性以及适应性，同时 UV-B 辐射对病原菌的传播与入侵也有很大的影响，不同的病原菌所需光质子不同，并且对已经开始应对 UV-B 辐射并产生防御机理的植物体进行入侵的难度加大。探究病害对植物的影响包括多个方面，如病害侵染率、病斑扩展速度、病情指数等，加入 UV-B 辐射这一影响因子后，清晰的问题变得复杂了。定量的 UV-B 辐射作用于病原菌，部分病原菌由于抗性弱而被消灭或是被抑制，极少部分可能由于突变能够开始适应环境生存下去，抗性强的则会发生菌落形态等方面的改变，受到影响不大，对于那些需要光诱导才能产孢的病原菌在经辐射后激活了产孢的机能。当辐射强度发生变化时，不同的病原菌又会出现不同的结果。被 UV-B 辐射刺激的病原菌的致病性可能提高，也可能降低，而植物的抗病性也会发生不同的变化，这还与植物的种类有关。但是植物在抵御外界胁迫时，消耗了生长所需能量，当分配了过多的能量用于种间或种内竞争，就损失了抵抗能力。

目前的试验多为直接接种病原菌使植物染病后研究 UV-B 辐射对其造成的影响以及植物体内的生理活动变化，或是 UV-B 辐射直接作用于病原菌，研究病原菌的应对策略及反应机理，鲜有探究受到 UV-B 辐射时病菌侵染成功率的试验，这应该是下一步研究工作的重点。另外，病情指数并非是反映植物病害严重程度的最佳指标。病害进展曲线下面积（the area under disease progress curve，AUDPC）是利用病情指数，通过积分方法计算的一定时期内病害发生曲线下的面积，以该参数来表达病情发展的积累情况（Cheng et al.，2014），衡量植物病害进展过程所受到影响的程度。AUDPC 基于病情指数通过下面的公式计算：

$$\text{AUDPC} = \sum_{i=1}^{n-1} \left(\frac{\text{DI}_i + \text{DI}_{i+1}}{2} \right)(t_{i+1} - t_i) \tag{9-1}$$

式中，DI_i 是在植物 A 接种病原菌 B 后第 i 天的病情指数，计算方法参照 Cheng 等（2014）的研究；t_i 表示接种后的第 i 天。

通过分析病原菌与寄主植物之间的相互影响，加入 UV-B 辐射这一环境因子，从 3 个方面分别是无 UV-B 辐射、只 UV-B 辐射病原菌和只 UV-B 辐射植物，对植物生长期的病情指数进行计算，得到 AUDPC 值，可以通过计算综合影响因子 W 来判断 UV-B 辐射对病害的防治效果：

$$W = \frac{Q-M}{Q} + \frac{Q-N}{Q} = 2 - \frac{M+N}{Q} \tag{9-2}$$

式中，Q 为病原菌 B 侵染植物 A 计算得出的 AUDPC 值；M 为在植物 A 受 UV-B 辐射时病原菌 B 侵染受辐射植物 A 的 AUDPC 值；N 为病原菌 B 受 UV-B 辐射时侵染植物 A 的 AUDPC 值。当 $W>0$ 时，说明 UV-B 辐射作用于植物，使植物病害进展减慢，有利于病害的缓解；当 $W<0$ 时，说明 UV-B 辐射会使植物病害进展加快，加大病害对植物的威胁。UV-B 辐射对病原菌和寄主植物之间相互关系的影响见图 9-25，+和-分别代表 W 值为正和负值。

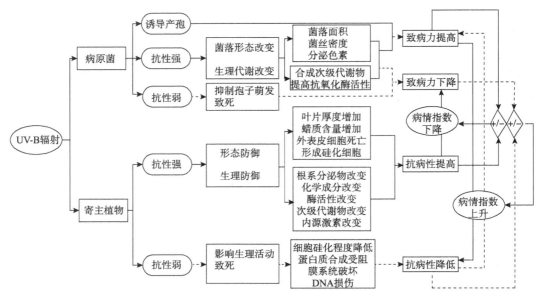

图 9-25 UV-B 辐射对病原菌与寄主植物间相互关系的影响（引自李元等，2015）

Figure 9-25 Effects of UV-B radiation on the relationship between pathogens and host plants

第四节 植物-微生物相互关系适应 UV-B 辐射的机理

植物通过根系分泌物，将光合作用固定的碳释放到根际土壤中，为根际微生物提供丰富的营养，显著影响根际微生物的种类、数量和分布，对根际微生物群落结构有选择塑造作用。另外，根际这一特殊的土壤界面拥有极高的微生物数量和多样性，具有非常复杂的微生物群落，对植物的生长发育、养分获取、逆境防御和产量形成起着至关重要的作用。

一、植物对根际微生物的影响

根际微生物的组成、数量及活性不仅受到土壤情况，如土壤土质（如土壤持水性、通气性等）、土壤温度、土壤肥力（如土壤氮含量、有机碳含量等）的影响，还与植物种类、地上部分生物多样性以及根系分泌物有关。根际微生物作为土壤生态系统的重要组成部分，与植物相互影响。一方面不同的植物通过根系分泌物量和成分的改变作用于根际微生物，影响其数量与群体多样性。例如，植物通过死亡的根系和根系分泌物的量及成分变化来影响土壤中有机物的数量与种类，如收获后禾谷类作物通过秸秆还田可将30%~60%的光合产物转入土壤中，且其中 40%~90%以无机物或有机物的形式释放到植物根际。植物脱落的根冠、表皮细胞、根毛等释放到土壤中，加之植物根系向土壤中分泌大量的有机物，致使植物根际有高浓度的氨基酸、磷脂类、蛋白质、碳水化合物、维生素等，可为根际土壤微生物的生长和繁殖提供非常丰富的能源与碳源。土壤中的有机物对微生物有诱导作用。孔维栋等（2004）报道，土壤微生物的群落多样性以及群落结构与土壤中有机质的数量和种类有关。另一方面外部环境条件的变化势必影响植株的生理性状。根际微生物不仅可以通过解磷、固氮调整土壤肥力，从而影响植物生长，还可以通过产生植物激素对植物生长进行反馈调节。因此，对根际微生物数量和多样性进行相关研究，有助于更好地了解植株地上部分对外界环境变化所产生的响应机理。

二、UV-B 辐射对根际微生物的影响机理

UV-B 辐射对根系形态和生长的影响在某种程度上将影响根系分泌物，降低根系分泌物类黄酮的浓度。强维亚等（2003）在增强 UV-B 辐射和 Cd 胁迫的复合条件对大豆根系分泌物进行研究，结果表明，UV-B 辐射增强本身对根系有机物质分泌的影响并不明显，但在复合条件下，增强 UV-B 辐射显著抑制 Cd 胁迫下根系有机物质的分泌。UV-B 辐射增强促进了水稻幼苗根系分泌稻壳酮 B（momilactone B）进入介质中，而稻壳酮 B 进入根际环境中通过抑制土壤微生物和竞争性物种的生长，对水稻根系的建立和生长产生有利影响，这可能是水稻幼苗抵制 UV 辐射胁迫的一种适应性反应（Kato et al.，2007）。

根系分泌物不仅为根际微生物提供其所需的能源，而且不同植物根系分泌物的种类和量，可以直接影响根际微生物的数量和种群结构（Avery et al.，2003）。由于 UV-B 辐射对土壤的穿透力很弱，根系微生物不能直接接受 UV-B 辐射，根系微生物对 UV-B 辐射的响应是间接的（Johnson et al.，2002；Stark and Hart，2003；Robson et al.，2003）。在 UV-B 辐射增强的情况下，植物体内黄酮、丹宁、木质素等次生代谢物的含量增加，使得微生物种群的数量和多样性受到显著影响（Pancotto et al.，2003；蒋静艳等，2010）。UV-B 辐射增强显著地降低根际细菌总数以及放线菌和真菌数量，同时对亚硝酸细菌、好氧性纤维素分解菌、反硝化细菌、好氧性自生固氮菌和解磷细菌产生显著的影响（李元等，1999b）。例如，UV-B 辐射增强影响割手密无性系土壤微生物种群的数量和多样性（祖艳群等，2005）。UV-B 辐射也显著地影响了糖槭（*Acer saccharum*）根际真菌、细菌的活性（Klironomos and Allen，1995）。另外，植物生物量、产量降低所导致的土壤中营养成分变化如土壤中 Mg、Zn 等元素含量增多，也会对根际微生物的种类和数量产生影响（李元等，2001；刘芷宇，1993）。

1. UV-B 辐射增强对水稻根系低分子量有机酸分泌量的影响

UV-B 辐射增强导致‘白脚老粳’根系低分子量有机酸（LMWOA）的分泌量发生变化，但不同种类间存在差异。与对照相比，5.0kJ/m² UV-B 辐射处理下，拔节孕穗期和成熟期水稻根系的琥珀酸分泌量极显著增加，而抽穗扬花期的酒石酸、成熟期的草酸和苹果酸分泌量极显著减少；10.0kJ/m² UV-B 辐射处理下，拔节孕穗期和成熟期的草酸、拔节孕穗期和抽穗扬花期的琥珀酸以及拔节孕穗期的苹果酸分泌量极显著增加，而抽穗扬花期的苹果酸分泌量极显著减少（何永美等，2016）。可见，UV-B 辐射增强总体导致水稻根系草酸和琥珀酸分泌量增加，酒石酸和苹果酸分泌量下降（图 9-26）。

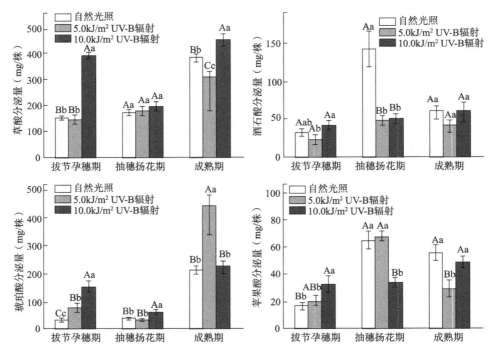

图 9-26 UV-B 辐射增强对白脚老粳根系低分子量有机酸分泌量的影响（引自何永美等，2016）

Figure 9-26 Effects of enhanced UV-B radiation on the secretion of low molecular weight organic acids in roots of Baijiaolaojing

不同大写字母者表示不同处理间差异极显著（$P<0.01$），不同小写字母者表示不同处理间差异显著（$P<0.05$）

2. 元阳梯田水稻根系低分子量有机酸分泌量与根际微生物数量的相关性

对 3 个处理、3 个生育期的水稻根系低分子量有机酸分泌量与根际微生物数量进行相关分析，结果表明：水稻根系草酸分泌量与根际自生固氮菌、纤维分解菌数量呈显著正相关；琥珀酸分泌量与根际自生固氮菌数量呈显著正相关，与根际细菌、真菌、纤维分解菌、无机磷细菌和钾细菌 5 个类群的数量呈极显著正相关；酒石酸、苹果酸分泌量与根际微生物数量没有显著相关性（表 9-30）。

表 9-30 元阳梯田白脚老粳根系 LMWOA 分泌量与根际微生物数量的相关系数（引自何永美等，2016）

Table 9-30 Correlation coefficient between the amount of LMWOA secreted from roots and the number of rhizosphere microorganisms in the roots of Baijiaolaojing sorghum in Yuanyang terrace fields

微生物	草酸	琥珀酸	酒石酸	苹果酸
细菌	0.600	0.916**	−0.278	−0.201
放线菌	0.010	−0.303	−0.324	−0.348
真菌	0.403	0.923**	−0.184	−0.218
自生固氮菌	0.709*	0.684*	−0.084	0.038
纤维素分解菌	0.680*	0.784**	−0.144	−0.079

续表

微生物	草酸	琥珀酸	酒石酸	苹果酸
无机磷细菌	0.545	0.914**	−0.184	−0.155
钾细菌	0.495	0.926**	−0.168	−0.162

注：**表示极显著相关（$P<0.01$），*表示显著相关（$P<0.05$）（$n=9$）

3. 增强 UV-B 辐射对植物根系分泌物及其介导的根际微生物数量变化的影响

增强 UV-B 辐射对植物根际微生物数量有显著影响，元阳梯田水稻根际微生物（除放线菌外）的数量均表现出成熟期最大、拔节孕穗期次之、抽穗扬花期最小的变化规律。这与水稻根际微生物数量在成熟期最低的研究报道不同（段红平等，2007），也与水稻根际微生物数量在孕穗期最低，之后随着水稻继续生长其逐渐增加的研究结果不一致（杨东等，2008），表明元阳梯田水稻根际微生物数量的动态变化不同于其他地区和品种的水稻。这与水稻品种、生长状况、根系分泌物等影响因素有关。元阳梯田水稻 5 月初移栽，9 月底收获，其生育期长于我国其他地区的水稻，拔节孕穗期水稻根系的分泌生理强于抽穗扬花期，被认为是抽穗扬花期根际微生物数量降低的重要原因；到了成熟期，元阳梯田水稻根系衰老甚至出现部分死亡，可能为根际微生物提供了大量可利用的营养源，导致成熟期根际微生物数量增加。但对于元阳梯田水稻根系生理活动与根际微生物生长之间的内在关系，还有待深入研究。

UV-B 辐射增强对植物根系分泌物有显著的影响。UV-B 辐射增强条件下，植物叶片光合作用下降，降低了叶片同化碳的能力，从而影响光合产物的分配，导致植物根系分泌的低分子量有机酸数量与组分产生明显的变化（Rinnan et al.，2006）。例如，UV-B 辐射导致沼泽植物红毛羊胡子草（*Eriophorum russeolum*）根际土壤乙酸和丙酸含量增加，草酸含量下降；UV-B 辐射增强总体导致水稻根系草酸和琥珀酸分泌量增加，酒石酸和苹果酸分泌量下降。可见，UV-B 辐射增强显著影响植物根系低分子量有机酸的分泌量。

UV-B 辐射不改变水稻根际微生物数量的动态变化规律，但导致水稻根际 7 个类群微生物的数量显著或极显著增加。水稻根系草酸、琥珀酸分泌量与部分根际微生物数量呈显著或极显著正相关，表明 UV-B 辐射增强影响水稻根际微生物的数量，与其改变水稻根系低分子量有机酸的分泌量密切相关。水稻根系草酸、琥珀酸的分泌量与部分根际微生物数量呈显著或极显著正相关，提示 UV-B 辐射改变水稻根系低分子量有机酸的分泌量，可能是其影响水稻根际微生物数量的重要原因之一。

根际是植物、土壤和微生物相互作用的重要界面。植物根系分泌的低分子量有机酸进入根际土壤中，易被根际微生物利用，为根际微生物提供了重要的营养源。UV-B 辐射通过改变植物根系分泌物的数量，显著影响植物根际环境中的微生物数量与多样性（Rinnan et al.，2008；Niu et al.，2014）。研究植物根系分泌物对 UV-B 辐射增强的响应，可部分揭示 UV-B 辐射增强对植物地下部分生态系统的影响机理。然而，UV-B 辐射影响植物地下部分生态系统的过程与机理研究依然还很少，迫切需要加强。

小　结

　　UV-B 辐射是影响植物-微生物相互关系的重要环境因子之一, 对植物-微生物的互作关系存在直接和间接的影响。一方面, UV-B 辐射直接照射到微生物菌体上, 对微生物产生伤害, 会改变微生物的侵染力和致病力; 同时, UV-B 辐射直接作用到植物上, 影响植物叶片表面结构与次生代谢, 改变植物-微生物的互作关系。另一方面, UV-B 辐射通过影响植物根系分泌物的组成与含量、植株残体化学组成与分解, 间接改变植物根际和土壤微生物的数量与群落结构。但 UV-B 辐射影响植物-微生物互作关系的过程与机理很复杂, 并受其他环境因子交互影响, 其影响效应与机理是值得关注的科学问题。

第十章　UV-B 辐射与生态系统

UV-B 辐射对生态系统的影响包括直接影响和间接影响两个方面。直接影响包括对生态系统中植物、动物、微生物的直接影响及产生光化学反应，诸如光降解生物残体；间接影响包括通过植物形态、细胞分子重组、次生代谢、各类群体生存能力和物种之间相互关系等对生态系统产生影响（Calvenzani et al.，2015）。UV-B 辐射对植物个体、种群和群落影响的研究比较广泛与深入，其对生态系统的影响包括对副极地石南灌丛、沙丘草地生态系统、农田生态系统和水生生态系统等物种、生长、生理、物候、叶分解、花的颜色和大小、种子胚轴、种子活力和存储、产量，对作物和杂草间相互作用（刘延等，2019），对植物与食草昆虫间相互作用（Veteli et al.，2003；王德利，2004），对温室气体排放（何永美等，2016），以及对作物和病原菌间相互作用（李元等，2015）的影响等方面均有报道。UV-B 辐射对微生物、浮游植物和动物的直接影响也有报道（Sommaruga and Augustin，2006；Tedetti and Sempéré，2006）。关于 UV-B 辐射对物质循环和能量流动的影响已得到了进一步深入研究（Singh et al.，2017）。通过研究 UV-B 辐射对生态系统组成、结构、物质循环和能量流动的影响，阐述生态系统对 UV-B 辐射响应反馈的生理学和生态学机理，为生态系统的评估、预测及调控提供科学依据。

第一节　UV-B 辐射对生态系统组成及结构的影响

生态系统组成、结构是其功能的基础，对其进行研究具有重要的意义。生态系统组成包括生产者、消费者、分解者和非生物环境，生态系统结构包括物种结构、营养结构、空间结构和时间结构。植物种子的萌发、种群波动、物种组成、食草动物的消费行为和动植物的发病率和物种多样性等生态系统特征均受到 UV-B 辐射的影响。这里主要讨论 UV-B 辐射对生态系统物种群体特征和物种结构的影响及其机理。

一、UV-B 辐射对生态系统中植物种类和物种结构的影响

UV-B辐射导致种群波动，物种组成、植物生物量和植物与杂草之间的平衡等改变。基于植物化学成分和细胞色素的改变，UV-B辐射将改变植物与动物之间的相互作用，植物涉及各种生态系统的优势种，如农田、草地、沼泽、稀树草原、荒漠、苔原等各种生态系统。UV-B辐射导致植物叶片黄酮合成的增加，对植物与昆虫之间的相互关系产生负面的影响，可能改变植物对UV-B辐射适应的相关代谢途径。在生态系统水平上，这些影响产生的后果具有一定的时滞效应（Whitlock，2014）。

在增强的 UV-B 辐射条件下，小麦和主要杂草之间的竞争平衡、种间竞争受到影响。

从生态学的角度来看，UV-B 辐射导致的种间竞争改变具有重要的意义。

UV-B 辐射导致非优势杂草消失，杂草种类减少，各种杂草种群数量发生变化，杂草个体总数呈降低趋势，在两年中，春小麦不同生育期，UV-B 辐射对麦田杂草的影响表现出一致的规律性。物种多样性指数分析表明（表 10-1），UV-B 辐射降低物种多度、种群丰度和物种多样性，而增加物种优势度。总体上，在低 UV-B 辐射下，物种均匀度较高。UV-B 辐射还导致杂草总生物量降低（表 10-1）。

表 10-1　UV-B 辐射对麦田杂草种群数量动态和物种多样性的影响（引自李元和岳明，2000）

Table 10-1　Effects of UV-B radiation on population quantity dynamics and species diversity of weeds in wheat field

植物种类	1996 年								1997 年							
	分蘖期				拔节期				扬花期				分蘖期		拔节期	
	0 kJ/m²	2.54 kJ/m²	4.25 kJ/m²	5.31 kJ/m²	0 kJ/m²	2.54 kJ/m²	4.25 kJ/m²	5.31 kJ/m²	0 kJ/m²	2.54 kJ/m²	4.25 kJ/m²	5.31 kJ/m²	0 kJ/m²	5.31 kJ/m²	0 kJ/m²	5.31 kJ/m²
荠 *Capsella bursa-pastoris*（个/m²）	183	195	219	56	148	99	128	76	112	56	100	96	143	37	51	39
灰绿藜 *Chenopodium glaucum*（个/m²）	412	171	208	235	240	116	123	164	100	64	76	83	274	175	97	103
小苦苣菜 *Ixeris chinensis*（个/m²）	44	32	4	20	44	43	9	47	72	16	4	12	4	1	7	10
龙葵 *Solanum nigrum*	87	29	28	13	32	32	36	9	25	24		31	4		2	1
画眉草 *Eragrostis pilosa*	139	68	60	5	44	47	36	32	32	55	44		7	1	4	1
繁缕 *Stellaria media*	9	8											1	1	1	
打碗花 *Calystegia hederacea*	5	8			11	4			4			3	1			
小藜 *Chenopodium serotium*	4		12		12		7		4				1	1	2	1
婆婆纳 *Veronica polita*	5	4												1		1
芸薹 *Brassica campestris*					5	4			4	3						
香堇菜 *Viola odorata*	4															
夏至草 *Lagopsis supina*															1	1

续表

| 植物种类 | 1996 年 | | | | | | | | 1997 年 | | | | | | | |
| | 分蘖期 | | | | 拔节期 | | | | 扬花期 | | | | 分蘖期 | | 拔节期 | |
	0 kJ/m²	2.54 kJ/m²	4.25 kJ/m²	5.31 kJ/m²	0 kJ/m²	2.54 kJ/m²	4.25 kJ/m²	5.31 kJ/m²	0 kJ/m²	2.54 kJ/m²	4.25 kJ/m²	5.31 kJ/m²	0 kJ/m²	5.31 kJ/m²	0 kJ/m²	5.31 kJ/m²
物种数 S（个/m²）	10	8	5	6	8	7	6	5	8	6	4	5	9	6	9	7
个体总数 N（个/m²）	892	515	519	341	536	345	339	328	353	218	224	225	436	216	166	156
物种多度 D_{MG}	1.32	1.12	0.639	0.857	1.11	1.03	0.858	0.690	1.19	0.929	0.554	0.739	1.32	0.93	1.56	1.19
种群丰度 N_i	94.5	38.1	32.4	24.6	30.9	29.3	18.4	11.9	37.9	17.8	16.6	21.2	225.4	145.2	81.6	92.2
物种多样性 H	1.50	1.50	1.18	1.02	1.51	1.58	1.39	1.29	1.60	1.55	1.12	1.22	1.859	1.571	1.10	0.95
物种优势度 D	0.291	0277	0.354	0.506	0.293	0.236	0.295	0.332	0.234	0.229	0.350	0.337	0.502	0.068	0.443	0.5
物种均匀度 E	0.650	0.721	0.733	0.569	0.726	0.812	0.776	0.802	0.769	0.865	0.808	0.758	0.391	0.318	0.501	0.489
总生物量（g/m²）	18.76	15.56	10.36	6.92	27.48	23.72	14.40	12.72	27.96	23.96	14.36	13.12	25.55	22.49	21.44	19.18

注：$N_i = \dfrac{N}{S} \sum_{i=1}^{S} \dfrac{1}{n_i}$；$H = -\sum_{i=1}^{S} P_i \ln P_i$；$D = \sum_{i=1}^{S} \dfrac{n_i(n_i-1)}{N(N-1)}$；$D_{MG} = (S-1)/\ln N$；$E = H/\ln S$；式中，$S$ 为物种数；N 为所有物种个体总数；n_i 为第 i 种的个体数；$P_i = n_i/N$，即第 i 种个体数占所有物种个体总数的比例；$\ln S$ 为最大多样性指数

杂草种类和数量变化主要取决于两个因素，即与春小麦的竞争和 UV-B 辐射的直接胁迫。在 UV-B 辐射下，春小麦可能通过根系向土壤中释放较多的类黄酮等次生代谢物（Rozema et al.，1997），从而降低杂草种子的萌发率，并抑制杂草生长发育。Johanson 等（1995）研究了不同生活形式和生活策略的植物受到 UV-B 辐射后产生的不同响应，以探讨苔藓相对于较高的植物、常绿植物相对于落叶植物、厚叶植物相对于薄叶植物、单轴苔藓相对于合轴苔藓的响应差异，以及经过不同可见光暴露的不同层次植物的响应差异。物种构成的可能变化将在多年后才能很好地反映出来。UV-B 辐射诱导豆科植物向土壤中释放类黄酮、丹宁（Rozema et al.，1997），以及 UV-B 辐射影响植物出苗（Barnes et al.，1995）均已观察到。此外，UV-B 辐射引起的春小麦结构简单化允许杂草接受更多的 PAR 和 UV-B 辐射。PAR 有利于光合作用，而 UV-B 辐射会影响杂草生长，但两者同时影响杂草的机理仍不清楚。但总体上，随 UV-B 辐射增强，麦田杂草受到的伤害加重，这对春小麦生长可能是有利的。李元等（2000）指出 UV-B 辐射改变小麦-杂草（野燕麦）的竞争性平衡，小麦得益于 UV-B 辐射，而杂草却生长困难。UV-B 辐射对小麦-杂草竞争性平衡的影响依赖于起始时竞争种对的数量比例和早期的生长条件以及其他环境因素（Caldwell，1996；李元和岳明，2000）。

增强的 UV-B 辐射对麦田生态系统群体结构和物种结构的影响，可分为对地上部生物和地下部生物的影响。地上部生物包括春小麦地上部、杂草地上部以及麦蚜，它们既受 UV-B 辐射的直接影响，又通过春小麦种内竞争（即自疏效应）、春小麦-杂草竞争和

麦蚜-春小麦关系而受到 UV-B 辐射的间接影响。另外，对于杂草和麦蚜而言，它们所受到的间接影响可能具有更加重要的生态学意义。春小麦形态改变和次生代谢物变化在间接影响中发挥着重要的作用。地下部生物包括小麦根、杂草种子、杂草根、大型土壤动物和根际微生物，它们不能直接接受 UV-B 辐射，它们的响应可能是通过春小麦生理代谢、类黄酮、丹宁、根系脱落物和分泌物的改变来间接完成的。在 UV-B 辐射下，麦田土壤养分增加可能与地下部生物的变化有关。春小麦作为麦田生态系统结构的主体，其群体结构、形态和次生代谢的改变对整个系统结构的变化是极其重要的，也是 UV-B 辐射间接影响系统结构的重要途径（Rozema et al.，1997）。

　　在水生生态系统中，浮游植物是水体食物链的起点，为浮游动物、鱼类和其他水生生物提供食物。大气中轻微的 UV-B 辐射增强将显著降低浮游生物的种群大小，UV-B 辐射所能到达的水体深度对浮游生物的分布具有重要的影响（Hader，1994）。鱼类、昆虫、虾类、蟹类、两栖类和其他动物在早期发育阶段受到 UV 辐射的直接危害。影响 UV 辐射在水体中穿透力的因素包括与水体光学特征有关的浊度、无色或有色可溶性有机物的含量、浮游植物的含量和悬浮颗粒的含量（Goncalves et al.，1991，Tedetti and Sempéré，2006）（图 10-1）。光照强度随着水体深度的增加呈指数下降，一般采用可溶性有机物的含量来估算 UV-B 辐射的穿透力。而在阿尔卑斯一些湖泊中，有色可溶性有机物含量很低，水体中悬浮颗粒对 UV-B 辐射的影响较大（Sommaruga and Augustin，2006）。北极的一些大型湖泊由于含有较高的有色可溶性有机物而受到 UV 辐射的影响较小。因此，在表层水体含有较低有机物或有色可溶性有机物时，UV 辐射穿透到较深的水体中，将对生活在该层次中植物和动物产生负面的影响。在南太平洋极贫营养水体中，UV-B 辐

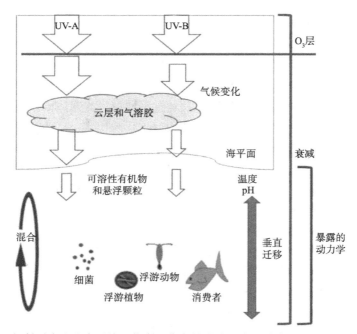

图 10-1　UV 辐射对水生生态系统生物产生作用的影响因素（引自 Goncalves et al.，1991）

Figure 10-1　Factors affecting the quantity and quality of UV radiation received by aquatic organisms

射（305nm）最深能达到 28m，辐射强度降到表面值的 10%（以 Z10%表示）（Tedetti and Sempéré, 2006）。而在北欧海岸水体中，Z10%（310nm）对应的深度为 0.08～10.4m（Aas and Høerslev, 2001）。

二、UV-B 辐射对生态系统中动物种类和物种结构的影响

在 UV-B 辐射的条件下，食草昆虫的特征会发生改变。UV-B 辐射对草食动物具有直接或间接的影响。直接的影响包括改变它们的行为和生理过程（Antignus et al., 2001; Veteli et al., 2003）；间接的影响包括影响植物的品质、捕食者、寄生者和病原体（Roberts, 2001）。植物可以通过化学物质保护自己免受食草动物的取食，如果这些物质发生改变，食草昆虫的行为也会随之发生改变。有些昆虫能吸收 UV-B 辐射，UV-B 辐射的增强使植物更加能够吸引昆虫，植物表面出现更多的昆虫。植物化学物质的改变能影响寄主植物的选择、食草动物的取食量和特征。黄酮改变昆虫的取食行为并抑制昆虫的生长。取食了接受 UV-B 辐射叶片的昆虫将改变生长、生存和取食模式（Lindroth et al., 2000）。

麦蚜复合种群是春小麦的重要害虫。在李元等（2000）的试验中，麦蚜复合种群以麦二叉蚜（*Schizaphis graminum*）为主，麦长管蚜（*Macrosiphum avenae*）和禾谷溢管蚜的数量较少。在 1996 年和 1997 年两年中，在麦蚜复合种群增长期，UV-B 辐射均显著降低其数量。根据统计分析，得到不同 UV-B 辐射强度下麦蚜复合种群数量（y，个/m^2）与种群增长天数（x，天）之间的关系模型 $y=ax^b$。定义 x 的指数 b 为种群数量累积速率，则由表 10-2 可知，随 UV-B 辐射增加，种群数量累积速率增加，但种群数量仍低于对照。可见，早期的麦蚜复合种群数量（x 的系数 a）对种群的增长具有决定性作用。

表 10-2　麦蚜复合种群数量（y，个/m^2）与种群增长天数（x，天）之间的回归分析
（引自李元和岳明，2000）

Table 10-2　The regression analyses between population quantity (y, unit/m^2) and population increase days (x, d) of wheat aphids

UV-B（kJ/m^2）	1996 年	1997 年
0	$y_0=211.41x^{1.312}$ （$r=0.9697$，$P<0.01$）	$y_0=3428.66x^{0.3263}$ （$r=0.9733$，$F=21.41$，$P<0.01$）
2.54	$y_1=144.38x^{1.329}$ （$r=0.9559$，$P<0.01$）	
4.25	$y_2=82.42x^{1.412}$ （$r=0.9503$，$P<0.01$）	
5.31	$y_3=53.63x^{1.501}$ （$r=0.9496$，$P<0.01$）	$y_1=1117.4x^{0.978}$ （$r=0.9490$，$F=14.17$，$P<0.01$）

在不同 UV-B 辐射下，分蘖期、拔节期和扬花期的麦蚜复合种群数量与叶质量和营养含量的相关性如表 10-3 所示。麦蚜复合种群数量与春小麦叶片扬花期粗纤维含量、分蘖期和拔节期 Mg 含量、3 个时期 Zn 含量呈显著或极显著负相关，与叶片分蘖期和扬花期可溶性蛋白含量呈显著正相关，与分蘖期和拔节期叶片可溶性糖含量呈显著负相关，

在扬花期则为显著正相关。这表明在麦蚜复合种群增长期，其数量随 UV-B 辐射增强而显著降低，除了受 UV-B 辐射的直接影响，种数数量还与春小麦叶片可溶性蛋白、可溶性糖、粗纤维、Mg 和 Zn 含量有密切的联系。

表 10-3　麦蚜复合种群数量与叶质量和营养含量的线性相关系数（引自李元和岳明，2000）

Table 10-3　Linear correlation coefficient of population quantity of wheat aphid against leaf quality and leaf nutrient concentrations

发育期	可溶性糖	可溶性蛋白	粗纤维	氮	磷
分蘖期	−0.9784*	0.9962*		−0.9996**	0.8228
拔节期	−0.9858*	0.9311	−0.8998	−0.7149	−0.9101
扬花期	0.9671*	0.9861*	−0.9791*	−0.8998	−0.2507

发育期	钾	镁	铁	锌
分蘖期	−0.9009	−0.9927**	−0.8568	−0.9983**
拔节期	−0.6942	−0.9876*	−0.9342	−0.9554*
扬花期	−0.7813	−0.8775	−0.9066	−0.9622*

注：*和**分别表示在 $P < 0.05$ 和 $P < 0.01$ 水平相关显著（$n=4$）

　　叶片可溶性糖含量、钾含量、含水量是影响麦二叉蚜种群消长的主要因子，而胱氨酸含量是影响麦长管蚜种群消长的主要因子，类似的现象在油菜和棉花中也已观察到（邹运鼎等，1994）。蚕豆生理应激过程能影响蚕豆蚜虫种群的生殖率、存活率等种群特征，从而减少其种群数量（王海波和周纪纶，1989）。春小麦与麦蚜之间，可能也存在这种关系。在 UV-B 辐射下，玉米螟取食玉米和蚕取食桑叶均减少，可能与叶片细胞壁半纤维素中 2,4-二苯环丁烷二羧酸含量增加有关（Bergvinson et al.，1994），而鳞翅目幼虫取食减少与植物中 N 含量增加有关。UV-B 辐射刺激昆虫取食欧洲越橘，而降低其对笃斯越橘的取食，与 C：N 变化有联系。可见，UV-B 辐射导致的寄主植物营养状况及所含化学成分种类和数量的变化对昆虫的生存与发育均有非常重要的影响。总之，春小麦叶质量和营养含量变化可能是麦蚜复合种群数量降低的主要原因。另处，UV-B 辐射导致植物产生的次生代谢物（呋喃香豆素、类黄酮、杀菌素等）会影响昆虫的生长发育（McCloud and Berenbaum，1994），可能春小麦中也存在类似的次生代谢物，并影响麦蚜复合种群数量。UV-B 辐射可降低线虫对寄主的侵染能力。UV-B 辐射通过植物对昆虫产生的间接影响比其直接影响更重要。在很多情况下，UV-B 辐射能保护植物免遭昆虫侵害。麦蚜是春小麦的主要害虫，它不仅直接造成春小麦减产和影响其品质，还传播黄矮病毒（邹运鼎等，1994），在 UV-B 辐射下，其种群数量降低，则对春小麦的危害可能会减小。在春小麦不同生育期，UV-B 辐射导致麦田大型土壤动物种群数量发生变化，其中，蚯蚓数量降低最为明显。在分蘖期，大型土壤动物的种类和个体总数在 UV-B 辐射下未发生明显变化，而在拔节期、成熟期和扬花期则明显降低（表 10-4）。UV-B 辐射降低物种多度和种群丰度；物种多样性在分蘖期增加，在拔节期明显降低，而在成熟期和扬花期无明显变化；在分蘖期、成熟期和扬花期，物种优势度降低，物种均匀度增加，而在拔节期，物种优势度增加，物种均匀度降低。

表 10-4 UV-B 辐射对麦田大型土壤动物种群数量动态和物种多样性的影响（引自李元和岳明，2000）

Table 10-4 Effects of UV-B radiation on population quantity dynamics and species diversity of soil macroanimals in wheat field

动物种类	分蘖期		拔节期		扬花期		成熟期	
	0kJ/m²	5.31 kJ/m²	0 kJ/m²	5.31 kJ/m²	0 kJ/m²	5.31 kJ/m²	0 kJ/m²	5.31 kJ/m²
蚯蚓 Eisenia fetida （头/m²）	32	4	15		16			
蚁科 Formicidae（头/m²）	16	24	44	22	12		116	48
石蜈蚣目 Lithobiomorpha （头/m²）	5	24	9	4		8	12	3
蜘蛛目 Araneida（头/m²）	3	12	8		4	4	4	16
甲壳纲 Crustacea（头/m²）			4		4	9	20	
其他幼虫（头/m²）	116	112	24	40	32	15	32	21
物种数 S	5	5	6	3	5	4	5	4
个体总数 N	172	176	104	66	68	36	184	88
物种多度 D_{MG}	0.777	0.774	1.077	0.434	0.948	0.937	0.767	0.670
种群丰度 N_i	21.86	14.98	10.69	7.18	9.21	4.98	15.57	10.21
物种多样性 H	0.972	1.100	1.517	0.846	1.335	1.281	1.097	1.098
物种优势度 D	0.496	0.444	0.262	0.466	0.305	0.278	0.441	0.382
物种均匀度 E	0.604	0.683	0.847	0.770	0.829	0.924	0.682	0.792

注：物种多样性计算公式和参数同表 10-2

在 UV-B 辐射下，春小麦分蘖期的大型土壤动物种类和个体总数未发生明显的变化，以后则明显降低。由于 UV-B 辐射穿透土壤的能力很弱，在没有植被的情况下，通常不超过 5mm（Moorhead and Callaghan，1994），因而不会对土壤动物产生直接伤害。在 UV-B 辐射下，春小麦根系脱落物、分泌物以及排出的类黄酮、丹宁（Rozem et al.，1997）等次生代谢物种类和数量变化，可能对大型土壤动物种类和数量动态产生重要的影响。已有研究表明，土壤动物种类、数量和生物量均与土壤中凋落物数量、含水量、pH、有机质含量和营养元素含量呈显著正相关（张雪萍和李振会，1996）。因此，UV-B 辐射影响春小麦叶和茎的分解速率，从而改变土壤性质，也可能导致大型土壤动物种类和个体总数的变化。总之，UV-B 辐射对大型土壤动物的影响可能主要是间接影响。

三、UV-B 辐射对生态系统中微生物种类和物种结构的影响

根际微生物是麦田生态系统中重要的分解者。研究表明，UV-B 辐射降低春小麦根际细菌、放线菌和真菌数量，对细菌生理种群数量动态也有影响（李元等，1999b）。与大型土壤动物相似，根际微生物也不能直接接受 UV-B 辐射，它对 UV-B 辐射的响应也可能是通过植物次生代谢物来间接完成的。总之，增强的 UV-B 辐射可能通过改变春小麦的次生代谢过程而间接影响根际微生物的数量。根际微生物数量的变化，以及植物-

菌根、植物-根瘤菌共生关系的改变，都会影响植物营养有效性，特别是 N、P 的有效性，从而影响生态系统的初级生产（Rozema et al., 1997）。此外，已经观察到 UV-B 辐射对副极地石南灌丛生态系统中植物叶片分解真菌移殖的直接和间接影响，也观察到 UV-B 辐射间接影响春小麦真菌移殖率，真菌移殖率的显著变化可能与叶、茎质量和营养含量对 UV-B 辐射的响应密切相关（李元和岳明，2000）。

UV-B 辐射对草本植物凋落物分解微生物具有较大的影响。

真菌：分解前，在紫外辐射处理下生长的叶片碎片中草本枝孢霉（*Cladosporium herbarum*）出现的频率较高（χ^2=3.77，$P<0.05$），球孢白僵菌（*Beauveria bassiana*）和青霉（*Penicillium frequentans*）观察到相反的情况（分别为 χ^2=4.48 和 3.77，$P<0.05$）。尽管在最初的凋落物中观察到真菌种类组成存在差异，但没有观察到凋落物质量存在差异和生长过程中由 UV-B 辐射引起的质量损失存在差异。分解 4.6 个月后，植物生长的环境影响托姆青霉（*Penicillium thomii*）和多孢木霉（*Trichoderma polysporum*）出现的频率（χ^2=4.65 和 3.85，$P<0.05$）。在 UV-B 辐射下生长的植物，托姆青霉出现的频率较低，多孢木霉出现的频率较高。这种趋势与分解前在凋落物集群中观察到的趋势相反（$P>0.05$）。未电离粒子的比例很低，分别占减弱的和 UV-B 辐射处理粒子总数的 3% 和 6%，并且该属性在各处理之间没有统计学显著差异（$P>0.05$）。经过 4.6 个月的分解后，与减弱的紫外辐射处理相比，在 UV-B 辐射下分解的叶子上产黄青霉（*Penicillium chrysogenum*）明显不常见（χ^2=7.38，$P<0.05$）。托姆青霉和多孢木霉在分解过程中没有表现出受 UV-B 辐射影响。

细菌：分解前，在 UV-B 辐射处理下生长的凋落物碎片中着色细菌的数量较高；然而经过 4.6 个月的分解后，着色细菌的定殖不受影响。分解前和分解 4.6 个月后，紫外辐射处理的非着色细菌数量没有差异。分解 4.6 个月后，检测到在两种处理下定居的着色或非着色细菌数量不存在显著差异。

植物在生长过程中暴露于不同 UV-B 辐射条件下的唯一明显结果是凋落物中细菌和真菌数量减少。凋落物质量没有变化。然而，可能还有其他未测量到的化学或形态变化，这些变化可能会影响分解者，从而影响分解。在近环境紫外辐射下生长的植物凋落物上色素细菌和真菌草本枝孢霉的初始定居率较高。含色素物种如草本枝孢霉可以更好地耐受较高水平的紫外辐射，受益于紫外吸收色素所赋予的保护作用（Durrell and Shields, 1960）。例如，色素可有效保护大肠埃希氏菌（*Escherichia coli*）（Sandmann et al., 1998）、蓝细菌（Ehling-Schulz et al., 1997）和真菌（Moody et al., 1999；Duguay and Klironomos, 2000）。此外，在减弱 UV-B 辐射处理情况下，球孢白僵菌和青霉的初始定居率较高。同样，在减弱 UV-B 辐射处理情况下，球孢白僵菌在黑麦草叶上的存活率和沼泽中常见白僵菌的丰度较高（Inglis et al., 1995）。

植物在生长过程中暴露在接近环境的紫外辐射下，到分解期结束时，托姆青霉的丰度显著下降，多孢木霉的数量增加。与最初的定殖相比，数量的季节性波动可能是这些真菌在分解期结束时出现频率较高的原因（Godeas, 1983）。紫外辐射对真菌群落有明显的影响；然而，紫外辐射改变分解者群体的所有机理尚不清楚（Paul and Gwynn-Jones, 2003）。一些真菌物种在较高 UV-B 辐射下的出现频率降低可能是由于辐射对这些物种产生直接损害，而其他真菌物种在较高 UV-B 辐射下的出现频率增加可能是由于 UV-B 辐射损害物种的频率降低，导致竞争性释放。现还不确定分解者群落中的这些变化是否是两种 UV-B 辐射处理下分解过程中凋落物质量损失存在巨大差异的全部原因。

总之，UV-B 辐射导致生态系统生物种类减少、数量降低（细菌生理种群数量变化较复杂）、群落高度降低、物种结构简单化，这将对系统的功能产生重要的影响。

第二节 UV-B 辐射对生态系统物质循环的影响

增强 UV-B 辐射可影响生态系统的物质循环，对植物营养物质累积、枯落物分解腐烂产生影响，改变落叶碳水化合物等物质的浸出能力，进而引起土壤生态系统变化。增强 UV-B 辐射影响生态系统中异戊二烯的循环，随着 UV-B 辐射增强，亚北极地区泥炭地异戊二烯释放明显增强（Tiiva et al.，2007）。生态系统中营养元素在土壤-植物系统中的循环与平衡，是系统存在和发展的营养基础，是生态系统的主要功能之一。营养循环发生改变是 UV-B 辐射对生态系统功能产生影响的一个重要方面。UV-B 辐射影响陆地生态系统物质循环的研究具有较大的价值和潜力。

一、UV-B 辐射对植物营养物质含量和累积的影响

1. UV-B 辐射对植物 N 含量及累积的影响

UV-B 辐射对植物氮含量有显著的影响。植物从外界吸收氮素，将吸收的氮素在体内同化吸收及转化的过程包括 NO_3^- 的同化、NH_4^+ 的同化、蛋白质的合成与水解、酶类物质的合成等。UV-B 辐射能够影响植物的氨基酸含量、蛋白质含量、硝酸还原酶活性、谷氨酰胺合成酶活性以及植物对氮的吸收利用等，直接或间接地影响植物的氮代谢。UV-B 辐射处理增加了水稻糙米抽穗灌浆期的全 N 含量（张文会等，2003）。UV-B 辐射影响植物营养含量在其他植物中也已观察到，如 UV-B 辐射降低浮游生物 N 含量（Braune and Döhler，1994；Fauchot et al.，2000）。Döhler 等（1997）曾报道，短时间（15min）的 UV-B 辐射胁迫对藻类吸收 $^{15}NH_4^+$ 无影响，然而，经 UV-B 辐射处理 30min 和 60min，藻类对 $^{15}NH_4^+$ 的吸收速率显著下降。Braune 和 Döhler（1994）报道，UV-B 辐射处理下，鞭毛藻对 $^{15}NH_4^+$-N 的吸收量高于对 $^{15}NO_3^-$-N 的吸收量，UV-B 辐射显著抑制鞭毛藻对 ^{15}N 的吸收。在 UV-B 辐射下，N 在茎、穗和籽粒中的累积显著降低，在叶中的累积高于对照，根中的累积也明显改变。

研究表明，UV-B 辐射使豌豆、水稻及抽穗灌浆期水稻糙米的氮含量增加（高潇潇等，2009；张文会，2003），使春小麦茎、根和穗的 N 含量在 4 个生育期均显著增加（李元等，2000）。从均值看，UV-B 辐射增强有增加冬小麦叶片硝态氮含量及促进成熟期割手密地上部分氮累积的趋势（牛传坡等，2007；王海云，2007）。土庄绣线菊叶片全氮的含量在增强 UV-B 辐射下提高了 102%，处理植株的氮素再吸收率比对照植株高出 50.9%，可能是 UV-B 辐射使生物量减少并改变了氮素在植物体内的分配，而不是 UV-B 辐射对养分吸收产生直接影响的结果（陈兰和张守仁，2006）。增强 UV-B 辐射还会使

水稻粒籽总氮含量显著增加（Hidema et al., 2005）。UV-B 辐射阻止浮游生物对 N 的吸收（Fauchot et al., 2010），显著降低植物叶片的硝酸盐含量（蒲晓宏等, 2017），使生长在不同氮源中的香蕉植株叶氮含量降低（孙谷畴等, 2000）。UV-B 辐射增强还能影响种群对氮营养的累积。春小麦 N 群体累积量随着 UV-B 辐射的增强而降低（李元和王勋陵, 2000）。UV-B 辐射对植物氮含量的影响还与施氮水平及氮素形态有关。UV-B 辐射对水稻籽粒中蛋白质含量的影响在中氮水平下最大（毛晓艳等, 2007）。在不同氮处理下, UV-B 辐射能改变氮在植株叶片卡尔文循环中核酮糖-1,5-二磷酸核酮糖 Rubisco 的分配系数（孙谷畴等, 2000）。

　　通过研究云南省元阳梯田高秆农家水稻品种'白脚老粳'和'月亮谷'对增强 UV-B 辐射的响应, 表明'白脚老粳'植株各部位 N 含量变化趋势为随着 UV-B 辐射处理强度的增加而增大。'白脚老粳'叶和穗 N 含量变化率（VR）在 4 个生育期均为 $VR_{7.5} > VR_{5.0} > VR_{2.5}$; 在 7.5kJ/m^2 UV-B 辐射强度条件下, 茎 N 含量变化率除分蘖期外其余时期均为最大值; 而根 N 含量在各个生育时期均为最大值, 分别较对照增加 50%、84%、11.4% 和 40%（刘畅等, 2013）。4 个生育期 UV-B 辐射为 5.0kJ/m^2 时, 显著增加'月亮谷'整株 N 累积量并达到最大值, 与对照相比, 分别增加 8.0%、33.5%、53.9% 和 30.4%; 而在 UV-B 辐射为 7.5kJ/m^2 时, 显著降低分蘖期'月亮谷'整株 N 累积量, 与对照相比降低 23.7%, 降低拔节期 N 累积量, 与对照相比降低 23.7%。'白脚老粳'N 群体累积量比'月亮谷'群体 N 累积量的变化更显著。总体上, UV-B 辐射增强显著增加两个水稻品种 N 群体累积量。UV-B 辐射促进植物分枝, 使得植物的生物量增加。植物营养元素的群体累积量是植物体内元素含量和生物量变化共同作用的结果。UV-B 辐射处理对两个品种 N 群体累积量的影响存在差异, 低海拔种植的'白脚老粳'群体 N 累积量显著大于高海拔种植的'月亮谷'群体 N 累积量。

　　增强 UV-B 辐射使 10 个割手密无性系中 3 个无性系茎 N 含量极显著增加, 有 2 个无性系茎 N 含量极显著降低; 有 5 个无性系叶 N 含量显著或极显著下降, 有 1 个无性系叶 N 含量极显著增加（表 10-5）。UV-B 辐射增强对'月亮谷'各部位 N 含量的影响存在辐射强度和生育期上的差异。原因可能是'月亮谷'各部位 N 含量对 UV-B 辐射的响应有一阈值, 即在小于该 UV-B 辐射阈值时, 促进水稻对 N 的吸收, 增加 N 含量, 而超过 UV-B 辐射阈值时则表现为抑制。

表 10-5　10 个割手密无性系茎和叶对 UV-B 辐射响应反馈的 N、P 营养含量差异（%）

（引自祖艳群等, 2007）

Table 10-5　Intraspecific responses in N, P contents change rates in stems of 10 wild sugarcane clones to UV-B radiation (%)

无性系	茎		叶	
	N	P	N	P
92-11	22.67**	−28.36**	−1.68	−4.61
II91-13	9.73	15.14*	−24.26**	33.10*
I91-91	−4.27	9.78	24.42**	−11.07**
90-15	−7.41	−24.97*	−14.42**	−9.77*
83-193	72.60**	1.58	−7.63*	−7.72
92-36	−0.92	−15.47	−8.03*	−23.91*

续表

无性系	茎		叶	
	N	P	N	P
II91-72	−43.41**	−31.93	−4.81	74.67**
II91-93	64.84**	5.79*	−3.44	−15.70**
II91-5	17.46	20.75**	−8.53**	44.94**
I91-37	−42.93**	−23.05**	15.78	8.03

注：*和**表示 UV-B 辐射与对照间分别在 $P<0.05$ 和 $P<0.01$ 水平差异显著

UV-B 辐射可对割手密成熟末期茎 N 累积量产生显著的影响，总体表现为显著增加。由表 10-6 可知，有 8 个无性系的茎 N 累积量有显著的变化，其中，有 5 个无性系茎 N 累积量极显著增加，有 3 个无性系茎 N 累积量显著或极显著下降。大田条件下，10 个割手密无性系叶 N 累积量对 UV-B 辐射的响应差异明显，总体表现为显著增加，有 6 个无性系叶 N 累积量极显著增加，有 2 个无性系叶 N 累积量极显著下降。UV-B 辐射条件下，割手密成熟末期地上部 N 累积量总体表现为显著增加，有 5 个无性系极显著上升，有 2 个无性系（'II91-93'和'I91-37'）极显著下降。

表 10-6　10 个割手密无性系茎、叶和地上部对 UV-B 辐射响应反馈的 N、P 营养累积差异（%）

（引自祖艳群等，2007）

Table 10-6　Intraspecific responses in N, P accumulation change rates (%) in stems, leaves, shoots of 10 wild sugarcane clones to UV-B radiation

无性系	茎		叶		地上部	
	N	P	N	P	N	P
92-11	79.74**	4.97	88.41**	82.80**	85.93**	68.76**
II91-13	251.13**	268.42**	−41.31**	3.13	2.16	38.97**
I91-91	−40.30**	−31.53*	25.23**	−10.50**	−2.05	−13.66**
90-15	113.91**	73.34**	34.05**	41.33**	58.02**	44.87**
83-193	669.92**	353.13**	296.93**	296.54**	412.40**	304.66**
92-36	153.55**	116.31**	160.23**	115.29**	157.74**	115.52**
II91-72	−21.45*	−5.51	39.63	156.20**	3.14	112.83**
II91-93	18.78	−23.77	−46.99**	−53.72**	−21.68**	−48.90**
II91-5	−13.51	214.31**	134.55**	271.64**	162.23**	259.32**
I91-37	−62.05**	−48.83**	17.27	9.43**	−26.07**	−1.46

注：*和**表示 UV-B 辐射与对照间分别在 $P<0.05$ 和 $P<0.01$ 水平差异显著

UV-B 辐射影响植物营养含量可能与 UV-B 辐射导致物种组分改变有关。高 UV-B 辐射导致副极地石南灌丛落叶层氨含量增高，可能对植物的氨化作用产生影响（Gehrke et al.，1995）。UV-B 辐射还引起植物根向土壤中释放类黄酮等次生代谢物而影响植物与根际微生物之间的共生联合，诸如植物与菌根及根瘤菌的共生联合，从而影响营养有效性，尤其是 N、P 营养（Rozema et al.，1997）。已经观察到 UV-B 辐射降低稻田中蓝细菌和根瘤菌的固 N 作用，所造成的 N 损失需要人工施加 N 肥来补充（Hader，1994）。

氨基酸作为氮代谢的主要产物之一,其变化趋势在一定程度上反映了植物氮代谢的状况。UV-B 辐射能增加植物体内主要氨基酸的生物合成, 并使植物体内游离氨基酸库增加（Döhler et al., 1997; 唐莉娜等, 2004）, 菠菜和小白菜叶片的总游离氨基酸含量上升（黄少白等, 1998a）。经 UV-B 辐射处理的菜豆, 其叶片中总游离氨基酸的含量虽然高于对照, 但变化不大（冯国宁等, 1999）。UV-B 辐射增强对总游离氨基酸含量的影响可能是 UV-B 辐射条件下, 色氨酸在被光降解的同时会诱导活性氧自由基产生, 而活性氧自由基可直接修饰蛋白质, 使蛋白质对内源蛋白酶的敏感性上升（唐莉娜等, 2004; 蒲晓宏等, 2017）。另外, PAL 活性和 GDH 活性的变化也可能导致植物叶片内氨基酸含量的变化（黄少白等, 1998b）。

UV-B 辐射使水稻幼苗、菜豆叶片的游离氨基酸含量增加（唐莉娜等, 2004; 冯国宁等, 1999）, 使小麦籽粒赖氨酸含量增加（Gao et al., 2004; 徐建强等, 2004）。UV-B 辐射对植物氨基酸含量的影响与 UV-B 辐射强度及辐射时间有关。春小麦籽粒总氨基酸含量在 2.54kJ/m^2 和 4.25kJ/m^2 UV-B 辐射时低于对照, 在 5.31kJ/m^2 UV-B 辐射时略高于对照, 但差异都不显著（李元和王勋陵, 1998）。高 UV-B 辐射显著增加了拔节期、孕穗期和抽穗期冬小麦叶片的游离氨基酸含量（牛传坡等, 2007）。UV-B 辐射初期, 菠菜和小白菜叶片内的氨基酸含量与对照没有明显区别, 但在处理第 7 天时两者下降幅度分别为 18.8% 和 13.5%（黄少白等, 1997a）。UV-B 辐射对游离氨基酸含量的影响还与物种有关。研究 UV 辐射对三种藻色素 $^{15}NH_4^+$ 和 $^{15}NO_3^-$ 同化的影响时发现, UV-B 辐射显著降低由 Plocamium 标定的游离氨基酸的合成, 而对由 Halidrys 和 Rhodomela 标定的游离氨基酸的合成没有影响（Döhler et al., 1997）。研究表明, UV-B 辐射促进植物体内总游离氨基酸含量增加, 诱导植物类黄酮等抗逆物质合成相关基因大量转录和表达与 PAL（苯丙氨酸解氨酶）等合成, 这些相关基因的表达和酶的合成需要大量游离氨基酸的参与, 而 N 是氨基酸的重要组成部分, 因此植物体吸收和累积 N 增多。UV-B 辐射可对割手密无性系叶片总游离氨基酸含量产生显著的影响。在 UV-B 辐射条件下, 有 4 个无性系总游离氨基酸含量显著下降, 分别为无性系 92-11、I91-91、92-36 和 II91-72; 有 3 个无性系总游离氨基酸含量显著上升, 分别为 II91-13、83-193 和 II91-5（王海云, 2007）（图 10-2）。

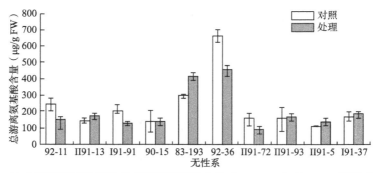

图 10-2　10 个割手密无性系叶片总游离氨基酸含量（μg/g FW）对 UV-B 辐射响应的差异
（引自王海云, 2007）

Figure 10-2　Intraspecific responses in the total amino acid (μg/g FW) contents in leaves of 10 wild sugarcane clones to UV-B radiation

UV-B 辐射通过影响光系统 II 中心而抑制 ATP 合成（Strid et al., 1990），从而降低根系的吸收能力，影响植物的 N 吸收。在李元等（1999a）的试验中，叶片可溶性糖含量变化可能直接影响营养吸收，也可能影响根生长，从而导致营养吸收的变化。经 UV-B 辐射处理的 10 个割手密无性系茎、叶和地上部 N 累积量表现较一致，总体表现为显著上升。UV-B 辐射促进了割手密生长以及营养元素吸收的互促作用在植物营养累积中起着主要作用。

UV-B 辐射可能抑制硝酸还原酶和 N 代谢过程中其他关键酶的作用，降低诱导酶活性，影响硝酸和氨的吸收过程，伤害膜，抑制 ATP 合成，降低根发育（李元等，1999a），影响植物的蒸腾作用（Mirecki and Teramura, 1984），从而影响植物对矿质营养的吸收。硝酸还原酶（NR）是植物体内硝酸盐同化过程中的第一个酶，也是整个同化过程的限速酶，NR 是由底物诱导的，它所催化的 $NO_3^- \longrightarrow NO_2^-$ 反应是 NO_3^- 同化为 NH_3 的限速步骤，因此它在植物的氮代谢中起关键作用，其强弱在一定程度上反映了蛋白质活性和氮代谢强度。

UV-B 辐射能显著降低玉米、大麦、柚树、大豆以及水稻等植物的硝酸还原酶活性（唐莉娜等，2004；Quaggiotti et al., 2004；薛隽等，2006）。在抽穗期 UV-B 辐射强度变化对冬小麦叶片 NR 活性没有显著影响，而从均值看 UV-B 辐射强度增加有降低 NR 活性的趋势（牛传坡等，2007）。UV-B 辐射显著抑制大麦（Ghisi et al., 2002）和生长 4 天的玉米（*Zea mays*）幼苗（Quaggiotti et al., 2004）叶与根中硝酸还原酶活性。聂磊等（2001）报道，UV-B 辐射能够显著降低柚树体内的硝酸还原酶活性，且存在品种差异。UV-B 辐射降低水稻（唐莉娜等，2004）和豇豆（Balakumar et al., 1999）硝酸还原酶的活性，导致整个 N 代谢发生紊乱。UV-B 辐射增强降低植物体内硝酸还原酶活性的可能原因是 UV-B 辐射主要影响一些重要物质的代谢，从而影响硝酸还原酶的稳定性。例如，在烟草植物体内，糖和硝酸盐的含量对硝酸还原酶的稳定性存在一定影响（Morcuende et al., 1998）。

光强增加使 NR 活性提高的可能机理是：①光通过改变细胞膜对 NO_3^- 的透性，使细胞内 NO_3^- 浓度增加，提高 NR 的活性水平；②光可使 NR 脱磷酸化，提高其活性；③光有可能通过影响细胞质的 pH 及 NAD（P）H 水平来调节 NR 的活性。相反，在蓝细菌中，UV-B 辐射导致固 N 酶失活并刺激硝酸还原酶活性，而硝酸还原酶活性受到刺激可能由于吸收了较多的 NO_3^- 或细胞中出现了特殊的 UV-B 光受体（Tyagi et al., 1992）。鞭毛藻中诱导酶活性降低，以及海洋硅藻吸收 N 受影响，均与 UV-B 辐射对膜吸收功能的伤害有关（Braune and Döhler, 1994）。

植物吸收利用环境中的 NO_3^-，需经过两个同化反应步骤：首先由 NR 把 NO_3^- 还原为 NO_2^-，然后再由亚硝酸还原酶把 NO_2^- 还原为 NH_4^+，才能进一步参加氨基酸及蛋白质的合成。硝酸还原酶（NR）活性可作为反映植物氮素同化能力强弱的指标。硝酸还原酶（NR）是植物吸收 N 的关键限速酶，UV-B 辐射增强，改变细胞膜透性使细胞内 NO_3^- 浓度增加，而硝酸根离子是叶片氮同化的主要调节因子，可影响硝酸还原酶（NR）mRNA 的合成，进而影响硝酸还原酶激酶（NR kinase）的活性，从而提高硝酸还原酶（NR）的活性水平。长期生长在高海拔、高 UV-B 辐射背景地区，经长期自然选择和适应，植物可能具备在 UV-B 辐射条件下硝酸还原酶（NR）和谷氨酰胺合成酶（GS）活性提高的特征。10 个割手密无性系硝酸还原酶活性对 UV-B 辐射的响应存在明显的种内差异。UV-B 辐射条件下，无性系 92-11、I91-91、90-15 和 II91-93 的硝酸还原酶活性显著下降，相反，割手密无性系 II91-13、83-193、92-36、II91-72、II91-5 和 I91-37 硝酸还原酶活性显著上升（王海云，2007）（图 10-3）。表明 UV-B 辐射处理下，割手密无性系氮代谢发生显著的变化，并存在种内差异。在 UV-B 辐射条件下，硝酸还原酶活性高的无性系，总游离氨基酸含量增加，氮代谢旺盛，反之，氮代谢下降。

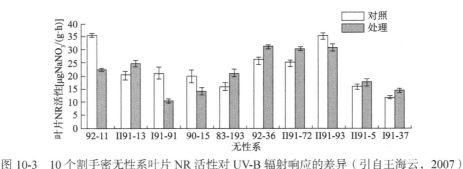

图 10-3　10 个割手密无性系叶片 NR 活性对 UV-B 辐射响应的差异（引自王海云，2007）

Figure 10-3　Intraspecific responses in NR activity in leaves of 10 wild sugarcane clones to UV-B radiation

　　　谷氨酰胺合成酶（GS）在植物体内无机氮向有机氮的转变过程中起着重要作用（Lea and Miflin，1980）。谷氨酰胺合成酶（GS）是高等植物氮同化的关键酶，在植物氮代谢中起着重要作用。GS 催化谷氨酸酰胺化生成谷氨酰胺，将 NH_4^+ 转化为谷氨酰胺进入氮代谢。其活性受到环境的影响，是植物逆境生理研究的重要内容之一。UV-B 辐射能增加菠菜和小白菜叶片内的 GS 活性，且随着处理时间的延长活性增加明显，处理 7 天时，GS 活性分别上升了 47.5% 和 102.5%（黄少白等，1998a）。UV-B 辐射对 GS 活性的影响与生育期有关。在拔节期 UV-B 辐射强度改变对冬小麦叶片 GS 活性没有产生显著影响，但在抽穗期增强了 GS 活性，且达极显著水平（牛传坡等，2007）。也有研究表明 UV-B 辐射使植物叶片的 GS 活性降低，0.15J/（m^2·s）和 0.45J/（m^2·s）UV-B 辐射使大豆幼苗叶片 GS 活性分别降低了 11.3% 和 25.9%（薛隽等，2006）。可能是辐射强度及试验材料不同，引起试验结果不同。UV-B 辐射对植物叶片 GS 活性的影响有明显的种内差异。

　　UV-B 辐射可对割手密无性系谷氨酰胺合成酶产生显著的影响，且存在种内差异。谷氨酰胺合成酶是处于氮代谢中心的多功能酶，参与多种氮代谢的调节。谷氨酰胺合成酶活性的变化，导致割手密无性系 N 代谢的变化。谷氨酰胺合成酶主要有两种同工酶 GS_1 和 GS_2，其中 GS_2 位于叶绿体中，主要功能是把叶绿体和光呼吸再合成的 NH_4^+ 合成为谷氨酰胺（Lea and Miflin，1980）。在 Ghisi 等（2002）的研究中，UV-B 辐射增强，大麦根中谷氨酰胺合成酶的活性受到影响，叶中谷氨酰胺合成酶的活性未对 UV-B 辐射增强做出反应。UV-B 辐射对 10 个割手密无性系叶片 GS 活性产生显著的影响。UV-B 辐射条件下，有 7 个无性系叶片 GS 活性产生显著的变化，其中，有 4 个无性系 GS 活性显著下降，分别为 II91-13、83-193、II91-93 和 II91-5；有 3 个无性系 GS 活性显著上升，分别为 92-11、90-15 和 I91-37，其中无性系 92-11 的 GS 活性增加最明显（王海云，2007）（图 10-4）。UV-B 辐射条件下，割手密无性系谷氨酰胺合成酶活性的变化可能是 UV-B 辐射影响叶片的叶绿体和光呼吸的结果。

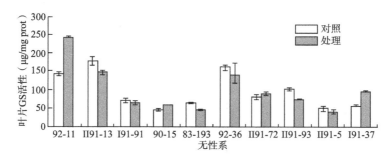

图 10-4　10 个割手密无性系叶片 GS 活性对 UV-B 辐射响应的差异（引自王海云，2007）

Figure 10-4　Intraspecific responses in GS activity in leaves of 10 wild sugarcane clones to UV-B radiation

　　UV-B 辐射增强使 3 个居群灯盏花的叶片游离氨基酸含量增加。紫外辐射 30 天时 D53 和 D63 居群灯盏花的叶硝酸还原酶活性极显著增加，紫外辐射 60 天时 3 个居群的 NR 活性均极显著增加，紫外辐射 90 天时 D47 和 D53 居群的叶 NR 活性极显著增加，说明 UV-B 辐射能显著增加灯盏花的叶 NR 活性（姬静，2010）。UV-B 辐射增强使 D47 居群灯盏花叶硝酸还原酶活性增加，D53 和 D63 居群灯盏花属于耐 UV-B 辐射居群（冯源，2009），抗 UV-B 辐射能力较强。UV-B 辐射能显著增加 3 个居群灯盏花的谷氨酰胺合成酶活性。UV-B 辐射使 D47 居群灯盏花的 GS 活性增加主要是由于 UV-B 辐射导致活性氧产生而引起氮代谢增强，GS 活性增加。UV-B 辐射使 D53 和 D63 居群 GS 活性增强主要是由于 UV-B 辐射增强改变了细胞膜对 NO_3^- 的透性，使细胞内 NO_3^- 浓度增加，而过量的硝酸盐能促进 GS 活性上升。UV-B 辐射使 D47 居群灯盏花叶总氮含量增加，可能是因为 UV-B 辐射使生物量减少并改变了氮在植物体内的分配；D53 和 D63 居群灯盏花叶总氮含量增加，主要是由于 UV-B 辐射增强改变了细胞膜对 NO_3^- 的透性，使细胞内 NO_3^- 浓度增加，氮代谢增强，叶中游离氨基酸、蛋白质及含氮物质的含量增加，最终导致叶总氮含量增加。

　　由于蛋白质的最大吸收波长正好处在 UV-B 辐射波长范围内，因此蛋白质受 UV-B 辐射的影响较大。UV-B 辐射能引起蛋白质的结构及含量发生改变。一般认为 UV-B 辐射增强使植物蛋白质含量降低（李元等，2006a；徐建强等，2004）。UV-B 辐射增强降低了水稻、大豆幼苗叶片和小麦籽粒的蛋白质含量（薛隽等，2006；唐莉娜等，2004；Gao et al.，2004）。随着 UV-B 辐射时间的延长，菠菜和小白菜叶片中可溶性蛋白含量降低，在辐射第 7 天，分别下降了 20.1% 和 18.1%（黄少白等，1999）。可溶性蛋白含量下降，一方面是由于 UV-B 辐射胁迫使 NR 活性迅速降低，外源氮素同化下降，导致整个氮代谢过程受阻，最终影响蛋白质的合成；另一方面是 UV-B 辐射使可溶性糖含量降低与淀粉合成减少，造成用于合成氨基酸的碳骨架匮乏，进而导致可溶性蛋白含量降低（薛隽等，2006）。UV-B 辐射使极地雪藻蛋白质含量降低，主要是由 UV-B 辐射引起蛋白质的空间结构改变而使其失活导致的（耿予欢等，2006）。

研究表明 UV-B 辐射使水稻籽粒、小麦、玉米及桉树叶片中的蛋白质含量增加（Hidema et al.，2005；李曼华，2004；Liu et al.，2012）。链状念珠藻细胞质蛋白质含量随着 UV-B 辐射强度的增大而逐渐增多（郝正大等，2007）。UV-B 辐射增强使植物的蛋白质含量上升，一方面可能与 UV-B 辐射诱导芳香族氨基酸合成加强有关；另一方面是由于 UV-B 辐射诱导植物叶片中抗 UV-B 辐射的酶类蛋白质合成，同时降低了蛋白酶活性，因此可溶性蛋白含量增加。

UV-B 辐射对蛋白质含量的影响与 UV-B 辐射强度有关。春小麦籽粒粗蛋白含量在 2.54kJ/m^2 和 4.25kJ/m^2 UV-B 辐射时略低于对照，在 5.31kJ/m^2 UV-B 辐射时显著高于对照（李元和王勋陵，1998）。云南勐腊县报春花可溶性蛋白含量最低，可能是由于勐腊属于低纬度低海拔地区，紫外辐射强度较弱（罗丽琼等，2006）。也有研究表明，低 UV-B 辐射强度下，大豆胚轴蛋白质含量增加；高强度 UV-B 辐射下，蛋白质的含量显著降低（强维亚等，2004）。可能是由于低强度 UV-B 辐射诱导了一些抗性有关基因的表达，导致一些新的抗性蛋白合成；而高强度 UV-B 辐射加重了 DNA 损伤，抑制了基因的正常表达和蛋白质的合成。

UV-B 辐射对可溶性蛋白含量的影响还与生育期有关。报春花叶片可溶性蛋白含量从幼苗期至衰老期呈升高-降低-升高-降低的变化趋势，在生长期和结实期出现两个含量高峰（罗丽琼等，2006）。UV-B 辐射使拔节期和抽穗期冬小麦叶蛋白质含量分别增加了 17.1% 和 36.1%（牛传坡等，2007）。

2. UV-B 辐射对植物 P 含量及累积的影响

UV-B 辐射降低了海藻细胞对 P 的需求，可能是由于 UV-B 辐射降低了海藻的生长速度和分裂速度（Hessen et al.，1995）。Murali 和 Teramura （2008）发现，UV-B 辐射时大豆吸收 P 速率的影响与施用 P 的数量有关，P 较多时，UV-B 辐射不影响 P 吸收，反之，则有影响。1998 年和 2010 年，Allen 和 Smith 在伊利湖测试了紫外辐射对浮游生物磷酸盐吸收和周转情况的影响，结果表明，紫外辐射降低磷的有效性，与只暴露于光合有效辐射下的浮游植物相比，暴露于 UV-B 辐射下的浮游生物在可溶性磷酸盐浓度增加的情况下，对磷酸盐的吸收率降低（Allen et al.，1998）。由于 P 吸收和 P 有效性的影响，UV-B 辐射减少莱茵衣藻（*Chlamydomonas reinhardtii*）中 ATP 的含量（Hessen et al.，1995）。

UV-B 辐射对春小麦不同部位 P 含量的影响，在分蘖期、拔节期、扬花期和成熟期表现出一致的规律。UV-B 辐射显著影响春小麦成熟期叶、茎、根和穗的 P 含量（李元和岳明，2000）。UV-B 辐射导致春小麦叶和茎中 P 含量显著降低，而根和穗中则相反，P 含量显著增加。UV-B 辐射导致春小麦群体成熟期各营养元素总累积量显著降低，在 5.31kJ/m^2 UV-B 辐射下降低的程度最大。营养累积是生物量和营养含量变化共同作用的结果（李元和岳明，2000）。根据 UV-B 辐射下春小麦群体分蘖期、拔节期和扬花期、成熟期的总营养累积量，采用统计分析法建立模型，得到总营养累积量 y 与 UV-B 辐射强度（x_1，kJ/m^2）和生育期（x_2，DAP 处）之间的二元回归模型（表 10-7）。群体总营养累积量随 UV-B 辐射强度增加而降低，其降低速率因营养元素不同而有差异，总营养累积量还随 DAP 增加而增加，P 的增加速率最小。

表 10-7 春小麦群体总营养累积量（y）与 UV-B 辐射强度（x_1，kJ/m^2）和生育期（x_2，DAP）之间的回归分析（引自李元和岳明，2000）

Table 10-7 The regression analyses between total plant nutrient accumulation (*y*) and UV-B radiation (x_1, kJ/m^2), developmental stages (x_2, DAP) of spring wheat

营养元素	回归模型	R	F 值
氮（g/m^2）	$y = 7.701 - 0.414x_1 + 0.103x_2$	0.6099*	3.85*
磷（g/m^2）	$y = 1.299 - 0.115x_1 + 0.0094x_2$	0.7895**	10.73**
钾（g/m^2）	$y = 14.88 - 1.407x_1 + 0.1688x_2$	0.7956**	5.15*
镁（g/m^2）	$y = 0.408 - 0.0787x_1 + 0.0156x_2$	0.8124**	155.2**
铁（10^{-1}g/m^2）	$y = 1.149 - 0.531x_1 + 0.0733x_2$	0.8841**	35.86**
锌（10^{-2}g/m^2）	$y = 1.291 - 0.0287x_1 + 0.0156x_2$	0.7805**	10.12**

注：*和**分别表示在 $P<0.05$ 和 $P<0.01$ 水平差异显著（$n=16$）

UV-B 辐射处理显著增加水稻叶、茎、根、籽粒 P 含量和 P 群体累积量。2011 年，处理组'白脚老粳'的叶、茎和籽粒中 P 含量比对照增加了 8.3%～63.3%，根中 P 含量比对照增加了 1 倍。'月亮谷'处理组根中 P 含量增加 28.6%，叶、茎和籽粒中 P 含量比对照增加了 55.6%～66.7%（祖艳群等，2015）。2012 年，连续 2 年 UV-B 辐射处理后，'白脚老粳'籽粒中 P 含量增加了 1 倍，茎中 P 含量比 2011 年增加率更大；'月亮谷'根和茎的 P 含量增加量与 2011 年相同，叶中 P 含量比对照增加了 87.5%，比 2011 年增加率更大，籽粒中的 P 含量比对照增加 66.7%，比第 1 年增加更多。可见，连续 2 年 UV-B 辐射，P 元素有向叶和籽粒进一步累积的趋势。

增强的 UV-B 辐射使 10 个割手密无性系中 3 个无性系茎 P 含量显著或极显著上升，3 个无性系茎 P 含量显著或极显著下降；4 个无性系叶 P 含量显著或极显著下降，3 个无性系叶 P 含量显著或极显著增加（表 10-5）。UV-B 辐射对割手密成熟末期茎 P 累积量产生显著的影响，总体表现为显著增加。UV-B 辐射对茎 P 累积有显著的影响，有 5 个无性系 P 累积量极显著增加，有 2 个无性系 P 累积量显著或极显著下降（表 10-6）。大田条件下，10 个割手密无性系叶 P 累积量对 UV-B 辐射的响应差异明显，总体表现为显著增加，有 7 个无性系叶 P 累积量极显著增加，有 2 个无性系叶 P 累积量极显著下降。UV-B 辐射条件下，割手密成熟末期地上部分 P 累积量总体表现为显著增加，有 9 个无性系地上部 P 累积量产生了极显著的变化，其中，有 7 个无性系极显著上升，有 2 个无性系（I91-91 和 II91-93）极显著下降。

UV-B 辐射处理对 10 个割手密无性系茎、叶和地上部 P 累积量的影响较一致，总体表现为显著上升。UV-B 辐射增强，割手密叶、茎和地上部 N 与 P 累积量呈极显著正相关关系，相关系数分别为 $r=0.81$（$P<0.01$）、$r=0.86$（$P<0.01$）和 $r=0.88$（$P<0.01$）。这说明割手密无性系的 N 和 P 累积是互相促进的。磷素能够增强植物体内的氮代谢，

促进植物对氮素的吸收，其原因一方面是磷素直接促进 NR 和 GS 活性的提高，另一方面是磷素促使植物吸收更多的氮素，使植物体合成更多的 NR 和 GS，间接导致其活性升高。

连续 2 年 UV-B 辐射增强处理显著增加传统水稻品种'月亮谷'各部位 P 含量和群体 P 累积量。类似的研究表明，UV-B 辐射显著增加春小麦拔节期叶、茎和根以及扬花期茎和根、成熟期根和籽粒 P 含量（李元和王勋陵，2000），烤烟叶片中 K 含量（何承刚等，2012）。传统水稻随着 UV-B 辐射增强各部位 N 群体累积量有显著增加的趋势（刘畅等，2013）。UV-B 辐射增加植物体内抗逆物质基因的表达和酶的合成，抗逆物质合成所需的能量、抗逆物质转运依赖的膜系统都需要 P，UV-B 辐射可能促进植物对 P 的吸收和累积（Prasad，2011）。UV-B 辐射条件下，植物合成大量次生代谢物，如类黄酮物质、花青素、类胡萝卜素等（Caldwell et al.，1995），可能是 UV-B 辐射条件下植物内 P 含量和累积量增加的原因。在外界胁迫条件下植物根系酸性磷酸酶的活性增强，酸性磷酸酶对 P 的吸收、活化和体内 P 的再利用有着重要的作用。UV-B 辐射会诱导黄酮、丹宁等次生代谢物通过根系排出，影响植物与根际微生物之间的共生关系，从而间接影响水稻对 P 的吸收与利用。植物体内各种营养元素吸收的互促作用在植物营养累积中也起着重要作用。

植物的遗传特征、生态型和生活型等控制着植物对 UV-B 辐射响应的种间与种内差异，但也与它们的生态特征、原产地生态条件和紫外辐射强度等有关（Ernst et al.，1997）。紫外辐射增强似乎对低海拔地区小麦的影响要比中高海拔地区小麦的影响大，在高海拔地区，紫外辐射增强对小麦某些方面有促进作用，生长在高原独特环境条件下的植物，经长期的自然选择和适应，既遭受胁迫伤害，又具有生理生化及形态结构等方面的适应特征（Caldwell et al.，1994）。'白脚老粳'茎的 P 群体累积量在 2 年都表现出下降的趋势，可见，'白脚老粳'对 UV-B 辐射的适应能力没有'月亮谷'强，这可能与'白脚老粳'生长区域的海拔（1600m）比'月亮谷'（1800m）的低有关。类似的研究表明，增强 UV-B 辐射对在高海拔、紫外辐射较强地区种植的水稻品种的株高、分蘖数以及生物量没有显著影响，与该水稻品种具有较强的 UV-B 辐射耐性有关（Braune and Döhler，1994）。

从不同部位的 P 累积量差异来看，UV-B 辐射使植物体不同部位 P 的含量和群体累积量发生改变。'月亮谷'根部 P 含量和群体累积量在 2 年内变化率不变，2 个水稻品种的叶中 P 含量、群体累积量表现出增加的趋势，在第 2 年变化率增加。2 个水稻品种的 P 表现出向籽粒转移的趋势。叶片是 P 代谢适应 UV-B 辐射的部位，籽粒中 P 累积是水稻对 UV-B 辐射产生的繁殖适应。说明传统水稻能从代谢和繁殖等多方面对 UV-B 辐射产生适应，特别是繁殖体优先适应，以保障水稻的繁殖。植物通过改变生化和生理过程以及形态与解剖特征来响应 UV-B 辐射，叶片是 UV-B 辐射敏感部位，植物可以通过减少叶面积、改变叶片表面结构等保护自身不受强 UV-B 辐射的影响（Li et al.，2014），磷是植物生长发育的必要元素，在碳水化合物的合成和运输、氮的代谢、脂肪的合成以及提高植物对外界环境的适应能力方面起着重要的作用，叶片磷的累积可提高保护酶活性，增强其清除活性氧的能力，通过磷酸桥接形成的磷脂、腺苷三磷酸等提高植物对胁迫的适应。植物为了适应逆境（如 UV-B 辐射、干旱、水分胁迫等），通过增加开花数、植物繁殖器官生物量的分配和 P 在繁殖器官的累积以提高繁殖能力来补偿由环境胁迫造成的生物量减少给整体植物带来的损失（杨晖等，2006）。

3. UV-B 辐射对植物 K 含量及累积的影响

UV-B 辐射通过破坏膜上的载体来降低营养物质的吸收（Rai et al.，1995）。Zill 和 Tolbert（1958）发现小麦经 UV 辐射处理后，根部细胞 K^+-ATP 酶活力受到抑制。UV-B 辐射处理显著增加水稻叶、茎、根、籽粒 K 含量和 K 群体累积量。UV-B 辐射处理显著增加 2 个水稻品种茎和根 K 累积量。2021 年'月亮谷'各部位 K 群体累积量显著增加。2011 年，UV-B 辐射处理'白脚老粳'的叶、茎和根中 K 累积量比对照增加了 7.4%、10.5% 和 72.6%，籽粒中 K 累积量比对照降低了 9.5%，K 群体累积量增加了 5.3%；'月亮谷'的叶、茎和籽粒中 K 累积量分别比对照增加 28.3%、58.2% 和 18.3%。2012 年，连续 2 年 UV-B 辐射，'白脚老粳'的茎和根中 K 累积量分别比对照增加了 50.6% 和 116.9%（祖艳群等，2015）。

在大田条件下，UV-B 辐射对割手密无性系茎和叶 K 含量产生显著的影响，基本上呈显著增加的趋势（表 10-8）。有 8 个无性系的茎 K 含量发生显著的变化，其中，有 7 个无性系茎 K 含量极显著上升，有 1 个无性系（II91-13）茎 K 含量极显著下降。分蘖期，有 4 个无性系叶 K 含量极显著下降，有 3 个无性系叶 K 含量显著或极显著增加。UV-B 辐射条件下，在伸长初期、伸长末期、成熟初期和成熟末期，分别有 10 个、7 个、10 个和 9 个无性系叶片 K 含量显著或极显著增加。

表 10-8　10 个割手密无性系茎和叶 K 含量对 UV-B 辐射响应的差异（%）（引自祖艳群等，2007）

Table 10-8　Intraspecific responses in K contents change rates in leaves of 10 wild sugarcane clones to UV-B radiation (%)

无性系	茎	叶				
		分蘖期	伸长初期	伸长末期	成熟初期	成熟末期
92-11	125.22**	−22.77**	127.00**	65.61**	70.03**	92.14**
II91-13	−48.85**	−3.94	33.99**	25.28**	18.31**	38.93**
I91-91	−0.94	−9.97**	33.59**	32.85**	20.47**	38.42**
90-15	90.94**	−9.32**	10.21*	20.30**	15.20**	9.10*
83-193	1.87	−50.98**	15.47*	25.55**	41.24**	56.43**
92-36	163.42**	53.75**	78.79**	67.57**	24.50**	33.89**
II91-72	13.68**	10.99*	14.15**	3.89	40.01**	52.08**
II91-93	196.04**	−8.00	10.90**	26.95**	33.07**	66.45**
II91-5	160.72**	45.68**	27.70**	7.46	7.81**	1.55
I91-37	97.10**	−0.41	40.58**	3.99	35.26**	29.64**

注：*和**表示 UV-B 辐射处理与对照间分别在 $P<0.05$ 和 $P<0.01$ 水平差异显著

UV-B 辐射显著增加割手密无性系茎、叶和地上部 K 累积量，有 6 个无性系茎 K 累积量极显著增加，2 个无性系茎 K 累积量极显著降低，10 个割手密无性系中，变化率最大的是 II91-93；有 6 个无性系叶 K 累积量极显著上升；有 8 个无性系地上部 K 累积量显著或极显著上升，有 1 个无性系（II91-13）地上部 K 累积量极显著下降（表 10-9）。

表 10-9　10 个割手密无性系茎、叶和地上部 K 营养累积对 UV-B 辐射响应的差异（%）
（引自祖艳群等，2007）

Table 10-9　Intraspecific responses in K accumulation change rates in stems, leaves, shoots of 10 wild sugarcane clones to UV-B radiation (%)

无性系	茎	叶	地上部
92-11	176.32**	88.84**	116.10**
II91-13	−43.99**	5.29	−15.52**
I91-91	−5.37	72.27**	50.79**
90-15	77.43**	−6.65	14.09*
83-193	75.91**	44.43**	50.02**
92-36	161.12**	23.28**	46.44**
II91-72	−35.78**	44.79	−5.43
II91-93	387.59**	60.79**	137.68**
II91-5	206.35**	−7.03	84.77**
I91-37	11.88	50.07**	30.59*

注：*和**表示 UV-B 辐射处理与对照间分别在 $P<0.05$ 和 $P<0.01$ 水平差异显著

　　UV-B 辐射显著增加割手密无性系伸长初期、伸长末期、成熟初期和成熟末期叶、茎 K 含量与累积量。钾是糖酵解过程中重要的活化剂，影响碳水化合物的合成和运输，还参与植物单糖磷酸化的过程。所以钾素供应充足会使植物体内各器官中蔗糖、淀粉等含量增加。因此，K 含量较高，有利于蔗糖的合成和累积。UV-B 辐射条件下，割手密无性系叶 K 含量显著增加，可能是 UV-B 辐射会促进割手密蔗糖累积。UV-B 辐射抑制高海拔地区割手密叶 K 的累积，这说明 UV-B 辐射可能会降低高海拔割手密无性系叶糖类化合物的含量，这可能是成熟末期糖类化合物向茎转移的结果。

　　连续 2 年 UV-B 辐射增强处理显著增加传统水稻品种'月亮谷'的各部位 K 含量和 K 群体累积量。K^+ 可以使 ATP 生成位置的电荷保持平衡状态，同时 K 作为许多酶的激活剂，能在一定程度上保障植物代谢，特别是促进次生代谢的加强，增加植物对 UV-B 辐射的适应性。UV-B 辐射条件下，植物合成大量次生代谢物，如类黄酮物质、花青素、类胡萝卜素等（Caldwell et al.，1995）。比较水稻不同部位 K 的累积量，UV-B 辐射使植物体不同部位 K 的含量和群体累积量产生改变。传统水稻品种'月亮谷'根部 K 含量和群体累积量在 2 年内变化率不变，2 个水稻品种茎中 K 含量、群体累积量均表现出增加的趋势，在第 2 年变化率增加。'月亮谷'的 K 在籽粒中累积。茎是 K 代谢适应 UV-B 辐射的主要部位，籽粒中 K 累积是水稻对 UV-B 辐射的繁殖适应。UV-B 辐射通过影响水稻植株的茎秆粗、茎壁厚、蛋白质和半纤维素及多糖含量等性状，增加细胞壁硬度，进而减少水稻发生倒伏的风险（曲颖等，2012；何永美等，2015a）。'月亮谷'作为云南省元阳梯田的传统水稻品种，自然高度达到 150~200cm，不发生倒伏是水稻适应环境的重要方式，K 在茎部的累积，可能与植物通过缩短茎的长度、改变植物的根茎比来防止 UV-B 辐射的伤害等有关。类似的研究也表明，抗倒性强的水稻品种钾、硅和可溶性糖含量较高；水稻茎秆抗倒伏指数与茎的钾含量呈显著正相关（张丰转等，2010a，2010b），施肥增加了水稻茎秆的硅、钾、钙含量及可溶性糖含量，提高了水稻茎秆基部的抗折力（杨艳华等，2011）。植物为了适应逆境（如 UV-B 辐射、干旱、水分胁迫等），通过增加开花数、植物繁殖器官生物量的分配和 P、K 在繁殖器官的累积以提高繁殖能力来补偿由环境胁迫造成的生物量减少给整体植物带来的损失（杨晖等，2006）。

比较 2 年连续 UV-B 辐射处理对水稻 P、K 群体累积量的影响，传统水稻品种'月亮谷'P 和 K 的群体累积量对 UV-B 辐射增强响应的年际变化趋势是一致的，在 2011年和 2012 年各部位 P、K 累积量显著增加，2012 年的变化率大于 2011 年。说明经过第 1 年 UV-B 辐射处理，水稻对 P、K 产生了累积效应，这可能是因为该水稻品种处于低纬度或高海拔，经过长期的野外紫外辐射驯化，产生了一定的抗性。生长在高原独特环境条件下的植物，经长期的自然选择和适应，既遭受胁迫伤害，又具有生理生化及形态结构等方面的适应特征（秦胜金等，2006），可能与 UV-B 辐射使得抗逆基因表达有关。而传统水稻品种'白脚老粳'在第 2 年的 K 群体累积量有所降低，可能是其对 UV-B 辐射累积伤害的耐性有限。因此，长期增强 UV-B 辐射对植物群体特征的影响及其机理还有待于有进一步研究。

4. UV-B 辐射对植物其他元素含量及累积的影响

Ambler 等（1978）发现，未经 UV-B 辐射处理的棉花中 ^{65}Zn 从子叶运转到幼叶的速度是 UV-B 照射处理的 2 倍，这显示 UV-B 辐射增强可抑制 Zn 在植物体内转移。Doughty 和 Hope（1976）发现轮藻（*Chara corallina*）经紫外辐射后，其细胞膜发生极化，膜阻力随之下降。由于膜结构的损伤，细胞内 Cl^-、K^+ 和 Na^+ 大量外渗，而离子的主动吸收却不断下降。UV-B 辐射可能破坏了质膜上某些特定的离子通道，但对细胞的整个结构影响不大。

UV-B 辐射显著增加春小麦叶和茎中 Mg 含量，而根和穗中则相反，Mg 含量显著降低；Fe 在叶中的含量显著增加，而在茎和根中显著降低。UV-B 辐射对穗中 Fe 含量也有显著的影响。UV-B 辐射显著降低春小麦不同生育时期 Fe 群体累积量，在 5.31kJ/m^2 UV-B辐射下降低最显著。这表明了 UV-B 辐射使营养含量发生变化，且不同营养元素之间、不同部位之间的变化有明显差异，说明植物营养含量对 UV-B 辐射的响应是复杂的，是各种生理和营养代谢过程变化的结果。UV-B 辐射还降低春小麦群体 Fe 输出。麦田土壤速效 Fe 含量增加是春小麦群体 Fe 输出降低的结果，可能导致土壤中 Fe 储量的增加（李元等，2000）。

UV-B 辐射减缓棉花中 Zn 从子叶向幼苗的移动（Ambler et al.，1978）。此外，UV-B辐射还阻碍草原灌木金合欢属叠伞金合欢（*Acacia tortilis*）中 Fe、Mg 和 Mn 从子叶向幼苗移动以及 Mn 从老叶向幼叶运转（Ernst et al.，1997）。在大豆中，UV-B 辐射降低 Ca和 Mg 的吸收（Murali and Teramura，1985b）。在高 UV-B 辐射下，春小麦各生育时期叶、茎 Mg 和 Zn 含量显著增加，可能是 UV-B 辐射刺激了 Mg 和 Zn 向叶、茎的运转（李元等，2001）。相反，UV-B 辐射阻碍草原灌木金合欢属 *Acacia tortilis* 中 Mg 从子叶向幼苗移动，不影响 Zn 从子叶向幼苗移动和从老叶向幼叶运转（Rozema et al.，1997），出现这种差别可能与植物种类、UV-B 辐射强度和其他环境条件不同有关（Caldwell et al.，1994）。在 UV-B 辐射下，春小麦各部位的 Mg 和 Fe 累积量均显著降低；Zn 在叶、根、穗和籽粒中的累积量显著降低，在低 UV-B 辐射下，茎中 Zn 累积量高于对照；Zn 和 Mg 群体累积量随 UV-B 辐射增强而降低。在不同生育期，S 群体累积量随 UV-B 辐射变化的趋势是一致的。UV-B 辐射增加豌豆植株 N 含量（Hatcher and Paul，1994）。

　　植物的遗传特性、生态型和生活型等控制着植物对 UV-B 辐射响应的种间与种内差异，但也与它们的生态特征、原产地生态条件和紫外辐射强度等有关（何丽莲等，2006）。Ziska 等（1992）、Ziska 和 Teramura（1992）报道了夏威夷沿不同海拔（0～3000m）分布的多种植物对 UV-B 辐射响应的生长和生理差异，试验认为植物或作物的敏感性差异与不同 UV-B 辐射背景（海拔和纬度）有关。

　　春小麦群体营养累积的最终目的是营养输出。假定春小麦仅收获地上部分，则营养输出为成熟期叶、茎和穗的营养累积之和。UV-B 辐射显著降低群体营养输出，$5.31kJ/m^2$ UV-B 辐射对其影响最大，N、P、K、Mg、Fe 和 Zn 输出分别比对照降低 27.23%、41.68%、28.08%、38.78%、36.17% 和 15.77%。由于各 UV-B 辐射处理小区的营养输入是基本相同的，营养输出的降低标志着春小麦群体营养产投比降低，以及营养循环功能下降。麦蚜也是麦田生态系统营养流动中的一个重要环节。在扬花期，UV-B 辐射导致麦蚜与麦叶 Mg、Fe 和 Zn 含量均增加，两者有密切的关系。随 UV-B 辐射增强，麦蚜复合种群数量显著降低，可认为其生物量也降低，并决定其体内 Mg、Fe 和 Zn 累积的变化。麦蚜 Mg、Fe 和 Zn 含量及累积量的变化可能不会对春小麦群体三种营养元素的含量及累积量产生明显的影响，也不会改变春小麦群体和麦田生态系统营养输出的变化趋势。因此，春小麦营养输出及循环的变化，代表了麦田生态系统的状况。可以认为在 UV-B 辐射下，麦田生态系统营养输出减少，营养产投比降低，营养循环功能下降（李元和岳明，2000）。UV-B 辐射增强引起的群落组分的任何变化特别是优势种的变化，必然会引起植物中碳贮量的变化。例如，当优势种从对 UV-B 辐射敏感的常绿种过渡到落叶种时，会通过减少总生长率来降低冬季的碳贮量，因此增加大气中的 CO_2 水平。地被层（特别是青苔）对 UV-B 辐射的敏感性会影响它们的碳含量并通过改变隔热作用来提高土壤温度，导致微生物活动量增加并排放更多的 CO_2 到大气中。由于高纬度地区的太阳 UV-B 辐射强度高，这种压力会导致森林对大气的瞬时碳排放量增加。如果生态系统的分解速率改变，将会影响营养物质的可利用性和循环。在 UV-B 辐射下生长的越橘叶片的分解速率降低，会降低营养物质的可利用性和流动（Moorhead and Callaghan，1994），而土壤中碳贮量会增加，并影响大气 CO_2 的流通（Johanson et al.，1995）。

二、UV-B 辐射对生态系统营养输出及分解的影响

　　UV-B 辐射对生态系统营养输出及分解的影响包括直接影响和间接影响。直接影响指 UV-B 辐射降低了分解者的种类、数量和分解能力，以及 UV-B 辐射导致的光降解。

间接影响则指植物生长期接受 UV-B 辐射，叶片化学成分变化，从而影响具分解作用的微生物的种类和数量及其分解速率。研究 UV-B 辐射对植物枯落物分解的影响，对于阐述生态系统中枯落物周转、生物地球化学循环和土壤营养动态是极其重要的，也是生态系统对 UV-B 辐射响应研究不可缺少的部分。

1. UV-B 辐射对生态系统枯落物分解的影响

21 世纪以来，农业的集约化程度不断增强，种植密度不断增加，作物的行间距不断减少，使植物接受有益 UV 辐射的水平不断降低，因而对作物的产量和品质产生不利的影响。UV 辐射通过提高微生物活性和促进光化学矿化过程而加快植物枯落物的分解。UV 辐射和可见光中的短波光能促进光降解过程，加快枯落物木质素和其他光反应物质的分解，同时，微生物的分解能力得到增强，这一过程称为光诱导过程（Bais et al., 2018a）。在某些情况下，UV 辐射也会通过抑制分解微生物（细菌和真菌）的活性来抑制枯落物的分解。这些过程的平衡取决于枯落物的质量和影响微生物活性的环境条件。对来自 6 个生物群落的 93 项研究进行 Meta 分析发现（Song et al., 2013），升高的 UV-B 辐射直接增加了 7% 的凋落物分解率，间接增加了 12%，而减弱的 UV-B 辐射直接减少了 23% 的凋落物分解率，间接减少了 7%。木本植物凋落物分解对 UV-B 辐射比草本植物凋落物更敏感。UV-B 辐射强度显著影响凋落物分解对 UV-B 辐射的响应（$P<0.05$）。凋落物分解对 UV-B 辐射的响应方向和大小也受 UV-B 辐射水平、凋落物化学组成和形状、腐烂期长度、微生物和动物群落以及非生物因素（如降水、温度和土壤结构）的调节（$P<0.01$）。UV-B 辐射升高对凋落物分解的间接影响随凋落时间的延长而极显著增加（$P<0.01$）。UV-B 辐射强度相对较小的变化（30%）对凋落物分解有显著的直接影响（$P<0.05$）。

UV-B 辐射增强对水稻秸秆木质素降解率影响明显。UV-B 辐射的直接影响是指 UV-B 辐射通过在凋落物光降解过程中诱导变化或通过影响分解者的丰度、活性和群落组成直接改变分解速率。UV-B 辐射的间接效应是指在植物生长过程中 UV-B 辐射通过改变植物的化学成分和物理过程直接增加凋落物分解，或通过降低分解者的丰度和改变分解者的群落组成减少凋落物分解，以及间接加速或减缓植物生长期间凋落物分解，导致分解速率发生改变。光降解作用强度与木质素含量之间具有显著的正相关关系，这一规律与植物物种、枯落物类型、木质素在植物组织中的分布深度等有关。与草本凋落物相比，木质凋落物分解对 UV-B 辐射增强和衰减都表现出更高的敏感性，可能是由木质凋落物中木质素含量较高所致。木质素是一种吸光化合物，其光降解能力增加了凋落物中碳水化合物生物降解的可能性。研究表明，由紫外辐射引起的木质素光降解对地表凋落物的整体衰减有很大的贡献。由于木质凋落物通常比草本凋落物含有更多的木质素，因此表现出更强的光降解倾向。UV-B 辐射增强处理下秸秆木质素降解率要高于自然光照处理。秸秆木质素降解率呈现先快后慢的特点，前期 UV-B 辐射增强处理与自然光照处理差异较明显，60 天时自然光照处理的秸秆木质素降解率比 UV-B 辐射增强处理的秸秆木质素降解率高 2.9%（图 10-5）。

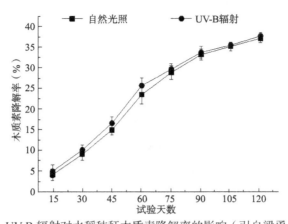

图 10-5　　UV-B 辐射对水稻秸秆木质素降解率的影响（引自梁勇，2018）

Figure 10-5　　Effects of UV-B radiation on lignin degradation rate of rice straw

　　Moorhead 和 Callaghan（1994）用世纪模型（Century model）来检验 UV-B 辐射对木质素降解的直接影响。研究历经 20 年的，相当于野外 100 年的过程，年输入植物枯落物 100g C/m^2，含有 20%木质素、65%粗纤维和 15%的其他代谢物。模拟中使用了质地较好的土壤（90%黏土和 10%淤泥），由于土壤质地会影响土壤有机质的稳定性，用质地粗糙的土壤（含 25%的砂）作对照试验。质地粗糙土壤中含有稍少的土壤有机质，因此，UV-B 辐射对降解的相对影响在质地较好的土壤中表现出来。结果表明，木质素周转的增加对试验结束时余留的植物残体数量具有重要的影响。木质素周转增加 5%导致试验结束时余留的植物残体中木质素和粗纤维数量分别比对照低 64%和 32%。无论增加木质素的损失是否伴随着 C 流入活性土库或慢性土库，对试验结束时余留的植物残体数量都没有影响。相反，活性土库、慢性土库和被动土库受 UV-B 辐射诱导的木质素分解是不同的。任何情况下，当木质素周转增加 25%时，活性土库试验结束时余留的植物残体中木质素和粗纤维数量受到的影响都很小，仅降低 0.6%～0.7%。当流入活性土库的木质素含量降低时，慢性土库试验结束时余留的植物残体中木质素和粗纤维数量降低 0.1%～3.9%。当增加木质素的损失被分配到慢性土库时，被动土库试验结束时余留的植物残体中木质素和粗纤维数量增加 0.5%；但当分配到活性土库时，仅降低 2.5%。总之，辐射加速植物残体中木质素分解，从而加速植物残体周转，但 UV-B 辐射对土壤库中有机质（碳）动态只有较小影响，因为辐射只导致微生物呼吸排到大气中 CO_2 增加，而不是使土壤库中贮存了较多的有机质。

　　增强的 UV-B 辐射对石南灌丛中生长期悬钩子（*Rubus chamaemorus*）叶片在野外 9 个月的分解没有影响（Moody et al.，1999）。Johanson 等（1995）的研究表明：长期接受强 UV-B 辐射的越橘叶片在微观宇宙试验系统中分解 62 天，分解时 CO_2 释放量和重量损失分别减少 35%和 56%。生长期接受强 UV-B 辐射使越橘叶片内丹宁（微生物难以分解物质）增加 9%，而纤维素减少 8%，越橘叶片分解速率的降低与叶质量变化有关，经观察这些叶片具有较高含量的可溶性糖、鞣酸、氨、丹宁和较少纤维素，以及较低的纤维素与木质素之比（Gehrke et al.，1995；Johanson et al.，1995）。水稻秸秆纤维素降解率与木质素降解率变化趋势类似，在 0～60 天秸秆纤维素降解迅速，UV-B 辐射增强处理下秸秆纤维素降解率要高于自然光照处理，两种处理的纤维素降解率都呈现前期快后期慢的特点。120 天时，UV-B 辐射处理下秸秆纤维素降解率为 51.1%，而自然光照处理为 49.2%，UV-B 辐射增强加快了水稻秸秆纤维素的降解（图 10-6）。

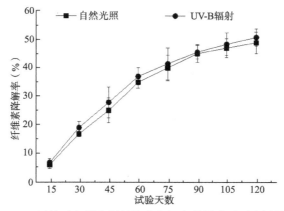

图 10-6　UV-B 辐射对水稻秸秆纤维素降解率的影响（引自梁勇，2018）

Figure 10-6　Effects of UV-B radiation on cellulose degradation rate of rice straw

秸秆半纤维素是由几种不同类型的单糖构成的异质多聚体，是秸秆的主要化学组成之一。由图 10-7 可见，UV-B 辐射增强处理的秸秆半纤维素降解速度快，60 天时 UV-B 辐射增强处理下秸秆半纤维素降解率达到 42.3%，60～120 天半纤维素降解速度趋缓，至 120 天时 UV-B 辐射增强处理下秸秆半纤维素降解率达到 54.69%，比自然光照处理增加了 2.4%。在试验期内，自然光照处理下的水稻秸秆半纤维素降解速度明显慢于 UV-B 辐射增强处理。

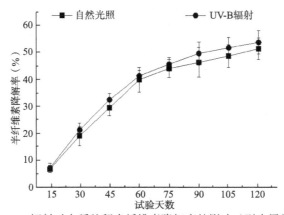

图 10-7　UV-B 辐射对水稻秸秆半纤维素降解率的影响（引自梁勇，2018）

Figure 10-7　Effects of UV-B radiation on the degradation rate of hemicellulose in rice straw

UV-B 辐射增强对水稻秸秆水溶酚降解率影响较显著，在试验开始初期（15 天）UV-B 辐射增强处理下的水稻秸秆水溶酚降解率仅为 2.06%，此时 UV-B 辐射增强处理对秸秆水溶酚降解率的影响并不明显，到试验后期（120 天）UV-B 辐射增强处理下的秸秆水溶酚降解率已经达到 43.28%，而此时自然光照处理的秸秆水溶酚降解率仅为 31.26%，两种处理的水溶酚降解率差异随着试验时间的延长而不断加大（图 10-8）。

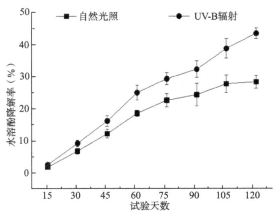

图 10-8　UV-B 辐射对水稻秸秆水溶酚降解率的影响（引自梁勇，2018）

Figure 10-8　Effects of UV-B on the degradation rate of water extracted phenolics in rice straw

　　4 种处理的土壤溶解性有机碳变化趋势大致相同，溶解性有机碳含量在 45 天达到一个高峰，随后下降，135 天时又达到一个新的高峰，在试验结束时，自然光照+秸秆处理（SI）土壤溶解性有机碳含量比自然光照处理高 76.8%，UV-B 辐射+秸秆处理（SI+UV-B）土壤溶解性有机碳含量比 UV-B 辐射处理高 39.5%。添加秸秆处理与不添加秸秆处理相比土壤溶解性有机碳含量差异显著，120 天时，与自然光照和 UV-B 辐射处理相比，自然光照+秸秆处理的土壤溶解性有机碳分别增加 47.6% 和 51.6%，添加水稻秸秆显著提高了土壤溶解性有机碳含量（图 10-9）。

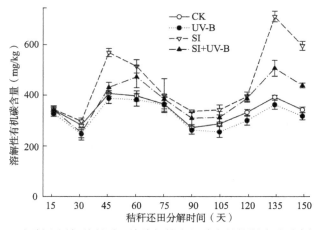

图 10-9　UV-B 辐射和添加秸秆对土壤溶解性有机碳含量的影响（引自梁勇，2018）

Figure 10-9　Effects of UV-B radiation and straw addition on soil dissolved organic carbon content

　　而 UV-B 辐射条件下土壤溶解性有机碳含量低于自然光照处理，其中 UV-B 辐射条件下添加秸秆处理与不添加秸秆处理相比，土壤溶解性有机碳含量增加 39.5%。4 种处理的土壤溶解性有机碳含量在整个试验阶段的变化大致相同，在 45~60 天、120~150 天两个时间段土壤溶解性有机碳含量较高，这可能与试验时的天气相关，温度升高能加速土壤溶解性有机碳生成。

易氧化有机碳是土壤有机碳中周转最快的组分，是指示土壤有机质动态变化的敏感性指标。添加秸秆对土壤易氧化有机碳含量影响显著，随着水稻秸秆降解时间的增加，添加秸秆处理的土壤易氧化有机碳含量比不添加秸秆处理有显著升高，90 天时，自然光照+秸秆处理与 UV-B 辐射+秸秆处理土壤易氧化有机碳含量达到最大值，分别为 5.68g/kg 和 5.41g/kg，90～150 天土壤易氧化有机碳含量逐渐降低（图 10-10）。

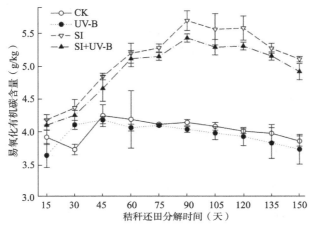

图 10-10　UV-B 辐射与添加秸秆对土壤易氧化有机碳含量的影响（引自梁勇，2018）

Figure 10-10　Effects of UV-B radiation and straw addition on soil easily oxidized organic carbon content

UV-B 辐射处理对土壤易氧化有机碳含量影响明显。试验结束时，自然光照条件下添加秸秆处理和不添加秸秆处理土壤易氧化有机碳含量比 UV-B 辐射处理分别高 3.85% 和 3.39%。与自然光照相比，UV-B 辐射处理降低了添加秸秆处理和不添加秸秆处理土壤的易氧化有机碳含量。表明添加秸秆可以显著提高土壤易氧化有机碳含量，UV-B 辐射增强会抑制土壤易氧化有机碳的生成。

在 UV-B 辐射下生长的春小麦，其叶和茎的分解速率加快，叶片可溶性糖含量降低，粗纤维和可溶性蛋白含量增加。UV-B 辐射还导致越橘叶片可溶性糖、鞣酸、丹宁、氨含量增加，纤维素含量以及纤维素与木质素之比降低，这些叶片分解时 CO_2 释放量和质量损失也减少（Gehrke et al.，1995；Johanson et al.，1995）。UV-B 辐射对春小麦叶和茎与越橘叶片分解的间接影响是不一致的，可能与两者粗纤维和可溶性糖含量变化趋势有差异有关。相同的是在 UV-B 辐射下两者的分解速率均与粗纤维含量呈正相关，而与可溶性糖含量呈负相关。已经证明，植物粗纤维易被微生物分解，而次生代谢物木质素和丹宁等是微生物最难分解的（Rozema et al.，1997）。生长在高 UV-B 辐射下的植物，木质素含量增加。这些可能都是 UV-B 辐射间接影响分解速率的途径。春小麦叶、茎分解速率与可溶性蛋白含量呈显著正相关。在烟草、大麦、蚕豆、小萝卜中也观察到 UV-B 辐射增加叶片可溶性蛋白含量，蛋白质、DNA、RNA 代谢变化，也可能是 UV-B 辐射对编码蛋白质的基因表达调控的结果（Mackerness et al.，1999a）。UV-B 辐射诱导叶绿体和细胞质中一系列新蛋白质合成，这些蛋白质具有保护结构和功能的作用。

UV-B 辐射光降解木质素及有机化合物总体上包括三个阶段：辐射能吸收、自由基形成、自由基与氧联合形成过氧自由基。然后，大量的光化学反应会改变被分解物的性质，从而促进其分解。UV-B 辐射能诱导有机大分子物质降解为小分子，而这些小分子物质可形成新的化合物。此外，UV-B 辐射可降解微生物难以分解的化合物（如木质素），从而刺激了微生物分解活性（Moorhead and Callaghan，1994）。

落叶层的生物分解主要是通过微生物完成的。生长期接受 UV-B 辐射的春小麦成熟期叶和茎用于真菌移殖试验，5 种真菌的移殖率均发生了显著的变化，赭绿青霉和黑曲霉的移殖率明显高于对照，与分解速率增加相一致，可能在分解中发挥了积极作用。对越橘叶片的研究也表明，生长期接受 UV-B 辐射的叶片，分解降低伴随着冻土毛霉移殖率降低 65%，短密青霉较能忍耐（Johanson et al.，1995）。

总之，UV-B 辐射对植物叶、茎分解的间接影响是通过改变叶质量、影响真菌移殖来间接完成的。假定除籽粒外，春小麦其他部分均归还土壤，UV-B 辐射引起的高分解速率会导致营养周转加快、营养释放加速，土壤营养贮量增加。另外，UV-B 辐射降低春小麦营养累积，增加土壤有效营养含量。总体上，UV-B 辐射会导致土壤库中营养贮量增加。同时可能会影响土壤有机质（碳）贮存和生物圈中 CO_2 环流（何永美等，2016）。

生长在正常环境中的越橘叶片在高 UV-B 辐射下分解时，分解速率加快（Johanson et al.，1995）。UV-B 辐射还能促进沙丘草地植物残体光降解。通过机械强度测试表明，UV-B 辐射促进石南灌丛中悬钩子叶片的光降解（Moody et al.，1999）。植物木质素是土壤中难分解有机质的主要组分，UV-B 辐射对木质素的降解可能对土壤有机质和土壤肥力有重要的影响。Century model（Parton et al.，1987）是草地群落的 C 循环和营养动力模型，已经被广泛应用，用于检验可能对 UV-B 辐射响应的植物枯落物和土壤有机质的光化学分解过程。模型表明（图 10-11），土壤有机质的变化趋势能用 4 个特定的变量预测，即温度、湿度、土壤质地和植物木质素含量。其中，光降解木质素具有重要的作用，可能会降低土壤有机质的理论计算含量，因为光反应产物可能以小分子形式进入活性土库，而这些小分子很快被微生物利用；结构 C 进入活性土库的效率比进入慢性土库的低，由于呼吸作用导致较高的 C 损失；C 从活性土库转移到被动土库的效率比从慢性土库转移到被动土库的效率低。

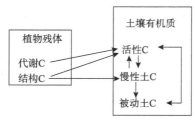

图 10-11　Century model 的 C 流结构图（引自 Parton et al.，1987）

Figure 10-11　C flow diagram for Century model

在干旱和半干旱地区，光降解过程尤其重要，因为水分的有效性较低使分解微生物的活性较低。光降解作用取决于叶片结构、植物化学特征（叶面积、木质素和 C：N）、枯落物位置（直立或地表）、分解阶段、枯落物与土壤的混合程度（Bais et al.，2018b）。在中国北部的古尔班通古特沙漠，年降水量低于 150mm，UV 辐射促进三种植物（草木和灌木）的枯落物分解，并随着降水量的增加而分解速率增加。而地中海草原，在降水量较高的区域（年降水量为 362mm），UV 辐射对草木和灌木植物枯落物分解没有显著的影响，在降水量较低的区域（年降水量为 248mm），UV 辐射对草木和灌木植物枯落物分解的影响随着降水量的增加而增加。

在地中海干旱地区，夜间湿度和露水能影响光降解过程；白天（以光降解作用为主）和夜晚（以微生物分解为主）的平衡均能影响枯落物的分解。在极度干旱的条件下，UV 辐射导致的光降解过程对枯落物的分解具有直接的作用，而在相对湿润的地区，微生物的分解作用趋向于占主导作用。当湿度有利于微生物的作用时，UV 辐射对枯落物的分解可能产生不利的影响。在湿润的森林生态系统中，UV 辐射导致的光降解作用强度取决于冠层盖度、枯落物接受的光照水平、UV 辐射剂量、植被类型、枯落物和土壤的混合程度。当草地转变为沙漠灌木地时，植物物种发生变化，枯落物的 C：N 降低，将改变枯落物的化学成分，也将导致光降解作用的变化（Bais et al.，2018a）。

春小麦生长期接受 UV-B 辐射时，在田间分解 60 天和 100 天，叶和茎的分解速率均随 UV-B 辐射增强而增加，高 UV-B 辐射处理的分解速率与对照具有显著差异。5.31kJ/m^2 UV-B 辐射导致叶、茎和根（2：2：1）混合样品在培育箱中分解 60 天和 100 天的分解速率显著高于对照。可见，UV-B 辐射对春小麦分解有明显的间接促进作用（李元和岳明，2000）。叶和茎分解速率还与 N、P、K、Zn 含量具有较高的相关性，但与 Mg 含量相关不显著（李元和岳明，2000）。只有中等的 UV-B 辐射强度（自然光照强度增加30%～70%）才能加速凋落物的腐烂。较低（自然光照强度增加<30%）和较高（自然光照强度增加>70%）的强度降低了分解速率。其原因在于较低的 UV-B 辐射强度不足以进行光降解，但它抑制了微生物和动物群落活动，从而减缓了腐烂速率。较高的 UV-B 辐射强度对微生物和动物群落活动的抑制可能会抵消光降解的积极作用。只有中等的 UV-B 辐射强度才能使光降解的积极作用超过微生物和动物群活动受到抑制产生的影响，从而促进凋落物的分解。

因此，UV-B 辐射对木本凋落物分解的直接影响更大，而对草本植物间接影响更大。UV-B 辐射与关键气候因素（如年均温度和年均降水量）和凋落物化学性质（如木质素含量）的相互作用可能会显著影响不同生物群落中凋落物的分解。凋落物分解对 UV-B 辐射的反应受 UV-B 辐射水平影响。

2. UV-B 辐射对生态系统微生物分解的影响

Moorhead 和 Callaghan（1994）的模型研究表明，UV-B 辐射加速类似于麦草组分的植物残体中木质素的光降解。另外，植物叶片在增强的 UV-B 辐射下分解时，UV-B 辐射直接影响分解真菌的种类和数量，已经观察到越橘叶片上冻土毛霉的移殖率降低，其他植物叶片上真菌生长受到抑制（Moody et al.，1999）。

研究 UV-B 辐射对微生物生长的影响，对于阐述生态系统中植物枯落物周转、生物地球化学循环和土壤营养动态是极其重要的，也是生态系统对 UV-B 辐射响应研究不可缺少的部分。

UV-B 辐射对分解真菌移殖的影响包括直接影响和间接影响两个方面。直接影响指真菌直接接受 UV-B 辐射，其生长、繁殖、种类、数量以及分解能力受到影响。而间接影响是指 UV-B 辐射改变了植物叶片的化学组成及次生代谢，从而影响了分解真菌的移殖。李元和王勋陵（1998）研究了 UV-B 辐射对春小麦叶和茎真菌移殖的间接影响，生长在不同 UV-B 辐射下的春小麦成熟期叶和茎用于真菌移殖试验。结果表明（表 10-10），UV-B 辐射对 5 种土壤真菌移殖率的间接影响是不同的。处理组赭绿青霉（*Penicillium ochro-chloron*）和黑曲霉（*Aspergillus niger*）的移殖率明显高于对照，其中，赭绿青霉在茎上的移殖率变化最显著，在第 8 天时，比对照增加 72.8%。康宁木霉（*Trichoderma koningii*）除第 6 天茎上的移殖率处理组比对照增加 41.5%外，在叶和茎上的移殖率均显著低于对照。在第 6 天时，出芽短梗霉（*Aureobasidium pullulans*）在叶和茎上的移殖率处理相比对照组均无变化，但在第 8、12 和 21 天时，处理组移殖率均明显降低，叶上移殖率与对照之间差异显著。UV-B 辐射对土曲霉（*Aspergillus terreus*）在叶、茎上移殖率的间接影响较小，仅观察到在第 6 天时茎上移殖率发生显著变化，比对照增加 14.9%。

表 10-10　UV-B 辐射对不同培养天数春小麦叶和茎 5 种真菌移殖率（%）的间接影响（引自李元和王勋陵，1998）

Table 10-10　Indirect effects of UV-B radiation on the colonization rate (%) of five fungus species of spring wheat leaves and stems in different culture days

真菌	部位	UV-B 辐射（kJ/m^2）	培养时间			
			6 天	8 天	12 天	21 天
赭绿青霉	叶	0	60.5b	70.5b	85.0b	95.0a
		5.31	81.0a	92.5a	96.0a	98.0a
	茎	0	25.0b	40.5b	52.5b	70.0b
		5.31	40.5a	70.0a	87.5a	92.5a
黑曲霉	叶	0	77.5b	82.5b	87.5b	90.5a
		5.31	86.0a	90.0a	94.0a	98.5a
	茎	0	70.0a	72.5b	80.0b	87.5b
		5.31	71.5a	78.3a	86.3a	95.5a
康宁木霉	叶	0	20.0a	50.0a	85.0a	90.0a
		5.31	15.0b	25.0b	55.0b	70.0b
	茎	0	5.3b	25.0a	55.0a	60.0a
		5.31	7.5a	22.5b	45.0b	48.3b
出芽短梗霉	叶	0	40.0a	55.0a	75.0a	87.5a
		5.31	40.0a	43.0b	60.0b	70.0b
	茎	0	35.0a	42.5a	52.5a	60.3a
		5.31	35.0a	40.0a	45.0b	57.5a
土曲霉	叶	0	93.5a	94.0a	98.0a	99.0a
		5.31	92.0a	95.0a	97.0a	99.0a
	茎	0	52.5b	75.0a	85.5a	90.0a
		5.31	60.3a	75.0a	85.3a	88.5a

注：不同小写字母表示不同处理间在 $P < 0.05$ 水平差异显著（LSD 检验，$n=6$）

　　总之，落叶层的生物分解主要是通过微生物完成的。生长期接受 UV-B 辐射的春小麦成熟期叶和茎用于真菌移殖试验，5 种真菌的移殖率均发生了显著的变化，赭绿青霉和黑曲霉的移殖率明显高于对照，与分解速率增加相一致，可能在分解中发挥了积极作用。对越橘叶片的研究也表明，分解降低伴随着冻土毛霉移殖率降低 65%，*Truncatella truncata* 则完全不移殖，短密青霉较能忍耐（Johanson et al.，1995）。不同的是，生长在 UV-B 辐射下的橡树叶片分解中质量损失降低时，却未观察到真菌群落组成的变化（Newsham et al.，1997），可能与试验真菌种类不敏感有关。

　　UV-B 辐射增强可影响微生物的定殖能力，从而影响残体降解速率（柳淑蓉，2012）。研究表明，UV-B 辐射增强使春小麦（*Triticum aestivum*）叶片中康宁木霉（*T. koningii*）和出芽短梗霉（*A. pullulans*）定殖率显著降低（Pancotto et al.，2003）；使根乃拉草（*Gunnera magellanica*）中托姆青霉（*P. thomii*）定殖能力减弱（Newsham et al.，1999）。微生物的定殖能力与其对 UV-B 辐射增强的耐受性有关，如 UV-B 辐射增强不仅不会使栎树凋落物中微生物定殖能力减弱，反而使担子菌在凋落物中的定殖能力增强（Ballare et al.，2001）。

　　分解真菌的定殖和生长根据分解是否发生在 UV-B 辐射下表现不同（表 10-11）。紫外辐射下分解的叶片中未电离颗粒比例较高。对照中毛霉 *Mucor hiemalis* 和 *Truncatella truncata* 比紫外辐射下分解的凋落物更丰富。短密青霉（*Penicillium brevicompactum*）在 UV-B 辐射下和对照中同样丰富（表 10-11）（Gehrk et al.，1995）。

表 10-11　实验室中有、无 UV-B 时分解后笃斯越橘叶片或叶脉颗粒上生长的 3 种真菌的未电离颗粒比例和分离频率（%）（引自 Gehrk et al.，1995）

Table 10-11　Uncolonized particles and isolation frequency of 3 fungal species growing on either leaf lamina or vein particles of *Vaccinium uliginosum* leaves after decomposition with and without UV-B in the laboratory (%)

	未电离颗粒	毛霉（*Mucor hiemalis*）	短密青霉（*Penicillium brevicompactum*）	*Truncatella truncata*
对照叶片	44	24	24	9
对照叶脉	23	42	24	11
UV-B 辐射处理叶片	67	8	21	0
UV-B 辐射处理叶脉	49	15	35	0
显著性 对照/UV-B 辐射	***	***	NS	***
显著性 叶片/叶脉	***	***	NS	NS

注：NS 表示 *P*>0.05，***表示 *P*<0.001（*n*=120）

　　一般来说，在有害的紫外辐射下培育的叶子上真菌较少，未电离的叶片颗粒比例较高就表明了这一点。事实上，在分离的 3 个物种中，一个明显地在 UV-B 辐射下分解的凋落物上占优势，而在对照凋落物上，有两个物种丰富，伴随着一个共同的第三物种。

　　这三种经过统计分析的物种在应对紫外辐射的能力上有所不同。毛霉（*M. hiemalis*）和 *T. truncata* 对 UV-B 辐射敏感，而短密青霉（*P. brevicompactum*）似乎适应得更好。从其紫外吸收色素曲线的形状来看，*Truncatella truncata* 和短密青霉（*P. brevicompactum*）

之间 UV-B 辐射敏感性的差异不明显，但是没有测量色素的实际量，因此不能比较 UV-B 辐射对色素的绝对筛选。然而，这些色素是从生长在琼脂培养基上的真菌中提取的，不知道它们是不是在落叶分解时产生的。建议分解真菌种类应直接暴露于紫外辐射下以研究其敏感性。UV-B 辐射屏蔽色素在甲醇中不可萃取，也可能起作用。

与处理无关，叶片中未电离颗粒比例高于叶脉，可能是由于处理前的清洗程序，小的、附着较少的菌落可能已经被从叶片上洗掉，而在叶脉中它们受到了更好的物理保护。另外，众所周知，存在环境压力时真菌会在叶脉中积累。例如，Frankland 和 Collins（1974）发现，在用 γ 射线部分灭菌的栎属（*Quercus*）落叶中，某些细菌更常见于叶脉而不是叶片组织。

这些结果表明，紫外辐射下分解速率的降低与真菌微生物数量的减少和微生物群落的变化之间可能存在相关性。此外，它们在紫外辐射下的生理活性可能会降低。

UV-B 辐射对欧洲 4 个野外地点桦树凋落物分解有直接影响（Sandra et al., 2001）。从毛竹凋落物中分离的真菌群落在分解 2 个月后受到 UV-B 辐射处理的显著影响（表 10-12），枝孢菌（*Cladosporium* sp.）在对照凋落物中更丰富（分离频率为 26%，而在增强 UV-B 辐射下凋落物中分离频率为 3%）；两种青霉（*Penicillium*）的分离频率在紫外辐射下也有所降低，但没有达到显著水平。*Cystodendron* sp. 和 *Phoma herbarum* 在增强 UV-B 辐射下凋落物中分离频率更高（在增强 UV-B 辐射下分别为 25% 和 4%，而在环境 UV-B 辐射下分别为 5% 和 0）（表 10-12）。

表 10-12 在阿比斯科野外环境（Amb）或增强紫外辐射条件下分解毛竹枯落物 2 个月、12 个月和 14 个月后毛竹枯落物上的真菌分离频率（引自 Sandra et al., 2001）

Table 10-12 Separation rate of fungi colonized on decomposed bamboo litter after 2, 12 and 14 months of decomposition of *Phyllostachys pubescens* L. in Abisko field environment (Amb) or high UV radiation

真菌种类	分离频率（%）								
	2 个月			12 个月			14 个月		
	环境值	增强 UV-B 辐射	P	环境值	增强 UV-B 辐射	P	环境值	增强 UV-B 辐射	P
Asteroma microspermum	6	20	NS	5	8	NS	0	2	NS
Cystodendron sp.	5	25	**	5	11	NS	1	3	NS
Cladosporium sp.	26	3	*	3	3	NS	7	8	NS
Penicillium spinulosum	9	0	NS	6	2	NS	2	4	NS
Penicillium simplicissimum	7	1	NS	16	22	NS	22	22	NS
Cladosporim herbarum	4	8	NS	4	4	NS	4	7	NS
Mucor hiemalis				11	1	NS	7	8	NS
Phoma nebulosa				8	5	NS	8	1	NS
Phoma herbarum	0	4	**	7	1	NS			

注：*和**表示处理与对照间分别在 $P<0.05$ 和 $P<0.01$ 水平差异显著，NS 表示 $P>0.05$

分解过程中各种质量损失过程之间的平衡变化，加上分解真菌的正常演替，可能会限制直接 UV-B 辐射效应的持续时间。虽然有相当一致的证据表明，分解过程中 UV-B 的增强会显著改变在凋落物中定居的真菌群落，但由此产生的质量损失抑制似乎是短暂的，而且幅度相当小（Newsham et al., 1999）。

在同一地点的粗壮 *Q. robur* 凋落物中没有发现点状真菌病菌（*Mycosphaerella punctiformis*）和炭疽病菌（*Colletotrichum dematium*）。紫外辐射增强对非真菌丰度的影响相对较小。在脱落时，葡萄孢属灰霉菌（*Botrytis cinerea*）丰度在从 UV-B 辐射处理和 UV-A 辐射阵列取样的叶片上，相对于暴露在环境辐射的叶片上，分别减少了 64% 和 57%（$F=21.48$，$P<0.001$）。0.53 年时，UV-B 辐射处理组叶片上点状芽孢杆菌的丰度比环境组叶片上点状芽孢杆菌的丰度降低了 17%（$F=6.02$，$P=0.022$）。同样在 0.53 年时，与环境阵列相比，UV-A 辐射对照阵列的叶片青霉属（*Penicillium* spp.）丰度减少了 20%（$F=4.86$，$P=0.037$），证实了早期试验的数据，这些数据证明了 UV-A 辐射对腐生真菌丰度有影响（Newsham et al., 1997）。唯一对紫外辐射持续反应的真菌是担子菌，在实验室条件下，担子菌不形成子实体，因此不能鉴定到种。在 0.53 年和 1.33 年时，这些真菌在从 UV-B 辐射处理阵列取样的叶片上比在从 UV-A 辐射对照阵列取样的叶片上更丰富（$F=5.71$，$P=0.025$ 和 $F=9.77$，$P=0.006$）。汇集 0.53 年和 1.33 年的数据表明，担子菌在 UV-B 辐射处理组凋落物中的丰度几乎是 UV-A 辐射对照组和环境组凋落物中的 2 倍（$F=12.59$，$P=0.002$）。

生长过程中暴露于 UV-B 辐射处理的叶片分解速率加速似乎与担子菌类对凋落物的定殖增加有关；钾和担子菌丰度之间有密切的正相关关系（表 10-13 和图 10-12）。非担子菌的丰度与钾之间没有明显的联系，这证实了这样一种观点，即这些真菌在落叶分解中仅起辅助作用。相比之下，森林土壤中无处不在的担子菌类，对凋落物碳和养分损失的影响要大得多（Frankland，1969）。因此，在 0.53 年时，这些真菌的丰度与剩余凋落物干重和凋落物的钾及钙含量呈负相关（表 10-13）。虽然没有发现脱落时测得的凋落物质量参数与钾之间有明显的关联，但叶片的木质素/氮值和担子菌丰度呈负相关（表 10-13）。因此，在凋落物质量参数和钾之间没有直接关系的情况下，对在这种情况下观察到的效果的最合理解释是，紫外辐射引起的凋落物木质素/氮值变化增强了担子菌对叶片的定殖，进而导致分解加速。然而，不可忽视的是，紫外辐射的增强可能影响了其他未确定的叶片化学成分的产生，而这些变化可能在一定程度上造成了报道中的影响。

表 10-13　相关性分析（引自 Newsham et al., 1997）
Table 10-13　Correlation analysis

分类	预测变量	响应变量	r^2	拦截	倾斜	F	P
（i）	担子菌	钾	56.7	0.287	0.001	13.08	0.005
（ii）	担子菌	剩余凋落物干重	50.6	82.7	−0.025	10.26	0.009
	担子菌	钾	42.8	4.67	−0.006	7.49	0.021
	担子菌	钙	46.1	96.3	−0.161	8.63	0.012
（iii）	木质素/氮值	担子菌	33.9	230.0	−9.47	5.12	0.047

注：0.53 年测量的数据；（i）真菌丰度和凋落物中钾含量之间的回归系数，（ii）担子菌丰度和剩余凋落物干重与凋落物化学成分之间的回归系数，（iii）凋落物质量参数和担子菌丰度之间的回归系数

在生态系统中辐射影响分解过程的生态学意义在于它可影响营养周转、土壤库中营养贮量和土壤肥力。对越橘的研究表明：UV-B 辐射诱导的叶片化学组成变化以及其对微生物的直接影响的联合，将导致分解速率和营养周转减慢，从而影响土壤肥力，这对营养有限的生态系统生产力的限制比 UV-B 辐射的直接影响更重要。当然，在热带沙漠和枯落叶能接受强 UV-B 辐射的空旷地区，增强的光降解会起到一定的作用。尽管 UV-B 辐射加速植物残体中木质素的光降解，但由于落叶层分解与土壤肥力、土壤有机质之间的关系复杂，要评估前者改变对后两者的影响仍然是十分困难的。

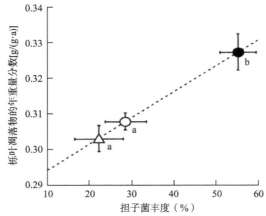

图 10-12　分解栎叶凋落物的年重量分数（k）与平均担子菌丰度的函数关系（为 0.53 年和 1.33 年平均值）（引自 Newsham et al.，1997）

Figure 10-12　Annual fractional weight loss（k）of decomposing *Quercus robur* leaf litter as a function of mean basidiomycete abundance（mean of 0.53y and 1.33y）

○暴露于环境，△对照（UV-A），●处理（UV-B 辐射）；不同小写字母表示不同处理间在 $P<0.05$ 水平差异显著（$n=4$）

光降解在植物残体的降解中占主导地位，在强 UV-B 辐射条件下，植物残体总量减少不多，但木质素等多酚类物质含量会显著下降（Austin and Vivanco，2006）。UV-B 辐射增强处理的还田秸秆木质素、纤维素、半纤维素降解速度明显高于自然光照条件下还田秸秆的降解速度，UV-B 辐射增强使水稻秸秆的主要化学成分木质素、纤维素等大分子有机物进行光降解而产生一些小分子有机物，从而增加了秸秆的溶解性，使得秸秆在后期更容易被微生物降解，但 UV-B 辐射增强对微生物的生长和繁殖会有一定的抑制作用，这也可能是试验周期内 UV-B 辐射增强处理的土壤活性有机碳含量及碳转化酶活性低于自然光照下土壤有机碳含量和酶活性的一个重要原因。研究表明，采用增强 UV-B 辐射处理植物残体引发残体的光降解，植物残体的主要化学组分木质素和纤维素等多酚类物质会发生光化学氧化生成 CH_4 和 CO_2 直接逸散到空气中去，这在一定程度上加快了残体的降解速度，加速了秸秆的降解过程（闫超等，2015）。这可能也是 UV-B 辐射增强处理加快了秸秆的降解过程，促进了秸秆的降解，以及 UV-B 辐射增强的秸秆还田处理土壤活性有机碳含量低于自然光照处理的一个重要原因。

研究发现，添加秸秆可以使土壤活性有机碳含量显著增加，同时增加土壤酚类物质含量，促进土壤活性有机碳的生成和转化（柳淑蓉等，2012；蒋梦蝶等，2017）。UV-B 辐射可以通过影响农田作物的生理代谢过程来间接影响土壤活性有机碳的生成和转化，促进或阻碍土壤活性有机碳的转化（王灿等，2018）。

　　与自然光照相比，UV-B 辐射明显降低土壤活性有机碳含量（Yanni et al.，2015），这主要是由于土壤腐殖质是一种含有发色团的大分子化合物，在接受强 UV-B 辐射过程中会发生不同程度的降解，原来组成中的有机碳可被矿化为无机碳，以 CO_2 和 CO 的形式逸散到大气中。土壤腐殖质虽然难以被微生物降解，但由于其分子结构中含有大量的发色基团，能够直接吸收紫外辐射中的光子能量，引起自身降解，断裂重排生成其他小分子化合物（薛志欣等，2008），且氧和水在 UV-B 辐射的黏粒矿物表面极易形成活性氧自由基，这些活性氧自由基对吸附有机物的光降解会产生明显影响（Mathew and Khan，1996）。添加秸秆使土壤溶解性有机碳、微生物量生物碳、易氧化有机碳含量显著增加，而 UV-B 辐射增强影响土壤有机碳的生成和转化。稻田土壤活性有机碳含量在 UV-B 辐射增强条件下明显低于自然光照处理，在水稻生长季节，水稻根系分泌物对土壤有影响，同时，浓密的水稻叶片对 UV-B 辐射有阻挡作用，避免了稻田土壤直接暴露于高强度 UV-B 辐射下。UV-B 辐射增强对土壤溶解性有机碳含量的影响还需要进行更深入的研究。

三、UV-B 辐射与土壤库中营养贮量的关系

1. UV-B 辐射对生态系统土壤库中营养贮量的影响

　　春小麦各小区营养输入是基本相同的，土壤库中营养贮量主要取决于春小麦营养输出，叶、茎分解的营养归还，以及根际微生物和土壤动物的作用。李元等（2000）研究表明，春小麦群体营养输出的降低会引起土壤营养含量发生变化。在 UV-B 辐射下，成熟期土壤有效营养含量增加（Zn 不显著）（表 10-14），并与春小麦群体营养输出呈负相关，其中，P 相关极显著（$r=-0.9970$，$P<0.01$），Mg 相关显著（$r=-0.9884$，$P<0.05$）。有效营养含量增加可能标志着土壤库中有效营养增加。春小麦群体营养输出的降低，必然会引起土壤营养含量发生变化。

表 10-14　UV-B 辐射对春小麦成熟期土壤有效营养含量（mg/kg）的影响（引自李元和岳明，2000）

Table 10-14　Effects of UV-B radiation on soil available nutrient concentrations (mg/kg) in spring wheat field at ripening stage

UV-B 辐射（kJ/m^2）	有效氮	有效磷	有效钾	交换性镁	有效铁	有效锌
0	71.60b	156.77b	218.87b	509.01c	11.93b	6.55a
2.54	75.96b	162.89b	208.88b	547.56b	15.01a	6.35a
4.25	93.37a	180.49a	215.39b	568.96ab	15.24a	6.75a
5.31	97.96a	191.01a	284.43a	600.03a	15.25a	6.90a

注：不同小写字母表示不同处理间在 $P<0.05$ 水平差异显著（LSD 检验，$n=6$）

　　在4个生育期，'白脚老粳'和'月亮谷'土壤碱解氮含量有随着UV-B辐射从0增加到5kJ/m^2而降低的趋势（表10-15）。'白脚老粳'土壤碱解氮在4个生育期的变化率总体趋势是随着辐射水平的增强而增大。在UV-B辐射水平为2.5kJ/m^2和7.5kJ/m^2时，'白脚老粳'土壤碱解氮的最大变化率均在分蘖期出现，分别显著降低27.8%、55.6%；而在辐射水平为5.0kJ/m^2条件下，'白脚老粳'土壤碱解氮含量在成熟期显著降低45.6%。

'月亮谷'土壤碱解氮在各个生育期的最大变化率出现在UV-B辐射水平为5.0kJ/m²时，4个时期分别降低38.7%、54.6%、38.9%和57.1%；在同一辐射水平下，成熟期降低最多，分别降低55.2%、57.1%和20.9%。

表 10-15　　UV-B 辐射对稻田土壤碱解氮含量的影响（引自刘畅等，2013）

Table 10-15　　Effects of UV-B radiation on available N contents in paddy soil

品种	生育期	UV-B 辐射（mg/ kg）				$IR_{2.5}$（%）	$IR_{5.0}$（%）	$IR_{7.5}$（%）
		CK	$TR_{2.5}$	$TR_{5.0}$	$TR_{7.5}$			
白脚老粳	分蘖期	94.50±6.62a	68.25±2.86b	56.00±2.34c	42.00±1.56d	−27.8	−40.7	−55.6
	拔节期	73.50±3.36a	71.75±4.8ab	68.25±3.96b	56.00±1.25c	−2.4	−7.1	−23.8
	孕穗期	82.25±2.82a	77.00±2.12a	70.00±2.75b	70.00±3.26b	−6.4	−14.9	−14.9
	成熟期	96.50±3.32a	93.00±4.68a	52.50±4.62c	56.00±2.55b	−3.6	−45.6	−42.0
月亮谷	分蘖期	53.82±1.65a	48.04±3.32b	32.97±3.35c	45.24±8.56b	−10.7	−38.7	−15.9
	拔节期	71.20±2.66a	41.14±3.59c	32.30±8.65d	65.68±9.23b	−42.2	−54.6	−7.8
	孕穗期	57.39±2.37a	52.07±6.55b	35.06±2.23c	55.66±5.76b	−9.3	−38.9	−3.0
	成熟期	70.98±3.81a	31.77±2.42c	30.45±4.65c	56.12±12.15b	−55.2	−57.1	−20.9

注：CK：0kJ/m²（自然光）的 UV-B 辐射处理；$TR_{2.5}$：2.5kJ/m² 的 UV-B 辐射处理；$TR_{5.0}$：5.0kJ/m² 的 UV-B 辐射处理；$TR_{7.5}$：7.5kJ/m² 的 UV-B 辐射处理；IR 表示与对照相比的变化率；不同字母表示不同处理间在 $P<0.05$ 水平差异显著；下同

除'月亮谷'的分蘖期、拔节期和孕穗期 7.5kJ/m² UV-B 辐射水平外，'白脚老粳'和'月亮谷'土壤总氮含量整个生育期变化趋势为随着 UV-B 辐射的增强而降低（表 10-16）。在辐射水平为 2.5kJ/m² 和 7.5kJ/m² 条件下，'白脚老粳'和'月亮谷'土壤总氮在成熟期变化率（IR）达到最大值，分别降低 10.6%、24.2%和 5.3%、31.7%；而在 5.0kJ/m² 辐射水平下，'白脚老粳'和'月亮谷'土壤总氮在孕穗期变化率最大，分别降低 13.8%和21.7%。

表 10-16　　UV-B 辐射对稻田土壤总氮含量的影响（引自刘畅等，2013）

Table 10-16　　Effects of UV-B radiation on total N contents in paddy soil

品种	生育期	UV-B 辐射（g/kg）				$IR_{2.5}$（%）	$IR_{5.0}$（%）	$IR_{7.5}$（%）
		CK	$TR_{2.5}$	$TR_{5.0}$	$TR_{7.5}$			
白脚老粳	分蘖期	1.72±0.11a	1.66±0.08b	1.61±0.12c	1.58±0.12c	−3.5	−6.4	−8.1
	拔节期	1.69±0.09a	1.58±0.12a	1.55±0.04ab	1.42±0.04b	−6.5	−8.3	−16.0
	孕穗期	1.67±0.13a	1.52±0.12b	1.44±0.07b	1.31±0.05c	−9.0	−13.8	−21.6
	成熟期	1.61±0.07a	1.44±0.14b	1.41±0.08b	1.22±0.04c	−10.6	−12.4	−24.2
月亮谷	分蘖期	2.34±0.09a	2.31±0.13ab	2.21±0.07b	2. 27±0.16ab	−1.3	−5.6	−2.3
	拔节期	2.27±0.07a	2.20±0.11a	1.87±0.09b	1.99±0.11c	−3.1	−17.6	−12.3
	孕穗期	2.21±0.12a	2.11±0.08b	1.73±0.11c	1.82±0.08c	−4.5	−21.7	−17.6
	成熟期	2.08±0.1a	1.97±0.14a	1.67±0.14b	1.42±0.10c	−5.3	−19.7	−31.7

UV-B 辐射处理下，割手密土壤全 N 含量发生明显的变化，有 1 个无性系土壤全 N 含量极显著下降，有 2 个无性系土壤全 N 含量显著或极显著增加；割手密无性系土壤全 P 含

量经 UV-B 辐射处理总体表现为下降的趋势，但降幅不大，无性系 92-36 和 II91-5 土壤全 P 含量较对照分别显著降低 7.94% 和 9.67%，而无性系 I91-91 和 II91-93 土壤全 P 含量显著增加。UV-B 辐射处理下，有 5 个无性系土壤碱解氮含量显著或极显著降低；4 个割手密无性系土壤速效磷含量对 UV-B 辐射的响应存在显著的差异，有 3 个无性系土壤速效磷含量显著或极显著下降，有 1 个无性系土壤速效磷含量极显著增加（表 10-17）。

表 10-17　10 个割手密土壤 N、P 营养含量对 UV-B 辐射响应的差异（引自王海云等，2007）

Table 10-17　Intraspecific responses in available N, P contents and total N, P contents of 10 wild sugarcane clones to enhanced UV-B radiation under field condition

无性系	全 N 和全 P		碱解 N 和速效 P	
	N	P	N	P
92-11	68.99**	−4.81	0.25	6.47
II91-13	−59.16**	−0.47	−14.46*	15.30
I91-91	7.45	8.28*	−1.43	34.26
90-15	41.42*	−5.54	−26.08**	−0.05
83-193	−20.50	0.20	−11.18	22.36**
92-36	−14.75	−7.94*	−9.64*	−12.67*
II91-72	13.07	4.49	−25.88**	15.86
II91-93	−2.45	12.03*	−10.12	−31.43**
II91-5	−12.35	−9.67*	−5.97	3.82
I91-37	−26.09	−0.14	−22.89**	−17.66*

注：*和**表示 UV-B 辐射与对照间分别在 $P<0.05$ 和 $P<0.01$ 水平差异显著

　　在 UV-B 辐射下，根际微生物和大型土壤动物种群数量的降低，必然会影响它们在物质分解和营养形态转化方面的功能，从而可能间接影响土壤有效营养含量及贮量。根际微生物能直接影响土壤营养物质的有效性，如促进 K 的释放和提高 Mn、Fe、Zn 等元素的有效性，固 N 细菌、硝酸细菌和反硝化细菌与 N 代谢有关，解 P 细菌与 P 的循环转化有关。同时，根际微生物会影响根系的生长和发育，间接影响养分的循环过程及有效性。例如，固 N 细菌可促进小麦根生长，提高其对 N、P、K 的吸收。UV-B 辐射影响植物与菌根及根瘤菌的共生联合，从而影响 N、P 营养的有效性（Rozema et al.，1997）。Tyagi 等（1992）还报道 UV-B 辐射降低稻田中蓝细菌和根瘤菌的固 N 作用，所造成的 N 损失需要人工施 N 来补充。大型土壤动物在生态系统的营养循环与转化中起着重要作用（张雪萍和李振会，1996）。在营养循环过程中，对于营养元素的转换、储存和释放，土壤动物作为中间环节具有特殊的功能性作用。蚯蚓可促进植物凋落物与土壤混合，在植物凋落物转化为腐殖质的过程中也发挥着重要作用（李元和岳明，2000）。在 UV-B 辐射下，麦田生态系统中根际微生物和大型土壤动物对土壤有效养分含量与营养贮量的影响仍然需要深入研究。

　　同一 UV-B 辐射强度处理条件，整个生育期两个元阳当地水稻品种土壤碱解 N 含量存在较大差异，原因是上级梯田水进入可直接补充有效态 N，而整个生育期两个当地品种土壤总 N 含量逐渐降低。说明 UV-B 辐射促进水稻群体 N 的输出，降低稻田土壤中总 N 含量，导致土壤库 N 贮量的减少。UV-B 辐射显著影响植物对营养元素的吸收和利用，因此会间接影响土壤营养贮量。UV-B 辐射条件下，割手密无性系成熟末期土壤全 N 和全 P 下降并不明显；同时，成熟末期土壤碱解氮和土壤速效磷含量没有显著变化。假设割手密仅收获地上部分，则 N 和 P 输出为茎、叶累积之和，被 UV-B 辐射显著增加。由于割手密各小区的 N 和 P 输入是基本相同的，N 和 P 输出的增加标志着割手密 N 和 P 循环功能的加强。UV-B 辐射条件下土壤营养贮量降低是割手密无性系输出增加的结果。

2. 增强的 UV-B 辐射条件下外源 N 素施用对植物 N 代谢的影响

氮供应使植物体内激素的代谢水平发生了改变，激素代谢水平决定了植物形态变化（杨景宏等，2000a，200b），因而改变了 UV-B 辐射对灯盏花形态结构的影响。一方面，适当的氮供应（$5g/m^2$ N 及 $10g/m^2$ N）促进了灯盏花根系细胞分裂素的产生和输送，使灯盏花叶片和茎细胞的分裂与扩展加速，因而叶片伸展、株高增加。细胞分裂素还能促进许多与光合作用有关的蛋白质的合成，而氮供应给蛋白质的合成提供了充足的原料，使灯盏花的光合作用增强，促进灯盏花的生长发育。另外，适当增施氮肥，促进了灯盏花内源 IAA 的合成与分配，促进了植物的生长。高氮处理（$10g/m^2$ N）对灯盏花产生抑制作用主要是由于氮供应超过植物生长对氮的利用能力，产生了氮积累，会对灯盏花的生长产生毒害作用，因此根系发育不良，营养供应受阻，抑制了植物的生长发育，而植株的支持组织发育不充分，对环境胁迫抗性变差，受 UV-B 辐射胁迫程度增加。

外源施用氮素影响 UV-B 辐射对灯盏花形态结构、生物量、总黄酮产量的作用，且存在明显的种内差异。D47 居群灯盏花的株高、基叶长、叶宽、基叶数、生物量和总黄酮产量都在 $5g/m^2$ N 处理下达到最大，而 D53 和 D63 居群灯盏花的株高、基叶长、叶宽、基叶数、生物量和总黄酮产量在 $10g/m^2$ N 处理下达到最大。说明 $5g/m^2$ N 能减轻 UV-B 辐射对 D47 居群灯盏花的伤害，促进 D47 居群灯盏花生长发育、生物量和总黄酮产量增加；$10g/m^2$ N 能提高 UV-B 辐射对 D53 和 D63 居群生长发育、生物量和总黄酮产量的促进作用。同一物种不同居群对 UV-B 辐射的敏感性随着采集地的海拔增加而显著降低。高海拔地区生长的植物具有较强的抗性和适应能力，可在高 UV-B 辐射环境中很好地生存（祖艳群等，2007）。D47 居群灯盏花的野生环境海拔较低（1100m），对 UV-B 辐射的响应比较敏感，因此施用 $5g/m^2$ 氮肥即能改变 UV-B 辐射对 D47 居群灯盏花的影响，对 D47 居群灯盏花的生长有较好的促进作用。说明 UV-B 辐射敏感性较强的灯盏花居群对外界环境变化也较为敏感，极易受到外界环境变化的影响而改变对 UV-B 辐射的响应。D53 和 D63 居群灯盏花的野生环境海拔较高（2500m 和 2850m），抗 UV-B 辐射能力较强，施用 $5g/m^2$ 氮肥并未使 D53 和 D63 居群对 UV-B 辐射响应的改变达到最大，施用 $10g/m^2$ 氮肥时表现最为显著，这与两居群的耐 UV-B 辐射能力较强有关。

UV 辐射处理导致 D47、D53 和 D63 居群灯盏花的叶游离氨基酸含量增加。D47 居群在紫外辐射 30 天和 90 天时极显著增加（$P<0.01$），90 天时增幅最大，为 79.54%；D53 和 D63 居群都在紫外辐射 60 天和 90 天时极显著增加（$P<0.01$），D53 居群在紫外辐射 60 天时增幅最大，为 49.73%，D63 居群在紫外辐射 90 天时增幅最大，为 61.5%。施氮肥后，$5g/m^2$ N、$10g/m^2$ N 及 $15g/m^2$ N 都使 3 个居群灯盏花的叶游离氨基酸含量相比 UV 辐射处理极显著增加（$P<0.01$）。3 个居群灯盏花的叶游离氨基酸含量呈现 $15g/m^2$ N>$10g/m^2$ N>$15g/m^2$ N（图 10-13）。

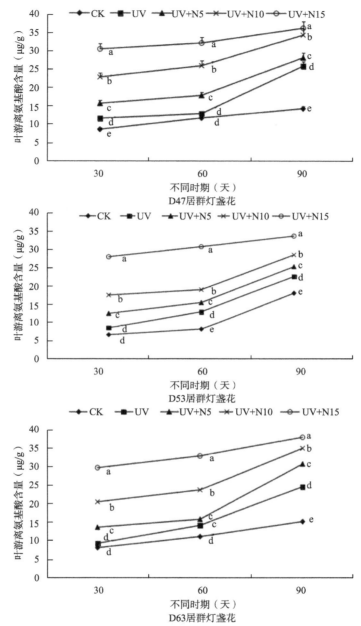

图 10-13 不同时期氮对 UV-B 辐射下 3 个居群灯盏花的叶游离氨基酸含量的影响（引自姬静，2010）

Figure 10-13 Effects of nitrogen to total flavonoid contents of three *E. breviscapus* populations under UV-B radiation during different times

不同小写字母表示不同处理间差异显著

UV 处理导致 D47 居群叶硝酸还原酶活性在紫外辐射 60 天和 90 天时极显著增加（*P*<0.01），增幅分别为 64.97% 和 21%；D53 居群叶硝酸还原酶活性在紫外辐射 30 天和 90 天显著增加（*P*<0.05），增幅分别为 13.77% 和 14.69%，在紫外辐射 60 天时极显著增加（*P*<0.01），增幅为 39.63%；D63 居群在紫外辐射 30 天和 60 天时叶硝酸还

原酶活性极显著增加（$P<0.01$），增幅分别为 22.64%和 35.65%，在 90 天与 CK 差异显著（图 10-14）。

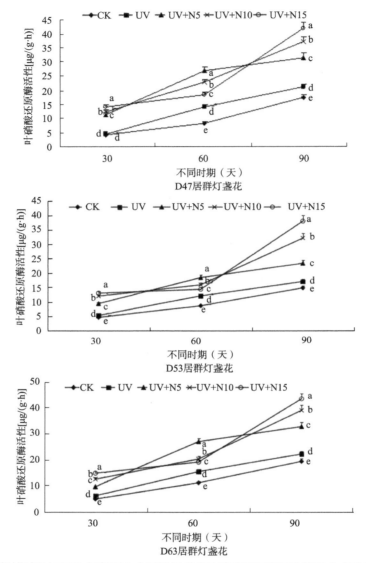

图 10-14　不同时期氮对 UV-B 辐射下 3 个居群灯盏花叶硝酸还原酶活性的影响（引自姬静，2010）

Figure 10-14　Effects of nitrogen to the activity of NR of three *E. breviscapus* populations under UV-B radiation during different times

不同小写字母表示不同处理间差异显著

在 UV-B 辐射下，$5g/m^2 N$、$10g/m^2 N$ 及 $15g/m^2 N$ 都使 3 个居群灯盏花叶硝酸还原酶活性比 UV 辐射处理极显著增加（$P<0.01$），且在紫外辐射 30 天和 90 天时，3 个居群灯盏花的叶硝酸还原酶活性随着施氮浓度的增加而增加；在 60 天时，叶硝酸还原酶活性随着施氮浓度的增加而降低。硝酸还原酶活性最大可达到 $43.68\mu g/（g·h）$。

UV 处理导致 3 个居群灯盏花的叶谷氨酰胺合成酶活性增加。D47 居群在紫外辐射

30 天时叶谷氨酰胺合成酶活性极显著增加（P<0.01），增幅为 33.83%；紫外辐射 60 天时显著增加（P<0.05）。而 D53 居群叶谷氨酰胺合成酶活性在 3 个时期均极显著增加（P<0.01），增幅范围为 12.20%～16.92%。D63 居群叶谷氨酰胺合成酶活性在紫外辐射 30 天时显著增加（P<0.05），在紫外辐射 60 天和 90 天时极显著增加（P<0.01），增幅分别为 11.34%和 17.46%（图 10-15）。

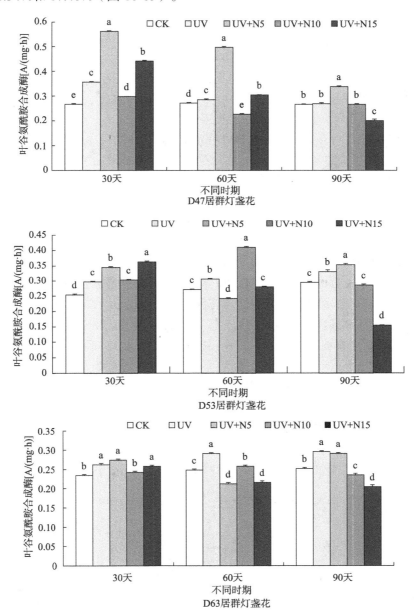

图 10-15 不同时期氮对 UV-B 辐射下 3 个居群灯盏花叶谷氨酰胺合成酶活性的影响（引自姬静，2010）

Figure 10-15 Effects of nitrogen to the activity of GS of three *E. breviscapus* populations under UV-B radiation during different times

不同小写字母表示不同处理间差异显著

　　在 UV-B 辐射水平下，5g/m² N 导致 D47 居群叶谷氨酰胺合成酶活性比 UV 辐射处理极显著增加（P<0.01），3 个时期增幅分别为 57.87%、74.39% 和 25.65%；D53 居群叶谷氨酰胺合成酶活性在紫外辐射 30 天和 90 天时比 UV 辐射处理极显著增加（P<0.01），增幅分别为 16.16% 和 6.95%，在紫外辐射 60 天时极显著降低（P<0.01）；D63 居群叶谷氨酰胺合成酶活性在紫外辐射 60 天时极显著降低（P<0.01）（图 10-15）。

　　在 UV-B 辐射下，10g/m² N 导致 D47 居群叶谷氨酰胺合成酶活性在紫外辐射 30 天和 60 天时比 UV 辐射处理极显著降低（P<0.01）；D53 居群在紫外辐射 60 天时活性极显著增加（P<0.01），增幅为 33.99%，此时活性为 0.41A/（mg·h）；D63 居群叶谷氨酰胺合成酶活性在紫外辐射 30 天时比 UV 辐射处理显著降低（P<0.05），在紫外辐射 60 天和 90 天时极显著降低（P<0.01），90 天时活性最低，为 0.24A/（mg·h）（图 10-15）。

　　在 UV-B 辐射下，15g/m² N 导致 D47 居群灯盏花的叶谷氨酰胺合成酶活性在 30 天时比 UV 辐射处理极显著增加（P<0.01），在 60 天时显著增加（P<0.05），在 90 天时极显著降低（P<0.01），此时活性最小，为 0.20A/（mg·h）；D53 居群叶谷氨酰胺合成酶活性在紫外辐射 30 天时比 UV 辐射处理极显著增加（P<0.01），此时活性最大为 0.36A/（mg·h），在 60 天和 90 天时极显著降低（P<0.01），90 天时活性最小，为 0.16A/（mg·h）（图 10-15）。

　　UV-B 辐射使 3 个居群灯盏花的叶谷氨酰胺合成酶活性显著增加。施氮肥后，在 UV-B 辐射下，5g/m² N 导致 D47 居群叶谷氨酰胺合成酶活性显著增加，说明 5g/m² N 对 UV-B 辐射提高 D47 居群叶谷氨酰胺合成酶活性有促进作用。10g/m² N 导致 D53 居群叶谷氨酰胺合成酶活性在紫外辐射 60 天显著增加，说明 10g/m² N 对 UV-B 辐射提高 D53 居群叶谷氨酰胺合成酶活性有促进作用。在紫外辐射 60 天时，D47 居群叶谷氨酰胺合成酶活性呈现 5g/m² N >15g/m² N>10g/m² N，D53 和 D63 呈现 10g/m² N >15g/m² N>5g/m² N；在紫外辐射 90 天时 3 个居群叶谷氨酰胺合成酶活性都呈现 5g/m² N >10g/m² N>15g/m² N（图 10-15）。

　　UV 辐射处理导致 D47 和 D53 居群在紫外辐射 30 天和 90 天时叶全氮含量显著增加（P<0.05），增幅范围为 11.6%～25.91%，D63 居群灯盏花在 3 个时期都显著增加（P<0.05），增幅范围为 12.40%～26.53%（图 10-16）。

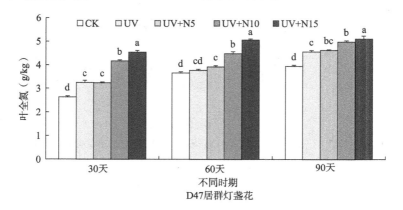

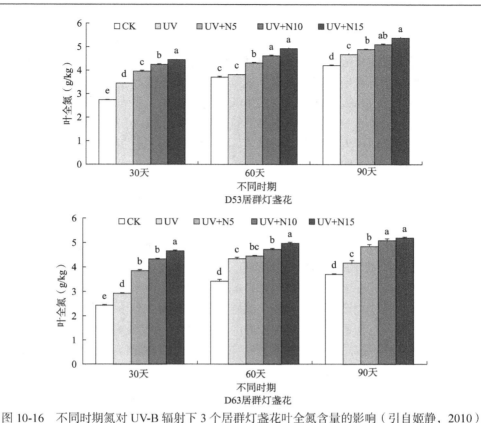

图 10-16　不同时期氮对 UV-B 辐射下 3 个居群灯盏花叶全氮含量的影响（引自姬静，2010）

Figure 10-16　Effects of nitrogen to total nitrogen contents of three *E. breviscapus* populations under UV-B radiation during different times

不同小写字母表示不同处理间差异显著

在 UV-B 辐射下，5g/m² N 导致 D53 居群灯盏花的叶全氮含量比 UV 辐射处理显著增加（$P<0.05$），增幅范围为 4.7%～14.8%，D63 居群在紫外辐射 30 天和 90 天时显著增加（$P<0.05$），增幅分别为 31.40%和 16.31%。10g/m² N 和 15g/m² N 都导致 3 个居群灯盏花的叶全氮含量比 UV 辐射处理显著增加（$P<0.05$），增幅范围为 8.98%～59.04%。3 个居群灯盏花的叶全氮含量在各个处理下都随着处理时间的延长而增加，表现为 30天<60 天<90 天；在 UV-B 辐射下，3 个居群灯盏花的叶全氮含量在 3 个时期都表现为 5g/m² N<10g/m² N<15g/m² N（图 10-16）。

第三节　UV-B 辐射对生态系统能量流动的影响

能量流动是生态系统的另一个主要功能，也是生态系统存在和发展的能量动力。在农田生态系统中，人工辅助能产投比和光能利用率是衡量其结构是否合理、功能是否高效的最重要指标。这里主要讨论 UV-B 辐射对植物初级生产、生态系统中植物热值、群体能量累积和能量输出等方面的影响。

一、UV-B 辐射对植物热值、能量累积和输出的影响

在农田生态系统能量流动研究中，热值通常使用一个定值，忽略了不同作物、同一作物不同部位和不同发育期之间的差异，也未考虑环境条件对热值的影响，这会影响能量计算的准确性。UV-B 辐射影响植物的生长、光合作用、呼吸作用等生理过程，而植物热值与这些生理过程有关，并受环境因素的影响。因此，在试验中测定植物不同部位、不同发育期和不同 UV-B 辐射强度下的热值，以保证能量计算的准确性，是十分必要的。

李元等（2000）的试验表明，5.31kJ/m² UV-B 辐射对春小麦 4 个生育期不同部位的热值有影响（表 10-18）。5.31kJ/m² UV-B 辐射导致春小麦分蘖期、拔节期和扬花期叶、茎、根和穗热值略有增加，但差异不显著，而在成熟期，叶、茎、根、穗热值均无显著变化。在 0kJ/m² 和 5.31kJ/m² UV-B 辐射下，成熟期籽粒热值分别为 19.11×10⁶J/kg 和 19.32×10⁶J/kg，两者差异不显著（$P > 0.05$）。春小麦热值在不同发育期、不同部位之间有一定差异，UV-B 辐射导致春小麦分蘖期、拔节期和扬花期叶、茎、根、穗热值略有增加。植物热值在种间、多种植物同一部位间以及同一植物不同部位间和发育期间存在差异。热值变化与植物物质合成、累积、运输和转化有关，是植物碳含量、N 含量和灰分共同变化的结果，尤其是与碳含量有较好的正相关性。UV-B 辐射影响春小麦的生长、发育、光合作用、呼吸作用、植物营养和叶质量等，而植物热值与这些过程有关。

表 10-18 UV-B 辐射对春小麦热值和能量累积的影响（引自李元和岳明，2000）
Table 10-18 Effects of UV-B radiation on calorific values and energy accumulation of spring wheat

部位	UV-B 辐射（kJ/m²）	热值（×10⁶J/kg）				能量累积（×10⁶J/m²）			
		分蘖期	拔节期	扬花期	成熟期	分蘖期	拔节期	扬花期	成熟期
叶	0	17.61a	16.95a	16.85a	16.67a	2.201a	5.018a	5.662a	3.805a
	5.31	18.96a	17.69a	17.22a	15.55a	1.572b	4.247b	4.512b	2.203b
茎	0	16.49a	16.47a	16.28a	15.34a	1.772a	3.693a	9.641a	7.989a
	5.31	17.27a	17.30a	17.01a	15.29a	1.135b	1.893b	4.559b	4.128b
根	0	16.05a	16.63a	16.20a	15.80a	0.740a	1.118a	1.094a	1.054a
	5.31	16.77a	16.93a	16.85a	15.86a	0.352b	0.665b	0.679b	0.626b
穗	0			17.45a	18.32a			4.623a	10.483a
	5.31			17.51a	18.31a			2.670b	5.755b

注：不同小写字母表示不同处理间在 $P<0.05$ 水平差异显著（LSD 检验，$n=6$）

能量累积是生物量和热值共同作用的结果。5.31kJ/m² UV-B 辐射导致春小麦 4 个生育期叶、茎、根、穗能量累积显著降低。其中，叶和穗能量累积在成熟期降低最多（分别为 42.10% 和 45.10%），茎能量累积在扬花期降低最多（52.71%），而根能量累积在分蘖期降低最多（52.43%），这些变化导致总能量累积显著降低（$P<0.05$），在分蘖期、拔节期、扬花期和成熟期分别降低了 35.34%、30.77%、41.03% 和 45.47%。在 0kJ/m² 和 5.31kJ/m² UV-B 辐射下，成熟期籽粒能量累积分别为 7.835×10⁶J/m² 和 3.800×10⁶J/m²，差异显著（$P<0.05$）。

0kJ/m² 和 5.31kJ/m² UV-B 辐射下，对叶、茎和根、总能量累积与相对应的生物量和

热值做线性相关分析（表 10-19），结果表明，能量累积与生物量之间均为极显著正相关，而与热值的相关性均不显著（$P>0.05$）。在 0kJ/m^2 和 5.31kJ/m^2 UV-B 辐射下，不同生育期的叶、茎、根和总能量累积与相对应的生物量之间均达到极显著正相关水平。可见，能量累积的变化主要取决于生物量。

表 10-19　春小麦群体各部位能量累积与生物量和热值之间的线性相关系数（引自李元和岳明，2000）

Table 10-19　Linear correlation coefficients of energy accumulation against biomass and calorific values in various plant parts of spring wheat colonies

部位	UV-B 辐射（kJ/m^2）	生物量	热值
叶	0	0.9941**	-0.7191
	5.31	0.9930**	-0.7103
茎	0	0.9981**	-0.5544
	5.31	0.9934**	-0.5873
根	0	0.9926**	0.4052
	5.31	0.9874**	-0.0867
总和	0	0.9999**	
	5.31	0.9923**	

注：**表示在 $P<0.01$ 水平相关显著（$n=4$）

春小麦群体能量累积的最终目的是能量输出。假定春小麦仅收获地上部分，则能量输出为成熟期叶、茎和穗的能量累积之和，在 0kJ/m^2 和 5.31kJ/m^2 UV-B 辐射下，分别为 22.777×10^6J/m^2 和 12.068×10^6J/m^2，两者具有显著差异（$P<0.05$）。由于 0kJ/m^2 和 5.31kJ/m^2 UV-B 辐射处理小区的人工辅助能和太阳光能输入是基本一致的，能量输出的降低标志着群体人工辅助能产投比和太阳光能利用率降低。同时，根据麦蚜复合种群数量显著降低，可以认为其能量累积、输出也呈降低趋势，而且不会改变春小麦群体和麦田生态系统能量输出的变化趋势。总之，春小麦群体是麦田生态系统能量输出及循环的主体，其能量变化的特点代表了麦田生态系统的状况。可以认为，在 UV-B 辐射下，麦田生态系统的能量输出减少，人工辅助能产投比和太阳光能利用率降低，能量流动功能下降。

二、UV-B 辐射和热量对植物多样化的影响

50Myr（million year，百万年）以来，在各种化石记录和分子系统学中，植物多样性和物种形成模式均与热值及紫外线（特别是 UV-B 辐射）能量的变化有关。热值通过对群落动态产生影响（如种群大小、多样性、演替、物种灭绝）来影响其进化的速度。UV-B 辐射通过改变基因组的稳定性来影响物种形成的方式和节奏。尽管热值和 UV-B 辐射随时间的变化可能改变物种多样化变化的速度，但相关的过程是非常不同的（Willis et al.，2009）。

随着时间的推移，温度（热能）、水和物种丰富度之间存在着正相关关系。例如，在热带地区的 65Myr 时间序列中（Jaramillo，2006），物种多样性曲线中明显的变化是由灭绝速率的变化驱动的；在过去 50～35Myr，灭绝的物种数量较少，导致较高的总丰

富度，但随着南半球在 34Myr 前发生冰川融化，灭绝物种增加，导致多样性减小，推动丰富度变化的是一个灭绝速率"减小"而不是"增加"的过程。能量信号的振幅和丰富度之间关系明显，无论是在较热还是较冷的条件下，振幅增加都会导致丰富度降低（Willis et al.，2009）（图 10-17）。在地球历史上，在能量较低且能量通量变化较大的时间间隔内，灭绝速率增加了（局部，区域性，有时甚至是全球性），虽然物种形成速率在时间上可能相对恒定，但在能量信号变化较大的间隔期间，多样性变化速率可能会由于更大的灭绝速率而降低。

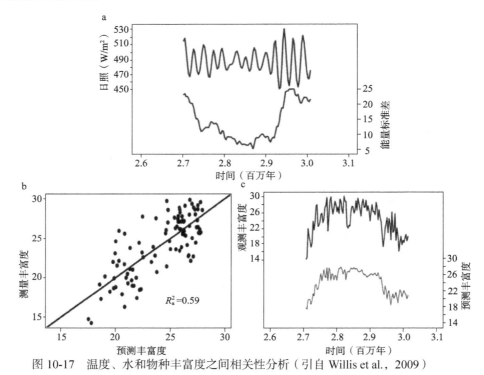

图 10-17　　温度、水和物种丰富度之间相关性分析（引自 Willis et al.，2009）

Figure 10-17　　Correlation analysis between temperature, water, and palynological richness
（a）Pula Maar 花粉地层学中记录的孢粉学丰富度与日照数据（能量）、能量标准偏差（底线）；（b）测量和预测丰富度的散点图；（c）观测（顶线）和预测（底线）丰富度的时间动力学

　　在地球上某一特定地点 UV-B 辐射的强度主要取决于该区域与太阳的距离。因此，UV-B 辐射强度的变化可能是由纬度/纵向板块运动或海拔运动（隆起）造成的。计算表明，在大山隆起的情况下，垂直 UV-B 辐射每千米增强 15%（Blumthaler et al.，1997），热带山脉上强烈的太阳 UV-B 辐射可能对植物形态产生重大影响，从而增加植物的变异率（Lee and Lowry，1980；Flenley，2007）。在印度次大陆板块与亚洲板块的碰撞下，青藏高原的海拔上升了 5000m。在超过 50Myr 的时间间隔中，不同的部分可能在不同的时间上升（Tapponnier et al.，2001），对青藏高原的 UV-B 辐射强度（考虑陆地位置、地球轨道变化、日长、太阳天顶角、空气质量和海拔的影响）计算表明，增加了大约 100%。也就是说，目前青藏高原海拔 5000m 地区接受的紫外辐射强度大约是海平面在 50Myr 左右前的两倍（图 10-18）。分子系统发育记录数据显示，物种多样性增加与 UV-B 辐射

的增强有关（Liu et al., 2006; Wang et al., 2006）。以青藏高原为中心的植物群的分子系统发育的大量研究表明，在过去 50Myr 中，生物多样性出现了"暴发"式的发展。例如，在对雪莲属的研究中，在青藏高原上发现了一个不同的类群，其中包含形态多样的物种（Wang et al., 2006）。在对青藏高原的楠木科属进行系统发育研究时，研究者也发现了两个不同的类群（Liu et al., 2002）。这些类群的形成和物种的多样性发展在时间上与高原的第一、第二和第三次隆起有关，并且新形成的物种迅速地发展了起来。在最近一项关于辐射和混杂菊科类生物多样性的分子系统发育研究中，超过 200 种植物都生长于青藏高原（Liu et al., 2006），最有可能是与最近 20Myr 内由青藏高原隆起而引起的爆炸性辐射相关。

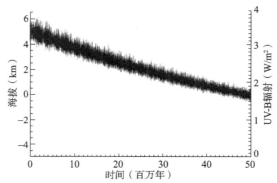

图 10-18　过去 50Myr 青藏高原海拔 5000m 的地区接受的紫外辐射强度（夏季）（引自
Tapponnier et al., 2001）

Figure 10-18　Calculated amount of UV-B (summer) received at the surface of the Qinghai-Tibetan Plateau
over the past 50Myr

　　来自高热地带山区的一些研究同样揭示了开花植物多样性与土地隆起事件之间的相关性（Becerra, 2005），以及苔藓植物多样性与土地隆起之间的相关性（Feldberg et al., 2004），由土地隆起造成的快速生境隔离所致。土地隆起，致使当地气候条件改变，导致异源物种的形成。这些物种的发生，至少部分是由于植物在陆地被提升时经历了紫外辐射的变化，提供了一种共生形态机理，或者至少是一种不需要完全地理隔离的机理。在山脉隆起的间隔期间，UV-B 辐射的增强（比目前增加 100%）将会给原地种群带来重大影响。一系列诱变将促进植物内的分子进化，从而产生新物种。同时，UV-B 辐射的增强也会对生长反应产生影响，导致植物出现独特的形态类型。由火山喷发破坏臭氧层而导致的 UV-B 辐射增强，是新生代高热带生物多样性的形成原因。

　　环境变化的幅度增加，包括与隆起有关的 UV-B 辐射增强（图 10-18），导致发生更强的选择过程。这些过程，结合新环境和当地气候的变化，可能会导致新物种"星暴"式出现。海拔越高，原生植物经历这一选择过程的次数就越多。在尼泊尔和我国西藏的喜马拉雅山上，沿海拔梯度分布的维管和非维管植物，其种类丰富度与海拔变化相关（Vetaas and Grytnes, 2002; Grau et al., 2007）。

　　跨越过去 50Myr 的能量（热能和 UV-B 辐射）信号的变异性与植物多样性有很强的关系：高变异性导致原生植物灭绝而减少了植物多样性；低变异性则由于原生植物

灭绝较少而提高了植物多样性。因此，"成功的"物种形成事件更有可能发生在低幅波动的间隔期间，即种群规模更大，种群类别更多。随着过去 50Myr 青藏高原地壳的抬升，青藏高原的 UV-B 辐射强度增加了 100%，这极有可能导致诱变的发生，以及植物生长反应的变化，从而产生独特的植物形态类型，可解释一些物种为何"星暴"式出现。

虽然热能和 UV-B 辐射强度的变化导致相同的终点（加快多样化的速度），但二者的进行过程是非常不同的。从热能的角度来说，与能量信号的变异性有关，这可能是多样化速度的主要影响因素，而对于 UV-B 辐射的变化，它很可能是诱变（突变）增加的原因（随着 UV-B 辐射的增强，诱变增加），这可能解释了新物种"星暴"式出现的现象。没有足够的数据来说明是哪种形式的能量变化对植物多样性产生了更大的影响。在植物接受到的紫外辐射中（大多数入射辐射是可见的或红外的），UV-B 辐射对植物的影响可能被夸大了。

第四节　生态系统响应 UV-B 辐射的机理

对植物的研究多数集中在个体水平，认为 UV-B 辐射是一个有害因子，它对植物细胞膜系统和光合器官等关键部位产生伤害，其中 DNA 损伤被认为是最重要的（Singh et al.，2017）。在植物群体和生态系统水平上，将 UV-B 辐射对植物的作用理解为调控更为合理，植物形态（包括群体结构）和次生代谢在调控过程中起着重要的作用，调控在生态系统水平上具有重要的生态学意义。

一、UV-B 辐射是植物和生态系统进化中的一个重要的调控因子

回顾陆地植物进化与 UV-B 辐射的关系，对于理解 UV-B 辐射对植物的调控作用是十分有益的。早期，陆地具有较低浓度的 O_2 和 O_3，以及较强的 UV-B 辐射，只允许水生藻类生活于低 UV-B 辐射的水体中，它们以芳香族氨基酸过滤 UV-B 辐射。以后，光合细菌和藻类的光合作用产生了 O_2，大气 O_3 层逐渐形成，吸收了几乎所有 UV-C 和部分 UV-B 辐射，允许水生植物演化到陆地植物，产生了陆生藻类。在以后的进化中，陆地植物形成的酚醛类次生代谢物在过滤 UV-B 辐射方面发挥了重要的作用。可以认为，UV-B 辐射、酚醛类化合物与植物三者是协同进化的，而陆地植物进化的过程就是相应的陆地生态系统发展的过程，因为植物是生态系统存在的基础和结构的主体。所以，UV-B 辐射是植物和生态系统进化中的一个重要的调控因子。

O_3 衰减的结果是到达地球表面的 UV-B 辐射增强，那陆地生态系统中植物的响应又会如何呢？早期的 O_2 和 O_3 浓度比现在低，而 UV-B 辐射比现在高，但陆地植物仍然不断进化，表明它有较强的适应性。太阳 UV-B 辐射随纬度、海拔、季节和昼夜发生明显变化，而这种自然变化的幅度大大超过了 O_3 衰减引起的 UV-B 辐射增强的幅度，陆地植物生活的 UV-B 辐射环境在时间、空间上具有很大的可变性（Rozema et al.，1997）。在新生代的时间尺度上，海拔梯度相关的 UV-B 辐射差异与热带最高海拔"森林中矮林"的形成有关，这种森林类型存在于热带山脉，具有的特征包括树木生长迟缓，小而厚的

叶子带有皮下组织，并且存在额外的色素（Grubb，1977）。这种森林类型代表生长在高剂量 UV-B 辐射中的植物随着时间的推移而产生的反应（Flenley，2007）。新几内亚和哥伦比亚安第斯山脉矮小森林在晚更新世的消失与 UV-B 辐射剂量的变化等有关（Flenley，2007）。大规模火山爆发期间，平流层臭氧平衡遭到严重破坏（在这段时间内，中高纬度地区的臭氧柱变薄约 80%）（Beerling and Brentnall，2007），由于长期暴露于增强的紫外辐射下，陆地植物发生广泛的突变。在二叠纪末期，在横跨几个大陆的地点发现了大量的突变化石石棉孢子（未分离的四倍体）。高 UV-B 辐射水平通过增加突变频率而对生物学产生影响，改变植物基因组或其正常功能，导致了突变的石松孢子产生，也造成了一些植被类型死亡，特别是木本植物死亡。

总之，植物和生态系统在进化过程中，与太阳 UV-B 辐射变化有密切的联系，UV-B 辐射发挥着调控的作用。另外，植物和生态系统能适应太阳 UV-B 辐射较大范围的时空变化。因此，UV-B 辐射不仅是植物的一种环境胁迫因子，在植物和生态系统的进化中它还是一个重要的调控因子。

二、次生代谢和形态变化是 UV-B 辐射调控生态系统的重要途径

增强的 UV-B 辐射会改变植物的次生化学成分。研究表明，当植物受到较强 UV-B 辐射时，体内黄酮醇和酚醛类化合物含量增加，除了提供 UV-B 辐射防护作用外，这些化合物自身的变化及相关化合物的变化具有重要的生态学意义（Caldwell et al.，1995）。例如，抑制其他昆虫和食草动物侵犯，影响动物幼体发育，阻止病菌侵害，影响植物与根际微生物的共生关系，改变凋落物分解速度等（Caldwell et al.，1995）。McCloud 和 Berenbaum （1994）研究指出，UV-B 辐射可以增加植物组织中的呋喃香豆素含量，这将导致某些昆虫幼虫（如鳞翅目幼虫）发育迟缓。在某些豆科植物、针叶树和葡萄中，UV-B 辐射可诱发植物中杀菌素的合成。而某些植物杀菌素，如具有雌性激素性质的氧茚醋酸纤维等，对人类和许多动物有毒性。次生代谢的改变也会改变草食动物的格局，导致草食动物成员的变化，引起草食动物偏爱食物的改变，最终使植物品种组成更替。酚和相关化合物也会影响草食动物对植物组织的消化。UV-B 辐射引起的叶片增厚，也会影响叶片硬度，改变植物对草食动物的吸引力（Barnes et al.，1990a）。生长在温室中的玉米更易受玉米螟侵犯，原因是所接受的 UV-B 辐射较少，细胞壁半纤维素中 2,4-二苯环丁烷二羧酸含量降低（Bergvinson et al.，1994）。UV-B 辐射降低蚕对桑叶的取食，原因可能与上述玉米细胞壁成分变化相类似（Yazawa et al.，1992）。UV-B 辐射还会增加草食动物的取食数量，以获得相等的营养物（Johanson et al.，1995）。在 UV-B 辐射下，鳞翅目幼虫消耗较少的豌豆植株，这是由于植株中 N 含量增加（Hatcher and Paul，1994）。UV-B 辐射刺激昆虫取食欧洲越橘，却降低其对笃斯越橘的取食，可能与叶片 C：N 变化有关。在很多情况下，UV-B 辐射能保护植物免遭昆虫侵害，但细菌、原生动物、线虫、病毒在 UV-B 辐射下不活跃，阻碍了害虫生物防治，寻找保护病原体（侵染害虫）的方法和培育抗性品系具有重要的意义。UV-B 辐射直接影响线虫，降低它对寄主的侵染能力。因此，UV-B 辐射的间接影响比直接影响更重要。

酚和其他次生代谢物的改变还可能改变植物对疾病的易感性，其作用因物种、培育

方式和植物年龄不同而异。一些疾病可能在高 UV-B 辐射下对某一植物危害较小，而对其他植物危害加重。增强的 UV-B 辐射使甜菜生长时感染了甜菜生尾孢（Cercospora beticola），两种胁迫因素产生了不良作用（Panagopoulos et al.，1992）。对黄瓜的研究表明，经 UV-B 辐射后，病菌感染更易发生，而先感染病菌再经 UV-B 辐射并不影响疾病的严重性（Li et al.，2018a）。商鸿生和井金学（1994）报道紫外辐射能诱导小麦锈菌毒性突变，这是毒性突变的重要途径。井金学等（1997）指出紫外辐射严重削弱小麦条锈菌夏孢子的存活能力，可减轻其对小麦的危害。对水稻生态系统的研究表明，UV-B 辐射既影响水稻稻瘟病菌（Pyricularia grisea）本身，又影响水稻对它的易感性（Li et al.，2018a）。UV-B 辐射增加植物类黄酮和芳香族化合物含量，有利于植物对病菌的化学防御。对 10 种植物进行研究，在 UV-B 辐射下，4 种不易受病菌侵染，另 6 种则较易感染。这可能与植物的抗病性不同有关，通常 UV-B 辐射使抗病性降低。植物体内可形成抗病菌的化合物以及抗 UV-B 辐射的化合物，然而在某些情况下，同一化合物既能抗病菌又能抗 UV-B 辐射。

可见，UV-B 辐射导致的植物次生代谢变化，是生态系统结构对 UV-B 辐射响应的重要途径，对生态系统中种间相互关系有重要的影响。UV-B 辐射诱导产生的酚醛类化合物在陆地植物进化中起到了重要的作用（Rozema et al.，1997），如从水生藻类的芳香族氨基酸，到陆生藻类的酚酸（phenolic acid），以及陆地非维管植物的多酚（polyphenolic），直到陆地维管植物的类黄酮、丹宁、木质素等化合物（Rozema et al.，1997）（见图 5-13）。在亚北极区对 3 个共生低矮灌木的研究发现，UV-B 吸收物质表现出 3 种不同的策略响应增强 UV-B 辐射，叶片中酚类位置、含量明显不同（Semerdjieva et al.，2003）。在对 3 个东方树种（Sullivan et al.，2003）及 6 种杂草（Dai et al.，2006）的研究中也发现了类似现象。

清除自由基是植物对增强 UV-B 辐射胁迫的另一种重要防卫机理，由于增强 UV-B 辐射加速了光合作用体系变化，引起了植物组织发生脂质过氧化，产生了过量的自由基，因此清除自由基就成为植物防护 UV-B 辐射的有效手段，植物自身拥有强大的消除自由基的系统，一是借助体内的多种生物抗氧化酶，如过氧化氢酶（Santos et al.，2004）、抗坏血酸过氧化物酶（Carletti et al.，2003）等；二是通过非酶抗氧化物质，如抗坏血酸盐、谷胱甘肽（Jain et al.，2004）和类胡萝卜素（Hanelt et al.，2006）等来清除自由基。在增强 UV-B 辐射胁迫下，植物体内酶和非酶抗氧化物质水平升高，自由基清除能力增强，进而减轻了 UV-B 辐射的损害。Carletti 等（2003）发现，UV-B 辐射胁迫下玉米幼苗中抗坏血酸盐与谷胱甘肽循环增强了。Zhao 等（2007）发现，增强 UV-B 辐射诱导了 H_2O_2 产生，而 H_2O_2 积聚刺激了选择性氧化酶（AOX）的表达和活性增强，进而增强了对 UV-B 辐射的防御。在转基因烟草植物中，增强 UV-B 辐射胁迫下，醛糖/乙醛还原酶（ALR）过量表达，降低了植物体内硫代巴比妥酸和氧自由基，从而表现出对 UV-B 辐射有更高的耐受性（Hideg et al.，2003）。Hurst 等（2010）研究中发现，增强 UV-B 辐射诱导了植物体内 C_3 与景天酸代谢之间的转换，而景天酸代谢能有效保护植物抵抗氧化损伤。在对蓝藻类的研究中发现，UV-B 辐射胁迫下藻类类胡萝卜素的合成增强了，通过类胡萝卜素的合成增加了藻蓝蛋白和异藻蓝蛋白，避免了 UV-B 辐射进一步对 DNA

和光反应中心产生损害（Hanelt et al.，2006）。Chen 等（2008）和 Chen（2006）采用低剂量微波和激光处理植物种子，提高了植物叶片内抗氧化酶和非酶抗氧化系统清除自由基的能力，提高了植物对 UV-B 辐射的防护能力。

UV-B 辐射影响各种次生代谢物的产生，具有重要的生理学和生态学后果（Rozema et al.，1997）。次生代谢物（酚醛类化合物）在陆地生态系统中的作用包括：过滤 UV-B 辐射、信号传感器、花色和花蜜显示、植物结构硬度保持、植物异株相克、防御微生物和食草动物侵犯、调节植物与根际微生物的共生关系，影响微生物的分解等（Rozema et al.，1997）。其中，过滤 UV-B 辐射被认为是适应环境的特征，而对生态系统中生物种间关系的调节是最具生态学意义的，正如李元等（2000）所观察到的生物种类、数量、真菌移殖等的变化。

UV-B 辐射影响植物激素水平，从而改变植物形态（Rozema et al.，1997）。高等植物叶片吸收充足的 PAR 进行光合作用时，也接受太阳 UV-B 辐射。在大多数植物中，植物叶表的角质层、叶毛和蜡质都不是重要的 UV-B 辐射吸收部位。只有少量 UV-B 辐射在叶表反射或散射，被叶吸收的 UV-B 辐射主要被叶表皮中的类黄酮或其他次生代谢物截留和过滤，能进入叶内部的 UV-B 辐射是很少的（Caldwell et al.，1995）。此外，植物的其他形态改变，诸如株高、物候、叶长、叶面积、叶厚、角质层厚度、分蘖（分枝）、叶展开角度、冠层结构和生物量分配等，对植物种间竞争都是十分重要的，它们会影响资源竞争，导致竞争性平衡的改变（Caldwell，1996），这在生态系统对 UV-B 辐射的响应中也是一个重要方面。植物对 UV-B 辐射的响应存在很大的种间差异。对 200 多种植物做过试验，其中 20%是对 UV-B 辐射敏感的，50%是中等程度的敏感和忍耐，30%是完全不敏感的。总的来说，单子叶植物似乎比双子叶植物受 UV-B 辐射影响小，如同观察到的大豆比小麦对 UV-B 辐射更敏感，这可能部分由于单子叶植物具有垂直叶向排列。C_3 植物比 C_4 植物更敏感，这主要是根据株高及总生物量积累而言的。植物形态的改变对于群落中植物间竞争性平衡是极其重要的，植物对 UV-B 辐射响应的种间差异是否与物种起源和进化过程中的环境 UV-B 辐射强度有关仍不清楚。

由臭氧层减薄引起的 UV-B 辐射增强对生态系统产生有害的影响。首先，通过引起植物株高、叶面积、地上部生物量的降低和叶片厚度的增加、光合细胞的减少、茎中可溶性糖含量（特别是葡萄糖）的积累而影响生长和发育。DNA 损伤是 UV-B 辐射的最终影响，UV-B 辐射能使核苷酸序列改变或断裂、净光合速率降低，通过改变花瓣和萼片的数量、花的大小和数量、果实的颜色以及降低种子的扩散而导致有性生殖率下降。

为了应对增强的 UV-B 辐射产生的损伤，在生物化学水平上，植物合成越来越多的 UV-B 吸收物质，包括酚类、类黄酮和其他光防护剂，如类胡萝卜素和蛋白质、抗氧化系统。形态水平的适应变化包括增加蜜腺的数量、花蜜腺体的直径，以便增加昆虫在传粉植物上的停留时间。因此，UV-B 辐射能在形态、生物化学和遗传水平上对植物产生影响。

三、DNA 修复是 UV-B 辐射调控生态系统的基础

UV-B 辐射对生态系统的调控途径包括：SOD 和 CAT 对自由基清除、多胺的作用、

植物的次生代谢和形态改变与 DNA 修复（光修复、切除修复和重组修复）（Taylor et al.，1994），以此调控生态系统的种类组成、种间关系以及生物多样性，并导致生态系统生产力、物质循环、生物地球化学循环和能量流动等功能的改变。

UV-B 辐射通过改变核苷酸序列、断链或脱氨基作用而使 DNA 受到损伤。UV-B 辐射对植物 DNA 结构产生的最主要伤害是使 DNA 同一条链的相邻嘧啶之间形成环丁烷嘧啶二聚体（CPD）和嘧啶（6-4）嘧啶酮二聚体（6-4 光产物），其中 CPD 占 75%左右（Hidema et al.，1999）。植物自身具有一定的 DNA 修复能力，DNA 修复是植物抵抗 UV-B 辐射的一个重要手段（Kimura et al.，2004；Riquelme et al.，2007）。为了应对 DNA 的损伤，几种蛋白质作为信号物质，使植物形成了一定的 DNA 修复机理。一般生物修复 DNA 有 4 种途径，即光修复（光复合作用）、切除修复、重组修复和诱导修复，植物中主要是前两类修复（Rozema et al.，2002a；Waterworth et al.，2002；Kimura et al.，2004；Riquelme et al.，2007）。在这些修复过程中，重组是 RecA 介导的 DNA 修复系统中最重要的修复机理（Rowan et al.，2010）。在拟南芥线粒体和叶绿体的基因组中鉴定到 5 个 RecA 同系物（Shedge et al.，2007；Peng et al.，2012）。位于叶绿体上的 DNA 损伤修复/忍耐因子 100（DRT100）是植物 RecA 蛋白之一。在自然强度 UV-B 辐射下，*Phaseolus vulgaris* 的小叶中二聚体形成没有明显增加，主要是由于 CPD 被 DNA 光裂合酶有效逆转，减轻了 UV-B 辐射对 DNA 的损伤（Riquelme et al.，2007）。Giordano 等（2003）发现由于 *Gunnera magellanica* 自身 DNA 光修复能力太弱，因此对 UV-B 辐射具有较强的敏感性，这与 Britt 和 Fiscus（2003）利用环丁烷二聚体光裂合酶缺乏型 *Arabidopsis* 突变株进行研究的结果一致。植物体内另一种 UV-B 辐射损伤修复方式是切除修复，这是一种暗修复，包括核苷酸切除修复和碱基切除修复（Kimura et al.，2004）。在利用 *Arabidopsis* 突变株的研究中发现，缺乏核苷酸切除修复的突变株对 UV-B 辐射更敏感（Britt and Fiscus，2003）。虽然植物在适应环境的长期过程中形成了光修复和切除修复途径，但是植物的修复能力也是有限的，当 UV-B 辐射造成的损伤超过了植物的自身修复能力，就会导致植物死亡。此外，由增强 UV-B 辐射所导致的植物细胞 DNA 损害的修复受生态环境因子影响较大，在空气干燥和低温条件下，植株不能完全修复由射线引起的 DNA 破坏（Buffoni et al.，2003）。采用物理和化学手段有助于植物进行 DNA 损伤修复，用激光处理菘蓝植物幼苗，不但提高了植物叶片抗衰老能力，而且提高了叶片内 DNA 的暗修复能力，从而提高了菘蓝幼苗抗性，促进了幼苗生理生化代谢、能量积累和提高了药材品质（陈怡平和孙本华，2006a，2006b；Chen et al.，2008）。

对于多物种组成的复杂生态系统，UV-B 辐射的增强在总体上不会导致系统总生产力降低，由于种间敏感性的差异，当一种植物的生产力下降时，具有较高耐性的物种能得到更多的资源，从而增加生产力，生态系统的整体生产力将维持在大约相同的水平，而物种结构可能改变（Caldwell et al.，1995；Caldwell，1996）。自然生态系统物种结构的改变依赖物种的基因调控，即抗性基因的自然选择。抗性基因的产生与 UV-B 辐射增强可能是同步的。生物的 DNA 在受到 UV 辐射、电离辐射、化学诱变剂等的影响时都可能发生损害。在高 UV-B 辐射条件下，植物发生形态、生理和分子响应（Zu et al.，2010），同时生物大分子如 DNA、RNA 和蛋白质遭到破坏，从而导致净光合效率的降低和抗氧化酶活性的改变（Ries et al., 2000；Feng et al., 2007；Agrawal and Mishra, 2009）。植物为了应对这些伤害，形成了一系列对策修复受损的 DNA 分子，以减少由此而产生的突变。例如，拟南芥 *Arabidopsis thaliana* 中的 UV-B 光受体 UVR8 能够启动形态的改变、抗氧化机理、光修复作用和 UV-B 辐射防护物质的积累（Rizzini et al., 2011；Heijde and Ulm, 2012）。

UV-B 辐射诱导的主要物质是酚类化合物，这些物质形成的关键步骤受到太阳辐射的诱导或者抑制，导致某些转录因子的上调或下调。MYB（myeloblastosis 家族蛋白）是一个重要的转录因子，调节 PAL（苯丙氨酸解氨酶，phenylalnine ammonialyase）和 CHS（查耳酮合酶 chalcone synthase）相关基因的表达，如调节红苹果和葡萄中与黄酮相关的苯丙素类代谢（Takos et al., 2006；Matus et al., 2009）。羟基肉桂酸（hydroxycinnamic acid，CHCA）是苯丙氨酸的衍生物，广泛分布于植物中，具有清除氧自由基的能力，使 DNA 和脂类免受氧自由基的破坏（El-Seedi et al., 2012）。在低 UV-B 辐射处理下，2 个基因 *R2R3* 和 *MYB* 表现出对 CHCA 生物合成具有负的调节作用。拟南芥中 *AtMYB4* 是 4-羟基肉桂酸的抑制剂，降低芥子酸酯的合成。然而，在 UV-B 辐射处理下，*AtMYB4* 基因表达受到抑制，导致叶片中芥子酸酯的含量增加（Jin et al., 2000）。UV-B 辐射的时间和剂量是其效应影响因子，高剂量的处理将刺激胁迫信号和接收器、伤害和防御响应等相关基因的表达（Stratmann, 2003）。hp-1 突变番茄品种，在低 UV-B 辐射处理时具有较强的光响应能力，增加羟基肉桂酸的生物合成，从而增加果实中色素含量（Calvenzani et al., 2015）。

UVR8 是第一个被定义为 UV-B 辐射感受器的蛋白质，是植物适应 UV-B 辐射而产生的光感受器蛋白（Bais et al., 2018a）。从绿藻到有花植物，UVR8 的作用机理均得到了充分的研究，其相关基因与植物对 UV-B 辐射的防护机理和修复作用有关。大量的研究重点关注与 UVR8 有关的植物激素信号转导途径，UVR8 调节生长素和赤霉素代谢途径，并通过茉莉酸产生抗性响应，UVR8 影响植物冠层的生长和免疫力，对农业生产和植物育种具有重要的意义。

UVR8 蛋白二聚体和单体的平衡具有重要的作用。二聚体蛋白/单体蛋白值的变化可以用来评估植物接受的 UV-B 辐射水平。通过模式植物拟南芥（*Arabidopsis thaliana*）的基因工程研究充分地证明了 UVR8 的作用。研究表明，UVR8 敲除突变体植物对太阳辐射的敏感性高于野生植物，并且对某些致病菌的敏感性更大。还需要在大田条件下进一步探讨 UVR8 的作用机理（Bais et al., 2018b）。

UV-B 辐射在分子水平的调控研究为理解 UV-B 辐射影响植物的机理、抗性植物的筛选和抗性品种的培育提供了理论依据。

四、生态系统对 UV-B 辐射响应的评估复杂性

尽管许多植物对 UV-B 辐射的响应已有报道，但这些报道对于阐述 UV-B 辐射影响植物的机理和预测植物乃至生态系统对 UV-B 辐射的响应是远远不够的。进一步的研究需在两个方面予以加强，一方面是野外条件下生态系统对 UV-B 辐射响应的长期研究，是正确评估 UV-B 辐射增强条件下生态系统和生物多样性变化的前提基础与理

论依据；另一方面是多种环境因子的复合作用，对于正确评估生态系统的响应具有越来越重要的意义。

1. 温室内植物个体水平的短期响应与野外条件下生态系统水平的长期响应的差异

温室与大田在环境条件方面有明显的差异。对于模拟 UV-B 辐射试验而言，除了考虑 UV-B 辐射外，保持不同谱段之间的光谱平衡在实际中也是很重要的。因为 UV-A（315～400nm）和可见光（400～700nm）辐射都对植物的 UV-B 辐射响应有很强的改善作用。可见光和 UV-B 辐射水平在培养室与温室中通常比实际太阳光中少得多，这样的话，即使使用实际的 UV-B 辐射水平模拟 O_3 衰减情况，植物响应与野外条件相比也可能被夸大。这种由非自然光谱平衡产生的不真实后果，只有在野外条件下才能避免。其他环境因子，诸如水分（Sullivan and Teramura，1990）、CO_2（Teramura et al.，1990a）、重金属（Ambler et al.，1978）、臭氧（Caldwell et al.，1994）、磷营养（Murali and Teramura，1985a）和温度（Tevini and Mark，1993）影响植物对 UV-B 辐射的响应已有报道。Caldwell 等（1994）对 1972～1994 年的 330 份研究报告和 297 篇发表论文进行统计表明，几乎一半（47%）的论文是在培养室和温室中用植物个体完成的，仅有极少数论文是单种群和多种群的，田间试验为 16%。Robson 等（2015a）对获得的 276 篇关于 UV-B 辐射与植物形态方面的文献研究表明，110 篇文献讨论的是 UV-B 辐射对陆生植物的影响，其中关于植物细胞和花粉、叶片和根、整株植物、冠层和综述的文献分别为 38 篇、75 篇、41 篇、18 篇和 14 篇。

UV-B 辐射对植物影响的研究一般持续时间为几小时到几年，超过 90% 的试验仅持续几个月甚至更短的时间，在培养室和温室中更是如此，持续多年的试验都是在野外进行的。在大田中，对割手密的 3 年研究（祖艳群等，2007）和对水稻-稻瘟病体系的 6 年研究（李元等，2015）表明，增强 UV-B 辐射对作物的影响具有年际间差异。即使在一个生长季中，幼苗与成熟期植物的响应也是不同的，幼苗的变化会随生育期延长而不同（李元和王勋陵，1998）。因此长期试验是必需的，而这通常只有在野外条件才能进行。Bancroft（2007）通过 Meta 分析（整合分析）分析了 UV-B 辐射对淡水和海洋生物影响的相关研究，分析了 115 篇文献，涉及 61 个物种，71 篇文献报道了 UV-B 辐射对生长的影响。UV-B 辐射对水生生态系统的影响较大，以负面的影响为主，但是物种、种群和群落结构在敏感性方面具有较大的差异。UV-B 辐射能够改变生态系统中的 C 循环，从而改变群落组成、物种多样性和物种丰富度。UV-B 辐射通过改变食草生物而影响藻类的生长和群落结构。Fu 和 Shen（2017）通过 Meta 分析发现增强 UV-B 辐射对植物的光合效率没有显著影响，从而掩盖了 UV-B 辐射对植物光合作用的不利影响；增强 UV-B 辐射对植物类胡萝卜素的抗光氧化损伤作用也没有影响。同样，增强的 UV-B 辐射并不影响极地地区的光合效率（Newsham and Robinson，2009）。野外试验中调查的凋落物分解对 UV-B 辐射的敏感性高于实验室试验（Song et al.，2013）。可见，需要长期的观察和大量的分析才能充分理解 UV-B 辐射对生态系统生物多样性、丰富度和生态功能的影响。

Meta 分析表明，青藏高原高山植物对 UV-B 辐射的长期适应使试验周期和植物净光合速率之间具有显著的正相关关系，与植物 MDA 含量之间具有线性负相关关系。UV-B 吸收物质、脯氨酸、APX 和 SOD 活性等均具有类似的响应（Fu and Shen，2017）。因此，植物的长期适应影响植物对增强 UV-B 辐射的响应。

综上所述，自然生态系统中，植物种类的多样性、植物与植物、动物、微生物以及环境之间的复杂相互关系就决定了它对 UV-B 辐射响应的复杂性。研究表明植物在群体和生态系统中的功能与其作为个体时的功能是完全不同的，所以其在群体和生态系统中的行为不能简单地用个体行为来评估，有时甚至连变化方向也不能预测。因此，用温室内植物个体短时期的响应来评估生态系统的长期响应是不真实的。在野外条件下对群体和生态系统进行长期试验，对于正确评估增强 UV-B 辐射对生态系统的影响后果是十分必要的。同时，由于植物对 UV-B 辐射的响应存在着种内和种间差异，研究不同植物种类组成的生态系统的响应也是十分必要的。

2. 环境因子之间的复合作用对生态系统响应的影响

要想合理评价全球环境变化引起的生态学效应，必须研究多因子复合作用下植物对其变化的生态学响应。紫外辐射通过促进全球变暖而加速干旱地区植物凋落物的分解，导致陆地生态系统 C 的释放、营养物质的有效性改变。气候变化改变了 UV 辐射与其他环境因子的相互作用，从而影响了植物的成熟和对胁迫的耐性。UV-B 辐射能减轻环境胁迫产生的负面影响，也可能加重某些同时发生的胁迫因子的有害作用。研究对象主要有 3 类，一是增强 UV-B 辐射与各种环境背景因子的复合影响，如全球气候变化、光、营养物等；二是增强 UV-B 辐射与其他胁迫因子（如干旱、高温、O_3、CO_2）的复合影响；三是增强 UV-B 辐射与土壤重金属污染等的复合影响。

Shelly 等（2003）在对海洋绿藻门海藻的研究中发现，海藻经受增强 UV-B 辐射胁迫的同时，持续增加光合有效辐射（PAR），UV-B 辐射诱导的损害和修复速率保持不变，若增强 UV-B 辐射胁迫时不补充 PAR，则 UV-B 辐射诱导的损害不能被修复。这一结果表明，当 PAR 缺乏时，会影响光合作用，影响 ATP 合成，进而直接或间接抑制了 UV-B 辐射诱导的损害的修复。PAR 与增强 UV-B 辐射的复合作用对青苔植物中的蜈蚣苔素合成也有影响（Solhaug and Gauslaa，2004），当光合作用被 PAR 活化后，增加了蜈蚣苔素的合成。不同强度和波长的光与 UV-B 辐射复合的作用存在差异（Han et al.，2003），照射远红光和 UV-B 辐射的银色白桦幼苗比同时照射红光和 UV-B 辐射的秧苗能更快速地使茎部延长生长、叶片酚酸累积（Tegelberg et al.，2004）。营养条件与增强 UV-B 辐射对植物存在复合影响，如在对苏格兰松树的研究中发现，各营养状况下 UV-B 辐射均能对植物生长和色素组成产生影响（Lavola et al.，2013），而在对桦木的研究中发现，在低营养条件下秧苗干重并不受增强 UV-B 辐射的影响（De La Rosa et al.，2003）。营养缺乏常常表现出减弱植物对 UV-B 辐射的响应（Caldwell et al.，1994），已经观察到大豆对 UV-B 辐射的敏感性依赖于 P 供应，缺 P 植株对 UV-B 辐射不敏感，这种敏感性降低可能联系着类黄酮含量增加（Murali and Teramura，1985a，1985b）。UV-B 辐射与营养的关系在欧洲作物中也已研究（Tevini，1995）。干旱环境中植物 *Dimorphotheca pluvialis* 对 UV-B 辐射的敏感性依赖于营养状况（Musil and Wand，1993）。通过向土壤中添加特殊营养物质，如元素硒（Valkama et al., 2003）、N（Musil et al., 2003）或是用不同盐预处理幼苗（Fedina et al., 2006）等可以降低 UV-B 辐射对植物的有害影响。

水分供应与增强 UV-B 辐射的复合作用表现为干旱与增强 UV-B 辐射有协同增效作用，而良好的水分供应能够提高植物对增强 UV-B 辐射的耐受性（Hofmann et al., 2003）。水分胁迫会掩盖 UV-B 辐射对大豆、松树等植物的影响，可能是叶片产生了更多的类黄酮等物质，有利于其适应紫外辐射，这在干旱区有重要的意义（Teramura, 1983; Teramura et al., 1990b; Sullivan and Teramura, 1990）。与气候变暖和干旱一样，UV 辐射和气候因子的复杂相互作用改变了植物的成熟时间与品质。干旱和增强 UV 辐射经常同时发生，能产生积极的作用，如通过改变浆果糖类和抗氧化物质的组成成分而改善其品质。相反，高温可能抵消由 UV-B 辐射诱导的类黄酮物质含量增加的趋势。而遮阴可以增加果实类胡萝卜素、叶黄素和黄酮的含量。UV-B 辐射诱导黄酮的产生而加快浆果的成熟。在生产上，可以通过对树冠修剪、遮阴或补光等人为方式来促进果实成熟和提高品质而受益。由于起源不同，有些作物、树木和种群能够更加适应 UV-B 辐射和气候变化的共同作用。O_3 与 UV-B 辐射复合影响植物也已研究，可能 O_3 和辐射在诱导植物产生抗性防御反应方面具有相似之处。

CO_2 增加是当今重大的全球性环境问题，增强 UV-B 辐射与 CO_2 增加复合作用由于主要对植物生长和次生产物、生物量分配、生态系统部分功能以及一些生理指标产生影响而受到关注。在种子植物中，总体上，增加 CO_2 能平衡 UV-B 辐射对总干重的负影响，但改变根冠比，这与光合作用和干物质分配改变有关。增强 UV-B 辐射和 CO_2 增加复合作用对蚕豆幼苗生长与光合作用没有影响，UV-B 辐射单因子明显降低蚕豆幼苗的株高、叶面积和生物量，还使幼苗光合速率、气孔导度、水分利用率下降；CO_2 增加单因子的作用正好相反；UV-B 辐射和 CO_2 增加复合作用对蚕豆幼苗生长影响不明显，因此 UV-B 辐射和 CO_2 增加各自对蚕豆幼苗的影响是一种拮抗作用（赵广琦等，2003）。研究发现，在 CO_2 倍增的条件下低剂量的 UV-B 辐射可刺激番茄叶绿素含量、抗氧化酶活性升高，与 CO_2 增加有协同作用，而高剂量的 UV-B 辐射使植株的叶绿素含量、净光合速率、抗氧化酶活性降低，与 CO_2 增加有拮抗作用（王军等，2004）。随着 CO_2 浓度增加，棉花叶片面积增加，叶片光合作用能力提高，植株非结构性碳水化合物含量和总生物量提高，而高剂量的 UV-B 辐射则使节间长度缩短，叶面积减小，果实干重降低，CO_2 与 UV-B 辐射复合处理后 CO_2 浓度增加没有降低 UV-B 辐射对棉花生长和生理的负面影响，尤其是对 UV-B 辐射降低棉花圆荚保持力的影响没有缓解，因此增强 UV-B 辐射与 CO_2 没有拮抗作用（Zhao et al., 2003）。在小麦中，增加 CO_2 浓度导致的生长率和籽粒产量增加被 UV-B 辐射降低，而在水稻和大豆中 UV-B 辐射抵消了 CO_2 的增产效应（Teramura et al., 1990b; Ziska et al., 1992）。在自然生态系统中，增加 CO_2 和增强 UV-B 辐射对植物的影响可能不能互相抵消。增高温度能降低 UV-B 辐射对植物的影响，这在向日葵和玉米幼苗生长（Tevini and Mark, 1993）以及黄瓜叶绿素合成与光合作用方面（Takeuchi et al., 1989）得到了证实，可能由于高温加速发育。高温还能加速 UV-B 辐射诱导的 DNA 损伤的修复，同时 UV-B 辐射使植物更能抵抗高温胁迫（Caldwell et al., 1994）。

UV-B 辐射强度随着纬度的增加而减少，随着海拔的增加而增加，植物由于气候的改变而向高纬度和高海拔地区的迁移将使其面临着对新环境和 UV-B 辐射的适应。在有些情况下,非本土生物表现出比本土生物更加能适应变化了的环境条件,包括日温和季节性温度模式、湿度、有效营养、病虫害、UV-B 辐射等。目前,这些问题还没有得到充分的研究。那些最初生活在高海拔环境(如高山)中的植物具有较高水平的紫外吸收物质(如黄酮)和其他的保护机理,导致它们对 UV 辐射、温度和其他环境胁迫因子的响应与低海拔植物存在差异(Bais et al., 2018a)。

生长在不同海拔的植物种群对 UV 辐射具有的不同适应方式。生长在低海拔的马铃薯叶片中具有较低含量的黄酮,当 UV 辐射增强时,具有较高的黄酮合成潜力(Bais et al., 2018b)。相反,生长在高海拔的马铃薯(*Solanum kurtzianum*)具有较高的黄酮含量,在增强的 UV-B 辐射条件下,没有必要增加黄酮含量来对 UV 辐射防护。夏威夷地区高山环境中本土和非本土植物的紫外吸收物质含量没有差异。非本土马铃薯(*S. kurtzianum*)紫外吸收物质的含量随着海拔的增加而增加,本土植物火山越橘(*Vaccinium reticulatum*)紫外吸收物质的含量随着海拔的增加没有变化。可能非本土植物比本土植物的适应能力更强。然而,本土和非本土植物对变化的 UV-B 辐射的适应差异还不太清楚,可能导致生态系统的物种组成和多样性出现改变。

扩展到高纬度地区的植物可能接受更少的 UV-B 辐射,导致其 UV 吸收物质、抗氧化物质和其他代谢物(光保护物质)的含量降低。UV 吸收物质在细胞中的存在位置也具有区域和纬度差异。生长在南极洲和澳大利亚的相同苔藓生长迅速,细胞中维持有较高的黄酮含量,而在澳大利亚生长缓慢的植物细胞壁具有大量的黄酮含量,有利于叶片长度的增加,并且有利于应对频繁的干燥和低温冷冻的影响。在北极的常绿和落叶越橘属植物中也观察到类似的 UV 吸收物质空间分布异质性特征。在高海拔地区 UV 辐射对植物的相关作用常常会放大温度的影响,植物向高纬度的迁移将导致其对 UV 辐射耐性的下降,从而使自然生态系统的保护和服务功能、生物多样性等受到影响(Bais et al., 2018a)。

高浓度重金属(Cd、Pb、Cu、Ni)对植物产生的压力与增强 UV-B 辐射的作用相协同,会加重辐射对植物的影响。重金属与 UV-B 辐射的协同作用已经在云杉和蓝细菌(Rai et al., 1995)中观察到。在枯落物分解的研究中,枯落物可能会部分阻断 UV-B 辐射进入土壤并穿过动物群,从而导致对 UV-B 辐射效应的潜在低估。补充 UV-B 辐射也可能导致不经意的 UV-A 辐射增强,衰减的 UV-B 辐射也会干扰放置在土壤上的枯落物的沉淀。灯阵列和框架产生的阴影效果也会影响观测值。所有这些因素都可能影响结果的准确性并产生一些不确定性。为了提高对于 UV-B 辐射对凋落物分解影响的理解,应在亚洲和非洲,特别是在湿润和中湿地区开展进一步的研究,采用更准确的方法模拟 UV-B 辐射引起的实际变化(Song et al., 2013)。

因此,正确评估生态系统对 UV-B 辐射的响应,必须建立在尽可能接近自然环境条件的长期研究基础上,而且需要考虑生物种内和种间差异、生物与非生物环境之间的相互关系。

五、农田生态系统对 UV-B 辐射的响应与人工调控

由于农田生态系统具有一定的人工可控性,评估和预测 UV-B 辐射对生物量与产量

的影响是可能的，也比自然生态系统简单易行。当然，多年的大田试验，并考虑作物品种差异以及 UV-B 辐射与其他环境因子的相互作用，对于保证评估的真实性是必不可少的（李元和岳明，2000）。李元等（2000）从春小麦群体生长、生理、结构、形态、发育期、生物量和产量变化方面证明了春小麦群体对 UV-B 辐射是敏感的，UV-B 辐射对麦田生态系统结构和功能有明显的影响（图 10-19），试验中春小麦株高、分蘖和总生物量对 UV-B 辐射的响应与温室中个体水平的响应（Teramura，1980，1983；Barnes et al.，1990a；Teramura et al.，1990a）也是不一致的，这种敏感性以及株高、分蘖和总生物量变化的差异可能是由品种存在差异所致。品种差异已在水稻、大豆、小麦、棉花、蚕豆、黄瓜和玉米等多种作物中观察到（Biggs and Kossuth，1978a；Ambler et al.，1975；Teramura et al.，1991；Dai et al.，1994）。较典型的是 Dai 等（1994）报道的来自世界各地的 188个水稻品种对 UV-B 辐射的敏感性，并提出了响应指数公式。目前通常以生长率、生物量、产量及部分生理反应指标为依据，计算植物的响应指数，将作物品种划分为敏感型、中等敏感型和耐性型。在大豆中，敏感型和耐性型各占 20%，在水稻中敏感型约占 1/3。植物对 UV-B 辐射响应存在品种差异的原因尚未完全清楚，不过有明显的证据表明这种差异可能具有遗传基础。可能依赖于品种自身的基因组成（Teramura et al.，1991）、抗性基因的表达以及基因修复，最终表现为形态、生理和生物量等存在差异。另外，不同试验间的差异还与生长条件、UV-B 辐射强度和时间、发育期、光量子通量及 UV-B 辐射中不同波段的比例有关，所有这些因素均已被证明会大大改变植物对 UV-B 辐射的敏感性（Teramura et al.，1991）。此外，植物个体与群体对 UV-B 辐射响应的差异也可能导致不同的试验结果，这也是值得注意的重要问题。

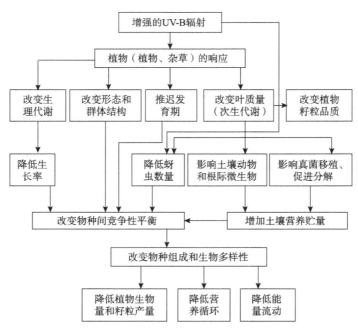

图 10-19　UV-B 辐射对麦田生态系统结构和功能的影响（引自李元和岳明，2000）

Figure 10-19　Effects of UV-B radiation on the structure and function of wheat field ecosystem

　　UV 辐射会对农业生态系统的食品产量和品质产生积极的或者负面的影响。最近的研究也进一步证实了早期的研究结果，UV 辐射将通过改变植物的生理和生化过程来改变农业生产力。在 UV 辐射诱导的多酚类化合物增加的介导下，受到病虫害严重影响的作物或其他植物可能降低自身的生物化学反应水平。UV 辐射可改变食品的品质，特别是会对有益于健康的多酚、黄酮和花青素的合成产生影响，从而影响人体的健康。这些物质广泛存在于水果、蔬菜和谷物中，具有清除自由基的能力，有助于增强抗病能力（如冠心病、II 型糖尿病）。

　　作物对 UV 辐射的响应具有品种和基因型间差异。在一定的 UV 辐射水平下，UV 辐射能增加植物种子油的产量，降低蛋白质、碳水化合物和脂肪酸含量，从而影响作物的品质。除此以外，UV-B 辐射降低单不饱和脂肪酸的含量，增加亚麻油酸和亚麻酸的含量，从而增加患心脏病的风险。UV-B 辐射降低大豆籽粒中棕榈油脂肪酸和硬脂酸的含量。

　　与自然生态系统不同，农田生态系统是具单优势种群（或称单种群）的人工生态系统，其结构简单，品种更换快，而且生长期短，通过自然选择抗性基因来适应 UV-B 辐射是不可能的，在增强 UV-B 辐射下，农田生态系统是危险的（图 10-19）。这种危险性表现为生物量和产量大幅度降低，正如李元等（2000）在麦田生态系统中所观察到的一样，因此，对其进行人工调控是必要的。由于作物品种间对 UV-B 辐射的响应有显著差异，而这种差异是可遗传的（Teramura and Murali，1986；Teramura et al.，1991；Dai et al.，1994），通过人工选择抗性基因，并培育抗 UV-B 辐射的品种，以减轻 UV-B 辐射对农田生态系统，尤其是粮食产量的影响是完全必要的，也是可行的调控手段（Teramura，1983；Teramura et al.，1991）。研究 DNA 损伤和修复对 UV-B 辐射增强响应反馈的品种差异及 DNA 基础，筛选敏感种与耐性种，并对应分析它们的 DNA 变化，探究耐性品种的 DNA 基础，建立判别品种 UV-B 耐性的 DNA 标准（李元和岳明，2000）这些工作将为调控农田生态系统对 UV-B 辐射的响应奠定一定的理论基础，以及提供必要的科学依据。

小　结

　　增强的 UV-B 辐射对生态系统的生物组成和物种结构的影响，表现在种群波动、生物多样性特征改变和生物物种之间平衡改变，受到 UV-B 辐射强度、物种的生物学和生态学特征和其他环境因子共同作用的影响。生态系统营养物质的循环、累积和分配、输出和分解对增强 UV-B 辐射的响应，与植物的遗传特征和发育时期、生态型和生活型、原产地生态条件和紫外辐射强度、植物的微进化特征、枯落物的组成和营养物质种类等有关。增强 UV-B 辐射对物质的地球化学循环具有较大影响，而且降低生态系统的能量积累、传递和输出。因此，增强 UV-B 辐射通过调节生态系统的次生代谢途径和诱导遗传物质修复机理等过程，调控生态系统的平衡与微进化。由于生态系统的复杂性和多样性，因此在全球气候变化的格局下，长期连续地野外定位研究增强 UV-B 辐射对生态系统物种间相互作用、能量流动过程的影响以及其与其他环境因子的交互作用等十分重要。

参 考 文 献

安黎哲, 冯虎元, 王勋陵. 2001. 增强的紫外线-B 辐射对几种作物和品种生长的影响. 生态学报, 21(2): 249-253.

包龙丽, 何永美, 祖艳群, 等. 2013. 大田条件下增强 UV-B 辐射对元阳梯田 2 个地方水稻品种叶片形态解剖结构的影响. 生态学杂志, 32(4): 882-889.

蔡恒江, 唐学玺, 张培玉, 等. 2005. UV-B 辐射对孔石莼生长及生理生化特征的影响. 科学技术与工程, 5(5): 283-286.

蔡锡安, 夏汉平, 彭少麟. 2007. 增强 UV-B 辐射对植物的影响. 生态环境, 16(3): 1044-1052.

曹凤中. 1989. 臭氧层空洞的报告. 北京: 中国环境科学出版社.

曹嵩晓, 张冲, 汤雨凡, 等. 2014. 植物脂氧合酶蛋白特性及其在果实成熟衰老和逆境胁迫中的作用. 植物生理学报, (8): 1096-1108.

柴永福, 岳明. 2016. 植物群落构建机制的研究进展. 生态学报, 36(15): 4557-4572.

陈芳育, 郭玉春, 梁义元. 2001. 增强的紫外线 UV-B 辐射对水稻秧苗生长的影响. 福建稻麦科技, 19(增刊): 1-3.

陈海燕, 陈建军, 何永美, 等. 2006. 连续两年 UV-B 辐射增强对割手密叶绿素含量的影响. 武汉植物学研究, 24(3): 277-280.

陈慧泽, 韩榕. 2015. 植物响应 UV-B 辐射的研究进展. 植物学报, 50(6): 790-801.

陈建军, 祖艳群, 陈海燕, 等. 2004. UV-B 辐射增强对 20 个大豆品种生长与生物量分配的影响. 农业环境科学学报, 24(1): 29-33.

陈建军, 祖艳群, 陈海燕, 等. 2001. 20 个小麦品种对 UV-B 辐射增强响应的形态学差异. 生态与农村环境学报, 17(2): 26-29.

陈劲松, 董鸣, 于丹, 等. 2004a. 不同光照条件下聚花过路黄的克隆构型和分株种群特征. 应用生态学报, 15(8): 1383-1388.

陈劲松, 董鸣, 于丹, 等. 2004b. 资源交互斑块性生境中两种不同分枝型匍匐茎植物的克隆内分工. 生态学报, 24(5): 920-924.

陈兰, 张守仁. 2006. 增强 UV-B 辐射对暖温带落叶阔叶林土庄绣线菊水分利用效率、气孔导度、叶氮素含量及形态特性的影响. 植物生态学报, 30(1): 47-56.

陈岚. 2007. 补充紫外线 B 照射对不结球白菜生长与品质及生理特性的影响. 南京: 南京农业大学硕士学位论文.

陈模舜, 柯世省. 2013. 天台鹅耳枥叶片的解剖结构和光合特性对光照的适应. 林业科学, 49(2): 46-53.

陈如凯. 2003. 现代甘蔗育种的理论与实践. 北京: 中国农业出版社.

陈涛, 张劲松. 2006. 乙烯的生物合成与信号传递. 植物学通报, 23(5): 519-530.

陈怡平, 孙本华. 2006a. 激光与增强 UV-B 对板蓝根能量积累的影响. 应用激光, 26(1): 42-44.

陈怡平, 孙本华. 2006b. He-Ne 激光对 UV-B 辐射大青叶 DTA 热解参数的影响. 激光技术, 30(4): 395-397.

陈宗瑜, 毕婷, 吴潇潇. 2012. 滤减 UV-B 辐射对烤烟蛋白质组变化的影响. 生态学杂志, 31 (5): 1129-1135.

程水源, 王燕, 刘卫红, 等. 2005. 生长调节剂对离体银杏叶苯丙氨酸解氨酶活性的影响. 植物资源与环境学报, 14(1): 20-22.

迟虹, 岳明, 刘晓. 2011. 茉莉酸对小麦幼苗 UV-B 抗性的生理学效应研究. 植物科学学报, 29(2): 718-726.

褚润, 陈年来, 韩国君, 等. 2018. UV-B 辐射增强对芦苇生长及生理特性的影响. 环境科学学报, 38(5): 2074-2081.

崔瑛, 陈怡平. 2008. 近 5 年增强 UV-B 辐射对植物影响的研究进展. 生态毒理学报, 3(3): 209-216.

代西梅, 尚玉磊, 赵保凤, 等. 2000. 不同分蘖特性小麦内源激素变化动态及其与分蘖发生关系的研究. 河南师范大学学报(自然科学版), 28(3): 78-82.

党悦方. 2015. 增强 UV-B 辐射对夏枯草生长及多种化学指标成分的影响. 西安: 西北大学硕士学位论文.

董鸣, 于飞海. 2007. 克隆植物生态学术语和概念. 植物生态学报, 31(4): 689-694.

董铭, 李海涛, 廖迎春, 等. 2006. 大田条件下模拟 UV-B 辐射滤减对水稻生长及内源激素含量的影响. 中国生态农业学报, 14(3): 122-125.

董新纯, 赵世杰, 郭珊珊, 等. 2006. 增强 UV-B 条件下类黄酮与苦荞逆境伤害和抗氧化酶的关系. 山东农业大学学报(自然科学版), 37(2): 157-162.

杜布罗夫 A. N. 1964. 紫外线辐射对植物的作用. 韩锦峰, 王瑞新译. 北京: 科学出版社.

杜彩艳, 祖艳群, 李元. 2004. UV-B 辐射增强对生态系统矿质营养循环的影响. 云南农业大学学报(自然科学版), 19(6): 731-736.

杜照奎, 李钧敏, 钟章成, 等. 2014. 花生叶片蛋白组对 UV-B 辐射增强的响应. 生态学报, 34(10): 2589.

段红平, 张乃明, 李进学, 等. 2007. 超高产水稻根际微生物类群数量初探. 中国农学通报, 23(2): 285-289.

冯国宁, 安黎哲, 冯虎元, 等. 1999. 增强 UV-B 辐射对菜豆蛋白质代谢的影响. 植物学报, 41(8): 833-836.

冯虎元, 安黎哲, 陈拓, 等. 2002. 大豆作物响应增强 UV-B 辐射的品种差异. 西北植物学报, 22(4): 845-850.

冯虎元, 安黎哲, 徐世健, 等. 2001a. 紫外线-B 辐射增强对大豆生长、发育、色素和产量的影响. 作物学报, 27(3): 319-323.

冯虎元, 陈拓, 徐世健, 等. 2001b. UV-B 辐射对大豆生长、产量和稳定碳同位素组成的影响. 植物学报, 43(7): 709-713.

冯虎元, 谭玲玲, 安黎哲, 等. 1999. 增强的 UV-B 辐射对 19 种植物花粉萌发率及花粉管生长的影响. 兰州大学学报, 35(4): 78-82.

冯源. 2009. 6 个灯盏花[*Erigeron breviscapus* (Vant.) Hand.-Mazz.]居群总黄酮产量及叶斑病对 UV-B 辐射响应的差异及机理研究. 昆明: 云南农业大学博士学位论文.

冯源, 李云霞, 董晓东, 等. 2016. 滇黄芩幼苗对增强 UV-B 辐射与干旱胁迫的生理响应. 湖北农业科学, 55(2): 413-417.

冯源, 朱媛, 祖艳群, 等. 2009. 模拟 UV-B 辐射增强条件下灯盏花居群的生理差异及其遗传背景. 应用生态学报, 20(12): 2935-2942.

冯源, 高召华, 祖艳群, 等. 2008. 紫外辐射对植物病害影响的研究进展. 植物保护学报, (1): 88-92.

冯源, 祖艳群, 陈海燕, 等. 2010. UV-B 辐射增强对链格孢菌(*Alternaria alternata*)生长、生理及致病力的影响. 植物保护, 36(4): 64-69.

高晶晶, 王瑞斌, 贺军民. 2011. 乙烯对 UV-B 辐射诱导蚕豆气孔关闭的调控效应. 西北植物学报, 31(4): 690-696.

高天鹏, 安黎哲, 冯虎元. 2009. 增强 UV-B 辐射和干旱对不同品种春小麦生长、产量和生物量的影响. 中国农业科学, (6): 1933-1940.

高潇潇. 2009. UV-B 辐射与稻瘟病菌胁迫对两个水稻品种幼苗生长、生理和稻瘟病的影响. 昆明: 云南农业大学硕士学位论文.

高潇潇, 高召华, 陈海燕, 等. 2009. UV-B 辐射对 2 个水稻品种幼苗稻瘟病的影响及机理初探. 生态环境学报, 18(3): 1026-1030.

高召华. 2001. 小麦 UV-B 辐射防护剂的筛选及机理初探. 昆明: 云南农业大学硕士学位论文.

高召华. 2010. UV-B 辐射对水稻生长生理及稻瘟病的影响与机理研究. 昆明: 云南农业大学博士学位论文.

高召华, 李元, 谭玲玲. 2002. 植物对 UV-B 辐射响应的种内差异及机理探讨. 农村生态环境, (1): 50-53.

耿予欢, 李国基, 李琳, 等. 2006. UV-B 辐射对极地雪藻 *Chlamydomonas nivalis* 的生物学效应. 华南理工大学学报(自然科学版), 34(3): 106-110.

古今, 陈宗瑜, 訾先能, 等. 2006. 植物酶系统对 UV-B 辐射的响应机制. 生态学杂志, 25(10): 1269-1274.

郭世昌, 黎海凤, 黎成超, 等. 2013. 1979-2011 年东亚地区大气臭氧层变化趋势分析. 云南大学学报(自然科学版), 35(3): 338-344.

关军锋, 李广敏. 2001. Ca^{2+} 与植物抗旱性的关系. 植物学通报, 18(4): 458, 473-478.

桂智凡. 2009. UV-B 辐射增强对水稻生育生理及产量品质影响的研究. 合肥: 安徽农业大学硕士学位论文.

郭进魁. 2003. 紫外线 B 辐射下类囊体膜复合物结构与功能调控机理的研究. 兰州: 兰州大学博士学位论文.

郭巍. 2008. 增强的辐射对水稻生长发育及产量品质的影响. 沈阳: 沈阳农业大学硕士学位论文.

郭巍, 殷红, 毛晓艳, 等. 2008. 不同氮素水平下 UV-B 辐射增强对水稻生理作用的影响. 湖北农业科学, 47(5): 521-524.

韩国菲, 王海光, 马占鸿. 2011. CO_2 浓度升高和 UV-B 辐射增强对小麦条锈病流行组分的影响. 中国农业科学, 44(20): 4326-4332.

韩榕, 王勋陵, 岳明. 2002a. He-Ne 激光对小麦 DNA UV-B 损伤修复的影响. 中国激光, 29(9): 859-863.

韩榕, 王勋陵, 岳明. 2002b. He-Ne 激光对小麦 DNA 环丁烷嘧啶二聚体切除修复的影响. 科学通报, 47(6): 435-438.

韩榕, 王勋陵, 岳明. 2003. He-Ne 激光对增强 UV-B 辐射损伤小麦 DNA 非按期合成的影响. 作物学报, 29(4): 633-636.

韩艳, 娄运生, 李萌, 等. 2014. UV-B 辐射增强对河南省夏直播花生产量及品质的影响. 南京信息工程大学学报(自然科学版), 6(3): 244-248.

韩燕. 2007. 细胞分裂素和生长素对 UV-B 诱导气孔关闭的效应及其机制研究. 西安: 陕西师范大学硕士学位论文.

韩瑜. 2013. 歪头菜对 UV-B 辐射增强的响应及其 cDNA 文库构建. 兰州: 兰州大学硕士学位论文.

郝正大, 魏萍, 张宝芹, 等. 2007. 增强 UV-B 辐射对念珠藻生长的影响. 中兽医医药杂志, 5: 45-48.

何承刚. 2012. 烤烟(*Nicotiana tabacum* L.)对增强紫外线-B 辐射的生理响应与适应性研究. 长沙: 湖南农业大学博士学位论文.

何承刚, 杨志新, 邵建平, 等. 2012. 增强 UV-B 辐射对两个烤烟品种主要化学成分的影响. 中国生态农业学报, 20(6): 767-771.

何都良, 王传海, 郑有飞. 2003. 降低 UV-B 辐射强度对小麦类黄酮含量及分布的影响. 中国农业气象, 24(4): 34-40.

何雷. 2009. 增强 UV-B 辐射对高寒草甸土壤生态系统丛枝菌根真菌生物多样性的影响. 兰州: 兰州大学硕士学位论文.

何丽莲, 祖艳群, 李元, 等. 2005. 10 个小麦品种对 UV-B 辐射增强响应的生长和产量差异. 农业环境科学学报, (4): 648-651.

何丽莲, 祖艳群, 李元, 等. 2006. 小麦品种对增强 UV-B 辐射响应的 RAPD 分析. 农业环境科学学报, 25(1): 73-76.

何丽莲, 姚银安, 祖艳群, 等. 2004. 类黄酮与植物 UV-B 敏感性: 生理代谢与生态功能. 生态科学进展, (1): 203-214.

何炎红, 郭连生, 田有亮. 2005. 白刺叶不同水分状况下光合速率及其叶绿素荧光特性的研究. 西北植物学报, 25(11): 2226-2233.

何永美. 2006. 31 个割手密无性系对 UV-B 敏感性差异及分子标记研究. 昆明: 云南农业大学硕士学位论文.

何永美. 2013. 元阳梯田 2 个地方水稻品种对 UV-B 辐射和多效唑的响应与机理研究. 昆明: 云南农业大学博士学位论文.

何永美, 李元, 祖艳群. 2004. 作物对增强 UV-B 辐射的响应及调控对策. 云南环境科学, (S2): 18-22.

何永美, 湛方栋, 陈海燕, 等. 2012a. 紫外辐射增强对 4 个割手密无性系(*Saccharum spontaneum* L.)叶片附生真菌数量的影响. 云南农业科技, (S1): 116-118.

何永美, 湛方栋, 高召华, 等. 2012b. 水稻对 UV-B 辐射响应的敏感性差异. 生态环境学报, 21(3): 489-495.

何永美, 湛方栋, 吴炯, 等. 2016. UV-B 辐射对元阳梯田水稻根系 LMWOAs 分泌量和根际微生物数量的影响. 农业环境科学学报, 35(4): 613-619.

何永美, 湛方栋, 徐渭渭, 等. 2013. 镉和 UV-B 辐射增强复合胁迫对冬小麦幼苗生长和生理的影响. 农业环境科学学报, 32(3): 450-455.

何永美, 湛方栋, 祖艳群, 等. 2015. 大田增强 UV-B 辐射对元阳梯田地方水稻茎秆性状和倒伏指数的影响. 应用生态学报, 26(1): 39-45.

何永美, 祖艳群, 李元. 2009. UV-B 与植物 DNA: 损伤与修复. 中国农学通报, 25(14): 42-46.

何丽红, 郑有飞, 何都良. 2002. 紫外辐射对农田生态系统的影响研究综述. 中国农业气象, 23(1): 47-52.

贺军民. 2005. 增强的 UV-B 辐射对绿豆幼苗光合作用和 DNA 结构的影响及其分子机制. 西安: 西安交通大学博士学位论文.

洪灯. 2011. 大气 CO_2 浓度升高和 UV-B 增强对普通念珠藻生长和光合作用影响的研究. 武汉: 华中农业大学硕士学位论文.

侯常伟, 白涛, 王忆, 等. 2012. UV-B 辐射对光核桃光合作用和内源激素水平的影响. 中国农学通报, 28(22): 184-189.

侯扶江, 贾桂英. 1998. 紫外线-B 辐射对 3 种植物幼苗光合作用和呼吸作用的影响研究初报. 草业学报, 7(3): 78-80.

侯扶江, 贾桂英, 颜景义, 等. 1998. 田间增加紫外线(UV) 辐射对大豆幼苗生长和光合作用的影响. 植物生态学报, 22(3): 256-261.

侯立刚, 陈温福, 马巍, 等. 2012. 低温胁迫下不同磷营养对水稻叶片质膜透性及抗氧化酶活性的影响. 华北农学报, 27(1): 118-123.

胡安生. 2008. UV-B 辐射增强对水稻根系活力及其蛋白质组的影响. 福州: 福建农林大学硕士学位论文.

胡波, 王跃思, 刘广仁. 2007. 北京城市紫外辐射变化特征及经验估算方程. 高原气象, 26(3): 79-86.

黄健, 唐学玺, 刘涛, 等. 2002. 褐藻酸降解菌侵染海带过程中活性氧及抗氧化系统的变化. 中国海洋大学学报(自然科学版), 32(4): 574-578.

黄少白, 戴秋杰, 刘晓忠, 等. 1998a. 水稻对紫外光 B 辐射增强的生化适应机制. 作物学报, 24(4): 464-469.

黄少白, 戴秋杰, 刘晓忠, 等. 1997a. 增强紫外光 B 辐射对水稻叶片内多胺的影响. 江苏农业学报, 13(1): 6-9.

黄少白, 戴秋杰, 王志霞. 1999. 紫外光 B 辐射对菠菜和小白菜叶片氮代谢的影响. 江苏农业科学, 15(1):

12-16.

黄少白, 戴秋杰, 刘晓忠, 等. 1998b. 紫外光 B 辐射增强对水稻叶片内 IAA 和 ABA 含量的影响. 植物学通报, 15(增刊): 87-90.

黄少白, 戴秋杰, 刘晓忠, 等. 1997b. 紫外光 B 辐射对水稻生长和生长素水平影响的初步研究. 应用与环境生物学报, 3(3): 213-217.

黄岩. 2011. UV-B 辐射增强对不同大麦品种生理特性的影响. 南京: 南京信息工程大学硕士学位论文.

黄勇, 周冀衡, 郑明, 等. 2009. UV-B 对烟草生长发育及次生代谢的影响. 中国生态农业学报, 17(1): 140-144.

回嵘, 李新荣, 陈翠云, 等. 2013. UV-B 辐射增强对土生对齿藓(*Didymodon vinealis*)结皮生理代谢及光系统相关蛋白表达的影响. 生态学杂志, 32(3): 583-590.

姬静. 2010. 氮影响 UV-B 辐射对灯盏花的作用及机理. 昆明: 云南农业大学硕士学位论文.

姬静, 祖艳群, 李元. 2010. 增强 UV-B 辐射和氮素相互作用对植物生长代谢的影响研究进展. 西北植物学报, 2(30): 422-428.

江晓东, 张洁, 杨再强, 等. 2013. 增强紫外线-B 辐射对冬小麦产量和光合特性的影响. 农业工程学报, 29(18): 191-199.

姜静. 2017. UV-B 辐射对紫花苜蓿的胁迫效应及关联光受体作用机制探讨. 新乡: 河南师范大学硕士学位论文.

蒋静艳, 胡正华, 牛传坡. 2010. UV-B 辐射增强对小麦秸秆化学成分及其施用后土壤 N₂O 排放的影响. 应用生态学报, 21(10): 2715-2720.

蒋梦蝶, 王秋敏, 徐鹏, 等. 2017. UV-B 辐射增强对土壤有机碳稳定性的影响. 水土保持学报, 31(2): 171-176.

蒋翔, 祖艳群, 蒋超, 等. 2015. 不同番茄品种生长和生理特征对增强 UV-B 辐射响应的差异. 云南农业大学学报(自然科学版), 30(4): 599-606.

井金学, 商鸿生, 李振岐, 等. 1997. 小麦品种抗条锈性分化的初步研究. 植物病理学报, 27(1): 9-16.

雷晓婷. 2014. UV-B 辐射下发菜差异蛋白质组学研究. 银川: 宁夏大学硕士学位论文.

雷筱芬, 陈木森. 2007. 黄酮类化合物抗 UV-B 辐射研究进展. 江西农业大学学报, 29(6): 874-876.

雷雪. 2013. 不同剂量 UV-B 辐射诱导拟南芥气孔关闭过程中乙烯、异三聚体 G 蛋白和过氧化氢的作用及其相互关系. 西安: 陕西师范大学硕士学位论文.

冷平生, 苏淑钗, 王天华, 等. 2002. 光强与光质对银杏光合作用及黄酮苷与萜类内酯含量的影响. 植物资源与环境学报, 11(1): 1-4.

黎峥, 段舜山, 武宝玕. 2003. UV-B 对两种藻光合色素和多糖含量的影响. 生态科学, 22(1): 42-44.

李方民. 2003. UV-B 辐射增强和 CO₂ 施肥的对冬季大棚番茄品质和产量的影响. 西安: 西北大学硕士学位论文.

李芳兰, 包维楷. 2005. 植物叶片形态解剖结构对环境变化的响应与适应. 植物学报, 22(S1): 118-127.

李海涛, 廖迎春, 董铭, 等. 2006. 田间可调式 UV-B 辐射增强对籼型杂交稻 "协优 432" 生长及产量的影响. 中国农学通报, 22(6): 349-355.

李海涛, 董铭, 廖迎春, 等. 2007. 模拟 UV-B 增强胁迫对大田水稻生长及内源激素含量的影响. 中国农学通报, 23(3): 392-397.

李涵茂, 胡正华, 杨燕萍, 等. 2009. UV-B 辐射增强对大豆叶绿素荧光特性的影响. 环境科学, 30(12): 3669-3675.

李虹茹. 2018. 水稻-稻瘟病菌互作对 UV-B 辐射响应的水稻叶片形态结构、光合特性及生长的机理. 昆明: 云南农业大学硕士学位论文.

李惠梅, 师生波. 2010. 长期增强 UV-B 辐射对高寒矮嵩草草甸植物光合作用的影响. 西北植物学报, 30(6): 1186-1196.

李金才, 魏凤珍, 丁显萍. 1999. 小麦穗轴和小穗轴维管束系统及与穗部生产力关系的研究. 作物学报, (3): 315-319.

李锦馨, 张阁, 马燕, 等. 2018. UV-B 辐射胁迫对药用植物次生代谢产物的影响研究进展. 河南农业科学, 47(5): 1-7.

李俊, 牛金文, 杨芳, 等. 2016. 不同马铃薯品种(系)对增强 UV-B 辐射的形态响应. 中国生态农业学报, 24(6): 770-779.

李俊, 杨玉皎, 王文丽, 等. 2017. UV-B 辐射增强对马铃薯叶片结构及光合参数的影响. 生态学报, 37(16): 5368-5381.

李良博, 唐天向, 海梅荣, 等. 2015. 植物对 UV-B 辐射增强的响应及其分子机制. 中国农学通报, 31(13): 159-163.

李曼华. 2004. UV-B 辐射增强对冬小麦和玉米影响的对比研究. 南京: 南京气象学院硕士学位论文.

李曼华, 郑有飞. 2004. UV-B 增强对冬小麦和菠菜影响的对比试验. 大气科学学报, 27(6): 800-805.

李鹏飞, 周冀衡, 罗华元, 等. 2011. 增强 UV-B 辐射对烤烟主要香气前体物及化学成分的影响. 烟草科技, (7): 69-75.

李倩. 2012. 克隆植物生理整合对异质性 UV-B 辐射的响应和机制. 西安: 西北大学博士学位论文.

李先超. 2008. UV-B 辐射增强和藻间相互作用对中肋骨条藻种群动态的影响研究. 青岛: 中国海洋大学博士学位论文.

李想. 2017. 元阳梯田水稻-稻瘟病菌互作体系对 UV-B 辐射响应的特征及机理. 昆明: 云南农业大学硕士学位论文.

李想, 谢春梅, 何永美, 等. 2018. UV-B 辐射与稻瘟病菌复合胁迫对元阳梯田水稻生长和光合特性的影响. 农业环境科学学报, 37(4): 613-620.

李向林, 蒋文兰. 1995. 通过羊群宿营建植改良草地的研究. 草地学报, (1): 29-34.

李亚敏, 岳明, 林小英. 2008. 补充 UV-B 辐射对浙贝母生长、生理及生物碱的影响. 华西药学杂志, 23(1): 77-80.

李延, 刘星辉. 2002. 缺镁对龙眼叶片衰老的影响. 应用生态学报, 13(3): 311-314.

李元, 高潇潇, 高召华, 等. 2010. UV-B 辐射和稻瘟病菌胁迫对水稻幼苗苯丙氨酸解氨酶活性和类黄酮含量的影响. 中国生态农业学报, 18(4): 856-860.

李元, 何永美, 祖艳群. 2006a. 增强 UV-B 辐射对作物生理代谢、DNA 和蛋白质的影响研究进展. 应用生态学报, 17(1): 123-126.

李元, 李想, 何永美, 等. 2015. UV-B 辐射增强对植物-病原菌互作体系的影响及评价. 植物生理学报, (10): 1557-1566.

李元, 王勋陵. 1998. 紫外辐射增加对春小麦生理、产量和品质的影响. 环境科学学报, 18(5): 504-509.

李元, 王勋陵. 1999. UV-B 辐射对田间春小麦生物量和产量的影响. 农村生态环境, 15(2): 28-31.

李元, 王勋陵. 2000. UV-B 辐射增加对麦田生态系统 N, P 累积和循环的影响. 农业环境保护, 19(3): 129-132.

李元, 王勋陵. 2001. 田间增强 UV-B 辐射对麦田生态系统 K 营养和累积的影响. 西北植物学报, 21(2): 313-317.

李元, 王勋陵, 祖艳群. 1999a. 增强的 UV-B 辐射对陆地生态系统的影响. 环境工程学报, 7(6): 165-174.

李元, 杨济龙, 王勋陵, 等. 1999b. 紫外辐射增加对春小麦根际土壤微生物种群数量的影响. 中国环境科学, 19(2): 157-160.

李元, 岳明. 2000. 紫外辐射生态学. 北京: 中国环境科学出版社.

李元, 祖艳群, 秦丽, 等. 2007. 连续 3 年 UV-B 辐射对 33 个割手密无性系成熟期锤度的影响. 农业环境科学学报, 26(3): 1014-1018.

李元, 祖艳群, 王勋陵. 2000. 大气臭氧层减薄、地表紫外辐射增强与植物的响应. 武汉植物学研究,

18(5): 426-430.

李元, 何永美, 秦丽, 等. 2008. 两个割手密(*Saccharum spontaneum*)无性系对UV-B辐射响应的形态和生理差异. 农业环境科学学报, 27(5): 1956-1962.

李元, 王勋陵, 胡之德. 2001. 增强的 UV-B 辐射对麦田生态系统 Mg 和 Zn 累积和循环的影响. 生态学杂志, 20(1): 26-29.

李元, 张翠萍, 祖艳群. 2006b. 紫外辐射增强对植物糖代谢的影响. 生态学杂志, 25(10): 1265-1268.

李佐同, 靳学慧, 张亚玲, 等. 2009. 水稻幼苗可溶性糖及可溶性蛋白含量与抗瘟性的关系. 北方水稻, 39(4): 6-9.

梁滨, 周青. 2007. UV-B 辐射对植物类黄酮影响的研究进展. 中国生态农业学报, 15(3): 191-194.

梁婵娟, 黄晓华, 周青. 2006. Ce 对 UV-B 辐射胁迫下大豆幼苗光合作用影响: II. 对光合量子效率与羧化效率的影响. 农业环境科学学报, 25(3): 580-583.

梁勇. 2018. UV-B 辐射增强对水稻秸秆降解、土壤活性有机碳量及温室气体排放的影响. 昆明: 云南农业大学硕士学位论文.

林文雄. 2013. 水稻对UV-B辐射增强的生理响应及其分子机制研究. 中国生态农业学报, 21(1): 119-126.

林文雄, 梁康迳, 梁义元, 等. 2002a. 水稻对紫外线 B 辐射增强的抗性遗传分析. 作物学报, 28(5): 686-692.

林文雄, 梁义元, 金吉雄. 1999. 水稻对 UV-B 辐射增强的抗性遗传及其生理生化特性研究. 应用生态学报, 10(1): 31-34.

林文雄, 吴杏春, 梁康迳, 等. 2002b. UV-B 辐射增强对水稻多胺代谢及内源激素含量的影响. 应用生态学报, 13(7): 807-813.

林文雄, 吴杏春, 梁义元, 等. 2002c. UV-B 辐射胁迫对水稻叶绿素荧光动力学的影响. 中国生态农业学报, 10(1): 8212.

林文雄, 余高镜, 熊君, 等. 2009. 水稻苗期响应光强日变化的分子行为生态初探. 中国生态农业学报, 17(1): 115-119.

林植芳, 林桂珠, 彭长连. 1998. 亚热带植物叶片 UV-B 吸收化合物的积累. 生态学报, 18(1): 90-95.

刘畅, 何永美, 祖艳群, 等. 2013. 增强 UV-B 辐射对元阳梯田 2 个地方水稻品种 N 营养累积的影响. 农业环境科学学报, 32(8): 1493-1499.

刘成圣, 王悠, 于娟, 等. 2002. UV-B 辐射对叉鞭金藻和三角褐指藻光合色素的影响. 海洋科学, 26(7): 5-6, 71.

刘大群, 董金皋. 2007. 植物病理学导论. 北京: 科学出版社.

刘景玲. 2014. UV-B 辐射和干旱对丹参生物量及酚酸类成分含量的影响. 杨凌: 西北农林科技大学博士学位论文.

刘景玲, 齐志鸿, 黄晓, 等. 2014. 丹参不同生长时期对 UV-B 辐射的敏感性. 应用生态学报, 25(9): 2645-2650.

刘莉华, 宛晓春, 李大祥. 2002. 黄酮类化合物抗氧化活性构效关系的研究进展. 安徽农业大学学报, 29(3): 265-270.

刘毛欣, 李玲, 王教瑜, 等. 2014. 稻瘟病菌与禾谷镰刀菌对茭白的致病性及侵染过程. 浙江农业学报, 26(6): 1546-1551.

刘普和. 1992. 物理因子的生物效应. 北京: 科学出版社.

刘清华, 钟章成. 2002. 紫外线-B 对银杏光合生理指标的影响. 西南师范大学学报(自然科学版), 27(3): 378-382.

刘晓, 贺俊芳, 姬茜茹, 等. 2010. 增强 UV-B 辐射对植物光能传递过程的影响. 光子学报, 39(9): 1582-1587.

刘晓, 贺俊芳, 岳明. 2011b. 荧光动力学方法研究光系统 II 原初传能过程对低剂量 UV-B 辐射的响应.

生物物理学报, 27(10): 839-848.

刘晓, 唐文婷, 李倩, 等. 2011a. 用傅里叶变换红外光谱研究增强 UV-B 辐射对 PSII 蛋白结构的影响. 光谱学与光谱分析, 31(1): 65-68.

刘新仿, 李家洋. 2002. 紫外线强烈诱导的谷胱甘肽转移酶基因的功能鉴定. 遗传学报, 29(5): 458-460, 473.

刘延, 沈奕德, 王亚, 等. 2019. 南繁水稻田杂草发生与化学防治. 杂草学报, 37(1): 51-55.

刘杨, 王强盛, 丁艳锋, 等. 2011. 水稻分蘖发生机理的研究进展. 中国农学通报, 27(3): 1-5.

刘喆. 2008. 太白山北坡资源斑块与独叶草种群分布耦合研究. 西安: 西北大学硕士学位论文.

刘喆, 岳明. 2014. 太白山北坡光资源斑块与独叶草种群分布的耦合关系. 生态学杂志, 33(4): 953-958.

刘芷宇. 1993. 根际微域环境的研究. 土壤, 5(1): 225-230.

柳淑蓉, 胡荣桂, 蔡高潮. 2012. UV-B 辐射增强对陆地生态系统碳循环的影响. 应用生态学报, 23(7): 1992-1998.

娄运生, 曾志平, 韩艳, 等. 2014. UV-B 增强下施钾对大麦抽穗期生理特性日变化的影响. 土壤, 46(2): 250-255.

娄运生, 韩艳, 刘朝阳, 等. 2013. UV-B 增强下施硅对大麦抽穗期光合和蒸腾生理日变化的影响. 中国农业气象, 34(6): 668-672.

娄运生, 黄岩, 李永秀, 等. 2011. UV-B 辐射增强对不同大麦品种生理特性的影响. 生态与农村环境学报, 27(4): 51-55.

卢少云, 郭振飞, 彭新湘, 等. 1999. 水稻幼苗叶绿体保护系统对干旱的反应. 热带亚热带植物学报, 7(1): 47-52.

罗丽琼, 陈宗瑜, 古今, 等. 2006. 紫外线-B 辐射对植物 DNA 及蛋白质的影响. 生态学杂志, 25(5): 572-576.

罗南书, 钟章成. 2006. 田间增加 UV-B 辐射对玉米光合生理的影响. 生态学杂志, 25(4): 369-373.

罗学刚, 董鸣. 2002. 匍匐茎草本蛇莓克隆构型对不同海拔的可塑性反应. 应用生态学报, 13(4): 399-402.

罗学刚, 董鸣. 2001. 蛇莓克隆构型对光照强度的可塑性反应. 植物生态学报, 25(4): 494-497.

马晓丽, 韩榕. 2009. He-Ne 激光对增强 UV-B 辐射后小麦幼苗多胺及相关酶活性的影响. 中国农学通报, 35(23): 249-253.

毛晓艳, 殷红, 郭巍, 等. 2007. UV-B 辐射增强对水稻产量及品质的影响. 安徽农业科学, 35(4): 1016-1017.

苗秀莲, 刘传栋, 郭彦, 等. 2015. UV-B 辐射增强及 CO_2 浓度升高对水稻产量及品质的影响. 作物杂志, (1): 138-142.

莫运才. 2016. UV-B 辐射结合不同氮素营养水平对铁皮石斛生长及主要活性成分的影响. 广州: 广东药科大学硕士学位论文.

聂磊, 刘鸿先, 彭少麟. 2001. 水分胁迫对长期 UV-B 辐射下柚树苗生理特性的影响. 植物资源与环境学报, 10(3): 19-24.

牛传坡, 蒋静艳, 黄耀. 2007. UV-B 辐射强度变化对冬小麦碳氮代谢的影响. 农业环境科学学报, 26(4): 1327-2332.

潘瑞炽. 2002a. 重视植物生长调节剂的残毒问题. 生物学通报, 37(4): 4-7.

潘瑞炽. 2002b. 植物生理学. 4 版. 北京: 高等教育出版社: 124-125.

潘昕, 邱权, 李吉跃, 等. 2015. 基于叶片解剖结构对青藏高原 25 种灌木的抗旱性评价. 华南农业大学学报, (2): 61-68.

彭祺, 周青. 2009. 植物次生代谢响应 UV-B 辐射胁迫的生态学意义. 中国生态农业学报, 17(3): 610-615.

蒲晓宏, 岳修乐, 安黎哲. 2017. 植物对 UV-B 辐射的响应与调控机制. 中国科学: 生命科学, 47(8):

81-828.

齐婉桢. 2017. 怀牛膝对 UV-B 辐射的响应. 新乡: 河南师范大学硕士学位论文.

齐艳, 邢燕霞, 郑禾, 等. 2014. UV-A 和 UV-B 提高甘蓝幼苗花青素含量以及调控基因表达分析. 中国农业大学学报, 19(2): 86-94.

齐智. 2001. 激光对增强的 UV-B 辐射蚕豆幼苗损伤的防护及修复作用. 西安: 西北大学博士学位论文.

强维亚, 蔡龙华, 韩瑜, 等. 2013. 增强 UV-B 辐射对高山植物歪头菜生长及内源激素变化的影响. 西北植物学报, 33(11): 2241-2248.

强维亚, 汤红官, 侯宗东, 等. 2004. 增强 UV-B 辐射对大豆胚轴 DNA 损伤、修复和蛋白质含量的影响. 生态学报, 24(4): 852-856.

强维亚, 杨晖, 汤红官, 等. 2003. 重金属镉(Cd)和增强 UV-B 辐射复合对大豆生长和生理代谢的影响. 西北植物学报, 23(2): 235-238.

乔媛, 殷红, 李虎, 等. 2014. 增强 UV-B 辐射对水稻叶绿素荧光特性的影响. 华北农业学报, 29(2): 146-151.

秦胜金, 刘景双, 王国平. 2006. 影响土壤磷有效性变化作用机理. 土壤通报, 37(5): 1012-1016.

邱宗波, 朱新军, 李方民, 等. 2007. 半导体激光防护小麦幼苗紫外线-B 辐射损伤的作用. 中国激光, 34(8): 1163-1168.

曲颖, 王弋博, 冯虎元, 等. 2012. UV-B 辐射对豌豆伸长生长和细胞壁多糖组分的影响. 辐射研究与辐射工艺学报, 30(5): 303-308.

权佳锋, 涂云, 杨正聪, 等. 2019. 不同 UV-B 辐射强度对烤烟主要次生代谢产物的影响. 山东农业科学, 51(2): 68-72.

任红玉, 李东洺, 吴志光, 等. 2009. 在紫外辐射 B 胁迫下钙对大豆幼苗若干生物学特性的影响. 东北农业大学学报, (7): 11-15.

任红玉, 周丽华, 朱晓鑫, 等. 2013. 在 UV-B 辐射增强条件下稀土镧对大豆品质的影响. 大豆科学, 32(3): 345-348.

商鸿生, 井金学. 1994. 紫外线诱导小麦条锈菌毒性突变的研究. 植物病理学报, 24(4): 347-351.

沈薇薇. 2010. UV-B 辐射增强对小麦生长发育及产量品质影响的研究. 合肥: 安徽农业大学硕士学位论文.

师生波, 贲桂英, 赵新全, 等. 2001. 增强 UV-B 辐射对高山植物麻花艽净光合速率的影响. 植物生态学报, 25(5): 520-524.

师生波, 李惠梅, 王学英, 等. 2006. 青藏高原几种典型高山植物的光合特性比较. 植物生态学报, 30(1): 40-46.

石江华. 2003. UV-B 辐射对紫萍(Spirodela polyrhiza)形态结构和生理生化的影响. 广州: 华南师范大学硕士学位论文.

石江华, 王艳, 李韶山. 2002. UV-B 对植物分子和细胞水平的效应. 激光生物学报, 11(4): 315-319.

宋雪薇, 魏解冰, 狄少康. 2019. 花青素转录因子调控机制及代谢工程研究进展. 植物学报, 54(1): 133-156.

孙谷畤, 赵平, 曾小平, 等. 2000. 补增 UV-B 辐射对香蕉叶片光合作用叶氮在光合碳循环组分中分配的影响. 植物学报, 17(5): 450-456.

孙谷畤, 赵平, 曾小平, 等. 2001. UV-B 辐射对香蕉光合作用和不同氮源利用的影响. 植物生态学报, 25(3): 317-324.

孙金伟, 任斐鹏, 任亮, 等. 2015. UV-B 辐射对植物生理生态特征的影响研究进展. 长江科学院院报, 32(3): 107-111.

孙林, 黄海山, 赵秀勇, 等. 2004. UV-B 辐射增强对冬小麦生长发育及产量的影响. 农村生态环境, 20(2): 24-27.

孙荣琴. 2009. 不同紫色甘薯品种的生长差异及其对增强 UV-B 辐射的响应. 昆明: 云南农业大学硕士
　　学位论文.

唐弘硕, 袁梦琪, 杨雷, 等. 2016. 海洋卡盾藻对青岛大扁藻的化感作用及其对 UV-B 辐射的响应. 海洋
　　与湖沼, 47(4): 730-738.

唐莉娜, 林文雄, 吴杏春, 等. 2002. UV-B 辐射增强对水稻生长发育及其产量形成的影响. 应用生态学
　　报, (10): 1278-1282.

唐莉娜, 林文雄, 梁义元, 等. 2004. UV-B 辐射增强对水稻蛋白质及核酸的影响研究. 中国生态农业学
　　报, 12(1): 40-42.

唐文婷, 刘晓, 房敏峰, 等. 2011. 傅里叶变换红外光谱法分析紫外线-B(UV-B)辐射对黄芩不同部位化
　　学成分的影响. 光谱学与光谱分析, 31(5): 1220-1224.

唐文婷, 刘晓, 房敏峰, 等. 2010. UV-B 辐射对黄芩幼苗生长及生理生化指标的影响. 植物资源与环境
　　学报, 19(3): 68-72.

唐学玺, 蔡恒江, 张培玉. 2005. UVB 辐射增强对亚历山大藻和赤潮异弯藻种群竞争的影响. 环境科学
　　学报, 25(3): 340-345.

田向军. 2007. 增强 UV-B 辐射对 C3、C4 植物碳氮资源分配的影响. 西安: 西北大学硕士学位论文.

田向军, 林玥, 邱宗波, 等. 2007a. 温室条件下增强的 UV-B 辐射对小麦、谷子大小不等性及异速生长的
　　影响. 生态学报, 27(12): 5202-5208.

田向军, 刘晓, 邱宗波, 等. 2007b. 增强 UV-B 辐射对小麦叶片黄酮类化合物日变化的影响. 环境科学学
　　报, 27(3): 516-521.

王灿, 李虹茹, 湛方栋, 等. 2018. UV-B 辐射对元阳梯田土壤活性有机碳含量与温室气体排放的影响.
　　农业环境科学学报, 37(2): 383-391.

王池池. 2015. UV-B 辐射增强对不同基因型玉米生长发育及产量品质的影响. 保定: 河北农业大学硕士
　　学位论文.

王传海, 郑有飞, 陈敏东, 等. 2004a. 小麦不同生育期对 UV-B 敏感差异性比较. 生态环境, 13(4):
　　483-486.

王传海, 郑有飞, 何都良, 等. 2004b. 紫外辐射 UV-B 增加对小麦株高和节间细胞长度影响的初步研究.
　　中国农学通报, 20(1): 77-78, 128.

王传海, 郑有飞, 何雨红, 等. 2000. 紫外辐射增加对小麦群体结构的影响. 南京气象学院学报, 23(2):
　　204-210.

王传海, 郑有飞, 闵锦忠, 等. 2004c. UV-B 辐射增加对小麦产量及其构成因素的影响. 麦类作物学报,
　　24(3): 87-89.

王传海, 闵锦忠, 严培君, 等. 2004d. UV-B 增加对小麦及玉米物候发育影响的初步研究. 中国农学通报,
　　20(3): 80.

王传海, 郑有飞, 何都良, 等. 2003. 小麦不同指标对紫外辐射 UV-B 增加反应敏感性差异的比较. 中国
　　农学通报, 19(6): 43-45.

王春乙, 郭建平, 郑有飞. 1997. 二氧化碳、臭氧、紫外辐射与农作物生产. 北京: 气象出版社: 181-183.

王德利. 2004. 植物与草食动物之间的协同适应及进化. 生态学报, 24(11): 2641-2648.

王芳. 2009. 增强的 UV-B 辐射和干旱胁迫下不同抗旱性玉米即时响应的研究. 西安: 西北大学硕士学
　　位论文.

王刚, 张大勇. 1996. 生物竞争理论. 西安: 陕西科学技术出版社.

王国杰, 蔺菲, 胡家瑞, 等. 2019. 氮和土壤微生物对水曲柳幼苗生长和光合作用的影响. 应用生态学
　　报, 30(5): 1445-1453.

王海波, 周纪纶. 1989. 蚕豆蚜虫种群动态与蚕豆生理变化的关系. 生态学报, 9(1): 41-48.

王海霞, 刘文哲. 2011. UV-B 辐射增强对喜树叶片色素含量和形态解剖结构的影响. 中国农学通报,

27(5): 209-213.

王海云. 2007. 10个割手密无性系对UV-B响应的N、P和K营养差异及N代谢机理的初步研究. 昆明: 云南农业大学硕士学位论文.

王海云, 李元, 祖艳群. 2006. UV-B辐射对植物残体分解的影响及其机理. 农业环境科学学报, 25(增刊): 443-446.

王洪媛, 江晓路, 任虹, 等. 2006. 抗UV-B辐射菌紫外吸收代谢产物分析及其抗紫外辐射活性研究. 中国海洋药物, 25(4): 1-5.

王锦旗, 郑有飞, 薛艳, 等. 2015. 紫外辐射对水生生物的影响研究进展. 生态学杂志, 34(1): 263-273.

王瑾, 朵建文. 2016. 小麦根系分泌物对Cr(VI)、Cd(Ⅱ)的吸附影响研究. 环境污染与防治, (1): 111-114.

王进, 张静, 杨景辉, 等. 2010a. UV-B辐射增强对棉花叶片显微结构的影响. 新疆农业科学, 47(8): 1619-1626.

王进, 张静, 樊新燕, 等. 2010b. 干旱区UV-B辐射增强对棉花生理、品质和产量的影响. 棉花学报, 22(2): 125-131.

王进, 张静, 翟小娟, 等. 2009. UV-B辐射增强对棉花根系特征及产量品质的影响. 新疆农业科学, 46(6): 1171-1176.

王静, 蒋磊, 王艳, 等. 2007. 紫外辐射诱导植物叶片DNA损伤敏感性差异. 植物学报, 24(2): 189-193.

王军, 李方民, 邹志荣, 等. 2004. CO_2浓度倍增减轻UV-B辐射对大棚番茄的抑制作用研究. 西北植物学报, 24(5): 817-821.

王军, 肖慧, 冯蕾, 等. 2006. UV-B辐射对2种微藻膜脂过氧化和脱酯化伤害. 中国海洋大学学报(自然科学版), 36(5): 763-766.

王军妮, 黄艳红, 牟志美, 等. 2007. 植物次生代谢物黄酮类化合物的研究进展. 蚕业科学, 33(3): 499-505.

王凯歌. 2013. UV-B辐射滤减对白肋烟生长发育及品质的影响. 新乡: 河南农业大学硕士学位论文.

王莉, 史玲玲, 张艳霞, 等. 2007. 植物次生代谢物途径及其研究进展. 植物科学学报, 25(5): 500-508.

王连喜, 肖薇, 王传海, 等. 2004. 南京和宁夏地区UV-B辐射增强对小麦影响的对比研究. 农业环境科学学报, 23(1): 34-38.

王龙飞. 2013. UV-B辐射及干旱胁迫对三种胡枝子叶片光合特性及花青素含量的影响. 杨凌: 西北农林科技大学硕士学位论文.

王美娟, 刘春帅, 李元, 等. 2011. UV-B辐射和氮素互作对灯盏花生长和生理指标的影响. 云南农业大学学报(自然科学版), 26(3): 369-375.

王美琴, 王海荣, 刘慧平, 等. 2003. 番茄叶霉病菌的生物学特性研究. 山西农业大学学报(自然科学版), 23(4): 303-307.

王琼, 苏智先. 2004. 慈竹构件和分株水平总黄酮含量的变化. 云南植物研究, 26(4): 458-464.

王生耀, 王堃, 赵永来, 等. 2009. UV-B辐射增加对燕麦产量及其构成因素影响研究. 光谱学与光谱分析, (8): 2236-2239.

王书丽, 郭天财, 王晨阳, 等. 2005. 两种筋力型小麦叶、粒可溶性糖含量及与籽粒淀粉积累的关系. 河南农业科学, 34(4): 12-15.

王书玉, 王勋陵. 1997. UV-B辐射强对紫露草花粉母细胞的微核效应. 西北植物学报, (5): 12-17.

王晓锋, 吴洋, 崔茜, 等. 2014. UV-B辐射对远志生长和生产力的影响. 中国野生植物资源, 25(5): 8-10.

王勋陵. 2002. 增强紫外B辐射对植物及生态系统影响研究的发展趋势. 西北植物学报, 22(3): 670-681.

王艳, 李韶山, 徐宁, 等. 2001. UV-B诱导水稻叶片DNA形成CPD的研究. 激光生物学报, 10(2): 101-103.

王弋博. 2009. 增强的UV-B辐射对植物的影响. 天水师范学院学报, 29(5): 20-24.

王弋博, 冯虎元, 曲颖, 等. 2006. NO在UV-B诱导的玉米幼苗叶片乙烯合成中的作用. 草业学报, 15(3):

70-74.

王颖, 王兴安, 王仁君, 等. 2012. UV-B 辐射对窄叶野豌豆生长繁殖的影响. 应用生态学报, 23(5): 1333-1338.

王悠, 杨震, 唐学玺, 等. 2002. 7 种海洋微藻对 UV-B 辐射的敏感性差异分析. 环境科学学报, 22(2): 225-230.

王玉洁. 2010. 增强 UV-B 辐射对不同温度下小麦幼苗生长和光合作用的影响. 西安: 陕西师范大学硕士学位论文.

王园, 党悦方, 张典, 等. 2017. 夏枯草幼苗中有效成分与生理指标对增强 UV-B 辐射的动态响应. 西北大学学报(自然科学版), 47(3): 414-421.

王忠. 2001. 植物生理学. 北京: 中国农业出版社.

王忠, 顾蕴洁, 李卫芳, 等. 2000. 水稻胚乳细胞的分裂、分化和充实//中国植物生理学会第八次全国会议学术论文汇编. 厦门: 中国植物生理学会, 362-365.

卫章和, 朱素琴. 2000. UV-B 辐射对南亚热带森林木本植物幼苗生长的影响. 植物分类与资源学报, 22(4): 467-474.

魏景超. 1979. 真菌鉴定手册. 上海: 上海科学技术出版社: 260-263.

魏小丽, 郑娜, 李晓阳, 等. 2013. 增强 UV-B 辐射对拟南芥叶肉细胞蛋白的影响. 植物研究, 33(2): 186-190.

温泉, 张楠, 曹瑞霞, 等. 2011. 增强 UV-B 对黄连代谢及小檗碱含量的影响. 中国中药杂志, 36(22): 3063-3069.

吴芳芳, 郑有飞, 胡正华, 等. 2008. UV-B 辐射增强对苹果炭疽菌生长特性及其过氧化氢酶活性的影响. 生态环境, 17(1): 158-162.

吴荣军, 姚娟, 郑有飞, 等. 2012. 地表臭氧含量增加和 UV-B 辐射增强对大豆生物量和产量的影响. 中国农业气象, 33(2): 207-214.

吴杏春, 林文雄, 郭玉春, 等. 2001. 植物对 UV-B 辐射增强响应的研究进展. 中国生态农业学报, 9(3): 52-55.

吴杏春, 林文雄, 黄忠良. 2007. UV-B 辐射增强对两种不同抗性水稻叶片光合生理及超显微结构的影响. 生态学报, 27(2): 554-564.

吴杏春, 王茵, 王清水, 等. 2010. UV-B 辐射增强下水稻苗期硅营养性状的 QTL 定位及其与环境互作效应分析. 中国生态农业学报, 18(1): 129-135.

吴旭红, 罗新义. 2008. UV-B 辐射对苜蓿幼叶内 Rubisco、H_2O_2 含量及蛋白水解酶活性的影响. 中国草地学报, 30(1): 27-29.

吴业飞. 2008. UV-B 辐射增强对葡萄幼苗内源激素的影响. 杨凌: 西北农林科技大学硕士学位论文.

吴颖, 梁月荣, 董俊杰, 等. 2006. UV-B 诱导拟南芥查耳酮合成酶(CHS)基因表达及其信号传导途径. 农业生物技术学报, 14(5): 736-741.

吴永波, 薛建辉. 2004. UV-B 辐射增强对植物影响的研究进展. 世界林业研究, 17(3): 29-31.

吴玉环, 顾艳红, 刘鹏, 等. 2007. UV-B 辐射增强对长白山五种藓类植物生长的影响. 应用生态学报, 18(9): 2139-2143.

伍丹. 2009. 紫外线 UV-B 诱导酵母细胞凋亡及调节机制作用. 天津: 天津科技大学硕士学位论文.

武君, 娄运生, 李永秀, 等. 2010. UV-B 辐射增强对大麦生理生态的影响. 农业环境科学学报, 29(6): 1033-1038.

夏杨. 2016. UV-B 辐射对水稻稻瘟病病情指数和病菌侵染力的影响. 昆明: 云南农业大学硕士学位论文.

解备涛, 翟志席, 翟丙年, 等. 2006. UV-B 增加对玉米花粉抗氧化能力及授粉后籽粒发育的影响. 西北植物学报, 26(6): 1212-1216.

解备涛, 段留生, 董学会, 等. 2007. 穗分化期 UV-B 增强辐射对大田玉米农艺性状的影响. 华北农学

报, 22(1): 30-34.

谢纯刚. 2010. UV-B 辐射对两种藻类生长及营养盐释放的影响. 南京: 南京林业大学硕士学位论文.

谢灵玲, 赵武玲, 沈黎明. 2000. 光照对大豆叶片苯丙氨酸裂解酶(PAL)基因表达及异黄酮合成的调节. 植物学报, 17: 443-449.

徐达, 唐学玺, 张培玉. 2003. UV-B 辐射对 2 种海洋微藻的生理效应. 青岛海洋大学学报(自然科学版), 33(2): 240-244.

徐佳妮, 雷梦琦, 鲁瑞琪, 等. 2015. UV-B 辐射增强对植物影响的研究进展. 基因组学与应用生物学, 34(6): 1347-1352.

徐建强, 肖薇, 张荣刚, 等. 2004. UV-B 辐射增强对小麦籽粒化学组分的影响. 环境化学, 23(3): 258-262.

徐盼. 2014. UV-B 辐射对菹草生长体系的综合效应评价. 南京: 南京信息工程大学硕士学位论文.

徐渭渭, 何永美, 湛方栋, 等. 2015. UV-B 辐射增强对元阳哈尼梯田稻田 CH_4 排放规律的影响. 生态学报, 35(5): 1329-1336.

许莹, 殷红, 毛晓燕. 2006. UV-B 辐射增加对水稻生长发育及产量的影响. 中国农学通报, 22(4): 411-414.

宣灵. 2009. UV-B 辐射对灯盏花主要附生、内生微生物的影响及机理. 昆明: 云南农业大学硕士学位论文.

宣灵, 何永美, 湛方栋, 等. 2009. 紫外辐射对灯盏花附生、内生细菌数量的影响及机理. 生态环境学报, 18(6): 2211-2215.

薛慧君, 王勋陵, 岳明. 2003. 补充紫外-B 对反枝苋的形态、生理及异速生长的影响. 西北植物学报, 23(5): 783-787.

薛隽, 刘文, 张光生, 等. 2006. La 对 UV-B 辐射下大豆幼苗 NRA 和可溶性蛋白的影响. 中国油料作物学报, 28(3): 298-301.

薛志欣, 杨桂朋, 夏延致. 2008. 水环境腐殖质的光化学研究进展. 海洋科学, 32(11): 74-79.

闫超, 颜双双, 王家睿, 等. 2015. 寒地稻秸还田与施钾肥对土壤水溶性钾和水稻产量的影响. 东北农业大学学报, 46(5): 16-21.

阎秀峰, 王洋, 陈亚洲, 等. 2010. 植物次生代谢生态学研究进展. 生态科学进展, 5: 91-122.

阎秀峰, 王洋, 李一蒙. 2007. 植物次生代谢及其与环境的关系. 生态科学, 27(6): 2554-2562.

颜景义, 郑有飞, 杨志敏. 1995. 地表太阳紫外辐射强度变化对小麦影响初步研究. 南京气象学院学报, 18(3): 416-420.

晏斌, 戴秋杰. 1996. 紫外线 B 对水稻叶组织中活性氧代谢及膜系统的影响. 植物生理学报, 22(4): 373-378.

杨东, 游晴如, 张水金, 等. 2008. 超级稻 II 优航 2 号超高产栽培技术探讨. 江西农业学报, 20(12): 17-19.

杨广东, 朱祝军, 计玉姝. 2002. 不同强光和缺镁胁迫对黄瓜叶片叶绿素荧光特性和活性氧产生的影响. 植物营养与肥料学报, 8(1): 115-118.

杨晖, 安黎哲, 焦光联, 等. 2006. 番茄某些繁殖特性对增强 UV-B 辐射的响应. 应用与环境生物学报, 12(5): 609-613.

杨晖, 安黎哲, 王治业, 等. 2007. UV-B 辐射对番茄花粉生活力的影响与内源激素和多胺的关系. 植物学报, 24(2): 161-167.

杨晖, 幸华, 周剑平. 2009. 增强 UV-B 辐射对番茄果实产量和品质的影响. 天水师范学院学报, 29(5): 35-37.

杨景宏, 陈拓, 王勋陵. 2000a. 增强 UV-B 辐射对小麦叶片内源 ABA 和游离脯氨酸的影响. 生态学报, 20(1): 39-42.

杨景宏, 陈拓, 王勋陵. 2000b. 增强紫外线 B 辐射对小麦叶绿体膜组分和膜流动性的影响. 植物生态学

报, 24(1): 102-105.

杨俊枫, 史文君, 杨乐, 等. 2016. 紫外光对'北陆'越橘转色果花青苷积累、关键酶活性及其基因表达的影响. 园艺学报, 43 (4): 663-673.

杨连新, 王余龙, 石广跃, 等. 2008. 近地层高臭氧浓度对水稻生长发育影响研究进展. 应用生态学报, 19(4): 901-910.

杨暹, 陈晓燕, 冯红贤. 2004. 氮营养对菜心炭疽病抗性生理的影响Ⅰ. 氮营养对菜心炭疽病及细胞保护酶的影响. 华南农业大学学报, (2): 26-30.

杨艳华, 朱镇, 张亚东. 2011. 水稻不同生育期茎秆生化成分的变化及其与抗倒伏能力的关系. 植物生理学报, 47(12): 1181-1187.

杨毓峰, 袁红旭. 2001. 紫外线 UV-B 辐照花生的生物效应. 西南农业大学学报, (4): 356-359.

杨志敏, 颜景义, 郑有飞, 等. 1994. 紫外辐射增强对植物生长的影响. 植物生理学通讯, 4: 241-248.

杨志敏, 颜景义, 郑有飞. 1995. 紫外光辐射对不同条件下小麦叶片叶绿素降解的研究. 西北植物学报, 15(4): 248-293.

杨志敏, 颜景义, 郑有飞. 1996. 紫外线辐射增加对大豆光合作用和生长的影响. 生态学报, 16(2): 154-159.

姚银安. 2002. 不同 UV-B 耐性大豆品种的遗传多样性分析及防护研究. 昆明: 云南农业大学硕士学位论文.

姚银安. 2006. 荞麦(*Fagopyrum tataricum* Gaertn.和 *F. esculentum* Moench.)对紫外线 B 辐射的响应研究. 成都: 中国科学院成都生物所博士学位论文.

姚银安, 杨爱华, 徐刚. 2008. 两种栽培荞麦对日光 UV-B 辐射的响应. 作物杂志, (6): 69-73.

姚银安, 祖艳群, 李元. 2003. 紫外线 B 辐射与植物体内酚类次生代谢的关系. 植物生理学通讯, 39(2): 179-184.

殷红, 郭巍, 毛晓艳, 等. 2009a. 紫外线-B 增强对水稻产量及品质的影响. 沈阳农业大学学报, 40(5): 590-593.

殷红, 郭巍, 毛晓艳, 等. 2009b. 增强的 UV-B 辐射对水稻光合作用的影响. 作物杂志, (4): 41-45.

于光辉. 2012. 两优培九功能叶光反应特性和对低剂量 UV-B 辐射增强的光合响应机制. 南京: 南京师范大学博士学位论文.

于娟, 唐学玺, 李永祺. 2002. 紫外线-B 辐射对海洋微藻的生长效应. 海洋科学, 26(2): 6-8.

于娟, 唐学玺, 田继远. 2012. 蒽与 UV-B 辐射共同作用对 2 种海洋微藻的毒性效应. 中国水产科学, 9(2): 157-160.

余叔文, 汤章城. 1997. 植物生理与分子生物学. 北京: 科学出版社.

俞泓伶. 2012. UV-B 辐射增强对海洋微藻生长、生理生化特征和超微结构的影响. 宁波: 宁波大学硕士学位论文.

袁清昌. 1999. 钙提高植物抗旱能力的研究进展. 山东农业大学学报, 30(3): 302-306.

岳明. 1998. 增强的紫外辐射对竞争性平衡及植物群落的影响. 兰州: 兰州大学博士学位论文.

岳明, 王勋陵. 2003. 紫外线 B 辐射对几种植物种间竞争的影响. 应用生态学报, 14(8): 1322-1326.

岳明, 王勋陵. 1999. 紫外线辐射对小麦和燕麦竞争性平衡的影响-小麦和燕麦生物量结构与冠层结构. 环境科学学报, 19(5): 526-531.

岳明, 王勋陵. 1998. 紫外-B 辐射增强对小麦和燕麦繁殖特性影响的研究. 中国环境科学, 18(1): 68-71.

岳向国, 韩发, 师生波, 等. 2005. 不同强度的 UV-B 辐射对高山植物麻花艽光合作用及暗呼吸的影响. 西北植物学报, 25(2): 231-235.

湛方栋, 李元, 祖艳群, 等. 2008. 紫外辐射增强对 4 个甘蔗割手密无性系根际真菌数量和优势种群的影响. 微生物学通报, 35(11): 1721-1726.

张昌达, 张国斌, 胡志峰, 等. 2010. 增强 UV-B 辐射对番茄幼苗内源激素含量的影响. 甘肃农业大学学

报, 45(3): 44-47.

张翠萍. 2007. 10 个割手密无性系对 UV-B 响应的糖含量差异及代谢机理初步研究. 昆明: 云南农业大学硕士学位论文.

张丰转, 金正勋, 马国辉, 等. 2010a. 灌浆成熟期粳稻抗倒伏性和茎鞘化学成分含量的动态变化. 中国水稻科学, 24(3): 264-270.

张丰转, 金正勋, 马国辉, 等. 2010b. 水稻抗倒性与茎秆形态性状和化学成分含量间相关分析. 作物杂志, (4): 15-19.

张富存, 何雨红, 郑有飞, 等. 2003. UV-B 辐射增加对小麦的影响. 南京气象学院学报, 26(4): 545-551.

张海静. 2013. 玉米不同基因型对 UV-B 辐射增强的反应. 保定: 河北农业大学硕士学位论文.

张红霞, 吴能表, 洪鸿. 2008. 不同强度的 UV-B 辐射对蚕豆种子萌发及幼苗生长的影响. 西南大学学报(自然科学版), 30(8): 132-136.

张红霞, 吴能表, 胡丽涛, 等. 2010. 不同强度 UV-B 辐射胁迫对蚕豆幼苗生长及叶绿素荧光特性的影响. 西南师范大学学报(自然科学版), 35(1): 105-110.

张金桐, 宋仰弟. 1993. 黄酮类化合物的生物活性与电子结构关系的量子化学研究. 山西农业大学学报(自然科学版), 13(2): 137-140.

张晋豫, 邱宗波, 王勋陵, 等. 2008. 增强 UV-B 对矮牵牛花瓣中生理生化物质变化的影响. 西北植物学报, 28(8): 1637-1642.

张静, 王进, 田丽萍. 2009. 紫外线(UV-B)辐射增强对植物生长的研究进展. 中国农学通报, 25(22): 112-116.

张坤. 2009. 紫外线诱导的细胞 DNA 损伤模式研究. 西安: 西北大学博士学位论文.

张磊, 王连喜, 李福生, 等. 2008. UV-B 增强对中高海拔干旱地区玉米生长的影响. 中国农学通报, 24(11): 433-437.

张莉娜, 安黎哲, 冯虎元. 2010. 增强 UV-B 辐射和干旱对春小麦光合作用及其生长的影响. 西北植物学报, 30(5): 981-986.

张令瑄. 2015. UV-B 辐射增强对大豆生理指标及根际细菌多样性的影响. 聊城: 聊城大学硕士学位论文.

张令瑄, 谢婷婷, 王瑾, 等. 2016. 大田条件下 UV-B 辐射增强对大豆根际土壤相关指标的影响. 江苏农业学报, 32(1): 118-122.

张满效, 陈拓, 安黎哲, 等. 2005. UV-B 和 NO 对胞壁蛋白的影响. 兰州大学学报(自然科学版), 41(1): 39-44.

张娜. 2003. UV-B 辐射对三种高寒草甸一年生植物光合作用、生长和繁殖的影响. 兰州: 兰州大学硕士学位论文.

张培玉, 唐学玺, 蔡恒江, 等. 2005. UV-B 辐射增强对海洋大型藻与微型藻种群生长关系的影响. 生态学报, 25 (12): 3335-3442.

张荣刚. 2003. UV-B 辐射增加对玉米生长发育及产量品质的影响. 南京: 南京气象学院硕士学位论文.

张瑞桓. 2009. 增强 UV-B 辐射对反枝苋资源分配与异速生长关系的影响. 西安: 西北大学硕士学位论文.

张瑞桓, 刘晓, 田向军, 等. 2008. UV-B 辐射增强对反枝苋形态、生理及化学成分的影响. 生态学杂志, 27(11): 1869-1875.

张天宇. 2003. 中国真菌志·第十六卷 链格孢属. 北京: 科学出版社.

张卫华, 梁海永, 张方秋. 2004. 温度对北海道黄杨叶片光系统 II 功能的影响. 河北农业大学学报, 27(6): 48-51.

张文会, 孙传清, 佐藤雅志, 等. 2003. 紫外线(UV-B)照射对水稻产量及稻米蛋白质含量的影响. 作物学报, 29(6): 908-912.

张雪萍, 李振会. 1996. 落叶松人工林土壤动物组成与生态分布. 吉林林学院学报, 3: 164-168.

张亚丽, 周青. 2009. UV-B 辐射胁迫对大豆幼苗内源激素的影响. 地球与环境, 37(2): 199-202.

张益锋. 2010. 金荞麦和荞麦对增强 UV-B 辐射及干旱胁迫的生理生态响应. 重庆: 西南大学博士学位论文.

张仲谋. 2001. 地球大气臭氧的卫星探测//中国空间科学学会空间探测专业委员会第十四次学术会议论文集. 牡丹江: 中国空间科学学会空间探测专业委员会, 166-170.

赵广琦, 王勋陵, 岳明, 等. 2003. 增强 UV-B 辐射和 CO_2 复合作用对蚕豆幼苗生长和光合作用的影响. 西北植物学报, 23(1): 6-10.

赵国柱. 2003. 中国砖格丝孢菌 20 属的分类及 5 个相似属代表性种的分子系统学研究. 泰安: 山东农业大学博士学位论文.

赵华, 郭建辉. 2005. UV-B 照射培养对酵母菌生长的影响. 天津科技大学学报, 20(1): 5-8.

赵华, 伍丹. 2009. UV-B 诱导的酵母凋亡现象及调节机制的作用. 微生物学通报, 36(6): 826-830.

赵平, 曾小平, 孙谷畴. 2004. 陆生植物对 UV-B 辐射增量响应研究进展. 应用与环境生物学报, 10(1): 122-127.

赵天宏, 戴震, 赵艺欣, 等. 2012. UV-B 辐射增强对大豆叶片活性氧代谢及籽粒产量的影响. 华北农学报, 27(5): 213-217.

赵天宏, 刘波, 王岩, 等. 2015. UV-B 辐射增强和 O_3 浓度升高对大豆叶片内源激素和抗氧化能力的影响. 生态学报, 35(8): 2695-2702.

赵晓莉, 郑有飞, 王传海, 等. 2004. UV-B 增加对菠菜生长发育和品质的影响. 生态环境, 13(1): 14-16.

赵晓莉, 胡正华, 徐建强, 等. 2006. UV-B 辐射与酸雨胁迫对生菜生理特性及品质的影响. 生态环境, 15(6): 1170-1175.

赵颖, 祖艳群, 李元. 2010. UV-B 辐射增强对水稻稻瘟病菌(*Magnaporthe grisea*)生长和产孢的影响. 农业环境科学学报, 29(1): 1-5.

郑淑颖, 管东生, 马灵芳, 等. 2000. 广州城市绿地斑块的破碎化分析. 中山大学学报(自然科学版), 39(2): 109-113.

郑有飞, 胡会芳, 吴荣军, 等. 2013. O_3 和 UV-B 共同作用对大豆干物质和产量的影响. 环境科学研究, 26(6): 624-630.

郑有飞, 简慰民, 李荐芬. 1998. 紫外辐射增强对大豆影响的进一步分析. 环境科学学报, 18(5): 549-552.

郑有飞, 刘建军, 王艳娜, 等. 2007. 增强 UV-B 辐射与其它因子复合作用对植物生长的影响研究. 西北植物学报, 27(8): 1702-1712.

郑有飞, 杨志敏, 颜景义, 等. 1996. 作物对太阳紫外线辐射的生物效应及其评估. 应用生态学报, 7(1): 107-109.

郑有飞, 吴荣军. 2009. 紫外辐射变化及其作物响应. 北京: 气象出版社.

钟楚, 王毅, 陈宗瑜. 2009b. UV-B 辐射对植物光合器官和光合作用过程的影响. 云南农业大学学报(自然科学版), 24(6): 895-903.

钟楚, 陈宗瑜, 王毅, 等. 2009a. UV-B 辐射对植物影响的分子水平研究进展. 生态学杂志, 28(1): 129-137.

周党卫, 韩发, 滕中华, 等. 2002. UV-B 辐射增强对植物光合作用的影响及植物的相关适应性研究. 西北植物学报, 22(4): 1004-1010.

周平, 陈宗瑜. 2008. 云南高原紫外辐射强度变化时空特征分析. 自然资源学报, 23(3): 129-135.

周青, 黄晓华, 赵姬, 等. 2002. 紫外辐射(UV-BC)对 47 种植物叶片的表观伤害效应. 环境科学, 23(3): 23-28.

周青, 黄晓华. 2001. 生存胁迫-紫外辐射增强对植物的生理生态效应. 自然杂志, 23(4): 199-203.

周文礼. 2008. 小球藻(*Chlorella vulgaris*)与共栖异养细菌相互作用及其对 UV-B 辐射增强的响应. 青岛: 中国海洋大学博士学位论文.

周文礼, 肖慧, 乔秀亭, 等. 2011. Z-QS01 菌株对小球藻的生态学效应及对 UV-B 辐射的响应. 北京理工大学学报, 31(1): 109-112.

周心渝, 曹瑞霞, 张红敏, 等. 2013. 半夏光合生理特性及总生物碱对增强 UV-B 的响应. 西南大学学报(自然科学版), 35(6): 166-172.

周雪平, 钱秀红, 刘勇, 等. 1996. 侵染番茄的番茄花叶病毒的研究. Virologica Sinica, (3): 268-276.

朱罡, 邵建平, 赵晓绕, 等. 2014. 增强 UV-B 辐射对烤烟花期和植株性状的影响. 湖南农业科学, (14): 5-6, 11.

朱鹏锦, 尚艳霞, 师生波, 等. 2011. 植物对 UV-B 辐射胁迫响应的研究进展. 热带生物学报, 2(1): 89-96.

朱玉安. 2007. 增强紫外 B(UV-B)辐射对植物生长发育和光合作用的影响. 陕西农业科学, (4): 113-116.

朱媛. 2009. UV-B 辐射增强对灯盏花生长发育及药用有效成分产量的影响. 昆明: 云南农业大学硕士学位论文.

朱媛, 冯源, 祖艳群, 等. 2010. 不同时期 UV-B 辐射增强对灯盏花生物量和药用有效成分产量的影响. 农业环境科学学报, 29(增刊): 53-58.

祝青林, 于贵瑞, 蔡福, 等. 2005. 中国紫外辐射的空间分布特征. 资源科学, 27(1): 109-114.

祝志欣, 鲁迎青. 2016. 花青素代谢途径与植物颜色变异. 植物学报, 51(1): 107-119.

訾先能, 陈宗瑜, 郭世昌, 等. 2006a. UV-B 辐射的增强对作物形态及生理功能的影响. 中国农业气象, 27(2): 102-106.

訾先能, 强继业, 陈宗瑜, 等. 2006b. UV-B 辐射对云南报春花绿素含量变化的影响. 农业环境科学学报, 25(3): 587-591.

邹运鼎, 孟庆, 雷马飞, 等. 1994. "8455" 小麦植株化学成分与麦蚜、长管蚜、二叉蚜种群消长的关系. 应用生态学报, 5(3): 276-280.

祖艳群, 李元, 陈建军, 等. 1999. 20 个小麦品种细胞膜透性对 UV-B 辐射增强的响应. 中国学术期刊文摘, 10: 1314-1315.

祖艳群, 李元, 秦丽, 等. 2007. 连续 3 年 UV-B 辐射对 10 个割手密无性系株高、茎径的影响. 农业环境科学学报, 26(增刊): 503-508.

祖艳群, 刘畅, 何永美, 等. 2015. 连续 2 年 UV-B 辐射增强对传统水稻品种磷、钾累积及异质性特征的影响. 生态环境学报, 24(8): 1259-1265.

祖艳群, 魏兰芳, 杨济龙, 等. 2005. 紫外辐射增加对 40 个割手密无性系土壤微生物种群数量动态和多样性的影响. 农业环境科学学报, 24(1): 6-11.

左园园, 刘庆, 林波, 等. 2005. 短期增强 UV-B 辐射对青榨槭幼苗生理特性的影响. 应用生态学报, 16(9): 1682-1686.

Aas E, Hojerslev N K. 2001. Attenuation of ultraviolet irradiance in North European coastal waters. Oceanologia, 43(2): 139-168.

Agarwal S B. 2007. Increased antioxidant activity in Cassia seedlings under UV-B radiation. Biologia Plantarum, 51(1): 157-160.

Agarwal S B, Pandey V. 2003. Stimulation of stress-related antioxidative enzymes in combating oxidative stress in *Cassia* seedlings. Indian Journal of Plant Physiology, 8: 264-269.

Agrawal S B, Mishra S. 2009. Effects of supplemental ultraviolet-B and cadmium on growth, antioxidants and yield of *Pisum sativum* L. Ecotoxicology and Environmental Safety, 72(2): 610-618.

Agrawal S B, Rathore D. 2007. Changes in oxidative stress defense in wheat (*Triticum aestivum* L.) and mung bean (*Vigna radiata* L.) cultivars grown with or without mineral nutrients and irradiated by supplemental ultraviolet-B. Environmental and Experimental Botany, 59(1): 21-27.

Ahmad M, Jarilo J, Klimczak L, et al. 1997. An enzyme similar to animal type II photolyases mediates photoreactivation in *Arabidopsis*. Plant Cell, 91(2): 199-207.

Albert K R, Mikkelsen T N, Ro-Poulsen H, et al. 2011. Ambient UV-B radiation reduces PSII performance and net photosynthesis in high Arctic *Salix arctica*. Environmental and Experimental Botany, 73(73): 10-18.

Albert K R, Riikka R, Ro-Poulsen H, et al. 2008. Solar ultraviolet-B radiation at Zackenberg: the impact on higher plants and soil microbial communities. Advances in Ecological Research, 40: 421-440.

Alexander R V, Remco M P, Oscar F J. 1999. Developmental and wound, cold, desiccation, ultraviolet B stress induced modulations in the expression of the petunia zinc finger transcription factor gene ZPT2-2. Plant Physiol, 121(4): 1153-1162.

Alexieva V, Sergiev I, Mapelli S, et al. 2001. The effect of drought and ultraviolet radiation on growth and stress markers in pea and wheat. Plant, Cell & Environment, 24(12): 1337-1344.

Allen D J, Mckee I F, Farage P K, et al. 1997. Analysis of limitations to CO_2 assimilation on exposure of leaves of two *Brassica napus* cultivars to UV-B. Plant Cell Environment, 20(5): 633-640.

Allen D J, Nogues S, Baker N R. 1998. Ozone depletion and increased UV-B radiation: is there a real threat to photosynthesis? Journal of Experimental Botany, 49(328): 1775-1788.

Allen L H. 1975. Solar ultraviolet radiation in terrestrial plant communities. Environ Qual, 4: 285-294.

Altman A. 1982. The effect of polyamines in plant physiology. *In*: Wareing D G. Plant Growth Substance. New York: Academic Press: 483-494.

Amako K, Chen G X, Asada K. 1994. Separate assays specific for ascorbate peroxidase and guaiacol peroxidase and for the chloroplastic and cytosolic isozymes of ascorbate peroxidase in plants. Plant & Celt Physiology, 35 (3): 497-504.

Ambasht R S, Ambasht N K. 2003. Modern Trends in Applied Aquatic Ecology. New York: Kluwer Academic Plenum Publishers: 149-172.

Ambler J E, Rowland R A, Maher N K. 1978. Response of selected vegetable and agronomic crops to increased and functioning: a meta-analysis. Journal of Ecology, 102(4): 857-872.

An L Z, Xu X F, Tang H G, et al. 2006. Ethylene production and 1-aminocyclopropane-1-carboxylate (ACC) synthase gene expression in tomato (*Lycopersicon esculentum* Mill.) leaves under enhanced UV-B radiation. Journal of Integrative Plant Biology, 48(10): 1190-1196.

Antignus Y, Lapidot M, Cohen S. 2001. Interference with ultraviolet vision of insects to impede insect pests and insect-borne plant viruses. *In*: Harris K F, Smith O P, Duffus J E. Virus-Insect-Plant Interactions. Amsterdam: Elsevier Inc: 363-376.

Anwar R, Mattoo A K, Handa A K. 2015. Polyamine interactions with plant hormones: crosstalk at several levels. *In*: Kusano T, Suzuki H. Polyamines. Tokyo: Springer.

Aphalo P J. 2003. Do current levels of UV-B radiation affect vegetation? The importance of longterm experiments. New Phytologist, 160(2): 273-280.

Aphalo P J, Jansen M A K, McLeod A R, et al. 2015. Ultraviolet radiation research: from the field to the laboratory and back. Plant, Cell & Environment, 38(5): 853-855.

Aphalo P J, Albert A, Björn L O, et al. 2010. Beyond the Visible, A Handbook of Best Practice in Plant UV Photobiology. Helsinki: University of Helsinki.

Apostolova E L, Domonkos I, Dobrikova A G, et al. 2008. Effect of phosphatidylglycerol depletion on the surface electric properties and the fluorescence emission of thylakoid membranes. Journal of Photochemistry and Photobiology B: Biology, 91(1): 51-57.

Arévalo-Martínez D L, Kock A, Löscher C R, et al. 2015. Massive nitrous oxide emissions from the tropical South Pacific Ocean. Nature Geoscience, 8(7): 530-533.

Arrieta J M, Weinbauer M G, Herndl G J. 2000. Interspecific variability in sensitivity to UV radiation and subsequent recovery in selected isolates of marine bacteria. Applied & Environmental Microbiology, 66(4): 1468-1473.

Asada K. 1999. The water-water cycle in chloroplasts: scavenging of active oxygen and dissipation of excess photons. Annual Review of Plant Physiology and Plant Molecular Biology, 50(1): 601-639.

Austin A T, Vivanco L. 2006. Plant litter decomposition in a semi-arid ecosystem controlled by photodegradation. Nature, 442(7102): 555-558.

Austin M P. 1982. Use of a relative physiological performance value in the prediction of performance in multispecies mixtures from monoculture performance. Journal of Ecology, 70(2): 559-570.

Austin M P, Austin B O. 1980. Behaviour of experimental plant communities along a nutrient gradient. Journal of Ecology, 68 (3): 891-918.

Avery L M, Smith R I L, West H M. 2003. Response of rhizosphere microbial communities associated with Antarctic hairgrass (*Deschampsia Antarctica*) to UV radiation. Polar Biology, 26(8): 525-529.

Avery L M, Thorpe P C, Thompson K, et al. 2004. Physical disturbance of an upland grassland influences the impact of elevated UV-B radiation on metabolic profiles of below-ground micro-organisms. Global Change Biology, 10(7): 1146-1154.

Bacelar E, Moutinho-Pereira J, Ferreira H, et al. 2015. Enhanced ultraviolet-B radiation affect growth, yield and physiological processes on triticale plants. Procedia Environmental Sciences, 29: 219-220.

Bais A F, Bernhard G, McKenzie R L, et al. 2019. Ozone-climate interactions and effects on solar ultraviolet radiation. Photochem Photobiol Sci, 18(3): 602-640.

Bais A F, Bernhard G, McKenzie R L, et al. 2018a. Evidence for a continuous decline in lower stratospheric ozone offsetting ozone layer recovery. Atmospheric Chemistry & Physics, 18(2): 1-36.

Bais A F, Lucas R M, Bornman J F, et al. 2018b. Environmental effects of ozone depletion, UV radiation and interactions with climate change: UNEP Environmental Effects Assessment Panel, update 2017. Photochemical & Photobiological Sciences, 17(2): 127-179.

Bais A F, McKenzie R L, Bernhard G, et al. 2015. Ozone depletion and climate change: impacts on UV radiation. Photochemical & Photobiological Sciences, 14(1): 19-52.

Ball W T, Alsing J, Mortlock D J, et al. 2018. Evidence for a continuous decline in lower stratospheric ozone offsetting ozone layer recovery. Atmospheric Chemistry & Physics, 18(2): 1379-1394.

Balakumar T, Selvakumar V, Sathiameena K C, et al. 1999. UV-B radiation mediated alterations in the nitrate assimilation pathway of crop plants 1. Kinetic characteristics of mitrate reductase. Photosynthetica, 37: 459-467.

Balasubramanian V, Vashisht D, Cletus J, et al. 2012. Plant β-1,3-glucanases: their biological functions and transgenicexpression against phytopathogenic fungi. Biotechnology Letters, 34(11): 1983-1990.

Ballaré C L. 2014. Light regulation of plant defense. Annual Review of Plant Biology, 65(1): 335-363.

Ballaré C L, Caldwell M M, Flint S D, et al. 2011. Effects of solar ultraviolet radiation on terrestrial ecosystems. Patterns, mechanisms, and interactions with climate change. Photochemical & Photobiological Sciences, 10(2): 226-241.

Ballaré C L, Mazza C A, Austin A T, et al. 2012. Canopy light and plant health. Plant Physiol, 160(1): 145-155.

Ballare C L, Rousseaux M C, Searles P S. 2001. Impacts of solar ultraviolet-B radiation on terrestrial ecosystems of Tierra del Fuego (southern Argentina). An overview of recent progress. Journal of Photochemistry and Photobiology B: Biology, 62: 67-77.

Bancroft B A, Baker N J, Blaustein A R. 2007. Effects of UVB radiation on marine and freshwater organisms:

a synthesis through meta-analysis. Ecology Letters, 10(4): 332-345.

Bandurska H, Cieslak M. 2013. The interactive effect of water deficit and UV-B radiation on salicylic acid accumulation in barley roots and leaves. Environmental and Experimental Botany, 94(6): 9-18.

Bandurska H, Niedziela J, Chadzinikolau T. 2013. Separate and combined responses to water deficit and UV-B radiation. Plant Science, 213(4): 98-105.

Barbato R, Frizzo A, Friso G, et al. 1995. Degradation of the D_1 protein of photosystem II reaction center by ultraviolet-B radiation requires the presence of functional manganese on the donor side. European Journal of Biochemistry, 227(3): 723-729.

Barcelo J, Poschenrieder C. 2002. Fast root growth responses, root exudates, and internal detoxification as clues to the mechanisms of aluminum toxicity and resistance: a review. Environmental and Experimental Botany, 48(1): 75-92.

Barnes P W. 2017. Understanding the ecological role of solar ultraviolet radiation in the life (and death) of terrestrial plants: an historical perspective. Plants Bull, 2: 7-15.

Barnes E A, Barnes N W, Polvani L M. 2014. Delayed southern hemisphere climate change induced by stratospheric ozone recovery, as projected by the CMIP5 models. Journal of Climate, 27(2): 852-867.

Barnes P W, Beyschlag W, Ryel R, et al. 1990b. Plant competition for light analyzed with a multispecies canopy model III. Influence of canopy structure in mixtures and monocultures of wheat and wild oat. Oecologia, 82(3): 560-566.

Barnes P W, Flint S D, Caldwell M M. 1990a. Morphological responses of crop and weed species of different growth forms to ultraviolet-B radiation. American Journal of Botany, 77(10): 1354-1360.

Barnes P W, Flint S W, Caldwell M M. 1995. Early season effects of supplemental solar UV-B radiation on seedling emergence, canopy structure, simulated stand photosynthesis and competition for light. Global Change Biol, 1(1): 43-53.

Barnes P W, Jordan P W, Gold G, et al. 1988. Competition, morphology and canopy structure in wheat (*Triticum aestivum* L.) and wild oat (*Avena fatua* L.) exposed to enhanced ultraviolet-B radiation. Functional Ecology, 2(3): 319-330.

Barnes P W, Shinkle J R, Flint S D, et al. 2005. UV-B Radiation, Photomorphogenesis and Plant-Plant Interactions. Progress in Botany. Berlin, Heidelberg: Springer: 313-340.

Barnes P W, Maggard S, Holman S R, et al. 1993. Intraspecific variation in sensitivity to UV-B radiation in rice. Crop Sci, 33: 1041-1046.

Bazzaz F A, Carlson R W. 1984. The response of plants to elevated CO_2. I. Competition among an assemblage of annuals at two levels of soil moisture. Oecologia, 62(2): 196-198.

Bazzaz F A, Chiariello N R, Coley P D, et al. 1987. Allocating resources to reproduction and defense. Bioscience, 37(1): 58-67.

Becerra J X. 2005. Timing the origin and expansion of the Mexican tropical dry forest. Proceedings of the National Academy of Sciences of the United States of America, 102(31): 10919-10942.

Beerling D J, Brentnall S J. 2007. Numerical evaluation of mechanisms driving Early Jurassic changes in global carbon cycling. Geology, 35(3): 247-250.

Beggs J C, Stolzer-Jehle A, Wellmann E. 1985. Isoflavonoid formation as an indicator of UV stress in bean (*Phaseolus vulgaris* L.) leaves. Plant Physiology, 79: 630-634.

Beggs C J, Wellmann E. 1994. Photocontrol of flavonoid biosynthesis. Photomorphogenesis in Plant, 28(2): 733-750.

Bell A R, Nalewaja J D. 1968. Competition of wild oat in wheat and barley. Weed Science, 16(4): 505-508.

Bennett J P, Runeckles V C. 1997. Effects of low levels of ozone on plant competition. Journal of Applied

Ecology, 14 (3): 877-880.

Bergvinson D J, Arnason J T, Pietrzak L N. 1994. Localization and quantification of cell wall phenolics in European corn borer resistant and susceptible maize inbreds. Canadian Journal of Botany, 72(9): 1243-1249.

Berli F, Angelo J D, Cavagnaro B, et al. 2008. Phenolic composition in grape (*Vitis vinifera* L. cv. Malbec) ripened with different solar UV-B radiation levels by capillary zone electrophoresis. Journal of Agricultural and Food Chemistry, 56(9): 2892-2898.

Berli F J, Alonso R, Bressan-Smith R, et al. 2013. UV-B impairs growth and gas exchange in grapevines grown in high altitude. Physiologia Plantarum, 149(1): 127-140.

Besteiro M A G, Bartels S, Albert A, et al. 2011. *Arabidopsis* MAP kinase phosphatase 1 and its target MAP kinases 3 and 6 antagonistically determine UV-B stress tolerance, independent of the UVR8 photoreceptor pathway. The Plant Journal, 68(4): 727-737.

Bever J D. 2002. Negative feedback within a mutualism: host-specific growth of mycorrhizal fungi reduces plant benefit. Proceedings of the Royal Society of London, Series B: Biological Sciences, 269(1509): 2595-2601.

Beyschlag W, Barnes P W, Flint S D, et al. 1988. Enhanced UV-B irradiation has no effect on photosynthetic characteristics of wheat (*Triticum aestivum* L.) and wild oat (*Avena fatua* L.) under greenhouse and field conditions. Photosynthetica, 22(4): 516-525.

Beyschlag W, Barnes P W, Ryel R, et al. 1990. Plant competition for light analyzed with a multispecies canopy model. II. Influence of photosynthetic characteristics on mixtures of wheat and wild oat. Oecologia, 82(3): 374-380.

Bieza K, Lois R. 2001. An *Arabidopsis* mutant tolerant to lethal ultraviolet-B levels shows constitutively elevated accumulation of flavonoid and other phenolics. Plant Physiology, 126: 1105-1115.

Biedrzycki M L, Jilany T A, Dudley S A, et al. 2010. Root exudates mediate kin recognition in plants. Communicative & Integrative Biology, 3(1): 28-35.

Biggs R H, Kossuth S V. 1978a. Effects of ultraviolet-B radiation enhancements under field conditions. *In:* UV-B Biological and Climatic Effects Research (BACER). Washington: USDA/EPA, 77-78.

Biggs R H, Kossuth S V. 1978b. Impact of solar UV-B radiation on crop productivity. *In:* UV-B Biological and Climate Effects Research (BACER). Washington: USDA/EPA, 11-77.

Biggs R H, Joyner M E B. 1994. Stratospheric Ozone Depletion/UV-B Radiation in the Biosphere. Heidelberg: Springer-Verlag: 155-161.

Bischof K, Kräbs G, Wiencke C, et al. 2002. Solar ultraviolet radiation affects the activity of ribulose-1,5-bisphosphate carboxylase-oxygenase and the composition of photosynthetic and xanthophyll cycle pigments in the intertidal green alga *Ulva lactuca* L. Planta, 215(3): 502-509.

Bischof K, Steinhoff F S. 2012. Impacts of ozone stratospheric depletion and solar UVB radiation on seaweeds. Seaweed Biology, 219(4): 433-448.

Björn L O. 1996. Effects of ozone depletion and increased UV-B on terrestrial ecosystem. International Journal of Environmental Studies, 51(3): 217-243.

Björn L O. 2015. On the history of phyto-photo UV science (not to be left in skoto toto and silence). Plant Physiology and Biochemistry, 93: 3-8.

Blackshow R E. 1993. Downy brome (*Bromus tectorum*) density and relative time of emergence affects interference in winter wheat (*Triticum aestivum*). Weed Science, 41(4): 551-556.

Blumthaler M, Ambach W, Ellinger R. 1997. Increase in solar UV radiation with altitude. Journal of Photochemistry and Photobiology B: Biology, 39(2): 130-134.

Bogenrieder A, Klein R. 1982. Does solar UV influence the competitive relationship in higher plants? The Role of Solar Ultraviolet Radiation in Marine Ecosystems, 7: 641-649.

Bolink E M, Van Schalkwijk I, Posthumus F, et al. 2001. Growth under UV-B radiation increases tolerance to high-light stress in pea and bean plants. Plant Ecology, 154(1): 147-156.

Booth C R, Lucas T B. 1994. UV spectroradiometric monitoring in polar regions. *In*: Biggs R H, Joyner M E B. Stratospheric Ozone Depletion/UV-B Radiation in the Biosphere. Heidelberg: Springer.

Booij-James I S, Dube S K, Jansen M A K. 2000. Ultraviolet-B radiation impacts light-mediated turnover of the photosystem II reaction center heterodimer in *Arabidopsis* mutants altered in phenolic metabolism. Plant Physiology, 124: 1275-1283.

Bornman J F. 1989. New trends in photobiology: target sites of UV-B radiation in photosynthesis of higher plants. Journal of Photochemistry and Photobiology B: Biology, 4(2): 145-158.

Bornman J F, Barnes P W, Robson T M, et al. 2019. Linkages between stratospheric ozone, UV radiation and climate change and their implications for terrestrial ecosystems. Photochemical & Photobiological Sciences, 18(3): 681-716.

Bornman J F, Teramura A H. 1993. Effects of UV-B radiation on terrestrial plants. *In*: Young A R, Bjorn L O, Moan J, et al. Environ UV Photobiology. New York: Plenum Press: 427-471.

Bornman J F, Vogelmann T C. 1991. Probing the internal spectral distribution of UV radiation in plants with fibre optics. *In*: Riklis E. Photobiology. Boston, MA: Springer.

Bors W, Heller W, Michel C J. 1997. Flavonoids in Health and Disease. New York: Marxel Dekker: 111-136.

Bors W, Langebartels C, Michel C, et al. 1989. Polyamines as radical scavenger and protectants against ozone damage. Phytochemistry, 28 (6): 1589-1595.

Botkin D B, Keller E A. 1998. Environmental science: earth as a living planet. Ecology, 77(1): 332.

Bouchard J N, Longhi M L, Roy S, et al. 2008. Interaction of nitrogen status and UV-B sensitivity in a temperate phytoplankton assemblage. Journal of Experimental Marine Biology and Ecology, 359(1): 67-76.

Braga G U L, Flint S D, Miller C D, et al. 2001. Both solar UVA and UVB radiation impair conidial culturability and delay germination in the entomopathogenic fungus metarhiziumanisopliae. Photochemistry and Photobiology, 74(5): 734-739.

Brandle J R, Campbell W F, Sisson W B, et al. 1977. Net photosynthesis, electron transport capacity, and ultrastructure of *Pisum sativum* L. exposed to ultraviolet-B radiation. Plant Physiology, 60(1): 165-169.

Braun J, Tevini M. 1993. Regulation of UV-protective pigment synthesis in the epidermal layer of rye seedlings (*Secale-cereale* L. cv Kustro). Photochemistry and Photobiology, 57: 318-323.

Braune W, Döhler G. 1994. Impact of UV-B radiation on ^{15}N-ammonium and ^{15}N-nitrate uptake by *Haematococcus lacustris* (Volvocales). I. Different response of flagellates and aplanospores. Journal of Plant Physiology, 144(1): 38-44.

Bray E A, Bailey-Serres J, Weretilnyk E. 2000. Responses to abiotic stresses. *In*: Buchanan B, Gruissem W, Jones H. Biochemistry and Molecular Biology of Plants. Rockville: American Society of Plant Physiologists: 1158-1203.

Britt A B. 2004. Repair of DNA damage induced by solar UV. Photosynthesis Research, 81(2): 105-112.

Britt A B, Chen J J, Wykoff D, et al. 1993. A UV-sensitive mutant of *Arabidopsis* defective in the repair of pyrimidine pyrimidinone (6-4) dimers. Science, 261(5128): 1571-1574.

Britt A, Fiscus E L. 2003. Growth responses of *Arabidopsis* DNA repair mutants to solar irradiation. Physiologia Plantarum, 118(2): 183-192.

Broschë M, Fant C, Bergkvist S W, et al. 1999. Molecular markers for UV-B stress in plants: alteration of the expression of four classes of genes in *Pisum sativum* and the formation of high molecular mass RNA adducts. Biochimica et Biophysica Acta (BBA)-Gene Structure and Expression, 1447(2-3): 185-198.

Brosché M, Strid A. 2003. Molecular events following perception of ultraviolet-B radiation by plants. Physiologia Plantarum, 117(1): 1-10.

Brown J H, Gillooly J F, Allen A P, et al. 2004. Toward a metabolic theory of ecology. Ecology, 85(7): 1771-1789.

Bryant J P, Chapin III F S, Klein D R. 1983. Carbon/nutrient balance of boreal plants in relation to vertebrate herbivory. Oikos, 40(3): 357-368.

Bubu T S, Mak J. 1999. Amplified degradation of photosystem II D1 and D2 proteins under a mixture of photosynthetically active radiation and UV-B radiation: dependence on redox status of photosystem. Photochem Photobiol, 69: 553-559.

Buchholz G, Ehmann B, Wellmann E. 1995. UV light inhibition of phytochrome-induced flavonoid biosynthesis in mustard cotyledon. Plant Physiology, 108(1): 227-234.

Buffoni H R S, Paulsson M, Duncan K, et al. 2003. Water- and temperature-dependence of DNA damage and repair in the fruticose lichen *Cladonia arbuscula* ssp. *mitis* exposed to UV-B radiation. Physiologia Plantarum, 118(3): 371-379.

Burger J, Edwards G E. 1996. Photosynthetic efficiency, and photodamage by UV and visible radiation, in red versus green leaf coleus varieties. Plant and Cell Physiology, 37(3): 395-399.

Caldas M P, Venable D L. 1993. Competition in two species of desert annuals along a topographic gradient. Ecology, 74(8): 2192-2203.

Calderini D F, Lizana X C, Hess S, et al. 2008. Grain yield and quality of wheat under increased ultraviolet radiation (UV-B) at later stages of the crop cycle. The Journal of Agricultural Science, 146(1): 57-64.

Caldwell C R. 1993. Ultraviolet-induced photodegradation of cucumber (*Cucumis sativus* L.) microsomal and soluble protein tryptophanyl residues *in vitro*. Plant Physiology, 101(3): 947-953.

Caldwell M M. 1968. Solar ultraviolet radiation as an ecological factor for alpine plants. Ecological Monographs, 38(3): 243-268.

Caldwell M M. 1971. Solar ultraviolet radiation and the growth and development of higher plant. *In*: Giese A C. Photophysiology. Vol 6. New York: Academic Press: 131-177.

Caldwell M M. 1977. The effects of solar UV-B radiation (280-315nm) on higher plants: implication of stratospheric ozone reduction. *In*: Castellani A. Research in Photobiology, Boston: Springer: 597-607.

Caldwell M M. 1996. Alteration in competitive balance due to increased UV-B radiation. *In*: Cammack R. Seminar Series-Society for Experimental Biology. Vol 64. London: Cambridge University Press: 305-316.

Caldwell M M, Ballaré C L, Bornman J F, et al. 2007. Terrestrial ecosystems, increased solar ultraviolet radiation and interactions with other climatic change factors. Photochemical & Photobiological Sciences, 6 (3): 252-266.

Caldwell M M, Bjorn L O, Bomman J F, et al. 1998. Effect of increased solar ultraviolet radiation on terrestrial ecosystem. Journal of Photochemistry and Photobiology, 46(5): 40-52.

Caldwell M M, Flint S D. 1993. Implications of increased solar UV-B for terrestrial vegetation. The Role of the Stratosphere in Global Change, 8: 495-516.

Caldwell M M, Flint S D. 1994. Stratospheric ozone reduction, solar UC-B radiation and terrestrial ecosystems. Climatic Change, 28 (4): 375-394.

Caldwell M M, Flint S D, Searles P S. 1994. Spectral balance and UV-B sensitivity of soybean: a field experiment. Plant, Cell & Environment, 17(3): 267-276.

Caldwell M M, Pearcy R W. 1994. Exploitation of environmental heterogeneity by plants: ecophysiological processes above-and belowground. San Diego: Academic Press.

Caldwell M M, Robberecht R, Flint S D. 1983. Internal filers: prospects for UV-acclimation in higher plants. Physiol Plant, 58(3): 445-450.

Caldwell M M, Teramura A H, Tevini M. 1989. The changing solar ultraviolet climate and the ecological consequences for higher plants. Trends in Ecology & Evolution, 4(12): 363-367.

Caldwell M M, Teramura A H, Tivini M, et al. 1995. Effects of increased solar ultraviolet radiation on terrestrial plant. Ambio, 24(3): 166-173.

Calvenzani V, Castagna A, Ranieri A, et al. 2015. Hydroxycinnamic acids and UV-B depletion: profiling and biosynthetic gene expression in flesh and peel of wild-type and hp-1. Journal of Plant Physiology, 181: 75-82.

Carletti P, Masi A, Wonisch A, et al. 2003. Changes in antioxidant and pigment pool dimensions in UV-B irradiation maize seedlings. Environmental and Experimental Botany, 50(2): 149-157.

Carlson H L, Hill J E. 1985. Wild oat (*Avena fatua*) competition with spring wheat: plant density effects. Weed Science, 33(2): 176-181.

Casati P, Andreo C S. 2001. UV-B and UV-C induction of NADP-malic enzyme in tissues of different cultivars of *Phaseolus vulgaris* (bean). Plant, Cell & Environment, 24: 621-630.

Casati P, Drincovich M F, Edwards G E, et al. 1999. Regulation of the expression of NADP-malic enzyme by UV-B, red and far-red light in maize seedlings. Brazilian Journal of Medical and Biological Research, 32(10): 1187-1193.

Casati P, Walbot V. 2005. Differential accumulation of maysin and rhamnosylisoorientin in leaves of high-altitude landraces of maize after UV-B exposure. Plant Cell and Environment, 28(6): 788-799.

Cassi-Lit M, Whitecross M J, Nayudu M. 1997. UV-B irradiation induces differential leaf damage, ultrastructural changes and accumulation of specific phenolic compounds in rice cultivars. Australian Journal of Plant Physiology, 24(3): 261-274.

Chalker-Scott L. 1999. Environmental significance of anthocyanins in plant stress responses. Photochemistry and Photobiology, 70: 1-9.

Chang D C N, Campbell W F. 1976. Response of tradescantia stamen hairs and pollen to UV-B irradiation. Environmental and Experimental Botany, 16(2-3): 195-199.

Chapin F S, Bloom A J, Field C B, et al. 1987. Plant responses to multiple environmental factors. Bioscience, 37(1): 49-57.

Charles M T, Makhlouf J, Arul J. 2008. Physiological basis of UV-C induced resistance to *Botrytis cinerea* in tomato fruit: II. Modification of fruit surface and changes in fungal colonization. Postharvest Biological Technology, 47(1): 21-26.

Charles M T, Tano K, Asselin A, et al. 2009. Physiological basis of UV-C induced resistance to *Botrytis cinerea* in tomato fruit. V. Constitutive defence enzymes and inducible pathogenesis-related proteins. Postharvest Biological Technology, 51 (3): 414-424.

Chaturvedi R, Shyam R, Sane P V. 1998. Steady state levels of D_1 protein and psbA transcript during UV-B inactivation of photosystem II in wheat. Iubmb Life, 44(5): 925-932.

Chehab E W, Yao C, Henderson Z, et al. 2012. *Arabidopsis* touch-induced morphogenesis is jasmonate mediated and protects against pests. Current Biology, 22(8): 701-706.

Chen H, Zhang J Y, Neff M M, et al. 2008. Integration of light and abscisic acid signaling during seed germination and early seedling development. Proceedings of the National Academy of Sciences, 105(11): 4495-4500.

Chen J J, Mitchell D L, Britt A B. 1994. A light dependent pathway for the elimination of UV-induced pyrimidine (6-4) pyrimidinone photoproducts in *Arabidopsis*. The Plant Cell, 6(9): 1311-1317.

Chen M, Chory J, Fankhauser C. 2004. Light signal transduction in higher plants. Annual Review of Genetics, 38(1): 87-117.

Chen Y P. 2006. Microwave treatment of eight seconds protects cells of *Isatis indigotica* from enhanced UV-B radiation lesions. Journal of Photochemistry and Photobiology, 82(2): 503-507.

Chen Y P, Han J. 2008. Laser radiation can retard leaf senescence of *Isatis indigotica* seedlings exposed to elevated UV-B. Asian Journal of Ecotoxicology, 3(2): 114-122.

Chen Y P, Liu Y J, Wang X L, et al. 2005. Effect of microwave and He-NE laser on enzyme activity and biophoton emission of *Isatis indigotica* Fort. Journal of Integrative Plant Biology, 47(7): 849-855.

Cheng P, Ma Z, Wang X, et al. 2014. Impact of UV-B radiation on aspects of germination and epidemiological components of three major physiological races of *Puccinia striiformis* F. sp. *tritici*. Crop Protection, 65(4): 6-14.

Choudhary K K, Agrawal S B. 2014a. Cultivar specificity of tropical mung bean (*Vigna radiata* L.) to elevated ultraviolet-B: changes in antioxidative defense system, nitrogen metabolism and accumulation of jasmonic and salicylic acids. Environmental and Experimental Botany, 99: 122-132.

Choudhary K K, Agrawal S B. 2014b. Ultraviolet-B induced changes in morphological, physiological and biochemical parameters of two cultivars of pea (*Pisum sativum* L.). Ecotoxicology and Environmental Safety, 100: 178-187.

Christie E K, Delting J K. 1982. Analysis of interference between C_3- and C_4- grasses in relation to temperature and soil nitrogen supply. Ecology, 63(5): 1277-1284.

Christie J M, Jenkins G I. 1996. Distinct UV-B and UV-A/blue light signal transduction pathways induce chalcone synthase gene expression in *Arabidopsis* cells. The Plant Cell, 8(9): 1555-1567.

Chu C J, Weiner J, Maestre F T, et al. 2009. Positive interactions can increase size inequality in plant populations. Journal of Ecology, 97 (6): 1401-1407.

Cinderby S, Engardt M, Jamir C, et al. 2009. A comparison of North American and Asian exposure-response data for ozone effects on crop yields. Atmospheric Environment, 43(12): 1945-1953.

Cleland E E, Chuine I, Menzel A, et al. 2007. Shifting plant phenology in response to global change. Trends in Ecology & Evolution, 22(7): 357-365.

Cluis C P, Mouchel C F, Hardtke C S. 2004. The *Arabidopsis* transcription factor HY5 integrates light and hormone signaling pathways. The Plant Journal, 38(2): 332-347.

Cockell C S, Horneck G. 2001. The history of the UV radiation climate of the earth-theoretical and space-based observations. Photochemistry and Photobiology, 73(4): 447-451.

Coley P D. 1986. Costs and benefits of defense by tannins in a Neotropial tree. Oecologia, 70(2): 238-241.

Coley P D, Bryant J P, Chapin F S. 1985. Resource availability and plant antiherbivore defense. Science, 230(4728): 895-899.

Conconi A, Smerdon M J, Howe G A, et al. 1996. The octadecanoid signalling pathway in plants mediates a response to ultraviolet radiation. Nature, 383(6603): 826-829.

Conklin P L, Williams E H, Last R L. 1996. Environmental stress sensitivity of an ascorbic acid-deficient *Arabidopsis* mutant. Proceedings of the National Academy of Sciences, 93(18): 9970-9974.

Conner J K, Neumeier R. 2002. The effects of ultraviolet-B radiation and intraspecific competition on growth, pollination success, and lifetime female fitness in *Phacelia campanularia* and *P. purshii* (Hydrophyllaceae). American Journal of Botany, 89(1): 103-110.

Convey P, Pugh P J A, Jackson C, et al. 2002. Response of antarctic terrestrial microarthropods to long-term climate manipulations. Ecology, 83(11): 3130-3140.

Correia C M, Areal E L V, Torres-Pereira M S, et al. 1999. Intraspecific variation in sensitivity to ultraviolet-B radiation in maize grown under field conditions. II. Physiological and biochemical aspects. Field Crops Research, 62(2-3): 97-105.

Correia C M, Areal E L V. 1998. Interspecific variation in sensitivity to ultraviolet-B radiation in maize grown under field conditions I. Growth and morphological aspects. Field Crops Research, 59(2): 81-89.

Correia C M, Coutinho J F, Björn L O, et al. 2000. Ultraviolet-B radiation and nitrogen effects on growth and yield of maize under mediterranean field conditions. European Journal of Agronomy, 12(2): 117-125.

Correia C M, Pereira J M M, Coutinho J F, et al. 2005. Ultraviolet-B radiation and nitrogen affect the photosynthesis of maize: a mediterranean field study. European Journal of Agronomy, 3(3): 337-347.

Costa H, Gallego S M, Tomaro M L. 2002. Effects of UV-B radiation on antioxidant defense system in sunflower cotyledons. Plant Science, 162(6): 939-945.

Coûteaux M M, Mousseau M, Celerier M L, et al. 1991. Increased atmospheric CO_2 and litter quality: decomposition of sweet chestnut leaf litter with animal food webs of different complexities. Oikos, 61(1): 54-64.

Crutzen P J. 1972. SST's: a threat to the earth's ozone shield. Ambio, 1(2): 41-51.

Crutzen P J. 1992. Ultraviolet on the increase. Nature, 356(6365): 104-105.

Crutzen P J. 1974. Photochemical reactions initiated by and influencing ozone in unpolluted tropospheric air. Tellus A, 26(1-2): 47-57.

Cuadra P, Harborne J B, Waterman P G. 1997. Increases in surface flavonols and photosynthetic pigments in *Gnaphalium luteo-album* in response to UV-B radiation. Phytochemistry, 45(7): 1377-1383.

Curran P J, Dungan J L, Gholz H L. 1990. Exploring the relationship between reflectance red edge and chlorophyll content in slash pine. Tree Physiology, 7(1-2-3-4): 33-48.

Curry G M, Thimann K V, Ray P M. 1956. The base curvature response of *Avena* seedlings to the ultraviolet. Physiologia Plantarum, 9: 429-440.

Cuthill I C, Allen W L, Arbuckle K, et al. 2017. The biology of color. Science, 357(6350): eaan0221.

Cvikrova M, Vondrakova Z, Eliasova K, et al. 2016. The impact of UV-B irradiation applied at different phases of somatic embryo development in Norway spruce on polyamine metabolism. Trees, 30(1): 113-124.

Czégény G, Mátai A, Hideg É. 2016. UV-B effects on leaves-oxidative stress and acclimation in controlled environments. Plant Science, 248: 57-63.

Cinderby S, Engardt M, Jamir C, et al. 2009. A comparison of North American and Asian exposure-response data for ozone effects on crop yields. Atmospheric Environment, 43(12): 1945-1953.

Dai Q J, Peng S B, Chavez A Q, et al. 1994. Intraspecific responses of 188 rice cultivars to enhanced UV-B radiation. Environmental and Experimental Botany, 34(4): 433-442.

Dai Q J, Yan B, Huang S, et al. 1997. Response of oxidative stress defense systems in rice (*Oryza sativa*) leaves with supplemental UV-B radiation. Physiologia Plantarum, 101(2): 301-308.

Dai Q, Vergara B S, Barnes P W, et al. 1992. Ultraviolet-B radiation effects on growth and physiology of four rice cultivars. Crop Science, 32(5): 1269-1274.

Dai Q, Yan B, Huang S, et al. 2006. Response of oxidative stress defense systems in rice (*Oryza sativa* L.) leaves with supplemental UV-B radiation. Physiologia Plantarum, 101(2): 301-308.

Dameris M, Grewe V, Ponater M, et al. 2005. Long-term changes and variability in a transient simulation with a chemistry-climate model employing realistic forcing. Atmospheric Chemistry and Physics, 5(8): 2121-2145.

Davidson I A, Robson M J. 1986. Effect of temperature and nitrogen supply on the growth of perennial ryegrass and white clover. 2. A comparison of monocultures and mixed swards. Annals of Botany, 57: 709-719.

Day T A. 2001. Ultraviolet radiation and plant ecosystems. *In*: Cockell C S K, Blaustein A R K. Ecosystems Evolution and Ultraviolet Radiation. New York: Springer Verlag: 80-117.

Day T A, Demchik S M. 1996. Ultraviolet-B radiation screening effectiveness of reproductive organs in *Hesperis matronalis*. Environmental and Experimental Botany, 36(4): 447-454.

Day T A, Howells B W, Rice W J. 1994. Ultraviolet absorption and epidermal-transmittance spectra in foliage. Physiologia Plantarum, 92(2): 207-218.

Day T A, Howells B W, Ruhland C T. 1996. Changes in growth and pigment concentrations with leaf age in pea under modulated UV-B radiation field treatments. Plant, Cell & Environment, 19(1): 101-108.

De Bruyne L, Hofte M, De Vleesschauwer D. 2014. Connecting growth and defense: the emerging roles of brassinosteroids and gibberellins in plant innate immunity. Molecular Plant, 7(6): 943-959.

De La Rosa T M, Aphalo P J, Lehto T. 2003. Effects of ultraviolet-B radiation on growth, mycorrhizas and mineral nutrition of silver birch (*Betula pendula* Roth) seedlings grown in low-nutrient conditions. Global Change Biology, 9(1): 65-73.

De Kroon H, Hutchings K M J. 1995. Morphological plasticity in clonal plants: the foraging concept reconsidered. Journal of Ecology, 83(1): 143-152.

Demchik S M, Day T A. 1996. Effect of enhanced UV-B radiation of pollen quantity, quality, and seed yield in *Brassica rapa* (Brassicaceae). American Journal of Botany, 83(5): 573-579.

Demkura P V, Abdala G, Baldwin I T, et al. 2010. Jasmonate-dependent and -independent pathways mediate specific effects of solar ultraviolet B radiation on leaf phenolics and antiherbivore defense. Plant Physiology, 152(2): 1084-1095.

Demkura P V, Ballaré C L. 2012. UVR8 mediates UV-B-induced *Arabidopsis* defense responses against *Botrytis cinerea* by controlling sinapate accumulation. Molecular Plant, 5(3): 642-652.

Desimone M, Wagner E, Johanningmeier U. 1998. Degradation of active oxygen modified ribulose-1,5-bisphosphate carboxylase/oxygenase by chloroplastic proteases requires ATP hydrolysis. Planta, 205: 459-466.

Dezeeuw D, Leopold A C. 1957. The prevention of auxin responses by ultraviolet light. American Journal of Botany, 44(3): 225-228.

Díaz-Guerra L, Verdaguer D, Gispert M, et al. 2018. Effects of UV radiation and rainfall reduction on leaf and soil parameters related to C and N cycles of a mediterranean shrubland before and after a controlled fire. Plant Soil, 424(1-2): 503-524.

Đinh S T, Galis I, Baldwin I T. 2013. UV-B radiation and 17-hydroxygeranyllinalool diterpene glycosides provide durable resistance against mirid (*Tupiocoris notatus*) attack in field-grown Nicotiana attenuate plants. Plant Cell and Environment, 36(3): 590-606.

Döhler G, Worrest R C, Biermann Ir, et al. 1997. Photosynthetic $^{14}CO_2$ fixation and ^{15}N-ammonia assimilation during UV-B radiation of *Lithodesmium variabile*. Physiologia Plantarum, 70(3): 511-515.

Dong M. 1995. Morphological responses to local light conditions in clonal herbs from contrasting habitats, and their modification due to physiological integration. Oecologia, 101(3): 282-288.

Doughty C J, Hope A B. 1976. Effects of ultraviolet radiation on the plasma membranes of chara corallina. II. The action potential. Functional Plant Biology, 3(5): 687-692.

Douhovnikoff V, Dodd R S. 2015. Epigenetics: a potential mechanism for clonal plant success. Plant Ecology, 216(2): 227-233.

D'surney S J, Tschaplinski T J, Edwards N T, et al. 1993. Biological responses often soybean cultivars exposed to enhanced UVB radiation. Environmental and Experimental Botany, 33(3): 347-356.

Du H, Liang Y, Pei K, et al. 2011. UV radiation-responsive proteins in rice leaves: a proteomic analysis. Plant and Cell Physiology, 52(2): 306-316.

Dudley S A, File A L. 2007. Kin recognition in an annual plant. Biology Letters, 3(4): 435-438.

Duell T, Lengfelder E, Fink R, et al. 1995. Effect of activated oxygen species in human lymphocytes. Mutation Res, 336(1): 29-38.

Duguay K, Klironomos J. 2000. Direct and indirect effects of enhanced UV-B radiation on the decomposing and competitive abilities of saprobic fungi. Applied Soil Ecology, 14(2): 157-164.

Dunlap W, Masaki K, Yarnamoto Y, et al. 1998. A novel antioxidant derived from seaweed. *In*: LeGal Y, Halvorson H. New Developments in Marine Biotechnology. New York: Plenum: 33-35.

Durrell L W, Shields L M. 1960. Fungi isolated in culture from soils of the Nevada test site. Mycologia, 52(4): 636-641.

Dylan G J, Jones A G, Waterhouse A, et al. 2012. Enhanced UV-B and elevated CO_2 impacts sub-arctic shrub berry abundance, quality and seed germination. Ambio, 41: 256-268.

Eastwood A C, McLennan A G. 1985. Repair replication in ultraviolet light-irradiated protoplasts of *Daucus carota*. Biochimica et Biophysica Acta (BBA)-Gene Structure and Expression, 826(1): 13-19.

Ehling-Schulz M, Bilger W, Scherer S. 1997. UV-B induced synthesis of photoprotective pigments and extracellular polysaccharides in the terrestrial cyanobacterium Nostoc commune. Journal of Bacteriology, 179(6): 1940-1945.

Eichholz I, Huyskens-Keil S, Keller A, et al. 2011. UV-B-induced changes of volatile metabolites and phenolic compounds in blueberries (*Vaccinium corymbosum* L.). Food Chemistry, 126(1): 60-64.

Eichler D, Usov V. 1993. Particle acceleration and nonthermal radio emission in binaries of early-type stars. Astrophysical Journal, 402(1): 271-279.

Eichhorn M, Doehler G, Augsten H. 1993. Impact of UV-B radiation on photosynthetic electron transport of *Wolffia arrhiza* (L.) Wimm. Photosynthetica, 29: 613-618.

Eisinger W R, Bogomolni R A, Taiz L. 2003. Interactions between a blue-green reversible photoreceptor and a separate UV-B receptor in stomatal guard cells. American Journal of Botany, 90(11): 1560-1566.

Eisinger W R, Swartz R E, Bogomolni R A, et al. 2000. The ultraviolet action spectrum for stomatal opening in broad bean. Plant Physiology, 122(1): 99-105.

Ellenberg H. 1954. Ueber einige fortschritte der kousalenvegetationskunde. Vegetatio, 5-6(1): 199-211.

Ellison A M. 1987. Density-dependent dynamics of *Salicornia europaea* monocultures. Ecology, 68(3): 737-741.

El-Mansey H I, Salisbury F B. 1971. Biochemical responses of *Xanthium* leaves to ultraviolet radiation. Radiation Botany, 11(5): 325-328.

El-Seedi H R, El-Said A M, Khalifa S A, et al. 2012. Biosynthesis, natural sources, dietary intake, pharmacokinetic properties, and biological activities of hydroxycinnamic acids. Journal of Agricultural and Food Chemistry, 60(44): 10877-10895.

Enquist B J, Allen A P, Brown J H, et al. 2007. Biological scaling: does the exception prove the rule? Nature, 445(7127): E9-E10.

Eom A H, Hartnett D C, Wilson G W T. 2000. Host plant species effects on arbuscular mycorrhizal fungal communities in tallgrass prairie. Oecologia, 122(3): 435-444.

Ernst W H O, Jos W M, Van D E, et al. 1997. Reaction of savanna plants from Botswana on UV-B radiation. Plant Ecology, 12(1): 22-28.

Eva H, Jansen M A K, Ake S. 2013. UV-B exposure, ROS, and stress: inseparable companions or loosely linked associates? Trends in Plant Science, 18(2): 107-115.

Fagerberg W R, Bornman J F. 2010. Ultraviolet-B radiation causes shade-type ultrastructural changes in *Brassica napus*. Physiologia Plantarum, 101(4): 833-844.

Farman J C, Gardiner B G, Shanklin J D. 1985. Large losses of total ozone in Antarctica reveal seasonal ClO_x/NO_x interaction. Nature, 315(6016): 207.

Farooq M, Suresh B G, Ray R S, et al. 2000. Sensitivity of duckweed (*Lemna major*) to ultraviolet-B radiation. Biochemical and Biophysical Research Communications, 276: 970-973.

Fauchot J, Gosselin M, Levasseur M, et al. 2010. Influence of UV-B radiation on nitrogen utilization by a natural assemblage of phytoplankton. Journal of Phycology, 36(3): 484-496.

Fedina I, Georgieva K, Velitchkova M, et al. 2006. Effect of pretreatment of barley seedlings with different salts on the level of UV-B induced and UV-B absorbing compounds. Environmental & Experimental Botany, 56(3): 225-230.

Fedina I, Hidema J, Velitchkova M, et al. 2010. UV-B induced stress responses in three rice cultivars. Biologia Plantarum (Prague), 54(3): 571-574.

Fedina I, Nedeva D, Genrgieva K, et al. 2009. Methyl jasmonate counteract UV-B stress in barley seedlings. Journal of Agronomy and Crop Science, 195(3): 204-212.

Fedina I, Velitchkova M, Georgieva K, et al. 2005. UV-B-induced compounds as affected by proline and NaCl in *Hordeum vulgare* L. cv. Alfa. Environmental and Experimental Botany, 54(2): 182-191.

Feldberg K, Groth H, Wilson R, et al. 2004. Cryptic speciation in *Herbertu*s (Herbertaceae, Jungermanniopsida): range and morphology of *Herbertus sendtneri* inferred from nrITS sequences. Plant Systematics and Evolution, 249: 247-261.

Feldheim K, Conner J. 1996. The effects of increased UV-B radiation on growth, pollination success, and lifetime female fitness in two brassica species. Oecologia, 106(3): 284-297.

Feng H, Li S, Xue L, et al. 2007. The interactive effects of enhanced UV-B radiation and soil drought on spring wheat. South African Journal of Botany, 73(3): 429-434.

Ferreira K N, Iverson T M, Maghlaoui K, et al. 2004. Architecture of the photosynthetic oxygen evolving center. Science, 303: 1831-1838.

Fierro A C, Leroux O, De Coninck B, et al. 2015. Ultraviolet-B radiation stimulates downward leaf curling in *Arabidopsis thaliana*. Plant Physiology and Biochemistry, 93: 9-17.

Firbank L G, Watkinson A R. 1985. On the analysis of competition within two-species mixtures of plant. Journal of Applied Ecology, 22(2): 503-517.

Fischbach R J, Kossmann B, Panten H. 1999. Seasonal accumulation of UV-B screening pigments in needles of Norway spruce. Plant, Cell & Environment, 22(1): 27-37.

Fiscus E L, Booker F I. 1995. Is increased UV-B a threat to crop photosynthesis and productivity. Photosynthesis Research, 43(2): 81-92.

Fitter J, Haber-Pohlmeier S. 2004. Structural stability and unfolding properties of thermostable bacterial α-amylases: a comparative study of homologous enzymes. Biochemistry, 43(30): 9589-9599.

Flenley J R. 2007. Deforesting the earth: from prehistory to global crisis: an abridgment. New Zealand Geographer, 63(1): 74-75.

Flint S D, Caldwell M M. 1983. Influence of floral optical properties on the ultraviolet radiation environment of pollen. American Journal of Botany, 70(9): 1416-1419.

Flint S D, Caldwell M M. 1984. Partial inhibition of *in vitro* pollen germination by simulated solar ultraviolet-B radiation. Eoology, 65(3): 792-795.

Fox F M, Caldwell M M. 1978. Competitive interation in plant populations exposed to supplementary ultraviolet-B radiation. Oecologia, 36(2): 173-190.

Foyer C H, Lelandais M, Kunert K J. 1994. Photooxidative stress in plants. Physiologia Plantarum, 92(4): 696-717.

Frankland J C. 1969. Fungal decomposition of bracken petioles. Journal of Ecology, 57(1): 25-36.

Frankland J C, Collins V G. 1974. A bacterium in *Quercus* leaf litter resistant to sterilizing doses of gamma-radiation. Soil Biology & Biochemistry, 6(2): 125-128.

Friso G, Barbato R, Giacometti G M, et al. 1994a. Degradation of D2 protein due to UV-B irradiation of the reaction centre of PSII. FEBS Letters, 339(3): 217-221.

Friso G, Giacometti G M, Barber J, et al. 1993. Evidence for concurrent donor and acceptor side photoinduced degradation of the D1-protein in isolated reaction centres of photosystem II. Biochimica et Biophysica Acta (BBA)-Bioenergetics, 1144(3): 265-270.

Friso G, Spetea C, Giacometti G M, et al. 1994b. Degradation of photosystem II reaction centre D1 protein induced by UV-B radiation in isolated thylakoid: identification and characterization of C and N terminal break down products. Biochimica et Biophysica Acta, 1184(1): 78-84.

Friso G, Vass I, Spetea C, et al. 1995. UV-B-induced degradation of the D1 protein in isolated reaction centres of photosystem II. Biochimica et Biophysica Acta (BBA)-Bioenergetics, 1231(1): 41-46.

Frohnmeyer H, Bowler C, Schafer E. 1997. Evidence for some signal transduction element involved in UV-light depend responses in parsley protoplasts. Journal of Experimental Botany, 48(3): 739-750.

Frohnmeyer H, Loyall L, Blatt M R. 1999. Millisecond UV-B irradiation evokes prolonged elevation of cytosolic free Ca^{2+} and stimulate gene expression in transgenic parsley cell cultur. The Plant Journal, 20(1): 109-117.

Frohnmeyer H, Staiger D. 2003. Ultraviolet-B radiation-mediated responses in plant s balancing damage and protection. Plant Physiology, 133(4): 1420-1428.

Fu G, Shen Z X. 2017. Effects of enhanced UV-B radiation on plant physiology and growth on the Tibetan Plateau: a meta-analysis. Acta Physiol Plant, 39: 85-94.

Fuglevand G, Jackson J A, Jenkins G I. 1996. UV-B, UV-A and blue light signal transduction pathways interact synergistically to regulate CHS expression in *Arabidopsis*. The Plant Cell, 8(12): 2347-2357.

Fujibe T, Saji H, Arakawa K, et al. 2004. A methyl viologen-resistant mutant of *Arabidopsis*, which is allelic to ozone-sensitive rcd1, is tolerant to supplemental ultraviolet-B irradiation. Plant Physiology, 134 (1): 275-285.

Fujibe T, Watanabe K, Nakajima N, et al. 2000. Accumulation of pathogenesis-related proteins in tobacco leaves irradiated with UV-B. Journal of Plant Research, 113(4): 387-394.

Galhano R, Talbot N J. 2011. The biology of blast: understanding how *Magnaporthe oryzae* invades rice plants. Fungal Biology Reviews, 25(1): 61-67.

Galvao V C, Fankhauser C. 2015. Sensing the light environment in plants: photoreceptors and early signaling steps. Current Opinion in Neurobiology, 34: 46-53.

Gamper H, Peter M, Jansa J, et al. 2004. Arbuscular mycorrhizal fungi benefit from 7 years of free air CO_2 enrichment in well-fertilized grass and legume monocultures. Global Change Biology, 10(2): 189-199.

Gao W, Zheng Y, Slusser J R, et al. 2003. Impact of enhanced ultraviolet-B irradiance on cotton growth, development, yield, and qualities under field conditions. Agricultural and Forest Meteorology, 120(1-4): 241-248.

Gao W, Zheng Y, Slusser J R, et al. 2004. Effects of supplementary ultraviolet-B irradiance on maize yield and qualities: a field experiment. Photochemistry and Photobiology, 80(1): 127-131.

Gao Y, Xiong W, Li X B, et al. 2009. Identification of the proteomic changes in *Synechocystis* sp. PCC 6803 following prolonged UV-B irradiation. Journal of Experimental Botany, 60(4): 1141-1154.

Garadzha M P, Nezval Y I. 1987. Ultraviolet radiation in lager cities and possible ecological consequences of its changing flux due to anthropogenic impact. Leningrad: Proc. Symp. On Climate and Human Health. World Climate Programme Applications, WCAP Report.

García-Cela E, Marin S, Sanchis V, et al. 2015. Effect of ultraviolet radiation A and B on growth and mycotoxin production by *Aspergillus carbonarius* and *Aspergillus parasiticus* in grape and pistachio media. Fungal Biology, 119(1): 67-78.

Garrard L A, Van T K, West S H. 1976. Plant response to middle ultraviolet (UV-B) radiation: carbohydrate levels and chloroplast reactions. The Soil and Crop Science Society of Florida Proceedings, 36: 184-188.

Gausman H W, Rodriguez R P, Escobar D E. 1975. Ultraviolet radiation reflectance by plant leaf epidermises. Agronomy Journal, 67(5): 720-724.

Ge L, Peer W, Robert S, et al. 2010. *Arabidopsi*s root UV-B sensitive2/weak auxin response1 is required for polar auxin transport. The Plant Cell, 22(6): 1749-1761.

Gebauer G, Schubert B, Schuhmacher M I, et al. 1987. Biomass production and nitrogen content of C_3- and C_4- grasses in pure and mixed culture with different nitrogen supply. Oecologia, 71 (4): 613-617.

Geber M. 1989. Interplay of morphology and development on size inequality: a *Polygonum* greenhouse study. Ecological Monographs, 59: 267-288.

Gehrke C, Johanson U, Callaghan T V, et al. 1995. The impact of enhanced ultraviolet-B radiation on litter quality and decomposition processes in vaccinium leaves from the subarctic. Oikos, 72(2): 213.

Gerhardt K E, Wilson M I, Greenberg B M. 1999. Tryptophan photolysis leads to a UV-B-induced 66 kD a photoproduct of ribulose-1,5-bisphosphate carboxylase/oxygenase (Rubisco) *in vitro* and *in vivo*. Photochemistry and Photobiology, 70(1): 49-56.

Gerry A K, Wilson S D. 1995. The influence of initial size on the competitive responses of six plant species. Ecology, 76(1): 272-279.

Ghisi R, Trentin A R, Masi A, et al. 2002. Carbon and nitrogen metabolism in barley plants exposed to UV-B radiation. Physiologia Plantarum, 116(2): 200-205.

Gifford R M, Evans L T. 1981. Photosynthesis, carbon partitioning, and yield. Annual Review of Plant Physiology, 32(1): 485-509.

Giordano C V, Mori T, Sala O E, et al. 2003. Functional acclimation to solar UV-B radiation in *Gunnera magellanica*, a native plant species of southernmost Patagonia. Plant, Cell and Environment, 26: 2027-2036.

Giordano M, Pezzoni V, Hell R. 2000. Strategies for the allocation of resources under sulfur limitation in the green alga *Dunaliella salina*. Plant Physiology, 124 (2): 857-864.

Gitz D C, Liu L, McClare J W. 1998. Phenolic metabolism, growth, and UV-B tolerance in PAL inhibited red cabbage seedlings. Phytochemistry, 49(2): 377-386.

Giuliani R, Koteyeva N, Voznesenskaya E, et al. 2013. Coordination of leaf photosynthesis, transpiration, and structural traits in rice and wild relatives (*Genus oryza*). Plant Physiology, 162(3): 1632-1651.

Godeas A M. 1983. Estudios cualiy-cuantitativos de los hongos del suelo del bosque de *Nothofagus dombeyi*. Ciencias del Suelo, 1: 21-31.

Gold W G, Caldwell M M. 1983. The effects of ultraviolet-B radiation on plant com-petition in terrestrial ecosystems. Physiologia Plantarum, 58(3): 435-444.

Goncalves R J, Souza M S, Aigo J, et al. 1991. Ultraviolet and photosynthetically active bands: plane surface irradiance at corn canopy base. Agronomy Journal, 83 (2): 391-396.

González J A, Rosa M, Parrado M F, et al. 2009. Morphological and physiological responses of two varieties of a highland species (*Chenopodium quinoa* Willd.) growing under near-ambient and strongly reduced solar UV-B in a lowland location. Journal of Photochemistry and Photobiology B: Biology, 96(2): 144-151.

Grace S C, Logan B A, Adams W W. 1998. Seasonal differences in foliar content of chlorogenic acid, a phenylpropanoid anti-oxidant, in Mahonia repens. Plant, Cell & Environment, 21: 513-521.

Grammatikopoulos G, Karousou R, Kokkini S, et al. 1998. Differential effects of enhanced UV-B radiation on reproductive effort in two chemotypes of mentha spicata under field conditions. Functional Plant Biology, 25(3): 345-351.

Grant R H, Apostol K, Gao W. 2005. Biologically effective UV-B exposures of an oak-hickory forest understory during leaf-out. Agricultural & Forest Meteorology, 132(1): 28-43.

Grau P, Vanrolleghem P, Ayesa E B. 2007. SM2 plant-wide model construction and comparative analysis with other methodologies for integrated modelling. Water Science and Technology, 56(8): 57-65.

Grayston S J, Griffith G S, Mawdsley J L, et al. 2001. Accounting for variability in soil microbial communities of temperate upland grassland ecosystems. Soil Biol Biochem, 33(4-5): 533-551.

Groth J V, Krupa S V, Reddy K R. 2000. Crop ecosystem responses to climatic change: interactive effects of ozone, ultraviolet-B radiation, sulphur dioxide and carbon dioxide on crops. *In*: Reddy K R, Hodges H F. Climate Change and Global Crop Productivity. London: CAB International, Wallingford: 387-405.

Grubb P J. 1977. The maintenance of species-richness in plant communities: the importance of the regeneration niche. Biology Review, 52: 107-145.

Hada M, Iida Y, Takeuchi Y. 2000. Action spectra of DNA photolyases for photorepair of cyclobutane pyrimidine dimers in sorghum and cucumber. Plant Cell Physiology, 41(5): 644-648.

Häder D P, Kumar H D, Smith R C, et al. 2007. Effects of solar UV radiation on aquatic ecosystems and interactions with climate change. Photochemical & Photobiological Sciences, 6(3): 267-285.

Hader D P. 1994. UV-B effects on aquatic systems. *In*: Biggs R H, Joyner M E B. Stratospheric Ozone Depletion/UV-B Radiation in the Biosphere. Heidelberg: Springer-Verlag: 155-161.

Halliday K J, Martinez-Garcia J F, Josse E M. 2009. Integration of light and auxin signaling. Cold Spring Harbor Perspectives in Biology, 1(6): a001586.

Han L, Li G J, Yang K Y, et al. 2010. Mitogen-activated protein kinase 3 and 6 regulate *Botrytis cinere*a-induced ethylene production in *Arabidopsis*. The Plant Journal, 64(1): 114-127.

Han T, Han Y S, Kim K Y, et al. 2003. Influences of light and UV-B on growth and sporulation of the green alga *Ulva pertusa* Kjellman. Journal of Experimental Marine Biology and Ecology, 290(1): 115-131.

Hanelt D, Hawes I, Rae R. 2006. Reduction of UV-B radiation causes an enhancement of photoinhibition in high light stressed aquatic plants from New Zealand lakes. Journal of Photochemistry & Photobiology B: Biology, 84(2): 89-102.

Hang R, Wang X L, Yue M. 2002. Influence of He-Ne Laser irradiation on the damage and repair of wheat seedling by enhanced UV-B radiation. Chinese Journal of Lasers, 29(9): 859-863.

Hansson Ö, Wydrzynski T. 1990. Current perceptions of photosystem II. Photosynthesis Research, 23(2): 131-162.

Harborne J B. 1997. The comparative biochemistry of phytoalexin induction in plants. Biochemical Systematical and Ecology, 27(4): 335-368.

Harborne J B, Williame C A. 2000. Advanced in flavanoid research since 1992. Phytochemistry, 55(6): 481-504.

Harm H. 1980. Damage and repair in mammalian cells after exposure to non-ionizing radiations III.

Ultraviolet and visible light irradiation of cells of placental mammals, including humans, and determinations of photorepairable damage *in vitro*. Mutation Research/Fundamental and Molecular Mechanisms of Mutagenesis, 69(1): 167-176.

Harper J L. 1977. Population Biology of Plants. New York: Academic Press.

Hartley W N. 1881. On the absorption of solar rays by atmospheric ozone. J Chem Soc Trans, 39: 111-128.

Hartmann U, Valentine W J, Christie J M, et al. 1998. Identification of UV/blue light-response elements in the *Arabidopsis thaliana* chalcone synthase promoter using a homologous protoplast transient expression system. Plant Molecular Biology, 36(5): 741-754.

Hatcher P E, Paul N D. 1994. The effect of elevated UV-B radiation on herbivory of pea by *Autographa gamma*. Entomologia Experimentalis et Applicata, 71: 227-233.

Havaux M, Kloppstech K. 2001. The protective functions of carotenoid and flavonoid pigments against excess visible radiation at chilling temperature investigated in *Arabidopsis* npq and tt mutants. Planta, 213(6): 953-966.

Hayes S, Velanis C N, Jenkins G I, et al. 2014. UV-B detected by the UVR8 photoreceptor antagonizes auxin signaling and plant shade avoidance. Proceedings of the National Academy of Sciences of the United States of America, 111(32): 11894-11899.

Hayward A, Kolasa J, Stone J R. 2010. The scale-dependence of population density-body mass allometry: statistical artefact or biological mechanism? Ecological Complexity, 7(1): 115-124.

He J, Huang L K, Whitecross M. 1994. Chloroplast ultrastructure changes in *Pisum sativum* associated with supplementary ultraviolet (UV-B) radiation. Plant, Cell & Environment, 17(6): 771-775.

He Y M, Zhan F D, Li Y, et al. 2016. Effect of enhanced UV-B radiation on methane emission in a paddy field and rice root exudation of low-molecular-weight organic acids. Photochemical & Photobiological Sciences, 15(6): 735-743.

He Y M, Zhan F D, Wu J, et al. 2017. Enhanced UV-B radiation inhibit photosynthesis, growth and yield of two rice landraces at Yuanyang terraces *in situ*. International Journal of Agriculture and Biology, 19(6): 1379-1386.

He Y M, Zhan F D, Zu Y Q, et al. 2013. Effects of UV-B radiation on the contents of silicon, flavonoids and total phenolic of two local rice varieties in Yuanyang terrace under field conditions. Journal of Agro-Environment Science, 32(8): 1500-1506.

He Y M, Zhan F D, Zu Y Q, et al. 2014. Effect of elevated UV-B radiation on the antioxidant system of two rice landraces in paddy fields on Yuanyang terrace. International Journal of Agricultural Biology, 16(3): 585-590.

He Y Y, Hader D P. 2002a. Involvement of reactive oxygen species in the UV-B damage to the cyanobacterium *Anabaena* sp. Journal of Photochemistry and Photobiology B Biology, 66(1): 73-80.

He Y Y, Hader D P. 2002b. UV-B-induced formation of reactive oxygen species and oxidative damage of the cyanobacterium *Anabaena* sp.: protective effects of ascorbic acid and N-acetyl-L-cysteine. Journal of Photochemistry and Photobiology B Biology, 66(2): 115-124.

Hectors K, Prinsen E, De Coen W, et al. 2007. *Arabidopsis thaliana* plants acclimated to low dose rates of ultraviolet B radiation show specific changes in morphology and gene expression in the absence of stress symptoms. New Phytologist, 175(2): 255-270.

Heijde M, Ulm R. 2012. UV-B photoreceptor-mediated signaling in plants. Trends in Plant Science, 17(4): 230-237.

Heilmann M, Jenkins G I. 2013. Rapid reversion from monomer to dimer regenerates the ultraviolet-B photoreceptor UV RESISTANCE LOCUS8 in intact *Arabidopsis* plants. Plant Physiology, 161(1):

547-555.

Heim K E, Tagliaferro A R, Bobilya D J. 2002. Flavonoid antioxidants: chemistry, metabolism and structure-activity relationships. Journal of Nutritional Biochemistry, 13(10): 572-584.

Helsper J P F G, Vos C H R, Maas F M, et al. 2003. Response of selected antioxidants and pigments in tissues of *Rosa hybrida* and *Fuchsia hybrida* to supplemental UV-A exposure. Physiol Plantarum, 117(2): 171-178.

Hessen D O, Ellen Van D, Andersen T. 1995. Growth responses, P-uptake and loss of flagellae in *Chlamydomonas reinhardtii* exposed to UV-B. Journal of Plankton Research, 17(1): 17-27.

Hickman J E, Tully K L, Groffman P M, et al. 2015. A potential tipping point in tropical agriculture: avoiding rapid increases in nitrous oxide fluxes from agricultural intensification in Kenya. Journal of Geophysical Research G: Biogeosciences, 120(5): 938-951.

Hideg É, Jansen M A, Strid Å. 2013. UV-B exposure, ROS, and stress: inseparable companions or loosely linked associates? Trends Plant Science, 18(2): 107-115.

Hideg E, Nagy T, Oberschall A, et al. 2003. Detoxification function of aldose/aldehyde reductase during drought and ultraviolet-B (280-320nm) stresses. Plant, Cell and Environment, 26(4): 513-522.

Hidema J, Kang H S, Kumagai T. 1999. Changes in cyclobutyl pyrimidine dimer levels in rice (*Oryza sativa* L.) growing indoors and outdoors with or without supplemental UV-B radiation. Journal of Photochemistry and Photobiology B Biology, 52(1-3): 7-13.

Hidema J, Kang H S, Kumagai T. 1996. Differences in the sensitivity to UV-B radiation of two cultivars of rice (*Oryza sativa* L.). Plant and Cell Physiology, 37(6): 742-747.

Hidema J, Kumagai T. 2006. Sensitivity of rice to ultraviolet-B radiation. Annals of Botany, 97(6): 933-942.

Hidema J, Kumagai T, Sutherland J C, et al. 1997. UV-B sensitive rice cultivar deficient in CPD repair. Plant Physiology, 113(1): 39-44.

Hidema J, Zhang W H, Yamamoto M, et al. 2005. Changes in grain size and grain storage protein of rice (*Oryza sativa* L.) in response to elevated UV-B radiation under outdoor conditions. Journal of Radiation Research, 46(2): 143-149.

Hoffmann A M, Noga G, Hunsche M. 2015. High blue light improves acclimation and photosynthetic recovery of pepper plants exposed to UV stress. Environmental and Experimental Botany, 109: 254-263.

Hofmann R W, Campbell B D, Bloor S J, et al. 2003. Responses to UV-B radiation in *Trifolium repens* L.-physiological links to plant productivity and water availability. Plant Cell and Environment, 26(4): 603-612.

Hofmann R W, Campbell B D. 2011. Response of *Trifolium repens* to UV-B radiation: morphological links to plant productivity and water availability. Plant Biology, 13(6): 896-901.

Hofmann R W, Swinny E E, Bloor S J, et al. 2000. The response of nine *Trifolium repens* L. population to UV-B: differential flavonol glycoside accumulation and biomass production. Annals of Botany, 86(3): 527-537.

Hope A B. 1993. The chloroplast cytochrome bf complex: a critical focus on function. Biochimica et Biophysica Acta, 1143(1): 1-22.

Hopkins L. 1997. The effects of elevated ultraviolet-B radiation on the growth and development of the primary leaf of wheat (*Triticum aestivum* L. cv Maris Huntsman). Doctorate dissertation, St. Andrews, University of St Andrews.

Hopkins L, Bond M A, Tobin A K. 1996. Effects of UV-B on the development and ultrastructure of the primary leaf of wheat (*Triticum aestium*). J Exp Bot, 47: 20.

Hopkins L, Bond M A, Tobin A K. 2010. Ultraviolet-B radiation reduces the rates of cell division and elongation in the primary leaf of wheat (*Triticum aestivum* L. cv Maris Huntsman). Plant Cell & Environment, 25(5): 617-624.

Hornitschek P, Kohnen M V, Lorrain S, et al. 2012. Phytochrome interacting factors 4 and 5 control seedling growth in changing light conditions by directly controlling auxin signaling. The Plant Journal, 71(5): 699-711.

Hossaini R, Chipperfield M P, Montzka S A, et al. 2017. The increasing threat to stratospheric ozone from dichloromethane. Nature Communications, 8: 15962.

Huang S B, Dai Q J, Peng S B. 1997. Influence of supplemental ultraviolet-B on indoleacetic acid and calmodalin in the leaves of rice (*Oryza sativa* L.). Plant Growth Regulation, 21(1): 59-64.

Hurst A C, Grams T E E, Ratajczak R. 2010. Effects of salinity, high irradiance, ozone, and ethylene on mode of photosynthesis, oxidative stress and oxidative damage in the C3/CAM intermediate plant *Mesembryanthemum crystallinum* L. Plant Cell & Environment, 27(2): 187-197.

Husain S, Cillard J, Cillard P. 1987. Hydroxyl radical scavenging activity of flavonoids. Phytochemistry, 26(9): 2487-2491.

Hutchings K M J. 1995. Morphological plasticity in clonal plants: the foraging concept reconsidered. Journal of Ecology, 83(1): 143-152.

Ibañez S, Rosa M, Hilal M, et al. 2008. Leaves of *Citrus aurantifolia* exhibit a different sensibility to solar UV-B radiation according to development stage in relation to photosynthetic pigments and UV-B absorbing compounds production. Journal of Photochemistry and Photobiology B: Biology, 90(3): 163-169.

Ida T Y, Kudo G. 2009. Comparison of light harvesting and resource allocation strategies between two rhizomatous herbaceous species inhabiting deciduous forests. Journal of Plant Research, 122(2): 171-181.

Idnurm A. 2013. Light sensing in *Aspergillus fumigatus* highlights the case for establishing new models for fungal photobiology. MBio, 4(3): e00260-13.

Idnurm A, Verma S, Corrochano L M. 2010. A glimpse into the basis of vision in the kingdom mycota. Fungal Genetics & Biology, 47(11): 881.

Ihle C. 1997. Degradation and release from the thylakoid membrane of photosystem II subunits after UV-B irradiation of the liverwort *Conocephalum conicum*. Photosynthesis Research, 54: 73-78.

Imbrie C W, Murphy T M. 1982. UV action spectrum (254-405 nm) for inhibition of a K^+-stimulated adenosine triphosphatase from the plasma membrane of *Rosa damascene*. Photochemistry and Photobiology, 36: 537-542.

Inglis G D, Goettel M S, Johnson D L. 1995. Influence of ultraviolet light protectants on persistence of the entomopathogenic fungus, *Beauveria bassiana*. Biological Control, 5(4): 581-590.

Interdonato R, Rosa M, Nieva C B, et al. 2011. Effects of low UV-B doses on the accumulation of UV-B absorbing compounds and total phenolic constituents and carbohydrate metabolism in the peel of harvested lemons. Environmental and Experimental Botany, 70(2-3): 204-211.

Isabecle S B J, Shyam K D, Marcel A K L. 2000. UV radiation impacts light-mediated turnover of the PSII reaction center heterodimer in *Arabidopsis* mutant altered in phenolic metabolism. Plant Physiol, 124(3): 1275-1284.

Ishida H, Makino A, Mae T. 1999. Fragmentation of the large subunit of ribulose-1,5-bisphosphate carboxylase by reactive oxygen species occurs near Gly-329. Journal of Biological Chemistry, 274(8): 5222-5226.

Ivanov A G, Sane P V, Hurry V, et al. 2008. Photosystem II reaction centre quenching: mechanisms and physiological role. Photosynthesis Research, 98: 565-574.

Iwanzik W, Tevini M, Dohnt G, et al. 1983. Action of UV-B radiation on photosynthetic primary reactions in spinach chloroplasts. Physiologia Plantarum, 58(3): 401-407.

Jacobs J F, Koper G J M, Ursem W N J. 2007. UV protective coatings: a botanical approach. Progress in Organic Coatings, 58(2): 166-171.

Jahnke L S. 1999. Massive carotenoid accumulation in *Dunaliella bardawil* induced by ultraviolet-A radiation. Journal of Photochemistry and Photobiology B Biology, 48(1): 68-74.

Jain K, Kataria S, Guruprasad K N. 2004. Effect of UV-B radiation on antioxidant enzymes and its modulation by benzoquinone and α-tocopherol in cucumber cotyledons. Current Science, 87(1): 87-90.

Jansen M A K. 2002. Ultraviolet-B radiation effects on plants: induction of morphogenic responses. Physiologia Plantarum, 116(3): 423-429.

Jansen M A K, Gaba V, Greenberg B M, et al. 1996. Low threshold levels of ultraviolet-B in a background of photosynthetically active radiation trigger rapid degradation of the D_2 protein of photosystem II. Plant Journal, 9: 693-699.

Jansen M A K, Hectors K, O'Brien N M, et al. 2008. Plant stress and human health: do human consumers benefit from UV-B acclimated crops? Plant Science, 175(4): 449-458.

Jansen M A K, Martret B L, Koornneef M. 2010. Variations in constitutive and inducible UV-B tolerance; dissecting photosystem II protection in *Arabidopsis thaliana* accessions. Physiologia Plantarum, 13 (1): 22-34.

Jansen M A K, Gaba V, Greenberg B M. 1998. Higher plants and UV-B radiation: balancing damage, repair and acclimation. Trends Plant Science, 3(4): 131-135.

Jansen M A K, Van Den Noort R E. 2000. Ultraviolet-B radiation induces complex alteration in stomatal behavior. Physiologia Plantarum, 110(2): 189-194.

Jansen M A K, Van Den Noort R E, Tan M Y A, et al. 2001. Phenol-oxidizing peroxidases contribute to the protection of plants from ultraviolet radiation stress. Plant Physiology, 126(3): 1012-1023.

Jansen M A, Bornman J F. 2012. UV-B radiation: from generic stressor to specific regulator. Physiology Plant, 145(4): 501-504.

Jantaro S, Pothipongsa A, Khanthasuwan S, et al. 2011. Short-term UV-B and UV-C radiations preferentially decrease spermidine contents and arginine decarboxylase transcript levels of *Synechocystis* sp. PCC 6803. Current Microbiology, 62(2): 420-426.

Jaramillo M A. 2006. Using piper species diversity to identify conservation priorities in the Chocó region of Colombia. Biodiversity & Conservation, 15: 1695-1712.

Jeandet P, Delaunois B, Conreux A, et al. 2010. Biosynthesis, metabolism, molecular engineering and biological functions of stilbene phytoalexins in plants. Biofactors, 36(5): 331-341.

Jenkins G I. 1997. UV and blue light signal transduction in *Arabidopsis*. Plant, Cell & Environment, 20(6): 773-778.

Jenkins G I. 2009. Signal transduction in responses to UV-B radiation. Annual Review of Cell and Developmental Biology, 60(1): 407-431.

Jenkins G I. 2014. The UV-B photoreceptor UVR8: from structure to physiology. The Plant Cell, 26(1): 21-37.

Jia G, Wang M-H. 2010. Ultraviolet a-specific induction of anthocyanin biosynthesis and PAL expression in tomato (*Solanum lycopersicum* L.). Plant Growth Regulation, 62(1): 1-8.

Jin H, Cominelli E, Bailey P, et al. 2000. Transcriptional repression by AtMYB4 controls production of UV-protecting sunscreens in *Arabidopsis*. The EMBO Journal, 19(22): 6150-6161.

Johanson U, Gehrke C, Bjorn L O. 1995. The effects of enhanced UV-B radiation on a subarctic heath system.

Ambio, 24(5): 106-111.

John C F, Morris K, Jordan B R, et al. 2001. Ultraviolet exposure leads to up-regulation of senescence associated genes in *Arabidopsis thaliana*. Journal of Experimental Botany, 52(359): 1367-1373.

Johnson D, Campbell C D, Lee J A, et al. 2002. Arctic microorganisms respond more to elevated UV-B radiation than CO_2. Nature, 416(6876): 82-83.

Johnson P S D. 2008. Mimics and magnets: the importance of color and ecological facilitation in floral deception. Ecology, 89(6): 1583-1595.

Johnston H S. 1971. Reduction of stratospheric ozone by nitrogen oxide catalysts from supersonic transport exhaust. Science, 173(3996): 517-522.

Jones J D G, Dangl J L. 2006. The plant immune system. Nature, 444(7117): 323-329.

Jordan B R. 1996. The Effects of ultraviolet-B radiation on plants: a molecular perspective. Advances in Botanical Research, 22(8): 97-162.

Jordan B R. 2017. UV-B radiation and plant life. *In*: Jordan B R. Molecular Biology to Ecology. Wallingford: CABI Press.

Jordan B R, Chow W S, Strid A, et al. 1991. Reduction in *cab* and *psb*A RNA transcripts in response to supplementary ultraviolet-B radiation. Febs Letter, 284(1): 5-8.

Jordan B R, He J, Chow W S, et al. 1992. Changes in mRNA levels and polypeptide subunits of ribulose 1,5-biphosphate carboxylase in response to supplementary ultraviolet-B radiation. Plant Cell Environment, 15(1): 91-98.

Jordan B R, James P E, Strid Å, et al. 1994. The effect of ultraviolet-B radiation on gene expression and pigment composition in etiolated and green pea leaf tissue: UV-B induced changes in gene expression are gene specific and dependent upon tissue development. Plant Cell Environment, 17(1): 45-54.

Joshi P. 2017. UV-B radiation-induced damage of photosynthetic apparatus of green leaves: protective strategies vis-a-vis visible and/or UV-A light. *In*: Singh V P, Singh S, Prasad S M, et al. UV-B Radiation: From Environmental Stressor to Regulator of Plant Growth. 1st ed. New Jersey: John Wiley & Sons, Ltd.

Joshi P N, Gartia S, Pradhan M K, et al. 2011. Photosynthetic response of cluster bean chloroplasts to UV-B radiation: energy imbalance and loss in redox homeostasis between Q_A and Q_B of photosystem II. Plant Science, 181(2): 90-95.

Joux E, Jeffrey W H, Lebaron P, et al. 1999. Marine bacterial isolates display diverse responses to UV-B radiation. Applied & Environmental Microbiology, 65(9): 3820-3827.

Kadivar H, Stapleton A E. 2003. Ultraviolet radiation alters maize phyllosphere bacterial diversity. Microbial Ecology, 45(4): 353-361.

Kadmon R. 1995. Plant competition along soil moisture gradients: a field experiment with the desert annual *Stipe capensis*. Journal of Ecology, 83(2): 253-262.

Kakani V G, Reddy K R, Zhao D, et al. 2003a. Effects of ultraviolet-B radiation on cotton (*Gossypium hirsutum* L.) morphology and anatomy. Annals of Botany, 91(7): 817-826.

Kakani V G, Reddy K R, Zhao D, et al. 2003b. Field crop responses to ultraviolet-B radiation: a review. Agricultural and Forest Meteorology, 120(1): 191-218.

Karpinski S, Escobar C, Karpinska B, et al. 1997. Photosynthetic electron transport regulates the expression of cytosolic ascorbate peroxidase genes in *Arabidopsis* during excess light stress. The Plant Cell, 9(4): 627-640.

Kataria S, Guruprasad K N. 2012. Solar UV-B and UV-A/B exclusion effects on intraspecific variations in crop growth and yield of wheat varieties. Field Crops Research, 125: 8-13.

Kataria S, Guruprasad K N. 2015. Exclusion of solar UV radiation improves photosynthetic performance and yield of wheat varieties. Plant Physiology and Biochemistry, 97: 400-411.

Kataria S, Jajoo A, Guruprasad K N. 2014. Impact of increasing ultraviolet-B (UV-B) radiation on photosynthetic processes. Journal of Photochemistry and Photobiology B: Biology, 137(8): 55-66.

Katerova Z, Ivanov S, Prinsen E, et al. 2009. Low doses of ultraviolet-B or ultraviolet-C radiation affect phytohormones in young pea plants. Biologia Plantarum, 53(2): 365-368.

Kato-Noguchi H, Kujime H, Ino T. 2007. UV-induced momilactone B accumulation in rice rhizosphere. Journal of Plant Physiology, 164(11): 1548-1551.

Keiller D R, Holmes M G. 2001. Effects of long-term exposure to elevated UV-B radiation on the photosynthetic performance of five broad-leaved tree species. Photosynthesis Research, 67(3): 229-240.

Kerr J B, Mcelroy C T. 1993. Evidence for large upward trends of ultraviolet-B radiation linked to ozone depletion. Science, 262(5136): 1032-1034.

Khalil M A K, Rasmussen R A. 1989. Soil as a sink of chlorofluorocarbons and other man-made chlorocarbons. Geophyiscal Research Letters, 16(7): 679-682.

Kim B, Jeong Y J, Corvalan C, et al. 2014. Darkness and gulliver2/phyB mutation decrease the abundance of phosphorylated BZR1 to activate brassinosteroid signaling in *Arabidopsis*. The Plant Journal: for Cell and Molecular Biology, 77(5): 737-747.

Kimura S, Tahira Y, Ishibashi T, et al. 2004. DNA repair in higher plants; photoreactivation is the major DNA repair pathway in non-proliferating cells while excision repair (nucleotide excision repair and base excision repair) is active in proliferating cells. Nucleic Acids Research, 32(9): 2760-2767.

Kliebenstein D J, Lim J E, Landry L G, et al. 2002. *Arabidopsis* UVR8 regulates ultraviolet-B signal transduction and tolerance and contains sequence similarity to human regulator of chromatin condensation 1. Plant Physiology, 130(1): 234-243.

Klironomos J N, Allen M F. 1995. UV-B-mediated changes on below-ground communities associated with the roots of *Acer saccharum*. Functional Ecology, 9(6): 923-930.

Kobayashi S, Ishimaru M, Hiraoka K, et al. 2002. Myb-related genes of the Kyoho grape (*Vitis labruscana*) regulate anthocyanin biosynthesis. Planta, 215(6): 924-933.

Kofidis G, Bosabalidis A M, Moustakas M. 2003. Contemporary seasonal and altitudinal variations of leaf structural features in Oregano (*Origanum vulgare* L.). Annals of Botany, 92(5): 635-645.

Kondo N, Kawashima M. 2000. Enhancement of the tolerance to oxidative stress in cucumber (*Cucumis sativus* L.) seedlings by UV-B irradiation: possible involvement of phenolic compounds and antioxidative enzymes. Journal of Plant Research, 113(3): 311-317.

Kostina E, Wulff A, Julkunen-Tiitto R. 2001. Growth, structure, stomatal responses and secondary metabolites of birch seedlings (*Betula pendula*) under elevated UV-B radiation in the field. Trees (Berlin), 15(8): 483-491.

Koti S, Reddy K R, Kakani V G, et al. 2004. Soybean (*Glycine max*) pollen germination characteristics, flower and pollen morphology in response to enhanced ultraviolet-B radiation. Annals of Botany, 94(6): 855-864.

Kovács V, Gondor O K, Szalai G, et al. 2014. UV-B radiation modifies the acclimation processes to drought or cadmium in wheat. Environmental and Experimental Botany, 100: 122-131.

Kramer G F, Krizek D T, Mirecki R M. 1992. Influence of photo synthetically active radiation and spectral quality on UV-B induced polyamine accumulation in soybean. Phytochemistry, 31(4): 1119-1125.

Kramer G F, Norman H A, Krizek D T, et al. 1991. Influence of UV-B radiation on polyamines, lipid peroxidation and membrane lipids of cucumber. Phytochemistry, 30(7): 2101-2108.

Krasouski A, Zenchanka S. 2017. Theory of Climate Change Communication. Climate Change Management.

Switzerland: Springer International Publishing: 95-106.

Krasylenko Y A, Yemets A I, Sheremet Y A, et al. 2012. Nitric oxide as a critical factor for perception of UV-B irradiation by microtubules in *Arabidopsis*. Physiologia Plantarum, 145(4): 505-515.

Krause G H, Grube E, Virgo A, et al. 2003. Sudden exposure to solar UV-B radiation reduces net CO_2 uptake and photosystem-I efficiency in shade acclimated tropical tree seedlings. Plant Physiology, 131(2): 745-752.

Kravets E. 2011. The role of cell selection for pollen grain fertility after treatment of barley sprouts (*Hordeum distichum* L.) with UV-B Irradiation. Acta Biol Slov, 54(2): 31-41.

Krizek D T, Kramer G F, Upadhyaya A, et al. 1993. UV-B response of cucumber seedlings grown under metal halde and high pressure sodium/deluxe lamps. Physiologia Plantarum, 88(2): 350-358.

Kubo A, Aono M, Nakajima N, et al. 1999. Differential responses in activity of antioxidant enzymes to different environmental stresses in *Arabidopsis thaliana*. Journal of Plant Research, 112(3): 279-290.

Kulandaivelu G, Noorudeen A M. 1983. Comparative study of the action of ultraviolet-C and ultraviolet-B radiation on photosynthetic electron transport. Physiologia Plantarum, 58(3): 389-394.

Kumagai T, Hidema J, Kang H S, et al. 2001. Effects of supplemental UV-B radiation on the growth and yield of two cultivars of Japanese lowland rice (*Oryza sativa* L.) under the field in a cool rice-growing region of Japan. Agriculture, Ecosystems & Environment, 83(1-2): 201-208.

Kumari R, Singh S, Agrawal S B. 2010. Response of ultraviolet-B induced antioxidant defense system in a medicinal plant, *Acorus calamus*. Journal of Environmental Biology, 31(6): 907-911.

Kunz B A, Dando P K, Grice D M, et al. 2008. UV-induced DNA damage promotes resistance to the biotrophic pathogen *Hyaloperonospora parasitica* in *Arabidopsis*. Plant Physiology, 148(2): 1021-1031.

Kuo Y M, Lin H J. 2010. Dynamic factor analysis of long-term growth trends of the intertidal seagrass *Thalassia hemprichii* in southern Taiwan. Estuarine, Coastal and Shelf Science, 86(2): 225-236.

Landry L G, Chapple C C S, Last R L. 1995. *Arabidopsis* mutants lacking phenolic sunscreens exhibit enhanced ultraviolet-B injury and oxidative damage. Plant Physiology, 109(4): 1159-1166.

Larkum A W D, Karge M, Reifarth F, et al. 2001. Effect of monochromatic UV-B radiation on electron transfer reactions of photosystem II. Photosynthesis Research, 68(1): 49-60.

Larsson E H, Bornman J F, Asp H. 2001. Physiological effects of cadmium and UV-B radiation in phytochelatin-deficient *Arabidopsis thaliana*, cad1-3. Functional Plant Biology, 28(6): 505-512.

Laut S L, Eno E, Goldstein G, et al. 2006. Ambient levels of UV-B in Hawaii combined with nutrient deficiency decrease photosynthesis in near-isogenic maize lines varying in leaf flavonoids: flavonoids decrease photoinhibition in plants exposed to UV-B. Photosynthetica: International Journal for Photosynthesis Research, 3(3): 394-403.

Lavola A, Nybakken L, Rousi M, et al. 2013. Combination treatment of elevated UVB radiation, CO_2 and temperature has little effect on silver birch (*Betula pendula*) growth and phytochemistry. Physiologia Plantarum, 149(4): 499-514.

Lea P J, Miflin B J. 1980. Transport and metabolism of asparagine and other nitrogen compounds within the plant. Amino Acids and Derivatives, A Comprehensive Treatise, 16: 569-607.

Leasure C D, Tong H Y, Yuen G G, et al. 2009. Root UV-B sensitive 2 acts with root UV-B sensitive1 in a root ultraviolet B-sensing pathway. Plant Physiology, 150(4): 1902-1915.

Lee D W, Lowry J B. 1980. Young-leaf anthocyanin and solar ultraviolet. Biotropica, 12(1): 75-76.

Lee J, Zhou P. 2007. DCAFs, the missing link of the CUL4-DDB1 ubiquitin ligase. Molecular Cell, 26(6): 775-780.

Leimu R, Kloss L, Fischer M. 2012. Inbreeding alters activities of the stress-related enzymes chitinases and β-1,3-Glucanases. PloS ONE, 7(8): e42326.

Li H R, Li Y X, Deng H, et al. 2018a. Tomato UV-B receptor SlUVR8 mediates plant acclimation to UV-B radiation and enhances fruit chloroplast development via regulating SlGLK2. Scientific Report, 8: 6097.

Li J, Ou Lee T M, Raba R. 1993. *Arabidopsis* flavonoid mutants are hypersentive to UV radiation. Plant Cell, 5: 170-179.

Li Q, Liu X, Yue M, et al. 2011a. Response of physiological integration in *Trifolium repens* to heterogeneity of UV-B radiation. Flora-Morphology, Distribution, Functional Ecology of Plants, 206(8): 712-719.

Li Q, Liu X, Yue M, et al. 2011b. Effects of physiological integration on photosynthetic efficiency of *Trifolium repens* in response to heterogeneity of UV-B radiation. Photosynthetica, 49(4): 539-545.

Li X, He Y, Xie C M, et al. 2018b. Effects of UV-B radiation on the infectivity of *Magnaporthe oryzae* and rice disease-resistant physiology in Yuanyang terraces. Photochemical & Photobiological Sciences, 17(1): 8-17.

Li Y, He L L, Zu Y Q. 2010. Intraspecific variation in sensitivity to ultraviolet-B radiation in endogenous hormones and photosynthetic characteristics of 10 wheat cultivars grown under field conditions. South African Journal of Botany, 76(3): 493-498.

Li Y, He Y M, Zu Y Q, et al. 2011c. Identification and cloning of molecular markers for UV-B tolerant gene in wild sugarcane (*Saccharum spontaneum* L.). Journal of Photochemistry and Photobiology B: Biology, 105(2): 119-125.

Li Y, Yue M, Wang X L, et al. 1999. Competition and sensitivity of wheat and wild oat exposed to enhanced UV-B radiation at different densities under field conditions. Environmental and Experimental Botany, 41(1): 47-55.

Li Y, Yue M, Wang X L. 1998. Effects of enhanced ultraviolet-B radiation on crop structure, growth and yield components of spring wheat under field conditions. Field Crops Research, 57(3): 253-263.

Li Y, Zu Y Q, Bao L, et al. 2014. The responses of spatial situation, surface structure characteristics of leaves and sensitivity of two local rice cultivars to enhanced UV-B radiation under terraced agricultural ecosystem. Acta Physiologiae Plantarum, 36(10): 2755-2766.

Li Y, Zu Y Q, Chen H, et al. 2000a. Intraspecific responses in crop growth and yield of 20 wheat cultivars to enhanced ultraviolet-B radiation under field conditions. Field Crops Research, 67(1): 25-33.

Li Y, Zu Y Q, Chen J J, et al. 2000b. Intraspecific differences in physiological response of 20 wheat cultivars to enhanced ultraviolet-B radiation under field conditions. Environmental and Experimental Botany, 44(2): 95-103.

Li Y, Zu Y Q, Chen J J, et al. 2002. Intraspecific responses in crop growth and yield of 20 soybean cultivars to enhanced ultraviolet-B radiation under field conditions. Field Crops Research, 78(1): 1-8.

Li Z F, Zhang L X, Yu Y W, et al. 2011d. The ethylene response factor AtERF11 that is transcriptionally modulated by the bZIP transcription factor HY5 is a crucial repressor for ethylene biosynthesis in *Arabidopsis*. The Plant Journal, 68(1): 88-99.

Liakopoulos G, Stavrianakou S, Karabourniotis G. 2006. Trichome layers versus dehaired lamina of *Olea europaea* leaves: differences in flavonoid distribution, UV-absorbing capacity, and wax yield. Environmental and Experimental Botany, 55(3): 294-304.

Liakoura V, Manetas Y, Karabourniotis G. 2001. Seasonal fluctuation in the concentration of UV-absorbing compounds in the leaves of some mediterranean plants under field condition. Physiologia Plantarum, 111(4): 491-500.

Liang T, Mei S L, Shi C, et al. 2018. UVR8 Interacts with BES1 and BIM1 to regulate transcription and photomorphogenesis in *Arabidopsis*. Developmental Cell, 44(4): 512-523.

Liang T, Yang Y, Liu H. 2019. Signal transduction mediated by the plant UV-B photoreceptor UVR8. New Phytologist, 221(3): 1247-1252.

Liang Y, Beardall J, Heraud P. 2006. Effects of nitrogen source and UV radiation on the growth, chlorophyll fluorescence and fatty acid composition of *Phaeodactylum tricornutum* and *Chaetoceros muelleri* (Bacillarlophyceae). Journal of Photochemistry and Photobiology B: Biology: Official Journal of the European Society for Photobiology, 3(3): 161-172.

Lidon F C. 2012. Micronutrients' accumulation in rice after supplemental UV-B irradiation. Journal of Plant Interactions, 7(1):19-28.

Lidon F C, Henriques F S. 1993. Oxygen metabolism in higher plant chloroplasts. Photosynthetica, 29 (2): 249-279.

Lidon F C, Ramalho J C. 2011. Impact of UV-B irradiation on photosynthetic performance and chloroplast membrane components in *Oryza sativa* L. Journal of Photochemistry and Photobiology B: Biology, 104(3): 457-466.

Lidon F C, Teixeira M, Ramalho J C. 2012a. Decay of the chloroplast pool of ascorbate switches on the oxidative burst in UV-B-irradiated rice. Journal of Agronomy and Crop Science, 198(2): 130-144.

Lidon F J C, Reboredo F H, Leitão A E, et al. 2012b. Impact of UV-B radiation on photosynthesis-an overview. Emirates Journal of Food and Agriculture, 24(6): 546-556.

Lin Y, Jamieson D. 1992. Effects of antioxidants on oxygen toxicity *in vivo* and lipid peroxidation *in vitro*. Pharmacology Toxicology, 70(4): 271-277.

Lindroth R L, Hofmann R W, Campbell B D, et al. 2000. Population differences in *Trifolium repens* L. response to ultraviolet-B radiation: foliar chemistry and consequences for two *Lepidopteran herbivores*. Oecologia, 122(1): 20-28.

Liu B, Liu X B, Li Y S, et al. 2013. Effects of enhanced UV-B radiation on seed growth characteristics and yield components in soybean. Field Crops Research, 154: 158-163.

Liu H, Cao X, Liu X, et al. 2017. UV-B irradiation differentially regulates terpene synthases and terpene content of peach: UV-B regulates peach volatile production. Plant Cell & Environment, 40(10): 2261-2275.

Liu J, Wei L, Wang C M, et al. 2006. Effect of water deficit on self-thinning line in spring wheat (*Triticum aestivum* L.) populations. Journal of Integrative Plant Biology, 48(4): 415-419.

Liu L, White M J, MticRfie T H. 2002. Identification of ultraviolet-B responsive genes in the pea, *Pisum sativum* L. Plant Cell Reports, 20: 1067-1074.

Liu L X, Xu S M, Woo K C. 2005. Solar UV-B radiation on growth, photosynthesis and the xanthophyll cycle in tropical acacias and eucalyptus. Environmental and Experimental Botany, 54(2): 121-130.

Liu X, Chi H, Yue M, et al. 2012. The regulation of exogenous jasmonic acid on UV-B stress tolerance in wheat. Journal of Plant Growth Regulation, 31(3): 436-447.

Liu X, Li Q, Yue M, et al. 2015. Nitric oxide is involved in integration of UV-B absorbing compounds among parts of clonal plants under a heterogeneous UV-B environment. Physiologia Plantarum, 155(2): 180-191.

Llabrés M, Agustí S. 2010. Effects of UV irradiance on growth, cell death and the standing stock of Antarctic phytoplankton. Aquatic Microbial Ecology, 59(2):151-160.

Llorens L, Josep P. 2005. Experimental evidence of future drier and warmer conditions affecting flowering of two co-occurring mediterranean shrubs. International Journal of Plant Sciences, 166(2): 235-245.

Logemann E, Wu S C, Schröder J, et al. 1995. Gene activation by UV light, fungal elicitor or fungal infection in *Petroselinum crispum* is correlated with repression of cell cycle-related genes. The Plant Journal, 8(6):

865-876.

Lois R, Buchananb B. 1994. Severe sensitivity to UV radiation in an *Arabidopsis mutant* deficient in a flavonoid accumulation. Planta, 194: 504-509.

Lourenco S O, Barbarino E, Mancini-filho J. 2002. Effects of different nitrogen sources on the growth and biochemical profile of 10 marine microalgae in batch culture: an evaluation for aquaculture. Phycologia, (41): 158-168.

Lovelock C E, Clough B F, Woodrow I E. 1992. Distribution and accumulation of ultraviolet-radiation-absorbing compounds in leaves of tropical mangroves. Planta, 188(2): 143-154.

Lu Y, Duan B, Zhang X, et al. 2009. Intraspecific variation in drought response of *Populus cathayana* grown under ambient and enhanced UV-B radiation. Annals of Forest Science, 66(6): 613.

Luo X M, Lin W H, Zhu S W, et al. 2010. Integration of light- and brassinosteroid-signaling pathways by a GATA transcription factor in *Arabidopsis*. Developmental Cell, 19(6): 872-883.

Mackerness S H A. 2000. Plant responses to ultraviolet-B (UV-B: 280-320 nm) stress: what are the key regulators? Plant Growth Regulation, 32(1): 27-39.

Mackerness S A H, John C F, Jordan B, et al. 2001. Early signaling components in ultraviolet-B responses: distinct roles for different reactive oxygen species and nitric oxide. Febs Letters, 489(2-3): 237-242.

Mackerness S A H, Jordan B R, Thomas B. 1999a. Reactive oxygen species in the regulation of photosynthetic genes by ultraviolet-B radiation (UV-B: 280-320 nm) in green and etiolated buds of pea (*Pisum sativum* L.). Journal of Photochemistry and Photobiology B: Biology, 48(2): 180-188.

Mackerness S A H, Surplus S L, Blake P, et al. 1999b. Ultraviolet-B-induced stress and changes in gene expression in *Arabidopsis thaliana*: role of signaling pathways controlled by jasmonic acid, ethylene and reactive oxygen species. Plant, Cell and Environment, 22(11): 1413-1423.

Mackerness S A H, Liu L, Thomas B, et al. 1998. Individual members of the light-harvesting complex II chlorophyll a/b-binding protein gene family in pea (*Pisum sativum*) show differential responses to ultraviolet-B radiation. Physiologia Plantarum, 103(3): 377-384.

Madronich S, McKenzie R L, Björn L O, et al. 1998. Changes in biologically active ultraviolet radiation reaching the earth's surface. Journal of Photochemistry and Photobiology B: Biology, 46(1-3): 5-19.

Madronich S, McKenzie R L, Caldwell M, et al. 1995. Changes in ultraviolet-radiation reaching the earths surface. Ambio, 24(3): 143-152.

Mahdavian K, Ghorbanli M, Kalantari K M. 2008. The effects of ultraviolet radiation on the contents of chlorophyll, flavonoid, anthocyanin and proline in *Capsicum annuum* L. Turkish Journal of Botany, 32(1): 25-33.

Malčovská S M, Dučaiová Z, Bačkor M. 2014. Impact of silicon on maize seedlings exposed to short-term UV-B irradiation. Biologia, 69(10): 1349-1355.

Malone L A, Pu Q, Mayneord G E, et al. 2019. Cryo-EM structure of the spinach cytochrome b_6f complex at 3.6 Å resolution. Nature, 575(7783): 535-539.

Manning W J, Tiedemann A V. 1993. Climate change: potential effects of increased atmospheric carbon dioxide (CO_2), ozone (O_3), and ultraviolet-B (UV-B) radiation on plant diseases. Environmental Pollution, 88(2): 219-245.

Mark U, Saile-Mark M, Tevini M. 1996. Effects of solar UV-B radiation on growth, flowering and yield of central and southern European maize cultivars (*Zea mays* L.). Photochemistry and Photobiology, 64(3): 457-463.

Marroquin-Guzman M, Hartline D, Wright J D, et al. 2017. The *Magnaporthe oryzae* nitrooxidative stress response suppresses rice innate immunity during blast disease. Nature Microbiology, 2(7): 17054.

Martin M P L D, Field R J. 1987. Competition between vegetative plants of wild oat (*Avena fatua* L.) and wheat (*Triticum aestivum* L.). Weed Research, 27(2): 119-124.

Martínez-Lüscher J, Sánchez-Díaz M, Delrot S, et al. 2016. Ultraviolet-B alleviates the uncoupling effect of elevated CO_2 and increased temperature on grape berry (*Vitis vinifera* cv. Tempranillo) anthocyanin and sugar accumulation. Australian Journal of Grape and Wine Research, 22(1): 87-95.

Mathew R, Khan S U. 1996. Photodegradation of metolachlor in water in the presence of soil mineral and organic constituents. Journal of Agricultural and Food Chemistry, 44(12): 3996-4000.

Matkowski A, Zielińska S, Oszmianski J, et al. 2008. Antioxidant activity of extracts from leaves and roots of *Salvia miltiorrhiza* Bunge, *S. przewalskii* Maxim, and *S. verticillata* L. Bioresource Technology, 99: 7892-7896.

Matsuura S, Ishikura S. 2014. Suppression of tomato mosaic virus disease in tomato plants by deep ultraviolet irradiation using light-emitting diodes. Letters in Applied Microbiology, 59(5): 457-463.

Matus J T, Loyola R, Vega A, et al. 2009. Post-veraison sunlight exposure induces MYB-mediated transcriptional regulation of anthocyanin and flavonol synthesis in berry skins of *Vitis vinifera*. Journal of Experimental Botany, 60(3): 853-867.

Maurya D K, Devasagayam T P A. 2010. Antioxidant and prooxidant nature of hydroxyl cinnamic acid derivatives ferulic and caffeic acids. Food and Chemical Toxicology, 48(12): 3369-3373.

Mazza C A, Ballaré C L. 2015. Photoreceptors UVR 8 and phytochrome B cooperate to optimize plant growth and defense in patchy canopies. New Phytologist, 207(1): 4-9.

Mazza C A, Izaguirre M M, Javier C, et al. 2010. A look into the invisible: ultraviolet-B sensitivity in an insect (*Caliothrips phaseoli*) revealed through a behavioural action spectrum. Proceedings of the Royal Society B: Biological Sciences, 277(1680): 367-373.

Mazza C A, Zavala J, Scopel A L, et al. 1999. Perception of solar UVB radiation by phytophagous insects: behavioral responses and ecosystem implications. Proceedings of the National Academy of Sciences, 96(3): 980-985.

McCloud E S, Berenbaum M R. 1994. Stratospheric ozone depletion and plant insect interactions: effects of UVB radiation on foliage quality of *Citrus jambhiri* for *Trichoplusiani*. Journal of Chemical Ecology, 20(3): 525-539.

McDermitt D K, Loomis R S. 1981. Elemental composition of biomass and its relation to energy content, growth efficiency, and growth yield. Annals of Botany, 48(3): 275-290.

McKenzie R L, Johnston P V, Smale D, et al. 2001. Altitude effects on UV spectral irradiance deduced from measurements at Lauder, New Zealand, and at Mauna Loa Observatory, Hawaii. Journal of Geophysical Research: Atmospheres, 106(D19): 22845-22860.

Mclenman A G. 1987. DNA damage, repair, and mutagenesis. *In*: Bryant J A, Dunham V L. DNA Replication in Olants. Boca Raton: CRC Press: 135-186.

McLeod A R, Fry S C, Loake G J, et al. 2008. Ultraviolet radiation drives methane emissions from terrestrial plant pectins. New Phytologist, 180(1): 124-132.

Mcleod A R, Newsham K K, Fry S C. 2007. Elevated UV-B radiation modifies the extractability of carbohydrates from leaf litter of *Quercus robur*. Soil Biology and Biochemistry, 39(1): 116-126.

McSteen P, Zhao Y. 2008. Plant hormones and signaling: common themes and new developments. Developmental Cell, 14(4): 467-473.

Meißner D, Albert A, Böttcher C, et al. 2008. The role of UDP-glucose: hydroxycinnamate glucosyl transferases in phenylpropanoid metabolism and the response to UV-B radiation in *Arabidopsis thaliana*. Planta, 228(4): 663-674.

Melis A, Nemson J A, Harrison M A. 1992. Damage to functional components and partial degradation of photosystem II reaction center proteins upon chloroplast exposure to ultraviolet-B radiation. Biochimica et Biophysica Acta (BBA)-Bioenergetics, 1100(3): 312-320.

Mepsted R, Paui N D, Stephen J L, et al. 1996. Effects of enhanced UV-B radiation on pea (*Pisum sativum* L.) grown under field conditions in the UK. Global Change Biology, 2(4): 325-334.

Merkle T, Frohnmeyer H, Schulze-Lefert P, et al. 1994. Analysis of the parsley chalcone-synthase promoter in response to different light qualities. Planta, 193(2): 275-282.

Mewis I, Schreiner M, Nguyen C N, et al. 2012. UV-B irradiation changes specifically the secondary metabolite profile in broccoli sprouts: induced signaling overlaps with defense response to biotic stressors. Plant and Cell Physiology, 53(9): 1546-1560.

Miller C C, Hale P, Pentland A P. 1994. Ultraviolet B injury increases prostaglandin synthesis through a tyrosine kinase-dependent pathway. Evidence for UVB-induced epidermal growth factor receptor activation. Journal of Biological Chemistry, 269(5): 3529-3533.

Mirecki R M, Teramura A H. 1984. Effects of ultraviolet-B irradiance on soybean: V. The dependence of plant sensitivity on the photosynthetic photon flux density during and after leaf expansion. Plant Physiology, 74(3): 475-480.

Mittler R. 2002. Oxidative stress, antioxidants and stress tolerance. Trends in Plant Science, 7(9): 405-410.

Mohammed A R, Rounds E W, Tarpley L. 2007. Response of rice (*Oryza sativa* L.) tillering to sub-ambient levels of ultraviolet-B radiation. Journal of Agronomy and Crop Science, 193(5): 324-335.

Mohammed A R, Tarpley L. 2013. Effects of enhanced ultraviolet-B (UV-B) radiation and antioxidative-type plant growth regulators on rice (*Oryza sativa* L.) leaf photosynthetic rate, photochemistry and physiology. Journal of Agricultural Science, 5(5): 115-128.

Mohammed A R, Tarpley L. 2011. Morphological and physiological responses of nine southern US rice cultivars differing in their tolerance to enhanced ultraviolet-B radiation. Environmental and Experimental Botany, 70(2-3): 174-184.

Molina M J, Rowland F S. 1974. Stratospheric sink for chlorofluoromethanes: chlorine atom-catalysed distribution of ozone. Nature, 249(5460): 810-812.

Moody S A, Newsham K K, Ayres P G, et al. 1999. Variation in the responses of litter and phylloplane. Mycological Research, 103(11): 1469-1477.

Moody S A, Paul N D, Björn L O, et al. 2001. The direct effects of UV-B radiation on *Betula pubescens* litter decomposing at four European field sites. Plant Ecology, 154(1-2): 27-36.

Mooney H A, Gulmon S L. 1982. Constraints on leaf structure and function in reference to herbivory. Bio Science, 32(3): 198-206.

Moorhead D L, Callaghan T. 1994. Effects of increasing ultraviolet B radiation on decomposition and soil organic matter dynamics: a synthesis and modelling study. Biology and Fertility of Soils, 18: 19-26.

Morcuende R, Krapp A, Hurry V, et al. 1998. Sucrose-feeding leads to increased rates of nitrate assimilation, increased rates of α-oxoglutarate synthesis, and increased synthesis of a wide spectrum of amino acids in tobacco leaves. Planta, 206: 394-409.

Mori T, Sakurai M, Sakuta M. 2001. Effects of conditioned medium on activities of PAL, CHS, DAHP synthase (DS-Co and DS-Mn) and anthocyanin production in suspension cultures of *Fragaria ananassa*. Plant Science, 60(1): 355-360.

Mörsky S K, Haapala J K, Rinnan R, et al. 2012. Minor long-term effects of ultraviolet-B radiation on methane dynamics of a subarctic fen in Northern Finland. Biogeochemistry, 108(1-3): 233-243.

Müller-Xing R, Xing Q, Goodrich J. 2014. Footprints of the sun: memory of UV and light stress in plants.

Frontiers in Plant Science, 5(14): 474.

Muñoz-Rodríguez A F, Tormo R, Silva M I. 2011. Pollination dynamics in *Vitis vinifera* L. American Journal of Enology and Viticulture, 62(1): 113-117.

Murakami T, Matsuba S, Funatsuki H, et al. 2004. Over-expression of a small heat shock protein, sHSP17.7, confers both heat tolerance and UV-B resistance to rice plants. Molecular Breeding, 13(2): 165-175.

Murali N S, Teramura A H. 1985a. Effects of ultraviolet-B irradiance on soybean. VI. Influence of phosphorus nutrition on growth and flavonoid content. Physiologia Plantarum, 63(4): 413-416.

Murali N S, Teramura A H. 1985b. Effects of enhanced ultraviolet-B irradiance on soybean VII. Biomass and concentration and uptake of nutrients at varying supply. Journal of Plant Nutrition, 8(2): 177-192.

Murali N S, Teramura A H. 1986. Intraspecific differences in *Cucumis sativus* sensitivity to ultraviolet-B radiation. Physiologia Plantarum, 68(4): 673-677.

Murali N S, Teramura A H. 2008. Effectiveness of UV-B radiation on the growth and physiology of field grown soybean modified by water stress. Photochemistry and Photobiology, 44(2): 215-219.

Murphy T M, Wright Jr L A, Murphy J B. 1975. Inhibition of protein synthesis in cultured tobacco cells by ultraviolet radiation. Photochemistry and Photobiology, 21(4): 219-225.

Musil C F. 1994. Ultraviolet-B irradiation of seeds affects photochemical and reproductive performance of the arid-environment ephemeral *Dimorphotheca pluvialis*. Environmental & Experimental Botany, 34(4): 371-378.

Musil C F. 1995. Differential effects of elevated ultraviolet-B radiation on the photochemical and reproductive performances of dicotyledonous and monocotyledonous arid-environment ephemerals. Plant, Cell & Environment, 18(8): 844-854.

Musil C F, Chimphango S B M, Dakora F D. 2002. Effects of ele-vated ultraviolet-B radiation on native and cultivated plants of southern Africa. Annals of Botany, 90(1): 127-137.

Musil C F, Kgope B S, Chimphango S B M, et al. 2003. Nitrate additions enhance the photosynthetic sensitivity of a nodulated South African Mediterranean-climate legume (*Podalyria calyptrata*) to elevated UV-B. Environmental and Experimental Botany, 50(3): 197-210.

Musil C F, Wand S J E. 2006. Differential stimulation of an arid-environment winter ephemeral *Dimorphotheca pluvialis* (L.) Moench by ultraviolet-B radiation under nutrient limitation. Plant Cell and Environment, 17(3): 245-255.

Musil C F, Wand S J E. 1993. Responses of sclerophyllous Ericaceae to enhanced levels of ultraviolet-B radiation. Environmental and Experimental Botany, 33(2): 233-242.

Nagashima H, Terashima I. 1995. Relationships between height, diameter and weight distributions of *Chenopodium album* plants in stands: effects of dimension and allometry. Annals of Botany, 75(2): 181-188.

Nagashima H, Terashima I, Katoh S. 1995. Effects of plant density on frequency distributions of plant height in *Chenopodium album* stands: analysis based on continuous monitoring of height-growth of individual plants. Annals of Botany, 75(2): 173-180.

Nagy T O S, Sola G, Sontag J, et al. 2011. Identification of phenolic components in dried spices and influence of irradiation. Food Chemistry, 128(2): 530-534.

Naoe H, Matsumoto T, Ueno K, et al. 2020. Bias correction of multi-sensor total column ozone satellite data for 1978-2017. Journal of Meteorological Society of Japan, 98(2).

Nascimento É, da Silva S H, Marques E R, et al. 2010. Quantification of cyclobutane pyrimidine dimers induced by UV-B radiation in conidia of the fungi *Aspergillus fumigatus*, *Aspergillus nidulans*, *Metarhizium acridum* and *Metarhizium robertsii*. Photochemistry and Photobiology, 86(6): 1259-1266.

Nawkar G M, Maibam P, Park J H, et al. 2013. UV-induced cell death in plants. International Journal of Molecular Sciences, 14(1): 1608-1628.

Nedunchezhian N, Annamalainathan K, Kulandaivelu G. 1992. Induction of heat shock-like proteins in *Vigna sinensis* seedlings growing under ultraviolet-B (280-320 nm) enhanced radiation. Physiologia Plantarum, 85(3): 503-506.

Nedunchezhian N, Kulandaivelu G. 1996. Effects of ultraviolet-B radiation in the CO_2 fixation, photosystem II activity and spectroscopic properties of the wild and mutant anacystis cells. Acta Physiologia Plantarum, 18: 39-45.

Nedunchezhian N, Kulandaivelu G. 1991. Evidence for the ultraviolet-B (280-320 nm) radiation induced structural reorganization and damage of photosystem II polypeptides in isolated chloroplasts. Physiologia Plantarum, 81(4): 558-562.

Negash L, Jensén P, Björn L O. 1987. Effect of ultraviolet radiation on accumulation and leakage of $^{86}Rb^+$ in guard cells of *Vicia faba*. Physiologia Plantarum, 69(2): 200-204.

Neitzke M, Therburg A. 2003. Seasonal changes in UV-B absorption in beech leaves (*Fagus sylvatica* L.) along an elevation gradient. Forstwiss Centralbl, 122(1): 1-21.

Newsham K K, Greenslade P D, Kennedy V H, et al. 1999. Elevated UV radiation incident on *Quercus robur* leaf canopies enhances decomposition of resulting leaf litter in soil. Global Change Biology, 5(4): 403-409.

Newsham K K, McLeod A R, Roberts J D, et al. 1997. Direct effects of elevated UV-B radiation on the decomposition of *Quercus robur* leaf litter. Oikos, 79(3): 592-602.

Newsham K K, Robinson S A. 2009. Responses of plants in Polar regions to UVB exposure: a meta-analysis. Global Change Biology, 15(11): 2574-2589.

Newsham K K, Splatt P, Coward P A, et al. 2001. Negligible influence of elevated UV-B radiation on leaf litter quality of *Quercus robur*. Soil Biology and Biochemistry, 33(4-5): 659-665.

Nguyen C T T, Kim J, Yoo K S, et al. 2014. Effect of prestorage UV-A, -B and -C radiation on fruit quality and anthocyanin of 'Duke' blueberries during cold storage. Journal of Agricultural and Food Chemistry, 62 (50): 12144-12151.

Niciforovic N, Mihailovic V, Mašković P, et al. 2010. Antioxidant activity of selected plant species; potential new sources of natural antioxidants. Food and Chemical Toxicology, 48(11): 3125-3130.

Niu F, He J, Zhang G, et al. 2014. Effects of enhanced UV-B radiation on the diversity and activity of soil microorganism of alpine meadow ecosystem in Qinghai-Tibet Plateau. Ecotoxicology, 23(10): 1833-1841.

Nogués S, Allen D J, Morison J I L, et al. 1999. Characterization of stomatal closure caused by ultraviolet-B radiation. Plant Physiology, 121(2): 489-496.

Nogués S, Baker N R. 2000. Effects of drought on photosynthesis in Mediterranean plants grown under enhanced UV-B radiation. Journal of Experimental Botany, 51(348): 1309-1317.

Nogués S, Baker N R. 1995. Evaluation of the role of damage to photosystem II in the inhibition of CO_2 assimilation in pea leaves on exposure to UV-B radiation. Plant Cell and Environment, 18(7): 781-787.

Noh Y S, Amasino R M. 1999. Identification of a promoter region responsible for the senescence-specific expression of SAG12. Plant Molecular Biology, 41(2): 181-194.

Noriaki K, Mika K. 2000. Enhancement of the tolerance to oxidative stress in cucumber seedling by UV-B irradiation: possible involvement of phenolic compounds and oxidative enzyme. Journal of Plant Research, 113(3): 311-317.

Norton L R, Mcleod A R, Greenslade P D, et al. 1999. Elevated UV-B radiation effects on experimental grassland communities. Global Change Biology, 5(5): 601-608.

Nouchi I, Ito O, Harazono Y, et al. 1991. Effects of chronic ozone exposure on growth, root respiration and nutrient uptake of rice plants. Environmental Pollution, 74(2): 149-164.

Nybakken L, Bilger W. 2004. Epidermal transmittance for UV-B radiation in arcticalpine vascular plant species. Mitteilungen zur Kieler Polarforschung, 20: 2-4.

O'Donovan J T, Remy E A D S, O'Sullivan P A, et al. 1985. Influence of the relative time of emergence of wild oat (*Avena fatua*) on yield loss of barley (*Hordeum vulgare*) and wheat (*Triticum aestivum*). Weed Science, 33(4): 498-503.

Ohta H, Shida K, Peng Y L, et al. 1991. A lipoxygenase pathway is activated in rice after infection with the rice blast fungus *Magnaporthe grisea*. Plant Physiology, 97(1): 94-98.

Okada M, Kitajima M, Buder W L. 1976. Inhibition of photosystem I and photosystem II in chloroplasts by UV radiation. Plant and Cell Physiology, 17(1): 35-43.

Olsson L C, Veit M, Borman J F. 1999. Epidermal transmittance and phenolic composition in leaves of atrazine-tolerant and atrazine-sensitive cultivars of *Brassica napus* grown under enhanced UV-B radiation. Physiologia Plantarum, 107(3): 259-266.

Olsson L C, Veit M, Weissenbock G, et al. 1998. Differential flavonoid response to enhanced UV-B radiation in *Brasica napus*. Phytochemistry, 49(4): 1021-1028.

Onoda Y, Hikosaka K, Hirose T. 2004. Seasonal change in the balance between capacities of RuBP carboxylation and RuBP regeneration affects CO_2 response of photosynthesis in *Polygonum cuspidatum*. Journal of Experimental Botany, 56(412): 755-763.

Outridge P M, Hutchinson T C. 1990. Effects of cadmium on integration and resource allocation in the clonal fern *Salvinia molesta*. Oecologia, 84(2): 215-223.

Pan W S, Zheng L P, Tian H. 2014. Transcriptome responses involved in artemisinin production *Artemisia annua* L. under UV-B radiation. Journal of Photochemistry and Photobiology B: Biology, 140: 292-300.

Panagopoulos I, Bornman J F, Björn L O. 1990. Effects of ultraviolet radiation and visible light on growth, fluorescence induction, ultraweak luminescence and peroxidase activity in sugar beet plants. Journal of Photochemistry and Photobiology B: Biology, 8(1): 73-87.

Panagopoulos I, Bornman J F, Björn L O. 1992. Response of sugar beet plants to ultraviolet-B (280-320 nm) radiation and *Cercospora* leaf spot disease. Physiologia Plantarum, 84(1): 140-145.

Pancotto V A, Sala O E, Cabello M, et al. 2003. Solar UV-B decreases decomposition in herbaceous plant litter in Tierra del Fuego, Argentina: potential role of an altered decomposer community. Global Change Biology, 9(10): 1465-1474.

Park J S, Choung M G, Kim J B, et al. 2007. Genes up-regulated during red coloration in UV-B irradiated lettuce leaves. Plant Cell Reports, 26(4): 507-516.

Parton W J, Schimel D S, Cole C V, et al. 1987. Analysis of factors controlling soil organic matter levels in great plains grasslands. Soil Science Society of America Journal, 51(5): 1173-1179.

Paul N D, Gwynn-Jones D. 2003. Ecological roles of solar UV radiation: towards an integrated approach. Trends in Ecology and Evolution, 18(1): 48-55.

Paul R B, Thomas M B. 2000. Differential effects of short-term exposure to ultraviolet-B radiation upon photosynthesis in cotyledons of a resistant and a susceptible species. International Journal of Plant Sciences, 161 (5): 771-778.

Pearcy R W, Tumosa N, Williams K. 1981. Relationships between growth, photosynthesis and competitive interactions for a C_3 and C_4 plant. Oecologia, 48(3): 371-376.

Pedro J A, Elina M V, Tania M R, et al. 2009. Does supplemental UV-B radiation affect gas exchange and

Rubisco activity of *Betula pendula* Roth. seedlings grown in forest soil under greenhouse conditions? Plant Ecology & Diversity, 2: 37-43.

Peng Q, Zhou Q. 2009. The endogenous hormones in soybean seedlings under the joint actions of rare earth element La (III) and ultraviolet-B stress. Biological Trace Element Research, 132(1-3): 270-277.

Peng S, Jiang H, Zhang S, et al. 2012. Transcriptional profiling reveals sexual differences of the leaf transcriptomes in response to drought stress in *Populus yunnanensis*. Tree Physiology, 32(12): 1541-1555.

Pfahler P L. 1981. *In vitro* germination characteristics of maize pollen to detect biological activity of environmental pollutants. Environmental Health Perspectives, 37(1): 125-132.

Pickett S T A, Bazzaz F A. 1978. Organization of an assemblage of early successional species on a soil moisture gradient. Ecology, 59(6): 1248-1255.

Pinto M E, Casati P, Hsu T P, et al. 1999. Effects of UV-B radiation on growth, photosynthesis, UV-B-absorbing compounds and NADP-malic enzyme in bean (*Phaseolus vulgaris* L.) grown under different nitrogen conditions. Journal of Photochemistry & Photobiology, B: Biology, 48(2): 200-209.

Piofczyk T, Jeena G, Pecinka A. 2015. Arabidopsis thaliana natural variation reveals connections between UV radiation stress and plant pathogen-like defense responses. Plant Physiology and Biochemistry, 93: 34-43.

Pontin M A, Piccoli P N, Francisco R, et al. 2010. Transcriptome changes in grapevine (*Vitis vinifera* L.) cv. Malbec leaves induced by ultraviolet-B radiation. BMC Plant Biology, 10(1): 224.

Prado F E, Rosa M, Prado C, et al. 2012. UV-B Radiation, Its Effects and Defense Mechanisms in Terrestrial Plants. Environmental Adaptations and Stress Tolerance of Plants in the Era of Climate Change. New York: Springer: 57-83.

Prasad S M, Zeeshan M. 2005. UV-B radiation and cadmium induced changes in growth, photosynthesis, and antioxidant enzymes of cyanobacterium *Plectonema boryanum*. Biologia Plantarum, 49(2): 229-236.

Prasad V. 2011. Effect of UV-B radiation on nitrate, phosphate and ammonium uptake in *Chlorella vulgaris*. Environmental Science and Engineering, 38(9): 1141-1146.

Predieri S, Norman H A, Krizek D T, et al. 1995. Influence of UV-B radiation on membrane lipid-composition and ethylene evolution in 'Doyenned' Hiver' pear shoots grown *in-vitro* under different photosynthetic photon fluxes. Environmental and Experimental Botany, 35(2): 151-160.

Qaderi M M, Reid D M. 2005. Growth and physiological responses of canola (*Brassica napus*) to UV-B and CO_2 under controlled environment conditions. Physiologia Plantarum, 125(2): 247-259.

Qi Z, Yue M, Wang X L. 2000. Laser pretreatment protects cells of broad bean from UV-B radiation damage. Journal of Photochemistry and Photobiology B: Biology, 59(1-3): 33-37.

Qin X Y, Qing L. 2007. Changes in photosynthesis and antioxidant defenses ot *Picea asperata* seedlings to enhanced ultraviolet-B and to nitrogen supply. Physiologia Plantarum, 129(2): 364-374.

Qin X Y, Qing L. 2009. The effects of enhanced ultraviolet-B and nitrogen supply on growth, photosynthesis and nutrient status of *Abies faxovniana* seedlings. Acta Physiologiae Plantarum, 31(3): 523-529.

Qiu Z B, Zhu X J, Li F M, et al. 2007. The optical effect of a semiconductor laser on protecting wheat from UV-B radiation damage. Photochemical & Photobiological Sciences, 6(7): 788-793.

Quaggiotti S, Trentin A R, Vecchi F D, et al. 2004. Response of maize (*Zea mays* L.) nitrate reductase to UV-B radiation. Plant Science, 167（1）: 107-116.

Quaite F E, Takayanagi S, Ruffini J, et al. 1994. DNA damage levels determine cyclobutyl pyrimidine dimer repair mechanisms in alfalfa seedlings. The Plant Cell, 6(11): 1635-1641.

Quan J X, Song S S, Abdulrashid K, et al. 2018. Separate and combined response to UV-B radiation and iasmonic acid on photosynthesis and growth characteristics of *Scutellaria baicalensis*. International Journal of Molecular Sciences, 19(4): 1194-1207.

Rahn R O. 1979. Nondimer Damage in Deoxyribonucleic Acid Caused by Ultraviolet Radiation. Photochemical and Photobiological Reviews. Boston: Springer: 267-330.

Rai L C, Tyagi B, Mallick N, et al. 1995. Interactive effects of UV-B and copper on photosynthetic activity of the cyanobacterium *Anabaena doliolum*. Environmental and Experimental Botany, 35(2): 177-185.

Rai R, Meena R P, Smito S S, et al. 2011. UV-B and UV-C pre-treatments induce physiological changes and artemisinin biosynthesis in *Artemisia annua* L.-an antimalarial plant. Journal of Photochemistry and Photobiology B: Biology, 105(3): 216-225.

Rai S, Singh S, Shrivastava A K, et al. 2013. Salt and UV-B induced changes in Anabaena PCC 7120: physiological, proteomic and bioinformatic perspectives. Photosynthesis Research, 118(1-2): 105-114.

Rakitin V Y, Prudnikova O N, Rakitina T Y, et al. 2009. Interaction between ethylene and ABA in the regulation of polyamine level in *Arabidopsis thaliana* during UV-B stress. Russian Journal of Plant Physiology, 56(2): 147-153.

Rakitina T Y, Vlasov P V, Jalilova F K, et al. 1994. Abscisic acid and ethylene in mutants of *Arabidopsis thaliana* differing in their resistance to ultraviolet (UV-B) radiation stress. Russian Journal of Plant Physiology, 41(5): 599-603.

Randriamanana T R, Nissinen K, Moilanen J, et al. 2015. Long-term UV-B and temperature enhancements suggest that females of *Salix myrsinifolia* plants are more tolerant to UV-B than males. Environmental and Experimental Botany, 109: 296-305.

Ranjbarfordoei A, Samson R, Damme P V. 2011. Photosynthesis performance in sweet almond [*Prunus dulcis* (Mill) D. Webb] exposed to supplemental UV-B radiation. Photosynthetica (Prague), 49(1): 107-111.

Rao M V, Paliyath G, Ormrod D P. 1996. Ultraviolet-B and ozone-induced biochemical changes in antioxidant enzymes of *Arabidopsis thaliana*. Plant Physiology, 110(1): 125-136.

Rastogi R P, Kumar R A, Tyagi M B, et al. 2010. Molecular mechanisms of ultraviolet radiation-induced DNA damage and repair. Journal of Nucleic Acids, 2010: 592980.

Raviv M, Antignus Y. 2004. UV radiation effects on pathogens and insect pests of greenhouse-grown crops. Photochemistry and Photobiology, 79(3): 219-226.

Rebeille F, Jabrin S, Bligny R, et al. 2006. Methionine catabolism in *Arabidopsis* cells is initiated by a gamma-cleavage process and leads to S-methylcysteine and isoleucine syntheses. Proceedings of the National Academy of Sciences of the United States of America, 103: 15687-15692.

Rébeillé F, Jabrin S, Bligny R, et al. 2006. Methionine catabolism in *Arabidopsis* cells is initiated by a gamma-cleavage process and leads to S-methylcysteine and isoleucine syntheses. Proceedings of the National Academy of Sciences of the United States of America, 103(42): 15687-15692.

Reddy K R, Kakani V G, Zhao D L, et al. 2004. Interactive effects of ultraviolet-B radiation and temperature on cotton physiology, growth, development and hyperspectral reflectance? Photochemistry and Photobiology, 79(5): 416-427.

Reddy K R, Singh S K, Koti S, et al. 2013. Quantifying corn growth and physiological responses to ultraviolet-B radiation for modeling. Agronomy Journal, 105(5): 1367-1377.

Reddy V R, Pachepsky Y A, Whisler F D. 1998. Allometric relationships in field-grown soybean. Annals of Botany, 82(1): 125-131.

Ren H, Han J, Yang P, et al. 2019. Two E3 ligases antagonistically regulate the UV-B response in *Arabidopsis*. Proceedings of the National Academy of Sciences, 116(10): 4722-4731.

Ren J, Dai W R, Xuan Z Y, et al. 2007. The effect of drought and enhanced UV-B radiation on the growth and physiological traits of two contrasting poplar species. Forest Ecology and Management, 239(1-3): 112-119.

Renger G, Volker M, Eckert H J, et al. 1989. On the mechanism of photosystem II deterioration by UV-B irradiation. Photochemistry and Photobiology, 49(1): 97-105.

Reuber S, Barbro J S, Victor W. 1997. Accumulation of the chalcone isosalipurposide in primary leaves of barley flavonoid mutant indicate a defective chalcone isomerase. Physiologia Plantarum, 101: 827-832.

Reuber S, Bornman J F, Weissenbock G. 2006. A flavonoid mutant of barley exhibit increased sensitivity to UV-B radiation in the primary leaf. Plant Cell Environ, 19(5): 593-601.

Reuber S, Bornman J F, Weissenböck G. 1996. Phenylpropanoid compounds in primary leaf tissues of rye (*Secale cereale*). Light response of their metabolism and the possible role in UV-B protection. Physiologia Plantarum, 97(1): 160-168.

Reyes-Díaz M, Meriño-Gergichevich C, Inostroza-Blancheteau C, et al. 2016. Anatomical, physiological, and biochemical traits involved in the UV-B radiation response in highbush blueberry. Biologia Plantarum, 60(2): 355-366.

Ribot C, Hirsch J, Balzergue S, et al. 2008. Susceptibility of rice to the blast fungus, *Magnaporthe grisea*. Journal of Plant Physiology, 165(1): 114-124.

Ries G, Heller W, Putchta H, et al. 2000. Elevated UV-B radiation reduces genome stability in plants. Nature, 406(6791): 98-101.

Rillig M C. 2004. Arbuscular mycorrhizae and terrestrial ecosystem processes. Ecology Letters, 7(8): 740-754.

Rinnan R, Gehrke C, Michelsen A. 2006. Two mire species respond differently to enhanced ultraviolet-B radiation: effects on biomass allocation and root exudation. New Phytologist, 169(4): 809-818.

Rinnan R, Nerg A M, Ahtoniemi P, et al. 2008. Plant-mediated effects of elevated ultraviolet-B radiation on peat microbial communities of a subarctic mire. Global Change Biology, 14(4): 925-937.

Riquelme A, Wellmann E, Pinto M. 2007. Effects of ultraviolet-B radiation on common bean (*Phaseolus vulgaris* L.) plants grown under nitrogen deficiency. Environmental & Experimental Botany, 60(3): 360-367.

Rizzini L, Favory J J, Cloix C, et al. 2011. Perception of UV-B by the *Arabidopsis* UVR8 protein. Science, 332(6025): 103-106.

Robberecht R, Caldwell M M, Billings W D. 1980. Leaf ultraviolet optical properties along a latitudinal gradient in the arctic-alpine life zone. Ecology, 61(3): 612-619.

Roberts J E. 2001. Ocular phototoxicity. Journal of Photochemistry and Photobiology B: Biology, 64(2-3): 136-143.

Robson T M, Hartikainen S M, Aphalo P J. 2015a. How does solar ultraviolet-B radiation improve drought tolerance of silver birch (*Betula pendula* Roth.) seedlings? Plant, Cell & Environment, 38(5): 953-967.

Robson T M, Klem K, Urban O J, et al. 2015b. Re-interpreting plant morphological responses to UV-B radiation. Plant Cell & Environment, 38(5): 856-866.

Robson T M, Pancotto V A, Ballaré C L, et al. 2004. Reduction of solar UV-B mediates changes in the *Sphagnum capitulum* microenvironment and the peatland microfungal community. Oecologia, 140(3): 480-490.

Robson T M, Pancotto V A, Flint S D, et al. 2003. Six years of solar UV-B manipulations affect growth of *Sphagnum* and vascular plants in a Tierra del Fuego peatland. New Phytologist, 160(2): 379-389.

Rodrigues G C, Jansen M A K, Van den Noort M E, et al. 2006. Evidence for the semireduced primary quinone electron acceptor of photosystem II being a photosensitizer for UV-B damage to the photosynthetic apparatus. Plant Science, 170(2): 283-290.

Roiloa S R, Retuerto R. 2006. Physiological integration ameliorates effects of serpentine soils in the clonal herb *Fragaria vesca*. Physiologia Plantarum, 128(4): 662-676.

Roose J L, Frankel L K, Bricker T M. 2009. Documentation of significant electron transport defects on the reducing side of photosystem II upon removal of the PsbP and PsbQ extrinsic proteins. Biochemistry, 49(1): 36-41.

Ros J, Tevini M. 1995. Interaction of UV-radiation and IAA during growth of seedlings and hypocotyl segments of sunflower. Journal of Plant Physiology, 146(3): 295-302.

Rosa T M, Julkunen-Tiitto R, Lehto T, et al. 2001. Secondary metabolites and nutrient concentrations on silver birch seedlings under five levels of daily UV-B exposure and two relative nutrient addition rates. New Phytologist, 150(1): 121-131.

Rousseaux M C, Flint S D, Searles P S, et al. 2010. Plant responses to current solar ultraviolet-B radiation and to supplemented solar ultraviolet-B radiation simulating ozone depletion: an experimental comparison. Photochemistry and Photobiology, 80(2): 224-230.

Rowan B A, Oldenburg D J, Bendich A J. 2010. RecA maintains the integrity of chloroplast DNA molecules in *Arabidopsis*. Journal of Experimental Botany, 61(10): 2575-2588.

Rowland F S. 1989. Chlorofluorocarbons and the depletion of stratospheric ozone. American Scientist, 77: 36-45.

Rowland F S. 1990. Stratospheric ozone depletion by chlorofluorocarbons. Ambio, 19(6/7): 281-292.

Rozema J, Björn L O, Bornman J F, et al. 2002a. The role of UV-B radiation in aquatic and terrestrial ecosystems-an experimental and functional analysis of the evolution of UV-absorbing compounds. Journal of Photochemistry and Photobiology B: Biology, 66(1): 2-12.

Rozema J, Van D S J, Björn L O, et al. 1997. UV-B as an environmental factor in plant life: stress and regulation. Trends in Ecology & Evolution, 12(1): 22-28.

Rozema J, Van G B, Björn L O, et al. 2002b. Paleoclimate. Toward solving the UV puzzle. Science, 296(5573): 1621-1622.

Ruiz-Roldán M C, Garre V, Guarro J, et al. 2008. Role of the white collar 1 photoreceptor in carotenogenesis, UV resistance, hydrophobicity, and virulence of *Fusarium oxysporum*. Eukaryotic Cell, 7(7): 1227-1230.

Ryan K G, Markham K R, Bloor S J, et al. 1998. UV-B radiation induced increase in quercetin: kaempferol ratio in wild-type and transgenic lines of Petunia. Photochemistry and Photobiology, 68(3): 323-330.

Ryan K G, Swinny E E. 2002. Flavonoid gene expression and UV photoprotection in transgenic and mutant petunia leaves. Photochemistry, 59(1): 23-32.

Ryder L S, Talbot N J. 2015. Regulation of appressorium development in pathogenic fungi. Current Opinion in Plant Biology, 26: 8-13.

Ryel R J, Barnes P W, Beyschlag W, et al. 1990. Plant competition for light analyzed with a multispecies canopy model. Oecologia, 82(3): 304-310.

Salama H M H, Alwatban A A, Al-Fughom A T. 2011. Effect of ultraviolet radiation on chlorophyll, carotenoid, protein and proline contents of some annual desert plants. Saudi Journal of Biological Sciences, 18(1): 79-86.

Salzman A G, Parker M A. 1985. Neighbors ameliorate local salinity stress for a rhizomatous plant in a heterogeneous environment. Oecologia, 65(2): 273-277.

Sandmann G, Kuhn S, Böger P. 1998. Evaluation of structurally different carotenoids in *Escherichia coli* transformants as protectants against UV-B radiation. Applied and Environmental Microbiology, 64(5): 1972-1974.

Sandra A M, Paul N D, Björn L O, et al. 2001. The direct effects of UV-B radiation on *Betula pubescens* litter decomposing at four European field sites. Plant Ecology, 154: 27-36.

Santas R. 1989. Effects of solar ultraviolet radiation on tropical algal communities. Ph.D. Diseration. Washingon: The George Washington University.

Santos A, Almeida J M, Santos I, et al. 1998. Biochemical and ultrastructural changes in pollen of *Zea mays* L. grown under enhanced UV-B radiation. Annals of Botany, 82(5): 641-645.

Santos I, Fidalgo F, Almeida J M, et al. 2004. Biochemical and ultrastructural changes in leaves of potato plants grown under supplementary UV-B radiation. Plant Science, 167(4): 925-935.

Saradhi P P, AliaArora S, Prasad K. 1995. Proline accumulates in plants exposed to UV radiation and protects them against UV-induced peroxidation. Biochemical and Biophysical Research Communications, 209(1): 1-5.

Sarma A D, Sharma R. 1999. Purification and characterization of UV-B induced PAL from rice seedling. Photochemistry, 50(5): 729-737.

Sato T, Kumagai T. 1993. Cultivar differences in resistance to the inhibitory effects of near-UV radiation among Asian ecotype and Japanese lowland and upland cultivars of rice (*Oryza sativa* L.). Japanese Journal of Breeding, 43(1): 61-68.

Sävenstrand H, Brosché M, Strid Å. 2004. Ultraviolet-B signalling: *Arabidopsis* brassinosteroid mutants are defective in UV-B regulated defence gene expression. Plant Physiology and Biochemistry, 42(9): 687-694.

Savitch L V, Pocock T, Krol M, et al. 2001. Effects of growth under UV-A radiation on CO_2 assimilation, carbon partitioning, PSII photochemistry and resistance to UV-B radiation in *Brassica napus* cv. Topas. Australian Journal of Plant Physiology, 28(3): 203-212.

Scervino J M, Ponce M A, Erra-Bassells R, et al. 2005. Flavonoids exhibit fungal species and genus specific effects on the presymbiotic growth of *Gigaspora* and *Glomus*. Mycological Research, 109(7): 789-794.

Scheible W R, Lanerer M, Sohutze E D, et al. 1997. Accumulation of nitrate in the shoot acts as signal to regulate shoot-root allocation in tobacco. The Plant Journal, 11(4): 67l-691.

Schlosser U G. 1970. Stimulation and preservation of conidia formation in a culture collection of parasitic fungi from Gramineae by long wave-ultraviolet light. Phytopathology, 68(2): 171-180.

Schöttler M A, Kirchhoff H, Weis E. 2004. The role of plastocyanin in the adjustment of the photosynthetic electron transport to the carbon metabolism in tobacco. Plant Physiology, 136(4): 4265-4274.

Schreiner M, Martínez-Abaigar J, Glaab J, et al. 2014. UV-B induced secondary plant metabolites. Optik & Photonik, 9(2): 34-37.

Schweikert K, Hurd C L, Sutherland J E, et al. 2014. Regulation of polyamine metabolism in *Pyropia cinnamomea* (WA Nelson), an important mechanism for reducing UV-B-induced oxidative damage. Journal of Phycology, 50(2): 267-279.

Schweikert K, Sutherland J E S, Hurd C L, et al. 2011. UV-B radiation induces changes in polyamine metabolism in the red seaweed *Porphyra cinnamomea*. Plant Growth Regulation, 65(2): 389-399.

Searles P S, Caldwell M M, Winter K. 1995. The response of five tropical dicotyledon species to solar ultraviolet-B radiation. American Journal of Botany, 82(4): 445-453.

Searles P S, Flint S D, Caldwell M M. 2001a. A meta-analysis of plant field studies simulating stratospheric ozone depletion. Oecologia (Berlin), 127(1): 1-10.

Searles P S, Kropp B R, Flint S D, et al. 2001b. Influence of solar UV-B radiation on peatland microbial communities of southern Argentinia. New phytologist, 152(2): 213-221.

Selter C M, Pitts W D, Barbour M G. 1986. Site microenvironment and seedling survival of shasta red fir. American Midland Naturalist, 115(2): 288-300.

Selvakumar V. 2008. Ultraviolet-B radiation (280-315 nm) invoked antioxidant defence systems in *Vigna unguiculata* (L.) Walp. and *Crotalaria juncea* L. Photosynthetica, 46(1): 98-106.

Semerdjieva S I, Sheffield E, Phoenix G K, et al. 2003. Contrasting strategies for UV-B screening in sub-Arctic dwarf shrubs. Plant, Cell and Environment, 26(6): 957-964.

Shao L, Shu Z, Sun S L, et al. 2007. Antioxidation of anthocyanins in photosynthesis under high temperature stress. Journal of Integrative Plant Biology, 49(9): 1341-1351.

Sharma P K, Anand P, Sankhalkar S. 1998. Oxidative damage and changes in activities of antioxidant enzymes in wheat seedlings exposed to ultraviolet-B radiation. Current Science, 75(4): 359-366.

Shedge V, Arrieta-Montiel M, Christensen A C, et al. 2007. Plant mitochondrial recombination surveillance requires unusual RecA and MutS homologs. The Plant Cell, 19(4): 1251-1264.

Sheehy J E, Dionora M J A, Mitchell P L. 2001. Spikelet numbers, sink size and potential yield in rice. Field Crops Research, 71(2): 77-85.

Shelly K, Heraud P, Beardall J. 2003. Interactive effect of PAR and UV-B radiation on PSII electron transport in the marine alga *Dunaliella tertiolecta* (Chlorophyceae). Journal of Phycology, 39(3): 509-512.

Shi Q M, Yang X, Song L, et al. 2011. *Arabidopsis* MSBP1 is activated by HY5 and HYH and is involved in photomorphogenesis and brassinosteroid sensitivity regulation. Molecular Plant, 4(6): 1092-1104.

Shi S B, Zhu W Y, Li H M, et al. 2004. Photosynthesis of *Saussurea superba* and *Gentiana straminea* is not reduced after long-term enhancement of UV-B radiation. Environmental and Experimental Botany, 51(1): 75-83.

Shih P H, Yeh C T, Yen G C. 2007. Anthocyanins induce the activation of phase II enzymes through the antioxidant response element pathway against oxidative stress-induced apoptosis. Journal of Agricultural and Food Chemistry, 55(23): 9427-9435.

Shine M B, Guruprasad K N. 2012. Oxyradicals and PSII activity in maize leaves in the absence of UV components of solar spectrum. Journal of Biosciences, 37(4): 703-712.

Sibout R, Sukumar P, Hettiarachchi C, et al. 2006. Opposite root growth phenotypes of hy5 versus hy5 hyh mutants correlate with increased constitutive auxin signaling. PLoS Genetics, 29(11): 1898-1911.

Silvertown J W, Doust J L. 1993. Introduction to Plant Population Biology. London: Blackwell Scientific Publications: 116-140.

Singh A. 1996. Growth, physiological, and biochemical responses of three tropical legumes to enhanced UV-B radiation. Canadian Journal of Botany, 74(1): 135-139.

Singh J, Gautam S, Bhushan P A. 2012. Effect of UV-B radiation on UV absorbing compounds and pigments of moss and lichen of Schirmacher Oasis region, East Antarctica. Cellular and Molecular Biology (Noisy-le-Grand, France), 58(1): 80-84.

Singh R, Rastogi S, Dwivedi U N. 2010. Phenylpropanoid metabolism in ripening fruits. Comprehensive Reviews in Food Science and Food Safety, 9(4): 398-416.

Singh S, Agrawal S B, Agrawal M. 2014. UVR8 mediated plant protective responses under low UV-B radiation leading to photosynthetic acclimation. Journal of Photochemistry and Photobiology B: Biology, 137: 67-76.

Singh S, Mishra S, Kumari R, et al. 2009. Response of ultraviolet-B and nickel on pigments, metabolites and antioxidants of *Pisum sativum* L. Journal of Environmental Biology, 30(5): 677-684.

Singh V P, Singh S, Prasal S M, et al. 2017. Beyond the Visible-A Handbook of Best Practice in Plant UV Photobiology. New Jersey: Wiley Blackwell.

Singleton V L, Orthofer R, Lamuela-Raventós R M. 1999. Analysis of total phenols and other oxidation substrates and antioxidants by means of Folin-Ciocalteu Reagent. Methods in Enzymology, 299C(1):

152-178.

Sisson W B, Caldwell M M. 1976. Photosynthesis, dark respiration, and growth of *Rumex patientia* l. Exposed to ultraviolet irradiance (288 to 315 nanometers) simulating a reduced atmospheric ozone column. Plant Physiology, 58(4): 563-568.

Skórska E, Szwarc W. 2007. Influence of UV-B radiation on young triticale plants with different wax cover. Biologia Plantarum, 51(1): 189-192.

Smith J L, Burritt D J, Bannister P. 2000. Shoot dry weight, chlorophyll and UV-B-absorbing compounds as indicators of a plant's sensitivity to UV-B radiation. Annals of Botany, 86(6): 1057-1063.

Smith J, Burritt D, Bannister P. 2001. Ultraviolet-B radiation leads to a reduction in free polyamines in *Phaseolus vulgaris* L. Plant Growth Regulation, 35(3): 289-294.

Smith R C, Wan Z, Baker K S. 1992. Ozone depletion in Antarctica: modeling its effect on solar UV irradiance under clear-sky conditions. Journal of Geophysical Research: Oceans, 97(C5): 7383-7397.

Smith W K, Gao W, Steltzer H, et al. 2010. Moisture availability influences the effect of ultraviolet-B radiation on leaf litter decomposition. Global Change Biology, 16(1): 484-495.

Snaydon R W. 1991. Replacement or additive designs for competition studies? Journal of Applied Ecology, 28(3): 930-946.

Soheila A H. 2000. Plant responses to ultraviolet-B (UV-B: 280-320 nm) stress: what are the key regulators? Plant Growth Regulation, 32(1): 27-39.

Solhaug K A, Gauslaa Y. 2004. Photosynthates stimulate the UV-B induced fungal anthraquinone synthesis in the foliose lichen *Xanthoria parietina*. Plant, Cell & Environment, 27(2): 167-176.

Solomon S, Ivy D J, Kinnison D, et al. 2016. Emergence of healing in the Antarctic ozone layer. Science, 353(6296): 269-274.

Sommaruga R, Augustin G. 2006. Seasonality in UV transparency of an alpine lake is associated to changes in phytoplankton biomass. Aquatic Sciences, 68(2): 129-141.

Song X Z, Peng C H, Jiang H, et al. 2013. Direct and indirect effects of UV-B exposure on litter decomposition: a meta-analysis. PLoS ONE, 8(6): 68858-68867.

Spetea C, Hideg E, Vass I. 1995. QB-independent degradation of the reaction centre II D1 protein in UV-B irradiated thylakoid membranes. Photosynthesis: From Light to Biosphere, 4: 219-222.

Spetea C, Hideg É, Vass I. 1996. The quinone electron acceptors are not the main sensitizers of UV-B induced protein damage in isolated photosystem II reaction centre and core complexes. Plant Science, 115(2): 207-215.

Spitters C J T. 1983. An alternative approach to the analysis of mixed cropping experiments. I. Estimation of competition effects. Netherlands Journal of Agricultural Science, 31: 1-11.

Staaij J V D, Rozema J, Beem A V, et al. 2001. Increased solar UV-B radiation may reduce infection by arbuscular mycorrhizal fungi (AMF) in dune grassland plants: evidence from five years of field exposure. Plant Ecology, 154(1-2): 169-177.

Staaij J W M V D, Ernst W H O, Hakvoort H W J, et al. 1995. Ultraviolet-B (280-320nm) absorbing pigments in the leaves of silene vulgaris: their role in UV-B tolerance. Journal of Plant Physiology, 147(1): 75-80.

Stafford H A. 1991. Flavonoid evolution: on enzymic approach. Plant Physiology, 96(3): 680-685.

Stapleton A E, Walbot V. 1994. Flavonoids can protect maize DNA form the induction of UV radiation damage. Plant Physiology, 105(3): 881-889.

Stark J M, Hart S C. 2003. Nitrogen storage (communication arising): UV-B radiation and soil microbial communities. Nature, 423(6936): 137-138.

Stebbins G L. 1978. Population biology of plants, by John L. Harper. Environmental Conservation, 5(2):

157-158.

Steinback K E. 1981. Proteins of the chloroplast. *In*: Marcus A. The Biochemistry of Plants. Vol6. Proteins and Nuclei Acids. New York: Academic Press: 303-319.

Stephanou M, Petropoulou Y, Georgiou O, et al. 2000. Enhanced UV-B radiation, flower attributes and pollinator behaviour in *Cistus creticus*: a mediterranean field study. Plant Ecology, 147(2): 165-171.

Stephen J, Woodfin R, Corlett J E, et al. 1999. Response of barley and pea crops to supplementary UV-B radiation. The Journal of Agricultural Science, 132(3): 253-261.

Stratmann J. 2003. Ultraviolet-B radiation co-opts defense signaling pathways. Trends in Plant Science, 8(11): 526-533.

Stolarski R S, Cicerone R J. 1974. Stratospheric chlorine: a possible sink for ozone. Canadian Journal of Chemistry, 52(8): 1610-1615.

Strid A. 1993. Alteration in expression of defence gene in *Pisum sativum* after exposure to supplementary UV-B radiation. Plant and Cell Physiology, 34: 949-953.

Strid A, Chow W S, Anderson J M. 1990. Effects of supplementary ultraviolet-B radiation on photosynthesis in *Pisum sativum*. Biochimica et Biophysica Acta (BBA)-Bioenergetics, 1020(3): 260-268.

Strid A, Chow W S, Anderson J M. 1994. UV-B damage and protection at the molecular level in plants. Photosynthesis Research, 39(3): 475-489.

Sue E H, Gange A C. 2009. Impacts of plant symbiotic fungi on insect herbivores: mutualism in a multitrophic context. Annual Review of Entomology, 54: 323-342.

Sullivan J H, Gitz D C, Peek M S, et al. 2003. Response of three eastern tree species to supplemental UV-B radiation: leaf chemistry and gas exchange. Agricultural and Forest Meteorology, 120(1-4): 219-228.

Sullivan J H, Teramura A H. 1988. Effects of ultraviolet-B irradiation on seedling growth in the Pinaceae. American Journal of Botany, 75(2): 225-230.

Sullivan J H, Teramura A H. 1990. Field study of the interaction between solar ultraviolet-B radiation and drought on photosynthesis and growth in soybean. Plant Physiology, 92(1): 141-146.

Sullivan J H, Teramura A H. 1992. The effects of ultraviolet-B radiation on loblolly pine 2. Growth of feld-grown seedlings. Trees, 6(3): 115-120.

Sultan S E. 1995. Phenotypic plasticity and plant adaptation. Acta Botanica Neerlandica, 44: 363-383.

Sun J, Qi L, Li Y A, et al. 2013. PIF4 and PIF5 transcription factors link blue light and auxin to regulate the phototropic response in *Arabidopsis*. The Plant Cell, 25(6): 2102-2114.

Surabhi G K, Reddy K R, Singh S K. 2009. Photosynthesis, fluorescence, shoot biomass and seed weight responses of three cowpea (*Vigna unguiculata* (L.) Walp.) cultivars with contrasting sensitivity to UV-B radiation. Environmental & Experimental Botany, 66(2): 160-171.

Surney S J D, Tschaplinski T I, Edwards M T. 1993. Biological response of two soybean cultivars exposed to enhanced UV-B. Environmental and Experimental Botany, 33: 347-356.

Surplus S L, Jordan B R, Murphy A M, et al. 1998. Ultraviolet-B-induced responses in *Arabidopsis thaliana*: role of salicylic acid and reactive oxygen species in the regulation of transcripts encoding photosynthetic and acidic pathogenesis-related proteins. Plant, Cell and Environment, 21(7): 685-694.

Sutherland B M, Takayanagi S, Sullivan J H, et al. 1996. Plant responses to changing environmental stress: cyclobutyl pyrimidine dimer repair in soybean leaves. Photochemistry and Photobiology, 64(3): 464-468.

Suzuki T, Honda Y, Funatsuki W, et al. 2002. Purification and characterization flavonol 3-glycosidase, and is activity during the ripening in tartary buckwheat seeds. Plant Science, 163(3): 417-423.

Suzuki T, Honda Y, Mukase Y J. 2005. Effects of UV-radiation, cold and desiccation stress on rutin concentration and rutin glucosidase activity in tartary buckwheat (*Fagopyrum tataricum*) leave. Plane

Science, 168(5): 1303-1307.

Swarna K, Bhanumathi G, Murthy S D S. 2012. Studies on the UV-B radiation induced oxidative damage in thylakoid photofunctions and analysis of the role of antioxidant enzymes in maize primary leaves. Bioscan, 7: 609-610.

Szilárd A, Sass L, Deák Z, et al. 2007. The sensitivity of photosystem II to damage by UV-B radiation depends on the oxidation state of the water-splitting complex. Biochimica et Biophysica Acta (BBA)-Bioenergetics, 1767(6): 876-882.

Takeuchi A, Yamaguchi T, Hidema J, et al. 2002. Changes in synthesis and degradation of Rubisco and LHCII with leaf age in rice (*Oryza sativa* L.) growing under supplementary UV-B radiation. Plant Cell and Environment, 25(6): 695-706.

Takeuchi Y, Akizuki M, Shimizu H, et al. 1989. Effect of UV-B (290-320 nm) irradiation on growth and metabolism of cucumber cotyledons. Physiologia Plantarum, 76(3): 425-430.

Takeuchi Y, Murakami M, Nakajima N, et al. 1996. Induction and repair of damage to DNA in *cucumber cotyledons* irradiated with UV-B. Plant and Cell Physiology, 37(2): 181-187.

Takeuchi Y, Murakami M, Nakajima N, et al. 1998. The photo repair and photoisomerization of DNA lesions in etiolated *Cucumber cotyledons* after irradiation by UV-B depends on wavelength. Plant and Cell Physiology, 39(7): 745-750.

Takos A M, Jaffe F W, Jacob S R, et al. 2006. Light-induced expression of a MYB gene regulates anthocyanin biosynthesis in red apples. Plant Physiology, 142(3): 1216-1232.

Takshak S, Agrawal S B. 2015. Defence strategies adopted by the medicinal plant *Coleus forskohlii* against supplemental ultraviolet-B radiation: augmentation of secondary metabolites and antioxidants. Plant Physiology and Biochemistry, 97: 124-138.

Tapponnier P, Zhiqin X, Roger F, et al. 2001. Oblique stepwise rise and growth of the Tibet plateau. Science, 294(5547): 1671-1678.

Taylor R M, Nikaido O, Jordan B R, et al. 1996. Ultraviolet-B-induced DNA lesions and their removal in wheat (*Triticum aestivum* L.) leaves. Plant Cell and Environment, 19(2): 171-181.

Tedetti M, Sempéré R. 2006. Penetration of ultraviolet radiation in the marine environment. A review. Photochemistry and Photobiology, 82(2): 389-397.

Tegelberg R, Aphalo P J, Julkunen-Tiitto R. 2002. Effects of long-term, elevated ultraviolet-B radiation on phytochemicals in the bark of silver birch (*Betula pendula*). Tree Physiology, 22(17): 1257-1263.

Tegelberg R, Julkunen-Tiitto R, Aphalo P J. 2004. Red: far-red light ratio and UV-B radiation: their effects on leaf phenolics and growth of silver birch seedlings. Plant, Cell and Environment, 27(8): 1005-1013.

Tegelberg R, Julkunen-Tiitto R, Aphalo P J. 2001. The effects of long-term elevated UV-B on the growth and phenolics of field-grown silver birch (*Betula pendula*). Global Change Biology, 7(7): 839-848.

Tekchandani S, Guruprasad K N. 1998. Modulation of a guaiacol peroxidase inhibitor by UV-B in cucumber cotyledons. Plant Science, 136(2): 131-137.

Teramura A H. 1980. Effects of ultraviolet-B irradiances on soybean: I. Importance of photosynthetically active radiation in evaluating ultraviolet-B irradiance effects on soybean and wheat growth. Physiologia Plantarum, 48(2): 333-339.

Teramura A H. 1982. The Amelioration of UV-B Effects on Productivity by Visible Radiation. In The Role of Solar Ultraviolet Radiation in Marine Ecosystems. Boston: Springer: 367-382.

Teramura A H. 1983. Effects of ultraviolet-B radiation on the growth and yield of crop plants. Physiologia Plantarum, 58(3): 415-427.

Teramura A H. 1990. Implications of stratospheric ozone depletion upon plant production. Hort Science,

25(12): 1557-1560.

Teramura A H, Biggs R H, Kossuth S. 1980. Effects of ultraviolet-B irradiances on soybean: II. Interaction between ultraviolet-B and photosynthetically active radiation on net photosynthesis, dark respiration, and transpiration. Plant Physiology, 65(3): 483-488.

Teramura A H, Murali N S. 1986. Intraspecific differences in growth and yield of soybean exposed to ultraviolet-B radiation under greenhouse and field conditions. Environmental and Experimental Botany, 26(1): 89-95.

Teramura A H, Sullivan J H. 1994. Effects of UV-B radiation on photosynthesis and growth of terrestrial plants. Photosynthesis Research, 39(3): 463-473.

Teramura A H, Sullivan J H. 1991. Potential Impacts of Increased Solar UV-B on Global Plant Productivity. Boston: Springer: 625-634.

Teramura A H, Sullivan J H, Lydon J. 1990b. Effects of UV-B radiation on soybean yield and seed quality: a 6-year field study. Physiologia Plantarum, 80(1): 5-11.

Teramura A H, Sullivan J H, Ziska L H. 1990a. Interaction of elevated ultraviolet-B radiation and CO_2 on productivity and photosynthetic characteristics in wheat, rice and soybean. Plant Physiology, 94(2): 470-475.

Teramura A H, Ziska L H, Sztein A E. 1991. Changes in growth and photosynthetic capacity of rice with increased UV-B radiation. Physiologia Plantarum, 83(3): 373-380.

Teranishi M, Iwamatsu Y, Hidema J, et al. 2004. Ultraviolet-B sensitivities in Japanese lowland rice cultivars: cyclobutane pyrimidine dimer photolyase activity and gene mutation. Plant and Cell Physiology, 45(12): 1848-1856.

Terfa M T, Roro A G, Olsen J E, et al. 2014. Effects of UV radiation on growth and postharvest characteristics of three pot rose cultivars grown at different altitudes. Scientia Horticulturae, 178: 184-191.

Tevini M. 2004. Plant responses to ultraviolet radiation stress. In: Papageorgiou G C. Chlorophyll A Fluorescence. Dordrecht: Springer: 605-621.

Tevini M. 1995. Synergism and/or antagonism of enhanced (reduced) UV-B radiation and variable nitrogen supply (normal, reduced, enhanced) in crop plants. Report EUR, 15910: 38-40.

Tevini M, Braun J, Fieser G. 1991. The protective function of the epidermal layer of rye seedlings against ultraviolet-B radiation. Photochemistry and Photobiology, 53(3): 329-333.

Tevini M, Grusemann P, Fieser G. 1988. Assessment of UV-B stress by chlorophyll fluorescence analysis. In: Lichtenthaler H K. Applications of Chlorophyll Fluorescene in Photosynthesis Research, Stress Physiology, Hydrobiology and Remote Sensing. Dordrecht: Springer Dordrecht: 229-238.

Tevini M, Iwanzik W, Thoma U. 1981. Some effects of enhanced UV-B irradiation on the growth and composition of plants. Planta, 153(4): 388-394.

Tevini M, Iwanzik W. 1986. Effects of UV-B radiation on growth and development of cucumber seedlings. In: Worrest R C, Caldwell M M. Stratospheric Ozone Reduction, Solar Ultraviolet Radiation and Plant Life. Heidelberg: Springer: 271-285.

Tevini M, Mark U. 1993. Effects of elevated ultraviolet-B-radiation, temperature and CO_2 on growth and function of sunflower and corn seedling. Elsevier, 1020(1): 541.

Tevini M, Pfister K. 1985. Inhibition of photosystem II by UV-B-radiation. Zeitschrift für Naturforschung C, 40(1-2): 129-133.

Tevini M, Teramura A H. 1989. UV-B effects on terrestrial plants. Photochemistry and Photobiology, 50(4): 479-487.

Tian X, Lei Y B. 2007. Physiological responses of wheat seedlings to drought and UV-B radiation. Effect of exogenous sodium nitroprusside application. Russian Journal of Plant Physiology, 54(5): 676-682.

Tiiva P, Rinnan R, Faubert P, et al. 2007. Isoprene emission from a subarctic peatland under enhanced UV-B radiation. New Phytologist, 176(2): 346-355.

Tilbrook K, Arongaus A B, Binkert M, et al. 2013. The UVR8 UV-B photoreceptor: perception, signaling and response. The Arabidopsis Book, 11(e0164): e0164.

Tirado R, Pugnaire F I. 2003. Shrub spatial aggregation and consequences for reproductive success. Oecologia, 136(2): 296-301.

Tomotani B M, Jeugd H, Gienapp P, et al. 2018. Climate change leads to differential shifts in the timing of annual cycle stages in a migratory bird. Global Change Biology, 24(2): 823-835.

Tong H Y, Leasure C D, Hou X W, et al. 2008. Role of root UV-B sensing in *Arabidopsis* early seedling development. Proceedings of the National Academy of Sciences, 105(52): 21039-21044.

Torabinejad J, Caldwell M M, Flint S D, et al. 1998. Susceptibility of pollen to UV-B radiation: an assay of 34 taxa. American Journal of Botany, 85(3): 360-369.

Tosserams M, Magendans E, Rozenmma J. 1997. Differential effects of elevated ultraviolet-B radiation on plant species of a dune grassland ecosystem. *In*: Rozema J, Gieskes W W C, Van De Geijn S C, et al. UV-B and Biosphere. Dordrecht: Springer: 266-281.

Tossi V E, Lamattina L, Jenkins G, et al. 2014a. UV-B-induced stomatal closure in *Arabidopsis* is regulated by the UVR8 photoreceptor in an NO-dependent mechanism. Plant Physiology, 113: 231753.

Tossi V, Lamattina L, Cassia R. 2009. An increase in the concentration of abscisic acid is critical for nitric oxide-mediated plant adaptive responses to UV-B irradiation. New Phytologist, 181(4): 871-879.

Tossi V, Lamattina L, Jenkins G I, et al. 2014b. Ultraviolet-B-induced stomatal closure in *Arabidopsis* is regulated by the UV resistance locus8 photoreceptor in a nitric oxide-dependent mechanism. Plant Physiology, 164(4): 2220-2230.

Trebst A, Depka B. 1990. Degradation of the D-l protein subunit of photosystem II in isolated thylakoids by UV light. Zeitschrift für Naturforschung C, 45(7-8): 765-771.

Trosco J E, Mansour V H. 1969. Photoreactivation of ultraviolet light-induced pyrimidine dimers in Ginkgo cells grown *in vitro*. Michigan State Univ, 7: 120-121.

Trosco J E, Mansour V H. 1968. Response of tobacco and *Haplopappus* cells to ultraviolet irradiation after posttreatment with photoreactivating light. Radiation Research, 36(2): 333-343.

Tsormpatsidis E, Henbest R G C, Davis F J, et al. 2008. UV irradiance as a major influence on growth, development and secondary products of commercial importance in Lollo Rosso lettuce 'Revolution' grown under polyethylene films. Environmental & Experimental Botany, 63(1-3): 232-239.

Tsoyi K, Park H B, Kim Y M, et al. 2008. Protective effect of anthocyanins from black soybean seed coats on UV-B-induced apoptotic cell death *in vitro* and *in vivo*. Journal of Agricultural and Food Chemistry, 56(22): 10600-10605.

Turcsányi E, Vass I. 2000. Inhibition of photosynthetic electron transport by UV-A radiation targets the photosystem II complex. Photochemistry and Photobiology, 72(4): 513-520.

Turnbull J D, Robinson S A. 2009. Accumulation of DNA damage in Antarctic mosses: correlations with ultraviolet-B radiation, temperature and turf water content vary among species. Global Change Biology, 15(2): 319-329.

Turtola S, Sallas L, Holopainen J K, et al. 2006. Long-term exposure to enhanced UV-B radiation has no significant effects on growth or secondary compounds of outdoor-grown Scots pine and Norway spruce seedlings. Environmental Pollution, 144(1): 166-171.

Turunen M, Heller W, Stich S, et al. 1999. The effects of UV exclusion on the soluble phenolics of young

Scots pine seedlings in the subarctic. Environmental Pollution, 106(2): 219-228.

Tyagi R, Srinivas G, Vyas D, et al. 1992. Differential effect of ultraviolet-B radiation on certain metabolic process in a chromatically adapting Nostoc. Photochemistry and Photobiology, 55(3): 401-407.

Ulm R, Baumann A, Oravecz A, et al. 2004. Genome-wide analysis of gene expression reveals function of the bZIP transcription factor HY5 in the UV-B response of *Arabidopsis*. Proceedings of the National Academy of Sciences of the United States of America, 101(5): 1397-1402.

UNEP. 1991. Environmental Effects of Stratospheric Ozone Depletion-1991 Update. United Nations Environmental Programme. Nairobi. November.

Urban O, Sprtova M, Kosvancova M, et al. 2008. Comparison of photosynthetic induction and transient limitations during the induction phase in young and mature leaves from three poplar clones. Tree Physiology, 28(8): 1189-1197.

Ustin S L, Woodward R A, Barbour M G, et al. 1984. Relationships between sunfleck dynamics and red fir seedling distribution. Ecology, 65(5): 1420-1428.

Valkama E, Kivimäenpää M, Hartikainen H, et al. 2003. The combined effects of enhanced UV-B radiation and selenium on growth, chlorophyll fluorescence and ultrastructure in strawberry (*Fragaria × ananassa*) and barley (*Hordeum vulgare*) treated in the field. Agricultural and Forest Meteorology, 120(1-4): 267-278.

Van Der Heijden M G A. 2002. Arbuscular mycorrhizal fungi as a determinant of plant diversity: in search of underlying mechanisms and general principles. *In*: van der Heijden M G A, Sanders I. Mycorrhizal Ecology. Heidelberg: Springer: 243-265.

Van T K, Garrard L A, West S H. 1976. Effects of UV-B radiation on net photosynthesis of some crop plants. Crop Science, 16: 715.

Van Rensen J J S, Vredenberg W J, Rodrigues G C. 2007. Time sequence of the damage to the acceptor and donor sides of photosystem II by UV-B radiation as evaluated by chlorophyll a fluorescence. Photosynthesis Research, 94(2-3): 291-297.

van der Meer I M, Spelt C, Mol J N M, et al. 1990. Promoter analysis of the chalcone synthesis gene of petunia hybrid: a 67bp promoter region directs lower specific expression. Plant Molecular Biology, 15(1): 95-109.

van Heemst H D J. 1985. The influence of weed competition on crop yield. Agricultural Systems, 18(2): 81-93.

van Tuen A J, Mol J N M. 1991. Control of flavonoid synthesis and manipulation of flower color. Plant Biotechnology, 2: 94-130.

Vandenbussche F, Habricot Y, Condiff A S, et al. 2007. HY5 is a point of convergence between cryptochrome and cytokinin signalling pathways in *Arabidopsis thaliana*. The Plant Journal, 49(3): 428-441.

Vandenbussche F, Tilbrook K, Fierro A C, et al. 2014. Photoreceptor-mediated bending towards UV-B in *Arabidopsis*. Molecular Plant, 7(6): 1041-1052.

Vanhaelewyn L, Prinsen E, Straeten D V D, et al. 2016. Hormone-controlled UV-B responses in plants. Journal of Experimental Botany, 67(15): 4469-4482.

Vaseva-Gemisheva I, Lee D, Alexieva V, et al. 2004. Cytokinin oxidase/dehydrogenase in *Pisum sativum* plants during vegetative development. Influence of UV-B irradiation and high temperature on enzymatic activity. Plant Growth Regulation, 42(1): 1-5.

Vass I, Máté Z, Turcsányi E, et al. 2001. Damage and repair of photosystem II under exposure to UV radiation. *In*: Šesták Z. PS2001 Proceedings. 12th International Congress on Photosynthesis. Collingwood: CSIRO Publishing: S8-001.

Vass I, Sass L, Spetea C, et al. 1996. UV-B-induced inhibition of photosystem II electron transport studied by EPR and chlorophyll fluorescence. Impairment of donor and acceptor side components. Biochemistry, 35(27): 8964-8973.

Vass I, Spetea C, Hideg E, et al. 1995. Ultraviolet-B radiation induced damage to the function and structure of photosystem II. Acta Phytopathologica et Entomologica Hungarica, 30(1-2): 47-49.

Verhoef H A, Verspagen J M H, Zoomer H R. 2000. Direct and indirect effects of ultraviolet-B radiation on soil biota, decomposition and nutrient fluxes in dune grassland soil systems. Biology and Fertility of Soils, 31(5): 366-371.

Verónica A, Pancotto, Sala O E, et al. 2003. Solar UV-B decreases decomposition in herbaceous plant litter in Tierra del Fuego, Argentina: potential role of an altered decomposer community. Global Change Biology, 9(10): 1465-1474.

Vetaas O R, Grytnes J A. 2002. Distribution of vascular plant species richness and endemic richness along the Himalayan elevation gradient in Nepal. Global Ecology and Biogeography, 11(4): 291-301.

Veteli T O, Tegelberg R, Pusenius J, et al. 2003. Interactions between willows and insect herbivores under enhanced ultraviolet-B radiation. Oecologia, 137(2): 312-320.

Vidović M, Morina F, Jovanović S V. 2017. Stimulation of various phenolics in plants under ambient UV-B radiation. *In*: Singh V P, Singh S, Prasad S M. UV-B Radiation: From Environmental Stressor to Regulator of Plant Growth. West Sussex: John Wiley & Sons, Ltd.

Vidović M, Morina F, Milić S, et al. 2015a. An improved HPLC-DAD method for simultaneously measuring phenolics in the leaves of *Tilia platyphyllos* and *Ailanthus altissima*. Botanica Serbica, 39: 177-186.

Vidović M, Morina F, Milić S, et al. 2015b. Carbon allocation from source to sink leaf tissue in relation to flavonoid biosynthesis in variegated *Pelargonium zonale* under UV-B radiation and high PAR intensity. Plant Physiology & Biochemistry, 93: 44-55.

Vidović M, Morina F, Milić S, et al. 2015c. UV-B component of sunlight stimulates photosynthesis and flavonoid accumulation in variegated *Plectranthus coleoides* leaves depending on background light. Plant, Cell & Environment, 38: 968-979.

Vu C V, Allen Jr L H, Garrard L A. 1984. Effects of enhanced UV-B radiation (280-320nm) on ribulose-1,5-bisphosphate carboxylase in pea and soybean. Environmental and Experimental Botany, 24(2): 131-143.

Vu C V, Allen Jr L H, Garrard L A. 1982a. Effects of supplemental UV-B radiation on primary photosynthetic carboxylating enzymes and soluble proteins in leaves of C_3 and C_4 crop plants. Physiologia Plantarum, 55(1): 11-16.

Vu C V, Allen L H, Garrard L A. 1982b. Effects of UV-B radiation (280-320nm) on photosynthetic constituents and processes in expanding leaves of soybean. Environmental and Experimental Botany, 22: 465-473.

Wade H K, Bibikova T N, Valentine W J, et al. 2001. Interactions within a network of phytochrome, cryptochrome and UV-B phototransduction pathways regulate chalcone synthase gene expression in *Arabidopsis* leaf tissue. The Plant Journal, 25(6): 675-685.

Wang F, Xu Z B, Fan X L, et al. 2019. Transcriptome analysis reveals complex molecular mechanisms underlying UV tolerance of wheat (*Triticum aestivum* L.). Journal of Agricultural and Food Chemistry, 67(2): 563-577.

Wan J, Zhang P, Wang R, et al. 2018. UV-B radiation induces root bending through the flavonoid-mediated auxin pathway in *Arabidopsis*. Frontiers in Plant Science, 9: 618.

Wang J, Li F M, Zou Z R. 2004. Study on doubled CO_2 concentration reduce the inhibition of enhanced UV-B radiation on tomato in plastic greenhouse. Acta Botanica Boreali-Occidentalia Sinica, 24(5): 817-821.

Wang Q W, Kamiyama C, Hidema J, et al. 2016. Ultraviolet-B-induced DNA damage and ultraviolet-B tolerance mechanisms in species with different functional groups coexisting in subalpine moorlands. Oecologia, 181(4): 1069-1082.

Wang S W, Xie B T, Yin L N, et al. 2010. Increased UV-B radiation affects the viability, reactive oxygen species accumulation and antioxidant enzyme activities in maize (*Zea mays* L.) pollen. Photochemistry and Photobiology, 86(1): 110-116.

Wang S, DuanL S, Eneji A E, et al. 2007. Variations in growth, photosynthesis and defense system among four weed species under increased UV-B radiation. Journal Integrative Plant Biology, 49(5): 621-627.

Wang Y, Qiu N, Wang X, et al. 2008. Effects of enhanced UV-B radiation on fitness of an alpine species *Cerastium glomeratum* Thuill. Journal of Plant Ecology, 1(3): 197-202.

Wang Y, Xu W J, Yan X F, et al. 2011. Glucosinolate content and related gene expression in response to enhanced UV-B radiation in *Arabidopsis*. African Journal of Biotechnology, 10(34): 6481-6491.

Wang Y, Zhang N, Qiang W Y, et al. 2006. Effects of reduced, ambient, and enhanced UV-B radiation on pollen germination and pollen tube growth of six alpine meadow annual species. Environmental and Experimental Botany, 57(3): 296-302.

Wargent J J, Gegas V C, Jenkins G I, et al. 2009. UVR8 in *Arabidopsis thaliana* regulates multiple aspects of cellular differentiation during leaf development in response to ultraviolet B radiation. New Phytologist, 183(2): 315-326.

Wargent J J, Jordan B R. 2013. From ozone depletion to agriculture: understanding the role of UV radiation in sustainable crop production. New Phytologist, 197(4): 1058-1076.

Wargent J J, Nelson B C W, McGhie T K, et al. 2015. Acclimation to UV-B radiation and visible light in *Lactuca sativa* involves up-regulation of photosynthetic performance and orchestration of metabolome-wide responses. Plant, Cell and Environment, 38(5): 929-940.

Warpeha K M F, Kaufman L S. 1989. Blue-light regulation of epicotyl elongation in *Pisum sativum*. Plant Physiology, 89(2): 544-548.

Wasternack C, Hause B. 2013. Jasmonates: biosynthesis, perception, signal transduction and action in plant stress response, growth and development. An update to the 2007 review in *Annals of Botany*. Annals of Botany, 111(6): 1021-1058.

Watanabe N, Evans J R, Chow W S. 1994. Changes in the photosynthetic properties of Australian wheat cultivars over the last century. Functional Plant Biology, 21(2): 169-183.

Waterworth W M, Jiang Q, West C E, et al. 2002. Characterization of *Arabidopsis* photolyase enzymes and analysis of their role in protection from ultraviolet-B radiation. Journal of Experimental Botany, 53(371): 1005-1015.

Weiner J. 1985. Size hierarchies in experimental populations of annual plants. Ecology, 66(3): 743-752.

Weiner J. 1990. Asymmetric competition in plant populations. Trends in Ecology and Evolution, 5(11): 360-364.

Weiner J. 2004. Allocation, plasticity and allometry in plants. Perspectives in Plant Ecology. Evolution and Systematics, 6(4): 207-215.

Weiner J, Berntson G M, Thomas S C. 1990. Competition and growth form in a woodland annual. The Journal of Ecology, 78(2): 459-469.

Weiner J, Fishman L. 1994. Competition and allometry in kochia scoparia. Annals of Botany, 73 (3): 263-271.

Weiner J, Thomas S C. 1992. Competition and allometry in three species of annual plants. Ecology, 73(2): 648-656.

Weller J L, Hecht V, Schoor J K V, et al. 2009. Light regulation of gibberellin biosynthesis in pea is mediated through the COP1/HY5 pathway. The Plant Cell, 21(3): 800-813.

West G B, Brown J H, Enquist B J. 2001. A general model for ontogenetic growth. Nature, 413(6856): 628.

West G B, Brown J H, Enquist B J. 1997. A general model for the origin of allometric scaling laws in biology. Science, 276(5309): 122-126.

West G B, Brown J H, Enquist B J. 1999a. A general model for the structure and allometry of plant vascular systems. Nature, 400(6745): 664.

West G B, Brown J H, Enquist B J. 1999b. The fourth dimension of life: fractal geometry and allometric scaling of organisms. Science, 284(5420): 1677-1679.

Weston E, Thorogood K, Vinti G, et al. 2000. Light quantity controls leaf-cell and chloroplast development in *Arabidopsis thaliana* wild type and blue-light-perception mutants. Planta, 211(6): 807-815.

White E P, Ernest S K M, Kerkhoff A J, et al. 2007. Relationships between body size and abundance in ecology. Trends in Ecology and Evolution, 22(6): 323-330.

Whitlock R. 2014. Relationships between adaptive and neutral genetic diversity and ecological structure and functioning: a meta-analysis. Journal of Ecology, 102(4): 857-872.

Wijewardana C, Henry W B, Gao W, et al. 2016. Interactive effects on CO_2, drought, and ultraviolet-B radiation on maize growth and development. Journal of Photochemistry and Photobiology B: Biology, 160: 198-209.

Willekens H, Camp W V, Montagu M V, et al. 1994. Ozone, sulfur dioxide and ultraviolet B have similar effects on mRNA accumulation of antioxidant genes in *Nicotiana plumbaginifolia*. Plant Physiology, 106(3): 1007-1014.

Willis K J, Bennett K D, Birks H J B. 2009. Variability in thermal and UV-B energy fluxes through time and their influence on plant diversity and speciation. Journal of Biogeography, 36(9): 1630-1644.

Willocquet L, Colombet D, Rougier M, et al. 1996. Effects of radiation, especially ultraviolet B, on conidial germination and mycelial growth of grape powdery mildew. European Journal of Plant Pathology, 102(5): 441-449.

Wilson M I, Ghosh S, Gerhardt K E, et al. 1995. *In vivo* photomodification of ribulose-1,5-bisphosphate carboxylase/oxygenase holoenzyme by ultraviolet-B radiation (formation of a 66-kilodalton variant of the large subunit). Plant Physiology, 109(1): 221-229.

Winkel-Shirley B. 2002. Biosynthesis of flavonoids and effects of stress. Current Opinion in Plant Biology, 5(3): 218-223.

Winkel-Shirley B. 2001. Flavonoids biosynthesis: a colorful model for genetics, biochemistry, cell biology and biotechnology. Plant Physiology, 126: 485-493.

Winter C, Moeseneder M M, Herndl G J. 2001. Impact of UV radiation on bacterioplankton community composition. Applied & Environmental Microbiology, 67(2): 665-672.

WMO/UNEP. 1994. Scientific assessment of ozone depletion. WMO Global Ozone Research and Monitorinf Report.

Wray S M, Strain B R. 1987. Competition in old-field perennials under CO_2 enrichment. Ecology, 68(4): 1116-1120.

Wu B M, Subbarao K V, Bruggen A H C V. 2000. Factors affecting the survival of *Bremia lactucae* sporangia deposited on lettuce leaves. Phytopathology, 90(8): 827-833.

Wu D, Hu Q, Yan Z, et al. 2012. Structural basis of ultraviolet-B perception by UVR8. Nature, 484(7393): 214.

Xiong F S, Day T A. 2001. Effect of solar ultraviolet-B radiation during pringtime ozone depletion on photosynthesis and biomass production of antarctic vascular plants. Plant Physiology, 125(2): 738-751.

Xu C, Natarajan S, Sullivan J H. 2008. Impact of solar ultraviolet-B radiation on the antioxidant defense system in soybean lines differing in flavonoid contents. Environmental and Experimental Botany, 63(1-3): 39-48.

Xu C, Sullivan J H, Garrett W M, et al. 2008.Impact of solar ultraviolet-B on the proteome in soybean lines differing in flavonoid contents. Phytochemistry, 69(1): 38-48.

Xu D Q, Li J G, Gangappa S N, et al. 2014. Convergence of light and ABA signaling on the ABI5 promoter. PLoS Genetics, 10(2): e1004197.

Yalpani N, Enyedi A J, León J, et al. 1994. Ultraviolet light and ozone stimulate accumulation of salicylic acid, pathogenesis-related proteins and virus resistance in tobacco. Planta, 193(3): 372-376.

Yamasaki H, Sakihama Y, Ikeharc N. 1997. Flavanoid-peroxidase reaction vs a detoxification mechanism of plant cells against H_2O_2. Plant Physiology, 115 (4): 1405-1412.

Yang H, Zhao Z, Qiang W, et al. 2004. Effects of enhanced UV-B radiation on the hormonal content of vegetative and reproductive tissues of two tomato cultivars and their relationships with reproductive characteristics. Plant Growth Regulation, 43(3): 251-258.

Yang L, Han R, Sun Y. 2013. Effects of exogenous nitric oxide on wheat exposed to enhanced ultraviolet-B radiation. American Journal and Plant Sciences, 4(6): 1285.

Yang Y Q, Yao Y. 2008. Photosynthetic responses to solar UV-A and UV-B radiation in low-and high-altitude populations of *Hippophae rhamnoides*. Photosynthetica (Prague), 46(2): 307-311.

Yang Y, Niu K, Hu Z M, et al. 2017. Linking species performance to community structure as affected by UV-B radiation: an attenuation experiment. Journal of Plant Ecology, 11(2): 286-296.

Yannarelli G G, Gallego S M, Tomaro M L. 2006. Effect of UV-B radiation on the activity and isoforms of enzymes with peroxidase activity in sunflower cotyledons. Environmental and Experimental Botany, 56(2): 174-181.

Yanni S F, Suddick E C, Six J. 2015. Photodegradation effects on CO_2 emissions from litter and SOM and photo-facilitation of microbial decomposition in a California grassland. Soil Biology and Biochemistry, 91: 40-49.

Yao Y A, Xuan Z Y, He Y M, et al. 2007. Principal component analysis of intraspecific responses of tartary buckwheat to UV-B radiation under field conditions. Environmental and Experimental Botany, 61(3): 237-245.

Yao Y A, Xuan Z Y, Li Y, et al. 2006. Effects of ultraviolet-B radiation on crop growth, development, yield and leaf pigment concentration of tartary buckwheat (*Fagopyrum tataricum*) under field conditions. European Journal of Agronomy, 25(3): 215-222.

Yao Y, Li Y, Yang Y, et al. 2005. Effect of seed pretreatment by magnetic field on the sensitivity of cucumber (*Cucumis sativus*) seedlings to ultraviolet-B radiation. Environmental and Experimental Botany, 54(3): 286-294.

Yazawa M, Shimizu T, Hirao T. 1992. Feeding response of the silkworm, *Bombyx mori*, to UV irradiation of mulberry leaves. Journal of Chemical Ecology, 18(4): 561-569.

Yin L N, Wang S W. 2012. Modulated increased UV-B radiation affects crop growth and grain yield and quality of maize in the field. Photosynthetica, 50(4): 595-601.

Yin R H, Arongaus A B, Binkert M, et al. 2015. Two distinct domains of the UVR8 photoreceptor interact with COP1 to initiate UV-B signaling in *Arabidopsis*. The Plant Cell, 27(1): 202-213.

Yin Z H, Raven J A. 1997. A comparison of the impacts of various nitrogen sources on acid-base balance in C_3 *Tritieum aestivum* L. and C_4 *Zea mays* L. plants. Journal of Experimental Botany, 307: 315-323.

Yokawa K, Baluska F. 2015. Pectins, ROS homeostasis and UV-B responses in plant roots. Phytochemistry,

112: 80-83.

Yoshimura H, Zhu H, Wu Y Y, et al. 2010. Spectral properties of plant leaves pertaining to urban landscape design of broad-spectrum solar ultraviolet radiation reduction. International Journal of Biometeorology, 54(2): 179-191.

Yu G H, Li W, Yuan Z Y, et al. 2013a. The effects of enhanced UV-B radiation on photosynthetic and biochemical activities in super-high-yield hybrid rice Liangyoupeijiu at the reproductive stage. Photosynthetica, 51(1): 33-44.

Yu G H, Sung S K, An G. 1998. The nopaline synthase (NOS) promoter is inducible by UV-B radiation through a pathway dependent on reactive oxygen species. Plant, Cell and Environment, 21(11): 1163-1171.

Yu H F, Liu R. 2013. Effect of UV-B radiation on the synthesis of UV-absorbing compounds in a terrestrial cyanobacterium, *Nostoc flagelliforme*. Journal of Applied Phycology, 25(5): 1441-1446.

Yu H, Karampelias M, Robert S, et al. 2013b. Root ultraviolet-B-sensitive1/weak auxin response3 is essential for polar auxin transport in *Arabidopsis*. Plant Physiology, 162(2): 965-976.

Yu S G, Björn L O. 1996. Differences in UV-B sensitivity between PSI from grana lamellae and stroma lamellae. Journal of Photochemistry and Photobiology B: Biology, 34(1): 35-38.

Yu S G, Björn L O. 1999. Ultraviolet-B stimulates grana formation in chloroplasts in the African desert plant *Dimorphotheca pluvialis*. Journal of Photochemistry and Photobiology B: Biology, 49(1): 65-70.

Yue M, Li Y, Wang X L. 1998. Effects of enhanced ultraviolet-B radiation on plant nutrients and decomposition of spring wheat under field conditions. Environmental and Experimental Botany, 40(3): 187-196.

Yue S M, Day T A. 1996. Effect of enhanced UV-B radiation of pollen quantity, quality, and seed yield in *Brassica rapa* (Brassicaceae). American Journal of Botany, 83(5): 573-579.

Zeeshan M, Prasad S M. 2009. Differential response of growth, photosynthesis, antioxidant enzymes and lipid peroxidation to UV-B radiation in three cyanobacteria. South African Journal of Botany, 75(3): 466-474.

Zepp R G, Callaghan T V, Erickson D J. 1995. Effects of increased solar ultraviolet radiation on biogeochemical cycles. Ambio, 24(3): 181-187.

Zepp R G, Erickson I D J, Paul N D, et al. 2007. Interactive effects of solar UV radiation and climate change on biogeochemical cycling. Photochemical and Photobiological Sciences, 6(3): 286-300.

Zeuthen J, Mikkelsen T N, Georg P M, et al. 1997. Effects of increased UV-B radiation and elevated levels of tropospheric ozone on physiological processes in European beech (*Fagus sylvatica*). Physiologia Plantarum, 100(2): 281-290.

Zhang C G, Liu X, Fan Y L, et al. 2016. Sunfleck limits the small-scale distribution of endangered *Kingdonia uniflora* in the natural habitat of subalpine forest proved by its photosynthesis. Acta Physiologiae Plantarum, 38(4): 1-11.

Zhang D, Qian M J, Yu B, et al. 2013. Effect of fruit maturity on UV-B-induced post-harvest anthocyanin accumulation in red Chinese sand pear. Acta Physiologiae Plantarum, 35(9): 2857-2866.

Zhang D, Yu B, Bai J H, et al. 2012a. Effects of high temperatures on UV-B/visible irradiation induced postharvest anthocyanin accumulation in 'Yunhongli No. 1' (*Pyrus pyrifolia* Nakai) pears. Scientia Horticulturae, 134 (1): 53-59.

Zhang F C, Jiang X D. 2010. Effects of enhanced UV-B radiation on soil respiration of barley field. Meteorological and Environmental Research, 1(6): 39-41.

Zhang H Y, He H, Wang X C, et al. 2011. Genome-wide mapping of the HY5-mediated gene networks in *Arabidopsis* that involve both transcriptional and post-transcriptional regulation. The Plant Journal, 65:

346-358.

Zhang J, Hu X, Henkow L, et al. 1994. The effects of ultraviolet-B radiation on the CF0F1-ATPase. Biochimica et Biophysica Acta (BBA)-Bioenergetics, 1185(3): 295-302.

Zhang L, Allen L H, Vaughan M M, et al. 2014. Solar ultraviolet radiation exclusion increases soybean internode lengths and plant height. Agricultural and Forest Meteorology, 184: 170-178.

Zhang R C, Lin Y, Yue M, et al. 2012b. Effects of ultraviolet-B irradiance on intraspecific competition and facilitation of plants: self-thinning, size inequality, and phenotypic plasticity. PLoS ONE, 7(11): e50822.

Zhang X Z, Ervin E H. 2005. Effects of methyl jasmonate and salicylic acid on UV-B tolerance associated with free radical scavenging capacity in *Poa pratensis*. International Turfgrass Society Research Journal, 10: 910-915.

Zhang Z Z, Li X X, Chu Y N, et al. 2012c. Three types of ultraviolet irradiation differentially promote expression of shikimate pathway genes and production of anthocyanins in grape berries. Plant Physiology and Biochemistry, 57: 74-83.

Zhao D, Reddy K R, Kakani V G, et al. 2003. Growth and physiological responses of cotton (*Gossypium hirsutum* L.) to elevated carbon dioxide and ultraviolet-B radiation under controlled environmental conditions. Plant, Cell and Environment, 26(5): 771-782.

Zhao M G, Liu Y G, Zhang L X, et al. 2007. Effects of enhanced UV-B radiation on the activity and expression of alternative oxidase in red kidney bean leaves. Journal of Integrative Plant Biology, 49(9): 1320-1326.

Zheng X, Basher R E. 1993. Homogenisation and trend detection analysis of broken series of solar UV-B data. Theor Appl Climatol, 47: 189-203.

Zheng Y F, Gao W, Slusser J R, et al. 2003. Yield and yield formation of field winter wheat in response to supplemental solar ultraviolet-B radiation. Agricultural and Forest Meteorology, 120(1-4): 279-283.

Zhou B, Li Y H, Xu Z R, et al. 2007. Ultraviolet aspecific induction of anthocyanin biosynthesis in the swollen hypocotyls of turnip (*Brassica rapa*). Journal of Experimental Botany, 58(7): 1771-1781.

Zhu P, Yang L. 2015. Ambient UV-B radiation inhibits the growth and physiology of *Brassica napus* L. on the Qinghai-Tibetan plateau. Field Crops Research, 171: 79-85.

Zill L P, Tolbert N E. 1958. The effect of ionizing and ultraviolet radiations on photosynthesis. Archives of Biochemistry and Biophysics, 76(1): 196-203.

Ziska L H, Teramura A H, Sullvan J H. 1992. Physiological sensitivity of plants along an elevational gradient to UV-B radiation. Amercan Journal of Botany, 79(8): 863-871.

Ziska L H, Teramura A H. 1992. CO_2 enhancement of growth and photosynthesis in rice (*Oryza sativa*). modification by increased ultraviolet radiation. Plant Physiology, 99(2): 473-481.

Zu Y G, Pang H H, Yu J H, et al. 2010. Responses in the morphology, physiology and biochemistry of *Taxus chinensis* var. *mairei* grown under supplementary UV-B radiation. Journal of Photochemistry and Photobiology B: Biology, 98(2): 152-158.

Zu Y Q, Li Y, Chen H Y, et al. 2003. Intraspecific differences in physiological responses of 20 soybean cultivars to enhanced ultraviolet-B radiation under field conditions. Environmental and Experimental Botany, 50(1): 87-97.

Zu Y Q, Li Y, Chen J J, et al. 2004. Intraspecific response in grain quality of 10 wheat cultivars to enhanced ultraviolet-B radiation under field conditions. Journal of Photochemistry and Photobiology B: Biology, 74(2-3): 95-100.

Zucchi I, Montagna C, Susani L, et al. 1999. Genetic dissection of dome formation in a mammary cell line: identification of two genes with opposing action. Proceedings of the National Academy of Sciences,

96(24): 13766-13770.

Zvereva E L, Kozlov M V. 2006. Consequences of simultaneous elevation of carbon dioxide and temperature for plant-herbivore interactions: a meta-analysis. Global Change Biology, 12(1): 27-41.

Zvezdanovic J B, Markovic D Z, Jovanovic S V, et al. 2013. UV-induced oxygen free radicals production in spinach thylakoids. Advanced Technologies, 2: 45-50.